Références sciences

Fondamentaux de mathématiques appliquées

pour ingénieurs et techniciens

Xaxier Picamoles

ellipses

Collection Références sciences

dirigée par Paul de Laboulaye
paul.delaboulaye@editions-ellipses.fr

Retrouvez tous les livres de la collection et des extraits sur www.editions-ellipses.fr

ISBN 9782340-013100

32, rue Bargue 75740 Paris cedex 15

www.editions-ellipses.fr

Présentation et motivations

L'ambition de ce livre est de regrouper et de présenter quelques-unes des méthodes et notions fondamentales de mathématiques appliquées qui sont incontournables pour l'ingénieur et le technicien en formation ou en activité et qui sont, à ce titre, couramment enseignées dans les écoles d'ingénieurs généralistes.

Le livre se décompose en cinq grandes parties et 27 chapitres (complétés par des annexes) qui abordent plusieurs domaines importants des sciences de l'ingénieur :

1. Le domaine de la *modélisation* ou, de manière générale, comment un problème physique conduit à des équations différentielles ou aux dérivées partielles avec l'objectif de donner du sens aux problèmes abordés. Quelques équations fondamentales de la physique (équations de *transport*, de la *chaleur*, des *cordes vibrantes*, des *barres*, des *poutres*) sont démontrées pour être ensuite résolues par différentes méthodes dans les chapitres suivants.
2. Le domaine de l'*analyse numérique* et de la résolution approchée des problèmes différentiels issus de ces modélisations par des méthodes numériques, telles que les *différences finies* ou les *éléments finis*. L'étude de ces méthodes présente les aspects théoriques permettant d'en comprendre les subtilités et les aspects pratiques sont largement explorés et accompagnés de nombreux exemples, applications et algorithmes.
3. Le domaine du *calcul des structures* par la méthode des éléments finis au travers d'exemples détaillés mettant en œuvre cette méthode pour résoudre des problèmes de mécanique (et de thermique).
4. Le domaine du *traitement du signal* : les notions fondamentales nécessaires à l'étude des signaux et des filtres linéaires sont présentées, dont les *distributions*, le *filtrage linéaire*, les transformations *de Fourier* et leurs applications à l'*analyse spectrale*, les transformations *de Laplace* et en *Z* et leurs applications à l'étude des *filtres linéaires*, la *décomposition en série de Fourier*, les transformations en *ondelettes continues* et *discrètes* et quelques-unes de leurs applications.
5. Le domaine de l'*analyse des données* : quelques-unes des méthodes importantes d'analyse de données multidimensionnelles permettant d'extraire de manière efficace de l'information de grands volumes de données numériques sont abordées. La présentation de ces méthodes (*régression linéaire, analyse en composantes principales, analyse factorielle des correspondances* et *analyse des correspondances multiples*) est orientée vers la pratique avec l'étude de plusieurs cas concrets et un développement assez succinct des aspects théoriques.

Les connaissances requises sont celles que possède tout étudiant ayant un niveau L1-L2 (sections scientifiques des universités et des classes préparatoires) et ce livre intéressera particulièrement les élèves ingénieurs ou les ingénieurs en activité qui souhaitent approfondir leurs connaissances dans certains domaines, mais aussi les étudiants des I.U.T. ou ceux qui préparent un diplôme d'enseignement (CAPES ou agrégation) et qui souhaitent compléter leurs connaissances en mathématiques appliquées.

La présentation se veut claire et abordable, avec l'objectif de fournir au lecteur la culture mathématique indispensable à la compréhension des notions abordées dans une présentation qui tente un équilibre délicat entre les aspects théoriques et les aspects pratiques, tous deux nécessaires à la compréhension générale. Des applications sont donc proposées aussi souvent que possible et, lorsque le sujet s'y prête, la résolution des problèmes utilise un logiciel de calcul scientifique grâce à des algorithmes écrits avec le logiciel libre *Scilab* (`www.scilab.org/fr`).

Ce livre a été écrit avec le merveilleux langage *Latex* et l'éditeur *Texmaker* (librement téléchargeable à l'adresse `www.xm1math.net/texmaker/index_fr.html`) qui rendent l'écriture des mathématiques infiniment simple et conviviale pour un résultat toujours impeccable. La plupart des figures ont été réalisées avec le logiciel libre *LibreOffice Draw* (`https://fr.libreoffice.org/`) et les graphiques mathématiques sont issus du logiciel libre *Scilab* ou du logiciel de calcul formel *Maple*. Ce dernier a aussi souvent été utilisé pour effectuer certains calculs fastidieux.
Pour terminer, une mention brève de la date de naissance (et de décès le cas échéant) ainsi que le domaine d'activité des scientifiques évoqués est systématiquement donnée de manière à compléter l'exposé. Le lecteur pourra retrouver et compléter ces informations dans toute encyclopédie.

Remerciements : écrire un livre est une aventure passionnante et son achèvement, de la mise en forme au contenu que j'espère sans erreurs, nécessite l'intervention de nombreuses bonnes volontés qui acceptent de lire et relire ces pages pour en dénicher toutes les coquilles et les incohérences.
Aussi, je voudrais chaleureusement remercier toutes les personnes, enseignants de différentes disciplines, qui ont bien voulu consacrer du temps à la lecture du manuscrit, à la vérification des calculs et des démonstrations. En particulier Elian Bellante, Fabrice Destruhaut et Daniel Michel qui m'ont été d'une aide précieuse à tous niveaux, mais aussi Stéphane Corn, Gerald Asensi, Etienne Rousée, Jean-Charles Baudu, Rémi Almasor, Philippe de Poumeyrac et d'autres qui m'ont apporté une aide plus ponctuelle mais précieuse.

Table des matières

Première partie

Généralités : problèmes différentiels et modélisation

Chapitre 1

Généralités sur les problèmes différentiels

1 Quelques généralités sur les équations différentielles

Dans tout ce qui suit, la lettre u désigne une fonction qui dépend d'une variable réelle t décrivant un intervalle de $\mathbb{R}$ et implicitement supposée dérivable sur un intervalle adéquat, de dérivée u'. Pour alléger les notations, on omet souvent de rappeler la dépendance à la variable en écrivant u et u' à la place de $u(t)$ et $u'(t)$.

1.1 Forme générale d'une équation différentielle ordinaire

De manière générale, on désigne par *équation différentielle ordinaire* (en abrégé E.D.O.) d'ordre $n \in \mathbb{N}^*$ toute équation définie sur un intervalle I de $\mathbb{R}$ de la forme

$$F\big(t, u, u', \cdots, u^{(n)}\big) = 0 \tag{1.1}$$

où

1. u désigne une fonction inconnue sur I à valeurs dans $\mathbb{R}$ (cas des équations scalaires) ou $\mathbb{R}^n$ (cas des équations vectorielles),
2. u' désigne la dérivée de u et $u^{(k)}$ (pour $k \in \{2, \cdots, n\}$) désigne la dérivée *k-ième* de u,
3. F désigne une fonction continue sur un domaine adéquat.

1.2 Forme résolue d'une équation différentielle

Lorsqu'il est possible d'isoler la dérivée $u^{(n)}$ d'ordre le plus élevé en exhibant une nouvelle fonction G de sorte à avoir

$$F\big(t, u, u', \cdots, u^{(n)}\big) = 0 \Longleftrightarrow u^{(n)} = G\big(t, u, u', \cdots, u^{(n-1)}\big)$$

on dit que l'équation différentielle admet une forme *résolue*.

Définition 1. Avec les notations précédentes, lorsqu'elle existe, on appelle forme *résolue* de l'équation différentielle ordinaire (1.1) la forme

$$u^{(n)} = G\big(t, u, u', \cdots, u^{(n-1)}\big) \tag{1.2}$$

Parmi les équations différentielles résolues, celles du premier ordre, qui seront écrites par la suite sous la forme

$$u'(t) = f\big(t, u(t)\big) \tag{1.3}$$

jouent un rôle particulier. Il est en effet possible, grâce à quelques manipulations simples, de ramener toute équation différentielle résolue d'ordre $n \geq 2$ à une équation résolue du premier ordre. Il en est de même pour les systèmes différentiels d'ordre 1.

1.3 Lien entre E.D.O. résolue d'ordre $n \geq 2$ et E.D.O. résolue d'ordre 1

Considérons l'équation différentielle résolue d'ordre 2

$$u''(t) = G\big(t, u(t), u'(t)\big)$$

et remarquons qu'en introduisant la fonction vectorielle $U : t \mapsto \big(u(t), u'(t)\big)$ et en confondant le vecteur $U(t)$ avec sa représentation dans la base canonique de $\mathbb{R}^2$ par une matrice colonne, l'équation différentielle peut s'écrire sous la forme matricielle équivalente

$$\frac{\mathrm{d}}{\mathrm{d}t}\begin{Bmatrix} u(t) \\ u'(t) \end{Bmatrix} = \begin{Bmatrix} u'(t) \\ u''(t) \end{Bmatrix} = \begin{Bmatrix} u'(t) \\ G\big(t, u(t), u'(t)\big) \end{Bmatrix}$$

Autrement dit, en faisant intervenir une nouvelle fonction, notée f, qui dépend de la variable réelle t et d'une variable vectorielle de coordonnées (x, y) définie par

$$f : \big(t, (x, y)\big) \mapsto \big(y, G(t, x, y)\big)$$

on a l'équivalence

$$u''(t) = G\big(t, u(t), u'(t)\big) \Longleftrightarrow U'(t) = f\big(t, U(t)\big)$$

Ce cas particulier se généralise sans difficulté, c'est à dire que toute équation différentielle résolue d'ordre $n \geq 2$ de la forme

$$u^{(n)}(t) = G\big(t,\, u(t), \cdots,\, u^{(n-1)}\big)$$

se ramène à l'équation différentielle (vectorielle) résolue d'ordre 1

$$U'(t) = f\big(t, U(t)\big)$$

en posant

$$\begin{cases} U(t) & = & \big(u(t), u'(t), \cdots, u^{(n-1)}(t)\big) \\ f\big(t, U(t)\big) & = & \big(u(t), \cdots, u^{(n-1)}(t), G\big(t,\, u(t), \cdots,\, u^{(n-1)}(t)\big)\big) \end{cases}$$

c'est à dire, toujours en confondant un vecteur avec sa représentation matricielle sous forme de matrice colonne

$$\frac{\mathrm{d}}{\mathrm{d}t}\begin{Bmatrix} u(t) \\ \vdots \\ u^{(n-2)}(t) \\ u^{(n-1)}(t) \end{Bmatrix} = \begin{Bmatrix} u'(t) \\ \vdots \\ u^{(n-1)}(t) \\ G\big(t, u(t), \cdots, u^{(n-1)}(t)\big) \end{Bmatrix}$$

Donnons deux exemples particuliers et instructifs d'équations différentielles du second ordre, la première linéaire et la seconde non linéaire.
Commençons par l'équation différentielle linéaire d'ordre 2

$$u''(t) = b(t)u'(t) + c(t)u(t) + d(t)$$

où b, c, d sont trois fonctions continues. Il est donc possible d'en donner la forme matricielle équivalente (la seconde égalité est obtenue grâce au caractère linéaire)

$$\frac{\mathrm{d}}{\mathrm{d}t}\begin{Bmatrix} u(t) \\ u'(t) \end{Bmatrix} = \begin{Bmatrix} u'(t) \\ b(t)u'(t) + c(t)u(t) + d(t) \end{Bmatrix} = \begin{bmatrix} 0 & 1 \\ c(t) & b(t) \end{bmatrix}\begin{Bmatrix} u(t) \\ u'(t) \end{Bmatrix} + \begin{Bmatrix} 0 \\ d(t) \end{Bmatrix}$$

On obtient alors la forme résolue $U'(t) = f\big(t, U(t)\big)$ en posant $Y : t \mapsto U(t) = \big(u(t), u'(t)\big)$ et

$$f : \big(t, (x, y)\big) \mapsto f\big(t, (x, y)\big) = \big(y, b(t)y + c(t)x + d(t)\big)$$

Considérons maintenant l'équation différentielle non linéaire du second ordre

$$u''(t) + u(t)u'(t) + t^2 = 1$$

On remarque qu'en posant $F : (t, x, y, z) \mapsto z + xy + t^2 - 1$ on obtient la forme générale

$$u''(t) + u(t)u'(t) + t^2 = 1 \Longleftrightarrow F\big(t, u(t), u'(t), u''(t)\big) = 0$$

D'autre part, cette même équation peut être écrite sous forme résolue. En effet,

$$u''(t) + u(t)u'(t) + t^2 = 1 \Longleftrightarrow u''(t) = 1 - u(t)u'(t) - t^2$$

et il suffit alors de poser $G : (t, x, y) \mapsto 1 - xy - t^2$ pour avoir la forme générale résolue

$$u''(t) + u(t)u'(t) + t^2 = 1 \Longleftrightarrow u''(t) = G\big(t, u(t), u'(t)\big)$$

> On retiendra donc que toute équation différentielle scalaire résolue d'ordre $n \geq 2$ peut se ramener à une équation différentielle résolue d'ordre 1 de la forme (1.3).

1.4 Lien entre système différentiel d'ordre 1 et E.D.O. résolue d'ordre 1

Cette manière de procéder se généralise aussi aux systèmes différentiels. En effet, si l'on considère le système de la forme

$$\begin{cases} u'(t) = F_1\big(t, u(t), v(t)\big) \\ v'(t) = F_2\big(t, u(t), v(t)\big) \end{cases} \tag{1.4}$$

il est bien évident qu'il est équivalent à

$$U'(t) = f\big(t, U(t)\big)$$

en posant

$$\begin{cases} U(t) & = \big(u(t), v(t)\big) \\ f\big(t, U(t)\big) & = \big(F_1\big(t, u(t), v(t)\big), F_2\big(t, u(t), v(t)\big)\big) \end{cases}$$

Dans le cas d'un système de la forme

$$\begin{cases} u'(t) = a_1(t)u(t) + b_1(t)v(t) + c_1(t) \\ v'(t) = a_2(t)u(t) + b_2(t)v(t) + c_2(t) \end{cases} \tag{1.5}$$

on peut profiter de la linéarité des équations pour écrire (1.5) sous la forme équivalente

$$U'(t) = A(t)U(t) + B(t)$$

où

$$A : t \mapsto \begin{bmatrix} a_1(t) & b_1(t) \\ a_2(t) & b_2(t) \end{bmatrix} \text{ et } B : t \mapsto \begin{Bmatrix} c_1(t) \\ c_2(t) \end{Bmatrix}$$

On retiendra donc que tout système différentiel d'ordre 1 peut se ramener à une équation différentielle résolue d'ordre 1 de la forme (1.3).

1.5 Problème de Cauchy et théorème de Cauchy-Lipschitz

Définition 2. Avec les notations précédentes, on appelle *problème de Cauchy* (Augustin Louis Cauchy, 1789-1857, mathématicien français) tout système de la forme

$$\begin{cases} u'(t) = f\big(t, u(t)\big) \\ u(t_0) = u_0 \end{cases} \tag{1.6}$$

où la variable t décrit un intervalle I contenant la valeur t_0 et où f est une fonction continue sur un domaine de $\mathbb{R}^2$ de la forme $I \times J$ où J est un intervalle de $\mathbb{R}$.
La condition $u(t_0) = u_0$ est appelée une *condition initiale* ou *condition de Cauchy*.

Remarque. Dans la pratique, le couple (t_0, u_0) doit bien sûr appartenir à un domaine sur lequel la fonction f est définie. Pour être plus précis, la fonction f sera définie sur un ouvert Ω de $\mathbb{R} \times \mathbb{R}^n$ (où n est un entier non nul qui peut être, dans le cas d'une équation différentielle scalaire, son ordre) avec $(t_0, u_0) \in \Omega$.

Les problèmes de Cauchy ont un statut particulier. En effet, sous des conditions adéquates sur la fonction f, le théorème de Cauchy-Lipschitz (Rudolph Lipschitz, 1832-1903, mathématicien allemand) affirme qu'un tel problème possède une unique solution. Il existe plusieurs versions de ce théorème et seule la version « classique » est donnée sans démonstration (voir par exemple [*DE*]). Elle utilise une hypothèse forte sur la fonction f qui peut être largement affaiblie.

Théorème 1. De Cauchy-Lipschitz.
Soient $n \in \mathbb{N}^*$, Ω un ouvert de $\mathbb{R} \times \mathbb{R}^n$ et f une fonction de Ω dans $\mathbb{R}^n$ et $(t_0, u_0) \in \Omega$.
Si f est de classe $\mathscr{C}^1$ sur Ω, alors le problème de Cauchy (1.6)

$$\begin{cases} u'(t) = f\big(t, u(t)\big) \\ u(t_0) = u_0 \end{cases}$$

admet une unique solution définie sur un intervalle ouvert et elle est dite *maximale* dans le sens où tout autre solution du problème (1.6) est une restriction de cette solution *maximale.*

2 Solveur numérique de *Scilab*

Le logiciel libre de calcul scientifique *Scilab* (`http://www.scilab.org/fr`) propose une fonction de résolution des équations différentielles désignée par `ode` pour *ordinary differential equation.*
L'algorithme utilisé par défaut dans la fonction `ode` est construit à partir d'un schéma numérique très performant qui s'adapte automatiquement et de manière dynamique à la nature de l'équation différentielle. Il existe en effet une catégorie d'équations différentielles, regroupées sous le terme de *problèmes raides*, pour lesquelles les méthodes numériques « classiques » se révèlent souvent inefficaces et nécessitent un nombre de nœuds de calcul considérable pour un résultat pas toujours satisfaisant. L'algorithme utilisé par défaut dans la procédure `ode` est donc capable de s'adapter dynamiquement à ce type de problème pour utiliser le schéma le plus performant.
Cela dit, l'objectif n'est pas ici de détailler le fonctionnement des méthodes utilisées mais seulement de présenter l'utilisation de la fonction `ode`. Avant de commencer, précisons qu'elle ne peut résoudre que des problèmes de Cauchy.

2.1 Solveur `ode`

Décrivons succinctement comment utiliser la fonction `ode` pour résoudre un problème de Cauchy de la forme (1.6)

$$\begin{cases} \forall t \in]t_0, t_0 + T], \quad u'(t) = f\big(t, u(t)\big) \\ u(t_0) = \alpha \end{cases}$$

La syntaxe générale est `solution=ode('type de méthode',u0,t0,t,f)` où :

1. Le couple `(t0,u0)` désigne la condition initiale $u(t_0) = u_0$.
2. `f` désigne la fonction qui définit l'équation différentielle $u'(t) = f\big(t, u(t)\big)$.
3. `t` désigne la liste des nœuds de calcul.
4. `'type de méthode'` désigne un paramètre optionnel sous la forme d'une chaîne de caractères permettant de choisir la méthode de calcul. Le lecteur est renvoyé à l'aide en ligne pour plus de détails.

5. `solution` est un vecteur contenant les valeurs approchées en chaque nœud de calcul.

La déclaration de la grille de temps `t` se fait en général à l'aide de la fonction `linspace` sous la forme `t=linspace(a,b,Nnc)` pour obtenir `Nnc` nœuds de calcul régulièrement espacés dans l'intervalle $[a, b]$, le premier nœud de calcul étant a et le dernier b.
Par exemple, on peut taper dans la console de *Scilab*

```
-->t= linspace(0,1,5)
   ans  =
   0.    0.25    0.5    0.75    1.
```

Quant à la déclaration de la fonction f, elle se fait à l'aide de la commande `function`.
Par exemple, pour l'équation différentielle

$$u'(t) = 0{,}055 - 0{,}04u(t) - 0{,}0032u^2(t) = f\big(t, u(t)\big)$$

on pourra par exemple déclarer la fonction f dans l'éditeur *Scinote* sous la forme

```
function uprime=f(t,u)
   uprime=0.055-0.04*u-0.0032*u.*u;
endfunction
```

Remarque. Dans l'écriture `u.*u` le point a une grande importance (voir l'aide *Scilab* pour plus de détails sur les opérateurs).

2.2 Application 1 : un problème d'éolienne face au vent

2.2.1 Modélisation

Considérons une éolienne dont l'hélice, qui tourne autour de son axe de rotation à la vitesse $u : t \mapsto u(t)$ (en $tr \cdot s^{-1}$) en fonction du temps t lorsqu'elle est soumise à un champ de vitesse $v : t \mapsto v(t)$ (en $m \cdot s^{-1}$) choisi ici constant et égal à 25 $m.s^{-1}$, fournit un courant électrique d'intensité I. Des considérations physiques et mécaniques conduisent à modéliser :

1. Le moment du couple sur l'axe de rotation par le terme $c_0 v(t) - c_1 u(t)$ avec $c_0 > 0$ et $c_1 > 0$.
2. Le moment de liaison sur l'axe de rotation dû à la présence de frottements par le terme $-c_2 - c_3 u(t)^2$ avec $c_2 > 0$ et $c_3 > 0$.
3. Le moment des forces exercées sur l'axe de rotation dues au courant généré par l'alternateur par le terme $-c_4 u(t)$ avec $c_4 > 0$.

En appliquant la loi scalaire du moment cinétique à l'hélice en rotation autour de son axe dans le référentiel lié à son support (supposé galiléen (Galilée, 1564-1642, mathématicien, physicien et astronome italien), on détermine l'équation différentielle (de Ricatti (Jacopo Francesco Riccati, 1676-1754 et son fils Vincenzo Riccati, 1707-1775, mathématiciens italiens)) vérifiée par u où J $[kg \cdot m^2]$ désigne le moment d'inertie de l'hélice autour de son axe :

$$J \frac{\mathrm{d}u}{\mathrm{d}t}(t) = -c_2 + c_0 v(t) - (c_1 + c_4) u(t) - c_3 u(t)^2$$

En regroupant certains termes et en supposant l'hélice à l'arrêt au temps $t = 0$, on aboutit alors à un problème de Cauchy de la forme

$$\begin{cases} \forall t \in]0, T], & u'(t) = f\big(t, u(t)\big) \\ u(0) = 0 & \end{cases} \tag{1.7}$$

où f est la fonction continue sur $\mathbb{R}^2$ définie par $f : (t, x) \mapsto f(t, x) = a(t) + bx + cx^2$, T est la durée prise égale à 100 secondes et où les données numériques, correspondant à des paramètres physiques réels, seront prises égales à :

1. $a(t) = 0,055$ (dans le cas d'un vent de vitesse constante et égale à 25 $m.s^{-1}$).
2. $b = -0,04$.
3. $c = -0,0032$.

2.2.2 Solution analytique

Bien que l'équation différentielle en jeu ne soit pas linéaire, il est ici possible de calculer assez facilement et de manière explicite la solution du problème (1.7). Elle est donnée par

$$u : t \mapsto u(t) = \frac{55\left(e^{0,048t} - 1\right)}{4\left(11e^{0,048t} + 1\right)} \tag{1.8}$$

Donnons quelques indications sur la manière d'obtenir cette solution. Tout d'abord, on commence par chercher une solution particulière constante et positive à l'équation différentielle

$$u'(t) = 0,055 - 0,04u(t) - 0,0032u^2(t)$$

ce qui revient à résoudre l'équation du second degré

$$-0,0032x^2 - 0,04x + 0,055 = 0$$

qui possède comme solution réelle positive $x = 1,25$.

Posons ensuite le changement de variable $y(t) = u(t) - 1,25$. On montre sans difficulté l'équivalence

$$u'(t) = 0,055 - 0,04u(t) - 0,0032u^2(t) \Longleftrightarrow y'(t) = -0,048y(t) - 0,0032y(t)^2$$

et on cherche alors à résoudre la nouvelle équation différentielle d'inconnue y. Pour cela, il suffit de poser le changement de variable $z(t) = \dfrac{1}{y(t)}$ après avoir justifié que la fonction y ne s'annule pas. Or, $y(t) = 0 \Longleftrightarrow u(t) = 1,25$ donc, puisque l'on cherche une solution u autre que la solution constante $t \mapsto 1,25$ déjà trouvée, le théorème de Cauchy-Lipschitz affirme que la solution constante $t \mapsto 1,25$ est la seule qui prenne la valeur 1,25. Par conséquent (comme on cherche une solution non constante) la fonction y ne peut pas s'annuler et le changement de variable $z(t) = \dfrac{1}{y(t)}$ est bien défini. Un calcul simple montre alors que

$$y'(t) = -0,048y(t) - 0,0032y(t)^2 \Longleftrightarrow z'(t) = 0,048z(t) + 0,0032$$

et cette dernière équation différentielle du premier ordre à coefficients constants admet des solutions bien connues sous la forme

$$z(t) = K\mathrm{e}^{0,048t} - \frac{1}{15}$$

Le calcul de la constante K est donné par la condition initiale

$$u(0) = 0 \iff y(0) = -1,25 \iff z(0) = -0,8$$

et fournit $K = -\frac{11}{15}$. Finalement, on obtient

$$z(t) = -\frac{11}{15}\mathrm{e}^{0,048t} - \frac{1}{15}$$

et il reste ensuite à revenir à la fonction initiale u pour trouver, après plusieurs simplifications, pour $t \in [0,100]$

$$u(t) = \frac{55\left(\mathrm{e}^{0,048t} - 1\right)}{4\left(11\mathrm{e}^{0,048t} + 1\right)}$$

2.2.3 Solution numérique

Envisageons maintenant de calculer numériquement une solution approchée au problème de Cauchy de l'éolienne avec le logiciel *Scilab* :

$$\begin{cases} \forall t \in]0,100], \quad u'(t) = f\big(t, u(t)\big) = 0,055 - 0,04u(t) - 0,0032u^2(t) \\ u(0) = 0 \end{cases} \tag{1.9}$$

L'algorithme, écrit dans l'éditeur *SciNotes* intégré à *Scilab*, peut prendre la forme suivante.

```
//problème de l'éolienne
//durée du calcul
T=100;
//condition initiale
t0=0;u0=0;
//déclaration de la fonction f
function uprime=f(t, u)
    uprime=0.055-0.04*u-0.0032*u.^2;
endfunction
//déclaration des noeuds de calculs
N=50;
t=linspace(0,T,N);
//résolution approchée du problème
u=ode(u0,t0,t,f);
//solution exacte
y=(55/4)*(exp(0.048*t)-1)./(11*exp(0.048*t)+1);
//représentation graphique
plot(t,u,'k',t,y,'k:');
legend(['Sol. app.','Sol. exacte']);
```

La représentation graphique des solutions exacte et approchée dans le cas de $N = 50$ nœuds de calcul et d'une durée $T = 100$ est donnée à gauche dans la figure 1.1. Le graphique de droite montre l'erreur commise lorsque le nombre de nœuds de calcul augmente.

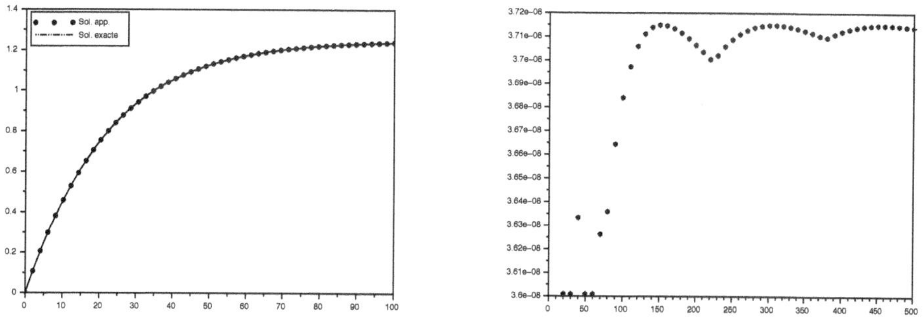

FIGURE 1.1 – Solution exacte et approchée pour $N = 50$ et $T = 100$ et erreur

2.3 Application 2 : équation de Van der Pol

Intéressons nous ici à l'équation différentielle de Van der Pol (Balthasar Van der Pol, 1889-1959, physicien des Pays-Bas), que l'on appelle aussi *oscillateur de Van de Pol.* Cette équation (qui sert à modéliser des oscillateurs entretenus) et le modèle physique, ont été proposés par Van der Pol à l'occasion de recherches effectuées dans les laboratoires Philips. Il est par exemple possible de construire un circuit électrique dont le régime des oscillations, lorsqu'elles sont forcées, est régi par l'équation de Van der Pol. C'est un exemple particulièrement intéressant parce qu'il s'agit d'une équation différentielle du second ordre non linéaire et qui ne possède pas de solution explicite, ce qui justifie donc entièrement l'utilisation d'un solveur numérique.

L'équation différentielle de Van der Pol proposée est donnée par

$$u''(t) + a\big(u^2(t) - 1\big)u'(t) + a^2 u(t) = 0 \quad \text{où } a \in \mathbb{R}^{+*} \tag{1.10}$$

La résolution de ce problème est proposée sur l'intervalle $[0, 40]$ dans le cas où $a = 0,5$ et avec les conditions initiales $u(t_0) = 0,1$ et $u'(t_0) = 0$, c'est à dire

$$\begin{cases} \forall t \in]0, 40], & u''(t) - 0,5\big(1 - u^2(t)\big)\, u'(t) + 0,25u(t) = 0 \\ & u(t_0) = 0,1 \\ & u'(t_0) = 0 \end{cases} \tag{1.11}$$

Commençons par écrire le système précédent sous la forme

$$\begin{cases} \forall t \in]0, T], & U'(t) = f\big(t, U(t)\big) \\ & U(0) = U_0 \end{cases}$$

dans laquelle on a posé $U(t) = \big(u(t), u'(t)\big)$ et $f\big(t, (x, y)\big) = \big(y, 0,5(1 - x^2)y - 0,25x\big)$.

La programmation dans l'éditeur *SciNotes* peut par exemple prendre la forme ci-après.

```
//durée du calcul
T=40;
//condition initiale
t0=0;u0=0.1;uprime0=0;U0=[uprime0;u0];
//déclaration des noeuds de calculs
N=100;
t=linspace(0,T,N);
//déclaration de la fonction F
a=0.5;
function [Uprime]=F(t, U)
    Uprime(1)=a*(1-U(2).^2).*U(1)-a^2*U(2);
    Uprime(2)=U(1)
endfunction
//résolution
[U]=ode(U0,t0,t,F);
//représentation graphique
plot(t,U(2,:),'k');
```

La solution approchée obtenue pour $N = 100$ nœuds de calcul et une durée $T = 40$ est visible dans la figure 1.2.

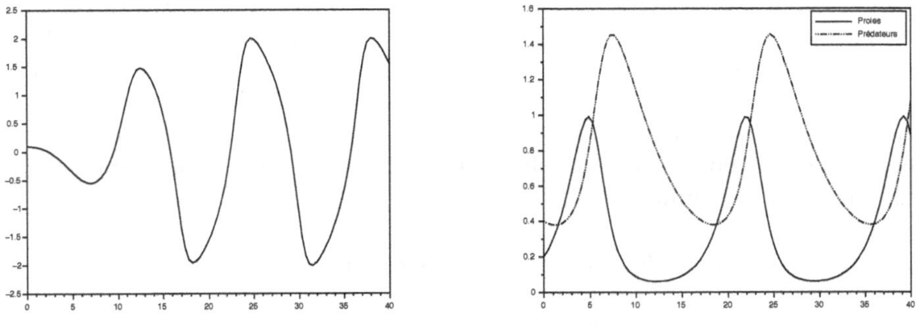

FIGURE 1.2 – Solution approchée du problème de Van der Pol à gauche et du problème de Lokta-Voltera à droite (section suivante)

2.4 Application 3 : système différentiel de Lokta-Volterra

Le problème abordé ici est appelé modèle *proies-prédateurs* proposé par Volterra (Vito Volterra, 1860-1940, mathématicien et physicien italien) et, de manière indépendante, par Lokta (Alfred James Lokta, 1880-1949, mathématicien et statisticien américain) pour modéliser les interactions entre une population de proies et une population de prédateurs dans un même domaine géographique (voir $[VO]$).

Le problème de Cauchy associé à ce modèle est

$$\begin{cases} \forall t \in]0,T], & \begin{cases} u'(t) = u(t)\big(a - bv(t)\big) \\ v'(t) = v(t)\big(cu(t) - d\big) \end{cases} \\ & u(0) = \alpha \\ & v(0) = \beta \end{cases} \tag{1.12}$$

où t désigne le temps et :

1. $u : t \mapsto u(t)$ représente l'évolution de l'effectif de la population des proies au cours du temps t et la dérivée u' représente la variation de cet effectif au cours du temps,
2. $v : t \mapsto v(t)$ représente l'évolution de l'effectif de la population des prédateurs au cours du temps t et la dérivée v' représente la variation de cet effectif au cours du temps,
3. a et c sont deux constantes positives qui représentent respectivement le taux de reproduction des proies et celui des prédateurs,
4. b et d sont deux constantes positives qui représentent respectivement le taux de mortalité des proies et celui des prédateurs,
5. $u(0) = \alpha \geq 0$ et $v(0) = \beta \geq 0$ représentent respectivement l'effectif de la population de proies et celui de la population de prédateurs à l'instant initial.

Résolvons le problème dans le cas particulier où

$$(a,b) = (0,8;1),\ (c,d) = (0,6;0,2),\ (\alpha,\beta) = (0,2;0,4)$$

Un script possible dans l'éditeur *SciNotes* est proposée ci-dessous.

```
T=40; //durée du calcul
//condition initiale
t0=0;u0=0.2;v0=0.4;U0=[u0;v0];
//déclaration des noeuds de calculs
N=100;
t=linspace(0,T,N);
//déclaration de la fonction F
a=0.8;b=1;c=0.6;d=0.2;
function [Uprime]=F(t, U)
    Uprime(1)=U(1)*(a-b*U(2));
    Uprime(2)=U(2)*(c*U(1)-d);
endfunction
//résolution
[U]=ode(U0,t0,t,F);
//représentation graphique
plot(t,U(1,:),'k-',t,U(2,:),'k:');
legend(['Proies','Prédateurs'])
```

La représentation graphique de la solution approchée pour $N = 100$ nœuds de calcul et une durée $T = 40$ est donnée dans la figure 1.2 (à droite, en trait plein l'évolution de l'effectif de la population de proies et en pointillé l'évolution de l'effectif de la population de prédateurs).

3 Quelques généralités sur les E.D.P.

Quiconque a déjà cherché à résoudre des équations différentielles ordinaires sait que ce sont là des problèmes notoirement difficiles à l'exception de quelques cas particuliers. Rappelons à ce propos que même les plus « simples » des E.D.O., les équations scalaires résolues du premier ordre, sont souvent impossibles à résoudre de manière explicite faute d'être capable de déterminer des primitives ! Il en va bien sûr de même des E.D.P. dont les solutions sont encore moins accessibles. Pour être honnête, il faut reconnaître qu'à l'exception d'une petite famille d'E.D.P. (dont quelques représentants sont abordés) pour lesquelles on est capable d'exhiber des solutions analytiques, on ne dispose d'aucun résultat général, ni sur les solutions, ni sur leur comportement. Aussi, comme le sujet est aussi vaste que complexe, le propos se limitera aux équations linéaires à coefficients constants dont l'inconnue, désignée par u, est une fonction qui dépend de deux variables réelles, x et y ou x et t selon les situations, et à valeurs réelles. Pour alléger les notations, la dépendance aux variables sera souvent omise. Enfin, comme d'habitude, pour une fonction $u : (x, y) \mapsto u(x, y)$, les notations $\frac{\partial u}{\partial x}$ et $\frac{\partial u}{\partial y}$ désignent les fonctions dérivées partielles de u respectivement par rapport aux variables x et y lorsqu'elles existent, ce qui sera supposé implicitement (voir annexe A page 761). Rappelons aussi qu'une E.D.O. ou une E.D.P. est dite linéaire lorsque l'ensemble des solutions de l'équation homogène associée est un espace vectoriel. En particulier, cela implique que toute combinaison linéaire finie de solutions est encore une solution (c'est le principe de *superposition*). Rappelons aussi que l'ensemble des solutions d'une équation linéaire non homogène est un espace affine. Enfin, on distingue les E.D.P. selon leur ordre, leur caractère linéaire ou non et la nature de leurs coefficients, constants ou non. Cela dit, seules les E.D.P. linéaires, du premier et second ordre, à coefficients constants, sont abordées. Pour terminer, ajoutons que le lecteur peu familier avec les notations et les notions utilisées pourra se reporter à l'annexe A page 761.

3.1 E.D.P. du premier ordre

Définition 3. On appelle *équation aux dérivées partielles du premier ordre* à coefficients constants et d'inconnue u, une équation de la forme

$$a\frac{\partial u}{\partial x}(x, y) + b\frac{\partial u}{\partial y}(x, y) + cu(x, y) + F(x, y) = 0 \tag{1.13}$$

où a, b et c sont des constantes réelles et $F : (x, y) \mapsto F(x, y)$ une fonction donnée.

Remarques. Si l'un des deux coefficients a ou b est nul, on peut se ramener à une E.D.O. en considérant l'application partielle adéquate. Aussi, on supposera que ni a ni b n'est nul. Enfin, dans le cas général, les coefficients a, b, c peuvent être des fonctions.

Les solutions de telles équations sont assez faciles à obtenir.

Proposition 2. Soient F est une fonction continue sur $\mathbb{R}^2$ et u_0 une fonction de classe $\mathscr{C}^1$ sur $\mathbb{R}$. Si l'on impose les valeurs $u(0,y) = u_0(y)$, pour tout $y \in \mathbb{R}$, alors la solution de (1.13) est définie par

$$u : (x,y) \mapsto u_0\left(y - \frac{b}{a}x\right) e^{-\frac{c}{a}x} - \int_0^{\frac{x}{a}} e^{c(s-\frac{x}{a})} F\left(a s,\, b s + y - \frac{b}{a}x\right) \mathrm{d}s \tag{1.14}$$

En particulier, dans le cas de l'E.D.P. homogène ($c = 0$ et F fonction nulle)

$$a\frac{\partial u}{\partial x}(x,y) + b\frac{\partial u}{\partial y}(x,y) = 0 \tag{1.15}$$

la solution est définie par

$$u : (x,y) \mapsto u_0\left(y - \frac{b}{a}x\right) \tag{1.16}$$

Remarque. Une interprétation de la forme des solutions est proposée avec l'étude de l'équation de *transport* (voir le chapitre 2, section 1).

Démonstration.
Commençons par introduire la fonction auxiliaire v définie sur $\mathbb{R}$ et à valeurs dans $\mathbb{R}$ par $v : t \mapsto u(at, bt + y_0)$ ($a \neq 0$ et $b \neq 0$) et supposons u assez régulière pour que v soit dérivable. Le calcul de sa dérivée donne, pour tout $t \in \mathbb{R}$

$$v'(t) = a\frac{\partial u}{\partial x}(at, bt + y_0) + b\frac{\partial u}{\partial y}(at, bt + y_0)$$

Ainsi, en écrivant l'E.D.P. (1.13) au point $(at, bt + y_0)$, c'est à dire en écrivant

$$a\frac{\partial u}{\partial x}(at, bt + y_0) + b\frac{\partial u}{\partial y}(at, bt + y_0) + c\,u(at, bt + y_0) + F(at, bt + y_0) = 0$$

et en posant $G : t \mapsto -F(at, bt + y_0)$, qui est alors une fonction continue, on est ramené à résoudre le problème de Cauchy

$$\begin{cases} \forall t \in \mathbb{R} & v'(t) + c v(t) = G(t) \\ & v(0) = u(0, y_0) = u_0(y_0) \end{cases}$$

dont la solution est $t \mapsto v(t) = v(0)\, e^{-ct} + \int_0^t e^{c(s-t)} G(s)\mathrm{d}s$. (on remarquera que la condition initiale $u(0, y) = u_0(y)$ définit les valeurs prises par la solution u sur l'axe des ordonnées).
Enfin, en remarquant que tout point (x, y) de $\mathbb{R}^2$ est de la forme $(at, bt + y_0)$ avec : $t = \frac{x}{a}$ et $y_0 = y - \frac{b}{a}x$, on en déduit la solution

$$u(x,y) = u_0\left(y - \frac{b}{a}x\right) e^{-\frac{c}{a}x} - \int_0^{\frac{x}{a}} e^{c(s-\frac{x}{a})} F\left(a s,\, b s + y - \frac{b}{a}x\right) \mathrm{d}s$$

dont il est facile de vérifier par dérivation (puisque u_0 est supposée de classe $\mathscr{C}^1$) que c'est bien une solution de (1.14). □

On démontre aussi, dans le cas des E.D.P. de la forme (1.14) homogènes (c'est à dire F nulle) que l'on peut se ramener, sur un domaine où u ne s'annule pas, à la forme (1.17) où v est une fonction qui dépend de u et où A, B et C sont des constantes réelles.

$$A\frac{\partial v}{\partial x}(x,y)+B\frac{\partial v}{\partial y}(x,y)+C=0 \tag{1.17}$$

En effet, supposons que u ne s'annule pas, en divisant (1.14) par u on obtient l'équation

$$a\frac{1}{u}\frac{\partial u}{\partial x}(x,y)+b\frac{1}{u}\frac{\partial u}{\partial y}(x,y)+c=0$$

Or, en posant $v:(x,y)\mapsto \ln|u(x,y)|$, on constate que $\dfrac{\partial v}{\partial x}=\dfrac{1}{u}\dfrac{\partial u}{\partial x}$ et $\dfrac{\partial v}{\partial y}=\dfrac{1}{u}\dfrac{\partial u}{\partial y}$, ce qui conduit à la nouvelle E.D.P. (1.17).

3.2 E.D.P. du second ordre

Définition 4. On appelle *équation aux dérivées partielles du second ordre* à coefficients constants et d'inconnue u, toute équation de la forme

$$a\frac{\partial^2 u}{\partial x^2}+2b\frac{\partial^2 u}{\partial x\partial y}+c\frac{\partial^2 u}{\partial y^2}+d\frac{\partial u}{\partial x}+e\frac{\partial u}{\partial y}+fu+F=0 \tag{1.18}$$

où a,b,c,d,e,f sont des constantes réelles et $F:(x,y)\mapsto F(x,y)$ une fonction donnée.

Ici encore, en toute généralité, les coefficients a,b,c,d,e,f peuvent être des fonctions. Pour ces équations, on démontre le résultat suivant.

Proposition 3. Le signe de l'expression b^2-ac est invariant par changement de variable. D'autre part, l'E.D.P. (1.18) peut toujours s'écrire sous la forme

$$a'\frac{\partial^2 u}{\partial x^2}+c'\frac{\partial^2 u}{\partial y^2}+d'\frac{\partial u}{\partial x}+e'\frac{\partial u}{\partial y}+f'u+G=0 \tag{1.19}$$

où a',c',d',e',f' sont des constantes réelles et $G:(x,y)\mapsto G(x,y)$ une fonction.

Démonstration.
Faisons le changement de variables $(x,y)\leftrightarrow(s,t)$. La fonction qui avait pour expression u avec les variables (x,y) a désormais pour expression v avec les nouvelles variables (s,t), autrement dit $u(x,y)=v\big(s(x,y),t(x,y)\big)=v(s,t)$.
Calculons les dérivées partielles premières et secondes de u. On obtient d'abord

$$\frac{\partial u}{\partial x}=\frac{\partial v}{\partial s}\big(s,t\big)\frac{\partial s}{\partial x}+\frac{\partial v}{\partial t}\big(s,t\big)\frac{\partial t}{\partial x}$$
$$\frac{\partial u}{\partial y}=\frac{\partial v}{\partial s}\big(s,t\big)\frac{\partial s}{\partial y}+\frac{\partial v}{\partial t}\big(s,t\big)\frac{\partial t}{\partial y}$$

puis

$$\frac{\partial^2 u}{\partial x^2} = \frac{\partial^2 v}{\partial s^2}(s,t)\left(\frac{\partial s}{\partial x}\right)^2 + 2\frac{\partial^2 v}{\partial s\partial t}(s,t)\,\frac{\partial s}{\partial x}\frac{\partial t}{\partial x} + \frac{\partial^2 v}{\partial t^2}(s,t)\left(\frac{\partial t}{\partial x}\right)^2$$

$$\frac{\partial^2 u}{\partial y^2} = \frac{\partial^2 v}{\partial s^2}(s,t)\left(\frac{\partial s}{\partial y}\right)^2 + 2\frac{\partial^2 v}{\partial s\partial t}(s,t)\,\frac{\partial s}{\partial y}\frac{\partial t}{\partial y} + \frac{\partial^2 v}{\partial t^2}(s,t)\left(\frac{\partial t}{\partial y}\right)^2$$

et

$$\frac{\partial^2 u}{\partial x\partial y} = \frac{\partial^2 v}{\partial s^2}(s,t)\,\frac{\partial s}{\partial x}\frac{\partial s}{\partial y} + \frac{\partial^2 v}{\partial s\partial t}(s,t)\left[\frac{\partial t}{\partial x}\frac{\partial s}{\partial y} + \frac{\partial s}{\partial x}\frac{\partial t}{\partial y}\right] + \frac{\partial^2 v}{\partial t^2}(s,t)\,\frac{\partial t}{\partial x}\frac{\partial t}{\partial y}$$

et en reportant dans (1.18) on obtient l'équation suivante désormais vérifiée par v

$$\widetilde{a}\frac{\partial^2 v}{\partial s^2} + 2\widetilde{b}\frac{\partial^2 v}{\partial s\partial t} + \widetilde{c}\frac{\partial^2 v}{\partial t^2} + \widetilde{d}\frac{\partial v}{\partial s} + \widetilde{e}\frac{\partial v}{\partial t} + \widetilde{f}\,v + \widetilde{\varphi} = 0$$

avec

$$\widetilde{a} = a\left(\frac{\partial s}{\partial x}\right)^2 + 2b\frac{\partial s}{\partial x}\frac{\partial s}{\partial y} + c\left(\frac{\partial s}{\partial y}\right)^2$$

$$\widetilde{b} = a\frac{\partial s}{\partial x}\frac{\partial t}{\partial x} + b\left(\frac{\partial t}{\partial x}\frac{\partial s}{\partial y} + \frac{\partial s}{\partial x}\frac{\partial t}{\partial y}\right) + c\frac{\partial s}{\partial y}\frac{\partial t}{\partial y}$$

$$\widetilde{c} = a\left(\frac{\partial t}{\partial x}\right)^2 + 2b\frac{\partial t}{\partial x}\frac{\partial t}{\partial y} + c\left(\frac{\partial t}{\partial y}\right)^2$$

$$\widetilde{d} = d\frac{\partial s}{\partial x} + e\frac{\partial s}{\partial y}$$

$$\widetilde{e} = d\frac{\partial t}{\partial x} + e\frac{\partial t}{\partial y}$$

Soit maintenant $[J] = \begin{bmatrix} \dfrac{\partial s}{\partial x} & \dfrac{\partial s}{\partial y} \\ \dfrac{\partial t}{\partial x} & \dfrac{\partial t}{\partial y} \end{bmatrix}$ la matrice jacobienne du changement de variables. Les relations précédentes s'écrivent :

$$\begin{Bmatrix} \widetilde{d} \\ \widetilde{e} \end{Bmatrix} = [J].\begin{Bmatrix} d \\ e \end{Bmatrix} \quad (\star) \quad \text{et} \quad \begin{bmatrix} \widetilde{a} & \widetilde{b} \\ \widetilde{b} & \widetilde{c} \end{bmatrix} = [J].\begin{bmatrix} a & b \\ b & c \end{bmatrix}.{}^{\mathbf{t}}[J] \qquad (\star\star)$$

La matrice symétrique $\begin{bmatrix} a & b \\ b & c \end{bmatrix}$ est orthogonalement diagonalisable. Il existe donc une matrice orthogonale $[P]$ (c'est à dire telle que $[P]^{\mathbf{t}}[P] = [I_2]$) et deux constantes a_0 et b_0 telles que

$${}^{\mathbf{t}}[P]\begin{bmatrix} a & b \\ b & c \end{bmatrix}[P] = \begin{bmatrix} a_0 & 0 \\ 0 & c_0 \end{bmatrix}$$

Ainsi, si on choisit le changement de variable linéaire dont le jacobien est ${}^{\mathbf{t}}[P]$, alors v vérifie une équation de la forme

$$a_0\frac{\partial^2 v}{\partial s^2} + c_0\frac{\partial^2 v}{\partial t^2} + d_0\frac{\partial v}{\partial s} + e_0\frac{\partial v}{\partial t} + f_0\,v + \varphi_0 = 0$$

D'une manière générale, ($\star\star$) implique, en prenant les déterminants, que

$$\widetilde{b}^2 - \widetilde{a}\widetilde{c} = \det([J])^2.(b^2 - ac)$$

Comme le jacobien $\det([J])$ du changement de variables est non nul, on en déduit que le signe de $b^2 - ac$ est invariant.
C'est en particulier le cas si on se limite aux changements de variables conservant les longueurs, c'est-à-dire tels que $|\det([J])| = 1$, comme par exemple dans le cas où $[J] = {}^t[P]$, ce qui conduit à $b^2 - ac = -a_0 c_0$ □

Ce résultat permet alors de classer les équations de la forme (1.18) en trois catégories selon le signe de l'expression $b^2 - ac$. Précisément, on pose la définition suivante.

Définition 5. On qualifie l'équation aux dérivées partielles :

1. D'*elliptique* lorsque $b^2 - ac < 0$.
2. D'*hyperbolique* lorsque $b^2 - ac > 0$.
3. De *parabolique* lorsque $b^2 - ac = 0$.

Cette terminologie est directement liée à la classification des coniques en géométrie et chacune de ces catégories possède un représentant emblématique très souvent rencontré dans la modélisation des problèmes physiques. Une équation représentative de chacune de ces catégories sera donnée dans le chapitre suivant.

3.3 Conditions aux limites et conditions initiales

3.3.1 Exemples

Dans la situation décrite, les conditions aux limites sont spatiales et portent sur les « bords » du domaine (d'où le terme de conditions « aux limites ») et les conditions initiales sont temporelles et décrivent le profil du champ u à l'instant initial $t = 0$ sur le domaine (d'où le terme de conditions « initiales »).

Par exemple, dans le cas d'une fonction $u : (t, x) \mapsto u(t, x)$, imposer une condition initiale revient à se donner une fonction u_0 de la variable d'espace x et à imposer, pour tout x, les valeurs $u(t = 0, x) = u_0(x)$ alors qu'imposer des conditions aux limites sur un domaine spatial ($[a, b]$ par exemple) revient à imposer les valeurs prises par u aux deux « bords » du domaine, c'est à dire à se donner deux fonctions u_a et u_b qui dépendent de t telles que, pour tout t, $u(t, a) = u_a(t)$ et $u(t, b) = u_b(t)$.

Pour illustrer cela, utilisons un exemple simple issu de la mécanique. Pour une barre droite de longueur $L \quad [m]$, portée par l'axe (Ox), de section constante d'aire $S \quad [m^2]$, de masse volumique $\rho \quad [m^3]$, de module d'Young $E \quad [Pa]$, soumise à une force linéique $f \quad [N \cdot m^{-1}]$, l'équation qui décrit le champ u des déplacements des sections d'abscisse x (sous certaines hypothèses simplificatrices qui seront détaillées dans les chapitres 6, 7, 8 consacrés à la méthode des éléments finis et ses applications) est :

$$\rho S \frac{\partial u}{\partial t}(t, x) - SE \frac{\partial^2 u}{\partial x^2}(t, x) = f(t, x) \text{ pour } (t, x) \in \mathbb{R}^{+*} \times]0, L[\qquad (1.20)$$

Les conditions initiales sont donc de la forme $\forall x \in [0,L], u(t=0,x) = u_0(x)$ où u_0 est une fonction donnée qui définit la position de chaque section d'abscisse x au temps initial $t=0$. Les conditions aux limites, quant à elles, peuvent être de différents types :

1. On peut imposer les valeurs du champ u sur le bord du domaine. Par exemple, en notant α et β deux constantes

$$\forall t \in \mathbb{R}^{+*}, \quad \begin{cases} u(t,0) = \alpha \\ u(t,L) = \beta \end{cases}$$

2. On peut imposer les valeurs de la dérivée partielle de u (par rapport à x) sur le bord du domaine. Par exemple, en notant α et β deux constantes

$$\forall t \in \mathbb{R}^{+*}, \quad \begin{cases} \dfrac{\partial u}{\partial x}(t,0) = \alpha \\ \dfrac{\partial u}{\partial x}(t,L) = \beta \end{cases}$$

3. Enfin, on peut imposer à la fois la valeur du champ u en une extrémité du domaine et la valeur de sa dérivée partielle $\dfrac{\partial u}{\partial x}$ en l'autre extrémité du domaine. On appelle cela des conditions aux limites mixtes. Par exemple, en notant toujours α et β deux constantes

$$\forall t \in \mathbb{R}^{+*}, \quad \begin{cases} u(t,0) = \alpha \\ \dfrac{\partial u}{\partial x}(t,L) = \beta \end{cases}$$

Pour un problème différentiel en dimension 2, la notion de dérivée doit être remplacée par la notion de *dérivée normale* (voir annexe A, section 3 page 772). Par exemple, dans le cas d'une E.D.P. posée sur un domaine Ω ouvert de $\mathbb{R}^2$ de bord régulier $\Gamma = \delta\Omega$, réunion disjointe de deux parties Γ_0 et Γ_1, c'est à dire que

$$\begin{cases} \Gamma = \Gamma_0 \cup \Gamma_1 \\ \Gamma_0 \cap \Gamma_1 = \emptyset \end{cases}$$

on peut souhaiter imposer les valeurs du champ u solution sur une partie Γ_0 du bord et la quantité $\vec{\nabla} u(x,y) \cdot \vec{n}(x,y)$ en chaque point (x,y) d'une autre partie Γ_1 du bord, où $\vec{\nabla} u(x,y)$ désigne le gradient de u en (x,y) et $\vec{n}(x,y)$ la normale extérieure unitaire au bord (voir illustration dans la figure 1.3).

C'est la quantité $\vec{\nabla} u(x,y) \cdot \vec{n}(x,y)$, notée $\dfrac{\partial u}{\partial n}(x,y)$, qui est appelée la *dérivée normale* de u.

3.3.2 Conditions aux limites de Dirichlet, Neumann, mixte et Robin

Pour distinguer les différents types de conditions aux limites, on utilise le vocabulaire suivant (le mot dérivée est mis entre guillemets pour rappeler qu'il peut s'agir d'une dérivée partielle ou d'une dérivée normale) :

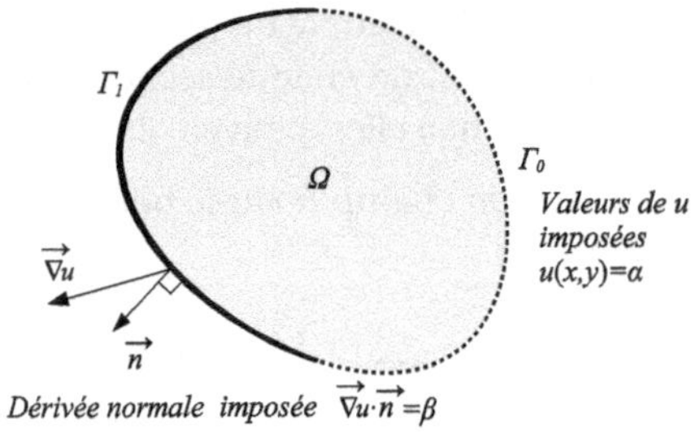

FIGURE 1.3 – Le domaine Ω et son bord $\Gamma = \Gamma_1 \cup \Gamma_2$

Définition 6. On dit qu'on impose des conditions aux limites :

1. De type *Dirichlet* lorsqu'on impose les valeurs du champ sur le bord du domaine (Johann Lejeune Dirichlet, 1805-1859, mathématicien allemand).
2. De type *Neumann* lorsqu'on impose les valeurs des « dérivées » sur le bord du domaine (John von Neumann,1903-1957, mathématicien et physicien américain).
3. De type mixte *Dirichlet-Neumann* lorsqu'on impose les valeurs du champ sur une partie du bord du domaine et les valeurs des « dérivées » sur l'autre partie du bord du domaine.
4. de type *Robin* lorsqu'on impose une combinaison linéaire des deux conditions aux limites de Dirichlet et Neumann (Victor Gustave Robin, 1855-1897, mathématicien français).

3.4 Problème bien posé au sens de Hadamard

La notion de problème *bien posé* a été définie par Hadamard (Jacques Salomon Hadamard, 1865-1963, mathématicien français) de la manière suivante :

Définition 7. On dit qu'un problème est *bien posé* au sens de Hadamard lorsque :

1. Une solution existe pour ce problème.
2. Cette solution est unique.
3. Cette solution dépend des données de manière continue (au sens d'une topologie choisie). En particulier, cela signifie qu'une « petite » perturbation des données initiales doit conduire à une solution qui a elle-même subi une « petite » perturbation.

Pour illustrer cela, on peut montrer que le problème suivant est bien posé au sens de Hadamard.

$$\begin{cases} u''(x) = 0 \text{ sur }]0,1[\\ u(0) = \alpha \\ u(1) = \beta \end{cases} \tag{1.21}$$

En effet, la solution générale de l'équation différentielle $u''(x) = 0$ est bien sûr de la forme $u(x) = Ax + B$ où A et B sont deux constantes qui peuvent être déterminées de manière unique grâce aux conditions aux limites (de type Dirichlet) $u(0) = \alpha$ et $u(1) = \beta$ puisque

$$\begin{cases} u(0) = \alpha \\ u(1) = \beta \end{cases} \iff \begin{cases} A = \beta - \alpha \\ B = \alpha \end{cases}$$

La solution $u : x \mapsto u(x) = (\beta - \alpha)x + \alpha$ est alors entièrement connue et unique.
Par conséquent, cela prouve qu'il existe une solution et que cette solution est unique. Il reste à démontrer qu'elle dépend continûment des données. Le raisonnement est le suivant. On perturbe légèrement les données en remplaçant α par $\alpha + \varepsilon_1$ et β par $\beta + \varepsilon_2$ où ε_1 et ε_2 sont deux nombres strictement positifs « petits ». On détermine alors la solution u_ε du nouveau problème « perturbé »

$$\begin{cases} u''_\varepsilon(x) = 0 \text{ sur }]0,1[\\ u_\varepsilon(0) = \alpha + \varepsilon_1 \\ u_\varepsilon(1) = \beta + \varepsilon_2 \end{cases}$$

qui est donnée par $u_\varepsilon : x \mapsto u_\varepsilon(x) = (\beta - \alpha + \varepsilon_2 - \varepsilon_1)x + \alpha + \varepsilon_1$ et on mesure, avec la norme infinie, l'écart entre u et u_ε :

$$|u_\varepsilon(x) - u(x)| \leq |\varepsilon_2 - \varepsilon_1||x| + |\varepsilon_1| \leq |\varepsilon_2| + 2|\varepsilon_1|$$

donc

$$||u_\varepsilon - u||_\infty = \sup_{[0,1]} |u_\varepsilon(x) - u(x)| \leq |\varepsilon_2| + 2|\varepsilon_1|$$

Autrement dit, une « petite » perturbation des données provoque une « petite » perturbation de la solution ce qui prouve finalement que le problème (1.21) est bien posé.

Remarque. On peut aussi montrer directement la continuité de l'application qui associe aux données initiales $(\alpha, \beta) \in \mathbb{R}^2$ la solution que l'on notera $u_{\alpha,\beta}$.
Les solutions appartiennent à l'espace vectoriel $\mathscr{C}([0,1]) \cap \mathscr{D}^2(]0,1[)$ où $\mathscr{D}^2(]0,1[)$ désigne l'espace vectoriel des fonctions sur $]0,1[$ deux fois dérivables. On choisit de le munir de la norme induite par la norme « infini » $\|.\|_\infty$. Il s'agit donc de montrer la continuité de l'application U de $\mathbb{R}^2$ dans $\mathscr{C}([0;1]) \cap \mathscr{D}^2(]0;1[)$ qui associe, au couple (α, β), la fonction $u_{\alpha,\beta}$ (restriction à $]0,1[$ de la fonction affine valant α en 0 et β en 1) pour la norme $\|.\|_\infty$. On vérifie facilement que

$$\begin{cases} u_{\alpha_1+\alpha_2,\beta_1+\beta_2} = u_{\alpha_1,\beta_1} + u_{\alpha_2,\beta_2} \\ u_{\lambda.\alpha,\lambda.\beta} = \lambda.u_{\alpha,\beta} \end{cases}$$

donc que U est linéaire. On vérifie également que

$$\left\|u_{\alpha,\beta}\right\|_\infty = \sup_{t\in[0,1]} \left|u_{\alpha,\beta}(t)\right| = \max(|\alpha|, |\beta|)$$

donc que U est une isométrie. Par conséquent, U est a fortiori continue.

Une « petite » perturbation des conditions aux limites provoque une perturbation de même ampleur de la solution. Précisément, si on perturbe légèrement les conditions initiales en remplaçant α par $\alpha+\varepsilon_1$ et β par $\beta+\varepsilon_2$ où ε_1 et ε_2 sont deux nombres strictement positifs et « petits », la solution du problème perturbé : $u_{\alpha+\varepsilon_1,\beta+\varepsilon_2}$ vérifie :

$$\sup_{t\in[0,1]} \left|u_{\alpha+\varepsilon_1,\beta+\varepsilon_2}(t) - u_{\alpha,\beta}(t)\right| = \max(\varepsilon_1, \varepsilon_2)$$

Pour terminer, remarquons que le choix de la norme au départ n'a pas d'importance car sur $\mathbb{R}^2$ (de dimension finie) toutes les normes sont équivalentes. Il n'en est pas de même à l'arrivée, même si l'on peut montrer ici que $u_{\alpha,\beta}$ dépend continûment de (α, β) aussi avec les normes $\|.\|_1$ ou $\|.\|_2$.

Enfin, un exemple trivial de problème mal posé est celui de la résolution d'une équation matricielle de la forme $AX = B$ où A est une matrice donnée, carrée et non inversible, B est un vecteur connu et X un vecteur inconnu.

Chapitre 2

Modélisation de quelques problèmes physiques conduisant à des E.D.P.

Ce chapitre présente une liste non exhaustive de modélisations de problèmes physiques conduisant à quelques-unes des équations aux dérivées partielles fondamentales. La description du problème physique et le raisonnement conduisant au problème différentiel sont détaillés et la résolution analytique de certains de ces problèmes est discutée. Les méthodes de résolution approchée (méthode des *différences finies* et des *éléments finis*) sont proposées dans les chapitres qui suivent.

1 L'équation de transport

1.1 Origine de l'équation

Cette équation, aussi appelée équation de *convection*, apparaît lorsqu'on modélise le transport d'une quantité scalaire dans un fluide ou un gaz en mouvement.

Pour établir cette équation, considérons un gaz dont les particules se déplacent le long de l'axe (Ox) et supposons connue la densité de particules en chaque point d'abscisse x et à l'instant initial $t = 0$. Cette densité est notée $\varphi(x)$ et constitue une condition initiale. On désigne par $u(t,x)$ la densité de particules au point d'abscisse x et à l'instant $t > 0$ et on s'intéresse maintenant à l'évolution de ce champ scalaire lorsque le couple (t,x) évolue dans $\mathbb{R}^{+*} \times \mathbb{R}$. Pour simplifier la modélisation du problème, faisons les deux hypothèses simplificatrices suivantes :

1. La vitesse de déplacement des particules, notée c, est une constante strictement positive (autrement dit, les particules se déplacent à vitesse constante vers la droite sur l'axe (Ox), c'est-à-dire vers les $x > 0$).

2. Le champ scalaire $u : (t,x) \mapsto u(t,x)$ est « assez régulier » pour justifier les opérations qui suivent (en particulier les opérations de dérivation).
3. Le nombre de particules dans une tranche infinitésimale $[x, x+\Delta x]$ et à un instant t, noté $N(t,x,\Delta x)$, est assez grand pour qu'on puisse supposer qu'il s'agit d'une grandeur continue.

Par définition de la densité, on peut écrire

$$N(t,x,\Delta x) = \int_x^{x+\Delta x} u(t,y)\,\mathrm{d}y \tag{2.1}$$

En particulier, $N(0,x,\Delta x)$ représente le nombre de particules contenues dans la tranche infinitésimale $[x, x+\Delta x]$ à l'instant initial $t = 0$. Or, toutes les particules se déplaçant à vitesse constante $c > 0$, à l'instant $t > 0$, le nombre de particules contenues dans la tranche infinitésimale $[x+ct, x+ct+\Delta x]$ est le même. On a donc les égalités, pour tout $x \in \mathbb{R}$ et tout $t > 0$

$$N(t, x+ct, \Delta x) = N(0,x,\Delta x)$$

c'est à dire, d'après (2.1)

$$N(t, x+ct, \Delta x) = N(0,x,\Delta x) = \int_{x+ct}^{x+ct+\Delta x} u(t,y)\,\mathrm{d}y \tag{2.2}$$

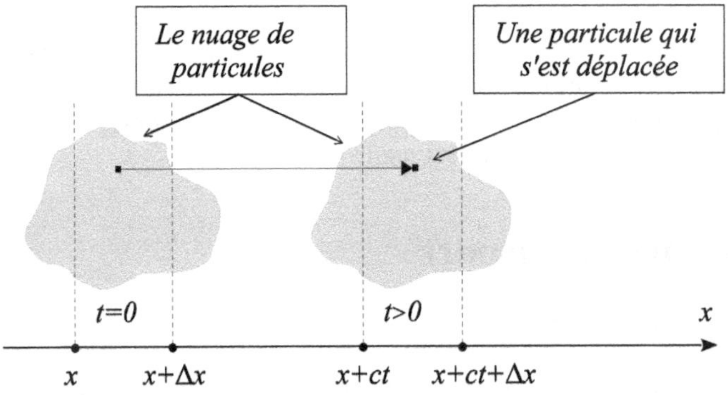

FIGURE 2.1 – Illustration des particules qui se déplacent au cours du temps

Avant de dériver la relation (2.2) par rapport au temps t, faisons deux petits rappels de calcul différentiel. Commençons par le théorème fondamental de l'analyse qui peut s'énoncer de la manière suivante : pour une fonction $g : t \mapsto g(t)$ continue sur $\mathbb{R}$ et à valeurs dans $\mathbb{R}$, la fonction $t \mapsto \int_0^t g(y)\,\mathrm{d}y$, qui n'est rien d'autre que l'unique primitive de g sur $\mathbb{R}$ qui s'annule en 0, est de classe $\mathscr{C}^1$ sur $\mathbb{R}$ (et donc en particulier dérivable) et

$$\frac{\mathrm{d}}{\mathrm{d}t}\int_0^t g(y)\,\mathrm{d}y = g(t) \tag{2.3}$$

Soient maintenant $f : (t,x) \mapsto f(t,x)$ une fonction continue sur $\mathbb{R}^2$ à valeurs dans $\mathbb{R}$, a et b deux fonctions de classe $\mathscr{C}^1$ sur $\mathbb{R}$ à valeurs dans $\mathbb{R}$. Posons

$$I(t) = \int_{a(t)}^{b(t)} f(t,y)\,\mathrm{d}y$$

Alors, la fonction $I : t \mapsto I(t)$ est de classe $\mathscr{C}^1$ sur $\mathbb{R}$ et

$$I'(t) = \frac{\mathrm{d}}{\mathrm{d}t}\int_{a(t)}^{b(t)} f(t,y)\,\mathrm{d}y = b'(t)f\big(t,b(t)\big) - a'(t)f\big(t,a(t)\big) + \int_{a(t)}^{b(t)} \frac{\partial f}{\partial t}(t,y)\,\mathrm{d}y \tag{2.4}$$

En posant $\big(a : t \mapsto x+ct\big)$ et $\big(b : t \mapsto x+ct+\Delta x\big)$, on peut appliquer (2.4) à la fonction $t \mapsto N(t, x+ct, \Delta x)$, ce qui donne

$$\frac{\mathrm{d}}{\mathrm{d}t}N(t,x+ct,\Delta x) = cu(t,x+ct+\Delta x) - cu(t,x+ct) + \int_{x+ct}^{x+ct+\Delta x} \frac{\partial u}{\partial t}(t,y)\,\mathrm{d}y$$

Ensuite, en remarquant que $N(0,x,\Delta x)$ ne dépend pas du temps on a

$$\frac{\mathrm{d}}{\mathrm{d}t}N(t,x+ct,\Delta x) = \frac{\mathrm{d}}{\mathrm{d}t}N(0,x,\Delta x) = 0$$

soit finalement

$$c\big(u(t,x+ct+\Delta x) - u(t,x+ct)\big) + \int_{x+ct}^{x+ct+\Delta x} \frac{\partial u}{\partial t}(t,y)\,\mathrm{d}y = 0 \tag{2.5}$$

Voyons maintenant ce qui se passe à la limite lorsque $\Delta x \to 0$ en commençant par diviser (2.5) par $\Delta x > 0$. On obtient tout d'abord

$$c\frac{u(t,x+ct+\Delta x) - u(t,x+ct)}{\Delta x} + \frac{1}{\Delta x}\int_{x+ct}^{x+ct+\Delta x} \frac{\partial u}{\partial t}(t,y)\,\mathrm{d}y = 0$$

Il est alors clair que

$$\lim_{\Delta x \to 0} c\frac{u(t,x+ct+\Delta x) - u(t,x+ct)}{\Delta x} = c\frac{\partial u}{\partial x}(t,x+ct)$$

alors que, par le théorème fondamental de l'analyse,

$$\lim_{\Delta x \to 0} \frac{1}{\Delta x}\int_{x+ct}^{x+ct+\Delta x} \frac{\partial u}{\partial t}(t,y)\,\mathrm{d}y = \frac{\partial u}{\partial t}(t,x+ct)$$

et (2.5) devient, à la limite lorsque $\Delta x \to 0$, l'équation aux dérivées partielles du premier ordre, pour $(t,x) \in \mathbb{R}^{+*} \times \mathbb{R}$

$$\boxed{\frac{\partial u}{\partial t}(t,x+ct) + c\frac{\partial u}{\partial x}(t,x+ct) = 0}$$

Cette équation doit bien sûr être accompagnée de la condition initiale

$$\forall x \in \mathbb{R}, \quad u(0,x) = \varphi(x)$$

et, dans l'éventualité d'un domaine borné $[a,b] \subset \mathbb{R}$, de conditions aux limites.

1.2 L'équation

Il s'agit d'une équation aux dérivées partielles d'ordre 1. Elle est donnée dans le cas d'un champ u à valeurs réelles qui dépend du temps t et d'une variable d'espace x.

Définition 8. On appelle équation de *transport* l'équation aux dérivées partielles d'inconnue u (un champ scalaire supposé au moins de classe $\mathscr{C}^1$) donnée par

$$\frac{\partial u}{\partial t}(t,x)+c\frac{\partial u}{\partial x}(t,x)=f(t,x) \tag{2.6}$$

où $t>0$ est la variable temporelle, $x\in\mathbb{R}$ la variable spatiale, $c\in\mathbb{R}^*$ la vitesse de transport et f une fonction donnée « assez régulière ».

Remarque. La vitesse c est ici supposée constante mais on peut bien sûr traiter le cas où elle ne l'est pas.

1.3 Phénomène de transport de la solution le long des caractéristiques

L'équation de transport telle qu'elle est donnée a la particularité de posséder des solutions très faciles à obtenir dans deux situations décrites ci-dessous et correspondant à un domaine spatial borné ou non borné.

La résolution s'appuie sur la méthode dite des *caractéristiques* qui consiste à chercher des courbes, appelées des *courbes caractéristiques*, qui permettent de ramener l'E.D.P. à une simple équation différentielle ordinaire lorsqu'on « reste sur ces courbes ». Pour illustrer cela, considérons le problème (2.6) dans le cas particulier homogène :

$$\begin{cases}\dfrac{\partial u}{\partial t}(t,x)+c\dfrac{\partial u}{\partial x}(t,x)=0 & \text{pour } (t,x)\in\mathbb{R}^{+*}\times\mathbb{R}\\ u(0,x)=u_0(x) & \text{pour } x\in\mathbb{R}\end{cases} \tag{2.7}$$

où u_0 est une fonction donnée et dérivable sur $\mathbb{R}$.

Dans le demi plan $\mathbb{R}^+\times\mathbb{R}$, considérons les droites D_ξ, passant par les points de coordonnées $(\xi,0)$ (où $\xi\in\mathbb{R}$) d'équations cartésiennes $x=\xi+ct$ et d'équations paramétriques $\forall s\in\mathbb{R},\quad \begin{cases}x(s)=\xi+cs\\ t(s)=s\end{cases}$.

Calculons la dérivée de u le long de D_ξ. Les variables de u sont désormais $\big(t(s),x(s)\big)$ et on dérive donc la fonction $s\mapsto u\big(t(s),x(s)\big)$ par rapport à la variable s. Cependant, pour alléger les notations, on continuera à écrire (t,x) en omettant la dépendance vis à vis de s qu'il convient tout de même de conserver en mémoire :

$$\frac{\mathrm{d}u}{\mathrm{d}s}(t,x)=\frac{\partial u}{\partial x}(t,x)\frac{\mathrm{d}x}{\mathrm{d}s}(t,x)+\frac{\partial u}{\partial t}(t,x)\frac{\mathrm{d}t}{\mathrm{d}s}(t,x)=\frac{\partial u}{\partial t}(t,x)+c\frac{\partial u}{\partial x}(t,x)=0$$

Autrement dit, le long de la droite D_ξ, la solution u vérifie l'E.D.O. $\dfrac{\mathrm{d}u}{\mathrm{d}s}=0$ et est donc constante. En conséquence, si l'on cherche à connaître la valeur de la solution u au point de coordonnées (t, x), il suffit de déterminer la droite caractéristique D_ξ qui passe par le point (t, x) et qui a pour équation $x = \xi + ct$. Connaissant x, t, c on obtient $\xi = x - ct$. Or, comme u est constante le long de D_ξ, sa valeur au point (t, x) est la même que sa valeur au point $(0, \xi)$.

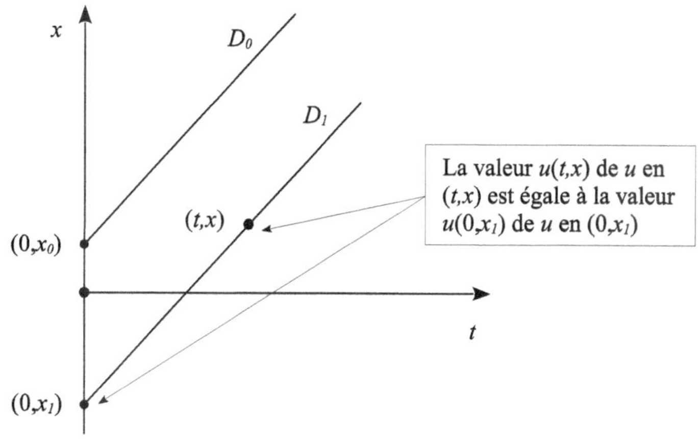

FIGURE 2.2 – Deux droites caractéristiques

C'est cette particularité qui donne son nom qualificatif de *transport* à cette équation. En effet, supposons que l'on connaisse la solution au point de coordonnées (t_1, x_1), c'est à dire qu'on connaît $u(t_1, x_1) = u_0(x_1 - ct_1)$. La droite caractéristique passant par le point (t_1, x_1) a pour équation $x = x_0 + ct$ et l'on sait que la solution est constante le long de cette droite caractéristique. À l'instant $t_2 = t + T$, la valeur x_2 correspondant au point de la droite est donnée par $x_2 = x_0 + ct_2 = x_1 + cT$. Ainsi,

$$u(t_2, x_2) = u_0(x_2 - ct_2) = u_0(x_1 - ct_1) = u_0(t_1, x_1)$$

La valeur de la solution se trouve alors « transportée » à l'identique du point (t_1, x_1) au point (t_2, x_2). En effet, supposons que l'on connaisse la répartition du champ à l'instant t_1, à savoir, pour tout $x \in \mathbb{R}$ les valeurs $u(t_1, x)$. Alors, à l'instant t_2 on a

$$u\big(t_2, x + c(t_1 - t_2)\big) = u(t_1, x)$$

puisque $\big(x + c(t_1 - t_2)\big) - c\,t_2 = x - ct$ c'est à dire $(t_2, x + c(t_1 - t_2))$ et (t_1, x) appartiennent à la même droite caractéristique. Autrement dit, la distribution des valeurs de u à l'instant t_2 devient la distribution des valeurs de l'instant t_1 « transportée » par la translation de vecteur $c(t_1 - t_2)$.

Enfin, précisons que cette E.D.P. est qualifiée d'*hyperbolique* et que cette dénomination est liée à l'existence de ce phénomène de propagation de l'information (mais qu'elle n'est pas liée à la classification des E.D.P. du second ordre évoquée précédemment).

1.4 Solution analytique en domaine non borné

Donnons maintenant la solution analytique de l'équation de transport en domaine non borné lorsqu'elle est assortie d'une condition initiale. Pour énoncer ces résultats, les données fournies seront supposées « assez régulières » pour valider les calculs effectués.

Proposition 4. On suppose la fonction f continue sur $\mathbb{R}^2$ et la fonction φ de classe $\mathscr{C}^1$ sur $\mathbb{R}$. Dans le cas d'un domaine spatial non borné, le problème :

$$\begin{cases} \dfrac{\partial u}{\partial t}(t,x) + c\dfrac{\partial u}{\partial x}(t,x) = f(t,x) & \text{pour } (t,x) \in \mathbb{R}^{+*} \times \mathbb{R} \\ u(0,x) = \varphi(x) & \text{pour } x \in \mathbb{R} \end{cases} \tag{2.8}$$

admet comme solution unique la fonction

$$u : (t,x) \mapsto \varphi(x-ct) + \int_0^t f\big(s, x - c(t-s)\big)\mathrm{d}s \tag{2.9}$$

Démonstration.
On se déplace le long de la droite caractéristique d'équation $y = x_0 + c\,t$ où $t \in \mathbb{R}^+$.
La fonction $t \mapsto g(t) = u(t, x_0 + c\,t)$ a pour dérivée :

$$g'(t) = \frac{\partial u}{\partial t}(t, x_0 + c\,t) + c\,\frac{\partial u}{\partial x}(t, x_0 + c\,t)$$

et la valeur initiale est $g(0) = u(0, x_0) = \varphi(x_0)$ donc g est solution du problème de Cauchy

$$\begin{cases} g'(t) = f(t, x_0 + c\,t) \\ g(0) = \varphi(x_0) \end{cases}$$

dont la solution est, pour $t \in \mathbb{R}^+$: $g : t \mapsto \varphi(x_0) + \int_0^t f(s, x_0 + c\,s)\,\mathrm{d}s$, ce qui conduit à la solution, toujours pour $t \in \mathbb{R}^+$ $u(t, x_0 + c\,t) = \varphi(x_0) + \int_0^t f(s, x_0 + c\,s)\,\mathrm{d}s$.
Or, tout $(t,x) \in \mathbb{R}^+ \times \mathbb{R}$ est de la forme $(t, x_0 + c\,t)$ avec $x_0 = x - c\,t$ et on obtient bien la solution, pour tout $(t,x) \in \mathbb{R}^+ \times \mathbb{R}$

$$u : (t,x) \mapsto \varphi(x - c\,t) + \int_0^t f(s, x - c\,t + c\,s)\,\mathrm{d}s$$

□

1.5 Exemple de solution en domaine non borné

A titre d'exemple, utilisons le résultat précédent pour résoudre le problème homogène

$$\begin{cases} \dfrac{\partial u}{\partial t}(t,x) + c\dfrac{\partial u}{\partial x}(t,x) = 0 & \text{pour } (t,x) \in \mathbb{R}^{+*} \times \mathbb{R} \\ u(0,x) = \varphi(x) & \text{pour } x \in \mathbb{R} \end{cases} \tag{2.10}$$

dans le cas où $c = 1$ et $\varphi : x \mapsto \sin x$. On sait que la solution est alors simplement donnée par $u(t,x) = \varphi(x-t) = \sin(x-t)$ et la figure 2.3 montre, en trait plein, la condition initiale et, en pointillés, la solution « transportée » pour différentes valeurs du temps t.

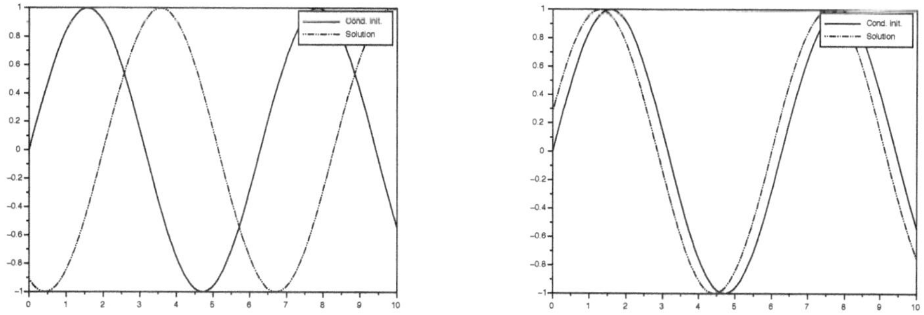

FIGURE 2.3 – Condition initiale et solution à $t = 2$ puis $t = 6$

1.6 Solution analytique en domaine borné

Donnons maintenant la solution analytique de l'équation de transport en domaine borné. Cette situation impose de fournir, en plus de la condition initiale, une condition aux limites.

Proposition 5. On suppose la fonction f continue sur $\mathbb{R}^2$, les deux fonctions φ et ψ de classe $\mathscr{C}^1$ sur $\mathbb{R}$ et $c > 0$. Dans le cas d'un domaine spatial $[a, b]$ borné, le problème

$$\begin{cases} \dfrac{\partial u}{\partial t}(t,x) + c\dfrac{\partial u}{\partial x}(t,x) = f(t,x) & \text{pour } (t,x) \in \mathbb{R}^{+*} \times]a,b[\\ u(0,x) = \varphi(x) & \text{pour } x \in]a,b[\\ u(t,a) = \psi(t) & \text{pour } t \in \mathbb{R}^{+*} \end{cases} \tag{2.11}$$

admet pour unique solution

$$u(t,x) = \begin{cases} \varphi(x - ct) \quad + \displaystyle\int_0^t f(s, x - ct + cs)\,\mathrm{d}s & \text{si } x \geq a + ct \\ \psi\left(t - \dfrac{x-a}{c}\right) + \displaystyle\int_0^{t-t_0} f(t_0 + r, a + cr)\,\mathrm{d}r & \text{si } x \leq a + ct \end{cases} \tag{2.12}$$

Remarque. Dans le cas d'un domaine borné, le lecteur aura remarqué qu'une condition aux limites a été ajoutée sur le bord gauche du domaine, c'est à dire en $x = a$. On peut traduire physiquement la nécessité de fournir cette condition par le fait que, si l'on « attend trop », l'information donnée par la condition initiale aura été transportée « trop loin pour être utilisable ». Il est donc nécessaire de savoir ce qui « entre » à tout instant.

Démonstration.
Les droites caractéristiques sont les droites de pente c. On montre facilement que la droite caractéristique passant par $(t,x) \in \mathbb{R}^+ \times [a,, b]$ coupe :

a. L'axe des x en $x_0 \in [a,b]$, si $x \geq a + ct$
b. L'axe des t en $t_0 \in \mathbb{R}^+$, si $x \leq a + ct$

Observons ce qui se passe dans chaque situation :

a. Si $x \geq a + c\,t$, on montre comme cela a déjà été fait que :

$$u(t,x) = \varphi(x - c\,t) + \int_0^t f(s, x - c(t-s))\,\mathrm{d}s$$

b. Si $x \leq a + c\,t$, on se déplace le long de la droite caractéristique d'équation paramétrique $t \mapsto (t, a + c(t - t_0))$. La fonction

$$g : t \mapsto u\big(t, a + c(t - t_0)\big)$$

vérifie l'équation différentielle $g'(t) = f\big(t, a + c(t - t_0)\big)$ pour $t \geq t_0$ assortie de la condition initiale $g(t_0) = f(t_0, a) = \psi(t_0)$. Donc :

$$g(t) = \psi(t_0) + \int_{t_0}^t f(r, a + c(r - t_0))\,\mathrm{d}r$$

soit :

$$u(t, a + c(t - t_0)) = \psi(t_0) + \int_{t_0}^t f(r, a + c(r - t_0))\,\mathrm{d}r$$

Ainsi, si $(t,x) = (t, a + c(t - t_0))$, on en déduit :

$$u(t,x) = \psi\left(t - \frac{x-a}{c}\right) + \int_{t_0}^t f(r, a + c(r - t))\,\mathrm{d}r$$

ou encore, en posant $s = r - t_0$

$$u(t,x) = \psi\left(t - \frac{x-a}{c}\right) + \int_0^{t-t_0} f(t_0 + s, a + c\,s)\,\mathrm{d}s$$

□

2 L'équation de la chaleur

2.1 Origine de l'équation

L'équation présentée ici porte le nom d'*équation de la chaleur* parce qu'elle permet de modéliser, entre autres, le champ des températures dans la situation décrite ci-dessous. Cette équation, ainsi qu'une solution analytique dans le cas d'un domaine spatial borné est due à Fourier (Jean Baptiste Joseph Fourier, 1768-1830, mathématicien et physicien français).

Cette équation est établie dans le cas unidimensionnel d'un cylindre porté par l'axe (Ox), de longueur $L > 0 \quad [m]$, de section constante d'aire $S \quad [m^2]$, constitué d'un matériau homogène et isotrope caractérisé par sa masse volumique $\rho \quad [kg \cdot m^{-3}]$, sa capacité thermique massique $c \quad [J \cdot kg^{-1} \cdot K^{-1}]$ et son coefficient de conductivité thermique λ $[W \cdot m^{-1} \cdot K^{-1}]$, supposés tous constants pour simplifier.

On s'intéresse au champ scalaire des températures $T : (t,x) \mapsto T(t,x)$ dans le cylindre.
La modélisation s'appuie sur les deux hypothèses simplificatrices suivantes :

1. La température est uniforme sur une tranche infinitésimale du cylindre d'épaisseur Δx comme illustré dans la figure 2.4,
2. Le cylindre est au repos.

Enfin, la loi de Fourier, exprimée ici en une dimension, stipule que le flux thermique surfacique au point de coordonnées $(x, 0, 0)$ au temps t, noté $\vec{q}\,(t, x)$, est défini par

$$\vec{q}\,(t,x) = -\lambda \frac{\partial T}{\partial x}(t,x)\,\vec{x} \tag{2.13}$$

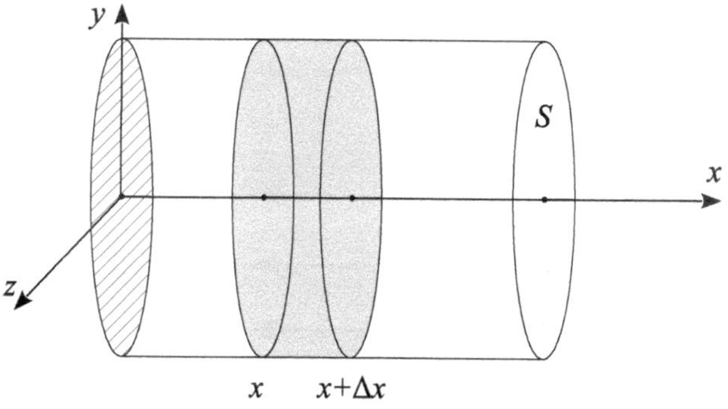

FIGURE 2.4 – Cylindre de longueur L et de section d'aire S

Pour une tranche infinitésimale du cylindre d'épaisseur Δx, matérialisée par le domaine $\Omega(x, \Delta x)$ de $\mathbb{R}^3$, on peut faire le bilan suivant (voir la figure 2.5) :

1. Il y a un flux thermique algébriquement reçu par le domaine au niveau de la face gauche, c'est-à-dire la surface circulaire dont le centre a pour abscisse x. Il vaut, en tenant compte de la loi de Fourier et en notant $\vec{n}\,(x)$ la normale à cette surface (orientée, par convention, vers l'intérieure du domaine, c'est-à-dire vers les $x > 0$)

$$\iint_S \vec{q}\,(t,x)\cdot\vec{n}\,(x) = \iint_S -\lambda \frac{\partial T}{\partial x}(t,x)\,\mathrm{d}y\,\mathrm{d}z = -\lambda S \frac{\partial T}{\partial x}(t,x) \tag{2.14}$$

2. Il y a un flux thermique algébriquement reçu par le domaine au niveau de la face droite, c'est-à-dire la surface circulaire dont le centre a pour abscisse $x + \Delta x$. Il vaut, en tenant compte de la loi de Fourier et en notant $\vec{n}\,(x)$ la normale à cette surface (orientée, par convention, vers l'intérieure du domaine, c'est-à-dire vers les $x < 0$)

$$\iint_S \vec{q}\,(t,x)\cdot\vec{n}\,(x) = \iint_S +\lambda \frac{\partial T}{\partial x}(t,x)\,\mathrm{d}y\,\mathrm{d}z = +\lambda S \frac{\partial T}{\partial x}(t,x) \tag{2.15}$$

3. Il y a une source éventuelle de chaleur interne modélisée par le champ scalaire $s : (t,x) \mapsto s(t,x)$ qui contribue à l'augmentation de l'énergie interne sous la forme du terme

$$\iiint_{\Omega(x,\Delta x)} s(t,x)\,\mathrm{d}x\,\mathrm{d}y\,\mathrm{d}z = S \int_x^{x+\Delta x} s(t,x)\,\mathrm{d}x \tag{2.16}$$

4. Enfin, la variation d'énergie interne est définie par

$$\frac{\mathrm{d}}{\mathrm{d}t}\iiint_{\Omega(x,\Delta x)} \rho c T(t,x)\,\mathrm{d}x\,\mathrm{d}y\,\mathrm{d}z = \rho c S \frac{\mathrm{d}}{\mathrm{d}t}\int_x^{x+\Delta x} T(t,x)\,\mathrm{d}x$$

et, en supposant le champ des températures T assez régulier, on a

$$\frac{\mathrm{d}}{\mathrm{d}t}\int_x^{x+\Delta x} T(t,x)\,\mathrm{d}x = \int_x^{x+\Delta x} \frac{\partial T}{\partial t}(t,x)\,\mathrm{d}x$$

ce qui donne l'expression suivante de la variation d'énergie interne

$$\frac{\mathrm{d}}{\mathrm{d}t}\iiint_{\Omega(x,\Delta x)} \rho c T(t,x)\,\mathrm{d}x\,\mathrm{d}y\,\mathrm{d}z = \rho c S \int_x^{x+\Delta x} \frac{\partial T}{\partial t}(t,x)\,\mathrm{d}x \tag{2.17}$$

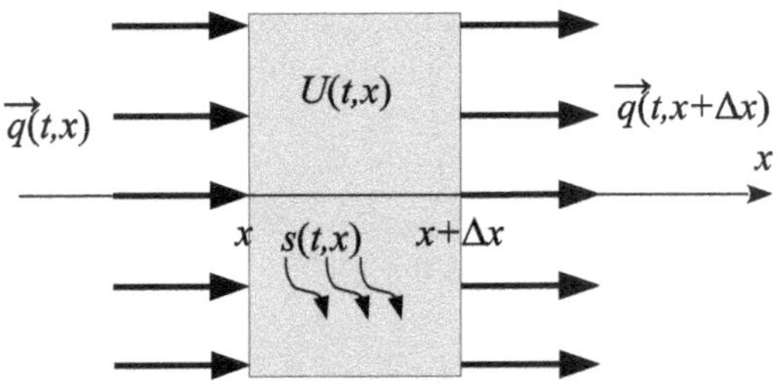

FIGURE 2.5 – Bilan pour une tranche infinitésimale du cylindre

Finalement, le bilan conduit à l'équation

$$\rho c S \int_x^{x+\Delta x} \frac{\partial T}{\partial x}(t,x)\,\mathrm{d}x = -\lambda S \frac{\partial T}{\partial t}(t,x) + \lambda S \frac{\partial T}{\partial x}(t,x+\Delta x) + S\int_x^{x+\Delta x} s(t,x)\,\mathrm{d}x$$

soit, après simplification par S, à

$$\rho c \int_x^{x+\Delta x} \frac{\partial T}{\partial t}(t,x)\,\mathrm{d}x = \lambda\left(\frac{\partial T}{\partial x}(t,x+\Delta x) - \frac{\partial T}{\partial x}(t,x)\right) + \int_x^{x+\Delta x} s(t,x)\,\mathrm{d}x \tag{2.18}$$

Voyons maintenant ce qui se passe lorsque $\Delta x \to 0$. Comme d'habitude, commençons par diviser par $\Delta x > 0$ avant de passer à la limite. On obtient

$$\rho c \frac{1}{\Delta x}\int_x^{x+\Delta x} \frac{\partial T}{\partial t}(t,x)\,\mathrm{d}x = \lambda \frac{\dfrac{\partial T}{\partial x}(t,x+\Delta x) - \dfrac{\partial T}{\partial x}(t,x)}{\Delta x} + \frac{1}{\Delta x}\int_x^{x+\Delta x} s(t,x)\,\mathrm{d}x$$

Toujours en supposant le champ T assez régulier, en l'occurrence de classe $\mathscr{C}^2$, de même que le champ s, on peut écrire

$$\lim_{\Delta x\to 0} \rho c \frac{1}{\Delta x}\int_x^{x+\Delta x} \frac{\partial T}{\partial t}(t,x)\,\mathrm{d}x = \rho c \frac{\partial T}{\partial t}(t,x)$$

$$\lim_{\Delta x \to 0} \lambda \frac{\dfrac{\partial T}{\partial x}(t, x+\Delta x) - \dfrac{\partial T}{\partial x}(t,x)}{\Delta x} = \lambda \frac{\partial^2 T}{\partial x^2}(t,x)$$

$$\lim_{\Delta x \to 0} \frac{1}{\Delta x} \int_x^{x+\Delta x} s(t,x)\,\mathrm{d}x = s(t,x)$$

soit

$$\rho c \frac{\partial T}{\partial t}(t,x) = \lambda \frac{\partial^2 T}{\partial x^2}(t,x) + s(t,x)$$

Finalement, en notant $D = \dfrac{\lambda}{\rho c}$ $[m^2 \cdot s^{-1}]$, appelé le *coefficient de diffusion thermique*, et $f(t,x) = \dfrac{1}{\rho c} s(t,x)$, on obtient l'équation aux dérivées partielles du deuxième ordre, pour $(t,x) \in \mathbb{R}^{+*} \times]0, L[$

$$\boxed{\frac{\partial u}{\partial t}(t,x) - D \frac{\partial^2 u}{\partial x^2}(t,x) = f(t,x)}$$

Cette équation doit être assortie de conditions aux limites qui peuvent consister en l'imposition d'une température sur chaque face, l'imposition d'un flux thermique sur chaque face ou la combinaison des deux et une condition initiale qui consiste à fournir le champ des températures à l'instant initial, c'est-à-dire une fonction $\varphi : x \mapsto \varphi(x)$ assez régulière telle que

$$\forall x \in [0, L], \quad T(0,x) = \varphi(x)$$

2.2 L'équation

Il s'agit d'une équation aux dérivées partielles d'ordre 2 parabolique (au sens de la définition 5). L'inconnue u est un champ scalaire dépendant du temps t et d'une variable spatiale notée x.

Définition 9. On appelle *équation de la chaleur* l'équation aux dérivées partielles parabolique d'inconnue u supposée au moins de classe $\mathscr{C}^2$ sur un domaine de $\mathbb{R}^+ \times \mathbb{R}$

$$\frac{\partial u}{\partial t}(t,x) - D \frac{\partial^2 u}{\partial x^2}(t,x) = f(t,x) \tag{2.19}$$

où D est un réel et f une fonction donnée « assez régulière ».

A l'instar de l'équation de transport, il est possible d'exhiber la solution de deux problèmes particuliers associés à l'équation de la chaleur.

Le premier correspond au cas d'un domaine spatial non borné semi-infini $\mathbb{R}^+$. Il impose de fournir une condition initiale, c'est-à-dire, si l'on s'exprime en termes de température, la donnée d'une fonction φ décrivant le profil des températures au temps $t = 0$, et deux conditions aux limites en $x = 0$ et $+\infty$, c'est à dire la température, à chaque instant, aux deux « bords » du domaine.

Le second correspond au cas d'un domaine spatial borné. Il impose là encore de fournir une condition initiale et deux conditions aux limites. La résolution utilise la technique classique de *séparation des variables* qui conduit à une solution développée en série faisant intervenir les coefficients de Fourier de la condition initiale.

2.3 Solution analytique en domaine non borné

Proposition 6. Dans le cas d'un domaine spatial non borné semi-infini, le problème homogène :

$$\begin{cases} \dfrac{\partial u}{\partial t}(t,x) - D\dfrac{\partial^2 u}{\partial x^2}(t,x) = 0 & \text{pour } (t,x) \in \mathbb{R}^{+*} \times \mathbb{R}^{+*} \\ u(0,x) = 0 & \text{pour } x \in \mathbb{R}^{+*} \\ u(t,0) = \alpha > 0 & \text{pour } t \in \mathbb{R}^{+*} \\ \lim\limits_{x \to +\infty} u(t,x) = 0 & \text{pour } t \in \mathbb{R}^{+*} \end{cases} \tag{2.20}$$

admet comme solution unique la fonction

$$u : (t,x) \mapsto \alpha\left(1 - \frac{2}{\sqrt{\pi}} E\left(\frac{x}{2\sqrt{Dt}}\right)\right) \tag{2.21}$$

où E désigne la *fonction d'erreur* $E : z \mapsto \displaystyle\int_0^z e^{-y^2}\, dy$.

Démonstration.
Soit u une solution de (2.20) suffisamment régulière. On pose $z = \dfrac{x}{2\sqrt{Dt}}$ pour $t > 0$ et on définit la fonction $F : z \mapsto u(t,x) = F(z)$. On montre alors sans difficulté que si u est solution de (2.20), F vérifie l'équation différentielle du second ordre

$$F''(z) + 2zF'(z) = 0$$

dont les solutions sont de la forme

$$z \mapsto F(z) = A + B\int_0^z e^{-y^2}\, dy$$

où A et B sont deux constantes réelles. Si l'on pose $E(z) = \displaystyle\int_0^z e^{-y^2}\, dy$, on écrit désormais les solutions sous la forme $z \mapsto F(z) = A + BE(z)$. L'utilisation de la condition $u(t,0) = \alpha$ conduit à $A = \alpha$ et l'utilisation de la condition $\lim\limits_{x\to+\infty} u(t,x) = 0$ (en admettant que l'intégrale $\displaystyle\int_0^\infty e^{-y^2}\, dy$ converge et vaut $\dfrac{\sqrt{\pi}}{2}$) conduit à $B = -\dfrac{2\alpha}{\sqrt{\pi}}$. Finalement, on obtient une solution sous la forme :

$$u(x,t) = \alpha\left(1 - \frac{2}{\sqrt{\pi}} E\left(\frac{x}{2\sqrt{Dt}}\right)\right)$$

Réciproquement, il est facile de vérifier qu'une fonction de la forme précédente est bien solution de (2.20). Pour terminer, l'unicité de la solution trouvée est admise. □

Remarque. La recherche d'une solution en domaine non borné peut être faite par transformation de Fourier en espace aussi.

2.4 Solution analytique en domaine borné

Proposition 7. Soit φ une fonction « assez régulière » sur $[0,L]$ (de classe $\mathscr{C}^1$ par exemple). Alors, le problème homogène

$$\begin{cases} \dfrac{\partial u}{\partial t}(t,x) - D\dfrac{\partial^2 u}{\partial x^2}(t,x) = 0 & \text{pour } (t,x) \in \mathbb{R}^{+*} \times]0,L[\\ u(0,x) = \varphi(x) & \text{pour } x \in [0,L] \\ u(t,0) = u(t,L) = 0 & \text{pour } t \in \mathbb{R}^+ \end{cases} \tag{2.22}$$

admet comme solution unique la fonction

$$u : (t,x) \mapsto \sum_{n=1}^{\infty} b_n \sin\left(\frac{n\pi}{L}x\right) \mathrm{e}^{-D\left(\frac{n\pi}{L}\right)^2 t} \tag{2.23}$$

où

$$\forall n \in \mathbb{N}^*, \quad b_n = \frac{2}{L}\int_0^L \varphi(x) \sin\left(\frac{n\pi}{L}x\right) \mathrm{d}x \tag{2.24}$$

Démonstration.
Une méthode classique dans ce genre de situation est la recherche d'une solution à variables séparées, c'est-à-dire la recherche d'une solution éventuelle écrite sous la forme

$$u(t,x) = v(x)w(t)$$

où v et w sont deux fonctions de $\mathbb{R}$ dans $\mathbb{R}$ assez régulières et non nulles.

Pour des raison de commodité, posons $D = c^2$. Il est alors facile de montrer que si u est solution de $\dfrac{\partial u}{\partial t} - D\dfrac{\partial^2 u}{\partial x^2} = 0$ on a nécessairement

$$v(x)w'(t) = c^2 v''(x)w(t)$$

En effet, on a les égalités suivantes $\dfrac{\partial u}{\partial t}(t,x) = v(x)w'(t)$ et $\dfrac{\partial^2 u}{\partial x^2}(t,x) = v''(x)w(t)$ et donc l'implication

$$\frac{\partial u}{\partial t}(t,x) = c^2 \frac{\partial^2 u}{\partial x^2}(t,x) \Longrightarrow v(x)w'(t) = c^2 v''(x)w(t)$$

Or, cette équation implique nécessairement l'existence d'une constante λ telle que

$$\begin{cases} (E1) & v''(x) & = & \lambda v(x) & \text{pour } x \in]0,L[\\ (E2) & w'(t) & = & \lambda c^2 w(t) & \text{pour } t \in \mathbb{R}^{+*} \end{cases}$$

En effet, puisque w n'est pas identiquement nulle, il existe $t_0 \in \mathbb{R}^{+*}$ tel que $w(t_0) \neq 0$ et l'on peut alors écrire, pour cette valeur t_0 et pour tout $x \in]0, L[$

$$v''(x) = \frac{w'(t_0)}{c^2 w(t_0)} v(x) = \lambda v(x)$$

ce qui donne l'équation $(E1)$. On obtient $(E2)$ par un raisonnement semblable.

La résolution de l'équation $(E1)$ impose d'envisager trois cas selon que $\lambda < 0$, $\lambda = 0$ ou $\lambda > 0$. En notant A et B deux constantes réelles arbitraires, on obtient :

a. Si $\lambda > 0 : v(x) = A\mathrm{e}^{\sqrt{\lambda}x} + B\mathrm{e}^{-\sqrt{\lambda}x}$,

b. Si $\lambda = 0 : v(x) = Ax + B$,

c. Si $\lambda < 0 : v(x) = A\cos\left(\sqrt{|\lambda|}x\right) + B\sin\left(\sqrt{|\lambda|}x\right)$.

Le signe de λ est alors imposé par les conditions aux limites. En effet, sachant que pour tout $t > 0$ on a $u(t, 0) = u(t, L) = 0$, on a nécessairement $v(0) = v(L) = 0$. Envisageons les trois cas précédents :

a. Si $\lambda > 0$ on a

$$\left\{\begin{array}{l} v(0) = 0 \\ v(L) = 0 \end{array}\right. \Longrightarrow \left\{\begin{array}{l} A + B = 0 \\ A\mathrm{e}^{\sqrt{\lambda}L} + B\mathrm{e}^{-\sqrt{\lambda}L} = 0 \end{array}\right. \Longrightarrow A = B = 0$$

autrement dit, si $\lambda > 0$, on aboutit à une solution nulle, ce qui n'a pas beaucoup d'intérêt... ce cas est donc écarté.

b. Si $\lambda = 0$ on a

$$\left\{\begin{array}{l} v(0) = 0 \\ v(L) = 0 \end{array}\right. \Longrightarrow \left\{\begin{array}{l} B = 0 \\ A = 0 \end{array}\right. \Longrightarrow A = B = 0$$

autrement dit, si $\lambda = 0$ et on aboutit encore à une solution nulle, ce qui n'a toujours pas beaucoup d'intérêt et ce cas est encore écarté.

c. Si $\lambda < 0$ on a

$$\left\{\begin{array}{l} v(0) = 0 \\ v(L) = 0 \end{array}\right. \Longrightarrow \left\{\begin{array}{l} A = 0 \\ B\sin\left(\sqrt{|\lambda|}L\right) = 0 \end{array}\right. \Longrightarrow \left\{\begin{array}{l} A = 0 \\ B = 0 \text{ ou } \sin\left(\sqrt{|\lambda|}L\right) = 0 \end{array}\right.$$

autrement dit, lorsque $\lambda < 0$, si l'on exclut à nouveau la solution nulle, on en déduit que, nécessairement $\sin\left(\sqrt{|\lambda|}L\right) = 0$.

Or, la résolution de l'équation $\sin\left(\sqrt{|\lambda|}L\right) = 0$ conduit à

$$\sin\left(\sqrt{|\lambda|}L\right) = 0 \Longrightarrow |\lambda| = \frac{n^2\pi^2}{L^2} \text{ où } n \in \mathbb{N}$$

autrement dit, il existe une infinité de solutions pour $(E1)$ de la forme :

$$v_n : x \mapsto v_n(x) = B_n \sin\left(\frac{n\pi}{L}x\right)$$

où $n \in \mathbb{N}$ et où les B_n sont des constantes réelles.

Revenons-en maintenant à l'équation $(E2)$. Commençons par remarquer que

$$|\lambda| = -\lambda = \frac{n^2\pi^2}{L^2} \geq 0$$

Ensuite, puisque v n'est pas identiquement nulle, il existe x_0 tel que $v(x_0) \neq 0$ et, pour cette valeur et pour tout $t \in \mathbb{R}^{+*}$ on a alors

$$w'(t) = \frac{v'(x_0)}{v(x_0)} c^2 w(t) = -\frac{n^2\pi^2 c^2}{L^2} w(t)$$

ce qui donne l'équation $(E2)$ qui est une simple équation différentielle linéaire du premier ordre à coefficients constants. L'ensemble de ses solutions est donné par (rappelons que l'on a posé $D = c^2$)

$$w_n : t \mapsto w_n(t) = C_n \mathrm{e}^{-\frac{c^2 n^2 \pi^2}{L^2} t} = C_n \mathrm{e}^{-D\left(\frac{n\pi}{L}\right)^2 t}$$

où $n \in \mathbb{N}$ et où les C_n sont des constantes réelles.

Finalement, on obtient une infinité de solutions sous la forme :

$$u_n(t,x) = D_n \sin\left(\frac{n\pi}{L}x\right) \mathrm{e}^{-D\left(\frac{n\pi}{L}\right)^2 t}$$

où $n \in \mathbb{N}$ et $b_n = B_n C_n$ et, par linéarité de l'équation aux dérivées partielles, toute somme finie de telles fonctions est encore solution. Autrement dit, si u est une solution à variables séparées du problème

$$\begin{cases} \dfrac{\partial u}{\partial t}(t,x) - D\dfrac{\partial^2 u}{\partial x^2}(t,x) = 0 & \text{pour } (t,x) \in \mathbb{R}^{+*} \times]0,L[\\ u(t,0) = u(t,L) = 0 & \text{pour } t \in \mathbb{R}^{+*} \end{cases}$$

elle peut s'écrire sous la forme $(N \in \mathbb{N}^*)$

$$u_N(t,x) = \sum_{n=1}^{N} b_n \sin\left(\frac{n\pi}{L}x\right) \mathrm{e}^{-D\left(\frac{n\pi}{L}\right)^2 t}$$

et il est bien sûr facile de vérifier qu'une telle fonction u_N est bien solution du problème précédent.

Nous admettrons qu'il en est de même pour la somme infinie

$$u(t,x) = \sum_{n=1}^{\infty} b_n \sin\left(\frac{n\pi}{L}x\right) \mathrm{e}^{-D\left(\frac{n\pi}{L}\right)^2 t}$$

sous quelques hypothèses de régularité sur la condition φ qui seront supposées satisfaites (voir par exemple [SA]).

Il reste maintenant à tenir compte de la condition initiale pour déterminer les coefficients b_n. Sachant que $u(0,x) = \varphi(x)$ pour tout $x \in]0,L[$, on obtient que

$$\forall x \in]0,L[, \quad \varphi(x) = \sum_{n=1}^{\infty} b_n \sin\left(\frac{n\pi}{L}x\right)$$

La théorie des séries de Fourier permet alors de calculer les coefficients b_n sous la forme (voir le chapitre 14 et l'exemple page 473)

$$b_n = \frac{2}{L}\int_0^L \varphi(x)\sin\left(\frac{n\pi}{L}x\right)\mathrm{d}x$$

Or, on démontre que la suite des coefficients de Fourier $(b_n)_{n\in\mathbb{N}}$ tend vers 0 et qu'elle est donc bornée (voir le chapitre 14). A ce titre, il est alors facile de montrer que la série de fonctions

$$\sum_{n\geq 1} b_n \sin\left(\frac{n\pi}{L}x\right)\mathrm{e}^{-D\left(\frac{n\pi}{L}\right)^2 t}$$

est normalement convergente sur $[a,+\infty[\times[0,L]$ pour tout $a>0$ et qu'elle définit une fonction de classe $\mathscr{C}^\infty$ sur $[a,+\infty[\times[0,L]$ (on dit à ce propos que l'équation de la chaleur a un effet régularisant car même si la fonction φ, qui définit la condition initiale, n'est pas continue, la solution, elle, est de classe $\mathscr{C}^\infty$) et qu'elle vérifie l'équation de la chaleur (2.22). La difficulté est alors de montrer, d'une part que la série de fonctions précédente converge pour tout $(t,x)\in\mathbb{R}^+\times[0,L]$ et, d'autre part, qu'elle définit une fonction assez régulière qui est bien solution du problème (2.22). Ces deux points seront admis.

Pour terminer, démontrons l'unicité en supposant qu'il existe deux solutions u_1 et u_2 et remarquons que la fonction $u=u_2-u_1$ vérifie (2.22) par linéarité. Écrivons alors

$$0=\int_0^L\left(\frac{\partial u}{\partial t}(t,x)-D\frac{\partial^2 u}{\partial x^2}(t,x)\right)u(t,x)\,\mathrm{d}x$$

Un développement conduit à

$$0=\int_0^L\frac{\partial u}{\partial t}(t,x)u(t,x)\,\mathrm{d}x-D\int_0^L\frac{\partial^2 u}{\partial x^2}(t,x)u(t,x)\,\mathrm{d}x$$

Remarquons que, dans la première intégrale, on a l'expression

$$\frac{\partial u}{\partial t}(t,x)\cdot u(t,x)=\frac{1}{2}\frac{\partial}{\partial t}\big(u(t,x)\big)^2$$

ce qui permet d'écrire

$$0=\frac{1}{2}\int_0^L\frac{\partial}{\partial t}\big(u(t,x)\big)^2\,\mathrm{d}x-D\int_0^L\frac{\partial^2 u}{\partial x^2}(t,x)u(t,x)\,\mathrm{d}x$$

Effectuons maintenant une intégration par parties dans la seconde intégrale, en remarquant que le terme « tout intégré entre crochets » s'annule en raison des conditions aux limites, et admettons que, dans la première intégrale, on peut intervertir les signes $\int$ et $\frac{\partial}{\partial t}$. On obtient alors, tous calculs faits

$$\frac{1}{2}\frac{\partial}{\partial t}\int_0^L\big(u(t,x)\big)^2\,\mathrm{d}x=-D\int_0^L\left(\frac{\partial^2 u}{\partial x^2}(t,x)\right)^2\mathrm{d}x$$

Par conséquent, la fonction $t\mapsto\int_0^L\big(u(t,x)\big)^2\,\mathrm{d}x$ qui est clairement positive, possède une dérivée négative sur $\mathbb{R}^+$ et est nulle en $t=0$. Elle est donc identiquement nulle, ce qui prouve que $u_2=u_1$ et que la solution trouvée est unique. □

2.5 Exemple de solution en domaine borné : champ des températures dans deux barres en aluminium et en verre

Pour illustrer le résultat obtenu en domaine borné, les profils du champ des températures pour deux barres de longueur $L = 20$ centimètres ont été calculés. L'une en aluminium (coefficient de diffusion thermique $D = 100 \times 10^{-6}\quad [m^2 \cdot s^{-1}]$), l'autre en verre (coefficient de diffusion thermique $D = 0,5 \times 10^{-6}\quad [m^2 \cdot s^{-1}]$), toutes deux à une température initiale constante de 20 degrés Celsius (Anders Celsius,1701-1744, scientifique suédois). Le lecteur trouvera les détails des calculs des coefficients de Fourier, qui ne sont pas développés ici, au chapitre 14 page 473. On obtient

$$\forall n \in \mathbb{N}^*, \quad b_n = \frac{2}{L}\int_0^L \varphi(x)\sin\left(\frac{n\pi}{L}x\right)\mathrm{d}x = \frac{40}{n\pi}\left(1-(-1)^n\right)$$

c'est à dire, en remarquant que $\left(1-(-1)^n\right) = 0$ dès que n est pair :

$$\forall n \in \mathbb{N}^*, \quad \begin{cases} b_{2n-1} = \dfrac{80}{(2n-1)\pi} \\ b_{2n} = 0 \end{cases}$$

et la solution est alors écrite avec la formule (2.23) en remarquant que $1/L = 5$:

$$u(t,x) = \sum_{n=1}^{\infty} \frac{80}{(2n-1)\pi} \sin\left(5(2n-1)\pi x\right) \mathrm{e}^{-D(5(2n-1)\pi)^2 t}$$

Les résultats sont visibles dans la figure 2.6. A gauche, la barre en aluminium pendant une durée de 1 à 30 secondes et à droite, la barre en verre pour une durée de 1 à 600 secondes. En ordonnées la température en degrés Celsius et en abscisses la longueur en mètres. Chaque courbe correspond à la température à un instant donné.

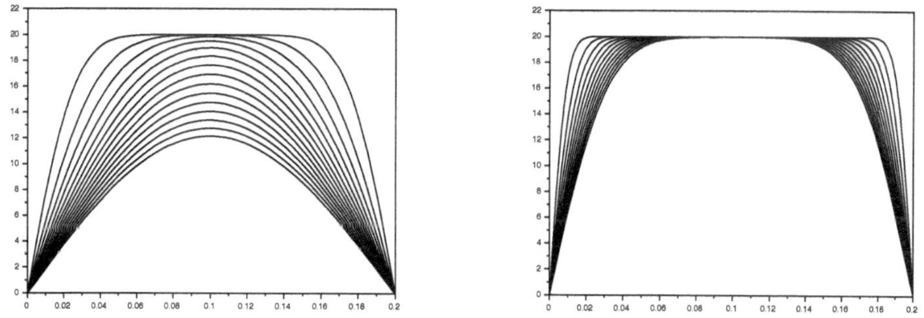

FIGURE 2.6 – A gauche : aluminium ($1 \le t \le 30$), à droite : verre ($1 \le t \le 600$)

3 L'équation des cordes vibrantes

3.1 Origine de l'équation

Considérons un fil en acier homogène de longueur $L > 0 \quad [m]$ porté par l'axe (Ox) et matérialisé par le segment $[0, L]$, de masse linéique $\rho \quad [kg \cdot m^{-1}]$, initialement tendu par une force de tension de module $T \quad [N]$ appliquée en ses deux extrémités.

Faisons les hypothèses simplificatrices suivantes :

1. La tension T en chaque point du fil est constante au cours du temps,
2. La seule force exercée sur ce fil est modélisée par le vecteur
$$\overrightarrow{g}(t,x) = -g(t,x)\overrightarrow{y} = \big(0, -g(t,x)\big)$$
dont la composante g est un champ scalaire $g : (t,x) \mapsto g(t,x) \quad [N \cdot m^{-1}]$ définie sur $\mathbb{R}^{+*} \times [0, L]$.
En particulier, la force exercée résultant de l'action de $\overrightarrow{g}$ sur une tranche infinitésimale de fil $[x, x + \Delta x]$ est
$$\int_x^{x+\Delta x} \overrightarrow{g}(t,x)\,\mathrm{d}x$$
3. Sous l'action de la force $\overrightarrow{g}$, un point du fil se déplace verticalement uniquement. Ainsi, le champ scalaire u qui décrit le déplacement des points du fil au cours du temps ne dépend alors que de la variable temporelle t et de la variable spatiale x. On note donc $u : (t,x) \mapsto u(t,x)$ ce champ scalaire. Il est défini sur $\mathbb{R}^{+*} \times [0, L]$ et supposé « assez régulier » pour justifier les opérations qui suivent, en particulier les opérations de dérivation. Avec ces notations, un point du fil initialement au repos et de coordonnées $(t = 0, x, 0)$ devient, après déformation, un point de coordonnées $\big(t, x, u(t,x)\big)$ comme illustré dans la figure 2.7.

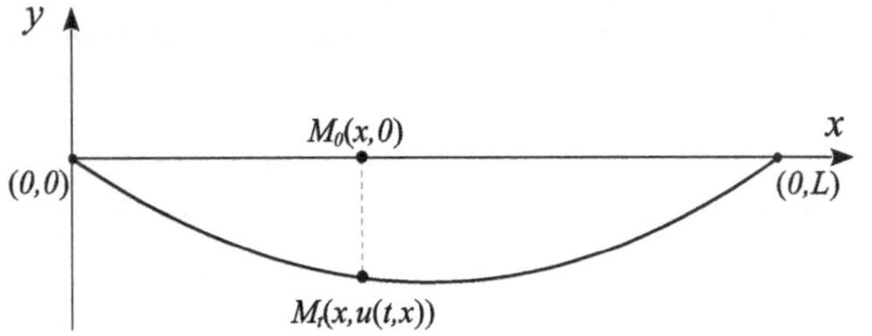

FIGURE 2.7 – Illustration de la déformation du fil

4. Les valeurs des déplacements $u(t,x)$ sont supposées « très petites » devant l'unité, de même que les valeurs des dérivées partielles $\dfrac{\partial u}{\partial x}(t,x)$ qui sont parfois notée $u_x(t)$ pour simplifier. En remarquant qu'en un point $M_t\big(x, u(t,x)\big)$ du fil déformé, la tangente $\overrightarrow{\tau}(t,x)$ a pour coordonnées $\frac{1}{\sqrt{1+u_x^2(t)}}\left(1, \dfrac{\partial u}{\partial x}(t,x)\right)$, on en déduit que l'hypothèse sur les valeurs des dérivées partielles interdit les changements brusques de

direction du fil. Une autre conséquence importante de cette hypothèse est la suivante. Si les valeurs $\frac{\partial u}{\partial x}(t,x)$ sont « très petites » devant l'unité, les valeurs $\left(\frac{\partial u}{\partial x}\right)^2(t,x)$ sont considérées comme négligeables, ce qui permettra de linéariser les équations et de faire l'approximation au premier ordre $\vec{\tau}(t,x) \approx \left(1, \frac{\partial u}{\partial x}(t,x)\right)$.

Appliquons maintenant le principe fondamental de la dynamique à la tranche infinitésimale $[x, x+\Delta x]$ en notant $\vec{a}$ le vecteur accélération et en utilisant les notations de la figure 2.8. On obtient

$$T\vec{\tau}(t,x+\Delta x) - T\vec{\tau}(t,x) + \int_x^{x+\Delta x} \vec{g}(t,x)\,\mathrm{d}x = \int_x^{x+\Delta x} \rho\,\vec{a}(t,x)\,\mathrm{d}x \qquad (2.25)$$

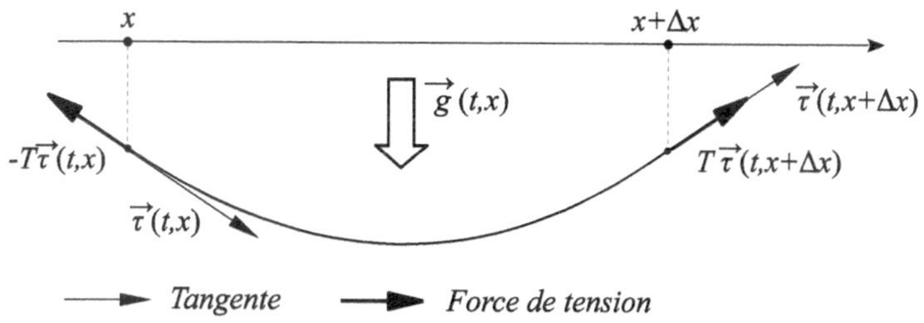

FIGURE 2.8 – Illustration d'une tranche infinitésimale du fil

Projetée sur l'axe (Oy), l'expression vectorielle (2.25) devient

$$T\frac{\partial u}{\partial x}(t,x+\Delta x) - T\frac{\partial u}{\partial x}(t,x) - \int_x^{x+\Delta x} g(t,x)\,\mathrm{d}x = \int_x^{x+\Delta x} \rho\frac{\partial^2 u}{\partial t^2}(t,x)\,\mathrm{d}x \qquad (2.26)$$

en utilisant le fait que $\vec{\tau}(t,x) = \left(1, \frac{\partial u}{\partial x}(t,x)\right)$ et $\vec{g}(t,x) = \big(0, -g(t,x)\big)$.

Avant de poursuivre, justifions a posteriori que l'on peut supposer la tension T indépendante de x et donc constante en tout point du fil. Pour cela, raisonnons sur la figure 2.9 dans laquelle on suppose maintenant que T est une fonction de x.

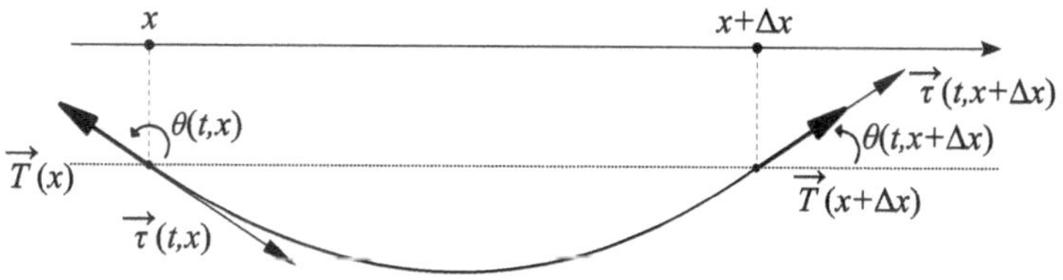

FIGURE 2.9 – Illustration d'une tranche infinitésimale du fil

On obtient alors, par projection sur l'axe (Ox), l'égalité

$$T(x+\Delta x)\cos\theta(t,x+\Delta x) - T(x)\cos\theta(t,x) = 0 \qquad (2.27)$$

Or, grâce aux hypothèses faites sur $\frac{\partial u}{\partial x}$, en supposant Δx et $\theta(t,x)$ proches de zéro, on peut faire les approximations au premier ordre suivantes

$$\left\{\begin{array}{l}\theta(t,x+\Delta x)\approx\theta(t,x)\approx 0\\ \cos\theta(t,x+\Delta x)\approx 1\\ \cos\theta(t,x)\approx 1\end{array}\right.$$

Autrement dit (2.27) devient au premier ordre, pour tout $t\in\mathbb{R}^{+*}$ et tout $x\in]0,L[$

$$T(x+\Delta x)-T(x)=0\Longrightarrow T(x+\Delta x)=T(x)$$

Voyons maintenant ce qui se passe lorsque $\Delta x\to 0$ dans l'expression (2.26). Commençons par diviser (2.26) par $\Delta x>0$ pour obtenir

$$T\frac{\frac{\partial u}{\partial x}(t,x+\Delta x)-\frac{\partial u}{\partial x}(t,x)}{\Delta x}-\frac{1}{\Delta x}\int_x^{x+\Delta x}g(t,x)\,\mathrm{d}x=\frac{1}{\Delta x}\int_x^{x+\Delta x}\rho\frac{\partial^2 u}{\partial t^2}(t,x)\,\mathrm{d}x \qquad (2.28)$$

Maintenant, par passage à la limite lorsque $\Delta x\to 0$, en supposant u assez régulière, en l'occurrence au moins de classe $\mathscr{C}^2$, on remarque que

$$\lim_{\Delta x\to 0} T\frac{\frac{\partial u}{\partial x}(t,x+\Delta x)-\frac{\partial u}{\partial x}(t,x)}{\Delta x}=T\frac{\partial^2 u}{\partial x^2}(t,x)$$

$$\lim_{\Delta x\to 0}\frac{1}{\Delta x}\int_x^{x+\Delta x}g(t,x)\,\mathrm{d}x=g(t,x)$$

$$\lim_{\Delta x\to 0}\frac{1}{\Delta x}\int_x^{x+\Delta x}\rho\frac{\partial^2 u}{\partial t^2}(t,x)\,\mathrm{d}x=\rho\frac{\partial^2 u}{\partial t^2}(t,x)$$

et l'on obtient donc, pour tout $(t,x)\in\mathbb{R}^{+*}\times]0,L[$

$$T\frac{\partial^2 u}{\partial x^2}(t,x)-g(t,x)=\rho\frac{\partial^2 u}{\partial t^2}(t,x)$$

En posant $c=\sqrt{\frac{T}{\rho}}$ $[m\cdot s^{-1}]$ appelé la *célérité* (car homogène à une vitesse) et en définissant la fonction f comme $f(t,x)=-\frac{1}{\rho}g(t,x)$, on obtient pour tout $(t,x)\in\mathbb{R}^{+*}\times]0,L[$

$$\boxed{\frac{\partial^2 u}{\partial t^2}(t,x)-c^2\frac{\partial^2 u}{\partial x^2}(t,x)=f(t,x)}$$

3.2 L'équation

Il s'agit d'une E.D.P. du deuxième ordre hyperbolique (au sens de la définition 5). Elle est donnée dans le cas d'un champ u à valeurs réelles dépendant du temps t et d'une variable spatiale x.

Définition 10. On appelle équation *des cordes vibrantes* (ou *équation des ondes de d'Alembert* (Jean le Rond D'Alembert, 1717-1783, mathématicien français) à une dimension) l'E.D.P. hyperbolique du deuxième ordre d'inconnue u supposée au moins de classe $\mathscr{C}^2$

$$\frac{\partial^2 u}{\partial t^2}(t,x) - c^2 \frac{\partial^2 u}{\partial x^2}(t,x) = f(t,x) \tag{2.29}$$

où f est une fonction donnée « assez régulière » sur $\mathbb{R}^2$ et c un réel.

Remarque. Lorsque le champ u dépend de trois variables spatiales, l'équation prend le nom d'équation *des ondes*, et s'écrit

$$\frac{\partial^2 u}{\partial t^2}(t,x,y,z) - c^2 \Delta u(t,x,y,z) = f(t,x,y,z) \tag{2.30}$$

où $\Delta u = \frac{\partial^2 u}{\partial x^2} + \frac{\partial^2 u}{\partial y^2} + \frac{\partial^2 u}{\partial z^2}$ est le Laplacien de u. L'équation *des ondes* apparaît par exemple en acoustique dans la modélisation de la pression dans un tuyau sonore (une flûte par exemple) sous certaines hypothèses simplificatrices ou encore dans la modélisation des déplacements des points d'une membrane plane en vibration, toujours sous certaines hypothèses simplificatrices.

On peut facilement démontrer le résultat suivant qui servira pour déterminer la solution en domaine non borné.

Proposition 8. Si u est une solution de classe $\mathscr{C}^2$ sur $\mathbb{R}^+ \times \mathbb{R}$ de l'équation homogène

$$\frac{\partial^2 u}{\partial t^2}(t,x) - c^2 \frac{\partial^2 u}{\partial x^2}(t,x) = 0 \tag{2.31}$$

alors il existe deux fonctions arbitraires p et q de classe $\mathscr{C}^2$ sur $\mathbb{R}$ telles que

$$u(t,x) = p(x-ct) + q(x+ct) \tag{2.32}$$

Les deux fonctions p et q sont appelées des *ondes progressives* de vitesses respectives $+c$ et $-c$.

Démonstration.
L'équation homogène (2.31) s'intègre très facilement par le changement de variables défini par $\begin{cases} y = x+ct \\ z = x-ct \end{cases} \iff \begin{cases} t = (y-z)/2c \\ x = (y+z)/2 \end{cases}$ qui réalise clairement un $\mathscr{C}^1$ difféomorphisme de $\mathbb{R}^2$ dans $\mathbb{R}^2$. Avec ce choix, les anciennes variables t et x dépendent maintenant des nouvelles variables y et z et on note désormais $u(t,x) = u\big(t(y,z), x(y,z)\big) = v(y,z)$.
Ces considérations et les règles de calculs sur les dérivées partielles conduisent aux relations suivantes

$$\begin{cases} \dfrac{\partial u}{\partial t}(t,x) = c\left(\dfrac{\partial v}{\partial y}(y,z) - \dfrac{\partial v}{\partial z}(y,z)\right) \\ \dfrac{\partial u}{\partial x}(t,x) = \dfrac{\partial v}{\partial y}(y,z) + \dfrac{\partial v}{\partial z}(y,z) \end{cases}$$

et un calcul simple montre que l'on a alors l'équivalence

$$u \text{ solution de (2.31)} \Longleftrightarrow \frac{\partial^2 v}{\partial y \partial z}(y,z) = 0$$

Or, l'équation aux dérivées partielles $\dfrac{\partial^2 v}{\partial y \partial z}(y,z) = 0$ s'intègre facilement. Ses solutions sont les fonctions $(y,z) \mapsto v(y,z) = p(y) + q(z)$ où p et q sont deux fonctions arbitraires d'une variable et de classe $\mathscr{C}^2$ sur $\mathbb{R}$. Finalement, on obtient

$$u \text{ solution de (2.31)} \Longleftrightarrow u(t,x) = p(x-ct) + q(x+ct)$$

□

Interprétons physiquement le résultat précédent. Les deux fonctions $(t,x) \mapsto p(x-ct)$ et $(t,x) \mapsto q(x+ct)$ qui interviennent (appelées des *ondes progressives*) représentent des signaux qui ce propagent sans déformation et à la vitesse constante c le long de l'axe des abscisses dans le sens des $x > 0$ pour la première et dans le sens des $x < 0$ pour la seconde. La figure 2.10 montre l'évolution d'une onde progressive correspondant au choix $p : x \mapsto \sin x$ qui se propage dans le sens des $x > 0$ à la vitesse constante $c = 1$ à quatre instants différents $t = 0$, $t = 1$, $t = 3$ et $t = 4$ (la courbe en trait plein correspond au temps $t = 0$ ensuite, de la gauche à droite, les courbes correspondant à $t = 1$, $t = 2$ et $t = 3$).

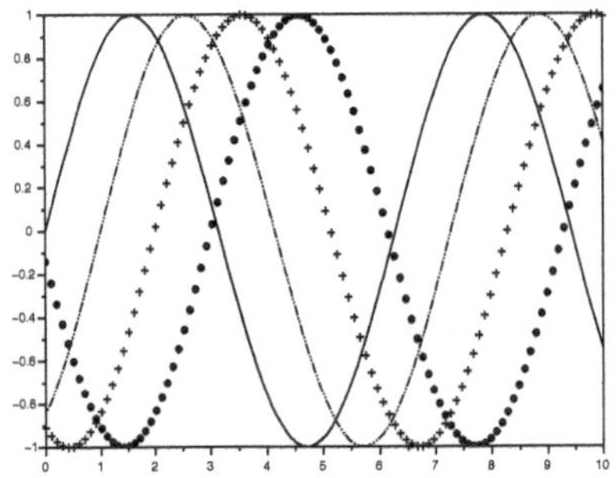

FIGURE 2.10 – Onde progressive, $c = 1$ et $t = 0$, $t = 1$, $t = 2$ et $t = 3$

3.3 Lien entre l'équation des ondes et l'équation de transport

Pour la suite, il est intéressant de remarquer que l'on dispose des équivalences suivantes dans lesquelles on omet d'écrire (t,x) pour alléger les notations :

$$\frac{\partial^2 u}{\partial t^2} - c^2 \frac{\partial^2 u}{\partial x^2} = 0 \iff \frac{\partial}{\partial t}\left(\frac{\partial u}{\partial t} + c\frac{\partial u}{\partial x}\right) - c\frac{\partial}{\partial x}\left(\frac{\partial u}{\partial t} + c\frac{\partial u}{\partial x}\right) = 0$$

$$\iff \left\{ \begin{array}{l} v = \dfrac{\partial u}{\partial t} + c\dfrac{\partial u}{\partial x} \\ \dfrac{\partial v}{\partial t} - c\dfrac{\partial v}{\partial x} = 0 \end{array} \right.$$

Ainsi, en posant $v = \frac{\partial u}{\partial t} + c\frac{\partial u}{\partial x}$, on constate que v est alors solution de l'équation de transport (2.6). Ce résultat sera utilisé dans la section suivante.

Remarque. Le calcul précédent correspond à une factorisation d'opérateurs différentiels sous la forme $\frac{\partial^2}{\partial t^2} - c^2\frac{\partial^2}{\partial x^2} = \left(\frac{\partial}{\partial t} - c\frac{\partial}{\partial x}\right)\left(\frac{\partial}{\partial t} + c\frac{\partial}{\partial x}\right)$ et l'on remarquera l'analogie avec le produit remarquable $a^2 - b^2 = (a-b)(a+b)$.

Une autre manière de voir les choses correspond à la stratégie déjà utilisée au chapitre précédent pour ramener toute équation différentielle résolue d'ordre supérieur ou égal à 2 à une équation différentielle résolue d'ordre 1. Concrètement, dans le cas de l'équation des cordes homogène, on peut écrire

$$\frac{\partial^2 u}{\partial t^2} - c^2\frac{\partial^2 u}{\partial x^2} = 0 \Longleftrightarrow \frac{\partial}{\partial t}\left(\frac{\partial u}{\partial t}\right) = c^2\frac{\partial}{\partial x}\left(\frac{\partial u}{\partial x}\right)$$

si l'on rajoute à cela l'équation

$$\frac{\partial}{\partial t}\left(\frac{\partial u}{\partial x}\right) = \frac{\partial}{\partial x}\left(\frac{\partial u}{\partial t}\right)$$

qui est valable puisque u est de classe $\mathscr{C}^2$ (c'est le théorème de Schwarz (Hermann Schwarz, 1843-1921, mathématicien allemand), voir A.11 annexe A), cela donne l'idée de poser

$$v = \frac{\partial u}{\partial t} \quad \text{et} \quad w = \frac{\partial u}{\partial x}$$

de construire la fonction vectorielle $(t,x) \mapsto \big(v(t,x), w(t,x)\big)$ puis de traduire matriciellement les équations

$$\left\{\begin{array}{l} \frac{\partial^2 u}{\partial t^2} - c^2\frac{\partial^2 u}{\partial x^2} = 0 \\ \frac{\partial}{\partial t}\left(\frac{\partial u}{\partial x}\right) = \frac{\partial}{\partial x}\left(\frac{\partial u}{\partial t}\right) \end{array}\right. \Longleftrightarrow \frac{\partial}{\partial t}\left\{\begin{matrix} v \\ w \end{matrix}\right\} = \left\{\begin{matrix} c^2\frac{\partial w}{\partial x} \\ \frac{\partial v}{\partial x} \end{matrix}\right\} = \begin{bmatrix} 0 & c^2 \\ 1 & 0 \end{bmatrix}\frac{\partial}{\partial x}\left\{\begin{matrix} v \\ w \end{matrix}\right\}$$

En posant $U = \left\{\begin{matrix} v \\ w \end{matrix}\right\}$, $C = \begin{bmatrix} 0 & c^2 \\ 1 & 0 \end{bmatrix}$, on obtient que U est solution de l'équation de transport

$$\frac{\partial U}{\partial t} - C\frac{\partial U}{\partial x} = 0$$

et l'on remarque alors que cette manière de procéder a permis de transformer la résolution d'une E.D.P. initialement d'ordre 2 en la résolution d'une E.D.P. d'ordre 1.

3.4 Solution analytique en domaine non borné

Donnons la solution de l'équation homogène des cordes vibrantes dans le cas particulier d'un domaine non borné. Pour cela, il convient d'imposer des conditions initiales qui portent sur u et sur sa dérivée partielle par rapport au temps, c'est à dire qu'on doit fournir deux fonctions φ et ψ telles que, pour tout x, on ait $u(0,x) = \varphi(x)$ et $\frac{\partial u}{\partial t}(0,x) = \psi(x)$.

Proposition 9. Soient φ et ψ deux fonctions de classe $\mathscr{C}^2$ et $\mathscr{C}^1$ respectivement sur $\mathbb{R}$. Alors, le problème

$$\left\{\begin{array}{ll} \dfrac{\partial^2 u}{\partial t^2}(t,x) - c^2\dfrac{\partial^2 u}{\partial x^2}(t,x) = 0 & \text{pour } (t,x) \in \mathbb{R}^{+*} \times \mathbb{R} \\ u(0,x) = \varphi(x) & \text{pour } x \in \mathbb{R} \\ \dfrac{\partial u}{\partial t}(0,x) = \psi(x) & \text{pour } x \in \mathbb{R} \end{array}\right. \tag{2.33}$$

admet l'unique solution

$$u : (t,x) \mapsto \frac{1}{2}\Big(\varphi(x+ct) + \varphi(x-ct)\Big) + \frac{1}{2c}\int_{x-ct}^{x+ct} \psi(s)\mathrm{d}s \tag{2.34}$$

La formule (2.34) est appelée la *formule de D'Alembert.*

Remarques.

1. La première condition initiale $u(0,x) = \varphi(x)$ impose la position de chaque point de la corde à l'instant initial alors que la seconde $\dfrac{\partial u}{\partial t}(0,x) = \psi(x)$ impose la vitesse de chaque point de la corde à l'instant initial.
2. Il est intéressant de remarquer l'analogie avec les E.D.O. du deuxième ordre pour lesquelles, pour avoir un problème de Cauchy, on impose les valeurs de u et u' en un même point. Ici, ce sont les valeurs de u et de sa dérivée partielle $\dfrac{\partial u}{\partial t}$ qu'on impose au temps initial.

Démonstration.
Supposons que u est une solution de classe $\mathscr{C}^2$ sur $\mathbb{R}^+ \times \mathbb{R}$ de (2.33). On commence par chercher à démontrer que u est bien de la forme attendue en deux étapes :

1. Tout d'abord, en utilisant la section précédente qui a mis en évidence le lien entre l'équation des ondes et l'équation de transport. Pour cela, posons

$$v : (t,x) \mapsto v(t,x) = \frac{\partial u}{\partial t}(t,x) + c\frac{\partial u}{\partial x}(t,x)$$

qui est une fonction de classe $\mathscr{C}^1$ sur $\mathbb{R}^+ \times \mathbb{R}$. Un calcul simple montre que

$$v(0,x) = \frac{\partial u}{\partial t}(0,x) + c\frac{\partial u}{\partial x}(0,x) = \psi(x) + c\varphi'(x)$$

et v est alors solution de l'équation de transport sur $\mathbb{R}^+ \times \mathbb{R}$ assortie de la condition initiale précédente, c'est à dire que v est solution de

$$\left\{\begin{array}{ll} \dfrac{\partial v}{\partial t}(t,x) - c\dfrac{\partial v}{\partial x}(t,x) = 0 & \text{pour } (t,x) \in \mathbb{R}^{+*} \times \mathbb{R} \\ v(0,x) = \psi(x) + c\varphi'(x) & \text{pour } x \in \mathbb{R} \end{array}\right.$$

On sait alors (proposition 4 page 28) que la solution du problème précédent est donnée par (2.9), c'est à dire $v(t,x) = v(0,x+ct) = \psi(x+ct) + c\varphi'(x+ct)$.

2. Maintenant, connaissant l'expression de la fonction v, il reste à revenir à l'expression de la fonction u en sachant que $v = \frac{\partial u}{\partial t} + c\frac{\partial u}{\partial x}$. Autrement dit, il reste à résoudre l'équation aux dérivées partielles du premier ordre

$$\frac{\partial u}{\partial t}(t,x) + c\frac{\partial u}{\partial x}(t,x) = \psi(x+ct) + c\varphi'(x+ct)$$

assortie de la condition initiale $u(0,x) = \varphi(x)$, ce qui n'est rien d'autre qu'une nouvelle équation de transport mais cette fois-ci avec un second membre

$$\begin{cases} \frac{\partial u}{\partial t}(t,x) + c\frac{\partial u}{\partial x}(t,x) = \psi(x+ct) + c\varphi'(x+ct) & \text{pour } (t,x) \in \mathbb{R}^{+*} \times \mathbb{R} \\ u(0,x) = \varphi(x) & \text{pour } x \in \mathbb{R} \end{cases}$$

Posons $f(t,x) = \psi(x+ct) + c\varphi'(x+ct)$ pour alléger temporairement les notations. On sait, toujours d'après la proposition 4 page 28, que la solution de ce problème est donnée par (2.9), c'est à dire $u(t,x) = \varphi(x-ct) + \int_0^t f\big(s, x-c(t-s)\big)\mathrm{d}s$. Or,

$$\begin{aligned} f\big(s, x-c(t-s)\big) &= \psi(x-c(t-s)+cs) + c\varphi'(x-c(t-s)+cs) \\ &= \psi(x-ct+2cs) + c\varphi'(x-ct+2cs) \end{aligned}$$

et l'intégrale $I(t,x) = \int_0^t f\big(s, x-c(t-s)\big)\mathrm{d}s$ peut alors s'écrire sous la forme

$$I(t,x) = \int_0^t \big(\psi(x-ct+2cs) + c\varphi'(x-ct+2cs)\big)\,\mathrm{d}s$$

puis être simplifiée en $I(t,x) = \frac{1}{2c}\int_{x-ct}^{x+ct} \big(\psi(s) + c\varphi'(s)\big)\,\mathrm{d}s$ puis en

$$I(t,x) = \frac{1}{2}\big(\varphi(x+ct) - \varphi(x-ct)\big) + \frac{1}{2c}\int_{x-ct}^{x+ct} \psi(s)\mathrm{d}s$$

Finalement, tous calculs faits, on obtient l'expression de u sous la forme attendue

$$u(t,x) = \frac{1}{2}\Big(\varphi(x+ct) + \varphi(x-ct)\Big) + \frac{1}{2c}\int_{x-ct}^{x+ct} \psi(s)\mathrm{d}s$$

Pour terminer, il est facile de vérifier que la fonction u que l'on vient d'exhiber est bien solution du problème (2.33).

□

Ce résultat peut à nouveau être interprété en termes d'ondes progressives. En effet, il suffit d'écrire l'expression trouvée pour u sous la forme

$$u(t,x) = \frac{1}{2}\Big(\varphi(x-ct) - \frac{1}{c}\int_0^{x-ct} \psi(s)\mathrm{d}s\Big) + \frac{1}{2}\Big(\varphi(x+ct) + \frac{1}{c}\int_0^{x+ct} \psi(s)\mathrm{d}s\Big)$$

ou encore $u(x,t) = p(x-ct) + q(x+ct)$ en posant

$$p(z) = \frac{1}{2}\Big(\varphi(z) - \frac{1}{c}\int_0^z \psi(s)\mathrm{d}s\Big) \quad \text{et} \quad q(z) = \frac{1}{2}\Big(\varphi(z) + \frac{1}{c}\int_0^z \psi(s)\mathrm{d}s\Big)$$

et u est alors encore la somme de deux ondes progressives qui se propagent à la vitesse constante c le long de l'axe des abscisses dans le sens des $x > 0$ pour la première et dans le sens des $x < 0$ pour la seconde.

Remarque. L'équation des ondes est une équation hyperbolique alors que l'équation de la chaleur est une équation parabolique. Parmi les différences qui distinguent ces deux types d'équations, il en existe une qui concerne la vitesse de propagation de l'information. Dans le cas de l'équation des ondes, l'information se déplace à vitesse finie (l'exemple proposé fait intervenir une vitesse constante c). Pour l'équation de la chaleur, les choses sont bien différentes car la vitesse de propagation est infinie, ce qui lui donne son effet « régularisant » dans le sens où, même en présence d'une condition initiale discontinue, la solution est, elle, continue et même de classe $\mathscr{C}^\infty$. Dans le cas de l'équation des ondes, une discontinuité de la condition initiale φ est simplement propagée à vitesse finie. D'un point de vue physique, cette distinction est liée au caractère irréversible du phénomène modélisé par l'équation de la chaleur et au caractère réversible du phénomène modélisé par l'équation des ondes.

3.5 Exemple de solution en domaine non borné

Observons ce qui se passe dans le cas d'une corde de longueur « infinie », pour une vitesse $c = 1$, dont la position, au temps $t = 0$, est déterminée par la fonction φ définie par

$$\varphi(x) = \begin{cases} x-4 & \text{si} \quad x \in [4,5] \\ 6-x & \text{si} \quad x \in [5,6] \\ 0 & \text{si} \quad x \notin [4,6] \end{cases}$$

et dont la vitesse initiale des points de la corde est nulle, ce qui correspond à $\psi = 0$. La fonction φ est représentée dans le premier graphique de la figure 2.11 et les autres graphiques représentent, à différents instants ($t = 0{,}4$, $t = 0{,}8$, $t = 1{,}2$, $t = 1{,}6$ et $t = 5$), la solution du problème (2.33) donnée par (2.34), c'est à dire ici

$$u : (t,x) \mapsto \frac{1}{2}\Big(\varphi(x+ct) + \varphi(x-ct)\Big)$$

Ces graphiques montrent bien les deux ondes progressives évoluer en sens opposé le long de l'axe des abscisses.

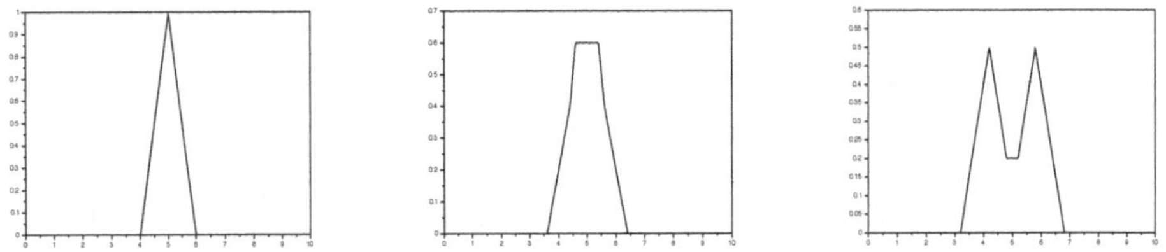

FIGURE 2.11 – Solution à $t = 0$, $t = 0{,}4$ et $t = 0{,}8$

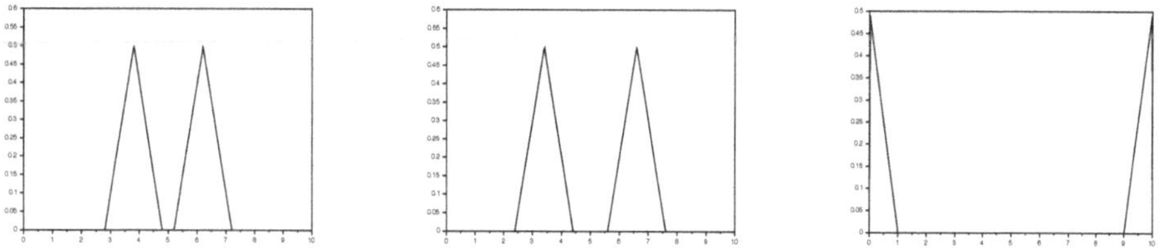

FIGURE 2.12 – Solution à $t = 1{,}2$, $t = 1{,}6$ et $t = 5$

3.6 Solution analytique en domaine borné

Le cas d'un domaine spatial borné impose d'ajouter des conditions aux limites qui sont choisies ici du type Dirichlet homogène.

Proposition 10. Soient φ et ψ deux fonctions de classe $\mathscr{C}^2$ et $\mathscr{C}^1$ respectivement sur $[0, L]$. Alors la solution du problème

$$\left\{\begin{array}{ll} \dfrac{\partial^2 u}{\partial t^2}(t,x) - c^2 \dfrac{\partial^2 u}{\partial x^2}(t,x) = 0 & \text{pour } (t,x) \in \mathbb{R}^{+*} \times]0, L[\\ u(0,x) = \varphi(x) & \text{pour } x \in]0, L[\\ \dfrac{\partial u}{\partial t}(0,x) = \psi(x) & \text{pour } x \in]0, L[\\ u(t,0) = u(t,L) = 0 & \text{pour } t \in \mathbb{R}^{+*} \end{array}\right. \tag{2.35}$$

est donnée par

$$u : (t,x) \mapsto \sum_{n=1}^{\infty} \left(\alpha_n \cos\left(\frac{n\pi c}{L} t\right) + \beta_n \sin\left(\frac{n\pi c}{L} t\right) \right) \sin\left(\frac{n\pi}{L} x\right) \tag{2.36}$$

où les coefficients α_n et β_n vérifient les formules

$$\forall x \in]0, L[, \quad \varphi(x) = \sum_{n=1}^{\infty} \alpha_n \sin\left(\frac{n\pi}{L} x\right)$$

et

$$\forall x \in]0, L[, \quad \psi(x) = \sum_{n=1}^{\infty} \beta_n \frac{n\pi c}{L} \sin\left(\frac{n\pi}{L} x\right)$$

avec

$$\forall n \in \mathbb{N}^*, \quad \alpha_n = \frac{2}{L} \int_0^L \varphi(x) \sin\left(\frac{n\pi}{L} x\right) \mathrm{d}x \tag{2.37}$$

et

$$\forall n \in \mathbb{N}^*, \quad \beta_n = \frac{2}{n\pi c} \int_0^L \psi(x) \sin\left(\frac{n\pi}{L} x\right) \mathrm{d}x \tag{2.38}$$

Remarque. Les coefficients α_n et β_n sont obtenus par développement en série de sinus des deux fonctions φ et ψ (voir le chapitre 14).

Démonstration.
La méthode est ici à nouveau celle de la séparation des variables. Précisément, on cherche, comme pour l'équation de la chaleur (voir la preuve de la proposition 7 page 35), des solutions à variables séparées sous la forme $u(t,x) = v(x)w(t)$ où v et w sont deux fonctions de $\mathbb{R}$ dans $\mathbb{R}$ assez régulières et non nulles.
On démontre alors que si u est solution de $\dfrac{\partial^2 u}{\partial t^2} - c^2 \dfrac{\partial^2 u}{\partial x^2} = 0$, il existe une constante λ telle que les deux fonctions v et w sont nécessairement solutions des équations différentielles ordinaires

$$\begin{cases} (E1) & v''(x) & = & \lambda v(x) & \text{pour } x \in]0, L[\\ (E2) & w''(t) & = & \lambda c^2 w(t) & \text{pour } t \in \mathbb{R}^{+*} \end{cases}$$

En cherchant à résoudre l'équation $(E1)$, on arrive à la conclusion que λ doit nécessairement être une constante strictement négative et que v doit alors être de la forme

$$v(x) = A\cos\left(\sqrt{|\lambda|}x\right) + B\sin\left(\sqrt{|\lambda|}x\right)$$

où A et B sont deux constantes réelles. Ensuite, l'application des conditions aux limites conduit à $A = 0$ et, pour écarter la solution identiquement nulle, $B \neq 0$ et $\sin\left(\sqrt{|\lambda|}L\right) = 0$, c'est à dire $|\lambda| = \dfrac{n^2\pi^2}{L^2}$ pour $n \in \mathbb{N}$. Finalement, on obtient une infinité de solutions pour $(E1)$ sous la forme

$$v_n : x \mapsto v_n(x) = B_n \sin\left(\frac{n\pi}{L}x\right)$$

où $n \in \mathbb{N}$ et où les B_n sont des constantes réelles.
On revient ensuite à l'équation $(E2)$ en sachant maintenant que $\lambda = -\dfrac{n^2\pi^2}{L^2}$, ce qui conduit aux solutions de la forme

$$w_n : t \mapsto C_n \cos\left(\frac{n\pi c}{L}t\right) + D_n \sin\left(\frac{n\pi c}{L}t\right)$$

où $n \in \mathbb{N}$ et où C_n et D_n sont des constantes réelles.

À ce stade, une infinité de solutions a été obtenue sous la forme

$$u_n(t,x) = \left(\alpha_n \cos\left(\frac{n\pi c}{L}t\right) + \beta_n \sin\left(\frac{n\pi c}{L}t\right)\right)\sin\left(\frac{n\pi}{L}x\right)$$

et, par linéarité de l'équation aux dérivées partielles, toute somme finie de telles fonctions est encore solution du problème

$$\begin{cases} \dfrac{\partial^2 u}{\partial t^2}(t,x) - c^2 \dfrac{\partial^2 u}{\partial x^2}(t,x) = 0 & \text{pour } (t,x) \in \mathbb{R}^{+*} \times]0, L[\\ u(t,0) = u(t,L) = 0 & \text{pour } t \in \mathbb{R}^{+*} \end{cases}$$

c'est à dire qu'elle peut s'écrire sous la forme ($N \in \mathbb{N}^*$)

$$u_N(t,x) = \sum_{k=1}^{N} \left(\alpha_k \cos\left(\frac{k\pi c}{L}t\right) + \beta_k \sin\left(\frac{k\pi c}{L}t\right)\right)\sin\left(\frac{k\pi}{L}x\right)$$

et il est bien sûr facile de vérifier qu'une telle fonction u_N est bien solution du problème précédent.

Ensuite, comme pour l'équation de la chaleur, se pose le délicat problème de savoir s'il y a convergence de la somme lorsque $N \to +\infty$ et si la somme infinie

$$u(t,x) = \sum_{n=0}^{\infty} \left(\alpha_n \cos\left(\frac{n\pi c}{L} t\right) + \beta_n \sin\left(\frac{n\pi c}{L} t\right)\right) \sin\left(\frac{n\pi}{L} x\right)$$

est encore solution de ce problème (ce qui suppose qu'elle est assez régulière pour pouvoir calculer les dérivées partielles $\frac{\partial^2 u}{\partial t^2}$ et $\frac{\partial^2 u}{\partial x^2}$). Nous admettrons que tel est le cas lorsque les deux fonctions φ et ψ sont « assez régulières », ce qui sera désormais supposé (voir par exemple $[SA]$).
Il reste maintenant à tenir compte des deux conditions initiales

$$u(0,x) = \varphi(x) \quad \text{et} \quad \frac{\partial u}{\partial t}(0,x) = \psi(x)$$

sur $]0,L[$ qui permettront de calculer les coefficients α_n et β_n. Précisément, si u est solution de (2.35), elle s'écrit comme une somme sous la forme précédente et vérifie les conditions, sur $]0,L[$:

1. $u(0,x) = \varphi(x) \Longrightarrow \varphi(x) = \sum_{n=0}^{\infty} \alpha_n \sin\left(\frac{n\pi}{L} x\right)$
2. $\frac{\partial u}{\partial t}(0,x) = \psi(x) \Longrightarrow \psi(x) = \sum_{n=0}^{\infty} \beta_n \frac{n\pi c}{L} \sin\left(\frac{n\pi}{L} x\right)$

Autrement dit, comme pour l'équation de la chaleur, les coefficients α_n et β_n, sont donnés par la théorie des séries de Fourier en calculant les coefficients des développements en série de sinus des deux fonctions φ et ψ. Comme nous le verrons au chapitre 14, sous réserve d'une régularité suffisante des fonctions φ et ψ et par une technique de prolongement impair et périodique (voir la section 2.9 page 471), il est possible de montrer l'existence de deux suites α_n et β_n telles que

$$\forall x \in]0,L[, \quad \varphi(x) = \sum_{n=1}^{\infty} \alpha_n \sin\left(\frac{n\pi}{L} x\right) \quad \text{et} \quad \psi(x) = \sum_{n=1}^{\infty} \beta_n \frac{n\pi c}{L} \sin\left(\frac{n\pi}{L} x\right)$$

avec

$$\forall n \in \mathbb{N}^*, \quad \alpha_n = \frac{2}{L} \int_0^L \varphi(x) \sin\left(\frac{n\pi}{L} x\right) \mathrm{d}x \quad \text{et} \quad \frac{n\pi c}{L} \beta_n = \frac{2}{L} \int_0^L \psi(x) \sin\left(\frac{n\pi}{L} x\right) \mathrm{d}x$$

Démontrons maintenant l'unicité de la solution trouvée. Pour cela, on utilise des arguments tout à fait semblables à ceux utilisés pour démontrer l'unicité de la solution pour l'équation de la chaleur en domaine borné en considérant, pour une solution u de (2.35), la quantité $E[u]$ définie par

$$\forall t \in \mathbb{R}^+, \quad E[u](t) = \frac{1}{2} \int_0^L \left(\left(\frac{\partial u}{\partial t}(t,x)\right)^2 + \left(c \frac{\partial u}{\partial x}(t,x)\right)^2\right) \mathrm{d}x$$

et appelée énergie totale (parce qu'elle est obtenue comme la somme d'un terme correspondant à une énergie cinétique et d'un terme correspondant à une énergie potentielle). Commençons par montrer que $E[u]$ est constante. Pour cela, il suffit de remarquer que si l'on suppose u de classe $\mathscr{C}^2$ sur $\mathbb{R}^+ \times [0,L]$, la fonction $E[u] : t \mapsto E[u](t)$ est bien définie et de classe $\mathscr{C}^1$ sur $\mathbb{R}^+$. En utilisant le théorème de dérivation sous l'intégrale, on peut écrire que la dérivée

$$\frac{\mathrm{d}}{\mathrm{d}t}E[u](t) = \frac{\mathrm{d}}{\mathrm{d}t}\int_0^L \frac{1}{2}\left(\left(\frac{\partial u}{\partial t}(t,x)\right)^2 + \left(c\frac{\partial u}{\partial x}(t,x)\right)^2\right)\mathrm{d}x$$

s'obtient en calculant

$$\frac{\mathrm{d}}{\mathrm{d}t}E[u](t) = \frac{1}{2}\int_0^L \frac{\partial}{\partial t}\left(\left(\frac{\partial u}{\partial t}(t,x)\right)^2 + \left(c\frac{\partial u}{\partial x}(t,x)\right)^2\right)\mathrm{d}x$$

c'est à dire, en utilisant les règles de calcul des dérivées partielles

$$\frac{\mathrm{d}}{\mathrm{d}t}E[u](t) = \int_0^L \left(\frac{\partial u}{\partial t}\frac{\partial^2 u}{\partial t^2} + c^2\frac{\partial u}{\partial x}\frac{\partial^2 u}{\partial t \partial x}\right)\mathrm{d}x$$

Maintenant, le terme $\displaystyle\int_0^L \frac{\partial u}{\partial x}\frac{\partial^2 u}{\partial t\partial x}\,\mathrm{d}x$ peut être transformé par intégration par parties en remarquant que $\dfrac{\partial^2 u}{\partial t\partial x} = \dfrac{\partial}{\partial x}\dfrac{\partial u}{\partial t}$, ce qui conduit à

$$\int_0^L \frac{\partial u}{\partial x}\frac{\partial}{\partial x}\left(\frac{\partial u}{\partial t}\right)\mathrm{d}x = \left[\frac{\partial u}{\partial x}\frac{\partial u}{\partial t}\right]_0^L - \int_0^L \frac{\partial^2 u}{\partial x^2}\frac{\partial u}{\partial t}\,\mathrm{d}x$$

Remarquons maintenant que les fonctions $t \mapsto u(t,0)$ et $t \mapsto u(t,L)$ sont identiquement nulles en raison des conditions aux limites, ce qui annule le terme entre crochets. Par conséquent, on obtient, après factorisation par $\dfrac{\partial u}{\partial t}$, l'expression de $\dfrac{\mathrm{d}}{\mathrm{d}t}E[u](t)$ sous la forme

$$\frac{\mathrm{d}}{\mathrm{d}t}E[u](t) = \int_0^L \frac{\partial u}{\partial t}\left(\frac{\partial^2 u}{\partial t^2} - c^2\frac{\partial^2 u}{\partial x^2}\right)\mathrm{d}x$$

ce qui permet de constater que $\dfrac{\mathrm{d}}{\mathrm{d}t}E[u] = 0$ sur $\mathbb{R}^+$ puisque u est solution de l'équation homogène des cordes vibrantes.

Une fois ce résultat acquis, supposons maintenant qu'il existe deux solutions u_1 et u_2 au problème (2.35). Alors la différence $u = u_2 - u_1$ est solution du problème

$$\begin{cases} \dfrac{\partial^2 u}{\partial t^2}(t,x) - c^2\dfrac{\partial^2 u}{\partial x^2}(t,x) = 0 & \text{pour } (t,x) \in \mathbb{R}^{+*} \times]0,L[\\ u(0,x) = 0 & \text{pour } x \in]0,L[\\ \dfrac{\partial u}{\partial t}(0,x) = 0 & \text{pour } x \in]0,L[\\ u(t,0) = u(t,L) = 0 & \text{pour } t \in \mathbb{R}^{+*} \end{cases}$$

Alors, d'une part la fonction $t \mapsto E[u](t)$ est constante égale, par exemple, à $E[u](0)$ et, d'autre part, cette dernière quantité est nulle.

En effet, $\frac{\partial u}{\partial t}(0,x) = 0$ et $\frac{\partial u}{\partial x}(0,x) = 0$ donc

$$E[u](0) = \frac{1}{2}\int_0^L \left(\left(\frac{\partial u}{\partial t}(0,x) \right)^2 + \left(c\frac{\partial u}{\partial x}(0,x) \right)^2 \right) \mathrm{d}x = 0$$

Par conséquent la fonction u est une constante. Mais les conditions aux limites imposent que cette constante soit nulle, ce qui permet de dire que $u_1 = u_2$ et de prouver l'unicité de la solution. □

3.7 Exemple de solution en domaine borné

A titre d'exemple, on peut observer ce qui se passe dans le cas où $c = 1$ pour une corde de longueur $L = 4$ pincée de sorte à ce que sa position initiale soit donnée par la fonction φ définie par

$$\varphi(x) = \begin{cases} x-2 & \text{si} \quad x \in [2,3] \\ 4-x & \text{si} \quad x \in [3,4] \\ 0 & \text{si} \quad x \notin [2,4] \end{cases}$$

que l'on peut voir représentée sur le premier graphique de la figure 2.13 et que l'on suppose, d'autre part, que la vitesse initiale de la corde est nulle, ce qui correspond au choix $\psi(x) = 0$ sur $[0,4]$. Autrement dit, on s'intéresse à la solution du problème suivant qui tient compte des hypothèses précédentes.

$$\begin{cases} \frac{\partial^2 u}{\partial t^2}(t,x) - \frac{\partial^2 u}{\partial x^2}(t,x) = 0 & \text{pour } (t,x) \in \mathbb{R}^{+*} \times]0,4[\\ u(0,x) = \varphi(x) & \text{pour } x \in]0,4[\\ \frac{\partial u}{\partial t}(0,x) = 0 & \text{pour } x \in]0,4[\\ u(t,0) = u(t,4) = 0 & \text{pour } t \in \mathbb{R}^{+*} \end{cases}$$

La solution de ce problème est donnée par les formules (2.36), (2.37) et (2.38). Précisément, on obtient ici $\beta_n = 0$ pour tout $n \in \mathbb{N}^*$ et

$$\forall n \in \mathbb{N}^*, \quad \alpha_n = \frac{1}{2}\int_0^4 \varphi(x) \sin\left(\frac{n\pi}{4}x\right) \mathrm{d}x = \frac{4}{n^2\pi^2}\left(2\sin\left(\frac{3n\pi}{4}\right) - \sin\left(\frac{n\pi}{2}\right)\right)$$

puis, pour tout $x \in]0,4[$ et tout $t > 0$

$$u(t,x) = \sum_{n=1}^{\infty} \alpha_n \cos\left(\frac{n\pi}{4}t\right) \sin\left(\frac{n\pi}{4}x\right)$$

La figure 2.13 montre la position de la corde pour neuf valeurs du temps : $t \in \{0, 1, \cdots, 8\}$ (le premier graphique représente φ). On peut remarquer qu'il faut attendre le temps $t = 8$ pour que la corde retrouve sa position initiale. On démontre en effet que le mouvement de la corde est périodique de période $T = 2L/c$ qui vaut, dans la situation décrite ici, $T = 8$.

Remarque. Le lecteur aura sans doute remarqué que la fonction φ n'a pas la régularité imposée par la proposition 10. Il s'agit typiquement d'une solution moins régulière.

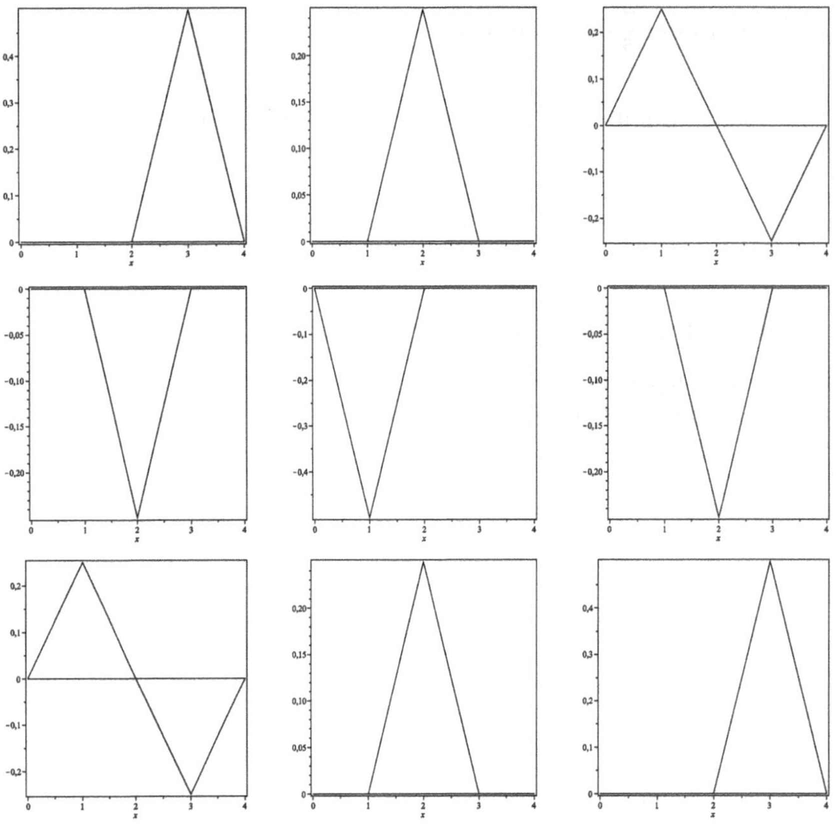

FIGURE 2.13 – Position de la corde à $t = 0, 1, \cdots, 7, 8$

4 Les équations de Laplace et de Poisson

4.1 Origine de l'équation de Laplace

L'équation de Laplace (Pierre-Simon de Laplace, 1749-1827, mathématicien et physicien français) modélise un grand nombre de phénomènes stationnaires de la physique ou de la mécanique (phénomènes de conduction de la chaleur, de diffusion d'espèces chimiques, d'électromagnétisme, de mécanique des fluides, etc.). Pour fixer les idées, on se limite à la dimension 2.
Considérons donc :

1. Un champ scalaire u de classe $\mathscr{C}^2$ sur $\mathbb{R}^2$ qui dépend des variables spatiales x et y,
2. Un domaine Ω ouvert de $\mathbb{R}^2$ délimitée par une courbe régulière notée $\delta\Omega$.

Avec ces notations, on définit le *flux* du gradient $\overrightarrow{\nabla u}$ de u à travers $\delta\Omega$ comme l'intégrale curviligne

$$\int_{\delta\Omega} \overrightarrow{\nabla u} \cdot \overrightarrow{\mathrm{d}n}$$

où $\overrightarrow{\nabla u}$ désigne le gradient de u, c'est à dire le vecteur de composantes $\left(\dfrac{\partial u}{\partial x}, \dfrac{\partial u}{\partial y}\right)$ et $\overrightarrow{\mathrm{d}n}$ désigne un vecteur unitaire normal à la courbe.
Enfin, on dit que u est à *flux conservatif* lorsque, pour toute courbe régulière $\delta\Omega'$ entourant un domaine Ω' on a

$$\int_{\delta\Omega'} \overrightarrow{\nabla u} \cdot \overrightarrow{\mathrm{d}n} = 0$$

On démontre alors que cette dernière relation conduit à l'équation aux dérivées partielles du second ordre (en utilisant l'opérateur Laplacien $\Delta = \dfrac{\partial^2}{\partial x^2} + \dfrac{\partial^2}{\partial x^2}$)

$$\Delta\, u(x,y) = \frac{\partial^2 u}{\partial x^2}(x,y) + \frac{\partial^2 u}{\partial x^2}(x,y) = 0$$

La démonstration de ce résultat utilise la notion de divergence. Pour un champ scalaire u de classe $\mathscr{C}^1$ sur $\mathbb{R}^2$, on définit sa divergence, noté $\operatorname{div} u$, par la formule (voir annexe A)

$$\operatorname{div} u(x,y) = \frac{\partial u}{\partial x}(x,y) + \frac{\partial u}{\partial y}(x,y)$$

Il est alors facile de remarquer que pour tout champ scalaire u de classe $\mathscr{C}^2$ sur $\mathbb{R}^2$ on a

$$\operatorname{div}(\overrightarrow{\nabla}\, u) = \frac{\partial}{\partial x}\left(\frac{\partial u}{\partial x}\right) + \frac{\partial}{\partial y}\left(\frac{\partial u}{\partial y}\right) = \frac{\partial^2 u}{\partial x^2} + \frac{\partial^2 u}{\partial x^2} = \Delta u$$

Utilisons maintenant le *théorème de flux-divergence* (voir annexe A, théorème 4 page 772), dans le cas de deux dimensions et la relation $\operatorname{div}(\overrightarrow{\nabla}\, u) = \Delta u$ pour écrire, pour toute courbe régulière $\delta\Omega'$ entourant un domaine Ω'

$$0 = \int_{\delta\Omega'} \overrightarrow{\nabla u} \cdot \overrightarrow{\mathrm{d}n} = \iint_{\Omega'} \operatorname{div}(\overrightarrow{\nabla}\, u)\, \mathrm{d}x\,\mathrm{d}y = \iint_{\Omega'} \Delta u \,\mathrm{d}x\,\mathrm{d}y$$

Cette relation étant vraie pour tout domaine Ω', on en déduit l'équation de Laplace

$$\boxed{\Delta u(x,y) = 0}$$

pour tout $(x,y) \in \Omega$.

4.2 Un exemple de problème conduisant à l'équation de Poisson

(Siméon Denis Poisson, 1781-1840, mathématicien et physicien français)
Considérons une membrane élastique modélisée par le carré $[0,1] \times [0,1]$ du plan (xOy), fixée sur ses quatre bords. Désignons par Ω l'ouvert $]0,1[\times]0,1[$ et par $\delta\Omega$ son bord (ou sa frontière) et supposons que l'on applique, en chaque point (x,y) de cette membrane, une charge surfacique orthogonale au plan (xOy), modélisée par le champ scalaire (de $\mathbb{R}^2$ dans $\mathbb{R}$) noté $f : (x,y) \mapsto f(x,y) \quad [N \cdot m^{-2}]$. On peut par exemple penser à un récipient de section carrée, recouvert d'un film étirable tendu qui se trouve déformé du fait d'une différence de pression entre l'intérieur et l'extérieur du récipient.

Pour la modélisation, on fait les hypothèses simplificatrices suivantes :

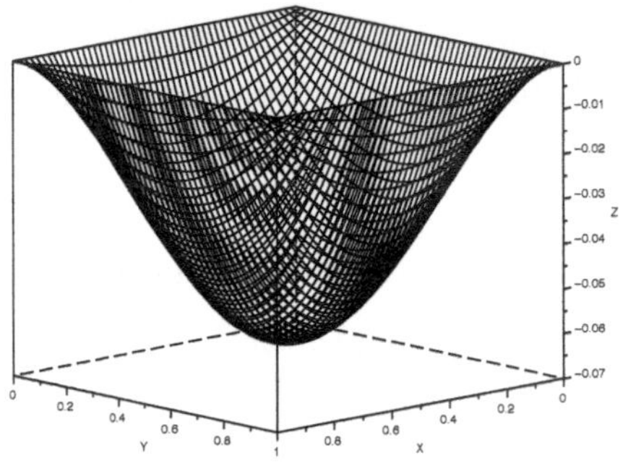

FIGURE 2.14 – Membrane déformée

1. En chaque point de la membrane, la tension est tangente à la membrane et constante de module noté $T > 0$.
2. Les points de la membrane se déplacent uniquement dans la direction (Oz).
   Ainsi, à l'équilibre, si l'on note $u : (x, y) \mapsto u(x, y)$ le champ des déplacements des points de la membrane, la forme de cette dernière est définie par une surface de $\mathbb{R}^3$ d'équation $U(x, y, z) = 0$ (où $U : (x, y, z) \mapsto U(x, y, z) = u(x, y) - z$) comme illustré dans la figure 2.14.
3. Les valeurs des déplacements $u(x, y)$ sont supposées « très petites » devant l'unité, de même que les valeurs des dérivées partielles $\dfrac{\partial u}{\partial x}(x, y)$ et $\dfrac{\partial u}{\partial y}(x, y)$ (et donc les valeurs de la norme du gradient $\overrightarrow{\nabla} u(x, y)$). Cette hypothèse a plusieurs conséquences :
   a. La membrane se déforme très peu et de manière « lisse » et cela permet, entre autres, de linéariser les équations.
   b. En chaque point de la membrane $M\big(x, y, u(x, y)\big)$, il existe un plan tangent passant par le point M et orthogonal à $\overrightarrow{\nabla} U(x, y, z) = \left(\dfrac{\partial u}{\partial x}(x, y), \dfrac{\partial u}{\partial y}(x, y), -1\right)$.

Soit $\Delta x > 0$ une longueur « infinitésimale ». Considérons le carré infinitésimal du plan (xOy) d'aire $\left(\Delta x\right)^2$ noté $\Omega(x, y, \Delta x)$ et défini par

$$\Omega(x, y, \Delta x) = [x, x + \Delta x] \times [y, y + \Delta x]$$

Son image par le champ scalaire u, notée $\Omega'(x, y, \Delta x)$ est une partie de la membrane qui n'est plus ni plane ni dans le plan (xOy) (comme illustré sur la figure 2.15) mais que l'on peut assimiler au plan tangent à la membrane passant par le point $M\big(x, y, u(x, y)\big)$.
Cette surface infinitésimale $\Omega'(x, y, \Delta x)$ est soumise à deux types de forces. Des forces de tension exercées sur les côtés de $\Omega'(x, y, \Delta x)$ qui sont orthogonales aux côtés de $\Omega'(x, y, \Delta x)$ et tangentes à la surface d'équation $z = u(x, y)$ et aussi la force $\overrightarrow{f}$ exercée dans la direction (Oz).

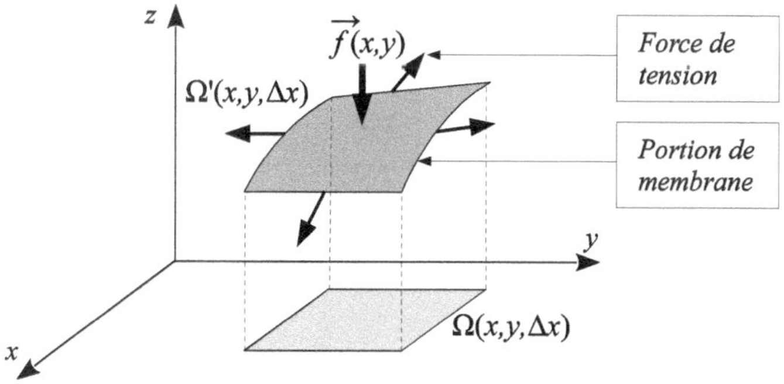

FIGURE 2.15 – Illustration d'une portion de membrane déformée

Si l'on applique le principe fondamental de la dynamique (en statique), il fournit une expression vectorielle qui conduit elle-même à trois équations scalaires correspondant aux projections dans les directions (Ox), (Oy) et (Oz). Chacune de ces équations nécessite de calculer la résultante des efforts ce qui est, ici, une opération compliquée. En effet, le calcul de la résultante des forces de tension nécessite de calculer la circulation du champ vectoriel $\vec{T}$ modélisant ces forces de tension le long du bord de $\Omega'(x,y,\Delta x)$ alors que la résultante des efforts correspondant à l'action de $\vec{f}$ dans la direction (Oz) impose de calculer une intégrale de surface sur $\Omega'(x,y,\Delta x)$.
Admettons donc que l'équation qui résulte de la projection sur l'axe (Oz) est donnée par :

$$T\int_x^{x+\Delta x}\left(\frac{\partial u}{\partial y}(s,y+\Delta x)-\frac{\partial u}{\partial y}(s,y)\right)\mathrm{d}s+T\int_y^{y+\Delta x}\left(\frac{\partial u}{\partial x}(x+\Delta x,s)-\frac{\partial u}{\partial x}(x,s)\right)\mathrm{d}s+ \\ +\iint_{\Omega(x,y,\Delta x)}f(s,t)\mathrm{d}s\mathrm{d}t=0 \tag{2.39}$$

Voyons maintenant ce qui se passe lorsque $\Delta x\to 0$. Avant cela, il convient de remarquer que l'on dispose des égalités suivantes (obtenues avec des développements de Taylor par exemple, voir le chapitre 5, en supposant le champ u assez régulier, c'est-à-dire au moins de classe $\mathscr{C}^2$)

$$\lim_{\Delta x\to 0}\frac{\dfrac{\partial u}{\partial y}(x,y+\Delta x)-\dfrac{\partial u}{\partial y}(x,y)}{\Delta x}=\frac{\partial^2 u}{\partial y^2}(x,y)$$

et, de même

$$\lim_{\Delta x\to 0}\frac{\dfrac{\partial u}{\partial x}(x+\Delta x,y)-\dfrac{\partial u}{\partial x}(x,y)}{\Delta x}=\frac{\partial^2 u}{\partial x^2}(x,y)$$

Maintenant, si l'on écrit l'égalité, pour $\Delta x>0$

$$\frac{1}{(\Delta x)^2}\int_x^{x+\Delta x}\left(\frac{\partial u}{\partial y}(s,y+\Delta x)-\frac{\partial u}{\partial y}(s,y)\right)\mathrm{d}s=\frac{1}{\Delta x}\int_x^{x+\Delta x}\left(\frac{\dfrac{\partial u}{\partial y}(s,y+\Delta x)-\dfrac{\partial u}{\partial y}(s,y)}{\Delta x}\right)\mathrm{d}s$$

le passage à la limite, lorsque $\Delta x \to 0$, conduit, en utilisant le théorème fondamental de l'analyse, à

$$\lim_{\Delta x \to 0} \frac{1}{\Delta x} \int_x^{x+\Delta x} \left(\frac{\dfrac{\partial u}{\partial y}(s, y+\Delta x) - \dfrac{\partial u}{\partial y}(s, y)}{\Delta x} \right) \mathrm{d}s = \frac{\partial^2 u}{\partial y^2}(x, y)$$

et, de la même manière, on obtient

$$\lim_{\Delta x \to 0} \frac{1}{\Delta x} \int_x^{x+\Delta x} \left(\frac{\dfrac{\partial u}{\partial y}(x+\Delta x, s) - \dfrac{\partial u}{\partial y}(x, s)}{\Delta x} \right) \mathrm{d}s = \frac{\partial^2 u}{\partial x^2}(x, y)$$

Enfin, par des arguments semblables à ceux utilisés en une dimension, pour un champ f assez régulier, on montre que

$$\lim_{\Delta x \to 0} \frac{1}{(\Delta x)^2} \iint_{\Omega(x,y,\Delta x)} f(s,t)\mathrm{d}s\mathrm{d}t = f(x, y)$$

Finalement, on obtient l'équation aux dérivées partielles, pour $(x, y) \in]0, 1[\times]0, 1[$

$$\boxed{-T\left(\frac{\partial^2 u}{\partial x^2}(x, y) + \frac{\partial^2 u}{\partial x^2}(x, y)\right) = f(x, y)}$$

ou encore, en utilisant l'opérateur différentiel Laplacien

$$\Delta u(x, y) = \frac{\partial^2 u}{\partial x^2}(x, y) + \frac{\partial^2 u}{\partial x^2}(x, y)$$

toujours pour tout $(x, y) \in]0, 1[\times]0, 1[$

$$\boxed{-T\Delta u(x, y) = f(x, y)}$$

Pour terminer, rappelons que la membrane est supposée fixée sur ses quatre côtés, ce qui correspond à des conditions aux limites de type Dirichlet de la forme

$$\begin{cases} \forall x \in [0, 1] & u(x, 0) = u(x, 1) = 0 \\ \forall y \in [0, 1] & u(0, y) = u(1, y) = 0 \end{cases}$$

4.3 Les équations

Il s'agit d'E.D.P. du deuxième ordre elliptiques (au sens de la définition 5). Elles sont données dans le cas d'un champ u à valeurs réelles et dépendant de deux variables spatiales x et y.

Définition 11. On appelle *équation de Laplace* l'équation aux dérivées partielles elliptique d'inconnue u supposée au moins de classe $\mathscr{C}^2$

$$\Delta u(x,y) = \frac{\partial^2 u}{\partial x^2}(x,y) + \frac{\partial^2 u}{\partial y^2}(x,y) = 0 \tag{2.40}$$

et on appelle *équation de Poisson* l'équation aux dérivées partielles elliptique

$$\Delta u(x,y) = f(x,y) \tag{2.41}$$

où f est une fonction continue sur un domaine de $\mathbb{R}^2$.

4.4 Solution analytique de l'équation de Laplace sur le disque unité

La résolution de l'équation de Laplace est un problème compliqué et, même dans des configurations simples, il n'est pas toujours possible d'obtenir une solution analytique.
Il existe tout de même une situation dans laquelle la recherche d'une solution est un problème abordable, celle où le domaine est un disque et pour une condition initiale φ assez régulière, par exemple de classe $\mathscr{C}^1$ sur $\mathbb{R}^2$. Précisément, désignons par $\mathscr{D}$ le disque unité ouvert, c'est à dire

$$\mathscr{D} = \left\{(x,y) \in \mathbb{R}^2, \quad x^2 + y^2 < 1\right\}$$

et par $\mathscr{S}$ le cercle unité

$$\mathscr{S} = \left\{(x,y) \in \mathbb{R}^2, \quad x^2 + y^2 = 1\right\}$$

et soit $\varphi \in \mathscr{C}^1\left(\mathbb{R}^2\right)$. Cherchons à déterminer une solution du problème

$$\left\{\begin{array}{ll} \forall (x,y) \in \mathscr{D} & \Delta u(x,y) = 0 \\ \forall (x,y) \in \mathscr{S} & u(x,y) = \varphi(x,y) \end{array}\right. \tag{2.42}$$

Des solutions à variables séparées sont à nouveau cherchées en utilisant des coordonnées polaires (r,θ) et en se contentant de déterminer une solution « formelle » au problème (2.42). Cela signifie en particulier que de nombreux problèmes techniques et théoriques seront éludés, comme les questions de convergence et de régularité des séries de fonctions qui seront obtenues, de même que la question de l'unicité.

Démonstration.
En coordonnées polaires, les anciennes coordonnées cartésiennes (x,y) s'écrivent désormais en fonction des coordonnées polaires (r,θ) selon la correspondance

$$\left\{\begin{array}{l} x = x(r,\theta) = r\cos\theta \\ y = y(r,\theta) = r\sin\theta \end{array}\right.$$

Avec ces notations, on écrit maintenant $u(x,y) = u\big(x(r,\theta), y(r,\theta)\big) = v(r,\theta)$ et on remarque que ce changement de variables permet de mettre en bijection le domaine $\mathscr{D} - \{(0,0)\}$ et le domaine $\mathscr{R} =]0,1[\times[0,2\pi[$.

En utilisant les règles de calculs sur les dérivées partielles, on montre sans difficulté que

$$\Delta v(r,\theta) = \frac{\partial^2 v}{\partial r^2}(r,\theta) + \frac{1}{r}\frac{\partial v}{\partial r}(r,\theta) + \frac{1}{r^2}\frac{\partial^2 v}{\partial \theta^2}(r,\theta)$$

Le problème (2.42) devient donc, en coordonnées polaires, le nouveau problème

$$\begin{cases} \forall (r,\theta) \in \mathscr{R}, & \dfrac{\partial^2 v}{\partial r^2}(r,\theta) + \dfrac{1}{r}\dfrac{\partial v}{\partial r}(r,\theta) + \dfrac{1}{r^2}\dfrac{\partial^2 v}{\partial \theta^2}(r,\theta) = 0 \\ \forall \theta \in [0,2\pi[, & v(1,\theta) = \varphi(\cos\theta, \sin\theta) = \psi(\theta) \end{cases} \tag{2.43}$$

On cherche ensuite une solution v à variables séparées sous la forme $v(r,\theta) = f(r)g(\theta)$ où f et g sont deux fonctions numériques assez régulières et non nulles. Avec ces notations, si on suppose que v est solution de l'équation aux dérivées partielles $\Delta v(r,\theta) = 0$, alors on montre que, nécessairement, les fonctions f et g vérifient l'équation

$$r^2\frac{f''(r)}{f(r)} + r\frac{f'(r)}{f(r)} = -\frac{g''(\theta)}{g(\theta)}$$

en supposant que ni f, ni g ne s'annule.
Comme les deux membres de cette équation sont indépendants, ils sont nécessairement égaux à une constante réelle notée λ, ce qui conduit à deux équations différentielles

$$\begin{cases} (E1) & g''(\theta) + \lambda g(\theta) = 0 \\ (E2) & r^2 f''(r) + r f'(r) - \lambda f(r) = 0 \end{cases}$$

La résolution de l'équation $(E1)$ ne pose pas de problème et conduit à trois cas selon le signe de la constante λ. En notant A et B deux constantes réelles :

1. Si $\lambda < 0$ on obtient $g(\theta) = A\mathrm{e}^{-\theta\sqrt{|\lambda|}} + B\mathrm{e}^{\theta\sqrt{|\lambda|}}$.
2. Si $\lambda = 0$ on obtient $g(\theta) = A + B\theta$.
3. Si $\lambda > 0$ on obtient $g(\theta) = A\cos(\theta\sqrt{\lambda}) + B\sin(\theta\sqrt{\lambda})$.

Comme g est nécessairement 2π-périodique, deux cas seulement sont envisageables. Le cas $\lambda = 0$ qui conduit à $g(\theta) = A$ car la constante B est nécessairement nulle en raison de la périodicité et le cas $\lambda > 0$ qui conduit à $g(\theta) = A\cos(n\theta) + B\sin(n\theta)$ car $\sqrt{\lambda}$ est nécessairement un entier, toujours en raison de la périodicité. Autrement dit, on obtient une infinité de solutions g_n de la forme

$$g_n(\theta) = A_n \cos(n\theta) + B_n \sin(n\theta)$$

où $n \in \mathbb{N}$ et A_n et B_n sont des constantes réelles.

Revenons à l'équation $(E2)$ en sachant maintenant que $\lambda = n \in \mathbb{N}$. On cherche donc les solutions bornées de $(E2)$

$$r^2 f''(r) + r f'(r) - n f(r) = 0$$

et la résolution de cette équation différentielle est beaucoup plus délicate car il s'agit d'une équation du second ordre à coefficients non constants. Il existe néanmoins une méthode classique pour ce type d'équation qui consiste à chercher des solutions sous la forme polynomiale $r \mapsto r^p$ $(p \in \mathbb{N})$. Avant cela, envisageons les deux cas :

1. $n = 0$: dans ce cas, $(E2)$ s'écrit $r^2 f''(r) + r f'(r) = 0$ et l'on remarque que, pour $r > 0$

$$r^2 f''(r) + r f'(r) = 0 \Longrightarrow r f''(r) + f'(r) = 0 \Longrightarrow \frac{\mathrm{d}}{\mathrm{d}r}\big(r f'(r)\big) = 0$$

autrement dit, la fonction $r \mapsto r f'(r)$ est constante sur $\mathbb{R}^{+*}$ et il existe donc deux constantes réelles C et D telles $f(r) = C + D \ln r$ car

$$r f'(r) = D \Longrightarrow f'(r) = \frac{D}{r} \Longrightarrow f(r) = C + D \ln r$$

Or, les deux fonctions $r \mapsto 1$ et $r \mapsto \ln r$ sont clairement linéairement indépendantes et forment donc un système fondamental de solutions pour $(E2)$ en vertu de quoi on peut affirmer que les solutions de $(E2)$, lorsque $n = 0$, sont les fonctions définies par

$$f : r \mapsto C + D \ln r$$

Mais une solution de la forme $f : r \mapsto C + D \ln r$ n'est envisageable qu'à condition que $D = 0$ sans quoi elle n'est pas bornée au voisinage de 0. Finalement, les solutions bornées de $(E2)$ lorsque $n = 0$ sont les fonctions constantes

$$f : r \mapsto C$$

où C est une constante réelle.

2. $n > 0$: dans ce cas, $(E2)$ s'écrit $r^2 f''(r) + r f'(r) - n f(r) = 0$ et on cherche des solutions sous la forme $f : r \mapsto r^p$. On montre alors sans difficulté les implications suivantes

$$f \text{ solution de } (E2) \Longrightarrow p \in \{-n, +n\} \Longrightarrow f \in \left\{f_+ : r \mapsto r^n, f_- : r \mapsto r^{-n}\right\}$$

Or, pour tout $n \in \mathbb{N}^*$, les deux fonctions f_+ et f_- sont aussi clairement linéairement indépendantes et forment donc un système fondamental de solutions pour $(E2)$ en vertu de quoi on peut affirmer que les solutions de $(E2)$ sont les fonctions définies par

$$f : r \mapsto C_n r^n + D_n r^{-n}$$

Cela dit, une solution de la forme $f : r \mapsto C_n r^n + D_n r^{-n}$ doit aussi rester bornée au voisinage de 0, ce qui impose nécessairement que le coefficient D_n est nul. En conséquence, les solutions bornées de $(E2)$ lorsque $n > 0$ sont finalement les fonctions

$$f_n : r \mapsto C_n r^n$$

où C_n est une constante réelle.
Pour terminer, remarquons que la forme obtenue pour $n > 0$ est aussi valable lorsque $n = 0$.

On a donc obtenu une infinité de solutions à variables séparées, bornées et 2π-périodiques, pour l'équation aux dérivées partielles $\Delta v(r,\theta) = 0$ sous la forme

$$v_n(r,\theta) = \big(A_n \cos(n\theta) + B_n \sin(n\theta)\big) r^n$$

où A_n et B_n sont des constantes réelles.

L'E.D.P. étant linéaire, comme d'habitude, toute somme finie de telles solutions est encore solution et nous admettrons qu'une somme infinie est encore solution, ce qui revient à admettre que l'on a déterminé une infinité de solutions sous la forme

$$v(r,\theta) = A_0 + \sum_{n=1}^{\infty} \big(A_n \cos(n\theta) + B_n \sin(n\theta)\big) r^n$$

où A_0, A_n et B_n sont des constantes réelles.
Il convient maintenant de tenir compte de la condition aux limites $v(1,\theta) = \psi(\theta)$. Cette dernière conduit à écrire

$$v(1,\theta) = \psi(\theta) = A_0 + \sum_{n=1}^{\infty} \big(A_n \cos(n\theta) + B_n \sin(n\theta)\big)$$

et l'on reconnaît dans cette formule le développement en série de Fourier de la fonction ψ que l'on suppose exister sous réserve d'une régularité suffisante (voir le chapitre 14). Comme on sait que ce développement est unique, cela implique nécessairement que les coefficients A_0 et, pour $n \in \mathbb{N}^*$, A_n et B_n, sont donnés par les formules (14.10) (voir le chapitre 14 page 463), c'est à dire

$$\begin{cases} A_0 = \dfrac{1}{2\pi} \displaystyle\int_0^{2\pi} \psi(t)\,\mathrm{d}t \\ \forall n \in \mathbb{N}^*, \quad A_n = \dfrac{1}{\pi} \displaystyle\int_0^{2\pi} \psi(t) \cos(nt)\,\mathrm{d}t \\ \forall n \in \mathbb{N}^*, \quad B_n = \dfrac{1}{\pi} \displaystyle\int_0^{2\pi} \psi(t) \sin(nt)\,\mathrm{d}t \end{cases}$$

Ces formules permettent de connaître entièrement la solution obtenue par séparation des variables.
Réciproquement, il reste à vérifier que la fonction définie par

$$v(r,\theta) = A_0 + \sum_{n=1}^{\infty} \big(A_n \cos(n\theta) + B_n \sin(n\theta)\big) r^n$$

et les coefficients A_0 et, pour $n \in \mathbb{N}^*$, A_n et B_n, calculés précédemment, est bien une solution du problème différentiel (2.43). Or, cela nécessite de vérifier que v est suffisamment régulière pour pouvoir calculer les dérivées partielles jusqu'à l'ordre 2 et qu'elle est bien solution du problème. Nous admettrons ce dernier point, comme l'unicité. □

4.5 Solution analytique de l'équation de Poisson sur le carré unité

Pour terminer, donnons sans démonstration quelques éléments de réponses sur le problème de la membrane évoqué en introduction, c'est à dire le problème différentiel

$$\begin{cases} \forall (x,y) \in]0,1[\times]0,1[& -\Delta u(x,y) = f(x,y) \\ \forall x \in [0,1] & u(x,0) = u(x,1) = 0 \\ \forall y \in [0,1] & u(0,y) = u(1,y) = 0 \end{cases} \tag{2.44}$$

où f est une fonction continue sur $[0,1] \times [0,1]$.

On démontre alors que ce problème possède une unique solution qui peut être obtenue par développement en série de Fourier sous la forme

$$u(x,y)=\sum_{p=1}^{\infty}\sum_{q=1}^{\infty}u_{p,q}\sin(p\pi x)\sin(q\pi y)$$

où les coefficients $\left(u_{p,q}\right)_{(p,q)\in\mathbb{N}^*\times\mathbb{N}^*}$ sont donnés par la formule

$$\forall(p,q)\in\mathbb{N}^*\times\mathbb{N}^*,\quad u_{p,q}=\frac{4}{\pi^2(p^2+q^2)}\int_0^1\int_0^1 f(x,y)\sin(p\pi x)\sin(q\pi y)\,\mathrm{d}x\,\mathrm{d}y$$

5 L'équation des barres

5.1 Origine de l'équation

Considérons une barre de longueur $L\quad[m]$ dont la fibre neutre est matérialisée par le segment $[0,L]$, portée par l'axe (Ox), de section constante d'aire $S\quad[m^2]$ constante, constituée d'un matériau homogène, isotrope et élastique caractérisé par son module d'Young $E\quad[Pa]$ constant (Thomas Young, 1773-1829, physicien, médecin et égyptologue britannique) et sa masse volumique $\rho\quad[kg\cdot m^{-3}]$. On cherche à modéliser le champ des déplacements u d'une section d'abscisse x lorsqu'elle est soumise à de la traction ou de la compression simple comme illustré sur la figure 2.16.

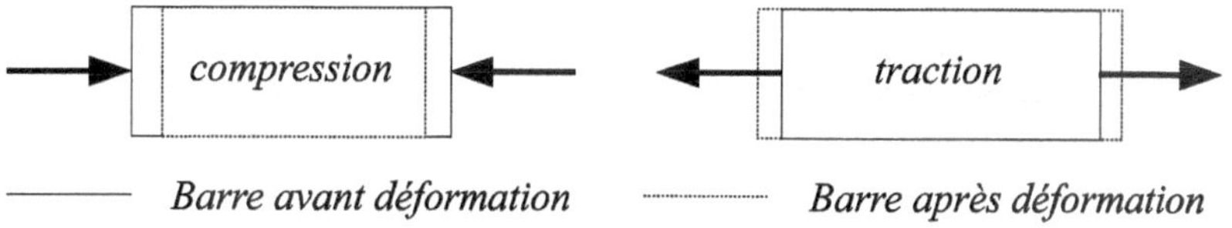

FIGURE 2.16 – Illustration de la traction et de la compression

La mise en équation de ce problème s'appuie sur les hypothèses suivantes :

1. La barre ne travaille qu'en traction et en compression (donc seuls les déplacements selon l'axe (Ox) sont autorisés).
2. Les sections droites restent droites et les déplacements restent « petits ».

Calculons la déformation, notée $\varepsilon(t,x)$ (aussi appelée l'*allongement relatif*, c'est-à-dire le quotient de l'allongement par la longueur initiale) et montrons que $\varepsilon(t,x)=\dfrac{\partial u}{\partial x}(t,x)$. Pour cela, faisons le raisonnement suivant à partir de la figure 2.17. Sous l'effet de l'effort normal, une section d'abscisse x au temps t se déplace d'une longueur $u(t,x)$ alors qu'une section d'abscisse $x+\Delta x$ au temps t se déplace d'une longueur $u(t,x+\Delta x)$.

L'allongement relatif est donc $\dfrac{u(t,x+\Delta x)-u(t,x)}{\Delta x}$. Maintenant, si l'on suppose le champ des déplacements u assez régulier, lorsque $\Delta x\to 0$, on obtient

$$\lim_{\Delta x\to 0}\frac{u(t,x+\Delta x)-u(t,x)}{\Delta x}=\frac{\partial u}{\partial x}(t,x)$$

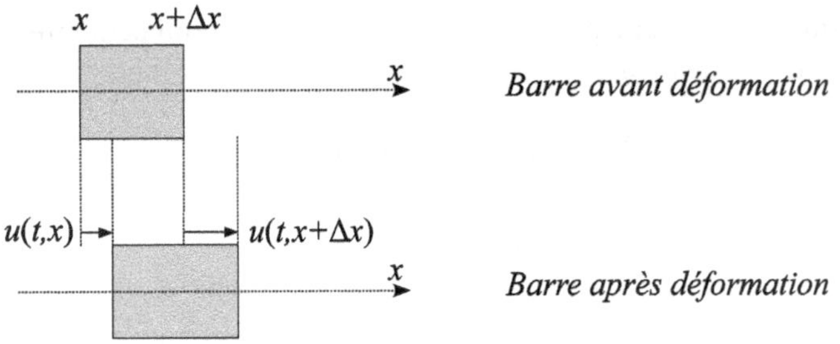

FIGURE 2.17 – Illustration de la déformation d'une barre soumise à de la traction

Autrement dit, lorsque $\Delta x \to 0$ la déformation, notée $\varepsilon(t,x)$ est donc bien

$$\varepsilon(t,x) = \frac{\partial u}{\partial x}(t,x) \tag{2.45}$$

Notons maintenant $\sigma(t,x)$ la contrainte normale exercée sur la section d'abscisse x qui est égale à (dans le cas d'une section constante)

$$\sigma(t,x) = \frac{N(t,x)}{S} \tag{2.46}$$

Utilisons enfin la loi de Hooke (Robert Hooke, 1635-1703, scientifique britannique) qui relie linéairement la contrainte normale $\sigma(t,x)$ exercée sur la section d'abscisse x et la déformation $\varepsilon(t,x)$ selon la relation

$$\sigma(t,x) = E\varepsilon(t,x) \tag{2.47}$$

Or, sachant que $N(t,x) = S\sigma(t,x)$, on obtient

$$N(t,x) = SE\frac{\partial u}{\partial x}(t,x)$$

Il reste maintenant à écrire le principe fondamental de la dynamique appliqué à une tranche infinitésimale $[x, x+\Delta x]$ de la barre de section S et d'épaisseur Δx soumise aux efforts normaux $N(t,x)$ et $N(t,x+\Delta x)$ et une force longitudinale $f(t,x)\Delta x$ due à une densité linéique de force $\vec{f}(t,x) = f(t,x)\vec{x} \quad [N\cdot m^{-1}]$ (qui peut représenter l'action du poids dans le cas où l'axe (Ox) est vertical) comme illustré sur la figure 2.18.

L'application du principe fondamental de la dynamique conduit alors à la relation

$$N(t,x+\Delta x) - N(t,x) + f(t,x)\Delta x = \rho S\Delta x\frac{\partial^2 u}{\partial t^2}(t,x) \tag{2.48}$$

Autrement dit, après division par $\Delta x > 0$

$$\frac{N(t,x+\Delta x) - N(t,x)}{\Delta x} + f(t,x) = \rho S\frac{\partial^2 u}{\partial t^2}(t,x)$$

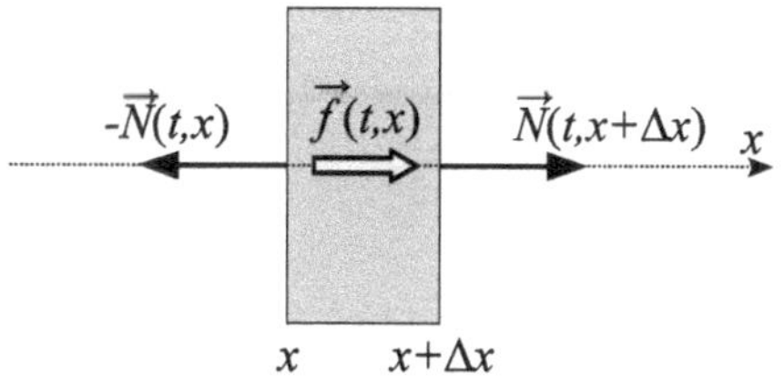

FIGURE 2.18 – Une tranche d'épaisseur infinitésimale en équilibre statique

puis, en tenant compte de la relation $N(t,x) = SE\dfrac{\partial u}{\partial x}(t,x)$, (2.48) devient

$$SE\frac{\dfrac{\partial u}{\partial x}(t,x+\Delta x) - \dfrac{\partial u}{\partial x}(t,x)}{\Delta x} + f(t,x) = \rho S\frac{\partial^2 u}{\partial t^2}(t,x) \tag{2.49}$$

Il reste maintenant à passer à la limite lorsque $\Delta x \to 0$ en supposant le champ u assez régulier, c'est-à-dire ici au moins de classe $\mathscr{C}^2$ et en remarquant que

$$\lim_{\Delta x\to 0} \frac{\dfrac{\partial u}{\partial x}(t,x+\Delta x) - \dfrac{\partial u}{\partial x}(t,x)}{\Delta x} = \frac{\partial^2 u}{\partial x^2}(t,x)$$

pour obtenir finalement l'équation aux dérivées partielles, pour tout $(t,x) \in \mathbb{R}^{+*} \times]0,L[$.

$$\boxed{\rho S\frac{\partial^2 u}{\partial t^2}(t,x) - SE\frac{\partial^2 u}{\partial x^2}(t,x) = f(t,x)}$$

Comme d'habitude, cette équation aux dérivées partielles doit être assortie de conditions aux limites au bord du domaine (en $x = 0$ et $x = L$) et d'une condition initiale sous la forme d'une fonction φ définie et assez régulière sur $[0,L]$ à valeurs dans $\mathbb{R}$ telle que

$$\forall x \in [0,L], \quad u(0,x) = \varphi(x)$$

Par exemple, si l'on considère la barre en appui rotulé en $x = 0$ et soumise à une force ponctuelle $\vec{F} = F_L\vec{x}$ en $x = L$ de norme $F_L > 0$ $[N]$ et une densité linéique de force $\vec{f}(t,x) = f(t,x)\vec{x}$, comme illustré dans la figure 2.19, on obtient le problème différentiel vérifié par u

$$\begin{cases} \rho S\dfrac{\partial^2 u}{\partial t^2}(t,x) - SE\dfrac{\partial^2 u}{\partial x^2}(t,x) = f(t,x) & \text{pour } t \in \mathbb{R}^{+*} \times]0,L[\\ u(t,0) = 0 \quad \dfrac{\partial u}{\partial x}(t,L) = F_L/SE & \text{pour } t \in \mathbb{R}^{+*} \\ u(0,x) = \varphi(x) & \text{pour } x \in [0,L] \end{cases} \tag{2.50}$$

Enfin, dans le cas statique (indépendant du temps), le problème (2.50) prend la forme suivante (qui servira d'exemple pour l'introduction de la formulation faible et de la méthode des éléments finis) :

$$\begin{cases} -SEu''(x) = f(x) & \text{sur }]0,L[\\ u(0) = 0 \quad \text{et } u'(L) = F_L/SE \end{cases} \tag{2.51}$$

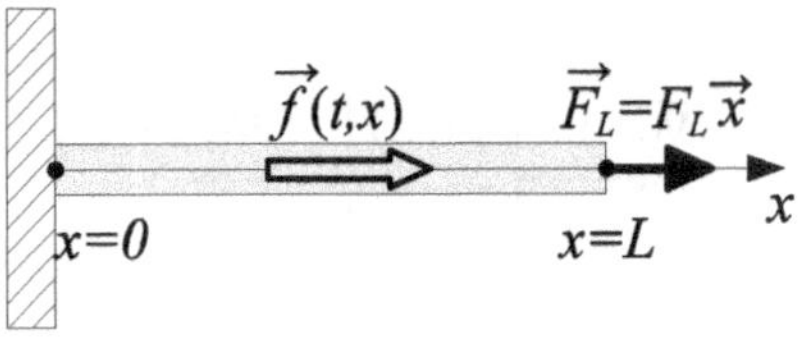

FIGURE 2.19 – Illustration d'une barre rotulée soumise à une force ponctuelle

5.2 L'équation

Définition 12. On appelle équation des *barres* l'équation aux dérivées partielles du second ordre hyperbolique d'inconnue u

$$\rho S \frac{\partial^2 u}{\partial t^2}(t,x) - SE\frac{\partial^2 u}{\partial x^2}(t,x) = f(t,x) \tag{2.52}$$

où f est une fonction assez régulière sur $\mathbb{R}^{+*} \times I$ où I est un intervalle de $\mathbb{R}$.

Remarque. On remarquera qu'il s'agit de la même équation que celle obtenue lors de la modélisation de la corde vibrante.

Dans le cas où le problème est indépendant du temps (cas statique), l'équation (2.52) devient une simple équation différentielle du second ordre :

$$-SE\frac{\mathrm{d}^2 u}{\mathrm{d}x^2}(x) = f(x) \tag{2.53}$$

6 L'équation des poutres en flexion pure et statique

6.1 Origine de l'équation

Considérons une poutre de longueur $L \quad [m]$, portée par l'axe (Ox), dont la fibre neutre est matérialisée par le segment $[0,L]$, de section constante d'aire $S \quad [m^2]$ et de moment quadratique $I \quad [m^4]$ (selon (Oz)), constituée d'un matériau homogène, isotrope et élastique caractérisé par son module d'Young $E \quad [Pa]$ et sa masse volumique $\rho \quad [kg\cdot m^{-3}]$.

On s'intéresse au champ des déplacements v des sections d'abscisse x lorsque la poutre travaille en flexion pure dans le plan (xOy) et en statique.
La mise en équation de ce problème s'appuie sur l'hypothèse de « petits » déplacements dans le plan (xOy) et l'hypothèse de Bernoulli qui stipule que les sections droites restent droites et perpendiculaires à la fibre neutre après déformation (Jacques Bernoulli, 1654-1705, mathématicien et physicien suisse).
À partir de la figure 2.20, on peut constater que sous l'effet du moment $M(x) > 0$ (selon (Oz)), la section d'abscisse x se déforme en restant droite (hypothèse de Bernoulli)

et que le point P se déplace en P'' en subissant un déplacement algébrique $\overline{P'P''} = u(x,y)$ selon (Ox) et un déplacement algébrique $\overline{PP'} = v(x,y)$ selon (Oy). Un calcul de géométrie élémentaire prouve que $u(x,y) = -y\tan\theta(x)$ et on remarque que $v(x,y) = v(x)$, c'est-à-dire que les composantes du champ des déplacements sont

$$\begin{cases} u(x,y) = -y\tan\theta(x) \\ v(x,y) = v(x) \end{cases}$$

En vertu de l'hypothèse de Bernoulli, on peut écrire que $\tan\theta(x) = \dfrac{\partial v}{\partial x}(x,y)$, et en vertu de

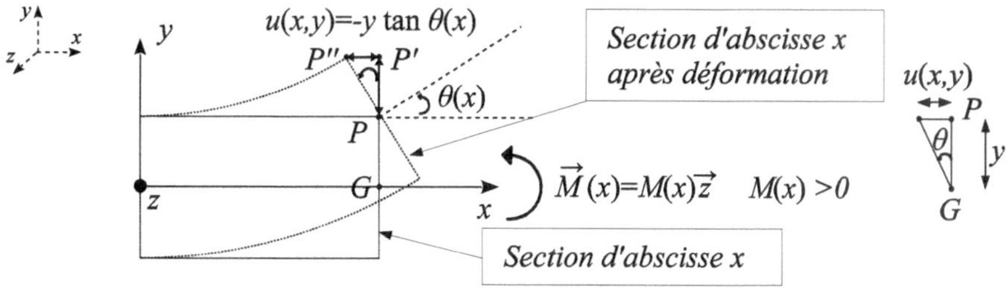

FIGURE 2.20 – Illustration de la déformation d'une poutre en flexion pure

l'hypothèse des « petits » déplacements, on peut faire l'approximation du premier ordre $\dfrac{\partial v}{\partial x}(x,y) = \tan\theta(x) \approx \theta(x)$, c'est-à-dire que le champ des déplacements est finalement déterminé par ses deux composantes

$$\begin{cases} u(x,y) = -y\dfrac{\partial v}{\partial x}(x,y) \\ v(x,y) = v(x) \end{cases} \tag{2.54}$$

Calculons maintenant la déformation dans la direction (Ox), notée simplement ε

$$\varepsilon(x,y) = \frac{\partial u}{\partial x}(x,y) = -y\frac{\partial^2 v}{\partial x^2}(x,y) = -y\frac{\mathrm{d}^2 v}{\mathrm{d}x^2}(x)$$

Utilisons maintenant la loi de Hooke, on obtient

$$\sigma(x,y) = E\varepsilon(x,y) = -Ey\frac{d^2 v}{\mathrm{d}x^2}(x)$$

et l'on peut désormais évaluer le moment (selon (Oz)) résultant des contraintes sur la section d'abscisse x en calculant l'intégrale

$$M(x,y) = \iint_S \big(\sigma(x,y)y\big)\,\mathrm{d}y\,\mathrm{d}z = -\iint_S Ey^2\frac{\mathrm{d}^2 v}{\mathrm{d}x^2}(x)\,\mathrm{d}y\,\mathrm{d}z = -\left(\iint_S y^2\,\mathrm{d}y\,\mathrm{d}z\right)E\frac{\mathrm{d}^2 v}{\mathrm{d}x^2}(x)$$

puis, en notant $I = I_z = \displaystyle\iint_S y^2\,\mathrm{d}y\,\mathrm{d}z$ le moment quadratique par rapport à l'axe (Oz), on obtient le moment fléchissant (projeté selon (Oz)) qui ne dépend alors que de l'abscisse x :

$$M(x) = -EI\frac{\mathrm{d}^2 v}{\mathrm{d}x^2}(x) \tag{2.55}$$

Il reste maintenant à écrire les équations de l'équilibre statique (en translation et en rotation) d'une tranche infinitésimale de la poutre de section S et d'épaisseur Δx soumise à des efforts tranchant $T(x)$ et $T(x+\Delta x)$, à des moments fléchissant $M(x)$ et $M(x+\Delta x)$ et à la force transversale $f(x)\Delta x$ due à la densité linéique de force f comme illustré sur la figure 2.21.

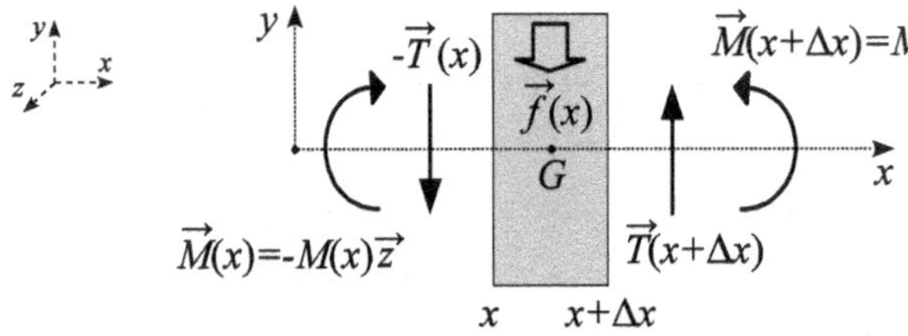

FIGURE 2.21 – Une tranche d'épaisseur infinitésimale en équilibre statique

L'application du principe fondamental de la dynamique (ici en statique) traduit l'équilibre de la poutre par deux équations (la première traduit l'équilibre statique en translation par projection sur (Oy) et la seconde traduit l'équilibre statique en rotation au point G d'abscisse $x+\dfrac{\Delta x}{2}$ par projection sur (Oz)). La première équation, selon (Oy), donne

$$T(x+\Delta x)\vec{y} - T(x)\vec{y} - f(x)\Delta x\vec{y} = \vec{0}$$

et la seconde donne

$$M(x+\Delta x)\vec{z} - M(x)\vec{z} + \left(\frac{\Delta x}{2}\vec{x}\right)\wedge\left(T(x+\Delta x)\vec{y}\right) + \left(-\frac{\Delta x}{2}\vec{x}\right)\wedge\left(-T(x)\vec{y}\right) + M_f(x,\Delta x)\vec{z} = \vec{0}$$

où

$$M_f(x,\Delta x)\vec{z} = \int_x^{x+\Delta x}\left(X-(x+\frac{\Delta x}{2})\right)\vec{x}\wedge f(X)\vec{y}\,\mathrm{d}X = \left(\int_x^{x+\Delta x}\left(X-x-\frac{\Delta x}{2}\right)f(X)\mathrm{d}X\right)\vec{z}$$

est le moment résultant de l'action de f. On obtient donc après avoir calculé les produits vectoriels et projeté

$$\left\{\begin{array}{l} T(x+\Delta x) - T(x) - f(x)\Delta x = 0 \\ M(x+\Delta x) - M(x) + T(x)\dfrac{\Delta x}{2} + T(x+\Delta x)\dfrac{\Delta x}{2} + M_f(x,\Delta x) = 0 \end{array}\right. \tag{2.56}$$

En divisant par $\Delta x > 0$, on obtient enfin

$$\left\{\begin{array}{l} \dfrac{T(x+\Delta x) - T(x)}{\Delta x} = f(x) \\ \dfrac{M(x+\Delta x) - M(x)}{\Delta x} = -\dfrac{T(x+\Delta x) + T(x)}{2} - \dfrac{M_f(x,\Delta x)}{\Delta x} = 0 \end{array}\right.$$

puis, lorsque $\Delta x \to 0$, en supposant les champs M et T assez réguliers, on obtient

$$\begin{cases} \dfrac{\mathrm{d}T}{\mathrm{d}x}(x) = f(x) \\ \dfrac{\mathrm{d}M}{\mathrm{d}x}(x) = -T(x) \end{cases} \tag{2.57}$$

puisque $\lim\limits_{\Delta x \to 0} M_f(x, \Delta x) = 0$. En effet

$$|M_f(x,\Delta x)| = \left| \int_x^{x+\Delta x} \left(X - x - \frac{\Delta x}{2} \right) f(X)\mathrm{d}X \right| \leq \frac{\Delta x^2}{2} \max_{[x,x+\Delta x]} |f(X)|$$

En combinant les equations de (2.57), on obtient alors

$$\frac{\mathrm{d}^2 M}{\mathrm{d}x^2}(x) = -\frac{\mathrm{d}T}{\mathrm{d}x}(x) = -f(x)$$

puis, en utilisant la relation (2.55) et en supposant le champ v assez régulier (ici au moins de classe $\mathscr{C}^4$), pour tout $x \in]0, L[$

$$\boxed{EI \frac{\mathrm{d}^4 v}{\mathrm{d}x^4}(x) = f(x)}$$

Remarque. L'équation (2.55) donne le lien entre le moment fléchissant et la dérivée seconde du champ v. Avec les équations (2.57), on peut aussi relier l'effort tranchant à la dérivée troisième du champ v en écrivant

$$EI \frac{\mathrm{d}^3 v}{\mathrm{d}x^3}(x) = -T(x) \tag{2.58}$$

Comme d'habitude, cette équation doit être assortie de conditions aux limites correspondant à une réalité physique. Ces conditions peuvent porter sur des déplacements (en translation, valeur de v imposée, en rotation, valeur de $\theta = \dfrac{\mathrm{d}v}{\mathrm{d}x}$ imposée), sur des moments (valeur de $\dfrac{\mathrm{d}^2 v}{\mathrm{d}x^2}$ imposée) et sur des efforts tranchants (valeur de $\dfrac{\mathrm{d}^3 v}{\mathrm{d}x^3}$ imposée).

Par exemple, le problème différentiel d'inconnue v

$$\begin{cases} EI \dfrac{\mathrm{d}^4 v}{\mathrm{d}x^4}(x) = f(x) \text{ sur }]0, L[\\ v(0) = 0 \quad \dfrac{\mathrm{d}v}{\mathrm{d}x}(0) = 0 \\ \dfrac{\mathrm{d}^2 v}{\mathrm{d}x^2}(L) = \dfrac{M_L}{EI} \quad \dfrac{\mathrm{d}^3 v}{\mathrm{d}x^3}(L) = -\dfrac{T_L}{EI} \end{cases} \tag{2.59}$$

correspond au cas d'une poutre en console qui vérifie les conditions suivantes.

1. Elle est encastrée en $x = 0$ (ce qui se traduit par $v(0) = 0$ et $\dfrac{\mathrm{d}v}{\mathrm{d}x}(0) = v'(0) = 0$).

2. Elle est soumise à un effort tranchant ponctuel $\overrightarrow{T_L} = -T_L \overrightarrow{y}$ de module $T_L > 0 \quad [N]$ constant en $x = L$ correspondant à

$$EI \frac{\mathrm{d}^3 v}{\mathrm{d}x^3}(L) = -T_L \Longleftrightarrow \frac{\mathrm{d}^3 v}{\mathrm{d}x^3}(L) = -T_L / EI$$

3. Elle est soumise à un moment fléchissant $\overrightarrow{M_L} = M_L \overrightarrow{z}$ en $x = L$, c'est-à-dire que

$$EI \frac{\mathrm{d}^2 v}{\mathrm{d}x^2}(L) = M_L$$

4. Elle est soumise à une densité linéique de force de module $f : x \mapsto f(x)\ [N \cdot m^{-1}]$ dans la direction $\overrightarrow{y}$, c'est à dire une force répartie

$$\overrightarrow{f}(x) = f(x) \overrightarrow{y}$$

Cette situation est illustrée dans la figure 2.22.

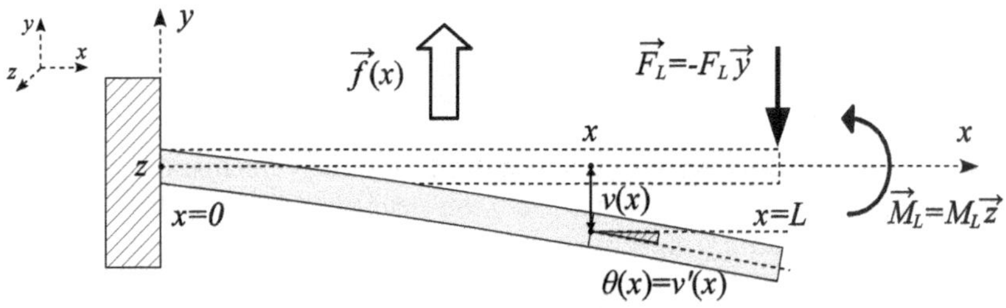

FIGURE 2.22 – Illustration d'une poutre en console en flexion pure

6.2 L'équation

Définition 13. On appelle équation des *poutres* (en flexion pure et en statique) l'équation différentielle du second ordre d'inconnue v

$$EI \frac{\mathrm{d}^4 v}{\mathrm{d}x^4}(x) = f(x) \tag{2.60}$$

où f est une fonction assez régulière sur un intervalle de $\mathbb{R}$.

Chapitre 3

Notions élémentaires liées à l'analyse numérique matricielle

Ce très court chapitre a pour but de rappeler quelques définitions et notions élémentaires d'analyse numérique matricielle. Les méthodes numériques développées par la suite utiliseront certains de ces résultats et c'est à ce titre qu'elles sont données ici.
Certaines définitions ou certains résultats sont propres aux espaces euclidiens et constituent des notions classiques d'algèbre linéaire qui ne sont pas rappelées mais dont le lecteur trouvera quelques compléments dans l'annexe C.
D'autre part, certains énoncés sont donnés sans démonstration parce qu'ils relèvent eux aussi de résultats classiques d'algèbre linéaire qui sont largement et précisément démontrés dans les excellents ouvrages $[CI]$, $[LA1]$ et $[LA2]$. Le lecteur est donc invité à consulter ces références si nécessaire.

1 Quelques généralités sur les matrices

1.1 Notations

Dans toute cette section, et de manière générale dans tout le livre, les notations $\mathcal{M}_{n,1}(\mathbb{R})$ et $\mathcal{M}_n(\mathbb{R})$ (pour $n \in \mathbb{N}^*$) sont utilisées pour désigner l'espace vectoriel des matrices colonnes de n lignes et celui des matrices carrées de n lignes par n colonnes.
D'autre part, une matrice carrée de $\mathcal{M}_n(\mathbb{R})$ est notée par une lettre majuscule entre crochets, par exemple $[A]$, alors qu'une matrice colonne de $\mathcal{M}_{n,1}(\mathbb{R})$ est notée simplement par une lettre majuscule, par exemple X (ou, dans le chapitre consacré aux éléments finis, par une lettre majuscule entre accolades, par exemple $\{X\}$). Les lettres minuscules sont réservées aux vecteurs de $\mathbb{R}^n$ et aux scalaires. Enfin, la matrice identité de $\mathcal{M}_n(\mathbb{R})$ sera notée $[I_n]$ et la transposée d'une matrice $[A] \in \mathcal{M}_n(\mathbb{R})$ sera notée ${}^{\mathbf{t}}[A]$.

1.2 Matrices creuses, matrices « bandes »

On dit qu'une matrice est creuse (*sparse* en anglais) lorsque la très grande majorité de ses coefficients est nulle. Parmi les matrices creuses, on compte les matrices bandes et en particulier les matrices tridiagonales que l'on rencontre souvent lors de la construction de schémas numériques. Un exemple classique de matrice creuse et tridiagonale est donnée par la matrice

$$[A] = \begin{bmatrix} 2 & -1 & & & 0 \\ -1 & 2 & -1 & & \\ & & \ddots & \ddots & \\ & & -1 & 2 & -1 \\ 0 & & & -1 & 1 \end{bmatrix}$$

qui sera rencontrée à deux occasions, lors de la discrétisation de l'équation de la chaleur par la méthode des différences finies et lors de la discrétisation de l'équation des barres par la méthode des éléments finis. Si $[A]$ possède n^2 coefficients, on voit bien que seulement $n+2(n-1) = 3n-2$ coefficients sont non nuls. Par exemple, dans le cas $n = 10^3$, seulement $0,3\%$ des coefficients sont différents de zéro. Le logiciel *Scilab* possède une fonction qui permet, pour de telles matrices creuses, de ne stocker et de ne manipuler que les coefficients non nuls. Il s'agit de la fonction `sparse`. Par exemple, pour la matrice précédente, écrire

```
-->AC=sparse(A);
```

revient à stocker la matrice $[A]$ sous la forme d'une liste contenant les coefficients non nuls et les indices des coefficients avec une économie substantielle de place mémoire.

1.3 Matrices symétriques et symétriques définies positives

1.3.1 Matrices symétriques et théorème spectral

Proposition 11 (Théorème spectral). Si $[A] \in \mathcal{M}_n(\mathbb{R})$ est une matrice symétrique, c'est-à-dire que ${}^{\mathbf{t}}[A] = [A]$, alors elle est diagonalisable à valeurs propres réelles et orthogonalement semblable à une matrice diagonale à coefficients diagonaux réels, c'est-à-dire qu'il existe une matrice diagonale $[D] = \mathrm{Diag}(\lambda_1, \cdots, \lambda_n)$ où $\lambda_1, \cdots, \lambda_n$ sont les valeurs propres réelles de $[A]$ et une matrice orthogonale $[P] \in \mathcal{M}_n(\mathbb{R})$ (c'est-à-dire que ${}^{\mathbf{t}}[P]\,[P] = [I_n]$) telles que

$$[A] = [P][D]{}^{\mathbf{t}}[P] \tag{3.1}$$

Ce résultat, qui se démontre sans difficulté, sera admis. La preuve se fait par récurrence sur la dimension. Elle s'appuie sur l'existence d'au moins une valeur propre réelle λ pour $[A]$ et la possibilité de montrer que $[A]$ est semblable à une matrice de la forme

$$\begin{bmatrix} \lambda & 0 & \cdots & 0 \\ 0 & a'_{11} & \cdots & a'_{1,n-1} \\ \vdots & \vdots & & \vdots \\ 0 & a'_{n-1,1} & \cdots & a'_{n-1,n-1} \end{bmatrix}$$

où la matrice $\begin{bmatrix} a'_{11} & \cdots & a'_{1,n-1} \\ \vdots & & \vdots \\ a'_{n-1,1} & \cdots & a'_{n-1,n-1} \end{bmatrix}$ est elle même symétrique réelle et sur laquelle on peut appliquer l'hypothèse de récurrence.

1.3.2 Matrices symétriques définies positives

Les matrices symétriques définies positives se rencontrent fréquemment en analyse numérique et il est donc bon de connaître quelques-unes de leurs propriétés.

Définition 14. Une matrice symétrique $[A] \in \mathcal{M}_n(\mathbb{R})$ est dite

1. *Positive* si pour toute matrice colonne $V \in \mathcal{M}_{n,1}(\mathbb{R})$ on a

$$^{\mathbf{t}}V[A]V \geq 0 \tag{3.2}$$

2. *Définie positive* si pour toute matrice colonne $V \in \mathcal{M}_{n,1}(\mathbb{R})$ non nulle on a

$$^{\mathbf{t}}V[A]V > 0 \tag{3.3}$$

Remarque. Cette définition permet d'étendre la notion de nombre positif aux matrices.

On peut caractériser les matrices symétriques définies positives par leurs valeurs propres comme l'énonce le résultat suivant.

Proposition 12. Soit $[A] \in \mathcal{M}_n(\mathbb{R})$ une matrice symétrique. Alors $[A]$ est définie positive si et seulement si ses valeurs propres sont toutes strictement positives.

Démonstration.
Commençons par remarquer que $[A]$ étant symétrique réelle, elle est diagonalisable et orthogonalement semblable à une matrice diagonale à coefficients diagonaux réels, c'est-à-dire, avec les notations du théorème spectral, qu'il existe $[D] = \text{Diag}(\lambda_1, \cdots, \lambda_n)$ où λ_i sont les valeurs propres réelles de $[A]$ et $[P] \in \mathcal{M}_n(\mathbb{R})$ orthogonale (qui vérifie donc les égalités $[P]\,^{\mathbf{t}}[P] = {}^{\mathbf{t}}[P]\,[P] = [I_n]$) telles que

$$[A] = [P][D]^{\mathbf{t}}[P] \quad (\star)$$

Montrons maintenant l'implication : si $[A] \in \mathcal{M}_n(\mathbb{R})$ est une matrice symétrique et définie positive alors ses valeurs propres sont toutes strictement positives.
Soit V_i une colonne propre (donc non nulle) de $[A]$ associée à la valeur propre λ_i, c'est-à-dire telle que $[A]V_i = \lambda_i V_i$. Puisque $[A]$ est définie positive et $V_i \neq \mathbf{0}$ on a les implications

$$^{\mathbf{t}}V_i[A]V_i > 0 \Longrightarrow \lambda_i\,^{\mathbf{t}}V_i V_i > 0 \Longrightarrow \lambda_i ||V_i||^2 > 0 \Longrightarrow \lambda_i > 0$$

ce qui démontre que les valeurs propres sont strictement positives.

Montrons maintenant la réciproque : si $[A] \in \mathcal{M}_n(\mathbb{R})$ est une matrice symétrique dont les valeurs propres sont toutes strictement positives alors elle est définie positive.
Considérons pour cela une colonne V non nulle. D'après $(\star)$

$$^{\mathbf{t}}V[A]V = {}^{\mathbf{t}}V[P][D]^{\mathbf{t}}[P]V$$

Posons $W = {}^{\mathbf{t}}[P]V$, notons $(w_i)_{i\in\{1,\cdots,n\}}$ ses composantes et remarquons que $W \neq \mathbf{0}$ puisque $[P]$ est inversible. On peut alors écrire

$$^{\mathbf{t}}V[A]V = {}^{\mathbf{t}}W[D]W = \sum_{i=1}^{n} \lambda_i w_i^2 > 0$$

ce qui démontre la réciproque □

Enfin, une conséquence triviale mais importante de la proposition précédente est la suivante :

Proposition 13. Toute matrice symétrique définie positive est inversible.

C'est en effet une simple conséquence du fait que la matrice est diagonalisable et que toutes ses valeurs propres sont strictement positives, ce qui implique que le déterminant, qui est le produit des valeurs propres, est lui aussi strictement positif.

2 Normes vectorielles et matricielles

Dans cette section, les seuls espaces vectoriels envisagés sont $\mathbb{R}^n$, $\mathcal{M}_{n,1}(\mathbb{R})$ et $\mathcal{M}_n(\mathbb{R})$ pour $n \in \mathbb{N}^*$. Rappelons aussi que tout vecteur $u = (u_1, \cdots, u_n) \in \mathbb{R}^n$ peut être représenté matriciellement dans la base canonique par une matrice colonne $U \in \mathcal{M}_{n,1}(\mathbb{R})$ définie par $U = \left\{\begin{matrix} u_1 \\ \vdots \\ u_n \end{matrix}\right\}$ et qu'il est courant de confondre le vecteur u avec sa représentation matricielle U. En toute rigueur, les deux objets sont bien sûr de natures différentes mais il est tellement commode et fréquent de les confondre que ce sera souvent fait. Il est tout aussi fréquent d'appeler une matrice colonne un vecteur, ce qui est bien sûr un abus de langage.

D'autre part, on rappelle que le produit scalaire canonique sur $\mathbb{R}^n$ est noté $(\cdot|\cdot)$ et défini, pour tout couple de vecteurs (u, v) de composantes $u = (u_1, \cdots, u_n)$ et $v = (v_1, \cdots, v_n)$, par

$$(u|v) = \sum_{k=1}^{n} u_k v_k \tag{3.4}$$

Enfin, si on désigne par U et V les matrices colonnes qui représentent les vecteurs u et v en base canonique, l'expression matricielle de ce produit scalaire est (en confondant une matrice à un seul coefficient avec ce même coefficient)

$$(u|v) = {}^{\mathbf{t}}U\,V \tag{3.5}$$

et l'application de $\mathcal{M}_{n,1}(\mathbb{R}) \times \mathcal{M}_{n,1}(\mathbb{R})$ dans $\mathbb{R}$ définie pour tout couple de matrices colonnes (U,V) par

$$(U,V) \mapsto {}^{\mathbf{t}}U\,V \tag{3.6}$$

est bien sûr elle-même un produit scalaire.

2.1 Définition d'une norme

2.1.1 Norme sur un espace vectoriel

Commençons par rappeler la définition générale d'une norme sur un espace vectoriel E.

Définition 15. On appelle *norme* sur l'espace vectoriel E, et on note $||\cdot||$, toute application de E dans $\mathbb{R}^+$ qui vérifie les trois propriétés suivantes :

1. Elle est *homogène* :

$$\forall u \in E, \quad \forall \lambda \in \mathbb{R}, \quad ||\lambda u|| = |\lambda|\,||u|| \tag{3.7}$$

2. Elle est *séparable* :

$$\forall u \in E, \quad ||u|| = 0 \Longrightarrow u = 0_E \tag{3.8}$$

3. Elle est *sous-additive* (on dit aussi qu'elle vérifie l'*inégalité triangulaire*) :

$$\forall (u,v) \in E \times E, \quad ||u+v|| \le ||u|| + ||v|| \tag{3.9}$$

2.1.2 Produit scalaire et norme euclidienne

Une fois le produit scalaire choisi, on peut construire une norme, appelée *norme euclidienne*, (voir l'annexe C pour plus de détails sur les produits scalaires). Précisément, on a le résultat suivant.

Proposition 14. Si $(\cdot|\cdot)$ est un produit scalaire sur l'espace vectoriel E, alors l'application, notée $||\cdot||$ et définie, pour tout vecteur $u \in E$, par

$$||u|| = \sqrt{(u|u)} \tag{3.10}$$

est une norme (appelée une norme *euclidienne*).

La démonstration de ce résultat est simple. L'homogénéité et la séparabilité sont triviales à démontrer en vertu des propriétés d'un produit scalaire et l'inégalité triangulaire est une conséquence de l'inégalité de Cauchy-Schwarz (voir (C.13), annexe C page 790).

Rappelons aussi que l'on peut construire de nombreuses normes, qui ne sont pas nécessairement euclidiennes et qu'en dimension finie, toutes les normes sont équivalentes.

2.2 Normes vectorielles sur $\mathbb{R}^n$

L'espace vectoriel $\mathbb{R}^n$ peut être muni de plusieurs normes (toutes équivalentes puisqu'il est de dimension finie). Cependant, deux seulement seront utilisées, la norme 2 (euclidienne), notée $||\cdot||_2$ et la norme « infini » $||\cdot||_\infty$. La première est la plus naturelle. En dimension 2, pour un vecteur $u=(a,b)$, elle correspond au calcul de la longueur $\sqrt{a^2+b^2}$ de l'hypoténuse du triangle rectangle de sommets $(0,0)$, $(0,a)$ et $(0,b)$. La seconde est moins naturelle mais tout aussi utilisée.

Proposition 15. Sur l'espace vectoriel $\mathbb{R}^n$, les applications, notées $||\cdot||_2$ et $||\cdot||_\infty$ définies, pour tout vecteur $u=(u_1,\cdots,u_n)$, par

$$||u||_2=\sqrt{\sum_{k=1}^{n}u_k^2} \tag{3.11}$$

et

$$||u||_\infty=\max_{k\in\{1,\cdots,n\}}|u_k| \tag{3.12}$$

sont des normes.

C'est un résultat facile à démontrer qui est laissé en exercice. La norme $||\cdot||_2$ dérive bien évidemment du produit scalaire canonique puisque

$$||u||_2=\sqrt{(u|u)}$$

Définition 16. Les deux normes $||\cdot||_2$ et $||\cdot||_\infty$ sont respectivement appelées norme 2 (ou euclidienne) et norme « infini » (vectorielles).

On démontre facilement l'inégalité suivante entre la norme $||\cdot||_\infty$ et la norme $||\cdot||_2$.

Proposition 16. Pour tout vecteur u on a

$$||u||_2\leq\sqrt{n}||u||_\infty \tag{3.13}$$

Démonstration.
Soit $u=(u_1,\cdots,u_n)$. Alors

$$||u||_2^2=\sum_{k=1}^{n}u_k^2\leq\sum_{k=1}^{n}||u||_\infty^2\leq n||u||_\infty^2$$

ce qui démontre bien que $||u||_2\leq\sqrt{n}||u||_\infty$. □

2.3 Normes sur $\mathcal{M}_{n,1}(\mathbb{R})$

Les deux normes précédentes peuvent être définies sur l'espace vectoriel $\mathcal{M}_{n,1}(\mathbb{R})$.

Proposition 17. Sur l'espace vectoriel $\mathcal{M}_{n,1}(\mathbb{R})$, les deux applications notées $||\cdot||_2$ et $||\cdot||_\infty$ définies, pour toute matrice colonne $U = \left\{ \begin{array}{c} u_1 \\ \vdots \\ u_n \end{array} \right\}$, par

$$||U||_2 = \sqrt{\sum_{k=1}^{n} u_k^2} \tag{3.14}$$

et

$$||U||_\infty = \max_{k \in \{1,\cdots,n\}} |u_k| \tag{3.15}$$

sont des normes.

Il s'agit encore d'un résultat facile à démontrer qui est laissé en exercice. De même que pour la norme vectorielle euclidienne, la norme $||\cdot||_2$ dérive du produit scalaire canonique sur les matrices colonnes en écrivant

$$||U||_2 = \sqrt{{}^tU\,U}$$

Définition 17. Les deux normes $||\cdot||_2$ et $||\cdot||_\infty$ sont respectivement appelées norme 2 (ou euclidienne) et norme « infini » sur l'espace vectoriel $\mathcal{M}_{n,1}(\mathbb{R})$ des matrices colonnes.

On démontre bien sûr que l'inégalité (3.13) est encore vraie.

2.4 Normes matricielles subordonnées

2.4.1 Définition

L'espace vectoriel $\mathcal{M}_n(\mathbb{R})$ peut, lui aussi, être muni de normes. Encore une fois, parmi toutes les normes qu'il est possible de choisir, deux seulement seront utilisées, construites à partir des deux normes précédentes $||\cdot||_2$ et $||\cdot||_\infty$ sur $\mathcal{M}_{n,1}(\mathbb{R})$ et qui sont qualifiées de normes *subordonnées*.

Proposition 18. Soit $||\cdot||$ une norme sur $\mathcal{M}_{n,1}(\mathbb{R})$. Alors l'application, notée $|||\cdot|||$, de $\mathcal{M}_n(\mathbb{R})$ dans $\mathbb{R}^+$ définie, pour toute matrice $[A] \in \mathcal{M}_n(\mathbb{R})$, par

$$|||[A]||| = \sup_{||X|| \neq 0} \frac{||[A]X||}{||X||} \tag{3.16}$$

est une norme.
D'autre part, $|||\cdot|||$ possède deux autres expressions équivalentes à (3.16), à savoir, pour toute matrice $[A] \in \mathcal{M}_n(\mathbb{R})$

$$|||[A]||| = \sup_{||X|| \neq 1} ||[A]X|| = \sup_{||X||=1} ||[A]X|| \tag{3.17}$$

Ce résultat, qui se démontre sans difficulté, sera admis.
On peut maintenant définir la notion de *norme matricielle subordonnée.*

Définition 18. Avec les notations de la proposition précédente, la norme $|||\cdot|||$ est appelée une norme matricielle sur $\mathscr{M}_n(\mathbb{R})$ *subordonnée* à la norme $||\cdot||$ sur $\mathscr{M}_{n,1}(\mathbb{R})$.

2.4.2 Propriétés importantes d'une norme matricielle subordonné

Proposition 19. Soit $|||\cdot|||$ une norme matricielle sur $\mathscr{M}_n(\mathbb{R})$ subordonnée à la norme $||\cdot||$ sur $\mathscr{M}_{n,1}(\mathbb{R})$.

1. Pour toute matrice $[A]$ de $\mathscr{M}_n(\mathbb{R})$ et toute colonne $U \in \mathscr{M}_{n,1}(\mathbb{R})$ on a
$$||[A]U|| \leq |||[A]||| \times ||U|| \tag{3.18}$$
2. Pour toutes matrices $[A]$ et $[B]$ de $\mathscr{M}_n(\mathbb{R})$ on a
$$|||[A]\times[B]||| \leq |||[A]||| \times |||[B]||| \tag{3.19}$$
3. Il existe une colonne $U \in \mathscr{M}_{n,1}(\mathbb{R})$ de norme unité, c'est-à-dire $||U|| = 1$ (et donc non nulle) telle que
$$|||[A]||| = ||[A]U|| \tag{3.20}$$
4. Si on désigne par $[I_n]$ la matrice identité de $\mathscr{M}_n(\mathbb{R})$, alors
$$|||[I_n]||| = 1 \tag{3.21}$$
5. Pour toute matrice $[A]$ de $\mathscr{M}_n(\mathbb{R})$ et tout entier $p \in \mathbb{N}$ on a
$$|||[A]^p||| \leq |||[A]|||^p \tag{3.22}$$

Démonstration.

1. Par définition, pour $X \neq \mathbf{0}$, on a
$$\frac{||[A]X||}{||X||} \leq \sup_{||X||\neq 0} \frac{||[A]X||}{||X||} \Longrightarrow \frac{||[A]X||}{||X||} \leq |||[A]||| \Longrightarrow ||[A]X|| \leq |||[A]||| \times ||X||$$
2. C'est une conséquence immédiate du résultat précédent. Pour $X \neq \mathbf{0}$ on a
$$||[A][B]X|| \leq |||[A]||| \times ||[B]X|| \leq |||[A]||| \times |||[B]||| \times ||X||$$
donc
$$\frac{||[A][B]X||}{||X||} \leq |||[A]||| \times |||[B]||| \Longrightarrow |||[A][B]||| \leq |||[A]||| \times |||[B]|||$$
3. L'application $X \mapsto ||[A]X||$ est continue sur le compact $\{X \in \mathscr{M}_{n,1}(\mathbb{R}),\ ||X|| = 1\}$, elle atteint donc son maximum sur ce compact et il existe donc une colonne U telle que $||U|| = 1$ et $||[A]U|| = \sup_{||X||=1} ||[A]X|| = |||[A]|||$.

4. C'est évident car $|||[I_n]||| = \sup_{||X||=1} ||X|| = 1$.
5. C'est une simple récurrence à partir de (3.19)

□

2.5 Norme subordonnée à la norme $||\cdot||_\infty$

Proposition 20. La norme matricielle subordonnée à la norme $||\cdot||_\infty$, notée $|||\cdot|||_\infty$, est définie pour toute matrice $[A] \in \mathscr{M}_n(\mathbb{R})$ de coefficients a_{ij}, par

$$|||[A]|||_\infty = \max_{i\in\{1,\cdots,n\}} \sum_{j=1}^{n} |a_{ij}| \tag{3.23}$$

Démonstration.
Considérons une matrice colonne $X \in \mathscr{M}_{n,1}(\mathbb{R})$ de composantes $(x_i)_{i\in\{1,\cdots,n\}}$ telle que $||X||_\infty = 1$. Posons aussi $Y = [A]X$. Les composantes $(y_i)_{i\in\{1,\cdots,n\}}$ de Y sont alors

$$y_i = \sum_{j=1}^{n} a_{ij}x_j$$

et, par conséquent

$$||[A]X||_\infty = ||Y||_\infty = \max_{i\in\{1,\cdots,n\}} \left|\sum_{j=1}^{n} a_{ij}x_j\right|$$

Or,

$$||X||_\infty = \max_{i\in\{1,\cdots,n\}} |x_i| = 1 \Longrightarrow \forall i \in \{1,\cdots,n\}, \quad |x_i| \leq 1$$

donc

$$\left|\sum_{j=1}^{n} a_{ij}x_j\right| \leq \sum_{j=1}^{n} |a_{ij}|\cdot|x_j| \leq \sum_{j=1}^{n} |a_{i,j}|$$

et

$$||[A]X||_\infty \leq \max_{i\in\{1,\cdots,n\}} \sum_{j=1}^{n} |a_{ij}| \Longrightarrow |||[A]|||_\infty \leq \max_{i\in\{1,\cdots,n\}} \sum_{j=1}^{n} |a_{ij}|$$

Il reste maintenant à démontrer l'égalité. Pour cela, notons i_0 l'indice de ligne tel que

$$\max_{i\in\{1,\cdots,n\}} \sum_{j=1}^{n} |a_{ij}| = \sum_{j=1}^{n} |a_{i_0j}|$$

et construisons la colonne X_0 dont les composantes sont

$$\forall j \in \{1,\cdots,n\}, \quad x_j = \begin{cases} 1 & \text{si} \quad a_{i_0j} \geq 0 \\ -1 & \text{si} \quad a_{i_0j} < 0 \end{cases}$$

Notons maintenant $Y_0 = [A]X_0$ et remarquons que $||Y_0||_\infty = 1$ et que la composante y_{i_0} de Y vaut

$$y_{i_0} = \sum_{j=1}^{n} a_{i_0j}x_j = \sum_{j=1}^{n} |a_{i_0j}| = \max_{i\in\{1,\cdots,n\}} \sum_{j=1}^{n} |a_{ij}|$$

On a alors

$$||[A]X_0||_\infty = \max_{i\in\{1,\cdots,n\}} \left|\sum_{j=1}^n a_{ij}x_j\right| \geq \left|\sum_{j=1}^n a_{i_0 j}x_j\right| = \max_{i\in\{1,\cdots,n\}} \sum_{j=1}^n |a_{ij}|$$

et par conséquent

$$|||[A]|||_\infty = \sup_{||X||_\infty=1} ||[A]X||_\infty \geq \max_{i\in\{1,\cdots,n\}} \sum_{j=1}^n |a_{ij}|$$

ce qui démontre l'égalité

$$|||[A]|||_\infty = \max_{i\in\{1,\cdots,n\}} \sum_{j=1}^n |a_{ij}|$$

□

2.5.1 Norme subordonnée à la norme $||\cdot||_2$

Commençons par rappeler que l'on définit le *rayon spectral* d'une matrice $[A] \in \mathcal{M}_n(\mathbb{R})$ comme la plus grande valeur propre en module, c'est-à-dire que si on désigne le spectre de $[A]$ par $\mathrm{sp}[A] = \{\lambda_1,\cdots,\lambda_n\}$ (les valeurs propres ne sont pas nécessairement distinctes), on définit $\rho([A])$ par

$$\rho([A]) = \max_{\lambda_i\in \mathrm{sp}[A]} |\lambda_i| \tag{3.24}$$

Proposition 21. La norme matricielle subordonnée à la norme $||\cdot||_2$, notée $|||\cdot|||_2$, est définie pour toute matrice $[A] \in \mathcal{M}_n(\mathbb{R})$, par

$$|||[A]|||_2 = \sqrt{\rho({}^{\mathbf{t}}[A]\,[A])} \tag{3.25}$$

Démonstration.
Commençons par remarquer que pour toute matrice $[A] \in \mathcal{M}_n(\mathbb{R})$, la matrice $[B] = {}^{\mathbf{t}}[A]\,[A]$ est symétrique réelle et positive. En effet, d'une part il est clair que ${}^{\mathbf{t}}[B] = [B]$ et, d'autre part, il est tout aussi clair que pour toute colonne X on a

$${}^{\mathbf{t}}X\,{}^{\mathbf{t}}[A][A]X = ||[A]X||_2^2 \geq 0$$

En conséquence, la matrice $[B] = {}^{\mathbf{t}}[A]\,[A]$ est diagonalisable et ses valeurs propres sont réelles et positives.
Soit g l'endomorphisme associé à la matrice $[B]$ dans la base canonique de $\mathbb{R}^n$. g est donc diagonalisable à valeurs propres positives. Notons $0 \leq \mu_1 \leq \cdots \leq \mu_n$ ses valeurs propres (non nécessairement distinctes) rangées dans l'ordre croissant. Puisque la matrice $[B]$ est symétrique réelle, il existe une base orthonormale de vecteurs propres $\mathscr{B} = \{e_1,\cdots,e_n\}$ de $\mathbb{R}^n$ dans laquelle la matrice de g est $[D] = \mathrm{Diag}(\mu_1,\cdots,\mu_n)$.
Soit maintenant $u \in \mathbb{R}^n$. En décomposant u dans la base $\mathscr{B}$, on peut écrire

$$u = \sum_{k=1}^n u_k e_k \Longrightarrow g(u) = \sum_{k=1}^n \mu_k u_k e_k$$

où $(u_1, \cdots, u_k)$ sont les composantes de u dans cette base. Si l'on traduit matriciellement ces relations en notant U et E_k respectivement les matrices colonnes qui représentent les vecteurs u et e_k, on a

$$U = \sum_{k=1}^{n} u_k E_k \Longrightarrow [B]U = \sum_{k=1}^{n} \mu_k u_k E_k$$

Par conséquent, on peut écrire les relations

$$||[A]U||_2^2 = {}^{\mathbf{t}}\big([A]U\big)[A]U = {}^{\mathbf{t}}U{}^{\mathbf{t}}[A][A]U = {}^{\mathbf{t}}U[B]U$$

Or,

$${}^{\mathbf{t}}U[B]U = \sum_{i=1}^{n}\sum_{j=1}^{n} \mu_j u_i u_j {}^{\mathbf{t}}E_i E_j$$

mais les colonnes E_i sont orthogonales deux à deux donc ${}^{\mathbf{t}}E_i E_j = \begin{cases} 1 & \text{si} \quad i = j \\ 0 & \text{si} \quad i \neq j \end{cases}$ et on obtient donc

$$||[A]U||_2^2 = {}^{\mathbf{t}}U[B]U = \sum_{i=1}^{n} \mu_i u_i^2$$

Utilisons maintenant la majoration

$$\forall i \in \{1, \cdots, n\}, \quad \mu_i = |\mu_i| \leq |\mu_n| = \rho\big([B]\big)$$

et le fait que $\sum_{i=1}^{n} u_i^2 = {}^{\mathbf{t}}U\,U = ||U||_2^2$ pour obtenir

$$||[A]U||_2^2 = {}^{\mathbf{t}}U[B]U \leq \rho\big([B]\big)||U||_2^2 \Longrightarrow \frac{||[A]U||_2}{||U||_2} \leq \sqrt{\rho\big([B]\big)}$$

ce qui démontre que

$$|||[A]|||_2 \leq \sqrt{\rho\big({}^{\mathbf{t}}[A]\,[A]\big)}$$

Il reste maintenant à démontrer l'égalité. Pour cela, on utilise une colonne propre V associée à la valeur propre $\mu_n = \rho\big([B]\big)$. On a alors

$$||[A]V||_2^2 = {}^{\mathbf{t}}V[B]V = \mu_n {}^{\mathbf{t}}VV = \mu_n ||V||_2^2$$

et donc

$$\frac{||[A]V||_2}{||V||_2} = \sqrt{\mu_n} = \sqrt{\rho\big([B]\big)}$$

par conséquent

$$\sqrt{\rho\big([B]\big)} = \frac{||[A]V||^2}{||V||_2} \leq \sup_{||U||_2 \neq 0} \frac{||[A]U||_2}{||U||_2} = |||[A]|||_2 \leq \sqrt{\rho\big([B]\big)}$$

ce qui démontre bien que

$$|||[A]|||_2 = \sqrt{\rho\big({}^{\mathbf{t}}[A]\,[A]\big)}$$

□

2.6 Cas particulier des matrices symétriques

Proposition 22. Soit $[A] \in \mathcal{M}_n(\mathbb{R})$ une matrice symétrique. Alors

$$|||[A]|||_2 = \rho([A]) = \max_{\lambda \in \mathrm{sp}([A])} |\lambda| \tag{3.26}$$

Démonstration.
La démonstration est tout à fait identique à la précédente. Il suffit de faire intervenir une base orthonormale de vecteurs propres associés à des colonnes propres E_i de la matrice $[A]$ (et non plus $[B]$), elles mêmes associées aux valeurs propres de $[A]$ $0 \leq \lambda_1 \leq \cdots \lambda_n$ (non nécessairement distinctes) de sorte à écrire

$$U = \sum_{k=1}^{n} u_k E_k \Longrightarrow [A]U = \sum_{k=1}^{n} \lambda_k u_k E_k$$

Par conséquent, on peut écrire les relations

$$||[A]U||_2^2 = {}^{\mathbf{t}}\big([A]U\big)[A]U = \sum_{i=1}^{n}\sum_{j=1}^{n} \lambda_i \lambda_j u_i u_j {}^{\mathbf{t}}E_i E_j = \sum_{i=1}^{n} \lambda_i^2 u_i^2$$

puis, en majorant les valeurs propres par $\lambda_n = |\lambda_n| = \rho\big([A]\big)$

$$||[A]U||_2^2 \leq \lambda_n^2 ||U||_2^2 \Longrightarrow \frac{||[A]U||_2}{||U||_2} \leq \lambda_n = \rho\big([A]\big)$$

ce qui prouve que $|||[A]|||_2 \leq \rho\big([A]\big)$. Pour démontrer l'égalité, il suffit de procéder comme dans la démonstration précédente. □

3 Méthode directe de résolution d'un système linéaire

3.1 Problématique

Les méthodes numériques de résolution de problèmes différentiels conduisent très souvent à des systèmes linéaires de la forme $[A]U = B$ où $[A]$ est une matrice carrée inversible, B une matrice colonne connue et U une matrice colonne inconnue à déterminer.
Comme la matrice $[A]$ est inversible, la solution du problème est théoriquement donnée par

$$U = [A]^{-1}B$$

Cela dit, dans la pratique, on évite systématiquement l'opération coûteuse et hasardeuse de l'inversion d'une matrice. Il y a plusieurs raisons à cela :

1. Tout d'abord, le coût en nombre d'opérations et en temps de calcul pour inverser une matrice est considérable. Dans les applications industrielles, les matrices manipulées peuvent posséder plusieurs centaines de milliers, voire millions, de coefficients. Aussi, même avec un ordinateur performant, ce serait de toute façon une perte de temps et d'efficacité de vouloir inverser une matrice.

2. Ensuite, indépendamment du problème évoqué au-dessus, il faut se souvenir qu'au moment des calculs, quelle que soit la précision de l'ordinateur, les résultats sont forcément tronqués, ce qui conduit nécessairement à des approximations. Or, dans certaines situations, il arrive que la matrice inverse obtenue produise des résultats catastrophiques lorsqu'on cherche à calculer la solution du système. C'est le cas des matrices dites *mal conditionnées* et cette problématique sera succinctement abordée.

C'est pourquoi des méthodes ont été développées pour résoudre les systèmes linéaires en évitant l'inversion de la matrice. Il en existe deux grandes catégories : les méthodes *directes* et les méthodes *itératives*. Les premières sont basées sur une décomposition de la matrice $[A]$ qui, une fois obtenue, permet de calculer directement la solution du système. Les secondes consistent à générer une suite $(U_n)_n$ qui converge vers la solution U du système. Ces méthodes ne sont pas abordées ici.

3.2 Conditionnement d'une matrice

3.2.1 Exemple

Avant de définir précisément la notion de conditionnement d'une matrice, utilisons un exemple simple mais particulièrement révélateur. Dans le plan $\mathbb{R}^2$, considérons la résolution d'un système de la forme

$$\left\{\begin{array}{l} ax+by=c \\ a'x+b'y=c' \end{array}\right. \iff \begin{bmatrix} a & b \\ a' & b' \end{bmatrix} \begin{Bmatrix} x \\ y \end{Bmatrix} = \begin{Bmatrix} c \\ c' \end{Bmatrix}$$

Comme chacun sait, chaque équation du système est l'équation cartésienne d'une droite et résoudre ce système revient à déterminer les coordonnées du point d'intersection de ces deux droites. L'unicité d'un tel point d'intersection a lieu si et seulement si la matrice $\begin{bmatrix} a & b \\ a' & b' \end{bmatrix}$ est inversible, ce qui correspond géométriquement à deux droites sécantes.
Voyons ce qui se passe sur un exemple en considérant le système suivant

$$\begin{bmatrix} 1+10^{-4} & 1 \\ 1 & 1 \end{bmatrix} \begin{Bmatrix} x \\ y \end{Bmatrix} = \begin{Bmatrix} 1 \\ 1 \end{Bmatrix}$$

La matrice est bien inversible puisque son déterminant vaut 10^{-4} et la résolution du système conduit à la solution $X = \begin{Bmatrix} x \\ y \end{Bmatrix} = \begin{Bmatrix} 0 \\ 1 \end{Bmatrix}$. Cela dit, géométriquement, les deux droites d'équations $(1+10^{-4})x+y=1$ et $x+y=1$ sont « quasiment parallèles ». Dans cette situation, la solution du système est extrêmement sensible à la moindre perturbation du second membre. Concrètement, posons la question suivante : que se passe-t-il si l'on « perturbe » le second membre $B = \begin{Bmatrix} 1 \\ 1 \end{Bmatrix}$ en le remplaçant par $B+\delta B = \begin{Bmatrix} 1 \\ 1 \end{Bmatrix} + \begin{Bmatrix} 10^{-4} \\ 0 \end{Bmatrix}$? Quelle est l'influence sur la solution ? Pour répondre à ces questions, résolvons le nouveau système

$$\begin{bmatrix} 1+10^{-4} & 1 \\ 1 & 1 \end{bmatrix} \begin{Bmatrix} x \\ y \end{Bmatrix} = \begin{Bmatrix} 1+10^{-4} \\ 1 \end{Bmatrix}$$

dont la solution est cette fois-ci

$$X+\delta X=\begin{Bmatrix}x\\y\end{Bmatrix}=\begin{Bmatrix}1\\0\end{Bmatrix}=\begin{Bmatrix}0\\1\end{Bmatrix}+\begin{Bmatrix}1\\-1\end{Bmatrix}$$

Autrement dit, on constate qu'une petite « perturbation » du second membre a une très grosse influence sur la solution du nouveau système. Pour tenter de mesurer cette influence, on peut utiliser la norme $||\cdot||_2$ et évaluer les rapports $\dfrac{||\delta X||_2}{||X||_2}$ et $\dfrac{||\delta B||_2}{||B||_2}$. Un calcul facile permet d'obtenir

$$\frac{||\delta X||_2}{||X||_2}=1 \quad \text{et} \quad \frac{||\delta B||_2}{||B||_2}\approx 7\times 10^{-3}$$

ce qui met en évidence que la perturbation sur la solution est excessivement disproportionnée par rapport à la perturbation sur le second membre (de l'ordre de 140 %).

Dans la situation envisagée, seul le second membre était perturbé. Dans la pratique, les choses sont plus compliquées car, sauf exception, ni la matrice $[A]$ ni le second membre B ne sont connus de manière exacte. Il y a deux raisons à cela :

1. La plupart du temps, ils sont obtenus par des méthodes numériques fournissant des résultats approchés (par exemple des formules de quadrature pour le calcul des intégrales),
2. Ensuite, comme cela a déjà été évoqué, l'ordinateur qui fait les calculs ne peut stocker qu'un nombre fini de décimales et travaille donc toujours avec des valeurs approchées.

Pour ces deux raisons, le logiciel qui fournit la solution approchée ne résout pas le système

$$[A]U=B$$

de solution X mais un système « perturbé »

$$\big([A]+\delta[A]\big)U=\big(B+\delta B\big)$$

de solution $X+\delta X$.

3.2.2 Notion de conditionnement

Revenons-en au cas général d'un système de la forme $[A]X=B$ dans la situation simplifiée où la matrice $[A]$ reste connue exactement. On peut tenter d'obtenir, pour une norme $||\cdot||$ choisie, une majoration du rapport $\dfrac{||\delta X||}{||X||}$ en fonction du rapport $\dfrac{||\delta B||}{||B||}$, ce qui permettra de donner un ordre de grandeur de la perturbation sur la solution en fonction de la perturbation sur le second membre.
Avec les mêmes notations que précédemment, on peut écrire

$$\left\{\begin{array}{lcl}[A]X & = & B\\ [A]\big(X+\delta X\big) & = & \big(B+\delta B\big)\end{array}\right. \Longrightarrow [A]\delta X=\delta B \Longrightarrow \quad \delta X=[A]^{-1}\delta B$$

puis, d'après (3.18)

$$||\delta X|| = ||[A]^{-1}\delta B|| \leq |||[A]^{-1}||| \times ||\delta B||$$

d'autre part, on a aussi, de la même manière

$$[A]X = B \Longrightarrow ||B|| \leq |||[A]||| \times ||X||$$

donc

$$||\delta X|| \leq |||[A]^{-1}|||\frac{||\delta B||}{||B||}||B|| \Longrightarrow ||\delta X|| \leq |||[A]^{-1}||| \times |||[A]||| \times ||X||\frac{||\delta B||}{||B||}$$

soit encore

$$\frac{||\delta X||}{||X||} \leq |||[A]^{-1}||| \times |||[A]|||\frac{||\delta B||}{||B||}$$

Par conséquent, cette formule prouve que, connaissant le rapport $\frac{||\delta B||}{||B||}$, plus le produit $|||[A]^{-1}|||\times|||[A]|||$ (qui est toujours supérieur ou égal à 1, voir la démonstration ci-dessous) est proche de 1, plus le rapport $\frac{||\delta X||}{||X||}$ est « contrôlé ».

Si l'on reprend l'exemple introductif, en utilisant la norme $||\cdot||_2$, on démontre sans difficulté que

$$|||[A]^{-1}|||_2 \times |||[A]|||_2 \approx 4 \times 10^4$$

ce qui justifie le fait que le rapport $\frac{||\delta X||}{||X||}$ puisse avoir un ordre de grandeur disproportionné par rapport à $\frac{||\delta B||}{||B||}$.

Toutes ces considérations mènent à la notion de *conditionnement* d'une matrice.

3.2.3 Définition

Définition 19. Soit $[A]$ une matrice inversible de $\mathcal{M}_n(\mathbb{R})$ muni de la norme subordonnée $|||\cdot|||$. On appelle *conditionnement* de $[A]$ le réel positif, noté Cond($[A]$) et défini par

$$\text{Cond}([A]) = |||[A]^{-1}||| \times |||[A]||| \tag{3.27}$$

D'après les propriétés (3.21) et (3.19) on en déduit que

$$1 = |||[I_n]||| = |||[A]^{-1}[A]||| \leq |||[A]^{-1}||| \times |||[A]||| \Longrightarrow 1 \leq \text{Cond}([A])$$

autrement dit le conditionnement d'une matrice (inversible) est minoré par 1.

3.2.4 Conditionnement spectral

On parle de conditionnement spectral lorsqu'on utilise la norme matricielle $|||\cdot|||_2$. Dans cette situation on a le résultat suivant dont la démonstration ne pose pas de problème.

Proposition 23. Soit $[A]$ une matrice inversible de $\mathcal{M}_n(\mathbb{R})$ muni de la norme subordonnée $|||\cdot|||_2$. On note $\text{Cond}_2([A])$ son conditionnement. Alors :

1. Dans le cas général, si l'on note $0 < \mu_1 \leq \cdots \leq \mu_n$ les valeurs propres strictement positives (non nécessairement distinctes) de ${}^t[A]\,[A]$, on a

$$\text{Cond}_2([A]) = \frac{\mu_n}{\mu_1} \tag{3.28}$$

2. Dans le cas où la matrice $[A]$ est symétrique, si l'on note $0 < \lambda_1 \leq \cdots \leq \lambda_n$ les valeurs propres strictement positives (non nécessairement distinctes) de $[A]$, on a

$$\text{Cond}_2([A]) = \frac{\lambda_n}{\lambda_1} \tag{3.29}$$

Remarque. Les valeurs propres sont strictement positives parce que les matrices sont inversibles et donc définies positives.

3.3 Décomposition « LU » et de Cholesky

3.3.1 Décomposition « LU »

Étant donné la simplicité qu'il y a à résoudre un système dont la matrice est triangulaire, une alternative à l'inversion d'une matrice consiste à chercher à la décomposer en un produit de deux matrices triangulaires.
En effet, supposons qu'il existe deux matrices triangulaires, la première triangulaire inférieure et notée $[L]$ (pour *lower*) et la seconde triangulaire supérieure notée $[U]$ (pour *upper*) telles que l'on puisse écrire

$$[A] = [L]\,[U]$$

Alors, la résolution du système $[A]X = B$ revient à la résolution de deux systèmes triangulaires. Il suffit pour s'en convaincre de remarquer que si $[A] = [L]\,[U]$ on a

$$[L]\,[U]X = B \Longleftrightarrow \left\{ \begin{array}{l} Y = [U]\,X \\ [L]\,Y = B \end{array} \right.$$

Une telle décomposition est non seulement possible à obtenir mais assez facile à implémenter car il s'agit simplement de la méthode du pivot de Gauss (Johann Carl Friedrich Gauss, 1777-1855, mathématicien, astronome et physicien allemand).
Commençons par la définition de ce qu'on appelle une décomposition « LU ».

Définition 20. Soit $[A] \in \mathcal{M}_n(\mathbb{R})$. On dit que $[A]$ possède une décomposition « LU » s'il existe deux matrices, l'une notée $[L]$, triangulaire inférieure dont tous les coefficients diagonaux sont égaux à 1 et l'autre, notée $[U]$, triangulaire supérieure, telles que

$$[A] = [L]\,[U] \quad . \tag{3.30}$$

La détermination des matrices $[L]$ et $[U]$ suit un procédé algorithmique. Si l'on note a_{ij} les coefficients de $[A]$ et $[A]_0 = [A]$, on construit les $n-1$ matrices $[A]_k$ pour $k \in \{1, \cdots, n-1\}$ de manière récurrente en posant

$$[A]_k = [L]_k [A]_{k-1}$$

$[L]_k$ est la matrice triangulaire inférieure définie par

$$[L]_k = \begin{bmatrix} 1 & & & & 0 \\ & \ddots & & & \\ & & 1 & & \\ & & l_{k+1,k} & \ddots & \\ & & \vdots & & \ddots \\ 0 & & l_{n,k} & & 1 \end{bmatrix} \quad \text{avec } l_{ij} = -\frac{a_{ij}^{(j-1)}}{a_{jj}^{(j-1)}}$$

où la notation $a_{ij}^{(k)}$ désigne les coefficients de la matrice $[A]_k$. La matrice $[L]_k$ a pour but, selon la méthode d'élimination de Gauss, de rendre tous les coefficients sous la diagonale nuls à condition bien sûr qu'aucun des coefficients $a_{jj}^{(j-1)}$ ne soit nul. Si le cas devait se produire, il serait nécessaire d'effectuer des permutations de lignes et, dans cette situation, on obtiendrait alors une décomposition de la forme

$$[A] = [P][L][U]$$

où $[P]$ est une matrice de permutation (inversible). Cette décomposition est toujours appelée décomposition « LU ».

Supposons pour simplifier qu'aucun des pivots $a_{jj}^{(j-1)}$ n'est nul. En remarquant que les matrices $[L]_k$ sont inversibles, on peut alors écrire les relations

$$[A] = [A]_0 \Longrightarrow [A] = [L]_1^{-1}[L]_1[A]_0 \Longrightarrow [A] = [L]_1^{-1}[A]_1$$

en utilisant ensuite le fait que

$$[A]_1 = [L]_2^{-1}[L]_2[A]_2 \Longrightarrow [A]_1 = [L]_2^{-1}[A]_2$$

on en déduit que

$$[A] = [L]_1^{-1}[L]_2^{-1}[A]_2$$

Ainsi, en itérant le procédé, à la fin on obtient la décomposition de $[A]$ sous la forme

$$[A] = [L]_1^{-1}[L]_2^{-1}\cdots[L]_{n-1}^{-1}[A]_{n-1}$$

En notant

$$\begin{cases} [L] = [L]_1^{-1}[L]_2^{-1}\cdots[L]_{n-1}^{-1} \\ [U] = [A]_{n-1} \end{cases}$$

et en remarquant que ces deux matrices sont triangulaires (respectivement inférieure et supérieure) puisque l'inverse d'une matrice triangulaire inférieure est elle-même triangulaire inférieure et que $[L]$ a tous ses éléments diagonaux égaux à 1, on obtient la décomposition souhaitée (dans le cas où aucun des pivots $a_{jj}^{(j-1)}$ n'est nul).

Une condition nécessaire et suffisante d'existence d'une telle décomposition est donnée par la proposition suivante dont le lecteur trouvera la démonstration dans $[CI]$.

Proposition 24. Soit $[A] \in \mathcal{M}_n(\mathbb{R})$ de coefficients a_{ij}. $[A]$ possède une décomposition « LU » si et seulement si, pour tout $k \in \{1, \cdots, n\}$, les matrices

$$\begin{bmatrix} a_{11} & \cdots & a_{1k} \\ \vdots & & \vdots \\ a_{k1} & \cdots & a_{kk} \end{bmatrix}$$

sont inversibles, c'est-à-dire de déterminant non nul.

3.4 Factorisation de Cholesky

Cette factorisation, due à Cholesky (André-Louis Cholesky, 1875-1918, ingénieur français), est un cas particulier de la décomposition « LU » dans le cas de matrices réelles symétriques (ou complexes hermitiennes dans le cas général) et définies positives que l'on désignera simplement par l'expression matrices symétriques définies positives. Voir par exemple $[CI]$ ou $[LA]$ pour une démonstration.

Proposition 25. Soit $[A] \in \mathcal{M}_n(\mathbb{R})$ une matrice symétrique définie positive. Alors il existe une matrice $[L]$ triangulaire inférieure telle que

$$[A] = [L]\,^{\mathbf{t}}[L] \tag{3.31}$$

Si les coefficients diagonaux de la matrice $[L]$ sont choisis positifs alors la décomposition est unique.

3.5 Résolution d'un système linéaire à matrice creuse avec *Scilab*

Le logiciel *Scilab* permet bien sûr de résoudre un système linéaire. Dans le cas général, on peut utiliser la fonction `linsolve` qui s'utilise de deux manières. Si on désigne par $[A]$ une matrice carrée et B une matrice colonne, on peut écrire

1. `sol=linsolve(A,B)`
2. ou `[sol,kerA]=linsolve(A,B)`

La seconde option permet de récupérer, dans le cas où la matrice n'est pas inversible et qu'il existe une infinité de solutions, l'espace affine de solution sous la forme

$$\texttt{sol} + \mathrm{Vect}\{\texttt{kerA}\}$$

Dans le cas d'un système $[A]X = B$ dont la matrice est creuse, *Scilab* possède plusieurs fonctions spécialement adaptées qui sont

1. `C=sparse(A)` : pour déclarer une matrice creuse $[C]$ obtenue à partir de la matrice $[A]$,

2. `[LU,r]=lufact(C)` : pour opérer la décomposition « LU » de la matrice creuse $[C]$. `LU` n'est pas une matrice mais un pointeur vers les facteurs `L` et `U` eux mêmes creux. `r` est le rang de la matrice `C`,
3. `X=lusolve(LU,B)` : fournit la solution du système $[A]X = B$.

Concrètement, pour résoudre le système $[A]X = B$ de matrice $[A]$ creuse, il suffit de taper les commandes suivantes :

```
-->C=sparse(A);
-->[LU,r]=lufact(C);
-->X=lusolve(LU,B);
```

Il existe aussi la fonction `chol` qui permet d'obtenir la décomposition de Cholesky et `spchol` dans le cas d'une matrice symétrique définie positive creuse. Précisément, la commande `L=chol(A)` fournit la matrice $[U]$ triangulaire supérieure telle que $[A] = {}^{\mathbf{t}}[U]\,[U]$, c'est-à-dire qu'en notant $[L] = {}^{\mathbf{t}}[U]$ on retrouve la décomposition de Cholesky $[A] = [L]\,{}^{\mathbf{t}}[L]$.

Deuxième partie

Méthode des différences finies et applications

Chapitre 4

Introduction à la méthode des différences finies pour quelques E.D.O.

1 Introduction à la méthode des différences finies

La méthode des différences finies est une méthode de résolution numérique des équations différentielles ou aux dérivées partielles très populaire en raison de sa simplicité d'écriture. Sa mise en œuvre est basée sur l'approximation des dérivées ou des dérivées partielles par des quotients aux différences finies qui sont évalués en certains points particuliers du domaine (appelés des nœuds de calcul), ce qui est à l'origine de la discrétisation. Facile à mettre en œuvre, elle est cependant limitée à des domaines géométriques simples et mal adaptée à l'application de conditions aux limites de type Neumann.

1.1 Notations et vocabulaire

On dispose d'un problème de Cauchy de la forme

$$\begin{cases} (E) & \forall t \in]0,T], \quad u'(t) = f\big(t, u(t)\big) \\ (CI) & u(0) = \alpha \end{cases} \tag{4.1}$$

où f est une fonction de classe $\mathscr{C}^1$ sur $[0,T] \times \mathbb{R}$, ce qui assure l'existence d'une unique solution à ce problème sur $[0,T]$. L'objectif est alors de construire des valeurs, notées u_n, qui « approchent » les valeurs $u(t_n)$ prises par la solution en un certain nombre de points de l'intervalle $[0,T]$, appelés des *nœuds de calcul*.

Ces nœuds seront notés t_n pour $n \in \{0, 1, \cdots, N\}$ et définis par

$$\begin{cases} t_0 = 0, \quad t_N = T \\ t_0 < \cdots < t_k < \cdots < t_N \end{cases} \tag{4.2}$$

et on appellera *pas* la valeur maximale des écarts entre deux nœuds de calcul successifs, c'est à dire la valeur $h = \max_{n \in \{0,1,\cdots,N-1\}} |t_{n+1} - t_n|$. Cela dit pour simplifier les notations, sauf exception, un pas constant sera utilisé. En chaque nœud de calcul t_n, la valeur $u(t_n)$ est liée à la valeur $u'(t_n)$ de la fonction dérivée par la formule $u'(t_n) = f\big(t_n, u(t_n)\big)$ et la difficulté provient alors du terme $u'(t_n)$ car on ne connaît ni u ni, a fortiori, sa dérivée. On cherche alors à remplacer les valeurs $u'(t_n)$ prises par cette fonction dérivée en chaque nœud de calcul t_n.
Cette approche permet de changer la nature du problème. Initialement continu, il est approché par un problème discret qui pourra être résolu par des méthodes d'algèbre linéaire. Concrètement, à partir des nœuds de calcul $(t_n)_{0 \le n \le N}$ on cherche à obtenir un vecteur $\big(u_0, u_1, \cdots, u_N\big)$ dont les composantes seront des valeurs u_n approchant les valeurs $u(t_n)$ prises par la solution u en chacun des nœuds de calcul.

1.2 Formule de Taylor-Lagrange

La construction des schémas numériques aux différences finies utilise abondamment une des formules de Taylor (Brook Taylor, 1685-1731, mathématicien britannique), désignée sous le terme de formule de Taylor-Lagrange (Joseph-Louis Lagrange, 1736-1813, mathématicien français). Elle permet de relier la valeur d'une fonction assez régulière au voisinage d'un point avec les valeurs de ses dérivées successives en ce même point. Plus précisément, elle exprime qu'en un point où une fonction est plusieurs fois dérivable, elle peut être approximée par un polynôme.

Théorème 26. Formule de Taylor-Lagrange.
Soit u une fonction à valeurs réelles, de classe $\mathscr{C}^{n+1}$ sur un intervalle I ouvert. Soient aussi $x \in I$ et $h \in \mathbb{R}^{+*}$ tels que $x + h \in I$. Alors, il existe un réel $\theta \in]x, x+h[$ tel que

$$u(x+h) = \sum_{k=0}^{n} \frac{u^{(k)}(x)}{k!} h^k + \frac{u^{(n+1)}(\theta)}{(n+1)!} h^{n+1} \tag{4.3}$$

où $u^{(k)}$ désigne la dérivée *k-ième* de u.
En particulier, si l'on désigne par $R_n(\theta, h)$ le reste $\dfrac{u^{(n+1)}(\theta)}{(n+1)!} h^{n+1}$, il existe un réel $M > 0$ tel que l'on ait $|R_n(\theta, h)| \le M |h|^{n+1}$, ce qu'on écrit en utilisant la notation en « grand O » de Landau (Edmund Georg Landau, 1877-1938, mathématicien allemand) :

$$R_n(\theta, h) = O\big(h^{n+1}\big)$$

Démonstration.
La démonstration de ce résultat est très classique et seules les grandes lignes sont données. Elle repose sur l'utilisation du lemme de Rolle (Michel Rolle, 1652-1719, mathématicien français) et l'introduction d'une fonction auxiliaire. Avant tout, et pour simplifier

les notations, posons $a = x$ et $b = x + h$. On cherche donc à démontrer qu'il existe un réel $\theta \in]a, b[$ tel que

$$u(b) = \sum_{k=0}^{n} \frac{u^{(k)}(a)}{k!}(b-a)^k + \frac{u^{(n+1)}(\theta)}{(n+1)!}(b-a)^{n+1}$$

Pour cela, posons φ la fonction auxiliaire définie pour tout $z \in [a, b]$ par

$$\varphi(z) = u(b) - \sum_{k=0}^{n} \frac{u^{(k)}(z)}{k!}(b-z)^k - \frac{(b-z)^{n+1}}{(n+1)!}K$$

où K est une constante réelle dont on souhaite démontrer qu'il existe un certain θ de $]a, b[$ tel que $K = u^{(n+1)}(\theta)$. Il suffit alors d'appliquer le lemme de Rolle à la fonction φ qui en vérifie toutes les hypothèses, ce qui permet d'affirmer l'existence d'un réel $\theta \in]a, b[$ tel que $\varphi'(\theta) = 0$. Or, le calcul de la dérivée de φ conduit à

$$\forall z \in [a, b], \quad \varphi'(z) = \frac{(b-z)^n}{n!}\left(K - u^{(n+1)}(z)\right)$$

ce qui donne la conclusion en écrivant que $\varphi'(\theta) = 0$. □

Définition 21. Avec les notations précédentes, on appelle *développement de Taylor* à l'ordre $n \in \mathbb{N}^*$ la formule

$$u(x+h) = \sum_{k=0}^{n} \frac{u^{(k)}(x)}{k!}h^k + O\left(h^{n+1}\right) \tag{4.4}$$

Remarque. Dans toute la suite, la fonction u sera supposée assez régulière pour appliquer la formule de Taylor et ces hypothèses ne seront pas systématiquement répétées.

2 Schéma numérique d'Euler

Commençons par construire le schéma numérique le plus simple et le plus naturel qui soit. Il est appelé schéma numérique d'Euler (Leonhard Euler, 1707-1783, mathématicien suisse). Pour construire ce schéma, deux approches, différentes mais équivalentes, sont proposées : l'approche par quotient aux différences finies et l'approche par quadrature.

2.1 Approche par quotient aux différences finies

2.1.1 Une approximation naturelle

En chaque nœud de calcul t_n, on dispose de la relation

$$u'(t_n) = f\left(t_n, u(t_n)\right)$$

et l'on cherche à remplacer la valeur $u'(t_n)$ prise par la dérivée de la fonction inconnue u en t_n par une approximation ne faisant intervenir que des valeurs prises par u en certains nœuds de calcul.

Une première idée naturelle consiste à revenir à la définition du nombre dérivé $u'(t_n)$ de u au point t_n intérieur à I :

$$u'(t_n) = \lim_{\varepsilon \to 0} \frac{u(t_n + \varepsilon) - u(t_n)}{\varepsilon}$$

Aussi, si l'on suppose le pas $h > 0$ de la subdivision « assez petit », on peut légitimement écrire

$$u'(t_n) \approx \frac{u(t_n + h) - u(t_n)}{h}$$

ce qui revient à remplacer la pente de la tangente au point de coordonnées $\big(t_n, u(t_n)\big)$ par la pente de la sécante passant par les deux points de coordonnées respectives $\big(t_n, u(t_n)\big)$ et $\big(t_n + h, u(t_n + h)\big)$ comme illustré dans la figure 4.1.

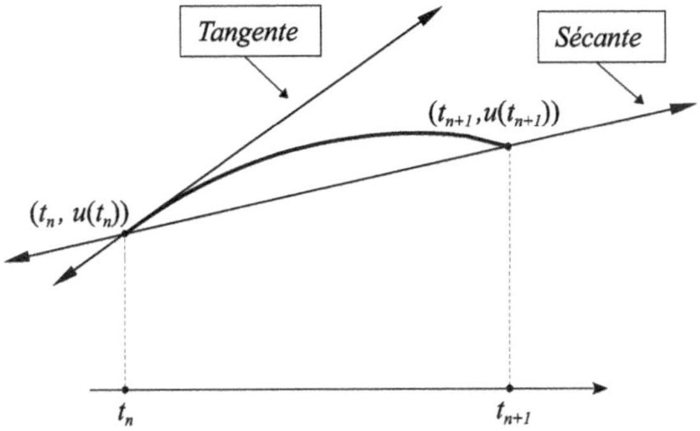

FIGURE 4.1 – Approximation de $u'(t_n)$

De cette manière, une approximation de $u'(t_n)$ utilisant les valeurs prises par la fonction u au point t_n et son successeur $t_n + h = t_{n+1}$ est construite et l'on aboutit finalement à l'approximation

$$\frac{u(t_n + h) - u(t_n)}{h} \approx f\big(t_n, u(t_n)\big)$$

Pour justifier cette approche, on s'appuie sur un développement de Taylor à l'ordre 1 de la fonction u au point t_n en écrivant

$$u(t_n + h) = u(t_n) + hu'(t_n) + O\big(h^2\big)$$

donc, pour $h \neq 0$

$$\frac{u(t_n + h) - u(t_n)}{h} = u'(t_n) + O(h) \quad (\star)$$

Autrement dit, cette formule légitime l'approximation de $u'(t_n)$ par $\dfrac{u(t_n + h) - u(t_n)}{h}$.
En effet, écrire $(\star)$ signifie qu'il existe une constante positive $M > 0$ (indépendante de h) telle que

$$\left| \frac{u(t_n + h) - u(t_n)}{h} - u'(t_n) \right| \leq Mh$$

Ce qui démontre bien que le quotient $\dfrac{u(t_n+h)-u(t_n)}{h}$ est « proche » de $u'(t_n)$ et cela d'autant plus que h est proche de zéro. D'autre part, cela montre aussi que l'erreur commise en remplaçant $u'(t_n)$ par le quotient $\dfrac{u(t_n+h)-u(t_n)}{h}$ est de l'ordre de h. On dira alors que l'approximation est *consistante* et *précise à l'ordre 1* ce qui signifie que l'erreur commise en remplaçant $u'(t_n)$ par le quotient $\dfrac{u(t_n+h)-u(t_n)}{h}$ est de l'ordre de h. Ainsi, si l'on souhaite une approximation 10 fois meilleure, il convient de diviser h par 10.

2.1.2 Quotient aux différences finies

Définition 22. Soit $h \neq 0$ « petit ». On appellera :

1. *Quotient aux différences finies décentré à droite*, noté $\mathbb{Q}(t_n, h)$, le rapport

$$\mathbb{Q}(t_n, h) = \frac{u(t_n+h)-u(t_n)}{h}$$

2. *Approximation* de $u'(t_n)$ par le quotient aux différences finies décentré à droite $\mathbb{Q}(t_n, h)$ le fait de remplacer la valeur $u'(t_n)$ par $\mathbb{Q}(t_n, h)$.

2.1.3 Consistance et précision

De manière générale, pour un quotient aux différences finies noté $\mathbb{Q}(t_n, h)$ et destiné à approcher la valeur $u'(t_n)$ au point t_n, on pose la définition suivante :

Définition 23. On dit que le quotient aux différences finies $\mathbb{Q}(t_n, h)$ est *consistant* avec la dérivée $u'(t_n)$ et *précis à l'ordre p* lorsqu'il existe un entier $p \in \mathbb{N}^*$ tel que

$$\left|u'(t_n) - \mathbb{Q}(t_n, h)\right| = O\left(h^p\right) \tag{4.5}$$

2.1.4 Schéma d'Euler obtenu par quotient aux différences finies

On peut maintenant proposer une formule de récurrence destinée à construire les valeurs $u_0, u_1, \cdots, u_N$ qui approchent les valeurs exactes $u(t_0), u(t_1), \cdots, u(t_N)$ prises par la solution en chaque nœud de calcul.

Définition 24. On appelle *schéma numérique d'Euler* le système

$$\begin{cases} u_0 = u(t_0) - \alpha \\ 0 \leq n \leq N-1, \quad \dfrac{u_{n+1} - u_n}{h} = f\left(t_n, u_n\right) \end{cases} \tag{4.6}$$

où, les valeurs t_n sont définies par (4.2) page 94. Ce schéma numérique est dit *explicite* et à un pas parce que, comme le montre (4.6), le terme u_{n+1} est obtenu explicitement à partir de la seule valeur précédente u_n.

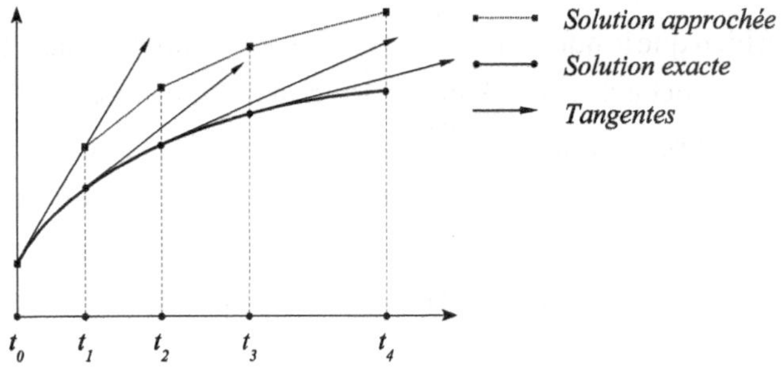

FIGURE 4.2 – Solution approchée par la méthode d'Euler explicite à un pas

2.2 Approche par quadrature

Cette approche est basée sur trois idées :

1. L'intégration, sur chaque intervalle $[t_n, t_n + h]$, de l'équation différentielle $u'(t) = f\big(t, u(t)\big)$ sous la forme

$$\int_{t_n}^{t_n+h} u'(t)\,\mathrm{d}t = \int_{t_n}^{t_n+h} f\big(t, u(t)\big)\,\mathrm{d}t$$

2. Le théorème fondamental de l'analyse appliqué à la fonction u de classe $\mathscr{C}^1$ sur l'intervalle $[t_n, t_n + h]$ qui stipule que

$$\int_{t_n}^{t_n+h} u'(t)\,\mathrm{d}t = u(t_n + h) - u(t_n)$$

3. L'utilisation d'une formule de *quadrature* pour donner une approximation de l'intégrale $\int_{t_n}^{t_n+h} f\big(t, u(t)\big)\,\mathrm{d}t$. Le terme formule de quadrature désigne une méthode d'approximation d'intégrales définies de la forme $\int_a^b g(x)\,\mathrm{d}x$. Parmi les plus simples et les plus naturelles, citons :

   a. La méthode du « rectangle à gauche » illustrée dans la figure 4.3 :

$$\int_a^b g(x)\,\mathrm{d}x \approx (b-a)g(a)$$

   b. La méthode du « rectangle à droite » illustrée dans la figure 4.4 :

$$\int_a^b g(x)\,\mathrm{d}x \approx (b-a)g(b)$$

   c. La méthode du « point milieu » illustrée dans la figure 4.5 :

$$\int_a^b g(x)\,\mathrm{d}x \approx (b-a)g\left(\frac{a+b}{2}\right)$$

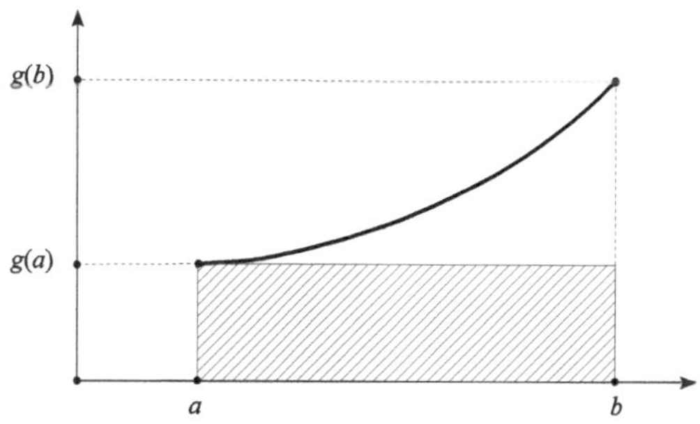

FIGURE 4.3 – Approximation d'une intégrale par la méthode du rectangle « gauche »

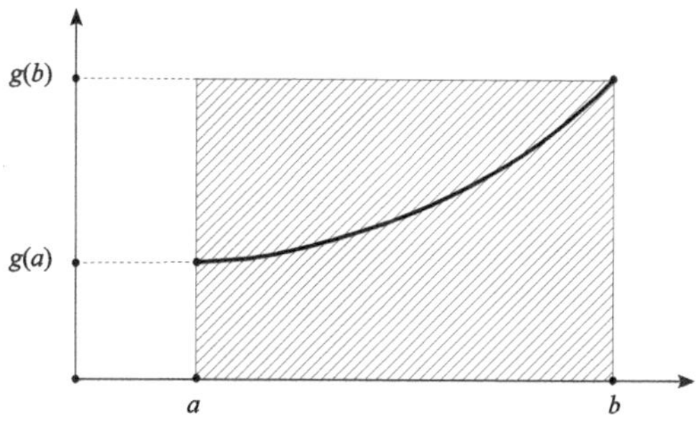

FIGURE 4.4 – Illustration de la méthode du rectangle « droite »

Dans notre cas, la construction du schéma numérique d'Euler consiste à intégrer l'équation différentielle sur un intervalle $[t_n, t_{n+1}]$ (avec $t_{n+1} = t_n + h$) et à utiliser la formule de quadrature du « rectangle à gauche ». Concrètement, en partant de l'expression

$$\int_{t_n}^{t_n+h} u'(t)\,\mathrm{d}t = \int_{t_n}^{t_n+h} f\big(t, u(t)\big)\,\mathrm{d}t$$

on obtient d'abord

$$u(t_{n+1}) - u(t_n) = u(t_n + h) - u(t_n) = \int_{t_n}^{t_n+h} f\big(t, u(t)\big)\,\mathrm{d}t$$

puis on utilise la formule de quadrature

$$\int_{t_n}^{t_n+h} f\big(t, u(t)\big)\,\mathrm{d}t \approx hf\big(t_n, u(t_n)\big)$$

pour obtenir

$$u(t_{n+1}) - u(t_n) \approx hf\big(t_n, u(t_n)\big)$$

et l'on construit donc le schéma numérique destiné à fournir les valeurs approchées u_n de $u(t_n)$ en écrivant

$$u_{n+1} = u_n + hf\big(t_n, u_n\big)$$

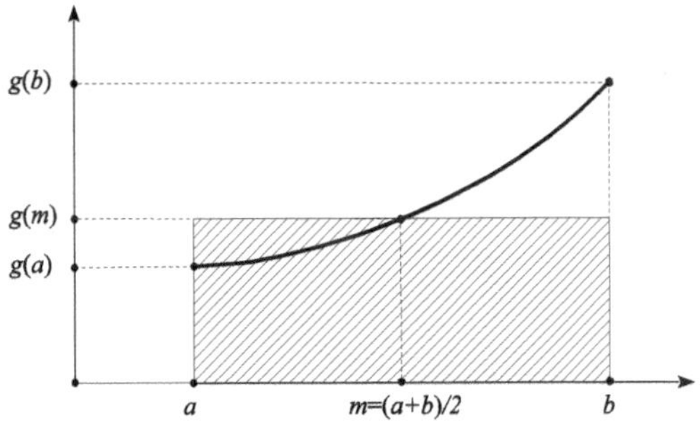

FIGURE 4.5 – Illustration de la méthode du « point milieu »

Finalement, on obtient le système

$$\begin{cases} u_0 = u(t_0) = \alpha \\ 0 \leq n \leq N-1, \quad u_{n+1} = u_n + hf\big(t_n, u_n\big) \end{cases} \tag{4.7}$$

et l'on retrouve le schéma numérique d'Euler (4.6) de la définition 24 en remarquant que (h étant non nul), pour tout $0 \leq n \leq N-1$

$$u_{n+1} = u_n + hf\big(t_n, u_n\big) \Longleftrightarrow \frac{u_{n+1} - u_n}{h} = f\big(t_n, u_n\big)$$

3 Schéma numérique du point milieu

Deux schémas numériques pour un même problème se distinguent, entre autres, par leur « précision ». De manière générale, un schéma $\mathscr{S}_1$ est dit plus précis qu'un schéma $\mathscr{S}_2$ si, pour un même maillage (et donc un même pas h), la solution approchée fournie par $\mathscr{S}_1$ est plus « proche » des valeurs exactes attendues que la solution approchée fournie par $\mathscr{S}_2$ (cette notion de proximité sera définie de manière précise par la suite).

Ainsi, la construction du schéma du point milieu vise cet objectif. Il a la particularité d'utiliser un point intermédiaire, précisément le milieu du segment $[t_n, t_{n+1}]$ et a plusieurs intérêts. En premier lieu, c'est un exemple simple d'adaptation d'un schéma existant qui permet de gagner en précision. Son second intérêt est pédagogique. En effet, il est un cas particulier de deux familles importantes de méthodes numériques, les méthodes de Runge-Kutta (Carl David Tolmé Runge, 1856-1927, mathématicien et physicien allemand et Martin Wilhelm Kutta, 1867-1944, mathématicien allemand) mais aussi d'une méthode dite de prédiction-correction, qui ne seront pas développées dans le cadre général.

3.1 Approche par quotient aux différences finies

Ce schéma se base sur l'évaluation de la formule $u'(t) = f\big(t, u(t)\big)$ non pas en t_n mais en $t_n + \frac{h}{2}$. Commençons alors par écrire la relation :

$$u'\left(t_n + \frac{h}{2}\right) = f\left(t_n + \frac{h}{2}, u\left(t_n + \frac{h}{2}\right)\right)$$

L'idée est ici à nouveau de travailler sur une approximation du nombre dérivé $u'(t_n)$ par un quotient aux différences finies décentré à droite mais avec une légère adaptation qui consiste à utiliser le point milieu $t_n + \frac{h}{2}$ et la formule de Taylor en profitant du fait que $u(t_n + h) = u\left(t_n + \frac{h}{2} + \frac{h}{2}\right)$ et $u(t_n) = u\left(t_n + \frac{h}{2} - \frac{h}{2}\right)$. Ainsi, il est possible d'écrire :

$$\begin{cases} u(t_n + h) = u\left(t_n + \frac{h}{2} + \frac{h}{2}\right) = \\ \qquad = u\left(t_n + \frac{h}{2}\right) + \dfrac{h}{2} u'\left(t_n + \frac{h}{2}\right) + \dfrac{h^2}{8} u''\left(t_n + \frac{h}{2}\right) + \dfrac{h^3}{48} u'''\left(t_n + \frac{h}{2}\right) + O\left(h^4\right) \\ u(t_n) = u\left(t_n + \frac{h}{2} - \frac{h}{2}\right) = \\ \qquad = u\left(t_n + \frac{h}{2}\right) - \dfrac{h}{2} u'\left(t_n + \frac{h}{2}\right) + \dfrac{h^2}{8} u''\left(t_n + \frac{h}{2}\right) - \dfrac{h^3}{48} u'''\left(t_n + \frac{h}{2}\right) + O\left(h^4\right) \end{cases}$$

La soustraction de ces deux expressions conduit à écrire

$$u(t_n + h) - u(t_n) = hu'\left(t_n + \frac{h}{2}\right) + O\left(h^3\right)$$

puis, toujours pour $h \neq 0$ « petit »,

$$\frac{u(t_n + h) - u(t_n)}{h} = u'\left(t_n + \frac{h}{2}\right) + O\left(h^2\right)$$

Autrement dit, on peut utiliser l'approximation

$$u'\left(t_n + \frac{h}{2}\right) \approx \frac{u(t_n + h) - u(t_n)}{h} \qquad (\star)$$

qui est consistante et d'ordre 2.

Géométriquement, on peut illustrer cette approximation en remarquant que cela revient à « remplacer » la tangente au point de coordonnées $\left(t_n + \frac{h}{2}, u\left(t_n + \frac{h}{2}\right)\right)$ par la sécante passant par les deux points de coordonnées $\left(t_n, u(t_n)\right)$ et $\left(t_{n+1}, u(_{n+1})\right)$.
Revenons en à la construction du schéma numérique. A partir de $(\star)$ on peut écrire

$$\frac{u(t_n + h) - u(t_n)}{h} \approx f\left(t_n + \frac{h}{2}, u\left(t_n + \frac{h}{2}\right)\right)$$

Dans cette dernière relation, il reste le terme $u\left(t_n + \frac{h}{2}\right)$ que l'on remplace par l'approximation

$$u\left(t_n + \frac{h}{2}\right) \approx u(t_n) + \frac{h}{2} u'(t_n)$$

parce qu'on souhaite n'utiliser que les valeurs prises par u au nœud de calcul t_n. D'autre part, comme on sait aussi que $u'(t_n) = f\left(t_n, u(t_n)\right)$, on peut écrire

$$u\left(t_n + \frac{h}{2}\right) \approx u(t_n) + \frac{h}{2} f\left(t_n, u(t_n)\right)$$

et finalement aboutir à l'approximation

$$\frac{u(t_n+h)-u(t_n)}{h} \approx f\left(t_n+\frac{h}{2}, u(t_n)+\frac{h}{2}f(t_n, u(t_n))\right)$$

C'est à partir de cette relation que l'on construit le nouveau schéma en posant

$$\frac{u_{n+1}-u_n}{h} = f\left(t_n+\frac{h}{2}, u_n+\frac{h}{2}f(t_n, u_n)\right)$$

ou, de manière équivalente

$$u_{n+1} = u_n + hf\left(t_n+\frac{h}{2}, u_n+\frac{h}{2}f(t_n, u_n)\right)$$

que l'on préfère écrire sous la forme du système

$$\begin{cases} u_{n+1/2} = u_n + \dfrac{h}{2}f(t_n, u_n) \\ p_n = f\left(t_n+\frac{h}{2}, u_{n+1/2}\right) \\ u_{n+1} = u_n + hp_n \end{cases} \tag{4.8}$$

Définition 25. On appelle *schéma numérique explicite du point milieu* le système

$$\begin{cases} u_0 = u(t_0) = \alpha \\ 0 \le n \le N-1, \begin{cases} u_{n+1/2} = u_n + \dfrac{h}{2}f(t_n, u_n) \\ p_n = f\left(t_n+\frac{h}{2}, u_{n+1/2}\right) \\ u_{n+1} = u_n + hp_n \end{cases} \end{cases} \tag{4.9}$$

3.2 Approche par quadrature

La méthode du point milieu peut aussi être construite de la manière suivante :

1. On commence par placer le point milieu $t_{n+1/2} = \dfrac{t_n+t_{n+1}}{2} = t_n + \dfrac{h}{2}$.
2. On intègre l'équation différentielle sur le segment $[t_n, t_{n+1/2}]$ par la méthode du « rectangle à gauche »

$$u\left(t_n+\frac{h}{2}\right) - u(t_n) = \int_{t_n}^{t_n+h/2} f(t, u(t))\,\mathrm{d}t \approx \frac{h}{2}f(t_n, u(t_n))$$

   ce qui donne $u_{n+1/2}$:

$$u_{n+1/2} = u_n + \frac{h}{2}f(t_n, u_n)$$

3. On intègre ensuite l'équation différentielle sur le segment $[t_n, t_{n+1}]$ mais cette fois-ci par la méthode du « point milieu »

$$u(t_n+h) - u(t_n) = \int_{t_n}^{t_n+h} f(t, u(t))\,\mathrm{d}t \approx hf\left(t_n+\frac{h}{2}, u\left(t_n+\frac{h}{2}\right)\right)$$

ce qui donne u_{n+1} en fonction de $u_{n+1/2}$:

$$u_{n+1} = u_n + hf\left(t_n + \frac{h}{2}, u_{n+1/2}\right)$$

Finalement, on obtient le système (4.8)

$$\begin{cases} u_{n+1/2} = u_n + \dfrac{h}{2} f(t_n, u_n) \\ p_n = f\left(t_n + \frac{h}{2}, u_{n+1/2}\right) \\ u_{n+1} = u_n + hp_n \end{cases}$$

et l'on retrouve bien, en remplaçant $u_{n+1/2}$ par $u_n + \dfrac{h}{2} f(t_n, u_n)$

$$u_{n+1} = u_n + hf\left(t_n + \frac{h}{2}, u_n + \frac{h}{2} f(t_n, u_n)\right)$$

3.3 Les formules de Runge-Kutta

Les formules de Runge-Kutta sont construites sur le principe de ce qui a été exposé dans le cas de la méthode du point milieu. Seule l'idée générale est donnée qui consiste à :

1. Choisir des points intermédiaires dans chaque segment $[t_n, t_{n+1}]$

$$t_{n,0} = t_n, t_{n,1}, \cdots, t_{n,p} = t_{n+1}$$

   Dans l'exemple du schéma du point milieu, il s'agit du milieu du segment, c'est-à-dire qu'on a pris la « sous-subdivision » :

$$\begin{cases} t_{n,0} = t_n \\ t_{n,1} = t_n + \frac{h}{2} \text{ noté } t_{n+\frac{1}{2}} \\ t_{n,2} = t_{n+1} = t_n + h \end{cases}$$

2. Sur chaque sous segment $[t_{n,i}, t_{n,i+1}]$, on choisit une méthode de quadrature pour approcher $u(t_n, x_{i+1})$.
   Dans l'exemple précédent, on a estimé $u_{t_{n+\frac{1}{2}}}$ à l'aide de la méthode du « rectangle à gauche » en écrivant :

$$u\left(t_n + \frac{h}{2}\right) - u(t_n) = \int_{t_n}^{t_n+\frac{h}{2}} f\big(x, u(x)\big)\,\mathrm{d}x$$

   puis

$$u\left(t_n + \frac{h}{2}\right) - u(t_n) \approx \frac{h}{2} f\big(t_n, u(t_n)\big) \approx \frac{h}{2} f\big(t_n, u_n\big)$$

3. Ensuite, sur chaque segment $[t_n, t_{n+1}]$, on utilise une nouvelle méthode de quadrature (qui utilise les points intermédiaires) pour approcher $u(t_{n+1})$.
   Dans notre exemple, on a estimé $u(t_{n+1})$ à l'aide de la méthode du « point milieu » en écrivant

$$u_{n+1} - u_n = \int_{t_n}^{t_{n+1}} f\big(x, u(x)\big)\,\mathrm{d}x \approx hf\big(t_{n+\frac{1}{2}}, u(t_{n+\frac{1}{2}})\big)$$

soit encore

$$u_{n+1} \approx u_n + hf\Big(t_n + \frac{h}{2}, u_n + \frac{h}{2} f(t_n, u_n)\Big)$$

Ces méthodes ont plusieurs qualités dont la précision. Ce sont d'ailleurs souvent les méthodes utilisées par les logiciels de calcul scientifique.
Elles souffrent cependant d'un inconvénient, l'obligation de faire de nombreuses évaluations de la fonction à chaque pas de calcul.

4 Deux variantes du schéma d'Euler

Deux nouvelles variantes du schéma explicite d'Euler sont proposées ici. La première conduit à un schéma implicite à un pas et la seconde à un schéma explicite à deux pas. Précisons de suite que la distinction majeure entre un schéma explicite et implicite provient du fait que, dans le second cas, une équation non linéaire est à résoudre pour obtenir les valeurs cherchées contrairement au cas des schémas explicites.

4.1 Un schéma numérique implicite à un pas

Toujours en utilisant la formule de Taylor, on peut aussi envisager d'écrire :

$$u(t_n - h) = u(t_n) - hu'(t_n) + O\big(h^2\big)$$

qui conduit cette fois-ci et toujours pour $h \neq 0$ à

$$\frac{u(t_n) - u(t_n - h)}{h} = u'(t_n) + O(h)$$

et à l'approximation de la pente $u'(t_n)$ de la tangente par la pente d'une sécante, comme illustré dans la figure 4.6, c'est à dire

$$u'(t_n) \approx \frac{u(t_n) - u(t_n - h)}{h}$$

Définition 26. Soit $h \neq 0$ « petit ». On appellera :

1. *Quotient aux différences finies décentré à gauche*, noté $\mathbb{Q}(t_n, h)$, le rapport
$$\mathbb{Q}(t_n, h) = \frac{u(t_n) - u(t_n - h)}{h}$$
2. *Approximation* de $u'(t_n)$ par le quotient aux différences finies décentré à gauche $\mathbb{Q}(t_n, h)$ le fait de remplacer la valeur $u'(t_n)$ par $\mathbb{Q}(t_n, h)$.

Cette approximation est dite consistante et précise à l'ordre 1 parce que

$$\big|\mathbb{Q}(t_n, h) - u'(t_n)\big| = O\big(h^1\big) \tag{4.10}$$

A partir de cette nouvelle approximation, on construit le schéma numérique suivant :

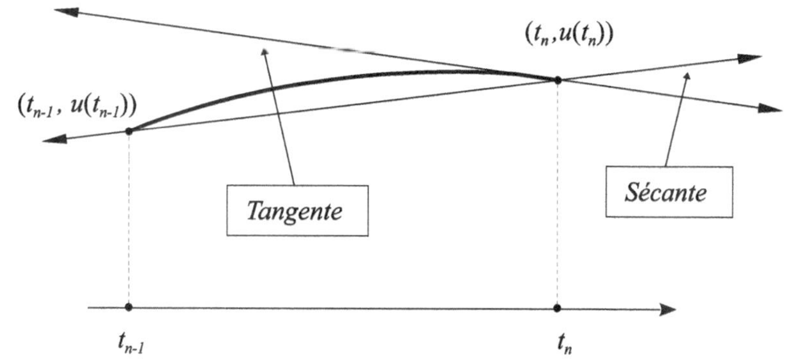

FIGURE 4.6 – Approximation de $u'(t_n)$

Définition 27. On appelle *schéma numérique implicite à un pas* le système

$$\begin{cases} u_0 = u(t_0) = \alpha \\ 0 \leq n \leq N-1, \quad \dfrac{u_{n+1} - u_n}{h} = f\big(t_{n+1}, u_{n+1}\big) \end{cases} \tag{4.11}$$

Ce schéma est qualifié d'*implicite* et à *un pas* parce que le terme u_{n+1} intervient dans les deux membres de l'égalité mais son calcul ne fait intervenir que la seule valeur précédente u_n.

En termes de quadrature, on utilise la méthode du « rectangle à droite ». Précisément, on commence par écrire l'égalité

$$\int_{t_n}^{t_n+h} u'(t)\,\mathrm{d}t = \int_{t_n}^{t_n+h} f\big(t, u(t)\big)\,\mathrm{d}t$$

qui conduit à

$$u(t_{n+1}) - u(t_n) = u\,(t_n + h) - u(t_n) = \int_{t_n}^{t_n+h} f\big(t, u(t)\big)\,\mathrm{d}t$$

puis on utilise la formule de quadrature annoncée

$$\int_{t_n}^{t_n+h} f\big(t, u(t)\big)\,\mathrm{d}t \approx hf\big(t_{n+1}, u(t_{n+1})\big)$$

ce qui donne finalement

$$u(t_{n+1}) - u(t_n) \approx hf\big(t_{n+1}, u(t_{n+1})\big)$$

et l'on construit donc le schéma numérique destiné à fournir les valeurs approchées u_n de $u(t_n)$ en écrivant

$$u_{n+1} = u_n + hf\big(t_{n+1}, u_{n+1}\big)$$

On obtient alors une forme équivalente à (4.11) :

$$\begin{cases} u_0 = u(t_0) = \alpha \\ 0 \leq n \leq N-1, \quad u_{n+1} = u_n + hf\big(t_{n+1}, u_{n+1}\big) \end{cases} \tag{4.12}$$

4.2 Un schéma numérique explicite à deux pas

Envisageons maintenant une approche destinée à améliorer la précision de l'approximation. On cherche donc à obtenir un quotient aux différences finies qui vérifie

$$\big|\mathbb{Q}(t_n, h) - u'(t_n)\big| = O\big(h^2\big)$$

Pour cela, utilisons un développement de Taylor de u au voisinage de t_n jusqu'à l'ordre 2 de deux manières différentes

$$\begin{cases} u(t_n + h) = u(t_n) + hu'(t_n) + \dfrac{h^2}{2}u''(t_n) + \dfrac{h^3}{6}u'''(t_n) + O\big(h^4\big) \\ u(t_n - h) = u(t_n) - hu'(t_n) + \dfrac{h^2}{2}u''(t_n) - \dfrac{h^3}{6}u'''(t_n) + O\big(h^4\big) \end{cases}$$

La soustraction de ces deux expressions conduit à écrire

$$u(t_n + h) - u(t_n - h) = 2hu'(t_n) + \frac{h^3}{3}u'''(t_n) + O\big(h^4\big)$$

soit encore

$$u(t_n + h) - u(t_n - h) = 2hu'(t_n) + O\big(h^3\big)$$

puis, toujours pour $h \neq 0$ « petit »,

$$\frac{u(t_n + h) - u(t_n - h)}{2h} = u'(t_n) + O\big(h^2\big)$$

Autrement dit, l'approximation

$$u'(t_n) \approx \frac{u(t_n + h) - u(t_n - h)}{2h}$$

qui est maintenant, par construction, consistante et précise à l'ordre 2 puisque

$$\left|\frac{u(t_n + h) - u(t_n - h)}{2h} - u'(t_n)\right| = O\big(h^2\big) \tag{4.13}$$

Définition 28. Soit $h \neq 0$ « petit ». On appellera :

1. *Quotient aux différences finies centré*, noté $\mathbb{Q}(t_n, h)$, le rapport

$$\mathbb{Q}(t_n, h) = \frac{u(t_n + h) - u(t_n - h)}{2h}$$

2. *Approximation* de $u'(t_n)$ par le quotient aux différences finies centré $\mathbb{Q}(t_n, h)$ le fait de remplacer $u'(t_n)$ par $\mathbb{Q}(t_n, h)$.

A partir de cette nouvelle approximation, on construit le schéma numérique suivant :

Définition 29. On appelle *schéma numérique explicite à deux pas* le système

$$\left\{\begin{array}{l} u_0 = u(t_0) = \alpha \\ u_1 \text{ évalué par un autre schéma numérique} \\ 1 \leq n \leq N-1, \quad \dfrac{u_{n+1} - u_{n-1}}{2h} = f(t_n, u_n) \end{array}\right. \tag{4.14}$$

Ce schéma est qualifié d'explicite et à deux pas parce que le terme u_{n+1} est obtenu explicitement à partir de la connaissance des deux valeurs précédentes u_n et u_{n-1}.

En termes de quadrature, on utilise la méthode du « point milieu » en élargissant l'intervalle d'intégration à $[t_{n-1}, t_{n+1}]$:

$$\int_{t_n-h}^{t_n+h} u'(t)\,\mathrm{d}t = \int_{t_{n-1}}^{t_{n+1}} f\big(t, u(t)\big)\,\mathrm{d}t$$

on obtient d'abord

$$u(t_{n+1}) - u(t_{n-1}) = \int_{t_{n-1}}^{t_{n+1}} f\big(t, u(t)\big)\,\mathrm{d}t$$

puis, avec la formule de quadrature

$$\int_{t_{n-1}}^{t_{n+1}} f\big(t, u(t)\big)\,\mathrm{d}t \approx 2hf\big(t_n, u(t_n)\big)$$

ce qui donne finalement la relation suivante

$$u(t_{n+1}) - u(t_{n-1}) \approx 2hf\big(t_n, u(t_n)\big)$$

et l'on construit donc le schéma numérique destiné à fournir les valeurs approchées u_n de $u(t_n)$ en écrivant

$$u_{n+1} = u_{n-1} + 2hf\big(t_n, u_n\big)$$

On obtient alors une forme équivalente à (4.14) en écrivant

$$\left\{\begin{array}{l} u_0 = u(t_0) = \alpha \\ u_1 \text{ évalué par un autre schéma numérique} \\ 1 \leq n \leq N-1, \quad u_{n+1} = u_{n-1} + 2hf\big(t_n, u_n\big) \end{array}\right. \tag{4.15}$$

5 Aspects théoriques pour les schémas explicites à un pas

5.1 Objectifs

La qualité d'un schéma numérique est jugée à l'aune de quatre notions, la *consistance*, la *précision*, la *stabilité* et la *convergence*.
L'utilisateur est surtout intéressé par la question de la convergence et de la précision car, en premier lieu, il espère que les valeurs approchées fournies par le schéma numérique

sont d'autant plus proches des valeurs exactes que le nombre N de nœuds de calcul augmente (donc que le pas h diminue) et cela avec une grande précision.
Cela dit, on ne peut parler de convergence sans parler de consistance et de stabilité, ces deux dernières étant des conditions nécessaires de convergence.

D'autre part, nous nous contenterons dans cette section de faire l'étude complète (consistance, stabilité et précision) des deux schémas explicites d'Euler et du point milieu et le lecteur est renvoyé aux excellents ouvrages [DE] et [QU] pour davantage de développements.

Enfin, rappelons que l'on travaille sur le problème de Cauchy (4.1) décrit dans la section 1.1 page 93 rappelé ci-dessous :

$$\left\{\begin{array}{lll}(E) & \forall t \in]0,T], & u'(t) = f\big(t, u(t)\big)\\ (CI) & u(0) = \alpha & \end{array}\right.$$

et que l'on dispose des nœuds t_n pour $n \in \{0,1,\cdots,N\}$ définis par (4.2) et que l'on note $h_n = t_{n+1} - t_n$ et $h = \max_{n\in\{0,1,\cdots,N-1\}} |t_{n+1} - t_n|$.

5.2 Définition d'un schéma numérique explicite à un pas

5.2.1 Définition

Donnons une définition générale d'un schéma numérique explicite à un pas associé au problème de Cauchy (4.1).

Définition 30. On appelle *schéma numérique explicite à un pas* associé au problème de Cauchy (4.1) un schéma numérique défini par une équation de récurrence de la forme

$$\left\{\begin{array}{l} u_0 = \alpha \\ \forall n \in \{0,1,\cdots,N-1\}, \left\{\begin{array}{l} u_{n+1} = u_n + h_n F(t_n, u_n, h_n) \\ h_n = t_{n+1} - t_n \end{array}\right.\end{array}\right. \tag{4.16}$$

où F est une fonction continue sur un domaine de $\mathbb{R}^3$.

Remarques.

1. F est en fait continue sur un domaine de la forme $[0,T] \times I_1 \times I_2$ où I_1 est un intervalle de $\mathbb{R}$ compatible avec le domaine de définition de l'équation différentielle et I_2 est un intervalle que l'on peut prendre égal à $[0,1]$ puisqu'il est destiné à contenir les valeurs de $h_n = t_{n+1} - t_n$.

2. On a aussi rencontré la forme équivalente

$$\left\{\begin{array}{l} \dfrac{u_{n+1} - u_n}{h_n} = F(t_n, u_n, h_n) \\ h_n = t_{n+1} - t_n \end{array}\right. \tag{4.17}$$

3. Naturellement, on peut construire d'autres types de schémas numériques. Ils peuvent alors être implicites à un pas, c'est-à-dire de la forme (notez l'intervention du terme u_{n+1} dans la fonction F)

$$\begin{cases} u_{n+1} = u_n + h_n F(t_n, u_n, u_{n+1}, h_n) \\ h_n = t_{n+1} - t_n \end{cases}$$

ou encore, ils peuvent être à pas multiples, c'est-à-dire que le calcul de u_{n+1} nécessite non pas seulement la connaissance de u_n mais aussi la connaissance de $p \in \mathbb{N} - \{0,1\}$ termes précédents : $u_{n-1}, \cdots, u_{n-p}$.

5.2.2 Cas des schémas d'Euler et du point milieu

Les schémas d'Euler et du point milieu sont des schémas explicites à un pas. En effet, il est facile d'exhiber la fonction F associée à ces deux schémas :

1. Dans le cas du schéma d'Euler (à pas constant), il suffit de choisir :

$$\begin{cases} h_n = h \\ F(t,x,h) = f(t,x) \Rightarrow F(t_n, u_n, h_n) = f(t_n, u_n) \end{cases}$$

2. Dans le cas du schéma du point milieu (à pas constant), il suffit de choisir

$$\begin{cases} h_n = h \\ F(t,x,h) = f\left(t + \dfrac{h}{2}, x + \dfrac{h}{2} f(t,x)\right) \end{cases}$$

En particulier, il est important de remarquer pour la suite que , dans les deux cas précédents, on a $F(t,x,0) = f(t,x)$. Cette simple constatation est à la base d'un résultat général de consistance comme qui sera donné par la suite.

5.3 Erreur de consistance

Le terme *consistance* provient d'une traduction erronée du mot anglais *consistent* qui signifie *cohérence.* En effet, la consistance est une mesure de la cohérence du schéma numérique vis-à-vis de l'équation différentielle qu'il est supposé approcher. La consistance est alors définie à partir de la notion d'*erreur de consistance* qui permet d'évaluer le « défaut de cohérence » et de mesurer si les formules choisies pour les approximations conduisent bien à approcher les valeurs « exactes ». La précision, ou l'ordre d'un schéma numérique, permet de quantifier, à l'aide d'un entier p, l'erreur de consistance sous la forme $O(h^p)$.

Considérons donc le schéma numérique d'Euler défini par l'un des deux systèmes équivalents (4.6)

$$\begin{cases} u_0 = u(t_0) = \alpha \\ 0 \leq n \leq N-1, \quad \dfrac{u_{n+1} - u_n}{h} = f(t_n, u_n) \end{cases}$$

ou (4.7) :

$$\begin{cases} u_0 = u(t_0) = \alpha \\ 0 \leq n \leq N-1, \quad u_{n+1} = u_n + h f(t_n, u_n) \end{cases}$$

Posons la question suivante : que se passe-t-il si l'on essaie d'évaluer la valeur approchée u_{n+1} de $u(t_{n+1})$ non pas avec la valeur approchée u_n de $u(t_n)$ mais avec la valeur exacte $u(t_n)$?
On conçoit que l'on obtiendra la valeur exacte $u(t_{n+1})$ entachée d'une erreur qui sera notée ε_{n+1}. Autrement dit, le résultat fourni par le schéma sera $u(t_{n+1})-\varepsilon_{n+1}$ (le choix du moins devant ε_{n+1} est une simple commodité de calcul qui apparaît un peu plus loin). Concrètement, on écrit

$$u(t_{n+1})-\varepsilon_{n+1}=u(t_n)+hf\big(t_n,u(t_n)\big)\iff \varepsilon_{n+1}=u(t_{n+1})-u(t_n)-hf\big(t_n,u(t_n)\big)$$

ou bien, de manière équivalente

$$\varepsilon'_{n+1}=\frac{\varepsilon_{n+1}}{h}=\frac{u(t_{n+1})-u(t_n)}{h}-f\big(t_n,u(t_n)\big)$$

Ce sont les quantités ε_{n+1} ou ε'_{n+1} qui seront appelées *erreur de consistance* (ou de *troncature*) au temps t_n. C'est la part d'erreur imputable au schéma seul du fait de l'approximation de la dérivée par un développement de Taylor tronqué et non pas aux erreurs d'approximation sur les valeurs de u antérieures.

Définition 31. on appelle *erreur de consistance* (ou de *troncature*) au temps t_n :

1. Pour le schéma défini par (4.16) l'expression, notée ε_{n+1} et définie par

$$\varepsilon_{n+1}=u(t_{n+1})-u(t_n)-h_nF\big(t_n,u(t_n),h_n\big)\tag{4.18}$$

2. Pour le schéma défini par (4.17) l'expression, notée ε'_{n+1} et définie par

$$\varepsilon'_{n+1}=\frac{u(t_{n+1})-u(t_n)}{h_n}-F\big(t_n,u(t_n),h_n\big)\tag{4.19}$$

Remarques.

1. Cette définition est purement théorique car les valeurs ε_{n+1} dépendent des valeurs $u(t_{n+1})$ qui sont inconnues. Cela dit, elle conduira à l'importante notion de *précision* qui est une mesure de la qualité des schémas.
2. Les valeurs ε_{n+1} et ε'_{n+1} sont liées par la formule $\varepsilon_{n+1}=h_n\varepsilon'_{n+1}$.
3. Il existe une erreur de consistance ε_{n+1} en chaque nœud de calcul t_n et on peut donc construire le vecteur erreur de consistance $\varepsilon=(\varepsilon_1,\cdots,\varepsilon_N)$. On utilisera alors souvent la norme « infini » discrète, notée $||\cdot||_\infty$ et définie par $||\varepsilon||_\infty=\max\limits_{i\in\{1,\cdots,N\}}|\varepsilon_i|$.
   L'intérêt de cette norme est de fournir l'erreur maximale (en valeur absolue).
   Remarquons pour terminer que sur $\mathbb{R}^N$, qui est de dimension finie, toutes les normes sont équivalentes et qu'il serait donc possible d'en utiliser une autre, comme la norme $||\cdot||_2$ par exemple qui est définie par $||\varepsilon||_2=\sqrt{\sum\limits_{i=1}^{N}|\varepsilon_i|^2}$.

5.4 Précision ou ordre d'un schéma

Ainsi, puisque l'erreur de consistance ε mesure le « défaut de cohérence » entre l'équation différentielle $u'(t) = f(t, u(t))$ et la formule d'approximation $u_{n+1} = u_n + hf(t_n, u_n)$ il convient de se poser deux questions :

1. Que devient l'erreur ε_{n+1} (ou ε'_{n+1}) lorsque le pas h diminue jusqu'à tendre vers 0 ou, de manière équivalente, lorsque le nombre de nœuds de calcul augmente jusqu'à tendre vers l'infini ?
2. Peut-on obtenir un ordre de grandeur de cette erreur ?

C'est la notion de *précision* (ou d'*ordre*) qui permet de formuler des réponses.

5.4.1 Définition

Définissons maintenant la notion de *précision* ou d'*ordre* d'un schéma numérique.

Définition 32.

1. On dit que le schéma numérique défini par la relation (4.16) est *précis* à l'ordre p (ou qu'il est d'*ordre* p) lorsqu'il existe un entier $p \in \mathbb{N}$ tel que
$$||\varepsilon||_\infty = O(h^{p+1}) \tag{4.20}$$
où $h = \max_{n\in\{1,\cdots,N\}} h_n$ et ε est le vecteur dont les composantes sont définies par (4.18).
2. On dit que le schéma numérique défini par la relation (4.17) est *précis* à l'ordre p (ou qu'il est d'*ordre* p) lorsqu'il existe un entier $p \in \mathbb{N}^*$ tel que
$$||\varepsilon'||_\infty = O(h^p) \tag{4.21}$$
où $h = \max_{n\in\{1,\cdots,N\}} h_n$ et ε' est le vecteur dont les composantes sont définies par (4.19).

5.4.2 Ordre du schéma d'Euler

Voyons ce qui se passe sur le schéma d'Euler à pas constant (4.11) donné à la page 105.

Commençons par évaluer l'erreur de consistance ε'_{n+1} au temps t_n.
Par définition, on a
$$\varepsilon'_{n+1} = \frac{u(t_{n+1}) - u(t_n)}{h} - f(t_n, u(t_n))$$
or, $t_{n+1} = t_n + h$, ce qui justifie l'utilisation d'un développement de Taylor de u à l'ordre 2 pour le terme $u(t_{n+1}) = u(t_n + h)$. Il existe donc $\theta_n \in]t_n, t_n + h[$ tel que
$$u(t_n + h) = u(t_n) + hu'(t_n) + \frac{h^2}{2}u''(\theta_n)$$

On obtient donc

$$\varepsilon'_{n+1} = \frac{u(t_n) + hu'(t_n) + \dfrac{h^2}{2}u''(\theta_n) - u(t_n)}{h} - f\big(t_n, u(t_n)\big)$$

soit encore, en se souvenant que $u'(t_n) = f\big(t_n, u(t_n)\big)$

$$\varepsilon'_{n+1} = \frac{h}{2}u''(\theta_n)$$

Si maintenant on suppose u assez régulière, c'est à dire ici au moins de classe $\mathscr{C}^2$ sur $[0, T]$, on peut majorer $u''(\theta_n)$ par $K = \sup_{[0,T]} |u''|$ et obtenir la majoration de $|\varepsilon'_{n+1}|$

$$|\varepsilon'_{n+1}| \leq Kh$$

qui fournit, en chaque nœud de calcul, un ordre de grandeur de l'erreur de consistance. Ensuite, on obtient la majoration uniforme de $||\varepsilon'||_\infty = \max_{n\in\{0,\cdots,N-1\}} |\varepsilon'_{n+1}|$ sous la forme $||\varepsilon'||_\infty \leq Kh$ ou encore $||\varepsilon'||_\infty = O\big(h\big)$ et on dira que le schéma numérique est d'ordre 1 ou qu'il est précis à l'ordre 1.

Remarquons aussi que si l'on travaille avec le schéma sous la forme (4.12) donné à la page 106, on est conduit à évaluer cette fois-ci la quantité ε_{n+1} en calculant

$$\varepsilon_{n+1} = u(t_{n+1}) - u(t_n) - hf\big(t_n, u(t_n)\big)$$

c'est à dire, après calculs et avec les mêmes notations que précédemment

$$\varepsilon_{n+1} = \frac{h^2}{2}u''(\theta_n)$$

ce qui conduit cette fois-ci à $||\varepsilon||_\infty \leq Kh^2$ ou encore $||\varepsilon||_\infty = O\big(h^2\big)$.
Dans ce cas, on continuera à dire que le schéma numérique est d'ordre 1 ou qu'il est précis à l'ordre 1 en écrivant que $O\big(h^2\big) = O\big(h^{1+1}\big)$, la nuance provenant du fait que ε_{n+1} et ε'_{n+1} sont liés par la formule $\varepsilon'_{n+1} = \dfrac{\varepsilon_{n+1}}{h}$.

5.4.3 Ordre du schéma du point milieu

Déterminons l'ordre du schéma numérique du point milieu défini par (4.9)

$$\begin{cases} 0 \leq n \leq N-1, & \dfrac{u_{n+1} - u_n}{h} = f\left(t_n + \dfrac{h}{2}, u_n + \dfrac{h}{2}f(t_n, u_n)\right) \\ u_0 = \alpha \end{cases}$$

Posons par commodité $p_n = f(t_n, u_n)$. L'erreur de consistance ε'_{n+1} au temps t_n est donnée, en remplaçant $u(t_{n+1})$ par $u(t_n + h)$, par

$$\varepsilon'_{n+1} = \frac{u(t_n + h) - u(t_n)}{h} - f\left(t_n + \frac{h}{2}, u(t_n) + \frac{h}{2}f\big(t_n, u(t_n)\big)\right)$$

Utilisons un développement de Taylor à l'ordre 3 de $u(t_{n+1}) = u(t_n + h)$:

$$u(t_n + h) = u(t_n) + hu'(t_n) + \frac{h^2}{2}u''(t_n) + \frac{h^3}{6}u'''(t_n) + O(h^4)$$

ce qui conduit à la première relation

$$\frac{u(t_n + h) - u(t_n)}{h} = u'(t_n) + \frac{h}{2}u''(t_n) + \frac{h^2}{6}u'''(t_n) + O(h^3)$$

Ensuite, on écrit aussi un développement de Taylor pour la fonction de deux variables $f\left(t_n + \frac{h}{2}, u_n + \frac{h}{2}p_n\right) = f\left((t_n, u_n) + \frac{h}{2}(1, p_n)\right)$, ce qui donne

$$f\left(t_n + \frac{h}{2}, u_n + \frac{h}{2}p_n\right) = f(t_n, u_n) + \frac{h}{2}\Big(\frac{\partial f}{\partial x}(t_n, u_n) + p_n\frac{\partial f}{\partial y}(t_n, u_n)\Big) + \frac{h^2}{8}H_n + O(h^3)$$

en notant H_n le produit $H_n = (1, p_n)\, H\big(t_n, u(t_n)\big)\begin{pmatrix}1\\ p_n\end{pmatrix}$ où $H\big(t_n, u(t_n)\big)$ désigne la matrice hessienne de f au point $\big(t_n, u(t_n)\big)$. Cette formule est obtenue par la formule Taylor, pour f au moins de classe $\mathscr{C}^2$

$$f(x+h, y+k) = f(x, y) + \overrightarrow{\nabla} f(x, y)\cdot\begin{pmatrix}h\\ k\end{pmatrix} + \frac{1}{2}(h, k)H(x, y)\begin{pmatrix}h\\ k\end{pmatrix} + O\big(||(h,k)||^2\big)$$

où H désigne la matrice hessienne de f.
En injectant ces deux égalités dans l'expression de ε'_{n+1}, on obtient

$$\begin{aligned}\varepsilon'_{n+1} = {} & u'(t_n) + \frac{h}{2}u''(t_n) + \frac{h^2}{6}u'''(t_n) + O(h^3)\\ & -f(t_n, u_n) - \frac{h}{2}\Big(\frac{\partial f}{\partial x}(t_n, u_n) + p_n\frac{\partial f}{\partial y}(t_n, u_n)\Big) + \frac{h^2}{8}H_n + O(h^3)\end{aligned}$$

Ensuite, en vertu de la relation $u'(t) = f(t, u(t))$, le calcul de la dérivée seconde $u''(t)$ donne

$$u''(t) = \frac{\mathrm{d}}{\mathrm{d}t}f(t, u(t)) = \frac{\partial f}{\partial x}\big(t, u(t)\big) + u'(t)\frac{\partial f}{\partial y}\big(t, u(t)\big)$$

ou encore

$$u''(t_n) = \frac{\partial f}{\partial x}(t_n, u_n) + p_n\frac{\partial f}{\partial y}(t_n, u_n)$$

Finalement l'expression de ε'_{n+1} se simplifie en

$$\varepsilon'_{n+1} = h^2\Big(\frac{1}{6}u'''(t_n) - \frac{1}{8}H_n\Big) + O(h^3)$$

Autrement dit, on obtient la forme de (4.21)

$$||\varepsilon'||_\infty = O(h^2)$$

ce qui montre que le schéma est bien d'ordre 2.

Là encore, si l'on avait travaillé avec ε_{n+1} au lieu de ε'_{n+1}, on aurait obtenu $||\varepsilon'||_\infty = O(h^3)$ que l'on aurait écrit, en vertu de (4.20), sous la forme $||\varepsilon'||_\infty = O(h^{2+1})$ pour aboutir à la même conclusion.

5.5 Consistance

Définissons maintenant la notion de *consistance* en commençant par rappeler que les schémas construits sont associés au problème de Cauchy (4.1) rappelé ci-dessous où (E) désigne l'équation différentielle et (CI) la condition initiale :

$$\begin{cases} (E) & \forall t \in]0,T], \quad u'(t) = f\big(t, u(t)\big) \\ (CI) & u(0) = \alpha \end{cases}$$

Définition 33.

1. On dit que le schéma numérique défini par (4.6) est *consistant* avec l'équation différentielle (E) lorsque la somme des erreurs de consistance $\sum_{n=0}^{N-1} |\varepsilon_{n+1}|$ tend vers 0 lorsque le pas h tend vers 0, c'est à dire lorsque

$$\lim_{h\to 0} \sum_{n=0}^{N-1} |\varepsilon_{n+1}| = 0$$

2. On dit que le schéma numérique défini par (4.7) est *consistant* avec l'équation différentielle (E) lorsque la somme des erreurs de consistance $h\sum_{n=0}^{N-1} |\varepsilon'_{n+1}|$ tend vers 0 lorsque le pas h tend vers 0, c'est à dire lorsque

$$\lim_{h\to 0} \left(h \sum_{n=0}^{N-1} |\varepsilon'_{n+1}| \right) = 0$$

5.6 Une condition suffisante de consistance

Proposition 27. On considère un schéma numérique explicite à un pas défini par (4.16) et on suppose que

$$\forall (t,x) \in [0,T] \times \mathbb{R}, \quad F(t,x,0) = f(t,x)$$

Alors le schéma est consistant avec l'équation différentielle (E) de (4.1).

Démonstration.
Considérons donc un schéma numérique de la forme

$$u_{n+1} = u_n + h_n F(t_n, u_n, h_n)$$

et évaluons l'erreur de consistance ε_{n+1} obtenue en remplaçant, dans la formule précédente, u_n et u_{n+1} par les valeurs exactes respectives $u(t_n)$ et $u(t_{n+1})$:

$$\varepsilon_{n+1} = u(t_{n+1}) - u(t_n) - h_n F\big(t_n, u(t_n), h_n\big)$$

Appliquons le théorème des accroissements finis à u sur l'intervalle $[t_n, t_{n+1}]$ pour justifier l'existence d'un réel $\theta_n \in]t_n, t_{n+1}[$ tel que

$$u(t_{n+1}) - u(t_n) = h_n u'(\theta_n) = h_n f\big(\theta_n, u(\theta_n)\big)$$

la dernière égalité $h_n u'(\theta_n) = h_n f\big(\theta_n, u(\theta_n)\big)$ provenant du fait que u est solution de l'équation différentielle $u'(t) = f\big(t, u(t)\big)$. On peut donc écrire ε_{n+1} sous la forme

$$\varepsilon_{n+1} = h_n\Big(f\big(\theta_n, u(\theta_n)\big) - F\big(t_n, u(t_n), h_n\big)\Big)$$

A ce stade, faisons intervenir le terme $F\big(\theta_n, u(\theta_n), 0\big)$ en écrivant

$$\varepsilon_{n+1} = h_n\Big[f\big(\theta_n, u(\theta_n)\big) - F\big(\theta_n, u(\theta_n), 0\big) - F\big(t_n, u(t_n), h_n\big) + F\big(\theta_n, u(\theta_n), 0\big)\Big]$$

Posons alors

$$\begin{cases} A_n = f\big(\theta_n, u(\theta_n)\big) - F\big(\theta_n, u(\theta_n), 0\big) \\ B_n = -F\big(t_n, u(t_n), h_n\big) + F\big(\theta_n, u(\theta_n), 0\big) \end{cases}$$

de sorte à écrire

$$\varepsilon_{n+1} = h_n A_n + h_n B_n$$

Sachant que l'on s'intéresse à la consistance, cherchons donc à montrer que

$$\lim_{h \to 0} \sum_{k=0}^{N-1} |\varepsilon_{n+1}| = 0$$

c'est pourquoi on s'intéresse à la somme $\sum_{k=0}^{N-1} h_n |A_n|$ dont on aura besoin par la suite. En posant, $G(t,x) = f(t,x) - F(t,x,0)$, on constate que

$$\sum_{k=0}^{N-1} h_n |A_n| = \sum_{k=0}^{N-1} h_n \Big|G\big(\theta_n, u(\theta_n)\big)\Big|$$

n'est rien d'autre qu'une somme de Riemann (Bernhard Riemann, 1826-1866, mathématicien allemand) associée à l'intégrale $\int_0^T \Big|G\big(s, u(s)\big)\Big| \mathrm{d}s$. Par conséquent, on sait que

$$\lim_{h \to 0} \sum_{k=0}^{N-1} h_n |A_n| = \int_0^T \Big|G\big(s, u(s)\big)\Big| \mathrm{d}s$$

où $h = \max_n |h_n|$ et on en déduit donc l'implication

$$f(t,x) = F(t,x,0) \Longrightarrow G(t,x) = 0 \Longrightarrow \lim_{h \to 0} \sum_{k=0}^{N-1} h_n |A_n| = 0 \quad (\star)$$

Concentrons nous maintenant sur la somme $\sum_{k=0}^{N-1} h_n |B_n|$ en se souvenant que

$$B_n = -F\big(t_n, u(t_n), h_n\big) + F\big(\theta_n, u(\theta_n), 0\big)$$

Posons alors $\Phi(t,h) = F\big(t,u(t),h\big)$ et remarquons qu'avec ces notations on obtient B_n sous la forme $B_n = \Phi(t_n,h_n) - \Phi(t_n,0)$. Utilisons alors le fait que la fonction F est supposée continue sur un domaine de la forme $[0,T] \times I_1 \times [0,1]$ et qu'en conséquence la fonction Φ est alors continue sur le compact $[0,T] \times [0,1]$ sur lequel elle est uniformément continue (c'est le théorème de Heine (Eduard Heine, 1821-1881, mathématicien allemand)). Ainsi, si l'on se fixe $\alpha > 0$ arbitrairement petit, il existe $\beta > 0$ tel que

$$\forall\alpha > 0, \quad \exists\beta > 0, \quad 0 \leq h < \beta \Longrightarrow |B_n| = \big|\Phi(t_n,h_n) - \Phi(t_n,0)\big| < \alpha$$

Ainsi, pour en revenir à la somme $\sum\limits_{k=0}^{N-1} h_n|B_n|$, dans les conditions précédentes, on obtient

$$\sum_{k=0}^{N-1} h_n|B_n| < \alpha \sum_{k=0}^{N-1} h_n \Longrightarrow \sum_{k=0}^{N-1} h_n|B_n| < T\alpha$$

Par conséquent, α étant arbitrairement petit, cela démontre que

$$\lim_{h\to 0} \sum_{k=0}^{N-1} h_n|B_n| = 0 \quad (\star\star)$$

Pour terminer, il reste à remarquer que

$$0 \leq \sum_{k=0}^{N-1} |\varepsilon_{n+1}| \leq \sum_{k=0}^{N-1} h_n|A_n| + \sum_{k=0}^{N-1} h_n|B_n|$$

donc, si l'on suppose que $f(t,x) = F(t,x,0)$, d'après $(\star)$ et $(\star\star)$, on en déduit que

$$\lim_{h\to 0} \sum_{k=0}^{N-1} |\varepsilon_{n+1}| = 0$$

et que le schéma numérique est bien stable. □

5.6.1 Consistance des schémas d'Euler et du point milieu

Comme cela a déjà été remarqué à la section 5.2.2 page 109, les deux schémas d'Euler et du point milieu vérifient les hypothèses de la proposition 27 et sont donc consistants.

Cela dit, à titre d'exemple, une démonstration directe de la consistance est proposée ci-dessous en utilisant la définition de celle-ci.

1. Commençons par le schéma d'Euler explicite à pas constant $h = \dfrac{T}{N}$.
   Dans la section 5.4, on a démontré que pour le schéma d'Euler explicite, on obtenait $|\varepsilon_{n+1}| \leq Kh^2$ ou $|\varepsilon'_{n+1}| \leq Kh$. On peut alors écrire, sachant que $Nh = T$

$$0 \leq \sum_{n=0}^{N-1} |\varepsilon_{n+1}| \leq K \sum_{n=0}^{N-1} h^2 \leq KTh$$

   ce qui démontre bien que (K ne dépend pas de h)

$$\lim_{h\to 0} \sum_{n=0}^{N-1} |\varepsilon_{n+1}| = 0$$

et que le schéma numérique d'Euler est consistant avec l'équation différentielle (E) de (4.1).
De même, on obtient

$$0 \leq \left(h \sum_{n=0}^{N-1} |\varepsilon'_{n+1}| \right) \leq Kh \sum_{n=0}^{N-1} h \leq KTh$$

pour aboutir à la même conclusion.

2. Voyons maintenant le schéma du point milieu à pas constant $h = \dfrac{T}{N}$.
D'après la section 5.4.3, on sait que l'ordre du schéma est 2 parce que

$$\varepsilon'_{n+1} = h^2 \Big(\frac{1}{6} u'''(t_n) - \frac{1}{8} H_n \Big) + O\big(h^3\big)$$

À ce stade, nous admettrons qu'il existe une constante $K > 0$ qui ne dépend que de la fonction f, et non de h, telle que

$$|\varepsilon'_{n+1}| \leq Kh^2$$

ou bien, de manière équivalente $|\varepsilon_{n+1}| \leq Kh^3$. Dans ces conditions, il est clair que le schéma du point milieu à pas constant est consistant avec l'équation différentielle (E) de (4.1) puisque

$$\lim_{h \to 0} \sum_{n=0}^{N-1} |\varepsilon_{n+1}| = 0$$

5.7 Stabilité

5.7.1 Définition

La seconde notion fondamentale associée à un schéma numérique est celle de *stabilité*. Cette notion permet de mesurer la « robustesse » ou la « résistance » du schéma numérique face aux perturbations liées aux erreurs commises sur chaque valeur u_n qui peuvent avoir deux origines :

1. Il y a les erreurs d'arrondis, commises par la machine qui effectue le calcul en ne conservant qu'un certain nombre de chiffres significatifs,
2. Il y a ensuite les erreurs que l'on peut qualifier d'expérimentales. Par exemple, pour la condition initiale $u(t_0) = u_0$, il est fort possible que la valeur u_0 ait été obtenue par une expérience qui conduit déjà, pour la première valeur, à une source d'erreur.

Aussi, on attend des schémas construits qu'ils « résistent » bien à ces erreurs, ce que l'on peut exprimer sous la forme suivante. On dira que le schéma est stable lorsque une « petite » erreur (ou perturbation) sur la condition initiale u_0 et de « petites » erreurs d'arrondis (ou perturbations) à chaque pas de calcul, ne provoquent qu'une « petite » perturbation de la solution calculée et, en tout état de cause, ne provoquent qu'une erreur qui reste contrôlable et bornée.

Nous verrons aussi, avec un schéma explicite à deux pas, un exemple de schéma instable. La définition mathématique retenue pour ce concept est la suivante

Définition 34. Considérons un schéma numérique à un pas de la forme (4.16) qui conduit à une solution approchée $u = (u_0, \cdots, u_N)$. Considérons aussi sa version « perturbée » où α_{n+1} désigne un terme d'erreur

$$v_{n+1} = v_n + h_n F(t_n, v_n, h_n) + \alpha_{n+1}$$

qui conduit à une solution approchée $v = (v_0, \cdots, v_N)$.
Le schéma numérique est dit *stable* lorsqu'il existe une constante $K > 0$ (appelée *constante de stabilité*) telle que

$$||v - u||_\infty \leq K\Big(|v_0 - u_0| + \sum_{n=0}^{N-1} |\alpha_{n+1}|\Big) \tag{4.22}$$

5.7.2 Une condition suffisante de stabilité

Proposition 28. On considère un schéma numérique explicite à un pas défini par (4.16) et on suppose que F vérifie la propriété suivante :

$$\left\{\begin{array}{l} \text{Il existe une constante } C \geq 0 \text{ telle que} \\ \forall t \in [t_0, t_0 + T],\ \forall (u_1, u_2) \in \mathbb{R} \times \mathbb{R},\ \forall h \in \mathbb{R},\ |F(t, u_2, h) - F(t, u_1, h)| \leq C|u_2 - u_1| \end{array}\right. \tag{4.23}$$

alors le schéma numérique est stable.

Remarque. Lorsque la fonction F vérifie la propriété (4.23), on dit qu'elle est lipschitzienne (de Lipschitz) par rapport à sa deuxième variable.

Démonstration.
La clé de la démonstration est un résultat dû à Gronwall (Thomas Hakon Gronwall, 1877-1932, mathématicien suédois) qui sera utilisé un peu plus loin sans démonstration (elle se fait par récurrence et ne présente aucune difficulté).
Considérons donc les deux schémas de la définition 34 :

$$\left\{\begin{array}{l} u_{n+1} = u_n + h_n F(t_n, u_n, h_n) \\ v_{n+1} = v_n + h_n F(t_n, v_n, h_n) + \alpha_{n+1} \end{array}\right.$$

Posons maintenant $w_n = v_n - u_n$ et observons que, par soustraction des deux égalités précédentes, on obtient

$$w_{n+1} = w_n + h_n\big(F(t_n, v_n, h_n) - F(t_n, u_n, h_n)\big) + \alpha_{n+1}$$

Utilisons maintenant l'hypothèse « F vérifie la propriété (4.23) » pour écrire la majoration :

$$|w_{n+1}| \leq |w_n| + h_n C|w_n| + |\alpha_{n+1}| \leq (1 + Ch_n)|w_n| + |\alpha_{n+1}|$$

À ce stade, utilisons le résultat de Gronwall qui permet de dire que les termes w_n vérifient l'inégalité

$$|w_n| \leq \mathrm{e}^{Ct_n}|w_0| + \sum_{i=0}^{N-1} \mathrm{e}^{C(t_n - t_{i+1})}|\alpha_{i+1}|$$

Il ne reste plus qu'à remarquer que $t_n \leq T$ et, de même, dans la somme, qu'on peut faire les majorations $(t_n - t_{i+1}) \leq T$, pour écrire, en posant $e^{CT} = K$ et en factorisant

$$|w_n| \leq K\left(|w_0| + \sum_{i=0}^{N-1} |\alpha_{i+1}|\right)$$

c'est-à-dire

$$||v - u||_\infty \leq K\left(|v_0 - u_0| + \sum_{i=0}^{N-1} |\alpha_{i+1}|\right)$$

ce qui termine la démonstration. □

5.8 Convergence

5.8.1 Erreur globale

La notion de *convergence* traduit le fait que les valeurs approchées u_n fournies par le schéma numérique sont « proches » des valeurs « exactes » $u(t_n)$ attendues et cela d'autant plus que le pas h devient de plus en plus petit. Cela fait donc référence à l'erreur

$$e_n = u_n - u(t_n)$$

commise en chaque nœud de calcul et, pour s'assurer que ces erreurs deviennent « petites », on évalue l'erreur maximum, c'est-à-dire la norme « infini » du vecteur $e = (e_0, e_1, \cdots, e_N)$, définie par

$$||e||_\infty = \max_{n\in\{0,\cdots,N\}} |e_n| = \max_{n\in\{0,\cdots,N\}} |u_n - u(t_n)|$$

Imposer que cette norme tende vers zéro lorsque le pas tend lui-même vers 0 assure la convergence de la solution approchée (discrète) vers les valeurs exactes de la solution en chaque nœud de calcul.

Définition 35. On appelle *erreur globale* du schéma numérique la valeur

$$||e||_\infty = \max_{n\in\{0,\cdots,N\}} |u_n - u(t_n)| \tag{4.24}$$

5.8.2 Convergence

Définition 36. On suppose que $u_0 = u(t_0)$. Avec les notations précédentes, on dit que le schéma numérique est *convergent* lorsque l'erreur globale tend vers zéro quand le pas h tend vers 0, c'est à dire

$$\lim_{h\to 0} ||e||_\infty = 0$$

5.9 Lien entre consistance, stabilité et convergence

Dans le cas des schémas numériques explicites à un pas, on dispose du théorème suivant qui relie ces trois notions.

Théorème 29. Un schéma numérique explicite à un pas défini par (4.16) qui est à la fois consistant et stable est nécessairement convergent.

Remarque. La consistance et la stabilité sont des conditions nécessaires à la convergence. Le résultat précédent est donc une équivalence.

Démonstration.
La démonstration est très simple. Supposons que $u(t_0) = u_0$. On dispose d'un schéma numérique à un pas de la forme (4.16) ou (4.17) et on cherche à démontrer qu'il est convergent sous les deux hypothèses de stabilité et de consistance.
Commençons par écrire les deux expressions suivantes, la seconde étant celle que l'on a rencontrée au moment de la définition de l'erreur de consistance :

$$\begin{cases} u_{n+1} = u_n + h_n F(t_n, u_n, h_n) \\ u(t_{n+1}) = u(t_n) + h_n F\big(t_n, u(t_n), h_n\big) + \varepsilon_{n+1} \end{cases}$$

Posons $v_n = u(t_n)$. Le système précédent prend alors la forme

$$\begin{cases} u_{n+1} = u_n + h_n F(t_n, u_n, h_n) \\ v_{n+1} = v_n + h_n F(t_n, v_n, h_n) + \varepsilon_{n+1} \end{cases}$$

et l'on retrouve que la suite (v_n) est celle produite par le schéma « perturbé » dans la définition 34 de la stabilité. Or, comme on a supposé le schéma stable, il existe une constante $K > 0$ telle que l'on ait la formule (4.22)

$$||v - u||_\infty \leq K\Big(|v_0 - u_0| + \sum_{n=0}^{N-1} |\varepsilon_{n+1}|\Big)$$

Mais on a aussi supposé que $v_0 = u(t_0) = u_0$ donc

$$||v - u||_\infty \leq K \sum_{n=0}^{N-1} |\varepsilon_{n+1}|$$

Maintenant, par définition de l'erreur globale (voir définition 35) et la formule (4.24), on a

$$||v - u||_\infty = \max_{n\in\{0,\cdots,N\}} |u(t_n) - u_n| = ||e||_\infty$$

Donc, en utilisant l'hypothèse de consistance, d'après la définition 33, on peut écrire que

$$\lim_{h\to 0} \sum_{n=0}^{N-1} |\varepsilon_{n+1}| = 0$$

ce qui montre que

$$\lim_{h\to 0} ||e||_\infty = 0$$

c'est à dire précisément la définition de la convergence (voir définition 36). □

6 Application : un problème d'éolienne face au vent

6.1 Rappel du problème

Reprenons ici le problème de l'éolienne exposé dans le chapitre 1 page 8.
L'objectif est ici de mettre en œuvre plusieurs schémas aux différences finies pour approcher la solution de ce problème.
Rappelons que la modélisation nous a conduit à établir que la vitesse de rotation de l'éolienne est solution du problème de Cauchy (1.9)

$$\begin{cases} \forall t \in]0,T], \quad u'(t) = f\big(t, u(t)\big) = 0{,}055 - 0{,}04u(t) - 0{,}0032u^2(t) \\ u(0) = 0 \end{cases}$$

Rappelons aussi que l'expression (1.8) de la solution analytique a déjà été déterminée sous la forme

$$u : t \mapsto u(t) = \frac{55\left(e^{0{,}048t} - 1\right)}{4\left(11e^{0{,}048t} + 1\right)}$$

Remarque. Le choix de travailler avec un problème dont on connaît la solution donnera l'opportunité de calculer l'erreur commise entre les valeurs exactes fournies par la solution et les valeurs approchées fournies par les schémas. D'une manière générale, il faut savoir que la construction de schémas numériques commence souvent par la résolution d'un problème dont on connaît la solution de manière à avoir une idée du comportement du schéma et cela avant de s'attaquer à des problèmes dont on ignore tout de la solution.

6.2 Schémas numériques

Bien que la fonction $a : t \mapsto a(t)$ soit ici une constante, nous écrirons les formules sans en tenir compte de manière à laisser la possibilité de traiter le cas plus général où elle ne l'est plus. D'autre part, nous utiliserons un pas constant $h > 0$ et $N+1 \in \mathbb{N}^*$ nœuds de calculs de sorte que $Nh = T$.

1. Le schéma numérique d'Euler s'écrit, en posant $a_n = a(t_n)$:

$$\begin{cases} u_0 = 0 \\ 0 \le n \le N-1, \quad u_{n+1} = u_n + hf(t_n, u_n) = u_n + h\big(a_n + bu_n + cu_n^2\big) \end{cases} \tag{4.25}$$

2. Le schéma implicite à un pas est donné par

$$\begin{cases} u_0 = 0 \\ 0 \le n \le N-1, \quad u_{n+1} = u_n + hf(t_n, u_{n+1}) = u_n + h\big(a_{n+1} + bu_{n+1} + cu_{n+1}^2\big) \end{cases} \tag{4.26}$$

3. Le schéma numérique explicite à deux pas est donné par

$$\begin{cases} u_0 = 0 \\ u_1 \text{ évalué par un autre schéma numérique} \\ 1 \le n \le N-1, \quad u_{n+1} = u_{n-1} + 2hf(t_n, u_n) = u_{n-1} + 2h\big(a_n + bu_n + cu_n^2\big) \end{cases} \tag{4.27}$$

4. Le schéma numérique du point milieu

$$\begin{cases} u_0 = 0 \\ 0 \le n \le N-1, \quad u_{n+1} = u_n + hf\left(t_n + \frac{h}{2}, u_n + \frac{h}{2}f(t_n, u_n)\right) \end{cases} \tag{4.28}$$

6.3 Algorithmes

Un algorithme pour chaque schéma est proposé dans le langage du logiciel *Scilab*.

1. Le schéma explicite d'Euler :

```
0001 //problème de l'éolienne (Schéma Euler)
0002 T=100;  //durée
0003 N=30;  //nombre de points moins un
0004 h=T/N;  //pas de temps
0005 t0=0;u0=0;  //Condition initiale
0006 t=linspace(t0,T,N+1);  //grille de temps
0007 //fonction f de u'=f(t,u)
0008 function uprime=f(t, u)
0009     uprime=0.055-0.04.*u-0.0032.*u.^2;
0010 endfunction
0011 //solution approchée
0012 u=ones(1,N+1); u(1)=u0;
0013 for i=1:N
0014     u(i+1)=u(i) +h*f(t(i), u(i));
0015 end;
0016 //solution exacte (écrite à l'extérieure)
0017 z=uex(T);
0018 //graphique
0019 clf(); plot(t,60/(2*%pi)*u,'k.-',t,60/(2*%pi)*z,'k--*');
0020 legend(['Approchée','Exacte'],4)
```

2. Le schéma implicite, au contraire du schéma explicite, impose de résoudre une équation pour obtenir les valeurs u_n. Ici, exceptionnellement, la résolution de cette équation se fait de manière analytique. En effet, il faut extraire u_{n+1} en fonction de u_n de l'équation

$$(\star) \quad u_{n+1} = u_n + h\big(a_{n+1} + bu_{n+1} + cu_{n+1}^2\big)$$

Or, c'est une équation du second degré car

$$(\star) \Longleftrightarrow hcu_{n+1}^2 + (hb-1)u_{n+1} + ha_{n+1} + u_n = 0$$

et il est clair que le discriminant $\Delta_n = (hb-1)^2 - 4hc(a_{n+1}+u_n)$ est strictement positif pour tout $n \in \{0, \cdots, N\}$ car $c < 0$, $a_{n+1} = a > 0$, $h > 0$ et $u_n \geq 0$, ce qui conduit à deux solutions dont la seule admissible est

$$u_{n+1} = \frac{(1-hb) - \sqrt{\Delta_n}}{2hc}$$

Il suffit alors de remplacer, dans l'algorithme précédent, la ligne 14 par celle qui est donnée ci-dessous :

```
0014   u(i+1)=(1-h*b(i+1)-sqrt( (1-h*b(i+1)).^2-
         4*h*c(i+1)*(h*a(i+1)+u(i))) )/(2*h*c(i+1) );
```

Dans le cas général, on peut avoir recours à la fonction `fsolve` de *Scilab* qui permet de résoudre une équation de la forme $f(x) = 0$ où f est une fonction donnée. Elle s'utilise en écrivant

```
sol=fsolve(x0,f)
```

où x_0 est une valeur qui sert de point de départ à l'algorithme pour la recherche d'une racine. Ainsi, si l'on a défini la fonction $f : x \mapsto 2 - e^{x^2}$, l'unique solution positive $x = \sqrt{\ln 2} \approx 0,832$ de l'équation $f(x) = 0$ est obtenue en écrivant la commande `sol=fsolve(1,f)` dans la console qui renvoie

```
-->sol=fsolve(2,f)
sol  =
    0.8325546
```

On peut alors modifier l'algorithme précédent à partir de la ligne 13 en écrivant

```
0013  for i=1:N
0014   function u=f(x)
0015      u=h*c(i+1)*x.*x+(h*b(i+1)-1)*x+h*a(i+1)+u(i);
0016   endfunction
0017   u(i+1)=fsolve(u(i),f)
0018  end;
0019  //solution exacte (écrite à l'extérieure)
0020  z=uex(T);
0021  //graphique
0022  clf(); plot(t,60/(2*%pi)*u,'k.-',t,60/(2*%pi)*z,'k--*');
0023  legend(['Approchée','Exacte'],4)
```

3. Le schéma numérique explicite à deux pas. Là encore, il suffit de modifier quelques lignes. La ligne 13 sert à calculer le terme u_1 par le schéma explicite d'Euler.

```
0013 u(2)=u(1)+h*f(t(1),u(1));
0014  for i=2:N
0015      u(i+1)=u(i-1) + 2*h*f(t(i), u(i));
0016  end;
0017  //solution exacte (écrite à l'extérieure)
0018  z=uex(T);
0019  //graphique
0020  clf(); plot(t,60/(2*%pi)*u,'k.-',t,60/(2*%pi)*z,'k--*');
0021  legend(['Approchée','Exacte'],4)
```

4. Le schéma du point milieu. À nouveau il suffit de simplement modifier la ligne 15 de l'algorithme écrit pour le schéma d'Euler.

```
0015   u(i+1)=u(i) +h*f(t(i)+h/2, u(i)+h/2*f(t(i),u(i)));
```

6.4 Simulations numériques dans le cas d'un vent constant

Cette section présente les résultats, sous forme de graphiques, des quatre schémas dans différentes situations obtenues en modifiant le nombre de nœuds de calcul ($N = 10$ puis

$N = 40$) pour une durée $T = 30$ ou pour une durée plus longue de $T = 100$.
Pour tous les graphiques montrant la solution approchée, les abscisses sont graduées en secondes et les ordonnées en $tr \cdot min^{-1}$. Pour les graphiques montrant l'erreur, les abscisses représentent le logarithme du nombre de nœuds de calcul $\ln(N)$ et les ordonnées le logarithme de l'erreur $\ln e(N)$.

6.4.1 Schéma d'Euler explicite

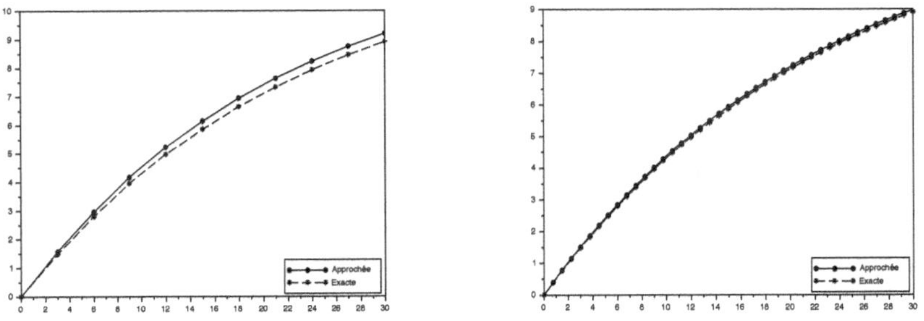

FIGURE 4.7 – Schéma explicite à $T = 30$ avec 10 puis 40 nœuds de calcul

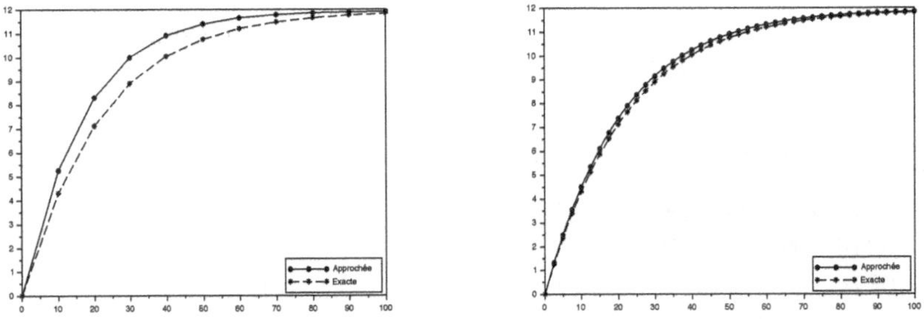

FIGURE 4.8 – Schéma explicite à $T = 100$ avec 10 puis 40 nœuds de calcul

La représentation de l'erreur en échelle logarithmique, visible dans la figure 4.9, suggère deux choses :

1. Lorsque le nombre N de nœuds de calcul augmente, l'erreur $e(N)$ décroît.
2. Un alignement quasi parfait des points avec une droite dont la pente est très proche de -1.

On peut exploiter ce résultat empirique pour avoir une idée du comportement asymptotique de l'erreur. En effet, la droite d'ajustement, qui apparaît sur le graphique, suggère qu'il existe deux réels α et β tels que, en notant $e(N)$ l'erreur et en supposant les points alignés

$$\ln e(N) = \alpha \ln N + \beta \iff e(N) = e^{\beta} N^{\alpha}$$

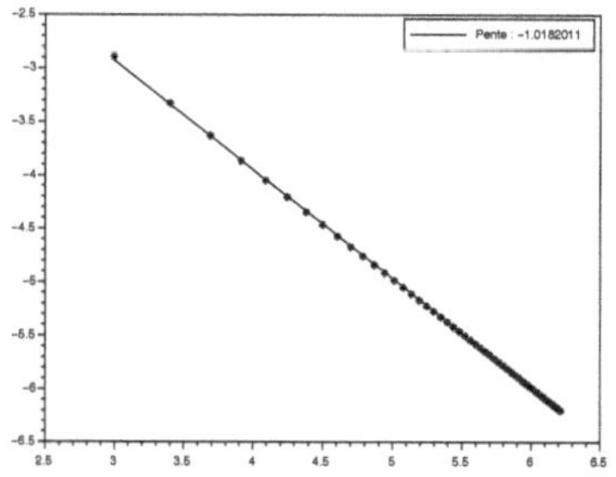

FIGURE 4.9 – Erreur en échelle logarithmique pour le schéma explicite

Donc, si $\alpha = -1$, on obtient $e(N) = \dfrac{e^{\beta}}{N} = O(h)$ en se souvenant que le pas de discrétisation h est inversement proportionnel au nombre de nœuds N. On retrouve donc empiriquement le résultat démontré théoriquement, à savoir que l'ordre de convergence du schéma numérique explicite d'Euler est 1.

6.4.2 Schéma implicite

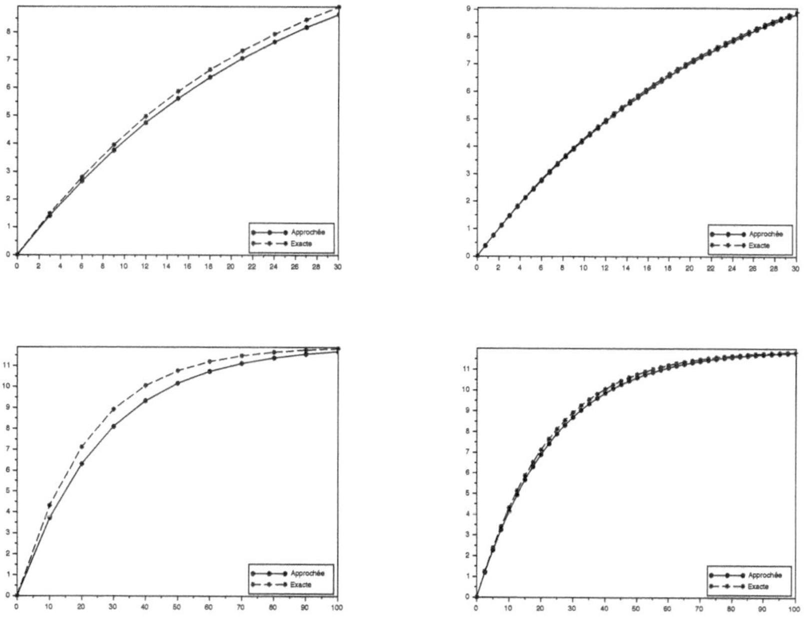

FIGURE 4.10 – Schéma implicite à $T = 30$ puis $T = 100$ avec 10 puis 40 nœuds de calcul

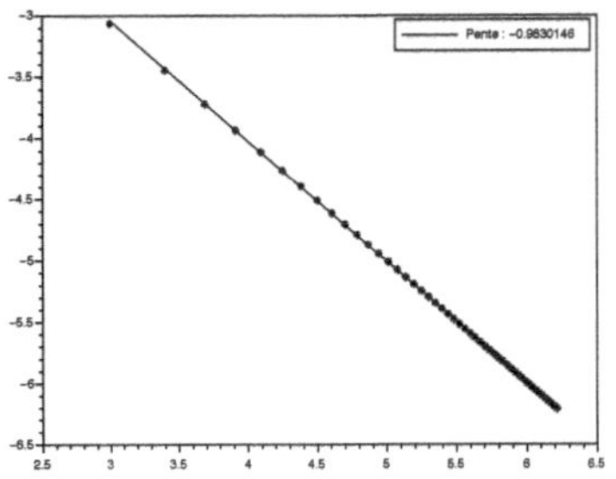

FIGURE 4.11 – Erreur en échelle logarithmique pour le schéma implicite

La figure 4.11 suggère à nouveau un ordre de convergence empirique de 1.

6.4.3 Schéma explicite centré (à deux pas)

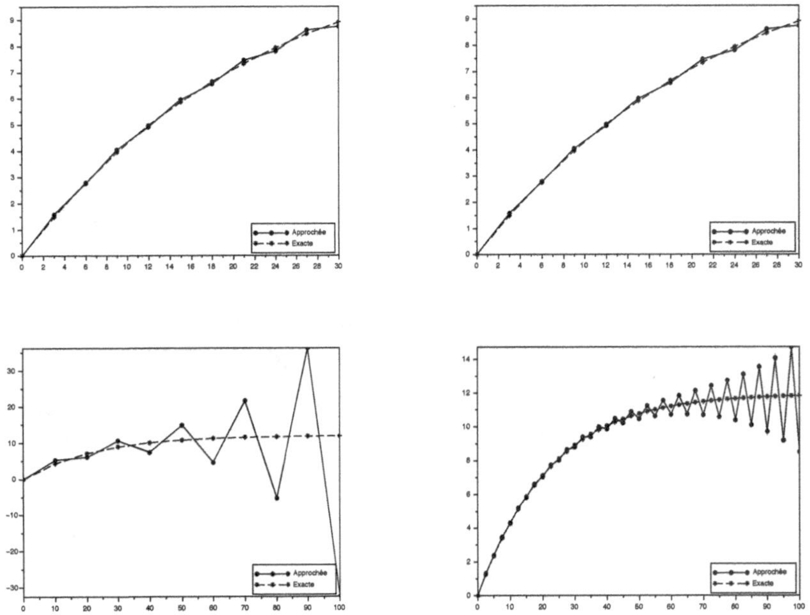

FIGURE 4.12 – Schéma explicite centré (à deux pas) : $T = 30$ puis $T = 100$ avec 10 puis 40 nœuds

Contrairement aux schémas précédents,la figure 4.12 suggère un comportement instable de la solution approchée qui s'amplifie lorsque la durée augmente et oblige à augmenter sensiblement le nombre de nœuds de calcul pour avoir une approximation satisfaisante. Le lecteur remarquera d'ailleurs que même en augmentant le nombre de nœuds, on arrive à atténuer l'amplitude des oscillations mais pas à les faire disparaître.

6.4.4 Schéma du point milieu

Comme le suggèrent la figure 4.13, le schéma du point milieu semble le plus performant. On voit bien qu'avec seulement 10 nœuds de calcul, la solution approchée est déjà excellente. D'ailleurs, la figure 4.14 montre un alignement presque parfait des points avec une droite de pente −2, ce qui suggère un ordre de convergence empirique de 2 et confirme la précision supérieure de ce schéma par rapport aux deux précédents.

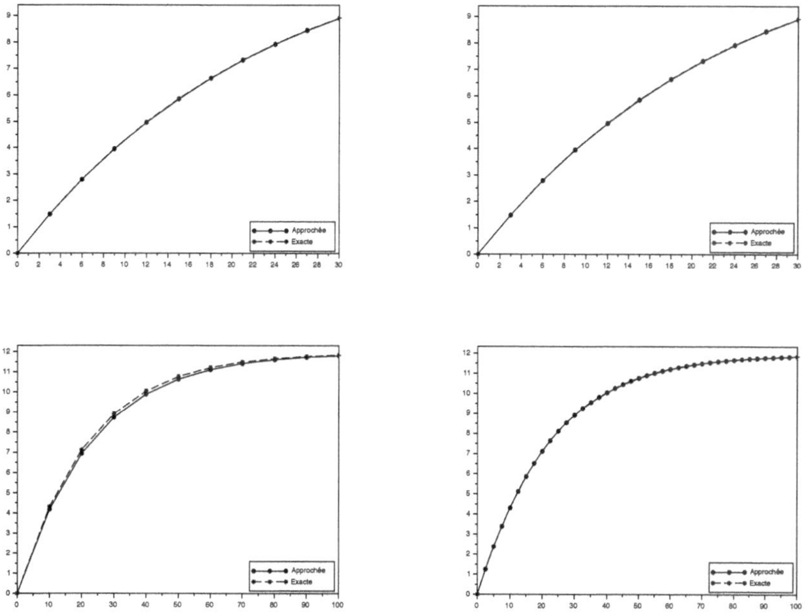

FIGURE 4.13 – Schéma explicite du point milieu à $T = 30$ puis $T = 100$ avec 10 puis 40 nœuds

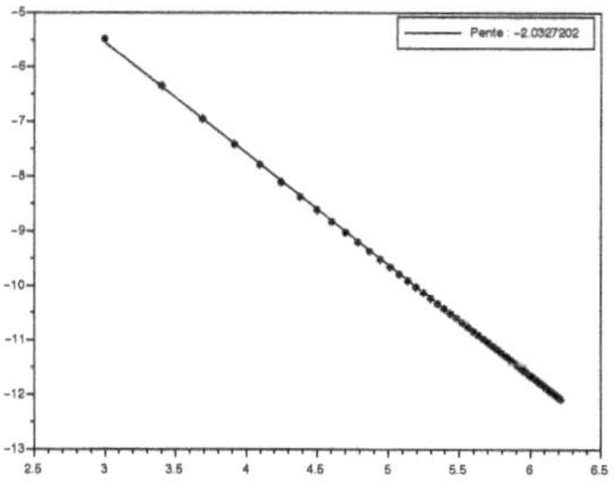

FIGURE 4.14 – Erreur en échelle logarithmique pour le schéma explicite du point milieu

6.5 Simulations numériques dans le cas d'une rafale de vent

Pour modéliser une rafale de vent, envisageons deux options :

1. La première modélise une rafale de vent d'une durée de 30 secondes. Le vent a une vitesse de 25 $m \cdot s^{-1}$ (soit 90 $km \cdot h^{-1}$) sauf dans l'intervalle de 30 à 60 secondes où la vitesse passe à 50 $m \cdot s^{-1}$ (soit 180 $km \cdot h^{-1}$). La fonction v est alors définie par une « porte »
$$a : t \mapsto a(t) = \begin{cases} 50 & \text{si} \quad t \in [30,60] \\ 25 & \text{si} \quad t \notin [30,60] \end{cases}$$

2. La seconde utilise une représentation de la rafale par une courbe gaussienne, sous la forme
$$a : t \mapsto a(t) = 25 + 25e^{-\frac{(t-40)^2}{50}}$$
pour une amplitude maximum de 50 $m \cdot s^{-1}$ (soit 180 $km \cdot h^{-1}$) à $t = 40$ et une atténuation assez rapide à une vitesse quasiment nulle pour $t \notin [20,60]$.

Les simulations numériques sont faites avec la méthode du point milieu. Pour ce qui concerne la programmation, il suffit de définir la fonction a dans l'algorithme du point milieu.

Les résultats sont fournis dans la figure 4.15 qui présente la réponse de l'éolienne dans les deux cas proposés (abscisses en secondes et ordonnées en $tr \cdot min^{-1}$). Dans chaque graphique, la courbe de la vitesse du vent a été artificiellement superposée à la courbe de la vitesse de rotation. Les unités sont donc adaptées à la vitesse de rotation de l'éolienne et on peut constater que la vitesse de rotation de l'éolienne ne dépasse jamais 25 $tr \cdot min^{-1}$ ce qui peut être intéressant en termes de sécurité.

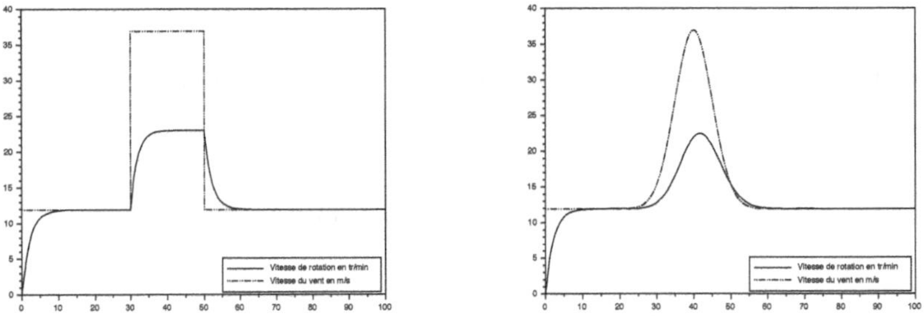

FIGURE 4.15 – Réponse de l'éolienne à une rafale modélisée par une « porte » à gauche et par une gaussienne à droite

Chapitre 5

Introduction à la méthode des différences finies pour quelques E.D.P.

1 Introduction

1.1 Objectifs

La méthode des différences finies pour les équations aux dérivées partielles est présentée sur les exemples des équations proposées dans le chapitre 2, en particulier les équations de transport (premier ordre), de la chaleur (deuxième ordre parabolique) et des cordes vibrantes (deuxième ordre hyperbolique). Le cas des équations elliptiques est traité dans le chapitre consacré à la méthode des éléments finis. Ces exemples devraient permettre, sans soulever de difficultés techniques excessives, de mettre en lumière les éléments de base nécessaires à la compréhension générale de la méthode et permettre au lecteur de l'utiliser dans des situations simples ou bien d'aborder des ouvrages plus techniques avec la culture générale adéquate.

Après avoir construit plusieurs schémas numériques pour l'équation de transport (décentré à gauche, à droite, centré et adapté) et mis en évidence le phénomène de diffusion artificielle et un moyen de le corriger, le problème de l'équation de la chaleur sera abordé avec plusieurs schémas à nouveau (explicite, implicite et semi-implicite) puis, pour terminer, celui des cordes vibrantes. Ces schémas feront l'objet de simulations numériques qui permettront d'avoir un aperçu de leurs comportements (en particulier l'influence d'un paramètre lié au pas de discrétisation). Cette partie devra permettre de mettre en évidence les deux notions de stabilité et de convergence, facilement visibles sur un graphique, et qui seront décrites plus précisément dans la partie consacrée aux aspects théoriques dans laquelle seront étudiés les schémas proposés.

1.2 Discrétisation du domaine : le maillage

La discrétisation d'un problème différentiel et la construction d'un schéma numérique s'appuient sur un ensemble de nœuds de calculs qui forment un maillage du domaine. Le domaine contenant une infinité de points est alors remplacé par un ensemble fini de nœuds de calculs en lesquels une valeur approchée de la solution exacte est cherchée. Excepté en une dimension, le maillage est extrêmement contraignant et constitue un point faible difficile à contourner. En effet, le maillage d'une surface en deux dimensions doit vérifier les deux contraintes suivantes :

1. Les lignes constituant le maillage doivent être parallèles aux axes des coordonnées,
2. Les bords du domaine doivent, dans l'idéal, se superposer aux lignes du maillage. Autrement dit, les surfaces les mieux adaptées à la méthode des différences finies sont celles dont les bords sont constitués de segments parallèles aux axes de coordonnées. Dans le cas contraire (par exemple dans le cas d'un disque), il est alors nécessaire d'approcher les bords par un ensemble de rectangles, ce qui crée une première erreur géométrique qui viendra entacher la qualité du schéma et, en général, la dégrader quel que soit le soin apporté à sa construction.

Fixons les notations. Dans le cas d'un problème dépendant d'une variable temporelle $t \in [0,T]$ (avec $T > 0$) et d'une variable d'espace $x \in [a,b]$ (où $a < b$), le domaine Ω de $\mathbb{R}^2$ est alors $\Omega = [0,T] \times [a,b]$.
Choisissons $N_t \in \mathbb{N}^*$ intervalles en temps et $N_x \in \mathbb{N}^*$ intervalles en espace. Alors l'ensemble des nœuds de calcul est l'ensemble des $(N_t+1)\times(N_x+1)$ points de coordonnées (t_k, x_i) définis par :

$$\begin{cases} t_0 = 0 \quad t_{N_t} = T \\ t_0 < t_1 < \cdots < t_{N_t-1} < t_{N_t} \\ x_0 = a \quad x_{N_x} = b \\ x_0 < x_1 < \cdots < x_{N_x-1} < x_{N_x} \end{cases}$$

Dans le but de simplifier, un pas de temps constant sera choisi, noté $\Delta t = \dfrac{T}{N_t}$ de sorte que

$$\forall k \in \{0,1,\cdots,N_t\}, \quad t_k = k\Delta t$$

et un pas d'espace constant, noté $\Delta x = \dfrac{b-a}{N_x}$, de sorte que

$$\forall i \in \{0,1,\cdots,N_x\}, \quad x_i = a + i\Delta x$$

Ces pas seront toujours supposés « petits », ce qui revient à supposer que le nombre de nœuds de calcul est élevé. Avec ces notations, un point $M_{k,i}$ du maillage a pour coordonnées $(t_k, x_i) = (k\Delta t, a+i\Delta x)$ et on remarquera en particulier que

$$\begin{cases} t_{k+1} = t_k + \Delta t \\ x_{i+1} = x_i + \Delta x \end{cases}$$

Enfin, la notation $u_i^{(k)}$ sera adoptée pour désigner une valeur approchée de la valeur $u(t_k, x_i)$ en mettant le lecteur en garde sur le fait que la notation en exposant ne signifie ni une puissance ni une dérivée *k-ième*. Malgré l'ambiguïté de l'exposant (k), la notation adoptée est assez courante. Elle permet de distinguer l'indice k de la variable temporelle de l'indice i de la variable spatiale. Elle se justifie en particulier en présence de deux variables spatiales x et y. Dans ce cas, on écrit $u_{i,j}^{(k)} \approx u(t_k, x_i, y_j)$.

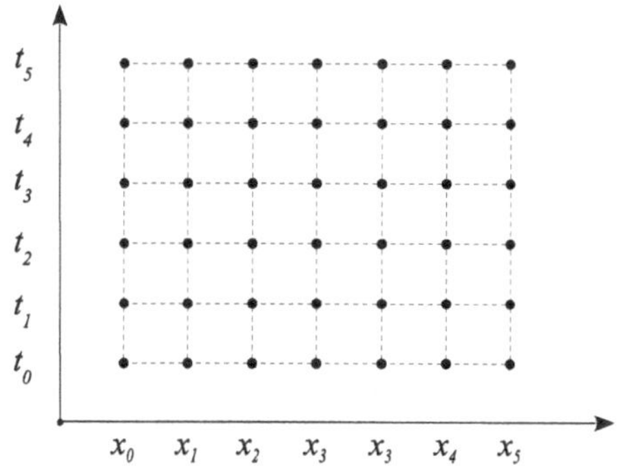

FIGURE 5.1 – Grille de discrétisation

Pour terminer, on se souviendra que, sauf exception (c'est par exemple le cas des représentations de l'erreur), l'axe des abscisses de tous les graphiques représente le domaine spatial alors que l'axe des ordonnées représente les valeurs approchées de la solution $u_i^{(k)}$ et souvent aussi les valeurs exactes $u(t_k, x_i)$.

1.3 Discrétisation des dérivées partielles : quotients aux différences finies

C'est la deuxième étape de la discrétisation. Après avoir discrétisé le domaine, il reste à discrétiser le problème différentiel de manière à remplacer le problème continu par un problème discret qui sera résolu par des méthodes d'algèbre linéaire.

1.3.1 Développements de Taylor « en temps » et « en espace »

Soient $n \in \mathbb{N}^*$ et $u : (t,x) \mapsto u(t,x)$ une fonction de classe $\mathscr{C}^{n+1}$ sur un ouvert $\mathscr{U}$ de $\mathbb{R}^2$ et à valeurs dans $\mathbb{R}$. Soient $(t,x) \in \mathscr{U}$, Δt et Δx deux réels strictement positifs assez « petits » pour que $(t+\Delta t, x) \in \mathscr{U}$ et $(t, x+\Delta x) \in \mathscr{U}$. En fixant x, on peut considérer u comme une fonction d'une seule variable $t \mapsto u(t,x)$ à laquelle on peut appliquer la formule de Taylor pour développer

$$t \mapsto u(t+\Delta t, x)$$

et obtenir ce qu'on appelle un *développement de Taylor « en temps »*. De même, en fixant t, on pourra développer

$$x \mapsto u(t, x+\Delta x)$$

et obtenir ce qu'on appelle un *développement de Taylor « en espace »*.

Définition 37. Avec les notations précédentes :

1. À x fixé, il existe $\theta \in]t, t+\Delta t[$ tel que

$$u(t+\Delta t, x) = \sum_{k=0}^{n} \frac{(\Delta t)^k}{k!} \frac{\partial^k u}{\partial t^k}(t,x) + \frac{(\Delta t)^{n+1}}{(n+1)!} \frac{\partial^{n+1} u}{\partial t^{n+1}}(\theta, x) \tag{5.1}$$

Cette formule est appelée un *développement de Taylor « en temps »* à l'ordre n et on utilisera souvent la forme suivante dans laquelle le dernier terme (le reste) est remplacé par $O\big((\Delta t)^{n+1}\big)$

$$u(t+\Delta t, x) = \sum_{k=0}^{n} \frac{(\Delta t)^k}{k!} \frac{\partial^k u}{\partial t^k}(t,x) + O\big((\Delta t)^{n+1}\big) \tag{5.2}$$

2. À t fixé, il existe $\xi \in]x, x+\Delta x[$ tel que

$$u(t, x+\Delta x) = \sum_{k=0}^{n} \frac{(\Delta x)^k}{k!} \frac{\partial^k u}{\partial x^k}(t,x) + \frac{(\Delta x)^{n+1}}{(n+1)!} \frac{\partial^{n+1} u}{\partial x^{n+1}}(t, \xi) \tag{5.3}$$

Cette formule est appelée un *développement de Taylor « en espace »* à l'ordre n et on utilisera souvent la forme suivante dans laquelle le dernier terme (le reste) est remplacé par $O\big((\Delta x)^{n+1}\big)$

$$u(t, x+\Delta x) = \sum_{k=0}^{n} \frac{(\Delta x)^k}{k!} \frac{\partial^k u}{\partial x^k}(t,x) + O\big((\Delta x)^{n+1}\big) \tag{5.4}$$

1.3.2 Approximation d'une dérivée partielle première en temps

Avec les notations précédentes, on utilise naturellement la formule (5.1) à l'ordre 1

$$u(t+\Delta t, x) = u(t,x) + \Delta t \frac{\partial u}{\partial t}(t,x) + \frac{(\Delta t)^2}{2} \frac{\partial^2 u}{\partial t^2}(\theta, x)$$

ou encore, pour Δt « petit » et non nul :

$$\frac{\partial u}{\partial t}(t,x) = \frac{u(t+\Delta t, x) - u(t,x)}{\Delta t} - \frac{(\Delta t)}{2} \frac{\partial^2 u}{\partial t^2}(\theta, x)$$

On obtient donc l'approximation, en négligeant le terme $\dfrac{(\Delta t)}{2} \dfrac{\partial^2 u}{\partial t^2}(\theta, x) = O(\Delta t)$ du premier ordre

$$\frac{\partial u}{\partial t}(t,x) \approx \frac{u(t+\Delta t, x) - u(t,x)}{\Delta t} \tag{5.5}$$

C'est donc une approximation d'ordre 1 dans le sens où l'évaluation de l'erreur commise au point (t,x), notée $E(t,x)$, vaut

$$E(t,x) = \left| \frac{\partial u}{\partial t}(t,x) - \frac{u(t+\Delta t, x) - u(t,x)}{\Delta t} \right| = \frac{(\Delta t)}{2} \left| \frac{\partial^2 u}{\partial t^2}(\theta, x) \right|$$

autrement dit, à x fixé, si l'on travaille sur un domaine temporel borné $[0,T]$ et que u est assez régulière, c'est à dire ici au moins de classe $\mathscr{C}^2$, il existe une constante $M > 0$ indépendante de h telle que $0 \le E(t,x) \le M\Delta t$, ce qui implique que l'erreur tend vers 0 comme Δt lorsque Δt tend vers 0. Ainsi, avec le même vocabulaire que celui introduit dans le chapitre 4 on pose la définition :

Définition 38. On dit que $\dfrac{u(t+\Delta t,x)-u(t,x)}{\Delta t}$ est un *quotient aux différences finies décentré à droite* qui est *consistant* avec la dérivée partielle $\dfrac{\partial u}{\partial t}$ au point (t,x) et *précis à l'ordre 1.*

1.3.3 Approximation d'une dérivée partielle première en espace

Il est bien sûr possible de proposer la même approximation que celle qui a été faite pour la dérivée partielle première en temps mais on peut proposer une alternative utile pour la suite. Il s'agit d'un quotient aux différences finies « centré ».
Pour cela, on utilise la formule de Taylor à l'ordre 3 sous les deux formes suivantes

$$u(t,x+\Delta x) = u(t,x) + \Delta x\frac{\partial u}{\partial x}(t,x) + \frac{(\Delta x)^2}{2}\frac{\partial^2 u}{\partial x^2}(t,x) + \frac{(\Delta x)^3}{6}\frac{\partial^3 u}{\partial x^3}(t,\xi_1)$$

et

$$u(t,x-\Delta x) = u(t,x) - \Delta x\frac{\partial u}{\partial x}(t,x) + \frac{(\Delta x)^2}{2}\frac{\partial^2 u}{\partial x^2}(t,x) - \frac{(\Delta x)^3}{6}\frac{\partial^3 u}{\partial x^3}(t,\xi_2)$$

dont la différence permet d'obtenir, pour Δx « petit » et non nul :

$$\frac{\partial u}{\partial x}(t,x) = \frac{u(t,x+\Delta x)-u(t,x-\Delta x)}{2\Delta x} + \frac{(\Delta x)^2}{6}\left(\frac{\partial^3 u}{\partial x^3}(t,\xi_1) + \frac{\partial^3 u}{\partial x^3}(t,\xi_2)\right)$$

On obtient alors l'approximation suivante, en négligeant le terme du second ordre

$$\frac{\partial u}{\partial x}(t,x) \approx \frac{u(t,x+\Delta x)-u(t,x-\Delta x)}{2\Delta x} \tag{5.6}$$

Il s'agit donc d'une approximation du second ordre dans la mesure où

$$\begin{aligned} E(t,x) &= \left|\frac{\partial u}{\partial x}(t,x) - \frac{u(t,x+\Delta x)-u(t,x-\Delta x)}{2\Delta x}\right| \\ &= \frac{(\Delta x)^2}{6}\left|\frac{\partial^3 u}{\partial x^3}(t,\xi_1) + \frac{\partial^3 u}{\partial x^3}(t,\xi_2)\right| \end{aligned}$$

autrement dit, à t fixé, si l'on travaille sur un domaine spatial borné $[a,b]$ et que u est assez régulière, c'est à dire ici au moins de classe $\mathscr{C}^3$, il existe une constante $M > 0$ indépendante de h telle que $0 \le E(t,x) \le M(\Delta x)^2$, ce qui implique que l'erreur tend vers 0 comme $(\Delta x)^2$ lorsque Δx tend vers 0.

Définition 39. On dit alors que $\dfrac{u(t,x+\Delta x)-u(t,x-\Delta x)}{2\Delta x}$ est un *quotient aux différences finies centré* qui est *consistant* avec la dérivée partielle $\dfrac{\partial u}{\partial x}$ au point (t,x) et *précis à l'ordre 2.*

1.3.4 Approximation d'une dérivée partielle seconde en espace

On utilise naturellement la formule de Taylor à l'ordre 3 sous les deux formes suivantes

$$u(t,x+\Delta x)=u(t,x)+\Delta x\frac{\partial u}{\partial x}(t,x)+\frac{(\Delta x)^2}{2}\frac{\partial^2 u}{\partial x^2}(t,x)+\frac{(\Delta x)^3}{6}\frac{\partial^3 u}{\partial x^3}(t,x)+\frac{(\Delta x)^4}{24}\frac{\partial^4 u}{\partial x^4}(t,\xi_1)$$

et

$$u(t,x-\Delta x)=u(t,x)-\Delta x\frac{\partial u}{\partial x}(t,x)+\frac{(\Delta x)^2}{2}\frac{\partial^2 u}{\partial x^2}(t,x)-\frac{(\Delta x)^3}{6}\frac{\partial^3 u}{\partial x^3}(t,x)+\frac{(\Delta x)^4}{24}\frac{\partial^4 u}{\partial x^4}(t,\xi_2)$$

dont la somme permet d'obtenir, pour Δx « petit » et non nul :

$$\frac{\partial^2 u}{\partial x^2}(t,x)=\frac{u(t,x+\Delta x)-2u(t,x)+u(t,x-\Delta x)}{(\Delta x)^2}-\frac{(\Delta x)^2}{24}\left(\frac{\partial^4 u}{\partial x^4}(t,\xi_1)-\frac{\partial^4 u}{\partial x^4}(t,\xi_2)\right)$$

On obtient alors l'approximation suivante, en négligeant le terme du second ordre

$$\frac{\partial^2 u}{\partial x^2}(t,x)\approx\frac{u(t,x+\Delta x)-2u(t,x)+u(t,x-\Delta x)}{(\Delta x)^2} \tag{5.7}$$

Il s'agit donc d'une approximation du second ordre ordre dans la mesure où

$$\begin{aligned} E(t,x) &= \left|\frac{\partial^2 u}{\partial x^2}(t,x)-\frac{u(t,x+\Delta x)-2u(t,x)+u(t,x-\Delta x)}{(\Delta x)^2}\right| \\ &= \frac{(\Delta x)^2}{24}\left|\frac{\partial^4 u}{\partial x^4}(t,\xi_1)-\frac{\partial^4 u}{\partial x^4}(t,\xi_2)\right| \end{aligned}$$

autrement dit, à t fixé, si l'on travaille sur un domaine spatial borné $[a,b]$ et que u est assez régulière, c'est à dire ici au moins de classe $\mathscr{C}^4$, il existe une constante $M>0$ indépendante de h telle que $0\le E(t,x)\le M(\Delta x)^2$, ce qui implique que l'erreur tend vers 0 comme $(\Delta x)^2$ lorsque Δx tend vers 0.

Définition 40. On dit alors que $\dfrac{u(t,x+\Delta x)-2u(t,x)+u(t,x-\Delta x)}{(\Delta x)^2}$ est un *quotient aux différences finies centré* qui est *consistant* avec la dérivée partielle $\dfrac{\partial^2 u}{\partial x^2}$ au point (t,x) et *précis à l'ordre 2.*

2 Différences finies pour l'équation de transport

2.1 Le problème

Déterminons une solution approchée au problème de l'équation de transport homogène en domaine non borné (problème (2.8) page 29) défini par

$$\begin{cases} (E) & \dfrac{\partial u}{\partial t}(t,x)+c\dfrac{\partial u}{\partial x}(t,x)=0 & \text{pour } (t,x)\in\mathbb{R}^{+*}\times\mathbb{R} \\ (CI) & u(0,x)=\varphi(x) & \text{pour } x\in\mathbb{R} \end{cases} \tag{5.8}$$

où c est un réel choisi ici strictement positif (la vitesse de transport) et φ une fonction donnée. Rappelons aussi que la proposition 5 page 29 donne l'expression de la solution exacte lorsque $\varphi\in\mathscr{C}^1(\mathbb{R})$ sous la forme simple

$$u:(t,x)\mapsto\varphi(x-ct)$$

On cherche donc ici à approcher cette solution par la méthode des différences finies et, comme cela a déjà été remarqué, la connaissance de la solution analytique permet d'envisager de mesurer la « qualité » de la solution approchée fournie par les schémas mis en œuvre grâce à un calcul d'erreur.
En fait, nous allons résoudre un problème un peu différent et adapté, à savoir le problème

$$\begin{cases} (E) & \dfrac{\partial u}{\partial t}(t,x)+c\dfrac{\partial u}{\partial x}(t,x)=0 & \text{pour } (t,x)\in\mathbb{R}^{+*}\times]0,1[\\ (CI) & u(0,x)=\varphi(x) & \text{pour } x\in[0,1] \\ & x\mapsto u(t,x) & \text{est 1-périodique} \\ (CL) & u(t,0)=u(t,1) & \text{pour } t\in\mathbb{R}^{+} \end{cases} \tag{5.9}$$

dont la solution, dans le cas $c=5$, est représentée dans la figure 5.2 à deux instants différents avec une condition initiale $\varphi:x\mapsto \mathrm{e}^{-50(x-0,4)^2}$.

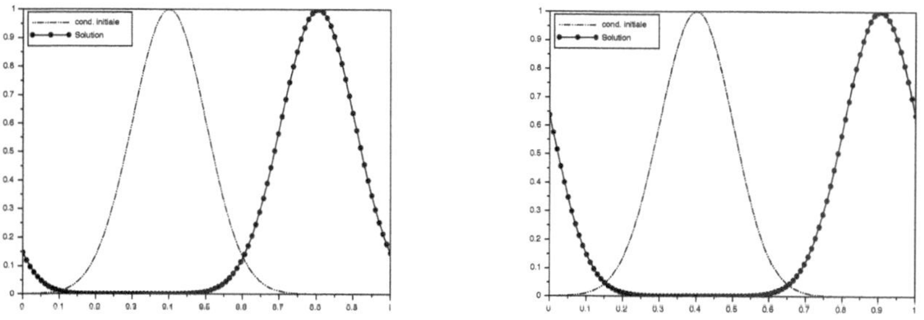

FIGURE 5.2 – Solution 1-périodique à deux instants différents

Le choix de travailler sur un domaine spatial non borné revient à supposer un domaine physiquement « infiniment étendu » et permet de s'affranchir de quelques difficultés liées aux conditions aux limites. En contrepartie, au moment de la programmation, il est

nécessaire de travailler sur un domaine borné. Pour contourner cette difficulté, une manière de procéder consiste à remarquer que si la condition initiale est périodique, la solution l'est elle aussi. C'est la raison pour laquelle on résoudra le problème adapté (5.9) en cherchant une solution 1-périodique sur le domaine $[0,1]$ (c'est un choix arbitraire).
Cette précaution permet de régler la problématique du domaine non borné au moment de la programmation des scripts.

2.2 Maillage du domaine

Comme précisé précédemment, l'étude se restreint au domaine spatial $[0,1]$ et au domaine temporel $[0,T]$. Le segment $[0,1]$ sera maillé avec $N_x+1\in\mathbb{N}^*$ nœuds de calcul x_i régulièrement espacés, le pas Δx étant égal à $\Delta x=\dfrac{1}{N_x}$ alors que le segment $[0,T]$ est maillé avec $N_t+1\in\mathbb{N}^*$ nœuds de calcul t_k régulièrement espacés, le pas Δt étant égal à $\Delta t=\dfrac{1}{N_t}$. Le maillage sera donc constitué des points $M_{k,i}$ dont les coordonnées sont $(t_k,x_i)=(k\Delta t,i\Delta x)$ pour $k\in\{0,\cdots,N_t\}$ et $i\in\{0,\cdots,N_x\}$. Rappelons aussi que l'on note

$$\begin{cases} t_{k+1}=t_k+\Delta t\\ x_{i+1}=x_i+\Delta x\end{cases}$$

et $u_i^{(k)}$ une valeur approchée de $u(t_k,x_i)$.

2.3 Schéma numérique décentré à droite en espace

2.3.1 Le schéma

La construction du schéma numérique consiste à générer une suite permettant de calculer des valeurs approchées $u_i^{(k)}$ des valeurs exactes $u(t_k,x_i)$. Pour cela, il convient de discrétiser l'équation (E) de (5.9), la condition initiale (CI) et la condition aux limites (CL).

1. **Discrétisation de l'équation aux dérivées partielles** : un premier schéma « naturel » peut être obtenu en utilisant les approximations

$$\frac{\partial u}{\partial t}(t_k,x_i)\approx\frac{u(t_{k+1},x_i)-u(t_k,x_i)}{\Delta t}\quad\text{et}\quad\frac{\partial u}{\partial x}(t_k,x_i)\approx\frac{u(t_k,x_{i+1})-u(t_k,x_i)}{\Delta x}$$

ce qui conduit à la discrétisation de l'équation (E) de (5.9)

$$\frac{u_i^{(k+1)}-u_i^{(k)}}{\Delta t}+c\frac{u_{i+1}^{(k)}-u_i^{(k)}}{\Delta x}=0 \tag{5.10}$$

ou encore, en posant $\lambda=c\dfrac{\Delta t}{\Delta x}$, un paramètre qui joue un rôle déterminant dans le comportement des schémas

$$u_i^{(k+1)}=u_i^{(k)}-\lambda\big(u_{i+1}^{(k)}-u_i^{(k)}\big)\Longleftrightarrow u_i^{(k+1)}=(1+\lambda)u_i^{(k)}-\lambda u_{i+1}^{(k)} \tag{5.11}$$

2. **Discrétisation de la condition initiale** : elle est simplement discrétisée en écrivant, pour tout $i \in \{0, \cdots, N_x\}$, $u(0, x_i) = \varphi(x_i)$, c'est à dire
$$u_i^{(0)} = \varphi(x_i) \tag{5.12}$$
3. **Discrétisation des conditions aux limites** : elles sont discrétisées en écrivant, pour tout $k \in \{1, \cdots, N_t\}$, $u(t_k, 0) = u(t_k, 1)$, c'est à dire
$$u_0^{(k)} = u_{N_x}^{(k)} \tag{5.13}$$

Ce qui conduit au schéma suivant

Définition 41. On appelle schéma numérique *explicite décentré à droite en espace* pour le problème (5.9) le schéma défini par
$$\begin{cases} 0 \leq i \leq N_x - 1, 0 \leq k \leq N_t - 1, & u_i^{(k+1)} = (1+\lambda)u_i^{(k)} - \lambda u_{i+1}^{(k)} \\ 0 \leq i \leq N_x, & u_i^{(0)} = \varphi(x_i) \\ 0 \leq k \leq N_t, & u_0^{(k)} = u_{N_x}^{(k)} \end{cases} \tag{5.14}$$

Remarques.

1. Le paramètre $\lambda = c\dfrac{\Delta t}{\Delta x}$ est appelé *nombre de Courant-Friedrichs-Lewy* (en abrégé CFL), (Richard Courant, 1888-1972, Kurt Otto Friedrichs, 1901-1982, mathématiciens allemands et Hans Lewy, 1904-1988, mathématicien américain).
2. Ce schéma est explicite parce que les valeurs $u_i^{(k+1)}$ s'expriment explicitement en fonction des valeurs $u_i^{(k)}$ et $u_{i+1}^{(k)}$. C'est à dire que le calcul du terme $u_i^{(k+1)}$ n'utilise que des termes connus et déjà calculés sur le maillage au temps précédent t_k.

2.3.2 Algorithme

Il n'existe pas de *solveur* numérique dédié aux équations aux dérivées partielles dans *Scilab*. C'est pourquoi quelques algorithmes pour la résolution des problèmes abordés sont proposés.
Le calcul des termes $u_i^{(k)}$ peut s'effectuer de deux manières différentes. La première utilise une double boucle `for`, l'une qui parcourt les nœuds de calcul en temps et l'autre qui parcourt les nœuds en espace. La seconde, plus élégante, utilise une seule boucle qui parcourt les nœuds en temps et calcule, en espace, directement sur le vecteur contenant les valeurs approchées. Le choix de la seconde solution a été fait parce qu'elle est souple et parce qu'elle s'écrit de manière totalement identique à la formule du schéma. Elle nécessite seulement une petite adaptation. Concrètement, dans le schéma qui nous occupe $u_i^{(k+1)} = (1+\lambda)u_i^{(k)} - \lambda u_{i+1}^{(k)}$, on voit que pour calculer les valeurs $u_i^{(k+1)}$, il est nécessaire d'utiliser les valeurs $u_i^{(k)}$ et $u_{i+1}^{(k)}$. Aussi, la programmation pourra prendre la forme suivante qui est seulement une partie d'un script complet (où `Nt` désigne le nombre de pas de temps à effectuer et $u0$ la condition initiale, voir ci-dessous).

```
0001  u=zeros(1,Nx);u=u0(0.4,x);
0002  up=zeros(1,Nx);up=u0(0.4,x);
0003  for t=1:1:Nt
0004      up(1:Nx-1)=u(2:Nx);
0005      up(Nx)=u(1);
0006      u=(1+lambda)*u-lambda*up;
0007  end
```

Détaillons un peu la signification de chaque ligne :

1. Les deux premières lignes sont des initialisations. On crée deux vecteurs u et up de une ligne et Nx colonnes dont les composantes sont nulles. Ensuite, on utilise la condition initiale.
2. La troisième ligne est simplement la boucle `for` pour parcourir le nombre de pas de temps Nt nécessaire,
3. La ligne quatre permet de remplir le vecteur up avec les valeurs de u mais « décalées » d'une unité, ce qui correspond à u_{i+1} (d'où la signification de la notation up pour « **u** indice i **p**lus 1 »). La cinquième ligne permet de gérer la condition aux limites périodiques.
4. Enfin, la sixième ligne n'est que la traduction du calcul $u_i^{(k+1)} = (1+\lambda)u_i^{(k)} - \lambda u_{i+1}^{(k)}$ à effectuer avec la correspondance

$$\left\{\begin{array}{lcl} u \text{ à gauche} & \leftrightarrow & u_i^{(k+1)} \\ u \text{ à droite} & \leftrightarrow & u_i^{(k)} \\ up & \leftrightarrow & u_{i+1}^{(k)} \end{array}\right.$$

Quitte à anticiper un peu sur la suite, lorsque on a à programmer un schéma numérique qui fait aussi intervenir le terme $u_{i-1}^{(k)}$, on utilise le même procédé en écrivant um pour « **u** indice i **m**oins 1 », cette fois-ci, soit à la place des lignes 5 et 6 soit en plus de ces lignes

```
0005      um(2:Nx)=u(1:Nx-1);
0006      um(1)=u(Nx);
```

D'autre part, la solution exacte doit être rendue 1-périodique. Dans notre situation, la condition initiale est la gaussienne φ définie par

$$\varphi : x \mapsto \mathrm{e}^{-100(x-0,4)^2}$$

Commençons par définir la condition initiale φ, désignée par u0, en faisant apparaître le paramètre m qui définit l'abscisse du sommet de la gaussienne :

```
function y=u0(m, x)
y=zeros(1,length(x));
for i=1:length(x)
    if (x(i)>1 | x(i)<0) then
        x(i)=x(i)-floor(x(i));
    end
```

```
    if (x(i)>=0 & x(i)<=1) then
        y(i)=clean(exp(-100*(x(i)-m).^2));
    end
end
endfunction
```

Ensuite, on construit la solution exacte comme la fonction nommée ue de la manière suivante, ce qui la rend 1-périodique :

```
function y=ue(m, x, c, t)
    y=u0(m,x-c*t-floor(x-c*t))
endfunction
```

Finalement, le script complet peut prendre la forme suivante :

```
//Equation de transport
//Schéma explicite décentré droite
//vitesse
c=1/20;
//Paramètres d'espace
dx=1/100; Nx=1/dx;x=linspace(0,1,Nx+1);
//Coefficient CFL
lambda=0.8;
//Paramètres de temps
dt=lambda*dx/c; T=3; Nt=int(T/dt);
//solution approchée
u=zeros(1,Nx+1);u=u0(0.4,x);
up=zeros(1,Nx+1);up=u0(0.4,x);
for t=1:1:Nt
    up(1:Nx)=u(2:Nx+1);
    up(Nx+1)=u(1);
    u=(1+lambda)*u-lambda*up;
end
//Graphique
clf();plot(x,u0(0.4,x),'k:',x,u,'k.-',x,ue(0.4,x,c,T),'k-');
legend(['cond. initiale','Sol. app.','Sol. exacte'],2);
```

2.3.3 Simulations numériques

Les graphiques qui suivent sont obtenus pour une vitesse c égale à 1/20, un pas d'espace Δx égal à 1/100, une constante CFL $\lambda = 0,8$ et un pas de temps calculé en fonction de $c, \Delta x, \lambda$ pour différents instants T.
Comme le suggère la figure 5.3, aussi simple et naturel soit le schéma, il s'avère qu'il n'est pas « stable » et, par conséquent, pas « convergent » non plus (remarquez la naissance de l'instabilité dans le graphique de gauche près de l'abscisse $x = 1$).
Les mots « stable » et « convergent » sont mis entre parenthèses car ils n'ont pas encore été définis précisément. Disons simplement, pour l'instant et de manière empirique, que l'on reconnaît un schéma numérique instable lorsque les valeurs qu'il fournit s'éloignent

de plus en plus des valeurs attendues sans être bornées. Quant à la convergence, disons simplement pour l'instant, et de manière tout aussi empirique, qu'un schéma numérique est convergent lorsque les valeurs qu'il fournit sont, lorsque les pas de temps et d'espace diminuent, de plus en plus proches des valeurs attendues. On conçoit alors très bien que si le schéma n'est pas stable il ne peut pas être non plus convergent.

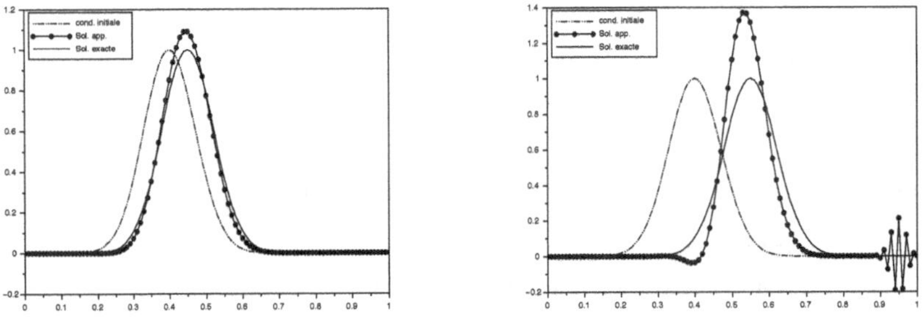

FIGURE 5.3 – Schéma décentré à droite à $t = 1$ puis $t = 3$

2.4 Schéma décentré à gauche en espace

2.4.1 Le schéma

La vitesse de transport c a été choisie positive. Aussi, intuitivement, on conçoit que l'information « circule » de la gauche vers la droite. C'est là la cause de l'instabilité du schéma précédent parce qu'on a décentré à droite alors que l'information se trouve à gauche. On utilise donc cette fois-ci une approximation décentrée à gauche en espace :

$$\frac{\partial u}{\partial x}(t_k, x_i) \approx \frac{u(t_k, x_i) - u(t_k, x_{i-1})}{\Delta x}$$

ce qui conduit à la discrétisation de l'équation (E) de (5.9) sous la forme

$$\frac{u_i^{(k+1)} - u_i^{(k)}}{\Delta t} + c\frac{u_i^{(k)} - u_{i-1}^{(k)}}{\Delta x} = 0 \tag{5.15}$$

ou bien, toujours en posant $\lambda = c\dfrac{\Delta t}{\Delta x}$

$$u_i^{(k+1)} = u_i^{(k)} - \lambda\big(u_i^{(k)} - u_{i-1}^{(k)}\big) \Longleftrightarrow u_i^{(k+1)} = \lambda u_{i-1}^{(k)} + (1-\lambda)u_i^{(k)} \tag{5.16}$$

La condition initiale et les conditions aux limites sont, quant à elles, discrétisées de la même manière que pour le schéma précédent.

Définition 42. On appelle schéma numérique *explicite décentré à gauche en espace* pour le problème (5.9) le schéma défini par

$$\begin{cases} 1 \leq i \leq N_x, 0 \leq k \leq N_t - 1, & u_i^{(k+1)} = \lambda u_{i-1}^{(k)} + (1-\lambda) u_i^{(k)} \\ 0 \leq i \leq N_x, & u_i^{(0)} = \varphi(x_i) \\ 0 \leq k \leq N_t, & u_0^{(k)} = u_{N_x}^{(k)} \end{cases} \tag{5.17}$$

Remarque. Ce schéma est encore explicite.

2.4.2 Algorithme

L'algorithme prend ici une forme tout à fait semblable au précédent, il suffit simplement de modifier les lignes 15 à 17 en

```
0015        um(2:Nx+1)=u(1:Nx);
0016        um(1)=u(Nx+1);
0017        u=lambda*um-(1-lambda)*u;
```

2.4.3 Simulations numériques

Les graphiques qui suivent sont obtenus dans les mêmes conditions que précédemment pour la vitesse et le pas d'espace ($c = 1/20$, $\Delta x = 1/100$). Par contre, on évalue la solution approchée pour deux valeurs différentes de λ ($\lambda = 0,8$ et $\lambda = 1,2$) et pour des temps différents. Comme le suggèrent alors les figures 5.4 et 5.5, le schéma décentré à gauche semble stable lorsque $\lambda = 0,8$ et instable lorsque $\lambda = 1,2$. On montrera qu'il est effectivement stable si et seulement si $0 < \lambda \leq 1$.

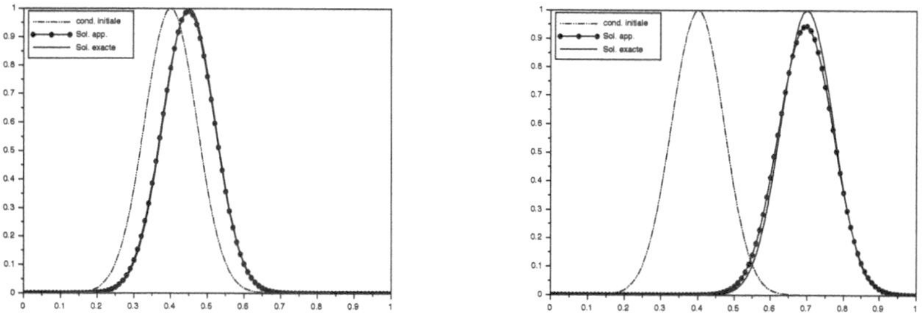

FIGURE 5.4 – Schéma décentré à gauche à $t = 1$ puis $t = 6$, $\lambda = 0,8$

Pour tenter de se convaincre que le schéma décentré à gauche est bien stable, on peut observer son comportement pour des durées beaucoup plus longues que celles utilisées. L'instabilité est en effet souvent la cause de l'accumulation d'erreurs de différentes origines qui conduisent les valeurs fournies par le schéma numérique à augmenter de manière exagérée et non bornée lorsque le temps augmente.

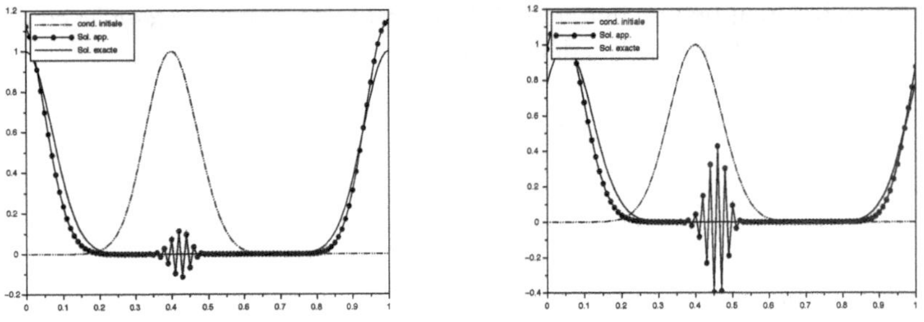

FIGURE 5.5 – Schéma décentré à gauche à $t = 12$ puis $t = 13$, $\lambda = 1,2$

Voyons donc comment le schéma se comporte pour des durées plus longues : $T = 45$ puis $T = 110$ dans les deux cas correspondant à $\lambda = 0,8$ et $\lambda = 1$.
Les résultats sont visibles dans les figures 5.6 et 5.7. La première figure met en évidence deux phénomènes :

1. Le premier, qui est bien visible très rapidement, est le phénomène dit de « diffusion ». La solution approchée à tendance à s'« atténuer » petit à petit lorsque le temps augmente. Ce phénomène est étudié et corrigé dans la section suivante avec la notion d'équation équivalente qui sera précisée.
2. Le second, lui aussi bien visible, est un phénomène de « déphasage » de la solution. La solution approchée se « décale » petite à petit en même temps qu'elle s'atténue lorsque le temps augmente. Ce phénomène ne sera pas étudié précisément mais il relève des mêmes aspects que le phénomène de diffusion.

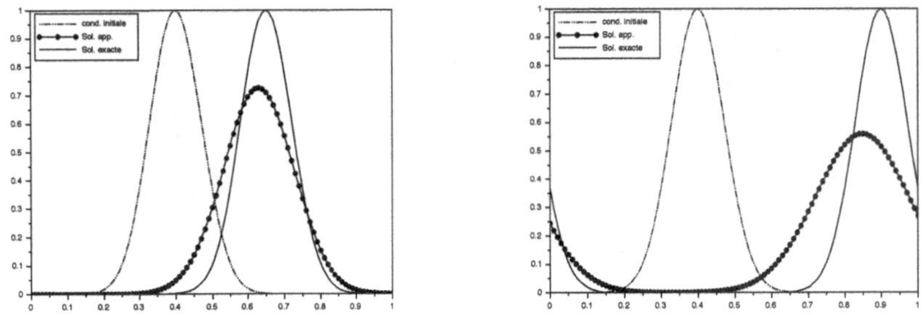

FIGURE 5.6 – Schéma décentré à gauche à $t = 45$ puis $t = 110$, $\lambda = 0,8$

Enfin, le graphique 5.7 suggère que la valeur $\lambda = 1$ permet de supprimer totalement le phénomène de diffusion mais pas celui de déphasage. Nous verrons dans la section suivante que ce résultat peut être démontré. Pour s'en convaincre, on peut représenter la solution approchée pour $\lambda = 0,1$ puis $\lambda = 0,9$ au même instant $T = 7$.

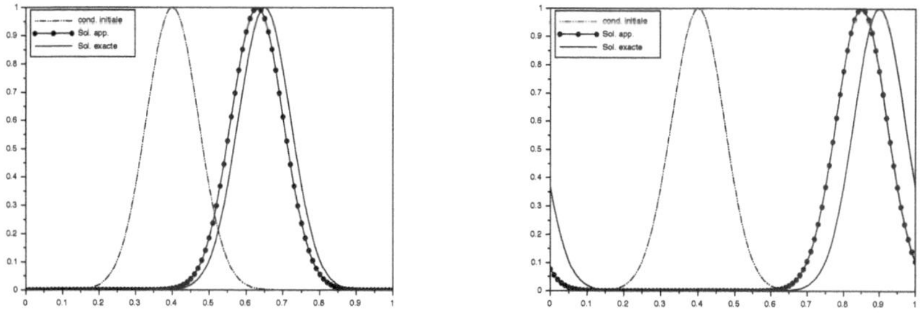

FIGURE 5.7 – Schéma décentré à gauche à $t = 45$ puis $t = 110$, $\lambda = 1$

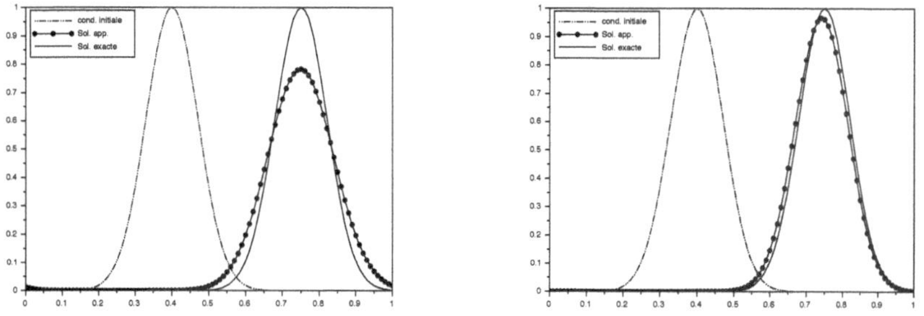

FIGURE 5.8 – Schéma décentré à gauche à $t = 7$ pour $\lambda = 0,1$ puis $\lambda = 0,9$

2.4.4 Ordre de convergence empirique

Observons maintenant ce qui se passe si l'on fait varier, pour un même temps final $T = 5$ et une même valeur de $\lambda = 0,5$, le pas d'espace Δx.

D'un point de vue de la programmation, il suffit de construire une boucle sur l'entier N_x qui désigne le nombre d'intervalles de longueur $\Delta x = 1/N_x$ (ou, de manière équivalente, le nombre N_x+1 de nœuds de calcul en espace), par exemple de 100 à 2000 par pas de 100. Pour un temps final T fixé et pour chaque valeur de N_x, on calcule le vecteur contenant les valeurs approchées au temps T, noté $u = (u_0, \cdots, u_{Nx})$ et le vecteur contenant les valeurs exactes au temps T, noté $\overline{u} = \big(u(T, x_0), \cdots, u(T, x_{Nx})\big)$. Ensuite, on évalue l'erreur, notée $e(N_x)$ en calculant la norme « infini » discrète

$$e(N_x) = ||u - \overline{u}||_\infty = \max_{i \in \{0, \cdots, N_x\}} \left|u_i - \overline{u}_i\right| \tag{5.18}$$

On enregistre ensuite les différentes valeurs obtenues dans un vecteur

$$e = \big(e(100), e(200), \cdots, e(2000)\big)$$

puis on représente graphiquement le logarithme des valeurs $e(k)$ en fonctions du logarithme des valeurs de k. Concrètement, on obtient

```
//Equation de transport
//Erreur Schéma décentré gauche
//vitesse c, paramètre m, CFL
c=1/20; m=0.4;lambda=0.5;
//Calcul du vecteur erreur
N=20; e=zeros(1,N);
for Nx=100:100:100*N
    //Paramètres d'espace
    dx=1/Nx;x=linspace(0,1,Nx+1);
    //Paramètres de temps
    dt=lambda*dx/c; T=5; Nt=int(T/dt);
    //solution approchée
    u=zeros(1,Nx+1);u=u0(0.4,x);
    um=zeros(1,Nx+1);um=u0(0.4,x);
    for t=1:1:Nt
        um(2:Nx+1)=u(1:Nx);
        um(1)=u(Nx+1);
        u=lambda*um+(1-lambda)*u;
    end
    e(Nx/100)=max(abs(u-ue(m,x,c,T)));
end
xe=100:100:100*N;
//calcul de la droite de régression
[a,b,s]=reglin(log(xe),log(e));
y=a*log(xe)+b;
clf();
plot(log(xe),y,'k',log(xe),log(e),'k*');
legend('pente='+string(a));
```

La figure 5.9 fait bien apparaître que lorsque Δx devient « petit », la solution fournie par le schéma décentré à gauche se « rapproche » de plus en plus de la solution exacte, ce qui suggère la convergence du schéma. Pour être plus précis, on a tracé l'erreur en échelle

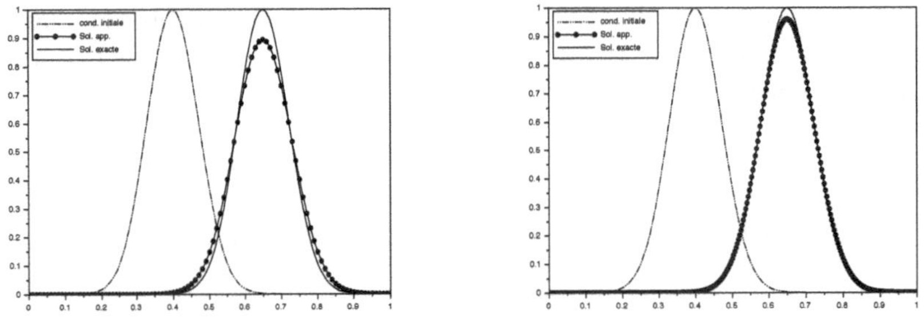

FIGURE 5.9 – Solution approchée pour $\Delta x = 1/100$ et $\Delta x = 1/300$

logarithmique dans le cas $T = 5$ et $\lambda = 0,5$ et pour des valeurs de $\Delta x = 1/N_x$ avec N_x variant dans $\{100, \cdots, 2000\}$. Le résultat est visible dans la figure 5.10 qui suggère un alignement quasi parfait des points sur la droite de régression linéaire dont la pente est très proche de -1 et ce résultat doit s'interpréter de la manière suivante. Appelons $e(N)$ l'erreur et admettons que les points de coordonnées $\big(\ln(N), \ln e(N)\big)$ soient alignés sur la droite de pente -1. On peut alors dire qu'il existe $\beta \in \mathbb{R}$ tel que

$$\ln e(N) = -\ln(N) + \beta \iff e(N) = \mathrm{e}^{\beta} \Delta x = O\big(\Delta x\big)$$

Autrement dit, on obtient un ordre de convergence empirique en espace de 1. On montrera dans la suite que l'ordre de convergence est effectivement 1 en espace mais aussi en temps.

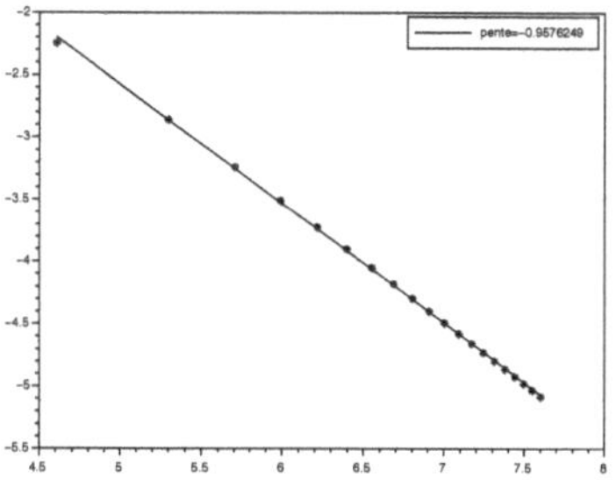

FIGURE 5.10 – Erreur en échelle logarithmique pour le schéma décentré à gauche

2.5 Diffusion numérique pour le schéma décentré à gauche

2.5.1 Cause de la diffusion numérique

Le phénomène d'atténuation de la solution détecté dans les graphiques précédents est lié au fait que le schéma numérique introduit artificiellement une diffusion numérique.

Pour comprendre cela, il faut faire intervenir la notion d'erreur de consistance définie précisément en (51) page 173. Pour un schéma aux différences finies, on appelle *erreur de consistance* au point (t_k, x_i), et on note $\varepsilon_i^{(k+1)}$, l'erreur commise en remplaçant dans le schéma numérique les valeurs approchées $u_i^{(k)}$, $u_i^{(k+1)}$... par les valeurs exactes correspondantes $u(t_k, x_i)$, $u(t_{k+1}, x_i)$...
Pour le schéma décentré à gauche, utilisé par commodité sous la forme (5.15)

$$\frac{u_i^{(k+1)} - u_i^{(k)}}{\Delta t} + c\frac{u_i^{(k)} - u_{i-1}^{(k)}}{\Delta x} = 0$$

l'erreur de consistance prend la forme suivante

$$\varepsilon_i^{k+1} = \frac{u(t_{k+1}, x_i) - u(t_k, x_i)}{\Delta t} + c\frac{u(t_k, x_i) - u(t_k, x_{i-1})}{\Delta x}$$

Ensuite, en se souvenant que $x_{i-1} = x_i - \Delta x$ et $t_{k+1} = t_k + \Delta t$, on peut utiliser des développements de Taylor « en temps » et « en espace » pour développer les expressions $u(t_{k+1}, x_i) = u(t_k + \Delta t, x_i)$ et $u(t_k, x_{i-1}) = u(t_k, x_i - \Delta x)$ sous la forme

$$u(t_k + \Delta t, x_i) = u(t_k, x_i) + \Delta t \frac{\partial u}{\partial t}(t_k, x_i) + \frac{(\Delta t)^2}{2} \frac{\partial^2 u}{\partial t^2}(t_k, x_i) + O\big((\Delta t)^3\big)$$

et

$$u(t_k, x_i - \Delta x) = u(t_k, x_i) - \Delta x \frac{\partial u}{\partial x}(t_k, x_i) + \frac{(\Delta x)^2}{2} \frac{\partial^2 u}{\partial x^2}(t_k, x_i) + O\big((\Delta x)^3\big)$$

L'erreur de consistance devient alors, après quelques simplifications

$$\varepsilon_i^{k+1} = \left(\frac{\partial u}{\partial t}(t_k, x_i) + c\frac{\partial u}{\partial x}(t_k, x_i)\right) + \left[\frac{\Delta t}{2}\frac{\partial^2 u}{\partial t^2}(t_k, x_i) - c\frac{\Delta x}{2}\frac{\partial^2 u}{\partial x^2}(t_k, x_i)\right] + O\big((\Delta t)^3\big) + O\big((\Delta x)^3\big)$$

À ce stade, les deux termes entre parenthèses et entre crochets peuvent être simplifiés en utilisant le fait que u est solution de l'équation de transport :

1. Le premier terme entre parenthèses est tout simplement nul mais, pour une raison qui apparaîtra un peu plus loin, conservons le tout de même.
2. Pour le second, entre crochets, à partir de la relation

$$\frac{\partial u}{\partial t} = -c\frac{\partial u}{\partial x}$$

on en calcule la dérivée partielle par rapport au temps

$$\frac{\partial^2 u}{\partial t^2} = -c\frac{\partial}{\partial t}\left(\frac{\partial u}{\partial x}\right) = -c\frac{\partial}{\partial x}\left(\frac{\partial u}{\partial t}\right)$$

la dernière égalité est vraie en vertu du théorème de Schwarz (voir A.11, annexe A) si l'on suppose la fonction u assez régulière, c'est-à-dire ici au moins de classe $\mathscr{C}^2$. En réutilisant la formule $\frac{\partial u}{\partial t} = -c\frac{\partial u}{\partial x}$, on obtient alors

$$\frac{\partial^2 u}{\partial t^2} = -c\frac{\partial}{\partial x}\left(-c\frac{\partial u}{\partial x}\right) = c^2\frac{\partial^2 u}{\partial x^2}$$

Finalement, l'erreur de consistance prend désormais la forme, en remplaçant $\frac{\partial^2 u}{\partial t^2}$ par $c^2\frac{\partial^2 u}{\partial x^2}$, en factorisant et en se souvenant que $\lambda = \frac{c\Delta t}{\Delta x}$

$$\varepsilon_i^{k+1} = \left[\frac{\partial u}{\partial t}(t_k, x_i) + c\frac{\partial u}{\partial x}(t_k, x_i) - \frac{c\Delta x}{2}(1-\lambda)\frac{\partial^2 u}{\partial x^2}(t_k, x_i)\right] + O\big((\Delta t)^3\big) + O\big((\Delta x)^3\big)$$

Or, on démontre sans difficulté que :

1. Si on définit une équation, appelée équation de transport-diffusion en posant

$$\frac{\partial u}{\partial t}(t,x) + c\frac{\partial u}{\partial x}(t,x) - D\frac{\partial^2 u}{\partial x^2}(t,x) = 0 \tag{5.19}$$

Remarquez que l'on ajoute le terme $-D\frac{\partial^2 u}{\partial x^2}(t,x)$ qui correspond à celui que rencontré dans l'équation de la chaleur, ce qui justifie son nom de terme de diffusion.

2. On construit tout d'abord un schéma aux différences finies pour l'équation (5.19) en discrétisant la partie « équation de transport » par le schéma décentré à gauche déjà construit et en discrétisant le terme de diffusion à partir du quotient aux différences finies centré (5.7)

$$\frac{\partial^2 u}{\partial x^2}(t_k, x_i) \approx \frac{u(t_k, x_{i+1}) - 2u(t_k, x_i) + u(t_k, x_{i-1})}{(\Delta x)^2}$$

on obtient finalement le schéma aux différences finies pour l'équation (5.19)

$$\frac{u_i^{(k+1)} - u_i^{(k)}}{\Delta t} + c\frac{u_i^{(k)} - u_{i-1}^{(k)}}{\Delta x} - D\frac{u_{i+1}^{(k)} - 2u_i^{(k)} + u_{i-1}^{(k)}}{(\Delta x)^2} = 0 \tag{5.20}$$

3. Et enfin, pour terminer, si on calcule l'erreur de consistance associée à ce schéma, on obtient

$$\varepsilon_i^{k+1} = \left[\frac{\partial u}{\partial t}(t_k, x_i) + c\frac{\partial u}{\partial x}(t_k, x_i) - D\frac{\partial^2 u}{\partial x^2}(t_k, x_i)\right] + O\big((\Delta t)^3\big) + O\big((\Delta x)^3\big)$$

Autrement dit, on constate qu'en voulant discrétiser l'équation de transport avec le schéma décentré à gauche, tout se passe comme si l'on avait discrétisé l'équation de transport-diffusion avec un coefficient de diffusion égal à

$$D = \frac{c\Delta x}{2}(1 - \lambda) \tag{5.21}$$

Cette remarque explique le comportement du schéma en fonction de la valeur de λ. Si $\lambda > 1$, on a $D < 0$ ce qui signifie, physiquement, qu'au lieu de diffuser l'énergie, le système reçoit et accumule l'énergie, ce qui se traduit numériquement par l'instabilité parce que les valeurs calculées ne cessent d'augmenter. Dans le cas où $0 < \lambda < 1$, alors $D > 0$ et il y a bien diffusion. Dans le cas où $\lambda = 1$, alors $D = 0$ et il n'y a pas diffusion.

2.5.2 Équation équivalente et schéma numérique adapté

On cherche alors à adapter le schéma pour compenser cette diffusion. Cette adaptation se fait en construisant un schéma numérique correspondant à l'équation de transport-diffusion (5.19), ce qui conduit à la définition suivante :

Définition 43. Avec les notations précédentes, on appelle *équation équivalente* à l'équation (E) de (5.9)

$$\frac{\partial u}{\partial t}(t,x) + c\frac{\partial u}{\partial x}(t,x) = 0$$

la nouvelle équation (5.19) avec $D = \dfrac{c\Delta x}{2}(1-\lambda)$ et $\lambda = \dfrac{c\Delta t}{\Delta x}$ et $0 < \lambda \leq 1$. C'est à dire

$$\frac{\partial u}{\partial t}(t,x) + c\frac{\partial u}{\partial x}(t,x) - \frac{c\Delta x}{2}(1-\lambda)\frac{\partial^2 u}{\partial x^2}(t,x) = 0 \tag{5.22}$$

Ensuite, on définit la discrétisation de l'équation équivalente par la formule (5.20) que l'on écrit sous la forme

$$u_i^{(k+1)} = u_i^{(k)} - \lambda\big(u_i^{(k)} - u_{i-1}^{(k)}\big) + \frac{D\Delta t}{(\Delta x)^2}\big(u_{i+1}^{(k)} - 2u_i^{(k)} + u_{i-1}^{(k)}\big) \tag{5.23}$$

ou, en remarquant que $\dfrac{D\Delta t}{(\Delta x)^2} = \dfrac{\lambda}{2}(1-\lambda)$

$$u_i^{(k+1)} = \frac{\lambda}{2}(3-\lambda)u_{i-1}^{(k)} + (1-\lambda)^2 u_i^{(k)} + \frac{\lambda}{2}(1-\lambda)u_{i+1}^{(k)} \tag{5.24}$$

Le comportement de ce nouveau schéma est illustré dans la figure 5.11.

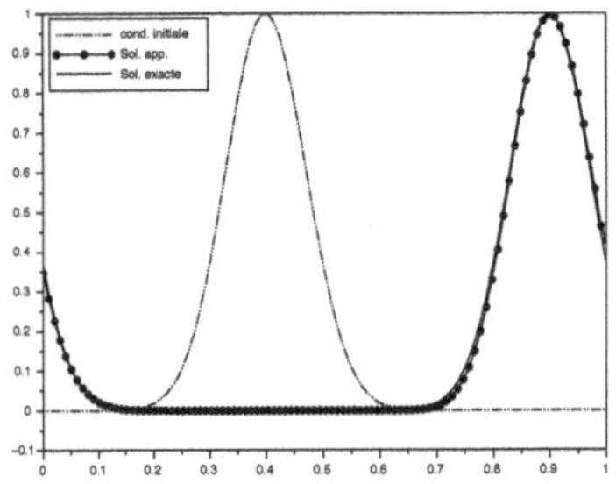

FIGURE 5.11 – Correction de la diffusion numérique, $\lambda = 0,5$, $T = 10$

On peut constater que le problème de la diffusion numérique semble réglé. Toutefois, une étude plus approfondie permettrait de révéler que persiste un phénomène de dispersion qu'il serait possible de compenser par un procédé analogue à celui qui vient d'être utilisé. Mais laissons ces questions de côté pour aborder un nouveau schéma.

2.6 Schéma numérique de Lax-Wendroff

Jusqu'à présent, on s'est concentré sur la stabilité et le problème de la diffusion numérique artificielle. Une autre notion est essentielle pour la qualité d'un schéma, sa précision. On a déterminé empiriquement que l'ordre de convergence (ou la précision) du schéma décentré à gauche était 1 en espace (voir page 145). Aussi, on propose maintenant un nouveau schéma, appelé schéma de Lax-Wendroff (Peter Lax, 1926-, mathématicien américain et Burton Wendroff, 1930-, mathématicien américain), qui est un très bon schéma pour l'équation de transport parce qu'il est explicite, consistant et précis à l'ordre 2 en temps et en espace, stable sous la condition $0 < \lambda \leq 1$ et non diffusif.
Il est construit à partir du schéma centré en espace

2.6.1 Schéma centré en espace et correction de la diffusion

Ce schéma s'obtient à partir de l'approximation de $\dfrac{\partial u}{\partial x}(t_k, x_i)$ par le quotient aux différences finies centré en espace (5.6) (voir page 133). Ce schéma a donc de grandes chances d'être plus précis en espace puisque l'approximation utilisée est maintenant d'ordre 2. Cela dit, si l'on fait des simulations numériques sur ce schéma, il s'avère qu'il est toujours instable et donc inutilisable, quelle que soit la valeur du paramètre λ. La raison de cette instabilité est tout à fait analogue au phénomène de diffusion étudié précédemment. Si l'on reprend la démarche effectuée dans la section 2.5, on constate à nouveau que tout se passe comme si l'on résolvait une équation de transport-diffusion de la forme (5.19). Le calcul de l'erreur de consistance donne en effet

$$\varepsilon_i^{k+1} = \frac{\partial u}{\partial t}(t_k, x_i) + c\frac{\partial u}{\partial x}(t_k, x_i) + \frac{\Delta t}{2}\frac{\partial^2 u}{\partial t^2}(t_k, x_i) + O\big((\Delta t)^3\big) + O\big((\Delta x)^4\big)$$

et l'expression $\dfrac{\Delta t}{2}\dfrac{\partial^2 u}{\partial t^2}$ peut être remplacée, en utilisant le fait que $\dfrac{\partial u}{\partial t} = -c\dfrac{\partial u}{\partial x}$ comme cela a déjà été fait, par $c^2\dfrac{\partial^2 u}{\partial x^2}$. Autrement dit, l'erreur de consistance prend la forme

$$\varepsilon_i^{k+1} = \frac{\partial u}{\partial t}(t_k, x_i) + c\frac{\partial u}{\partial x}(t_k, x_i) + \frac{c^2\Delta t}{2}\frac{\partial^2 u}{\partial x^2}(t_k, x_i) + O\big((\Delta t)^3\big) + O\big((\Delta x)^4\big)$$

ce qui correspond à la discrétisation de l'équation de transport-diffusion (dont le coefficient de diffusion est strictement négatif d'où la cause de l'instabilité)

$$\frac{\partial u}{\partial t}(t,x) + c\frac{\partial u}{\partial x}(t,x) + \frac{c^2\Delta t}{2}\frac{\partial^2 u}{\partial x^2}(t,x) = 0$$

Aussi, pour corriger l'erreur de consistance, on discrétise l'équation équivalente

$$\frac{\partial u}{\partial t}(t,x) + c\frac{\partial u}{\partial x}(t,x) - \frac{c^2\Delta t}{2}\frac{\partial^2 u}{\partial x^2}(t,x) = 0 \tag{5.25}$$

à partir du schéma centré en espace, ce qui conduit au schéma de Lax-Wendroff.

2.6.2 Schéma de Lax-Wendroff

La discrétisation de l'équation équivalente (5.25) conduit à

$$\frac{u_i^{(k+1)} - u_i^{(k)}}{\Delta t} + c\frac{u_{i+1}^{(k)} - u_{i-1}^{(k)}}{2\Delta x} - \frac{c^2\Delta t}{2}\frac{u_{i+1}^{(k)} - 2u_i^{(k)} + u_{i-1}^{(k)}}{(\Delta x)^2} = 0 \tag{5.26}$$

que l'on peut écrire sous la forme

$$u_i^{(k+1)} = u_i^{(k)} - \frac{\lambda}{2}\big(u_{i+1}^{(k)} - u_{i-1}^{(k)}\big) + \frac{\lambda^2}{2}\big(u_{i+1}^{(k)} - 2u_i^{(k)} + u_{i-1}^{(k)}\big) \tag{5.27}$$

ou encore, après regroupement de certains termes

$$u_i^{(k+1)} = \frac{\lambda}{2}(1+\lambda)u_{i-1}^{(k)} + \big(1-\lambda^2\big)u_i^{(k)} + \frac{\lambda}{2}(-1+\lambda)u_{i+1}^{(k)} \tag{5.28}$$

La condition initiale et les conditions aux limites sont toujours discrétisées de la même manière.

Définition 44. On appelle schéma numérique de *Lax-Wendroff* pour le problème (5.9) le schéma défini par

$$\begin{cases} 1 \leq i \leq N_x - 1, 0 \leq k \leq N_t - 1, & u_i^{(k+1)} = \dfrac{\lambda}{2}(1+\lambda)u_{i-1}^{(k)} + \left(1-\lambda^2\right)u_i^{(k)} + \dfrac{\lambda}{2}(-1+\lambda)u_{i+1}^{(k)} \\ 0 \leq i \leq N_x, & u_i^{(0)} = \varphi(x_i) \\ 0 \leq k \leq N_t, & u_0^{(k)} = u_{N_x}^{(k)} \end{cases} \tag{5.29}$$

2.6.3 Algorithme

Pour la programmation de ce schéma, on utilise les deux vecteurs up et um.

```
//Equation de transport et Schéma Lax-Wendroff
//vitesse
c=1/20;
//Paramètres d'espace
dx=1/100; Nx=1/dx;x=linspace(0,1,Nx+1);
//Coefficient CFL et paramètre m
lambda=0.5; m=0.5;
//Paramètres de temps
dt=lambda*dx/c; T=1; Nt=int(T/dt);
//solution approchée
u=zeros(1,Nx+1);u=u0(m,x);
up=zeros(1,Nx+1);up=u0(m,x);
um=zeros(1,Nx+1);um=u0(m,x);
for t=dt:dt:Nt*dt
    up(1:Nx)=u(2:Nx+1);
    up(Nx+1)=u(1);
    um(2:Nx+1)=u(1:Nx);
    um(1)=u(Nx+1);
    u=(lambda/2)*(1+lambda)*um+(1-lambda^2)*u
                +(lambda/2)*(-1+lambda)*up;
end
//Graphique
clf();plot(x,u0(m,x),'k:',x,u,'k.-',x,ue(m,x,c,T),'k-');
legend(['cond. initiale','Sol. app.','Sol. exacte'],2);
```

2.6.4 Simulations numériques

Le comportement du schéma de Lax-Wendroff est illustré dans les figures 5.12 et 5.13. Les calculs ont été faits avec une vitesse $c = 1/20$, un pas d'espace $\Delta x = 1/100$, une constante CFL $\lambda = 0,8$, une condition initiale φ sous la forme d'une gaussienne centrée en $m = 0,5$ et un pas de temps calculé en fonction de $c, \Delta x, \lambda$ pour différents instants t. On peut constater que ce schéma corrige effectivement la diffusion numérique et qu'il semble précis mais qu'il n'est plus stable lorsque $\lambda > 1$.

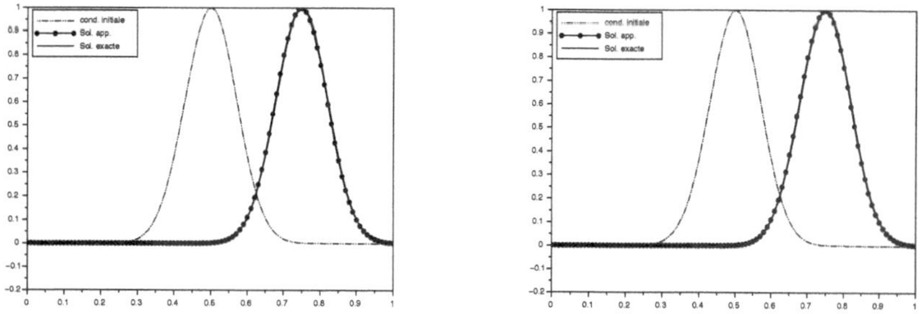

FIGURE 5.12 – Schéma de Lax-Wendroff, $t = 5$ et $t = 45$ pour $\lambda = 0,8$

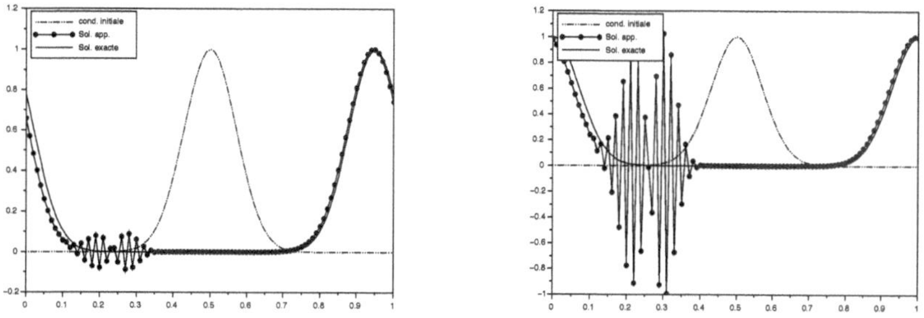

FIGURE 5.13 – Schéma de Lax-Wendroff, $t = 9$ et $t = 10$ pour $\lambda = 1,2$

2.6.5 Ordre de convergence empirique

Démontrons maintenant que le schéma de Lax-Wendroff est précis à l'ordre 2 en temps et en espace. Ce résultat est suggéré par un alignement presque parfait des points qui mesurent l'erreur en espace sur une droite de pente -2 dans la figure 5.14.

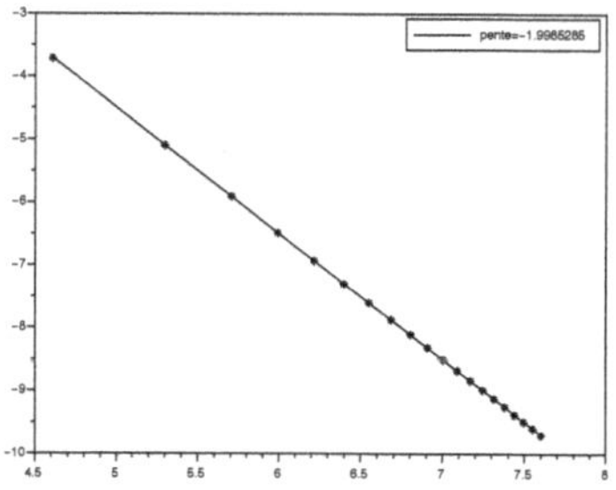

FIGURE 5.14 – Erreur en échelle logarithmique pour le schéma de Lax-Wendroff

2.7 Comportement des schémas avec une condition initiale non continue

Pour terminer, observons le comportement du schéma décentré à gauche et du schéma de Lax-Wendroff dans le cas d'une condition initiale non continue définie par un créneau (ou une fonction « porte »). On observe la solution approchée au temps $t = 3$ pour $\lambda = 0,6$. Les résultats sont donnés dans la figure 5.15. À gauche est représentée la solution approchée

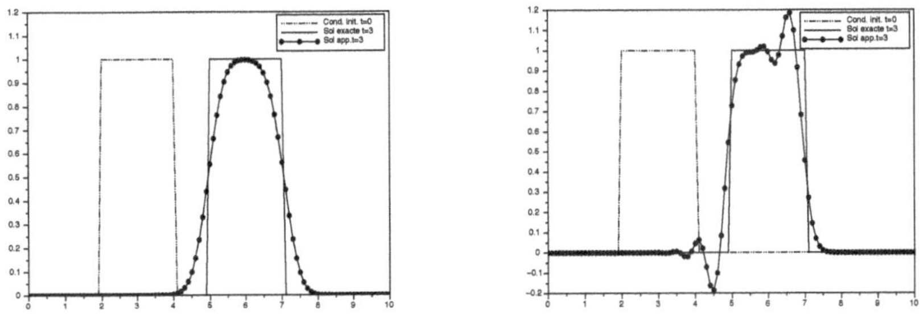

FIGURE 5.15 – Comportement de deux schémas dans le cas d'une condition initiale discontinue

fournie par le schéma décentré à gauche et à droite celle fournie par le schéma de Lax-Wendroff. Comme on peut le remarquer, malgré sa précision, le schéma de Lax-Wendroff se révèle moins robuste face aux discontinuités qui provoquent des oscillations assez importantes alors que le schéma décentré à gauche ne présente pas ces oscillations mais, par contre, il atténue très fortement la discontinuité en ne rendant pas compte du « changement brutal » de valeur au niveau de cette discontinuité.

Là encore, ces illustrations témoignent de la difficulté à construire des schémas numériques bien adaptés aux situations à résoudre.

3 Différences finies pour l'équation de la chaleur

3.1 Le problème

Considérons le problème parabolique de l'équation de la chaleur homogène en une variable d'espace x avec conditions aux limites de type Dirichlet :

$$\left\{\begin{array}{lllll} (E) & \dfrac{\partial u}{\partial t}(t,x) - D\dfrac{\partial^2 u}{\partial x^2}(t,x) = 0 & \text{pour} & (t,x) \in]0,T[\times]0,1[\\ (CI) & u(0,x) = \varphi(x) & \text{pour} & x \in [0,1] \\ (CL) & u(t,0) = u(t,1) = 0 & \text{pour} & t \in [0,T] \end{array}\right. \tag{5.30}$$

où $D \in \mathbb{R}^*$ est un coefficient réel (dans le problème physique de l'équation de la chaleur $D > 0$) et φ est une fonction définie sur $[0,1]$ et assez régulière.

Ce problème parabolique est associé à des conditions aux limites (CL) de type Dirichlet $u(t,0) = u(t,1) = 0$ et une condition initiale (CI) $u(0,x) = \varphi(x)$ qui assurent que le problème est bien posé et possède une solution unique (voir chapitre 1 page 30) que l'on cherche donc à approcher par la méthode des différences finies.
Pour pouvoir examiner la pertinence et la validité des solutions approchées construites, il est nécessaire de pouvoir confronter l'approximation avec la solution exacte de manière à mesurer l'erreur commise (comme cela a déjà été déjà mentionné, la construction de méthodes numériques passe par une étape de validation consistant à résoudre un problème dont on connaît la solution de manière à la valider avant d'aborder des problèmes dont on ignore tout de la solution). C'est pourquoi la solution du problème (5.30) est donnée dans le cas où

$$\begin{cases} \varphi : x \mapsto \varphi(x) = 4\sin(\pi x) + 0,3\sin(10\pi x) \\ D = 0,01 \end{cases}$$

qui vaut

$$u : (t,x) \mapsto u(t,x) = 4\mathrm{e}^{-D\pi^2 t}\sin(\pi x) + 0,3\mathrm{e}^{-100D\pi^2 t}\sin(10\pi x) \tag{5.31}$$

Ces deux fonctions (la condition initiale et la solution) sont représentées dans la figure 5.16 sur le segment $[0,1]$ (en espace).

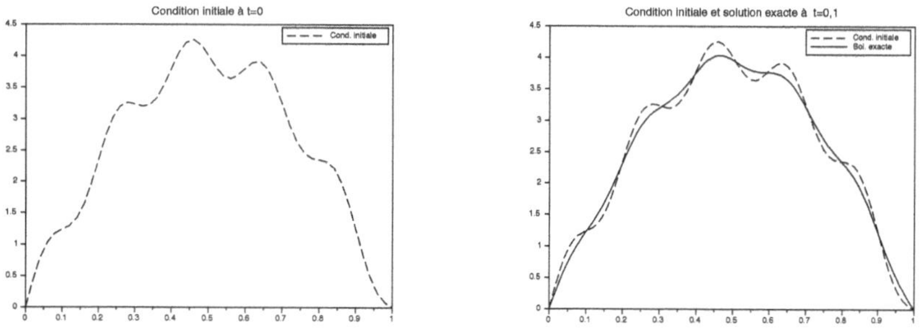

FIGURE 5.16 – Condition initiale seule, et condition initiale et solution exacte à $t = 0,1$

3.2 Le maillage du domaine

Le maillage est constitué des nœuds de calculs $M_{k,i}$ de coordonnées $(t_k, x_i) = (k\Delta t, i\Delta x)$ pour $k \in \{0, \cdots, N_t\}$ et $i \in \{0, \cdots, N_x + 1\}$.
Rappelons que l'on note $t_{k+1} = t_k + \Delta t$, $x_{i+1} = x_i + \Delta x$ et $u_i^{(k)}$ une valeur approchée de $u(t_k, x_i)$.

Remarque. Le choix de prendre l'indice i entre 0 et $N_x + 1$ est une simple commodité. En effet, en raison des conditions aux limites nulles au bord, les seules inconnues du problème sont les valeurs prises par la solution aux nœuds « intérieurs » de coordonnées (t_k, x_i) pour $1 \leq i \leq N_x$.

3.3 Construction d'un schéma numérique explicite

3.3.1 Le schéma

1. **Discrétisation de l'équation aux dérivées partielles** : on discrétise les dérivées partielles $\dfrac{\partial u}{\partial t}$ et $\dfrac{\partial^2 u}{\partial x^2}$ au point (t_k, x_i) en utilisant les approximations respectivement d'ordre 1 et 2

$$\frac{\partial u}{\partial t}(t_k, x_i) \approx \frac{u(t_{k+1}, x_i) - u(t_k, x_i)}{\Delta t}$$

et

$$\frac{\partial^2 u}{\partial x^2}(t_k, x_i) \approx \frac{u(t_k, x_{i+1}) - 2u(t_k, x_i) + u(t_k, x_{i-1})}{(\Delta x)^2}$$

ce qui conduit à la discrétisation de l'équation (E) de (5.30) sous la forme

$$\frac{u_i^{(k+1)} - u_i^{(k)}}{\Delta t} - D\frac{u_{i+1}^{(k)} - 2u_i^{(k)} + u_{i-1}^{(k)}}{(\Delta x)^2} = 0 \tag{5.32}$$

Si l'on pose $\lambda = \dfrac{D\Delta t}{(\Delta x)^2}$, on peut écrire (5.32) sous la forme

$$u_i^{(k+1)} = \lambda u_{i-1}^{(k)} + (1-2\lambda)u_i^{(k)} + \lambda u_{i+1}^{(k)} \tag{5.33}$$

2. **Discrétisation de la condition initiale** : elle est discrétisée en écrivant simplement $u(0, x_i) = \varphi(x_i)$ pour tout $i \in \{0, \cdots, N_x + 1\}$, c'est à dire

$$u_i^{(0)} = \varphi(x_i) \tag{5.34}$$

3. **Discrétisation des conditions aux limites** : elles sont discrétisées en écrivant aussi simplement $u(t_k, 0) = u(t_k, 1) = 0$ pour tout $k \in \{0, \cdots, N_t\}$, c'est à dire

$$u_0^{(k)} = u_{N_x+1}^{(k)} = 0 \tag{5.35}$$

Finalement, on peut construire le schéma numérique suivant

Définition 45. On appelle *schéma numérique explicite* pour le problème (5.30) le schéma

$$\begin{cases} 1 \le i \le N_x, 0 \le k \le N_t, & u_i^{(k+1)} = \lambda u_{i-1}^{(k)} + (1-2\lambda)u_i^{(k)} + \lambda u_{i+1}^{(k)} \\ 0 \le i \le N_x + 1, & u_i^{(0)} = \varphi(x_i) \\ 0 \le k \le N_t, & u_0^{(k)} = u_{N_x+1}^{(k)} = 0 \end{cases} \tag{5.36}$$

où $\lambda = \dfrac{D\Delta t}{(\Delta x)^2}$.

Remarque. Ce schéma est encore explicite parce que les valeurs $u_i^{(k+1)}$ s'expriment explicitement en fonction des valeurs $u_{i-1}^{(k)}$, $u_i^{(k)}$, $u_{i+1}^{(k)}$.

3.3.2 Expression matricielle

Le système (5.36) étant linéaire, il est facile et commode d'en donner une forme matricielle. Commençons par poser $U^{(k)}$ la matrice colonne de taille $N_x \times 1$

$$U^{(0)} = \left\{ \begin{matrix} \varphi(x_1) \\ \varphi(x_2) \\ \vdots \\ \varphi(x_{N_x}) \end{matrix} \right\} \text{ et pour } k \in \mathbb{N}^*,\ U^{(k)} = \left\{ \begin{matrix} u_1^{(k)} \\ u_2^{(k)} \\ \vdots \\ u_{N_x}^{(k)} \end{matrix} \right\}$$

Ensuite, en posant $[L]$ la matrice carrée de taille $N_x \times N_x$

$$[L] = \begin{bmatrix} -2 & 1 & 0 & 0 & \cdots & 0 \\ 1 & -2 & 1 & 0 & \cdots & 0 \\ 0 & 1 & -2 & 1 & \cdots & 0 \\ \vdots & \ddots & \ddots & \ddots & -2 & 1 \\ 0 & \cdots & 0 & 0 & 1 & -2 \end{bmatrix}$$

puis $[I]$ la matrice identité de taille $N_x \times N_x$, on construit la matrice $[M]$

$$[M] = [I] + \lambda [L] = \begin{bmatrix} 1-2\lambda & \lambda & 0 & 0 & \cdots & 0 \\ \lambda & 1-2\lambda & \lambda & 0 & \cdots & 0 \\ 0 & \lambda & 1-2\lambda & 0 & \cdots & 0 \\ \vdots & \ddots & \ddots & \ddots & & \lambda \\ 0 & \cdots & 0 & \lambda & & 1-2\lambda \end{bmatrix}$$

Cela permet d'écrire le système (5.36) sous la forme matricielle

$$\left\{ \begin{array}{l} \forall k \in \{0, \cdots, N_t - 1\} \\ U^{(k+1)} = [M] U^{(k)} \end{array} \right. \tag{5.37}$$

ou bien, de manière équivalente,

$$\left\{ \begin{array}{l} \forall k \in \{0, \cdots, N_t - 1\} \\ \dfrac{U^{(k+1)} - U^{(k)}}{\Delta t} = \dfrac{D}{(\Delta x)^2} [L] U^{(k)} \end{array} \right. \tag{5.38}$$

La matrice $[M]$ est appelée *matrice d'itération* du schéma. Ses propriétés sont directement liées à la qualité du schéma.

3.3.3 Algorithmes pour le calcul des solutions approchées

On commence par programmer les deux fonctions φ définissant la condition initiale, notée dans l'algorithme $u0$ et la solution exacte, notée ue :

```
function [y]=u0(x)
  y=4*sin(%pi*x)+0.27*sin(10*%pi*x);
endfunction
```

```
function [y]=ue(x,t,D)
  y=4*exp(-D*%pi*%pi*t)*sin(%pi*x)
      +0.27*exp(-100*D*%pi*%pi*t)*sin(10*%pi*x);
endfunction
```

Un algorithme utilisant la forme matricielle du schéma numérique est proposé. Conformément aux choix effectués pour le maillage, on distingue le nombre de nœuds intérieurs `Nxi` et le nombre de nœuds total `Nx`. D'autre part, au lieu de travailler avec des matrices lignes pour stocker les « vecteurs » contenant la solution approchée (comme cela a été fait jusqu'à présent), on travaille avec des matrices colonnes. Cela se voit en particulier dans la ligne 9, l'écriture `x=linspace(0,1,Nx)'` conduit à transposer le résultat de `linspace(0,1,Nx)` et à fournir une colonne. Les lignes 15, 16 et 17 construisent la matrice d'itération $[M]$, les lignes 19, 20 et 21 se chargent des initialisations (`Ui` désigne la colonne qui contiendra les valeurs approchées pour les `Nxi` nœuds intérieurs). Les lignes 22, 23 et 24 calculent les valeurs approchées pour autant de pas de temps que nécessaire. La ligne 25 reconstruit la colonne qui contient les valeurs approchées sur l'ensemble des `Nx` nœuds de calcul, c'est-à-dire avec la valeur zéro en première et dernière composantes.

```
0001 //Equation de la chaleur
0002 //Schéma explicite matriciel
0003 //Coefficient de diffusion
0004 D=0.01;
0005 //Paramètres d'espace
0006 Nxi=50;//Nombre de noeuds intérieurs
0007 Nx=Nxi+2;//Nombre total de noeuds
0008 dx=1/(Nxi+1);
0009 x=linspace(0,1,Nx)';xi=linspace(0,1,Nxi)';
0010 //Lambda
0011 lambda=0.4;
0012 //Paramètres de temps
0013 T=1; dt=lambda*(dx^2)/D; Nt=int(T/dt);
0014 //matrice d'itération
0015 L=diag(-2*ones(1,Nxi))+(diag(ones(1,Nxi-1),1)
         +diag(ones(1,Nxi-1),-1));
0016 Id=diag(ones(1,Nxi));
0017 M=Id+lambda*L;
0018 //calcul de la solution approchée
0019 U0=u0(x);
0020 Ui=zeros(Nxi,1);
0021 Ui(1:Nxi)=U0(2:Nx-1);
0022 for t=dt:dt:Nt*dt
0023     Ui=M*Ui;
0024 end
0025 U=zeros(Nx,1);U=[0;Ui;0];
0026 //Représentation graphique
0027 clf();plot(x,u0(x),'k:', x,U,'k.-',x,ue(x,Nt*dt,D),'k--');
0028 legend(['cond. initiale','Sol. app.','Sol. exacte'],2);
```

Si l'on souhaite faire une programmation semblable à celles qui ont été utilisées pour l'équation de transport, c'est-à-dire avec les « vecteurs » (c'était en fait des matrices lignes) up et um, on peut utiliser l'algorithme suivant (les lignes de 1 à 8 sont identiques, de même que les dernières lignes en remplaçant U par u) :

```
0009  x=linspace(0,1,Nx);xi=linspace(0,1,Nxi);
0010  //Lambda
0011  lambda=0.4;
0012  //Paramètres de temps
0013  T=1; dt=lambda*(dx^2)/D; Nt=int(T/dt);
0014  //solution approchée
0015  u=zeros(1,Nx);u=u0(x);
0016  ui=zeros(1,Nxi);ui=u(2:Nx-1);
0017  up=zeros(1,Nxi);up=ui;
0018  um=zeros(1,Nxi);um=ui;
0019  for t=dt:dt:Nt*dt
0020      up(1:Nxi-1)=ui(2:Nxi);
0021      up(Nxi)=0;
0022      um(2:Nxi)=ui(1:Nxi-1);
0023      um(1)=0;
0024      ui = ui + D*dt/(dx*dx)*(up+um-2*ui);
0025  end
```

3.3.4 Algorithmes pour la mesure de l'erreur en espace

L'algorithme permettant d'obtenir la figure 5.20 page 159 est donné ci-dessous :

```
0001  //Equation de la chaleur (Schéma explicite Erreur)
0002  stacksize('max');
0003  //Paramètres
0004  D=1/100;lambda=0.4;T=2;P=10;
0005  //Calcul de l'erreur
0006  e=zeros(1,P);xe=50:50:50*P;
0007  for Nxi=50:50:50*P
0008      Nx=Nxi+2;//Nombre total de noeuds
0011      dx=1/(Nxi+1);
0012      x=linspace(0,1,Nx)';xi=linspace(0+dx,1-dx,Nxi)';
0013      //Paramètres de temps
0014      dt=lambda*(dx^2)/D; Nt=int(T/dt);
0015      //matrice d'itération
0016      L=-diag(2*ones(1,Nxi))+(diag(ones(1,Nxi-1),1)
              +diag(ones(1,Nxi-1),-1));
0017      Id=diag(ones(1,Nxi));
0018      M=Id+lambda*L;
0019      //calcul de la solution approchée
0020      //U0=u0(x);
0021      Ui=zeros(Nxi,1);
0022      Ui=u0(xi);
```

```
        //Ui(1:Nxi)=U0(2:Nx-1);
        for t=dt:dt:Nt*dt
            Ui=M*Ui;
        end
        e(Nx/50)=max(abs(Ui-ue(xi,Nt*dt,D)));
    end
    //Calcul de la droite de régression
    [a,b,s]=reglin(log(xe),log(e));
    y=a*log(xe)+b;
    //Représentation graphique
    clf();plot(log(xe),y,'k',log(xe),log(e),'k*');
    legend('pente='+string(a));
```

3.4 Simulations numériques pour le schéma explicite

3.4.1 Comportement du schéma

Plusieurs simulations numériques sont proposées avec $D = 0{,}01$ et $\Delta x = 1/50$ et des valeurs de λ et du temps final qui varient.

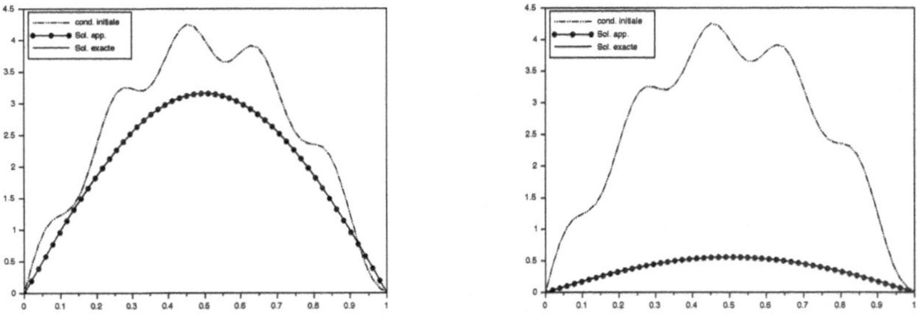

FIGURE 5.17 – Schéma explicite pour $\lambda = 0{,}4$, $T = 2{,}4$ et $T = 20$

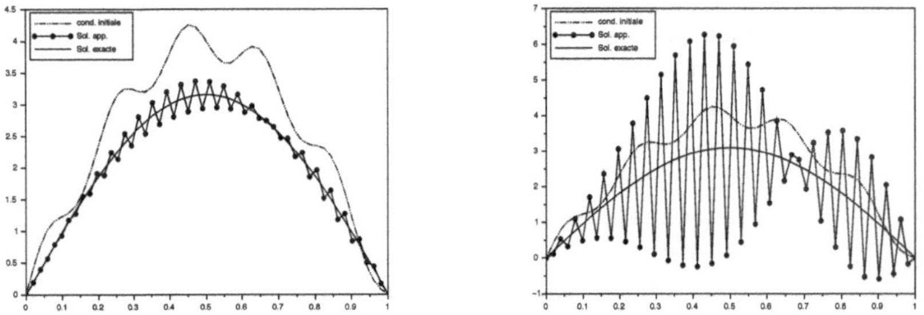

FIGURE 5.18 – Schéma explicite pour $\lambda = 0{,}6$, $T = 2{,}4$ et $T = 2{,}6$

Les figures 5.17 et 5.18 suggèrent la stabilité du schéma lorsque $\lambda = 0,4$ (la solution exacte est masquée par la solution approchée en raison d'une grande précision) et son caractère instable, et donc non convergent, lorsque $\lambda = 0,6$. On peut aussi observer ce qui se passe pour un temps T fixé lorsque le pas d'espace Δx diminue (à λ fixé), ce qui permet d'avoir un aperçu de la convergence du schéma. Précisément, pour le temps $T = 0,2$ et $\lambda = 0,4$, on fait un gros plan d'une partie de l'approximation obtenue lorsque le nombre de nœuds intérieurs vaut 50 puis 100. Le résultat est visible dans la figure 5.19.

3.4.2 Ordre de convergence empirique

On démontrera dans la section consacrée aux aspects théoriques que le schéma construit est stable et aussi convergent si et seulement si $0 < \lambda \leq 0,5$. Admettons-le pour l'instant et intéressons nous à l'ordre de convergence empirique lorsque $\lambda = 0,4$. Comme d'habitude, la figure 5.20 représente le logarithme de l'erreur en fonction du logarithme du nombre de nœuds de calcul variant de 50 à 500 par pas de 50. Ce graphique témoigne encore d'un alignement quasi parfait des points avec une droite dont la pente est très proche de -2. Autrement dit, cela suggère que l'erreur est de l'ordre de $(\Delta x)^2$.

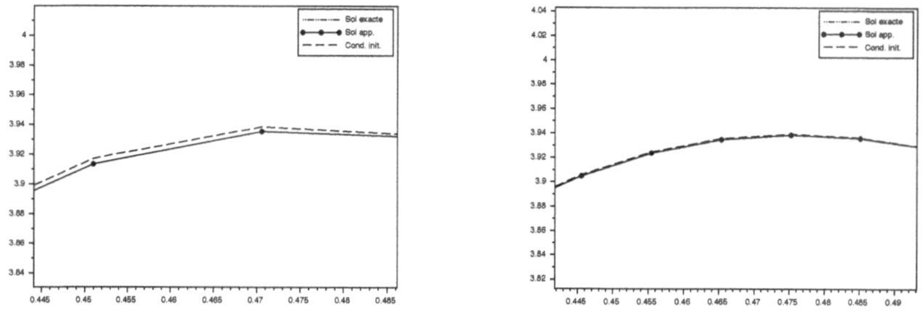

FIGURE 5.19 – Précision de la solution approchée

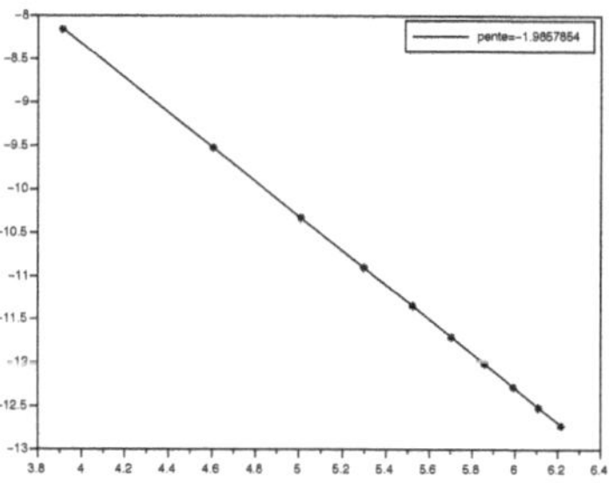

FIGURE 5.20 – Comportement de l'erreur en espace pour le schéma explicite

3.5 Schéma numérique implicite

3.5.1 Le schéma

Une très légère variante du schéma précédent est proposée ici qui va conduire vers un nouveau schéma implicite cette fois-ci. Il s'agit simplement de modifier l'approximation de la dérivée partielle $\frac{\partial u}{\partial t}$ au point (t_k, x_i) en posant maintenant

$$\frac{\partial u}{\partial t}(t_k, x_i) \approx \frac{u(t_k, x_i) - u(t_{k-1}, x_i)}{\Delta t}$$

ce qui conduit à la discrétisation

$$\frac{u_i^{(k)} - u_i^{(k-1)}}{\Delta t} - D\frac{u_{i+1}^{(k)} - 2u_i^{(k)} + u_{i-1}^{(k)}}{(\Delta x)^2} = 0 \tag{5.39}$$

ou encore, en posant toujours $\lambda = \frac{D\Delta t}{(\Delta x)^2}$, à la forme équivalente

$$-\lambda u_{i-1}^{(k+1)} + (1+2\lambda)u_i^{(k+1)} - \lambda u_{i+1}^{(k+1)} = u_i^{(k)} \tag{5.40}$$

Définition 46. On appelle *schéma numérique implicite* pour le problème (5.30) le schéma numérique défini par

$$\begin{cases} 1 \leq i \leq N_x - 1, 0 \leq k \leq N_t - 1, & -\lambda u_{i-1}^{(k+1)} + (1+2\lambda)u_i^{(k+1)} - \lambda u_{i+1}^{(k+1)} = u_i^{(k)} \\ 0 \leq i \leq N_x + 1, & u_i^{(0)} = \varphi(x_i) \\ 0 \leq k \leq N_t, & u_0^{(k)} = u_{N_x+1}^{(k)} = 0 \end{cases} \tag{5.41}$$

en posant $\lambda = \frac{D\Delta t}{(\Delta x)^2}$.

Remarque. Le schéma est dit implicite parce que les valeurs au temps t_k ne s'expriment pas directement en fonction des valeurs calculées au temps t_{k-1}. Sous forme matricielle, ce schéma oblige théoriquement à inverser une matrice.

3.5.2 Expression matricielle

Avec les mêmes notations que pour le schéma explicite, la forme matricielle du schéma implicite est donnée par l'une des deux formes équivalentes suivantes :

$$\begin{cases} \forall k \in \{0, \cdots, N_t - 1\} \\ ([I] - \lambda[L])U^{(k+1)} = U^{(k)} \end{cases} \tag{5.42}$$

ou encore

$$\begin{cases} \forall k \in \{1, \cdots, N_t\} \\ \frac{U^{(k)} - U^{(k-1)}}{\Delta t} = \frac{D}{(\Delta x)^2}[L]U^{(k)} \end{cases} \tag{5.43}$$

3.5.3 Existence d'une solution au problème discrétisé

Ici, contrairement au cas explicite, le calcul à chaque instant t_k des valeurs $u_i^{(k)}$ (et donc du vecteur $U^{(k)}$) à partir des valeurs $u_i^{(k-1)}$ (et donc du vecteur $U^{(k-1)}$) nécessite la résolution d'un système et l'inversion (au moins théoriquement) de la matrice $[A] = [I] - \lambda[L]$.
Il convient donc de s'assurer qu'elle est bien inversible et que le système possède une unique solution.

Proposition 30. La matrice $[A] = [I]-\lambda[L]$ est symétrique définie positive (voir le chapitre 3) et, par conséquent, inversible. Ainsi, le schéma numérique implicite calcule bien, à chaque pas de temps, une solution unique.

Démonstration.
La matrice $[A]$ est clairement carrée et symétrique réelle. Soit maintenant une matrice colonne $V \in \mathscr{M}_{n,1}(\mathbb{R})$ non nulle. On a

$$^{\mathbf{t}}V[A]V = {}^{\mathbf{t}}V \begin{bmatrix} 1+2\lambda & -\lambda & & & \\ -\lambda & 1+2\lambda & -\lambda & & \\ & \ddots & \ddots & \ddots & \\ & & -\lambda & 1+2\lambda & -\lambda \\ & & & -\lambda & 1+2\lambda \end{bmatrix} V$$

En notant $(v_i)_{i\in\{1,\cdots,N\}}$ les composantes de V, on obtient

$$^{\mathbf{t}}V[A]V = \sum_{i=1}^{N}(1+2\lambda)\, v_i^2 - 2\lambda\sum_{i=2}^{N} v_i\, v_{i-1} = \sum_{i=1}^{N} v_i^2 + 2\lambda\left[\sum_{i=1}^{N} v_i^2 - \sum_{i=2}^{N} v_i\, v_{i-1}\right]$$

puis,

$$^{\mathbf{t}}V[A]V = \sum_{i=1}^{N} v_i^2 + 2\lambda\left[v_1^2 + v_N^2 + \sum_{i=2}^{N}\left(v_i^2 - 2\, v_i\, v_{i-1} + v_{i-1}^2\right)\right]$$

$$^{\mathbf{t}}V[A]V = \sum_{i=1}^{N} v_i^2 + 2\lambda\left[v_1^2 + v_N^2 + \sum_{i=2}^{N}(v_i - v_{i-1})^2\right]$$

Finalement, ${}^{\mathbf{t}}V[A]V$ est une somme de termes positifs dont au moins un est non nul, c'est donc un nombre strictement positif. Cela démontre donc bien que $[I] - \lambda[L]$ est définie positive. Pour terminer, puisque $[I] - \lambda[L]$ est symétrique réelle et désormais définie positive (voir le chapitre 3), elle est diagonalisable et toutes ses valeurs propres sont réelles et strictement positives, ce qui démontre qu'elle est inversible. □

3.5.4 Algorithme

L'expression (5.42) impose théoriquement d'inverser la matrice d'itération $[I] - \lambda[L]$ à chaque pas de temps. Dans la pratique cela n'est ni raisonnable ni conseillé en raison de problèmes de conditionnement, de place mémoire et de temps de calcul comme c'est succinctement expliqué dans le chapitre 3. On utilise donc la fonction `lufact` de *Scilab* qui permet d'obtenir la factorisation « LU » d'une matrice creuse. Concrètement, on reprend l'algorithme construit pour le schéma explicite et on ne modifie que les lignes 17 (nouvelle forme de la matrice), 21 (décomposition « LU ») et 23 (résolution du système) :

```
0017  M=Id-lambda*L; // ! la matrice change !
0018  //calcul de la solution approchée
0019  U0=u0(x);
0020  Ui=zeros(Nxi,1);Ui(1:Nxi)=U0(2:Nx-1);
0021  LU=lufact(sparse(M)); \\décomposition LU
0022  for t=dt:dt:Nt*dt
0023  Ui=lusolve(LU,Ui);
0024  end
```

3.5.5 Simulations numériques

Le schéma implicite est, a priori, beaucoup plus coûteux en calculs que son homologue explicite en raison de l'inversion de la matrice. Malgré tout, il a une qualité remarquable, sa stabilité n'est pas liée à la valeur du paramètre λ comme le suggèrent les figures 5.21 et 5.22 qui ont été obtenues dans les mêmes conditions que pour le schéma explicite.

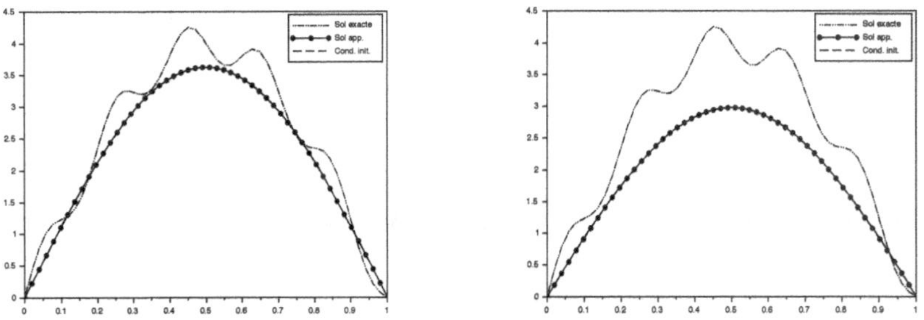

FIGURE 5.21 – Schéma implicite pour $\lambda = 0,4$, $T = 1$ et $T = 3$

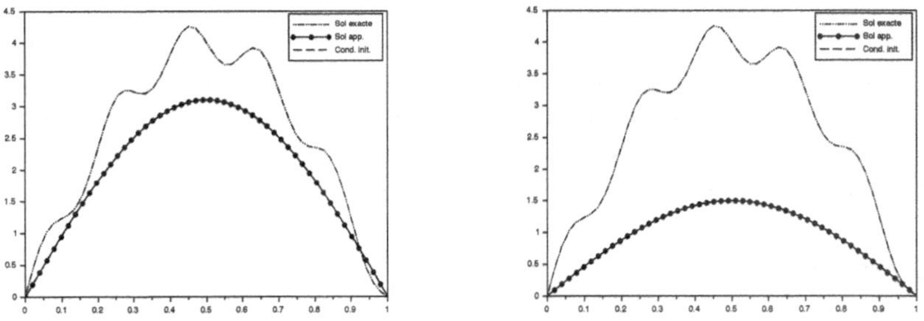

FIGURE 5.22 – Schéma implicite pour $\lambda = 0,6$, $T = 2,6$ et $T = 10$

3.5.6 Ordre de convergence empirique

La représentation du logarithme de l'erreur en fonction du logarithme du nombre de nœuds de calcul suggère ici un alignement presque parfait des points sur une droite de pente -2 et donc un ordre de convergence empirique en espace de 2. Ce résultat sera démontré par la suite.

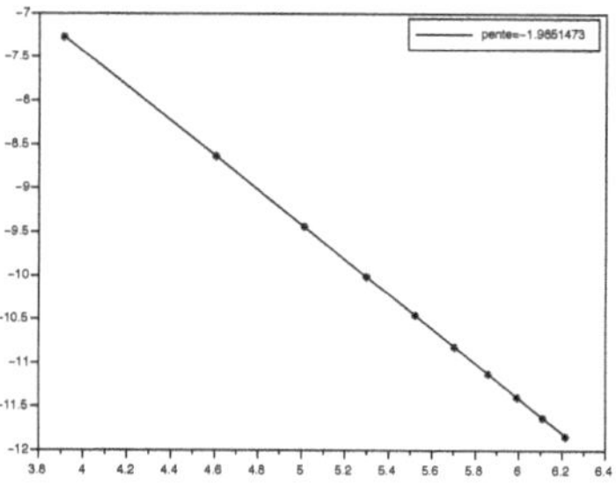

FIGURE 5.23 – Comportement de l'erreur en espace pour le schéma implicite

3.6 Schéma semi implicite de Crank-Nicolson

Le schéma de Crank-Nicolson (John Crank, 1916-2006, physicien britannique, Phyllis Nicolson, 1917-1968, mathématicienne britannique) est un exemple de schéma construit comme combinaison convexe des deux schémas explicite et implicite connus. En fait, comme il est expliqué à la page 192, c'est un cas particulier d'une famille de schémas appelés les θ-schémas où θ est un réel de l'intervalle $[0,1]$ qui mesure le « degré d'implicité ». Pour $\theta = 1/2$, qui correspond au schéma proposé, cela conduit à un équilibre entre la partie explicite et la partie implicite. Cet exemple, qui n'est pas développé, est destiné à montrer comme il est facile de construire toute une famille de schémas à partir de la combinaison de schémas connus.
D'autre part, la forme matricielle des schémas est privilégiée dans cette section.

Le schéma explicite s'écrit, sous forme matricielle, selon la formule (5.38)

$$\left\{ \begin{array}{l} \forall k \in \{0, \cdots, N_t - 1\} \\ \dfrac{U^{(k+1)} - U^{(k)}}{\Delta t} = \dfrac{D}{(\Delta x)^2}[L]U^{(k)} \end{array} \right.$$

et le schéma implicite selon la formule (5.43)

$$\left\{ \begin{array}{l} \forall k \in \{0, \cdots, N_t - 1\} \\ \dfrac{U^{(k+1)} - U^{(k)}}{\Delta t} = \dfrac{D}{(\Delta x)^2}[L]U^{(k+1)} \end{array} \right.$$

En faisant la « moyenne » de ces deux schémas, c'est à dire une combinaison linéaire avec pour coefficients $\theta = 1/2$ et $1-\theta = 1/2$, on obtient le nouveau schéma semi implicite :

$$\left\{\begin{array}{l} \forall k \in \{0, \cdots, N_t - 1\} \\ \dfrac{U^{(k+1)} - U^{(k)}}{\Delta t} = \dfrac{D}{2(\Delta x)^2}[L]U^{(k)} + \dfrac{D}{2(\Delta x)^2}[L]U^{(k+1)} \end{array}\right.$$

que l'on peut aussi écrire, en regroupant certains termes

$$\left\{\begin{array}{l} \forall k \in \{0, \cdots, N_t - 1\} \\ \left([I] - \dfrac{\lambda}{2}[L]\right)U^{(k+1)} = \left([I] + \dfrac{\lambda}{2}[L]\right)U^{(k)} \end{array}\right.$$

en notant toujours $\lambda = \dfrac{D\Delta t}{(\Delta x)^2}$ et en utilisant les notations matricielles introduites dans la section 3.3.2.

Définition 47. On appelle *schéma numérique semi implicite de Crank-Nicolson* pour le problème (5.30) le schéma, défini sous forme matricielle, par :

$$\left\{\begin{array}{l} \forall k \in \{0, \cdots, N_t - 1\} \\ \left([I] - \dfrac{\lambda}{2}[L]\right)U^{(k+1)} = \left([I] + \dfrac{\lambda}{2}[L]\right)U^{(k)} \end{array}\right. \tag{5.44}$$

La mise en œuvre d'un tel schéma ne pose pas de problème à partir des algorithmes des schémas explicite et implicite. Il suffit d'évaluer les deux matrices $[M_1] = [I] - \dfrac{\lambda}{2}[L]$ et $[M_2] = [I] + \dfrac{\lambda}{2}[L]$, d'opérer la décomposition « LU » de la matrice $[M_1]$ puis de résoudre le système $[M_1]U^{(k+1)} = [M_2]U^{(k)}$. Il suffit alors de modifier les lignes 17, 21 et 23 de l'algorithme proposé pour le schéma implicite.

```
0017  M1=Id-(lambda/2)*L; M2=Id+(lambda/2)*L;
0018  //calcul de la solution approchée
0019  U0=u0(x);
0020  Ui=zeros(Nxi,1);Ui(1:Nxi)=U0(2:Nx-1);
0021  LU=lufact(sparse(M1)); \\décomposition LU
0022  for t=dt:dt:Nt*dt
0023  Ui=lusolve(LU,M2*Ui);
0024  end
```

Le lecteur pourra vérifier de manière empirique que ce schéma est stable sous la condition $0 < \lambda \leq \dfrac{1}{2}$ et que l'ordre de convergence (empirique) en espace est 2. On démontrera dans la section consacrée aux aspects théoriques ces résultats et en particulier que le schéma de Crank-Nicolson est non seulement d'ordre deux en espace mais aussi d'ordre deux en temps.

3.7 Schéma *saute-mouton*

L'exemple qui suit est destiné à montrer que l'apparente simplicité avec laquelle on peut construire des schémas numériques est trompeuse. En effet, l'expérience montre vite que tous les schémas ne sont pas intéressants ni même utilisables. A titre d'exemple, observons le schéma construit sur la base du schéma explicite en modifiant le terme discrétisant la dérivée partielle en temps (cette modification a pour conséquence d'augmenter la précision de l'approximation en temps, nous l'admettrons sans démonstration). Cette modification se traduit par l'approximation suivante, centrée

$$\frac{\partial u}{\partial t}(t_k, x_i) \approx \frac{u(t_k + \Delta t, x_i) - u(t_k - \Delta t, x_i)}{2\Delta t}$$

et conduit au schéma, appelé *saute mouton* (parce qu'on saute un pas de temps).

Définition 48. On appelle schéma numérique *saute mouton*, le schéma écrit sous forme matricielle

$$\left\{\begin{array}{l} \forall k \in \{1, \cdots, N_t - 1\} \\ U^{(1)} \text{ donné par un autre schéma} \\ U^{(k+1)} = U^{(k-1)} + 2\lambda[L]U^{(k)} \end{array}\right. \tag{5.45}$$

en posant $\lambda = \dfrac{D\Delta t}{(\Delta x)^2}$.

Remarquez que, d'un point de vue algorithmique, il est nécessaire d'évaluer, en plus de la condition initiale, les valeurs au premier pas de temps, avec un schéma connu (par exemple explicite). On montre que ce schéma est plus précis que le schéma explicite mais l'expérience montre que ce gain n'est pas utilisable parce que le schéma ne converge jamais en raison d'une très forte instabilité, comme le suggère la figure 5.24.

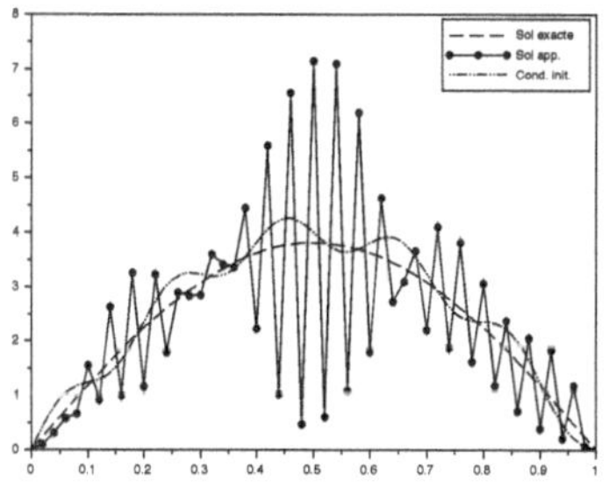

FIGURE 5.24 – Schéma *saute mouton* avec $\lambda = 0,4$ et $t = 0,5$

4 Différences finies pour l'équation des cordes vibrantes

4.1 Le problème

Considérons le problème hyperbolique (2.33) de l'équation des cordes vibrantes homogène en une variable d'espace x sur le domaine non borné $\mathbb{R}$. On a vu, dans le chapitre 2, que ce problème possédait, sous réserve de régularité suffisante des fonctions φ et ψ, une unique solution donnée par la formule de d'Alembert (2.34). On souhaite donc maintenant construire un schéma numérique aux différences finies pour approcher la solution du problème

$$\left\{\begin{array}{lll} (E) & \dfrac{\partial^2 u}{\partial t^2}(t,x) - c^2\dfrac{\partial^2 u}{\partial x^2}(t,x) = 0 & \text{pour } (t,x) \in \mathbb{R}^{+*} \times \mathbb{R} \\ (CI1) & u(0,x) = \varphi(x) & \text{pour } x \in \mathbb{R} \\ (CI2) & \dfrac{\partial u}{\partial t}(0,x) = \psi(x) & \text{pour } x \in \mathbb{R} \end{array}\right. \tag{5.46}$$

4.2 Le maillage du domaine

Le maillage est constitué des nœuds de calculs $M_{i,k}$ de coordonnées $(t_k, x_i) = (k\Delta t, i\Delta x)$ pour $k \in \{0, \cdots, N_t\}$ et $i \in \mathbb{Z}$. Rappelons que l'on note $t_{k+1} = t_k + \Delta t$, $x_{i+1} = x_i + \Delta x$ et $u_i^{(k)}$ une valeur approchée de $u(t_k, x_i)$.

4.3 Construction d'un schéma numérique explicite

Comme d'habitude, et avec les mêmes notations, on discrétise l'équation aux dérivées partielles et les conditions aux limites à partir de quotients aux différences finies :

1. **Discrétisation de l'équation aux dérivées partielles** : au point du maillage (intérieur au domaine) de coordonnées (t_k, x_i) on écrit

$$\frac{\partial^2 u}{\partial t^2}(t_k, x_i) \approx \frac{u(t_{k+1}, x_i) - 2u(t_k, x_i) + u(t_{k-1}, x_i)}{(\Delta t)^2}$$

et

$$\frac{\partial^2 u}{\partial x^2}(t_k, x_i) \approx \frac{u(t_k, x_{i+1}) - 2u(t_k, x_i) + u(t_k, x_{i-1})}{(\Delta x)^2}$$

ce qui conduit à générer une suite de valeurs $u_i^{(k)}$ définie par l'expression

$$\frac{u_i^{(k+1)} - 2u_i^{(k)} + u_i^{(k-1)}}{(\Delta t)^2} - c^2\frac{u_{i+1}^{(k)} - 2u_i^{(k)} + u_{i-1}^{(k)}}{(\Delta x)^2} = 0 \tag{5.47}$$

Si l'on pose $\lambda = \left(\dfrac{c\Delta t}{\Delta x}\right)^2$, on peut écrire (5.47) sous la forme équivalente

$$u_i^{(k+1)} = u_i^{(k-1)} + 2(1-\lambda)u_i^{(k)} + \lambda\big(u_{i+1}^{(k)} + u_{i-1}^{(k)}\big) \tag{5.48}$$

2. **Discrétisation des conditions initiales** : pour la première condition, $u(0,x) = \varphi(x)$, il n'y a pas de problème, elle est discrétisée en écrivant $u(0,x_i) = \varphi(x_i)$ pour tout $i \in \{0, \cdots, N_x+1\}$, c'est à dire

$$u_i^{(0)} = \varphi(x_i) \tag{5.49}$$

Pour la seconde condition, $\frac{\partial u}{\partial t}(0,x) = \psi(x)$, les choses sont un peu moins simples. Commençons par utiliser un développement de Taylor à l'ordre 1

$$u(t+\Delta t, x) = u(t,x) + \Delta t \frac{\partial u}{\partial t}(t,x) + O(\Delta t)$$

En $t=0$, cela conduit à écrire, en tenant compte des conditions initiales

$$u(\Delta t, x) = \varphi(x) + \Delta t \psi(x) + O(\Delta t)$$

c'est à dire, au point $(t^{(0)} + \Delta t, x_i) = (t^{(1)}, x_i)$

$$u(t^{(1)}, x_i) = \varphi(x_i) + \Delta t \psi(x_i) + O(\Delta t)$$

On peut donc faire la discrétisation, pour tout $i \in \mathbb{N}$

$$u_i^{(1)} = u_i^{(0)} + \Delta t \psi(x_i) \tag{5.50}$$

Cela dit, par construction, cette discrétisation est d'ordre 1 en temps. Or, on démontre que le schéma numérique en construction est d'ordre 2 en espace et 2 aussi en temps. Il est donc fort dommage d'utiliser, pour la seconde condition initiale, une approximation seulement d'ordre 1 qui gâche la précision du schéma. C'est pourquoi on lui préfère une approximation d'ordre 2 construite en poussant le développement de Taylor jusqu'à l'ordre 2, c'est à dire en écrivant

$$u(t+\Delta t, x) = u(t,x) + \Delta t \frac{\partial u}{\partial t}(t,x) + \frac{(\Delta t)^2}{2} \frac{\partial^2 u}{\partial t^2}(t,x) + O\big((\Delta t)^2\big)$$

ce qui conduit, en $t=0$ à

$$u(\Delta t, x) = \varphi(x) + \Delta t \psi(x) + \frac{(\Delta t)^2}{2} \frac{\partial^2 u}{\partial t^2}(t,x) + O\big((\Delta t)^2\big)$$

Or, puisque u est solution de l'équation (E) de (5.46), on a $\frac{\partial^2 u}{\partial t^2}(0,x) = c^2 \frac{\partial^2 u}{\partial x^2}(0,x)$. On peut donc remplacer $\frac{\partial^2 u}{\partial t^2}(0,x)$ par $c^2 \frac{\partial^2 u}{\partial x^2}(0,x)$. Il reste à discrétiser la dérivée partielle $\frac{\partial^2 u}{\partial x^2}(0,x)$ en $(0,x_i)$ par le quotient aux différences finies

$$\frac{\partial^2 u}{\partial x^2}(0,x_i) \approx \frac{u(0,x_{i+1}) - 2u(0,x_i) + u(0,x_{i-1})}{(\Delta x)^2}$$

Finalement, on peut maintenant écrire la discrétisation de la seconde condition initiale valable pour tout $i \in \mathbb{N}$

$$u_i^{(1)} = u_i^{(0)} + \Delta t \psi(x_i) + c^2 \frac{(\Delta t)^2}{2(\Delta x)^2}\big(u_{i+1}^{(0)} - 2u_i^{(0)} + u_{i-1}^{(0)}\big) \tag{5.51}$$

ou encore, en faisant intervenir λ

$$u_i^{(1)} = \Delta t \psi(x_i) + \left(1 - \frac{\lambda}{2}\right) u_i^{(0)} + \lambda\left(u_{i+1}^{(0)} + u_{i-1}^{(0)}\right) \tag{5.52}$$

et l'on démontre qu'elle est précise à l'ordre 2.

Définition 49. On appelle *schéma numérique explicite (centré)* pour le problème (5.46) le schéma numérique, valable pour tout $i \in \mathbb{N}$

$$\begin{cases} \forall i \in \mathbb{N}^*, k \in \{1, \cdots, N_t\}, u_i^{(k+1)} = u_i^{(k-1)} + 2(1-\lambda) u_i^{(k)} + \lambda\left(u_{i+1}^{(k)} + u_{i-1}^{(k)}\right) \\ \forall i \in \mathbb{N}, u_i^{(0)} = \varphi(x_i) \\ \forall i \in \mathbb{N}^*, u_i^{(1)} = \Delta t \psi(x_i) + \left(1 - \frac{\lambda}{2}\right) u_i^{(0)} + \lambda\left(u_{i+1}^{(0)} + u_{i-1}^{(0)}\right) \end{cases} \tag{5.53}$$

où $\lambda = \left(\frac{c\Delta t}{\Delta x}\right)^2$.

4.4 Autre approche de construction d'un schéma numérique

Dans le chapitre 2, section 3.3 page 44, on a eu l'occasion de mettre en évidence le lien qui existait entre l'équation des cordes et l'équation de transport. Ce lien a d'ailleurs pleinement été utilisé pour résoudre le problème (2.33). Il est possible d'utiliser à nouveau ce lien pour construire de nouveaux schémas numériques.
En effet, avec les notations de la section 3.3 page 44, on a démontré qu'on pouvait écrire, en posant $v(t,x) = \frac{\partial u}{\partial t}(t,x)$ et $w(t,x) = \frac{\partial u}{\partial x}(t,x)$ puis $U(t,x) = \begin{Bmatrix} v(t,x) \\ w(t,x) \end{Bmatrix}$, l'équation des cordes sous la forme

$$\frac{\partial}{\partial t}\begin{Bmatrix} v \\ w \end{Bmatrix} = \begin{bmatrix} 0 & c^2 \\ 1 & 0 \end{bmatrix} \frac{\partial}{\partial x}\begin{Bmatrix} v \\ w \end{Bmatrix} \Longleftrightarrow \frac{\partial U}{\partial t} - C\frac{\partial U}{\partial x} = 0 \tag{5.54}$$

Autrement dit, en reconnaissant l'équation de transport, il est possible de mettre en œuvre des schémas numériques construits pour l'équation de transport, comme par exemple celui de Lax-Wendroff (voir la section 2.6 page 148 de ce chapitre).
Concrètement, cela revient à utiliser la formule (5.26) page 149 pour discrétiser (5.54) sous la forme

$$\frac{1}{\Delta t}\begin{Bmatrix} v_i^{n+1} - v_i^n \\ w_i^{n+1} - w_i^n \end{Bmatrix} - \frac{1}{2\Delta x}\begin{bmatrix} 0 & c^2 \\ 1 & 0 \end{bmatrix}\begin{Bmatrix} v_{i+1}^n - v_{i-1}^n \\ w_{i+1}^n - w_{i-1}^n \end{Bmatrix} - \frac{\Delta t}{2(\Delta x)^2}\begin{bmatrix} 0 & c^2 \\ 1 & 0 \end{bmatrix}^2 \begin{Bmatrix} v_{i+1}^n - 2v_i^n + v_{i-1}^n \\ w_{i+1}^n - 2w_i^n + w_{i-1}^n \end{Bmatrix} = 0$$

Les schémas de discrétisation de l'équation des cordes vibrantes ne seront pas plus développés et le lecteur est renvoyé aux ouvrages cités en bibliographie pour plus de détails (voir par exemple [AL] ou [SA]).

5 La méthode de Newmark

5.1 Les problèmes concernés

Une grande classe de problèmes physiques, parmi lesquels l'étude du comportement dynamique des structures élastiques avec amortissement linéaire et les problèmes de conduction de la chaleur, peuvent se ramener à une équation différentielle du second ordre ou, de manière plus générale, à un système d'équations différentielles du second ordre d'inconnue u_j de la forme

$$m_{ij}u_j''(t) + c_{ij}u_j'(t) + k_{ij}u_j(t) = f_j(t) \tag{5.55}$$

où m_{ij}, c_{ij}, k_{ij} sont des constantes et f_j des fonctions assez régulières (une telle équation est classiquement appelée un *oscillateur harmonique*).

Dans la pratique, on utilise une écriture matricielle sous la forme

$$[M]\{\ddot{U}(t)\} + [C]\{\dot{U}(t)\} + [K] = \{F(t)\} \tag{5.56}$$

où

1. $[M]$, $[C]$, $[K]$ sont des matrices de coefficients respectifs (m_{ij}), (c_{ij}) et (k_{ij}) (appelées respectivement matrice de *masse*, d'*amortissement* et de *rigidité*).
2. $\{U(t)\}$ et $\{F(t)\}$ sont deux vecteurs colonnes de composantes respectives $(u_j(t))$ (où u_j sont les inconnues, des fonctions au moins de classe $\mathscr{C}^2$) et $(f_j(t))$ (où f_j sont des fonctions données assez régulières).

La discrétisation par la méthode des éléments finis de problèmes dynamiques conduit à de tels systèmes (voir le chapitre 9).

5.2 Principe de la méthode de Newmark

Il existe de très nombreuses méthodes pour résoudre les problèmes de la forme (5.56) mais l'une des plus utilisées est celle de Newmark (Nathan Newmark, 1910-1981, ingénieur américain) qui est particulièrement adaptée à la résolution des équations différentielles du second ordre dans le cas linéaire ou non et même fortement non linéaire.

Expliquons succinctement son principe. On suppose disposer d'une subdivision régulière du domaine temporel $[0, T]$ de pas $\Delta t > 0$ constant en $N+1$ nœuds de calculs définis par

$$\begin{cases} t_0 = 0, \quad t_N = T \\ t_0 < t_1 < \cdots t_{N-1} < t_N \end{cases} \quad \text{et} \quad \begin{cases} \forall k \in \{0, \cdots, N\}, & t_k = k\Delta t \\ \forall k \in \{0, \cdots, N-1\}, & t_{k+1} = t_k + \Delta t \end{cases}$$

Avec ces notations, on peut écrire par développement de Taylor, en supposant la solution u assez régulière et en notant τ_k et τ_k' deux réels de $]t_k, t_{k+1}[$

$$u(t_{k+1}) = u(t_k + \Delta t) = u(t_k) + \Delta t u'(t_k) + \frac{(\Delta t)^2}{2}u''(t_k) + \frac{(\Delta t)^3}{6}u'''(\tau_k) \tag{5.57}$$

et

$$u'(t_{k+1}) = u'(t_k + \Delta t) = u'(t_k) + \Delta t u''(t_k) + \frac{(\Delta t)^2}{2} u'''(\tau'_k) \tag{5.58}$$

En remarquant que la valeur $u'''(\tau_k) = \dfrac{\mathrm{d}u''}{\mathrm{d}t}(\tau_k)$ est la pente de la tangente de la fonction $t \mapsto u''(t)$ en $t = \tau_k$ (et de même pour $u'''(\tau'_k)$), la méthode repose alors sur l'introduction de deux paramètres β et γ en écrivant

$$\left\{\begin{array}{l} \dfrac{1}{6} u'''(\tau_k) = \beta \dfrac{u''(t_k + \Delta t) - u''(t_k)}{\Delta t} \\ \dfrac{1}{2} u'''(\tau'_k) = \gamma \dfrac{u''(t_k + \Delta t) - u''(t_k)}{\Delta t} \end{array}\right. \tag{5.59}$$

ce qui correspond à « remplacer » la pente de la tangente de la fonction $t \mapsto \dfrac{1}{6} u''(t)$ en $t = \tau_k$ par la pente de la sécante $\beta \dfrac{u''(t_k + \Delta t) - u''(t_k)}{\Delta t}$ et la pente de la tangente de la fonction $t \mapsto \dfrac{1}{2} u''(t)$ en $t = \tau'_k$ par la pente de la sécante $\gamma \dfrac{u''(t_k + \Delta t) - u''(t_k)}{\Delta t}$ avec une erreur de l'ordre de Δt. Concrètement, cela revient à supposer une variation linéaire de la dérivée seconde entre les deux instants t_k et t_{k+1}.

En injectant (5.59) dans les développements de Taylor (5.57) et (5.58), on obtient le développement pour $u(t_k + \Delta t)$

$$u(t_k + \Delta t) = u(t_k) + \Delta t u'(t_k) + \frac{(\Delta t)^2}{2} \left[(1 - 2\beta) u''(t_k) + 2\beta u''(t_k + \Delta t)\right] + O\big((\Delta t)^3\big) \tag{5.60}$$

et celui pour $u'(t_k + \Delta t)$

$$u'(t_k + \Delta t) = u'(t_k) + \Delta t \left[(1 - \gamma) u''(t_k) + \gamma u''(t_k + \Delta t)\right] + O\big((\Delta t)^2\big) \tag{5.61}$$

à partir desquels on peut construire des valeurs approchées u_{k+1} et u'_{k+1} de $u(t_k + \Delta t)$ et $u'(t_k + \Delta t)$ à partir des valeurs approchées u'_k, u''_k, u''_{k+1} de $u'(t_k)$, $u''(t_k)$, $u''(t_k + \Delta t)$ en écrivant

$$u_{k+1} = u_k + \Delta t u'_k + \frac{(\Delta t)^2}{2} \left[(1 - 2\beta) u''_k + 2\beta u''_{k+1}\right] \tag{5.62}$$

et

$$u'_{k+1} = u'_k + \Delta t \left[(1 - \gamma) u''_k + \gamma u''_{k+1}\right] \tag{5.63}$$

Selon les choix faits pour β et γ, on obtient différents schémas avec différentes propriétés. Par exemple, dans le cas où $\beta = 0$ et $\gamma = 1/2$, le lecteur pourra vérifier que l'on retrouve un schéma centré aux différences finies puisque (5.62) et (5.63) conduisent à faire les approximations suivantes

$$\left\{\begin{array}{l} u''_k = \dfrac{u_{k+1} - 2u_k + u_{k-1}}{(\Delta t)^2} \\ u'_k = \dfrac{u_{k+1} - u_{k-1}}{\Delta t} \end{array}\right.$$

5.3 Schéma implicite de Newmark classique

Un des couples (β, γ) les plus utilisés, en particulier pour les problèmes de la dynamique des structures, correspond à

$$\begin{cases} \beta = 1/4 \\ \gamma = 1/2 \end{cases}$$

et donne le schéma implicite de Newmark classique. Précisément, on obtient le schéma suivant :

Définition 50. On appelle schéma implicite de Newmark le schéma numérique qui fournit des valeurs approchées de $u''(t_k + \Delta t)$ et $u'(t_k + \Delta t)$ en écrivant :

$$\begin{cases} u''_{k+1} = \dfrac{4}{(\Delta t)^2}\big(u_{k+1} - u_k\big) - \dfrac{4}{\Delta t}\big(u'_k - u''_k\big) \\ u'_{k+1} = u'_k + \dfrac{\Delta t}{2}\big(u''_{k+1} + u''_k\big) \end{cases} \tag{5.64}$$

5.4 Propriétés du schéma

On démontre, par des méthodes semblables à celles qui ont déjà été utilisées, les propriétés suivantes qui seront admises.

5.4.1 Stabilité

Proposition 31. Le schéma implicite de Newmark classique (pour $(\beta, \gamma) = (1/4, 1/2)$) est toujours stable (sans condition donc).

Il s'agit là d'une des propriétés qui fait le succès de cette méthode : contrairement à certains exemples qui ont pu être rencontrés, la stabilité n'est pas soumise à une condition liée aux valeurs du pas de temps Δt.

5.4.2 Consistance

Proposition 32. Pour le schéma implicite de Newmark classique :

1. L'erreur de consistance associée au schéma (5.62) est en $O\big((\Delta t)^3\big)$,
2. L'erreur de consistance associée au schéma (5.63) est en $O\big((\Delta t)^2\big)$,

6 Aspects théoriques

6.1 Forme générale d'un schéma numérique à un pas

Tous les schémas proposés dans les sections précédentes, construits pour les problèmes homogènes des équations de transport, de la chaleur ou des cordes vibrantes, peuvent s'écrire sous la forme d'une combinaison linéaire du type :

$$a_1 u_{i-1}^{(k+1)} + a_2 u_i^{(k+1)} + a_3 u_{i+1}^{(k+1)} = b_1 u_{i-1}^{(k)} + b_2 u_i^{(k)} + b_3 u_{i+1}^{(k)}$$

De manière à généraliser un peu, si l'on considère maintenant des problèmes non homogènes dont on note $f : (t,x) \mapsto f(t,x)$ le second membre et $f_i^{(k)} = f(t_k, x_i)$ les valeurs de f en chaque nœud de calcul, la forme générale d'un schéma numérique à un pas devient :

$$a_1 u_{i-1}^{(k+1)} + a_2 u_i^{(k+1)} + a_3 u_{i+1}^{(k+1)} = b_1 u_{i-1}^{(k)} + b_2 u_i^{(k)} + b_3 u_{i+1}^{(k)} + \Delta t f_i^{(k)} \tag{5.65}$$

Ces schémas numériques sont dits à un pas parce qu'ils font intervenir, pour calculer les valeurs au temps t_{k+1}, uniquement les valeurs au temps t_k.
On peut bien sûr construire des schémas à pas multiples mais cette question n'est pas abordée ici.

Pour illustrer cela, on peut donner les valeurs des coefficients a_1, a_2, a_3, b_1, b_2 et b_3 pour certains schémas rencontrés :

1. Équation de transport, schéma explicite décentré à droite :

$$u_i^{(k+1)} = (1+\lambda) u_i^{(k)} - \lambda u_{i+1}^{(k)}$$

correspondant à

a_1	a_2	a_3	b_1	b_2	b_3
0	1	0	0	$(1+\lambda)$	$-\lambda$

2. Équation de transport, schéma explicite décentré à gauche :

$$u_i^{(k+1)} = \lambda u_{i-1}^{(k)} + (1-\lambda) u_i^{(k)}$$

correspondant à

a_1	a_2	a_3	b_1	b_2	b_3
0	1	0	λ	$(1-\lambda)$	0

3. Équation de transport, schéma explicite de Lax-Wendroff :

$$u_i^{(k+1)} = \frac{\lambda}{2}(1+\lambda) u_{i-1}^{(k)} + (1-\lambda^2) u_i^{(k)} + \frac{\lambda}{2}(-1+\lambda) u_{i+1}^{(k)}$$

correspondant à

a_1	a_2	a_3	b_1	b_2	b_3
0	1	0	$\frac{\lambda}{2}(1+\lambda)$	$(1-\lambda^2)$	$\frac{\lambda}{2}(-1+\lambda)$

4. Équation de la chaleur, schéma explicite :

$$u_i^{(k+1)} = \lambda u_{i-1}^{(k)} + (1-2\lambda) u_i^{(k)} + \lambda u_{i+1}^{(k)}$$

correspondant à

a_1	a_2	a_3	b_1	b_2	b_3
0	1	0	λ	$(1-2\lambda)$	λ

5. Équation de la chaleur, schéma implicite :

$$-\lambda u_{i-1}^{(k+1)} + (1+2\lambda) u_i^{(k+1)} - \lambda u_{i+1}^{(k+1)} = u_i^{(k)}$$

correspondant à

a_1	a_2	a_3	b_1	b_2	b_3
$-\lambda$	$(1+2\lambda)$	$-\lambda$	0	1	0

Matriciellement, les schémas numériques à un pas peuvent s'écrire sous l'une des deux formes suivantes, en désignant par $U^{(k)}$ la matrice colonne des approximations au temps t_k et par $[A_1]$, $[A_2]$, $[B_1]$ et $[B_2]$ des matrices tridiagonales :

$$[A_1]U^{(k+1)} = [B_1]U^{(k)} + \Delta t F^{(k)} \tag{5.66}$$

ou encore

$$\frac{U^{(k+1)} - U^{(k)}}{\Delta t} = [A_2]U^{(k)} + [B_2]U^{(k+1)} + F^{(k)} \tag{5.67}$$

6.2 Consistance, stabilité, convergence

Dans cette partie, on commence par définir les notions d'*erreur de consistance*, de *précision* puis d'*erreur de discrétisation*. Ensuite, les notions de *stabilité* puis de *convergence* pour un schéma aux différences finies sont définies. Enfin, pour terminer, le lien qu'entretiennent ces trois notions est explicité : c'est l'important théorème de Lax.

Le contexte est le suivant. On dispose d'un problème différentiel $\mathscr{P}$ défini par une équation aux dérivées partielles (E) assorti de conditions aux limites (CL) et de conditions initiales (CI) adéquates qui assurent que ce problème est bien posé et possède une unique solution, notée u. Pour les besoins des démonstrations qui suivent, cette solution sera supposée « assez régulière », ce qui permettra d'utiliser des développements de Taylor en « temps » et en « espace ».
À ce problème différentiel est associé un schéma numérique $\mathscr{S}$ construit par différences finies dont on suppose qu'il possède une solution unique. Ce schéma fournit les valeurs approchées, notées $u_i^{(k)}$, des valeurs prises par la solution exacte en chaque nœud de calcul du maillage, c'est-à-dire que $u_i^{(k)} \approx u(t_k, x_i)$.

6.2.1 Erreur de consistance et erreur de discrétisation

Considérons le schéma numérique sous la forme

$$u_i^{(k+1)} = b_1 u_{i-1}^{(k)} + b_2 u_i^{(k)} + b_3 u_{i+1}^{(k)}$$

et posons la question suivante : que se passe-t-il si l'on essaie d'évaluer la valeur approchée $u_i^{(k+1)}$ de $u(t_{k+1}, x_i)$ non pas avec les valeurs approchées $u_{i-1}^{(k)}$, $u_i^{(k)}$ et $u_{i+1}^{(k)}$ mais avec les valeurs exactes correspondantes, c'est-à-dire $u(t_k, x_{i-1})$, $u(t_k, x_i)$ et $u(t_k, x_{i+1})$ respectivement ? On conçoit que l'on obtiendra la valeur exacte $u(t_{k+1}, x_i)$ entachée d'une erreur notée $\varepsilon_i^{(k+1)}$. Autrement dit, le résultat fourni par le schéma sera $u(t_{k+1}, x_i) - \varepsilon_i^{(k+1)}$ (le choix du moins devant $\varepsilon_i^{(k+1)}$ est une simple commodité de calcul qui apparaît un peu plus loin).
Concrètement, on écrit

$$u(t_{k+1}, x_i) - \varepsilon_i^{(k+1)} = b_1 u(t_k, x_{i-1}) + b_2 u(t_k, x_i) + b_3 u(t_k, x_{i+1})$$

Définition 51. On appelle *erreur de consistance* (ou de *troncature*) au point (t_k, x_i), et on note $\varepsilon_i^{(k+1)}$, l'erreur commise en remplaçant dans le schéma numérique les valeurs approchées $u_i^{(k)}$, $u_i^{(k+1)}$... par les valeurs exactes correspondantes $u(t_k, x_i)$, $u(t_{k+1}, x_i)$...

Remarque. Dans la suite, l'erreur de discrétisation sera destinée à tendre vers zéro. Or, on remarquera qu'au moment des calculs, il est toujours possible de multiplier les formules obtenues par des puissances de Δx et Δt de manière à faire tendre l'erreur de consistance vers zéro. Aussi, pour éviter cet écueil, on s'assurera toujours que la formule proposée pour calculer l'erreur de consistance respecte la règle suivante : si on remplace les valeurs approchées par les valeurs exactes d'une fonction qui n'est pas solution de l'équation aux dérivées partielles, l'erreur de consistance ne doit pas tendre vers zéro lorsque les pas tendent vers zéro.

Définition 52. En un point (t_k, x_i), on définit *l'erreur de discrétisation* comme la différence, noté $e_i^{(k)}$, entre la valeur exacte $u(t_k, x_i)$ et la valeur approchée $u_i^{(k)}$.
Autrement dit :

$$e_i^{(k)} = u(t_k, x_i) - u_i^{(k)} \tag{5.68}$$

Remarque. Attention à ne pas confondre l'erreur de consistance et l'erreur de discrétisation.

6.2.2 Consistance

Introduisons ici la notion de *consistance* d'un schéma numérique (comme cela a déjà été expliqué dans le chapitre consacré à la méthode des différences finies appliquées aux équations différentielles, le terme consistance provient d'une traduction erronée du mot anglais consistent qui signifie cohérence). Il s'agit d'une propriété du schéma numérique qui permet de s'assurer que ce dernier calcule effectivement une solution approchée de l'équation aux dérivées partielles. La définition s'appuie le vecteur des erreurs de consistance au temps t_{k+1}, noté $\varepsilon^{(k+1)}$, dont les composantes sont les erreurs de consistance en chaque nœud de calcul (t_{k+1}, x_i).

Définition 53. Soient T un « temps final » et $N \in \mathbb{N}$ tel que $N\Delta t \leq T$.
On dit que le schéma numérique $\mathscr{S}$ est *consistant* (pour la norme $||\cdot||$) avec le problème différentiel $\mathscr{P}$ à l'ordre $p \in \mathbb{N}^*$ en temps et $q \in \mathbb{N}^*$ en espace s'il existe une constante $K > 0$ (indépendante de Δt et Δx) telle que :

$$\max_{k \in \{0, \cdots, N-1\}} ||\varepsilon^{(k+1)}|| \leq K\big((\Delta t)^p + (\Delta x)^q\big) \tag{5.69}$$

ou encore lorsque

$$\max_{k \in \{0, \cdots, N-1\}} ||\varepsilon^{(k+1)}|| = O\big((\Delta t)^p\big) + O\big(\Delta x)^q\big) \tag{5.70}$$

En particulier, le schéma est *consistant* si pour toute solution assez régulière de l'équation aux dérivées partielles, l'erreur de consistance tend vers zéro uniformément par rapport à t et x lorsque $\Delta t \to 0$ et $\Delta x \to 0$.

6.2.3 Stabilité

La stabilité est une notion fondamentale pour un schéma numérique et traduit sa capacité à conserver une solution bornée au cours du temps malgré l'intervention des perturbations dues aux erreurs. A ce propos, rappelons que les erreurs ont deux origines : les erreurs intrinsèques liées au schéma lui-même, commises en utilisant des quotients aux différences finies pour approcher les dérivées partielles et les erreurs commises par le logiciel qui ne stocke qu'un nombre limité de décimales et utilise donc des valeurs approchées des valeurs elles-mêmes approchées...

La stabilité est donc une notion qui doit permettre de s'assurer que l'accumulation de ces erreurs, au cours des N pas de temps qui doivent permettre d'atteindre le temps final T, reste bornée. Elle se définit donc pour des schémas numériques associés à des problèmes d'évolution (faisant intervenir le temps).
On note $u^{(k)}$ le vecteur dont les composantes sont les valeurs approchées fournies par le schéma numérique en chaque nœud de calcul (t_k, x_i).

Définition 54. Soient $T > 0$ un « temps final » et $N \in \mathbb{N}$ tel que $N\Delta t \leq T$.
On dit que le schéma numérique $\mathscr{S}$ est *stable* (pour la norme $||\cdot||$) s'il existe deux constantes positives $C_1(T)$ et $C_2(T)$ indépendantes de Δt et Δx (mais qui dépendent de $T > 0$) telles que

$$\max_{0\leq k\leq N} ||u^{(k)}|| \leq C_1(T)||u^{(0)}|| + C_2(T) \max_{0\leq k\leq N-1} ||f^{(k)}|| \qquad (5.71)$$

Dans la pratique, on démontre la stabilité au sens de la norme L^2 (en utilisant la méthode de Fourier, c'est la stabilité au sens de Von Neumann) ou de la norme L^∞ et il y a deux raisons qui justifient l'utilisation de ces deux normes. D'une part, certains schémas sont stables au sens de la norme L^2 mais pas au sens de la norme L^∞. D'autre part, dans certaines situations, la stabilité en norme L^2 se révèle beaucoup plus facile à obtenir. Pour la norme L^∞, les calculs se mènent par majorations successives. Pour la norme L^2, la démarche s'appuie sur la possibilité de développer en série de Fourier toute fonction périodique et constante par morceaux. Nous verrons un peu plus loin dans l'étude des schémas proposés comment démontrer la stabilité pour l'une ou l'autre des normes.

6.2.4 Convergence

La définition s'appuie cette fois-ci sur le vecteur des erreurs de discrétisation au temps t_{k+1}, noté $e^{(k+1)}$, dont les composantes sont les erreurs de discrétisation en chaque nœud de calcul (t_{k+1}, x_i), c'est-à-dire les valeurs $u(t_k, x_i) - u_i^{(k)}$.

Définition 55. Soient $T > 0$ un temps final et $N \in \mathbb{N}$ tel que $N\Delta t \leq T$.
On dit que le schéma numérique $\mathscr{S}$ est *convergent* (pour la norme $||\cdot||$) si l'erreur de discrétisation tend vers zéro lorsque les pas de temps et d'espace tendent vers zéro.

$$\max_{0\leq k\leq N} ||e^{(k)}|| \longrightarrow 0 \text{ lorsque } \Delta t \to 0 \text{ et } \Delta x \to 0 \qquad (5.72)$$

6.3 Lien entre stabilité, consistance et convergence : théorème de Lax

Un schéma convergent est nécessairement stable et consistant. La réciproque, qui n'est pas vraie dans le cas général, est assurée dans le cas de schémas linéaires par l'important théorème de Lax.

> **Théorème 33** (Lax). Si un schéma numérique linéaire est stable et consistant, alors il est convergent.

La démonstration de ce théorème est donnée ci-dessous dans le cas des schémas à un pas.

Démonstration.
On utilise ici une notation matricielle. Les différents vecteurs rencontrés $u^{(k)}$, $\varepsilon^{(k+1)}$ et $e^{(k)}$ sont alors représentés par des matrices colonnes respectivement notées $U^{(k)}$, $\mathscr{E}^{(k+1)}$ et $E^{(k)}$. D'autre part, on note $\overline{U}^{(k)}$ la matrice colonne dont les composantes sont les valeurs exactes $u(t_k, x_i)$ en chaque nœud de calcul. Enfin, pour une matrice colonne C de composantes (c_i), on note $||C|| = \max_i |c_i|$.
Considérons donc un schéma numérique linéaire (à un pas) écrit sous la forme

$$[A]U^{(k+1)} + [B]U^{(k)} = C^{(k)}$$

Commençons par donner une relation entre le vecteur erreur de consistance et le vecteur erreur de discrétisation. On dispose des deux relations suivantes (où **0** désigne le vecteur nul)

$$[A]U^{(k+1)} + [B]U^{(k)} - C^{(k)} = \mathbf{0}$$

et

$$[A]\overline{U}^{(k+1)} + [B]\overline{U}^{(k)} - C^{(k)} = \mathscr{E}^{(k+1)}$$

Par soustraction de ces deux relations, on obtient, puisque $E^{(k)} = \overline{U}^{(k)} - U^{(k)}$

$$[A]E^{(k+1)} + [B]E^{(k)} = \mathscr{E}^{(k+1)}$$

Autrement dit, l'erreur de discrétisation $E^{(k)}$ est solution du schéma numérique proposé avec le second membre égal à l'erreur de consistance $\mathscr{E}^{(k+1)}$.

En utilisant l'hypothèse de stabilité on peut dire qu'il existe deux constantes positives $C_1(T)$ et $C_2(T)$ telles que

$$\max_{0\leq k\leq N} ||E^{(k)}|| \leq C_1(T)||E^{(0)}|| + C_2(T) \max_{0\leq k\leq N-1} ||\mathscr{E}^{(k+1)}||$$

Cependant, $E^{(0)}$ est supposé nul puisque c'est l'erreur de discrétisation à l'instant initial et les valeurs à l'instant initial sont connues de manière exacte par la condition initiale. Donc

$$\max_{0\leq k\leq N} ||E^{(k)}|| \leq C_2(T) \max_{0\leq k\leq N-1} ||\mathscr{E}^{(k)}||$$

Enfin, en utilisant l'hypothèse de consistance, on peut affirmer que $||\mathscr{E}^{(k+1)}||$ tend vers zéro uniformément par rapport à t et x lorsque $\Delta t \to 0$ et $\Delta x \to 0$. Par conséquent, lorsque $\Delta t \to 0$ et $\Delta x \to 0$

$$\max_{0 \le k \le N} ||E^{(k)}|| \longrightarrow 0$$

et le schéma est bien convergent. □

7 Étude théorique des schémas pour l'équation de transport

Cette section détaille l'étude théorique de quelques schémas construits pour l'équation de transport (5.9) et rappelée ci-dessous

$$\begin{cases} (E) & \dfrac{\partial u}{\partial t}(t,x) + c\dfrac{\partial u}{\partial x}(t,x) = 0 & \text{pour } (t,x) \in \mathbb{R}^{+*} \times]0,1[\\ (CI) & u(0,x) = \varphi(x) & \text{pour } x \in]0,1[\\ & x \mapsto u(t,x) & \text{est 1-périodique} \\ (CL) & u(t,0) = u(t,1) & \text{pour } t \in \mathbb{R}^+ \end{cases}$$

De manière à généraliser un peu, un second membre interviendra parfois, c'est-à-dire qu'on s'intéressera au problème

$$\begin{cases} (E) & \dfrac{\partial u}{\partial t}(t,x) + c\dfrac{\partial u}{\partial x}(t,x) = f(t,x) & \text{pour } (t,x) \in \mathbb{R}^{+*} \times]0,1[\\ (CI) & u(0,x) = \varphi(x) & \text{pour } x \in]0,1[\\ & x \mapsto u(t,x) & \text{est 1-périodique pour tout } t \in \mathbb{R}^+ \\ (CL) & u(t,0) = u(t,1) & \text{pour } t \in \mathbb{R}^+ \end{cases} \tag{5.73}$$

où c est un réel choisi ici strictement positif (la vitesse de transport), φ et f des fonctions assez régulières sur $\mathbb{R}$ et $\mathbb{R}^2$ respectivement.
Commençons par le schéma de Lax-Wendroff. L'étude du schéma décentré à gauche sera un peu moins détaillée.

7.1 Schéma de Lax-Wendroff

7.1.1 Consistance et précision

Proposition 34. Le schéma numérique de Lax-Wendroff pour l'équation de transport (E) de (5.9) est consistant et d'ordre 2 en temps et 2 en espace.

Remarques :

1. Bien que l'approximation en temps utilisée soit seulement précise à l'ordre 1, les calculs qui suivent montrent que l'ajout du terme correctif destiné à compenser la diffusion numérique conduit à une augmentation de la précision en temps.

2. Rappelons aussi que l'on a obtenu ce schéma en corrigeant la diffusion numérique dans le schéma centré en espace en choisissant $D = \frac{c^2\Delta t}{2}$.

Démonstration.
Montrons ce résultat dans le cas de l'équation de transport sans second membre. Soit donc u la solution supposée « assez régulière », c'est à dire au moins de classe $\mathscr{C}^2$, de $\frac{\partial u}{\partial t}(t,x) + c\frac{\partial u}{\partial x}(t,x) = 0$.
Par définition, l'expression de l'erreur de consistance au point (t_k, x_i) est obtenue en remplaçant dans le schéma numérique les valeurs approchées $u_i^{(k)}$ par les valeurs exactes $u(t_k, x_i)$... ce qui donne

$$\begin{aligned}\varepsilon_i^{(k+1)} &= \frac{u(t_{k+1},x_i)-u(t_k,x_i)}{\Delta t} + c\frac{u(t_k,x_{i+1})-u(t_k,x_{i-1})}{2\Delta x} - \\ &\quad \frac{c^2\Delta t}{2}\frac{u(t_k,x_{i+1})-2u(t_k,x_i)+u(t_k,x_{i-1})}{(\Delta x)^2}\end{aligned}$$

En utilisant des développements de Taylor nous pouvons effectuer les remplacements suivants :

1. Pour le terme $\frac{u(t_{k+1},x_i)-u(t_k,x_i)}{\Delta t}$, on a déjà démontré que

$$\frac{u(t_{k+1},x_i)-u(t_k,x_i)}{\Delta t} = \frac{\partial u}{\partial t}(t_k,x_i) + \frac{\Delta t}{2}\frac{\partial^2 u}{\partial t^2}(t_k,x_i) + O\big((\Delta t)^2\big)$$

2. Pour le terme $\frac{u(t_k,x_{i+1})-u(t_k,x_{i-1})}{2\Delta x}$, on sait que

$$\frac{u(t_k,x_{i+1})-u(t_k,x_{i-1})}{2\Delta x} = \frac{\partial u}{\partial x}(t_k,x_i) + O\big((\Delta x)^2\big)$$

En effet, il suffit de remarquer que $u(t_k, x_{i+1}) = u(t_k, x_i + \Delta x)$ et $u(t_k, x_{i-1}) = u(t_k, x_i - \Delta x)$

$$u(t_k, x_i+\Delta x) = u(t_k,x_i) + \Delta x\frac{\partial u}{\partial x}(t_k,x_i) + \frac{(\Delta x)^2}{2}\frac{\partial^2 u}{\partial x^2}(t_k,x_i) + O\big((\Delta x)^3\big)$$

$$u(t_k, x_i-\Delta x) = u(t_k,x_i) - \Delta x\frac{\partial u}{\partial x}(t_k,x_i) + \frac{(\Delta x)^2}{2}\frac{\partial^2 u}{\partial x^2}(t_k,x_i) + O\big((\Delta x)^3\big)$$

Donc, par soustraction puis division par $2\Delta x$ on obtient le résultat.

3. Pour le terme $\frac{u(t_k,x_{i+1})-2u(t_k,x_i)+u(t_k,x_{i-1})}{(\Delta x)^2}$, l'idée est toujours la même.
En utilisant alors les deux formules :

$$\begin{aligned}u(t_k,x_i+\Delta x) &= u(t_k,x_i) + \Delta x\frac{\partial u}{\partial x}(t_k,x_i) + \frac{(\Delta x)^2}{2}\frac{\partial^2 u}{\partial x^2}(t_k,x_i) \\ &\quad + \frac{(\Delta x)^3}{6}\frac{\partial^3 u}{\partial x^3}(t_k,x_i) + O\big((\Delta x)^4\big)\end{aligned}$$

et

$$\begin{aligned} u(t_k, x_i - \Delta x) &= u(t_k, x_i) - \Delta x \frac{\partial u}{\partial x}(t_k, x_i) + \frac{(\Delta x)^2}{2} \frac{\partial^2 u}{\partial x^2}(t_k, x_i) \\ &\quad - \frac{(\Delta x)^3}{6} \frac{\partial^3 u}{\partial x^3}(t_k, x_i) + O\big((\Delta x)^4\big) \end{aligned}$$

il vient facilement :

$$\frac{u(t_k, x_{i+1}) - 2u(t_k, x_i) + u(t_k, x_{i-1})}{(\Delta x)^2} = \frac{\partial^2 u}{\partial x^2}(t_k, x_i) + O((\Delta x)^2)$$

Et on obtient finalement pour l'erreur de consistance

$$\begin{aligned} \varepsilon_i^{(k+1)} &= \frac{\partial u}{\partial t}(t_k, x_i) + \frac{\Delta t}{2} \frac{\partial^2 u}{\partial t^2}(t_k, x_i) + c \frac{\partial u}{\partial x}(t_k, x_i) \cdots \\ &\quad - D \frac{\partial^2 u}{\partial x^2}(t_k, x_i) + O\big((\Delta t)^2\big) + O((\Delta x)^2) \end{aligned}$$

Or, en vertu de l'équation de transport $\frac{\partial u}{\partial t} + c\frac{\partial u}{\partial x} = 0$ on sait que

$$\frac{\partial u}{\partial t} = -c \frac{\partial u}{\partial x}$$

donc, en calculant la dérivée partielle par rapport au temps

$$\frac{\partial^2 u}{\partial t^2} = -c \frac{\partial}{\partial t}\left(\frac{\partial u}{\partial x}\right) = -c \frac{\partial}{\partial x}\left(\frac{\partial u}{\partial t}\right)$$

la dernière égalité est vraie en vertu du théorème de Schwarz parce que la fonction u est supposée au moins de classe $\mathscr{C}^2$.

En réutilisant la formule $\frac{\partial u}{\partial t} = -c\frac{\partial u}{\partial x}$, on obtient alors

$$\frac{\partial^2 u}{\partial t^2} = -c \frac{\partial}{\partial x}\left(-c \frac{\partial u}{\partial x}\right) = c^2 \frac{\partial^2 u}{\partial x^2}$$

En injectant ce résultat dans la formule donnant $\varepsilon_i^{(k+1)}$, on obtient :

$$\begin{aligned} \varepsilon_i^{(k+1)} &= \frac{\partial u}{\partial t}(t_k, x_i) + \frac{c^2 \Delta t}{2} \frac{\partial^2 u}{\partial x^2}(t_k, x_i) + c \frac{\partial u}{\partial x}(t_k, x_i) \cdots \\ &\quad - D \frac{\partial^2 u}{\partial x^2}(t_k, x_i) + O\big((\Delta t)^2\big) + O\big((\Delta x)^2\big) \end{aligned}$$

ou encore

$$\varepsilon_i^{(k+1)} = \frac{\partial u}{\partial t}(t_k, x_i) + c\frac{\partial u}{\partial x}(t_k, x_i) + \left(\frac{c^2 \Delta t}{2} - D\right) \frac{\partial^2 u}{\partial x^2}(t_k, x_i) + O\big((\Delta t)^2\big) + O\big((\Delta x)^2\big)$$

et comme on a précisément choisi $D = \frac{c^2 \Delta t}{2}$, on obtient finalement

$$\varepsilon_i^{(k+1)} = \frac{\partial u}{\partial t}(t_k, x_i) + c\frac{\partial u}{\partial x}(t_k, x_i) + O\big((\Delta t)^2\big) + O\big((\Delta x)^2\big)$$

Il reste à remarquer que le terme $\frac{\partial u}{\partial t}(t_k, x_i) + c\frac{\partial u}{\partial x}(t_k, x_i)$ est nul puisque u est la solution exacte du problème $\frac{\partial u}{\partial t} + c\frac{\partial u}{\partial x} = 0$ pour écrire

$$\varepsilon_i^{(k+1)} = O\big((\Delta t)^2\big) + O\big((\Delta x)^2\big)$$

En conclusion, le schéma de Lax-Wendroff est consistant et précis à l'ordre 2 en temps et 2 en espace. □

7.1.2 Méthode de Fourier ou de Von Neumann pour la stabilité

Pour cette étude, on introduit la notion de stabilité au sens de Von Neumann, encore appelée stabilité en norme L^2, qui s'appuie sur la possibilité de développer en série de Fourier des fonctions périodiques assez régulières.
Dans la situation présentée, le problème différentiel possède des conditions aux limites périodiques. À chaque instant t_k, le schéma numérique donne les valeurs approchées de la solution exacte en chaque nœud de calcul de la grille et ces valeurs sont les composantes du vecteur $u^{(k)} = \big(u_1^{(k)}, \cdots, u_{N_x}^{(k)}\big)$. À ce vecteur, on peut associer une fonction constante par morceaux, périodique de période 1, définie de la manière suivante sur l'intervalle $(0,1)$:

a. Pour $0 < x < \frac{\Delta x}{2}$ on pose $u^{(k)}(x) = u_0^{(k)}$

b. Pour $1 \leq i \leq N_x$ et $x_i - \frac{\Delta x}{2} < x < x_i + \frac{\Delta x}{2}$, on pose $u^{(k)}(x) = u_i^{(k)}$

c. Pour $x_{N_x} + \frac{\Delta x}{2} < x < x_{N_x+1}$ on pose $u^{(k)}(x) = u_{N_x+1}^{(k)}$

Par construction, on a alors $u \in L^2(0,1)$. Or, on sait que toute fonction de $L^2(0,1)$ peut se décomposer en série de Fourier sous la forme

$$u(x) = \sum_{p=-\infty}^{p=+\infty} \widehat{u}(p)\mathrm{e}^{i2\pi px} \qquad \text{avec } \widehat{u}(p) = \int_0^1 u(x)\mathrm{e}^{-i2\pi px}\,\mathrm{d}x$$

l'égalité étant vraie presque partout dans $(0,1)$ et la convergence ayant lieu au sens de la norme L^2 (voir le chapitre 14 qui traite des séries de Fourier).

Remarque : Rappelons que la phrase « la convergence a lieu au sens de la norme L^2 » signifie que l'égalité $u(x) = \sum_{p=-\infty}^{p=+\infty} \widehat{u}(p)\mathrm{e}^{i2\pi px}$ est vraie dans le sens où, en désignant par $\|\cdot\|_2$ la norme canonique sur $L^2(0,1)$ (voir annexe D) et en notant $e_p : x \mapsto \mathrm{e}^{i2\pi px}$, on a

$$\lim_{n\to+\infty} \left\| u - \sum_{p=-n}^{p=n} \widehat{u}(p)e_p \right\|_2 = 0$$

mais que cela ne préjuge pas de la convergence ponctuelle (c'est à dire en chaque x) de la série de fonctions $\sum_{p\in\mathbb{Z}} \widehat{u}(p)e_p$ vers $u(x)$, contrairement à ce que peut laisser croire l'égalité

$$u(x) = \sum_{p=-\infty}^{+\infty} \widehat{u}(p)\mathrm{e}^{i2\pi px}$$

Les coefficients $\widehat{u}(p)$ sont les coefficients exponentiels de Fourier de la fonction u. Ainsi, à toute fonction $u \in L^2(0,1)$, on peut lui associer la suite $\left(\widehat{u}(p)\right)_p$ de ses coefficients de Fourier, association notée par abus et pour des raisons de commodité (l'abus provenant du fait que la notation laisse penser que l'on associe u au seul coefficient $\widehat{u}(p)$ alors qu'on lui associe en fait la suite de ses coefficients $\left(\widehat{u}(p)\right)_p$) :

$$u(\cdot) \hookrightarrow \widehat{u}(p)$$

Pour les besoins des calculs à mener, il est important de remarquer ce qui suit. Si l'on dispose du développement en série de Fourier de la fonction u sous la forme

$$u(x) = \sum_{p=-\infty}^{p=+\infty} \widehat{u}(p) \mathrm{e}^{i2\pi px}$$

(avec égalité au sens de la norme L^2) alors il est facile de démontrer que le développement en série de Fourier de la fonction $v : x \mapsto u(x+\Delta x)$ est donné par

$$v(x) = u(x+\Delta x) = \sum_{p=-\infty}^{p=+\infty} \left(\widehat{u}(p)\mathrm{e}^{i2\pi\Delta x}\right)\mathrm{e}^{i2\pi px}$$

Autrement dit, on a les relations suivantes

$$\begin{cases} u(\cdot+\Delta x) \hookrightarrow \widehat{u}(p)\mathrm{e}^{i2\pi\Delta x} \\ u(\cdot-\Delta x) \hookrightarrow \widehat{u}(p)\mathrm{e}^{-i2\pi\Delta x} \end{cases} \tag{5.74}$$

7.1.3 Stabilité

Proposition 35. Le schéma numérique de Lax-Wendroff pour l'équation de transport (E) de (5.9) est stable en norme $||\cdot||_2$ si et seulement si la condition CFL est vérifiée, à savoir si et seulement si $0 < \lambda \leq 1$ où $\lambda = \dfrac{c\Delta t}{\Delta x}$.

Remarque. Dans la pratique, la condition $0 < \lambda \leq 1$ est extrêmement contraignante. En effet, l'expression $\lambda = \dfrac{c\Delta t}{\Delta x}$, montre que les pas de temps Δt et d'espace Δx sont liés et que l'on est donc pas libre de choisir simultanément la finesse du maillage spatial et la finesse du maillage temporel. Par exemple, avec $c = 1$, si $\lambda = 0,5$ et si l'on impose $\Delta x = 10^{-2}$, alors le pas de temps Δt doit vérifier

$$0 < \Delta t \leq 5 \times 10^{-3}$$

or, le nombre de nœuds de calcul est inversement proportionnel à Δx et Δt respectivement. Par conséquent, de trop petites valeurs des pas Δx et Δt conduisent à un nombre très important de nœuds de calcul, ce qui peut rendre les calculs numériques très lourds.

Démonstration.
Pour cette étude, on utilise donc la méthode de Fourier. Le schéma aux différences finies (5.14)

$$u_i^{(k+1)} = \frac{\lambda}{2}(1+\lambda)u_{i-1}^{(k)} + (1-\lambda^2)u_i^{(k)} + \frac{\lambda}{2}(-1+\lambda)u_{i+1}^{(k)}$$

est remplacé par

$$u^{(k+1)}(x) = \frac{\lambda}{2}(1+\lambda)u^{(k)}(x-\Delta x) + (1-\lambda^2)u^{(k)}(x) + \frac{\lambda}{2}(-1+\lambda)u^{(k)}(x+\Delta x)$$

et cette égalité de fonctions conduit à l'égalité des coefficients de Fourier, en vertu des relations (5.74) et en posant $\alpha = 2\pi\Delta x$:

$$\widehat{u^{(k+1)}}(p) = \frac{\lambda}{2}(1+\lambda)\widehat{u^{(k)}}(p)\mathrm{e}^{-i\alpha} + (1-\lambda^2)\widehat{u^{(k)}}(p) + \frac{\lambda}{2}(-1+\lambda)\widehat{u^{(k)}}(p)\mathrm{e}^{i\alpha}$$

On peut donc évaluer le coefficient d'amplification G défini par $\widehat{u^{(k+1)}}(p) = G(p)\widehat{u^{(k)}}(p)$ en factorisant le membre de droite par $\widehat{u^{(k)}}(p)$:

$$\widehat{u^{(k+1)}}(p) = \widehat{u^{(k)}}(p)\left(1 - \frac{\lambda}{2}(\mathrm{e}^{i\alpha} - \mathrm{e}^{-i\alpha}) + \frac{\lambda^2}{2}(\mathrm{e}^{i\alpha} - 2 + \mathrm{e}^{-i\alpha})\right)$$

et en utilisant les formules d'Euler

$$\widehat{u^{(k+1)}}(p) = \widehat{u^{(k)}}(p)\left(1 - \lambda i \sin(\alpha) + \lambda^2(\cos(\alpha) - 1)\right)$$

ce qui conduit au coefficient $G(p)$

$$G(p) = 1 - \lambda i \sin(\alpha) + \lambda^2(\cos(\alpha) - 1)$$

Il reste à déterminer une condition nécessaire et suffisante pour que le module de $G(p)$ reste inférieur à 1, c'est-à-dire $|G(p)| \leq 1$.
Pour obtenir cette condition, il est commode de travailler sur $|G(p)|^2$. Un calcul facile donne

$$|G(p)|^2 = 1 - \lambda^2(1-\lambda^2)\big(1-\cos(\alpha)\big)^2$$

Or, en posant $c = \big(1-\cos(\alpha)\big)^2$, on remarque que $0 \leq c \leq 4$ et, si l'on représente en fonction de λ la fonction $\lambda \mapsto 1 - \lambda^2(1-\lambda^2) \times c$ pour les valeurs du paramètre $c = 1$, $c = 2$, $c = 3$ et $c = 4$, on obtient le graphique de la figure 5.25 qui suggère que $|G(p)|^2 \leq 1 \iff -1 \leq \lambda \leq 1$. Pour démontrer ce résultat, on écrit les équivalences suivantes (pour $0 \leq c \leq 4$)

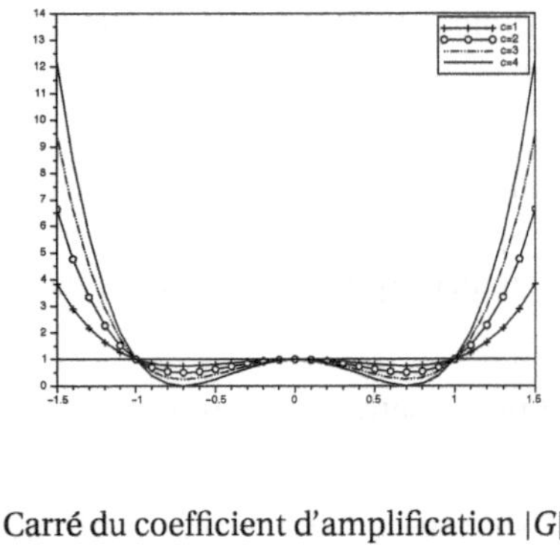

FIGURE 5.25 – Carré du coefficient d'amplification $|G|$ en fonction de λ

$$|G(p)|^2 \leq 1 \iff 0 \leq 1-\lambda^2(1-\lambda^2)\times c \leq 1 \iff 1-\lambda^2 \geq 0 \iff |\lambda| \leq 1$$

En conclusion, le schéma de Lax-Wendroff est stable en norme L^2 si et seulement si la condition CFL est vérifiée, à savoir si et seulement si $|\lambda| \leq 1$. Comme $\lambda \geq 0$, on obtient $0 < \lambda \leq 1$. □

7.1.4 Convergence

Proposition 36. Le schéma numérique de Lax-Wendroff pour l'équation de transport (E) de (5.9) est convergent en norme $||\cdot||_2$ si et seulement si $0 < \dfrac{c\Delta t}{\Delta x} \leq 1$.

Le schéma numérique (à un pas et linéaire) de Lax-Wendroff est consistant et stable sous la condition (nécessaire et suffisante) $0 < \dfrac{c\Delta t}{\Delta x} \leq 1$, il est donc convergent si et seulement si $0 < \dfrac{c\Delta t}{\Delta x} \leq 1$.

7.2 Schéma explicite décentré à gauche

Proposition 37. Le schéma numérique décentré à gauche pour l'équation de transport (E) de (5.9) est :

1. Consistant et précis à l'ordre 1 en temps et 1 en espace.
2. Stable et donc convergent sous la condition nécessaire et suffisante $0 < \dfrac{c\Delta t}{\Delta x} \leq 1$.

Démonstration.
Pour la consistance et la précision, il suffit de calculer l'erreur de troncature en remplaçant dans le schéma numérique $u_i^{(k)}$ par la valeur exacte $u(t_k, x_i)$, ce qui donne :

$$\varepsilon_i^{k+1} = \frac{u(t_{k+1}, x_i) - u(t_k, x_i)}{\Delta t} + c\frac{u(t_k, x_i) - u(t_k, x_{i-1})}{\Delta x} - f(t_k, x_i)$$

en utilisant des développements de Taylor. Précisément, pour $\dfrac{u(t_{k+1}, x_i) - u(t_k, x_i)}{\Delta t}$, on commence par écrire :

$$\frac{u(t_{k+1}, x_i) - u(t_k, x_i)}{\Delta t} = \frac{u(t_k + \Delta t, x_i) - u(t_k, x_i)}{\Delta t}$$

puis, à l'aide de la formule :

$$u(t_k + \Delta t, x_i) = u(t_k, x_i) + \Delta t\frac{\partial u}{\partial t}(t_k, x_i) + \frac{(\Delta t)^2}{2}\frac{\partial^2 u}{\partial t^2}(t_k, x_i) + O\big((\Delta t)^3\big)$$

on obtient

$$\frac{u(t_{k+1}, x_i) - u(t_k, x_i)}{\Delta t} = \frac{\partial u}{\partial t}(t_k, x_i) + \frac{\Delta t}{2}\frac{\partial^2 u}{\partial t^2}(t_k, x_i) + O\big((\Delta t)^2\big)$$

De même, pour le terme $\dfrac{u(t_k,x_i)-u(t_k,x_{i-1})}{\Delta x}$, on montre que

$$\frac{u(t_k,x_i)-u(t_k,x_{i-1})}{\Delta x}=\frac{\partial u}{\partial x}(t_k,x_i)-\frac{\Delta x}{2}\frac{\partial^2 u}{\partial x^2}(t_k,x_i)+O\big((\Delta x)^2\big)$$

ce qui donne finalement, en utilisant le fait que

$$\frac{\partial u}{\partial t}(t_k,x_i)+c\frac{\partial u}{\partial x}(t_k,x_i)-f(t_k,x_i)=0$$

l'expression

$$\varepsilon_i^{(k+1)}=O(\Delta t)+O(\Delta x)$$

Pour la stabilité, en utilisant l'inégalité triangulaire, on peut écrire

$$|u_i^{(k+1)}|=\big|(1-\lambda)u_i^{(k)}+\lambda u_{i-1}^{(k)}+\Delta t f_i^{(k)}\big|\leq\big|u_i^{(k)}(1-\lambda)+\lambda u_{i-1}^{(k)}\big|+\Delta t\big|f_i^{(k)}\big|$$

si l'on suppose $0<\lambda\leq 1$, alors $1-\lambda\geq 0$ et $u_i^{(k)}(1-\lambda)+\lambda u_{i-1}^{(k)}$ est une combinaison convexe des deux nombres $u_i^{(k)}$ et $u_{i-1}^{(k)}$, autrement dit, pour $0<\lambda\leq 1$ on a :

$$\big|u_i^{(k+1)}\big|\leq(1-\lambda)\big|u_i^{(k)}\big|+\lambda\big|u_{i-1}^{(k)}\big|+\Delta t\big|f_i^{(k)}\big|$$

il suffit ensuite de faire des majorations adéquates pour conclure à la stabilité sous la condition suffisante $0<\lambda\leq 1$.
En effet, on peut écrire, en norme « infini »

$$\big|\big|u^{(k+1)}\big|\big|\leq(1-\lambda)\big|\big|u^{(k)}\big|\big|+\lambda\big|\big|u^{(k)}\big|\big|+\Delta t||f^{(k)}\big|\big|\leq\big|\big|u^{(k)}\big|\big|+\Delta t||f^{(k)}\big|\big|$$

et une récurrence simple conduit à écrire qu'il existe une constante $C>0$ (indépendante de Δt et Δx) telle que

$$\max_{0\leq k\leq N\}}\big|\big|u^{(k)}\big|\big|\leq\big|\big|u^{(0)}\big|\big|+C\max_{0\leq k\leq N-1}||f^{(k)}\big|\big|$$

ce qui démontre que le schéma est stable sous la condition suffisante $0<\lambda\leq 1$.

La convergence est obtenue par le théorème de Lax sous la condition suffisante $0<\lambda\leq 1$.

Enfin, on démontre et nous l'admettrons, que la condition suffisante $0<\lambda\leq 1$ est aussi nécessaire. □

8 Étude théorique des schémas pour l'équation de la chaleur

Faisons maintenant l'étude théorique de quelques schémas pour l'équation de la chaleur (5.30). A titre de généralisation, traitons le cas d'un problème non homogène, c'est à dire

$$\begin{cases}(E) & \dfrac{\partial u}{\partial t}(t,x)-D\dfrac{\partial^2 u}{\partial x^2}(t,x)=f(t,x) & \text{pour} & (t,x)\in]0,T[\times]0,1[\\(CI) & u(0,x)=\varphi(x) & \text{pour} & x\in[0,1]\\(CL) & u(t,0)=u(t,1)=0 & \text{pour} & t\in[0,T]\end{cases}\tag{5.75}$$

où $D\in\mathbb{R}^*$ est un coefficient réel, φ et f deux fonctions assez régulières définies respectivement sur $[0,1]$ et $\mathbb{R}^2$.

8.1 Le schéma explicite

Rappelons le schéma explicite défini par (5.36) où $\lambda = \dfrac{D\Delta t}{(\Delta x)^2}$:

$$\begin{cases} 1 \le i \le N_x, 0 \le k \le N_t, & u_i^{(k+1)} = \lambda u_{i-1}^{(k)} + (1-2\lambda)u_i^{(k)} + \lambda u_{i+1}^{(k)} + \Delta t f_i^{(k)} \\ 0 \le i \le N_x + 1, & u_i^{(0)} = \varphi(x_i) \\ 0 \le k \le N_t, & u_0^{(k)} = u_{N_x+1}^{(k)} = 0 \end{cases}$$

8.1.1 Étude de la consistance

Proposition 38. Le schéma numérique explicite pour l'équation de la chaleur est consistant avec l'équation aux dérivées partielles (E) de (5.75) et précis à l'ordre 1 en temps et 2 en espace.

Démonstration.
On travaille sur la forme suivante du schéma explicite dans le cas d'un problème non homogène

$$\frac{u_i^{(k+1)} - u_i^{(k)}}{\Delta t} - D\frac{u_{i+1}^{(k)} - 2u_i^{(k)} + u_{i-1}^{(k)}}{(\Delta x)^2} = f_i^{(k)}$$

Soit u la solution, supposée « assez régulière » de l'E.D.P. (E) de (5.75). Par définition, l'expression de l'erreur de consistance au point (t_k, x_i) est donnée par

$$\varepsilon_i^{(k+1)} = \frac{u(t_{k+1}, x_i) - u(t_k, x_i)}{\Delta t} - D\frac{u(t_k, x_{i+1}) - 2u(t_k, x_i) + u(t_k, x_{i-1})}{(\Delta x)^2} - f(t_k, x_i)$$

Utilisons maintenant la formule de Taylor :

1. Pour le terme $\dfrac{u(t_{k+1}, x_i) - u(t_k, x_i)}{\Delta t}$, on commence par écrire :

   $$\frac{u(t_{k+1}, x_i) - u(t_k, x_i)}{\Delta t} = \frac{u(t_k + \Delta t, x_i) - u(t_k, x_i)}{\Delta t}$$

   puis, à l'aide de la formule de Taylor :

   $$u(t_k + \Delta t, x_i) = u(t_k, x_i) + \Delta t \frac{\partial u}{\partial t}(t_k, x_i) + O\big((\Delta t)^2\big)$$

   on obtient :

   $$\frac{u(t_{k+1}, x_i) - u(t_k, x_i)}{\Delta t} = \frac{u(t_k + \Delta t, x_i) - u(t_k, x_i)}{\Delta t} = \frac{\partial u}{\partial t}(t_k, x_i) + O(\Delta t)$$

2. Pour le terme $\dfrac{u(t_k, x_{i+1}) - 2u(t_k, x_i) + u(t_k, x_{i-1})}{(\Delta x)^2}$, l'idée est la même.
   Sachant que $u(t_k, x_{i+1}) = u(t_k, x_i + \Delta x)$ et $u(t_k, x_{i-1}) = u(t_k, x_i - \Delta x)$ et en utilisant alors les deux formules :

   $$u(t_k, x_i + \Delta x) = u(t_k, x_i) + \Delta x \frac{\partial u}{\partial x}(t_k, x_i) + \frac{(\Delta x)^2}{2}\frac{\partial^2 u}{\partial x^2}(t_k, x_i) + \frac{(\Delta x)^3}{6}\frac{\partial^3 u}{\partial x^3}(t_k, x_i) + O\big((\Delta x)^4\big)$$

et

$$u(t_k, x_i - \Delta x) = u(t_k, x_i) - \Delta x \frac{\partial u}{\partial x}(t_k, x_i) + \frac{(\Delta x)^2}{2} \frac{\partial^2 u}{\partial x^2}(t_k, x_i) - \frac{(\Delta x)^3}{6} \frac{\partial^3 u}{\partial x^3}(t_k, x_i) + O\big((\Delta x)^4\big)$$

il vient facilement :

$$\frac{u(t_k, x_{i+1}) - 2u(t_k, x_i) + u(t_k, x_{i-1})}{(\Delta x)^2} = \frac{\partial^2 u}{\partial x^2}(t_k, x_i) + O\big((\Delta x)^2\big)$$

Finalement, en remplaçant dans l'expression de l'erreur de consistance on obtient

$$\varepsilon_i^{(k+1)} = \frac{\partial u}{\partial t}(t_k, x_i) - D\frac{\partial^2 u}{\partial x^2}(t_k, x_i) - f(t_k, x_i) + O(\Delta t) + O\big((\Delta x)^2\big)$$

Il reste à remarquer que

$$\frac{\partial u}{\partial t}(t_k, x_i) - D\frac{\partial^2 u}{\partial x^2}(t_k, x_i) - f(t_k, x_i) = 0$$

puisque u est la solution de l'E.D.P. (E) de (5.75). Autrement dit,

$$\varepsilon_i^{(k+1)} = O\big(\Delta t\big) + O\big((\Delta x)^2\big)$$

Le schéma est donc consistant (avec l'équation aux dérivées partielles), d'ordre 1 en temps et 2 en espace □

8.1.2 Étude de la stabilité

Proposition 39. Le schéma numérique explicite pour l'équation (E) de (5.75) est stable en norme L^2 et en norme L^∞.

Pour cette étude et à titre d'exemple, trois approches différentes sont proposées :

1. La stabilité en norme L^∞ en travaillant directement sur les composantes $u_i^{(k)}$.
2. La stabilité en norme L^2 (ou au sens de Von Neumann) en utilisant la méthode de Fourier.
3. La stabilité étudiée avec la forme matricielle du schéma.

Démonstration.

1. Stabilité en norme L^∞ : pour ce calcul, travaillons directement sur les composantes $u_i^{(k)}$ par majorations et nous allons démontrer qu'une condition suffisante de stabilité est $0 < \lambda \leq \frac{1}{2}$. Considérons donc un temps final $T > 0$ et un entier N tel que $N\Delta t \leq T$ et on cherche à démontrer l'estimation (5.71), à savoir l'existence de deux constantes $C_1(T)$ et $C_2(T)$ telles que :

$$\max_{0 \leq k \leq N} \|u^{(k)}\|_\infty \leq C_1(T)\|u^{(0)}\|_\infty + C_2(T) \max_{0 \leq k \leq N-1} \|f^{(k)}\|_\infty$$

À partir de la formule

$$u_i^{(k+1)} = \lambda u_{i-1}^{(k)} + (1-2\lambda)u_i^{(k)} + \lambda u_{i+1}^{(k)} + \Delta t f_i^{(k)}$$

on écrit la majoration suivante en utilisant l'inégalité triangulaire

$$|u_i^{(k+1)}| \leq |\lambda| |u_{i-1}^{(k)}| + |1-2\lambda| |u_i^{(k)}| + |\lambda| |u_{i+1}^{(k)}| + \Delta t |f_i^{(k)}|$$

sachant que $\lambda > 0$, si l'on suppose en plus que $\lambda \leq \frac{1}{2}$, alors $1 - 2\lambda \geq 0$ et $\lambda u_{i-1}^{(k)} + (1-2\lambda)u_i^{(k)} + \lambda u_{i+1}^{(k)}$ est une combinaison convexe des trois nombres $u_{i-1}^{(n)}$, $u_i^{(n)}$ et $u_{i+1}^{(k)}$, autrement dit, pour $0 < \lambda \leq \frac{1}{2}$ on a :

$$|u_i^{(k+1)}| \leq \lambda |u_{i-1}^{(k)}| + (1-2\lambda) |u_i^{(k)}| + \lambda |u_{i+1}^{(k)}| + \Delta t |f_i^{(k)}|$$

Maintenant, en majorant $u_{i-1}^{(k)}$, $u_i^{(k)}$ et $u_{i+1}^{(k)}$ par $||u^{(k)}||_\infty = \max_i |u_i^{(k)}|$ et, de même, $|f_i^{(k)}|$ par $||f^{(k)}||_\infty$, on obtient

$$|u_i^{(k+1)}| \leq ||u^{(k)}||_\infty + \Delta t ||f^{(k)}||_\infty$$

puis

$$||u^{(k+1)}||_\infty \leq ||u^{(k)}||_\infty + \Delta t ||f^{(k)}||_\infty$$

Ensuite, par itération, on obtient

$$||u^{(k+1)}||_\infty \leq ||u^{(k-1)}||_\infty + \Delta t ||f^{(k-1)}||_\infty + \Delta t ||f^{(k)}||_\infty$$

puis

$$||u^{(k+1)}||_\infty \leq ||u^{(k-2)}||_\infty + \Delta t ||f^{(k-2)}||_\infty + \Delta t ||f^{(k-1)}||_\infty + \Delta t ||f^{(k)}||_\infty$$

et une récurrence évidente conduit à

$$||u^{(k)}||_\infty \leq ||u^{(0)}||_\infty + \Delta t \sum_{p=0}^{N-1} ||f^{(p)}||_\infty$$

finalement, en majorant chaque terme $||f^{(p)}||_\infty$ par $\max_{p \in \{0,\cdots,N-1\}} ||f^{(p)}||_\infty$, on obtient

$$||u^{(k)}||_\infty \leq ||u^{(0)}||_\infty + N\Delta t \max_{p \in \{0,\cdots,N-1\}} ||f^{(p)}||_\infty$$

or, $N\Delta t \leq T$ donc on a bien (avec $C_1(T) = 1$ et $C_2(T) = T$) :

$$\max_{0 \leq k \leq N} ||u^{(k)}||_\infty \leq C_1(T) ||u^{(0)}||_\infty + C_2(T) \max_{0 \leq k \leq N-1} ||f^{(k)}||_\infty$$

ce qui démontre que le schéma est stable en norme L^∞ sous la condition suffisante $0 < \lambda \leq \frac{1}{2}$.

2. Stabilité en norme L^2 : pour démontrer la stabilité en norme L^2, on utilise la méthode proposée par Von Neumann. Le schéma aux différences finies

$$u_i^{(k+1)} = \lambda u_{i-1}^{(k)} + (1-2\lambda)u_i^{(k)} + \lambda u_{i+1}^{(k)} + \Delta t f_i^{(k)}$$

est remplacé par

$$u_i^{(k+1)}(x) = \lambda u_{i-1}^{(k)}(x) + (1-2\lambda)u_i^{(k)}(x) + \lambda u_{i+1}^{(k)}(x) + \Delta t f_i^{(k)}(x)$$

et cette égalité de fonctions conduit à l'égalité des coefficients de Fourier, en posant $2\alpha = 2\pi\Delta x$:

$$\widehat{u^{(k+1)}}(p) = \lambda \mathrm{e}^{-i2\alpha}\widehat{u^{(k)}}(p) + (1-2\lambda)\widehat{u^{(k)}}(p) + \lambda \mathrm{e}^{i2\alpha}\widehat{u^{(k)}}(p) + \Delta t\widehat{f^{(k)}}(p)$$

en vertu des relations (5.74). Après factorisation on obtient

$$\widehat{u^{(k+1)}}(p) = \Big(1-2\lambda+2\lambda\cos(2\alpha)\Big)\widehat{u^{(k)}}(p) + \Delta t\widehat{f^{(k)}}(p)$$

et on remarque que

$$1-2\lambda+2\lambda\cos(2\alpha) = 1-4\lambda\sin^2(\alpha)$$

ce qui conduit au *coefficient d'amplification* $G(p) = 1-4\lambda\sin^2(\alpha)$ tel que

$$\widehat{u^{(k+1)}}(p) = G(p)\widehat{u^{(k)}}(p) + \Delta t\widehat{f^{(k)}}(p)$$

Il reste à déterminer une condition suffisante pour que le module de $G(p)$ reste inférieur à 1, c'est-à-dire $|G(p)| \le 1$. Or,

$$|G(p)| \le 1 \iff -1 \le 1-4\lambda\sin^2(\alpha) \le 1 \iff 0 \le 1-2\lambda\sin^2(\alpha) \le 1$$

Comme la condition $1-2\lambda\sin^2(\alpha) \le 1$ est automatiquement vérifiée puisqu'elle est équivalente à $\lambda\sin^2(\alpha) \ge 0$ (rappelons que par définition $\lambda > 0$), concentrons-nous sur l'inégalité $0 \le 1-2\lambda\sin^2(\alpha)$:

$$0 \le 1-2\lambda\sin^2(\alpha) \iff \lambda\sin^2(\alpha) \le \frac{1}{2}$$

Une condition suffisante pour que cette égalité soit vérifiée est $\lambda \le \frac{1}{2}$.

En conclusion, le schéma explicite est stable en norme L^2 sous la condition suffisante $0 < \lambda \le \frac{1}{2}$.

3. Étude de la stabilité du schéma sous forme matricielle : cette étude s'appuie sur les propriétés de la matrice d'itération $[M] = [I] + \lambda[L]$ du schéma :

$$U^{(k+1)} = [M]U^{(k)} + \Delta t F^{(k)}$$

où

$$[M] = \begin{bmatrix} 1-2\lambda & \lambda & 0 & 0 & \cdots & 0 \\ \lambda & 1-2\lambda & \lambda & 0 & \cdots & 0 \\ 0 & \lambda & 1-2\lambda & 1 & \cdots & 0 \\ \vdots & \ddots & \ddots & \ddots & 1-2\lambda & \lambda \\ 0 & \cdots & 0 & 0 & \lambda & 1-2\lambda \end{bmatrix}$$

En passant à la norme (pour l'instant, peu importe la norme, norme ∞ ou norme 2) et en utilisant l'inégalité triangulaire et (3.18)

$$||u^{(k+1)}|| \leq |||[M]||| \cdot ||U^{(k)}|| + \Delta t||F^{(k)}||$$

ou encore

$$||U^{(k)}|| \leq |||[M]||| \cdot ||U^{(k-1)}|| + \Delta t||F^{(k-1)}||$$

où, rappelons le, $|||[M]|||$ désigne la norme matricielle subordonnée. Une récurrence évidente permet alors de montrer que

$$||u^{(k)}|| \leq |||[M]|||^k \cdot ||U^{(0)}|| + \Delta t \sum_{j=0}^{k-1} ||F^{(j)}||$$

Il reste donc à majorer $|||[M]|||^k$ et $\sum_{j=0}^{k-1} ||F^{(j)}||$ et, quelle que soit la norme, il suffit d'avoir $|||[M]||| \leq 1$ pour que le schéma soit stable.

La somme $\sum_{j=0}^{N-1} ||F^{(j)}||$ ne pose pas de problème car, quelle que soit la norme, on peut majorer chaque terme de la somme $||F^{(j)}||$ par $\max_{j\in\{0,\cdots,N-1\}} ||F^{(j)}||$, ce qui conduit à écrire

$$\sum_{j=0}^{N-1} ||F^{(j)}|| \leq N \max_{j\in\{0,\cdots,N-1\}} ||F^{(j)}||$$

donc, sachant que $N\Delta t \leq T$, on a

$$\Delta t \sum_{j=0}^{N-1} ||F^{(j)}|| \leq T \max_{j\in\{0,\cdots,N-1\}} ||F^{(j)}||$$

Concernant la matrice $[M]$, exceptionnellement, sa forme simple permet d'en calculer la norme dans les deux cas de la norme ∞ et de la norme 2.
Pour chacune d'elles, on calcule sa norme et on montre que, sous la condition suffisante $0 \leq \lambda \leq \frac{1}{2}$, on a $|||[M]||| \leq 1$.
En effet,

a. Pour la norme ∞, la formule (3.23) page 79 donne

$$|||[M]|||_\infty = |\lambda| + |1 - 2\lambda| + |\lambda|$$

Ainsi, sous la condition suffisante $\lambda \leq \frac{1}{2}$ (la condition $\lambda > 0$ est automatiquement vérifiée), on aura $|||[M]|||_\infty = \lambda + 1 - 2\lambda + \lambda = 1$.

b. Pour la norme 2, on utilise (3.25) page 80 qui permet d'écrire, puisque la matrice $[M]$ est symétrique réelle, que $|||[M]|||_2 = \rho([M]) = \max_{\mu\in\mathrm{sp}([M])} |\mu|$ et il est assez simple de démontrer que les valeurs propres de la matrice $[M]$ sont les nombres

$$\mu_j = 1 - 4\lambda \sin^2\left(\frac{j\pi}{2(N_x+1)}\right) \quad 1 \leq j \leq N_x$$

Il reste donc à démontrer que, pour tout $1 \leq j \leq N_x$, on a $0 < \lambda \leq \frac{1}{2} \Rightarrow |\mu_j| \leq 1$.
Or, en posant, pour simplifier, $\beta = \frac{j\pi}{2(N_x+1)}$ on a

$$\left|1 - 4\lambda \sin^2(\beta)\right| \leq 1 \Rightarrow -1 \leq 1 - 4\lambda \sin^2(\beta) \leq 1$$

Comme la condition $1 - 2\lambda \sin^2(\beta) \leq 1$ est automatiquement vérifiée (elle est équivalente à $\lambda \sin^2(\beta) \geq 0$), concentrons-nous sur l'inégalité $0 \leq 1 - 2\lambda \sin^2(\beta)$:

$$0 \leq 1 - 2\lambda \sin^2(\beta) \iff \lambda \sin^2(\beta) \leq \frac{1}{2}$$

Par conséquent, $0 < \lambda \leq \frac{1}{2} \Rightarrow |\mu_j| \leq 1 \Rightarrow |||[M]|||_2 \leq 1$

On retrouve donc encore la condition suffisante de stabilité $0 < \lambda \leq \frac{1}{2}$ et nous admettrons que cette condition est aussi nécessaire.

□

8.1.3 Étude de la convergence

Proposition 40. Le schéma numérique explicite pour l'équation de la chaleur et convergent si seulement si $0 < \frac{D\Delta t}{(\Delta x)^2} \leq \frac{1}{2}$.

C'est une conséquence du théorème de Lax. Le schéma explicite (linéaire) est stable et consistant (et donc convergent) si et seulement si $0 < \frac{D\Delta t}{(\Delta x)^2} \leq \frac{1}{2}$.

8.2 Le schéma implicite

Le schéma numérique implicite est donné par (5.41)

$$\begin{cases} 1 \leq i \leq N_x, 0 \leq k \leq N_t - 1, & -\lambda u_{i-1}^{(k+1)} + (1+2\lambda) u_i^{(k+1)} - \lambda u_{i+1}^{(k+1)} = u_i^{(k)} + \Delta t f_i^{(k)} \\ 0 \leq i \leq N_x + 1, & u_i^{(0)} = \varphi(x_i) \\ 0 \leq k \leq N_t, & u_0^{(k)} = u_{N_x+1}^{(k)} = 0 \end{cases}$$

Sa forme matricielle est donnée par

$$\big([I] - \lambda[L]\big) U^{(k+1)} = U^{(k)} + \Delta t F^{(k+1)}$$

et il a été démontré dans la section 3.5.3 que la matrice $[I] - \lambda[L]$ est inversible.

8.2.1 Étude de la consistance

Proposition 41. Le schéma implicite est consistant l'équation (E) de (5.75) et d'ordre 1 en temps et 2 en espace.

Démonstration.
La consistance du schéma implicite se traite de la même manière que pour le schéma explicite.

Seul le quotient aux différences finies $\dfrac{u_i^{(k)} - u_i^{(k-1)}}{\Delta t}$ approximant la dérivée partielle en temps change par rapport au schéma explicite. Or, il est facile de montrer que

$$\frac{u(t_k, x_i) - u(t_k - \Delta t, x_i)}{\Delta t} = \frac{\partial u}{\partial t}(t_k, x_i) + O(\Delta t)$$

Autrement dit, le schéma implicite est lui aussi consistant, d'ordre 1 en temps et 2 en espace. □

8.2.2 Étude de la stabilité

Proposition 42. Le schéma implicite pour l'équation (E) de (5.75) est inconditionnellement stable.

Démonstration.
Ce résultat peut se démontrer par exemple en exploitant les propriétés de la matrice d'itération $[A] = [I] - \lambda[L]$ qui est symétrique réelle et donc diagonalisable à valeurs propres réelles. Si l'on pose $\gamma_l = \dfrac{l\pi}{2(N_x+1)}$, son spectre est donné par

$$\mathrm{sp}([A]) = \left\{\alpha_l = 1 + 4\lambda \sin^2(\gamma_l), \quad l \in \{1, \cdots, N_x\}\right\}$$

ce qui prouve que toutes les valeurs propres sont des nombres strictement positifs et que $[A]$ est définie positive et donc inversible. Par conséquent, le spectre de la matrice d'itération $[M] = [A]^{-1}$ est donné par

$$\mathrm{sp}([M]) = \left\{\beta_l = \frac{1}{\alpha_l} = \frac{1}{1 + 4\lambda \sin^2(\gamma_l)}, \quad l \in \{1, \cdots, N_x\}\right\}$$

et on remarque alors sans difficulté que $\forall l \in \{1, \cdots, N_x\}, \quad \beta_l \in]0, 1[$. En conclusion, le schéma implicite est inconditionnellement stable. □

Remarque. Bien que le schéma implicite soit plus coûteux que son homologue explicite en termes de calculs à cause de l'inversion d'une matrice, ce schéma n'est pas soumis à la contrainte de stabilité du schéma explicite.

8.2.3 Étude de la convergence

Proposition 43. Le schéma numérique implicite pour pour l'équation (E) de (5.75) est convergent (sans condition).

C'est à nouveau une conséquence du théorème de Lax.

8.3 Le schéma de Crank-Nicolson

L'intérêt principal du schéma de Crank-Nicolson, malgré son caractère semi implicite, est sa précision. On démontre en effet qu'il s'agit d'un schéma consistant et précis à l'ordre 2 en temps et en espace (alors que les schémas explicite et implicite ne sont précis qu'à l'ordre 1 en espace). Par contre, ce schéma est soumis à la même condition de stabilité que le schéma explicite, à savoir $0 < \frac{D\Delta t}{(\Delta x)^2} \leq \frac{1}{2}$.

8.3.1 Les θ-schémas

Le schéma de Crank-Nicolson est un cas particulier de schémas numériques appelés θ-schémas et construits comme des combinaisons convexes des deux schémas explicite et implicite. Plus précisément, soit $\theta \in [0,1]$, à partir des deux schémas explicites (5.38) et implicites (5.43) rappelés ci-dessous

$$\frac{U^{(k+1)} - U^{(k)}}{\Delta t} = \frac{D}{(\Delta x)^2}[L]U^{(k)} + F^{(k)} \quad \text{et} \quad \frac{U^{(k+1)} - U^{(k)}}{\Delta t} = \frac{D}{(\Delta x)^2}[L]U^{(k+1)} + F^{(k+1)}$$

on peut écrire la combinaison convexe

$$\frac{U^{(k+1)} - U^{(k)}}{\Delta t} + (1-\theta)\frac{D}{(\Delta x)^2}[L]U^{(k)} + \theta\frac{D}{2(\Delta x)^2}[L]U^{(k+1)} = (1-\theta)F^{(k+1)} + \theta F^{(k)}$$

ce qui permet de construire toute une famille de schémas numériques dont θ représente le « degré d'implicité ». On retrouve en particulier :

1. Le schéma totalement explicite pour $\theta = 0$.
2. Le schéma totalement implicite pour $\theta = 1$.
3. Le schéma de Crank-Nicolson pour $\theta = \frac{1}{2}$.

8.3.2 Forme matricielle

La forme matricielle du schéma numérique (semi implicite) de Crank-Nicolson est donnée par (5.44)

$$\begin{cases} \forall k \in \{0, \cdots, N_t - 1\} \\ \left([I] - \frac{\lambda}{2}[L]\right)U^{(k+1)} = \left([I] + \frac{\lambda}{2}[L]\right)U^{(k)} + \Delta t F^{(k+1/2)} \end{cases}$$

en notant $F^{(k+1/2)} = \frac{1}{2}\left(F^{(k)} + F^{(k+1)}\right)$.

8.3.3 Consistance et précision

Définition 56. Le schéma numérique de Crank-Nicolson est consistant et d'ordre 2 en temps et 2 en espace.

Démonstration.
La démonstration repose là encore sur des développements de Taylor mais en utilisant le temps intermédiaire $t_{k+1/2} = \frac{1}{2}(t_k + t_{k+1}) = t_k + \frac{\Delta t}{2}$, ce qui permet d'écrire :

$$\begin{cases} t_k = t_{k+1/2} - \dfrac{\Delta t}{2} \\ t_{k+1} = t_{k+1/2} + \dfrac{\Delta t}{2} \end{cases}$$

Ensuite, on écrit les développements de Taylor au point $(t_{k+1/2}, x_i)$ pour la solution u supposée assez régulière.

Pour le terme $\dfrac{u(t_{k+1}, x_i) - u(t_k, x_i)}{\Delta t}$, on commence par écrire :

$$\frac{u(t_{k+1}, x_i) - u(t_k, x_i)}{\Delta t} = \frac{u(t_{k+1/2} + \frac{\Delta t}{2}, x_i) - u(t_k, x_i)}{\Delta t}$$

puis, on utilise des développements de Taylor

$$\begin{aligned} u(t_{k+1}, x_i) &= u(t_{k+1/2} + \tfrac{\Delta t}{2}, x_i) \\ &= u(t_{k+1/2}, x_i) + \frac{\Delta t}{2}\frac{\partial u}{\partial t}(t_{k+1/2}, x_i) + \frac{(\Delta t)^2}{8}\frac{\partial^2 u}{\partial t^2}(t_{k+1/2}, x_i) + O\big((\Delta t)^3\big) \end{aligned}$$

et de même

$$\begin{aligned} u(t_k, x_i) &= u(t_{k+1/2} - \tfrac{\Delta t}{2}, x_i) \\ &= u(t_{k+1/2}, x_i) - \frac{\Delta t}{2}\frac{\partial u}{\partial t}(t_{k+1/2}, x_i) + \frac{(\Delta t)^2}{8}\frac{\partial^2 u}{\partial t^2}(t_{k+1/2}, x_i) + O\big((\Delta t)^3\big) \end{aligned}$$

ce qui conduit à l'égalité

$$\frac{u(t_{k+1}, x_i) - u(t_k, x_i)}{\Delta t} = \frac{u(t_k + \Delta t, x_i) - u(t_k, x_i)}{\Delta t} = \frac{\partial u}{\partial t}(t_{k+1/2}, x_i) + O\big((\Delta t)^2\big)$$

Pour le terme

$$\begin{aligned} T(t_{k+1/2}, x_i) = \; & \frac{1}{2}\frac{u(t_k, x_{i+1}) - 2u(t_k, x_i) + u(t_k, x_{i-1})}{(\Delta x)^2} + \\ & + \frac{1}{2}\frac{u(t_{k+1}, x_{i+1}) - 2u(t_{k+1}, x_i) + u(t_{k+1}, x_{i-1})}{(\Delta x)^2} \end{aligned}$$

l'idée est la même en remarquant que

$$\begin{cases} u(t_{k+1}, x_{i+1}) = u(t_{k+1/2} + \frac{\Delta t}{2}, x_i + \Delta x) \\ u(t_k, x_{i-1}) = u(t_{k+1/2} - \frac{\Delta t}{2}, x_i - \Delta x) \end{cases}$$

En faisant les développements de Taylor d'abord par rapport à l'espace puis le temps, on démontre que

$$T(t_{k+1/2}, x_i) = \frac{\partial^2 u}{\partial x^2}(t_{k+1/2}, x_i) + O\big((\Delta t)^2\big) + O\big((\Delta x)^2\big)$$

Finalement, l'erreur de consistance est obtenue sous la forme

$$\varepsilon_i^{(k+1)} = \frac{\partial u}{\partial t}(t_{k+1/2}, x_i) - D\frac{\partial^2 u}{\partial x^2}(t_{k+1/2}, x_i) - f(t_{k+1/2}, x_i) + O\big((\Delta t)^2\big) + O\big((\Delta x)^2\big)$$

Il reste à remarquer que le terme $\frac{\partial u}{\partial t}(t_{k+1/2}, x_i) - D\frac{\partial^2 u}{\partial x^2}(t_{k+1/2}, x_i) - f(t_{k+1/2}, x_i)$ est nul puisque u est la solution de l'E.D.P. (E) de (5.75).

Par conséquent

$$\varepsilon_i^{(k+1)} = O\big((\Delta t)^2\big) + O\big((\Delta x)^2\big)$$

et le schéma de Crank-Nicolson est donc consistant et précis à l'ordre 2 en espace et 2 en temps □

8.3.4 Stabilité et convergence

Proposition 44. Le schéma le numérique de Crank-Nicolson pour l'équation (E) de (5.75) est stable sous la condition $0 < \frac{D\Delta t}{(\Delta x)^2} \leq \frac{1}{2}$, il est donc convergent sous cette condition.

Ce résultat qui ne présente pas de difficultés sera admis.

Troisième partie

Méthode des éléments finis et applications

Chapitre 6

Introduction à la méthode des éléments finis : aspects théoriques

1 Introduction

1.1 Historique

Aujourd'hui incontournable dans la culture d'un ingénieur, la méthode des éléments finis est très largement utilisée dans de nombreux domaines (dont la mécanique des structures, la mécanique des fluides, l'économie, l'électromagnétisme par exemple). A l'instar de la méthode des différences finies, elle permet d'approcher numériquement les solutions d'équations différentielles ou aux dérivées partielles par discrétisation du problème continu qui devient un problème matriciel résolu par des méthodes algébriques. Elle se distingue cependant par sa capacité à traiter en toute généralité des problèmes complexes sur des géométries elles-mêmes complexes (alors que la gestion de cette géométrie est précisément un des points faibles de la méthode des différences finies). On peut citer par exemple l'étude des contraintes exercées sur un barrage soumis à la pression de l'eau, l'étude des vibrations d'une aile d'avion ou encore l'étude de l'écoulement d'un fluide en mouvement autour d'un objet, etc. (et ces exemples n'évoquent pas les problèmes non linéaires liés aux lois de comportement des matériaux, aux problèmes multi-physique par exemple qui rendent les situations encore plus délicates). D'autre part, par construction et contrairement à la méthode des différences finies, la solution approchée obtenue par éléments finis est une fonction continue et polynomiale par morceaux.
En revanche, elle présente l'inconvénient de reposer sur des notions théoriques bien plus élaborées et compliquées que la méthode des différences finies. Cela dit, dans la mise en œuvre pratique de la méthode, cette complexité n'est pas apparente pour l'utilisateur (d'autant moins qu'il existe de nombreux logiciels spécialisés qui facilitent l'utilisation de cette méthode et la rende accessible).
Historiquement, la méthode des éléments finis est née dans les années 1950 de la conjonction de travaux théoriques sur l'approximation des équations issues de problèmes

d'élasticité linéaire mais aussi de travaux appliqués dans le domaine de la mécanique des milieux déformables. Ces problèmes font intervenir des géométries beaucoup trop complexes pour être traités avec une méthode comme celle des différences finies.

Plusieurs scientifiques ont contribué au développement de cette méthode. Citons les noms de Banach (Stefan Banach, 1892-1945, mathématicien polonais), Sobolev (Sergueï Lvovitch Sobolev, 1908-1989, mathématicien et physicien russe) et Schwartz (Laurent Schwartz, 1915-2002, mathématicien français) dans les domaines de l'analyse fonctionnelle et de l'étude des équations aux dérivées partielles. En analyse numérique, citons Galerkine (Boris Grigorievitch Galerkine, 1871-1945, mathématicien et ingénieur russe) qui est à l'origine d'une classe de méthodes permettant de discrétiser des problèmes continus en des problèmes discrets en vue d'en déterminer une solution approchée. Enfin, pour la théorie des éléments finis à proprement parler, citons, de manière non exhaustive, Zienkiewicz (Olek Cecil Zienkiewicz, 1921-2009, scientifique anglais), considéré comme le père de la méthode des éléments finis, Babuska (Ivo Babuska, 1926-, mathématicien tchéco-américain), Necas (Jindrich Necas, 1929-2002, mathématicien tchèque), Ciarlet (Philippe Ciarlet, 1938-, mathématicien français) qui ont largement contribué aux fondations de l'analyse mathématique de la méthode des éléments finis, pour ne citer qu'eux.
Deux étapes importantes marquent l'histoire de cette méthode. Dans les années 1960, elle commence à être appliquée avec succès à des problèmes de la mécanique des fluides et les travaux réalisés commencent à convaincre les ingénieurs et chercheurs que son champ d'application est plus vaste que la seule mécanique des milieux déformables.
Dans les années 1970, le développement théorique de la méthode marque la seconde étape importante. Elle se voit dotée d'un cadre général lui conférant une grande force et un champ d'application encore plus vaste. En particulier, le lien est fait entre formulation variationnelle et méthodes énergétiques ou formulation faible et théorème des travaux virtuels. A cette même époque sont démontrés des résultats de convergence et d'estimation d'erreur qui viennent confirmer l'intuition des ingénieurs sur l'efficacité de la méthode. Le terme d'*élément fini* apparaît, quant à lui, dans les années 1960.

1.2 Notations

L'exposé de la méthode utilise abondamment le calcul matriciel et des notations particulières propres aux éléments finis.

1. Les notations $\{U\}$ et $< U >$ désignent respectivement des matrices colonnes et lignes (parfois appelées de manière abusive des vecteurs colonnes ou lignes). En notant ${}^{\mathbf{t}}\{U\}$ la transposée de $\{U\}$, on a donc ${}^{\mathbf{t}}\{U\} = < U >$ et $\{U\} = {}^{\mathbf{t}}< U >$.

2. La notation $[K]$ désigne une matrice rectangulaire.

Les dimensions des matrices ne sont pas précisées en général et l'on suppose implicitement qu'elles sont imposées par le contexte. Par exemple, l'expression $< V > [K]\{U\}$ impose implicitement que $< V >$ est de dimension $1 \times n$, $[K]$ de dimension $n \times n$ et $\{U\}$ de dimension $n \times 1$, ce qui conduit à une matrice $[a]$ de dimension 1×1 confondue avec le scalaire $a \in \mathbb{R}$.

2 Introduction à la formulation faible pour un problème elliptique

2.1 Exemple d'une barre en traction-compression

2.1.1 Équation d'équilibre locale et formulation forte

Considérons une barre de longueur $L \quad [m]$ dont la fibre neutre est matérialisée par le segment $[0, L]$, portée par l'axe (Ox), de section $S \quad [m^2]$ constante, constituée d'un matériau homogène, isotrope et élastique caractérisé par son module d'Young $E \quad [Pa]$ constant et sa masse volumique $\rho \quad [kg \cdot m^{-3}]$, en appui rotulé en $x = 0$, soumise à une force ponctuelle $\overrightarrow{F} = F_L \overrightarrow{x}$ en $x = L$ de norme $F_L > 0 \quad [N]$ et à une densité linéique de force $\overrightarrow{f}(t, x) = f(x)\overrightarrow{x} \quad [N \cdot m^{-1}]$ (qui peut représenter l'action du poids dans le cas où l'axe (Ox) est vertical) comme illustré sur la figure 6.1. On note u le champ des déplacements longitudinaux d'une section d'abscisse x dans le modèle de l'élasticité linéaire. L'objectif est de déterminer le champ u ou, au moins, d'en déterminer une approximation polynomiale.

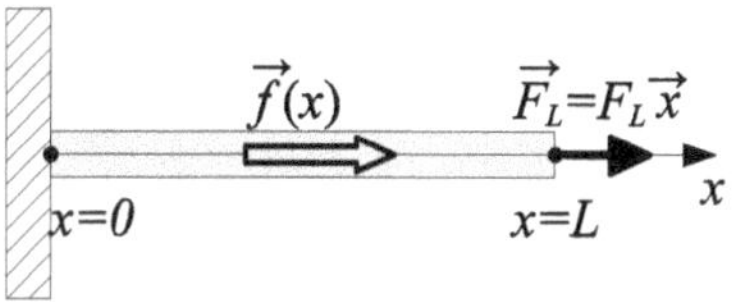

FIGURE 6.1 – Illustration d'une barre

Au chapitre 2, section 5, nous avons démontré que la modélisation de ce problème conduisait au problème différentiel

$$\text{Trouver } u \text{ solution de } \begin{cases} -SE\dfrac{\mathrm{d}^2 u}{\mathrm{d}x^2}(x) = f(x) \text{ sur }]0, L[\\ u(0) = 0 \\ \dfrac{\mathrm{d}u}{\mathrm{d}x}(L) = \dfrac{F_L}{SE} \end{cases} \tag{6.1}$$

Dans la situation où la fonction f est continue sur $[0, L]$, une solution de ce problème est nécessairement de classe $\mathscr{C}^2$ sur $[0, L]$ et elle est qualifiée de solution forte (ou classique) en référence à sa régularité « élevée ». Le problème (6.1) est, lui, qualifié de problème fort.

> **Définition 57.** Le problème (6.1) est appelé formulation *forte* (ou classique) et une solution de classe $\mathscr{C}^2$ sur $[0, L]$ est appelée une solution *forte* (ou classique).

Remarque.

1. Le problème (6.1) n'est pas un problème de Cauchy. En effet, la condition aux limites en force est exprimée en $x = L$ et non en $x = 0$. Aussi, on ne dispose pas ici d'un

résultat d'existence et d'unicité tel que le théorème de Cauchy-Lipschitz. D'autre part, malgré l'apparente simplicité de ce problème différentiel, selon la régularité de la fonction f, il n'est pas toujours possible d'en déterminer une solution analytique et cette remarque motive la démarche de résolution qui va suivre.

2. Cette formulation fait intervenir des conditions aux limites de deux types distincts. L'une d'elle porte sur une valeur prise par la fonction u, il s'agit d'un déplacement imposé, c'est une condition aux limites qui sera qualifiée d'*essentielle*. L'autre porte sur une valeur prise par la dérivée de u, il s'agit d'une force imposée, c'est une condition aux limites qui sera qualifiée de *naturelle*. Ces deux conditions aux limites auront par la suite un statut très différent et nous reviendrons sur cet aspect important.

2.1.2 Principe des travaux virtuels et formulation faible

Proposons maintenant une approche alternative à l'approche locale, qui a conduit à la formulation forte, en utilisant le principe des travaux virtuels (voir l'annexe F.1 page 804), ce qui nous conduira à une formulation dite *faible*.

Ce principe stipule que, pour un corps déformable en équilibre local, le travail des efforts intérieurs fourni par le travail des contraintes dans un champ de déformations virtuelles ε^*, associé à un champ de déplacements virtuels u^* *cinématiquement admissible* (c'est à dire tel que u^* est nul en tout point du bord du domaine où u est imposé), est égal au travail des efforts extérieurs.

Dans le problème de la barre en traction-compression, on sait que le tenseur des déformations se réduit à (voir chapitre 2, section 5 page 63)

$$\varepsilon_{xx} = \varepsilon = \frac{\mathrm{d}u}{\mathrm{d}x}$$

et le tenseur des contraintes à

$$\sigma_{xx} = \sigma = E\frac{\mathrm{d}u}{\mathrm{d}x}$$

Le calcul du travail virtuel des contraintes dans un champ de déformations virtuelles $\varepsilon^*_{xx} = \dfrac{\mathrm{d}u^*}{\mathrm{d}x}$ conduit au terme, noté W_i (où Ω désigne le volume occupé par la barre)

$$W_i = \iiint_\Omega \sigma_{xx}\varepsilon^*_{xx}\,\mathrm{d}x\,\mathrm{d}y\,\mathrm{d}z$$

Or, en remplaçant σ_{xx} et ε^*_{xx} par leurs expressions, en supposant E constant et en remarquant que l'on peut faire intervenir la section $S = \iint_S \mathrm{d}y\,\mathrm{d}z$ de la barre en écrivant

$$W_i = \iiint_\Omega E\frac{\mathrm{d}u}{\mathrm{d}x}(x)\frac{\mathrm{d}u^*}{\mathrm{d}x}(x)\,\mathrm{d}x\,\mathrm{d}y\,\mathrm{d}z = \int_0^L \left(\iint_S \mathrm{d}y\,\mathrm{d}z\right) E\frac{\mathrm{d}u}{\mathrm{d}x}(x)\frac{\mathrm{d}u^*}{\mathrm{d}x}(x)\,\mathrm{d}x$$

on obtient l'expression de W_i

$$W_i = SE\int_0^L \frac{\mathrm{d}u}{\mathrm{d}x}(x)\frac{\mathrm{d}u^*}{\mathrm{d}x}(x)\,\mathrm{d}x$$

Le calcul du travail des efforts extérieurs, représentés ici par la densité linéique de force f et par les efforts ponctuels en $x = L$ conduit à

$$W_e = \int_0^L f(x)u^*(x)\,\mathrm{d}x + F_L u^*(L)$$

soit, finalement

$$\text{Trouver } u \text{ solution de } \begin{cases} \forall u^* \text{ tel que } u^*(0) = 0 \\ \displaystyle\int_0^L SE\frac{\mathrm{d}u}{\mathrm{d}x}(x)\frac{\mathrm{d}u^*}{\mathrm{d}x}(x)\,\mathrm{d}x = \int_0^L f(x)u^*(x)\,\mathrm{d}x + F_L u^*(L) \end{cases} \tag{6.2}$$

où u^* est un champ de déplacements virtuels *cinématiquement admissible.*

Définition 58. On appelle *formulation faible* du problème (6.1) l'équation intégrale (6.2) et on appelle *solution faible* du problème (6.2) toute solution du problème faible.

Cette formulation est parfois appelée « en déplacements » parce que la seule inconnue du problème est le champ u des déplacements.

Remarque. Il est intéressant de remarquer que cette nouvelle formulation incorpore directement les conditions aux limites mais de deux manières différentes.
Nous avons déjà précisé que les deux types de conditions aux limites, en déplacements et en forces, n'auraient pas le même statut. Dans la formulation faible, la condition en force F_L apparaît dans le second membre alors que la condition en déplacements $u(0) = 0$, elle, n'apparaît pas. Par contre, le champ des déplacements virtuels u^* en tient compte de manière intrinsèque ou essentielle. Nous reviendrons sur ces questions un peu plus loin.

2.1.3 Lien entre les deux formulations

Le principe des travaux virtuels est propre à la mécanique des milieux continus et n'a pas d'équivalent en thermique par exemple. Il est donc intéressant et pertinent de se poser la question de savoir si on peut obtenir la formulation faible directement à partir de la formulation forte. En l'occurrence, c'est possible grâce à une simple intégration par parties. Cette démarche va permettre de généraliser l'obtention de la formulation faible, de mettre en évidence le statut différent des conditions aux limites qui interviennent et de détailler la nature des espaces fonctionnels adaptés à la résolution de cette formulation faible.

La démarche est donc ici la suivante. Considérons une fonction u^* quelconque (souvent appelée une fonction *test*) dont on ne précise pas la régularité pour l'instant. Effectuons les calculs suivants de manière formelle, c'est à dire sans nous préoccuper de la validité des calculs, question qui sera abordée par la suite.
Multiplions $-SE\dfrac{\mathrm{d}^2u}{\mathrm{d}x^2} = f$ par u^*, intégrons entre 0 et L puis intégrons par parties pour obtenir (SE est une constante)

$$SE\int_0^L \frac{\mathrm{d}u}{\mathrm{d}x}\frac{\mathrm{d}u^*}{\mathrm{d}x} = \int_0^L fu^* + SE\frac{\mathrm{d}u}{\mathrm{d}x}(L)u^*(L) - SE\frac{\mathrm{d}u}{\mathrm{d}x}(0)u^*(0)$$

Notons $F_0 = SE\frac{\mathrm{d}u}{\mathrm{d}x}(0)$ et $F_L = SE\frac{\mathrm{d}u}{\mathrm{d}x}(L)$ les deux forces exercées en $x = 0$ et $x = L$ (en remarquant que seule F_L est donnée et connue, F_0 étant la force de réaction due au blocage en $x = 0$ puisque $u(0) = 0$) pour obtenir

$$\int_0^L SE\frac{\mathrm{d}u}{\mathrm{d}x}\frac{\mathrm{d}u^*}{\mathrm{d}x} = \int_0^L fu^* + F_L u^*(L) - F_0 u^*(0) \tag{6.3}$$

Cette formule (6.3) est alors très proche de la formulation faible (6.2) obtenue par le principe des travaux virtuels. Elle fait cependant intervenir une inconnue supplémentaire, ici F_0. Aussi, pour « éliminer » cette inconnue supplémentaire et obtenir ce qu'on appelle une formulation « en déplacements », nous allons imposer aux fonctions u^* de vérifier la condition aux limites en $x = 0$ de manière homogène, c'est à dire $u^*(0) = 0$. En particulier, et c'est important de le remarquer, même si u vérifiait une condition aux limites en déplacement non homogène $u(0) = \alpha \neq 0$, on continuerait à imposer que u^* vérifie cette condition aux limites de manière homogène $u^*(0) = 0$ pour annuler le terme $F_0 u^*(0)$.
Avec ce choix, qui sera justifié par des arguments plus théoriques par la suite, en particulier concernant la nature exacte des fonctions u^* et de l'espace dans lequel elles vivent, on retrouve la formulation faible (6.2) du problème

$$\text{Trouver } u \text{ solution de } \begin{cases} \forall u^* \text{ tel que } u^*(0) = 0 \\ \displaystyle\int_0^L SE\frac{\mathrm{d}u}{\mathrm{d}x}(x)\frac{\mathrm{d}u^*}{\mathrm{d}x}(x)\,\mathrm{d}x = \int_0^L f(x)u^*(x)\,\mathrm{d}x + F_L u^*(L) \end{cases}$$

2.1.4 Les conditions aux limites essentielles et naturelles

Nous avons remarqué que deux types de conditions aux limites de natures différentes intervenaient. La première est une condition aux limites en déplacement $u(0) = 0$ et la seconde en force $SE\frac{\mathrm{d}u}{\mathrm{d}x}(L) = F_L$ et nous avons remarqué que ces deux conditions aux limites n'intervenaient pas de la même manière dans la formulation faible. Précisément

1. La condition aux limites en déplacement $u(0) = 0$ est imposée à la fonction u^* de manière homogène, c'est donc une condition intrinsèque ou essentielle à la fonction u^*.
2. La condition aux limites en force $SE\frac{\mathrm{d}u}{\mathrm{d}x}(L) = F_L$ est prise en compte dans la formulation faible où elle intervient explicitement.

On distingue donc ces deux types de conditions aux limites par les qualificatifs suivants :

Définition 59. On appelle

1. Conditions aux limites *essentielles* les conditions aux limites imposées aux fonctions u^*.
   Elles n'interviennent pas explicitement dans la formulation faible mais sont imposées de manière homogène aux fonctions u^*.
2. Conditions aux limites *naturelles* les conditions aux limites prises en compte explicitement dans la formulation faible.

Dans la pratique, pour distinguer ces deux types de conditions, on pourra retenir la « règle pratique » suivante :

> **Règle pratique :**
> Soit $m \in \mathbb{N}^*$. Si l'ordre de dérivation maximum du problème est $2m$ alors les conditions aux limites portant sur u et sur les dérivées jusqu'à l'ordre $m-1$ sont essentielles (avec la convention qu'une dérivée d'ordre 0 est la fonction elle-même).

Dans l'exemple, l'ordre de dérivation est $2 = 2 \times 1$ donc $m = 1$ et $m-1 = 0$, donc les conditions aux limites essentielles portent sur u uniquement. Dans le cas d'un problème différentiel d'ordre 4 (qui est traité dans la section suivante comme exemple de modélisation de la flexion des poutres), l'ordre de dérivation sera $4 = 2 \times 4$, donc $m = 2$ et $m-1 = 1$ et les conditions aux limites essentielles porteront sur u et sur sa première dérivée $\frac{\mathrm{d}u}{\mathrm{d}x}$.

2.2 Exemple d'une poutre en flexion pure

Pour compléter cette introduction à la formulation faible, présentons maintenant le cas d'une poutre en flexion pure sous le modèle de Bernoulli (Jacques Bernoulli, 1654-1705, mathématicien et physicien suisse, issu de l'illustre famille des Bernoulli). Ce nouvel exemple va permettre de reprendre la démarche précédente en faisant apparaître les mêmes notions dans un cadre sensiblement différent, ce qui devrait permettre au lecteur de s'assurer qu'il a compris les notions élémentaires liées à la formulation faible.

2.2.1 Équation d'équilibre locale et formulation forte

Considérons une poutre en console, constituée d'un matériau homogène, isotrope et élastique caractérisé par son module d'Young $E \quad [Pa]$ et sa masse volumique $\rho \quad [kg \cdot m^{-3}]$, portée par l'axe (Ox), dont la fibre neutre est matérialisée par le segment $[0, L]$ dans le plan (xOy), encastrée en $x = 0$, de longueur $L \quad [m]$, de section constante d'aire $S \quad [m^2]$ et de moment quadratique $I \quad [m^4]$ (selon (Oz)). Cette poutre est soumise à une force ponctuelle $\overrightarrow{T_L} = -T_L \overrightarrow{y}$ de norme $T_L > 0 \quad [N]$ constant en $x = L$, à un moment $\overrightarrow{M_L} = M_L \overrightarrow{z}$ avec $M_L > 0 \quad [N \cdot m]$ constant en $x = L$ et à une densité linéique de force $\overrightarrow{f}(x) = f(x)\overrightarrow{y}$ où $f : x \mapsto f(x) \quad [N \cdot m^{-1}]$. Sous l'hypothèse de Bernoulli, le champ des déplacements transversaux v des sections d'abscisse x ne dépend que de la variable x et détermine entièrement le champ des rotations θ de ces mêmes sections selon la relation $\theta(x) = v'(x)$ comme illustré dans la figure 6.2.

La mise en équation du problème a été proposée dans le chapitre 2, section 6 page 66 et conduit à écrire que v est solution du problème différentiel

$$\text{Trouver } u \text{ solution de } \begin{cases} EI\dfrac{\mathrm{d}^4 v}{\mathrm{d}x^4}(x) = f(x) \text{ sur }]0, L[\\ v(0) = 0 \quad \dfrac{\mathrm{d}v}{\mathrm{d}x}(0) = 0 \\ \dfrac{\mathrm{d}^2 v}{\mathrm{d}x^2}(L) = \dfrac{M_L}{EI} \quad \dfrac{\mathrm{d}^3 v}{\mathrm{d}x^3}(L) = -\dfrac{T_L}{EI} \end{cases} \tag{6.4}$$

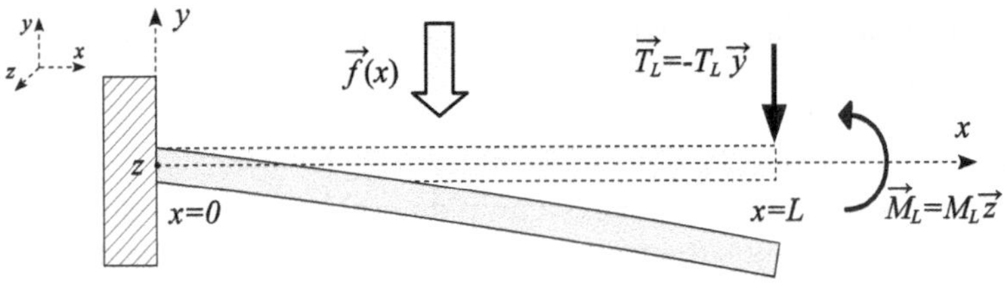

FIGURE 6.2 – Illustration d'une poutre en flexion pure

2.2.2 Principe des travaux virtuels et formulation faible

Dans le problème qui nous occupe, nous savons que le tenseur des déformations se réduit à $\varepsilon_{xx} = -y\dfrac{\mathrm{d}^2 v}{\mathrm{d}x^2}$ et le tenseur des contraintes à (loi de Hooke) $\sigma_{xx} = E\varepsilon_{xx} = -Ey\dfrac{\mathrm{d}^2 v}{\mathrm{d}x^2}$ (voir chapitre 2, section 6 page 66). Le calcul du travail virtuel des contraintes dans un champ de déformations virtuelles $\varepsilon^*_{xx} = -y\dfrac{\mathrm{d}^2 v^*}{\mathrm{d}x^2}$ conduit au terme, noté W_i (où Ω désigne le volume occupé par la poutre)

$$W_i = \iiint_\Omega \sigma_{xx}\varepsilon^*_{xx}\,\mathrm{d}x\,\mathrm{d}y\,\mathrm{d}z$$

Or, en remplaçant σ_{xx} et ε^*_{xx} par leurs expressions, en supposant E constant et en remarquant que l'on peut faire intervenir le moment quadratique de la poutre

$$I = I_z = \iint_S y^2\,\mathrm{d}y\,\mathrm{d}z$$

en écrivant

$$W_i = \iiint_\Omega Ey^2\frac{\mathrm{d}^2 v}{\mathrm{d}x^2}(x)\frac{\mathrm{d}^2 v^*}{\mathrm{d}x^2}(x)\,\mathrm{d}x\,\mathrm{d}y\,\mathrm{d}z = \int_0^L\left(\iint_S y^2\,\mathrm{d}y\,\mathrm{d}z\right)E\frac{\mathrm{d}^2 v}{\mathrm{d}x^2}(x)\frac{\mathrm{d}^2 v^*}{\mathrm{d}x^2}(x)\,\mathrm{d}x$$

on obtient l'expression de W_i

$$W_i = EI\int_0^L \frac{\mathrm{d}^2 v}{\mathrm{d}x^2}(x)\frac{\mathrm{d}^2 v^*}{\mathrm{d}x^2}(x)\,\mathrm{d}x$$

Le calcul du travail des efforts extérieurs, représentés ici par la densité linéique de force f et par l'effort tranchant et le moment en $x = L$ conduit à

$$W_e = \int_0^L f(x)v^*(x)\,\mathrm{d}x - T_L v^*(L) + M_L\frac{\mathrm{d}v^*}{\mathrm{d}x}(L)$$

En conséquence, le principe des travaux virtuels conduit à la formulation faible du problème (6.4) sous la forme

$$\left\{\begin{array}{l}\forall v^* \text{ tel que } v(0) = 0 \text{ et } \dfrac{\mathrm{d}v}{\mathrm{d}x}(0) = v'(0) = 0\\ EI\displaystyle\int_0^L \frac{\mathrm{d}^2 v}{\mathrm{d}x^2}(x)\frac{\mathrm{d}^2 v^*}{\mathrm{d}x^2}(x)\,\mathrm{d}x = \int_0^L f(x)v^*(x)\,\mathrm{d}x - T_L v^*(L) + M_L\frac{\mathrm{d}v^*}{\mathrm{d}x}(L)\end{array}\right. \tag{6.5}$$

où v^* est un champ de déplacements virtuels *cinématiquement admissible* c'est à dire qui vérifie ici $v^*(0) = 0$ et $\dfrac{dv^*}{dx}(0) = 0$.

2.2.3 Lien entre les deux formulations

Reprenons ici la même démarche que dans la section précédente pour vérifier que l'on peut obtenir directement la formulation faible à partir de la formulation forte en effectuant non pas une mais deux intégrations par parties.
Considérons pour cela à nouveau une fonction v^* quelconque dont on ne précise rien pour l'instant sur la régularité. Effectuons à nouveau les calculs de manière formelle, calculs qui seront justifiés par la suite.

Multiplions l'équation différentielle $EI\dfrac{d^4v}{dx^4} = f$ par v^*, intégrons entre 0 et L puis effectuons deux intégrations par parties pour obtenir l'égalité

$$\begin{aligned} EI\int_0^L \frac{d^2v}{dx^2}(x)\frac{d^2v^*}{dx^2}(x)\,dx = \int_0^L & f(x)v^*(x)\,dx \\ & -EI\left[\frac{d^3v}{dx^3}(L)v^*(L) - \frac{d^3v}{dx^3}(0)v^*(0)\right] \\ & +EI\left[\frac{d^2v}{dx^2}(L)\frac{dv^*}{dx}(L) - \frac{d^2v}{dx^2}(0)\frac{dv^*}{dx}(0)\right] \end{aligned}$$

qui peut se réécrire, en utilisant les conditions aux limites et les notations

$$M_0 = EI\frac{d^2v}{dx^2}(0) \text{ et } T_0 = EI\frac{d^3v}{dx^3}(0)$$

$$\begin{aligned} EI\int_0^L \frac{d^2v}{dx^2}(x)\frac{d^2v^*}{dx^2}(x)\,dx = \int_0^L & f(x)v^*(x)\,dx - T_L v^*(L) + T_0 v^*(0) + \cdots \\ & \cdots + M_L\frac{dv^*}{dx}(L) - M_0\frac{dv^*}{dx}(0) \end{aligned}$$

Là encore, on remarque que l'on aboutit à une formule très proche de la formulation faible (6.5) obtenue par le principe des travaux virtuels. Elle fait cependant intervenir un moment M_0 et une force T_0 inconnus résultant de l'encastrement en $x = 0$. Aussi, pour éviter d'avoir ces inconnues supplémentaires, et obtenir une formulation « en déplacements », nous allons à nouveau imposer aux fonctions v^* de vérifier les conditions aux limites en déplacements en $x = 0$ de manière homogène, c'est à dire $v^*(0) = 0$ et $\dfrac{dv^*}{dx}(0) = v^{*\prime}(0) = 0$. Remarquons à nouveau que, même si v vérifiait des conditions aux limites en déplacements non homogènes $v(0) = \alpha \neq 0$ et $v'(0) = \beta \neq 0$, on continuerait à imposer que v^* vérifie ces conditions aux limites de manière homogène pour annuler les termes $T_0 v^*(0)$ et $M_0 v^{*\prime}(0)$ et des considérations théoriques justifieront pourquoi ce choix s'impose.

Finalement, avec ces conditions imposées à v^*, on retrouve bien l'expression de la formulation faible (6.5) page 204.

2.2.4 Les conditions aux limites essentielles et naturelles

Dans cet exemple, quatre conditions aux limites apparaissent en faisant intervenir les dérivées de v jusqu'à l'ordre 3.

Les deux premières, en déplacements, $v(0) = 0$ et $\dfrac{dv}{dx}(0) = 0$ sont des conditions aux limites essentielles parce qu'on impose aux fonctions v^* de les vérifier de manière intrinsèque (et homogène) mais elles n'apparaissent pas explicitement dans la formulation faible (le lecteur pourra se reporter à l'exemple d'application de la « règle pratique » donnée à la page 203).

Les deux autres, en moments et forces, $\dfrac{d^2 v}{dx^2}(L) = \dfrac{M_L}{EI}$ et $\dfrac{d^3 v}{dx^3}(L) = -\dfrac{T_L}{EI}$, sont naturelles et interviennent explicitement dans la formulation faible.

2.3 Exemple d'une membrane en tension

Reprenons ici l'exemple de la membrane en tension présenté dans le chapitre 1, section 4.2 page 55.

2.3.1 Formulation forte

Cet exemple conduit à établir la formulation forte du problème elliptique du laplacien sur le carré unité avec conditions aux limites de type Dirichlet rappelée ci-dessous en désignant par λ une constante réelle strictement positive, Ω l'ouvert $]0,1[\times]0,1[$ de $\mathbb{R}^2$, par $\delta\Omega$ son bord (ou sa frontière), Δ l'opérateur laplacien (voir l'annexe A page 774) :

$$\text{Trouver } u \text{ solution de } \begin{cases} -\lambda\Delta u(x,y) = f(x,y) & \text{sur} \quad \Omega \\ u(x,y) = 0 & \text{sur} \quad \delta\Omega \end{cases} \tag{6.6}$$

Lorsque la fonction f est continue sur $\overline{\Omega} = [0,1] \times [0,1]$, une solution forte de ce problème est nécessairement de classe $\mathscr{C}^2$ sur $\overline{\Omega}$.

2.3.2 Formulation faible

Établissons maintenant la formulation faible à l'aide du théorème de flux-divergence, aussi appelé théorème de Green-Ostrogradski (George Green, 1793-1841, physicien britannique et Mikhaïl Vassilievitch Ostrogradsky, 1801-1062, mathématicien et physicien ukrainien, voir l'annexe A page 772) que l'on peut qualifier d'équivalent de la formule d'intégration par parties pour les fonctions de plusieurs variables.

La détermination de la formulation faible suit la même logique que dans les cas étudiés en une dimension. Formellement, on écrit les relations suivantes, valables pour toute fonction u^* (assez régulière) :

$$\iint_\Omega \big(-\lambda\Delta u(x,y) \times u^*(x,y)\big)\,dx\,dy = \iint_\Omega f(x,y)u^*(x,y)\,dx\,dy$$

la première intégrale est transformée par le théorème de flux-divergence (ou de Green-Ostrogradski) en

$$\begin{aligned}-\lambda \iint_{\Omega} \Delta u(x,y) \times u^*(x,y)\,\mathrm{d}x\,\mathrm{d}y &= \lambda \iint_{\Omega} \vec{\nabla} u(x,y) \cdot \vec{\nabla} u^*(x,y)\,\mathrm{d}x\,\mathrm{d}y \\ &\quad -\lambda \int_{\delta\Omega} u^*(x,y) \left(\vec{\nabla} u(x,y) \cdot \vec{n}(x,y)\right) \mathrm{d}l\end{aligned}$$

Concernant le « terme de bord » $\int_{\delta\Omega} u^*(x,y) \left(\vec{\nabla} u(x,y) \cdot \vec{n}(x,y)\right) \mathrm{d}l$, dans le cas où les deux types de conditions aux limites essentielles et naturelles interviennent sur les deux parties Γ_1 et Γ_2 du bord telles que $\begin{cases} \delta\Omega = \Gamma_1 \cup \Gamma_2 \\ \Gamma_1 \cap \Gamma_2 = \emptyset \end{cases}$, il faudrait écrire

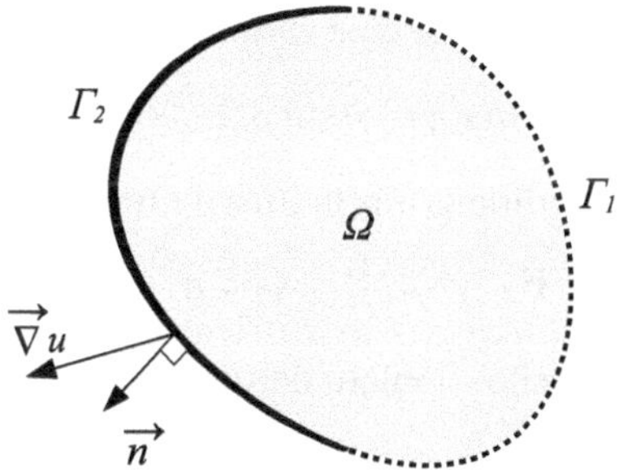

FIGURE 6.3 – Ω et son bord

$$\begin{aligned}\int_{\Gamma} u^*(x,y) \left(\vec{\nabla} u(x,y) \cdot \vec{n}(x,y)\right) \mathrm{d}l &= \int_{\Gamma_1} u^*(x,y) \left(\vec{\nabla} u(x,y) \cdot \vec{n}(x,y)\right) \mathrm{d}l \\ &\quad + \int_{\Gamma_2} u^*(x,y) \left(\vec{\nabla} u(x,y) \cdot \vec{n}(x,y)\right) \mathrm{d}l\end{aligned}$$

puis, en tenant compte des conditions aux limites essentielles que les fonctions u^* doivent vérifier de manière homogène, c'est à dire $u^*(x,y) = 0$ sur Γ_1, on obtiendrait

$$\int_{\Gamma} u^*(x,y) \left(\vec{\nabla} u(x,y) \cdot \vec{n}(x,y)\right) \mathrm{d}l = \int_{\Gamma_2} u^*(x,y) \left(\vec{\nabla} u(x,y) \cdot \vec{n}(x,y)\right) \mathrm{d}l$$

et, finalement, la formulation faible serait donnée par

$$\begin{aligned}\lambda \iint_{\Omega} \vec{\nabla} u(x,y) \cdot \vec{\nabla} u^*(x,y)\,\mathrm{d}x\,\mathrm{d}y &= \iint_{\Omega} f(x,y) u^*(x,y)\,\mathrm{d}x\,\mathrm{d}y \\ &\quad -\lambda \int_{\Gamma_2} u^*(x,y) \left(\vec{\nabla} u(x,y) \cdot \vec{n}(x,y)\right) \mathrm{d}l\end{aligned}$$

Cela dit, comme notre problème ne contient que des conditions aux limites essentielles sur tout le bord, on obtient bien pour tout u^* tel que $u^*(x,y) = 0$ sur $\delta\Omega$

$$\lambda \iint_{\Omega} \vec{\nabla} u(x,y) \cdot \vec{\nabla} u^*(x,y)\,\mathrm{d}x\,\mathrm{d}y = \iint_{\Omega} f(x,y) u^*(x,y)\,\mathrm{d}x\,\mathrm{d}y$$

Finalement, dans le cas de la membrane, on obtient la formulation faible (formelle) du problème sous la forme

$$\text{Trouver } u \text{ solution de } \left\{ \begin{array}{l} \forall u^* \text{ tel que } u^*(x,y) = 0 \text{ sur } \delta\Omega \\ \lambda \iint_\Omega \vec{\nabla} u(x,y) \cdot \vec{\nabla} u^*(x,y)\,\mathrm{d}x\,\mathrm{d}y = \iint_\Omega f(x,y) u^*(x,y)\,\mathrm{d}x\,\mathrm{d}y \end{array} \right. \tag{6.7}$$

2.3.3 Conditions aux limites essentielles et naturelles

La « règle pratique » énoncée à la page 203 dans le cas des problèmes en une dimension reste valable pour les problèmes en dimension 2 à condition de remplacer les dérivées par des dérivées partielles. L'opérateur différentiel Laplacien est ici d'ordre 2, par conséquent les conditions aux limites essentielles portent sur u uniquement. Autrement dit, les seules conditions aux limites essentielles sont de type Dirichlet et il s'agit de

$$u(x,y) = 0 \text{ sur } \delta\Omega$$

Si le problème comportait des conditions aux limites du type Neumann

$$\vec{\nabla} u(x,y) \cdot \vec{n}(x,y) = \beta$$

sur le bord ou une partie du bord, elles seraient naturelles.

3 Existence et unicité d'une solution faible

3.1 Le théorème de Lax-Milgram

Ce théorème, dû à Peter Lax (1926-, mathématicien hongrois) et Arthur Norton Milgram (1912-1961, mathématicien américain) est fondamental dans la théorie des éléments finis et c'est à ce titre qu'il est donné ici. Il s'énonce dans un espace de Hilbert pour un problème écrit sous la forme abstraite

$$\left\{ \begin{array}{l} \text{Trouver } u \in V \text{ solution de} \\ \forall v \in V, \quad \mathscr{A}(u,v) = \mathscr{L}(v) \end{array} \right. \tag{6.8}$$

sous les hypothèses suivantes :

1. V est un espace de Hilbert réel (muni de son produit scalaire $(\cdot|\cdot)$ et de sa norme associée $||\cdot||$).
2. $\mathscr{A}$ est une forme bilinéaire
   a. *continue* sur $V \times V$, c'est à dire qu'il existe une constante $c_1 > 0$ telle que pour tout couple $(u,v) \in V^2$ on ait

   $$|\mathscr{A}(u,v)| \leq c_1 ||u||\,||v||$$

   b. *coercive* sur V (on dit aussi V-*elliptique*), c'est à dire qu'il existe une constante $c_2 > 0$ telle que pour tout $u \in V$ on ait

   $$|\mathscr{A}(u,u)| \geq c_2 ||u||^2$$

3. $\mathscr{L}$ est une forme linéaire *continue* sur V, c'est à dire qu'il existe une constante $c_3 > 0$ telle que pour tout $u \in V$ on ait

$$|\mathscr{L}(u)| \leq c_3 ||u||$$

Théorème 45. Lax-Milgram. Avec les notations et les trois hypothèses précédentes, le problème (6.8) possède une unique solution $u \in V$.
D'autre part, lorsque $\mathscr{A}$ est *symétrique*, c'est à dire que pour tout couple (u, v) d'éléments de V on a $\mathscr{A}(u, v) = \mathscr{A}(v, u)$, alors l'unique solution du problème (6.8) est aussi l'unique solution du problème de minimisation

$$\begin{cases} \text{Trouver } u \in V \text{ solution de} \\ \forall v \in V, \quad J(u) \leq J(v) \end{cases} \tag{6.9}$$

où J est la fonctionnelle de V dans $\mathbb{R}$ définie par

$$J : v \longmapsto \frac{1}{2}\mathscr{A}(v, v) - \mathscr{L}(v) \tag{6.10}$$

Démonstration.
La démonstration est donnée uniquement dans le cas où $\mathscr{A}$ est symétrique parce qu'elle est particulièrement simple (voir $[BR]$ pour la démonstration générale). Considérons deux éléments u et v de V et un réel t quelconque. On peut alors écrire

$$J(u + tv) = J(u) + t\big(\mathscr{A}(u, v) - \mathscr{L}(v)\big) + \frac{t^2}{2}\mathscr{A}(v, v)$$

Si on suppose que u est solution du problème (6.8), on en déduit donc que

$$\forall v \in V, \quad \forall t \in \mathbb{R}, \quad J(u + tv) \geq J(u)$$

c'est-à-dire que u minimise la fonctionnelle J sur V.
Réciproquement, si l'on suppose que u minimise la fonctionnelle J sur V, on en déduit que

$$\forall v \in V, \quad \forall t \in \mathbb{R}, \quad J(u + tv) \geq J(u) \Longrightarrow t\big(\mathscr{A}(u, v) - \mathscr{L}(v)\big) + \frac{t^2}{2}\mathscr{A}(v, v) \geq 0$$

Or, pour que la dernière expression reste positive indépendamment de $t \in \mathbb{R}$, on doit nécessairement avoir

$$\forall v \in V, \quad \mathscr{A}(u, v) - \mathscr{L}(v) = 0$$

ce qui prouve que u est solution problème (6.8). □

3.2 Problème de la barre

3.2.1 Espace de Sobolev $H^1(0, L)$

Avant de chercher à répondre à la question de l'existence de l'unicité d'une solution faible au problème faible (6.2)

$$\begin{cases} \forall u^* \text{ tel que } u^*(0) = 0 \\ \displaystyle\int_0^L SE\frac{\mathrm{d}u}{\mathrm{d}x}(x)\frac{\mathrm{d}u^*}{\mathrm{d}x}(x)\,\mathrm{d}x = \int_0^L f(x)u^*(x)\,\mathrm{d}x + F_L u^*(L) \end{cases}$$

il nous faut d'abord envisager un « cadre » général, c'est-à-dire un espace adapté à cette formulation dans lequel on pourra espérer trouver une solution.

Revenons un instant sur l'équation différentielle que nous avons à résoudre, à savoir

$$-SE\frac{\mathrm{d}^2 u}{\mathrm{d}x^2}(x) = f(x) \quad \text{sur }]0, L[$$

Malgré l'apparente simplicité de ce problème (il s'agit d'une simple équation différentielle ordinaire du second ordre à coefficients constants), nous savons que nous pouvons espérer trouver une solution forte (de classe $\mathscr{C}^2$) uniquement lorsque la fonction f est continue. Or, dans les applications pratiques, cette fonction f n'a aucune raison de l'être. Par exemple, f peut représenter une densité linéique de force non nulle uniquement sur une partie de $]0, L[$ et nulle sur le reste, ce qui en fait une fonction non continue. Aussi, pour plus de généralité, on considère que f est un élément de l'espace $L^2(0, L)$ des fonctions de carré intégrable (c'est-à-dire que $\int_0^L |f|^2 \in \mathbb{R}$) et l'on va donc rechercher une solution dans ce même espace (voir l'annexe B pour un complément d'information sur l'espace L^2).

Supposons donc simplement que $f \in L^2(0, L)$ et souvenons-nous que la formulation faible peut être obtenue par intégration par parties. Quel espace permet alors de donner un sens à la formulation faible et, surtout, d'envisager de la résoudre ?
Pour répondre à cette question, observons que le choix $f \in L^2(0, L)$ pourrait nous inciter à prendre aussi la fonction u^* dans $L^2(0, L)$ et à chercher une solution u dans $L^2(0, L)$. Or, ces choix nous conduiraient à quelques écueils :

1. Par exemple, si $u^* \in L^2(0, L)$, il n'y a aucune raison qu'elle possède une dérivée $\frac{\mathrm{d}u^*}{\mathrm{d}x}$ (même faible, voir l'annexe B page 782) et que cette dernière soit elle même élément de $L^2(0, L)$. Ainsi, l'intégrale $\int_0^L SE\frac{\mathrm{d}u}{\mathrm{d}x}(x)\frac{\mathrm{d}u^*}{\mathrm{d}x}(x)\,\mathrm{d}x$ n'a pas forcément de sens.
2. De même, en tant qu'élément de $L^2(0, L)$, la fonction u^* n'a aucune raison d'être définie ponctuellement en 0 et L (voir les annexes B et D), ce qui met en doute l'existence des termes $u^*(0)$ et $u^*(L)$.

Toutes ces considérations motivent la construction d'un sous espace de $L^2(0, L)$ qui permette de lever ces restrictions. Il est noté $H^1(0, L)$, il appartient à la famille des espaces de Sobolev et il est défini par

$$H^1(0,1) = \left\{v \in L^2(0,1), \quad v' \in L^2(0,1)\right\} \tag{6.11}$$

où v' désigne la dérivée de v au sens faible.

Remarque. $H^1(0,1)$ peut être qualifié d'espace de fonctions régulières « au sens faible » car, à l'instar de l'espace $\mathscr{C}^1$ des fonctions qui sont dérivables et à dérivées continues, $H^1(0,1)$ est l'espace des fonctions de carré intégrable (c'est à dire de L^2) qui possèdent une dérivée faible première qui est elle-même de carré intégrable.

On démontre sans difficulté que c'est un espace vectoriel et, de manière beaucoup moins triviale, qu'il jouit de propriétés remarquables que ne possède pas l'espace L^2 parmi lesquelles les propriétés suivantes données sans démonstration (voir [*BR*] et [*AL*] ainsi que les annexes) :

1. La formule d'intégration par parties est valable dans $H^1(0,L)$ (alors qu'elle ne l'est pas en toute généralité dans l'espace $L^2(0,L)$),
2. Les éléments de $H^1(0,L)$ « sont continus » sur $[0,L]$ dans le sens où ils admettent un représentant continu sur $[0,L]$, ce qui permet de donner un sens aux expressions $v(0)$ et $v(L)$ (et on suppose donc implicitement prendre le représentant continu de chaque classe).

Autrement dit, si l'on choisit de travailler désormais dans l'espace $H^1(0,L)$, on peut donner un sens à la formulation faible. Il reste maintenant à voir comment tenir compte des conditions aux limites.

3.2.2 Espace adapté à la résolution de la formulation faible

Si l'on reprend la formulation faible

$$\text{Trouver } u \text{ solution de } \left\{ \begin{array}{l} \forall u^* \text{ tel que } u^*(0) = 0 \\ \displaystyle\int_0^L SE \frac{\mathrm{d}u}{\mathrm{d}x}(x) \frac{\mathrm{d}u^*}{\mathrm{d}x}(x)\,\mathrm{d}x = \int_0^L f(x) u^*(x)\,\mathrm{d}x + F_L u^*(L) \end{array} \right.$$

on constate que les deux conditions aux limites, $u(0) = 0$ et $u'(L) = F_L/SE$ n'ont pas le même statut. La première n'apparaît pas dans la formule et elle est imposée aux fonctions u^* de manière intrinsèque. L'espace sur lequel sera posée la formulation faible et dans lequel une solution sera cherchée doit donc tenir compte de cette condition essentielle. Précisément, on définit le sous espace V de $H^1(0,L)$ par

$$V = \left\{ v \in H^1(0,L), \quad v(0) = 0 \right\}$$

et le problème faible sera finalement défini de la manière suivante.

Définition 60. On appelle *formulation faible* de (6.1) le problème

$$\left\{ \begin{array}{l} \text{Trouver } u \in V = \left\{ v \in H^1(0,1), \quad v(0) = 0 \right\} \text{ solution de} \\ \forall v \in V, \quad \displaystyle\int_0^L SEu'(x) v'(x)\,\mathrm{d}x = \int_0^L f(x) v(x)\,\mathrm{d}x + F_L v(L) \end{array} \right. \tag{6.12}$$

Remarque. Il existe un sous espace de $H^1(0,L)$, noté $H_0^1(0,L)$ que l'on définit comme les fonctions de $H^1(0,L)$ qui sont « nulles au bord », c'est à dire telles que $v(0) = v(L) = 0$ (pour le représentant continu). Rigoureusement, $H_0^1(0,L)$ est défini comme l'adhérence de l'espace des fonctions de classe $\mathscr{C}^1([0,L])$ à support compact et on montre que (voir [*BR*])

$$H_0^1(0,L) = \left\{ u \in H^1(0,L), \quad u(0) = u(L) = 0 \right\}$$

En particulier, on voit alors que l'espace H_0^1 prend en compte, « par essence », les conditions aux limites homogènes sur u.

3.2.3 Existence et unicité d'une solution faible

Il reste maintenant l'épineuse question de l'existence et de l'unicité d'une solution au problème faible (6.12) et, dans l'affirmative, la question de savoir dans quelle mesure elle coïncide avec la solution forte du problème fort.

Pour y répondre, il est nécessaire de faire appel à une qualité fondamentale de l'espace $H^1(0,L)$. Cet espace, lorsqu'il est muni d'un produit scalaire adéquat (voir l'annexe D page 794 pour l'expression du produit scalaire ainsi que $[BR]$ et $[AL]$ pour des développements théoriques), possède une structure d'espace de Hilbert. Ainsi, le sous espace V de $H^1(0,L)$ adapté à la formulation faible construit peut, lui aussi, être muni d'une structure d'espace vectoriel de Hilbert, ce qui permet d'utiliser le théorème de Lax-Milgram pour démontrer le résultat suivant.

Théorème 46. Le problème faible (6.12)

$$\left\{\begin{array}{l} \text{Trouver } u \in V = \left\{v \in H^1(0,1), \quad v(0)=0\right\} \text{ solution de} \\ \forall v \in V, \quad \displaystyle\int_0^L SEu'(x)v'(x)\,\mathrm{d}x = \int_0^L f(x)v(x)\,\mathrm{d}x + F_L v(L) \end{array}\right.$$

possède une unique solution.

Démonstration.
Le problème faible (6.12) peut être réécrit sous la forme

$$\text{Trouver } u \in V \text{ solution de } \left\{\begin{array}{l} \forall v \in V \\ \mathscr{A}(u,v) = \mathscr{L}(v) \end{array}\right.$$

à condition de poser

1. $\forall (u,v) \in V \times V, \quad \mathscr{A}(u,v) = \displaystyle\int_0^L SEu'(x)v'(x)\,\mathrm{d}x$
2. $\forall v \in V, \quad \mathscr{L}(v) = \displaystyle\int_0^L f(x)v(x)\,\mathrm{d}x + F_L v(L)$

Il est alors facile de remarquer que $\mathscr{A}$ est une forme bilinéaire sur $V \times V$ et que $\mathscr{L}$ est une forme linéaire sur V. Ainsi, pour appliquer le théorème de Lax-Milgram et assurer l'existence et l'unicité d'une solution au problème faible, il suffit de démontrer que

1. V est un espace de Hilbert (muni du produit scalaire canonique)
2. La forme bilinéaire $\mathscr{A}$ est continue sur $V \times V$ et coercive sur V.
3. La forme linéaire $\mathscr{L}$ est continue sur V.

Démontrons ces trois points :

1. Admettons que V est bien un espace de Hilbert lorsqu'il est muni du produit scalaire défini par $(u,v) \mapsto (u|v) = \displaystyle\int_0^L \left(uv + u'v'\right)$ et de la norme associée $||\cdot||_V = \sqrt{(\cdot|\cdot)}$ et remarquons pour la suite que

$$||u||_2 = \sqrt{\int_0^L |u|^2} \leq ||u||_V = \sqrt{\int_0^L |u|^2 + |u'|^2} \quad \text{et} \quad ||u'||_2 = \sqrt{\int_0^L |u'|^2} \leq ||u||_V$$

2. Montrons que $\mathscr{A}$ est continue sur $V \times V$. Pour tout couple $(u, v) \in V \times V$, on a

$$|\mathscr{A}(u,v)| = \left|SE\int_0^L u'v'\right|$$

et l'application de l'inégalité de Cauchy-Schwarz donne

$$|\mathscr{A}(u,v)| \leq ||u'||_2\, ||v'||_2 \leq SE||u||_V\, ||v||_V$$

ce qui prouve que $\mathscr{A}$ est continue sur $V \times V$.

Montrons maintenant que $\mathscr{A}$ est coercive sur V. Pour tout $u \in V$ on a

$$|\mathscr{A}(u,u)| = \left|\int_0^L (u')^2\right| = ||u'||_2^2$$

or, l'intervalle $]0, L[$ étant borné, l'inégalité de Poincaré (Henri Poincaré, 1854-1912, mathématicien, physicien et ingénieur français) affirme qu'il existe une constante $c > 0$ telle que

$$|\mathscr{A}(u,u)| = ||u'||_2^2 \geq c||u||_V^2$$

ce qui prouve que $\mathscr{A}$ est *coercive* sur V.

3. On démontre de même que $\mathscr{L}$ est continue sur V en montrant qu'il existe une constante $d > 0$ telle que

$$|\mathscr{L}(u)| \leq d||u||_V$$

Ce qui démontre finalement, par le théorème de Lax-Milgram, que le problème faible (6.2) admet une unique solution sur V. □

3.2.4 Lien entre solution forte et solution faible

Pour terminer, énonçons le résultat suivant qui exprime dans quelles conditions les deux solutions forte et faible coïncident. Naturellement, on se doute bien qu'en toute généralité, une solution faible ne saurait coïncider avec une solution forte en raison de la régularité imposée à cette dernière.

Théorème 47. Soient f une fonction continue sur $[0, L]$ et u la solution forte de classe $\mathscr{C}^2$ sur $[0, L]$ du problème fort (6.1). Alors u est aussi solution faible du problème faible (6.12).
Réciproquement, soit f une fonction continue sur $[0, L]$ et u la solution faible du problème faible (6.12). Si u est de classe $\mathscr{C}^2$ sur $[0, L]$, c'est aussi la solution forte du problème fort (6.1).

Autrement dit, sous réserve d'une régularité suffisante de la fonction f, on peut dire que les deux problèmes fort et faible sont équivalents.

Démonstration.
Supposons donc f continue sur $[0, L]$. Soit u la solution forte de classe $\mathscr{C}^2$ du problème (6.1). Comme $u \in V = \left\{v \in H^1(0,1), \quad v(0) = 0\right\}$, pour tout $v \in V$, on peut écrire, après une intégration par parties (licite pour des fonctions de $H^1(0,1)$) :

$$\int_0^L SEu'v' = \int_0^L f v + SEu'(L)v(L) - SEu'(0)v(0)$$

or $v(0) = 0$ et $SEu'(L) = F_L$, on obtient donc

$$\int_0^L SEu'v' = \int_0^L f v + F_L v(L)$$

et u est donc bien solution faible de (6.12).

Soit maintenant u une solution faible de classe $\mathscr{C}^2$ sur $[0, L]$ de (6.12), c'est à dire telle que

$$\forall v \in V, \quad \int_0^L SEu'v' = \int_0^L f v + F_L v(L)$$

et vérifiant la condition aux limites $u(0) = 0$. Intégrons à nouveau par parties le premier terme pour obtenir :

$$-\int_0^L SEu''v + SEu'(L)v(L) - SEu'(0)v(0) = \int_0^L f v + F_L v(L)$$

en tenant compte du fait que $v(0) = 0$, on obtient finalement

$$\int_0^L \left(-SEu'' - f\right) v = \left(-SEu'(L) + F_L\right) v(L)$$

Cette dernière formule étant valable pour toute fonction v de classe $\mathscr{C}^1$ sur $]0, L[$ à support compact, pour une telle fonction on a $v(L) = 0$ et on obtient :

$$\int_0^L \left(-SEu'' - f\right) v = 0$$

Or, l'espace des fonctions de classe $\mathscr{C}^1$ sur $]0, L[$ à support compact est *dense* dans $L^2(0, L)$ et nous admettrons que cela implique nécessairement que $-SEu'' - f = 0$ *presque partout* sur $]0, L[$. Mais comme $-SEu'' - f$ est continue sur $]0, 1[$, on obtient que u vérifie

$$\forall x \in]0, L[, \quad -SEu''(x) = f(x)$$

Enfin, pour une fonction v de $H^1(0, L)$ telle que $v(L) \neq 0$, on en déduit que

$$-SEu'(L) + F_L = 0 \Longrightarrow u'(L) = \frac{F_L}{SE}$$

ce qui démontre que u est une solution forte de (6.1). □

3.2.5 Le problème des conditions aux limites essentielles non homogènes

Revenons en aux conditions aux limites essentielles qui ont été choisies homogènes.

En introduction, nous avons fait la remarque que même si ces conditions aux limites essentielles n'étaient pas homogènes, elles seraient tout de même prises en compte de manière homogène dans l'espace V. Expliquons la raison de cette « règle ». Si nous étions tentés de choisir comme espace, non pas

$$V = \left\{v \in H^1(0,L), \quad v(0) = 0\right\}$$

mais

$$V = \left\{v \in H^1(0,L), \quad v(0) = \alpha \neq 0\right\}$$

la structure d'espace vectoriel serait perdue, donc la structure d'espace de Hilbert et, par voie de conséquence, l'opportunité d'utiliser le théorème de Lax-Milgram.
C'est pourquoi il est obligatoire de tenir compte de cette condition de manière homogène pour préserver la structure d'espace de Hilbert.

Une conséquence fondamentale de cette contrainte est que l'on ne peut pas résoudre directement un problème dont les conditions aux limites essentielles ne sont pas homogènes. Fort heureusement, ce n'est ni une contrainte théorique ni une contrainte pratique. En effet, considérons le problème dont la condition aux limites essentielle est non homogène.

$$\text{Trouver } u \text{ solution de } \begin{cases} -SE\dfrac{\mathrm{d}^2u}{\mathrm{d}x^2}(x) = f(x) \text{ sur }]0,L[\\ u(0) = \alpha \neq 0 \\ \dfrac{\mathrm{d}u}{\mathrm{d}x}(L) = \dfrac{F_L}{SE} \end{cases} \tag{6.13}$$

Soit alors $\tilde{u}$ la fonction définie par

$$x \longmapsto \tilde{u}(x) = u(x) - \alpha$$

Il est alors facile de démontrer que u est solution de (6.13) si et seulement si $\tilde{u}$ est solution du nouveau problème

$$\text{Trouver } \tilde{u} \text{ solution de } \begin{cases} -SE\dfrac{\mathrm{d}^2\tilde{u}}{\mathrm{d}x^2}(x) = f(x) \text{ sur }]0,L[\\ \tilde{u}(0) = 0 \\ \dfrac{\mathrm{d}\tilde{u}}{\mathrm{d}x}(L) = \dfrac{F_L}{SE} \end{cases} \tag{6.14}$$

dont la condition aux limites essentielle est maintenant homogène.
Le problème (6.14) est appelé le problème *relevé* du problème (6.13) et la fonction $\tilde{u}$ est appelée un *relèvement* de u.

Nous verrons par la suite, lors de la mise en œuvre pratique de la méthode de résolution par éléments finis, qu'il n'est même pas nécessaire de construire explicitement le relèvement $\tilde{u}$.

3.3 Problème de la poutre

3.3.1 Espace de Sobolev $H^2(0,L)$

Pour les mêmes raisons que celles qui ont motivé l'introduction de l'espace $H^1(0,L)$ pour le problème de la barre, un nouvel espace de Sobolev, désigné par $H^2(0,L)$, est introduit. Il est défini par

$$H^2(0,L) = \left\{ v \in L^2(0,L), \quad v' \in L^2(0,L), \quad v'' \in L^2(0,L) \right\} \tag{6.15}$$

où v' et v'' désignent les dérivées faibles premières et secondes de v.

Remarque. Comme pour $H^1(0,1)$, $H^2(0,1)$ peut être qualifié d'espace de fonctions régulières « au sens faible » car, à l'instar de l'espace $\mathscr{C}^2$ des fonctions qui sont deux fois dérivables à dérivées secondes continues, $H^2(0,1)$ est l'espace des fonctions de carré intégrable (c'est à dire de L^2) qui possèdent des dérivées faibles première et seconde qui sont elles-mêmes de carré intégrable.

On démontre sans difficulté que $H^2(0,1)$ est un espace vectoriel et nous admettrons à nouveau qu'il jouit des propriétés suivantes données sans démonstration (voir [BR] et [AL] ainsi que les annexes) :

1. La formule d'intégration par parties est valable dans $H^2(0,1)$,
2. Les éléments de $H^2(0,1)$ « sont de classe $\mathscr{C}^1$ » sur $[0,1]$ dans le sens où ils admettent un représentant de classe $\mathscr{C}^1$ sur $[0,1]$, ce qui permet de donner un sens aux expressions $v(0)$ et $v(1)$ et aussi $v'(0)$ et $v'(1)$ (et on suppose implicitement prendre le représentant de classe $\mathscr{C}^1$ de chaque classe).

Autrement dit, si l'on choisit de travailler désormais dans l'espace $H^2(0,1)$, on peut donner un sens à la formulation faible.

3.3.2 Espace adapté à la résolution de la formulation faible

De la même manière que pour le problème de la barre, le problème de la poutre fait intervenir deux conditions aux limites essentielles $u(0) = 0$ et $u'(0) = 0$ et deux conditions aux limites naturelles $\dfrac{d^2 v}{dx^2}(L) = \dfrac{M_L}{EI}$ et $\dfrac{d^3 v}{dx^3}(L) = -\dfrac{T_L}{EI}$.
Les deux premières, qui n'apparaissent pas explicitement dans la formulation faible, sont prises en compte directement dans l'espace

$$V = \left\{ v \in H^2(0,L), \quad v(0) = 0, \quad v'(0) = 0 \right\}$$

en remarquant que cette définition a bien un sens puisque les fonctions de $H^2(0,1)$ « sont de classe $\mathscr{C}^1$ ».

Avec ces notations, la formulation faible sera finalement définie de la manière suivante.

Définition 61. On appelle la formulation faible de (6.4) le problème

$$\left\{\begin{array}{l}\text{Trouver } u \in V = \{v \in H^2(0,1), \quad v(0)=0, \quad v'(0)=0\} \text{ solution de} \\ \forall v \in V, \quad \displaystyle\int_0^L EIu''(x)v''(x)\,\mathrm{d}x = \int_0^L f(x)v(x)\,\mathrm{d}x - T_L v(L) + M_L v'(L)\end{array}\right. \tag{6.16}$$

3.3.3 Existence et unicité d'une solution faible

La démonstration du résultat suivant est laissée au lecteur en admettant que l'espace V possède une structure d'espace de Hilbert lorsqu'il est muni du produit scalaire canonique (voir l'annexe D page 794).

Théorème 48. La formulation faible (6.16) possède une unique solution dans l'espace $V = \{v \in H^2(0,L), \quad v(0)=0, \quad v'(0)=0\}$.

3.3.4 Lien entre solution forte et solution faible

On démontre de manière tout à fait semblable que pour le théorème 47 le résultat suivant qui énonce dans quelle condition la solution forte et la solution faible coïncident.

Théorème 49. Si u est une solution forte du problème fort (6.4) alors c'est une solution faible du problème faible (6.16).
Réciproquement, si f est une fonction continue sur $[0,L]$ alors la solution faible u du problème faible (6.16) est de classe $\mathscr{C}^4$ sur $[0,L]$ et c'est donc aussi une solution forte du problème fort (6.4).

Autrement dit, sous réserve d'une régularité suffisante de la fonction f, on peut dire que les deux problèmes fort et faible sont équivalents.

3.4 Problème de la membrane

3.4.1 Espace de Sobolev $H^1(\Omega)$

Rappelons le problème fort (6.6) et les notations :

$$\left\{\begin{array}{lll}-\lambda\Delta u(x,y) = q(x,y) & \text{sur} & \Omega \\ u(x,y)=0 & \text{sur} & \delta\Omega\end{array}\right.$$

où $\Omega =]0,1[\times]0,1[$, $\overline{\Omega} = [0,1]\times[0,1]$, $\delta\Omega$ désigne le bord de Ω et λ est une constante réelle strictement positive. En dimension 2, les choses sont beaucoup moins simples qu'en dimension 1. Pour nous assurer de pouvoir utiliser le théorème de Lax-Milgram pour la formulation faible (6.7), introduisons l'espace de Sobolev $H^1(\Omega)$ défini par

$$H^1(\Omega) = \left\{v \in L^2(\Omega), \quad \frac{\partial v}{\partial x} \in L^2(\Omega), \quad \frac{\partial v}{\partial y} \in L^2(\Omega)\right\}$$

Nous admettrons que $H^1(\Omega)$ est un espace de Hilbert lorsqu'il est muni du produit scalaire canonique (voir l'annexe D page 794 pour l'expression du produit scalaire et de la norme et [BR] ou [AL] pour des développements théoriques).

3.4.2 Espace adapté à la formulation faible

La construction d'un espace adapté à la formulation faible qui tient compte des conditions aux limites essentielles $u(x,y) = 0$ sur $\delta\Omega$ est beaucoup plus compliquée qu'en dimension 1. Une description cohérente avec ce qui a déjà été proposé et « conforme » à l'intuition (voir la remarque qui suit) serait :

$$V = \left\{v \in H^1(\Omega), \quad v = 0 \text{ sur } \delta\Omega\right\}$$

Nous nous en contenterons en précisant bien que cette description n'est pas rigoureusement exacte. En effet, la définition de l'espace V n'est valable que pour des fonctions qui sont à la fois dans $H^1(\Omega)$ et continues sur $\overline{\Omega}$, c'est-à-dire des fonctions de l'ensemble $H^1(\Omega) \cap \mathscr{C}(\overline{\Omega})$. Or, alors qu'en dimension 1 on sait que toute fonction de H^1 (en fait *classe* de fonctions) possède un représentant continu, cette propriété ne se généralise pas en dimension supérieure. Par conséquent, on ne peut pas réellement donner de sens à l'écriture $v(x,y) = 0$ pour tout $(x,y) \in \delta\Omega$ parce que ces fonctions sont définies seulement *presque partout* et, qu'en plus, $\delta\Omega$ est une partie de mesure nulle.
La description correcte nécessiterait de faire intervenir la notion d'*opérateur de trace* et le *théorème de trace.* Ce théorème énonce le résultat suivant :
Si la frontière $\delta\Omega$ du domaine Ω est assez régulière, les fonctions de $H^1(\Omega)$ sont éléments de $L^2(\delta\Omega)$.
À ce titre, on définit l'espace $H^1_0(\Omega)$ comme le sous espace des fonctions de $H^1(\Omega)$ qui sont nulles *presque partout* sur $\delta\Omega$.
Le lecteur est renvoyé à [BR] ou [AL] pour toutes ces questions délicates.

Pour éluder ces problèmes théoriques, nous nous contenterons de la description proposée et nous admettrons que V, muni du produit scalaire de $H^1(\Omega)$ est encore un espace de Hilbert.

Avec ces notations, la formulation faible devient

$$\text{Trouver } u \in V \text{ solution de}$$
$$\begin{cases} \forall u^* \in V, \\ \displaystyle\iint_\Omega \lambda \vec{\nabla} u(x,y) \cdot \vec{\nabla} u^*(x,y)\,\mathrm{d}x\,\mathrm{d}y = \iint_\Omega q(x,y) u^*(x,y)\,\mathrm{d}x\,\mathrm{d}y \end{cases} \tag{6.17}$$

3.4.3 Existence et unicité d'une solution faible

Le théorème d'existence et d'unicité suivant sera admis (il se démontre bien sûr avec le théorème de Lax-Milgram).

Théorème 50. Le problème faible (6.17) admet une unique solution dans l'espace V.

3.4.4 Lien entre solution forte et solution faible

Admettons le résultat suivant (voir [BR]) :

Théorème 51. Les deux formulations forte (6.6) et faible (6.17) sont équivalentes dans le sens suivant. Si q est une fonction continue sur $\overline{\Omega}$ alors on a l'équivalence suivante : u est une solution faible de classe $\mathscr{C}^2$ sur $\overline{\Omega}$ si et seulement si u est une solution forte de classe $\mathscr{C}^2$ sur $\overline{\Omega}$.

4 Méthode de Galerkine : formulation faible et discrétisation

4.1 Méthode de Garlerkine

Dans la section précédente, nous avons expliqué comment obtenir la formulation faible d'un problème différentiel. Quelques arguments théoriques ont aussi été donnés concernant les espaces adaptés à cette formulation ainsi qu'un résultat d'existence et d'unicité d'une solution. Nous allons maintenant justifier l'intérêt de cette nouvelle formulation en vue de déterminer une solution qui « approche » la solution faible par la résolution d'un problème matriciel purement algébrique obtenu grâce à une méthode de discrétisation.

La formulation faible joue en effet un rôle majeur dans la méthode des éléments finis parce qu'elle est au cœur du procédé de discrétisation au même titre que les quotients aux différences finies sont à la base de la discrétisation dans la méthode des différences finies.

La discrétisation effective s'appuie sur une méthode de Galerkine (Boris Grigorievitch Galerkine, 1871-1945, mathématicien et ingénieur russe). En analyse numérique, on désigne par *méthodes de Galerkine* un ensemble de méthodes qui ont toutes pour but de transformer un problème continu (du type équation différentielle ou équation aux dérivées partielles) en un problème discret. La stratégie consiste à chercher une solution approchée dans un sous espace vectoriel de dimension finie de l'espace V adapté à la formulation faible. Dans la pratique, cet espace, noté W, sera un espace vectoriel de fonctions continues et polynomiales par morceaux (de dimension finie) et la solution sera construite comme une interpolation polynomiale.

4.2 Discrétisation du problème faible

Considérons un problème faible de la forme abstraite générale

$$\text{Trouver } u \in V \text{ solution de } \begin{cases} \forall u^* \in V \\ \mathscr{A}(u,u^*) = \mathscr{L}(u^*) \end{cases} \tag{6.18}$$

où $\mathscr{A}$, $\mathscr{L}$ et V vérifient les hypothèses du théorème 3.1 de Lax-Milgram. Supposons que l'on dispose d'un sous espace vectoriel W de V de dimension finie p ($p \in \mathbb{N}^*$) dont une base est définie par la famille $\mathscr{B} = \{N_1, \cdots, N_p\}$ (comme cela a été mentionné, par la suite, les vecteurs de base N_i seront des fonctions continues et polynomiales par morceaux). On cherche alors à obtenir une solution approchée u dans W en remplaçant le problème (6.18) par le problème « approché »

$$\text{Trouver } u \in W \text{ solution de } \left\{ \begin{array}{l} \forall u^* \in W \\ \mathscr{A}(u, u^*) = \mathscr{L}(u^*) \end{array} \right. \tag{6.19}$$

Sachant que tout élément u de W se décompose de manière unique sur la base $\mathscr{B}$ en faisant intervenir ses coordonnées $(u_1, \cdots, u_p)$, c'est-à-dire en écrivant

$$u \in W \Longleftrightarrow \exists!(u_1, \cdots, u_p) \in \mathbb{R}^p, \quad u = u_1 N_1 + \cdots + u_p N_p$$

on dispose du résultat d'existence et d'unicité suivant :

Proposition 52. Le problème discrétisé (6.19) possède une unique solution dans W

$$u = u_1 N_1 + \cdots + u_p N_p \tag{6.20}$$

dont les coordonnées $(u_1, \cdots u_p)$ sont les composantes de l'unique matrice colonne $\{U\}$ solution du problème matriciel

$$[K]\{U\} = \{F\} \tag{6.21}$$

où

1. $[K]$ est la matrice carrée de p lignes et p colonnes, réelle, symétrique et inversible définie par

$$[K] = \begin{bmatrix} \mathscr{A}(N_1, N_1) & \cdots & \mathscr{A}(N_1, N_p) \\ \vdots & & \vdots \\ \mathscr{A}(N_p, N_1) & \cdots & \mathscr{A}(N_p, N_p) \end{bmatrix} \tag{6.22}$$

2. $\{F\}$ est la matrice colonne de p lignes définie par

$$\{F\} = \left\{ \begin{array}{c} \mathscr{L}(N_1) \\ \vdots \\ \mathscr{L}(N_p) \end{array} \right\} \tag{6.23}$$

Autrement dit, $\{U\}$ est défini par

$$\{U\} = [K]^{-1}\{F\}$$

Démonstration.
Le problème « approché » (6.19) est équivalent à la forme discrétisée

$$\text{Trouver } (u_1, \cdots, u_p) \in \mathbb{R}^p \text{ solution de } \left\{ \begin{array}{ll} (1) & u = u_1 N_1 + \cdots + u_p N_p \\ (2) & \forall u^* \in W, \quad \mathscr{A}(u, u^*) = \mathscr{L}(u^*) \end{array} \right.$$

Or, la relation (2) est valable pour tout élément u^* de W, donc en particulier pour les p vecteurs de la base $\mathscr{B} = \{N_1, \cdots, N_p\}$. On peut donc réécrire le système sous la forme

$$\text{Trouver } (u_1, \cdots, u_p) \in \mathbb{R}^p \text{ solution de} \\ \begin{cases} (1) \quad u = u_1 N_1 + \cdots + u_p N_p \\ (2) \quad \forall k \in \{1, \cdots, p\}, \quad \mathscr{A}(u, N_k) = \mathscr{L}(N_k) \end{cases} \tag{6.24}$$

Travaillons sur la relation (2) de (6.24) en utilisant (1) et la linéarité de $\mathscr{A}$

$$\begin{aligned} \forall k \in \{1, \cdots, p\}, \quad \mathscr{A}(u, N_k) = \mathscr{L}(N_k) \quad & \Longleftrightarrow \quad \mathscr{A}\left(\sum_{j=1}^{p} u_j N_j, N_k\right) = \mathscr{L}(N_k) \\ & \Longleftrightarrow \quad \sum_{j=1}^{p} u_j \mathscr{A}(N_j, N_k) = \mathscr{L}(N_k) \end{aligned}$$

Or, cette dernière relation est bien équivalente au système matriciel

$$[K]\{U\} = \{F\}$$

avec les notations de la proposition.

D'autre part, on remarque que la matrice $[K]$ est, par construction, réelle et symétrique. Il suffit donc de montrer qu'elle est inversible et, pour cela, nous allons démontrer qu'elle est définie positive, c'est-à-dire que pour toute colonne $\{U\}$ non nulle on a

$$^{\mathbf{t}}\{U\}[K]\{U\} > 0$$

Pour cela, écrivons $u = \sum_{k=1}^{p} u_i N_i$ et associons lui la colonne $\{U\} = \begin{Bmatrix} u_1 \\ \vdots \\ u_p \end{Bmatrix}$. Il est alors facile de démontrer que

$$\mathscr{A}(u, u) = \mathscr{A}\left(\sum_{k=1}^{p} u_i N_i, \sum_{j=1}^{p} u_j N_j\right) = {}^{\mathbf{t}}\{U\}[K]\{U\}$$

Or, sachant que la forme bilinéaire $\mathscr{A}$ est coercive, de constantes $c_2 > 0$, on en déduit que pour la norme $||\cdot||$ sur W induite par la norme de V, on obtient

$$^{\mathbf{t}}\{U\}[K]\{U\} \geq c_2 ||\{U\}||^2$$

ce qui démontre bien que $\{U\} \neq \{0\} \Longrightarrow {}^{\mathbf{t}}\{U\}[K]\{U\} > 0$ et que la matrice $[K]$ est définie positive et donc inversible. □

4.3 Convergence de la méthode de Galerkine

On suppose disposer d'un problème faible de la forme (6.18) et du problème faible approché de la forme (6.19). Supposons aussi disposer d'une suite croissante de sous espaces vectoriels V_{N_i} de V de dimension finie N_i

$$V_{N_1} \subset V_{N_2} \subset \cdots V_{N_p} \subset \cdots \subset V$$

formant ce que l'on appelle une *approximation interne* selon la définition suivante :

Définition 62. On appelle *approximation interne* de V une suite de sous espaces vectoriels $V_{N_1} \subset V_{N_2} \subset \cdots V_{N_p} \subset \cdots \subset V$ de dimensions $N_1 < N_2 < \cdots < N_p < \cdots$ finies telles que $\lim_{p \to +\infty} \dim V_{N_p} = +\infty$ vérifiant les deux hypothèses suivantes

$$\begin{cases} (1) & \forall i \in \mathbb{N}^*, \quad V_{N_i} \subset V \\ (2) & \forall u \in V, \quad \forall \varepsilon > 0, \quad \exists i \in \mathbb{N}^*, \quad \exists u_i \in V_{N_i}, \quad \|u - u_i\| < \varepsilon \end{cases} \tag{6.25}$$

La condition (1) impose que l'espace V_{N_i} est bien un sous espace de V alors que (2) impose que tout élément $u \in V$ peut être approché, avec une précision arbitraire, par un élément d'un espace V_{N_i}.
Définissons aussi un objet appelé un *opérateur d'interpolation* :

Définition 63. Soit $\widehat{V}$ un sous espace vectoriel dense de V_{N_i}. On appelle *opérateur d'interpolation* de $\widehat{V}$ dans V_{N_i} un opérateur, noté $\mathbb{P}_{N_i}$, tel que, pour tout $v \in V$ on ait

$$\lim_{i \to +\infty} \|v - \mathbb{P}_{N_i}(v)\| = 0 \tag{6.26}$$

Définissons maintenant la notion de *consistance* d'une approximation interne (notion qui est liée à l'existence d'un opérateur d'interpolation) :

Définition 64. On dit que l'approximation de V par la suite de sous espaces vectoriels $\left(V_{N_i}\right)_{i \geq 1}$ est consistante lorsque, pour tout $u \in V$, on a

$$\lim_{N_i \to +\infty} \mathrm{d}\left(u, V_{N_i}\right) = 0 \tag{6.27}$$

Il est alors facile de démontrer la propriété suivante :

Proposition 53. Une approximation consistante de l'espace V conduit nécessairement à la convergence de la solution approchée $u_i \in V_{N_i}$ vers la solution $\overline{u}$ du problème faible. Autrement dit :

$$\lim_{N_i \to +\infty} \|\overline{u} - u_i\| = 0 \tag{6.28}$$

Démonstration.
C'est en effet une simple conséquence du lemme de Céa (Jean Céa, 1932-, mathématicien français). D'après ce lemme (voir la proposition 54 page 228) et la formule (6.31), on a

$$\|\overline{u} - u_i\| \leq \frac{c_1}{c_3} d\left(u, V_{N_i}\right)$$

et l'hypothèse de consistance permet de conclure. □

Ce simple résultat a une grande portée qu'il convient de bien mesurer car il prouve que la méthode des éléments finis, contrairement à celle des différences finies, est par construction automatiquement convergente (et stable) dès qu'elle est consistante.

Pour terminer, donnons la définition suivante :

Définition 65. Avec les notations précédentes, on dit que la convergence est d'ordre $k \in \mathbb{N}$ lorsque

$$||\overline{u} - u_i|| = O\left(h^k\right) \tag{6.29}$$

où h est un paramètre strictement positif appelé à tendre vers zéro et lié à la « forme » et à la « taille » des mailles géométriques (voir la section 4.7).

4.4 Espaces d'approximation

La méthode des éléments finis propose de construire de manière systématique une approximation interne consistante à partir d'espaces de fonctions continues et polynomiales par morceaux. Cette approche se justifie par les raisons suivantes :

1. Tout d'abord, on démontre que de tels espaces sont des sous espaces des espaces V adaptés la résolution de la formulation faible (des sous espaces de Sobolev).
2. Ensuite, on démontre que ce choix conduit à une approximation interne (définition 62) consistante (définition 64) et donc convergente (proposition 53).
3. Enfin, la construction « par morceaux » des fonctions polynomiales utilisées permet d'avoir des approximations de bonne qualité avec des degrés d'interpolation faibles (en général degrés 1 ou 2 voire 3 maximum). D'autre part, comme nous le verrons, ces espaces auront la propriété de conduire à une matrice $[K]$ « creuse », c'est-à-dire dont la plupart des coefficients sont nuls (c'est la matrice qui intervient dans le système matriciel (6.21).

La définition des espaces d'approximation V_{N_i} s'appuie sur un recouvrement du domaine par un ensemble de mailles géométriques et la notion d'éléments finis qui sera détaillée par la suite. La dimension de l'espace vectoriel V_{N_i} est plus ou moins directement liée au nombre de mailles et ce nombre de mailles géométriques est inversement proportionnel à un paramètre $h > 0$ que l'on pourra interpréter comme un indicateur de la taille « typique » de l'ensemble des mailles géométriques (voir la section 4.7 à propos du maillage). Ce paramètre h est donc destiné à tendre vers zéro lorsque le nombre de mailles géométriques augmente et que la dimension de l'espace vectoriel V_{N_i} tend vers l'infini. Aussi la notation V_h sera plus volontiers utilisé au lieu de V_{N_i}.
Comme cela a déjà été précisé, ces espaces contiendront des fonctions continues et polynomiales définies par morceaux. Concrètement, la restriction d'une fonction $u \in V_h$ possédera les propriétés suivantes :

1. Elle sera continue sur la réunion de toutes les mailles géométriques c'est-à-dire sur le recouvrement du domaine,
2. Sa restriction à chaque maille géométrique est une fonction polynomiale de degré faible (typiquement de degré 1 ou 2 et exceptionnellement 3)

La figure 6.4 montre deux fonctions continues et polynomiales par morceaux, la première de degré 1 et la seconde de degré 2.

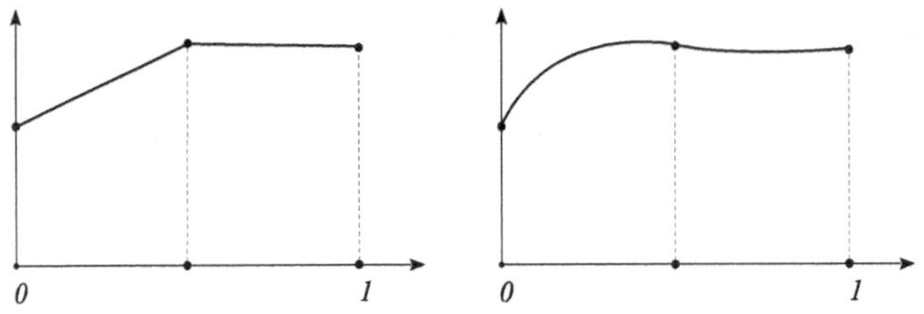

FIGURE 6.4 – Une fonction continue, de degré 1 par morceaux (à gauche) et de degré 2 par morceaux (à droite)

Nous admettrons alors que la méthode Galerkine associée à des espaces d'approximation de fonctions continues et polynomiales par morceaux conduit à une méthode convergente et qu'il y a deux manières d'améliorer la qualité d'une solution approchée (qui ne s'excluent pas) :

1. Construire un maillage plus fin, c'est-à-dire réduire de manière globale la taille des mailles géométriques. C'est la méthode qualifiée de *h-convergence*.
2. Augmenter le degré d'interpolation, c'est-à-dire utiliser des espaces de fonctions continues et polynomiales par morceaux dont la restriction à chaque maille géométrique est un polynôme de degré plus élevé. C'est la méthode qualifiée de *p-convergence* (la lettre p désigne le degré d'interpolation).

4.5 Interpolation de Lagrange et de Hermite

De manière non exhaustive, on distinguera par la suite deux types d'interpolation, celle de Lagrange et celle de Hermite (Charles Hermite, 1822-1901, mathématicien français). La distinction se fait par le type (et le nombre) de degrés de liberté attachés à chaque nœud de calcul.

Définition 66.

1. Une interpolation de Lagrange consiste à interpoler une fonction sur un ensemble de nœuds à partir de la seule connaissance des valeurs prises par cette fonction en chaque nœud de calcul.
2. Une interpolation de Hermite consiste à interpoler une fonction sur un ensemble de nœuds à partir de la connaissance des valeurs prises par cette fonction mais aussi par des valeurs prises par sa dérivée première (ou de ses dérivées partielles premières) en chaque nœud de calcul.

Ainsi, une interpolation de Lagrange conduit à une fonction polynomiale par morceaux seulement continue alors qu'une interpolation de Hermite conduit à une fonction polynomiale par morceaux de classe $\mathscr{C}^1$.
On peut résumer quelques-uns des choix possibles dans les tableaux suivants (« nœuds » signifie « nombre de nœuds de calcul » et DDL signifie « le nombre de degrés de liberté »).
Seule l'interpolation $\mathbb{P}_3$ en dimension 1 est une interpolation de Hermite, les autres sont toutes des interpolations de Lagrange :

Dimension 1					
Nom	Nœuds	DDL	Figure	Deg. interp.	Expression polynomiale
$\mathbb{P}_1$	2	2	(1)	1	$a+bx$
$\mathbb{P}_2$	3	3	(2)	2	$a+bx+cx^2$
$\mathbb{P}_3$	2	4	(3)	3	$a+bx+cx^2+dx^3$
Dimension 2					
Nom	Nœuds	DDL	Figure	Deg. interp.	Expression polynomiale
$\mathbb{T}_3$	3	3	(4)	1	$a+bx+cy$
$\mathbb{T}_6$	6	6	(5)	2	$a+bx+cy+dxy+ex^2+fy^2$
$\mathbb{Q}_4$	4	4	(6)	2	$a+bx+cy+dxy$

(1) (2) (3) (4) (5) (6)

FIGURE 6.5 – Illustration de la forme des mailles, du nombre et de la position des nœuds de calcul

4.6 Le problème de l'intégration numérique

Dans la plupart des cas, le calcul des intégrales qui interviennent dans la forme bilinéaire $\mathscr{A}$ et la forme linéaire $\mathscr{L}$ doivent se faire de manière numérique en utilisant des formules de quadrature.

Dans ce cas, on ne cherche plus à résoudre le problème approché

$$\text{Trouver } u \in W \text{ solution de } \begin{cases} \forall u^* \in W \\ \mathscr{A}(u,u^*) = \mathscr{L}(u^*) \end{cases}$$

mais un nouveau problème lui aussi approché

$$\text{Trouver } u \in W \text{ solution de } \begin{cases} \forall u^* \in W \\ \widehat{\mathscr{A}}(u,u^*) = \widehat{\mathscr{L}}(u^*) \end{cases}$$

où $\widehat{\mathscr{A}}$ et $\widehat{\mathscr{L}}$ sont des approximations numériques de $\mathscr{A}$ et $\mathscr{L}$. Par exemple, si l'on reprend l'exemple de la barre, nous savons que

$$\mathscr{A}(u,v) = SE\int_0^L u'(x)v'(x)\,\mathrm{d}x$$

En présence de N mailles et donc $N+1$ nœuds de calcul régulièrement espacés définis par $x_k = kh$ pour $k \in \{0,\cdots,N\}$ et $h = L/N$, la formule des trapèzes permet de remplacer $\mathscr{A}(u,v)$ par une approximation $\widehat{\mathscr{A}}(u,v)$

$$\widehat{\mathscr{A}}(u,v) = SEh\left(\frac{u'(0)v'(0)}{2} + \sum_{k=1}^{N-1} u'(x_k)v'(x_k) + \frac{u'(L)v'(L)}{2}\right)$$

Pour valider cette approche, il faut s'assurer que cette transformation préserve l'existence et l'unicité d'une solution et ne dégrade pas la qualité de la solution approchée.
L'existence et l'unicité d'une solution est encore donnée par le théorème de Lax-Milgram sous réserve que les hypothèses de ce théorème restent vérifiées pour $\widehat{\mathscr{A}}$ et $\widehat{\mathscr{L}}$. Or, autant la continuité de ces deux formes ne pose pas de problèmes en dimension finie, autant la coercivité de $\widehat{\mathscr{A}}$ n'est pas garantie.
On démontre alors que pour préserver la coercivité de $\widehat{\mathscr{A}}$, il suffit d'utiliser une formule quadrature à coefficients positifs qui comporte un nombre « suffisant » de points d'intégration (ce nombre de points dépend de la forme des mailles et de l'interpolation choisie). Dans la pratique, en lien avec le théorème 56 donné à la page 229 qui exprime avec quelle type de formule intégration l'ordre de convergence est préservé, on retient en général la règle suivante : pour une interpolation de Lagrange de degré k, on utilise une formule d'intégration exacte sur l'ensemble des polynômes de degré inférieur ou égal à $2k-2$.

4.7 Quelques mots à propos du maillage

Faisons quelques remarques d'ordre général à propos du maillage du domaine en nous limitant à la dimension 1 ou 2. En dimension 1, le domaine Ω est donc un segment ouvert. En dimension 2, il peut, a priori, avoir une forme quelconque mais nous supposerons pour simplifier qu'il est ouvert, sans « trous » (c'est-à-dire connexe) et polygonal, ce qui permettra de le « recouvrir » entièrement par des mailles géométriques bien choisies. Dans le cas où Ω n'est pas polygonal, il faut se contenter d'un recouvrement partiel ou utiliser des techniques permettant de construire des mailles avec bords courbes qui tenteront de s'adapter « au mieux » à la forme du domaine.

Définition 67. On appelle *maillage* de Ω un ensemble fini de n mailles K_i incluses dans Ω, de réunion égale à $\overline{\Omega}$, c'est-à-dire $\overline{\Omega} = \cup_{i=1}^n K_i$, et qui sont :

1. En dimension 1 : des segments K_i dont l'intersection est soit vide, soit réduite à une extrémité (un nœud).
2. En dimension 2 : des triangles ou quadrangles K_i dont l'intersection est soit vide, soit réduite à un sommet (un nœud), soit réduite à une arête entière.

Enfin, les « sommets » des mailles (les extrémités des segments en dimension 1 ou les sommets des triangles ou des quadrangles en dimension 2) sont des nœuds de calcul.

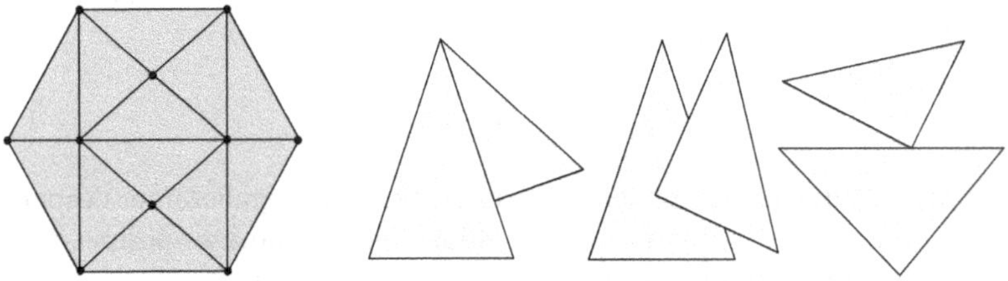

FIGURE 6.6 – Exemple de maillage d'un domaine polygonal et exemples de situations interdites pour deux mailles

Étant donné que la convergence de la méthode des éléments finis est basée sur le raffinement du maillage, définissons la notion de maillage régulier. Avant cela, on associe au maillage un paramètre $h > 0$ qui définit la taille « typique » des mailles. Précisément, en dimension 1, on note h_i la longueur de la maille K_i, c'est à dire du segment K_i et en dimension 2, à chaque maille K_i (triangulaire ou quadrangulaire), on lui associe son cercle circonscrit et on note h_i le diamètre de ce cercle (voir la figure 6.7). On définit alors h en posant $h = \max_i h_i$.

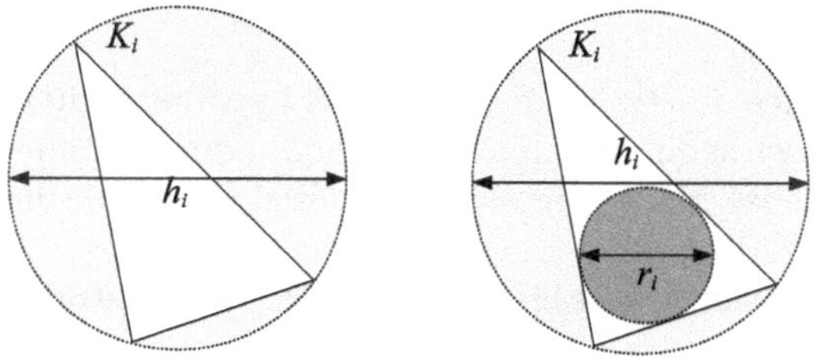

FIGURE 6.7 – Illustration du paramètre $h = \max_i h_i$

Définition 68. Si l'on définit une suite de maillages $(\mathcal{M}_h)_{h>0}$ selon la définition 67 indicée par le paramètre $h > 0$ défini précédemment par

$$h = \max_i h_i \tag{6.30}$$

on dit que c'est une suite de maillages *réguliers* lorsque :

1. h tend vers 0,
2. il existe une constante réelle C telle que, pour tout $h > 0$ et tout maille K_i du maillage $\mathcal{M}_h$ on a, avec les notations de la figure 6.7

$$1 \leq \frac{h_i}{r_i} \leq C$$

Cette définition permet de s'assurer que toutes des mailles deviennent de plus en plus « petites » lorsque $h \to 0$ tout en conservant une forme « acceptable ». En particulier, on interdit les triangles qui sont trop aplatis.

5 Étude de l'erreur

Cette section est destinée à donner quelques indications sur le délicat problème de l'évaluation de l'erreur et de l'ordre de convergence de la méthode des éléments finis. Comme beaucoup de résultats théoriques liés à la méthode des éléments finis, l'obtention d'estimations ou même seulement de majorations de l'erreur est en effet un problème difficile car l'erreur peut dépendre de la forme du domaine, du maillage, du degré d'interpolation, de la régularité des données du problème et aussi du fait que l'on utilise ou pas des formules d'intégration numérique pour évaluer les intégrales... Seuls quelques résultats généraux sont donc donnés, la plupart sans démonstration et le lecteur est renvoyé à $[RA]$ pour des développements plus complets.

Dans toute la suite, on suppose disposer d'un problème elliptique d'ordre 2 dont la formulation faible est de la forme (6.18)

$$\text{Trouver } u \in V \text{ solution de } \begin{cases} \forall u^* \in V \\ \mathscr{A}(u, u^*) = \mathscr{L}(u^*) \end{cases}$$

où V est un sous espace de H^1, $\mathscr{A}$, $\mathscr{L}$ vérifient les hypothèses du théorème 3.1 de Lax-Milgram et l'on suppose avoir déterminé la solution $\overline{u}$ du problème faible sur V et u du problème faible discrétisé sur un sous espace vectoriel W de V de dimension finie.

L'erreur doit donc être évaluée avec la norme associée à l'espace de Sobolev V, c'est à dire ici

$$||\overline{u} - u||_{H_0^1} = \sqrt{\int_0^L \left(\left(\frac{\mathrm{d}\overline{u}}{\mathrm{d}x}(x) - \frac{\mathrm{d}u}{\mathrm{d}x}(x) \right)^2 + \left(\overline{u}(x) - u(x) \right)^2 \right) \mathrm{d}x}$$

Cela dit, on ne peut évaluer cette erreur qu'à condition de connaître la solution $\overline{u}$, ce qui n'est bien sûr pas le cas en général. Aussi, pour différentes raisons dont la précédente, on cherche à mesurer l'erreur entre la solution approchée u et l'interpolée $\mathbb{P}(\overline{u})$ de la solution $\overline{u}$ dans l'espace d'approximation.
Tout cela rend donc l'évaluation de l'erreur beaucoup plus délicate et compliquée que ce que nous avons rencontré pour la méthode des différences finies.

D'autre part, le problème de l'évaluation de l'erreur en présence d'intégration exacte puis en présence de formules d'intégration numérique est succinctement abordé, en particulier en donnant quelques indications sur l'ordre des formules à utiliser pour préserver l'ordre de convergence de la méthode.
En dimension deux, le domaine Ω sera supposé polygonal de manière à pouvoir le recouvrir entièrement avec des mailles géométriques de forme triangulaire ou quadrangulaire.

5.1 Lemme de Céa

Le premier résultat, appelé lemme de Céa (Jean Céa, 1932-, mathématicien français), est une majoration :

Proposition 54. On appelle $\overline{u}$ la solution du problème faible (6.18) et u la solution du problème discrétisé (6.19) sur W. Alors

$$||\overline{u} - u|| \leq \frac{c_1}{c_3} d(u, W) \tag{6.31}$$

où on a noté $d(u, W) = \inf_{u^* \in W} ||\overline{u} - u^*||$ et où c_1 est la constante de continuité et c_3 la constante de coercivité du théorème 3.1 de Lax-Milgram.

Démonstration.
Ce résultat découle des hypothèses de continuité et de coercivité faites sur la forme bilinéaire $\mathscr{A}$ et l'hypothèse d'inclusion $W \subset V$ faite sur W. On peut écrire

$$\begin{cases} u - u^* \in V \\ u - u^* \in W \end{cases} \Longrightarrow \begin{cases} \mathscr{A}(\overline{u}, u - u^*) = \mathscr{L}(u - u^*) \\ \mathscr{A}(u, u - u^*) = \mathscr{L}(u - u^*) \end{cases} \Longrightarrow \mathscr{A}(\overline{u} - u, u - u^*) = 0$$

Or, $\mathscr{A}$ étant une forme bilinéaire, on peut écrire

$$\mathscr{A}(\overline{u} - u, u - u^*) = 0 \Longrightarrow \mathscr{A}(\overline{u} - u, u - \overline{u} + \overline{u} - u^*) = \mathscr{A}(\overline{u} - u, u - \overline{u}) + \mathscr{A}(\overline{u} - u, \overline{u} - u^*) = 0$$

soit encore

$$\mathscr{A}(\overline{u} - u, \overline{u} - u) = \mathscr{A}(\overline{u} - u, \overline{u} - u^*)$$

Utilisons maintenant l'hypothèse de coercivité et l'hypothèse de continuité pour écrire

$$c_3 ||\overline{u} - u||^2 \leq \mathscr{A}(\overline{u} - u, \overline{u} - u) = \mathscr{A}(\overline{u} - u, \overline{u} - u^*) \leq c_1 ||\overline{u} - u|| ||\overline{u} - u^*||$$

ce qui donne bien finalement $||\overline{u} - u|| \leq \dfrac{c_1}{c_3} ||\overline{u} - u^*||$. Or, ce résultat étant vrai pour tout $u^* \in W$, on en déduit le résultat $||\overline{u} - u|| \leq \dfrac{c_1}{c_3} \inf_{u^* \in W} ||\overline{u} - u^*||$. □

5.2 Ordre de convergence dans le cas d'intégration exacte

Dans cette partie, toutes les intégrales à calculer pour évaluer la matrice $[K]$ et le second membre $\{F\}$ sont supposées avoir été calculées de manière exacte.

Théorème 55. On suppose la solution $\overline{u}$ du problème faible « assez régulière » (précisément $\overline{u} \in H^{k+1}(\Omega)$ où $k \in \mathbb{N}$) et on suppose avoir construit une solution approchée u continue et polynomiale par morceaux de degré k. Alors, en notant h le paramètre défini par (6.30), il existe une constante $C > 0$ indépendante de h (mais qui dépend de $\overline{u}$) telle que

$$||\overline{u} - u||_{H^1} \leq C h^k \tag{6.32}$$

5.3 Ordre de convergence dans le cas d'intégration numérique

Le théorème suivant est admis.

Théorème 56. Dans le cas d'une interpolation de Lagrange de degré $k \in \mathbb{N}^*$, si l'on utilise une formule d'intégration d'ordre $2k - 2$ (c'est à dire exacte sur l'ensemble des polynômes de degré inférieur ou égal à $2k - 2$), il existe une constante $C > 0$ indépendante de h (mais qui dépend de $\overline{u}$) telle que

$$||\overline{u} - u||_{H^1} \leq C h^k \tag{6.33}$$

Autrement dit, avec une telle formule intégration, l'ordre de convergence est préservé.

En dimension 1 et pour une interpolation de degré 1, bien qu'une formule d'ordre 0 suffise, on utilise en général la formule des trapèzes (ordre 1). Dans le cas d'une interpolation de degré 2, on peut utiliser la formule de Simpson d'ordre 3 (Thomas Simpson, 1710-1761, mathématicien anglais) ou celle de Gauss-Legendre qui est d'ordre $2n$ pour n points d'intégration (Johann Carl Friedrich Gauss, 1777-1855, mathématicien, physicien et astronome allemand et Adrien-Marie Legendre, 1752-1833, mathématicien français).

6 Exemple : résolution du problème de la barre (interpolation de degré 1)

6.1 Rappel du problème

Reprenons le problème (6.1) de la barre en traction compression utilisé en introduction

$$\text{Trouver } u \text{ solution de } \begin{cases} -SE\dfrac{\mathrm{d}^2 u}{\mathrm{d}x^2}(x) = f(x) \text{ sur }]0,L] \\ u(0) = 0 \\ \dfrac{\mathrm{d}u}{\mathrm{d}x}(L) = \dfrac{F_L}{SE} \end{cases}$$

dont la formulation faible est donnée par (6.12)

$$\begin{cases} \text{Trouver } u \in V = \{v \in H^1(0,L), \quad v(0) = 0\} \text{ solution de} \\ \forall u^* \in V, \quad \displaystyle\int_0^L SE\frac{\mathrm{d}u}{\mathrm{d}x}(x)\frac{\mathrm{d}u^*}{\mathrm{d}x}(x)\,\mathrm{d}x = \int_0^L f(x)u^*(x)\,\mathrm{d}x + F_L u^*(L) \end{cases}$$

par la suite, $\overline{u}$ désignera la solution du problème faible précédent.

Commençons par un résultat théorique (voir la section 4.3 de l'annexe B et $[BR]$ pour une démonstration) qui justifie la stratégie dans cette situation.

Théorème 57. Les espaces de fonctions continues et polynomiales par morceaux sur $[0,L]$ sont inclus et denses dans $H^1(0,L)$.

6.2 Espaces d'approximation

Pour illustrer le principe de la méthode des éléments finis, nous allons donc construire une solution approchée de $\overline{u}$ continue et polynomiale par morceaux et, plus précisément, de degré 1 par morceaux.

Plus précisément, nous allons construire une approximation interne de V à partir d'espaces de fonctions continues et polynomiales par morceaux. Ces espaces sont définis à partir des maillages du domaine $[0,L]$ en $N \in \mathbb{N}^*$ segments construits à partir des subdivisions $(x_0, x_1, \cdots, x_N)$ définies par

$$\begin{cases} x_0 = 0 \quad x_N = L \\ x_0 < x_1 < \cdots < x_{N-1} < x_N \end{cases}$$

Les N segments

$$M_1 = [x_0, x_1], M_1 = [x_1, x_2], \cdots M_N = [x_{N-1}, x_N]$$

sont appelés des mailles géométriques et les points de coordonnées x_k sont appelés des nœuds de calculs.

Remarque. On parle de maillages au pluriel de manière à construire une approximation interne. En augmentant le nombre de mailles (et donc le nombre de nœuds de calcul), la dimension de l'espace associé augmentera (jusqu'à tendre vers l'infini). D'autre part, pour faire le lien avec les éléments théoriques fournis précédemment, ces espaces vont permettre de construire une approximation consistante (il est en particulier possible de construire un opérateur d'interpolation qui associera à chaque élément $u \in V$ son interpolée dans l'espace de fonctions continues et polynomiales par morceaux de degré 1 en jeu), ce qui assurera la convergence de la méthode.

Sur chacune de ces mailles, on souhaite que la solution approchée (plus précisément, la restriction de la solution approchée à chaque maille) soit une fonction polynomiale de degré 1 et donc de la forme $x \mapsto a + bx$.
Définissons alors les espaces suivants :

1. $\mathbb{P}_1$ l'espace vectoriel des fonctions polynomiales de degré 1 (affines) sur $\mathbb{R}$:
$$\mathbb{P}_1 = \left\{p : \mathbb{R} \longrightarrow \mathbb{R}, \quad \exists (a,b) \in \mathbb{R}^2, \quad \forall x \in \mathbb{R}, \quad p(x) = a + bx\right\} \tag{6.34}$$
2. $V_N(1)$ l'espace des fonctions continues sur $[0, L]$ et polynomiales de degré 1 sur chaque maille M_k pour $k \in \{1, \cdots, N\}$:
$$V_N(1) = \left\{v \in \mathscr{C}([0,1]), \quad k \in \{1, \cdots, N\}, \quad v|_{[x_k, x_{k+1}]} \in \mathbb{P}_1\right\} \tag{6.35}$$
où la notation $v|_{[x_k, x_{k+1}]}$ désigne la restriction de v au segment $[x_k, x_{k+1}]$.
3. $V_{0,N}(1)$ le sous espace de $V_N(1)$ défini par
$$V_{0,N}(1) = \left\{v \in V_N(1), \quad v(0) = 0\right\} \tag{6.36}$$

Considérons $u \in V_N(1)$. On sait alors que

$$\forall k \in \{1, \cdots, N-1\}, \quad \exists (a_k, b_k) \in \mathbb{R}^2, \quad u|_{[x_k, x_{k+1}]} = a_k + b_k x$$

Pour déterminer le couple (a_k, b_k), il suffit de connaître les valeurs prises pas u en deux points du segment $[x_k, x_{k+1}]$. On choisit x_k et x_{k+1} et c'est pour cette raison qu'on les appelle des nœuds de calcul. Maintenant, connaissant $u(x_k)$ et $u(x_{k+1})$, il devient possible et trivial de connaître les valeurs a_k et b_k telles que

$$\left\{\begin{array}{l} u(x_k) = a_k + b_k x_k \\ u(x_{k+1}) = a_{k+1} + b_{k+1} x_{k+1} \end{array}\right.$$

car il est bien connu que par deux points (x_k, u_k) et (x_{k+1}, u_{k+1}) il passe une unique droite, c'est à dire la représentation graphique d'une fonction unique de la forme $x \mapsto a_k + b_k x$.

Autrement dit, la détermination de $u \in V_N(1)$ est liée à la connaissance des valeurs qu'elle prend en chaque nœud de calcul. On appelle alors ces valeurs les *degrés de liberté* du problème.

Pour résumé, on a défini les trois termes suivants

Définition 69. On appelle

1. *mailles (géométriques)* les segments $[x_0, x_1], [x_1, x_2], \cdots, [x_{N-1}, x_N]$.
2. *nœuds de calcul* les points de coordonnées $x_0 = 0, x_1, \cdots, x_{N-1}, x_N = L$.
3. *degrés de liberté* (en abrégé ddl) les inconnues du problème qui sont les valeurs prises par la solution approchée en chaque nœud de calcul, autrement dit, les ddl sont $\{u_0 = u(x_0), u_1 = u(x_1), \cdots, u_N = u(x_N)\}$ et ils sont attachées aux nœuds de calcul selon la correspondance

$$x_0 \leftrightarrow u_0, \cdots, x_N \leftrightarrow u_N$$

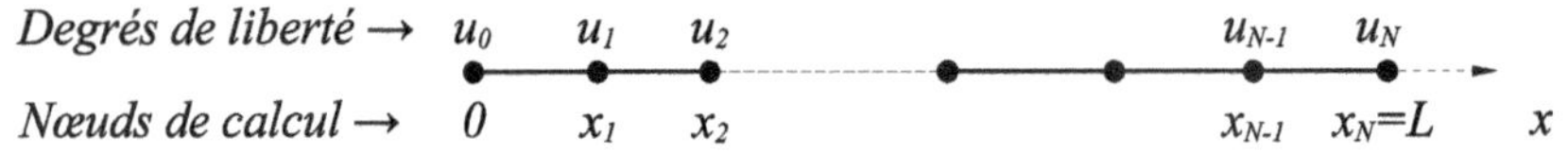

FIGURE 6.8 – Les nœuds de calcul et les degrés de liberté

Définissons maintenant les fonctions polynomiales de Lagrange de degré 1.

Définition 70. On appelle *fonctions polynomiales de Lagrange de degré 1* associées aux nœuds de calcul $x_0 = 0, x_1, \cdots, x_N = L$ la famille $\{\mathbb{L}_0, \cdots, \mathbb{L}_N\}$ de fonctions affines par morceaux qui vérifient

$$\forall k \in \{0, \cdots, N\}, \quad \forall j \in \{0, \cdots, N\}, \quad \mathbb{L}_j(x_k) = \delta_{jk} = \begin{cases} 0 & \text{si } j \neq k \\ 1 & \text{si } j = k \end{cases}$$

Il n'est pas difficile de donner l'expression explicite des fonctions $\mathbb{L}_i$ dans le cas d'un pas constant $h = L/N$. On montre en effet sans difficulté que :

1. Pour $i = 0$:

$$\mathbb{L}_0(x) = \begin{cases} \frac{x_1 - x}{h} & \text{si} \quad x \in [x_0, x_1] \\ 0 & \text{si} \quad x \notin [x_0, x_1] \end{cases}$$

2. Pour $i \in \{2, \cdots, N-1\}$:

$$\mathbb{L}_i(x) = \begin{cases} \frac{x - x_{i-1}}{h} & \text{si} \quad x \in [x_{i-1}, x_i] \\ \frac{x_{i+1} - x}{h} & \text{si} \quad x \in [x_i, x_{i+1}] \\ 0 & \text{si} \quad x \notin [x_{i-1}, x_{i+1}] \end{cases}$$

3. Pour $i = N$:

$$\mathbb{L}_N(x) = \begin{cases} \frac{x - x_{N-1}}{h} & \text{si} \quad x \in [x_{N-1}, x_N] \\ 0 & \text{si} \quad x \notin [x_{N-1}, x_N] \end{cases}$$

Sont représentées dans la figure 6.9 les quatre fonctions polynomiales de Lagrange de degré 1 lorsque $N = 3$ sur $[0, 1]$.

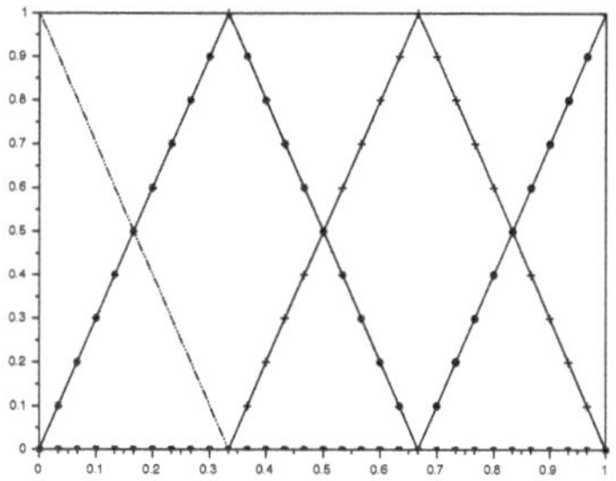

FIGURE 6.9 – Les quatre fonctions polynomiales de Lagrange de degré 1

On peut aussi remarquer que les fonctions de base sont engendrées par la fonction « mère »

$$\mathbb{L}(x) = \begin{cases} 1 + x & \text{pour } x \in [-1, 0] \\ 1 - x & \text{pour } x \in [0, 1] \\ 0 & \text{pour } x \notin [-1, 1] \end{cases}$$

Ainsi, dans le cas d'un pas h constant, les fonctions $\mathbb{L}_i$ sont alors définies par

$$\mathbb{L}_i(x) = \mathbb{L}\left(\frac{x - x_i}{h}\right)$$

Enfin, il est facile de vérifier que $V_N(1)$ est un espace vectoriel de dimension $N+1$ dont une base est définie par la famille des $N + 1$ fonctions polynomiales de Lagrange $\{\mathbb{L}_0, \cdots, \mathbb{L}_N\}$ alors que $V_{0,N}(1)$ est un espace vectoriel de dimension N dont une base est définie par la famille des N fonctions polynomiales de Lagrange $\{\mathbb{L}_1, \cdots, \mathbb{L}_N\}$.
Précisons pour terminer, si besoin est, que la base de Lagrange est utilisée ici parce que, dans cette base, les coordonnées d'une fonction $u \in V_N(1)$ sont précisément les valeurs prises par u en chaque nœud de calcul, autrement dit ses coordonnées sont les degrés de liberté et l'on a

$$u(x) = \sum_{k=0}^{N} u_k \mathbb{L}_k(x) \tag{6.37}$$

Cette formule est appelée une *interpolation nodale* de u.

A titre d'exemple, donnons l'expression explicite des deux fonctions $\mathbb{L}_0$ et $\mathbb{L}_1$ dans le cas où $N = 4$ et où les nœuds de calculs sont

$$x_0 = 0, x_1 = \frac{L}{4}, x_2 = \frac{L}{2}, x_3 = \frac{3L}{4}, x_4 = L$$

et la représentation graphique des cinq fonctions $\mathbb{L}_0$ à $\mathbb{L}_4$ dans la figure 6.10.

$$\mathbb{L}_0(x) = \begin{cases} \frac{x_1-x}{x_1-x_0} & \text{si} \quad x \in [x_0, x_1] \\ 0 & \text{si} \quad x \notin [x_0, x_1] \end{cases} = \begin{cases} 1-\frac{4}{L}x & \text{si} \quad x \in \left[0, \frac{L}{4}\right] \\ 0 & \text{si} \quad x \notin \left[0, \frac{L}{4}\right] \end{cases}$$

$$\mathbb{L}_1(x) = \begin{cases} \frac{x-x_0}{x_1-x_0} & \text{si} \quad x \in [x_0, x_1] \\ \frac{x_2-x}{x_2-x_1} & \text{si} \quad x \in [x_1, x_2] \\ 0 & \text{si} \quad x \notin [x_0, x_2] \end{cases} = \begin{cases} \frac{4}{L}x & \text{si} \quad x \in \left[0, \frac{L}{4}\right] \\ 2-\frac{4}{L}x & \text{si} \quad x \in \left[\frac{L}{4}, \frac{L}{2}\right] \\ 0 & \text{si} \quad x \notin \left[0, \frac{L}{2}\right] \end{cases}$$

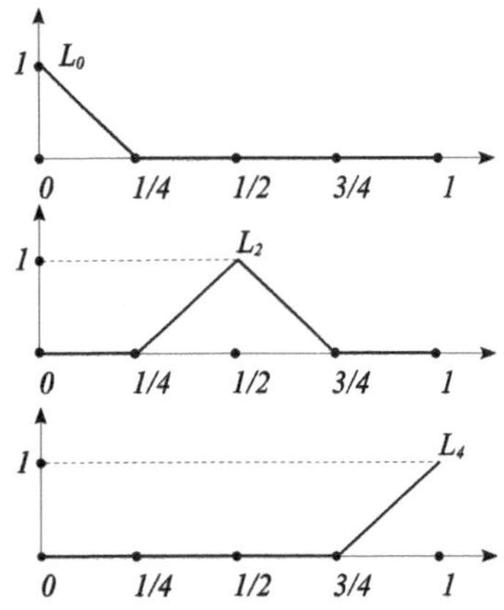

FIGURE 6.10 – Représentation graphique des cinq fonctions $\mathbb{L}_0, \mathbb{L}_1, \mathbb{L}_2, \mathbb{L}_3, \mathbb{L}_4$

6.3 Forme discrétisée de la formulation faible

On cherche donc désormais une solution au problème approché

$$\begin{cases} \text{Trouver } u \in V_{0,N}(1) \text{ solution de} \\ \forall u^* \in V_{0,N}(1), \quad \int_0^L SEu'(x)u^{*\prime}(x)\,\mathrm{d}x = \int_0^L f(x)u^*(x)\,\mathrm{d}x + F_L u^*(L) \end{cases} \tag{6.38}$$

ou encore, sous forme abstraite

$$\begin{cases} \text{Trouver } u \in V_{0,N}(1) \text{ solution de} \\ \forall u^* \in V_{0,N}(1), \quad \mathscr{A}(u,u^*) = \mathscr{L}(u^*) \end{cases} \tag{6.39}$$

en notant

$$\begin{cases} \mathscr{A}(u,v) = \int_0^L SEu'(x)v'(x)\,\mathrm{d}x \\ \mathscr{L}(v) = \int_0^L f(x)v(x)\,\mathrm{d}x + F_L v(L) \end{cases}$$

Comme expliqué précédemment, la solution approchée est décomposée dans la base de Lagrange de $V_{0,N}(1)$ sous la forme (interpolation nodale)

$$u(x) = \sum_{k=1}^{N} u_k \mathbb{L}_k(x)$$

où les coordonnées $(u_1, \cdots, u_N)$ sont les degrés de liberté (les inconnues).

D'après la proposition 52 page 220, nous savons que les inconnues $(u_1, \cdots, u_N)$ sont les composantes de la colonne $\{U\} = {}^{\mathbf{t}}\!< u_1, \cdots, u_N >$ solution de l'équation (6.21)

$$[K]\{U\} = \{F\}$$

où

$$[K] = SE \begin{bmatrix} \mathscr{A}(\mathbb{L}_1, \mathbb{L}_1) & \cdots & \mathscr{A}(\mathbb{L}_1, \mathbb{L}_N) \\ \vdots & & \vdots \\ \mathscr{A}(\mathbb{L}_N, \mathbb{L}_1) & \cdots & \mathscr{A}(\mathbb{L}_N, \mathbb{L}_N) \end{bmatrix} \quad \text{et} \quad \{F\} = \begin{Bmatrix} \mathscr{L}(\mathbb{L}_1) \\ \vdots \\ \mathscr{L}(\mathbb{L}_N) \end{Bmatrix}$$

Or, un calcul sans difficulté montre que (en posant $h = L/N$)

$$\begin{cases} \forall i \in \{1, \cdots, N-1\}, & \mathscr{A}(\mathbb{L}_i, \mathbb{L}_i) = \dfrac{2}{h} \\ & \mathscr{A}(\mathbb{L}_N, \mathbb{L}_N) = \dfrac{1}{h} \\ \forall i \in \{1, \cdots, N-1\}, & \mathscr{A}(\mathbb{L}_i, \mathbb{L}_{i+1}) = -\dfrac{1}{h} \\ \forall i \in \{2, \cdots, N\}, & \mathscr{A}(\mathbb{L}_{i-1}, \mathbb{L}_i) = -\dfrac{1}{h} \end{cases}$$

et toutes les autres valeurs de $\mathscr{A}(\mathbb{L}_i, \mathbb{L}_j)$ sont nulles. En effet, si l'on raisonne sur la figure 6.11, on constate aisément qu'il n'existe que deux situations où le calcul de $\mathscr{A}(\mathbb{L}_i, \mathbb{L}_j)$ est non nul.

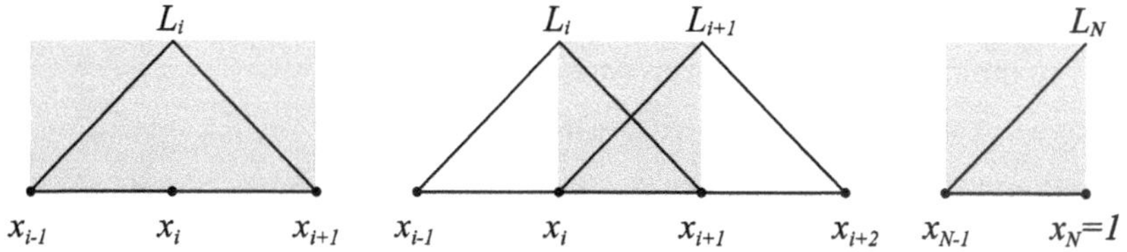

FIGURE 6.11 – Illustration des différentes situations entre deux fonctions de bases $\mathbb{L}_i$ et $\mathbb{L}_j$

Ces deux situations correspondent au cas où

1. $j = i$ (pour $i \in \{1, \cdots N-1\}$), dans ce cas le support est $[x_{i-1}, x_{i+1}]$ et $\mathscr{A}(\mathbb{L}_i, \mathbb{L}_i) = \dfrac{2}{h}$,
2. $j = i+1$ (pour $i \in \{1, \cdots N-1\}$), dans ce cas le support est $[x_i, x_{i+1}]$ et il vient alors $\mathscr{A}(\mathbb{L}_i, \mathbb{L}_{i+1}) = -\dfrac{1}{h}$ ou bien, ce qui revient au même, $j = i-1$ (pour $i \in \{2, \cdots N\}$), dans ce cas le support est $[x_{i-1}, x_i]$ et $\mathscr{A}(\mathbb{L}_i, \mathbb{L}_{i-1}) = -\dfrac{1}{h}$,

La seule exception concerne le calcul de $\mathscr{A}(\mathbb{L}_N, \mathbb{L}_N) = \dfrac{1}{h}$ puisque, comme le montre la figure, le support est seulement $[x_{N-1}, x_N]$.
Autrement dit, on obtient

$$[K] = \frac{SE}{h}\begin{bmatrix} 2 & -1 & & & 0 \\ -1 & 2 & -1 & & \\ & & \ddots & \ddots & \\ & & -1 & 2 & -1 \\ 0 & & & -1 & 1 \end{bmatrix}$$

L'évaluation des N composantes $\mathscr{L}(\mathbb{L}_i) = \int_0^L f(x)\mathbb{L}_i(x)\,\mathrm{d}x + F_L\mathbb{L}_i(L)$ du second membre $\{F\}$ est plus problématique parce qu'on ne sait pas, en général, intégrer la fonction f. Dans ce cas, il faut avoir recours à une méthode de quadrature pour approcher l'intégrale numériquement. On pourra par exemple utiliser la formule des trapèze.
Quelle que soit la méthode utilisée, on remarquera que le terme $\mathbb{L}_i(L)$ est nul pour tout $i \in \{2, \cdots, N-1\}$ puisque $L \notin]x_{i-1}, x_{i+1}[$. Seul le terme $\mathbb{L}_N(L) = 1$ puisque $x_N = L$.
Supposons donc avoir calculé les composantes de $\{F\}$.

Les inconnues du problème, les degrés de liberté, sont alors les composantes de la solution $\{U\}$ du système matriciel $[K]\{U\} = \{F\}$:

$$\frac{SE}{h}\begin{bmatrix} 2 & -1 & & & 0 \\ -1 & 2 & -1 & & \\ & & \ddots & \ddots & \\ & & -1 & 2 & -1 \\ 0 & & & -1 & 1 \end{bmatrix}\begin{Bmatrix} u_1 \\ u_2 \\ \vdots \\ u_{N-1} \\ u_N \end{Bmatrix} = \begin{Bmatrix} f_1 \\ f_2 \\ \vdots \\ f_{N-1} \\ f_N \end{Bmatrix}$$

6.4 Résolution du problème discrétisé

La matrice $[K]$ du système $[K]\{U\} = \{F\}$ étant inversible, on peut obtenir les inconnues du problème, au moins théoriquement, en écrivant

$$\{U\} = [K]^{-1}\{F\}$$

Dans la pratique, comme il est expliqué dans le chapitre 3, comme la matrice $[K]$ est définie positive et creuse, on a recours à des décompositions du type « LU » ou Cholesky. En ce qui nous concerne, les fonctions `lufact` et `lusolve` décrites dans la section 3 page 82 seront utilisées.

6.5 Lien avec la méthode des différences finies

Il est intéressant de remarquer que le système matriciel $[K]\{U\} = \{F\}$ obtenu peut s'écrire sous la forme

$$\begin{cases} i = 1 & -SE\dfrac{-2u_1 + u_2}{h} = f_1 \\ 2 \le i \le N-1 & -SE\dfrac{u_{i-1} - 2u_i + u_{i+1}}{h} = f_i \\ i = N & -SE\dfrac{u_{N-1} - 2u_N}{h} = f_N \end{cases}$$

Le lecteur remarquera alors qu'il est tout à fait semblable à un schéma aux différences finies parce que l'expression

$$\frac{u_{i-1} - 2u_i + u_{i+1}}{h}$$

n'est rien d'autre qu'un quotient aux différences finies qui approche la valeur de la dérivée seconde $u''(x_i)$. Il convient tout de même de remarquer qu'il y a deux différences fondamentales entre la méthode des différences finies et la méthode des éléments finis.

1. La méthode des éléments finis donne un cadre de construction systématique d'une solution approchée qui peut, comme nous venons de le voir et dans des situations particulières, coïncider avec un schéma aux différences finies. Mais insistons sur le fait que, contrairement à la méthode des différences finies, pour la méthode des éléments finis, la méthode de construction est systématique.
2. La seconde différence fondamentale réside dans la nature de la solution fournie par la méthode des éléments finis. Bien que le système matriciel résolu fournisse un ensemble discret de valeurs approchées (les composantes de $\{U\}$), comme la méthode des différences finies, il ne faut pas perdre de vue que la solution fournie par la méthode des éléments finis est, en fait, une fonction construite par interpolation sur une base nodale. Autrement dit, il s'agit d'une fonction alors que la méthode des différences finies ne fournit rien d'autre qu'un ensemble discret de valeurs approchées évaluées en des nœuds de calcul.
3. Enfin, autre distinction fondamentale, comme cela a déjà été expliqué, la méthode des éléments finis est automatiquement stable et convergente.

6.6 Algorithme et application numérique

6.6.1 Algorithme

A titre d'application numérique pour le problème (6.1), utilisons les valeurs suivantes :

1. la longueur L vaut $L = 1 \quad [m]$ et la section S vaut $S = 10^{-2} \quad [m^2]$.
2. Le module d'Young E vaut : $E = 2 \times 10^{11} \quad [Pa]$ correspondant à de l'acier.
3. La force ponctuelle appliquée en $x = L = 1$ vaut $F_L = 10^3 \quad [N]$.
4. La densité linéique de force f constante à $f = -800 \quad [N \cdot m^{-1}]$.

Dans cette situation simple, le problème (6.1) possède bien sûr une solution forte qu'il est facile de déterminer et qui est donnée par

$$\overline{u}(x) = -\frac{f}{2SE}x^2 + \frac{F_L + f}{SE}x + \alpha$$

ce qui rend l'utilisation de la méthode caduque. Cela dit, il est bon de pouvoir comparer la solution « exacte » avec la solution approchée fournie par la méthode des éléments finis.

L'algorithme proposé est écrit ci-après.

```
//Solution de -SEu''=f avec u(1)=a et u'(1)=F_L sur [0,1]
f=-800;a=0;F_L=1D3;S=0.01;E=2D11;
//Maillage
Nelt=10;//Nombre d'éléments
Nnc=Nelt+1;//Nombre de noeuds de calculs
h=1/(Nelt);//pas
//Matrice [K_4] qui tient compte des CL, notée K
K=zeros(Nelt,Nelt);
K=diag(2*ones(1,Nelt))-diag(ones(1,Nelt-1),1)
-diag(ones(1,Nelt-1),-1);
K(Nelt,Nelt)=1;
K=S*E/h*K;
//Second membre
F=(f*h/2)*2*ones(Nelt,1);
F(Nelt)=f*h/2+F_L;
//Solution EFI
    U=zeros(Nelt,1);
    //prise en compte de la CL u(0)=a
    G=zeros(Nelt,1);G(1)=S*E/h*a;
LU=lufact(sparse(K));U=lusolve(LU,F+G);
//Solution EFI avec la CL
u=zeros(Nnc,1);u=[a;U];
//Solution exacte
M=50;xex=linspace(0,1,M*Nelt);
uex=-f/(2*S*E)*xex.^2+((F_L+f)/(S*E))*xex+(a);
//Graphique
xelt=linspace(0,1,Nnc)';
clf();plot(xelt,u,'k.',xex,uex,'k:');
legend(['Sol. app.','Sol. exacte'],2);
```

6.6.2 Application numérique et ordre de convergence empirique

On obtient la figure 6.12 qui fait apparaître le caractère affine par morceaux de la solution approchée et qui suggère que la solution approchée est d'autant meilleure qu'il y a beaucoup d'éléments.

D'autre part, les deux graphiques de la figure 6.13 représentent respectivement l'erreur commise en échelle classique et en échelle logarithmique lorsque le nombre de nœuds de calcul évolue de 10 à 100 par pas de 10 en interpolation $\mathbb{P}_1$.
Le second graphique (en échelle logarithmique) témoigne d'un alignement quasi parfait des points avec la droite d'équation $y = a + bx$ obtenue par régression linéaire et dont la pente vaut approximativement $-1,4$. Par conséquent, en supposant que tous les points sont alignés sur la droite d'ajustement et en notant $h = \frac{1}{N}$ et $e(h)$ l'erreur en fonction de h, on obtient une relation de la forme $e(h) = \mathrm{e}^a\, h^b$.

Finalement, on obtient donc une estimation de l'erreur de l'ordre de $h^{1,4}$ car

$$e(h) = O\left(h^{1,4}\right)$$

Ce résultat illustre que la convergence peut-être d'un ordre plus élevé que prévu par la théorie dans certaines conditions idéales (régularité du maillage et régularité des données du problème).

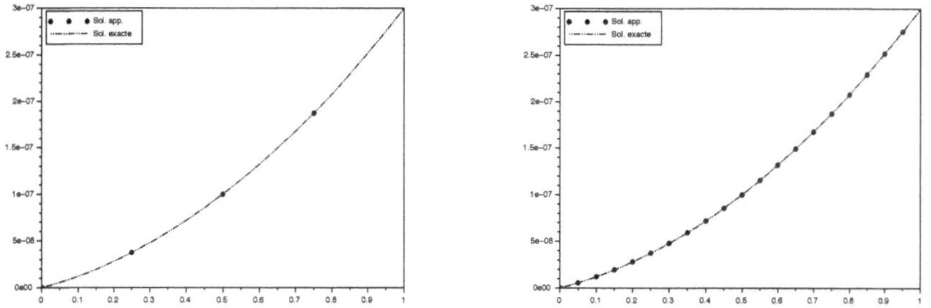

FIGURE 6.12 – Solution approchée pour 4 puis 20 éléments

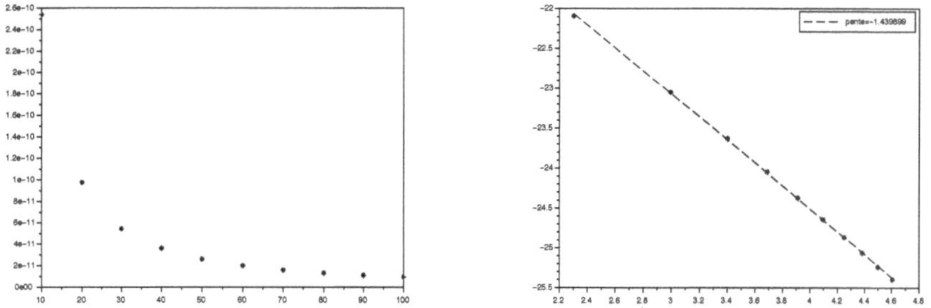

FIGURE 6.13 – Erreur en fonction du nombre de nœuds de calcul (échelle logarithmique à droite)

7 Exemple : résolution du problème de la barre (interpolation de degré 2)

7.1 Espaces d'approximation

Remarquons maintenant qu'il est tout à fait possible, à partir du même maillage, d'envisager de construire une solution approchée continue et polynomiale par morceaux de degré 2. Pour cela, commençons par fixer les notations :

Définition 71. On désigne par

1. $\mathbb{P}_2$ l'espace vectoriel des fonctions quadratiques sur $\mathbb{R}$:

$$\mathbb{P}_2 = \left\{p : \mathbb{R} \to \mathbb{R}, \exists (a,b,c) \in \mathbb{R}^3, \quad p(x) = a + bx + cx^2\right\} \tag{6.40}$$

2. $V_N(2)$ l'espace des fonctions globalement continues sur $[0, L]$ et quadratiques sur chaque segment $[x_k, x_{k+1}]$ définis par $x_0 = 0$, $x_N = L$ et

$$[0, L] = [x_0, x_1] \cup \cdots \cup [x_{N-1}, x_N]$$

$$V_N(2) = \left\{v \in \mathscr{C}([0, L]), \quad k \in \{0, \cdots, N-1\}, \quad v|_{[x_k, x_{k+1}]} \in \mathbb{P}_2\right\} \tag{6.41}$$

3. $V_{0,N}(2)$ l'espace vectoriel défini par

$$V_{0,N}(2) = \left\{v \in V_N(2), \quad v(0) = 0\right\} \tag{6.42}$$

Considérons $u \in V_N(2)$. On sait alors que

$$\forall k \in \{1, \cdots, N-1\}, \quad \exists (a_k, b_k, c_k) \in \mathbb{R}^3, \quad u|_{[x_k, x_{k+1}]} = a_k + b_k x + c_k x^2$$

et la détermination d'un unique triplet (a_k, b_k, c_k) impose de faire intervenir les valeurs prises par u en trois nœuds de calculs : x_k, x_{k+1} et un troisième nœud, noté $x_{k+1/2}$ qui correspondra au milieu du segment, c'est à dire $x_{k+1/2} = \dfrac{x_k + x_{k+1}}{2}$.

Autrement dit, le choix d'une interpolation de degré 2 impose, avec le même nombre de mailles géométriques, d'augmenter le nombre de nœuds de calculs (on passe de $N+1$ à $2N+1$) et donc aussi de degrés de liberté (on passe aussi de $N+1$ à $2N+1$).

On définit maintenant la famille de $2N+1$ fonctions polynomiales $\mathbb{L}_{i/2}$ de Lagrange de degré 2 de la manière suivante.

Définition 72. On appelle *fonctions polynomiales de Lagrange de degré 2* associées aux nœuds de calcul $x_0 = 0, x_{1/2}, x_1, x_{3/2} \cdots, x_{(2N-1)/2}, x_N = L$ la famille des $2N+1$ fonctions quadratiques par morceaux qui vérifient

$$\forall k \in \{0, \cdots, 2N\}, \quad \forall j \in \{0, \cdots, 2N\}, \quad \mathbb{L}_{j/2}(x_{k/2}) = \delta_{jk} = \begin{cases} 0 & \text{si } j \neq k \\ 1 & \text{si } j = k \end{cases}$$

Pour donner l'expression explicite de ces fonctions, il suffit de remarquer que ce sont des fonctions polynomiales du second degré dont on connaît les deux racines. Précisément, on a, dans le cas d'un pas constant $h = L/N$:

1. pour $i = 0$:

$$\mathbb{L}_0(x) = \begin{cases} \frac{(x_{1/2}-x)(x_1-x)}{h} & \text{si} \quad x \in [x_0, x_1] \\ 0 & \text{si} \quad x \notin [x_0, x_1] \end{cases}$$

2. pour $i \in \{2,4,6,\cdots,2N\}$ (et donc i pair) :

$$\mathbb{L}_{i/2}(x) = \begin{cases} \frac{(x-x_{i-1})(x-x_{i-1/2})}{h} & \text{si} \quad x \in [x_{i-1}, x_i] \\ \frac{(x-x_{i+1/2})(x-x_{i+1})}{h} & \text{si} \quad x \in [x_i, x_{i+1}] \\ 0 & \text{si} \quad x \notin [x_{i-1}, x_{i+1}] \end{cases}$$

3. pour $i \in \{1,3,5,\cdots,2N-1\}$ (et donc i impair) :

$$\mathbb{L}_{i/2}(x) = \begin{cases} \frac{(x-x_{i-1})(x-x_{i-1/2})}{h} & \text{si} \quad x \in [x_{i-1}, x_i] \\ \frac{(x-x_{i+1/2})(x-x_{i+1})}{h} & \text{si} \quad x \in [x_i, x_{i+1}] \\ 0 & \text{si} \quad x \notin [x_{i-1}, x_{i+1}] \end{cases}$$

4. pour $i = N$:

$$\mathbb{L}_N(x) = \begin{cases} \frac{(x_{N-1}-x)(x_{N-1/2}-x)}{h} & \text{si} \quad x \in [x_{N-1}, x_N] \\ 0 & \text{si} \quad x \notin [x_{N-1}, x_N] \end{cases}$$

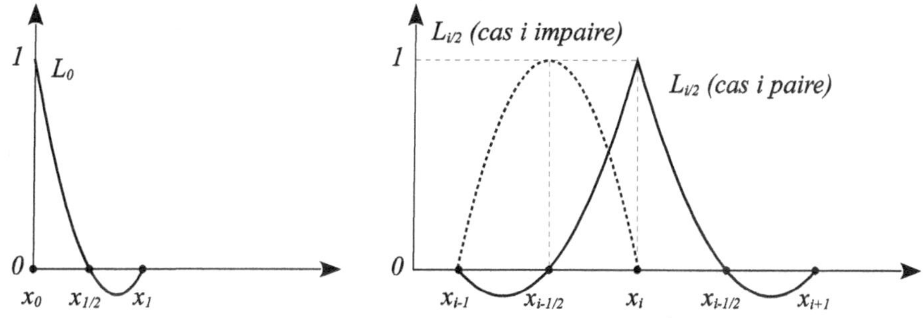

FIGURE 6.14 – Fonctions $\mathbb{L}_0$ et $\mathbb{L}_{i/2}$ dans le cas i pair et impair

Sont illustrées, dans la figure 6.15, les cinq fonctions $\mathbb{L}_0, \mathbb{L}_{1/2}, \mathbb{L}_1, \mathbb{L}_{3/2}, \mathbb{L}_2$ dans le cas $N = 2$ sur le segment $[0,1]$.

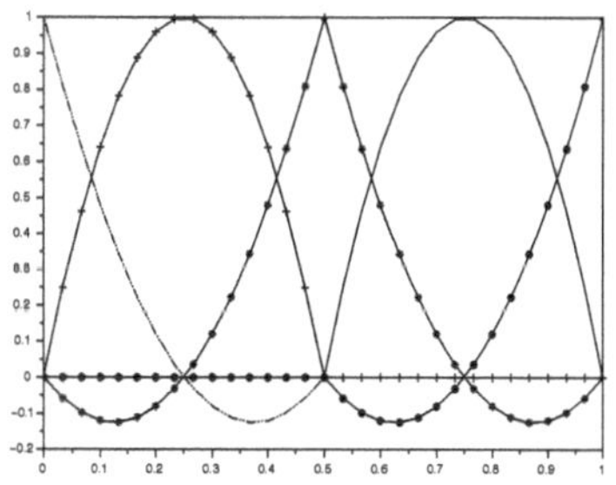

FIGURE 6.15 – Les cinq fonctions polynomiales de Lagrange de degré 2

On peut aussi remarquer que les fonctions de base sont engendrées par une paire de fonctions « mère »

$$\mathbb{L}(x) = \begin{cases} (1+x)(1+2x) & \text{pour } x \in [-1,0] \\ (1-x)(1-2x) & \text{pour } x \in [0,1] \\ 0 & \text{pour } x \notin [-1,1] \end{cases}$$

et

$$\mathbb{M}(x) = \begin{cases} (1-2x)(1+2x) & \text{pour } x \in [-1/2,1/2] \\ 0 & \text{pour } x \notin [-1/2,1/2] \end{cases}$$

Ainsi, dans le cas d'un pas h constant, les fonctions $\mathbb{L}_i$ sont alors définies par

$$\mathbb{L}_i(x) = \mathbb{L}\left(\frac{x - x_i}{h}\right)$$

alors que les fonctions $\mathbb{L}_{i+1/2}$ sont définis par

$$\mathbb{L}_{i+1/2}(x) = \mathbb{M}\left(\frac{x - x_{i+1/2}}{h}\right)$$

Enfin, on montre facilement que $V_N(2)$ est un espace vectoriel de dimension $2N+1$ dont une base est définie par la famille des $2N+1$ fonctions polynomiales de Lagrange

$$\{\mathbb{L}_0, \cdots, \mathbb{L}_{2N}\}$$

alors que $V_{0,N}(2)$ est un espace vectoriel de dimension $2N$ dont une base est définie par la famille des $2N$ fonctions polynomiales de Lagrange

$$\{\mathbb{L}_1, \cdots, \mathbb{L}_{2N}\}$$

7.2 Forme discrétisée de la formulation faible

Cherchons maintenant à résoudre le problème approché

$$\begin{cases} \text{Trouver } u \in V_{0,N}(2) \text{ solution de} \\ \forall v \in V_{0,N}(2), \quad \int_0^L SEu'(x)v'(x)\,\mathrm{d}x = \int_0^L f(x)v(x)\,\mathrm{d}x + F_L v(L) \end{cases} \tag{6.43}$$

ou encore,

$$\begin{cases} \text{Trouver } u \in V_{0,N}(2) \text{ solution de} \\ \forall v \in V_{0,N}(2), \quad \mathscr{A}(u,v) = \mathscr{L}(v) \end{cases} \tag{6.44}$$

toujours en notant $\mathscr{A}(u,v) = \int_0^L SEu'(x)v'(x)\,\mathrm{d}x$ et $\mathscr{L}(v) = \int_0^L f(x)v(x)\,\mathrm{d}x + F_L v(L)$.
La solution approchée est à nouveau décomposée dans la base de Lagrange de $V_{0,N}(2)$ comme une interpolation nodale sous la forme

$$u(x) = \sum_{k=1}^{2N} u_k \mathbb{L}_{k/2}(x)$$

où les coordonnées $(u_1, \cdots, u_{2N})$ sont les degrés de liberté (les inconnues).

D'après la proposition 52 page 220, nous savons que les inconnues $(u_1, \cdots, u_{2N})$ sont les composantes de la matrice colonne $\{U\} = {}^{\mathbf{t}}< u_1, \cdots, u_{2N} >$ solution de l'équation matricielle (6.21)

$$[K]\{U\} = \{F\}$$

où

$$[K] = SE \begin{bmatrix} \mathscr{A}(\mathbb{L}_1, \mathbb{L}_1) & \cdots & \mathscr{A}(\mathbb{L}_1, \mathbb{L}_{2N}) \\ \vdots & & \vdots \\ \mathscr{A}(\mathbb{L}_N, \mathbb{L}_1) & \cdots & \mathscr{A}(\mathbb{L}_{2N}, \mathbb{L}_{2N}) \end{bmatrix} \quad \text{et} \quad \{F\} = \begin{Bmatrix} \mathscr{L}(\mathbb{L}_1) \\ \vdots \\ \mathscr{L}(\mathbb{L}_{2N}) \end{Bmatrix}$$

qui est maintenant une matrice de $2N$ lignes par $2N$ colonnes.

Les calculs sont ici beaucoup plus délicats. Comme le montre la figure 6.15, certaines fonctions $\mathbb{L}_{i/2}$ ont un support plus large que les autres et cela nécessite donc de considérer plusieurs cas différents.
Les calculs ne sont pas détaillés ici parce qu'ils seront proposés dans une situation qui simplifie grandement l'approche dans le chapitre suivant et la forme de la matrice est donnée dans le cas particulier de $N = 4$ mailles géométriques et donc $2N = 8$ inconnues (ou degrés de liberté) en laissant le soin aux lecteurs de généraliser la forme de la matrice dans le cas d'un nombre N quelconque de mailles :

$$[K] = \frac{4SE}{3L} \begin{bmatrix} 16 & -8 & 0 & 0 & 0 & 0 & 0 & 0 \\ -8 & 14 & -8 & 1 & 0 & 0 & 0 & 0 \\ 0 & -8 & 16 & -8 & 0 & 0 & 0 & 0 \\ 0 & 1 & -8 & 14 & -8 & 1 & 0 & 0 \\ 0 & 0 & 0 & -8 & 16 & -8 & 0 & 0 \\ 0 & 0 & 0 & 1 & -8 & 14 & -8 & 1 \\ 0 & 0 & 0 & 0 & 0 & -8 & 16 & -8 \\ 0 & 0 & 0 & 0 & 0 & 1 & -8 & 7 \end{bmatrix}$$

L'évaluation des $2N = 8$ composantes

$$\mathscr{L}(\mathbb{L}_{i/2}) = \int_0^L f(x)\mathbb{L}_{i/2}(x)\,\mathrm{d}x + F_L\mathbb{L}_{i/2}(L)$$

du second membre $\{F\}$ est tout aussi problématique que dans le cas précédent et pour les mêmes raisons.
Nous savons alors que les inconnues du problème, les degrés de liberté, sont les composantes de la solution $\{U\}$ du système matriciel $[K]\{U\} = \{F\}$

$$\frac{4SE}{3L} \begin{bmatrix} 16 & -8 & 0 & 0 & 0 & 0 & 0 & 0 \\ -8 & 14 & -8 & 1 & 0 & 0 & 0 & 0 \\ 0 & -8 & 16 & -8 & 0 & 0 & 0 & 0 \\ 0 & 1 & -8 & 14 & -8 & 1 & 0 & 0 \\ 0 & 0 & 0 & -8 & 16 & -8 & 0 & 0 \\ 0 & 0 & 0 & 1 & -8 & 14 & -8 & 1 \\ 0 & 0 & 0 & 0 & 0 & -8 & 16 & -8 \\ 0 & 0 & 0 & 0 & 0 & 1 & -8 & 7 \end{bmatrix} \begin{Bmatrix} u_1 \\ u_2 \\ u_3 \\ u_4 \\ u_5 \\ u_6 \\ u_7 \\ u_8 \end{Bmatrix} = \begin{Bmatrix} f_1 \\ f_2 \\ f_3 \\ f_4 \\ f_5 \\ f_6 \\ f_7 \\ f_8 \end{Bmatrix}$$

7.3 Algorithme et application numérique

L'application numérique est proposée avec les mêmes valeurs que dans le cas précédent.

7.3.1 Algorithme

```
//Sol. de -SEu''=f, u(1)=a, u'(1)=F_L sur [0,1] interp. P2
f=-800;a=1;F_L=1D3;S=0.01;E=2D11;
//Maillage
Nelt=3;//Nombre d'éléments
Nnc=2*Nelt+1;//Nombre de noeuds de calculs
h=1/(Nelt);//pas
//Matrice [K] qui tient compte des CL
K=zeros(Nnc-1,Nnc-1);
K=16*diag(ones(Nnc-1,1))-8*diag(ones(Nnc-2,1),-1)
    -8*diag(ones(Nnc-2,1),+1);
for i=2:2:Nnc-2
    K(i,i)=14;K(i,i+2)=1;K(i+2,i)=1;
end
K(Nnc-1,Nnc-1)=7;
K=(S*E)/(3*h)*K;

//Second membre, cas f constante
F=4*ones(Nnc-1,1);
for i=2:Nnc-2
    if pmodulo(i,2)==0 then F(i)=2;
    end
end
F(Nnc-1)=1;
F=(f*h/6)*F;
F(Nnc-1)=(f*h/6)+F_L;
//solution EFI
    U=zeros(Nnc-1,1);
    //prise en compte de la CL u(0)=a
    G=zeros(Nnc-1,1);
    G(1)=(S*E)/(3*h)*8*a;
    G(2)=-(S*E)/(3*h)*a;
    LU=lufact(sparse(K));U=lusolve(LU,F+G);
//Solution EFI avec la CL
u=zeros(Nnc,1);u=[a;U];
//Solution exacte
M=20;xex=linspace(0,1,M*Nelt);
uex=-f/(2*S*E)*xex.^2+((F_L+f)/(S*E))*xex+(a);
//Graphique
xelt=linspace(0,1,Nnc)';
clf();plot(xelt,u,'k.',xex,uex,'k:')
legend(['Sol. app.','Sol. exacte'],2);
```

7.3.2 Application numérique et ordre de convergence empirique

Dans le cas d'une interpolation de degré 2, pour les mêmes valeurs numériques que dans le cas précédent, on obtient la figure 6.16. Remarquons qu'ici, la solution approchée n'est rien d'autre que la solution exacte. En effet, la solution exacte est elle-même une fonction polynomiale de degré 2.

Enfin, les deux graphiques de la figure 6.17 représentent respectivement l'erreur commise en échelle classique et en échelle logarithmique lorsque le nombre de nœuds de calcul évolue de 10 à 100 par pas de 10 en interpolation $\mathbb{P}_2$. Le second graphique (en échelle logarithmique) témoigne d'un alignement quasi parfait des points avec la droite d'équation $y = a + bx$ obtenue par régression linéaire dont la pente vaut approximativement $-2,3$ et fait aussi apparaître la droite de régression obtenue dans le cas de l'interpolation $\mathbb{P}_1$. On obtient donc, dans le cas de l'interpolation $\mathbb{P}_2$ et au moins empiriquement, un ordre de convergence d'environ 2,3, c'est-à-dire qu'en notant $e(h)$ l'erreur en fonction du pas h, on a $e(h) = O(h^{2,3})$. Là encore, le fait que l'ordre de convergence obtenu soit plus élevé que celui prévu par la théorie est dû à la régularité du maillage et des données du problème.

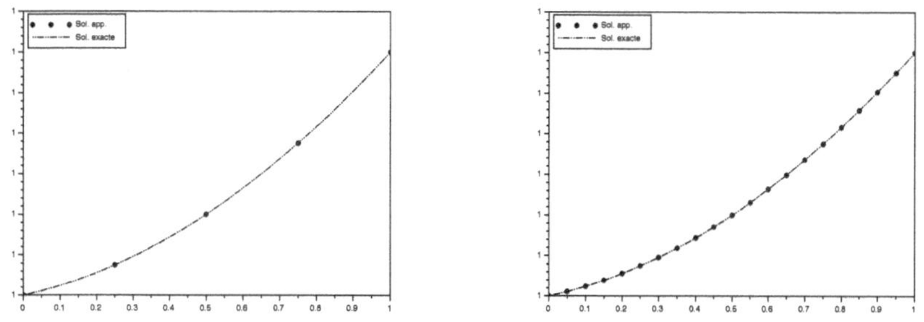

FIGURE 6.16 – Solution approchée pour 2 puis 10 éléments $\mathbb{P}_2$

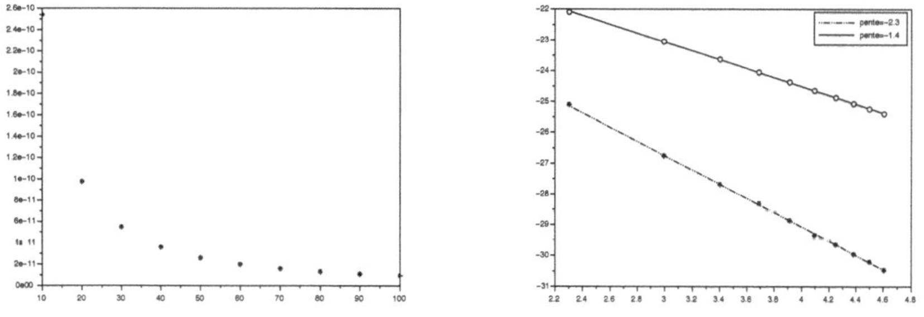

FIGURE 6.17 – Erreur en fonction du nombre de nœuds de calcul (échelle logarithmique à droite)

8 Exemple : résolution du problème de la poutre (interpolation de degré 3)

8.1 Rappel du problème

Le problème (6.4) fait l'objet de cette section. Il s'agit du problème de la poutre en flexion pure abordé à la page 203 et dont la formulation forte est rappelée ci-dessous :

$$\left\{\begin{array}{l} EI\dfrac{\mathrm{d}^4 v}{\mathrm{d}x^4}(x) = f(x) \text{ sur }]0,L[\\ v(0) = 0 \quad \dfrac{\mathrm{d}v}{\mathrm{d}x}(0) = 0 \\ \dfrac{\mathrm{d}^2 v}{\mathrm{d}x^2}(L) = \dfrac{M_L}{EI} = \delta \quad \dfrac{\mathrm{d}^3 v}{\mathrm{d}x^3}(L) = -\dfrac{T_L}{EI} = \gamma \end{array}\right.$$

La formulation faible (6.16) a été déterminée à la page 217 sous la forme

$$\left\{\begin{array}{l} \text{Trouver } u \in V = \{v \in H^2(0,1), \quad v(0) = 0, \quad v'(0) = 0\} \text{ solution de} \\ \forall v \in V, \quad \displaystyle\int_0^L EIu''(x)v''(x)\,\mathrm{d}x = \int_0^L f(x)v(x)\,\mathrm{d}x - \delta v(L) + \gamma v'(L) \end{array}\right.$$

Nous allons maintenant chercher à déterminer une solution approchée de la solution du problème (6.16) qui soit de classe $\mathscr{C}^1$ et polynomiale par morceaux. Le lecteur remarquera que, contrairement au problème des barres pour lequel seule la continuité de la solution approchée était imposée, le problème des poutres impose une régularité plus élevée pour la solution approchée, en l'occurrence elle doit être en plus dérivable (donc toujours continue) et à dérivée continue, autrement dit de classe $\mathscr{C}^1$.

Là encore cette approche se justifie théoriquement par le résultat suivant (voir la section 4.3 de l'annexe B et [*BR*] pour une démonstration)

Théorème 58. Les espaces de fonctions de classe $\mathscr{C}^1$ et polynomiales par morceaux sur $[0,L]$ sont inclus et denses dans $H^2(0,L)$.

8.2 Espaces d'approximation

Les espaces de fonctions de classe $\mathscr{C}^1$ et polynomiales par morceaux sont ici construits sur les mêmes maillages du domaine $[0,L]$ en $N \in \mathbb{N}^*$ segments associés aux subdivisions $(x_0, x_1, \cdots, x_N)$ définies par

$$\left\{\begin{array}{l} x_0 = 0 \quad x_N = L \\ x_0 < x_1 < \cdots < x_{N-1} < x_N \end{array}\right.$$

Par contre, dans le problème des poutres, en chaque nœud de calcul x_k, on s'intéresse à deux inconnues, donc deux degrés de liberté, la valeur $u_k = u(x_k)$ prise par la fonction en ce nœud mais aussi la valeur $\theta_k = u'(x_k)$ prise par la fonction dérivée en ce même nœud. Par conséquent, un segment $[x_k, x_{k+1}]$, auquel sont attachés les deux nœuds de calcul

x_k et x_{k+1}, porte quatre inconnues et donc quatre degrés de liberté. Aussi, si l'on souhaite construire une interpolation polynomiale de la solution approchée sur un segment $[x_k, x_{k+1}]$, il est nécessaire qu'elle soit de degré trois, c'est-à-dire de la forme

$$x \longmapsto a + bx + cx^2 + dx^3$$

Définissons alors les espaces suivants :

1. $\mathbb{P}_3$ l'espace vectoriel des fonctions cubiques sur $\mathbb{R}$:

$$\mathbb{P}_3 = \left\{p : \mathbb{R} \to \mathbb{R}, \exists (a,b,c,d) \in \mathbb{R}^4, \quad p(x) = a + bx + cx^2 + dx^3\right\} \tag{6.45}$$

2. $V_N(3)$ l'espace des fonctions globalement de classe $\mathscr{C}^1$ sur $[0,L]$ et cubiques sur chaque segment $[x_k, x_{k+1}]$ tels que $x_0 = 0, x_N = L$ et

$$[0,L] = [x_0, x_1] \cup \cdots \cup [x_{N-1}, x_N]$$

$$V_N(3) = \left\{v \in \mathscr{C}^1([0,L]), \quad k \in \{0,1,\cdots,N-1\}, \quad v|_{[x_k,x_{k+1}]} \in \mathbb{P}_3\right\} \tag{6.46}$$

3. $V_{0,N}(3)$ l'espace vectoriel défini par

$$V_{0,N}(3) = \left\{v \in V_N(3), \quad v(0) = 0, \quad v'(0) = 0\right\} \tag{6.47}$$

En raison du nombre de degrés de liberté attaché à chaque nœud de calcul, on démontre sans difficulté que l'espace vectoriel $V_N(3)$ est de dimension $2N+2$ alors que $V_{0,N}(3)$ est de dimension $2N$.

L'espace $V_N(3)$ est engendré par la famille des $N+1$ couples de fonctions $\left(\mathbb{H}_i, \mathbb{K}_i\right)$ pour $i \in \{0,\cdots,N\}$ définies par les relations

$$\forall k \in \{0,\cdots,N\}, \quad \forall j \in \{0,\cdots,N\}, \quad \left\{\begin{array}{ll} \mathbb{H}_j(x_k) = \delta_{jk} & \mathbb{H}'_j(x_k) = 0 \\ \mathbb{K}_j(x_k) = 0 & \mathbb{K}'_j(x_k) = \delta_{jk} \end{array}\right.$$

Autrement dit, une base pour l'espace $V_N(3)$ est

$$\left(\mathbb{H}_0, \mathbb{K}_0, \cdots \mathbb{H}_N, \mathbb{K}_N\right)$$

et toute fonction $u \in V_N(3)$ se décompose de manière unique sous la forme

$$u(x) = \sum_{k=0}^{N} u_k \mathbb{H}_k(x) + \sum_{k=0}^{N} \theta_k \mathbb{K}_k(x)$$

Et l'on remarquera que cette décomposition conduit la correspondance :

$$\forall i \in \{0,\cdots,N\}, \quad u(x_i) = u_i \text{ et } u'(x_i) = \theta_i$$

La figure 6.18 représente deux fonctions $\mathbb{H}_i$, $\mathbb{K}_i$. Cette illustration montre bien que la fonction $\mathbb{H}_i$ vaut 1 en x_i, qu'elle est nulle en les autres nœuds et que sa dérivée est nulle en tous les nœuds. Au contraire, la fonction $\mathbb{K}_i$ est nulle en chaque nœud, les dérivées sont nulles en chaque nœud de calcul sauf en x_i où elle vaut 1.

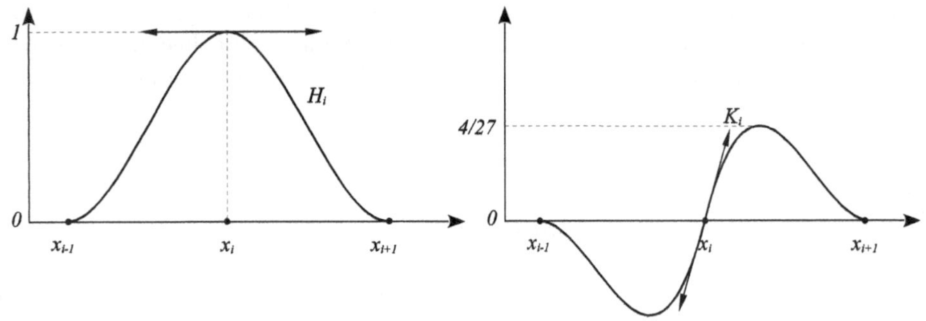

FIGURE 6.18 – Illustration des fonctions $\mathbb{H}_i$, $\mathbb{K}_i$

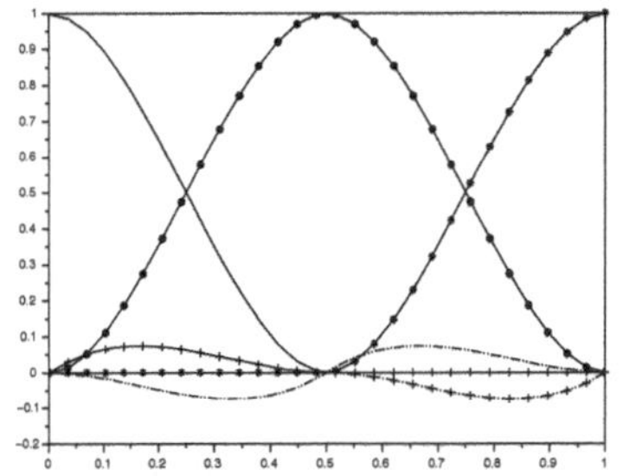

FIGURE 6.19 – Les six fonctions $(\mathbb{H}_0, \mathbb{K}_0, \mathbb{H}_1, \mathbb{K}_1, \mathbb{H}_2, \mathbb{K}_2)$

Dans la figure 6.19 sont représentées les six fonctions $(\mathbb{H}_0, \mathbb{K}_0, \mathbb{H}_1, \mathbb{K}_1, \mathbb{H}_2, \mathbb{K}_2)$ associées à deux mailles géométriques et trois nœuds de calcul $x_0 = 0$, $x_1 = 1/2$ et $x_2 = 1$.

Pour terminer, on peut avantageusement remarquer que, dans le cas d'un pas h constant, les fonctions $\mathbb{H}_i$ sont engendrées par une fonction « mère »

$$\mathbb{H}(x) = \begin{cases} (1-2x)(1+x)^2 & \text{pour } x \in [-1,0] \\ (1+2x)(1-x)^2 & \text{pour } x \in [0,1] \\ 0 & \text{pour } x \notin [-1,1] \end{cases}$$

en posant

$$\mathbb{H}_i(x) = \mathbb{H}\left(\frac{x-x_i}{h}\right)$$

alors que les fonctions $\mathbb{K}_i$ sont engendrées par une fonction « mère »

$$\mathbb{K}(x) = \begin{cases} x(1+x)^2 & \text{pour } x \in [-1,0] \\ x(1-x)^2 & \text{pour } x \in [0,1] \\ 0 & \text{pour } x \notin [-1,1] \end{cases}$$

en posant

$$\mathbb{K}_i(x) = \mathbb{K}\left(\frac{x-x_i}{h}\right)$$

8.3 Forme discrétisée de la formulation faible

La démarche est exactement la même que celle qui a été suivie dans les deux exemples précédents (interpolation linéaire de degré 1 puis 2 dans le cas de l'équation des barres). Avec les notations déjà rencontrées, on cherche à résoudre le problème approché

$$\left\{ \begin{array}{l} \text{Trouver } u \in V_{0,N}(3) \text{ solution de} \\ \forall v \in V_{0,N}(3), \quad \mathscr{A}(u,v) = \mathscr{L}(v) \end{array} \right. \tag{6.48}$$

en notant $\mathscr{A}(u,v) = \int_0^L EIu''(x)v''(x)\,\mathrm{d}x$ et $\mathscr{L}(v) = \int_0^L f(x)v(x)\,\mathrm{d}x - \delta v(L) + \gamma v'(L)$.

Or, l'espace $V_{0,N}(3)$ est de dimension $2N$ et a pour base la famille des N couples $(\mathbb{H}_i, \mathbb{K}_i)$ pour $i \in \{1, \cdots, N\}$. La solution approchée est donc décomposée dans la base précédente sous la forme

$$u(x) = \sum_{k=1}^{N} u_k \mathbb{H}_k(x) + \sum_{k=0}^{N} \theta_k \mathbb{K}_k(x)$$

où les coordonnées

$$(u_1, \theta_1, \cdots u_N, \theta_N)$$

sont les degrés de liberté (les inconnues) et les composantes de la matrice colonne $\{U\}$ solution du système matriciel $[K]\{U\} = \{F\}$ dont la matrice $[K]$ (de $2N$ lignes par $2N$ colonnes) et la colonne $\{F\}$ sont définies par

$$[K] = EI \begin{bmatrix} \mathscr{A}(\mathbb{H}_1,\mathbb{H}_1) & \mathscr{A}(\mathbb{H}_1,\mathbb{K}_1) & \cdots & \mathscr{A}(\mathbb{H}_1,\mathbb{H}_N) & \mathscr{A}(\mathbb{H}_1,\mathbb{K}_N) \\ \mathscr{A}(\mathbb{K}_1,\mathbb{H}_1) & \mathscr{A}(\mathbb{K}_1,\mathbb{K}_1) & \cdots & \mathscr{A}(\mathbb{K}_1,\mathbb{H}_N) & \mathscr{A}(\mathbb{K}_1,\mathbb{K}_N) \\ \vdots & & & & \vdots \\ \mathscr{A}(\mathbb{H}_N,\mathbb{H}_1) & \mathscr{A}(\mathbb{H}_N,\mathbb{K}_1) & \cdots & \mathscr{A}(\mathbb{H}_N,\mathbb{H}_N) & \mathscr{A}(\mathbb{H}_N,\mathbb{K}_N) \\ \mathscr{A}(\mathbb{K}_N,\mathbb{H}_1) & \mathscr{A}(\mathbb{K}_N,\mathbb{K}_1) & \cdots & \mathscr{A}(\mathbb{K}_N,\mathbb{H}_N) & \mathscr{A}(\mathbb{K}_N,\mathbb{K}_N) \end{bmatrix} \quad \text{et} \quad \{F\} = \begin{Bmatrix} \mathscr{L}(\mathbb{H}_1) \\ \mathscr{L}(\mathbb{K}_1) \\ \vdots \\ \mathscr{L}(\mathbb{H}_N) \\ \mathscr{L}(\mathbb{K}_N) \end{Bmatrix}$$

On voit alors ici toutes les difficultés de calculer la matrice $[K]$, tout comme le second membre $\{F\}$ en raison du degré élevé des fonctions $\mathbb{K}_i$ et $\mathbb{K}_i$ et cette remarque justifie l'approche locale proposée dans le chapitre suivant. Cette approche aura l'immense avantage de simplifier mais aussi de permettre une forme d'« automatisation » des calculs. Nous reviendrons donc sur ces questions au chapitre suivant. Pour l'instant, donnons simplement l'expression de la matrice dans le cas particulier de deux mailles géométriques de longueur égale $h = L/2$ associées aux trois nœuds de calcul $x_0 = 0$, $x_1 = L/2$ et $x_2 = L$.

$$[K] = \frac{EI}{L^3} \begin{bmatrix} 12 & 6L & -12 & 6L & 0 & 0 \\ 6L & 4L^2 & -6L & 2L^2 & 0 & 0 \\ -12 & -6L & 24 & 0 & -12 & 6L \\ 6L & 2L^2 & 0 & 8L^2 & -6L & 2L^2 \\ 0 & 0 & -12 & -6L & 12 & -6L \\ 0 & 0 & 6L & 2L^2 & -6L & 4L^2 \end{bmatrix}$$

ou encore

$$[K] = \frac{EI}{2h^3}\begin{bmatrix} 3 & 3h & -3 & 3h & 0 & 0 \\ 3h & 4h^2 & -3h & 2h^2 & 0 & 0 \\ -3 & -3L & 8 & 0 & -3 & 3h \\ 3h & 2h^2 & 0 & 8h^2 & -3h & 2h^2 \\ 0 & 0 & -3 & -3h & 3 & -3h \\ 0 & 0 & 3h & 2h^2 & -3h & 2h^2 \end{bmatrix}$$

Le calcul du second membre pose toujours le même problème d'intégration et l'on aura encore recours à des formules d'approximation. Il convient tout de même de remarquer que les conditions aux limites portant sur les dérivées troisième (c'est δ) et quatrième (c'est γ) interviennent au niveau des deux dernières composantes : en notant

$$\{F\} = \left\{\begin{array}{ll} \displaystyle\int_{x_0}^{x_1} f(x)\mathbb{H}_1(x)\,\mathrm{d}x & \\ \displaystyle\int_{x_0}^{x_1} f(x)\mathbb{K}_1(x)\,\mathrm{d}x & \\ \vdots & \\ \displaystyle\int_{x_{N-2}}^{x_{N-1}} f(x)\mathbb{H}_{N-1}(x)\,\mathrm{d}x & \\ \displaystyle\int_{x_{N-2}}^{x_{N-1}} f(x)\mathbb{K}_{N-1}(x)\,\mathrm{d}x & \\ \displaystyle\int_{x_{N-1}}^{x_N} f(x)\mathbb{H}_N(x)\,\mathrm{d}x & -\delta \\ \displaystyle\int_{x_{N-1}}^{x_N} f(x)\mathbb{K}_N(x)\,\mathrm{d}x & +\gamma \end{array}\right\}$$

Chapitre 7

La méthode des éléments finis : aspects pratiques

1 Stratégie locale de discrétisation et éléments finis

Dans le chapitre précédent, nous avons vu comment écrire la formulation faible d'un problème différentiel et en quoi cette formulation permettait sa discrétisation et la construction d'une solution approchée obtenue par interpolation dans le cadre d'une approche globale. Nous allons maintenant exposer la méthode des éléments finis qui consiste en une approche locale de la discrétisation à partir de la construction d'objets appelés des *éléments finis*. Au lieu de construire l'interpolation de la solution approchée de manière globale, nous allons raisonner localement sur chaque maille. Précisément, à chaque maille sont associés deux ensembles, celui des nœuds de calcul et celui des degrés de liberté. Nous pouvons lui ajouter une base de fonctions polynomiales, appelée base nodale (locale) obtenue comme la restriction à la maille géométrique de la base nodale construite dans l'approche globale au chapitre précédent. Cette description conduit à la définition d'un *élément fini*.

1.1 Définition d'un élément fini et exemples

Dans le chapitre précédent, la notion de maillage du domaine Ω, sur lequel le problème est posé, a été définie. À chaque maille géométrique ont été associées des nœuds de calcul et des degrés de liberté qui ont permis de construire une solution approchée continue et polynomiale par morceaux avec un degré d'interpolation lié au nombre de nœuds de calcul et au type de degrés de liberté (voir la section 4.5). Définissons maintenant la notion d'élément fini :

1.1.1 Définition

Définition 73. Un *élément fini* est un triplet formé

1. d'une maille géométrique,
2. de l'ensemble de ses nœuds de calcul,
3. d'une base de fonctions polynomiales, appelée une base nodale (locale), définie sur cette maille géométrique et associée aux nœuds de calcul et aux degrés de liberté et qui assure que, dans le cas d'une interpolation de degré n, toute fonction polynomiale de degré n définie sur la maille se décompose de manière unique dans cette base.

Les fonctions de la base nodale sont appelées des fonctions de *forme*.

1.1.2 Exemple en une dimension

Pour illustrer le propos, reprenons la situation du segment $[0, L]$ maillé en quatre mailles géométriques (des segments)

$$I_0 = \left[0, \frac{L}{4}\right], \quad I_1 = \left[\frac{L}{4}, \frac{L}{2}\right], \quad I_2 = \left[\frac{L}{2}, \frac{3L}{4}\right], \quad I_3 = \left[\frac{3L}{4}, L\right]$$

tels que

$$[0, L] = \left[0, \frac{L}{4}\right] \cup \left[\frac{L}{4}, \frac{L}{2}\right] \cup \left[\frac{L}{2}, \frac{3L}{4}\right] \cup \left[\frac{3L}{4}, L\right]$$

et auxquels sont associés respectivement les couples de nœuds de calcul

$$\left(x_0 = 0, x_1 = \frac{L}{4}\right), \left(x_1 = \frac{L}{4}, x_2 = \frac{L}{2}\right), \left(x_2 = \frac{L}{2}, x_3 = \frac{3L}{4}\right), \left(x_3 = \frac{3L}{4}, x_4 = L\right)$$

Sachant qu'à chaque nœud de calcul est associé un unique degré de liberté, nous avons construit l'espace vectoriel de dimension 5, noté W, des fonctions continues et polynomiales de degré 1 sur chaque maille et défini par

$$W = \left\{v \in \mathscr{C}([0,1]), \quad k \in \{0,1,2,3,4\}, \quad v|_{[x_k, x_{k+1}]} \in \mathbb{P}_1\right\}$$

dont la base nodale est définie par $\mathbb{B} = \{\mathbb{L}_0, \cdots, \mathbb{L}_4\}$. Observons maintenant la figure 7.1 qui fait apparaître la superposition des cinq fonctions de base. On peut maintenant isoler un élément fini qui fait intervenir :

1. Les deux nœuds de calcul définis par les points de coordonnées $x = 0$ et $x = \frac{L}{4}$.
2. Une base nodale locale, formée de deux fonctions notées N_1 et N_2 qui sont respectivement la restriction à la maille $I_0 = \left[0, \frac{L}{4}\right]$ des fonctions $\mathbb{L}_0$ et $\mathbb{L}_1$. Précisément, ce sont les deux fonctions affines N_1 et N_2 (de la forme $x \mapsto a + bx$) qui vérifient

$$\begin{cases} N_1(0) = 1 \\ N_1\left(\frac{L}{4}\right) = 0 \end{cases} \text{et} \begin{cases} N_2(0) = 0 \\ N_2\left(\frac{L}{4}\right) = 1 \end{cases}$$

3. Et deux degrés de liberté locaux, un attaché à chaque nœud de calcul.

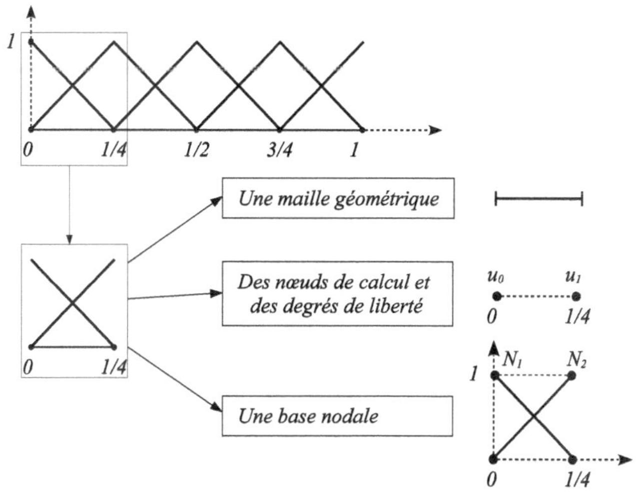

FIGURE 7.1 – Illustration d'un élément fini

1.1.3 Exemple en deux dimensions

De la même manière qu'en dimension un, on peut illustrer un élément fini de maille géométrique triangulaire et possédant trois nœuds de calcul à partir de la figure 7.2. Dans ce cas, un élément fini est constitué de :

1. Une maille géométrique triangulaire.
2. Trois nœuds de calcul correspondant aux sommets du triangle.
3. Dans le cas où un seul degré de liberté est attaché à chaque nœud de calcul, une base nodale locale constituée des trois fonctions polynomiales N_1, N_2 et N_3 dont seule N_1 est représentée sur la figure.

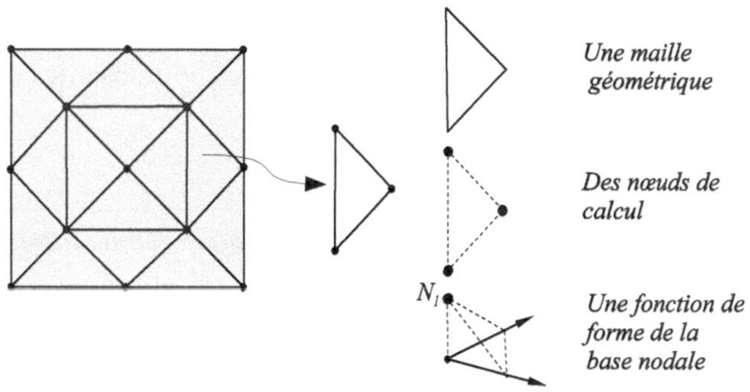

FIGURE 7.2 – Illustration d'un élément fini

1.2 Relations élémentaires

Comme annoncé, au lieu de travailler globalement, nous allons maintenant travailler localement. Concrètement, au lieu d'écrire une interpolation nodale globale de la solution approchée u, nous allons, sur chaque maille, écrire une interpolation nodale locale qui n'est rien d'autre que la restriction à cette maille de l'interpolation nodale globale.
En fait, au lieu de travailler avec l'espace vectoriel W, nous allons travailler sur plusieurs espaces vectoriels, notés $W^{(e)}$ associés respectivement à chaque élément (e).
Pour être plus précis, considérons un élément fini noté (e), associé à une maille $m^{(e)}$ et supposons que la base nodale locale associée à cet élément soit $\mathscr{B}^{(e)} = \{N_1^{(e)}, \cdots, N_q^{(e)}\}$ où q est le nombre de degrés de liberté associés à cet élément.

On peut alors écrire, localement et sur la maille $m^{(e)}$, l'interpolation nodale

$$u^{(e)} = \sum_{k=1}^{q} u_k^{(e)} N_k^{(e)}$$

où les inconnues $u_k^{(e)}$ sont les degrés de liberté locaux du problème associés à cet élément.
Si l'on note v (au lieu de u^* par commodité) la fonction test, elle aussi décomposée sur la base nodale locale

$$v^{(e)} = \sum_{k=1}^{q} v_k^{(e)} N_k^{(e)}$$

il est alors facile de démontrer qu'il y a équivalence entre

$$\text{Trouver } u^{(e)} \in W^{(e)} \text{ solution de } \left\{ \begin{array}{l} \forall v^{(e)} \in W^{(e)} \\ \mathscr{A}(u^{(e)}, v^{(e)}) = \mathscr{L}(v^{(e)}) \end{array} \right.$$

et

$$[K^{(e)}]\{U^{(e)}\} = \{F^{(e)}\}$$

où

1. $[K^{(e)}]$ est une matrice réelle, carrée, symétrique de q lignes et q colonnes dont les coefficients sont les scalaires $\mathscr{A}(N_j^{(e)}, N_k^{(e)})$ pour $(j,k) \in \{1, \cdots, q\}^2$,
2. $\{U^{(e)}\}$ est la matrice colonne de q lignes dont les composantes sont les degrés de libertés locaux $u_j^{(e)}$ pour $j \in \{1, \cdots, q\}$,
3. $\{F^{(e)}\}$ est la matrice colonne de q lignes dont les composantes sont les scalaires $\mathscr{L}(N_k^{(e)})$ pour $k \in \{1, \cdots, q\}$,

ce qui conduit à la définition d'une *relation élémentaire* :

Définition 74. Sur un élément fini (e), on appelle *relation élémentaire* l'équation matricielle

$$[K^{(e)}]\{U^{(e)}\} = \{F^{(e)}\} \tag{7.1}$$

La matrice $[K^{(e)}]$ est appelée la *matrice élémentaire.*

En particulier, on retiendra qu'il y a autant de relations élémentaires qu'il y a d'éléments finis et donc de mailles géométriques dans le maillage.

1.3 Assemblage des relations élémentaires

Puisque l'on dispose désormais d'autant de relations élémentaires qu'il y a d'éléments finis, il nous faudra être capable de reconstruire la relation globale $[K]\{U\} = \{F\}$ destinée à déterminer la solution approchée du problème. Il s'agit là d'une opération d'*assemblage* qui sera décrite à partir d'exemples. Bien que simple techniquement, elle nécessite de pouvoir faire le lien entre les degrés de liberté locaux (associés à chaque élément fini) et les degrés de libertés globaux (associés au maillage complet).

1.4 Prise en compte des conditions aux limites essentielles

Lorsque la question des espaces adaptés à la résolution de la formulation faible a été abordée, nous avons remarqué que ces espaces devaient tenir compte des conditions aux limites essentielles de manière homogène et qu'en présence de telles conditions non homogènes, il convenait de construire un relèvement (voir 3.2.5 page 215).
Dans les faits, on ne tient pas compte de cette restriction purement théorique et nous verrons que, dans la pratique, de la construction des éléments finis à l'assemblage en passant par le calcul des relations élémentaires, à aucun moment nous n'évoquerons la question des conditions aux limites essentielles. Ces dernières seront prises en compte au moment de la résolution de l'équation matricielle. Rappelons à ce propos que les conditions aux limites naturelles apparaissent, quant à elles, explicitement dans la formulation faible puis dans l'équation matricielle résultant de la discrétisation.
Voyons concrètement comment l'on tient compte des conditions aux limites essentielles et pourquoi la démarche n'est absolument pas modifiée en présence de conditions aux limites essentielles non homogènes. Commençons par remarquer que le système global $[K]\{U\} = \{F\}$ peut être partitionné en blocs sous la forme :

$$\left[\begin{array}{c|c} [K_1] & [K_2] \\ \hline [K_3] & [K_4] \end{array}\right] \left\{\begin{array}{c} \{U_C\} \\ \hline \{U_I\} \end{array}\right\} = \left\{\begin{array}{c} \{F_1\} \\ \hline \{F_2\} \end{array}\right\} \tag{7.2}$$

où

1. $\{U_C\}$ et $\{U_I\}$ désignent respectivement les colonnes des degrés de liberté connus (conditions aux limites essentielles) et inconnus (à déterminer).
2. $[K_1]$, $[K_2]$, $[K_3]$, $[K_4]$ sont des matrices définies par blocs et $\{F_1\}$ et $\{F_2\}$ des colonnes dont les tailles respectent la partition de $\{U\}$.

La résolution du système se fait alors par blocs. On écrit tout d'abord

$$[K_3]\{U_C\} + [K_4]\{U_I\} = \{F_2\} \iff [K_4]\{U_C\} = \{F_2\} - [K_3]\{U_C\}$$

et, la matrice $[K_4]$ étant toujours une matrice inversible, on obtient

$$\{U_I\} = [K_4]^{-1}\big(\{F_2\} - [K_3]\{U_C\}\big) \tag{7.3}$$

et les conditions aux limites essentielles (homogènes ou non) sont alors prises en compte par la colonne $\{U_C\}$ dans la solution.

2 Description de quelques éléments finis

Quelques éléments finis seulement sont décrits ici et ces descriptions seront complétées par une liste non exhaustive d'éléments de structure et de thermique dans un chapitre consacré aux applications de la méthode.

Dans la section 4.5 du chapitre précédent, les interpolations de Lagrange et de Hermite ont été définies. On définit de même les éléments finis de Lagrange et de Hermite.

Définition 75.

1. Les éléments finis de Lagrange font intervenir comme degrés de liberté uniquement les valeurs de la fonction u en chaque nœud de calcul.
   Ces éléments finis conduisent à des interpolations nodales continues mais pas nécessairement dérivables.
2. Les éléments finis de Hermite font intervenir comme degrés de liberté les valeurs de la fonction u et celles de sa dérivée première (ou de ses dérivées partielles premières) en chaque nœud de calcul.
   Ces éléments finis conduisent à des interpolations nodales de classe $\mathscr{C}^1$ (c'est à dire continues, dérivables et à dérivées continues).

2.1 Éléments finis $\mathbb{P}_1$ de Lagrange (1D)

2.1.1 Description

Par la suite, on s'appuiera sur le résultat bien connu énoncé ci-dessous qui conduit à la notion d'élément fini $\mathbb{P}_1$ de Lagrange.

Théorème 59. Toute fonction u polynomiale de degré 1 (affine) définie sur un segment $[x_1, x_2]$ admet une unique décomposition sous la forme

$$u(x) = u_1 N_1(x) + u_2 N_2(x) \tag{7.4}$$

où les deux fonctions affines N_1, N_2 sont définies par les systèmes

$$\left\{ \begin{array}{l} N_1(x_1) = 1 \\ N_1(x_2) = 0 \end{array} \right. \quad \left\{ \begin{array}{l} N_2(x_1) = 0 \\ N_2(x_2) = 1 \end{array} \right. \tag{7.5}$$

et où $u_1 = u(x_1)$ et $u_2 = u(x_2)$ désignent respectivement les valeurs prises par la fonction u aux nœuds de calcul de coordonnées x_1 et x_2.
En d'autres termes (N_1, N_2) forme une base de l'espace vectoriel des fonctions affines sur $[x_1, x_2]$.

La démonstration de ce résultat classique est laissé au lecteur.

Définissons maintenant un élément fini $\mathbb{P}_1$ de Lagrange :

Définition 76. On appelle *élément fini* $\mathbb{P}_1$ *de Lagrange* tout triplet constitué :

1. D'une maille géométrique formée d'un segment $[x_1, x_2]$.
2. De l'ensemble des deux nœuds de calcul de coordonnées x_1 et x_2.
3. De la base nodale affine (N_1, N_2) définie par (7.5).

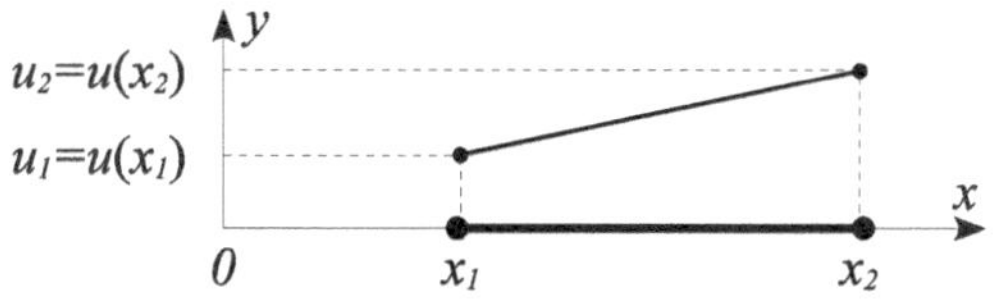

FIGURE 7.3 – Interpolation nodale de degré 1

Par exemple, dans le cas où $x_1 = 0$, $x_2 = L$, on obtient sans difficultés

$$\begin{cases} N_1(x) = \dfrac{L-x}{L} \\ N_2(x) = \dfrac{x}{L} \end{cases} \tag{7.6}$$

2.1.2 Élément fini $\mathbb{P}_1$ de référence

Pour décrire ces éléments finis, on fait souvent appel à un élément particulier, noté $\widehat{e}$ et appelé *élément de référence.*

Définition 77. On appelle *élément de référence* $\mathbb{P}_1$ *de Lagrange* l'élément $\widehat{e}$ défini par :

1. La maille géométrique formée par le segment $[-1, 1]$
2. Les nœuds de calcul de coordonnées $x = -1$ et $x = 1$
3. La base nodale $(\widehat{N}_1, \widehat{N}_2)$ définie par (voir figure 7.4) :

$$\begin{cases} \widehat{N}_1(\xi) = \dfrac{1-\xi}{2} \\ \widehat{N}_2(\xi) = \dfrac{1+\xi}{2} \end{cases} \tag{7.7}$$

2.2 Éléments finis $\mathbb{P}_2$ de Lagrange (1D)

2.2.1 Description

Dans le cas où l'on dispose toujours d'un degré de liberté par nœud de calcul mais que l'on souhaite construire une interpolation continue et quadratique par morceaux, il convient d'utiliser les éléments $\mathbb{P}_2$ de Lagrange. Leur utilisation s'appuie sur le même résultat théorique que celui utilisé pour les éléments $\mathbb{P}_1$ de Lagrange, à savoir que les fonctions continues et polynomiales par morceaux de degré 2 sur $[0, L]$ sont éléments de $H^1(0, L)$.

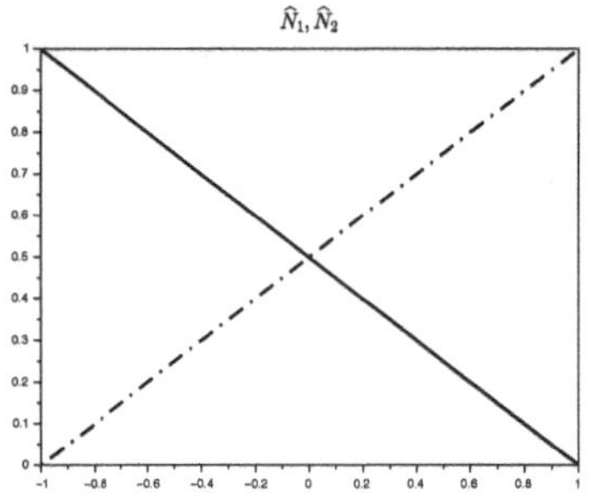

FIGURE 7.4 – Base nodale associée à l'élément de référence $\mathbb{P}_1$ de Lagrange

La construction des éléments finis $\mathbb{P}_2$ de Lagrange est basée sur le résultat suivant :

Théorème 60. Toute fonction quadratique u (de la forme $x \mapsto a + bx + cx^2$) définie sur un segment $I = [x_k, x_{k+1}]$ admet une unique interpolation nodale sous la forme

$$u(x) = u_1 N_1(x) + u_2 N_2(x) + u_3 N_3(x)$$

où

1. $u_1 = u(x_k)$, $u_2 = u\left(x_{k+\frac{1}{2}}\right)$ et $u_3 = u(x_{k+1})$ sont les valeurs prises par u en chaque nœud de calcul de coordonnées $x_k, x_{k+\frac{1}{2}} = \frac{x_k + x_{k+1}}{2}$ et x_{k+1}.
2. N_1, N_2, N_3 sont trois fonctions quadratiques uniquement déterminées par les systèmes :

$$\left\{\begin{array}{l} N_1(x_k) = 1 \\ N_1(x_{k+\frac{1}{2}}) = 0 \\ N_1(x_{k+1}) = 0 \end{array}\right. \quad \left\{\begin{array}{l} N_2(x_k) = 0 \\ N_2(x_{k+\frac{1}{2}}) = 1 \\ N_2(x_{k+1}) = 0 \end{array}\right. \quad \left\{\begin{array}{l} N_3(x_k) = 0 \\ N_3(x_{k+\frac{1}{2}}) = 0 \\ N_3(x_{k+1}) = 1 \end{array}\right. \tag{7.8}$$

En d'autres termes (N_1, N_2, N_3) forme une base de l'espace vectoriel des fonctions quadratiques sur $[x_k, x_{k+1}]$.

Démonstration.
Commençons par montrer que N_1, N_2, N_3 sont trois fonctions quadratiques uniquement déterminées par les systèmes proposés. Montrons le pour N_1.
Posons $N_1 : x \mapsto a_1 + b_1 x + c_1 x^2$, alors :

$$\left\{\begin{array}{l} N_1(x_k) = 1 \\ N_1(x_{k+\frac{1}{2}}) = 0 \\ N_1(x_{k+1}) = 0 \end{array}\right. \Longleftrightarrow \begin{bmatrix} 1 & x_k & x_k^2 \\ 1 & x_{k+\frac{1}{2}} & x_{k+\frac{1}{2}}^2 \\ 1 & x_{k+1} & x_{k+1}^2 \end{bmatrix} \begin{Bmatrix} a_1 \\ b_1 \\ c_1 \end{Bmatrix} = \begin{Bmatrix} 1 \\ 0 \\ 0 \end{Bmatrix}$$

or, la matrice $\begin{bmatrix} 1 & x_k & x_k^2 \\ 1 & x_{k+\frac{1}{2}} & x_{k+\frac{1}{2}}^2 \\ 1 & x_{k+1} & x_{k+1}^2 \end{bmatrix}$ est une matrice de Van der Monde (Alexandre-Théophile

Vandermonde, 1735-1796, mathématicien français) qui est inversible si et seulement si les trois valeurs x_k, $x_{k+\frac{1}{2}}$ et x_{k+1} sont différentes, ce qui est le cas. On obtient donc a_1, b_1, c_1 de manière unique sous la forme

$$\begin{Bmatrix} a_1 \\ b_1 \\ c_1 \end{Bmatrix} = \begin{bmatrix} 1 & x_k & x_k^2 \\ 1 & x_{k+\frac{1}{2}} & x_{k+\frac{1}{2}}^2 \\ 1 & x_{k+1} & x_{k+1}^2 \end{bmatrix}^{-1} \begin{Bmatrix} 1 \\ 0 \\ 0 \end{Bmatrix}$$

ce qui détermine de manière unique N_1 et on procède de la même manière pour N_2 et N_3.

Il reste à démontrer que (N_1, N_2, N_3) est une base de l'espace des fonctions quadratiques restreintes à la maille géométrique. Il est clair que l'espace des fonctions quadratiques sur I_k est un espace vectoriel de dimension 3 et il est facile de démontrer que la famille (N_1, N_2, N_3) d'éléments de cet espace est libre, ce qui en fait une base. En effet, en revenant à la définition d'une famille libre, il suffit de démontrer que

$$\forall x \in I_k, \quad \lambda_1 N_1(x) + \lambda_2 N_2(x) + \lambda_3 N_3(x) = 0 \Longrightarrow \lambda_1 = \lambda_2 = \lambda_3 = 0$$

Or ce résultat est évident en prenant, dans cette relation, successivement les trois coordonnées des nœuds de calcul x_k, $x_{k+\frac{1}{2}}$ et x_{k+1}. □

Les éléments finis $\mathbb{P}_2$ de Lagrange sont alors définis de la manière suivante :

Définition 78. On appelle *éléments finis* $\mathbb{P}_2$ *de Lagrange* tout triplet constitué :

1. D'une maille géométrique formée d'un segment $[x_k, x_{k+1}]$.
2. De l'ensemble des trois nœuds de calcul de coordonnées $x_k, x_{k+\frac{1}{2}} = \frac{1}{2}(x_k + x_{k+1})$ et x_{k+1}.
3. De la base nodale quadratique (N_1, N_2, N_3) définie par (7.8).

Par exemple, la construction de la base nodale (N_1, N_2, N_3) associée à l'élément $\mathbb{P}_2$ de Lagrange attaché à la maille géométrique $[0, L]$ et aux trois nœuds de calcul de coordonnées $x = 0$, $x = L/2$ et $x = L$ conduit à résoudre trois systèmes de trois équations à trois inconnues donnés par (7.8) et cela conduit à

$$\begin{cases} N_1(x) = \dfrac{2}{L^2}\left(x - \dfrac{L}{2}\right)(x - L) \\ N_2(x) = \dfrac{-2}{L^2} x(x - L) \\ N_3(x) = \dfrac{2}{L^2} x\left(x - \dfrac{L}{2}\right) \end{cases} \tag{7.9}$$

On peut aussi noter avec intérêt qu'il est très facile de construire rapidement ces fonctions en remarquant qu'il s'agit de fonctions quadratiques dont on connaît les deux racines. Par exemple, pour déterminer N_1, dont on sait qu'elle s'annule en $x = L/2$ et $x = L$, il suffit de commencer par écrire qu'elle est de la forme factorisée $N_1(x) = k\left(x - \frac{L}{2}\right)(x - L)$.

Ensuite, il suffit d'écrire que $N_1(0) = 1$ pour déterminer la constante k. Un calcul simple donne $k = \dfrac{2}{L^2}$ soit finalement

$$N_1(x) = \frac{2}{L^2}\left(x - \frac{L}{2}\right)(x - L)$$

Avec ces éléments, il est possible de construire une interpolation quadratique d'une fonction u définie sur $[0, L]$. Si l'on note $u_1 = u(0)$, $u_2 = u(L/2)$ et $u_3 = u(L)$ les valeurs prises par la fonction u aux trois nœuds de calcul, alors la fonction

$$u(x) = u_1 N_1(x) + u_2 N_2(x) + u_3 N_3(x)$$

est quadratique et prend les mêmes valeurs que u aux trois nœuds de calcul comme illustré sur la figure 7.5.

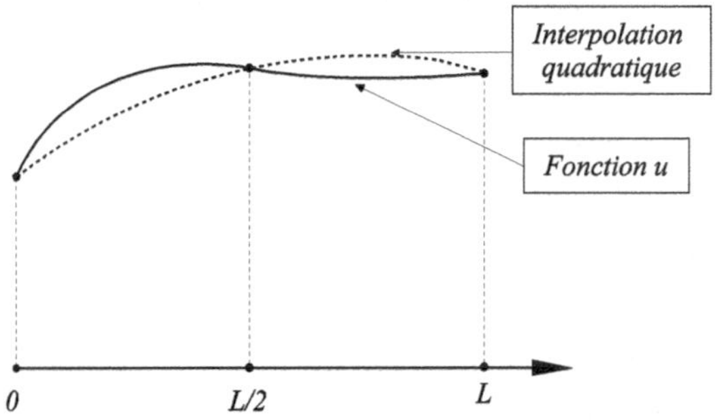

FIGURE 7.5 – Interpolation quadratique

2.2.2 Élément fini $\mathbb{P}_2$ de référence

Définition 79. On appelle *élément de référence* $\mathbb{P}_2$ *de Lagrange* l'élément fini $\widehat{e}$ défini par :

1. La maille géométrique formée par le segment $[-1, 1]$.
2. Les nœuds de calcul de coordonnées $x = -1$, $x = 0$ et $x = 1$.
3. La base nodale $(\widehat{N}_1, \widehat{N}_2, \widehat{N}_3)$ donnée par :

$$\begin{cases} \widehat{N}_1(\xi) = \dfrac{\xi(\xi - 1)}{2} = \dfrac{1}{2}(\xi^2 - \xi) \\ \widehat{N}_2(\xi) = (1 - \xi)(1 + \xi) = 1 - \xi^2 \\ \widehat{N}_3(\xi) = \dfrac{\xi(\xi + 1)}{2} = \dfrac{1}{2}(\xi^2 + \xi) \end{cases} \quad (7.10)$$

Les fonctions de la base nodale $(\widehat{N}_1, \widehat{N}_2, \widehat{N}_3)$ sont représentées dans la figure 7.6 page suivante.

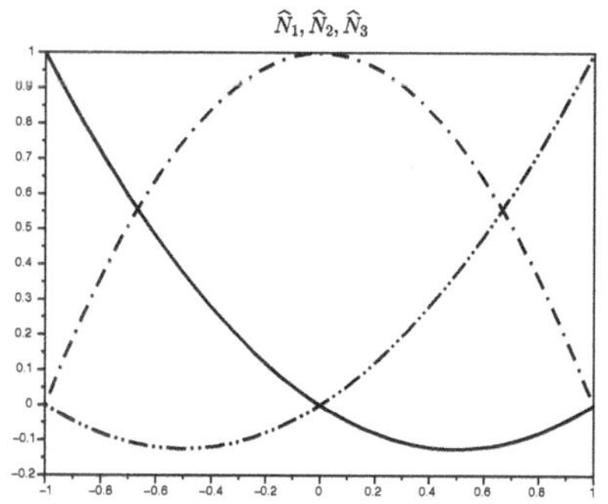

FIGURE 7.6 – Base nodale associée à l'élément de référence $\mathbb{P}_2$ de Lagrange

2.3 Éléments finis $\mathbb{P}_3$ de Hermite (1D)

2.3.1 Description

Dans certaines situations, il est nécessaire (ou simplement souhaitable) de construire une interpolation de la solution qui soit non seulement continue mais en plus de classe $\mathscr{C}^1$, c'est à dire que l'interpolation soit continue et à dérivée première aussi. Pour cela, on utilise des éléments de Hermite qui permettent ce raccordement de classe $\mathscr{C}^1$. L'utilisation de tels éléments se justifie dans le cas où l'on dispose (en une dimension) de deux degrés de liberté en chaque nœud de calcul, la valeur $u_k = u(x_k)$ prise par la fonction en ce nœud mais aussi la valeur $u'_k = u'(x_k)$ prise par la fonction dérivée en ce même nœud. Par conséquent, la maille géométrique $[x_k, x_{k+1}]$ associée aux deux nœuds de calcul de coordonnées x_k et x_{k+1} porte alors quatre degrés de liberté. L'interpolation nodale adaptée est alors nécessairement de degré trois, c'est-à-dire de la forme $x \mapsto a + bx + cx^2 + dx^3$.

Théorème 61. Toute fonction cubique u de $\mathbb{P}_3$ (de la forme $x \mapsto a + bx + cx^2 + dx^3$) définie sur un segment $[x_1, x_2]$ admet une unique décomposition sous la forme

$$u(x) = u_1 N_1(x) + u_2 N_2(x) + u_3 N_3(x) + u_4 N_4(x) \tag{7.11}$$

où les quatre fonctions cubiques N_1, N_2, N_3, N_4 sont définies par les systèmes

$$\begin{cases} N_1(x_1) = 1 \\ N_1'(x_1) = 0 \\ N_1(x_2) = 0 \\ N_1'(x_2) = 0 \end{cases} \quad \begin{cases} N_2(x_1) = 0 \\ N_2'(x_1) = 1 \\ N_2(x_2) = 0 \\ N_2'(x_2) = 0 \end{cases} \quad \begin{cases} N_3(x_1) = 0 \\ N_3'(x_1) = 0 \\ N_3(x_2) = 1 \\ N_3'(x_2) = 0 \end{cases} \quad \begin{cases} N_4(x_1) = 0 \\ N_4'(x_1) = 0 \\ N_4(x_2) = 0 \\ N_4'(x_2) = 1 \end{cases} \tag{7.12}$$

où u_1, u_2, u_3, u_4 désignent les valeurs prises par la fonction et sa dérivée aux nœuds de calculs x_1 et x_2 : $u_1 = u(x_1)$, $u_2 = u'(x_1)$, $u_3 = u(x_2)$ et $u_4 = u'(x_2)$.

En d'autres termes (N_1, N_2, N_3, N_4) forme une base de l'espace vectoriel des fonctions cubiques sur $[x_1, x_2]$.

La démonstration de ce résultat classique est semblable à celle effectuée dans le cas des éléments finis $\mathbb{P}_2$ de Lagrange et elle est laissée au lecteur.

On peut maintenant définir un élément fini $\mathbb{P}_3$ de Hermite.

Définition 80. On appelle *élément fini $\mathbb{P}_3$ de Hermite* tout triplet constitué

1. d'une maille géométrique formée d'un segment $[x_k, x_{k+1}]$.
2. de l'ensemble des deux nœuds de calcul de coordonnées x_k et x_{k+1}.
3. de la base nodale cubique (N_1, N_2, N_3, N_4) définie par (7.12).

Par exemple, l'élément fini $\mathbb{P}_3$ de Hermite attaché à la maille géométrique $[0, L]$ et aux deux nœuds de calcul de coordonnées $x = 0$ et $x = L$ est associé à la base nodale (N_1, N_2, N_3, N_4) définie par

$$\begin{cases} N_1(x) = 1 - \dfrac{3}{L^2}x^2 + \dfrac{2}{L^3}x^3 \\ N_2(x) = x - \dfrac{2}{L}x^2 + \dfrac{1}{L^2}x^3 \\ N_3(x) = \dfrac{3}{L^2}x^2 - \dfrac{2}{L^3}x^3 \\ N_4(x) = -\dfrac{1}{L}x^2 + \dfrac{1}{L^2}x^3 \end{cases} \tag{7.13}$$

Détaillons les calculs qui conduisent à N_1. On commence par écrire que l'on cherche N_1 sous la forme d'une fonction cubique $N_1(x) = a_1 + b_1 x + c_1 x^2 + d_1 x^3$ et que N_1 vérifie le système

$$\begin{cases} N_1(0) = 1 \\ N_1'(0) = 0 \\ N_1(L) = 0 \\ N_1'(L) = 0 \end{cases}$$

qui est équivalent, matriciellement, à l'équation

$$\begin{bmatrix} 1 & 0 & 0 & 0 \\ 0 & 1 & 0 & 0 \\ 1 & L & L^2 & L^3 \\ 0 & 1 & 2L & 3L^2 \end{bmatrix} \begin{Bmatrix} a_1 \\ b_1 \\ c_1 \\ d_1 \end{Bmatrix} = \begin{Bmatrix} 1 \\ 0 \\ 0 \\ 0 \end{Bmatrix} \Longleftrightarrow [A] \begin{Bmatrix} a_1 \\ b_1 \\ c_1 \\ d_1 \end{Bmatrix} = \begin{Bmatrix} 1 \\ 0 \\ 0 \\ 0 \end{Bmatrix}$$

Or, la matrice $[A]$ est inversible car $\det[A] = L^4 \neq 0$ et l'on obtient donc les coefficients inconnus par inversion de A :

$$\begin{Bmatrix} a_1 \\ b_1 \\ c_1 \\ d_1 \end{Bmatrix} = \begin{bmatrix} 1 & 0 & 0 & 0 \\ 0 & 1 & 0 & 0 \\ 1 & L & L^2 & L^3 \\ 0 & 1 & 2L & 3L^2 \end{bmatrix}^{-1} \begin{Bmatrix} 1 \\ 0 \\ 0 \\ 0 \end{Bmatrix} = \begin{bmatrix} 1 & 0 & 0 & 0 \\ 0 & 1 & 0 & 0 \\ -3/L^2 & -2/L & 3/L^2 & -1/L \\ 2/L^3 & 1/L^2 & -2/L^3 & 1/L^2 \end{bmatrix} \begin{Bmatrix} 1 \\ 0 \\ 0 \\ 0 \end{Bmatrix}$$

On obtient :

$$\begin{Bmatrix} a_1 \\ b_1 \\ c_1 \\ d_1 \end{Bmatrix} = \begin{Bmatrix} 1 \\ 0 \\ -3/L^2 \\ 2/L^2 \end{Bmatrix}$$

puis finalement N_1 :

$$N_1(x) = 1 - \frac{3}{L^2}x^2 + \frac{2}{L^2}x^3$$

On obtient de la même manière les trois autres fonctions de la base nodale en remarquant que la matrice $[A]$ reste inchangée et qu'il suffit simplement de remplacer, dans l'équation matricielle, le second membre $\begin{Bmatrix}1\\0\\0\\0\end{Bmatrix}$ par $\begin{Bmatrix}0\\1\\0\\0\end{Bmatrix}$ puis $\begin{Bmatrix}0\\0\\1\\0\end{Bmatrix}$ et enfin $\begin{Bmatrix}0\\0\\0\\1\end{Bmatrix}$.

2.3.2 Élément fini $\mathbb{P}_3$ de référence

Définissons aussi l'*élément de référence* $\mathbb{P}_3$ *de Hermite.*

Définition 81. On appelle *élément fini* $\mathbb{P}_3$ *de Hermite de référence* l'élément $\widehat{e}$ défini par :

1. La maille géométrique formée par le segment $[-1,1]$.
2. L'ensemble des deux nœuds de calcul de coordonnées $x=-1$ et $x=1$.
3. La base nodale $(\widehat{N}_1, \widehat{N}_2, \widehat{N}_3, \widehat{N}_4)$ donnée par :

$$\begin{cases} \widehat{N}_1(\xi) = \frac{1}{2} - \frac{3}{4}\xi + \frac{1}{4}\xi^3 = \frac{1}{4}(\xi+2)(\xi-1)^2 \\ \widehat{N}_2(\xi) = \frac{1}{4}(1-\xi-\xi^2+\xi^3) = \frac{1}{4}(\xi+1)^2(\xi-1)^2 \\ \widehat{N}_3(\xi) = \frac{1}{2} + \frac{3}{4}\xi - \frac{1}{4}\xi^3 = -\frac{1}{4}(\xi-2)(\xi+1)^2 \\ \widehat{N}_4(\xi) = \frac{1}{4}(-1-\xi+\xi^2+\xi^3) = \frac{1}{4}(\xi-1)^2(\xi+1)^2 \end{cases} \tag{7.14}$$

Les fonctions de la base nodale sont représentées dans la figure 7.7.

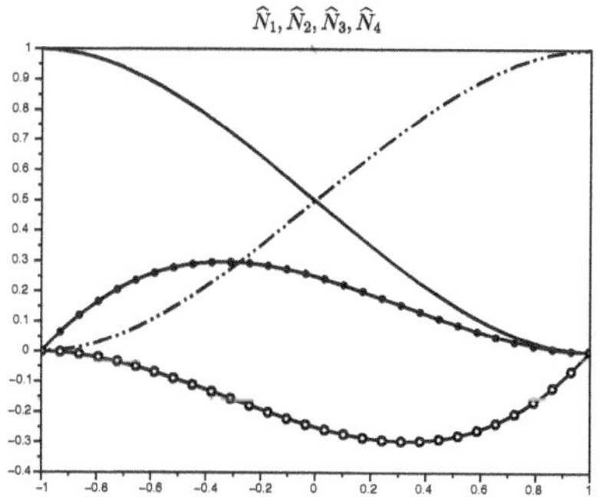

FIGURE 7.7 – Base nodale de Hermite pour l'élément de référence

2.4 Élément fini $\mathbb{T}_3$ de Lagrange (2D)

2.4.1 Description

Soit T un triangle auquel est attaché l'ensemble des trois nœuds de calcul formé par les trois sommets de coordonnées $\{(x_1, y_1), (x_2, y_2), (x_3, y_3)\}$ (voir figure 7.8).

Proposition 62. Sur la maille triangulaire T, toute fonction de la forme $u : (x, y) \mapsto a + bx + cy$ possède une unique interpolation nodale sous la forme

$$u(x, y) = u_1 N_1(x, y) + u_2 N_2(x, y) + u_3 N_3(x, y)$$

où les trois fonctions (N_1, N_2, N_3) sont de la forme $(x, y) \mapsto a + bx + cy$ et définies par les trois systèmes

$$\begin{cases} N_1(x_1, y_1) = 1 \\ N_1(x_2, y_2) = 0 \\ N_1(x_3, y_3) = 0 \end{cases} \quad \begin{cases} N_2(x_1, y_1) = 0 \\ N_2(x_2, y_2) = 1 \\ N_2(x_3, y_3) = 0 \end{cases} \quad \begin{cases} N_3(x_1, y_1) = 0 \\ N_3(x_2, y_2) = 0 \\ N_3(x_3, y_3) = 1 \end{cases} \tag{7.15}$$

et où $u_1 = u(x_1, y_1)$, $u_2 = u(x_2, y_2)$ et $u_3 = u(x_3, y_3)$ sont les valeurs prises par u respectivement aux nœuds de calcul de coordonnées (x_1, y_1), (x_2, y_2) et (x_3, y_3).

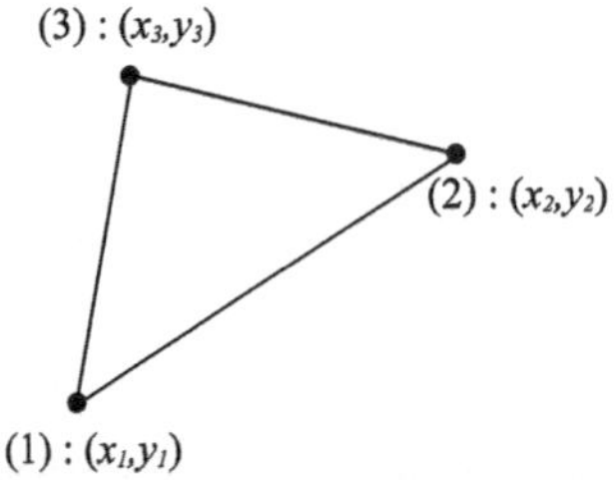

FIGURE 7.8 – Illustration d'une maille triangulaire à trois nœuds de calcul

Démonstration.
Démontrons que l'on peut déterminer N_1 de manière unique.
N_1 est de la forme $(x, y) \mapsto a_1 + b_1 x + c_1 y$ et vérifie

$$\begin{cases} N_1(x_1, y_1) = 1 \\ N_1(x_2, y_2) = 0 \\ N_1(x_3, y_3) = 0 \end{cases} \iff \begin{bmatrix} 1 & x_1 & y_1 \\ 1 & x_2 & y_2 \\ 1 & x_3 & y_3 \end{bmatrix} \begin{Bmatrix} a_1 \\ b_1 \\ c_1 \end{Bmatrix} = \begin{Bmatrix} 1 \\ 0 \\ 0 \end{Bmatrix} \iff [A] \begin{Bmatrix} a_1 \\ b_1 \\ c_1 \end{Bmatrix} = \begin{Bmatrix} 1 \\ 0 \\ 0 \end{Bmatrix}$$

Or la matrice $[A]$ est inversible parce que la maille triangulaire T est supposée non aplatie. Par conséquent, on obtient les coefficients a_1, b_1, c_1 de N_1 en calculant :

$$\begin{Bmatrix} a_1 \\ b_1 \\ c_1 \end{Bmatrix} = \begin{bmatrix} 1 & x_1 & y_1 \\ 1 & x_2 & y_2 \\ 1 & x_3 & y_3 \end{bmatrix}^{-1} \begin{Bmatrix} 1 \\ 0 \\ 0 \end{Bmatrix}$$

ce qui détermine entièrement N_1. La démarche est la même pour les autres fonctions en remarquant que les coefficients s'obtiennent sans calcul supplémentaire d'inverse car il suffit, là encore, de remplacer le second membre $\begin{Bmatrix} 1 \\ 0 \\ 0 \end{Bmatrix}$ par $\begin{Bmatrix} 0 \\ 1 \\ 0 \end{Bmatrix}$ puis $\begin{Bmatrix} 0 \\ 0 \\ 1 \end{Bmatrix}$.

Il reste à démontrer que la famille (N_1, N_2, N_3) est une base de l'espace des fonctions de la forme $(x, y) \mapsto a + bx + cy$ restreintes à T. Or, c'est clairement un espace vectoriel de dimension 3 et il est facile de démontrer que la famille (N_1, N_2, N_3) d'éléments de cet espace est libre, ce qui en fait une base. □

À partir de ce résultat, on peut maintenant définir un élément fini $\mathbb{T}_3$ de Lagrange en deux dimensions.

Définition 82. On appelle *élément fini $\mathbb{T}_3$ de Lagrange* tout triplet constitué :

1. D'une maille géométrique triangulaire dont les sommets ont pour coordonnées $(x_1, y_1), (x_2, y_2)$ et (x_3, y_3).
2. De l'ensemble des trois nœuds de calcul de coordonnées (x_1, y_1), (x_2, y_2) et (x_3, y_3).
3. De la base nodale (N_1, N_2, N_3) définie par (7.15).

Comme en une dimension, l'interpolation nodale peut s'écrire comme le produit

$$u(x, y) = < N_1(x, y), N_2(x, y), N_3(x, y) > \begin{Bmatrix} u_1 \\ u_2 \\ u_3 \end{Bmatrix}$$

ou encore sous forme compacte

$$u(x, y) = < N(x, y) > \{U\}$$

2.4.2 Élément fini $\widehat{\mathbb{T}}_3$ de référence

Définition 83. On appelle *élément fini de référence $\widehat{\mathbb{T}}_3$ de Lagrange* l'élément fini défini par :

1. La maille géométrique triangulaire dont les sommets ont pour coordonnées $(0,0)$, $(1,0)$ et $(0,1)$.
2. L'ensemble des trois nœuds de calcul constitué des sommets du triangle numérotés dans l'ordre (1) : $(0,0)$, (2) : $(1,0)$ et (3) : $(0,1)$.
3. La base nodale $(\widehat{N}_1, \widehat{N}_2, \widehat{N}_3)$ définie par :

$$\begin{cases} \widehat{N}_1(\xi, \eta) = 1 - \xi - \eta \\ \widehat{N}_2(\xi, \eta) = \xi \\ \widehat{N}_3(\xi, \eta) = \eta \end{cases} \tag{7.16}$$

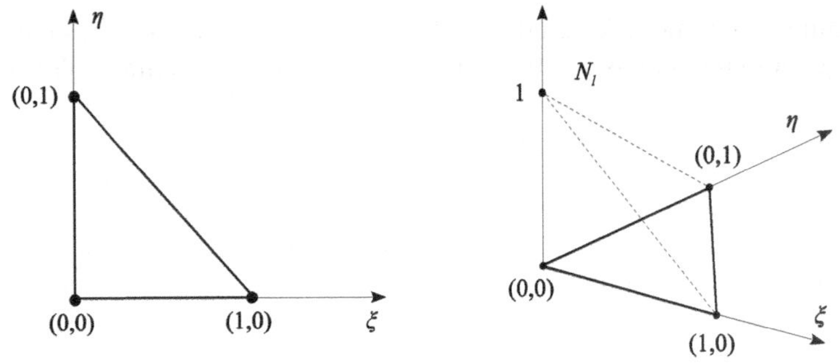

FIGURE 7.9 – Élément $\widehat{\mathbb{T}}_3$ de référence et fonction $\widehat{N}_1$

2.5 Éléments finis $\mathbb{Q}_4$ de Lagrange (2D)

2.5.1 Description

Soit Q un quadrangle, comme illustré sur la figure 7.10, auquel est attaché l'ensemble des quatre nœuds de calcul de coordonnées $(x_1, y_1), (x_2, y_2), (x_3, y_3)$ et (x_4, y_4) (les sommets).

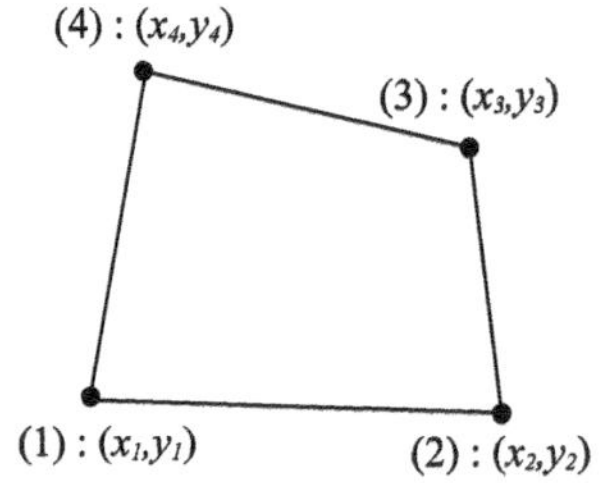

FIGURE 7.10 – Illustration d'une maille quadrangulaire à quatre nœuds de calcul

Proposition 63. Sur une maille quadrangulaire Q, toute fonction u de la forme $(x, y) \mapsto a + bx + cy + dxy$ possède une unique interpolation nodale sous la forme

$$u(x, y) = u_1 N_1(x, y) + u_2 N_2(x, y) + u_3 N_3(x, y) + u_4 N_4(x, y)$$

où (N_1, N_2, N_3, N_4) sont quatre fonctions de la forme $(x, y) \mapsto a+bx+cy+dxy$ définies par

$$\left\{\begin{array}{l} N_1(x_1, y_1) = 1 \\ N_1(x_2, y_2) = 0 \\ N_1(x_3, y_3) = 0 \\ N_1(x_4, y_4) = 0 \end{array}\right. \quad \left\{\begin{array}{l} N_2(x_1, y_1) = 0 \\ N_2(x_2, y_2) = 1 \\ N_2(x_3, y_3) = 0 \\ N_2(x_4, y_4) = 0 \end{array}\right. \quad \left\{\begin{array}{l} N_3(x_1, y_1) = 0 \\ N_3(x_2, y_2) = 0 \\ N_3(x_3, y_3) = 1 \\ N_3(x_4, y_4) = 0 \end{array}\right. \quad \left\{\begin{array}{l} N_4(x_1, y_1) = 0 \\ N_4(x_2, y_2) = 0 \\ N_4(x_3, y_3) = 0 \\ N_4(x_4, y_4) = 1 \end{array}\right. \tag{7.17}$$

et où $u_1 = u(x_1, y_1)$, $u_2 = u(x_2, y_2)$, $u_3 = u(x_3, y_3)$ et $u_4 = u(x_4, y_4)$ sont les valeurs prises par u respectivement aux nœuds de calcul de coordonnées (x_1, y_1), (x_2, y_2), (x_3, y_3) et (x_4, y_4).

On définit alors un élément fini $\mathbb{Q}_4$ de Lagrange par la définition suivante.

Définition 84. On appelle *élément fini* $\mathbb{Q}_4$ *de Lagrange* tout triplet constitué :

1. D'une maille géométrique quadrangulaire dont les sommets ont pour coordonnées (x_1, y_1), (x_2, y_2), (x_3, y_3), (x_4, y_4).
2. De l'ensemble des quatre nœuds de calcul de coordonnées (x_1, y_1), (x_2, y_2), (x_3, y_3), (x_4, y_4).
3. De la base nodale (N_1, N_2, N_3, N_4) définie par (7.17).

Comme d'habitude, l'interpolation nodale s'écrit comme un produit

$$u(x,y) =<, N_2(x,y), N_3(x,y), N_4(x,y) > \begin{Bmatrix} u_1 \\ u_2 \\ u_3 \\ u_4 \end{Bmatrix} =< N(x,y) > \{U\}$$

2.5.2 Élément fini $\widehat{\mathbb{Q}}_4$ de référence

De même que pour l'élément fini $\widehat{\mathbb{T}}_3$, on définit l'élément $\widehat{\mathbb{Q}}_4$ de référence.

Définition 85. On appelle *élément fini de référence* $\widehat{\mathbb{Q}}_4$ *de Lagrange* l'élément fini défini par :

1. La maille géométrique quadrangulaire dont les sommets ont pour coordonnées $(-1,-1)$, $(1,-1)$, $(1,1)$ et $(-1,1)$.
2. L'ensemble des quatre nœuds de calcul constitué des sommets du quadrangle numérotés dans l'ordre

$$(1) : (-1,-1) \quad (2) : (1,-1) \quad (3) : (1,1) \quad (4) : (-1,1)$$

3. La base nodale $(\widehat{N}_1, \widehat{N}_2, \widehat{N}_3, \widehat{N}_4)$ définie par :

$$\begin{cases} \widehat{N}_1(\xi,\eta) = \dfrac{(1-\xi)(1-\eta)}{4} \\ \widehat{N}_2(\xi,\eta) = \dfrac{(1+\xi)(1-\eta)}{4} \\ \widehat{N}_3(\xi,\eta) = \dfrac{(1+\xi)(1+\eta)}{4} \\ \widehat{N}_4(\xi,\eta) = \dfrac{(1-\xi)(1+\eta)}{4} \end{cases} \tag{7.18}$$

2.6 Notion d'isoparamétrie

L'intérêt de définir un élément de référence $\widehat{e}$ se justifie par la possibilité de mettre en bijection tout élément réel e quelconque avec cet élément de référence.

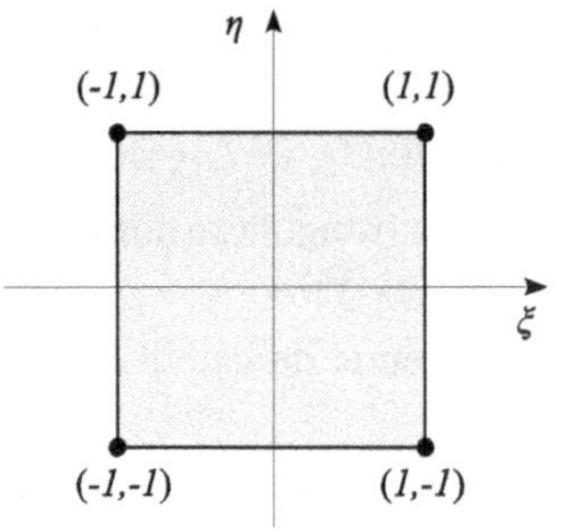

FIGURE 7.11 – Élément fini $\widehat{Q}_4$ de Lagrange de référence

Voyons cela précisément dans le cas d'une maille triangulaire. Désignons par triangle « réel », noté T_3, en coordonnées (x, y), le triangle de sommets de coordonnées (a_1, b_1), (a_2, b_2) et (a_3, b_3) et désignons par triangle de « référence », noté $\widehat{T}_3$, en coordonnées (ξ, η), le triangle de sommets de coordonnées $(0,0)$, $(1,0)$ et $(0,1)$ comme illustré dans la figure 7.12.

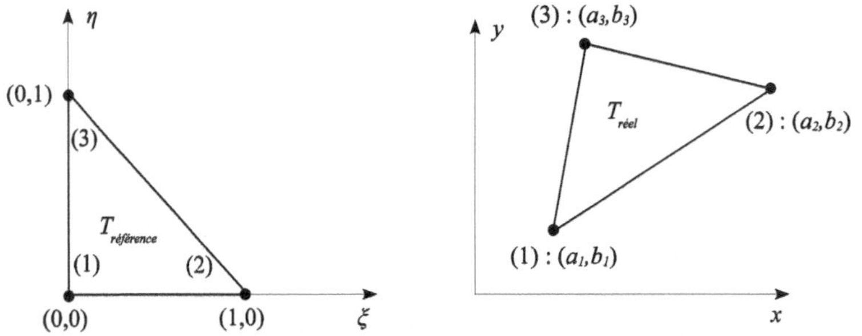

FIGURE 7.12 – Triangle de référence et triangle réel

Définition 86. On appelle *isoparamétrie* la technique consistant à construire un changement de variable φ bijectif entre le triangle de référence et le triangle réel en utilisant la base nodale $(\widehat{N}_1, \widehat{N}_2, \widehat{N}_3)$ associée à l'élément de référence.
Précisément, on construit le changement de variable $\begin{Bmatrix} x \\ y \end{Bmatrix} = \varphi\left(\begin{Bmatrix} \xi \\ \eta \end{Bmatrix}\right)$ en écrivant

$$\begin{Bmatrix} x(\xi,\eta) \\ y(\xi,\eta) \end{Bmatrix} = \begin{Bmatrix} a_1 \\ b_1 \end{Bmatrix} \widehat{N}_1(\xi,\eta) + \begin{Bmatrix} a_2 \\ b_2 \end{Bmatrix} \widehat{N}_2(\xi,\eta) + \begin{Bmatrix} a_3 \\ b_3 \end{Bmatrix} \widehat{N}_3(\xi,\eta) \tag{7.19}$$

En remplaçant les fonctions de la base par leurs expressions respectives données par (7.16), on obtient l'expression des anciennes coordonnées en fonction des nouvelles

$$\begin{Bmatrix} x(\xi,\eta) \\ y(\xi,\eta) \end{Bmatrix} = \begin{Bmatrix} a_1 \\ b_1 \end{Bmatrix} (1-\xi-\eta) + \begin{Bmatrix} a_2 \\ b_2 \end{Bmatrix} \xi + \begin{Bmatrix} a_3 \\ b_3 \end{Bmatrix} \eta$$

que l'on écrit matriciellement sous la forme

$$\begin{Bmatrix} x(\xi,\eta) \\ y(\xi,\eta) \end{Bmatrix} = \begin{bmatrix} a_2 - a_1 & a_3 - a_1 \\ b_2 - b_1 & b_3 - b_1 \end{bmatrix} \begin{Bmatrix} \xi \\ \eta \end{Bmatrix} + \begin{Bmatrix} a_1 \\ b_1 \end{Bmatrix} = [A] \begin{Bmatrix} \xi \\ \eta \end{Bmatrix} + \{B\}$$

et on a alors les correspondances biunivoques suivantes :

$$\begin{cases} (0,0) \leftrightarrow (a_1, b_1) \\ (1,0) \leftrightarrow (a_2, b_2) \\ (0,1) \leftrightarrow (a_3, b_3) \end{cases}$$

Autrement dit, l'application φ est une application affine dont la matrice représentative de la partie linéaire (dans la base canonique) est

$$[A] = \begin{bmatrix} a_2 - a_1 & a_3 - a_1 \\ b_2 - b_1 & b_3 - b_1 \end{bmatrix}$$

Dans ce cas particulier, il est utile de remarquer plusieurs choses :

1. Un calcul de géométrie élémentaire montre que

$$|\det[A]| = |(a_2 - a_1)(b_3 - b_1) - (a_3 - a_1)(b_2 - b_1)| = 2\text{Aire}(T_3) \neq 0$$

2. La matrice jacobienne du changement de variable $[J]$ est égal à la matrice $[A]$:

$$[J] = \begin{bmatrix} \dfrac{\partial x}{\partial \xi} & \dfrac{\partial x}{\partial \eta} \\ \dfrac{\partial y}{\partial \xi} & \dfrac{\partial y}{\partial \eta} \end{bmatrix} = \begin{bmatrix} a_2 - a_1 & a_3 - a_1 \\ b_2 - b_1 & b_3 - b_1 \end{bmatrix}$$

3. Le jacobien du changement de variable est donc, en valeur absolue, égal au double de l'aire du triangle T_3

$$|\det[J]| = |(a_2 - a_1)(b_3 - b_1) - (a_3 - a_1)(b_2 - b_1)| = 2\text{Aire}(T_3) \neq 0$$

Autrement dit, il y a deux configurations particulières intéressantes

1. Si le triangle T_3 est semblable au triangle $\widehat{T}_3$, avec un rapport de similitude $k > 0$, alors

$$|\det[J]| = k^2$$

2. Si le triangle T_3 est isométrique au triangle $\widehat{T}_3$ alors

$$|\det[J]| = 1$$

3 Exemple d'utilisation d'éléments finis $\mathbb{P}_1$ de Lagrange : problème de la barre

Reprenons ici l'exemple de la barre en traction-compression traité en introduction (problème (6.1) page 199) dont la formulation faible est donnée par (voir page 201)

$$\begin{cases} \text{Trouver } u \in V = \{v \in H^1(0,L), \quad v(0) = 0\} \text{ solution de} \\ \forall u^* \in V, \quad \displaystyle\int_0^L SE \frac{\mathrm{d}u}{\mathrm{d}x}(x) \frac{\mathrm{d}u^*}{\mathrm{d}x}(x)\,\mathrm{d}x = \int_0^L f(x) u^*(x)\,\mathrm{d}x + F_L u^*(L) \end{cases}$$

Nous avons, en introduction, cherché une solution approchée continue et polynomiale par morceaux par une approche globale. Traitons maintenant ce même problème avec la méthode des éléments finis en détaillant la démarche complète : construction des éléments finis, calcul des relations élémentaires, assemblage du système global puis résolution.

3.1 Construction des éléments finis

3.1.1 Degrés de liberté locaux et globaux et matrices de connexion

Le maillage du domaine $[0, L]$ en quatre mailles fait apparaître deux types de degrés de liberté qui seront qualifiés de *locaux* (attachés à un seul élément) et *globaux* (attachés au maillage complet) comme illustré dans la figure 7.13 et il est important de les distinguer et de connaître le lien qui existe entre eux.

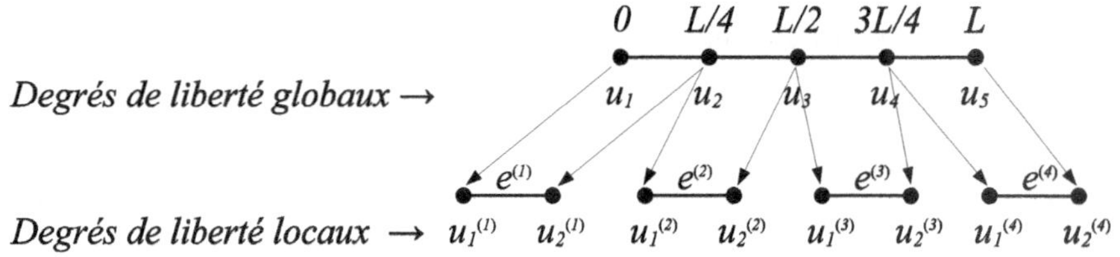

FIGURE 7.13 – Les ddl locaux et globaux

Les degrés de liberté globaux sont les inconnues du problème, ils sont notés u_1 à u_4 et un degré de liberté est attachée à chaque nœud de calcul.
Les degrés de liberté locaux sont introduits au moment de la construction des éléments finis. L'élément $e^{(i)}$ porte les deux degrés de liberté locaux notés $u_1^{(i)}$ et $u_2^{(i)}$. Ils ne sont que « temporaires » et ne sont attachés qu'aux seuls nœuds de calcul qui définissent l'élément en jeu.

La correspondance entre les deux types de nœuds peut être illustrée dans le tableau 7.1 appelé une *table de connexion.*

ddl globaux	u_1	u_2	u_3	u_4	u_5
ddl locaux pour $e^{(1)}$	$u_1^{(1)}$	$u_2^{(1)}$			
ddl locaux pour $e^{(2)}$		$u_1^{(2)}$	$u_2^{(2)}$		
ddl locaux pour $e^{(3)}$			$u_1^{(3)}$	$u_2^{(3)}$	
ddl locaux pour $e^{(4)}$				$u_1^{(4)}$	$u_2^{(4)}$

TABLE 7.1 – Correspondance entre les deux types de degrés de liberté

On peut ainsi remarquer que, excepté pour $u_1 = u_1^{(1)}$ et $u_5 = u_2^{(4)}$, un degré de liberté local seul ne permet pas de connaître la valeur u_k correspondant.

Enfin, la correspondance entre les deux types de degrés de liberté peut aussi être faite en faisant intervenir des matrices particulières qui ne contiennent que des 0 et des 1 et qui ont pour seul but de réaliser la correspondance entre les degrés de liberté globaux

$$< U > = < u_1, u_2, u_3, u_4, u_5 >$$

et les degrés de liberté locaux

$$< U^{(1)} > = < u_1^{(1)}, u_2^{(1)} >, \quad < U^{(2)} > = < u_1^{(2)}, u_2^{(2)} >$$

$$< U^{(3)} > = < u_1^{(3)}, u_2^{(3)} >, \quad < U^{(4)} > = < u_1^{(4)}, u_2^{(4)} >$$

en écrivant les quatre relations qui définissent les *matrices de connexions* $[C^{(1)}]$ à $[C^{(4)}]$

$$\begin{Bmatrix} u_1^{(1)} \\ u_2^{(1)} \end{Bmatrix} = \begin{bmatrix} 1 & 0 & 0 & 0 & 0 \\ 0 & 1 & 0 & 0 & 0 \end{bmatrix} \begin{Bmatrix} u_1 \\ u_2 \\ u_3 \\ u_4 \\ u_5 \end{Bmatrix} \iff \{U^{(1)}\} = [C^{(1)}]\{U\} \tag{7.20}$$

$$\begin{Bmatrix} u_1^{(2)} \\ u_2^{(2)} \end{Bmatrix} = \begin{bmatrix} 0 & 1 & 0 & 0 & 0 \\ 0 & 0 & 1 & 0 & 0 \end{bmatrix} \begin{Bmatrix} u_1 \\ u_2 \\ u_3 \\ u_4 \\ u_5 \end{Bmatrix} \iff \{U^{(2)}\} = [C^{(2)}]\{U\} \tag{7.21}$$

$$\begin{Bmatrix} u_1^{(3)} \\ u_2^{(3)} \end{Bmatrix} = \begin{bmatrix} 0 & 0 & 1 & 0 & 0 \\ 0 & 0 & 0 & 1 & 0 \end{bmatrix} \begin{Bmatrix} u_1 \\ u_2 \\ u_3 \\ u_4 \\ u_5 \end{Bmatrix} \iff \{U^{(3)}\} = [C^{(3)}]\{U\} \tag{7.22}$$

$$\begin{Bmatrix} u_1^{(4)} \\ u_2^{(4)} \end{Bmatrix} = \begin{bmatrix} 0 & 0 & 0 & 1 & 0 \\ 0 & 0 & 0 & 0 & 1 \end{bmatrix} \begin{Bmatrix} u_1 \\ u_2 \\ u_3 \\ u_4 \\ u_5 \end{Bmatrix} \iff \{U^{(4)}\} = [C^{(4)}]\{U\} \tag{7.23}$$

Définition 87.

1. On appelle *table de connexion* le tableau 7.1.
2. On appelle *matrices de connexion* les matrices $[C^{(1)}]$, $[C^{(2)}]$, $[C^{(3)}]$ et $[C^{(4)}]$ définies par (7.20), (7.21), (7.22), (7.23).

3.1.2 Description et construction des éléments

Rappelons que le maillage est défini par les quatre segments

$$I_0 = \left[0, \frac{L}{4}\right], \quad I_1 = \left[\frac{L}{4}, \frac{L}{2}\right], \quad I_2 = \left[\frac{L}{2}, \frac{3L}{4}\right], \quad I_3 = \left[\frac{3L}{4}, L\right]$$

auxquels sont associés respectivement les couples de nœuds de calcul de coordonnées

$$\left(x_0 = 0, x_1 = \frac{L}{4}\right), \quad \left(x_1 = \frac{L}{4}, x_2 = \frac{L}{2}\right), \quad \left(x_2 = \frac{L}{2}, x_3 = \frac{3L}{4}\right), \quad \left(x_3 = \frac{3L}{4}, x_4 = L\right)$$

Construisons concrètement les deux premiers éléments finis, notés $e^{(1)}$ et $e^{(2)}$, associés respectivement à la première maille $I_0 = [0, \frac{L}{4}]$ et à la deuxième $I_1 = [\frac{L}{4}, \frac{L}{2}]$.

1. **Élément** $e^{(1)}$:
   a. La maille géométrique $I_0 = [0, \frac{L}{4}]$.
   b. Les deux nœuds de calcul de coordonnées $x = 0$ et $x = \frac{L}{4}$ (auxquels sont associés les deux degrés de liberté locaux $u_1^{(1)}$ et $u_2^{(1)}$ et globaux u_1 et u_2).
   c. La base nodale locale $(N_1^{(1)}, N_2^{(1)})$ définie par

$$\begin{cases} N_1^{(1)}(0) = 1 \\ N_1^{(1)}\left(\frac{L}{4}\right) = 0 \end{cases} \iff N_1^{(1)}(x) = 1 - \frac{4}{L}x$$

$$\begin{cases} N_2^{(1)}(0) = 0 \\ N_2^{(1)}\left(\frac{L}{4}\right) = 1 \end{cases} \iff N_2^{(1)}(x) = \frac{4}{L}x$$

2. **Élément** $e^{(2)}$:
   a. La maille géométrique $I_1 = [\frac{L}{4}, \frac{L}{2}]$.
   b. Les deux nœuds de calcul de coordonnées $x = \frac{L}{4}$ et $x = \frac{L}{2}$ (auxquels sont associés les deux degrés de liberté locaux $u_1^{(2)}$ et $u_2^{(2)}$ et globaux u_2 et u_3).
   c. La base nodale locale $(N_1^{(2)}, N_2^{(2)})$ définie par

$$\begin{cases} N_1^{(2)}\left(\frac{L}{4}\right) = 1 \\ N_1^{(2)}\left(\frac{L}{2}\right) = 0 \end{cases} \iff N_1^{(2)}(x) = 2 - \frac{4}{L}x$$

$$\begin{cases} N_2^{(2)}\left(\frac{L}{4}\right) = 0 \\ N_2^{(2)}\left(\frac{L}{2}\right) = 1 \end{cases} \iff N_2^{(2)}(x) = -1 + \frac{4}{L}x$$

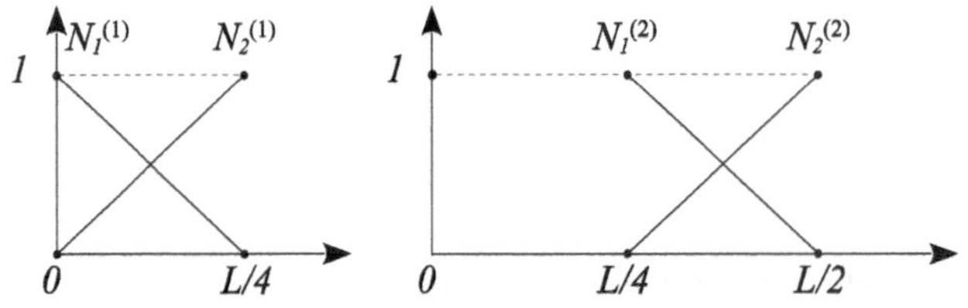

FIGURE 7.14 – Les deux bases nodales associées aux éléments $e^{(1)}$ et $e^{(2)}$

3.1.3 Interpolations nodales locales

À chaque élément fini est associée une interpolation nodale exprimant la solution u sur la base nodale de l'élément en faisant intervenir les degrés de liberté locaux. Précisément, sur le premier élément $e^{(1)}$ on a (où $u^{(1)}$ désigne la restriction de u à la première maille géométrique) :

$$\begin{aligned}\forall x \in [0, \tfrac{L}{4}], \quad u^{(1)}(x) &= u_1^{(1)} N_1^{(1)}(x) + u_2^{(1)} N_2^{(1)}(x) \\ &= < N_1^{(1)}(x), N_2^{(1)}(x) > \begin{Bmatrix} u_1^{(1)} \\ u_2^{(1)} \end{Bmatrix} \\ &= < 1 - \frac{4}{L}x, \frac{4}{L}x > \begin{Bmatrix} u_1^{(1)} \\ u_2^{(1)} \end{Bmatrix}\end{aligned}$$

Pour chaque élément fini $e^{(k)}$, on dispose donc d'une relation de la même forme, écrite sous forme compacte :

$$u^{(k)}(x) =< N^{(k)}(x) > \{U^{(k)}\}$$

Le lien entre l'interpolation nodale globale et les quatre interpolations nodales locales est donné par le résultat suivant :

Proposition 64. L'interpolation nodale globale est la somme des interpolations nodales locales après avoir prolongé ces dernières par zéro en dehors de la maille géométrique sur lesquelles elle sont définies (voir figure 7.15). Autrement dit

$$u(x) = \sum_{k=1}^{4} u^{(k)}(x) \tag{7.24}$$

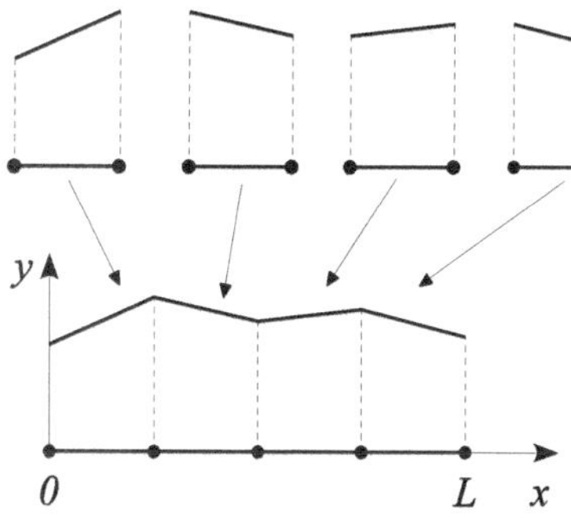

FIGURE 7.15 – L'interpolation nodale globale est la somme des interpolations nodales locales

3.2 Calcul des relations élémentaires

3.2.1 Expression générale

Nous arrivons maintenant au cœur de la méthode des éléments finis, à savoir le calcul des relations élémentaires.

Théorème 65. À chaque élément fini $e^{(k)}$ est associé une équation matricielle (la relation élémentaire) de la forme

$$[K^{(k)}]\{U^{(k)}\} = \{F^{(k)}\} \tag{7.25}$$

où

1. La matrice élémentaire $[K^{(k)}]$ est une matrice réelle, carrée, symétrique, de dimension 2 × 2 (2 étant le nombre de degrés de libertés locaux) donnée par

$$[K^{(k)}] = \int_{I_k} SE\,{}^{\mathbf{t}}[B^{(k)}(x)]\,[B^{(k)}(x)]\,\mathrm{d}x$$

où l'on a posé

$$[B^{(k)}(x)] =< \frac{\mathrm{d}}{\mathrm{d}x} N^{(k)}(x) >$$

et où I_k désigne la maille géométrique associée à l'élément $e^{(k)}$.

2. $\{F^{(k)}\}$ est une matrice colonne de réels, de dimension 2 × 1 donnée par

$$\{F^{(k)}\} = \int_{I_k} f(x)\{N^{(k)}(x)\}\,\mathrm{d}x + F_L\{N^{(k)}(L)\}$$

La démonstration est calquée sur celle effectuée pour le théorème 52 page 220.
La seule différence notable réside dans le fait que les intégrations sont faites sur chaque maille géométrique I_k et non sur le domaine complet.

3.2.2 Calcul des relations élémentaires

Calculons les relations élémentaires associées à notre exemple :

1. **Relation élémentaire sur le premier élément** $e^{(1)}$
Sur le premier élément, on dispose de l'interpolation nodale locale pour u et la fonction test notée ici v

$$u^{(1)}(x) =< 1 - \frac{4}{L}x, \frac{4}{L}x > \begin{Bmatrix} u_1^{(1)} \\ u_2^{(1)} \end{Bmatrix} \quad \text{et} \quad v^{(1)}(x) =< 1 - \frac{4}{L}x, \frac{4}{L}x > \begin{Bmatrix} v_1^{(1)} \\ v_2^{(1)} \end{Bmatrix}$$

On évalue ensuite $[K^{(1)}]$ et $\{F^{(1)}\}$ par les formules données dans le théorème 65 page 274.

$$[K^{(1)}] = \int_0^{\frac{L}{4}} SE\,{}^{\mathbf{t}}[B^{(1)}(x)]\,[B^{(1)}(x)]\,\mathrm{d}x$$

où

$$[B^{(1)}(x)] = \frac{\mathrm{d}}{\mathrm{d}x} < 1 - \frac{4}{L}x, \frac{4}{L}x >=< -\frac{4}{L}, \frac{4}{L} >$$

et

$${}^{\mathbf{t}}[B^{(1)}(x)] = {}^{\mathbf{t}}< -\frac{4}{L}, \frac{4}{L} >= \begin{Bmatrix} -\frac{4}{L} \\ \frac{4}{L} \end{Bmatrix}$$

ce qui conduit à

$$[K^{(1)}] = \int_0^{\frac{L}{4}} SE \begin{Bmatrix} -\frac{4}{L} \\ \frac{4}{L} \end{Bmatrix} < -\frac{4}{L}, \frac{4}{L} > \mathrm{d}x$$

soit, tous calculs faits

$$[K^{(1)}] = \frac{4SE}{L} \begin{bmatrix} 1 & -1 \\ -1 & 1 \end{bmatrix}$$

On procède de même pour $\{F^{(1)}\}$:

$$\{F^{(1)}\} = \int_0^{\frac{L}{4}} f(x)\{N^{(1)}(x)\}\,\mathrm{d}x + F_L\{N^{(1)}(L)\}$$

Dans cette formule, il faut bien prendre garde aux fait que le terme $F_L\{N^{(1)}(L)\}$ est nul car $L \notin \left[0, \frac{L}{4}\right]$. Par conséquent, $\{F^{(1)}\}$ se résume à

$$\{F^{(1)}\} = \int_0^{\frac{L}{4}} f(x) \begin{Bmatrix} 1-\frac{4}{L}x \\ \frac{4}{L}x \end{Bmatrix} \mathrm{d}x$$

Finalement, la relation élémentaire sur le premier élément $e^{(1)}$ est donnée par

$$\boxed{\frac{4SE}{L} \begin{bmatrix} 1 & -1 \\ -1 & 1 \end{bmatrix} \begin{Bmatrix} u_1^{(1)} \\ u_2^{(1)} \end{Bmatrix} = \int_0^{\frac{L}{4}} f(x) \begin{Bmatrix} 1-\frac{4}{L}x \\ \frac{4}{L}x \end{Bmatrix} \mathrm{d}x} \tag{7.26}$$

et, dans le cas particulier où la fonction f est constante et égale à f

$$\frac{4SE}{L} \begin{bmatrix} 1 & -1 \\ -1 & 1 \end{bmatrix} \begin{Bmatrix} u_1^{(1)} \\ u_2^{(1)} \end{Bmatrix} = \frac{fL}{8} \begin{Bmatrix} 1 \\ 1 \end{Bmatrix}$$

2. **Relation élémentaire sur $e^{(2)}$ et $e^{(3)}$**
Des calculs tout à fait semblables montrent que l'on obtient :

$$\boxed{\frac{4SE}{L} \begin{bmatrix} 1 & -1 \\ -1 & 1 \end{bmatrix} \begin{Bmatrix} u_1^{(2)} \\ u_2^{(2)} \end{Bmatrix} = \int_{\frac{L}{4}}^{\frac{L}{2}} f(x) \begin{Bmatrix} 2-\frac{4}{L}x \\ -1+\frac{4}{L}x \end{Bmatrix} \mathrm{d}x} \tag{7.27}$$

et

$$\boxed{\frac{4SE}{L} \begin{bmatrix} 1 & -1 \\ -1 & 1 \end{bmatrix} \begin{Bmatrix} u_1^{(3)} \\ u_2^{(3)} \end{Bmatrix} = \int_{\frac{L}{2}}^{\frac{3L}{4}} f(x) \begin{Bmatrix} 3-\frac{4}{L}x \\ -2+\frac{4}{L}x \end{Bmatrix} \mathrm{d}x} \tag{7.28}$$

et, dans le cas particulier où la fonction f est constante et égale à f

$$\frac{4SE}{L} \begin{bmatrix} 1 & -1 \\ -1 & 1 \end{bmatrix} \begin{Bmatrix} u_1^{(2)} \\ u_2^{(2)} \end{Bmatrix} = \frac{fL}{8} \begin{Bmatrix} 1 \\ 1 \end{Bmatrix}$$

$$\frac{4SE}{L} \begin{bmatrix} 1 & -1 \\ -1 & 1 \end{bmatrix} \begin{Bmatrix} u_1^{(3)} \\ u_2^{(3)} \end{Bmatrix} = \frac{fL}{8} \begin{Bmatrix} 1 \\ 1 \end{Bmatrix}$$

3. **Relation élémentaire sur** $e^{(4)}$
   Seule cette dernière relation élémentaire est très légèrement différente au niveau du calcul de $\{F^{(4)}\}$ car cette fois-ci $L \in \left[\frac{3L}{4}, L\right]$ et le terme $F_L\{N^{(1)}(L)\}$ n'est plus nul. Précisément, il vaut

$$F_L\{N^{(4)}(L)\} = F_L \begin{Bmatrix} 0 \\ 1 \end{Bmatrix}$$

   Par conséquent, on obtient

$$\boxed{\frac{4SE}{L}\begin{bmatrix} 1 & -1 \\ -1 & 1 \end{bmatrix}\begin{Bmatrix} u_1^{(2)} \\ u_2^{(2)} \end{Bmatrix} = \int_{\frac{3L}{4}}^{L} f(x) \begin{Bmatrix} 4 - \frac{4}{L}x \\ -3 + \frac{4}{L}x \end{Bmatrix} \mathrm{d}x + \begin{Bmatrix} 0 \\ F_L \end{Bmatrix}} \tag{7.29}$$

   et, dans le cas particulier où la fonction f est constante et égale à f

$$\frac{4SE}{L}\begin{bmatrix} 1 & -1 \\ -1 & 1 \end{bmatrix}\begin{Bmatrix} u_1^{(4)} \\ u_2^{(4)} \end{Bmatrix} = \frac{fL}{8}\begin{Bmatrix} 1 \\ 1 \end{Bmatrix} + \begin{Bmatrix} 0 \\ F_L \end{Bmatrix}$$

3.3 Assemblage des relations élémentaires

Il reste maintenant à construire le système global à partir des quatre systèmes élémentaires.
Pour cela, on dispose du résultat suivant qui donne le lien entre la matrice globale $[K]$ et les matrices élémentaires $[K^{(k)}]$.

> **Théorème 66.** Soit n_{elt} le nombre d'éléments :
> 1. La matrice globale $[K]$ est donnée par la formule
>
> $$[K] = \sum_{k=1}^{n_{elt}} {}^{\mathbf{t}}[C^{(k)}][K^{(k)}][C^{(k)}] \tag{7.30}$$
>
>   où les matrices $[C^{(k)}]$ sont les matrices de connexion et $[K^{(k)}]$ sont les matrices élémentaires associées aux éléments $e^{(k)}$.
> 2. $\{F\}$ est une matrice colonne donnée par la formule
>
> $$\{F\} = \sum_{k=1}^{n_{elt}} {}^{\mathbf{t}}[C^{(k)}]\{F^{(k)}\} \tag{7.31}$$
>
>   où $\{F^{(k)}\}$ sont les colonnes second membre des relations élémentaires associés aux éléments $e^{(k)}$.

Démonstration.
Pour chaque élément $e^{(k)}$, il existe une matrice de connexion assurant la relation

$$\{U^{(k)}\} = [C^{(k)}]\{U\}$$

et l'on sait que l'interpolation nodale globale est la somme des interpolations nodales locales $u(x) = \sum_{k=1}^{n_{elt}} u^{(k)}(x)$. D'autre part, on sait que les interpolations nodales locales peuvent s'écrire sous la forme

$$u^{(k)}(x) =< N^{(k)}(x) > \{U^{(k)}\}$$

Autrement dit

$$u(x) = \sum_{k=1}^{n_{elt}} < N^{(k)}(x) > [C^{(k)}]\{U\} = \left(\sum_{k=1}^{n_{elt}} < N^{(k)}(x) > [C^{(k)}]\right)\{U\}$$

On sait aussi que la fonction test u^* vérifie la même relation matricielle

$$u^*(x) = \sum_{k=1}^{n_{elt}} < N^{(k)}(x) > [C^{(k)}]\{U^*\} = \left(\sum_{k=1}^{n_{elt}} < N^{(k)}(x) > [C^{(k)}]\right)\{U^*\}$$

Par conséquent, les deux dérivées $\dfrac{\mathrm{d}u}{\mathrm{d}x}(x)$ et $\dfrac{\mathrm{d}u^*}{\mathrm{d}x}(x)$ deviennent :

$$\frac{\mathrm{d}u}{\mathrm{d}x}(x) = \left(\sum_{k=1}^{n_{elt}} < \frac{\mathrm{d}}{\mathrm{d}x} N^{(k)}(x) > [C^{(k)}]\right)\{U\} = \left(\sum_{k=1}^{n_{elt}} [B^{(k)}(x)[C^{(k)}]\right)\{U\}$$

et, de même

$$\frac{\mathrm{d}u^*}{\mathrm{d}x}(x) = \left(\sum_{k=1}^{n_{elt}} < \frac{\mathrm{d}}{\mathrm{d}x} N^{(k)}(x) > [C^{(k)}]\right)\{U^*\} = \left(\sum_{k=1}^{n_{elt}} [B^{(k)}(x)[C^{(k)}]\right)\{U^*\}$$

Ainsi, le calcul la matrice globale conduit à

$$[K] = \int_0^L \sum_{k=1}^{n_{elt}} {}^{\mathbf{t}}\left([B^{(k)}(x)][C^{(k)}]\right) \times \left([B^{(k)}(x)][C^{(k)}]\right) \mathrm{d}x$$

soit

$$[K] = \sum_{k=1}^{n_{elt}} {}^{\mathbf{t}}[C^{(k)}] \left(\int_0^L {}^{\mathbf{t}}[B^{(k)}(x)][B^{(k)}(x)]\,\mathrm{d}x\right)[C^{(k)}]$$

Autrement dit, on obtient bien la formule

$$[K] = \sum_{k=1}^{n_{elt}} {}^{\mathbf{t}}[C^{(k)}][K^{(k)}][C^{(k)}]$$

La démonstration est semblable pour $\{F\}$. □

Effectuons l'assemblage correspondant à l'exemple :

1. Commençons par rappeler les matrices de connexion :

$$[C^{(1)}] = \begin{bmatrix} 1 & 0 & 0 & 0 & 0 \\ 0 & 1 & 0 & 0 & 0 \end{bmatrix} \qquad [C^{(2)}] = \begin{bmatrix} 0 & 1 & 0 & 0 & 0 \\ 0 & 0 & 1 & 0 & 0 \end{bmatrix}$$

$$[C^{(3)}] = \begin{bmatrix} 0 & 0 & 1 & 0 & 0 \\ 0 & 0 & 0 & 1 & 0 \end{bmatrix} \qquad [C^{(4)}] = \begin{bmatrix} 0 & 0 & 0 & 1 & 0 \\ 0 & 0 & 0 & 0 & 1 \end{bmatrix}$$

2. On écrit ensuite la formule d'assemblage (où $n_{elt} = 4$) pour la matrice globale :

$$[K] = \sum_{k=1}^{4} {}^{\mathbf{t}}[C^{(k)}][K^{(k)}][C^{(k)}]$$

Pour cela, calculons séparément les quatre produits ${}^{\mathbf{t}}[C^{(k)}][K^{(k)}][C^{(k)}]$. Commençons par ${}^{\mathbf{t}}[C^{(1)}][K^{(1)}][C^{(1)}]$:

$${}^{\mathbf{t}}[C^{(1)}][K^{(1)}][C^{(1)}] = \begin{bmatrix} 1 & 0 \\ 0 & 1 \\ 0 & 0 \\ 0 & 0 \\ 0 & 0 \end{bmatrix} \frac{4SE}{L} \begin{bmatrix} 1 & -1 \\ -1 & 1 \end{bmatrix} \begin{bmatrix} 1 & 0 & 0 & 0 & 0 \\ 0 & 1 & 0 & 0 & 0 \end{bmatrix}$$

ce qui donne après calculs

$${}^{\mathbf{t}}[C^{(1)}][K^{(1)}][C^{(1)}] = \frac{4SE}{L} \begin{bmatrix} 1 & -1 & 0 & 0 & 0 \\ -1 & 1 & 0 & 0 & 0 \\ 0 & 0 & 0 & 0 & 0 \\ 0 & 0 & 0 & 0 & 0 \\ 0 & 0 & 0 & 0 & 0 \end{bmatrix}$$

On montre de la même manière que

$${}^{\mathbf{t}}[C^{(2)}][K^{(2)}][C^{(2)}] = \frac{4SE}{L} \begin{bmatrix} 0 & 0 & 0 & 0 & 0 \\ 0 & 1 & -1 & 0 & 0 \\ 0 & -1 & 1 & 0 & 0 \\ 0 & 0 & 0 & 0 & 0 \\ 0 & 0 & 0 & 0 & 0 \end{bmatrix}$$

$${}^{\mathbf{t}}[C^{(3)}][K^{(3)}][C^{(3)}] = \frac{4SE}{L} \begin{bmatrix} 0 & 0 & 0 & 0 & 0 \\ 0 & 0 & 0 & 0 & 0 \\ 0 & 0 & 1 & -1 & 0 \\ 0 & 0 & -1 & 1 & 0 \\ 0 & 0 & 0 & 0 & 0 \end{bmatrix}$$

$${}^{\mathbf{t}}[C^{(4)}][K^{(4)}][C^{(4)}] = \frac{4SE}{L} \begin{bmatrix} 0 & 0 & 0 & 0 & 0 \\ 0 & 0 & 0 & 0 & 0 \\ 0 & 0 & 0 & 0 & 0 \\ 0 & 0 & 0 & 1 & -1 \\ 0 & 0 & 0 & -1 & 1 \end{bmatrix}$$

d'où la matrice globale après assemblage :

$$\boxed{[K] = \frac{4SE}{L} \begin{bmatrix} 1 & -1 & 0 & 0 & 0 \\ -1 & 2 & -1 & 0 & 0 \\ 0 & -1 & 2 & -1 & 0 \\ 0 & 0 & -1 & 2 & -1 \\ 0 & 0 & 0 & -1 & 1 \end{bmatrix}} \tag{7.32}$$

3. Enfin, on écrit la formule d'assemblage pour le second membre dans le cas particulier où f est constante pour simplifier les calculs :

$$\{F\} = \sum_{k=1}^{n_{elt}} {}^{\mathbf{t}}[C^{(k)}]\{F^{(k)}\}$$

en calculant d'abord les produits ${}^{\mathbf{t}}[C^{(k)}]\{F^{(k)}\}$.

$${}^{\mathbf{t}}[C^{(1)}]\{F^{(1)}\} = \begin{bmatrix} 1 & 0 \\ 0 & 1 \\ 0 & 0 \\ 0 & 0 \\ 0 & 0 \end{bmatrix} \frac{fL}{8} \begin{Bmatrix} 1 \\ 1 \end{Bmatrix} = \frac{fL}{8} \begin{Bmatrix} 1 \\ 1 \\ 0 \\ 0 \\ 0 \end{Bmatrix}$$

On obtient de la même manière

$${}^{\mathbf{t}}[C^{(2)}]\{F^{(2)}\} = \frac{fL}{8} \begin{Bmatrix} 0 \\ 1 \\ 1 \\ 0 \\ 0 \end{Bmatrix} \quad \text{et} \quad {}^{\mathbf{t}}[C^{(3)}]\{F^{(3)}\} = \frac{fL}{8} \begin{Bmatrix} 0 \\ 0 \\ 1 \\ 1 \\ 0 \end{Bmatrix}$$

Seul le calcul de ${}^{\mathbf{t}}[C^{(4)}]\{F^{(4)}\}$ diffère un peu :

$${}^{\mathbf{t}}[C^{(4)}]\{F^{(4)}\} = {}^{\mathbf{t}}[C^{(4)}] \left(\frac{fL}{8} \begin{Bmatrix} 1 \\ 1 \end{Bmatrix} + \begin{Bmatrix} 0 \\ F_L \end{Bmatrix} \right)$$

ce qui donne

$${}^{\mathbf{t}}[C^{(4)}]\{F^{(4)}\} = \frac{fL}{8} \begin{Bmatrix} 0 \\ 0 \\ 0 \\ 1 \\ 1 \end{Bmatrix} + \begin{Bmatrix} 0 \\ 0 \\ 0 \\ 0 \\ F_L \end{Bmatrix}$$

Finalement, on obtient

$$\boxed{\{F\} = \frac{fL}{8} \begin{Bmatrix} 1 \\ 2 \\ 2 \\ 2 \\ 1 \end{Bmatrix} + \begin{Bmatrix} 0 \\ 0 \\ 0 \\ 0 \\ F_L \end{Bmatrix}} \tag{7.33}$$

4. Pour terminer, on écrit l'équation matricielle assemblée correspondant à l'exemple

$$\boxed{\frac{4SE}{L} \begin{bmatrix} 1 & -1 & 0 & 0 & 0 \\ -1 & 2 & -1 & 0 & 0 \\ 0 & -1 & 2 & -1 & 0 \\ 0 & 0 & -1 & 2 & -1 \\ 0 & 0 & 0 & -1 & 1 \end{bmatrix} \begin{Bmatrix} u_1 \\ u_2 \\ u_3 \\ u_4 \\ u_5 \end{Bmatrix} = \frac{fL}{8} \begin{Bmatrix} 1 \\ 2 \\ 2 \\ 2 \\ 1 \end{Bmatrix} + \begin{Bmatrix} 0 \\ 0 \\ 0 \\ 0 \\ F_L \end{Bmatrix}} \tag{7.34}$$

3.4 Ce qu'il faut retenir des relations élémentaires

Il est bon de retenir les points suivants à propos des relations élémentaires :

1. Il y a autant de relations élémentaires qu'il y a d'éléments.
2. Le nombre de lignes et de colonnes d'une matrice élémentaire $[K^{(e)}]$ est égal au nombre de degrés de liberté locaux sur l'élément (e).
3. Une matrice élémentaire n'est, en général, pas inversible comme le prouve le calcul du déterminant de la matrice $\frac{4SE}{L}\begin{bmatrix} 1 & -1 \\ -1 & 1 \end{bmatrix}$.

   Autrement dit, une relation élémentaire seule ne permet pas de déterminer les inconnues locales.

3.5 Prise en compte des conditions aux limites et résolution

Pour l'instant, dans la démarche, à aucun moment nous n'avons tenu compte de la condition aux limites essentielle $u(0) = u_1 = 0$ qui réduit le nombre de degrés de liberté à 4 et qui se matérialise, dans le système global, par la partition par blocs de la forme (7.2)

$$\frac{4SE}{L}\left[\begin{array}{c|cccc} 1 & -1 & 0 & 0 & 0 \\ \hline -1 & 2 & -1 & 0 & 0 \\ 0 & -1 & 2 & -1 & 0 \\ 0 & 0 & -1 & 2 & -1 \\ 0 & 0 & 0 & -1 & 1 \end{array}\right]\left\{\begin{array}{c} u_1 \\ \hline u_2 \\ u_3 \\ u_4 \\ u_5 \end{array}\right\} = \frac{fL}{8}\left\{\begin{array}{c} 1 \\ \hline 2 \\ 2 \\ 2 \\ 1 \end{array}\right\} + \left\{\begin{array}{c} 0 \\ \hline 0 \\ 0 \\ 0 \\ F_L \end{array}\right\}$$

puis à la résolution par bloc suivante :

$$\frac{4SE}{L}\begin{bmatrix} 2 & -1 & 0 & 0 \\ -1 & 2 & -1 & 0 \\ 0 & -1 & 2 & -1 \\ 0 & 0 & -1 & 1 \end{bmatrix}\begin{Bmatrix} u_2 \\ u_3 \\ u_4 \\ u_5 \end{Bmatrix} = \frac{fL}{8}\begin{Bmatrix} 2 \\ 2 \\ 2 \\ 1 \end{Bmatrix} + \begin{Bmatrix} 0 \\ 0 \\ 0 \\ F_L \end{Bmatrix}$$

et l'on démontre que la matrice qui intervient est inversible (on peut soit calculer son déterminant et remarquer qu'il est non nul, soit remarquer qu'elle est symétrique définie positive). En conséquence, on obtient la solution avec la formule (7.3)

$$\boxed{\begin{Bmatrix} u_2 \\ u_3 \\ u_4 \\ u_5 \end{Bmatrix} = \left(\frac{4SE}{L}\begin{bmatrix} 2 & -1 & 0 & 0 \\ -1 & 2 & -1 & 0 \\ 0 & -1 & 2 & -1 \\ 0 & 0 & -1 & 1 \end{bmatrix}\right)^{-1}\left(\frac{fL}{8}\begin{Bmatrix} 2 \\ 2 \\ 2 \\ 1 \end{Bmatrix} + \begin{Bmatrix} 0 \\ 0 \\ 0 \\ F_L \end{Bmatrix}\right)}$$

Remarques.

1. Avant l'application des conditions aux limites, la matrice $[K]$ du système global n'est pas inversible en général et le système possède alors une infinité de solutions dans ce cas. En mécanique, cette situation correspond au fait qu'en l'absence de conditions d'appui ou de blocage, une structure soumise à des forces extérieures se déplacera en translation.

2. Dans le cas où u_1 ne serait pas nul, $u_1 = \alpha$ avec $\alpha \neq 0$, on obtiendrait

$$\begin{Bmatrix} u_2 \\ u_3 \\ u_4 \\ u_5 \end{Bmatrix} = \left(\frac{4SE}{L} \begin{bmatrix} 2 & -1 & 0 & 0 \\ -1 & 2 & -1 & 0 \\ 0 & -1 & 2 & -1 \\ 0 & 0 & -1 & 1 \end{bmatrix} \right)^{-1} \left(\frac{fL}{8} \begin{Bmatrix} 2 \\ 2 \\ 2 \\ 1 \end{Bmatrix} + \begin{Bmatrix} 0 \\ 0 \\ 0 \\ F_L \end{Bmatrix} + \frac{4SE}{L} \begin{Bmatrix} \alpha \\ 0 \\ 0 \\ 0 \end{Bmatrix} \right)$$

3.6 Interpolation de la solution approchée

La résolution de l'équation matricielle précédente fournit les degrés de liberté (les inconnues) $< u_2, u_3, u_4, u_5 >$ qu'il convient de compléter par la condition aux limites essentielle $u_1 = u(0)$, ce qui donne

$$< U >=< u_1, u_2, u_3, u_4, u_5 >$$

Ces valeurs sont donc des approximations des valeurs prises par la solution en chacun des nœuds de calcul.

À ce stade, il ne faut pas perdre de vue une différence essentielle entre la méthode des différences finies et la méthode des éléments finis. Les deux méthodes fournissent un ensemble de valeurs discrètes (les valeurs approchées en chaque nœud de calcul) mais la seconde permet en plus de construire une fonction polynomiale par morceaux obtenue par interpolation à partir des valeurs approchées précédentes. Dans le cas présent, il s'agit d'une fonction continue et polynomiale de degré 1 sur chaque maille géométrique et dans l'exemple précédent, cette solution interpolée est définie par

$$u(x) = \sum_{k=1}^{5} u_k \mathbb{L}_k(x)$$

Dans le problème traité, celui d'une barre en traction compression, la fonction u cherchée est le champ des déplacements des sections de la barre et l'expression fonctionnelle de la solution interpolée est alors utile pour déterminer le champ des contraintes σ ou des déformations ε puisque l'on sait que $\varepsilon = \frac{\mathrm{d}u}{\mathrm{d}x}$ et $\sigma = E\frac{\mathrm{d}u}{\mathrm{d}x}$ (voir la section 1.4 page 305).
D'autre part, il faut noter que dans l'approche locale, ces fonctions de base globale ne sont pas connues directement. Elles sont obtenues par « recollement » des fonctions des bases nodales locales.

4 Exemple d'utilisation d'éléments finis $\mathbb{P}_2$ de Lagrange : problème de la barre

Cherchons maintenant à améliorer la qualité de l'approximation en augmentant le degré d'interpolation. Pour cela, cherchons maintenant à construire une solution approchée globalement continue et polynomiale par morceaux sur $[0, L]$ de degré 2 et nous allons bien sûr utiliser les éléments finis $\mathbb{P}_2$ de Lagrange. Chaque maille doit donc maintenant porter trois degrés de liberté et, pour ne pas alourdir l'exposé, on choisit de travailler avec deux mailles $I_0 = [0, \frac{L}{2}]$ et $I_1 = [\frac{L}{2}, L]$ auxquelles sont attachées respectivement les nœuds de calcul de coordonnées $\left(0, \frac{L}{4}, \frac{L}{2}\right)$ et $\left(\frac{L}{2}, \frac{3L}{4}, L\right)$.

4.1 Construction des éléments finis

4.1.1 Degrés de liberté locaux et globaux et matrices de connexion

Construisons la table de connexion associée à cette nouvelle construction.

ddl globaux	u_1	u_2	u_3	u_4	u_5
ddl locaux pour $e^{(1)}$	$u_1^{(1)}$	$u_2^{(1)}$	$u_3^{(1)}$		
ddl locaux pour $e^{(2)}$			$u_1^{(2)}$	$u_2^{(2)}$	$u_3^{(2)}$

TABLE 7.2 – Correspondance entre les deux types de degrés de liberté

Les matrices de connexion, qui relient le vecteur des degrés de liberté globaux

$$< U >=< u_1, u_2, u_3, u_4, u_5 >$$

et les vecteurs des degrés de liberté locaux

$$< U^{(1)} >=< u_1^{(1)}, u_2^{(1)}, u_3^{(1)} >, \quad < U^{(2)} >=< u_1^{(2)}, u_2^{(2)}, u_3^{(2)} >$$

s'écrivent

$$\begin{Bmatrix} u_1^{(1)} \\ u_2^{(1)} \\ u_3^{(1)} \end{Bmatrix} = \begin{bmatrix} 1 & 0 & 0 & 0 & 0 \\ 0 & 1 & 0 & 0 & 0 \\ 0 & 0 & 1 & 0 & 0 \end{bmatrix} \begin{Bmatrix} u_1 \\ u_2 \\ u_3 \\ u_4 \\ u_5 \end{Bmatrix} \iff \{U^{(1)}\} = [C^{(1)}]\{U\} \tag{7.35}$$

$$\begin{Bmatrix} u_1^{(2)} \\ u_2^{(2)} \end{Bmatrix} = \begin{bmatrix} 0 & 0 & 1 & 0 & 0 \\ 0 & 0 & 0 & 1 & 0 \\ 0 & 0 & 0 & 0 & 1 \end{bmatrix} \begin{Bmatrix} u_1 \\ u_2 \\ u_3 \\ u_4 \\ u_5 \end{Bmatrix} \iff \{U^{(2)}\} = [C^{(2)}]\{U\} \tag{7.36}$$

4.1.2 Description et construction des éléments

1. **Premier élément** $e^{(1)}$:
   a. Maille géométrique : Le segment $I_1 = \left[0, \frac{L}{2}\right]$.
   b. Nœuds de calcul : Les trois nœuds de coordonnées $x = 0, x = \frac{L}{4}, x = \frac{L}{2}$.
   c. Base nodale : $(N_1^{(1)}, N_2^{(1)}, N_3^{(1)})$ définie par :

$$\begin{cases} N_1^{(1)}(x) = \dfrac{8}{L^2}\left(x - \dfrac{L}{4}\right)\left(x - \dfrac{L}{2}\right) \\ N_2^{(1)}(x) = -\dfrac{16}{L^2}x\left(x - \dfrac{L}{2}\right) \\ N_3^{(1)}(x) = \dfrac{8}{L^2}x\left(x - \dfrac{L}{4}\right) \end{cases}$$

2. **Deuxième élément** $e^{(2)}$:
   a. Maille géométrique : Le segment $I_2 = \left[\frac{L}{2}, L\right]$
   b. Nœuds de calcul : Les trois nœuds de coordonnées $x = \frac{L}{2}$, $x = \frac{3L}{4}$ et $x = L$.
   c. Base nodale : $(N_1^{(2)}, N_2^{(2)}, N_3^{(2)})$ définie par :

$$\begin{cases} N_1^{(1)}(x) = \dfrac{8}{L^2}\left(x - \dfrac{3L}{4}\right)(x-L) \\ N_2^{(1)}(x) = -\dfrac{16}{L^2}\left(x - \dfrac{L}{2}\right)(x-L) \\ N_3^{(1)}(x) = \dfrac{8}{L^2}\left(x - \dfrac{L}{2}\right)\left(x - \dfrac{3L}{4}\right) \end{cases}$$

4.2 Calcul des relations élémentaires

Profitons de cet exemple pour montrer l'intérêt de l'élément de référence $\widehat{e}$ pour le calcul des relations élémentaires en remarquant que, dans cette situation simple, l'approche est bien sûr un peu artificielle dans la mesure où il serait très facile de calculer directement les relations élémentaires.
Cela dit, le but est d'attirer l'attention du lecteur sur le fait que la méthode des éléments finis se prête bien à une automatisation des calculs. En effet, il ne faut pas perdre de vue que les relations élémentaires font intervenir des calculs d'intégrales et que, dans la pratique, le nombre de relations élémentaires à calculer peut-être considérable. Aussi, toute automatisation est la bienvenue. En utilisant un élément de référence, on montre en effet qu'il est possible de connaître toutes les matrices élémentaires à partir de la seule matrice élémentaire sur l'élément de référence.

4.2.1 Relation élémentaire sur l'élément de référence

Les caractéristiques de l'élément $\mathbb{P}_2$ de référence ont été données à la page 260, section 2.2.2.

Commençons donc par calculer la relation élémentaire sur l'élément de référence. Nous savons que cette relation élémentaire est de la forme

$$[\widehat{K}]\{U\} = \{\widehat{F}\}$$

où

$$[\widehat{K}] = \int_{-1}^{1} SE\,{}^{\mathbf{t}}[\widehat{B}(\xi)]\,[\widehat{B}(\xi)]\mathrm{d}\xi$$

c'est à dire

$$[\widehat{K}] = \int_{-1}^{1} SE\left\{\frac{\mathrm{d}\widehat{N}}{\mathrm{d}\xi}(\xi)\right\} < \frac{\mathrm{d}\widehat{N}}{\mathrm{d}\xi}(\xi) > \mathrm{d}\xi$$

et, pour le second membre

$$\{\widehat{B}\} = \int_{-1}^{1} f\big(x(\xi)\big)\left\{\frac{\mathrm{d}\widehat{N}}{\mathrm{d}\xi}(\xi)\right\}\mathrm{d}\xi$$

Évaluons donc la matrice $[\widehat{K}]$ et la colonne $\{\widehat{F}\}$:

1. Calcul de $[\widehat{K}]$: Commençons par calculer le produit $\left\{\frac{d\widehat{N}}{d\xi}(\xi)\right\} < \frac{d\widehat{N}}{d\xi}(\xi) >$:

$$\left\{\frac{d\widehat{N}}{d\xi}(\xi)\right\} < \frac{d\widehat{N}}{d\xi}(\xi) > = \begin{Bmatrix} \xi-\frac{1}{2} \\ -2\xi \\ \xi+\frac{1}{2} \end{Bmatrix} < \xi-\frac{1}{2}, -2\xi, \xi+\frac{1}{2} >$$
$$= \begin{bmatrix} \left(\xi-\frac{1}{2}\right)^2 & -2\left(\xi-\frac{1}{2}\right) & \left(\xi-\frac{1}{2}\right)\left(\xi+\frac{1}{2}\right) \\ -2\left(\xi-\frac{1}{2}\right) & 4\xi^2 & -2\xi\left(\xi+\frac{1}{2}\right) \\ \left(\xi-\frac{1}{2}\right)\left(\xi+\frac{1}{2}\right) & -2\xi & \left(\xi+\frac{1}{2}\right)\left(\xi+\frac{1}{2}\right)^2 \end{bmatrix}$$

donc

$$[\widehat{K}] = SE\int_{-1}^{1} \begin{bmatrix} \left(\xi-\frac{1}{2}\right)^2 & -2\left(\xi-\frac{1}{2}\right) & \left(\xi-\frac{1}{2}\right)\left(\xi+\frac{1}{2}\right) \\ -2\left(\xi-\frac{1}{2}\right) & 4\xi^2 & -2\xi\left(\xi+\frac{1}{2}\right) \\ \left(\xi-\frac{1}{2}\right)\left(\xi+\frac{1}{2}\right) & -2\xi & \left(\xi+\frac{1}{2}\right)\left(\xi+\frac{1}{2}\right)^2 \end{bmatrix} d\xi$$

soit, finalement, après intégration :

$$\boxed{[\widehat{K}] = \frac{SE}{6}\begin{bmatrix} 7 & -8 & 1 \\ -8 & 16 & -8 \\ 1 & -8 & 7 \end{bmatrix}} \quad (7.37)$$

2. Calcul de $\{\widehat{F}\}$: $\{\widehat{F}\} = \int_{-1}^{1} f\big(x(\xi)\big)\begin{Bmatrix} \xi-\frac{1}{2} \\ -2\xi \\ \xi+\frac{1}{2} \end{Bmatrix} d\xi$ et dans le cas particulier où la fonction f serait constante, on obtiendrait :

$$\{\widehat{F}\} = \frac{f}{3}\begin{Bmatrix} 1 \\ 4 \\ 1 \end{Bmatrix}$$

4.2.2 Relation élémentaire sur le premier élément $(e^{(1)})$

La matrice élémentaire $[K^{(1)}]$ et le second membre élémentaire $\{F^{(1)}\}$ sont maintenant calculés par changement de variable. En effet, la maille réelle $I_1 = \left[0, \frac{L}{2}\right]$ est mise en bijection avec la maille de référence $[-1,1]$ grâce à la bijection définie de $[-1,1]$ dans $\left[0, \frac{L}{2}\right]$ par $\xi \longmapsto x = x(\xi) = \frac{L}{4}\xi + \frac{L}{4}$. Remarquons qu'avec le choix du milieu du segment $[0, \frac{1}{2}]$ comme nœud de calcul supplémentaire, nous avons bien les correspondances biunivoques $-1 \leftrightarrow 0$, $0 \leftrightarrow \frac{L}{4}$ et $1 \leftrightarrow \frac{L}{2}$.
La matrice élémentaire sur l'élément $(e^{(1)})$ se calcule alors par la formule

$$[K^{(1)}] = \int_0^{\frac{L}{2}} SE\left\{\frac{dN^{(1)}}{dx}(x)\right\} < \frac{dN^{(1)}}{dx}(x) > dx$$

et cette matrice est donc calculée par changement de variable (licite puisque le changement de variable $\xi \longmapsto x = x(\xi) = \frac{L}{4}\xi + \frac{L}{4}$ est un $\mathscr{C}^1$- difféomorphisme strictement croissant de $[-1,1]$ dans $[0,1]$).

On a successivement :

$$\begin{cases} N(x) = N(x(\xi)) = \widehat{N}(\xi) \\ \dfrac{\mathrm{d}\xi}{\mathrm{d}x} = \dfrac{4}{L} \\ \mathrm{d}x = \dfrac{L}{4}\mathrm{d}\xi \\ \dfrac{\mathrm{d}N_i}{\mathrm{d}x}(x) = \dfrac{\mathrm{d}\widehat{N_i}}{\mathrm{d}\xi}(\xi)\dfrac{\mathrm{d}\xi}{\mathrm{d}x} = \dfrac{4}{L}\dfrac{\mathrm{d}\widehat{N_i}}{\mathrm{d}\xi}(\xi) \\ \left\{\dfrac{\mathrm{d}N}{\mathrm{d}x}(x)\right\} = \dfrac{4}{L}\left\{\dfrac{\mathrm{d}\widehat{N}}{\mathrm{d}\xi}(\xi)\right\} \\ <\dfrac{\mathrm{d}N}{\mathrm{d}x}(x)> = \dfrac{4}{L}<\dfrac{\mathrm{d}\widehat{N}}{\mathrm{d}\xi}(\xi)> \end{cases}$$

Finalement, on obtient

1. Pour $[K^{(1)}]$:

$$\begin{aligned} [K^{(1)}] &= \int_0^{\frac{L}{2}} SE\left\{\frac{\mathrm{d}N^{(1)}}{\mathrm{d}x}(x)\right\}<\frac{\mathrm{d}N^{(1)}}{\mathrm{d}x}(x)>\mathrm{d}x \\ &= \int_{-1}^{1} SE\left(\frac{4}{L}\left\{\frac{\mathrm{d}\widehat{N}}{\mathrm{d}\xi}(\xi)\right\}\frac{4}{L}<\frac{\mathrm{d}\widehat{N}}{\mathrm{d}\xi}(\xi)>\right)\frac{L}{4}\mathrm{d}\xi \\ &= \frac{4}{L}\int_{-1}^{1} SE\left\{\frac{\mathrm{d}\widehat{N}}{\mathrm{d}\xi}(\xi)\right\}<\frac{\mathrm{d}\widehat{N}}{\mathrm{d}\xi}(\xi)>\mathrm{d}\xi \\ &= \frac{4SE}{L}[\widehat{K}] \end{aligned}$$

Autrement dit :

$$\boxed{[K^{(1)}] = \frac{4SE}{L}[\widehat{K}] = \frac{2SE}{3L}\begin{bmatrix} 7 & -8 & 1 \\ -8 & 16 & -8 \\ 1 & -8 & 7 \end{bmatrix}} \tag{7.38}$$

2. Pour $\{F^{(1)}\}$:

$$\begin{aligned} \{F^{(1)}\} &= \int_0^{\frac{L}{2}} f(x)\{N(x)\}\,\mathrm{d}x \\ &= \int_{-1}^{1} \big(x(\xi)\big)\{\widehat{N}(\xi)\}\frac{L}{4}\mathrm{d}\xi \\ &= \frac{L}{4}\{\widehat{F}\} \end{aligned}$$

Autrement dit

$$\boxed{\{F^{(1)}\} = \frac{L}{4}\{\widehat{F}\}} \tag{7.39}$$

et, dans le cas particulier où la fonction f serait constante, on obtiendrait :

$$\{F^{(1)}\} = \frac{fL}{12}\begin{Bmatrix} 1 \\ 4 \\ 1 \end{Bmatrix}$$

Finalement, on obtient la relation élémentaire sur l'élément $e^{(1)}$:

$$\frac{2SE}{3L}\begin{bmatrix} 7 & -8 & 1 \\ -8 & 16 & -8 \\ 1 & -8 & 7 \end{bmatrix}\begin{Bmatrix} u_1^{(1)} \\ u_2^{(1)} \\ u_3^{(1)} \end{Bmatrix} = \int_{-1}^{1} f\big(x(\xi)\big)\begin{Bmatrix} \frac{\xi(\xi-1)}{2} \\ 1-\xi^2 \\ \frac{\xi(\xi-1)}{2} \end{Bmatrix} \mathrm{d}\xi \tag{7.40}$$

et, toujours dans le cas particulier où la fonction f serait constante, on obtiendrait :

$$\frac{2SE}{3L}\begin{bmatrix} 7 & -8 & 1 \\ -8 & 16 & -8 \\ 1 & -8 & 7 \end{bmatrix}\begin{Bmatrix} u_1^{(1)} \\ u_2^{(1)} \\ u_3^{(1)} \end{Bmatrix} = \frac{fL}{12}\begin{Bmatrix} 1 \\ 4 \\ 1 \end{Bmatrix}$$

4.2.3 Relation élémentaire sur le deuxième élément ($e^{(2)}$)

Des calculs semblables, utilisant le changement de variable $\xi \longmapsto x = x(\xi) = \dfrac{L}{4}\xi + \dfrac{3L}{4}$ conduisent à la relation élémentaire :

$$\frac{2SE}{3L}\begin{bmatrix} 7 & -8 & 1 \\ -8 & 16 & -8 \\ 1 & -8 & 7 \end{bmatrix}\begin{Bmatrix} u_1^{(2)} \\ u_2^{(2)} \\ u_3^{(2)} \end{Bmatrix} = \int_{-1}^{1} f\big(x(\xi)\big)\begin{Bmatrix} \frac{\xi(\xi-1)}{2} \\ 1-\xi^2 \\ \frac{\xi(\xi-1)}{2} \end{Bmatrix} \mathrm{d}\xi + \begin{Bmatrix} 0 \\ 0 \\ F_L \end{Bmatrix} \tag{7.41}$$

et, toujours dans le cas particulier où la fonction f serait constante, on obtiendrait :

$$\frac{2SE}{3L}\begin{bmatrix} 7 & -8 & 1 \\ -8 & 16 & -8 \\ 1 & -8 & 7 \end{bmatrix}\begin{Bmatrix} u_1^{(2)} \\ u_2^{(2)} \\ u_3^{(2)} \end{Bmatrix} = \frac{fL}{12}\begin{Bmatrix} 1 \\ 4 \\ 1 \end{Bmatrix} + \begin{Bmatrix} 0 \\ 0 \\ F_L \end{Bmatrix}$$

4.3 Assemblage des relations élémentaires

L'assemblage est proposé dans le cas où f est constante.
Commençons par construire les deux matrices de connexion $[C^{(1)}]$ et $[C^{(2)}]$ associées aux deux éléments $e^{(1)}$ et $e^{(2)}$.

$$\begin{Bmatrix} u_1^{(1)} \\ u_2^{(1)} \\ u_3^{(1)} \end{Bmatrix} = \begin{bmatrix} 1 & 0 & 0 & 0 & 0 \\ 0 & 1 & 0 & 0 & 0 \\ 0 & 0 & 1 & 0 & 0 \end{bmatrix}\begin{Bmatrix} u_1 \\ u_2 \\ u_3 \\ u_4 \\ u_5 \end{Bmatrix} \iff \{U^{(1)}\} = [C^{(1)}]\{U\}$$

$$\begin{Bmatrix} u_1^{(2)} \\ u_2^{(2)} \\ u_3^{(2)} \end{Bmatrix} = \begin{bmatrix} 0 & 0 & 1 & 0 & 0 \\ 0 & 0 & 0 & 1 & 0 \\ 0 & 0 & 0 & 0 & 1 \end{bmatrix}\begin{Bmatrix} u_1 \\ u_2 \\ u_3 \\ u_4 \\ u_5 \end{Bmatrix} \iff \{U^{(2)}\} = [C^{(2)}]\{U\}$$

Il nous reste alors à calculer la matrice globale $[K]$ et le second membre global $\{F\}$ par les formules

$$\left\{\begin{array}{l}[K] = {}^{\mathbf{t}}[C^{(1)}][K^{(1)}][C^{(1)}] + {}^{\mathbf{t}}[C^{(2)}][K^{(2)}][C^{(2)}] \\ \{F\} = {}^{\mathbf{t}}[C^{(1)}]\{B^{(1)}\} + {}^{\mathbf{t}}[C^{(2)}]\{B^{(2)}\}\end{array}\right.$$

ce qui donne,

$$[K] = \frac{2SE}{3L}\begin{bmatrix} 7 & -8 & 1 & 0 & 0 \\ -8 & 16 & -8 & 0 & 0 \\ 1 & -8 & 7 & 0 & 0 \\ 0 & 0 & 0 & 0 & 0 \\ 0 & 0 & 0 & 0 & 0 \end{bmatrix} + \frac{2SE}{3L}\begin{bmatrix} 0 & 0 & 0 & 0 & 0 \\ 0 & 0 & 0 & 0 & 0 \\ 0 & 0 & 7 & -8 & 1 \\ 0 & 0 & -8 & 16 & -8 \\ 0 & 0 & 1 & -8 & 7 \end{bmatrix}$$

$$[K] = \frac{2SE}{3L}\begin{bmatrix} 7 & -8 & 1 & 0 & 0 \\ -8 & 16 & -8 & 0 & 0 \\ 1 & -8 & 14 & -8 & 1 \\ 0 & 0 & -8 & 16 & -8 \\ 0 & 0 & 1 & -8 & 7 \end{bmatrix}$$

et

$$\{F\} = \frac{fL}{12}\begin{Bmatrix} 1 \\ 4 \\ 1 \\ 0 \\ 0 \end{Bmatrix} + \frac{f}{12}\begin{Bmatrix} 0 \\ 0 \\ 1 \\ 4 \\ 1 \end{Bmatrix} + \begin{Bmatrix} 0 \\ 0 \\ 0 \\ 0 \\ F_L \end{Bmatrix} = \frac{fL}{12}\begin{Bmatrix} 1 \\ 4 \\ 2 \\ 4 \\ 1 \end{Bmatrix} + \begin{Bmatrix} 0 \\ 0 \\ 0 \\ 0 \\ F_L \end{Bmatrix}$$

D'où l'équation matricielle après assemblage

$$\boxed{\frac{2SE}{3L}\begin{bmatrix} 7 & -8 & 1 & 0 & 0 \\ -8 & 16 & -8 & 0 & 0 \\ 1 & -8 & 14 & -8 & 1 \\ 0 & 0 & -8 & 16 & -8 \\ 0 & 0 & 1 & -8 & 7 \end{bmatrix}\begin{Bmatrix} u_1 \\ u_2 \\ u_3 \\ u_4 \\ u_5 \end{Bmatrix} = \frac{fL}{12}\begin{Bmatrix} 1 \\ 4 \\ 2 \\ 4 \\ 1 \end{Bmatrix} + \begin{Bmatrix} 0 \\ 0 \\ 0 \\ 0 \\ F_L \end{Bmatrix}} \tag{7.42}$$

4.4 Prise en compte des conditions aux limites et résolution

Le système global ne contient que 4 inconnues puisque $u_1 = 0$ est connu. Sa résolution peut être faite par blocs en écrivant

$$\frac{2SE}{3L}\left[\begin{array}{c|cccc} 7 & -8 & 1 & 0 & 0 \\ \hline -8 & 16 & -8 & 0 & 0 \\ 1 & -8 & 14 & -8 & 1 \\ 0 & 0 & -8 & 16 & -8 \\ 0 & 0 & 1 & -8 & 7 \end{array}\right]\left\{\begin{array}{c} 0 \\ \hline u_2 \\ u_3 \\ u_4 \\ u_5 \end{array}\right\} = \frac{fL}{12}\left\{\begin{array}{c} 1 \\ \hline 4 \\ 2 \\ 4 \\ 1 \end{array}\right\} + \left\{\begin{array}{c} 0 \\ \hline 0 \\ 0 \\ 0 \\ F_L \end{array}\right\}$$

ce qui conduit à résoudre L'équation matricielle suivante dont la matrice est inversible (son déterminant est non nul) :

$$\frac{2SE}{3L}\begin{bmatrix} 16 & -8 & 0 & 0 \\ -8 & 14 & -8 & 1 \\ 0 & -8 & 16 & -8 \\ 0 & 1 & -8 & 7 \end{bmatrix}\begin{Bmatrix} u_2 \\ u_3 \\ u_4 \\ u_5 \end{Bmatrix} = \frac{fL}{12}\begin{Bmatrix} 4 \\ 2 \\ 4 \\ 1 \end{Bmatrix} + \begin{Bmatrix} 0 \\ 0 \\ 0 \\ F_L \end{Bmatrix}$$

c'est-à-dire qu'on obtient

$$\boxed{\begin{Bmatrix} u_2 \\ u_3 \\ u_4 \\ u_5 \end{Bmatrix} = \left(\frac{2SE}{3L} \begin{bmatrix} 16 & -8 & 0 & 0 \\ -8 & 14 & -8 & 1 \\ 0 & -8 & 16 & -8 \\ 0 & 1 & -8 & 7 \end{bmatrix} \right)^{-1} \left(\frac{fL}{12} \begin{Bmatrix} 4 \\ 2 \\ 4 \\ 1 \end{Bmatrix} + \begin{Bmatrix} 0 \\ 0 \\ 0 \\ F_L \end{Bmatrix} \right)}$$

Remarque. Dans le cas où u_1 ne serait pas nul, $u_1 = \alpha$ avec $\alpha \neq 0$, on obtiendrait :

$$\begin{Bmatrix} u_2 \\ u_3 \\ u_4 \\ u_5 \end{Bmatrix} = \left(\frac{2SE}{3L} \begin{bmatrix} 16 & -8 & 0 & 0 \\ -8 & 14 & -8 & 1 \\ 0 & -8 & 16 & -8 \\ 0 & 1 & -8 & 7 \end{bmatrix} \right)^{-1} \left(\frac{fL}{12} \begin{Bmatrix} 4 \\ 2 \\ 4 \\ 1 \end{Bmatrix} + \begin{Bmatrix} 0 \\ 0 \\ 0 \\ F_L \end{Bmatrix} + \frac{2SE}{3L} \begin{Bmatrix} 8\alpha \\ -\alpha \\ 0 \\ 0 \end{Bmatrix} \right)$$

5 Exemple d'utilisation d'éléments finis $\mathbb{P}_3$ de Hermite : problème de la poutre

Il s'agit de l'exemple d'une poutre en flexion pure et le lecteur est renvoyé au chapitre suivant consacré aux applications de la méthode des éléments finis et à la section 2 page 321 dans laquelle cet exemple est détaillé.

6 Exemple d'utilisation d'éléments finis $\mathbb{T}_3$ de Lagrange : problème de la membrane

6.1 Simplification du modèle et construction des éléments

Nous allons ici profiter de symétries de manière à limiter au maximum le nombre de degrés de liberté et donc la taille du système à résoudre. Comme le montre la figure 7.16, le modèle présente deux axes de symétrie (les droites d'équations $y = x$ et $y = 1 - x$) ce qui permet de se limiter à 4 éléments finis désignés par e_1, e_2, e_3 et e_4.

Sur la figure apparaissent aussi les numéros attribués aux nœuds de calcul en numérotation globale, information dont on aura besoin au moment de la construction de la table de connexion.

D'autre part, le maillage a été construit de telle sorte que la maille T_2 est obtenue à partir de la maille T_1 par une translation puis une rotation, la maille T_3 est obtenue à partir de la maille T_1 par une translation et la maille T_4 est obtenue à partir de la maille T_1 par une translation, toutes ces transformations étant des isométries. La correspondance entre la numérotation globale et les numérotations locales est illustrée à droite dans la figure 7.16 et la table de connexion est donnée dans le tableau 7.3.

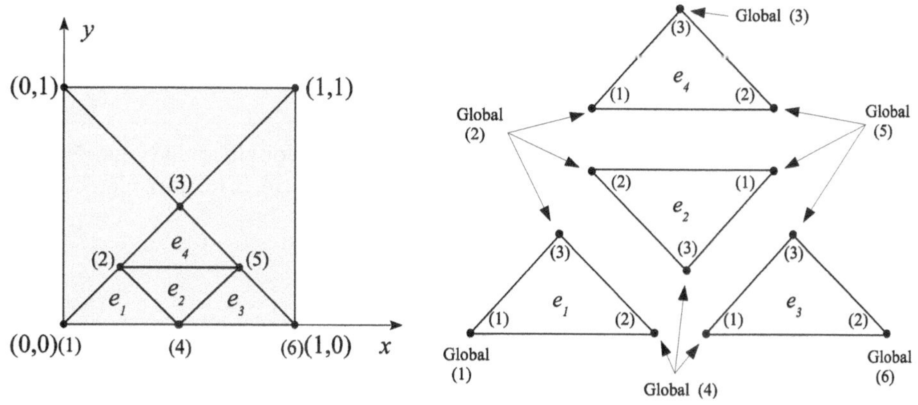

FIGURE 7.16 – Simplification du modèle éléments finis et correspondance entre la numérotation globale et les numérotations locales

Numérotation globale	1	2	3	4	5	6
Numérotation locale $e1$	1	3		2		
Numérotation locale $e2$		2		3	1	
Numérotation locale $e3$				1	3	2
Numérotation locale $e4$		1	3		2	

TABLE 7.3 – Table de connexion

Ce choix de numérotation est destiné à faire en sorte que, lors de la correspondance géométrique entre les mailles T_2, T_3, T_4 et T_1, les numéros des nœuds de calcul se correspondent aussi.
L'intérêt de cette précaution est d'assurer, comme nous le verrons, que les matrices élémentaires soient parfaitement égales sur les quatre éléments finis.
A priori, le problème comportait 13 inconnues : 13 nœuds de calcul auxquels sont attachés 13 degrés de liberté.
Si l'on tient compte des conditions aux limites sur le bord, le nombre d'inconnues se réduit à 5, le nombre de nœuds de calcul intérieurs. Enfin, l'utilisation de symétries réduit finalement le problème à 3 inconnues correspondant aux degrés de liberté numérotés (2), (3) et (5). Cela dit, comme nous allons travailler sur le triangle dont les sommets sont les nœuds (1), (6), (3), nous travaillerons a priori avec 6 degrés de liberté.

Comme d'habitude, désignons par

$$< U > = < u_1, u_2, u_3, u_4, u_5, u_6 >$$

les degrés de liberté globaux et, pour $k \in \{1,2,3,4\}$, par

$$< U^{(k)} > = < u_1^{(k)}, u_2^{(k)}, u_3^{(k)} >$$

les degrés de liberté locaux.

6.2 Calcul des relations élémentaires

6.2.1 Expression générale

Proposition 67. Sur un élément fini $\mathbb{T}_3$ de Lagrange $e^{(k)}$, dont la maille géométrique est notée T_k et auquel sont associés $n_{ddl} = 3$ degrés de liberté, la relation élémentaire est de la forme

$$[K^{(k)}]\{U^{(k)}\} = \{F^{(k)}\}$$

où

1. $[K^{(k)}]$ est la matrice élémentaire réelle, carrée, symétrique de $n_{ddl} = 3$ lignes par $n_{ddl} = 3$ colonnes, donnée par

$$[K^{(k)}] = \lambda \iint_{T_k} {}^{\mathbf{t}}[B(x,y)]\,[B(x,y)]\,\mathrm{d}x\,\mathrm{d}y$$

où l'on a posé $[B(x,y)] =< \overrightarrow{\nabla N}(x,y) >$.

2. $\{F^{(k)}\}$ est une matrice colonne, de $n_{ddl} = 3$ lignes, donnée par

$$\{F^{(k)}\} = \iint_{T_k} q(x,y)\{N(x,y)\}\,\mathrm{d}x\,\mathrm{d}y$$

Démonstration.
Sur l'élément, on dispose des interpolations nodales de u et u^* sous la forme

$$u(x,y) =< N(x,y) > \{U\} \quad \text{et} \quad u^*(x,y) =< N(x,y) > \{U^*\}$$

Le gradient de u s'exprime sous la forme

$$\overrightarrow{\nabla u}(x,y) =< \overrightarrow{\nabla N}(x,y) > \{U\}$$

et on écrira par la suite $[B(x,y)] =< \overrightarrow{\nabla N}(x,y) >$ en remarquant que cette expression désigne une ligne dont les composantes sont des colonnes, autrement dit une matrice. Précisément :

$$\begin{aligned}
\overrightarrow{\nabla u}(x,y) &= < \overrightarrow{\nabla N_1}(x,y), \overrightarrow{\nabla N_2}(x,y), \overrightarrow{\nabla N_3}(x,y) > \{U\} \\
&= \begin{bmatrix} \dfrac{\partial N_1}{\partial x}(x,y) & \dfrac{\partial N_2}{\partial x}(x,y) & \dfrac{\partial N_3}{\partial x}(x,y) \\ \dfrac{\partial N_1}{\partial y}(x,y) & \dfrac{\partial N_2}{\partial y}(x,y) & \dfrac{\partial N_3}{\partial y}(x,y) \end{bmatrix} \begin{Bmatrix} u_1 \\ u_2 \\ u_3 \end{Bmatrix}
\end{aligned}$$

Enfin, le produit scalaire $\overrightarrow{\nabla u}(x,y) \cdot \overrightarrow{\nabla u^*}(x,y)$ s'écrit

$$\begin{aligned}
\overrightarrow{\nabla u}(x,y) \cdot \overrightarrow{\nabla u^*}(x,y) &= {}^{\mathbf{t}}\Big([B(x,y)]\{U^*\}\Big)\Big([B(x,y)]\{U\}\Big) \\
&= < U^* > {}^{\mathbf{t}}[B(x,y)]\,[B(x,y)]\{U\}
\end{aligned}$$

La forme discrétisée de la formulation faible sur l'élément fini s'exprime alors, pour tout vecteur $< U^* >$:

$$< U^* > \left(\lambda \iint_{T_k} {}^t[B(x,y)]\,[B(x,y)]\,\mathrm{d}x\,\mathrm{d}y \right)\{U\} = < U^* > \left(\iint_{T_k} q(x,y)\{N(x,y)\}\,\mathrm{d}x\,\mathrm{d}y \right)$$

et cette relation étant vraie pour tout vecteur $< U^* >$, la relation élémentaire est

$$\left(\lambda \iint_{T_k} {}^t[B(x,y)]\,[B(x,y)]\,\mathrm{d}x\,\mathrm{d}y \right)\{U\} = \iint_{T_k} q(x,y)\{N(x,y)\}\,\mathrm{d}x\,\mathrm{d}y$$

□

6.2.2 Relation élémentaire sur l'élément $e^{(1)}$

Commençons par décrire complètement le premier élément $e^{(1)}$ qui est défini par :

1. La maille géométrique triangulaire T_1 de sommets (1), (2), (4) en numérotation globale de coordonnées respectives $(0,0)$, $\left(\frac{1}{2},0\right)$ et $\left(\frac{1}{4},\frac{1}{4}\right)$.
2. L'ensemble des trois nœuds de calcul formé des trois sommets (1), (2), (4) en numérotation globale de coordonnées respectives $(0,0)$, $\left(\frac{1}{2},0\right)$ et $\left(\frac{1}{4},\frac{1}{4}\right)$.
3. La base nodale $(N_1^{(1)}, N_2^{(1)}, N_3^{(1)})$ définie par :

$$\left\{ \begin{array}{l} N_1^{(1)}(x,y) = 1 - 2x - 2y \\ N_2^{(1)}(x,y) = 2x - 2y \\ N_3^{(1)}(x,y) = 4y \end{array} \right.$$

Détaillons le calcul de la fonction $N_1^{(1)}$ qui est de la forme $N_1^{(1)}(x,y) = a_1 + b_1 x + c_1 y$ et définie par (voir la méthode générale page 264)

$$\left\{ \begin{array}{l} N_1(0,0) = 1 \\ N_1\left(\frac{1}{2},0\right) = 0 \\ N_1\left(\frac{1}{4},\frac{1}{4}\right) = 0 \end{array} \right. \iff \begin{bmatrix} 1 & 0 & 0 \\ 1 & \frac{1}{2} & 0 \\ 1 & \frac{1}{4} & \frac{1}{4} \end{bmatrix} \begin{Bmatrix} a_1 \\ b_1 \\ c_1 \end{Bmatrix} = \begin{Bmatrix} 1 \\ 0 \\ 0 \end{Bmatrix} \iff \begin{Bmatrix} a_1 \\ b_1 \\ c_1 \end{Bmatrix} = \begin{Bmatrix} 1 \\ -2 \\ -2 \end{Bmatrix}$$

donc $N_1^{(1)}(x,y) = 1 - 2x - 2y$.

On peut maintenant calculer la relation élémentaire sur $e^{(1)}$. Commençons par calculer

$$[K^{(1)}] = \iint_{T_1} {}^t[B(x,y)]\,[B(x,y)]\,\mathrm{d}x\,\mathrm{d}y$$

avec

$$[B(x,y)] = \begin{bmatrix} \dfrac{\partial N_1}{\partial x}(x,y) & \dfrac{\partial N_2}{\partial x}(x,y) & \dfrac{\partial N_3}{\partial x}(x,y) \\ \dfrac{\partial N_1}{\partial y}(x,y) & \dfrac{\partial N_2}{\partial y}(x,y) & \dfrac{\partial N_3}{\partial y}(x,y) \end{bmatrix} = \begin{bmatrix} -2 & 2 & 0 \\ -2 & -2 & 4 \end{bmatrix}$$

D'où la matrice élémentaire sur le premier élément :

$$[K]^{(1)} = \lambda \iint_{T_1} \begin{bmatrix} 8 & 0 & -8 \\ 0 & 8 & -8 \\ -8 & -8 & 16 \end{bmatrix} \mathrm{d}x\,\mathrm{d}y = \lambda \begin{bmatrix} 8 & 0 & -8 \\ 0 & 8 & -8 \\ -8 & -8 & 16 \end{bmatrix} \iint_{T_1} \mathrm{d}x\,\mathrm{d}y$$

or $\iint_{T_1} 1\,\mathrm{d}x\,\mathrm{d}y = \frac{1}{16}$ car cette intégrale double évalue le volume d'un prisme droit de base triangulaire (le triangle T_1) de hauteur 1, autrement dit son volume est

$$\left(\frac{1}{2}\times\frac{1}{2}\times\frac{1}{4}\right)\times 1 = \frac{1}{16}$$

Donc

$$[K]^{(1)} = \frac{\lambda}{16}\begin{bmatrix} 8 & 0 & -8 \\ 0 & 8 & -8 \\ -8 & -8 & 16 \end{bmatrix} = \frac{\lambda}{2}\begin{bmatrix} 1 & 0 & -1 \\ 0 & 1 & -1 \\ -1 & -1 & 2 \end{bmatrix}$$

Enfin, le calcul du second membre conduit à évaluer, en supposant q constant :

$$\{F\}^{(1)} = q\iint_{T_1}\begin{Bmatrix} N_1^{(1)}(x,y) \\ N_2^{(1)}(x,y) \\ N_3^{(1)}(x,y) \end{Bmatrix}\mathrm{d}x\,\mathrm{d}y = \frac{q}{48}\begin{Bmatrix} 1 \\ 1 \\ 1 \end{Bmatrix}$$

car les intégrales doubles $\iint_{T_1} N_i^{(1)}(x,y)\,\mathrm{d}x\,\mathrm{d}y$ évaluent le volume d'une pyramide de base triangulaire (le triangle T_1 d'aire $\frac{1}{2}\times\frac{1}{2}\times\frac{1}{4} = \frac{1}{16}$) et de hauteur 1 (en raison du fait que $N_i^{(1)}$ est une fonction de nase nodale), soit $\frac{1}{3}\times\frac{1}{16}\times 1 = \frac{1}{48}$.

Finalement, on obtient la relation élémentaire sur $e^{(1)}$ (pour q constant)

$$\boxed{\frac{\lambda}{2}\begin{bmatrix} 1 & 0 & -1 \\ 0 & 1 & -1 \\ -1 & -1 & 2 \end{bmatrix}\begin{Bmatrix} u_1^{(1)} \\ u_2^{(1)} \\ u_3^{(1)} \end{Bmatrix} = \frac{q}{48}\begin{Bmatrix} 1 \\ 1 \\ 1 \end{Bmatrix}}$$

6.2.3 Sur les éléments $e^{(2)}$, $e^{(3)}$ et $e^{(4)}$

On démontre sans difficulté et par la même méthode que les relations élémentaires sont les mêmes que celle obtenue sur $e^{(1)}$, c'est à dire que pour $k \in \{2,3,4\}$ on obtient

$$\boxed{\frac{\lambda}{2}\begin{bmatrix} 1 & 0 & -1 \\ 0 & 1 & -1 \\ -1 & -1 & 2 \end{bmatrix}\begin{Bmatrix} u_1^{(k)} \\ u_2^{(k)} \\ u_3^{(k)} \end{Bmatrix} = \frac{q}{48}\begin{Bmatrix} 1 \\ 1 \\ 1 \end{Bmatrix}}$$

Il est aussi possible de profiter du fait que nous avons pris soin de construire les éléments finis $e^{(2)}$, $e^{(3)}$ et $e^{(4)}$ pour que les mailles géométriques soient images de T_1 par des isométries et pour que les nœuds de calcul se correspondent aussi par ces isométries. Dans ces conditions, on peut s'appuyer sur ce résultat général :

> **Proposition 68.** Soit $\widehat{e}$ l'élément fini $\mathbb{T}_3$ de Lagrange de référence et e un élément fini $\mathbb{T}_3$ de Lagrange dont la maille triangulaire est semblable à la maille de référence. Alors les matrices élémentaires $[\widehat{K}]$ (sur l'élément de référence) et $[K]$ (sur l'élément réel) sont égales.

Démonstration.
Sur l'élément fini $\mathbb{T}_3$ de référence, noté $\widehat{e}$, on note $\widehat{T}$ la maille géométrique et $[\widehat{K}]$ la matrice élémentaire associée :

$$[\widehat{K}] = \iint_{\widehat{T}} {}^{\mathbf{t}}[\widehat{B}(\xi,\eta)][\widehat{B}(\xi,\eta)]\,\mathrm{d}\xi\,\mathrm{d}\eta$$

On cherche à calculer la matrice élémentaire $[K]$ associée à une maille géométrique T semblable à la maille géométrique $\widehat{T}$ de référence.
Pour cela on utilise la technique de l'isoparamétrie (voir page 267) en construisant le changement de variable bijectif entre le triangle de référence $\widehat{T}$ (variables notées (ξ,η)) et le triangle T (variables notées (x,y)) en utilisant la base nodale $(\widehat{N}_1(\xi,\eta), \widehat{N}_2(\xi,\eta), \widehat{N}_3(\xi,\eta))$ associée à l'élément de référence

$$\begin{Bmatrix} x \\ y \end{Bmatrix} = \varphi\left(\begin{Bmatrix} \xi \\ \eta \end{Bmatrix}\right) \iff \begin{Bmatrix} x(\xi,\eta) \\ y(\xi,\eta) \end{Bmatrix} = \begin{Bmatrix} a_1 \\ b_1 \end{Bmatrix} N_1(\xi,\eta) + \begin{Bmatrix} a_2 \\ b_2 \end{Bmatrix} N_2(\xi,\eta) + \begin{Bmatrix} a_3 \\ b_3 \end{Bmatrix} N_3(\xi,\eta)$$

En reprenant la démonstration faite à la page 267, on démontre que le déterminant de la matrice jacobienne du changement de variable

$$[J] = \left[\frac{D(x,y)}{D(\xi,\eta)}\right] = \begin{bmatrix} \dfrac{\partial x}{\partial \xi} & \dfrac{\partial x}{\partial \eta} \\ \dfrac{\partial y}{\partial \xi} & \dfrac{\partial y}{\partial \eta} \end{bmatrix}$$

vérifie $|\det[J]| = k^2$ dans le cas où T est semblable, avec un rapport de similitude de $k > 0$, au triangle de référence $\widehat{T}$.
Cherchons maintenant à évaluer la matrice $[K] = \iint_T {}^{\mathbf{t}}[B(x,y)][B(x,y)]\,\mathrm{d}x\,\mathrm{d}y$.
Les formules de changement de variables s'écrivent :

$$\begin{Bmatrix} \dfrac{\partial}{\partial x} \\ \dfrac{\partial}{\partial y} \end{Bmatrix} = \begin{bmatrix} \dfrac{\partial \xi}{\partial x} & \dfrac{\partial \eta}{\partial x} \\ \dfrac{\partial \xi}{\partial y} & \dfrac{\partial \eta}{\partial y} \end{bmatrix} \begin{Bmatrix} \dfrac{\partial}{\partial \xi} \\ \dfrac{\partial}{\partial \eta} \end{Bmatrix} \iff \begin{Bmatrix} \dfrac{\partial}{\partial x} \\ \dfrac{\partial}{\partial y} \end{Bmatrix} = [J]^{-\mathbf{t}} \begin{Bmatrix} \dfrac{\partial}{\partial \xi} \\ \dfrac{\partial}{\partial \eta} \end{Bmatrix}$$

où l'on a noté $[J]^{-\mathbf{t}} = {}^{\mathbf{t}}\left([J]^{-1}\right)$ la transposée de l'inverse de la matrice jacobienne, c'est-à-dire :

$$[J]^{-1} = \left[\frac{D(\xi,\eta)}{D(x,y)}\right] = \begin{bmatrix} \dfrac{\partial \xi}{\partial x} & \dfrac{\partial \xi}{\partial y} \\ \dfrac{\partial \eta}{\partial x} & \dfrac{\partial \eta}{\partial y} \end{bmatrix}$$

$${}^{\mathbf{t}}\left([J]^{-1}\right) = [J]^{-\mathbf{t}} = \begin{bmatrix} \dfrac{\partial \xi}{\partial x} & \dfrac{\partial \eta}{\partial x} \\ \dfrac{\partial \xi}{\partial y} & \dfrac{\partial \eta}{\partial y} \end{bmatrix}$$

Par conséquent, l'expression

$$[B(x,y)] = <\overrightarrow{\nabla N}(x,y)> = \left\{ \begin{array}{c} \dfrac{\partial}{\partial x} \\ \dfrac{\partial}{\partial y} \end{array} \right\} < N_1(x,y), N_2(x,y), N_3(x,y) >$$

prend la forme, après changement de variables,

$$[B(x,y)] = [J]^{-\mathbf{t}} \left\{ \begin{array}{c} \dfrac{\partial}{\partial \xi} \\ \dfrac{\partial}{\partial \eta} \end{array} \right\} < \widehat{N}_1(\xi,\eta), \widehat{N}_2(\xi,\eta), \widehat{N}_3(\xi,\eta) > = [J]^{-\mathbf{t}}[\widehat{B}]$$

Finalement, l'expression de la matrice $[K]$ devient

$$[K] = \iint_{\widehat{T}} {}^{\mathbf{t}}\left([J]^{-\mathbf{t}}[\widehat{B}]\right)[J]^{-\mathbf{t}}[\widehat{B}] \left| \det\left[\frac{D(x,y)}{D(\xi,\eta)}\right]\right| \mathrm{d}\xi\,\mathrm{d}\eta$$

$$[K] = \iint_{\widehat{T}} {}^{\mathbf{t}}[\widehat{B}][J]^{-1}[J]^{-\mathbf{t}}[\widehat{B}] \left| \det\left[\frac{D(x,y)}{D(\xi,\eta)}\right]\right| \mathrm{d}\xi\,\mathrm{d}\eta$$

Autrement dit :

$$[K] = \iint_{\widehat{T}} {}^{\mathbf{t}}[\widehat{B}][J]^{-1}\,[J]^{-\mathbf{t}}\widehat{B}]\,|\det[J]|\,\mathrm{d}\xi\,\mathrm{d}\eta \quad (\star)$$

Dans le cas particulier des deux triangles semblables, on a (en notant $[I]$ la matrice identité) $[J] = k[I] \iff [J]^{-1} = [J]^{-\mathbf{t}} = \dfrac{1}{k}[I]$ et comme $\det[J] = k^2$, cela permet de simplifier la relation $(\star)$ en $[K] = \iint_{\widehat{T}} {}^{\mathbf{t}}[\widehat{B}][\widehat{B}]\,\mathrm{d}\xi\,\mathrm{d}\eta = [\widehat{K}]$ □

6.3 Assemblage des relations élémentaires

Cherchons maintenant à construire la matrice globale du système $[K]\{U\} = \{F\}$ qui permet de déterminer les inconnues du problème.

En dimension 1, nous avons utilisé des matrices de connexion pour réaliser l'assemblage. Cette méthode est encore possible ici mais se révèlerait fastidieuse en raison de la taille des matrices à manipuler. C'est pourquoi nous proposons une méthode très efficace et économique qui utilise directement la table de connexion 7.3 page 289 qui est rappelée ci-dessous :

Numérotation globale	1	2	3	4	5	6
Numérotation locale $e1$	1	3		2		
Numérotation locale $e2$		2		3	1	
Numérotation locale $e3$				1	3	2
Numérotation locale $e4$		1	3		2	

On sait que la matrice globale est carrée, symétrique et de 6 lignes par 6 colonnes. Nous cherchons à calculer ses coefficients k_{ij} en fonction des coefficients $k_{ij}^{(1)}$, $k_{ij}^{(2)}$, $k_{ij}^{(3)}$ et $k_{ij}^{(4)}$

des quatre matrices élémentaires associées à chacun des éléments $e^{(1)}$, $e^{(2)}$ et $e^{(3)}$ et $e^{(4)}$ qui sont, rappelons le, toutes égales. Voyons comment procéder :

1. **Calcul de** k_{11} :
   Dans la table de connexion, on regarde la première colonne (parce qu'on cherche à calculer k_{11}). Dans cette colonne, seule la première ligne contient le numéro 1, ce qui indique deux choses :
   a. Première ligne → élément $e^{(1)}$ → matrice $[K^{(1)}]$
   b. Numéro 1 → coefficient $k_{11}^{(1)}$ de la matrice élémentaire $[K^{(1)}]$

   Donc $\boxed{k_{11} = k_{11}^{(1)} = 1}$.
2. **Calcul de** $k_{12} = k_{21}$:
   Dans la table de connexion, on regarde les deux colonnes numérotées 1 et 2 (parce qu'on cherche à calculer $k_{12} = k_{21}$). Dans ces deux colonnes, seules les deux premières lignes contiennent des numéros adjacents : la première ligne contient les numéros $2-3$ et la seconde contient les numéros $1-2$, ce qui nous donne les informations suivantes :
   a. Première ligne → élément $e^{(1)}$ → matrice $[K^{(1)}]$
   b. Numéros $2-3$ → il faut prendre le coefficient $k_{23}^{(1)} = k_{32}^{(1)}$ de la matrice élémentaire $[K^{(1)}]$
   c. Deuxième ligne → élément $e^{(2)}$ → matrice $[K^{(2)}]$
   d. Numéros $1-2$ → il faut prendre le coefficient $k_{12}^{(2)} = k_{21}^{(2)}$ de la matrice élémentaire $[K^{(2)}]$

   Enfin, on ajoute les coefficients. Donc $\boxed{k_{12} = k_{23}^{(1)} + k_{12}^{(2)} = -1+0 = -1}$.
3. les autres coefficients se calculent de la même manière.

Enfin, le calcul des coefficients f_i du second membre $\{F\}$ suit la même logique que le calcul des coefficients diagonaux de la matrice $[K]$. Par exemple :

$$\boxed{f_1 = f_1^{(1)} = 1} \quad \text{et} \quad \boxed{f_3 = f_3^{(1)} + f_2^{(2)} + f_1^{(3)} = 1+1+1 = 3}$$

Finalement, on obtient le système global, associé au la matrice des degrés de liberté globaux

$$< U > = < u_1, u_2, u_3, u_4, u_5, u_6 >$$

et avant application des conditions aux limites sous la forme

$$\frac{\lambda}{2}\begin{bmatrix} 1 & -1 & 0 & 0 & 0 & 0 \\ -1 & 4 & -1 & -2 & 0 & 0 \\ 0 & -1 & 2 & 0 & -1 & 0 \\ 0 & -2 & 0 & 4 & -2 & 0 \\ 0 & 0 & -1 & -2 & 4 & -1 \\ 0 & 0 & 0 & 0 & -1 & 1 \end{bmatrix} \begin{Bmatrix} u_1 \\ u_2 \\ u_3 \\ u_4 \\ u_5 \\ u_6 \end{Bmatrix} = \frac{q}{48}\begin{Bmatrix} 1 \\ 3 \\ 1 \\ 3 \\ 3 \\ 1 \end{Bmatrix}$$

6.4 Prise en compte des conditions aux limites et résolution

6.4.1 Conditions aux limites

Dans le système global, il faut maintenant tenir compte des conditions aux limites et, pour un peu plus de généralité, nous allons supposer que $u_1 = u_4 = u_6 = \alpha$ où α est un réel quelconque. Pour simplifier la résolution, on a tout intérêt à regrouper les degrés de liberté inconnus u_2, u_3, u_5, ce qui conduit au nouveau système global :

$$\frac{\lambda}{2}\left[\begin{array}{ccc|ccc} 4 & -1 & 0 & -1 & -2 & 0 \\ -1 & 2 & -1 & 0 & 0 & 0 \\ 0 & -1 & 4 & 0 & -2 & -1 \\ \hline \times & \times & \times & \times & \times & \times \\ \times & \times & \times & \times & \times & \times \\ \times & \times & \times & \times & \times & \times \end{array}\right]\left\{\begin{array}{c} u_2 \\ u_3 \\ u_5 \\ \hline u_1 = \alpha \\ u_4 = \alpha \\ u_6 = \alpha \end{array}\right\} = \frac{q}{48}\left\{\begin{array}{c} 3 \\ 1 \\ 3 \\ \hline \times \\ \times \\ \times \end{array}\right\}$$

qui fait apparaître une partition en blocs déjà rencontrée

$$\left[\begin{array}{c|c} [K_1] & [K_2] \\ \hline [K_3] & [K_4] \end{array}\right]\left\{\begin{array}{c} \{U_I\} \\ \hline \{U_C\} \end{array}\right\} = \left\{\begin{array}{c} \{F_1\} \\ \hline \{F_2\} \end{array}\right\}$$

6.4.2 Résolution

La résolution par blocs conduit à écrire $[K_1]\{U_I\} = \{F_1\} - [K_2]\{U_C\}$ qui donne :

$$\begin{Bmatrix} u_2 \\ u_3 \\ u_5 \end{Bmatrix} = \frac{q}{48}\begin{Bmatrix} 3 \\ 1 \\ 3 \end{Bmatrix} - \frac{\lambda}{2}\begin{bmatrix} -1 & -2 & 0 \\ 0 & 0 & 0 \\ 0 & -2 & -1 \end{bmatrix}\begin{Bmatrix} \alpha \\ \alpha \\ \alpha \end{Bmatrix}$$

Ou encore, par inversion de la matrice $\frac{\lambda}{2}\begin{bmatrix} 4 & -1 & 0 \\ -1 & 2 & -1 \\ 0 & -1 & 4 \end{bmatrix}$:

$$\begin{Bmatrix} u_2 \\ u_3 \\ u_5 \end{Bmatrix} = \frac{1}{\lambda}\begin{bmatrix} 7/12 & 1/3 & 1/12 \\ 1/3 & 4/3 & 1/3 \\ 1/12 & 1/3 & 7/12 \end{bmatrix}\left(\frac{q}{48}\begin{Bmatrix} 3 \\ 1 \\ 3 \end{Bmatrix} - \frac{\lambda}{2}\begin{Bmatrix} -3\alpha \\ 0 \\ -3\alpha \end{Bmatrix}\right) = \frac{1}{\lambda}\begin{Bmatrix} \frac{7q+144\alpha\lambda}{144} \\ \frac{5q+72\alpha\lambda}{72} \\ \frac{7q+144\alpha\lambda}{144} \end{Bmatrix}$$

soit finalement

$$< u_2, u_3, u_5 > = < \frac{7q+144\alpha\lambda}{144\lambda}, \frac{5q+72\alpha\lambda}{72\lambda}, \frac{7q+144\alpha\lambda}{144\lambda} >$$

et il suffit ensuite de compléter le résultat par les valeurs connues sur le bord.

$$\boxed{< u_1, u_2, u_3, u_4, u_5, u_6 > = < \alpha, \frac{7q+144\alpha\lambda}{144\lambda}, \frac{5q+72\alpha\lambda}{72\lambda}, \alpha, \frac{7q+144\alpha\lambda}{144\lambda}, \alpha >}$$

Chapitre 8

Quelques applications de la méthode des éléments finis

Quelques applications de la méthode des éléments finis à deux domaines dans lesquels elle trouve un large champ d'application, à savoir la mécanique des structures et la thermique, sont proposées dans ce chapitre au travers de quelques exemples simples.

L'exposé s'appuie sur les deux chapitres précédents en adoptant un point de vue beaucoup plus pratique et concret, en particulier en éludant la plupart des questions théoriques délicates pour se concentrer sur les aspects pratiques. Plusieurs résultats rencontrés dans la présentation générale de la méthode des éléments finis seront abondamment utilisés.

1 Éléments finis « barre » et application aux treillis plans

1.1 Description d'une barre en mécanique

Dans cette section, un élément fini linéique modélisant les barres (et les ressorts) est présenté. Il est d'abord présenté en une dimension puis le modèle est adapté en deux dimensions en vue d'une application aux *treillis plans*.

De manière générale, une *barre* est un solide caractérisé par ses dimensions géométriques (une dimension est supposée grande devant les deux autres) et qui ne travaille qu'en traction et compression. Plus précisément, considérons un solide de section constante d'aire $S \quad [m^2]$ (pour simplifier mais on peut bien sûr traiter le cas d'une section d'aire variable $S : x \mapsto S(x)$), de longueur $L \quad [m]$, porté par l'axe (Ox), constitué d'un matériau homogène, isotrope et élastique caractérisé par son module d'Young $E \quad [Pa]$. Ce solide n'est sollicité que le long de son axe et il est soumis à d'éventuels efforts concentrés (ou ponctuels) en ses deux extrémités et à une densité linéique de force $f \quad [N \cdot m^{-1}]$ toujours le long de son axe, comme illustré sur la figure 8.1.

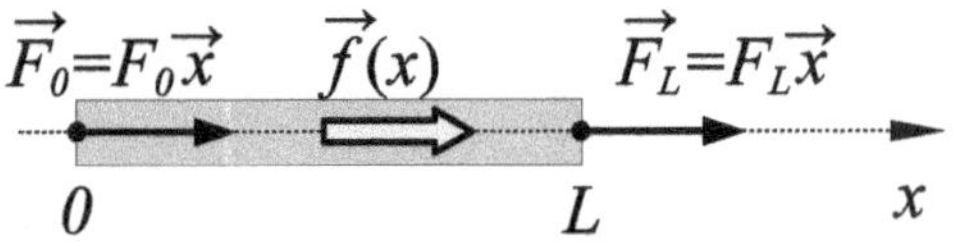

FIGURE 8.1 – Illustration d'une barre

On note u le champ des déplacements longitudinaux d'une section d'abscisse x dans le modèle de l'élasticité linéaire (loi de Hooke) en « petites déformations » et « petits déplacements » qui ne dépend que de la variable x. L'objectif est de déterminer une interpolation du champ u.

1.2 Forme discrétisée

Nous allons maintenant construire une interpolation de degré 1 du champ des déplacements u à partir d'un élément fini $\mathbb{P}_1$ de Lagrange.

La forme discrétisée de cet élément s'obtient de manière équivalente par l'équation locale du mouvement assortie des conditions aux limites adéquates ou par le principe des travaux virtuels. Cette démarche a été détaillée dans le chapitre 6, sections 2.1.2 page 200 et 2.1.3 page 201.
Pour la compréhension du lecteur, la démarche est reproduite en rappelant que, dans les deux cas, nous ferons intervenir une fonction test u^* correspondant à un champ de déplacements *cinématiquement admissible* qui a la propriété d'être nul en chaque nœud de calcul où les déplacements sont connus et imposés. Cette propriété correspond à la condition exigée sur les fonctions du sous espace vectoriel de Sobolev utilisé pour donner un sens et un cadre de résolution au problème faible, problème lui-même « équivalent » (voir 3.2.4 page 213) au problème fort constitué de l'équation locale du mouvement assortie des conditions aux limites adéquates.

1.2.1 Forme discrétisée à partir de l'équation locale du mouvement

L'équation locale du mouvement est donnée par

$$-SE\frac{\mathrm{d}^2u}{\mathrm{d}x^2}(x) = f(x) \text{ sur }]0,L[\tag{8.1}$$

et elle est assortie de conditions aux limites :

1. En déplacements, ce qui se traduit par la donnée des valeurs prises par u (déplacement longitudinal) aux nœuds de coordonnées $x = 0$ et $x = L$. Ces conditions aux limites sont essentielles.
2. En forces, ce qui se traduit par la donnée des valeurs prises par $u' = \dfrac{\mathrm{d}u}{\mathrm{d}x}$ aux nœuds de coordonnées $x = 0$ et $x = L$ (force nodale $F_0 = SEu'(0)$ en $x = 0$ ou $F_L = SEu'(L)$ en $x = L$). Ces conditions aux limites sont naturelles.

Pour une fonction test u^* *cinématiquement admissible* et quelconque, c'est à dire que u^* est imposée à 0 en chaque point du bord où la valeur de u est imposée, on commence par multiplier (8.1) par u^* puis on effectue une intégration par parties, on obtient la formulation faible du problème dont le champ des déplacements est solution.

$$\forall u^*, \quad SE\int_0^L \frac{\mathrm{d}u(x)}{\mathrm{d}x}\frac{\mathrm{d}u^*(x)}{\mathrm{d}x}\,\mathrm{d}x = \int_0^L f(x)u^*(x)\,\mathrm{d}x + T \tag{8.2}$$

où $T = SE\dfrac{\mathrm{d}u}{\mathrm{d}x}(L)u^*(L) - SE\dfrac{\mathrm{d}u}{\mathrm{d}x}(0)u^*(0)$ est un terme qui tient compte des conditions aux limites naturelles et dans lequel la prise en compte des conditions aux limites essentielles conduit à éventuellement à annuler $u^*(0)$ et/ou $u^*(L)$ lorsque $u(0)$ et/ou $u(L)$ est (sont) imposé(s).

1.2.2 Forme discrétisée à partir du principe des travaux virtuels

Dans le modèle des barres présenté ici, on démontre que le tenseur des déformations se réduit à $\varepsilon_{xx} = \dfrac{\mathrm{d}u}{\mathrm{d}x}$ et le tenseur des contraintes à $\sigma_{xx} = E\varepsilon_{xx} = E\dfrac{\mathrm{d}u}{\mathrm{d}x}$ (loi de Hooke). Le calcul du travail virtuel des contraintes dans un champ de déformations virtuelles $\varepsilon^*_{xx} = \dfrac{\mathrm{d}u^*}{\mathrm{d}x}$ conduit au terme, noté W_i (où Ω désigne le volume occupé par la barre)

$$W_i = \iiint_\Omega \sigma_{xx}\varepsilon^*_{xx}\,\mathrm{d}x\,\mathrm{d}y\,\mathrm{d}z$$

Or, en remplaçant σ_{xx} et ε^*_{xx} par leurs expressions, en supposant E constant et en remarquant que l'on peut faire intervenir la section $S = \iint_S \mathrm{d}y\,\mathrm{d}z$ de la barre en écrivant

$$W_i = \iiint_\Omega E\frac{\mathrm{d}u}{\mathrm{d}x}(x)\frac{\mathrm{d}u^*}{\mathrm{d}x}(x)\,\mathrm{d}x\,\mathrm{d}y\,\mathrm{d}z = \int_0^L \left(\iint_S \mathrm{d}y\,\mathrm{d}z\right) E\frac{\mathrm{d}u}{\mathrm{d}x}(x)\frac{\mathrm{d}u^*}{\mathrm{d}x}(x)\,\mathrm{d}x$$

on obtient l'expression de W_i

$$W_i = SE\int_0^L \frac{\mathrm{d}u}{\mathrm{d}x}(x)\frac{\mathrm{d}u^*}{\mathrm{d}x}(x)\,\mathrm{d}x$$

Le calcul du travail des efforts extérieurs, représentés ici par la densité linéique de force f et par les efforts ponctuels en $x = 0$ et $x = L$ conduit à

$$W_e = \int_0^L f(x)u^*(x)\,\mathrm{d}x + T$$

où T représente le travail des efforts ponctuels éventuels en $x = 0$ et/ou en $x = L$.
En conséquence, le principe des travaux virtuels conduit à la formulation faible (8.2) déjà obtenue, valable pour tout champ de déplacement u^* *cinématiquement admissible* c'est à dire qui s'annule en chaque extrémité où u est imposé

$$SE\int_0^L \frac{\mathrm{d}u}{\mathrm{d}x}(x)\frac{\mathrm{d}u^*}{\mathrm{d}x}(x)\,\mathrm{d}x = \int_0^L f(x)u^*(x)\,\mathrm{d}x + T$$

1.3 Modélisation éléments finis d'une barre

1.3.1 Barre modélisée par un élément $\mathbb{P}_1$ de Lagrange

L'élément fini $\mathbb{P}_1$ est associé à la maille géométrique $[0, L]$ à deux nœuds de calcul de coordonnées $x = 0$ et $x = L$. Les degrés de liberté sont notés $< U > = < u_1, u_2 >$.

Proposition 69. L'équation discrète d'une barre modélisée par un élément fini $\mathbb{P}_1$ de Lagrange de maille $[0, L]$ en interpolation de degré 1 est de la forme

$$[K]\{U\} = \{F\}$$

où

1. $[K]$ est la matrice $[K] = \frac{SE}{L}\begin{bmatrix} 1 & -1 \\ -1 & 1 \end{bmatrix}$.
2. $\{F\} = \{F_1\} + \{F_2\}$ est la somme de

$$\{F_1\} = \int_0^L f(x) \begin{Bmatrix} 1 - \frac{x}{L} \\ \frac{x}{L} \end{Bmatrix} \mathrm{d}x$$

   et $\{F_2\}$ une colonne qui tient compte des éventuels efforts ponctuels appliqués en $x = 0$ et/ou $x = L$.

$\{F_2\}$ est la matrice colonne des forces réparties résultant de l'action de la densité linéique de force f et elle est souvent appelée matrice colonne des *forces généralisées* alors que $\{F_1\}$ est la matrice colonne des forces ponctuelles (voir les exemples dans la suite).

Démonstration.
Cherchons donc une interpolation de degré 1 du champ des déplacements construite à partir de l'élément fini $\mathbb{P}_1$ de Lagrange défini par :

1. La maille géométrique formée par le segment $[0, L]$.
2. L'ensemble des deux nœuds de calcul de coordonnées $x = 0$ et $x = L$.
3. La base nodale (N_1, N_2) donnée par $\begin{cases} N_1(x) = 1 - \frac{x}{L} \\ N_2(x) = \frac{x}{L} \end{cases}$.

Cet élément fini permet de construire une interpolation de degré 1 du champ des déplacements réels u

$$u(x) = < 1 - \frac{x}{L}, \frac{x}{L} > \begin{Bmatrix} u_1 \\ u_2 \end{Bmatrix} = < N(x) > \{U\}$$

mais aussi des déplacements virtuels $u^*(x) = < 1 - \frac{x}{L}, \frac{x}{L} > \begin{Bmatrix} u_1^* \\ u_2^* \end{Bmatrix} = < N(x) > \{U^*\}$.

Les dérivées s'expriment sous la forme

$$\frac{\mathrm{d}u}{\mathrm{d}x}(x) = < \frac{\mathrm{d}N}{\mathrm{d}x}(x) > \{U\} = < -\frac{1}{L}, \frac{1}{L} > \{U\}$$

$$\frac{\mathrm{d}u^*}{\mathrm{d}x}(x) = < \frac{\mathrm{d}N}{\mathrm{d}x}(x) > \{U^*\} = < -\frac{1}{L}, \frac{1}{L} > \{U^*\}$$

La forme discrétisée s'obtient alors en injectant ces relations dans la formulation faible, toujours en écrivant

$$\begin{aligned}
\frac{\mathrm{d}u}{\mathrm{d}x}(x)\frac{\mathrm{d}u^*}{\mathrm{d}x}(x) &= {}^{\mathrm{t}}\Big(< \frac{\mathrm{d}N}{\mathrm{d}x}(x) > \{U^*\}\Big)\Big(< \frac{\mathrm{d}N}{\mathrm{d}x}(x) > \{U\}\Big) \\
&= < U^* > \left\{ \frac{\mathrm{d}N}{\mathrm{d}x}(x) \right\} < \frac{\mathrm{d}N}{\mathrm{d}x}(x) > \{U\} \\
&= < U^* > \left\{ \begin{matrix} -\frac{1}{L} \\ \frac{1}{L} \end{matrix} \right\} < -\frac{1}{L}, \frac{1}{L} > \{U\} \\
&= < U^* > \frac{1}{L^2} \begin{bmatrix} 1 & -1 \\ -1 & 1 \end{bmatrix} \{U\}
\end{aligned}$$

On cherche donc désormais une colonne $\{U\} = \left\{ \begin{matrix} u_1 \\ u_2 \end{matrix} \right\}$ solution du problème :

$$\left\{ \begin{array}{l} \forall < U^* > \\ < U^* > \left(SE \displaystyle\int_0^L \frac{1}{L^2} \begin{bmatrix} 1 & -1 \\ -1 & 1 \end{bmatrix} \mathrm{d}x \right) \{U\} = \\ \qquad\qquad = < U^* > \left(\displaystyle\int_0^L f(x) \{N(x)\} \, \mathrm{d}x + \{F_2\} \right) \end{array} \right.$$

où $\{F_2\}$ est une colonne qui tient compte des forces ponctuelles aux nœuds.
Cette relation étant vraie quel que soit $< U^* >$, on obtient la forme discrétisée

$$\frac{SE}{L} \begin{bmatrix} 1 & -1 \\ -1 & 1 \end{bmatrix} \left\{ \begin{matrix} u_1 \\ u_2 \end{matrix} \right\} = \int_0^L f(x) \left\{ \begin{matrix} 1 - \frac{x}{L} \\ \frac{x}{L} \end{matrix} \right\} \mathrm{d}x + \{F_2\}$$

□

La matrice $[K]$ est souvent désignée par le terme *matrice de rigidité (ou de raideur) élémentaire.*

Définition 88. La matrice $[K]$ est appelée la *matrice de rigidité (ou de raideur) élémentaire.*

1.3.2 Barre modélisée par deux éléments $\mathbb{P}_1$ de Lagrange

Envisageons maintenant le cas d'une barre de longueur $2L$ modélisée par deux éléments finis $\mathbb{P}_1$ de Lagrange comme illustré sur la figure 8.2.

Cette modélisation fait donc maintenant intervenir deux éléments finis $\mathbb{P}_1$ de Lagrange, le premier est associé à la maille géométrique $[0, L]$, le second à la maille géométrique $[L, 2L]$. Il y a trois nœuds de calcul de coordonnées $x = 0$, $x = L$ et $x = 2L$ et trois degrés de liberté (trois déplacements longitudinaux). Les degrés de liberté sont notés $< U > = < u_1, u_2, u_3 >$ et seules les forces appliquées aux nœuds extrêmes $x = 0$ et $x = 2L$ sont prises en compte.

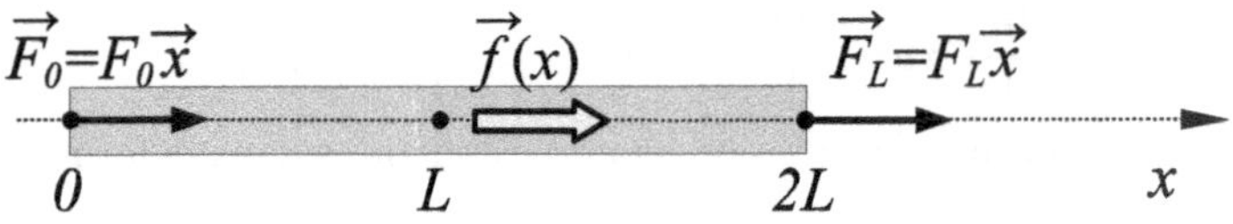

FIGURE 8.2 – Une barre modélisée par deux éléments

Proposition 70. L'équation discrète d'une barre modélisée par deux éléments finis $\mathbb{P}_1$ de Lagrange de mailles $[0,L]$ et $[L,2L]$, en interpolation de degré 1 par morceaux, est de la forme

$$[K]\{U\} = \{F\}$$

où

1. $[K]$ est la matrice donnée par $[K] = \dfrac{SE}{L}\begin{bmatrix} 1 & -1 & 0 \\ -1 & 2 & -1 \\ 0 & -1 & 1 \end{bmatrix}$.
2. $\{F\} = \{F_1\} + \{F_2\}$ est la matrice colonne somme de

$$\{F_1\} = \int_0^L f(x)\begin{Bmatrix} 1-\dfrac{x}{L} \\ \dfrac{x}{L} \\ 0 \end{Bmatrix} \mathrm{d}x + \int_L^{2L} f(x)\begin{Bmatrix} 0 \\ 2-\dfrac{x}{L} \\ \dfrac{x}{L}-1 \end{Bmatrix} \mathrm{d}x$$

   et $\{F_2\}$ une colonne qui tient compte des éventuelles forces ponctuelles appliquées en $x=0$ et $x=2L$.

Démonstration.
La démonstration de ce résultat se déroule de la manière suivante :

1. On commence par écrire la relation élémentaire $[K^{(1)}]\{U^{(1)}\} = \{F_1^{(1)}\}$ sur le premier élément, dont la maille géométrique est le segment $[0,L]$, sans tenir compte de l'éventuel effort ponctuel F_0 en $x=0$.
2. On écrit la relation élémentaire $[K^{(2)}]\{U^{(2)}\} = \{F_1^{(2)}\}$ sur le deuxième élément, dont la maille géométrique est le segment $[0,2L]$, sans tenir compte de l'éventuel effort ponctuel F_{2L} en $x=2L$.
3. Ensuite, on assemble ces deux relations, qui font chacune intervenir une matrice de deux lignes par deux colonnes, en une unique relation qui fera intervenir une matrice de trois lignes par trois colonnes pour obtenir un système de la forme $[K]\{U\} = \{F_1\}$.
4. Pour terminer, on tient compte des éventuels efforts ponctuels aux nœuds de coordonnées $x=0$ et $x=2L$ pour construire le vecteur des forces ponctuelles $\{F_2\}$ puis le système global $[K]\{U\} = \{F_1\} + \{F_2\}$.

Reprenons donc, en le détaillant, le plan précédent :

1. Relation élémentaire sur le premier élément :

$$\frac{SE}{L}\begin{bmatrix}1 & -1\\ -1 & 1\end{bmatrix}\begin{Bmatrix}u_1^{(1)}\\ u_2^{(1)}\end{Bmatrix} = \int_0^L f(x)\begin{Bmatrix}1-\dfrac{x}{L}\\ \dfrac{x}{L}\end{Bmatrix}\mathrm{d}x$$

où $< U^{(1)} >=< u_1^{(1)}, u_2^{(1)} >$ désigne les degrés de liberté locaux, c'est-à-dire sur l'élément isolé. Pour simplifier les notations, le second membre est noté, quant à lui, $< F_1^{(1)} >=< f_1^{(1)}, f_2^{(1)} >$.

2. Relation élémentaire sur le deuxième élément caractérisé par :
   a. La maille géométrique formée par le segment $[L, 2L]$.
   b. L'ensemble des deux nœuds de calcul de coordonnées $x = L$ et $x = 2L$.
   c. La base nodale $(N_1^{(2)}, N_2^{(2)})$ donnée par

$$\begin{cases} N_1^{(2)}(x) = 2-\dfrac{x}{L}\\ N_2^{(2)}(x) = \dfrac{x}{L}-1\end{cases}$$

   On montre alors sans difficulté que la relation élémentaire sur ce deuxième élément prend la forme

$$\frac{SE}{L}\begin{bmatrix}1 & -1\\ -1 & 1\end{bmatrix}\begin{Bmatrix}u_1^{(2)}\\ u_2^{(2)}\end{Bmatrix} = \int_L^{2L} f(x)\begin{Bmatrix}2-\dfrac{x}{L}\\ \dfrac{x}{L}-1\end{Bmatrix}\mathrm{d}x$$

   où $< U^{(2)} >=< u_1^{(2)}, u_2^{(2)} >$ désigne les degrés de liberté locaux, c'est-à-dire sur l'élément isolé et où $< F_1^{(2)} >=< f_1^{(2)}, f_2^{(2)} >$ désigne le second membre.

3. Assemblons maintenant ces deux relations. Comme le système que l'on cherche à obtenir doit faire intervenir une matrice de trois lignes par trois colonnes, on commence par « immerger » les deux relations élémentaires en dimension trois. Pour cela, il faut relier le vecteur des degrés de liberté globaux $< U >=< u_1, u_2, u_3 >$ avec les deux vecteurs des degrés de libertés locaux $< U^{(1)} >$ et $< U^{(2)} >$ à l'aide de matrices de connexion. Précisément, on dispose les relations suivantes qui font apparaître les deux matrices de connexion $[C^{(1)}]$ et $[C^{(2)}]$:

$$\begin{Bmatrix}u_1^{(1)}\\ u_2^{(1)}\end{Bmatrix} = \begin{bmatrix}1 & 0 & 0\\ 0 & 1 & 0\end{bmatrix}\begin{Bmatrix}u_1\\ u_2\\ u_3\end{Bmatrix} \iff \{U^{(1)}\} = [C^{(1)}]\{U\}$$

$$\begin{Bmatrix}u_1^{(2)}\\ u_2^{(2)}\end{Bmatrix} = \begin{bmatrix}0 & 1 & 0\\ 0 & 0 & 1\end{bmatrix}\begin{Bmatrix}u_1\\ u_2\\ u_3\end{Bmatrix} \iff \{U^{(2)}\} = [C^{(2)}]\{U\}$$

   Ce qui conduit à calculer la matrice globale $[K]$ sous la forme

$$[K] = {}^{\mathbf{t}}[C^{(1)}][K^{(1)}][C^{(1)}] + {}^{\mathbf{t}}[C^{(2)}][K^{(2)}][C^{(2)}]$$

$$\frac{SE}{L}\begin{bmatrix}1 & -1\\ -1 & 1\end{bmatrix}\begin{Bmatrix}u_1^{(1)}\\ u_2^{(1)}\end{Bmatrix} = \begin{Bmatrix}f_1^{(1)}\\ f_2^{(1)}\end{Bmatrix} \text{ devient } \frac{SE}{L}\begin{bmatrix}1 & -1 & 0\\ -1 & 1 & 0\\ 0 & 0 & 0\end{bmatrix}\begin{Bmatrix}u_1\\ u_2\\ u_3\end{Bmatrix} = \begin{Bmatrix}f_1^{(1)}\\ f_2^{(1)}\\ 0\end{Bmatrix}$$

et, de même,

$$\frac{SE}{L}\begin{bmatrix}1 & -1\\ -1 & 1\end{bmatrix}\begin{Bmatrix}u_1^{(2)}\\ u_2^{(2)}\end{Bmatrix}=\begin{Bmatrix}f_1^{(2)}\\ f_2^{(2)}\end{Bmatrix} \text{ devient } \frac{SE}{L}\begin{bmatrix}0 & 0 & 0\\ 0 & 1 & -1\\ 0 & -1 & 1\end{bmatrix}\begin{Bmatrix}u_1\\ u_2\\ u_3\end{Bmatrix}=\begin{Bmatrix}0\\ f_1^{(2)}\\ f_2^{(2)}\end{Bmatrix}$$

puis, finalement, la relation globale est

$$\frac{SE}{L}\begin{bmatrix}1 & -1 & 0\\ -1 & 2 & -1\\ 0 & -1 & 1\end{bmatrix}\begin{Bmatrix}u_1\\ u_2\\ u_3\end{Bmatrix}=\begin{Bmatrix}f_1^{(1)}\\ f_2^{(1)}+f_1^{(2)}\\ f_2^{(2)}\end{Bmatrix}$$

soit encore

$$\frac{SE}{L}\begin{bmatrix}1 & -1 & 0\\ -1 & 2 & -1\\ 0 & -1 & 1\end{bmatrix}\begin{Bmatrix}u_1\\ u_2\\ u_3\end{Bmatrix}=\int_0^L f(x)\begin{Bmatrix}1-\dfrac{x}{L}\\ \dfrac{x}{L}\\ 0\end{Bmatrix}\mathrm{d}x+\int_L^{2L} f(x)\begin{Bmatrix}0\\ 2-\dfrac{x}{L}\\ \dfrac{x}{L}-1\end{Bmatrix}\mathrm{d}x$$

4. Il reste à ajouter la colonne $\{F_2\}$ qui tient compte des éventuels efforts ponctuels en $x=0$ et $x=2L$.

□

1.3.3 Barre modélisée par un élément $\mathbb{P}_2$ de Lagrange

Cherchons maintenant à obtenir une interpolation quadratique du champ des déplacements sur la barre discrétisée par un unique élément à trois nœuds. Pour cela, nous faisons intervenir un élément fini $\mathbb{P}_2$ de Lagrange défini par :

1. La maille géométrique formée par le segment $[0,L]$.
2. L'ensemble des trois nœuds de calcul de coordonnées $x=0, x=\frac{L}{2}, x=L$.
3. La base nodale (N_1,N_2,N_3) définie par

$$\begin{cases} N_1(x)=\dfrac{2}{L^2}\left(x-\dfrac{L}{2}\right)(x-L)\\ N_2(x)=-\dfrac{4}{L^2}x(x-L)\\ N_3(x)=\dfrac{2}{L^2}x\left(x-\dfrac{L}{2}\right)\end{cases}$$

qui permet de construire une interpolation quadratique du champ des déplacements sous la forme $u(x)=<N(x)>\{U\}=<N_1(x),N_2(x),N_3(x)>\begin{Bmatrix}u_1\\ u_2\\ u_3\end{Bmatrix}$.

Proposition 71. L'équation discrète d'une barre modélisée par un élément fini $\mathbb{P}_2$ de Lagrange de maille $[0, L]$, en interpolation quadratique, est de la forme

$$[K]\{U\} = \{F\}$$

où

1. $[K]$ est la matrice $[K] = \frac{SE}{3L}\begin{bmatrix} 7 & -8 & 1 \\ -8 & 16 & -8 \\ 1 & -8 & 7 \end{bmatrix}$.
2. $\{F\} = \{F_1\} + \{F_2\}$ est la matrice colonne somme de

$$\{F_1\} = \int_0^L f(x) \left\{ \begin{matrix} \frac{2}{L^2}\left(x - \frac{L}{2}\right)(x-L) \\ -\frac{4}{L^2}x(x-L) \\ \frac{2}{L^2}x\left(x - \frac{L}{2}\right) \end{matrix} \right\} \mathrm{d}x$$

et $\{F_2\}$ une colonne qui tient compte des éventuelles forces ponctuelles appliquées en $x = 0$ et $x = L$.

Ce résultat facile est admis et laissée au lecteur à titre d'exercice.

1.4 Exemple d'une barre soumise à son poids propre

1.4.1 Description de l'exemple et objectifs

Considérons une barre, orientée verticalement et portée par l'axe (Ox) comme illustré dans la figure 8.3, soumise à son propre poids, fixée en $x = 0$, de longueur $2L \quad [m]$, de section constante d'aire $S \quad [m^2]$, de module d'Young $E \quad [Pa]$ et de masse volumique $\rho \quad [kg \cdot m^{-3}]$. On suppose que cette barre est soumise à la seule action de la gravité, c'est-à-dire qu'elle est soumise à la densité linéique de force f constante, de module $\rho S g$ où g est l'accélération de la pesanteur, orientée vers les $x < 0$. La masse de la barre sera notée $M \quad [kg]$ et on a bien sûr $M = 2\rho SL$.

On cherche alors à déterminer les déplacements en $x = L$ et $x = 2L$ mais aussi la force de réaction en $x = 0$ et le champ des contraintes σ_{xx} simplement noté σ. Pour cela nous choisissons de construire une interpolation de degré 1 du champ des déplacements u qui ne dépend que de la variable x. Ce choix nous conduira à construire deux éléments finis $\mathbb{P}_1$ de Lagrange à deux nœuds de calcul chacun pour obtenir une solution approchée continue et de degré 1 par morceaux.

Le vecteur des degrés de liberté globaux sera noté $< U >=< u_1, u_2, u_3 >$ et les vecteurs des degrés de libertés locaux seront notés, respectivement pour le premier et le second élément, $< U^{(1)} >=< u_1^{(1)}, u_2^{(1)} >$ et $< U^{(2)} >=< u_1^{(2)}, u_2^{(2)} >$. Comme d'habitude, après avoir évalué les relations élémentaires $[K^{(1)}]\{U^{(1)}\} = \{F^{(1)}\}$ et $[K^{(2)}]\{U^{(2)}\} = \{F^{(2)}\}$, elles seront assemblées. Puis le système sera résolu après prise en compte des conditions limite.

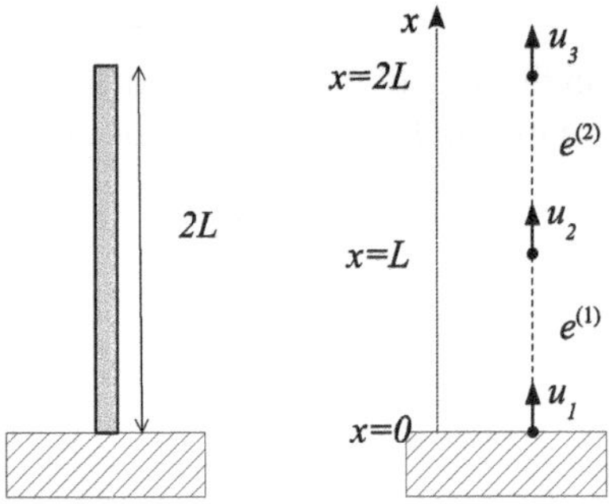

FIGURE 8.3 – Barre et modèle éléments finis

Remarquez que pour répondre à ce problème, il serait tout aussi possible de construire une interpolation quadratique. Ce choix nous conduirait, par exemple, à construire un unique élément fini $\mathbb{P}_2$ de Lagrange et la solution approchée serait alors quadratique. Le choix d'une interpolation quadratique plutôt qu'affine peut se justifier par la nécessité d'avoir une connaissance plus fine du champ des contraintes. En effet, dans le modèle mathématique utilisé pour décrire les barres, le champ des contraintes σ est relié au champ des déplacements par la formule

$$\sigma_{xx} = E\varepsilon_{xx} = E\frac{\mathrm{d}u}{\mathrm{d}x}$$

Autrement dit, si le champ des déplacements u est affine (de degré 1) par morceaux, le champ des contraintes σ est, lui, constant par morceaux.
Par contre, si le champ des déplacements u est quadratique par morceaux, le champ des contraintes σ est, lui, affine par morceaux. Cette situation est illustrée dans la figure 8.4.

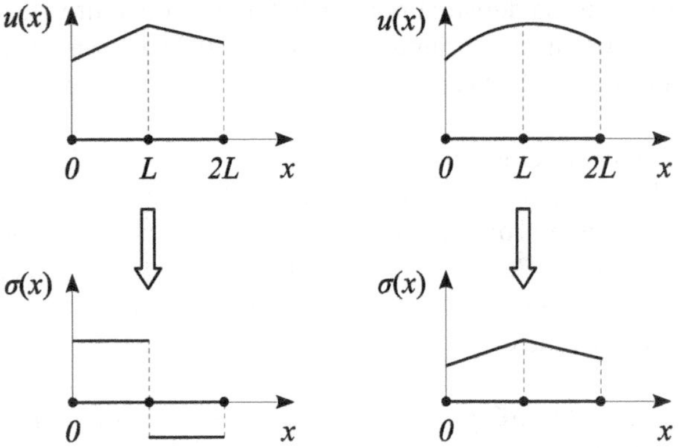

FIGURE 8.4 – Champ des déplacements et champ des contraintes associé

1.4.2 Système global pour le calcul des déplacements nodaux

La première relation élémentaire $[K^{(1)}]\{U^{(1)}\} = \{F_1^{(1)}\}$ prend la forme

$$\frac{SE}{L}\begin{bmatrix} 1 & -1 \\ -1 & 1 \end{bmatrix}\begin{Bmatrix} u_1^{(1)} \\ u_2^{(1)} \end{Bmatrix} = \frac{-\rho SgL}{2}\begin{Bmatrix} 1 \\ 1 \end{Bmatrix}$$

la seconde relation élémentaire $[K^{(2)}]\{U^{(2)}\} = \{F_1^{(2)}\}$ prend la forme

$$\frac{SE}{L}\begin{bmatrix} 1 & -1 \\ -1 & 1 \end{bmatrix}\begin{Bmatrix} u_1^{(2)} \\ u_2^{(2)} \end{Bmatrix} = \frac{-\rho SgL}{2}\begin{Bmatrix} 1 \\ 1 \end{Bmatrix}$$

et on sait qu'après assemblage, on obtient le système global (il n'y a pas de forces ponctuelles, donc la colonne $\{F_2\}$ est nulle).

$$\frac{SE}{L}\begin{bmatrix} 1 & -1 & 0 \\ -1 & 2 & -1 \\ 0 & -1 & 1 \end{bmatrix}\begin{Bmatrix} u_1 \\ u_2 \\ u_3 \end{Bmatrix} = \frac{-\rho SgL}{2}\begin{Bmatrix} 1 \\ 2 \\ 1 \end{Bmatrix}$$

1.4.3 Calcul des déplacements

La condition d'appui en $x = 0$ impose que $u_1 = 0$ (condition aux limites essentielle) et conduit à une simplification de l'équation matricielle (suppression de la première colonne et de la première ligne) et revient alors à résoudre le système :

$$\frac{SE}{L}\begin{bmatrix} 2 & -1 \\ -1 & 1 \end{bmatrix}\begin{Bmatrix} u_2 \\ u_3 \end{Bmatrix} = \frac{-\rho SgL}{2}\begin{Bmatrix} 2 \\ 1 \end{Bmatrix}$$

dont la résolution donne (les résultats sont bien homogènes à des mètres) :

$$\boxed{\left\{\begin{array}{l} u_2 = \dfrac{-3\rho g L^2}{2E} \\ u_3 = \dfrac{-2\rho g L^2}{E} \end{array}\right.}$$

1.4.4 Calcul des efforts inconnus

Le seul effort inconnu ici, noté F_0, est la force de réaction en $x = 0$ due au blocage. Pour comprendre la démarche que nous allons suivre, il nous faut revenir au calcul de la formulation faible sur le cas élémentaire de la barre sur $[0, L]$ en une dimension (voir 2.1.3 page 201). Avant d'imposer la condition $u^*(0) = 0$, elle était de la forme

$$(\star) \quad \forall u^*, \quad SE\int_0^L \frac{\mathrm{d}u(x)}{\mathrm{d}x}\frac{\mathrm{d}u^*(x)}{\mathrm{d}x}\,\mathrm{d}x = \int_0^L f(x)u^*(x)\,\mathrm{d}x + F_L u^*(L) - F_0 u^*(0)$$

Or, comme on s'intéresse ici uniquement aux déplacements inconnus (le champ u), nous avons « éliminé » l'inconnue supplémentaire F_0 en imposant la condition $u^*(0) = 0$. La discrétisation nous a ensuite permis de calculer les déplacements aux nœuds.

Une fois les déplacements calculés et connus, on peut reprendre la formulation faible (⋆), sans imposer la condition $u^*(0) = 0$, ce qui fait maintenant apparaître la seule inconnue F_0 qui est la force de réaction.
Si l'on reprend la démarche de discrétisation de cette formulation faible (⋆), on obtient maintenant une équation matricielle de la forme

$$\frac{SE}{L}\begin{bmatrix} 1 & -1 \\ -1 & 1 \end{bmatrix}\begin{Bmatrix} u_1 \\ u_2 \end{Bmatrix} = \int_0^L f(x)\begin{Bmatrix} 1-\dfrac{x}{L} \\ \dfrac{x}{L} \end{Bmatrix} + \begin{Bmatrix} 0 \\ F_L \end{Bmatrix} + \begin{Bmatrix} F_0 \\ 0 \end{Bmatrix}$$

ou encore

$$[K]\{U\} = \{F_1\} + \{F_2\} + \{R\}$$

où $\{R\}$ est le vecteur des forces de réaction qui restent inconnues.
On l'obtient alors en résolvant l'équation

$$\{R\} = [K]\{U\} - \{F_1\} - \{F_2\}$$

Appliquons cela à notre problème. L'équation matricielle $\{R\} = [K]\{U\} - \{F_1\} - \{F_2\}$ prend ici la forme (u_2 et u_3 sont maintenant connus)

$$\begin{Bmatrix} F_0 \\ 0 \\ 0 \end{Bmatrix} = \frac{SE}{L}\begin{bmatrix} 1 & -1 & 0 \\ -1 & 2 & -1 \\ 0 & -1 & 1 \end{bmatrix}\begin{Bmatrix} 0 \\ u_2 \\ u_3 \end{Bmatrix} - \frac{-\rho SgL}{2}\begin{Bmatrix} 1 \\ 2 \\ 1 \end{Bmatrix}$$

et conduit à la solution

$$F_0 = -\frac{SE}{L}u_2 + \frac{mgL}{2} = -\frac{SE}{L}\frac{-3mgL}{2ES} + \frac{\rho SgL}{2} \iff \boxed{F_0 = 2\rho SgL}$$

On retrouve bien sûr que la force de réaction est égale, en module, à Mg.

1.4.5 Calcul du champ des contraintes correspondant

Dans le modèle utilisé, la contrainte est donnée par $\sigma_{xx} = E\varepsilon_{xx} = E\dfrac{du}{dx}$. Or, sur chaque élément, nous disposons de l'interpolation nodale $u(x) =< N(x) > \{U\}$ du champ des déplacements. Par conséquent, on peut écrire $\sigma_{xx} = E < \dfrac{dN}{dx} > \{U\}$ et il est donc possible d'obtenir une interpolation du champ des contraintes sur chaque élément puis une interpolation constante par morceaux (parce que les dérivées des fonctions de base nodale sont des constantes) du champ des contrainte sur la barre .
Dans l'exemple, sur le premier élément, on obtient

$$\sigma_{xx}(x) = E < -\frac{1}{L}, \frac{1}{L} > \begin{Bmatrix} u_1 \\ u_2 \end{Bmatrix} = Eu_2L \iff \boxed{\sigma_{xx}(x) = \frac{-3\rho gL}{2}}$$

et sur le second

$$\sigma_{xx}(x) = E < -\frac{1}{L}, \frac{1}{L} > \begin{Bmatrix} u_2 \\ u_3 \end{Bmatrix} E\left(-\frac{u_2}{L} + \frac{u_3}{L}\right) \iff \boxed{\sigma_{xx}(x) = \frac{-\rho gL}{2}}$$

1.5 Élément « barre » en deux dimensions

1.5.1 Adaptation au cas bidimensionnel

Dans le cas où l'élément fini est plongé dans un espace de dimension deux (ou trois), le modèle doit être adapté pour tenir compte des dimensions supplémentaires et du fait que la base attachée à l'élément, qualifié de locale, n'est en général pas confondue avec la base globale. Aussi, dans une structure faisant intervenir plusieurs barres, il est nécessaire de se ramener à la base globale pour effectuer les calculs des déplacements.
En tout état de cause, même si une barre est plongée dans un espace de dimension deux (ou trois), il n'en demeure pas moins qu'en base locale attachée à la barre, notée $\mathcal{BL} = (\vec{x}\,', \vec{y}\,')$, seul le déplacement en translation selon $\vec{x}\,'$ de la section d'abscisse x' est pris en compte et chaque nœud de calcul ne possède qu'un degré de liberté. Par contre, en base globale, notée $\mathcal{BG} = (\vec{x}, \vec{y})$, ce déplacement a désormais deux composantes. Ainsi, en base globale, chaque nœud de calcul possède deux degrés de liberté, un dans chaque direction $\vec{x}$ et $\vec{y}$ comme illustré dans la figure 8.5 dans le cas où les deux bases sont confondues.

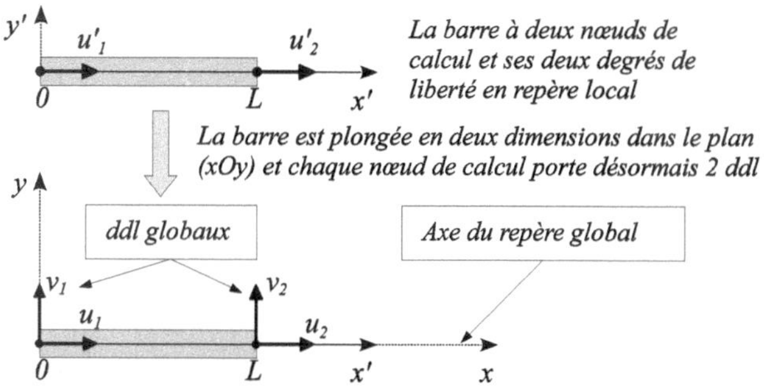

FIGURE 8.5 – L'élément « barre » plongé en dimension deux

Dans ce cas, il est facile de relier le vecteur des degrés de liberté locaux $< u_1', u_2' >$ (en base locale) avec le vecteur des degrés de liberté globaux $< u_1, v_1, u_2, v_2 >$ (en base globale), soit par une matrice de connexion $[C] = \begin{bmatrix} 1 & 0 & 0 & 0 \\ 0 & 0 & 1 & 0 \end{bmatrix}$ en écrivant

$$\begin{Bmatrix} u_1' \\ u_2' \end{Bmatrix} = \begin{bmatrix} 1 & 0 & 0 & 0 \\ 0 & 0 & 1 & 0 \end{bmatrix} \begin{Bmatrix} u_1 \\ v_1 \\ u_2 \\ v_2 \end{Bmatrix}$$

ou bien à l'aide de la table de connexion

ddl globaux - 2D	u_1	v_1	u_2	v_2
ddl locaux - 1D	u_1'		u_2'	

Il est alors facile de calculer la matrice de rigidité élémentaire $[K]$ de cet élément barre en deux dimensions à partir de la matrice de rigidité élémentaire $\frac{SE}{L}\begin{bmatrix} 1 & -1 \\ -1 & 1 \end{bmatrix}$ en une dimension par la formule (7.30) page 276

$$[K] = \frac{SE}{L}{}^{\mathbf{t}}[C]\begin{bmatrix} 1 & -1 \\ -1 & 1 \end{bmatrix}[C] = \frac{SE}{L}\begin{bmatrix} 1 & 0 & -1 & 0 \\ 0 & 0 & 0 & 0 \\ -1 & 0 & 1 & 0 \\ 0 & 0 & 0 & 0 \end{bmatrix}$$

et il est intéressant de constater la « logique » sous-jacente qui préside à la construction de cette matrice. En effet, en remarquant que la matrice $[K]$ est associée au vecteur des degrés de liberté globaux $< u_1, v_1, u_2, v_2 >$, que les deux bases sont confondues et qu'il n'y a donc aucun déplacement v_1 ou v_2, on constate que la position des coefficients SE/L et $-SE/L$ de la matrice correspondent bien, par calcul matriciel, aux coefficients multiplicateur des déplacement u_1 et u_2 uniquement

$$\frac{SE}{L}\begin{bmatrix} 1 & 0 & -1 & 0 \\ 0 & 0 & 0 & 0 \\ -1 & 0 & 1 & 0 \\ 0 & 0 & 0 & 0 \end{bmatrix}\begin{Bmatrix} u_1 \\ v_1 \\ u_2 \\ v_2 \end{Bmatrix} = \frac{SE}{L}\begin{Bmatrix} u_1 - u_2 \\ 0 \\ -u_1 + u_2 \\ 0 \end{Bmatrix}$$

alors qu'en base locale, nous avions

$$\frac{SE}{L}\begin{bmatrix} 1 & -1 \\ -1 & 1 \end{bmatrix}\begin{Bmatrix} u'_1 \\ u'_2 \end{Bmatrix} = \frac{SE}{L}\begin{Bmatrix} u'_1 - u'_2 \\ -u'_1 + u'_2 \end{Bmatrix}$$

Là où les choses se compliquent quelque peu, c'est dans la situation où la base locale n'est plus confondue avec la base globale, c'est à dire lorsque les axes de la base locale ont subi une rotation d'angle α orienté par rapport aux axes de la base globale et $(\vec{x}, \vec{x}') = \alpha \ [2\pi]$. Dans ce cas, le lien entre le vecteur des degrés de liberté locaux $< u'_1, u'_2 >$ (en base locale) avec le vecteur des degrés de liberté globaux $< u_1, v_1, u_2, v_2 >$ (en base globale) nécessite l'intervention d'une matrice de rotation et la matrice de rigidité $[K]$ a alors une expression moins simple que dans le cas précédent.

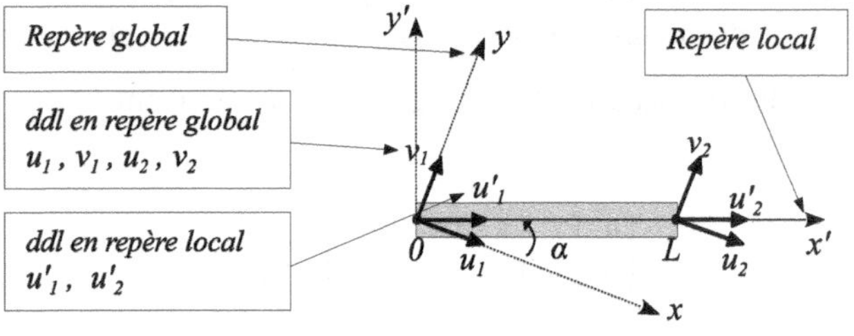

FIGURE 8.6 – L'élément barre plongé en dimension deux dans le cas où la base locale n'est plus confondue avec la base globale

Remarque. Les flèches représentées sur la figure sont destinées à symboliser les degrés le liberté mais elles ne prétendent pas représenter la décomposition des vecteurs déplacements en somme de deux vecteurs. Autrement dit, il ne s'agit ici que d'une représentation symbolique.

1.5.2 Matrice de rigidité élémentaire

Proposition 72. Avec les notations précédentes, soit un élément barre $\mathbb{P}_1$ de Lagrange associé à la base locale faisant un angle orienté α avec la base globale. Alors, la matrice de rigidité, exprimée dans la base globale, est

$$[K] = \frac{SE}{L}\begin{bmatrix} c_\alpha^2 & c_\alpha s_\alpha & -c_\alpha^2 & -c_\alpha s_\alpha \\ c_\alpha s_\alpha & s_\alpha^2 & -c_\alpha s_\alpha & -s_\alpha^2 \\ -c_\alpha^2 & -c_\alpha s_\alpha & c_\alpha^2 & c_\alpha s_\alpha \\ -c_\alpha s_\alpha & -s_\alpha^2 & c_\alpha s_\alpha & s_\alpha^2 \end{bmatrix} \tag{8.3}$$

en notant $c_\alpha = \cos\alpha$ et $s_\alpha = \sin\alpha$.

Démonstration.
Considérons donc une barre faisant un angle α avec la base globale comme illustré sur la figure 8.7.

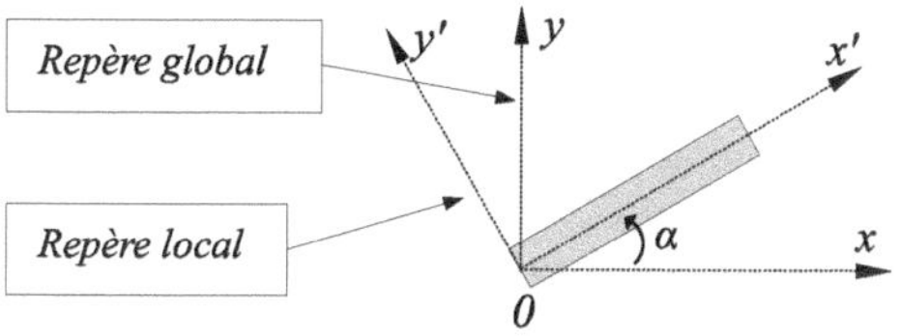

FIGURE 8.7 – Représentation local et global

On dispose d'une base locale $\mathscr{BL} = (\overrightarrow{x}', \overrightarrow{y}')$ et d'une base globale $\mathscr{BG} = (\overrightarrow{x}, \overrightarrow{y})$ dont les vecteurs sont liés par les formules

$$\begin{cases} \overrightarrow{x}' = \cos\alpha\,\overrightarrow{x} + \sin\alpha\,\overrightarrow{y} \\ \overrightarrow{y}' = -\sin\alpha\,\overrightarrow{x} + \cos\alpha\,\overrightarrow{y} \end{cases} \tag{8.4}$$

Considérons un déplacement

$$\overrightarrow{u}' = u_1'\,\overrightarrow{x}' + v_1'\,\overrightarrow{y}' = u_1'\,\overrightarrow{x}'$$

dans la base locale $\mathscr{BL}$ (rappelons que v_1' est nul car seul le déplacement longitudinal est autorisé). Exprimons ce déplacement $\overrightarrow{u}'$ dans la base globale à l'aide des formules (8.4) en faisant intervenir v_1' même s'il est nul. Un calcul simple montre que

$$\overrightarrow{u}' = \left(u_1'\cos\alpha - v_1'\sin\alpha\right)\overrightarrow{x} + \left(u_1'\sin\alpha + v_1'\cos\alpha\right)\overrightarrow{y}$$

En représentation matricielle (en mettant l'indice l pour les coordonnées en base locale et g pour les coordonnées en base globale), on peut alors traduire la relation précédente en faisant intervenir la matrice de passage de la base globale vers la base locale

$$[P]_{g\to l} = \begin{bmatrix} \cos\alpha & -\sin\alpha \\ \sin\alpha & \cos\alpha \end{bmatrix}$$

qui est ici une matrice de rotation,

$$\begin{Bmatrix} u_1 \\ v_1 \end{Bmatrix}_g = \begin{bmatrix} \cos\alpha & -\sin\alpha \\ \sin\alpha & \cos\alpha \end{bmatrix} \begin{Bmatrix} u'_1 \\ v'_1 \end{Bmatrix}_l$$

Or, $[P]_{g\to l}$ est orthogonale donc

$$[P]_{l\to g} = \left([P]_{g\to l}\right)^{-1} = {}^{\mathbf{t}}[P]_{g\to l}$$

donc

$$\begin{Bmatrix} u'_1 \\ v'_1 \end{Bmatrix}_l = \begin{bmatrix} \cos\alpha & \sin\alpha \\ -\sin\alpha & \cos\alpha \end{bmatrix} \begin{Bmatrix} u_1 \\ v_1 \end{Bmatrix}_g$$

Maintenant, si l'on réunit dans un vecteur les quatre degrés de liberté locaux (associés aux deux nœuds de calcul, en base locale) $< u'_1, v'_1, u'_2, v'_2 >_l$, on peut écrire la relation

$$\begin{Bmatrix} u'_1 \\ v'_1 \\ u'_2 \\ v'_2 \end{Bmatrix}_l = \begin{bmatrix} \cos\alpha & \sin\alpha & 0 & 0 \\ -\sin\alpha & \cos\alpha & 0 & 0 \\ 0 & 0 & \cos\alpha & \sin\alpha \\ 0 & 0 & -\sin\alpha & \cos\alpha \end{bmatrix} \begin{Bmatrix} u_1 \\ v_1 \\ u_2 \\ v_2 \end{Bmatrix}_g$$

Notons alors

$$[Q]_{l\to g} = \begin{bmatrix} \cos\alpha & \sin\alpha & 0 & 0 \\ -\sin\alpha & \cos\alpha & 0 & 0 \\ 0 & 0 & \cos\alpha & \sin\alpha \\ 0 & 0 & -\sin\alpha & \cos\alpha \end{bmatrix}$$

puis

$$< U >_l = < u'_1, v'_1, u'_2, v'_2 >_l \text{ et } < U >_g = < u_1, v_1, u_2, v_2 >_g$$

alors on a la relation écrite sous forme compacte

$$\{U\}_l = [Q]_{l\to g}\{U\}_g$$

Supposons maintenant connaître la relation élémentaire $[K]_l\{U\}_l = \{F\}_l$ en base locale associée à l'élément. D'après la formule précédente, on peut écrire

$$[K]_l[Q]_{l\to g}\{U\}_g = \{F\}_l$$

D'autre part, nous savons aussi que

$$\{F\}_l = [Q]_{l\to g}\{F\}_g \iff \{F\}_g = {}^{\mathbf{t}}[Q]_{l\to g}\{F\}_l$$

donc, en multipliant par ${}^{\mathbf{t}}[Q]_{l\to g}$ à gauche, on obtient

$${}^{\mathbf{t}}[Q]_{l\to g}[K]_l[Q]_{l\to g}\{U\}_g = {}^{\mathbf{t}}[Q]_{l\to g}\{F\}_l$$

c'est-à-dire le système dans la base globale

$$[K]_g\{U\}_g = \{F\}_g$$

avec

$$[K]_g = {}^t[Q]_{l\to g}[K]_l[Q]_{l\to g}$$

Dans le cas étudié d'une barre, nous savons que, en base locale

$$[K]_l = \frac{SE}{L}\begin{bmatrix} 1 & 0 & -1 & 0 \\ 0 & 0 & 0 & 0 \\ -1 & 0 & 1 & 0 \\ 0 & 0 & 0 & 0 \end{bmatrix}$$

par conséquent, cette matrice exprimée dans la base globale devient

$$[K]_g = {}^t[Q]_{l\to g}\frac{SE}{L}\begin{bmatrix} 1 & 0 & -1 & 0 \\ 0 & 0 & 0 & 0 \\ -1 & 0 & 1 & 0 \\ 0 & 0 & 0 & 0 \end{bmatrix}[Q]_{l\to g}$$

Ce qui donne, en notant $c_\alpha = \cos\alpha$ et $s_\alpha = \sin\alpha$, la matrice :

$$[K]_g = \frac{SE}{L}\begin{bmatrix} c_\alpha^2 & c_\alpha s_\alpha & -c_\alpha^2 & -c_\alpha s_\alpha \\ c_\alpha s_\alpha & s_\alpha^2 & -c_\alpha s_\alpha & -s_\alpha^2 \\ -c_\alpha^2 & -c_\alpha s_\alpha & c_\alpha^2 & c_\alpha s_\alpha \\ -c_\alpha s_\alpha & -s_\alpha^2 & c_\alpha s_\alpha & s_\alpha^2 \end{bmatrix}$$

□

1.6 Application aux treillis plans

1.6.1 Définition d'un treillis

Un *treillis plan* est un assemblage par rotules de plusieurs barres situées dans un même plan (que nous supposerons dans la suite être (xOy)). Les rotules ne transmettent que les efforts normaux et aucun moment.

1.6.2 Description de l'exemple

Considérons ici le treillis plan formé de deux barres de même section d'aire $S \quad [m^2]$ et de même matériau de module d'Young $E \quad [Pa]$. Deux nœuds sont rotulés contre un mur alors que le troisième est soumis à une force $\overrightarrow{F}$ de module F faisant un angle orienté β avec l'axe des abscisses (base globale) comme illustré sur la figure.
On cherche à calculer les déplacements du nœud libre ainsi que les efforts dans chacune des barres.
Le modèle éléments finis est basé sur les notations de la figure 8.8 (le choix de la numérotation est fait de telle sorte que les deux inconnues du problème sont les deux dernières composantes du vecteur des degrés de liberté).

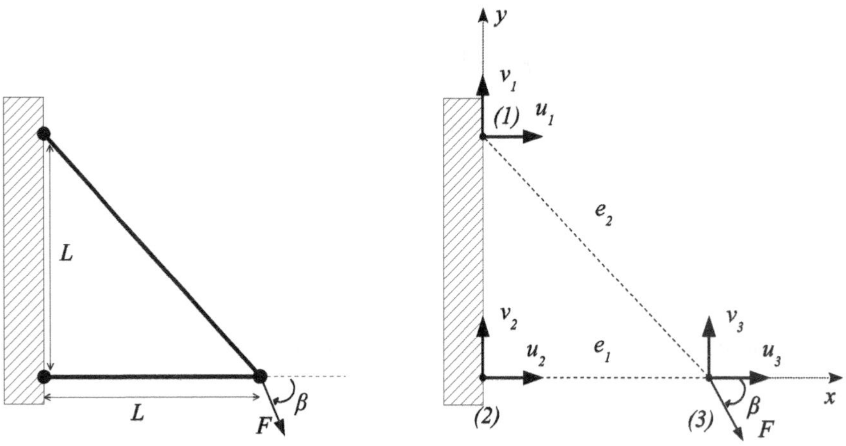

FIGURE 8.8 – Treillis plan et modèle éléments finis

1.6.3 Bilan des inconnues, vecteur des degrés de liberté, vecteurs des forces

Il y a trois nœuds de calculs comportant chacun deux degrés de liberté, soit un total de 6 degrés de liberté a priori. Les degrés de liberté sont notés $< U >=< u_1, v_1, u_2, v_2, u_3, v_3 >$ comme d'habitude et les conditions d'appui (conditions aux limites) aux deux nœuds (1) et (2) conduisent à

$$\begin{cases} u_1 = u_2 = 0 \\ v_1 = v_2 = 0 \end{cases}$$

Autrement dit, le problème ne comporte finalement plus que deux inconnues u_3 et v_3 et on peut désormais écrire

$$< U >=< 0,0,0,0,u_3,v_3 >$$

au moment de l'application des conditions aux limites. Le vecteur des efforts extérieurs connu, quant à lui, est de la forme

$$< F >=< 0,0,0,0,F\cos\beta,F\sin\beta >$$

et il est construit en écrivant les trois paires de coordonnées (en base globale, indice g) des forces ponctuelles exercées en chaque nœud (1), (2) et (3). Précisément, au nœud (1) la force exercée est nulle donc $\overrightarrow{F_{(1)}} = (0,0)_g$, de même au nœud (2) on a $\overrightarrow{F_{(2)}} = (0,0)_g$ et, par contre, au nœud (3) on a $\overrightarrow{F_{(2)}} = (F\cos\beta, F\sin\beta)_g$ (remarquez que l'angle β est orienté. Ainsi $\beta < 0$ et $F\sin\beta < 0$).

1.6.4 Calcul des relations élémentaires dans le cas d'une interpolation de degré 1

Le problème comporte deux éléments, il y aura donc deux relations élémentaires à calculer. Chaque élément comporte 4 degrés de liberté, les matrices de rigidité élémentaires seront donc des matrices de taille 4×4. La construction de ces relations élémentaires doit tenir compte du fait que l'on travaille sur un modèle $2D$ et aussi de l'orientation de la base locale associée à l'élément par rapport à la base globale.

1. **Pour le premier élément** e_1, orienté dans le sens (2) → (3), la base locale est confondue avec la base globale. La matrice de rigidité associée à l'élément e_1 et à la colonne des degrés de liberté $\begin{Bmatrix} u_2 \\ v_2 \\ u_3 \\ v_3 \end{Bmatrix}$ (numérotation globale) est :

$$[K_1] = \frac{SE}{L}\begin{bmatrix} 1 & 0 & -1 & 0 \\ 0 & 0 & 0 & 0 \\ -1 & 0 & 1 & 0 \\ 0 & 0 & 0 & 0 \end{bmatrix}$$

2. **Pour le deuxième élément** e_2, orienté dans le sens (1) → (3), il faut remarquer que sa longueur est $\sqrt{2}L$ et que la base locale associée fait un angle $\alpha = -\frac{\pi}{4}$ avec la base globale.
La matrice de rigidité associée à l'élément e_2 et à la colonne des degrés de liberté $\begin{Bmatrix} u_1 \\ v_1 \\ u_3 \\ v_3 \end{Bmatrix}$ (numérotation globale) est donc, en utilisant (8.3) :

$$[K_2] = \frac{SE}{\sqrt{2}L}\begin{bmatrix} c_\alpha^2 & c_\alpha s_\alpha & -c_\alpha^2 & -c_\alpha s_\alpha \\ c_\alpha s_\alpha & s_\alpha^2 & -c_\alpha s_\alpha & -s_\alpha^2 \\ -c_\alpha^2 & -c_\alpha s_\alpha & c_\alpha^2 & c_\alpha s_\alpha \\ -c_\alpha s_\alpha & -s_\alpha^2 & c_\alpha s_\alpha & s_\alpha^2 \end{bmatrix}$$

où $c_\alpha = \cos\left(-\frac{\pi}{4}\right) = \frac{\sqrt{2}}{2}$ et $s_\alpha = \sin\left(-\frac{\pi}{4}\right) = -\frac{\sqrt{2}}{2}$, ce qui donne :

$$[K_2] = \frac{SE}{2\sqrt{2}L}\begin{bmatrix} 1 & -1 & -1 & 1 \\ -1 & 1 & 1 & -1 \\ -1 & 1 & 1 & -1 \\ 1 & -1 & -1 & 1 \end{bmatrix}$$

1.6.5 Assemblage des relations élémentaires

Les matrices élémentaires sont « immergées » dans des matrices de taille 6 × 6 en utilisant des matrices de connexions ou la table de connexion suivante :

ddl globaux - 2D	u_1	v_1	u_2	v_2	u_3	v_3
Numérotation globale	1	2	3	4	5	6
ddl locaux e_1			u_2	v_2	u_3	v_3
Numérotation locale e_1			1	2	3	4
ddl locaux e_2	u_1	v_1			u_3	v_3
Numérotation locale e_2	1	2			3	4

La matrice $[K_1]$ devient alors $[K_1]' = \frac{SE}{L}\begin{bmatrix} 0 & 0 & 0 & 0 & 0 & 0 \\ 0 & 0 & 0 & 0 & 0 & 0 \\ 0 & 0 & 1 & 0 & -1 & 0 \\ 0 & 0 & 0 & 0 & 0 & 0 \\ 0 & 0 & -1 & 0 & 1 & 0 \\ 0 & 0 & 0 & 0 & 0 & 0 \end{bmatrix}$

et la matrice $[K_2]$ devient $[K_2]' = \frac{SE}{2\sqrt{2}L}\begin{bmatrix} 1 & -1 & 0 & 0 & -1 & 1 \\ -1 & 1 & 0 & 0 & 1 & -1 \\ 0 & 0 & 0 & 0 & 0 & 0 \\ 0 & 0 & 0 & 0 & 0 & 0 \\ -1 & 1 & 0 & 0 & 1 & -1 \\ 1 & -1 & 0 & 0 & -1 & 1 \end{bmatrix}$.

On en déduit donc la matrice de rigidité globale $[K] = [K_1]' + [K_2]'$:

$$[K] = \frac{SE}{L}\begin{bmatrix} \frac{1}{2\sqrt{2}} & -\frac{1}{2\sqrt{2}} & 0 & 0 & -\frac{1}{2\sqrt{2}} & \frac{1}{2\sqrt{2}} \\ -\frac{1}{2\sqrt{2}} & \frac{1}{2\sqrt{2}} & 0 & 0 & \frac{1}{2\sqrt{2}} & -\frac{1}{2\sqrt{2}} \\ 0 & 0 & 1 & 0 & -1 & 0 \\ 0 & 0 & 0 & 0 & 0 & 0 \\ -\frac{1}{2\sqrt{2}} & \frac{1}{2\sqrt{2}} & -1 & 0 & 1+\frac{1}{2\sqrt{2}} & -\frac{1}{2\sqrt{2}} \\ \frac{1}{2\sqrt{2}} & -\frac{1}{2\sqrt{2}} & 0 & 0 & -\frac{1}{2\sqrt{2}} & \frac{1}{2\sqrt{2}} \end{bmatrix}$$

On obtient alors le système global (avec prise en compte des conditions aux limites $u_1 = v_1 = u_2 = v_2 = 0$)

$$\boxed{\frac{SE}{L}\begin{bmatrix} \frac{1}{2\sqrt{2}} & -\frac{1}{2\sqrt{2}} & 0 & 0 & -\frac{1}{2\sqrt{2}} & \frac{1}{2\sqrt{2}} \\ -\frac{1}{2\sqrt{2}} & \frac{1}{2\sqrt{2}} & 0 & 0 & \frac{1}{2\sqrt{2}} & -\frac{1}{2\sqrt{2}} \\ 0 & 0 & 1 & 0 & -1 & 0 \\ 0 & 0 & 0 & 0 & 0 & 0 \\ -\frac{1}{2\sqrt{2}} & \frac{1}{2\sqrt{2}} & -1 & 0 & 1+\frac{1}{2\sqrt{2}} & -\frac{1}{2\sqrt{2}} \\ \frac{1}{2\sqrt{2}} & -\frac{1}{2\sqrt{2}} & 0 & 0 & -\frac{1}{2\sqrt{2}} & \frac{1}{2\sqrt{2}} \end{bmatrix}\begin{Bmatrix} 0 \\ 0 \\ 0 \\ 0 \\ u_3 \\ v_3 \end{Bmatrix} = \begin{Bmatrix} 0 \\ 0 \\ 0 \\ 0 \\ F\cos\beta \\ F\sin\beta \end{Bmatrix}}$$

qui peut être partitionné sous la forme :

$$\left[\begin{array}{c|c} [k_1] & [k_2] \\ \hline [k_3] & [k_4] \end{array}\right]\left\{\begin{array}{c} \{U_C\} \\ \hline \{U_I\} \end{array}\right\} = \left\{\begin{array}{c} \{f_1\} \\ \hline \{f_2\} \end{array}\right\}$$

où

1. $\{U_C\}$ et $\{U_I\}$ désignent les colonnes des degrés de liberté connus et inconnus respectivement,

2. $\{f_1\}$ et $\{f_2\}$ désignent des colonnes de dimensions compatibles avec la partition de $[K]$ et $\{U\}$,

3. $[k_1]$, $[k_2]$, $[k_3]$, $[k_4]$ sont les matrices définies par les blocs identifiables ci-dessous

$$\frac{SE}{L}\left[\begin{array}{cccc|cc} \frac{1}{2\sqrt{2}} & -\frac{1}{2\sqrt{2}} & 0 & 0 & -\frac{1}{2\sqrt{2}} & \frac{1}{2\sqrt{2}} \\ -\frac{1}{2\sqrt{2}} & \frac{1}{2\sqrt{2}} & 0 & 0 & \frac{1}{2\sqrt{2}} & -\frac{1}{2\sqrt{2}} \\ 0 & 0 & 1 & 0 & -1 & 0 \\ 0 & 0 & 0 & 0 & 0 & 0 \\ \hline -\frac{1}{2\sqrt{2}} & \frac{1}{2\sqrt{2}} & -1 & 0 & 1+\frac{1}{2\sqrt{2}} & -\frac{1}{2\sqrt{2}} \\ \frac{1}{2\sqrt{2}} & -\frac{1}{2\sqrt{2}} & 0 & 0 & -\frac{1}{2\sqrt{2}} & \frac{1}{2\sqrt{2}} \end{array}\right]\left\{\begin{array}{c} 0 \\ 0 \\ 0 \\ 0 \\ \hline u_3 \\ v_3 \end{array}\right\} = \left\{\begin{array}{c} 0 \\ 0 \\ 0 \\ 0 \\ \hline F\cos\beta \\ F\sin\beta \end{array}\right\}$$

1.6.6 Les déplacements inconnus

Les déplacements inconnus sont obtenus par résolution par « blocs » de l'équation

$$[k_3]\{U_C\} + [k_4]\{U_I\} = \{f_2\} \Longleftrightarrow \{U_I\} = [k_4]^{-1}\big(\{f_2\} - [k_3]\{U_C\}\big)$$

où la matrice $[k_4]$ est bien sûr inversible, ce qui conduit ici à l'équation matricielle (matrice de dimension 2 × 2 car $\{U_C\} = \{0\}$) :

$$\{U_I\} = [k_4]^{-1}\{f_2\} \Longleftrightarrow \begin{Bmatrix} u_3 \\ v_3 \end{Bmatrix} = \left(\frac{SE}{L}\begin{bmatrix} 1+\frac{1}{2\sqrt{2}} & -\frac{1}{2\sqrt{2}} \\ -\frac{1}{2\sqrt{2}} & \frac{1}{2\sqrt{2}} \end{bmatrix}\right)^{-1} \begin{Bmatrix} F\cos\beta \\ F\sin\beta \end{Bmatrix}$$

qui donne la solution :

$$\boxed{\left\{\begin{array}{l} u_3 = \dfrac{FL}{ES}(\cos\beta + \sin\beta) \\ v_3 = \dfrac{FL}{ES}\big(\cos\beta + (1+2\sqrt{2})\sin\beta\big) \end{array}\right.}$$

où les déplacements sont bien homogènes à des mètres.

Remarque. Rappelons peut-être qu'avant application des conditions aux limites liées aux appuis, la matrice de l'équation matricielle n'est pas inversible et possède une infinité de solutions correspondant à des déplacements rigides de la structure. En effet, en l'absence de « blocages » mais soumise à des forces extérieures, la structure se déplace en translation, ce qui donne une infinité de solutions pour les déplacements.

1.6.7 Les efforts aux appuis

Les efforts aux appuis inconnus aux nœuds (1) et (2), notés $\overrightarrow{R_{(1)}}$ et $\overrightarrow{R_{(2)}}$, sont décomposés en base globale (indice g) en écrivant

$$\overrightarrow{R_{(1)}} = (a,b)_g \quad \text{et} \quad \overrightarrow{R_{(2)}} = (c,d)_g$$

Le vecteur des efforts inconnus $\{R\} = {}^{\mathbf{t}}\!< R >$ est alors de la forme

$$< R > = < a, b, c, d, 0, 0 >$$

et on l'obtient en écrivant l'équation d'équilibre (voir 1.4.4 page 307)

$$[K]\{U\} = \{F\} + \{R\} \iff \{R\} = [K]\{U\} - \{F\}$$

Les valeurs de a, b, c et d se calculent alors à partir de l'équation matricielle après partition

$$\left\{\begin{array}{c} a \\ b \\ c \\ d \\ \hline 0 \\ 0 \end{array}\right\} = \left[\begin{array}{c|c} [k_1] & [k_2] \\ \hline [k_3] & [k_4] \end{array}\right] \left\{\begin{array}{c} \{U_C\} \\ \hline \{U_I\} \end{array}\right\} - \left\{\begin{array}{c} \{f_1\} \\ \hline \{f_2\} \end{array}\right\}$$

en remplaçant les valeurs des déplacements qui sont maintenant connus et en ne conservant que les quatre premières lignes, ce qui conduit à calculer :

$$\begin{Bmatrix} a \\ b \\ c \\ d \end{Bmatrix} = \frac{SE}{L} \begin{bmatrix} -\frac{1}{2\sqrt{2}} & \frac{1}{2\sqrt{2}} \\ \frac{1}{2\sqrt{2}} & -\frac{1}{2\sqrt{2}} \\ -1 & 0 \\ 0 & 0 \end{bmatrix} \begin{Bmatrix} u_3 \\ v_3 \end{Bmatrix}$$

On obtient alors

$$\boxed{\left\{\begin{array}{l} a = F \sin\beta \\ b = -F\sin\beta \\ c = -F(\cos\beta + \sin\beta) \\ d = 0 \end{array}\right.}$$

et ces résultats sont bien exprimés en Newton.

1.6.8 Application numérique

L'application numérique dans le cas :

$$\left\{\begin{array}{l} L = 1 \quad m \\ S = 0,01 \times 0,01 = 10^{-4} \quad m^2 \\ \beta = -\dfrac{\pi}{4} \\ F = 10^4 \quad N \\ E = 2,1 \times 10^{11} \quad Pa \end{array}\right.$$

correspondant à un treillis de barres en acier donne :

$$\boxed{\left\{\begin{array}{l} u_3 = 0 \\ v_3 = 0,952 \times 10^{-3} \quad m \end{array}\right.}$$

1.7 Exemple d'application à un problème de thermique

Comme nous allons le voir dans cet exemple, utiliser la méthode des éléments finis pour déterminer une interpolation du champ des températures dans un problème de thermique stationnaire en une dimension est tout à fait semblable au calcul d'une interpolation du champ des déplacements dans une barre.

1.7.1 Description de l'exemple

Considérons un mur d'épaisseur L $[m]$, dont les deux autres dimensions sont supposées « infinies » et constitué d'un matériau caractérisé par son coefficient de *conductivité thermique* λ $[W \cdot m^{-1} \cdot K^{-1}]$ constant. Ces hypothèses simplificatrices nous permettront de ramener le problème initialement en trois dimensions à une seule dimension, celle de l'épaisseur du mur, comme l'illustre la figure 8.9.

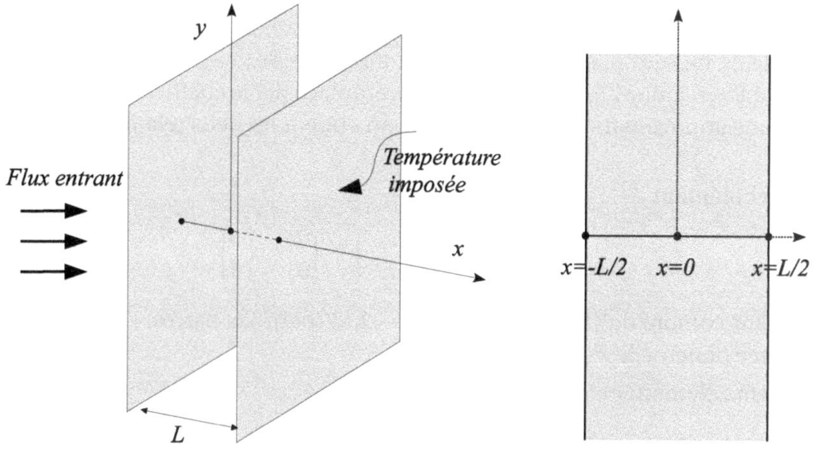

FIGURE 8.9 – Illustration du mur « infini » et modèle éléments finis

On supposera d'autre part qu'aucune source de chaleur $q : (x, y, z) \mapsto q(x, y, z)$ $[W \cdot m^{-3}]$ n'alimente le mur mais à :

1. Une température $u(L/2) = a$ $[K]$ imposée sur la face de droite correspondant au point d'abscisse $x = L/2$ (c'est une condition aux limites essentielle).
2. Un flux de température $\varphi(-L/2) = \lambda \dfrac{\mathrm{d}u}{\mathrm{d}x}(-L/2) = b$ $[W \cdot m^{-2}]$ imposé sur la face de gauche correspondant à $x = -L/2$ (c'est une condition aux limites naturelle et le lecteur pourra facilement vérifier que le produit $\lambda \dfrac{\mathrm{d}u}{\mathrm{d}x}(-L/2)$ est bien homogène à un flux).

On admettra que le champ des températures u est solution du problème différentiel (le lecteur ne manquera pas de remarquer que l'on retrouve la même forme que l'équation des barres en statique)

$$\begin{cases} -\lambda \dfrac{\mathrm{d}^2 u}{\mathrm{d}x^2}(x) = 0 \text{ sur } \left]-\frac{L}{2}, \frac{L}{2}\right[\\ u(L/2) = a \\ \lambda \dfrac{\mathrm{d}u}{\mathrm{d}x}(-L/2) = b \end{cases} \tag{8.5}$$

et on souhaite alors construire une interpolation du champ des températures à partir des trois nœuds de calcul de coordonnées $x = -L/2$, $x = 0$ et $x = L/2$.

En chaque nœud, on cherche donc à évaluer la température, par conséquent, chaque nœud porte un degré de liberté et on note $< U >=< u_1, u_2, u_3 >$ les degrés de liberté globaux. Il est donc possible d'utiliser deux éléments finis $\mathbb{P}_1$ de Lagrange dans le but de construire une interpolation continue et de degré 1 par morceaux du champ des températures ou encore d'utiliser au moins un élément fini $\mathbb{P}_2$ de Lagrange dans le but de construire une interpolation quadratique du champ des températures.

1.7.2 Calcul des températures nodales

Ce problème de thermique étant en tout point semblable au problème de la barre déjà traité, les calculs ne sont pas tous détaillés (la longueur des éléments est $L/2$ et seul le coefficient caractéristique $2SE/L$ de la barre est remplacé par le coefficient caractéristique $2\lambda/L$). Pour une approximation $\mathbb{P}_1$ de Lagrange on obtient les deux relations élémentaires suivantes :

1. **Premier élément** $e^{(1)}$:

$$\frac{2\lambda}{L}\begin{bmatrix} 1 & -1 \\ -1 & 1 \end{bmatrix}\begin{Bmatrix} u_1^{(1)} \\ u_2^{(1)} \end{Bmatrix} = \begin{Bmatrix} 0 \\ 0 \end{Bmatrix} + \begin{Bmatrix} b \\ 0 \end{Bmatrix}$$

   en tenant compte du flux imposé en $x = -L/2$ (pour les barres, l'équivalent serait une force ponctuelle $F_{-L/2}$).

2. **Deuxième élément** $e^{(2)}$:

$$\frac{2\lambda}{L}\begin{bmatrix} 1 & -1 \\ -1 & 1 \end{bmatrix}\begin{Bmatrix} u_1^{(2)} \\ u_2^{(2)} \end{Bmatrix} = \begin{Bmatrix} 0 \\ 0 \end{Bmatrix}$$

L'assemblage des deux relations élémentaires conduit au système

$$\frac{2\lambda}{L}\begin{bmatrix} 1 & -1 & 0 \\ -1 & 2 & -1 \\ 0 & -1 & 1 \end{bmatrix}\begin{Bmatrix} u_1 \\ u_2 \\ u_3 \end{Bmatrix} = \begin{Bmatrix} b \\ 0 \\ 0 \end{Bmatrix}$$

La prise en compte de la condition aux limites (essentielle) $u_3 = a$ permet de partitionner l'équation matricielle sous la forme

$$\frac{2\lambda}{L}\left[\begin{array}{cc|c} 1 & -1 & 0 \\ -1 & 2 & -1 \\ \hline 0 & -1 & 1 \end{array}\right]\left\{\begin{array}{c} u_1 \\ u_2 \\ \hline a \end{array}\right\} = \left\{\begin{array}{c} b \\ 0 \\ \hline 0 \end{array}\right\}$$

et de calculer les deux inconnues u_1 et u_2 en travaillant par blocs :

$$\frac{2\lambda}{L}\begin{bmatrix} 1 & -1 \\ -1 & 2 \end{bmatrix}\begin{Bmatrix} u_1 \\ u_2 \end{Bmatrix} = \begin{Bmatrix} b \\ 0 \end{Bmatrix} + \frac{2\lambda}{L}\begin{Bmatrix} 0 \\ a \end{Bmatrix}$$

La solution est alors donnée par

$$\boxed{\left\{\begin{array}{l} u_1 = \dfrac{Lb + \lambda a}{\lambda} \\ u_2 = \dfrac{Lb + 2\lambda a}{2\lambda} \end{array}\right.}$$

et ces résultats sont exprimés en Kelvin.

1.7.3 Calcul du flux inconnu

Le calcul du flux inconnu φ_3 sur la face correspondant au nœud (3) d'abscisse $x = L/2$ est en tout point semblable au calcul de la force de réaction dans l'exemple de la barre (voir 1.4.4 page 307 et l'exemple page 317).
Il suffit pour cela de reprendre l'équation matricielle en faisant maintenant intervenir le flux inconnu φ_3 en $x = L/2$ en écrivant (u_1 et u_2 sont connus) :

$$\frac{2\lambda}{L}\begin{bmatrix} 1 & -1 & 0 \\ -1 & 2 & -1 \\ 0 & -1 & 1 \end{bmatrix}\begin{Bmatrix} u_1 \\ u_2 \\ a \end{Bmatrix} = \begin{Bmatrix} b \\ 0 \\ 0 \end{Bmatrix} + \begin{Bmatrix} 0 \\ 0 \\ \varphi_3 \end{Bmatrix}$$

En remplaçant u_1 et u_2 par leurs valeurs et en isolant l'inconnue φ_3, on obtient logiquement

$$\boxed{\varphi_3 = -b}$$

2 Éléments finis « poutre », application aux portiques plans

Présentons maintenant l'élément fini linéique modélisant les poutres sous le modèle de Bernoulli. Comme pour les barres, une application au calcul des déplacements dans un portique plan (l'équivalent des treillis mais constitué de poutres) est proposée.

2.1 Description d'une poutre en flexion pure

De manière générale, une *poutre* est un solide qui se caractérise par ses dimensions géométriques (une dimension est supposée grande devant les deux autres) mais qui se différencie d'une barre par le fait qu'elle peut être sollicitée par des efforts qui la font fléchir.
Plus précisément, considérons un solide de section constante d'aire $S \quad [m^2]$, de longueur $L \quad [m]$, porté par l'axe (Ox), de moment quadratique par rapport à l'axe (Oz) (simplement noté $I \quad [m^4]$ au lieu de I_z), constitué d'un matériau homogène, isotrope et élastique caractérisé par son module d'Young $E \quad [Pa]$. Ce solide est sollicité uniquement dans le plan (xOy) par des efforts qui peuvent être des forces ponctuelles exercées en $x = 0$ et $x = L$ orthogonalement à l'axe (Ox) (appelées des efforts tranchants) (avec la convention d'une force positive lorsqu'elle s'exerce dans la direction des $y > 0$), des moments exercés eux aussi en $x = 0$ et $x = L$ (avec la convention d'un moment positif lorsqu'il s'exerce dans le sens trigonométrique dans le plan (xOy)) et, enfin, une densité linéique de force transversale notée $f(x)$ en chaque point x de son axe (orthogonale à l'axe (Ox)), comme illustré sur la figure 8.10. Ce système de sollicitation conduit à l'étude de la seule flexion.

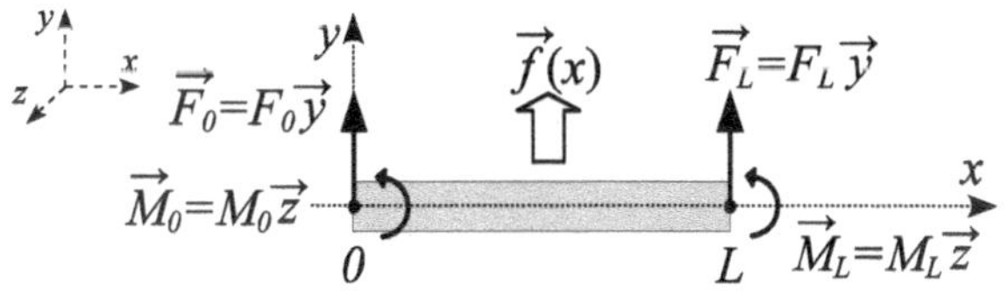

FIGURE 8.10 – Illustration d'une poutre

On note v le champ des déplacements d'une section d'abscisse x dans le modèle de l'élasticité linéaire (loi de Hooke) en « petites déformations » et « petits déplacements » et sous l'hypothèse de Bernoulli (toute section droite reste normale à la fibre neutre après déformation de la poutre) qui ne dépend que de la variable x. Ainsi, $v(x)$ désigne le déplacement transversal d'une section d'abscisse x alors que, dans ce modèle, la dérivée $\frac{\mathrm{d}v}{\mathrm{d}x}(x) = v'(x) = \theta(x)$ désigne la rotation subie par cette même section comme illustré dans la figure 8.11.

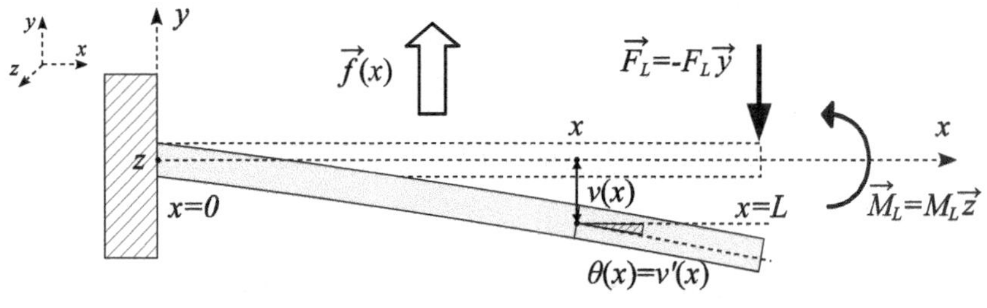

FIGURE 8.11 – Illustration des déplacements dans une poutre en console

L'objectif est alors de déterminer une interpolation du champ des déplacements en translation v ainsi qu'en rotation $v' = \theta$.

2.2 Forme discrétisée

De même que pour l'élément barre, elle s'obtient de manière équivalente à partir de l'équation locale du mouvement assortie des conditions aux limites adéquates ou bien par le principe des travaux virtuels. La démarche a été détaillée dans le chapitre 6, sections 2.2.3 page 205 et 2.2.2 page 204 mais, à nouveau, cette démarche est reproduite pour la compréhension du lecteur. En particulier, on se souviendra que dans les deux cas, le champ des déplacements *cinématiquement admissible* devra tenir compte des conditions aux limites essentielles de manière homogène qui portent, en l'occurrence, sur les déplacements en translation v mais aussi sur les rotations v'. Les autres conditions aux limites, qui peuvent éventuellement porter sur les dérivées secondes (correspondant à des moments fléchissants) ou encore sur les dérivées troisièmes (correspondant à des efforts tranchants) sont des conditions aux limites naturelles.

2.2.1 Forme discrétisée à partir de l'équation locale du mouvement

L'équation locale du mouvement est donnée par

$$EI\frac{\mathrm{d}^4 v}{\mathrm{d}x^4}(x) = f(x) \text{ sur }]0, L[\qquad (8.6)$$

et elle est assortie de conditions aux limites en $x = 0$ et $x = L$ qui peuvent porter sur :

1. Des déplacements, ce qui se traduit par la donnée des valeurs prises par v (déplacement transversal) ou $v' = \dfrac{\mathrm{d}v}{\mathrm{d}x}$ (rotation) aux nœuds de coordonnées $x = 0$ et $x = L$. Ce sont des conditions aux limites essentielles .
2. Des moments ou des forces (efforts tranchants), ce qui se traduit par la donnée des valeurs prises par $v'' = \dfrac{\mathrm{d}^2 v}{\mathrm{d}x^2}$ (qui correspond à un moment $EI\dfrac{\mathrm{d}^2 v}{\mathrm{d}x^2}$). ou $v''' = \dfrac{\mathrm{d}^3 v}{\mathrm{d}x^3}$ (qui correspond à un effort tranchant $-EI\dfrac{\mathrm{d}^3 v}{\mathrm{d}x^3}$) aux nœuds de coordonnées $x = 0$ et $x = L$. Ce sont des conditions aux limites naturelles.

Pour écrire la formulation faible, on fait donc intervenir une fonction test v^* *cinématiquement admissible* qui vérifie les conditions aux limites essentielles de manière homogène et, comme d'habitude, on commence par multiplier (8.6) par v^* puis on procède à deux intégrations par parties successives pour obtenir la formulation faible du problème dont le champ des déplacements est solution

$$\forall v^*, \quad EI\int_0^L \frac{\mathrm{d}^2 v}{\mathrm{d}x^2}(x)\frac{\mathrm{d}^2 v^*}{\mathrm{d}x^2}(x)\,\mathrm{d}x = \int_0^L f(x)v^*(x)\,\mathrm{d}x + T \tag{8.7}$$

où $T = -EI\dfrac{\mathrm{d}^3 v}{\mathrm{d}x^3}(L)v^*(L) + EI\dfrac{\mathrm{d}^3 v}{\mathrm{d}x^3}(0)v^*(0) + EI\dfrac{\mathrm{d}^2 v}{\mathrm{d}x^2}(L)\dfrac{\mathrm{d}v^*}{\mathrm{d}x}(L) - EI\dfrac{\mathrm{d}^2 v}{\mathrm{d}x^2}(0)\dfrac{\mathrm{d}v^*}{\mathrm{d}x}(0)$ est un terme qui tient compte des conditions aux limites naturelles et dans lequel la prise en compte des conditions aux limites essentielles conduit éventuellement à annuler $v^*(0)$ et/ou $v^*(L)$ lorsque $u(0)$ et/ou $u(L)$ est (sont) imposé(s) ainsi que $\dfrac{\mathrm{d}v^*}{\mathrm{d}x}(0)$ et/ou $\dfrac{\mathrm{d}v^*}{\mathrm{d}x}(L)$ lorsque $\dfrac{\mathrm{d}v}{\mathrm{d}x}(0)$ et/ou $\dfrac{\mathrm{d}v}{\mathrm{d}x}(L)$ est (sont) imposé(s).

2.2.2 Forme discrétisée à partir du principe des travaux virtuels

Reprenons ici exactement la même démarché déjà effectuée en introduction.
Dans le cas d'une poutre en flexion pure dans le modèle de Bernoulli, on démontre que le tenseur des déformations ε se réduit à $\varepsilon_{xx} = -y\dfrac{\mathrm{d}^2 v}{\mathrm{d}x^2}$ et le tenseur des contraintes σ à $\sigma_{xx} = E\varepsilon_{xx} = -Ey\dfrac{\mathrm{d}^2 v}{\mathrm{d}x^2}$. Le calcul du travail virtuel des contraintes dans un champ de déformations virtuelles $\varepsilon^*_{xx} = -y\dfrac{\mathrm{d}^2 v^*}{\mathrm{d}x^2}$ conduit au terme, noté W_i (où Ω désigne le volume occupé par la poutre)

$$W_i = \iiint_\Omega \sigma_{xx}\varepsilon^*_{xx}\,\mathrm{d}x\,\mathrm{d}y\,\mathrm{d}z$$

Or, en remplaçant σ_{xx} et ε^*_{xx} par leurs expressions, en supposant E constant et en remarquant que l'on peut faire intervenir le moment quadratique $I = I_z = \iint_S y^2\,\mathrm{d}y\,\mathrm{d}z$ de la poutre en écrivant

$$W_i = \iiint_\Omega Ey^2\frac{\mathrm{d}^2 v}{\mathrm{d}x^2}(x)\frac{\mathrm{d}^2 v^*}{\mathrm{d}x^2}(x)\,\mathrm{d}x\,\mathrm{d}y\,\mathrm{d}z = \int_0^L \left(\iint_S y^2\,\mathrm{d}y\,\mathrm{d}z\right)E\frac{\mathrm{d}^2 v}{\mathrm{d}x^2}(x)\frac{\mathrm{d}^2 v^*}{\mathrm{d}x^2}(x)\,\mathrm{d}x$$

on obtient l'expression de W_i

$$W_i = EI \int_0^L \frac{\mathrm{d}^2 v}{\mathrm{d}x^2}(x) \frac{\mathrm{d}^2 v^*}{\mathrm{d}x^2}(x)\,\mathrm{d}x$$

Le calcul du travail des efforts extérieurs, représentés ici par la densité linéique de force f et par les efforts et moments en $x = 0$ et $x = L$ conduit à

$$W_e = \int_0^L f(x) v^*(x)\,\mathrm{d}x + T$$

où T désigne un terme qui tient compte du travail des éventuels efforts extérieurs en $x = 0$ et $x = L$ (moments et efforts tranchants). En conséquence, le principe des travaux virtuels conduit à la formulation faible (8.7) déjà obtenue

$$\forall v^*, \quad EI \int_0^L \frac{\mathrm{d}^2 v}{\mathrm{d}x^2}(x) \frac{\mathrm{d}^2 v^*}{\mathrm{d}x^2}(x)\,\mathrm{d}x = \int_0^L f(x) v^*(x)\,\mathrm{d}x + T$$

2.3 Modélisation éléments finis d'une poutre

2.3.1 Poutre modélisée par un élément $\mathbb{P}_3$ de Hermite

Utilisons ici l'élément fini $\mathbb{P}_3$ de Hermite de maille géométrique $[0, L]$, à deux nœuds de coordonnées $x = 0$ et $x = L$, dont la base nodale, notée (N_1, N_2, N_3, N_4), a été déterminée au chapitre 7, section 2.3, page 261, formules (7.13). Les degrés de liberté sont ici notés $< v_1, \theta_1, v_2, \theta_2 >$.

Proposition 73. L'équation discrète d'une poutre modélisée par un élément $\mathbb{P}_3$ de Hermite de maille $[0, L]$, en interpolation cubique et associé au vecteur des degrés de liberté $< V > = < v_1, \theta_1, v_2, \theta_2 >$, a la forme

$$[K]\{V\} = \{F\}$$

où

1. $[K]$ est la matrice $[K] = \dfrac{EI}{L^3} \begin{bmatrix} 12 & 6L & -12 & 6L \\ 6L & 4L^2 & -6L & 2L^2 \\ -12 & -6L & 12 & -6L \\ 6L & 2L^2 & -6L & 4L^2 \end{bmatrix}$.
2. $\{F\} = \{F_1\} + \{F_2\}$ est la matrice colonne somme de

$$\{F_1\} = \int_0^L f(x) \begin{Bmatrix} N_1(x) \\ N_2(x) \\ N_3(x) \\ N_4(x) \end{Bmatrix} \mathrm{d}x$$

et de la colonne $\{F_2\}$ qui tient compte d'éventuelles forces ponctuelles et d'éventuels moments ponctuels en $x = 0$ et $x = L$.

Démonstration.
Cherchons donc une interpolation cubique du champ des déplacements v construite à partir d'un élément fini $\mathbb{P}_3$ de Hermite défini par :

1. La maille géométrique formée par le segment $[0, L]$.
2. L'ensemble des deux nœuds de calcul de coordonnées $x = 0$ et $x = L$.
3. La base nodale (N_1, N_2, N_3, N_4) définie par (7.13)

$$\left\{\begin{array}{l} N_1(x) = 1 - \frac{3}{L^2}x^2 + \frac{2}{L^3}x^3 \\ N_2(x) = x - \frac{2}{L}x^2 + \frac{1}{L^2}x^3 \\ N_3(x) = \frac{3}{L^2}x^2 - \frac{2}{L^3}x^3 \\ N_4(x) = -\frac{1}{L}x^2 + \frac{1}{L^2}x^3 \end{array}\right.$$

Cette base permet de construire une interpolation cubique du champ v des déplacements sous la forme

$$v(x) =< N_1(x), N_2(x), N_3(x), N_4(x) > \left\{\begin{array}{c} v_1 \\ \theta_1 \\ v_2 \\ \theta_2 \end{array}\right\} =< N(x) > \{V\}$$

La forme discrétisée s'obtient alors de la même manière que pour les barres. Le champ des déplacements réels v et le champ des déplacements virtuels v^* admettent tous les deux la même forme d'interpolation nodale

$$v(x) =< N(x) > \{V\} \quad \text{et} \quad v^*(x) =< N(x) > \{V^*\}$$

Les dérivées secondes s'expriment sous la forme

$$\frac{\mathrm{d}^2 v}{\mathrm{d}x^2}(x) =< \frac{\mathrm{d}^2 N}{\mathrm{d}x^2}(x) > \{V\}$$

$$\frac{\mathrm{d}^2 v^*}{\mathrm{d}x^2}(x) =< \frac{\mathrm{d}^2 N}{\mathrm{d}x^2}(x) > \{V^*\}$$

En injectant ces relations dans la formulation faible, toujours en écrivant

$$\frac{\mathrm{d}^2 v}{\mathrm{d}x^2}(x)\frac{\mathrm{d}^2 v^*}{\mathrm{d}x^2}(x) = {}^{\mathbf{t}}\Big(< \frac{\mathrm{d}^2 N}{\mathrm{d}x^2}(x) > \{V^*\}\Big)\Big(< \frac{\mathrm{d}^2 N}{\mathrm{d}x^2}(x) > \{V\}\Big)$$

$$\frac{\mathrm{d}^2 v}{\mathrm{d}x^2}(x)\frac{\mathrm{d}^2 v^*}{\mathrm{d}x^2}(x) =< V^* > \left\{\frac{\mathrm{d}^2 N}{\mathrm{d}x^2}(x)\right\} < \frac{\mathrm{d}^2 N}{\mathrm{d}x^2}(x) > \{V\}$$

on est désormais conduit à chercher $< V > =< v_1, \theta_1, v_2, \theta_2 >$ solution du problème suivant, valable pour tout $< V^* >$:

$$< V^* > [K]\{V\} =< V^* > \left(\int_0^L f(x)\{N(x)\}\,\mathrm{d}x + \{F_2\}\right)$$

où $\{F_2\}$ est une colonne qui tient compte d'éventuelles forces ponctuelles et d'éventuels moments ponctuels en $x = 0$ et $x = L$ et où $[K]$ est une matrice carrée définie par

$$[K] = EI \int_0^L \left\{ \frac{\mathrm{d}^2 N}{\mathrm{d}x^2}(x) \right\} < \frac{\mathrm{d}^2 N}{\mathrm{d}x^2}(x) > \mathrm{d}x$$

c'est-à-dire

$$[K] = EI \int_0^L \begin{bmatrix} N_1''^2(x) & N_1''(x)N_2''(x) & N_1''(x)N_3''(x) \\ N_2''(x)N_1''(x) & N_2''^2(x) & N_2''(x)N_3''(x) \\ N_3''(x)N_1''(x) & N_3''(x)N_2''(x) & N_3''^2(x) \end{bmatrix} \mathrm{d}x$$

Les termes de la matrice à intégrer sont des polynômes de degré 2 et le résultat de cette intégration est donné par

$$[K] = \frac{EI}{L^3} \begin{bmatrix} 12 & 6L & -12 & 6L \\ 6L & 4L^2 & -6L & 2L^2 \\ -12 & -6L & 12 & -6L \\ 6L & 2L^2 & -6L & 4L^2 \end{bmatrix}$$

Comme d'habitude, cette relation étant vraie pour tout $< V^* >$, on obtient finalement que la colonne $\{V\}$ est solution de

$$[K]\{V\} = \int_0^L f(x)\{N(x)\}\,\mathrm{d}x + \{F_2\}$$

Quant au second membre $\{F\}$, on peut donner l'expression du terme $\int_0^L f(x)\{N(x)\}\,\mathrm{d}x$ dans le cas où f est une constante.

$$\int_0^L f(x)\{N(x)\}\,\mathrm{d}x = f \int_0^L \begin{Bmatrix} N_1(x) \\ N_2(x) \\ N_3(x) \\ N_4(x) \end{Bmatrix} \mathrm{d}x = f \begin{Bmatrix} L/2 \\ L^2/12 \\ L/2 \\ -L^2/12 \end{Bmatrix} = \frac{fL}{2} \begin{Bmatrix} 1 \\ L/6 \\ 1 \\ -L/6 \end{Bmatrix} \tag{8.8}$$

En remarquant que la composante $fL/2$ en lignes 1 et 3 et les composantes $fL^2/12$ et $-fL^2/12$ en lignes 2 et 4 correspondent respectivement aux efforts tranchants et moments nodaux équivalents à l'action de f constante sur la poutre. □

2.3.2 Poutre modélisée par deux éléments $\mathbb{P}_3$ de Hermite

Envisageons maintenant le cas d'une poutre de longueur $2L$ modélisée par deux éléments finis de Hermite, le premier associé à la maille géométrique $[0, L]$, le second à la maille géométrique $[L, 2L]$ comme illustré sur la figure 8.12.
Cette modélisation fait donc maintenant intervenir deux éléments finis de Hermite, il y a trois nœuds de calcul de coordonnées $x = 0$, $x = L$ et $x = 2L$ et six degrés de liberté, trois déplacements transversaux et trois rotations. Ainsi, les degrés de liberté globaux sont notés $< V >=< v_1, \theta_1, v_2, \theta_2, v_3, \theta_3 >$.

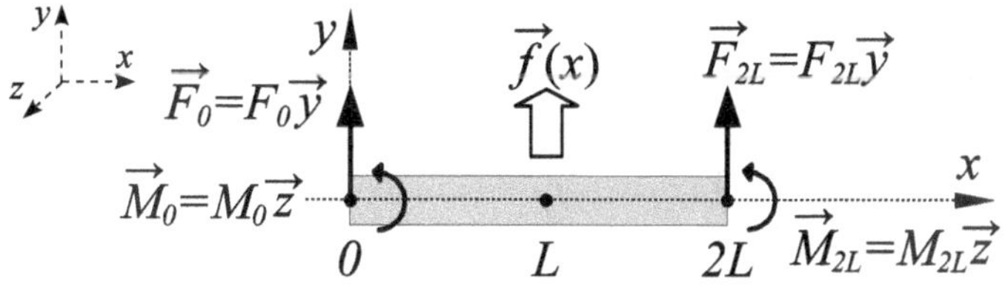

FIGURE 8.12 – Une barre modélisée par deux éléments

Proposition 74. L'équation discrète d'une poutre modélisée par deux éléments $\mathbb{P}_3$ de Hermite de mailles $[0,L]$ et $[L,2L]$, en interpolation cubique par morceaux et associée au vecteur des degrés de liberté $< V >=< v_1,\theta_1, v_2,\theta_2, v_3,\theta_3 >$, a la forme

$$[K]\{V\} = \{F\}$$

où

1. $[K]$ est la matrice $[K] = \dfrac{EI}{L^3}\begin{bmatrix} 12 & 6L & -12 & 6L & 0 & 0 \\ 6L & 4L^2 & -6L & 2L^2 & 0 & 0 \\ -12 & -6L & 24 & 0 & -12 & 6L \\ 6L & 2L^2 & 0 & 8L^2 & -6L & 2L^2 \\ 0 & 0 & -12 & -6L & 12 & -6L \\ 0 & 0 & 6L & 2L^2 & -6L & 4L^2 \end{bmatrix}$.
2. $\{F\} = \{F_1\} + \{F_2\}$ est la matrice colonne somme de

$$\{F_1\} = \int_0^L f(x)\{N^{(1)}(x)\}\,\mathrm{d}x + \int_L^{2L} f(x)\{N^{(2)}(x)\}\,\mathrm{d}x$$

(où $< N^{(k)}(x) >=< N_1^{(k)}(x), N_2^{(k)}(x), N_3^{(k)}(x), N_4^{(k)}(x) >$ ($k \in \{1,2\}$) est la colonne contenant les quatre fonctions cubiques de la base nodale associée à chaque élément) et du vecteur $\{F_2\}$ qui tient compte d'éventuelles forces ponctuelles et d'éventuels moments ponctuels en $x = 0$ et $x = 2L$.

Démonstration.
La démonstration de ce résultat s'obtient simplement en écrivant les deux relations élémentaires $[K^{(1)}]\{V^{(1)}\} = \{F_1^{(1)}\}$ et $[K^{(2)}]\{V^{(2)}\} = \{F_1^{(2)}\}$ puis en les assemblant (le vecteur global $\{F_2\}$ sera pris en compte à la fin).

1. Relation élémentaire sur le premier élément. Elle est donnée par la formule

$$\frac{EI}{L^3}\begin{bmatrix} 12 & 6L & -12 & 6L \\ 6L & 4L^2 & -6L & 2L^2 \\ -12 & -6L & 12 & -6L \\ 6L & 2L^2 & -6L & 4L^2 \end{bmatrix}\begin{Bmatrix} u_1^{(1)} \\ \theta_1^{(1)} \\ u_2^{(1)} \\ \theta_2^{(1)} \end{Bmatrix} = \int_0^L f(x)\begin{Bmatrix} N_1^{(1)}(x) \\ N_2^{(1)}(x) \\ N_3^{(1)}(x) \\ N_4^{(1)}(x) \end{Bmatrix}\mathrm{d}x$$

où $< V^{(1)} >=< v_1^{(1)},\theta_1^{(1)}, v_2^{(1)},\theta_2^{(1)} >$ désigne le vecteur des degrés de liberté locaux, c'est-à-dire sur l'élément isolé et, $< F_1^{(1)} >=< f_1^{(1)}, f_2^{(1)}, f_3^{(1)}, f_4^{(1)} >$ le second membre pour simplifier les notations.

2. Relation élémentaire sur le deuxième élément. On montre alors sans difficulté que la relation élémentaire sur ce deuxième élément prend la forme

$$\frac{EI}{L^3}\begin{bmatrix} 12 & 6L & -12 & 6L \\ 6L & 4L^2 & -6L & 2L^2 \\ -12 & -6L & 12 & -6L \\ 6L & 2L^2 & -6L & 4L^2 \end{bmatrix}\begin{Bmatrix} u_1^{(2)} \\ \theta_1^{(2)} \\ u_2^{(2)} \\ \theta_2^{(2)} \end{Bmatrix} = \int_L^{2L} f(x)\begin{Bmatrix} N_1^{(2)}(x) \\ N_2^{(2)}(x) \\ N_3^{(2)}(x) \\ N_4^{(2)}(x) \end{Bmatrix}\mathrm{d}x$$

où $< V^{(2)} >=< v_1^{(2)}, \theta_1^{(2)}, v_2^{(2)}, \theta_2^{(2)} >$ désigne le vecteur des degrés de liberté locaux, c'est-à-dire sur l'élément isolé et $< F_1^{(2)} >=< f_1^{(2)}, f_2^{(2)}, f_3^{(2)}, f_4^{(2)} >$ le second membre, à nouveau pour simplifier.

Il reste maintenant à assembler ces deux relations. Le lien entre les degrés de liberté locaux et les degrés de liberté globaux est obtenu grâce aux matrices de connexion $[C^{(1)}]$ et $[C^{(2)}]$ définies par

$$\begin{Bmatrix} v_1^{(1)} \\ \theta_1^{(1)} \\ v_2^{(1)} \\ \theta_2^{(1)} \end{Bmatrix} = \begin{bmatrix} 1 & 0 & 0 & 0 & 0 & 0 \\ 0 & 1 & 0 & 0 & 0 & 0 \\ 0 & 0 & 1 & 0 & 0 & 0 \\ 0 & 0 & 0 & 1 & 0 & 0 \end{bmatrix}\begin{Bmatrix} v_1 \\ \theta_1 \\ v_2 \\ \theta_2 \\ v_3 \\ \theta_3 \end{Bmatrix} \iff \{V^{(1)}\} = [C^{(1)}]\{V\}$$

$$\begin{Bmatrix} v_1^{(2)} \\ \theta_1^{(2)} \\ v_2^{(2)} \\ \theta_2^{(2)} \end{Bmatrix} = \begin{bmatrix} 0 & 0 & 1 & 0 & 0 & 0 \\ 0 & 0 & 0 & 1 & 0 & 0 \\ 0 & 0 & 0 & 0 & 1 & 0 \\ 0 & 0 & 0 & 0 & 0 & 1 \end{bmatrix}\begin{Bmatrix} v_1 \\ \theta_1 \\ v_2 \\ \theta_2 \\ v_3 \\ \theta_3 \end{Bmatrix} \iff \{V^{(2)}\} = [C^{(2)}]\{V\}$$

Ce qui conduit à calculer la matrice globale $[K]$ comme la somme

$$[K] = {}^{\mathbf{t}}[C^{(1)}][K^{(1)}][C^{(1)}] + {}^{\mathbf{t}}[C^{(2)}][K^{(2)}][C^{(2)}]$$

autrement dit, $[K]$ est égale à la somme

$$\frac{EI}{L^3}\begin{bmatrix} 12 & 6L & -12 & 6L & 0 & 0 \\ 6L & 4L^2 & -6L & 2L^2 & 0 & 0 \\ -12 & -6L & 12 & -6L & 0 & 0 \\ 6L & 2L^2 & -6L & 4L^2 & 0 & 0 \\ 0 & 0 & 0 & 0 & 0 & 0 \\ 0 & 0 & 0 & 0 & 0 & 0 \end{bmatrix} + \frac{EI}{L^3}\begin{bmatrix} 0 & 0 & 0 & 0 & 0 & 0 \\ 0 & 0 & 0 & 0 & 0 & 0 \\ 0 & 0 & 12 & 6L & -12 & 6L \\ 0 & 0 & 6L & 4L^2 & -6L & 2L^2 \\ 0 & 0 & -12 & -6L & 12 & -6L \\ 0 & 0 & 6L & 2L^2 & -6L & 4L^2 \end{bmatrix}$$

ce qui donne

$$[K] = \frac{EI}{L^3}\begin{bmatrix} 12 & 6L & -12 & 6L & 0 & 0 \\ 6L & 4L^2 & -6L & 2L^2 & 0 & 0 \\ -12 & -6L & 24 & 0 & -12 & 6L \\ 6L & 2L^2 & 0 & 8L^2 & -6L & 2L^2 \\ 0 & 0 & -12 & -6L & 12 & -6L \\ 0 & 0 & 6L & 2L^2 & -6L & 4L^2 \end{bmatrix}$$

et la colonne des forces généralisées comme la somme

$$\{F_1\} = {}^{\mathbf{t}}[C^{(1)}]\{F_1^{(1)}\} + {}^{\mathbf{t}}[C^{(2)}]\{F_1^{(2)}\}$$

c'est-à-dire

$$\{F_1\} = \begin{Bmatrix} f_1^{(1)} \\ f_2^{(1)} \\ f_3^{(1)} \\ f_4^{(1)} \\ 0 \\ 0 \end{Bmatrix} + \begin{Bmatrix} 0 \\ 0 \\ f_1^{(2)} \\ f_2^{(2)} \\ f_3^{(2)} \\ f_4^{(2)} \end{Bmatrix}$$

On obtient finalement la relation globale

$$\frac{EI}{L^3}\begin{bmatrix} 12 & 6L & -12 & 6L & 0 & 0 \\ 6L & 4L^2 & -6L & 2L^2 & 0 & 0 \\ -12 & -6L & 24 & 0 & -12 & 6L \\ 6L & 2L^2 & 0 & 8L^2 & -6L & 2L^2 \\ 0 & 0 & -12 & -6L & 12 & -6L \\ 0 & 0 & 6L & 2L^2 & -6L & 4L^2 \end{bmatrix}\begin{Bmatrix} v_1 \\ \theta_1 \\ v_2 \\ \theta_2 \\ v_3 \\ \theta_3 \end{Bmatrix} = \begin{Bmatrix} f_1^{(1)} \\ f_2^{(1)} \\ f_3^{(1)} \\ f_4^{(1)} \\ 0 \\ 0 \end{Bmatrix} + \begin{Bmatrix} 0 \\ 0 \\ f_1^{(2)} \\ f_2^{(2)} \\ f_3^{(2)} \\ f_4^{(2)} \end{Bmatrix} + \{F_2\}$$

où $\{F_2\}$ est la colonne qui tient compte des éventuelles forces (efforts tranchants) et moments en $x = 0$ et $x = 2L$. □

2.4 Exemples

Donnons quelques exemples simples d'applications de la méthode des éléments finis dans le cadre des poutres. Dans toute la suite, on considère donc une poutre de section constante d'aire $S \quad [m^2]$, portée par l'axe (Ox), de moment quadratique par rapport à l'axe (Oz) noté $I \quad [m^4]$, constituée d'un matériau homogène, isotrope et élastique caractérisé par son module d'Young $E \quad [Pa]$.

2.4.1 Poutre en console chargée ponctuellement en une extrémité et modélisée par un unique élément

Commençons par l'exemple simple d'une poutre en console de longueur $L \quad [m]$, encastrée en $x = L$, soumise, en $x = 0$, à une force $\overrightarrow{F} = -F\vec{y}$ où $F > 0 \quad [N]$ comme illustré dans la figure 8.13 et pour laquelle l'action de la gravité est négligé. On sait alors, par un calcul simple de résistance des matériaux (qui correspond à la résolution de l'équation locale du mouvement (8.6) et qui ne pose aucune difficulté dans le cas d'une structure constituée d'une unique poutre), que le déplacement transversal (la déformée) v est donné par :

$$v(x) = \frac{F}{EI}\left(-\frac{1}{6}x^3 + \frac{L^2}{2}x - \frac{L^3}{3}\right)$$

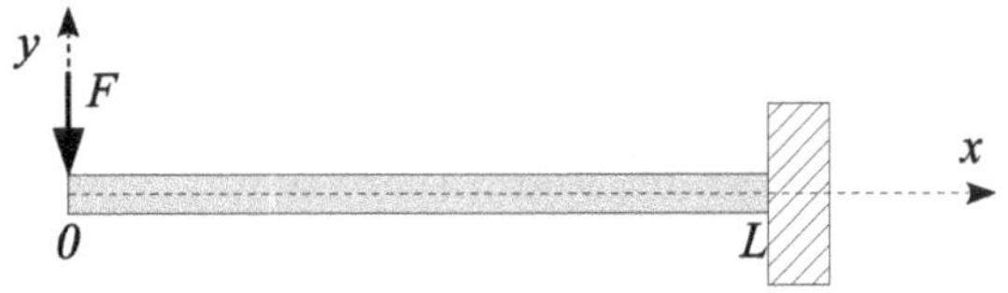

FIGURE 8.13 – Poutre en console

En conséquence, en $x = 0$, on obtient un déplacement (*flèche* en bout de poutre) de $v(0) = -\dfrac{L^3F}{3EI}$ et une rotation $v'(0) = \dfrac{L^2F}{2EI}$.

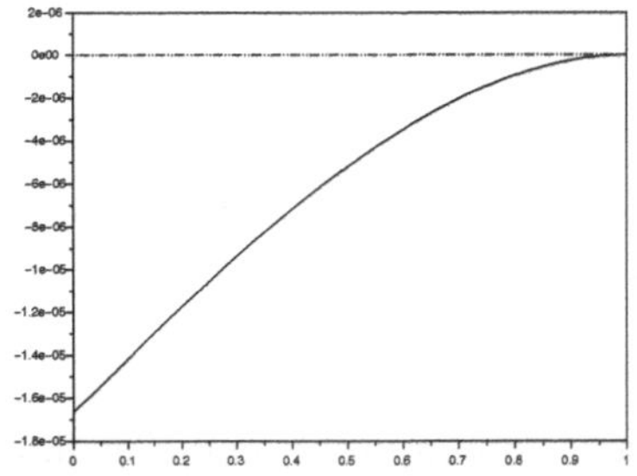

FIGURE 8.14 – Déplacement transversal d'une poutre console chargée ponctuellement dans le cas où $L = 1$, $F = 1000$, $E = 2\times 10^{11}$ et $I = 10^{-4}$. Ordonnées et abscisses en mètres.

La modélisation éléments finis, à partir d'un unique élément fini $\mathbb{P}_3$ de Hermite associé à la maille géométrique $[0, L]$ et aux deux nœuds de calcul de coordonnées $x = 0$ et $x = L$ conduit à l'équation matricielle $[K]\{V\} = \{F_1\} + \{F_2\}$ de la forme

$$\frac{EI}{L^3}\begin{bmatrix} 12 & 6L & -12 & 6L \\ 6L & 4L^2 & -6L & 2L^2 \\ -12 & -6L & 12 & -6L \\ 6L & 2L^2 & -6L & 4L^2 \end{bmatrix}\begin{Bmatrix} v_1 \\ \theta_1 \\ v_2 \\ \theta_2 \end{Bmatrix} = \begin{Bmatrix} 0 \\ 0 \\ 0 \\ 0 \end{Bmatrix} + \begin{Bmatrix} -F \\ 0 \\ 0 \\ 0 \end{Bmatrix}$$

où $< V >=< v_1, \theta_1, v_2, \theta_2 >$, $\{F_1\} = \int_0^L f\{N\}$ dans le cas où $f = 0$ et $\{F_2\} = {}^{\mathbf{t}} < -F, 0, 0, 0 >$ correspond à l'application de la force de module F et d'un moment nul en $x = 0$.

Remarque. En présence d'un moment $M_0 > 0$ en $x = 0$, le vecteur $< F_2 >$ prendrait la forme $< F_2 >=< -F, M_0, 0, 0 >$. La « position » de $-F$ et M_0 dans la matrice ligne $< F_2 >$ est déterminée au moment de la discrétisation de la formulation faible, cela dit, de manière intuitive, il est intéressant de remarquer que l'ordre choisi pour les degrés de liberté, à savoir, $< v_1, \theta_1, v_2, \theta_2 >$ conduit à associer le déplacement transversal v_1 à l'action d'un effort tranchant (ici $-F$) et le déplacement en rotation θ_1 à l'action d'un moment.

L'encastrement en $x = L$ (condition aux limites essentielle) conduit à écrire $v_2 = 0$ et $\theta_2 = 0$, ce qui réduit l'équation matricielle à

$$\frac{EI}{L^3}\begin{bmatrix} 12 & 6L \\ 6L & 4L^2 \end{bmatrix}\begin{Bmatrix} v_1 \\ \theta_1 \end{Bmatrix} = \begin{Bmatrix} -F \\ 0 \end{Bmatrix}$$

dont la résolution donne (v_1 en mètre et θ_1 sans dimension)

$$\boxed{\left\{\begin{aligned} v_1 &= -\frac{L^3 F}{3EI} \\ \theta_1 &= \frac{L^2 F}{2EI} \end{aligned}\right.}$$

Il est alors intéressant de remarquer que l'interpolation nodale construite par la méthode des éléments finis est, dans cette situation, égale à la solution « exacte » calculée précédemment. En effet, connaissant les déplacements, nous pouvons reconstruire l'interpolation nodale sur l'élément qui est ici une fonction polynomiale de degré 3. Précisément

$$v(x) = v_1 N_1(x) + \theta_1 N_2(x) + v_2 N_3(x) + \theta_2 N_3(x)$$

soit, en remplaçant les fonctions de base nodale par leurs expressions (voir (7.13) page 262) et les valeurs obtenues pour les déplacements (en se souvenant que $v_2 = 0$ et $\theta_2 = 0$) on obtient

$$v(x) = -\frac{L^3 F}{3EI}\left(1 - \frac{3}{L^2}x^2 + \frac{2}{L^3}x^3\right) + \frac{L^2 F}{2EI}\left(x - \frac{2}{L}x^2 + \frac{1}{L^2}x^3\right)$$

puis, en simplifiant, on retrouve la solution « exacte »

$$v(x) = \frac{F}{EI}\left(-\frac{1}{6}x^3 + \frac{L^2}{2}x - \frac{L^3}{3}\right)$$

2.4.2 Poutre en console chargée ponctuellement en une extrémité et modélisée par deux éléments

Supposons maintenant la poutre encastrée en $x = 0$, chargée par une force ponctuelle $\vec{F} = -F\vec{y}$ avec $F > 0$ $[N]$ appliquée en $x = 2L$ comme illustré dans la figure 8.15 et pour laquelle l'action de la gravité est négligé.
Construisons un modèle à partir de deux éléments finis $\mathbb{P}_3$ de Hermite, le premier étant associé à la maille géométrique $[0, L]$ et aux deux nœuds de calcul de coordonnées $x = 0$, $x = L$, le second à la maille géométrique $[L, 2L]$ et aux deux nœuds de calcul de coordonnées $x = L$, $x = 2L$.

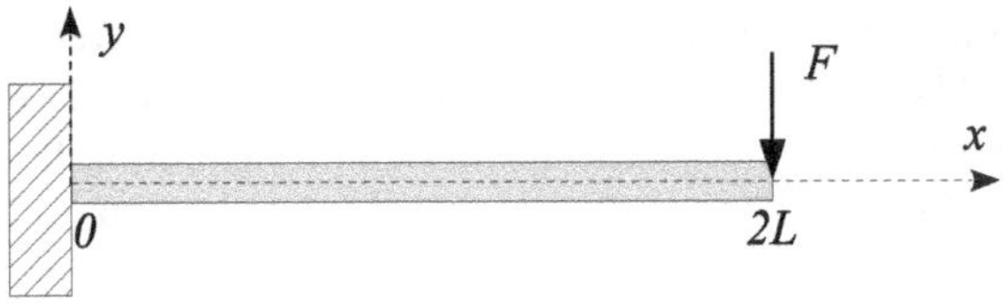

FIGURE 8.15 – Poutre en console

L'équation matricielle discrète qui découle de ce modèle est donnée par

$$\frac{EI}{L^3}\begin{bmatrix} 12 & 6L & -12 & 6L & 0 & 0 \\ 6L & 4L^2 & -6L & 2L^2 & 0 & 0 \\ -12 & -6L & 24 & 0 & -12 & 6L \\ 6L & 2L^2 & 0 & 8L^2 & -6L & 2L^2 \\ 0 & 0 & -12 & -6L & 12 & -6L \\ 0 & 0 & 6L & 2L^2 & -6L & 4L^2 \end{bmatrix}\begin{Bmatrix} v_1 \\ \theta_1 \\ v_2 \\ \theta_2 \\ v_3 \\ \theta_3 \end{Bmatrix} = \begin{Bmatrix} 0 \\ 0 \\ 0 \\ 0 \\ 0 \\ 0 \end{Bmatrix} + \begin{Bmatrix} 0 \\ 0 \\ 0 \\ 0 \\ -F \\ 0 \end{Bmatrix}$$

La première colonne nulle du second membre correspond au calcul des intégrales

$$\int_0^L f(x)\{N^{(1)}(x)\}\,\mathrm{d}x + \int_L^{2L} f(x)\{N^{(2)}(x)\}\,\mathrm{d}x$$

(en notant $\{N^{(1)}(x)\}$ et $\{N^{(2)}(x)\}$ les colonnes dont les composantes sont les fonctions des bases nodales associées aux deux éléments) dans le cas où $f(x) = 0$ et la seconde colonne tient compte de l'application de la force au troisième nœud (en numérotation globale).
Si l'on tient en plus compte des conditions d'appui (conditions aux limites essentielles en déplacement), $v_1 = 0$ et $\theta_1 = 0$, l'équation matricielle se réduit à

$$\frac{EI}{L^3}\begin{bmatrix} 24 & 0 & -12 & 6L \\ 0 & 8L^2 & -6L & 2L^2 \\ -12 & -6L & 12 & -6L \\ 6L & 2L^2 & -6L & 4L^2 \end{bmatrix}\begin{Bmatrix} v_2 \\ \theta_2 \\ v_3 \\ \theta_3 \end{Bmatrix} = \begin{Bmatrix} 0 \\ 0 \\ -F \\ 0 \end{Bmatrix}$$

dont la résolution conduit à

$$\boxed{\begin{cases} v_2 = \dfrac{-5L^3F}{6EI} \\ \theta_2 = \dfrac{-3L^2F}{2EI} \\ v_3 = \dfrac{-8L^3F}{3EI} \\ \theta_3 = \dfrac{-2L^2F}{EI} \end{cases}}$$

Remarquons qu'il est aussi possible de calculer les efforts inconnus qui résultent de l'encastrement (efforts et moments de réaction à l'encastrement) en précisant deux choses :

1. Il n'est pas nécessaire de modéliser la poutre avec deux éléments finis pour y arriver. Un seul élément aurait suffi.
2. Les efforts inconnus s'obtiennent bien sûr aussi par un simple calcul de résistance des matériaux à partir de l'équilibre statique.

Les calculs qui suivent sont donc destinés à montrer à nouveau que la méthode des éléments finis n'est pas limitée au calcul des déplacements.

En $x = 0$, l'encastrement induit un effort tranchant F_0 et un moment M_0 de réaction que l'on peut maintenant calculer, toujours selon la même méthode (voir 1.4.4 page 307 et l'exemple page 317) à partir de l'équation matricielle d'équilibre

$$[K]\{V\} = \{F\} + \{R\}$$

où $\{R\}$ est la colonne des efforts inconnus qui a ici la forme

$$\{R\} = {}^{\mathbf{t}}\!< F_0, M_0, 0, 0, 0, 0 >$$

Précisément, on écrit l'équation matricielle dans laquelle les seules inconnues sont désormais F_0 et M_0 après avoir remplacé $v_2, \theta_2, v_3, \theta_3$ par les valeurs trouvées précédemment

$$\frac{EI}{L^3}\begin{bmatrix} 12 & 6L & -12 & 6L & 0 & 0 \\ 6L & 4L^2 & -6L & 2L^2 & 0 & 0 \\ -12 & -6L & 24 & 0 & -12 & 6L \\ 6L & 2L^2 & 0 & 8L^2 & -6L & 2L^2 \\ 0 & 0 & -12 & -6L & 12 & -6L \\ 0 & 0 & 6L & 2L^2 & -6L & 4L^2 \end{bmatrix}\begin{Bmatrix} 0 \\ 0 \\ v_2 \\ \theta_2 \\ v_3 \\ \theta_3 \end{Bmatrix} = \begin{Bmatrix} 0 \\ 0 \\ 0 \\ 0 \\ -F \\ 0 \end{Bmatrix} + \begin{Bmatrix} F_0 \\ M_0 \\ 0 \\ 0 \\ 0 \\ 0 \end{Bmatrix}$$

Les valeurs de F_0 et M_0 s'obtiennent en calculant respectivement

$$F_0 = -12v_2 + 6L\theta_2 \quad \text{et} \quad M_0 = -6Lv_2 + 2L^2\theta_2$$

ce qui donne, après simplification et de manière tout à fait logique (on retrouve que la force de réaction est, en norme, égale à la force exercée)

$$\boxed{F_0 = F} \quad \text{et} \quad \boxed{M_0 = 2LF}$$

Pour terminer, remarquons que la méthode des éléments finis fournit, sur chaque élément, une interpolation nodale sous la forme d'une fonction polynomiale de degré 3. En conséquence, le moment fléchissant $M : x \mapsto M(x)$, qui est proportionnel à la dérivée seconde du déplacement $v : x \mapsto v(x)$ est donc, sur chaque élément, une fonction polynomiale de degré 1. Autrement dit, dans le cas d'une poutre modélisée par plusieurs éléments, le moment fléchissant est une fonction affine par morceaux.
En ce qui concerne l'effort tranchant, qui est proportionnel à la dérivée troisième du déplacement v, il sera donc, sur chaque élément, constant. Autrement dit, dans le cas d'une poutre modélisée par plusieurs éléments, l'effort tranchant est constant par morceaux.

2.4.3 Poutre sur deux appuis simples chargée uniformément sur toute sa longueur et modélisée par un unique élément

Supposons maintenant que la poutre est en appui simple aux deux extrémités, qu'elle est soumise à une densité linéique de force constante sur toute la longueur définie par $f(x) = -f$ où $f > 0 \quad [N \cdot m^{-1}]$ (qui peut correspondre à l'action de la gravité) comme illustré dans la figure 8.16.

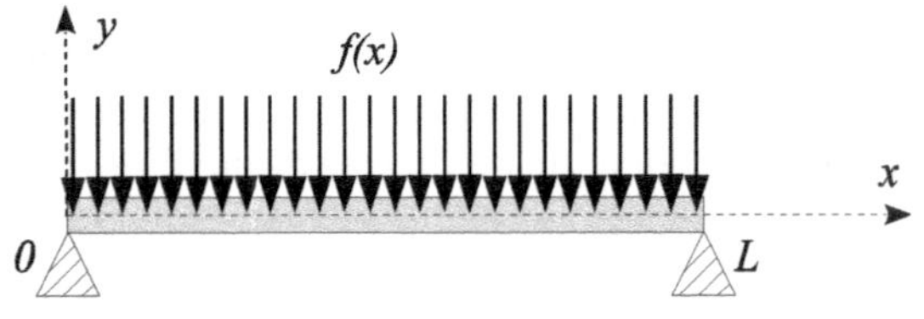

FIGURE 8.16 – Poutre sur deux appuis

Dans cette situation, un formulaire de résistance des matériaux ou un calcul simple (qui correspond à la résolution de l'équation locale du mouvement (8.6) et qui ne pose aucune difficulté dans le cas d'une structure constituée d'une unique poutre) conduit à la formule suivante donnant le déplacement transversal (la déformée) v_e « exact »

$$v_e(x) = \frac{f}{2EI}\left(-\frac{1}{12}x^4 + \frac{L}{6}x^3 - \frac{L^3}{12}x\right)$$

Par conséquent, en $x = \frac{L}{2}$, au point où le déplacement transversal est le plus important, on obtient $v_e\left(\frac{L}{2}\right) = -\frac{5fL^4}{384EI}$.

Remarquons qu'ici, contrairement au premier cas étudié, la méthode des éléments finis ne pourra pas fournir la solution « exacte » puisqu'elle est de degré quatre alors que la méthode des éléments finis ne fournira qu'une fonction polynomiale de degré trois.

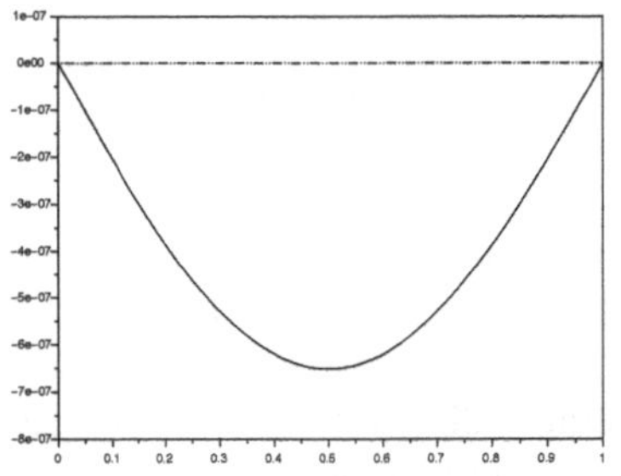

FIGURE 8.17 – Poutre sur deux appuis simples chargée uniformément dans le cas où $L = 1$, $f = 1000$, $E = 2 \times 10^{11}$ et $I = 10^{-4}$. Ordonnées et abscisses en mètres.

La modélisation éléments finis, à partir d'un unique élément fini $\mathbb{P}_3$ de Hermite associé à la maille géométrique $[0, L]$ et aux deux nœuds de calcul de coordonnées $x = 0$ et $x = L$ conduit à l'équation matricielle

$$\frac{EI}{L^3}\begin{bmatrix} 12 & 6L & -12 & 6L \\ 6L & 4L^2 & -6L & 2L^2 \\ -12 & -6L & 12 & -6L \\ 6L & 2L^2 & -6L & 4L^2 \end{bmatrix}\begin{Bmatrix} v_1 \\ \theta_1 \\ v_2 \\ \theta_2 \end{Bmatrix} = \int_0^L f(x)\begin{Bmatrix} N_1(x) \\ N_2(x) \\ N_3(x) \\ N_4(x) \end{Bmatrix} \mathrm{d}x + \begin{Bmatrix} 0 \\ 0 \\ 0 \\ 0 \end{Bmatrix}$$

où $< v_1, \theta_1, v_2, \theta_2 >$ désigne, comme d'habitude, les degrés de liberté.
Dans le cas où $f(x) = -f$ est une constante, on a déjà eu l'occasion de montrer que (voir la formule (8.8) page 326)

$$\int_0^L f(x)\begin{Bmatrix} N_1(x) \\ N_2(x) \\ N_3(x) \\ N_4(x) \end{Bmatrix} \mathrm{d}x = -f\begin{Bmatrix} L/2 \\ L^2/12 \\ L/2 \\ -L^2/12 \end{Bmatrix}$$

Quant au deuxième terme du second membre, la colonne nulle, il correspond à l'absence d'efforts et de moments ponctuels.
Enfin, les conditions d'appui (condition aux limites essentielles) se traduisent par $v_1 = v_2 = 0$, ce qui réduit l'équation matricielle

$$\frac{EI}{L^3}\begin{bmatrix} 4L^2 & 2L^2 \\ 2L^2 & 4L^2 \end{bmatrix}\begin{Bmatrix} \theta_1 \\ \theta_2 \end{Bmatrix} = -\frac{fL^2}{12}\begin{Bmatrix} 1 \\ -1 \end{Bmatrix}$$

dont la résolution donne

$$\boxed{\begin{cases} \theta_1 = -\dfrac{fL^3}{24EI} \\ \theta_2 = \dfrac{fL^3}{24EI} \end{cases}}$$

Donnons maintenant l'interpolation nodale de la solution approchée fournie par la méthode des éléments finis $v(x) = v_1 N_1(x) + \theta_1 N_2(x) + v_2 N_3(x) + \theta_2 N_4(x)$ soit, en remplaçant les fonctions de base nodale et les valeurs obtenues pour les déplacements (en se souvenant que $v_1 = v_2 = 0$)

$$v(x) = -\frac{fL^3}{24EI}\left(x - \frac{2}{L}x^2 + \frac{1}{L^2}x^3\right) + \frac{fL^3}{24EI}\left(-\frac{1}{L}x^2 + \frac{1}{L^2}x^3\right) = -\frac{fL^3}{24EI}\left(x - \frac{1}{L}x^2\right)$$

La flèche maximale (ou le déplacement maximal) est obtenue en $x = \dfrac{L}{2}$ et elle vaut

$$\boxed{v\left(\frac{L}{2}\right) = -\frac{fL^4}{96EI}}$$

à comparer à celle fournie par la solution « exacte » $v_e\left(\dfrac{L}{2}\right) = -\dfrac{5fL^4}{384EI}$.

Le rapport $\left|v\left(\dfrac{L}{2}\right) / v_e\left(\dfrac{L}{2}\right)\right|$ vaut 0,8 soit une erreur de 20%.

2.4.4 Poutre sur deux appuis simples chargée ponctuellement en son milieu et modélisée par deux éléments

Supposons maintenant que la poutre est en appui simple aux deux extrémités, qu'elle est soumise à une force $\overrightarrow{F} = -F\vec{y}$, avec $F > 0 \quad [N]$, appliquée en son milieu comme illustré dans la figure 8.18 et que l'action de la gravité est négligé.

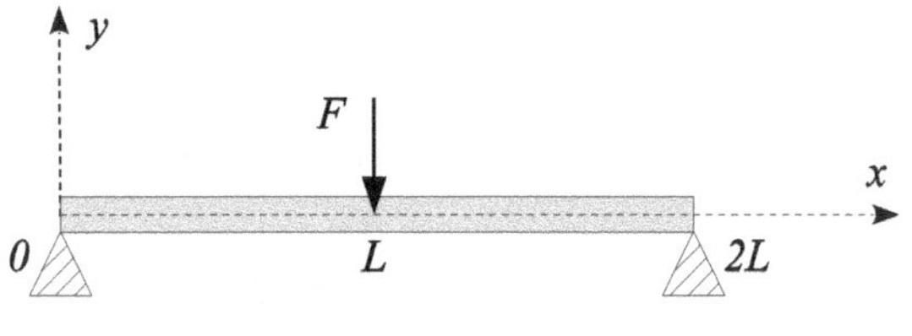

FIGURE 8.18 – Poutre sur deux appuis

On sait alors, toujours par un calcul simple de résistance des matériaux, que le déplacement transversal v est donné par

$$\begin{cases} x \in [0, L] & v(x) = \dfrac{F}{2EI}\left(\dfrac{1}{6}x^3 - \dfrac{L^2}{2}x\right) \\ x \in [L, 2L] & v(x) = \dfrac{F}{2EI}\left(\dfrac{1}{6}(2L-x)^3 - \dfrac{L^2}{2}(2L-x)\right) \end{cases}$$

La flèche maximale est obtenue en $x = L$ et elle est donnée par $v(L) = -\dfrac{L^3 F}{6EI}$.

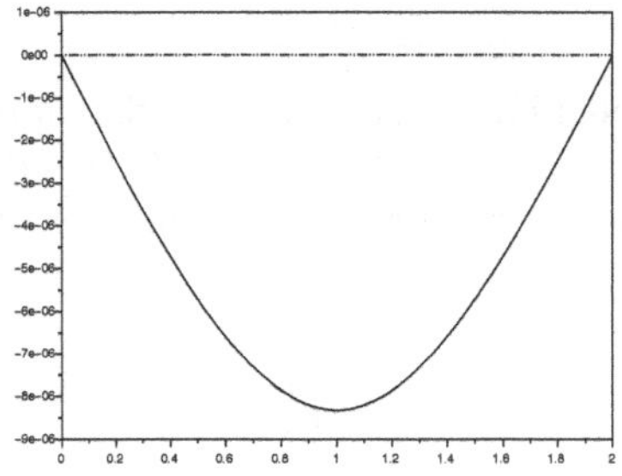

FIGURE 8.19 – Poutre sur appuis simples chargée ponctuellement en son milieu dans le cas où $L = 1$, $F = 1000$, $E = 2 \times 10^{11}$ et $I = 10^{-4}$

Construisons un modèle éléments finis à partir de deux éléments finis $\mathbb{P}_3$ de Hermite, le premier étant associé à la maille géométrique $[0, L]$ et aux deux nœuds de calcul de coordonnées $x = 0$, $x = L$, le second à la maille géométrique $[L, 2L]$ et aux deux nœuds de calcul de coordonnées $x = L$, $x = 2L$.

L'équation matricielle discrète qui découle de ce modèle est

$$\frac{EI}{L^3}\begin{bmatrix} 12 & 6L & -12 & 6L & 0 & 0 \\ 6L & 4L^2 & -6L & 2L^2 & 0 & 0 \\ -12 & -6L & 24 & 0 & -12 & 6L \\ 6L & 2L^2 & 0 & 8L^2 & -6L & 2L^2 \\ 0 & 0 & -12 & -6L & 12 & -6L \\ 0 & 0 & 6L & 2L^2 & -6L & 4L^2 \end{bmatrix}\begin{Bmatrix} v_1 \\ \theta_1 \\ v_2 \\ \theta_2 \\ v_3 \\ \theta_3 \end{Bmatrix} = \begin{Bmatrix} 0 \\ 0 \\ 0 \\ 0 \\ 0 \\ 0 \end{Bmatrix} + \begin{Bmatrix} 0 \\ 0 \\ -F \\ 0 \\ 0 \\ 0 \end{Bmatrix}$$

La première colonne nulle du second membre correspond, toujours avec les mêmes notations, au calcul de $\int_0^L f(x)\{N^{(1)}\}(x)\,\mathrm{d}x + \int_L^{2L} f(x)\{N^{(2)}\}(x)\,\mathrm{d}x$ dans le cas où $f(x) = 0$. La seconde colonne tient compte de l'application de la force au deuxième nœud (en numérotation globale) et si l'on tient compte des conditions d'appui (conditions aux limites essentielles en déplacement), $v_1 = v_3 = 0$, l'équation matricielle se réduit à

$$\frac{EI}{L^3}\begin{bmatrix} 4L^2 & -6L & 2L^2 & 0 \\ -6L & 24 & 0 & 6L \\ 2L^2 & 0 & 8L^2 & 2L^2 \\ 0 & 6L & 2L^2 & 4L^2 \end{bmatrix}\begin{Bmatrix} \theta_1 \\ v_2 \\ \theta_2 \\ \theta_3 \end{Bmatrix} = \begin{Bmatrix} 0 \\ -F \\ 0 \\ 0 \end{Bmatrix}$$

dont la résolution conduit à

$$\boxed{\left\{\begin{array}{lcl} \theta_1 & = & -L^2F/4EI \\ v_2 & = & -L^3F/6EI \\ \theta_2 & = & 0 \\ \theta_3 & = & L^2F/4EI \end{array}\right.}$$

Dans cette situation, de nouveau, on constate que la méthode des éléments finis donne la valeur « exacte » de la flèche maximale $v_2 = v(L) = -\dfrac{L^3F}{6EI}$.

2.5 Prise en compte de la traction compression dans le modèle

2.5.1 Modèle éléments finis

Dans le modèle présenté, seule la flexion a été modélisée, consécutive à l'application de forces orthogonales à l'axe (Ox) qui porte la poutre (et aussi de moments mais nous allons surtout nous concentrer ici sur les forces). Dans le cas général, une force $\overrightarrow{F}$ peut s'appliquer en un nœud selon une direction quelconque et engendrer un effort normal $\overrightarrow{F_x}$ et un effort tranchant $\overrightarrow{F_y}$ comme illustré dans la figure 8.20. Dans cette situation, une section d'abscisse x de la poutre subit un déplacement transversal $v(x)$ et une rotation $\theta(x) = v'(x)$ (selon le modèle de Bernoulli décrit précédemment) mais aussi un déplacement longitudinal $u(x)$, comme une barre. Il est alors possible de construire de manière très simple et efficace un modèle éléments finis qui prend en compte ce type de sollicitation en « superposant » les deux modèles des barres et des poutres. Ce choix implique alors que le déplacement longitudinal u est obtenu par le modèle de l'élément « barre » par exemple en interpolation de degré 1 (nous nous limiterons à ce cas).

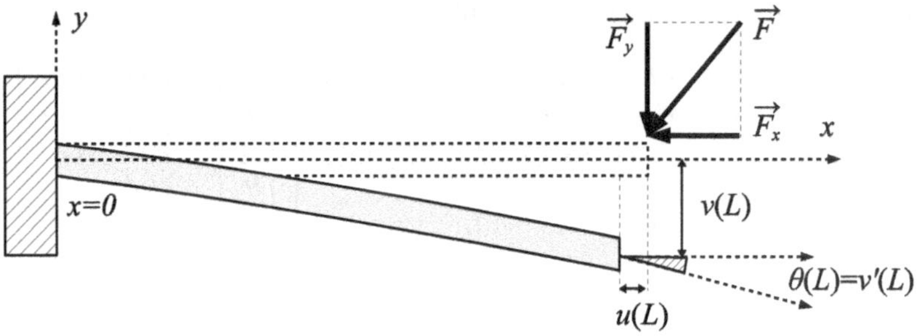

FIGURE 8.20 – Poutre soumise à une force quelconque dans le plan (xOy)

Ainsi, chaque nœud de calcul (i) porte alors trois degrés de liberté rangés dans l'ordre (u_i, v_i, θ_i) et un élément associé à la maille géométrique $[0, L]$ et aux deux nœuds de coordonnées $x = 0$ et $x = L$ porte alors six degrés de liberté et permet de construire :

1. Une interpolation de degré 1 du champ des déplacements longitudinaux u (élément $\mathbb{P}_1$ de Lagrange dont on note $\big(N_1(x), N_2(x)\big)$ la base nodale).
2. Une interpolation cubique du champ des déplacements transversaux v (élément $\mathbb{P}_3$ de Hermite dont on note $\big(H_1(x), H_2(x), H_3(x), H_4(x)\big)$ la base nodale.

L'interpolation nodale du champ des déplacements $x \mapsto \big(u(x), v(x)\big)$ sur la maille $[0, L]$ associée aux deux nœuds de coordonnées $x = 0$ et $x = L$ et en notant $< u_1, v_1, \theta_1, u_2, v_2, \theta_2 >$ le vecteur des degrés de liberté, prend alors la forme matricielle

$$\begin{Bmatrix} u(x) \\ v(x) \end{Bmatrix} = \begin{bmatrix} L_1(x) & 0 & 0 & L_2(x) & 0 & 0 \\ 0 & H_1(x) & H_2(x) & 0 & H_3(x) & H_4(x) \end{bmatrix} \begin{Bmatrix} u_1 \\ v_1 \\ \theta_1 \\ u_2 \\ v_2 \\ \theta_2 \end{Bmatrix}$$

On démontre alors le résultat suivant qui s'obtient par des calculs tout à fait semblables aux précédents (mais un peu plus fastidieux !).

Proposition 75. Avec les notations précédentes, la matrice de rigidité élémentaire (locale) associée à ces choix et cette modélisation est de la forme

$$[K] = \frac{EI}{L^3} \begin{bmatrix} \lambda & 0 & 0 & -\lambda & 0 & 0 \\ 0 & 12 & 6L & 0 & -12 & 6L \\ 0 & 6L & 4L^2 & 0 & -6L & 2L^2 \\ -\lambda & 0 & 0 & \lambda & 0 & 0 \\ 0 & -12 & -6L & 0 & 12 & -6L \\ 0 & 6L & 2L^2 & 0 & -6L & 4L^2 \end{bmatrix} \tag{8.9}$$

en posant $\lambda = \dfrac{ES/L}{EI/L^3} = \dfrac{SL^2}{I}$.

Remarque. Il est intéressant de remarquer à nouveau la logique qui préside à la disposition des coefficients de la matrice et aux valeurs de ceux-ci. En effet, si l'on effectue le produit matriciel de $[K]$ par le vecteur des degrés de liberté $< u_1, v_1, \theta_1, u_2, v_2, \theta_2 >$, on constate aisément que les coefficients SE/L et $-SE/L$ (correspondant au modèle des barres), situés uniquement sur les lignes 1 et 4, ne multiplient que les déplacements longitudinaux u_1 et u_2 (situés en lignes 1 et 4 du vecteur des ddl) alors que les autre coefficients, situés en lignes 2,3,5,6 ne multiplient que les déplacements transversaux et les rotations v_1, θ_1 et v_2, θ_2 (situés eux aussi en lignes 2,3,5,6 du vecteur des ddl).

2.5.2 Exemple

Reprenons, à titre d'exemple, la poutre console de la figure 8.20 et calculons les déplacements du nœud libre situé en $x = L$ lorsqu'elle est encastrée en $x = 0$, soumise à la force $\vec{F}$ de composantes $-F_x \quad [N]$ et $-Fy \quad [N]$ en base globale (voir la figure) et à l'action de la gravité en notant $M \quad [kg]$ sa masse, $L \quad [m]$ sa longueur, $I \quad [m^4]$ son moment quadratique, $E \quad [Pa]$ son module de Young.

Alors, le modèle éléments finis construit conduit à l'équation matricielle (voir le calcul (8.8) page 326 pour le calcul du terme correspondant à l'action de la gravité), associé au vecteur des degrés de liberté

$$< u_1, v_1, \theta_1, u_2, v_2, \theta_2 >$$

en tenant compte de l'encastrement qui implique que $u_1 = v_1 = 0$ et $\theta_1 = 0$

$$\frac{EI}{L^3}\begin{bmatrix} \lambda & 0 & 0 & -\lambda & 0 & 0 \\ 0 & 12 & 6L & 0 & -12 & 6L \\ 0 & 6L & 4L^2 & 0 & -6L & 2L^2 \\ -\lambda & 0 & 0 & \lambda & 0 & 0 \\ 0 & -12 & -6L & 0 & 12 & -6L \\ 0 & 6L & 2L^2 & 0 & -6L & 4L^2 \end{bmatrix} \begin{Bmatrix} 0 \\ 0 \\ 0 \\ u_2 \\ v_2 \\ \theta_2 \end{Bmatrix} = \frac{Mg}{2}\begin{Bmatrix} 0 \\ 1 \\ L/6 \\ 0 \\ 1 \\ -L/6 \end{Bmatrix} + \begin{Bmatrix} 0 \\ 0 \\ 0 \\ -F_x \\ -F_y \\ 0 \end{Bmatrix}$$

et les inconnues u_2, v_2, θ_2 sont obtenues en résolvant

$$\frac{EI}{L^3}\begin{bmatrix} \lambda & 0 & 0 \\ 0 & 12 & -6L \\ 0 & -6L & 4L^2 \end{bmatrix} \begin{Bmatrix} u_2 \\ v_2 \\ \theta_2 \end{Bmatrix} = \frac{Mg}{2}\begin{Bmatrix} 0 \\ 1 \\ -L/6 \end{Bmatrix} + \begin{Bmatrix} -F_x \\ -F_y \\ 0 \end{Bmatrix}$$

qui conduit à la solution

$$\boxed{\begin{cases} u_2 = -\dfrac{F_x L}{SE} \\ v_2 = \dfrac{L^3(3Mg - 8F_y)}{24EI} \\ \theta_2 = \dfrac{L^2(Mg - 3F_y)}{6EI} \end{cases}}$$

Et on remarque que u_2 et v_2 ont bien pour unité le mètre alors que θ_2 est sans dimension.

2.6 Application aux portiques plans

2.6.1 Éléments « poutre » en deux dimensions

Comme pour l'élément barre, nous allons adapter le modèle construit en une dimension pour qu'il soit utilisable en deux dimensions et une application dans le cas d'un *portique plan* sera proposée.

Tout d'abord, il convient de remarquer que le modèle construit pour les poutres, généralisé dans la section précédente pour la prise en compte de la traction-compression, est déjà un modèle en deux dimensions même si les déplacements d'une section d'abscisse x ne dépendent que de la variable x en base locale.
Il nous faut donc seulement régler la question de l'orientation des poutres en vue de l'application à des structures qui feront intervenir plusieurs poutres orientées différemment et pour lesquelles il sera nécessaire de réécrire les relations élémentaires dans la base globale avant assemblage alors qu'elles sont initialement obtenues en base locale.
De la même manière que pour les barres, si l'on suppose que la base locale associée à une poutre fait, avec la base globale, un angle orienté α, on peut relier le vecteur des déplacements nodaux exprimés en base locale (les degrés de liberté locaux)

$$< V >_l = < u'_1, v'_1, \theta'_1, u'_2, v'_2, \theta'_2 >_l$$

avec le vecteur des déplacements nodaux exprimés en base globale (les degrés de liberté globaux)

$$< V >_g = < u_1, v_1, \theta_1, u_2, v_2, \theta_2 >_g$$

en utilisant la matrice de passage

$$[Q]_{l\to g} = \begin{bmatrix} \cos\alpha & \sin\alpha & 0 & 0 & 0 & 0 \\ -\sin\alpha & \cos\alpha & 0 & 0 & 0 & 0 \\ 0 & 0 & 1 & 0 & 0 & 0 \\ 0 & 0 & 0 & \cos\alpha & \sin\alpha & 0 \\ 0 & 0 & 0 & -\sin\alpha & \cos\alpha & 0 \\ 0 & 0 & 0 & 0 & 0 & 1 \end{bmatrix}$$

c'est à dire

$$\begin{Bmatrix} u'_1 \\ v'_1 \\ \theta'_1 \\ u'_2 \\ v'_2 \\ \theta'_2 \end{Bmatrix}_l = \begin{bmatrix} \cos\alpha & \sin\alpha & 0 & 0 & 0 & 0 \\ -\sin\alpha & \cos\alpha & 0 & 0 & 0 & 0 \\ 0 & 0 & 1 & 0 & 0 & 0 \\ 0 & 0 & 0 & \cos\alpha & \sin\alpha & 0 \\ 0 & 0 & 0 & -\sin\alpha & \cos\alpha & 0 \\ 0 & 0 & 0 & 0 & 0 & 1 \end{bmatrix} \begin{Bmatrix} u_1 \\ v_1 \\ \theta_1 \\ u_2 \\ v_2 \\ \theta_2 \end{Bmatrix}_g$$

Ainsi, en reprenant les mêmes calculs que ceux effectués pour la barre, on montre que la matrice de rigidité $[K]_g$ (exprimée en base globale) est donnée, à partir de cette même matrice exprimée en base locale, par

$$[K]_g = {}^t[Q]_{l\to g}[K]_l[Q]_{l\to g}$$

2.6.2 Définition d'un portique

Un *portique plan* est un assemblage par liaisons rigides de plusieurs poutres situées dans un même plan (que nous supposerons dans la suite être (xOy)). Ces liaisons rigides transmettent tous les efforts, tous les déplacements et toutes les rotations.

2.6.3 Description de l'exemple

Considérons ici le portique plan formé de deux poutres de même section d'aire $S\ \ [m^2]$, de même matériau de module d'Young $E\ \ [Pa]$, encastrées chacune en une extrémité et soumises à la seule action d'une force $\overrightarrow{F}$ de module $F\ \ [N]$ (la gravité est donc négligée) comme illustré dans la figure 8.21 (à gauche).

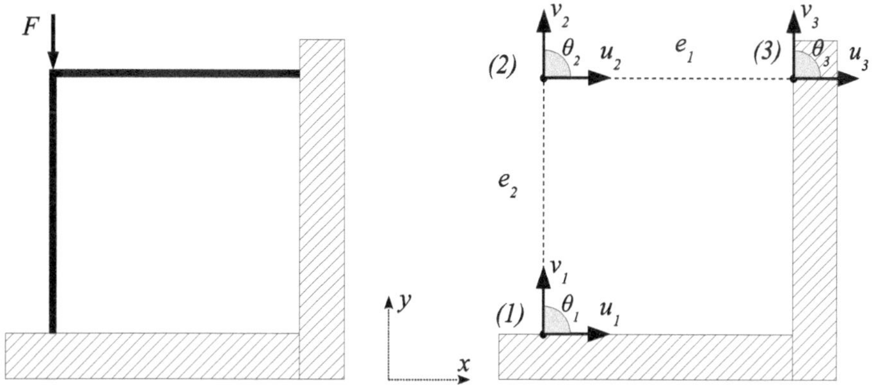

FIGURE 8.21 – Portique à deux poutres et modèle éléments finis

Cherchons alors à calculer les déplacements et les rotations du point d'application de la force ainsi que les efforts dans chacune des poutres. Le modèle éléments finis est construit à partir des notations de la figure 8.21 (à droite).
Précisons aussi que la continuité des rotations entre les deux poutres correspond à une connexion rigide entre elles (par une soudure par exemple). C'est donc différent de la connexion articulée (par rotule) évoquée dans les systèmes de barres du chapitre précédent.

Au total, il y a trois nœuds de calcul comportant chacun trois degrés de liberté, soit un total de 9 degrés de liberté a priori. Le vecteur des degrés de liberté globaux, contenant les inconnues du problème, sera noté :

$$< V >=< u_1, v_1, \theta_1, u_2, v_2, \theta_2, u_3, v_3, \theta_3 >$$

Les conditions aux limites aux deux nœuds (1) et (3) (encastrement) conduisent à

$$\left\{\begin{array}{l} u_1 = v_1 = 0 \\ \theta_1 = 0 \end{array}\right. \quad \text{et} \quad \left\{\begin{array}{l} u_3 = v_3 = 0 \\ \theta_3 = 0 \end{array}\right.$$

Autrement dit, le problème ne comporte finalement plus que trois inconnues u_2, v_2 et θ_2.

2.6.4 Calcul des relations élémentaires

Le problème comporte deux éléments, il y aura donc deux relations élémentaires à calculer. La construction des relations élémentaires doit tenir compte du fait que l'on travaille sur un modèle en deux dimensions et de l'orientation de la base locale associée à l'élément par rapport à la base globale.

Pour le premier élément e_1, orienté dans le sens (2) → (3), la base locale est confondue avec la base globale. La matrice de rigidité associée à l'élément e_1 et au vecteur des degrés de liberté $< V^{(1)} >=< u_2, v_2, \theta_2, u_3, v_3, \theta_3 >$ (numérotation globale) est donnée par (8.9)

$$[K^{(1)}] = \frac{EI}{L^3}\begin{bmatrix} \lambda & 0 & 0 & -\lambda & 0 & 0 \\ 0 & 12 & 6L & 0 & -12 & 6L \\ 0 & 6L & 4L^2 & 0 & -6L & 2L^2 \\ -\lambda & 0 & 0 & \lambda & 0 & 0 \\ 0 & -12 & -6L & 0 & 12 & -6L \\ 0 & 6L & 2L^2 & 0 & -6L & 4L^2 \end{bmatrix}$$

Pour le deuxième élément e_2, orienté dans le sens (1) → (2), il faut remarquer que la base locale associée à cet élément fait, avec la base globale, un angle de $\frac{\pi}{2}$. Nous utilisons donc la matrice de changement de base de la base locale vers la base globale (avec $\cos\alpha = 0$ et $\sin\alpha = 1$)

$$[Q]_{l\to g} = \begin{bmatrix} 0 & 1 & 0 & 0 & 0 & 0 \\ -1 & 0 & 0 & 0 & 0 & 0 \\ 0 & 0 & 1 & 0 & 0 & 0 \\ 0 & 0 & 0 & 0 & 1 & 0 \\ 0 & 0 & 0 & -1 & 0 & 0 \\ 0 & 0 & 0 & 0 & 0 & 1 \end{bmatrix}$$

On sait que la matrice de rigidité en base locale est donnée par l'expression de $[K^{(1)}]$ et nous savons aussi que que cette même matrice de rigidité exprimée dans la base globale est donnée par

$$[K]_g = {}^t[Q]_{l\to g}[K]_l[Q]_{l\to g}$$

Tous calculs faits, on obtient la matrice $[K]_g$ que désormais appelée $[K^{(2)}]$ par cohérence avec les notations précédentes :

$$[K^{(2)}] = \frac{EI}{L^3}\begin{bmatrix} 12 & 0 & -6L & -12 & 0 & -6L \\ 0 & \lambda & 0 & 0 & -\lambda & 0 \\ -6L & 0 & 4L^2 & 6L & 0 & 2L^2 \\ -12 & 0 & 6L & 12 & 0 & 6L \\ 0 & -\lambda & 0 & 0 & \lambda & 0 \\ -6L & 0 & 2L^2 & 6L & 0 & 4L^2 \end{bmatrix}$$

2.6.5 Assemblage et résolution

Les deux matrices élémentaires $[K^{(1)}]$ et $[K^{(2)}]$ sont écrites en base globale. Il ne reste plus qu'à les assembler.

La matrice globale $[K]$ est simplement obtenue comme la somme des deux matrices suivantes

$$\frac{EI}{L^3}\begin{bmatrix} 12 & 0 & -6L & -12 & 0 & -6L & 0 & 0 & 0 \\ 0 & \lambda & 0 & 0 & -\lambda & 0 & 0 & 0 & 0 \\ -6L & 0 & 4L^2 & 6L & 0 & 2L^2 & 0 & 0 & 0 \\ -12 & 0 & 6L & 12 & 0 & 6L & 0 & 0 & 0 \\ 0 & -\lambda & 0 & 0 & \lambda & 0 & 0 & 0 & 0 \\ -6L & 0 & 2L^2 & 6L & 0 & 4L^2 & 0 & 0 & 0 \\ 0 & 0 & 0 & 0 & 0 & 0 & 0 & 0 & 0 \\ 0 & 0 & 0 & 0 & 0 & 0 & 0 & 0 & 0 \\ 0 & 0 & 0 & 0 & 0 & 0 & 0 & 0 & 0 \end{bmatrix}$$

et

$$\frac{EI}{L^3}\begin{bmatrix} 0 & 0 & 0 & 0 & 0 & 0 & 0 & 0 & 0 \\ 0 & 0 & 0 & 0 & 0 & 0 & 0 & 0 & 0 \\ 0 & 0 & 0 & 0 & 0 & 0 & 0 & 0 & 0 \\ 0 & 0 & 0 & \lambda & 0 & 0 & -\lambda & 0 & 0 \\ 0 & 0 & 0 & 0 & 12 & 6L & 0 & -12 & 6L \\ 0 & 0 & 0 & 0 & 6L & 4L^2 & 0 & -6L & 2L^2 \\ 0 & 0 & 0 & -\lambda & 0 & 0 & \lambda & 0 & 0 \\ 0 & 0 & 0 & 0 & -12 & -6L & 0 & 12 & -6L \\ 0 & 0 & 0 & 0 & 6L & 2L^2 & 0 & -6L & 4L^2 \end{bmatrix}$$

La somme de ces deux matrices conduit à la matrice globale $[K]$ de taille 9×9 et à l'équation matricielle de la forme habituelle

$$[K]\{V\} = \{F_1\} + \{F_2\}$$

où

1. $\{V\}$ est la colonne des degrés de liberté globaux associé à $[K]$

$$\{V\} = {}^{\mathbf{t}}< u_1, v_1, \theta_1, u_2, v_2, \theta_2, u_3, v_3, \theta_3 >$$

2. $\{F_1\}$ est la colonne correspondant aux forces réparties, nulle ici en l'absence de telles forces (la gravité est négligée).
3. $\{F_2\}$ est la colonne correspondant aux forces ponctuelles (application de l'effort tranchant $\overrightarrow{F} = -F\overrightarrow{y}$ en base globale au nœud (2))

$$< F_2 > = < 0, 0, 0, 0, -F, 0, 0, 0, 0 >$$

Rappelons que la « logique » qui détermine les coefficients de $< F >$ est liée au choix de la forme du vecteur des degrés de liberté globaux

$$< V > = < \boxed{u_1, v_1, \theta_1}, \boxed{u_2, v_2, \theta_2}, \boxed{u_3, v_3, \theta_3} >$$

dans lequel on retrouve la partition en trois nœuds. Ainsi, si le nœud (2) subissait des efforts sous la forme d'une force $\overrightarrow{F_{(2)}} = (F_x, F_y)$ en base globale et d'un moment M, on écrirait

$$< F_2 > = < \boxed{0, 0, 0}, \boxed{F_x, F_y, M}, \boxed{0, 0, 0} >$$

Compte tenu du fait que les seules inconnues du problème sont u_2, v_2 et θ_2 (tous les autres degrés de liberté sont nuls en raison de l'encastrement) et pour ne pas alourdir davantage les calculs, il suffit de construire le bloc matriciel de taille 3 × 3 correspondant aux trois inconnues, ce qui conduit à l'équation matricielle

$$\frac{EI}{L^3}\begin{bmatrix} 12+\lambda & 0 & 6L \\ 0 & 12+\lambda & 6L \\ 6L & 6L & 8L^2 \end{bmatrix}\begin{Bmatrix} u_2 \\ v_2 \\ \theta_2 \end{Bmatrix}=\begin{Bmatrix} 0 \\ -F \\ 0 \end{Bmatrix}$$

dont la résolution fournit les valeurs des inconnues du problème.

$$\boxed{\left\{\begin{array}{lcl} u_2 & = & -\dfrac{9L^3F}{2EI\,(12+\lambda)\,(3+\lambda)} \\ v_2 & = & -\dfrac{(15+2\lambda)\,L^3F}{2EI\,(12+\lambda)\,(3+\lambda)} \\ \theta_2 & = & \dfrac{3L^2F}{4EI\,(3+\lambda)} \end{array}\right.}$$

Là encore, on remarquera l'homogénéité des résultats, u_2, v_2 en mètre et θ_2 sans dimension.

2.6.6 Application numérique

L'application numérique dans le cas :

$$\left\{\begin{array}{l} L=1 \quad m \\ S=0,01\times 0,01=10^{-4} \quad m^2 \\ I=\dfrac{10^{-8}}{12} \quad m^4 \\ F=10^3 \quad N \\ E=2,1\times 10^{11} \quad Pa \end{array}\right.$$

donne (u_2 et v_2 en mètres) :

$$\boxed{\left\{\begin{array}{lcl} u_2 & = & -1,7855\times 10^{-9} \\ v_2 & = & -4,7616\times 10^{-5} \\ \theta_2 & = & 3,5713\times 10^{-5} \end{array}\right.}$$

2.7 Élément « poutre » de Timoshenko

Donnons pour terminer quelques indications à propos des éléments « poutre » dans le modèle de Timoshenko (Stephen Timoshenko, 1878- 1972, ingénieur de nationalités russe et américaine, considéré comme le fondateur de la mécanique moderne).

Pour une poutre, on définit son *élancement* comme le rapport entre sa longueur L et sa hauteur H. On distingue alors deux types de poutres en fonction de leur élancement :

1. Les poutres « minces » pour $20 \leq \dfrac{L}{H}$ et pour lesquelles le modèle de Bernoulli (dans lequel le cisaillement est négligé) est adapté.
2. Les poutres « épaisses » pour $10 \leq \dfrac{L}{H} \leq 20$ dans lequel le cisaillement est pris en compte et pour lesquelles le modèle de Timoshenko est adapté.
   Cela dit, le modèle de Timoshenko peut aussi traiter le cas des poutres minces et l'on peut considérer que le modèle de Bernoulli est un cas « limite » du modèle de Timoshenko. D'ailleurs, les logiciels dédiés aux éléments finis utilisent ce dernier modèle, plus général.

Dans le modèle de Timoshenko, on suppose que les sections droites restent planes mais on abandonne l'hypothèse d'orthogonalité entre la section plane et la fibre neutre et l'on prend en compte le cisaillement qui s'exprime par $T = kGS\left(\dfrac{\partial v}{\partial x}(x) - \theta(x)\right)$ où k est un coefficient de correction de cisaillement $(0 < k < 1)$ et $G \quad [Pa]$ le module de Coulomb (Charles-Augustin Coulomb, 1736-1806, officier, ingénieur et physicien français). En particulier, la rotation $\theta(x)$ de la section d'abscisse x n'est plus assimilée à la dérivée $v'(x)$. Par contre, dans le modèle présenté, la torsion n'est pas prise en compte.

Ainsi, dans le cas de la flexion pure d'une poutre travaillant dans le plan (xOy), on s'intéresse au déplacement $v(x)$ selon l'axe (Oy) d'une section d'abscisse x et à la rotation $\theta(x)$ de cette même section où, contrairement au modèle de Bernoulli, le déplacement en translation v et le déplacement en rotation θ sont indépendants, ce qui permet d'envisager de construire une interpolation nodale sur la même base nodale linéaire associée à un élément fini $\mathbb{P}_1$ de Lagrange par exemple (on peut bien sûr envisager un élément $\mathbb{P}_2$ de Lagrange).
Dans le cas de l'élément $\mathbb{P}_1$ de Lagrange associé à la maille géométrique $[0, L]$ et aux deux nœuds de calcul de coordonnées $x = 0$ et $x = L$, on peut construire une interpolation nodale de degré 1 du champ des déplacements sous la forme

$$\begin{Bmatrix} v(x) \\ \theta(x) \end{Bmatrix} = \begin{bmatrix} N_1(x) & 0 & N_2(x) & 0 \\ 0 & N_1(x) & 0 & N_2(x) \end{bmatrix} \begin{Bmatrix} v_1 \\ \theta_1 \\ v_2 \\ \theta_2 \end{Bmatrix}$$

en notant $< v_1, \theta_1, v_2, \theta_2 >$ le vecteur des degrés de liberté et $N_1(x) = 1 - \dfrac{x}{L}$ et $N_2(x) = \dfrac{x}{L}$ les deux fonctions de degré 1 de la base nodale.

On démontre alors, et nous l'admettrons, que la matrice de rigidité associée est, en posant $\phi = \dfrac{12EI}{kSGL^2}$:

$$[K] = \frac{EI}{\phi L^3} \begin{bmatrix} 12 & 6L & -12 & 6L \\ 6L & (4+\phi)L^2 & -6L & (2-\phi)L^2 \\ -12 & -6L & 12 & -6L \\ 6L & (2-\phi)L^2 & -6L & (4+\phi)L^2 \end{bmatrix} \tag{8.10}$$

Dans la pratique, cette construction fournit de mauvais résultats sur les poutres minces en raison d'un problème que l'on appelle le *verrouillage en cisaillement* (voir $[SC]$).

C'est pourquoi on lui préfère la construction d'un élément qualifié d'exact (par rapport à la solution du modèle continu de Timoshenko) basé sur une approximation de degré supérieur.
En effet, on démontre que dans le modèle de Timochenko, le déplacement en translation v est une fonction polynomiale de degré 3 et le déplacement en rotation θ est une fonction polynomiale de degré 2. Ainsi, en construisant une interpolation nodale de degré trois pour v et de degré deux pour θ, on montre que la matrice de rigidité associée est

$$[K] = \frac{EI}{(1+\phi)L^3}\begin{bmatrix} 12 & 6L & -12 & 6L \\ 6L & (4+\phi)L^2 & -6L & (2-\phi)L^2 \\ -12 & -6L & 12 & -6L \\ 6L & (2-\phi)L^2 & -6L & (4+\phi)L^2 \end{bmatrix} \tag{8.11}$$

Pour terminer, dans le cas des portiques plans, si l'on prend en compte les déplacements longitudinaux (traction-compression), chaque nœud de calcul porte trois degrés de liberté et la matrice de rigidité, dans le cas d'un élément exact et associée aux degrés de liberté

$$< u_1, v_1, \theta_1, u_2, v_2, \theta_2 >$$

est donnée, en posant $\lambda' = \dfrac{ES(1+\phi)}{L}$, par

$$[K] = \frac{1}{1+\phi}\begin{bmatrix} \lambda' & 0 & 0 & -\lambda' & 0 & 0 \\ 0 & 12\frac{EI}{L^3} & 6\frac{EI}{L^2} & 0 & -12\frac{EI}{L^3} & 6\frac{EI}{L^2} \\ 0 & 6\frac{EI}{L^2} & (4+\phi)\frac{EI}{L} & 0 & -6\frac{EI}{L^2} & (2-\phi)\frac{EI}{L} \\ -\lambda' & 0 & 0 & \lambda' & 0 & 0 \\ 0 & -12\frac{EI}{L^3} & -6\frac{EI}{L^2} & 0 & 12\frac{EI}{L^3} & -6\frac{EI}{L^2} \\ 0 & 6\frac{EI}{L^2} & (2-\phi)\frac{EI}{L} & 0 & -6\frac{EI}{L^2} & (4+\phi)\frac{EI}{L} \end{bmatrix} \tag{8.12}$$

Ces questions ne sont pas plus développées ici et le lecteur est invité à consulter des ouvrages de mécanique des structures pour de plus amples informations (voir la bibliographie proposée par exemple).

3 Éléments de généralisation en dimensions 2 et 3

3.1 Généralités

Considérons un volume $\mathcal{V}$, délimité par une surface notée $\mathcal{S}$, occupé par un matériau continu, homogène et élastique soumis à des sollicitations (des forces volumiques notées f_v et des forces surfaciques notées f_s) et des appuis qui assurent que ce solide ne subit aucun mouvement de solide rigide (ce sont des conditions d'appui et/ou d'encastrement par exemple). On cherche alors à déterminer, en chaque point (x, y, z) du solide, le champ des déplacements $d(x, y, z)$ dont les trois composantes, exprimées dans une base globale, sont notées $u(x,y,z)$, $v(x,y,z)$, $w(x,y,z)$, c'est à dire $< d >=< u, v, w >$. Écrivons les tenseurs des déformations $[\varepsilon]$ et des contraintes $[\sigma]$ sous forme vectorielle (notation de Voigt (Woldemar Voigt, 1850-1919, physicien allemand), voir l'annexe F).

$$< \varepsilon >=< \varepsilon_{xx}, \varepsilon_{yy}, \varepsilon_{zz}, \varepsilon_{yz}, \varepsilon_{xz}, \varepsilon_{xy} >$$
$$< \sigma >=< \sigma_{xx}, \sigma_{yy}, \sigma_{zz}, \sigma_{yz}, \sigma_{xz}, \sigma_{xy} >$$

de manière à pouvoir formuler matriciellement la loi de comportement élastique (loi de Hooke) $\{\sigma\} = [D]\{\varepsilon\}$ où $[D]$ est la matrice d'élasticité qui fait intervenir les coefficients de Lamé (Gabriel Lamé, 1795-1870, mathématicien français) exprimés en fonctions du module de Young $E \quad [Pa]$ et du coefficient de Poisson ν (sans unité) (Siméon Denis Poisson, 1781-1840, mathématicien et physicien français) mais aussi la relation entre les déformations et les déplacements $\{\varepsilon\} = [L]\{d\}$ où $[L]$ est une matrice d'opérateurs différentiels.

Écrivons maintenant le principe des travaux virtuels (voir annexe F page 803) en désignant par ε^* et d^* respectivement le champ des déformations et des déplacements virtuels

$$\iiint_{\mathcal{V}} < \sigma > \{\varepsilon^*\} \mathrm{d}\mathcal{V} = \iiint_{\mathcal{V}} < f_v > \{d^*\} \mathrm{d}\mathcal{V} + \iint_{\mathcal{S}} < f_s > \{d^*\} \mathrm{d}\mathcal{S} \qquad (8.13)$$

Supposons maintenant avoir construit une interpolation du champ des déplacements sous la forme habituelle $d = [N]\{U\}$ qui peut prendre différentes formes selon les éléments choisis. Par exemple, si l'on utilise un tétraèdre à quatre nœuds de calcul et 3 degrés de liberté chacun, $\{U\}$ contiendra $4 \times 3 = 12$ degrés de liberté et la matrice $[N]$ contenant les fonctions de base nodale sera de dimension 3×12. Dans le cas d'un hexaèdre à huit nœuds de calcul et 3 degrés de liberté chacun, $\{U\}$ contiendra $8 \times 3 = 24$ degrés de liberté et la matrice $[N]$ contenant les fonctions de base nodale sera de dimension 3×24.

Quelle que soit sa forme, on peut exploiter la relation $\{\varepsilon\} = [L]\{d\}$ qui relie les déformations et les déplacements et la loi de comportement $\{\sigma\} = [D]\{\varepsilon\}$ pour écrire

$$\{\sigma\} = [D]\{\varepsilon\} = [D][L]\{d\}$$

puis, par la formule d'interpolation nodale (en omettant de répéter le triplet (x, y, z) pour alléger les notations)

$$\{\sigma\} = [D][L][N]\{U\}$$

posons alors $[B] = [L][N]$ pour écrire

$$\{\sigma\} = [D][B]\{U\}$$

Injectons ces relations dans la formule (8.13) en utilisant la même interpolation pour les déplacements virtuels $d^* = [N]\{U^*\}$.
On obtient alors que la colonne $\{U\}$ est solution du problème

$$\left\{ \begin{array}{l} \forall < U^* > \\ < U^* > \left(\iiint_{\mathcal{V}} {}^{\mathrm{t}}[B][D][B] \mathrm{d}\mathcal{V} \right) \{U\} = < U^* > \left(\iiint_{\mathcal{V}} {}^{\mathrm{t}}[N]\{f_v\} \mathrm{d}\mathcal{V} + \iint_{\mathcal{S}} {}^{\mathrm{t}}[N]\{f_s\} \mathrm{d}\mathcal{S} \right) \end{array} \right.$$

et comme cette relation est vraie pour tout $< U^* >$, on en déduit que $\{U\}$ est solution de l'équation matricielle

$$[K]\{U\} = \{F\}$$

où

$$[K] = \iiint_{\mathcal{V}} {}^{\mathbf{t}}[B][D][B]\mathrm{d}\mathcal{V}$$

$$\{F\} = \iiint_{\mathcal{V}} {}^{\mathbf{t}}[N]\{f_v\}\mathrm{d}\mathcal{V} + \iint_{\mathcal{S}} {}^{\mathbf{t}}[N]\{f_s\}\mathrm{d}\mathcal{S}$$

Autrement dit, la présentation faite en une dimension se généralise à des dimensions supérieures. Naturellement, la principale difficulté réside dans les dimensions des matrices que l'on a alors à manipuler et dans les calculs des intégrales.

3.2 L'exemple simple des contraintes planes en dimension deux

Pour donner une illustration du calcul d'une matrice de rigidité élémentaire dans le cas d'un problème de mécanique des structures en dimension 2, utilisons l'exemple simple des contraintes planes (voir la section 3.4 page 366 du chapitre suivant). L'hypothèse simplificatrice des contraintes planes permet de ramener l'étude d'une structure à trois dimensions en deux dimensions sous des hypothèses adéquates qui seront supposées être vérifiées. Dans cette situation, il est possible de construire sans trop de difficultés la matrice de rigidité élémentaire dans le cadre d'une interpolation de degré 1 sur un triangle que nous appellerons $\mathcal{T}$ à l'aide d'un élément de Lagrange $\mathbb{T}_3$.

Rappelons que, sous cette hypothèse simplificatrice, le vecteur des contraintes prend la forme

$$<\sigma>=<\sigma_{xx}, \sigma_{yy}, 0, 0, 0, \sigma_{xy}, >$$

que l'on écrit désormais

$$<\sigma>=<\sigma_{xx}, \sigma_{yy}, \sigma_{xy}>$$

alors que le vecteur des déformations prend la forme

$$<\varepsilon>=<\varepsilon_{xx}, \varepsilon_{yy}, \varepsilon_{zz}, 0, 0, \varepsilon_{xy}>$$

Or, la loi de comportement élastique permet de calculer la déformation ε_{zz} en fonction des deux contraintes σ_{xx} et σ_{yy} selon la formule

$$\varepsilon_{zz} = \frac{-\nu}{E}(\sigma_{xx} + \sigma_{yy})$$

où $E \quad [Pa]$ est le module de Young et ν le coefficient (sans unité) de Poisson.

Par conséquent, on réduit le vecteur des déformations à $<\varepsilon>=<\varepsilon_{xx}, \varepsilon_{yy}, \varepsilon_{xy}>$ de manière à être compatible avec la taille du vecteur des contraintes. La matrice d'élasticité vaut ici

$$[D] = \frac{E}{1-\nu^2}\begin{bmatrix} 1 & \nu & 0 \\ \nu & 1 & 0 \\ 0 & 0 & \frac{1-\nu}{2} \end{bmatrix}$$

et la matrice $[L]$ qui intervient dans la relation déformations-déplacements est :

$$[L] = \begin{bmatrix} \dfrac{\partial}{\partial x} & 0 \\ 0 & \dfrac{\partial}{\partial y} \\ \dfrac{\partial}{\partial x} & \dfrac{\partial}{\partial y} \end{bmatrix}$$

c'est à dire la matrice $[L]$ telle que

$$\begin{Bmatrix} \varepsilon_{xx} \\ \varepsilon_{yy} \\ \gamma_{xy} \end{Bmatrix} = \begin{bmatrix} \dfrac{\partial}{\partial x} & 0 \\ 0 & \dfrac{\partial}{\partial y} \\ \dfrac{\partial}{\partial x} & \dfrac{\partial}{\partial y} \end{bmatrix} \begin{Bmatrix} u \\ v \end{Bmatrix}$$

Supposons maintenant disposer d'un élément fini $\mathbb{T}_3$ défini par :

1. La maille géométrique formée par le triangle $\mathscr{T}$ dont les sommets ont pour coordonnées $(0,0)$, $(1,0)$ et $(0,1)$,
2. Les trois nœuds de calcul définis par les sommets du triangle numérotés dans l'ordre $(1) : (0,0)$, $(2) : (1,0)$ et $(3) : (0,1)$,
3. La base nodale (N_1, N_2, N_3) formée des trois fonctions

$$\begin{cases} N_1(x,y) = 1 - x - y \\ N_2(x,y) = x \\ N_3(x,y) = y \end{cases}$$

Sur cet élément, ont peut construire une interpolation nodale de degré 1 du champ des déplacements (qui possède deux composantes)

$$\begin{Bmatrix} u(x,y) \\ v(x,y) \end{Bmatrix} = [N] \begin{Bmatrix} u \\ v \end{Bmatrix}$$

ou, de manière détaillée

$$\begin{Bmatrix} u(x,y) \\ v(x,y) \end{Bmatrix} = \begin{bmatrix} N_1(x,y) & 0 & N_2(x,y) & 0 & N_3(x,y) & 0 \\ 0 & N_1(x,y) & 0 & N_2(x,y) & 0 & N_3(x,y) \end{bmatrix} \begin{Bmatrix} u_1 \\ v_1 \\ u_2 \\ v_2 \\ u_3 \\ v_3 \end{Bmatrix}$$

On peut alors construire la matrice $[B] = [L][N]$:

$$[B] = \begin{bmatrix} -1 & 0 & 1 & 0 & 0 & 0 \\ 0 & -1 & 0 & 0 & 0 & 1 \\ -1 & -1 & 0 & 1 & 1 & 0 \end{bmatrix}$$

puis la matrice ${}^{\mathbf{t}}[B][D][B]$:

$$
{}^{\mathbf{t}}[B][D][B] = \frac{E}{1-\nu^2}\begin{bmatrix} \frac{3-\nu}{2} & \frac{1+\nu}{2} & -1 & \frac{-1+\nu}{2} & \frac{-1+\nu}{2} & -\nu \\ \frac{1+\nu}{2} & \frac{3-\nu}{2} & -\nu & \frac{-1+\nu}{2} & \frac{-1+\nu}{2} & -1 \\ -1 & -\nu & 1 & 0 & 0 & \nu \\ -\frac{1+\nu}{2} & \frac{-1+\nu}{2} & 0 & \frac{1-\nu}{2} & \frac{1-\nu}{2} & 0 \\ -\frac{1+\nu}{2} & \frac{-1+\nu}{2} & 0 & \frac{1-\nu}{2} & \frac{1-\nu}{2} & 0 \\ -\nu & -1 & \nu & 0 & 0 & 1 \end{bmatrix}
$$

Cette matrice est à coefficients constants, ce qui simplifie grandement l'intégration. La matrice de rigidité élémentaire $[K]$ est alors donnée par

$$
[K] = \iint_{\mathscr{T}} {}^{\mathbf{t}}[B][D][B]\,\mathrm{d}x\,\mathrm{d}y = \left(\iint_{\mathscr{T}} \mathrm{d}x\,\mathrm{d}y\right){}^{\mathbf{t}}[B][D][B]
$$

et, dans le cas du triangle $\mathscr{T}$, il est clair que $\displaystyle\iint_{\mathscr{T}} \mathrm{d}x\,\mathrm{d}y = \frac{1}{2}$ puisque cette intégrale calcule de volume du parallélépipède de base triangulaire (dont l'aire est $\frac{1}{2}$) et de hauteur 1. Finalement, la matrice de rigidité élémentaire est donnée par :

$$
[K] = \frac{E}{2(1-\nu^2)}\begin{bmatrix} \frac{3-\nu}{2} & \frac{1+\nu}{2} & -1 & \frac{-1+\nu}{2} & \frac{-1+\nu}{2} & -\nu \\ \frac{1+\nu}{2} & \frac{3-\nu}{2} & -\nu & \frac{-1+\nu}{2} & \frac{-1+\nu}{2} & -1 \\ -1 & -\nu & 1 & 0 & 0 & \nu \\ -\frac{1+\nu}{2} & \frac{-1+\nu}{2} & 0 & \frac{1-\nu}{2} & \frac{1-\nu}{2} & 0 \\ -\frac{1+\nu}{2} & \frac{-1+\nu}{2} & 0 & \frac{1-\nu}{2} & \frac{1-\nu}{2} & 0 \\ -\nu & -1 & \nu & 0 & 0 & 1 \end{bmatrix}
$$

Chapitre 9

Méthode des éléments finis appliquée aux problèmes dynamiques

1 La méthode des éléments finis en dynamique

1.1 Généralités

Jusqu'à présent, seuls des problèmes stationnaires, c'est-à-dire indépendants du temps, ont été présentés. Or, de nombreux problèmes rencontrés par les ingénieurs font intervenir la variable temporelle. On peut citer, de manière non exhaustive, les problèmes de conduction et de diffusion de la chaleur (voir la section 2 du chapitre 2), de propagation d'ondes (voir la section 3 du chapitre 2), de vibrations des structures et de propagation électromagnétique, etc.
En toute généralité, la résolution de tels problèmes conduit à la recherche d'un champ u qui dépend de la variable temporelle t et de trois variables spatiales x, y et z, par exemple la température $u(t,x,y,z)$ à chaque instant $t \in \mathbb{R}^+$ et en tout point $(x,y,z) \in \Omega$ où $\Omega \in \mathbb{R}^3$ est un domaine de l'espace. Les équations modélisant ces phénomènes font alors intervenir la dérivée partielle temporelle première ou seconde de u (notée $\dfrac{\partial u}{\partial t} = \dot{u}$ ou $\dfrac{\partial^2 u}{\partial t^2} = \ddot{u}$) et, bien sûr, les dérivées partielles premières ou secondes de u par rapport aux variables spatiales.

D'autre part, une grande classe de problèmes, parmi lesquels figurent l'étude du comportement dynamique des structures élastiques avec amortissement linéaire et les problèmes de conduction de la chaleur, peuvent être discrétisés par la méthode des éléments finis pour obtenir un système différentiel du second ordre de la forme générale

$$[M]\{\ddot{U}(t)\} + [C]\{\dot{U}(t)\} + [K]\{U(t)\} = \{F(t)\} \tag{9.1}$$

dont le lecteur remarquera que c'est une version matricielle de l'équation différentielle scalaire du second ordre $m\ddot{u}(t) + c\dot{u}(t) + ku(t) = f(t)$ (modèle classique de l'oscillateur harmonique en amortissement visqueux) et, qu'en l'absence de dépendance au temps (donc en étude statique), on retrouve l'équation matricielle $[K]\{U\} = \{F\}$ consécutive à la discrétisation par éléments finis. Dans la littérature, les matrices $[M]$, $[C]$ et $[K]$ sont respectivement appelées matrices de *masse*, d'*amortissement* et de *rigidité*.

En mécanique des structures, on s'intéresse particulièrement aux « réponses » de la structure à différents types de sollicitations qui permettent d'en étudier le comportement vibratoire. On peut classer ces réponses en trois catégories :

1. Réponse « libre » correspondant au cas où $\{F\} = \{0\}$.
2. Réponse « périodique » correspondant au cas où $t \mapsto \{F(t)\}$ est périodique (ce qui inclus le cas particulier harmonique).
3. Réponse « transitoire » correspondant au cas où $t \mapsto \{F(t)\}$ est quelconque.

Un problème majeur est celui du calcul des *modes propres* et des *fréquences propres* en raison des risques de résonance. La modélisation des oscillateurs harmoniques montre en effet que lorsqu'une structure est « excitée » par une force harmonique de pulsation ω égale à une fréquence propre de la structure, l'amplitude des oscillations devient très grande, ce qui menace son intégrité (voir l'exemple du pont d'Angers en 1850).

Quelques exemples simples sont donnés ici dans le cas de problèmes qui ne dépendent que des deux variables t (le temps) et x (l'espace) de manière à alléger les notations et à simplifier la présentation, mais en retenant que l'exposé se généralise sans difficulté au cas de dimensions supérieures. Pour une étude plus approfondie, le lecteur pourra se reporter à [*GE*] par exemple, en particulier pour la méthode de la *décomposition modale*.

1.2 Discrétisation partielle en espace

À partir de la notion d'éléments finis, on peut construire, sur chaque maille géométrique et à partir de la base nodale locale $\big(N_1(x), \cdots, N_n(x)\big)$ attachée à cette maille, une interpolation polynomiale du champ u en écrivant

$$u(x) = < N_1(x), \cdots, N_n(x) > \begin{Bmatrix} u_1 \\ \vdots \\ u_n \end{Bmatrix} = < N(x) > \{U\}$$

où $u_1, \cdots, u_n$ sont les degrés de liberté locaux. Considérons maintenant un champ scalaire $u : (t,x) \mapsto u(t,x)$ défini et assez régulier sur $\mathbb{R}^2$ solution d'un problème différentiel posé sur un domaine auquel est attaché un maillage et un ensemble d'éléments finis. Sur chaque maille géométrique, le champ u fait l'objet d'une discrétisation partielle en espace

$$u(t,x) = < N_1(x), \cdots, N_n(x) > \begin{Bmatrix} u_1(t) \\ \vdots \\ u_n(t) \end{Bmatrix} = < N(x) > \{U(t)\} \tag{9.2}$$

où $u_1(t), \cdots, u_n(t)$ sont les degrés de liberté locaux à chaque instant t (ce sont donc désormais des fonctions du temps t).

1.3 Exemple de l'équation de la chaleur

Reprenons le problème de l'équation de la chaleur (2.22) avec second membre (voir page 35).

$$\left\{\begin{array}{ll}\dfrac{\partial u}{\partial t}(t,x)-D\dfrac{\partial^2 u}{\partial x^2}(t,x)=f(t,x) & \text{pour } (t,x)\in\mathbb{R}^{+*}\times]0,L[\\ u(0,x)=\varphi(x) & \text{pour } x\in[0,L]\\ u(t,0)=u(t,L)=0 & \text{pour } t\in\mathbb{R}^{+}\end{array}\right. \tag{9.3}$$

où $D>0$ et φ et f sont deux fonctions assez régulières définies sur $\mathbb{R}$ et $\mathbb{R}^2$ respectivement.

On montre alors sans difficulté, en faisant intervenir une fonction test quelconque u^* qui vérifie les conditions aux limites spatiales (essentielles) de manière homogène (c'est-à-dire $u^*(t,0)=u^*(t,L)=0$ à tout instant t) et en faisant une intégration par parties sur le terme $\int_0^L \frac{\partial^2 u}{\partial x^2}(t,x)u^*(t,x)\,\mathrm{d}x$ que la formulation faible associée à (9.3) est donnée par

$$\left\{\begin{array}{l}\text{Trouver } u \text{ solution, pour tout } u^* \text{ telle que } u^*(t,0)=u^*(t,L)=0 \text{ de}\\ \displaystyle\int_0^L \frac{\partial u}{\partial t}(t,x)u^*(t,x)\,\mathrm{d}x + D\int_0^L \frac{\partial u}{\partial x}(t,x)\frac{\partial u^*}{\partial x}(t,x)\,\mathrm{d}x = \int_0^L f(t,x)u^*(t,x)\,\mathrm{d}x\end{array}\right. \tag{9.4}$$

Construisons alors un maillage du domaine $[0,L]$ puis cherchons à déterminer une interpolation continue et polynomiale par morceaux de u de degré m à chaque instant t à partir d'éléments finis $\mathbb{P}_m$ de Lagrange ($m\in\{1,2\}$). Pour fixer les idées, construisons une interpolation de degré 1, c'est-à-dire à partir d'éléments finis $\mathbb{P}_1$ de Lagrange.

Sur chaque élément $e^{(k)}$, de maille géométrique $I_k=[x_k,x_{k+1}]$, on dispose d'une base nodale $\left(N_1^{(k)}(x),N_2^{(k)}(x)\right)$ et d'une interpolation nodale

$$u^{(k)}(t,x) = < N_1^{(k)}(x), N_2^{(k)}(x) > \left\{\begin{matrix} u_1^{(k)}(t)\\ u_2^{(k)}(t)\end{matrix}\right\} = < N^{(k)}(x) > \{U^{(k)}(t)\}$$

et de la même interpolation pour les fonctions test u^*.
Pour alléger les notations, nous allons omettre la référence à l'élément en écrivant simplement u, $< N(x) >$, $\{U(t)\}$ au lieu de $u^{(k)}$, $< N^{(k)}(x) >$, $\{U^{(k)}(t)\}$. Comme d'habitude, pour obtenir la relation élémentaire sur l'élément $e^{(k)}$, on injecte l'interpolation nodale précédente dans la formulation faible. Avant cela, on remarque que

$$\frac{\partial u}{\partial t}(t,x) = < N(x) > \{\dot{U}(t)\}$$

et

$$\frac{\partial u}{\partial x}(t,x) = < N'(x) > \{U(t)\}$$

On obtient alors sans difficulté la relation élémentaire sur cet élément sous la forme

$$\begin{aligned}\left(\int_{x_k}^{x_{k+1}}\{N(x)\}<N(x)>\mathrm{d}x\right)\{\dot{U}(t)\}+\left(D\int_{x_k}^{x_{k+1}}\{N'(x)\}<N'(x)>\mathrm{d}x\right)\{U(t)\} &=\\ = \int_{x_k}^{x_{k+1}} f(t,x)\{N(x)\}\,\mathrm{d}x\end{aligned} \tag{9.5}$$

Or, on reconnaît dans le terme $D\int_{x_k}^{x_{k+1}}\{N'(x)\} < N'(x) > \mathrm{d}x$ la matrice de rigidité $[K]$ qui est obtenue dans la modélisation éléments finis d'une barre dans le cas d'une interpolation $\mathbb{P}_1$ de Lagrange (voir 1.3.1 page 300) ou encore la modélisation de l'équation de la chaleur en une dimension, toujours dans le cas d'une interpolation $\mathbb{P}_1$ de Lagrange (voir le problème (8.5) page 319), à savoir, en notant $h = x_{k+1} - x_k$

$$[K] = \frac{D}{h}\begin{bmatrix} 1 & -1 \\ -1 & 1 \end{bmatrix}$$

Seule la matrice d'amortissement $[C]$ obtenue à partir du terme $\int_{x_k}^{x_{k+1}}\{N(x)\} < N(x) > \mathrm{d}x$ n'est pas encore connue. Elle se calcule simplement en écrivant que

$$\begin{cases} N_1(x) = 1 - \dfrac{x - x_k}{h} \\ N_2(x) = \dfrac{x_{k+1} - x}{h} \end{cases}$$

puis

$$\{N(x)\} < N(x) >= \begin{Bmatrix} N_1(x) \\ N_2(x) \end{Bmatrix} < N_1(x), N_2(x) >= \begin{bmatrix} N_1^2(x) & N_1(x)N_2(x) \\ N_1(x)N_2(x) & N_2^2(x) \end{bmatrix}$$

et, enfin, par intégration

$$\int_{x_k}^{x_{k+1}}\{N(x)\} < N(x) > \mathrm{d}x = \int_{x_k}^{x_{k+1}}\begin{bmatrix} N_1^2(x) & N_1(x)N_2(x) \\ N_1(x)N_2(x) & N_2^2(x) \end{bmatrix}\mathrm{d}x = \frac{h}{6}\begin{bmatrix} 2 & 1 \\ 1 & 2 \end{bmatrix}$$

Finalement, en notant $[C]$ la matrice précédente et $\{F(t)\} = \int_{x_k}^{x_{k+1}} f(t,x)\{N(x)\}\,\mathrm{d}x$, on obtient, à chaque instant t, l'équation matricielle de la forme (9.1) avec $[M] = [0]$

$$[C]\{\dot{U}(t)\} + [K]\{U(t)\} = \{F(t)\} \tag{9.6}$$

ou encore

$$\boxed{\frac{h}{6}\begin{bmatrix} 2 & 1 \\ 1 & 2 \end{bmatrix}\begin{Bmatrix} \dot{u}_1(t) \\ \dot{u}_2(t) \end{Bmatrix} + \frac{D}{h}\begin{bmatrix} 1 & -1 \\ -1 & 1 \end{bmatrix}\begin{Bmatrix} u_1(t) \\ u_2(t) \end{Bmatrix} = \begin{Bmatrix} f_1(t) \\ f_2(t) \end{Bmatrix}} \tag{9.7}$$

Ensuite, comme d'habitude, il reste à assembler les relations élémentaires pour obtenir le système global puis à tenir compte des conditions aux limites spatiales pour obtenir le système qui fournit les inconnues du problème à chaque instant t. Précisément, dans le cas de $N-1$ éléments et de N nœuds de calculs et avant application des conditions aux limites spatiales

$$\frac{h}{6}\begin{bmatrix} 2 & 1 & & & 0 \\ 1 & 4 & 1 & & \\ & \ddots & \ddots & & \\ & & 1 & 4 & 1 \\ 0 & & & 1 & 2 \end{bmatrix}\begin{Bmatrix} \dot{u}_1(t) \\ \dot{u}_2(t) \\ \vdots \\ \dot{u}_{N-1}(t) \\ \dot{u}_N(t) \end{Bmatrix} + \frac{D}{h}\begin{bmatrix} 1 & -1 & & & 0 \\ -1 & 2 & -1 & & \\ & \ddots & \ddots & & \\ & & -1 & 2 & -1 \\ 0 & & & -1 & 1 \end{bmatrix}\begin{Bmatrix} u_1(t) \\ u_2(t) \\ \vdots \\ u_{N-1}(t) \\ u_N(t) \end{Bmatrix} = \begin{Bmatrix} f_1(t) \\ f_2(t) \\ \vdots \\ f_{N-1}(t) \\ f_N(t) \end{Bmatrix}$$

puis, après prise en compte des conditions aux limites

$$\frac{h}{6}\begin{bmatrix} 4 & 1 & & & 0 \\ 1 & 4 & 1 & & \\ & \ddots & \ddots & & \\ & & 1 & 4 & 1 \\ 0 & & & 1 & 4 \end{bmatrix}\begin{Bmatrix} \dot{u}_2(t) \\ \dot{u}_3(t) \\ \vdots \\ \dot{u}_{N-2}(t) \\ \dot{u}_{N-1}(t) \end{Bmatrix} + \frac{D}{h}\begin{bmatrix} 2 & -1 & & & 0 \\ -1 & 2 & -1 & & \\ & \ddots & \ddots & & \\ & & -1 & 2 & -1 \\ 0 & & & -1 & 2 \end{bmatrix}\begin{Bmatrix} u_2(t) \\ u_3(t) \\ \vdots \\ u_{N-2}(t) \\ u_{N-1}(t) \end{Bmatrix} = \begin{Bmatrix} f_2(t) \\ f_3(t) \\ \vdots \\ f_{N-2}(t) \\ f_{N-1}(t) \end{Bmatrix}$$

La résolution pratique d'un tel problème nécessite la discrétisation du vecteur $\{\dot{U}(t)\}$ par une méthode du type différences finies. En général, on utilise la méthode implicite de Newmark classique qui est développée dans le chapitre 5, section 5 page 169.

2 Exemple d'étude des vibrations libres d'un système non amorti

Un des domaines où la méthode des éléments finis est très largement utilisée est la modélisation des vibrations des structures. Le lecteur intéressé par ces questions pourra consulter [*GE*].

2.1 Généralités : réponse harmonique et pulsations propres

Supposons que l'on dispose d'une structure modélisée par éléments finis sous la forme (9.1) dans le cas particulier où il n'y a pas d'amortissement ni de sollicitation, c'est-à-dire qu'on obtient le système différentiel de la forme

$$[M]\{\ddot{U}(t)\} + [K]\{U(t)\} = \{0\} \tag{9.8}$$

Supposons aussi que l'on cherche à déterminer la réponse libre du système en utilisant une solution harmonique de pulsation ω de la forme

$$u(t,x) = u(x)\sin(\omega t)$$

Supposons aussi disposer d'une interpolation nodale de la partie spatiale, c'est-à-dire

$$u(x) =< N(x) > \{U\}$$

Avec ces notations, on a la formule

$$u(t,x) =< N(x) > \{U\}\sin(\omega t) \tag{9.9}$$

et l'on note désormais $\{Q(t)\} = \{U\}\sin(\omega t)$ de manière à avoir l'expression équivalente

$$u(t,x) =< N(x) > \{Q(t)\} \tag{9.10}$$

Avec ces notations, le système (9.8) devient

$$[M]\{\ddot{Q}(t)\} + [K]\{Q(t)\} = \{0\}$$

On remarque alors que

$$\{\ddot{Q}(t)\} = -\omega^2\{Q(t)\}$$

Autrement dit, (9.8) devient, pour tout $t \in \mathbb{R}^+$

$$-\omega^2[M]\{Q(t)\} + [K]\{Q(t)\} = \{0\} \Longleftrightarrow \left(-\omega^2[M]\{U\} + [K]\{U\}\right)\sin(\omega t) = \{0\}$$

Finalement, la résolution de cette équation revient à déterminer les colonnes $\{U\}$ solutions de

$$-\omega^2[M]\{U\} + [K]\{U\} = 0 \tag{9.11}$$

Dans les problèmes de mécanique des structures, les matrices $[M]$ et $[K]$ sont symétriques et la matrice de rigidité $[K]$ est, en général, définie positive donc inversible, aussi (9.11) peut alors prendre la forme équivalente (pour $\omega \neq 0$)

$$[K]^{-1}[M]\{U\} = \frac{1}{\omega^2}\{U\} \tag{9.12}$$

autrement dit, il s'agit de résoudre un problème aux valeurs propres et, précisément, de déterminer les valeurs propres λ de la matrice $[K]^{-1}[M]$.

Dans la pratique, même si la matrice $[K]$ est symétrique, son inverse $[K]^{-1}$ n'a aucune raison de l'être. Or, il est possible de préserver la symétrie à condition d'utiliser une décomposition de Cholesky (voir 3.4 page 88) en écrivant

$$[K] = [L]\,{}^{\mathbf{t}}[L]$$

où $[L]$ est une matrice triangulaire inférieure dont tous les coefficients diagonaux sont égaux à 1 et donc en particulier inversible. Maintenant, sachant que l'inversion préserve la structure triangulaire inférieure (resp. supérieure) d'une matrice et que l'inverse d'une transposée est égal à la transposée de l'inverse, on peut écrire, en posant $\lambda = 1/\omega^2$

$$\begin{aligned}
[M]\{U\} = \lambda[K]\{U\} &\Longleftrightarrow [M]\{U\} = \lambda[L]\,{}^{\mathbf{t}}[L]\{U\} \\
&\Longleftrightarrow [L]^{-1}[M]\{U\} = \lambda\,{}^{\mathbf{t}}[L]\{U\} \\
&\Longleftrightarrow [L]^{-1}[M]\,{}^{\mathbf{t}}\left([L]^{-1}\right)\,{}^{\mathbf{t}}[L]\{U\} = \lambda\,{}^{\mathbf{t}}[L]\{U\} \\
&\Longleftrightarrow [L]^{-1}[M]\,{}^{\mathbf{t}}\left([L]^{-1}\right)\{V\} = \lambda\{V\}
\end{aligned} \tag{9.13}$$

en posant $\{V\} = {}^{\mathbf{t}}[L]\{U\}$. La matrice $[A] = [L]^{-1}[M]\,{}^{\mathbf{t}}\left([L]^{-1}\right)$ obtenue dans le terme de gauche est alors symétrique comme on peut facilement s'en apercevoir. Autrement dit, l'équation aux valeurs propres (9.12) revient alors à déterminer les valeurs propres de la matrice symétrique réelle $[A]$, c'est-à-dire à déterminer les solutions réelles de

$$[A]\{V\} = \lambda\{V\} \tag{9.14}$$

On démontre alors que l'équation (9.14) conduit à des valeurs propres positives qui permettent de déterminer les *pulsations propres* (et donc les *fréquences propres*) du système alors que les vecteurs propres associés permettent de calculer les *modes propres*.

2.2 Exemple d'une barre

Considérons une barre de longueur $L = 1 \quad [m]$ dont la fibre neutre est matérialisée par le segment $[0, L]$, portée par l'axe (Ox), de section $S \quad [m^2]$ constante, constituée d'un matériau homogène, isotrope et élastique caractérisé par son module d'Young $E \quad [Pa]$ constant et sa masse volumique $\rho \quad [kg \cdot m^{-3}]$, en appui rotulé en $x = 0$.

La modélisation de ce problème, qui a été faite dans le chapitre 2, section 5 page 63, conduit, en l'absence de densité linéique de force f, à l'équation aux dérivées partielles

$$\rho S \frac{\partial^2 u}{\partial t}(t,x) - SE \frac{\partial^2 u}{\partial x^2}(t,x) = 0 \quad \text{pour } (t,x) \in \mathbb{R}^{+*} \times]0, L[\tag{9.15}$$

Cette équation est complétée par des conditions aux limites spatiales qui modélisent le blocage rotulé en $x = 0$ en écrivant $u(t,0) = 0$ et la force exercée en $x = L$, que nous supposerons nulle, en écrivant $SE \frac{\partial u}{\partial x}(t,L) = F_L(t) = 0$ et des conditions initiales qui porteront sur la déformée de la barre à l'instant initial, c'est-à-dire la donnée d'une fonction φ assez régulière telle que $u(0,x) = \varphi(x)$ ainsi que la vitesse de déformation initiale de la barre, c'est-à-dire une fonction ψ assez régulière telle que $\frac{\partial u}{\partial t}(0,x) = \psi(x)$.

Autrement dit, on est conduit à résoudre le problème

$$\text{Trouver } u \text{ solution de } \begin{cases} \rho S \frac{\partial^2 u}{\partial t}(t,x) - SE \frac{\partial^2 u}{\partial x^2}(t,x) = 0 & \text{sur } \mathbb{R}^{+*} \times]0, L[\\ u(t,0) = 0 \quad SE \frac{\partial u}{\partial x}(t,L) = F_L(t) & \text{pour } t \in \mathbb{R}^+ \\ u(0,x) = \varphi(x) \quad \frac{\partial u}{\partial t}(0,x) = \psi(x) & \text{pour } x \in [0, L] \end{cases} \tag{9.16}$$

La détermination de la formulation faible associée à (9.15) reprend la démarche effectuée dans l'exemple précédent de l'équation de la chaleur (voir la section 1.3 de ce même chapitre) en remarquant que la seule différence correspond à l'intervention de la dérivée partielle seconde $\frac{\partial^2 u}{\partial t^2} = \ddot{u}$ à la place de la dérivée partielle première. On obtient la formulation faible

$$\text{Trouver } u \text{ solution de} \\ \begin{cases} \text{pour tout } u^* \text{ telle que } u^*(t,0) = 0 \\ \rho S \int_0^L \frac{\partial^2 u}{\partial t^2}(t,x) u^*(t,x)\, \mathrm{d}x - SE \int_0^L \frac{\partial u}{\partial x}(t,x) \frac{\partial u^*}{\partial x}(t,x)\, \mathrm{d}x = 0 \end{cases} \tag{9.17}$$

Effectuons maintenant la discrétisation éléments finis en construisant une interpolation $\mathbb{P}_1$ de Lagrange à partir de deux éléments associés aux mailles géométriques $[0, L/2]$ et $[L/2, L]$, ce qui conduit à l'équation de la forme (9.8) en remarquant que, cette fois-ci, c'est la matrice de masse $[M]$ qui intervient et non plus la matrice d'amortissement $[C]$

$$[M]\{\ddot{U}(t)\} + [K]\{U(t)\} = \{0\}$$

avec, comme le prouvent des calculs simples qui ne posent pas de difficultés

$$[M] = \frac{\rho S L}{12}\begin{bmatrix} 2 & 1 & 0 \\ 1 & 4 & 1 \\ 0 & 1 & 2 \end{bmatrix} \tag{9.18}$$

et

$$[K] = \frac{2SE}{L}\begin{bmatrix} 1 & -1 & 0 \\ -1 & 2 & -1 \\ 0 & -1 & 1 \end{bmatrix} \tag{9.19}$$

Compte tenu de l'encastrement, l'équation (9.11) prend la forme,

$$\left(\frac{2SE}{L}\begin{bmatrix} 2 & -1 \\ -1 & 1 \end{bmatrix} - \frac{\omega^2 \rho S L}{12}\begin{bmatrix} 4 & 1 \\ 1 & 2 \end{bmatrix}\right)\begin{Bmatrix} u_2 \\ u_3 \end{Bmatrix} = \begin{Bmatrix} 0 \\ 0 \end{Bmatrix} \tag{9.20}$$

ou, de manière équivalente, sous la forme (9.12) $[K]^{-1}[M]\{U\} = \frac{1}{\omega^2}\{U\}$, tous calculs faits

$$\frac{\rho L^2}{24E}\begin{bmatrix} 5 & -3 \\ -6 & 5 \end{bmatrix}\begin{Bmatrix} u_2 \\ u_3 \end{Bmatrix} = \frac{1}{\omega^2}\begin{Bmatrix} u_2 \\ u_3 \end{Bmatrix} \tag{9.21}$$

A ce stade, on peut préférer utiliser la décomposition de Cholesky de la matrice $\begin{bmatrix} 2 & -1 \\ -1 & 1 \end{bmatrix}$ sous la forme $[L]^{\mathrm{t}}[L]$, comme cela a été expliqué précédemment. Quoi qu'il en soit, dans la situation traitée, les calculs ne posent pas de problèmes et peuvent même se mener à la main pour obtenir les deux valeurs propres suivantes :

$$\lambda_1 = \frac{1}{w_1^2} = \frac{\rho L^2}{E}\frac{5+3\sqrt{2}}{24} \quad \text{et} \quad \lambda_2 = \frac{1}{w_2^2} = \frac{\rho L^2}{E}\frac{5-3\sqrt{2}}{24}$$

ce qui conduit aux deux pulsations propres (les valeurs approchées sont données à trois chiffres significatifs par défaut)

$$\boxed{\begin{cases} \omega_1 = \dfrac{1}{\sqrt{\lambda_1}} = \sqrt{\dfrac{E}{\rho L^2}\dfrac{24}{5+3\sqrt{2}}} \approx 1,611\sqrt{\dfrac{E}{\rho L^2}} \\ \omega_2 = \dfrac{1}{\sqrt{\lambda_2}} = \sqrt{\dfrac{E}{\rho L^2}\dfrac{24}{5-3\sqrt{2}}} \approx 5,629\sqrt{\dfrac{E}{\rho L^2}} \end{cases}}$$

que l'on peut comparer aux deux pulsations propres théoriques qui valent (les valeurs approchées sont encore données à trois chiffres significatifs par défaut)

$$\begin{cases} \omega_1 = \dfrac{\pi}{2}\sqrt{\dfrac{E}{\rho^2 L}} \approx 1,571\sqrt{\dfrac{E}{\rho^2 L}} \\ \omega_1 = \dfrac{3\pi}{2}\sqrt{\dfrac{E}{\rho L^2}} \approx 4,712\sqrt{\dfrac{E}{\rho L^2}} \end{cases}$$

L'erreur commise est, sur la première pulsation, d'environ 2,5 % et, sur la seconde, d'environ 19,4 %.

La qualité « médiocre » des résultats (surtout pour la seconde pulsation) est à attribuer au nombre trop faible d'éléments finis utilisés (ici seulement deux).

Chapitre 10

Aspects pratiques liés à la mise en œuvre de la méthode

1 Motivations

Ce dernier chapitre, qui clôture la partie consacrée à la méthode des éléments finis, aborde quelques aspects purement pratiques liés à la mise en œuvre de cette méthode. En effet, lorsqu'on utilise un logiciel dédié aux éléments finis, on a à sa disposition une bibliothèque très complète d'éléments finis adaptés à différents usages tels que la mécanique des structures, la thermique, la mécanique des fluides ou même le couplage de ces différentes physiques et il est bon de connaître certains de ces éléments et leurs usages.

Une première section présente donc de manière succincte quelques éléments disponibles dans les logiciels dédiés aux éléments finis et destinés à modéliser des structures en 1, 2 ou 3 dimensions, en particulier les éléments *barre*, *poutre*, *plan*, *coque* et *brique*, en nous limitant aux éléments de structure et de thermique.

Dans une seconde section, sont présentées quelques techniques (utilisation d'une symétrie plane ou de révolution (axisymmétrie), hypothèses des contraintes et des déformations planes), destinées à simplifier le modèle par rapport au problème réel dans le but de rendre sa conception plus rapide mais aussi, et surtout, à réduire le volume des calculs à effectuer.

Une troisième section propose un exemple de problème en 3 dimensions qui admet plusieurs modélisations différentes, de la plus « simple » en 1 dimension à la plus « naturelle » en 3 dimensions. A cette occasion, la pertinence de chacune de ces modélisations et des choix afférents est discutée.

Pour terminer, une dernière section propose un exemple de mise en œuvre d'un logiciel libre de résolution d'équations aux dérivées partielles par la méthode des éléments finis.

2 Différents types d'éléments de structure et de thermique

Le vocabulaire et les notations utilisées sont ceux rencontrés dans le logiciel *Ansys®*. En particulier, les degrés de liberté en translation sont notés UX, UY et UZ et ceux en rotation sont notés $ROTX$, $ROTY$ et $ROTZ$ pour désigner respectivement les rotations autour des axes (Ox), (Oy) et (Oz).

2.1 Éléments linéiques

Les éléments linéiques sont utilisés pour mailler des structures à une dimension plongées dans l'espace, comme les barres et les poutres.

2.1.1 Éléments *barre* de structure

Ces éléments, désignés dans *Ansys* par le terme anglais *LINK*, servent à calculer une interpolation du champ des déplacements dans les barres (interpolation linéaire ou quadratique selon le nombre de nœuds de calcul). Chaque nœud de calcul possède trois degrés de liberté en translation, un pour chaque direction (mais aucun degré de liberté en rotation). Un élément à deux nœuds de calcul possède donc $2 \times 3 = 6$ degrés de liberté en translation alors qu'un élément à trois nœuds de calcul possède $3 \times 3 = 9$ degrés de liberté en translation, comme illustré dans la figure 10.1. Ces éléments nécessitent de définir la section de la barre en tant que paramètre ainsi, bien sûr, que les propriétés du matériau.

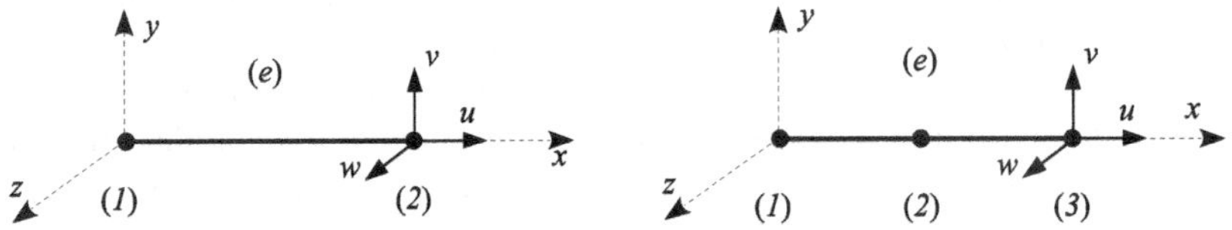

FIGURE 10.1 – Éléments *barre* à 2 et 3 nœuds

2.1.2 Éléments *barre* de thermique

Pour les éléments de thermique, chaque nœud de calcul porte un degré de liberté. Le degré du polynôme d'interpolation est de 1 pour un élément à deux nœuds de calcul et de 2 pour un élément à trois nœuds de calcul.

2.1.3 Éléments *poutre* de structure

Ces éléments, désignés dans *Ansys* par le terme anglais *BEAM*, servent à calculer une interpolation du champ des déplacements dans les poutres. Chaque nœud de calcul possède six degrés de liberté, trois en translation UX, UY, UZ (un pour chaque direction) et trois en rotation $ROTX$, $ROTY$ et $ROTZ$ autour des axes (Ox), (Oy) et (Oz) respectivement, comme illustré dans la figure 10.2. Un élément à deux nœuds de calcul possède donc $2 \times 6 = 12$ degrés de liberté.

Ces éléments nécessitent de définir le moment quadratique de la poutre en tant que paramètre ainsi que son orientation et, bien sûr, les propriétés élastiques du matériau, c'est à dire le module d'Young. D'autre part, ces éléments n'existent pas en thermique.

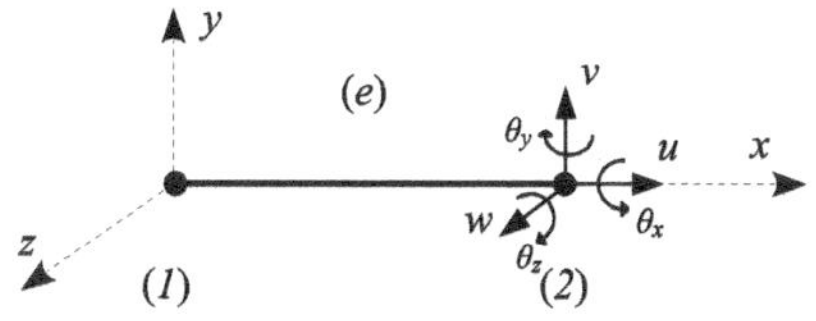

FIGURE 10.2 – Élément *poutre* à 2 nœuds

Remarque. Le logiciel *Ansys* utilise, pour les poutres, le modèle de Timoschenko (voir section 2.7 page 344) ce qui permet de proposer des interpolations de degré 1, 2 ou 3 pour les déplacements contrairement au modèle de Bernoulli présenté.

2.2 Éléments surfaciques

Décrivons ici de manière succincte deux éléments finis surfaciques, appelés éléments *plan* et *coque* et désignés respectivement (toujours dans *Ansys*) par les termes anglais *PLANE* et *SHELL*.
Ces éléments servent à calculer une interpolation du champ des déplacements pour des structures en 2 dimensions plongées dans l'espace à 3 dimensions ou encore des structures en 3 dimensions sous certaines hypothèses simplificatrices (voir la section consacrée aux techniques de simplification de modèles).
Les éléments *plan* peuvent être considérés comme les « équivalents » des éléments *barre* mais en 2 dimensions alors que les éléments *coque* peuvent être considérés comme les « équivalents » des éléments *poutre* mais en 2 dimensions. Ces derniers ne peuvent être utilisés qu'en deux dimensions alors que les éléments *coque* peuvent être utilisés en trois dimensions parce qu'ils ont la capacité de *fléchir*.

2.2.1 Éléments *plan* de structure

Ces éléments sont associés à des mailles de deux formes géométriques, des triangles à 3 ou 6 nœuds de calcul ou des quadrangles à 4 ou 8 nœuds de calcul comme illustré dans la figure 10.3. Cela dit, en mécanique des structures, les triangles sont déconseillés parce qu'ils sont réputés trop « rigides » par rapport aux quadrangles en raison du degré d'interpolation inférieur obtenu sur un quadrangle (à savoir 1 contre 2).
Ils nécessitent de définir une épaisseur ainsi que les propriétés du matériau associées à un problème de mécanique. Chaque nœud de calcul porte 2 degrés de liberté en translation UX et UY, dans la direction (Ox) et dans la direction (Oy) en repère local, l'élément étant supposé être dans le plan (xOy).
Les triangles à 3 nœuds portent donc $3 \times 2 = 6$ degrés de liberté en translation et permettent de construire des interpolations polynomiales de degré 1 du champ des déplacements (de la forme $(x, y) \mapsto a + bx + cy$ pour chaque composante).

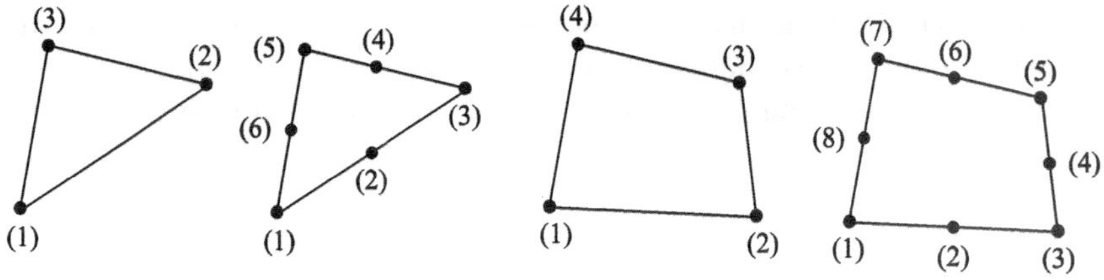

FIGURE 10.3 – Maille triangulaire à 3 nœuds et 6 nœuds, maille quadrangulaire à 4 nœuds et 8 nœuds

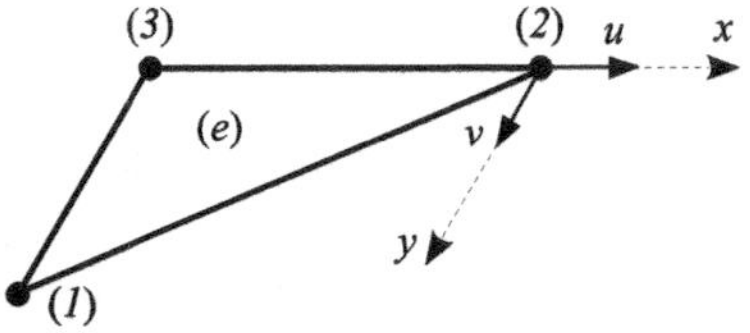

FIGURE 10.4 – Élément *plan* de structure à 3 nœuds de calcul

Les triangles à 6 nœuds portent $6 \times 2 = 12$ degrés de liberté en translation et permettent de construire des interpolations polynomiales de degré 2 du champ des déplacements (de la forme $(x, y) \mapsto a + bx + cy + dx^2 + exy + fy^2$ pour chaque composante). Précisons aussi que l'utilisation de triangles à 6 nœuds ou de quadrangles à 8 nœuds permet de modéliser des bords courbes.
D'autre part, il est intéressant de remarquer que la forme des interpolations est « symétrique » par rapport à chacune des variables et aucune direction du plan n'est privilégiée.

2.2.2 Éléments *coque* de structure

Ces éléments sont désignés par le terme anglais *SHELL* et peuvent avoir la forme de triangles à 3 ou 6 nœuds ou de quadrangles à 4 ou 8 nœuds. Ils se distinguent des éléments *PLANE* par le fait qu'ils peuvent « fléchir », c'est à dire que chaque nœud de calcul porte six degrés de liberté, trois en translation UX, UY, UZ et trois en rotation $ROTX$, $ROTY$ et $ROTZ$ autour des axes (Ox), (Oy) et (Oz). Par conséquent, un triangle à 3 nœuds porte $3 \times 6 = 18$ degrés de liberté comme illustré dans la figure 10.5 et un quadrangle à 4 nœuds en porte $4 \times 6 = 24$.

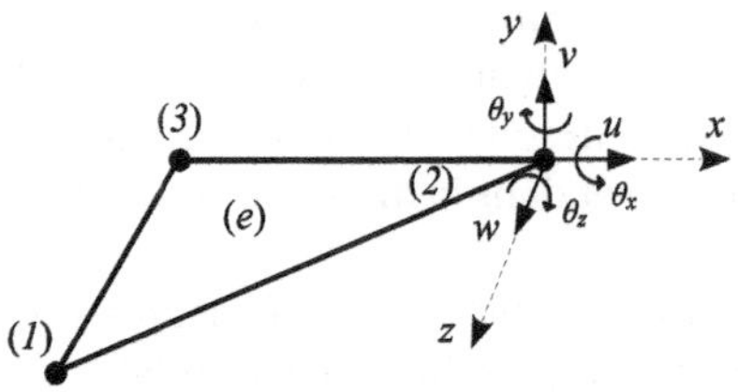

FIGURE 10.5 – Élément *coque* de structure à 3 nœuds de calcul

2.2.3 Éléments *plan* de thermique

Là encore, ce sont des éléments associés à des mailles de formes triangulaires à trois nœuds ou quadrangulaires à quatre nœuds qui nécessitent de définir une épaisseur et les propriétés du matériau associées à un problème de thermique. En tant qu'éléments de thermique, chaque nœud possède un degré de liberté, la température.

Pour un triangle à trois nœuds, l'interpolation du champ des températures est de la forme

$$(x, y) \mapsto a + bx + cy$$

alors que pour un quadrangle à quatre nœuds, l'interpolation est de la forme

$$(x, y) \mapsto a + bx + cy + dxy$$

2.2.4 Éléments *coque* de thermique

Les éléments *coque* sont disponibles en thermique toujours sous la forme de triangles et de quadrangles et permettent par exemple de construire des interpolations quadratiques du champ des températures. Chaque nœud porte un degré de liberté.

2.3 Éléments volumiques

En trois dimensions, on dispose d'éléments finis construits à partir de tetraèdres à 4 ou 10 nœuds ou d'hexaèdres 8 ou 20 nœuds (voir figure 10.6 page 364). Les tétraèdres à quatre nœuds permettent de construire des interpolations polynomiales de la forme

$$(x, y, z) \mapsto a + bx + cy + dz$$

alors que les hexaèdres à 8 nœuds permettent de construire des interpolations polynomiales de la forme

$$(x, y, z) \mapsto a + bx + cy + dz + exy + fxz + gyz + hxyz$$

Remarque. Là encore on remarquera qu'aucune direction de l'espace n'est privilégiée.

2.3.1 Éléments *brique* de structure

Ces éléments sont désignés par le terme anglais *BRICK.* En mécanique des structures, bien que l'on dispose de mailles tétraèdriques et hexaèdriques, il est en général conseillé d'utiliser des éléments finis construits sur des hexaèdres car ils sont plus « souples », toujours pour la même raison, ils permettent de construire des interpolations de degré plus élevé. Chaque nœud de calcul porte trois degrés de liberté en translation UX, UY et UZ et un hexaèdre à huit nœuds de calcul porte donc $8 \times 3 = 24$ degrés de liberté en translation (mais aucun en rotation, voir la remarque qui suit).

Remarque. Ces éléments ne possèdent généralement pas de degrés de liberté en rotation ni d'options d'épaisseur puisque cette dernière est construite géométriquement. Cependant, il existe tout de même des éléments hexaèdriques avec rotations.

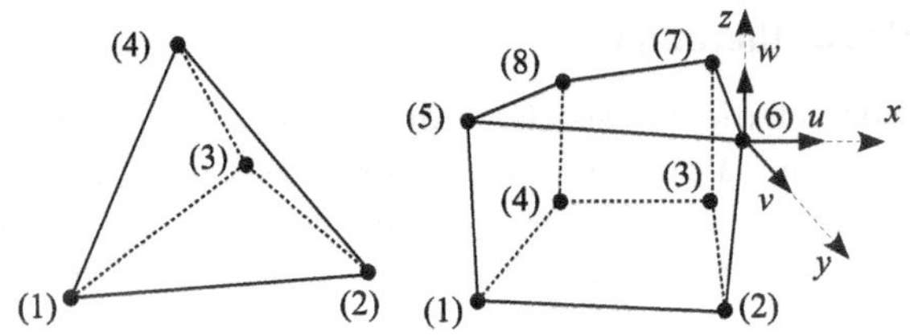

FIGURE 10.6 – Tétraèdre à 4 nœuds et hexaèdre à 8 nœuds

2.3.2 Éléments *brique* de thermique

En thermique, chaque nœud de calcul porte un degré de liberté (la température) et un tétraèdre à quatre nœuds de calcul porte donc $4 \times 1 = 4$ degrés de liberté alors qu'un hexaèdre à huit nœuds de calcul porte donc $8 \times 1 = 8$ degrés de liberté.

3 Simplifications de modèle

3.1 Motivations

Une étape importante du calcul par éléments finis est la simplification du modèle traité. En effet, même si l'on dispose d'un logiciel et de la puissance de calcul d'un ordinateur, il est souvent nécessaire de simplifier le modèle physique sur lequel repose le problème pour deux raisons en particulier :

1. Sans simplification, le modèle éléments finis peut être long à construire, pour la partie conception et long à calculer, pour la partie numérique, en raison du très grand nombre d'inconnues.
2. Il existe souvent des hypothèses simplificatrices qui permettent d'atteindre les objectifs avec une économie sensible de calcul et de temps.

Concrètement, ces simplifications visent par exemple à remplacer un modèle en 3 dimensions par un modèle en 3 dimensions plus simple ou un modèle en 2 dimensions, voire un modèle en 1 dimension.

On donne donc dans cette section quelques exemples de simplifications de modèles dont l'utilisation de symétries (symétrie de révolution, symétrie plane) et l'utilisation d'hypothèses telles que celle des contraintes planes ou des déformations planes. Les hypothèses requises portent sur la géométrie et la nature du matériau mais aussi, souvent, sur la nature des chargements et des conditions aux limites.

Enfin, avant de commencer, insistons sur le fait que le propos de cette section n'est pas de suggérer qu'un modèle simplifié est « mieux » que le modèle « le plus proche de la réalité ». En effet, toute simplification de modèle repose sur des hypothèses qui conduisent en général nécessairement à :

1. Une perte d'information ou l'impossibilité d'avoir accès à certains résultats.
2. L'introduction d'une erreur.

L'objet de cette section est donc d'expliquer, sur des exemples simples, qu'il est souvent possible d'envisager plusieurs manières d'aborder la résolution d'un problème (dont certaines sont, en termes de conception du modèle, beaucoup plus simples) mais qu'il faut conserver un regard critique sur les résultats fournis. En particulier, rappelons que, dans la pratique, on ne dispose jamais de la solution « exacte » et qu'il faut souvent se contenter, pour comparer les résultats fournis par les différents modèles, d'une solution approchée « bien convergée », c'est à dire une solution fournie par un modèle dont on peut être sûr de la qualité de la solution en termes de convergence et donc de « proximité avec la solution exacte ».

Une telle solution approchée « bien convergée » est, en général, obtenue avec un maillage très fin (c'est la h-convergence) et éventuellement des éléments finis qui utilisent des polynômes d'interpolation de degré élevé (p-convergence). Un exemple numérique est donné en fin de section.

3.2 Symétrie plane

Lorsque le modèle physique possède un (ou plusieurs) plan(s) de symétrie et que les chargements et conditions aux limites sont eux aussi symétriques par rapport à ce (ou ces) plan(s), il est possible de réduire le modèle tout en restant en 3 dimensions. Par exemple, l'existence d'un plan de symétrie permet de ne modéliser que la « moitié » de la structure. Dans cette situation, la modélisation doit faire l'objet d'adaptations sous la forme :

1. De conditions aux limites « artificielles » de manière à prendre en compte cette symétrie plane,
2. De modification des chargements le cas échéant (par exemple, diviser l'intensité d'une force appliquée sur la structure complète par deux lorsqu'elle ne s'applique plus que sur la « moitié » de cette structure).

Considérons l'exemple représenté dans la figure 10.7 qui fait apparaître une structure supposée constituée d'un matériau homogène, isotrope et élastique dont la géométrie possède un plan de symétrie parallèle au plan (yOz). Supposons que la structure est posée sur le sol et qu'elle subit l'action d'une force F comme illustré.

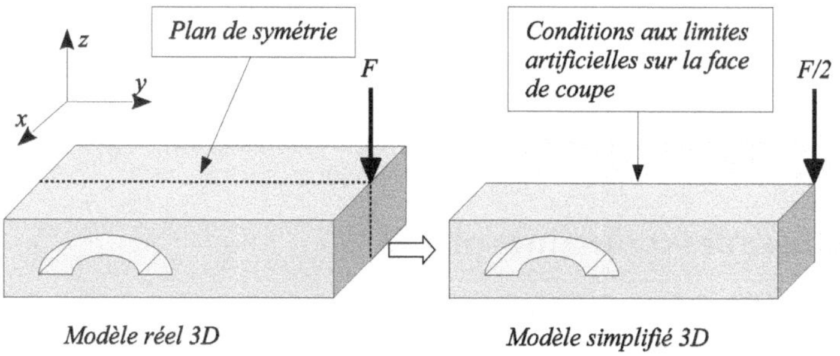

FIGURE 10.7 – Utilisation d'une symétrie plane

Alors, toutes les conditions sont remplies pour ne modéliser que la moitié de la structure avec l'obligation de :

1. Diviser la force par 2.
2. Imposer, sur la face de coupe, des conditions aux limites artificielles.
   a. Dans le cas où les degrés de liberté ne sont que des déplacements en translation, il convient d'interdire, sur toute la face, les déplacements suivant (Ox), c'est à dire imposer $UX = 0$, ce qui a pour conséquence de « simuler » la présence de la matière « symétrique ».
   b. Dans le cas où les degrés de liberté sont des déplacements en translation et en rotation, il convient d'interdire, sur toute la face, les déplacements en translation suivant (Ox), c'est dire imposer $UX = 0$ mais aussi les déplacements en rotation suivant les deux axes (Oy) et (Oz), c'est à dire imposer $ROTY = 0$ et $ROTZ = 0$.

3.3 Symétries de révolution : axisymétrie

Dans la situation où le problème présente une symétrie de révolution autour d'un axe (qui concerne la géométrie, les matériaux, les chargements et les conditions aux limites), on peut envisager de remplacer un problème en 3 dimensions par un problème plan en ne modélisant qu'une section du modèle. Techniquement, cela revient à travailler en coordonnées cylindriques au lieu des coordonnées cartésiennes.

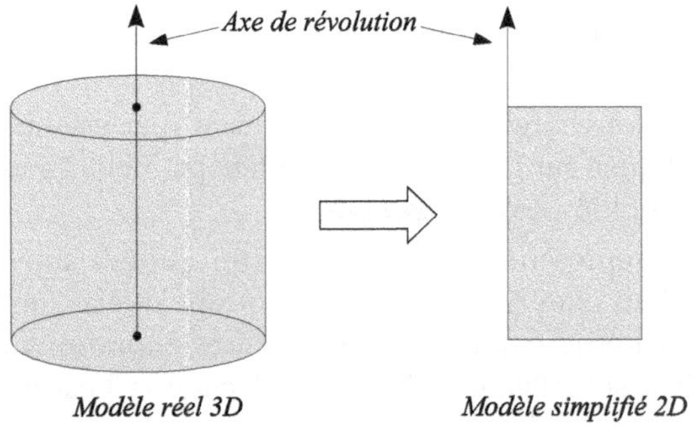

FIGURE 10.8 – Axisymétrie

Dans le logiciel *Ansys*, les éléments finis de type *plan* (triangles ou quadrangles en 2 dimensions) possèdent une option qui permet de les utiliser dans cette situation.

3.4 Hypothèse des contraintes planes

Il s'agit d'une hypothèse physique qui permet de ramener, sous certaines conditions, un problème dans l'espace à un problème plan. Les conditions à vérifier sont :

1. La structure possède un plan de symétrie (ou, au moins, pour que l'approximation soit valide, l'épaisseur doit être nettement plus faible que les autres dimensions, de façon à ce que les contraintes hors plan soient négligeables).
2. Il n'existe aucune force extérieure exercée perpendiculairement au plan de symétrie.

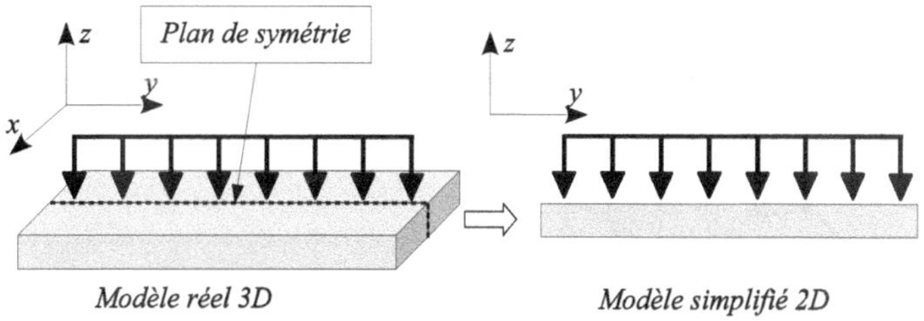

FIGURE 10.9 – Hypothèse des contraintes planes

Dans ce cas, la structure peut être modélisée par la section obtenue comme intersection de la structure et du plan de symétrie comme illustré dans la figure 10.9.

L'exemple typique de situation où cette hypothèse est valide est celle de la clé anglaise lorsqu'on exerce une force sur le manche pour serrer un écrou (en supposant que cette force reste dans le plan de symétrie de la clé).
En ce qui concerne les éléments finis, il est alors possible d'utiliser les éléments finis surfaciques comme les éléments *plan* à condition de préciser, en option, que le calcul se fait sous l'hypothèse des contraintes planes. Il est d'autre part possible d'indiquer l'épaisseur de la structure réelle. En l'absence de cette information, le calcul est fait avec une épaisseur unité.

Remarque. Contrairement aux situations précédentes (symétries), il s'agit ici d'une hypothèse physique dont la pertinence mérite d'être validée.

3.5 Hypothèse des déformations planes

Il s'agit encore d'une hypothèse physique qui permet de ramener, sous certaines conditions, un problème dans l'espace à un problème plan. Les conditions à vérifier sont :

1. La structure possède une dimension, selon (Ox) par exemple, nettement supérieure aux deux autres, selon (Oy) et (Oz).
2. Les forces extérieures sont exercées orthogonalement à l'axe (Ox) et sont indépendantes de x.
3. La structure est encastrée en ses deux extrémités dans la direction (Ox).

Dans ce cas, la structure peut être modélisée par la section obtenue en la coupant par un plan perpendiculaire à l'axe (Ox) comme illustré dans la figure 10.10.

L'exemple typique de situation où cette hypothèse est valide est celle d'un barrage droit, encastré en ses deux extrémités, subissant la poussée de l'eau orthogonalement à l'axe de sa plus grande longueur.
Là encore, il est alors possible d'utiliser les éléments finis surfaciques *plan* à condition de préciser, en option, que le calcul se fait sous l'hypothèse des déformations planes. Il est d'autre part possible d'indiquer l'épaisseur de la structure réelle.

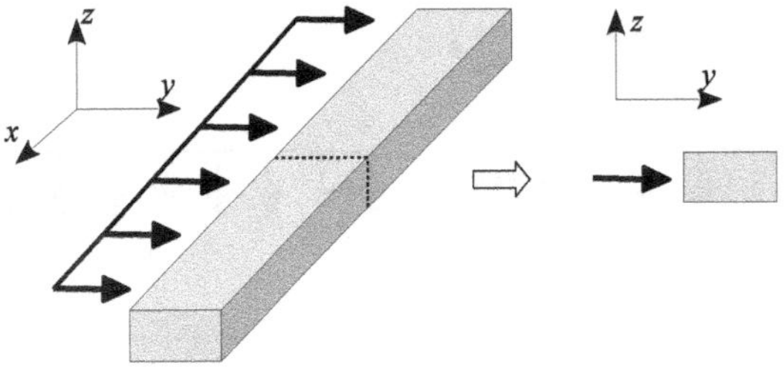

Modèle réel 3D *Modèle simplifié 2D*

FIGURE 10.10 – Hypothèse des déformations planes

Remarque. Là encore, l'hypothèse des déformations planes mérite d'être validée.

3.6 Deux exemples de simplification de modèles en thermique

3.6.1 Cas d'un mur de hauteur et de largeur « infinie »

Lorsque la hauteur et la largeur d'un mur d'épaisseur L sont supposées « infinies », on peut, sous certaines hypothèses, utiliser des éléments finis linéiques pour construire une interpolation du champ des températures en chaque point de l'épaisseur du mur comme illustré dans la figure 10.11.

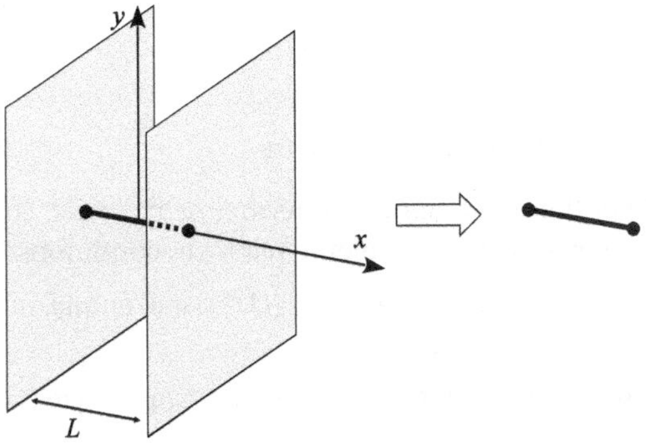

Modèle réel 3D *Modèle simplifié 1D*

FIGURE 10.11 – Mur « infini » : un segment en 1 dimension suffit à modéliser la structure

3.6.2 Cas d'une barre de longueur « infinie »

Lorsque la longueur d'une barre est supposée « infinie » devant ses deux autres dimensions, il est possible d'utiliser des éléments finis surfaciques pour construire une interpolation du champ des températures en chaque point de la barre (voir l'illustration dans la figure 10.12 page 369). On peut alors par exemple utiliser des éléments *plan* à quatre nœuds de calcul.

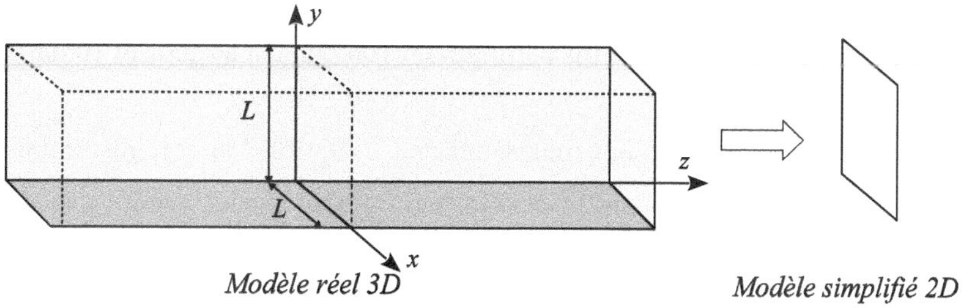

FIGURE 10.12 – Barre « infinie » : une section suffit à modéliser la structure

4 Un exemple de modélisations multiples

Dans certaines situations, il est possible de modéliser une même structure de plusieurs manières différentes, en utilisant des caractéristiques géométriques, des propriétés physiques, en formulant des hypothèses etc. On donne ici un exemple d'une telle situation issue de la mécanique des structures. Considérons une plaque en console dont toute la face gauche est encastrée et soumise à la seule action de la gravité, comme illustrée sur la figure 10.13.

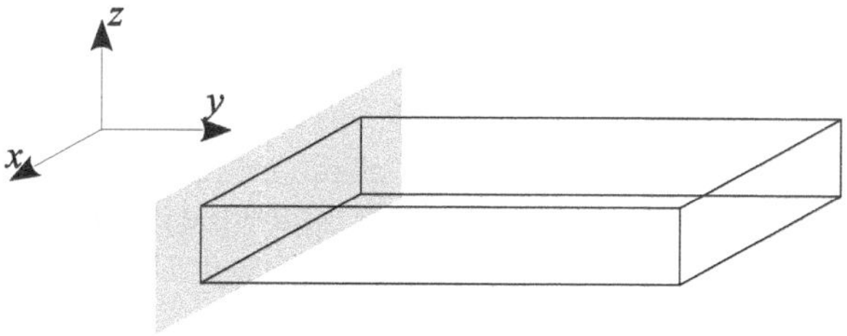

FIGURE 10.13 – Une structure en console

Comme on envisage de modéliser cette structure de différentes manières, il est important d'avoir un regard critique sur ces modèles simplifiés. Chacun aura bien sûr à son avantage une conception plus simple et plus rapide, mais quid des résultats fournis ? Car l'objectif des modélisations est bien de fournir des résultats les « plus justes » possibles. A ce propos, dans la pratique, on ne dispose jamais de la solution exacte du problème et on va donc se contenter, comme référence, de calculer une solution approchée par un modèle en 3D avec un maillage très fin en considérant qu'il s'agit là d'une solution « de référence » à défaut d'être « exacte ».

Précisément, la structure modélisée dans *Ansys* aura les caractéristiques suivantes :

1. Forme parallélépipédique, longueur $L = 1\,m$, largeur $l = 1\,m$ et épaisseur $e = 0,1\,m$.
2. Le matériau est du béton dont la densité est $\rho = 2300\,kg \cdot m^{-3}$, le module d'Young $E = 25\,Gpa$ et de coefficient de Poisson $\nu = 0,2$.

3. Le maillage est réalisé avec des éléments cubiques à huit nœuds de $0,01\ m$ de côté, c'est à dire qu'il y en a 100 dans la longueur, 100 dans la largeur et 10 dans l'épaisseur.

Ansys fournit alors un déplacement maximum de $0,129 \times 10^{-3}\ m$ et le résultat est visible dans la figure 10.14.

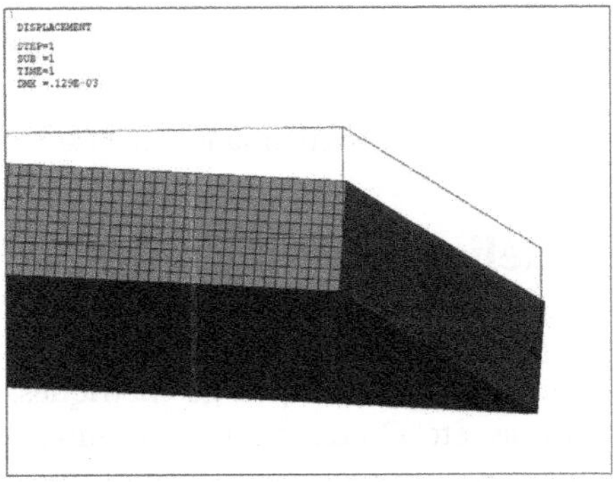

FIGURE 10.14 – Modèle 3D avec maillage très fin

4.1 Modélisation 3D

Géométriquement parlant, il s'agit du modèle éléments finis le plus proche de la réalité parce qu'aucune hypothèse n'est faite a priori (autre que l'approximation due à la discrétisation par éléments finis). Le maillage proposé utilise des hexaèdres à huit nœuds et aucune hypothèse simplificatrice n'est donc faite.
Ansys fournit alors un déplacement maximum de $0,128 \times 10^{-3}\ m$ et, par rapport à la solution de référence, on a une sous-évaluation du résultat d'environ 0,8%.

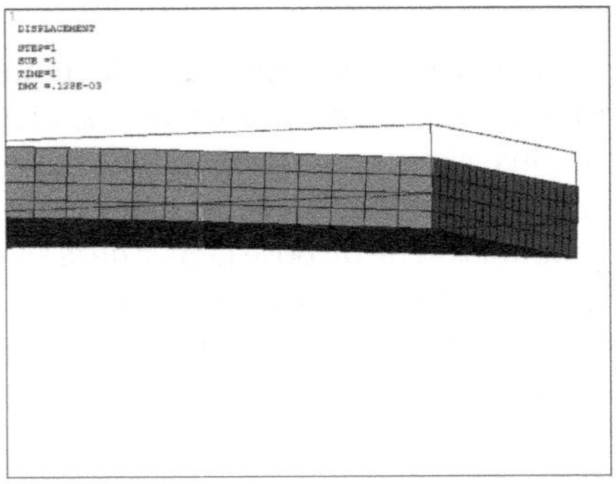

FIGURE 10.15 – Modèle 3D avec maillage normal

4.2 Modélisation 2D

4.2.1 Avec des éléments finis surfaciques du type *coque*

Une première approche consiste à utiliser des éléments finis surfaciques du type *coque* dans un plan parallèle au plan (xOy). Ces éléments possèdent des degrés de liberté en rotation, ce qui les autorise à « fléchir ».

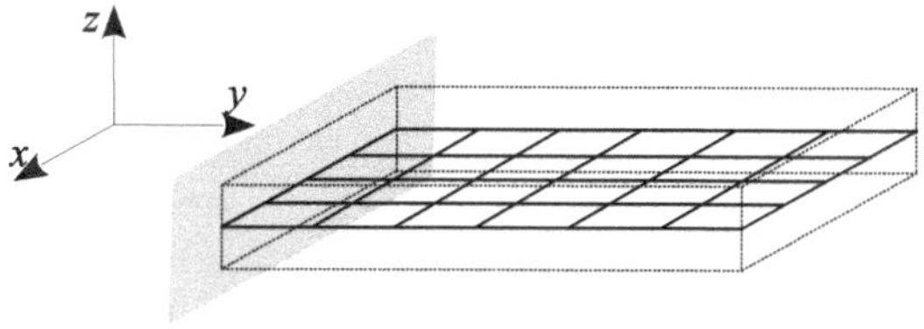

FIGURE 10.16 – Utilisation d'éléments *coque*

Dans cette situation, si l'on utilise des quadrangles à quatre nœuds, pour un maillage qui comporte 6 divisions dans la longueur et 4 dans la largeur, soit 24 éléments et 35 nœuds de calculs, le problème comporte $35 \times 6 = 210$ degrés de liberté au total. Cela dit, la face encastrée à gauche impose de « bloquer » tous les degrés de liberté situés sur cette face (soit $5 \times 6 = 30$) en leur attribuant la valeur zéro. Finalement, il ne reste que $210 - 30 = 180$ degrés de liberté inconnus.
Utilisons maintenant l'exemple de la plaque en béton pour valider la pertinence de cette simplification. Le calcul a été effectué dans *Ansys* avec 40 éléments finis rectangulaires de 5 centimètres par 5 centimètres. Le résultat est affiché dans la figure 10.17 et l'on peut constater que le déplacement maximal est maintenant de $0,134 \times 10^{-3}\, m$, soit une surévaluation du résultat (par rapport à la solution de référence) d'environ 3,9 %. Précisons aussi que ce modèle a bien sûr ses limites et que l'une d'elles réside dans l'impossibilité de représenter d'éventuelles déformations de la plaque dans son épaisseur telles que des écrasements locaux par exemple.

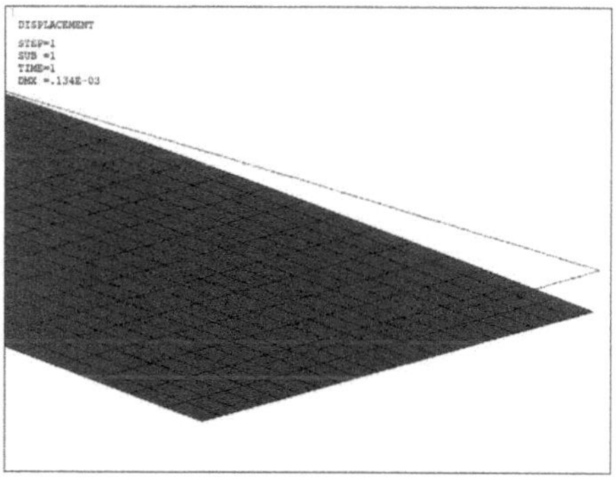

FIGURE 10.17 – Modélisation avec des éléments *coque*

4.2.2 Avec des éléments finis surfaciques du type *plan*

Une seconde approche consiste à utiliser des éléments finis surfaciques du type *plan*. Comme ces éléments ne travaillent que dans leur plan (ils possèdent deux degrés de liberté en translation en chaque nœud dans les deux direction du plan contenant l'élément) et n'ont aucune possibilité de « fléchir », ils doivent être placés dans un plan parallèle au plan (yOz) qui contient la force F comme illustré dans la figure 10.18.

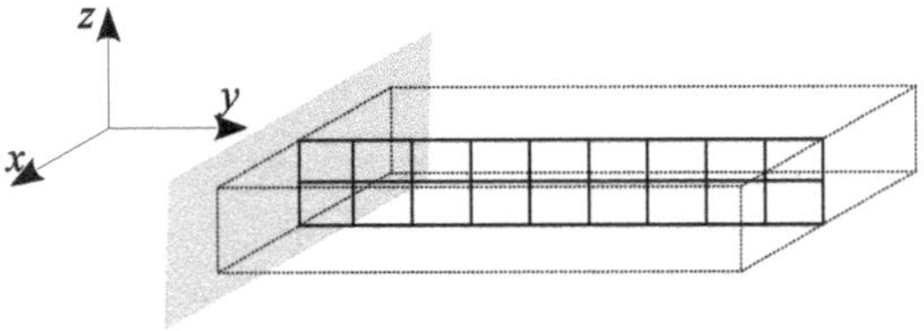

FIGURE 10.18 – Utilisation d'éléments *plan*

Dans cette situation, on utilise l'hypothèse des contraintes planes et l'on choisit des éléments *plan* avec cette option et une épaisseur correspondant à la largeur de la structure. Si l'on utilise des quadrangles à quatre nœuds, pour un maillage qui comporte 9 divisions dans la longueur et 2 dans la hauteur, soit 18 éléments et 30 nœuds de calculs, le problème comporte $30 \times 2 = 60$ degrés de liberté au total (en translation uniquement). L'encastrement de la face gauche impose de « bloquer » tous les degrés de liberté situés sur cette face (soit $3 \times 2 = 6$) en leur attribuant la valeur 0. Finalement, il ne reste que $60 - 6 = 54$ degrés de liberté inconnus.
Géométriquement, les hypothèses des contraintes planes sont validées mais s'accompagnent d'une perte d'information. Pour valider la pertinence de cette simplification sur l'exemple de la plaque en béton, les calculs ont été effectués dans *Ansys* avec 80 éléments finis rectangulaires de 5 centimètres par 2,5 centimètres. Le résultat est affiché dans la figure 10.19 et on peut constater que le déplacement maximal est maintenant de $0,136 \times 10^{-3}\ m$, soit une sur-évaluation du résultat d'environ $5,4\%$.

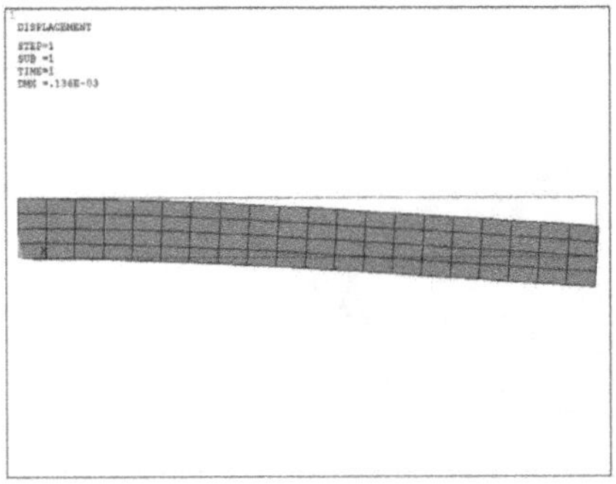

FIGURE 10.19 – Modèle 2D avec des éléments *plan* en contraintes planes

4.3 Modélisation 1D

Enfin, il est possible d'utiliser des éléments linéiques de type *poutre* pour modéliser la structure en 1 dimension. Ces éléments possèdent des degrés de liberté en rotation, ce qui autorise la flexion.

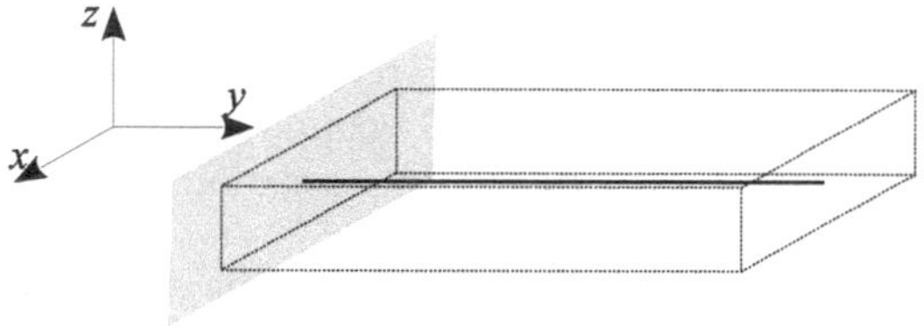

FIGURE 10.20 – Utilisation d'éléments *poutre*

Dans ce cas, si l'on utilise 10 éléments à 2 nœuds de calculs, cela donne 11 nœuds et 66 degrés de liberté au total (11×6) et un nombre d'inconnues égal à $66 - 6 = 60$ en raison de l'encastrement à gauche.
Voyons maintenant le résultat fourni par *Ansys* avec 20 éléments *poutre* dans le segment de longueur de 1 mètre qui modélise, en 1D, la plaque. Le résultat est affiché dans la figure 10.21 et on peut constater que le déplacement maximal est maintenant de $0,137 \times 10^{-3}$ m, soit une sur-évaluation du résultat d'environ 6,2%.

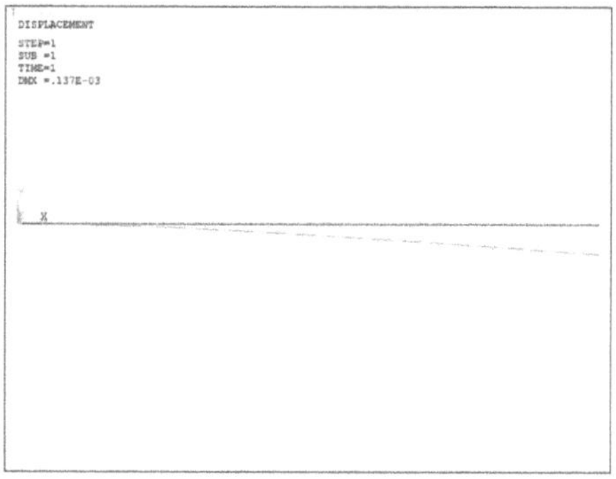

FIGURE 10.21 – Modélisation avec des éléments finis *poutre*

4.4 Commentaires

Comme cela a déjà été mentionné en début de section, un modèle « simple » n'est pas forcément ni mieux ni moins bon qu'un autre. En effet, les choses peuvent s'avérer plus délicates qu'il n'y paraît. Si l'on reprend l'exemple de la plaque en béton en console, nous avons expliqué que le modèle 3D était, géométriquement, le plus proche de la réalité.

Cela est dû au fait que les éléments finis volumiques sont construits à partir des équations générales (de l'élasticité linéaire en mécanique des structures) sans autres hypothèses que

celles liées au modèle éléments finis. Par contre, tous les autres éléments finis utilisés et donc les modèles associés sont basés sur des hypothèses simplificatrices qui « altèrent » la modélisation de la structure réelle et modifient les résultats (dans une proportion qu'il est important de savoir mesurer pour valider ces hypothèses). Indépendamment de cela, pour un même modèle, la forme des mailles géométriques et le nombre de nœuds de calcul peut être déterminant. En effet, plus le degré d'interpolation est élevé et plus le modèle est « souple » et plus le champ des contrainte est « régulier » (en une dimension, une interpolation du champ des déplacements de degré 1 conduit à un champ des contraintes seulement constant par morceaux alors qu'une interpolation de degré 2 conduit à un champ des contraintes affine par morceaux).
Finalement, le lecteur est invité à retenir que l'expérience, le recul et une connaissance théorique du comportement des éléments finis sont garants d'une bonne utilisation de la méthode des éléments finis avec un logiciel.

5 Exemple d'utilisation d'un logiciel libre

5.1 Le logiciel FreeFem++

Pour terminer, un exemple succinct d'utilisation du logiciel FreeFem++ est présenté (laboratoire Jacques-Louis Lions (Jacques-Louis Lions, 1928-2011, mathématicien français) téléchargeable librement à l'adresse `www.ann.jussieu.fr/lehyaric/ffcs/`).
Ce logiciel permet de construire des maillages de domaines en deux dimensions et de résoudre des équations aux dérivées partielles avec conditions aux limites, préalablement écrites sous forme faible. Il utilise un langage de programmation qui lui est propre et qui est très proche du `C++` et il existe sur la toile une documentation très bien fournie qui permet de démarrer.

5.2 Un exemple d'utilisation

On se propose ici de calculer une solution approchée, par la méthode des éléments finis, du problème du Laplacien sur un disque avec conditions de Dirichlet sur le bord. Plus précisément, soit Ω le disque unité centré en $(0,0)$ du plan (xOy) et soit $\delta\Omega$ son bord, c'est-à-dire le cercle unité centré en $(0,0)$ orienté dans le sens trigonométrique. On cherche donc une solution approchée du problème

$$\begin{cases} -\Delta u(x,y) = f(x,y) = \dfrac{xy}{10} & \text{sur} \quad \Omega \\ u(x,y) = 0 & \text{sur} \quad \delta\Omega \end{cases}$$

La programmation en *FreeFem++* possède deux particularités notables :

1. Le domaine est défini par son bord, lui-même défini par une courbe paramétrée et orientée de telle sorte que le domaine se trouve à gauche du bord.
2. Le problème est défini par sa formulation faible.

Dans cette situation, le bord est défini par la courbe paramétrée

$$\forall t \in [0, 2\pi[, \quad \begin{cases} x(t) = \cos t \\ y(t) = \sin t \end{cases}$$

quant à la formulation faible, elle est définie par (voir 2.3.2 page 206)

$$\iint_\Omega \overrightarrow{\nabla u}(x,y)\cdot\overrightarrow{\nabla u^*}(x,y)\,\mathrm{d}x\,\mathrm{d}y = \iint_\Omega f(x,y)u^*(x,y)\,\mathrm{d}x\,\mathrm{d}y$$

La programmation prend alors la forme suivante

```
//définition du bord}
border bord(t=0,2*pi)\{x=cos(t);y=sin(t);label=1;\};
//définition de f
func f=0.1*x*y;
//définition et représentation du maillage
mesh maillage=buildmesh(bord(80));
plot(maillage);
//définition de l'espace d'approximation
fespaceVh(maillage,P1);
Vh u,v;
//résolution du problème sous forme faible
solve laplace(u,v)=int2d(maillage) (dx(u)*dx(v)+dy(u)*dy(v))
                  -int2d(maillage) (f*v)+on(1,u=0);
//représentation graphique
plot(u);
```

et le résultat est représenté dans la figure 10.22.

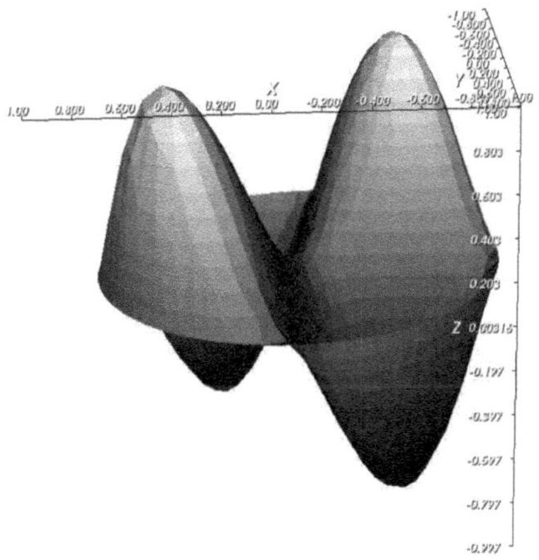

FIGURE 10.22 – Solution approchée pour éléments finis triangulaires (interpolation de degré 1)

Le lecteur intéressé par l'utilisation de ce logiciel est invité à consulter l'abondante documentation disponible sur Internet.

Chapitre 11

Formulaire éléments finis

1 Formulation faible abstraite et exemples

Problème différentiel abstrait (D opérateur différentiel)	$D(u) = f$
Formulation faible abstraite ($\mathscr{A}$ forme bilinéaire et $\mathscr{L}$ forme linéaire)	$\forall v \in V, \quad \mathscr{A}(u,v) = \mathscr{L}(v)$

Problème différentiel et forme faible : barre (1D)	
$-SE\dfrac{\mathrm{d}^2 u}{\mathrm{d}x^2} = f$	$\displaystyle\int_0^L SE\frac{\mathrm{d}u}{\mathrm{d}x}(x)\frac{\mathrm{d}u^*}{\mathrm{d}x}(x)\,\mathrm{d}x = \int_0^L f(x)u^*(x)\,\mathrm{d}x + C(u^*)$
Problème différentiel et forme faible : poutre (1D)	
$EI\dfrac{\mathrm{d}^4 u}{\mathrm{d}x^4} = f$	$\displaystyle\int_0^L EI\frac{\mathrm{d}^2 v}{\mathrm{d}x^2}(x)\frac{\mathrm{d}^2 v^*}{\mathrm{d}x^2}(x)\,\mathrm{d}x = \int_0^L f(x)v^*(x)\,\mathrm{d}x + C(v^*)$
Problème différentiel et forme faible : membrane (2D)	
$-\lambda\Delta u = f$	$\displaystyle\iint_\Omega \lambda\vec{\nabla}u(x,y)\cdot\vec{\nabla}u^*(x,y)\,\mathrm{d}x\,\mathrm{d}y = \iint_\Omega f(x,y)u^*(x,y)\,\mathrm{d}x\,\mathrm{d}y + C(u^*)$

$C(u^*)$ est un terme qui dépend des conditions aux limites.

2 Éléments finis

Dimension 1, éléments finis de Lagrange (1 DDL par nœud)					
Nom	Nœuds	DDL	Figure	Deg. interp.	Expression polynomiale
$\mathbb{P}_1$	2	2	(1)	1	$a+bx$
$\mathbb{P}_2$	3	3	(2)	2	$a+bx+cx^2$
$\mathbb{P}_3$	4	4	(3)	3	$a+bx+cx^2+dx^3$

Dimension 2, éléments finis de Lagrange (1 DDL par nœud par direction)					
Nom	Nœuds	DDL	Figure	Deg. interp.	Expression polynomiale
$\mathbb{T}_3$	3	3	(4)	1	$a+bx+cy$
$\mathbb{T}_6$	6	6	(5)	2	$a+bx+cy+dxy+ex^2+fy^2$
$\mathbb{Q}_4$	4	4	(6)	2	$a+bx+cy+dxy$

Dimension 1, élément fini de Hermite (2 DDL par nœud)					
Nom	Nœuds	DDL	Figure	Deg. interp.	Expression polynomiale
$\mathbb{H}_3$	2	4	(1)	3	$a+bx+cx^2+dx^3$

(1) (2) (3) (4) (5) (6)

FIGURE 11.1 – Illustration de la forme des mailles, du nombre et de la position des nœuds de calcul

3 Bases nodales sur $[0, L]$

Bases nodales sur le segment $[0, L]$ en dimension 1	
Type	Base nodale
Lagrange $\mathbb{P}_1$	$\begin{cases} N_1(x) = \dfrac{L-x}{L} \\ N_2(x) = \dfrac{x}{L} \end{cases}$
Lagrange $\mathbb{P}_2$	$\begin{cases} N_1(x) = \dfrac{2}{L^2}\left(x - \dfrac{L}{2}\right)(x-L) \\ N_2(x) = \dfrac{-2}{L^2}x(x-L) \\ N_3(x) = \dfrac{2}{L^2}x\left(x - \dfrac{L}{2}\right) \end{cases}$
Hermite	$\begin{cases} N_1(x) = 1 - \dfrac{3}{L^2}x^2 + \dfrac{2}{L^3}x^3 \\ N_2(x) = x - \dfrac{2}{L}x^2 + \dfrac{1}{L^2}x^3 \\ N_3(x) = \dfrac{3}{L^2}x^2 - \dfrac{2}{L^3}x^3 \\ N_4(x) = -\dfrac{1}{L}x^2 + \dfrac{1}{L^2}x^3 \end{cases}$

Bases nodales sur l'élément de référence en dimension 2	
Type	Base nodale
Lagrange $\mathbb{T}_3$	$\begin{cases} \widehat{N}_1(\xi,\eta) = 1 - \xi - \eta \\ \widehat{N}_2(\xi,\eta) = \xi \\ \widehat{N}_3(\xi,\eta) = \eta \end{cases}$
Lagrange $\mathbb{Q}_4$	$\begin{cases} \widehat{N}_1(\xi,\eta) = \dfrac{(1-\xi)(1-\eta)}{4} \\ \widehat{N}_2(\xi,\eta) = \dfrac{(1+\xi)(1-\eta)}{4} \\ \widehat{N}_3(\xi,\eta) = \dfrac{(1+\xi)(1+\eta)}{4} \\ \widehat{N}_4(\xi,\eta) = \dfrac{(1-\xi)(1+\eta)}{4} \end{cases}$

4 Matrices de rigidité élémentaires

Matrices élémentaires pour une barre en 1D et 2D	
$\mathbb{P}_1$ Lagrange, 1D	$\frac{SE}{L}\begin{bmatrix} 1 & -1 \\ -1 & 1 \end{bmatrix}$
$\mathbb{P}_2$ Lagrange, 1D	$\frac{SE}{3L}\begin{bmatrix} 7 & -8 & 1 \\ -8 & 16 & -8 \\ 1 & -8 & 7 \end{bmatrix}$
$\mathbb{P}_1$ Lagrange, 2D (en repère local, voir page 309)	$\frac{SE}{L}\begin{bmatrix} 1 & 0 & -1 & 0 \\ 0 & 0 & 0 & 0 \\ -1 & 0 & 1 & 0 \\ 0 & 0 & 0 & 0 \end{bmatrix}$
$\mathbb{P}_1$ Lagrange, 2D (en repère global, voir page 311 pour les notations)	$\frac{SE}{L}\begin{bmatrix} c_\alpha^2 & c_\alpha s_\alpha & -c_\alpha^2 & -c_\alpha s_\alpha \\ c_\alpha s_\alpha & s_\alpha^2 & -c_\alpha s_\alpha & -s_\alpha^2 \\ -c_\alpha^2 & -c_\alpha s_\alpha & c_\alpha^2 & c_\alpha s_\alpha \\ -c_\alpha s_\alpha & -s_\alpha^2 & c_\alpha s_\alpha & s_\alpha^2 \end{bmatrix}$

Matrices élémentaires pour une poutre en 1D et 2D, modèle de Bernoulli	
Hermite, 1D	$\frac{EI}{L^3}\begin{bmatrix} 12 & 6L & -12 & 6L \\ 6L & 4L^2 & -6L & 2L^2 \\ -12 & -6L & 12 & -6L \\ 6L & 2L^2 & -6L & 4L^2 \end{bmatrix}$
Hermite, 2D (en repère local, voir page 338) avec $\lambda = \frac{SL^2}{I}$	$\frac{EI}{L^3}\begin{bmatrix} \lambda & 0 & 0 & -\lambda & 0 & 0 \\ 0 & 12 & 6L & 0 & -12 & 6L \\ 0 & 6L & 4L^2 & 0 & -6L & 2L^2 \\ -\lambda & 0 & 0 & \lambda & 0 & 0 \\ 0 & -12 & -6L & 0 & 12 & -6L \\ 0 & 6L & 2L^2 & 0 & -6L & 4L^2 \end{bmatrix}$

Matrices élémentaires pour une poutre en 1D et 2D, modèle de Timoshenko	
Timoshenko, 1D (sans verrouillage en cisaillement, voir page 346) avec $\phi = \dfrac{12EI}{kSGL^2}$	$\dfrac{EI}{(1+\phi)L^3}\begin{bmatrix} 12 & 6L & -12 & 6L \\ 6L & (4+\phi)L^2 & -6L & (2-\phi)L^2 \\ -12 & -6L & 12 & -6L \\ 6L & (2-\phi)L^2 & -6L & (4+\phi)L^2 \end{bmatrix}$
Timoshenko, 2D (sans verrouillage en cisaillement, voir page 346) avec $\lambda' = \dfrac{ES(1+\phi)}{L}$	$\dfrac{1}{1+\phi}\begin{bmatrix} \lambda' & 0 & 0 & -\lambda' & 0 & 0 \\ 0 & 12\frac{EI}{L^3} & 6\frac{EI}{L^2} & 0 & -12\frac{EI}{L^3} & 6\frac{EI}{L^2} \\ 0 & 6\frac{EI}{L^2} & (4+\phi)\frac{EI}{L} & 0 & -6\frac{EI}{L^2} & (2-\phi)\frac{EI}{L} \\ -\lambda' & 0 & 0 & \lambda' & 0 & 0 \\ 0 & -12\frac{EI}{L^3} & -6\frac{EI}{L^2} & 0 & 12\frac{EI}{L^3} & -6\frac{EI}{L^2} \\ 0 & 6\frac{EI}{L^2} & (2-\phi)\frac{EI}{L} & 0 & -6\frac{EI}{L^2} & (4+\phi)\frac{EI}{L} \end{bmatrix}$

Quatrième partie

Traitement du signal et applications

Chapitre 12

Les distributions

1 Introduction et historique

Que ce soit en physique, en mécanique, en électricité, en traitement du signal ou, de manière générale, en ingénierie, beaucoup de problèmes conduisent naturellement à des problèmes différentiels qui n'ont pas de solutions au sens classique. La théorie des distributions étend alors les propriétés des fonctions à un ensemble beaucoup plus large en généralisant des notions telles que la dérivation, la convolution (voir annexe E page 797), la transformation de Fourier, etc., permettant de formuler des solutions à certains problèmes qui n'auraient pas de solutions au sens classique.
Sa puissance réside en particulier dans le fait que les distributions permettent de s'affranchir des problèmes liés à la régularité des fonctions lorsqu'on veut les dériver car, comme nous le verrons, les distributions sont toujours indéfiniment dérivables et la notion de continuité (connue pour les fonctions) n'existe plus !
D'un point de vue physique, les théorèmes généraux sont, en fait, écrits *au sens des distributions*, expression qui signifie qu'ils sont valables, en toute généralité, pour les distributions. Un exemple simple est donné par le circuit dérivateur en électricité dont la réponse est proportionnelle à la dérivée de l'excitation lorsque cette dernière est dérivable. Dans le cas où l'excitation n'est plus dérivable (un créneau par exemple) on démontre, au sens des distributions cette fois-ci, que la réponse reste proportionnelle à la « dérivée » (que nous appellerons dérivée au sens des distributions) de l'excitation. La loi physique modélisant le phénomène s'écrit donc, de manière beaucoup plus générale et naturelle, pour des distributions.
Enfin, une notion particulièrement importante en physique (et intimement liée aux distributions) est la notion de convolution. En effet, lorsqu'un expérimentateur mesure une grandeur physique, on peut montrer que la réponse de l'appareil de mesure est reliée à l'excitation (la grandeur à mesurer) par une opération de convolution dans un espace de distributions. C'est le cas, par exemple, pour le circuit dérivateur évoqué au dessus. Finalement, beaucoup de problèmes physiques offrent un cadre naturel à la théorie des distributions.

Outre le domaine de la résolution des équations aux dérivées partielles, un autre domaine dans lequel les distributions sont omniprésentes est celui du traitement du signal. Elles interviennent alors sous la forme de ce que l'on appelle des *distributions tempérées* et c'est à ce titre qu'elles sont présentées ici.

Donnons aussi un aperçu historique du développement de la théorie qui est attribuée au mathématicien français Laurent Schwartz (1915-2002). Il reçu d'ailleurs la médaille Fields en 1950 pour l'ensemble de ses travaux. Cela dit, comme souvent, les distributions sont nées bien avant, sous des dénominations différentes, comme celles de *fonctionnelles* ou de *fonctions généralisées.* On doit surtout à Schwartz le premier exposé rigoureux et complet de la théorie des distributions et de leurs applications. L'origine de l'introduction de ces objets est liée à la résolution d'équations aux dérivées partielles, en particulier les équations des ondes et les équations de l'hydrodynamique, qui trouvent des solutions plus naturelles sous la forme de ce que nous appelons aujourd'hui des distributions.
Il faut citer en particulier les travaux précurseurs du mathématicien français Jacques Hadamard (1865-1963) qui publia en 1903 un article sur le problème de ces équations aux dérivées partielles dans lequel il est question, pour la première fois, d'une approche correspondant à celle des distributions. Une vingtaine d'années plus tard, Sobolev (Sergueï Lvovitch Sobolev, 1908-1989, mathématicien russe) s'intéresse lui aussi à la résolution de ces équations aux dérivées partielles et c'est en 1934 qu'il jette les bases de la théorie des distributions au cours d'un exposé sur la recherche de *solutions généralisées* pour les équations des ondes. Une dizaine d'années plus tard, Laurent Schwartz publie plusieurs articles entre 1945 et 1948 dans lesquels on trouve le terme de distribution. Mais c'est en 1950, à l'occasion de la publication du livre intitulé *Théorie des distributions* (voir [*SC*2]) qui expose l'ensemble de cette théorie qu'elle se propage réellement dans la communauté scientifique et acquiert sa célébrité par le grand nombre d'applications qu'on lui trouve.

Ce court exposé a donc pour but de proposer une introduction à la notion de distribution en fournissant les bases théoriques nécessaires à la compréhension et à la manipulation de ces objets qui seront largement utilisés par la suite.

2 Insuffisance de la notion de fonction

Considérons une barre centrée en O sur l'axe des abscisses (Ox), de masse unité, de longueur $2h$ $(h > 0)$. Nous la supposerons homogène pour simplifier (mais ce n'est pas une obligation). On peut définir sa fonction densité linéique de masse et sa fonction de répartition de masse représentées dans la figure 12.1.
Sa densité linéique de masse est une fonction f qui vérifie les conditions suivantes :

1. f est constante positive sur $[-h, h]$,
2. f est définie sur $\mathbb{R}$ à condition de poser $f(x) = 0$ pour $x < -h$ et pour $x > h$ (là où il n'y a pas de matière),
3. f vérifie $\displaystyle\int_{-\infty}^{+\infty} f(x)\,\mathrm{d}x = 1$. Dans notre cas, puisque f est supposée constante

$$\int_{-\infty}^{+\infty} f(x)\,\mathrm{d}x = \int_{-h}^{h} f(x)\,\mathrm{d}x = 2hf(x) = 1 \Longleftrightarrow f(x) = \frac{1}{2h} \text{ sur } [-h, h]$$

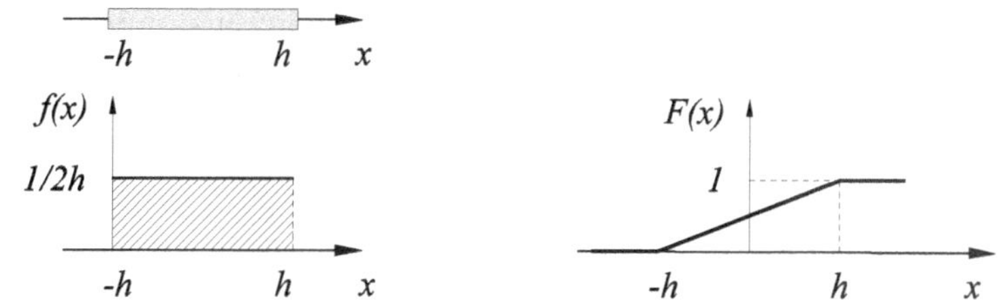

FIGURE 12.1 – Illustration de la barre et représentation de la densité linéique de masse (à gauche) et de la fonction de répartition de masse (à droite)

Autrement dit, la densité linéique de masse est définie par :

$$\begin{cases} f(x) = \dfrac{1}{2h} & \text{pour } x \in [-h, h] \\ f(x) = 0 & \text{pour } x \notin [-h, h] \end{cases} \tag{12.1}$$

La fonction de répartition de masse est définie, pour tout $x \in \mathbb{R}$, par $F(x) = \int_{-\infty}^{x} f(t)\,\mathrm{d}t$ avec la relation $F'(x) = f(x)$. Donc, toujours dans notre exemple :

$$\begin{cases} F(x) = 0 & \text{pour } x < -h \\ F(x) = \dfrac{x+h}{2h} & \text{pour } x \in [-h, h] \\ F(x) = 1 & \text{pour } x > h \end{cases} \tag{12.2}$$

La question que l'on se pose maintenant est de savoir comment se comporte ce modèle lorsque la masse se concentre dans un intervalle « infiniment petit » jusqu'à tendre vers zéro. Physiquement, on tend donc vers un modèle de masse ponctuelle.

Que devient sa densité de masse linéique lorsque $h \to 0$? Le système (12.1) doit modéliser le fait qu'il n'y a plus de matière lorsque $x \neq 0$ et que toute la masse est concentrée en $x = 0$. Formellement, ce système « devrait devenir »

$$\begin{cases} f(x) = \lim\limits_{h \to 0} \dfrac{1}{2h} & \text{pour } x = 0 \\ f(x) = 0 & \text{pour } x \neq 0 \\ \displaystyle\int_{-\infty}^{+\infty} f(x)\,\mathrm{d}x = 1 & \end{cases}$$

ce qui n'est pas très satisfaisant...

Nous allons tout de même appeler cet objet *impulsion de Dirac* et le noter pour l'instant d (ce n'est bien sûr pas une fonction).
Intéressons nous maintenant au devenir de la fonction de répartition de la masse F dans la situation où $h \to 0$.

1. F doit être nulle pour $x < 0$ (pas de masse avant 0)
2. F doit valoir 1 pour $x \geq 0$ (toute la masse étant située après $x = 0$).

Le système (12.2) définit une fonction continue par morceaux appelée *fonction de Heaviside* (Oliver Heaviside, 1850-1925, physicien britannique autodidacte) que nous noterons désormais U et qui est définie par

$$U : x \mapsto \begin{cases} U(x) = 0 & \text{pour } x < 0 \\ U(x) = 1 & \text{pour } x \geq 0 \end{cases} \tag{12.3}$$

En conclusion, même si la répartition de masse peut toujours être modélisée par une fonction, nous voyons bien que la notion de fonction n'est plus adaptée pour modéliser la densité de masse dans le cas ponctuel.

Prenons maintenant le problème à partir de la fonction de répartition de masse F. La fonction U est dérivable partout sauf en $-h$ et h. La fonction dérivée est définie par :

$$\begin{cases} F'(x) = \dfrac{1}{2h} & \text{si } x \in]-h, h[\\ F'(x) = 0 & \text{si } x \notin]-h, h[\\ \displaystyle\int_{-\infty}^{+\infty} F'(x)\,\mathrm{d}x = \int_{-h}^{h} \frac{1}{2h}\,\mathrm{d}x = 1 & \end{cases}$$

la dernière relation résultant de l'égalité suivante :

$$\int_{-\infty}^{+\infty} F'(x)\,\mathrm{d}x = \int_{-h}^{h} F'(x)\,\mathrm{d}x = \Big[F(x)\Big]_{-h}^{h} = F(h) - F(-h) = 1 - 0 = 1$$

Là encore, on cherche à savoir comment se comporte le modèle lorsque $h \to 0$.
On voit bien que, dans cette situation, la pente de la droite qui représente la fonction F sur $[-h, h]$ devient infinie et que l'on devrait écrire

$$\begin{cases} F'(x) = \lim\limits_{h \to 0} \dfrac{1}{2h} & \text{si } x = 0 \\ F'(x) = 0 & \text{si } x \neq 0 \\ \displaystyle\int_{-\infty}^{+\infty} F'(x)\,\mathrm{d}x = 1 & \end{cases}$$

Nous pouvons alors remarquer deux choses. D'une part, nous sortons de nouveaux du cadre des fonctions et, d'autre part, nous retrouvons ce que nous avons appelé l'*impulsion de Dirac d*. Autrement dit, bien que la fonction de Heaviside F ne soit pas dérivable au sens classique (puisqu'elle n'est pas continue), il semblerait que l'on puisse tout de même écrire (en dehors du champ des fonctions) qu'elle est tout de même « dérivable » et que sa « dérivée » est l'*impulsion de Dirac d*.

Nous allons maintenant formaliser ces idées en montrant que la notion de distribution permet de donner un sens et, surtout, une grande cohérence à tout ce que nous venons d'écrire.

3 Définition d'une distribution et premiers exemples

3.1 Définition

La notion de fonction numérique est basée sur l'évaluation ponctuelle de la fonction en des valeurs prises dans son ensemble de définition. Par exemple, la fonction sin est définie par l'ensemble des valeurs $\sin x$ qu'elle prend lorsque $x \in \mathbb{R}$. Comme nous l'avons vu en introduction, il s'avère que dans certaines situations cette manière de procéder n'est pas satisfaisante.
La théorie des distributions aborde donc le problème de l'évaluation sous un angle différent. Le résultat fourni ne sera plus la valeur numérique de la fonction en un point mais une sorte de « moyenne » calculée à partir d'une intégrale et d'une fonction particulière que nous appellerons une *fonction test*. Cette manière de procéder aura l'avantage de « gommer » le manque de régularité des objets que nous utiliserons.

Pour illustrer cela et avant de définir rigoureusement la notion de distribution, revenons à l'exemple de l'*impulsion de Dirac* que nous avons temporairement noté d et qui est apparue en s'intéressant au devenir de densité linéique de masse f définie par (12.1) lorsque $h \to 0$. Considérons une fonction φ que nous supposons pour l'instant à support compact (c'est à dire nulle en dehors du compact $[a, b]$) et continue (dans la suite nous imposerons d'autres conditions sur φ) puis calculons l'intégrale $\displaystyle\int_{-\infty}^{+\infty} f(x)\varphi(x)\,\mathrm{d}x$ qui existe parce qu'il s'agit en fait d'une intégrale définie d'une fonction $f\varphi$ continue par morceaux.
En particulier, pour h « assez petit », on a $[-h, h] \subset [a, b]$ et, dans ce cas

$$\int_{-\infty}^{+\infty} f(x)\varphi(x)\,\mathrm{d}x = \frac{1}{2h}\int_{-h}^{h} \varphi(x)\,\mathrm{d}x$$

en utilisant maintenant l'égalité de la moyenne

$$\exists c_h \in]-h, h[,\quad \int_{-h}^{h} \varphi(x)\,\mathrm{d}x = 2h\varphi(c_h) \Rightarrow \int_{-\infty}^{+\infty} f(x)\varphi(x)\,\mathrm{d}x = \varphi(c_h)$$

Or, lorsque $h \to 0$, $c_h \to 0$ et, par continuité, $\varphi(c_h) \to \varphi(0)$. Autrement dit, de manière purement intuitive et heuristique à ce stade, il semble que l'on puisse faire opérer l'objet que nous avons appelé l'*impulsion de Dirac* sur la fonction φ en lui associant sa valeur $\varphi(0)$, c'est à dire en écrivant

$$\int_{-\infty}^{+\infty} f(x)\varphi(x)\,\mathrm{d}x = \varphi(0)$$

Dans la suite, l'*impulsion de Dirac* sera noté δ et appelée la *distribution de Dirac* et nous noterons cette action $< \delta, \varphi >= \varphi(0)$. En particulier, les distributions ne seront alors pas définies par les valeurs qu'elles prennent en chaque point d'un domaine comme les fonctions (cette notion ne sera d'ailleurs pas définie) mais par le résultat de leur action sur des fonctions test.

Il nous faut alors définir l'espace des fonctions test $\mathscr{D}$.

Définition 89. On appelle *espace des fonctions test* l'espace, noté $\mathscr{D}(\mathbb{R})$ (ou simplement $\mathscr{D}$), des fonctions φ qui vérifient les deux propriétés suivantes :

(1) φ est de classe $\mathscr{C}^\infty$ sur $\mathbb{R}$ à valeurs dans $\mathbb{R}$,

(2) φ est à support compact, c'est à dire nulle en dehors d'un segment $[a, b]$ (qui dépend de φ).

Faisons quelques remarques sur les choix qui motivent les deux propriétés imposées aux fonctions test :

1. À propos du support compact : la définition des distributions que nous allons donner fait intervenir une intégration sur $\mathbb{R}$, aussi l'exigence du support compact permet-elle d'assurer en toute circonstance la convergence des intégrales qui seront écrites.

2. À propos de la classe $\mathscr{C}^\infty$: les motivations sont un peu moins immédiates dans ce cas là. L'une d'elle apparaîtra au moment de la définition de la dérivation des distributions où nous verrons que ce choix a pour conséquence de les rendre infiniment dérivables. L'autre est liée au souhait de généraliser la notion de fonction, autrement dit au souhait de construire un espace le « plus grand possible ». Or, la construction de l'espace des distributions fait intervenir la notion de *dual topologique* (de l'espace des fonctions test) dont on sait qu'il est d'autant plus « grand » que l'espace des fonctions test est lui-même « petit ». Aussi, imposer des conditions fortes sur les fonctions test a pour conséquence de restreindre la « taille » de $\mathscr{D}(\mathbb{R})$ et donc d'« agrandir » son dual.
   Enfin, citons aussi le fait que le caractère $\mathscr{C}^\infty$ des fonctions test permettra de se ramener aux distributions en présence d'une fonction seulement continue à support borné puisque, d'après le théorème de Weierstrass (Karl Weierstrass, 1815-1897, mathématicien allemand), elle pourra être approchée uniformément par une suite de fonctions test.

Comme toujours, l'espace des fonctions test $\mathscr{D}$ est muni d'une indispensable notion de convergence qui s'énonce sous la forme suivante :

Définition 90. On dit qu'une suite de fonctions $(\varphi_n)_{n\in\mathbb{N}}$ d'éléments de $\mathscr{D}$ converge vers une fonction φ si et seulement si

(1) Les fonctions φ_n sont nulles en dehors d'un compact fixe $[a, b]$ (avec $a < b$) indépendant de n.

(2) Pour tout $k \in \mathbb{N}$, la suite des dérivées *k-ièmes* $\left(\varphi_n^{(k)}\right)_{n\in\mathbb{N}}$ converge uniformément vers $\varphi^{(k)}$ quand n tend vers $+\infty$.

Nous admettrons que la limite φ est alors un élément de $\mathscr{D}$ et nous avons maintenant tout ce qu'il faut pour définir une distribution.

Définition 91. On appelle *distribution* toute forme linéaire continue sur $\mathscr{D}$. Précisément, on appelle distribution toute application T de $\mathscr{D}$ dans $\mathbb{C}$

$$\left\{\begin{array}{rccc} T: & \mathscr{D} & \longrightarrow & \mathbb{C} \\ & \varphi & \longmapsto & < T, \varphi > \end{array}\right. \tag{12.4}$$

en notant $< T, \varphi >$ l'action de T sur la fonction test φ, qui vérifie les deux propriétés suivantes :

1. T est *linéaire* :
   c'est à dire que pour tout $(\varphi_1, \varphi_2) \in \mathscr{D}^2$ et tout $(\lambda, \mu) \in \mathbb{C}^2$ on a

$$< T, \lambda\varphi_1 + \mu\varphi_2 >= \lambda < T, \varphi_1 > +\mu < T, \varphi_2 >$$

2. T est *continue* :
   dans le sens où, si $(\varphi_n)_{n\in\mathbb{N}}$ est une suite d'éléments de $\mathscr{D}$ qui converge vers $\varphi \in \mathscr{D}$, la suite de complexes $(< T, \varphi_n >)_{n\in\mathbb{N}}$ converge (au sens habituel) vers le complexe $< T, \varphi >$ dans $\mathbb{C}$.

Remarque. Au risque d'insister, rappelons qu'une distribution est une forme linéaire sur un espace de fonctions mais que ce n'est pas une fonction !

3.2 Premiers exemples

Exemple 1. Soit f une fonction continue sur $\mathbb{R}$. Alors l'application notée T_f de $\mathscr{D}$ dans $\mathbb{R}$ définie, pour tout $\varphi \in \mathscr{D}$ par

$$< T_f, \varphi >= \int_{-\infty}^{+\infty} f(x)\varphi(x)\,\mathrm{d}x$$

est une distribution.

En effet, commençons par remarquer que la fonctionnelle T_f est bien définie grâce au support compact de φ et qu'elle est clairement linéaire et à valeur dans $\mathbb{R} \subset \mathbb{C}$. On vérifie ensuite la continuité : soit donc une suite de fonctions $(\varphi_n)_{n\in\mathbb{N}}$ de $\mathscr{D}$ qui converge vers la fonction φ de $\mathscr{D}$.

$$\begin{aligned} < T_f, \varphi_n > - < T_f, \varphi > &= \int_{-\infty}^{+\infty} f(x)\varphi_n(x)\,\mathrm{d}x - \int_{-\infty}^{+\infty} f(x)\varphi(x)\,\mathrm{d}x \\ &= \int_{-\infty}^{+\infty} f(x)\big(\varphi_n(x) - \varphi(x)\big)\,\mathrm{d}x \end{aligned}$$

Il existe un compact $[a, b] \subset \mathbb{R}$ contenant les supports de toutes les fonctions φ_n et φ (au moins à partir d'un certain rang) donc, à partir d'un certain rang :

$$\begin{aligned} \left|< T_f, \varphi_n > - < T_f, \varphi >\right| &= \left|\int_a^b f(x)\big(\varphi_n(x) - \varphi(x)\big)\,\mathrm{d}x\right| \\ &\leq (b-a)\max_{[a,b]}|f(x)|\ \|\varphi_n - \varphi\|_{\infty,[a,b]} \end{aligned}$$

Or, il y a convergence uniforme de la suite $(\varphi_n)_{n\in\mathbb{N}}$ vers φ, donc :

$$\left|< T_f, \varphi_n > - < T_f, \varphi >\right| \overset{n\to+\infty}{\longrightarrow} 0$$

Ainsi, la fonctionnelle T_f est bien une distribution.

Exemple 2. L'application notée δ de $\mathscr{D}$ dans $\mathbb{C}$ définie, pour tout $\varphi \in \mathscr{D}$ par

$$< \delta, \varphi >= \varphi(0)$$

est une distribution.

Là aussi, il est clair que δ est bien définie et que c'est une forme linéaire. Quant à la continuité, elle est évidente. En effet, soit une suite de fonctions $(\varphi_n)_{n\in\mathbb{N}}$ de $\mathscr{D}$ qui converge vers la fonction φ de $\mathscr{D}$.

$$\left|< \delta, \varphi_n > - < \delta, \varphi >\right| = \left|\varphi_n(0) - \varphi(0)\right| \overset{n\to+\infty}{\longrightarrow} 0$$

puisque la convergence uniforme implique la convergence simple.

Définition 92. On appelle *distribution de Dirac* (Paul Dirac, 1902-1984, physicien et mathématicien britannique), et on note δ, la distribution définie par

$$\forall \varphi \in \mathscr{D} \qquad < \delta, \varphi >= \varphi(0) \tag{12.5}$$

On définit de manière générale la *distribution de Dirac au point* $a \in \mathbb{R}$, notée δ_a, par :

$$\forall \varphi \in \mathscr{D} \qquad < \delta_a, \varphi >= \varphi(a) \tag{12.6}$$

Remarque. Les distributions n'admettent pas de représentations graphiques, cependant il est de coutume de représenter symboliquement la distribution de Dirac en $x = a$ par une flèche verticale en $x = a$.

Exemple 3. L'application notée Δ_T de $\mathscr{D}$ dans $\mathbb{C}$ définie, pour tout $\varphi \in \mathscr{D}$ par

$$< \Delta_T, \varphi >= \sum_{n=-\infty}^{+\infty} \varphi(nT)$$

est une distribution.

Commençons par remarquer que la somme est, contrairement aux apparences, toujours finie en raison du support de φ, ce qui assure l'existence du scalaire $< \Delta_T, \varphi >$.
Une fois cela remarqué, il est clair que l'on définit de cette manière une forme linéaire sur $\mathscr{D}$. Quant à la continuité, la somme étant toujours finie, elle est évidente.

Définition 93. On appelle *peigne de Dirac de pas* $a > 0$ la distribution, notée Δ_a, et définie par

$$\Delta_a = \sum_{n=-\infty}^{+\infty} \delta_{na} \tag{12.7}$$

En tant que distribution, le peigne de Dirac n'admet pas de représentation graphique mais, là encore, il est de coutume de le représenter par une succession de flèches verticales (voir les chapitres 13 et 17).

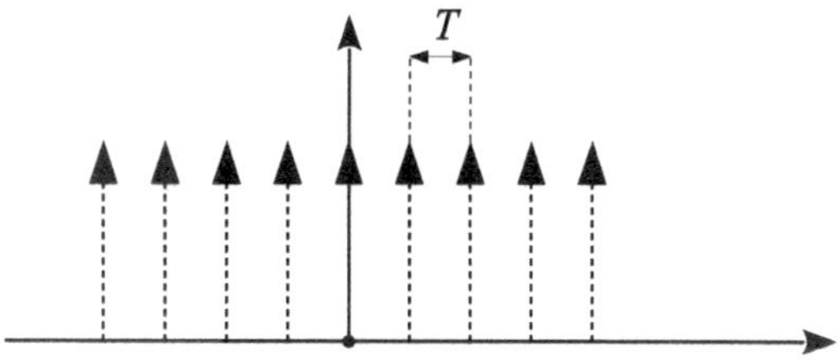

FIGURE 12.2 – Représentation imagée du peigne de Dirac de pas T

4 Distributions régulières et singulières

4.1 Distributions régulières

Les distributions sont parfois appelées, de manière ambigüe et abusive, des « fonctions généralisées ». Nous allons voir pourquoi elles peuvent être considérées comme telle.
Commençons par rappeler qu'on désigne par L^1_{loc} l'espace des fonctions localement intégrables sur $\mathbb{R}$, c'est à dire des fonctions numériques intégrables sur n'importe quel segment $[a,b]$ inclus dans $\mathbb{R}$.

$$L^1_{loc} = \left\{ f : \mathbb{R} \to \mathbb{R}, \quad \forall [a,b] \subset \mathbb{R}, \quad \int_a^b |f| \in \mathbb{R} \right\} \tag{12.8}$$

Par exemple, la fonction $f : x \mapsto \ln|x|$ définie sur $\mathbb{R}^*$ est localement intégrable sur $\mathbb{R}$. En effet, pour tout segment $[a,b]$ on a :

1. si $0 \notin [a,b]$ alors $\displaystyle\int_a^b \ln|x|\,\mathrm{d}x$ est bien définie par continuité de f sur $[a,b]$
2. si $0 \in [a,b]$, pour $a < \alpha < 0$ et $0 < \beta < b$, étudions les deux intégrales $\displaystyle\int_a^\alpha \ln|x|\,\mathrm{d}x$ et $\displaystyle\int_\beta^b \ln|x|\,\mathrm{d}x$ en supposant, pour simplifier, que $-1 \le a \le b \le 1$ (le cas général ne pose pas de problème).

Par une intégration par parties licite, on peut écrire

$$\begin{aligned} \int_\beta^b \left|\ln|x|\right| \mathrm{d}x &= \int_\beta^b -\ln(x)\,\mathrm{d}x \\ &= [-x\ln(x)]_\beta^b + \int_\beta^b \mathrm{d}x \\ &= -b\ln(b) + \beta\ln(\beta) + (b-\beta) \end{aligned}$$

ainsi, à la limite lorsque $\beta \longrightarrow 0$, on obtient, puisque $\beta\ln(\beta) \longrightarrow 0$ le résultat :

$$\int_0^b \left|\ln(x)\right| \mathrm{d}x = -b\ln(b) + b$$

ce qui démontre que f est intégrable sur $]0,b]$. Par un calcul tout à fait semblable on démontre que f est intégrable sur $[a,0[$. Donc f est intégrable sur $[a,b]$ et f est bien localement intégrable sur $\mathbb{R}$.

Théorème 76. Soit $f \in L^1_{loc}$, alors elle définit une distribution que l'on notera T_f ou parfois encore f, définie par :

$$\forall \varphi \in \mathscr{D} \qquad < T_f, \varphi >= \int_{-\infty}^{+\infty} f\varphi \tag{12.9}$$

Démonstration.

Nous devons donc démontrer que $T_f : \varphi \longmapsto < T_f, \varphi >= \int_{-\infty}^{+\infty} f\varphi$ est une forme linéaire continue sur $\mathscr{D}$. Commençons par démontrer l'existence, pour tout $\varphi \in \mathscr{D}$, de l'intégrale $\int_{-\infty}^{+\infty} f\varphi$. Puisque φ est à support compact, il existe un segment $[a,b]$ en dehors duquel φ est nulle. Aussi, $\int_{-\infty}^{+\infty} f\varphi = \int_a^b f\varphi$ et comme f est, par hypothèse, localement intégrable et que φ est bornée sur $[a,b]$, cela assure l'existence de cette intégrale.

Une fois l'existence acquise, le fait qu'il s'agisse d'une forme linéaire est évident.

Il ne reste plus qu'à montrer qu'elle est continue. Pour cela, considérons une suite $(\varphi_n)_{n\in\mathbb{N}}$ d'éléments de $\mathscr{D}$ qui converge dans $\mathscr{D}$ vers $\varphi \in \mathscr{D}$.

On a alors

$$|< T_f, \varphi_n > - < T_f, \varphi >| = \left|\int_{-\infty}^{+\infty} f\varphi_n - \int_{-\infty}^{+\infty} f\varphi\right|$$

Or, il existe un compact $[a,b] \subset \mathbb{R}$ contenant les supports de toutes les fonctions φ_n et φ (au moins à partir d'un certain rang). Comme f est localement intégrable, on a donc $\int_a^b \left|f(x)\right| \mathrm{d}x \in \mathbb{R}$. Ainsi, au moins à partir d'un certain rang :

$$\begin{aligned} |< T_f, \varphi_n > - < T_f, \varphi >| &= \left|\int_a^b f(x)\big(\varphi_n(x) - \varphi(x)\big)\,\mathrm{d}x\right| \\ &\leq ||\varphi_n - \varphi||_\infty \int_a^b \left|f(x)\right| \mathrm{d}x \end{aligned}$$

Or, il y a convergence uniforme de la suite $(\varphi_n)_{n\in\mathbb{N}}$ vers φ donc :

$$\left|< T_f, \varphi_n > - < T_f, \varphi >\right| \overset{n\to+\infty}{\longrightarrow} 0$$

ce qui démontre que la suite $(< T_f, \varphi_n >)_{n\in\mathbb{N}}$ converge vers $< T_f, \varphi >$ dans $\mathbb{C}$ et que T_f est bien une distribution. □

Cette propriété permet donc d'identifier les fonctions localement intégrables avec des distributions et c'est cette identification qui est à l'origine de la dénomination de « fonctions généralisées ».
Ces distributions particulières sont appelées des *distributions régulières.*

Définition 94. Soit $f \in L^1_{loc}$. Avec les notations du théorème 76, la distribution T_f est appelée la *distribution régulière* associée à f.

4.2 Exemples de distributions régulières

Exemple 4. Toute fonction constante $f : x \mapsto k \in \mathbb{C}$, en tant que fonction localement intégrable, définie une distribution régulière notée T_k ou encore k. Son action sur les fonctions test est définie, pour toute fonction $\varphi \in \mathcal{D}$, par

$$< T_k, \varphi >= \int_{-\infty}^{+\infty} k\varphi = k\int_{-\infty}^{+\infty} \varphi$$

On note alors $T = k$ où T désigne la distribution constante.

En particulier, le choix $k = 0$ permet de définir une *distribution nulle* notée T_0 ou encore 0. Pour toute fonction $\varphi \in \mathcal{D}$

$$< T_0, \varphi >= \int_{-\infty}^{+\infty} 0 \times \varphi = 0$$

Définition 95. On appelle *distribution constante* toute distribution régulière associée à une constante.
En particulier, on appelle *distribution nulle* la distribution régulière associée à 0.

Exemple 5. La fonction localement intégrable de Heaviside (12.3)

$$U(x) = \begin{cases} 0 & \text{si } x < 0 \\ 1 & \text{si } x \geq 0 \end{cases}$$

définit une distribution régulière encore notée U :

$$\forall \varphi \in \mathcal{D} \qquad < U, \varphi >= \int_{-\infty}^{+\infty} U\varphi = \int_0^{+\infty} \varphi$$

Exemple 6. La fonction $f : x \mapsto \ln|x|$, en tant que fonction localement intégrable, définit une distribution régulière.

4.3 Distributions singulières

Toutes les distributions ne sont pas régulières, dans ce cas elles sont qualifiées de *distributions singulières.*

Définition 96. Une distribution qui n'est pas régulière est appelée une *distribution singulière.*

La distribution de Dirac en est un exemple.

Théorème 77. La distribution de Dirac (12.6) est une distribution singulière.

Démonstration.
La démonstration se fait par l'absurde en supposant qu'il existe une fonction f localement intégrable telle que $<\delta,\varphi>=\int_{-\infty}^{+\infty} f\varphi$ et en faisant intervenir la suite de fonctions $(\varphi_n)_{n\in\mathbb{N}^*}$ de $\mathscr{D}$ définie par :

$$\varphi_n : x \mapsto \begin{cases} \mathrm{e}^{-\frac{1}{1-n^2x^2}} & \text{si } |x| < \frac{1}{n} \\ 0 & \text{si } |x| \geq \frac{1}{n} \end{cases}$$

Sous cette hypothèse, on a, pour tout $n \in \mathbb{N}^*$, les relations

$$<\delta,\varphi_n>=\int_{-\infty}^{+\infty} f\varphi_n \quad \text{et} \quad <\delta,\varphi_n>=\varphi_n(0)=\frac{1}{e}$$

Or, en notant $\mathrm{supp}\varphi_n$ le support de la fonction φ_n, on a aussi

$$\mathrm{supp}\varphi_n = \left[-\frac{1}{n},\frac{1}{n}\right] \subset [-1,1]$$

ainsi, on peut écrire, pour tout $n \in \mathbb{N}^*$

$$\int_{-\infty}^{+\infty} f\varphi_n = \int_{-1}^{1} f\varphi_n$$

Utilisons alors le *théorème de convergence dominée* :
– la suite de fonctions $(f\varphi_n)_{n\in\mathbb{N}^*}$ converge simplement (presque partout) vers 0.
– on a la majoration indépendante de n : $|f\varphi_n| \leq |f|$ où $|f|$ est intégrable sur $[-1,1]$.
Par conséquent, par application du théorème, on a

$$\lim_{n\to+\infty}\int_{-1}^{1} f\varphi_n = \int_{-1}^{1} \lim_{n\to+\infty} f\varphi_n = 0$$

or, on a aussi $\lim_{n\to+\infty} \varphi_n(0) = \frac{1}{e}$ ce qui apporte la contradiction voulue et démontre que la distribution de Dirac n'est pas régulière. □

5 Opérations sur les distributions

5.1 Mise au point sur les notations

Une distribution n'étant pas une fonction mais une forme linéaire sur un espace de fonctions, il convient d'avoir les idées claires sur le sens des notations utilisées. Insistons donc sur quelques notations et, en particulier, sur quelques abus couramment utilisés mais qui peuvent prêter à confusion. Si l'on parle d'une fonction f définie en un réel x, chacun sait que la notation $f(x)$ désigne l'image de x par f. Par contre, si l'on parle d'une distribution T, la notation $T(x)$ n'a, en revanche, aucun sens car la notion d'image d'un scalaire n'est pas définie pour une distribution.

Cela dit, malgré la remarque précédente, il est courant d'écrire pour des raisons de commodité, mais de manière abusive

$$< T,\varphi >=< T(x),\varphi(x) >$$

Dans le cas d'une distribution régulière T associée à une fonction f localement intégrable, cela permet de savoir que la variable d'intégration sera x, autrement dit

$$< T,\varphi >=< T(x),\varphi(x) >= \int_{-\infty}^{+\infty} f(x)\varphi(x)\,\mathrm{d}x$$

Dans le cas d'une distribution singulière, en particulier pour la distribution de Dirac, une tradition issue de la physique consiste à écrire $\delta(x)$ pour désigner la distribution de Dirac en $x=0$ et $\delta(x-a)$ pour désigner la distribution de Dirac en $x=a$.
L'intérêt de cette notation commode, mais source de confusion, apparaît lorsque l'on souhaite définir des notions telles que la translation, la parité, la convolution.

Malgré une définition qui semble loin de la notion de fonction et d'image d'une fonction, beaucoup d'opérations usuelles sur les fonctions s'étendent aux distributions.
En particulier, une des forces de la théorie des distributions est d'abolir toute question de régularité. La notion de continuité n'existe pas pour une distribution, quant à la notion de dérivabilité, elle sera définie et l'on montrera que les distributions sont toujours indéfiniment dérivables. Pour conclure, dans la suite, nous utiliserons abondamment l'abus de langage mentionné précédemment consistant à faire apparaître une variable de manière à simplifier certaines écritures. Enfin, précisons que toutes les définitions proposées sont obtenues par généralisation de propriétés obtenues sur des distributions régulières.

5.2 Opérations élémentaires

5.2.1 Addition de deux distributions

Définition 97. Soient T_1 et T_2 deux distributions. On définit la *distribution somme*, et on note $T_1 + T_2$, la distribution définie par

$$\forall \varphi \in \mathscr{D}, \quad < T_1 + T_2,\varphi >=< T_1,\varphi > + < T_2,\varphi > \tag{12.10}$$

5.2.2 Produit d'une distribution par un scalaire

Définition 98. Soient T une distribution et $\lambda \in \mathbb{C}$ un scalaire. On définit la *distribution produit de T par le scalaire λ* par la distribution notée λT et définie par

$$\forall \varphi \in \mathscr{D}, \quad <\lambda T, \varphi>=\lambda<T, \varphi> \tag{12.11}$$

Remarque. Il conviendrait de vérifier que les deux définitions précédentes ont bien un sens, c'est à dire que les opérateurs T_1+T_2 et λT définissent bien des distributions, ce qui constitue un exercice facile laissé au lecteur.

5.2.3 Structure d'espace vectoriel de $\mathscr{D}'$

Il est clair que l'espace $\mathscr{D}'$ muni de l'addition et du produit extérieur par un scalaire possède alors une structure d'espace vectoriel.

Théorème 78. $\mathscr{D}'$ est un $\mathbb{C}$-espace vectoriel.

5.3 Égalité de deux distributions

Définition 99. On dit qu'une distribution T est *nulle* si et seulement si

$$\forall \varphi \in \mathscr{D}, \quad <T, \varphi>=0 \tag{12.12}$$

Définissons aussi ce que signifie une distribution nulle sur un ouvert Ω.

Définition 100. On dit qu'une distribution T est nulle sur un ouvert Ω si et seulement si, pour toute fonction test φ dont le support est inclus dans cet ouvert Ω, on a $<T, \varphi>=0$.
Autrement dit

$$\forall \varphi \in \mathscr{D}, \quad \operatorname{supp}\varphi \subset \Omega, \quad <T, \varphi>=0 \tag{12.13}$$

Exemple 7. Par exemple, il est facile de démontrer que la distribution de Dirac est nulle sur l'ouvert $\Omega=\mathbb{R}^{+*}$. En effet, pour toute fonction test φ dont le support est inclus dans $\mathbb{R}^{+*}$, on a $<\delta, \varphi>=\varphi(0)=0$.

Enfin, définissons l'égalité de deux distributions

Théorème 79. On dit que deux distributions T et S sont

1. *égales* si et seulement si

$$\forall \varphi \in \mathscr{D}, \quad <T, \varphi>=<S, \varphi> \tag{12.14}$$

2. *égales sur un ouvert* Ω si et seulement si, pour toute fonction test φ dont le support est inclus dans cet ouvert Ω

$$\forall \varphi \in \mathscr{D}, \quad \operatorname{supp}\varphi \subset \Omega, \quad <T, \varphi>=<S, \varphi> \tag{12.15}$$

5.4 Support d'une distribution

5.4.1 Support d'une fonction

Intuitivement, on définit le support d'une fonction comme la partie de son domaine de définition sur lequel elle n'est pas nulle. Par exemple, la fonction

$$f : x \mapsto \begin{cases} e^{-\frac{1}{1-x^2}} & \text{si} \quad |x| < 1 \\ 0 & \text{si} \quad |x| \geq 1 \end{cases}$$

est définie sur $\mathbb{R}$, elle est nulle sur $]-\infty, -1]$ et sur $[1, +\infty[$ et non nulle sur l'ouvert $]-1, 1[$. On dit alors que son support est le fermé $[-1, 1]$. Il sera en effet défini comme l'adhérence de l'ouvert $]-1, 1[$ ou, de manière équivalente, comme le complémentaire du plus grand ouvert sur lequel la fonction est nulle.

Définition 101. Pour une fonction f définie sur une partie D_f de $\mathbb{R}$, on appelle *support* de f et on note $\operatorname{supp} f$ le complémentaire du plus grand ouvert sur lequel elle est nulle ou, de manière équivalente, l'adhérence de l'ensemble sur lequel elle ne s'annule pas.
Autrement dit,

$$\operatorname{supp} f = \overline{\{x \in D_f, \quad f(x) \neq 0\}} \tag{12.16}$$

5.4.2 Généralisation pour les distributions

Définition 102. On définit le *support* d'une distribution comme le complémentaire du plus grand ouvert sur lequel elle s'annule, c'est donc un fermé.

Cette définition est bien cohérente avec la notion de support d'une fonction et, pour renforcer cette cohérence, on a le théorème suivant (voir [*SC*2]) :

Théorème 80. Soit $f \in L^1_{loc}(\mathbb{R})$ et T_f la distribution régulière associée à f, alors on a :

$$\operatorname{supp} T_f = \operatorname{supp} f$$

5.4.3 Espaces des distributions à support limité à gauche

Parmi les espaces de distributions, il en existe un particulièrement important pour les applications, celui des distributions *à support limité à gauche* et des distributions *causales.*

Définition 103. On note $\mathscr{D}'_+$ l'espace des *distributions à support limité à gauche*, c'est-à-dire telles qu'il existe $a \in \mathbb{R}$ tel que :

$$\operatorname{supp}(T) \subset [a, +\infty[$$

En particulier, on appelle *distribution causale* une distribution dont le support est $\mathbb{R}^+$.

5.5 Distributions périodiques

5.5.1 Translatée d'une distribution

Définition 104. On appelle *opérateur de retard* de durée $a \in \mathbb{R}$ ou encore *opérateur de translation* de longueur a, noté τ_a, l'opérateur défini, pour une fonction f pour laquelle les notations ont un sens :

$$\tau_a f(x) = f(x-a) \tag{12.17}$$

Soit maintenant T une distribution régulière associée à une fonction f localement intégrable. On cherche à généraliser la définition précédente en donnant un sens à $\tau_a T$. Pour cela, utilisons le fait que T est une distribution régulière associée à f et remarquons qu'un simple changement de variable $y = x - a$ permet d'écrire égalité

$$\int_{-\infty}^{+\infty} \tau_a f(x)\varphi(x)\,\mathrm{d}x = \int_{-\infty}^{+\infty} f(x-a)\varphi(x)\,\mathrm{d}x = \int_{-\infty}^{+\infty} f(y)\varphi(y+a)\,\mathrm{d}y$$

Ainsi, en utilisant l'abus de notation $< T,\varphi >=< T(x),\varphi(x) >$ on peut écrire que

$$< T(x-a),\varphi(x) >=< T(y),\varphi(y+a) >$$

ce qui permet de définir la distribution *retardée* ou *translatée* $\tau_a T$.

Définition 105. Soit $a \in \mathbb{R}$ et $T \in \mathscr{D}'$ une distribution. On définit la *distribution translatée* ou *retardée* de T, notée $\tau_a T$, de la manière suivante :

$$\forall \varphi \in \mathscr{D}, \quad < \tau_a T,\varphi >=< T,\tau_{-a}\varphi > \tag{12.18}$$

soit encore, avec l'abus de notation

$$\forall \varphi \in \mathscr{D} \quad < T(x-a),\varphi(x) >=< T(x),\varphi(x+a) >$$

5.5.2 Définition d'une distribution périodique

Nous pouvons maintenant envisager de définir une *distribution périodique* en calquant la définition d'une fonction périodique. En effet, pour une fonction f définie sur $\mathbb{R}$, on dit que f est périodique de période $a > 0$ si et seulement si $\tau_a f = f$ ou encore

$$\forall x \in \mathbb{R}, \quad f(x-a) = f(x)$$

Définition 106. Soit $a > 0$ et $T \in \mathscr{D}'$ une distribution. On dit que T est une *distribution périodique* de période a si et seulement si

$$\forall \varphi \in \mathscr{D}, \quad < \tau_a T,\varphi >=< T,\varphi > \tag{12.19}$$

Exemple 8. Un exemple de distribution périodique de période $a > 0$ est fourni par le peigne de Dirac (voir (12.7) page 393). En effet, $\tau_a \Delta_a$ est défini par

$$\forall \varphi \in \mathscr{D}, \quad <\tau_a \Delta_a, \varphi> = <\Delta_a, \tau_{-a}\varphi>$$

or, par un simple changement d'indice, on a

$$<\Delta_a, \tau_{-a}\varphi> = \sum_{n=-\infty}^{+\infty} \varphi(na+a) = \sum_{k=-\infty}^{+\infty} \varphi(ka) = <\Delta_a, \varphi>$$

ce qui montre bien que le peigne Dirac est périodique de période a.

5.6 Produit d'une distribution par une fonction

5.6.1 Le problème de la définition du produit de deux distributions

Nous arrivons maintenant à un point délicat. Nous savons, grâce à la structure vectorielle de l'ensemble $\mathscr{D}'$ des distributions que toute combinaison linéaire de deux distributions est encore une distribution. Mais qu'en est-il du produit de deux distributions ? Comme nous allons le montrer, il s'avère que ce produit n'est pas toujours défini.

Pour s'en convaincre, nous allons travailler sur le produit de deux distributions régulières. Pour cela, commençons par montrer que la fonction $f : x \mapsto \dfrac{1}{\sqrt{|x|}}$ est localement intégrable sur $\mathbb{R}$. Le seul problème d'intégrabilité qui peut se poser est en 0 mais il est facile de montrer que la fonction est intégrable en 0 (c'est d'ailleurs une intégrale de Riemann de coefficient $\alpha < 1$). Montrons par exemple que $\displaystyle\int_0^1 \frac{1}{\sqrt{x}}\,\mathrm{d}x$ est bien définie en écrivant que

$$\int_0^1 \frac{1}{\sqrt{x}}\,\mathrm{d}x = \lim_{a\to 0} \int_a^1 \frac{1}{\sqrt{x}}\,\mathrm{d}x = \lim_{a\to 0} \left[2\sqrt{x}\right]_a^1 = 2$$

Maintenant, considérons la distribution régulière associée à f, que nous notons encore f par souci de concision, et étudions l'existence du produit $f \times f$ au sens des distributions. Autrement dit, le problème revient à se demander si le produit $f \times f$ peut être considéré comme une distribution régulière, ce qui est équivalent à se demander si $f \times f$ est encore une fonction localement intégrable. La réponse à cette question est bien sûr négative. En effet, au sens des fonctions, le produit $f \times f$ est défini par $f \times f : x \longmapsto f(x)f(x) = \dfrac{1}{|x|}$ qui n'est pas localement intégrable sur $\mathbb{R}$ en raison du fait qu'aucune intégrale de la forme $\displaystyle\int_0^b \frac{\mathrm{d}x}{|x|}$ ne saurait converger (c'est encore une intégrale de Riemann de coefficient $\alpha = 1$). En effet, en prenant $b = 1$ sans perte de généralité :

$$\int_0^1 \frac{\mathrm{d}x}{|x|}\,\mathrm{d}x = \lim_{a\to 0^+} \int_a^1 \frac{1}{x}\,\mathrm{d}x = \lim_{a\to 0^+} [\ln(x)]_a^1 = +\infty$$

En conclusion, ce contre-exemple démontre que si f et g sont deux distributions régulières, leur produit n'est pas nécessairement une distribution régulière, ce qui prouve que l'on ne peut pas définir, dans le cas général, le produit de deux distributions.

5.6.2 Définition

Nous sommes donc amenés à définir un produit moins général en se limitant au produit d'une distribution régulière f par une fonction qui n'altère pas le caractère localement intégrable de f, en l'occurrence une fonction de classe $\mathscr{C}^\infty$.
En effet, cette idée est basée sur le fait que si $\varphi \in \mathscr{D}(\mathbb{R})$ et si g est une fonction de classe $\mathscr{C}^\infty(\mathbb{R})$ alors le produit $g\varphi$ appartient encore à $\mathscr{D}$. De cette manière, les égalités suivantes ont un sens pour toute fonction $f \in L^1_{loc}$ et toute fonction test φ :

$$\int_{-\infty}^{+\infty} (gf)\varphi = \int_{-\infty}^{+\infty} f(g\varphi)$$

et on peut donc définir le produit de la distribution régulière T_f associée à f par g en posant

$$\forall \varphi \in \mathscr{D} \qquad < gT_f, \varphi >=< T_f, g\varphi >$$

C'est ce résultat qui va nous servir à définir le produit d'une distribution par une fonction de classe $\mathscr{C}^\infty(\mathbb{R})$.

Définition 107. Soient une distribution $T \in \mathscr{D}'$ et une fonction g de classe $\mathscr{C}^\infty(\mathbb{R})$. On définit le *produit* de g par T, noté gT, comme la distribution définie par :

$$\forall \varphi \in \mathscr{D}, \quad < gT, \varphi >=< T, g\varphi > \tag{12.20}$$

5.6.3 Exemples de produits

Exemple 9. Soit $f : x \mapsto x$ qui est bien évidemment une fonction de classe $\mathscr{C}^\infty(\mathbb{R})$. Le produit $f\delta$ est la distribution nulle. En effet, par définition du produit et de la distribution de Dirac :

$$\forall \varphi \in \mathscr{D}, \quad < f\delta, \varphi >=< \delta, f\varphi >= f(0) \times \varphi(0) = 0$$

Ce qui prouve que $f\delta = 0$.

Exemple 10. Soit maintenant $f \in \mathscr{C}^\infty(\mathbb{R})$. Le produit $f\delta$ est une distribution égale à $f(0)\delta$. En effet, par définition et par linéarité, on a les égalités suivantes valables pour tout $\varphi \in \mathscr{D}$

$$< f\delta, \varphi >=< \delta, f\varphi >= f(0)\varphi(0) = f(0) < \delta, \varphi >=< f(0)\delta, \varphi >$$

ce qui prouve que $f\delta = f(0)\delta$.

5.7 Dérivée d'une distribution

5.7.1 Introduction

Abordons maintenant la notion de dérivation pour les distributions. Comme nous le verrons, les distributions vont posséder une propriété remarquable, celle d'être infiniment dérivables sans aucune contrainte ! Ces dernières deviennent alors l'équivalent des fonctions de classe $\mathscr{C}^\infty(\mathbb{R})$.

Par ailleurs, la notion de dérivation au sens des distributions nous permettra de nous affranchir du problème de la continuité lorsque l'on cherche à dériver une fonction au sens classique. En effet, chacun sait qu'une condition nécessaire à la dérivabilité pour une fonction numérique est d'être continue. D'autre part, nous ferons aussi le lien avec la notion de dérivation faible et nous pourrons constater alors que la dérivation au sens des distributions généralise la notion de dérivation sous ses deux aspects, dérivation au sens classique et dérivation au sens faible.

5.7.2 Dérivation d'une distribution régulière

Comme d'habitude, commençons par envisager la dérivation pour les distributions régulières en profitant de la forme intégrale associée.
Pour cela, considérons une fonction f localement intégrable qui est dérivable et à dérivée localement intégrable. Elle définit donc une distribution régulière. On peut alors écrire, pour une fonction test φ quelconque,

$$< f', \varphi >= \int_{-\infty}^{+\infty} f'\varphi$$

or, une intégration par parties sur le segment $[a, b]$ (licite en raison des hypothèses faites) conduit à écrire :

$$\int_a^b f'\varphi = [f\varphi]_a^b - \int_a^b f\varphi'$$

et le passage à la limite lorsque $a \longrightarrow -\infty$ et $b \longrightarrow +\infty$ conduit à

$$\int_{-\infty}^{+\infty} f'\varphi = -\int_{-\infty}^{+\infty} f\varphi'$$

parce que le terme $[f\varphi]_a^b$ tend vers 0 (grâce au support compact de φ) et que les deux intégrales écrites existent bien.
Ainsi, puisque nous avons supposé que f' était elle-même localement intégrable, elle peut définir une nouvelle distribution que nous notons encore f' et l'on peut écrire l'égalité entre distributions régulières

$$< f', \varphi >= - < f, \varphi' >$$

En augmentant la régularité de la fonction f, c'est à dire en supposant que f est $n \in \mathbb{N}^*$ fois dérivable et à dérivées localement intégrables, on peut montrer sans difficulté que pour tout $k \in \{1, \cdots, n\}$ on a :

$$< f^{(k)}, \varphi >= (-1)^k < f, \varphi^{(k)} >$$

On peut alors envisager de généraliser cette formule pour une distribution quelconque. Avant cela, il nous faut répondre à la question suivante. Si, pour une distribution quelconque T, on souhaite définir sa dérivée, notée T', en écrivant

$$\forall \varphi \in \mathscr{D}, \quad < T', \varphi >= - < T, \varphi' >$$

T' définit-elle bien une nouvelle distribution ?

La réponse est heureusement positive. Admettons le pour l'instant, le temps d'écrire la définition, et nous le démontrerons ensuite.

Définition 108. Soient $T \in \mathscr{D}'$ une distribution et $n \in N^*$. On définit la *dérivée* d'ordre n de la distribution T comme la distribution notée $T^{(n)}$ (T' pour $n = 1$ et T'' pour $n = 2$) définie par :

$$\forall \varphi \in \mathscr{D}, \quad < T^{(n)}, \varphi >= (-1)^n < T, \varphi^{(n)} > \tag{12.21}$$

Remarques.

1. On a aussi recours à la notation $\dfrac{\mathrm{d}^n T}{\mathrm{d}x^n}$ avec les symboles utilisés avec les fonctions numériques.
2. Cette dérivation est appelée dérivation au sens des distributions pour la différencier de la dérivation au sens classique.

Démontrons maintenant le résultat suivant

Proposition 81. La dérivée d'ordre n d'une distribution définie par (12.21) est une distribution.

Démonstration.
Nous démontrons le résultat pour $n = 1$ en montrant que T' définie par (12.21) est une forme linéaire continue sur $\mathscr{D}$.

En premier lieu, remarquons que $\varphi \in \mathscr{D} \Longrightarrow \varphi' \in \mathscr{D}$. Ensuite montrons les deux points suivants :

1. T' est une forme linéaire : c'est assez évident. D'une part, $< T', \varphi >\in \mathbb{C}$ et, d'autre part, on a, pour $(\varphi_1, \varphi_2) \in \mathscr{D}^2$ et $(\lambda, \mu) \in \mathbb{C}^2$:

$$\begin{aligned} < T', \lambda\varphi_1 + \mu\varphi_2 > &= - < T, (\lambda\varphi_1 + \mu\varphi_2)' > \\ &= -\lambda < T, \varphi_1' > - \mu < T, \varphi_2' > \\ &= \lambda < T', \varphi_1 > + \mu < T', \varphi_2 > \end{aligned}$$

2. T' est continue : pour cela, considérons une suite $(\varphi_n)_{n\in\mathbb{N}}$ d'éléments de $\mathscr{D}$ qui converge dans $\mathscr{D}$ vers $\varphi \in \mathscr{D}$. On a alors

$$\begin{aligned} | < T', \varphi_n > - < T', \varphi > | &= | - < T, \varphi_n' > + < T, \varphi' > | \\ &= | < T, \varphi' - \varphi_n' > | \end{aligned}$$

mais comme on sait que $(\varphi_n')_{n\in\mathbb{N}}$ converge uniformément vers φ' dans $\mathscr{D}$, on en déduit qu'à la limite

$$\lim_{n\to+\infty} | < T', \varphi_n > - < T', \varphi > | = 0$$

d'où la continuité.

La généralisation au cas n quelconque ne pose pas de problème. □

Finalement, un des résultats les plus importants concernant la dérivation des distributions est donné par le théorème suivant qui est une simple conséquence des résultats précédents.

Théorème 82.

1. Toute distribution est toujours infiniment dérivable.
2. Toute fonction localement intégrable est infiniment dérivable au sens des distributions.

5.7.3 Exemple de dérivées de distributions

Commençons par un exemple instructif pour la suite, l'exemple de la dérivation de la fonction U de Heaviside.

Exemple 11. La fonction de Heaviside n'est pas dérivable sur $\mathbb{R}$ au sens classique (à cause de la discontinuité en 0) mais elle est dérivable au sens des distributions et sa dérivée est la distribution de Dirac. Autrement dit, au sens des distributions, $U' = \delta$. En effet, c'est une simple application de la définition en se souvenant que U définit une distribution régulière. Pour toute fonction test φ on a les égalités

$$\begin{aligned}
< U', \varphi > &= - < U, \varphi' > \\
&= -\int_0^{+\infty} \varphi' \\
&= -\lim_{b \to +\infty} [\varphi]_0^b \\
&= -\lim_{b \to +\infty} \big(\varphi(b) - \varphi(0)\big) \\
&= \varphi(0) \\
&= < \delta, \varphi >
\end{aligned}$$

ce qui démontre bien que $U' = \delta$.

On peut alors se demander quelle est la dérivée de la distribution de Dirac ?

Exemple 12. La dérivée δ' de la distribution de Dirac δ est définie par :

$$\forall \varphi \in \mathscr{D}, \quad < \delta', \varphi >= - < \delta, \varphi' >= -\varphi'(0)$$

Donnons un dernier exemple, celui de la dérivation au sens des distributions de la fonction « chapeau ».

Exemple 13. La fonction « chapeau » définie par $\Lambda(x) = \begin{cases} x+1 & \text{si } x \in [-1,0] \\ -x+1 & \text{si } x \in [\ 0,1] \\ 0 & \text{si } x \notin [-1,1] \end{cases}$ est continue et localement intégrable sur $\mathbb{R}$ mais non dérivable au sens classique aux points d'abscisses $x = -1$ et $x = 1$. Par contre, elle est dérivable au sens des distributions et $\Lambda' = f$ où f est la fonction localement intégrable définie par

$$f : x \mapsto \begin{cases} 0 & \text{si} \quad x < -1 \\ 1 & \text{si} \quad -x \in [-1,0[\\ -1 & \text{si} \quad x \in [0,1[\\ 0 & \text{si} \quad x > 1 \end{cases}$$

La démonstration de ce résultat ne pose pas de problème. Pour toute fonction test φ on a les égalités

$$< \Lambda', \varphi > = - < \Lambda, \varphi' > = - \int_{-1}^{0} (x+1)\varphi'(x)\,\mathrm{d}x - \int_{0}^{1} (-x+1)\varphi'(x)\,\mathrm{d}x$$

il suffit ensuite de faire une intégration par parties dans chaque intégrale pour aboutir, après simplification, à

$$< \Lambda', \varphi > = \int_{-1}^{0} \varphi(x)\,\mathrm{d}x - \int_{0}^{1} \varphi(x)\,\mathrm{d}x = \int_{-\infty}^{+\infty} f(x)\varphi(x)\,\mathrm{d}x$$

en définissant f comme la fonction précédente.

5.8 Propriétés de la dérivation

Comme le montrent les résultats suivants, on retrouve avec la dérivation au sens des distributions les propriétés usuelles de la dérivation au sens classique.

Théorème 83.

1. Pour deux distributions $T_1 \in \mathscr{D}'$ et $T_2 \in \mathscr{D}'$ et deux scalaires λ_1 et λ_2 on a

$$\left(\lambda_1 T_1 + \lambda_2 T_2\right)' = \lambda_1 T_1' + \lambda_2 T_2' \tag{12.22}$$

2. Pour toute distribution $T \in \mathscr{D}'$ et toute fonction $f \in \mathscr{C}^{\infty}(\mathbb{R})$ on a

$$\left(f\,T\right)' = f'\,T + f\,T' \tag{12.23}$$

3. Pour toute distribution $T \in \mathscr{D}'$ on a l'équivalence, $T' = 0$ si et seulement si T est une distribution constante.

Démonstration.
Le premier point est immédiat et laissé au lecteur.
Pour le second, on utilise la formule bien connue de dérivation d'un produit

$$(f\varphi)' = f'\varphi + f\varphi' \Longleftrightarrow f\varphi' = (f\varphi)' - f'\varphi$$

et les égalités suivantes, valables pour toute fonction test $\varphi \in \mathscr{D}$

$$\begin{array}{rcl} < (fT)', \varphi > & = & - < fT, \varphi' > \\ & = & - < T, f\varphi' > \\ & = & - < T, (f\varphi)' - f'\varphi > \\ & = & - < T, (f\varphi)' > + < T, f'\varphi > \\ & = & < fT', \varphi > + < f'T, \varphi > \\ & = & < fT' + f'T, \varphi > \end{array}$$

ce qui démontre bien que $\left(f\,T\right)' = f'\,T + f\,T'$.
Le troisième point est admis (voir par exemple [GW] ou [$SC2$] et la remarque suivante).

□

Remarque. Le troisième point du théorème est lié à la notion de primitive d'une distribution. Pour une fonction f d'une variable réelle dérivable, nous savons qu'il y a équivalence entre « f' est nulle sur un intervalle ouvert I » et « f est constante sur l'intervalle ouvert I », ce qui revient à dire que les primitives de la fonction nulle sur I sont des constantes. Intuitivement, on retrouve donc là un résultat classique pour les fonctions de $\mathbb{R}$ dans $\mathbb{R}$.

Exemple 14. Si f est une fonction de classe $\mathscr{C}^\infty(\mathbb{R})$, les deux premières dérivées de $f\delta$ sont données par :

$$(f\delta)' = f'(0)\delta + f\delta'$$
$$(f\delta)'' = f''(0)\delta + 2f'\delta' + f\delta''$$

En effet, c'est une simple application de la formule de dérivation d'un produit en remarquant que $f'\delta = f'(0)\delta$. En effet, pour toute fonction test $\varphi \in \mathscr{D}$, on a

$$\begin{aligned} < f'\delta, \varphi > &= < \delta, f'\varphi > \\ &= f'(0)\varphi(0) \\ &= f'(0) < \delta, \varphi > \\ &= < f'(0)\delta, \varphi > \end{aligned}$$

5.8.1 Cohérence avec la notion de dérivation des fonctions

Une question naturelle à se poser est de savoir si la notion de dérivation des distributions est cohérente avec la notion de dérivation des fonctions ?

Théorème 84. Soit f une fonction localement intégrable, dérivable et dont la dérivée est aussi localement intégrable sur $\mathbb{R}$. Alors la dérivée $(T_f)'$ de la distribution régulière T_f associée à la fonction f est égale à la distribution régulière $T_{f'}$ associée à la dérivée f' (au sens classique).

Démonstration.
La démonstration a déjà été écrite mais elle est tout de même reproduite ici. Soit donc une fonction f localement intégrable, dérivable et à dérivée localement intégrable sur $\mathbb{R}$. Elle définit donc une distribution régulière, notée T_f, qui est dérivable (au sens des distributions) avec, pour toute fonction test $\varphi \in \mathscr{D}$:

$$< (T_f)', \varphi > = - < T_f, \varphi' >$$

mais l'expression $< T_f, \varphi' > = \int_{-\infty}^{+\infty} f\varphi'$ peut être transformée par une intégration par parties (licite en raison des hypothèses). En effet, sur le segment $[a,b]$ on peut écrire :

$$\int_a^b f\varphi' = [f\varphi]_a^b - \int_a^b f'\varphi$$

et le passage à la limite lorsque $a \longrightarrow -\infty$ et $b \longrightarrow +\infty$ conduit à $\int_{-\infty}^{+\infty} f\varphi' = -\int_{-\infty}^{+\infty} f\varphi'$ parce que le terme $[f\varphi]_a^b$ tend vers 0 et que les deux intégrales écrites existent bien.

Finalement, on obtient :

$$<(T_f)',\varphi>=-<T_f,\varphi'>=-\int_{-\infty}^{+\infty} f\varphi' = \int_{-\infty}^{+\infty} f'\varphi$$

et la dernière intégrale définit la distribution régulière $T_{f'}$ associée à f', ce qui démontre que, pour toute fonction test $\varphi \in \mathcal{D}$ on a $<(T_f)',\varphi>=<T_{f'},\varphi>$ puis que $(T_f)' = T_{f'}$. □

Remarque. On prendra garde à ne pas confondre la dérivée de la distribution régulière associée à la fonction f et la distribution régulière associée à la dérivée de f (au sens classique des fonctions).

5.8.2 Dérivées au sens des distributions d'une fonction discontinue

Il est bien connu qu'une fonction numérique n'est pas dérivable en un point de discontinuité. Nous allons voir que cette restriction peut être levée en dérivant f au sens des distributions.
Soit f une fonction définie sur $\mathbb{R}$, de classe $\mathscr{C}^1$ sur $]-\infty,a[$ et sur $]a,+\infty[$ telle que les deux limites $\lim\limits_{x\to a^-} f(x)$ et $\lim\limits_{x\to a^+} f(x)$ sont finies mais différentes (on appelle cela un point de discontinuité de *première espèce*). Ces limites étant finies, nous les noterons

$$f(a^-) = \lim_{x\to a^-} f(x) \quad \text{et} \quad f(a^+) = \lim_{x\to a^+} f(x)$$

f définit une distribution régulière notée T_f et on a, pour tout $\varphi \in \mathcal{D}$:

$$<(T_f)',\varphi>=-<T_f,\varphi'>=-\int_{-\infty}^{+\infty} f\varphi' = -\int_{-\infty}^{a} f\varphi' - \int_{a}^{+\infty} f\varphi'$$

On peut intégrer par parties sur tout segment $[\alpha,\beta] \subset]-\infty,a[$ pour évaluer l'intégrale $\int_{-\infty}^{a} f\varphi'$ en écrivant d'abord

$$\int_{\alpha}^{\beta} f\varphi' = [f\varphi]_{\alpha}^{\beta} - \int_{\alpha}^{\beta} f'\varphi$$

on passe ensuite à la limite lorsque $\alpha \longrightarrow -\infty$ et $\beta \longrightarrow a^-$ pour obtenir $\lim\limits_{\alpha\to-\infty} f(x)\varphi(x) = 0$ (support compact de φ) et $\lim\limits_{\beta\to a^-} f(x)\varphi(x) = f(a^-)\varphi(a)$ pour obtenir

$$\int_{-\infty}^{a} f\varphi' = f(a^-)\varphi(a) - \int_{-\infty}^{a} f'\varphi$$

de même, on obtient :

$$\int_{a}^{+\infty} f\varphi' = -f(a^+)\varphi(a) - \int_{a}^{+\infty} f'\varphi$$

soit finalement

$$<(T_f)',\varphi>=\big(f(a^+)-f(a^-)\big) + \int_{-\infty}^{+\infty} f'\varphi$$

Appelons $s(a) = f(a^+) - f(a^-)$ le *saut de discontinuité* de la fonction f au point a. Maintenant, sachant que l'on peut écrire $\varphi(a) =< \delta_a, \varphi >$ et

$$\int_{-\infty}^{+\infty} f'\varphi =< f', \varphi >=< T_{f'}, \varphi >$$

on a donc :

$$\begin{aligned} < (T_f)', \varphi > &= < f', \varphi > + s(a) < \delta_a, \varphi > \\ &= < T_{f'}, \varphi > + < s(a)\delta_a, \varphi > \\ &= < T_{f'} + s(a)\delta_a, \varphi > \end{aligned}$$

ce qui démontre qu'au sens des distributions, on a

$$(T_f)' = T_{f'} + s(a)\delta_a$$

qui est un cas particulier de la formule connue sous le nom de *formule du saut.*

Cette formule se généralise sans problème à une somme finie de points de discontinuités de *première espèce.*

Théorème 85. Formule du saut. Soit f une fonction de classe $\mathscr{C}^1$ par morceaux sur $\mathbb{R}$ admettant un nombre fini de points discontinuité de *première espèce.*
Alors la dérivée de la distribution régulière T_f associée à f est égale à la somme de :

1. La distribution $T_{f'}$ associée à la dérivée usuelle de f là où elle est définie.
2. La somme de distributions de Dirac aux points de discontinuité affectées d'un coefficient égal au saut de discontinuité de la fonction en ces points.

   Autrement dit, si l'on appelle D l'ensemble fini des points de discontinuité de première espèce de f on a :

$$(T_f)' = T_{f'} + \sum_{a \in D} s(a)\delta_a \tag{12.24}$$

où $s(a) = f(a^+) - f(a^-)$ est le saut de discontinuité de la fonction f au point a

Exemple 15. Pour illustrer ce résultat, cherchons la dérivée au sens des distributions de la fonction de Heaviside U.
La fonction U est $\mathscr{C}^1$ par morceaux avec un point de discontinuité de première espèce en 0. Le saut discontinuité est $s(0) = U(0^+) - U(0^-) = 1$. D'autre part, la distribution régulière associée à U' là où elle est dérivable est nulle puisque, pour tout $x<0$, $U'(0) = 0$ et pour tout $x>0$, $U'(0) = 0$. En appliquant la formule, on obtient :

$$(T_U)' = U' = 0 + s(0)\delta_0 = \delta$$

On retrouve le résultat déjà démontré.

5.9 Valeur principale de $\frac{1}{x}$

Nous avons déjà vu que la fonction $f : x \mapsto \ln|x|$ était localement intégrable sur $\mathbb{R}$ malgré la singularité en 0 et qu'elle définissait ainsi une distribution régulière que nous noterons encore T_f. Nous savons aussi que f est dérivable au sens classique sur chacun des intervalles $]-\infty, 0[$ et $]0, +\infty[$ avec, sur chacun d'eux

$$f'(x) = \frac{\mathrm{d}}{\mathrm{d}x} \ln|x| = \frac{1}{x}$$

Aussi, il serait hautement souhaitable que la dérivée au sens des distributions de la distribution régulière T_f soit la distribution régulière associée à la fonction $g : x \mapsto \frac{1}{x}$. Malheureusement, cette fonction g n'est pas localement intégrable sur $\mathbb{R}$ et ne peut donc pas définir une distribution régulière. Pour autant, on peut contourner cette limitation en définissant la *valeur principale* de $\frac{1}{x}$.

Théorème 86. La dérivée au sens des distributions de la distribution régulière T_f associée à la fonction $f : x \mapsto \ln|x|$ est définie par

$$\forall \varphi \in \mathscr{D}, \quad < (T_f)', \varphi >= \lim_{\varepsilon > 0, \varepsilon \to 0} \left(\int_{-\infty}^{-\varepsilon} \frac{\varphi(x)}{x} \,\mathrm{d}x + \int_{\varepsilon}^{+\infty} \frac{\varphi(x)}{x} \,\mathrm{d}x \right) \tag{12.25}$$

Démonstration.
Par définition de la dérivation des distributions, on a $< (T_f)', \varphi >= - < T_f, \varphi' >$.
On cherche donc à évaluer

$$- < T_f, \varphi' >= - \lim_{\varepsilon \to 0} \left(\int_{-\infty}^{-\varepsilon} \ln(-x)\, \varphi'(x) \,\mathrm{d}x + \int_{\varepsilon}^{+\infty} \ln(x)\, \varphi'(x) \,\mathrm{d}x \right)$$

Pour $a < 0$ et $b > 0$, il est possible d'intégrer par parties les deux intégrales $\int_a^{-\varepsilon} \ln(-x)\, \varphi'(x) \,\mathrm{d}x$ et $\int_{\varepsilon}^{b} \ln(x)\, \varphi'(x) \,\mathrm{d}x$, ce qui donne

$$\begin{aligned}
\int_a^{-\varepsilon} \ln(-x)\, \varphi'(x) \,\mathrm{d}x &= \ln(\varepsilon)\, \varphi(-\varepsilon) - \ln(-a)\, \varphi(a) - \int_a^{-\varepsilon} \frac{\varphi(x)}{x} \,\mathrm{d}x \\
\int_{\varepsilon}^{b} \ln(x)\, \varphi'(x) \,\mathrm{d}x &= \ln(b)\, \varphi(b) - \ln(\varepsilon)\, \varphi(\varepsilon) - \int_{\varepsilon}^{b} \frac{\varphi(x)}{x} \,\mathrm{d}x
\end{aligned}$$

en passant à la limite lorsque $a \longrightarrow -\infty$ et $b \longrightarrow +\infty$, on obtient

$$\begin{aligned}
\int_{-\infty}^{-\varepsilon} \ln(-x)\, \varphi'(x) \,\mathrm{d}x &= \ln(\varepsilon)\, \varphi(-\varepsilon) - \int_{-\infty}^{-\varepsilon} \frac{\varphi(x)}{x} \,\mathrm{d}x \\
\int_{\varepsilon}^{+\infty} \ln(x)\, \varphi'(x) \,\mathrm{d}x &= - \ln(\varepsilon)\, \varphi(\varepsilon) - \int_{\varepsilon}^{+\infty} \frac{\varphi(x)}{x} \,\mathrm{d}x
\end{aligned}$$

finalement, on obtient :

$$< (T_f)', \varphi >= - \lim_{\varepsilon \to 0} \left(\ln(\varepsilon) \left(\varphi(-\varepsilon) - \varphi(\varepsilon) \right) - \int_{-\infty}^{-\varepsilon} \frac{\varphi(x)}{x} \,\mathrm{d}x - \int_{\varepsilon}^{+\infty} \frac{\varphi(x)}{x} \,\mathrm{d}x \right)$$

On utilise ensuite l'inégalité des accroissements finis pour démontrer que

$$\lim_{\varepsilon\to 0}\Big(\ln(\varepsilon)\big(\varphi(-\varepsilon)-\varphi(\varepsilon)\big)\Big)=0$$

En effet, on a d'abord la majoration $\Big|\ln(\varepsilon)\big(\varphi(-\varepsilon)-\varphi(\varepsilon)\big)\Big| \leq 2\varepsilon\,|\ln\varepsilon|\,\big|\big|\varphi'\big|\big|_\infty$ puis le résultat classique $\varepsilon\,|\ln\varepsilon| \xrightarrow{\varepsilon\to 0} 0$ qui prouvent que $\lim_{\varepsilon\to 0}\Big(\ln(\varepsilon)\big(\varphi(-\varepsilon)-\varphi(\varepsilon)\big)\Big)=0$, ce qui démontre le résultat attendu

$$<(T_f)',\varphi>=-\lim_{\varepsilon\to 0}\left(\int_{-\infty}^{-\varepsilon}\frac{\varphi(x)}{x}\,\mathrm{d}x-\int_{\varepsilon}^{+\infty}\frac{\varphi(x)}{x}\,\mathrm{d}x\right)$$

□

Il est maintenant possible de définir la distribution *valeur principale* de $\dfrac{1}{x}$.

Définition 109. On appelle *valeur principale* de $\dfrac{1}{x}$, et on note $\mathrm{vp}\left(\dfrac{1}{x}\right)$, la distribution égale à la dérivée, au sens des distributions, de la distribution régulière associée à la fonction $f : x \mapsto \ln|x|$ localement intégrable sur $\mathbb{R}$.
On note donc, au sens des distributions

$$\frac{\mathrm{d}}{\mathrm{d}x}\ln|x| = \mathrm{vp}\left(\frac{1}{x}\right) \tag{12.26}$$

où $\mathrm{vp}\left(\dfrac{1}{x}\right)$ est la distribution définie par

$$\forall\varphi\in\mathscr{D}\quad <\mathrm{vp}\left(\frac{1}{x}\right),\varphi>=\lim_{\varepsilon\to 0}\left(\int_{-\infty}^{-\varepsilon}\frac{\varphi(x)}{x}\,\mathrm{d}x+\int_{\varepsilon}^{+\infty}\frac{\varphi(x)}{x}\,\mathrm{d}x\right) \tag{12.27}$$

Conformément à l'intuition, on retrouve l'« équivalent » de la relation $x\dfrac{1}{x}=1$ (pour $x\neq 0$) avec la valeur principale de $\dfrac{1}{x}$ sous la forme suivante

$$\mathrm{id}\times\mathrm{vp}\left(\frac{1}{x}\right)=1 \tag{12.28}$$

en notant $(\mathrm{id} : x \mapsto x)$ et en remarquant que cette fonction est de classe $\mathscr{C}^\infty$ sur $\mathbb{R}$, ce qui donne un sens au produit $\mathrm{id}\times\mathrm{vp}\left(\dfrac{1}{x}\right)$. En effet, pour toute fonction $\varphi\in\mathscr{D}$, on a, par définition de la distribution $\mathrm{vp}\left(\dfrac{1}{x}\right)$

$$<\mathrm{id}\times\mathrm{vp}\left(\frac{1}{x}\right),\varphi>=<\mathrm{vp}\left(\frac{1}{x}\right),\mathrm{id}\varphi>=\lim_{\varepsilon\to 0}\left(\int_{-\infty}^{-\varepsilon}\frac{x\varphi(x)}{x}\,\mathrm{d}x+\int_{\varepsilon}^{+\infty}\frac{x\varphi(x)}{x}\,\mathrm{d}x\right)=\int_{-\infty}^{+\infty}\varphi$$

donc

$$<\mathrm{id}\times\mathrm{vp}\left(\frac{1}{x}\right),\varphi>=<1,\varphi>\Longleftrightarrow\mathrm{id}\times\mathrm{vp}\left(\frac{1}{x}\right)=1$$

Naturellement, on peut maintenant se demander comment est définie la distribution dérivée de $\mathrm{vp}\left(\frac{1}{x}\right)$. C'est l'objet de la section suivante.

5.10 Partie finie de $\frac{1}{x}$

Théorème 87. La dérivée au sens des distributions de la distribution $\mathrm{vp}\left(\frac{1}{x}\right)$ est définie, pour toute fonction $\varphi \in \mathscr{D}$ par

$$< \frac{\mathrm{d}}{\mathrm{d}x}\mathrm{vp}\left(\frac{1}{x}\right), \varphi >= \lim_{\varepsilon \to 0}\left(\int_{-\infty}^{-\varepsilon} \frac{\varphi(x)-\varphi(0)}{x^2}\,\mathrm{d}x + \int_{\varepsilon}^{+\infty} \frac{\varphi(x)-\varphi(0)}{x^2}\,\mathrm{d}x\right) \tag{12.29}$$

Démonstration.
Donnons les grandes lignes de la démonstration. Soit $\varphi \in \mathscr{D}$, on peut écrire

$$< \frac{\mathrm{d}}{\mathrm{d}x}\mathrm{vp}\left(\frac{1}{x}\right), \varphi >= - < \mathrm{vp}\left(\frac{1}{x}\right), \varphi' >= -\lim_{\varepsilon \to 0}\left(\int_{-\infty}^{-\varepsilon} \frac{\varphi'(x)}{x}\,\mathrm{d}x + \int_{\varepsilon}^{+\infty} \frac{\varphi'(x)}{x}\,\mathrm{d}x\right)$$

Après avoir intégré par parties et démontré que les termes « intégrés » ont une limite nulle, on prouve que :

$$< \frac{\mathrm{d}}{\mathrm{d}x}\mathrm{vp}\left(\frac{1}{x}\right), \varphi >= \lim_{\varepsilon \to 0}\left(\int_{-\infty}^{-\varepsilon} \frac{\varphi(x)-\varphi(0)}{x^2}\,\mathrm{d}x + \int_{\varepsilon}^{+\infty} \frac{\varphi(x)-\varphi(0)}{x^2}\,\mathrm{d}x\right)$$

□

Cela conduit à définir une nouvelle distribution, appelée la *partie finie* de $\frac{1}{x^2}$.

Définition 110. On appelle *partie finie* de $\frac{1}{x^2}$, et on note $\mathrm{pf}\left(\frac{1}{x^2}\right)$, la distribution égale à la dérivée, au sens des distributions, de la distribution $\mathrm{vp}\left(\frac{1}{x}\right)$.
On note donc au sens des distributions

$$\frac{\mathrm{d}}{\mathrm{d}x}\mathrm{vp}\left(\frac{1}{x}\right) = \mathrm{pf}\left(\frac{1}{x^2}\right) \tag{12.30}$$

où $\mathrm{pf}\left(\frac{1}{x^2}\right)$ est définie, pour toute fonction $\varphi \in \mathscr{D}$ par

$$< \mathrm{pf}\left(\frac{1}{x^2}\right), \varphi >= \lim_{\varepsilon \to 0}\left(\int_{-\infty}^{-\varepsilon} \frac{\varphi(x)-\varphi(0)}{x^2}\,\mathrm{d}x + \int_{\varepsilon}^{+\infty} \frac{\varphi(x)-\varphi(0)}{x^2}\,\mathrm{d}x\right) \tag{12.31}$$

6 Convergence des suites de distributions

6.1 Convergence en norme L^1, en norme L^2

Définition 111.

1. On dit qu'une suite de fonctions $(f_n)_{n\in\mathbb{N}}$ de $L^1(\mathbb{R})$ converge *en norme* L^1 vers la fonction f si et seulement si $\lim\limits_{n\to+\infty} ||f_n - f||_1 = 0$.

$$f_n \xrightarrow{L^1} f \Longleftrightarrow \lim_{n\to+\infty} \int_{-\infty}^{+\infty} |f_n - f| = 0 \tag{12.32}$$

2. On dit qu'une suite de fonctions $(f_n)_{n\in\mathbb{N}}$ de $L^2(\mathbb{R})$ converge *en norme* L^2 vers la fonction f si et seulement si $\lim\limits_{n\to+\infty} ||f_n - f||_2 = 0$.

$$f_n \xrightarrow{L^2} f \Longleftrightarrow \lim_{n\to+\infty} \int_{-\infty}^{+\infty} |f_n - f|^2 = 0 \tag{12.33}$$

6.2 Convergence faible d'une suite de fonctions

À l'instar de la notion de dérivation faible, on peut définir une notion de convergence faible pour les suites de fonctions en posant la définition suivante :

Définition 112. On dit que la suite de fonctions $(f_n)_{n\in\mathbb{N}}$ converge *au sens faible* ou encore *au sens des distributions* vers la fonction f si et seulement si, pour toute fonction test $\varphi \in \mathscr{D}$, la suite de scalaires $\left(\int_{-\infty}^{+\infty} f_n\varphi\right)_{n\in\mathbb{N}}$ converge vers le scalaire $\int_{-\infty}^{+\infty} f\varphi$.

6.3 Lien entre convergence en norme et convergence faible

Théorème 88. Si $(f_n)_{n\in\mathbb{N}}$ est une suite de fonctions de $L^1(\mathbb{R})$ (resp. $L^2(\mathbb{R})$) qui converge en norme L^1 (resp. L^2) vers une fonction f de $L^1(\mathbb{R})$ (resp. $L^2(\mathbb{R})$), alors la suite $(f_n)_{n\in\mathbb{N}}$ converge *au sens faible* vers f.

Démonstration.

1. Dans le cas de $L^1(\mathbb{R})$: Pour toute fonction test $\varphi \in \mathscr{D}$ on a

$$\left|\int_{-\infty}^{+\infty} (f_n - f)\,\varphi\right| \leq \int_{-\infty}^{+\infty} |f_n - f|\,|\varphi| \leq ||\varphi||_\infty ||f_n - f||_1$$

Par conséquent $\lim\limits_{n\to+\infty} ||f_n - f||_1 = 0 \Longrightarrow \lim\limits_{n\to+\infty} \left|\int_{-\infty}^{+\infty} (f_n - f)\,\varphi\right| = 0.$

2. Dans le cas de $L^2(\mathbb{R})$: comme souvent, c'est l'usage de l'inégalité de Cauchy-Schwarz qui permet de conclure.

$$\left|\int_{-\infty}^{+\infty}(f_n-f)\varphi\right| le \int_{-\infty}^{+\infty}|f_n-f|\,|\varphi| \leq \sqrt{\int_{-\infty}^{+\infty}|f_n-f|^2}\sqrt{\int_{-\infty}^{+\infty}|\varphi|^2}$$

c'est à dire

$$\left|\int_{-\infty}^{+\infty}(f_n-f)\varphi\right| \leq ||\varphi||_2||f_n-f||_2$$

Par conséquent $\lim\limits_{n\to+\infty}||f_n-f||_2=0 \Longrightarrow \lim\limits_{n\to+\infty}\left|\int_{-\infty}^{+\infty}(f_n-f)\varphi\right|=0.$

□

6.4 Convergence d'une suite de distributions

Pour définir la convergence des suites de distributions, comme d'habitude, on commence par s'intéresser au cas des distributions régulières. Si $(f_n)_{n\in\mathbb{N}}$ est une suite de fonctions localement intégrables sur $\mathbb{R}$, on peut définir la suite de distributions régulières $(T_n)_{n\in\mathbb{N}}$ en posant, pour chaque entier $n\in\mathbb{N}$ et pour toute fonction test φ

$$< T_n,\varphi >= \int_{-\infty}^{+\infty} f_n\varphi$$

Supposons maintenant que la suite $(f_n)_{n\in\mathbb{N}}$ converge *au sens faible* vers une fonction localement intégrable f à laquelle est associée une distribution régulière T.
On a donc, pour toute fonction test φ

$$\lim_{n\to+\infty}\int_{-\infty}^{+\infty} f_n\varphi = \int_{-\infty}^{+\infty} f\varphi \Longleftrightarrow \lim_{n\to+\infty} < T_n,\varphi >=< T,\varphi >$$

On définit alors la convergence des suites de distributions comme la convergence simple sur $\mathcal{D}$ de la manière suivante :

Définition 113. On dit qu'une suite de distributions $(T_n)_{n\in\mathbb{N}}$ converge dans $\mathcal{D}'$ vers une distribution T si et seulement si, pour toute fonction test $\varphi\in\mathcal{D}$, la suite de scalaires $\left(< T_n,\varphi >\right)_{n\in\mathbb{N}}$ converge dans $\mathbb{C}$, vers le scalaire $< T,\varphi >$.

6.5 Approximation de l'impulsion de Dirac

Il est souvent nécessaire de pouvoir approcher la distribution de Dirac par une suite de fonctions. Un exemple naturel de suite de fonctions dont on peut légitimement penser qu'elle converge vers δ au sens des distributions est donnée par la suite $(f_n)_{n\in\mathbb{N}}$ de « créneaux »

$$f_n : x \mapsto f_n(x) = \begin{cases} n & \text{si } x\in\left[-\frac{1}{2n},\frac{1}{2n}\right] \\ 0 & \text{si } x\notin\left[-\frac{1}{2n},\frac{1}{2n}\right] \end{cases}$$

On a en effet le résultat suivant :

Théorème 89. La suite de fonctions « créneaux » $(f_n)_{n\in\mathbb{N}}$ converge, au sens des distributions, vers la distribution de Dirac δ.

Démonstration.
Commençons par remarquer que la suite de fonctions $(f_n)_{n\in\mathbb{N}}$ n'a pas de limite simple au sens usuel. En effet, pour $x = 0$, on a, pour tout $n \in \mathbb{N}^*$, $f_n(0) = n$ donc $\lim_{n\to+\infty} f_n(0) = +\infty$.
Montrons qu'elle converge cependant au sens des distributions.
Puisque les fonctions f_n définissent des distributions régulières, nous les noterons encore simplement f_n par commodité. Soit $\varphi \in \mathscr{D}$. On cherche donc à montrer que la suite $(< f_n, \varphi >)_{n\in\mathbb{N}}$ converge dans $\mathbb{C}$ vers $\varphi(0) =< \delta, \varphi >$. Or, pour tout $n \in \mathbb{N}^*$,

$$< f_n, \varphi >= \int_{-1/2n}^{+1/2n} n\varphi(x)\,\mathrm{d}x$$

et, par l'égalité de la moyenne, on peut affirmer qu'il existe $\alpha_n \in \left]-\frac{1}{2n}, \frac{1}{2n}\right[$ tel que

$$< f_n, \varphi >= \int_{-1/2n}^{+1/2n} n\varphi(x)\,\mathrm{d}x = \varphi(\alpha_n)$$

En passant à la limite, on a $\lim_{n\to+\infty} \alpha_n = 0$ et $\lim_{n\to+\infty} \varphi(\alpha_n) = \varphi(0)$ par continuité de φ, donc on a bien

$$\lim_{n\to+\infty} < f_n, \varphi >= \varphi(0) =< \delta, \varphi >$$

ce qui démontre que la suite de fonctions $(f_n)_{n\in\mathbb{N}}$ converge, au sens des distributions, vers la distribution de Dirac δ. □

7 Généralisation en dimension deux et trois

La généralisation de la notion de distribution en dimension 2 se fait en définissant les distributions comme les formes linéaires continues sur l'espace des fonctions test $\mathscr{D}(\mathbb{R}^2)$.

Définition 114. On appelle *espace des fonctions test*, noté $\mathscr{D}(\mathbb{R}^2)$ (ou simplement $\mathscr{D}$), l'espace des fonctions φ qui vérifient les deux propriétés suivantes :

(1) φ est de classe $\mathscr{C}^\infty$ sur $\mathbb{R}^2$.

(2) φ est nulle en dehors d'un compact $[a, b] \times [c, d]$ de $\mathbb{R}^2$ (qui dépend de φ).

Nous admettrons sans démonstration que ce qui a été exposé précédemment se généralise (voir par exemple [*SC*2]).

8 Distributions tempérées

Dans le chapitre 13, qui traite de la transformation de Fourier des fonctions, apparaît rapidement la nécessité d'étendre cette transformation aux distributions (voir la section

4 page 444 de ce chapitre qui en explique les raisons). Or, il est nécessaire, pour donner un sens à la transformée de Fourier d'une distribution, de construire une classe particulière de distributions qualifiées de *tempérées.* Cette dénomination provient du fait que leur construction s'appuie sur l'*espace de Schwartz* (voir la définition rappelée ci-dessous) comme espace de fonctions test, ce qui permet de définir les fonctions *à croissance lente* comme des distributions tempérées (voir le théorème 90 qui suit), leur croissance lente étant « tempérée » par la décroissance rapide des fonctions test.

Les notions d'*espace de Schwartz,* de fonctions à *décroissance rapide,* de fonctions ou de suites à *croissance lente* sont données en annexe B page 775, sections 1.2 et 2.5. Elles sont cependant rappelées ici pour le confort du lecteur.

1. Une fonction f définie sur $\mathbb{R}$ à valeurs dans $\mathbb{C}$ est dite à *décroissance rapide* si et seulement si le produit de f par n'importe quelle fonction polynomiale est borné sur $\mathbb{R}$. Autrement dit, pour tout entier $n \in \mathbb{N}$ on a
$$\sup_{\mathbb{R}} \left|x^n f(x)\right| \in \mathbb{R}$$
2. On appelle *espace de Schwartz,* et on note $\mathscr{S}(\mathbb{R})$ (ou plus simplement $\mathscr{S}$), l'espace vectoriel des fonctions de classe $\mathscr{C}^\infty$ sur $\mathbb{R}$ à valeurs dans $\mathbb{C}$ qui sont, ainsi que toutes leurs dérivées, à *décroissance rapide.*
Autrement dit, en notant $f^{(k)}$ la *k-ième* dérivée de f :
$$\mathscr{S}(\mathbb{R}) = \left\{f \in \mathscr{C}^\infty(\mathbb{R}), \quad \forall n \in \mathbb{N}, \quad \forall k \in \mathbb{N}, \quad \sup_{\mathbb{R}} \left|x^n f^{(k)}(x)\right| \in \mathbb{R}\right\}$$
3. Une fonction $f : \mathbb{R} \to \mathbb{C}$ est dite à *croissance lente* si et seulement si il existe une constante réelle strictement positive K et un entier $N \in \mathbb{N}$ tels que :
$$\forall x \in \mathbb{R}, \quad \left|f(x)\right| \leq K\left(1 + x^2\right)^N$$
4. Une suite $\left(s_n\right)_{n\in\mathbb{N}}$ de nombres complexes est dite à *croissance lente* si et seulement si il existe une constante $K > 0$ et un entier $N \in \mathbb{N}$ tels que
$$\forall n \in \mathbb{N}, \quad |s_n| \leq K\left(1 + n^2\right)^N$$

8.1 Définition

Définition 115. On appelle *distribution tempérée* toute forme linéaire continue sur l'espace de Schwartz $\mathscr{S}$. Pour une distribution tempérée T, la continuité se traduit par :
$$\varphi_n \xrightarrow{\mathscr{S}} \varphi \quad \Longrightarrow \quad < T, \varphi_n > \xrightarrow{\mathbb{C}} < T, \varphi >$$
L'espace vectoriel des distributions tempérées est noté $\mathscr{S}'$.

Naturellement, toute distribution tempérée est une distribution au sens classique, résultat facile à démontrer.

8.2 Exemples de distributions tempérées

8.2.1 Les fonctions qui définissent des distributions régulières tempérées

Parmi les fonctions indispensables en traitement du signal (voir les chapitres 13 et 17 sur la transformation de Fourier et l'analyse spectrale), on peut citer les cas particuliers importants des fonctions polynomiales, des fonctions sinus et cosinus. Comme l'énonce le théorème suivant, ces fonctions définissent des distributions tempérées.

Théorème 90.

1. Les fonctions à croissance lente sont des distributions tempérées.
2. Les fonctions intégrables et de carré intégrable sont des distributions tempérées.
3. Les fonctions périodiques et localement intégrables sont des distributions tempérées.

Démonstration.

1. Commençons par démontrer que si f est à croissance lente alors elle est localement intégrable, ce qui prouvera qu'elle définit une distribution régulière qui sera notée T_f. En effet, par définition, il existe $K > 0$ et $N \in \mathbb{N}^*$ tels que :

$$\forall x \in \mathbb{R} \qquad \left|f(x)\right| \leq K\left(1+x^2\right)^N$$

par conséquent, pour tout segment $[a, b]$ (où $a < b$), on peut écrire

$$\left|\int_a^b f\right| \leq K \int_a^b \left(1+x^2\right)^N \mathrm{d}x$$

ce qui prouve que l'intégrale $\displaystyle\int_a^b f$ est bien définie et assure que f est localement intégrable sur $\mathbb{R}$. Par conséquent f définit bien une distribution régulière.
Démontrons maintenant que T_f est une distribution tempérée, c'est-à-dire que c'est une forme linéaire continue sur l'espace de Schwartz $\mathscr{S}$. En tant que distribution, T_f est bien une forme linéaire continue sur $\mathscr{D}$ et il est clair que c'est encore une forme linéaire sur $\mathscr{S}$. Il nous reste à démontrer la continuité. Pour cela, considérons une suite de fonctions $\left(\varphi_n\right)_{n\in\mathbb{N}}$ de $\mathscr{S}$ qui converge vers la fonction φ de $\mathscr{S}$. On peut alors écrire, pour tout entier n et par majoration

$$\begin{aligned}
|< T_f, \varphi_n > - < T_f, \varphi >| &= \left|\int_{-\infty}^{+\infty} f(x)\varphi_n(x)\,\mathrm{d}x - \int_{-\infty}^{+\infty} f(x)\varphi(x)\,\mathrm{d}x\right| \\
&= \left|\int_{-\infty}^{+\infty} f(x)\big(\varphi_n(x)-\varphi(x)\big)\,\mathrm{d}x\right| \\
&\leq \int_{-\infty}^{+\infty} |f(x)|\,|\varphi_n(x)-\varphi(x)|\,\mathrm{d}x \\
&\leq K\int_{-\infty}^{+\infty} (1+x^2)^N\,|\varphi_n(x)-\varphi(x)|\,\mathrm{d}x \\
&\leq K\int_{-\infty}^{+\infty} \frac{(1+x^2)^{2N}\,|\varphi_n(x)-\varphi(x)|}{(1+x^2)^N}\,\mathrm{d}x
\end{aligned}$$

or, on peut exploiter les résultats suivants :

(1) d'une part, l'intégrale $\displaystyle\int_{-\infty}^{+\infty} \frac{1}{(1+x^2)^N}\,\mathrm{d}x$ converge,

(2) d'autre part, pour tout entier n, les fonctions définies par $x \mapsto \left((1+x^2)^{2N}\,|\varphi_n(x)-\varphi(x)|\right)$ sont bornées sur $\mathbb{R}$. On note alors

$$L_N(n) = \sup_{\mathbb{R}} \left((1+x^2)^{2N}\,|\varphi_n(x)-\varphi(x)|\right)$$

(3) enfin, $\lim_{n\to+\infty} L_N(n) = \lim_{n\to+\infty} \sup_{\mathbb{R}} \left((1+x^2)^{2N}\,|\varphi_n(x)-\varphi(x)|\right) = 0$ en raison de la convergence de $(\varphi_n)_{n\in\mathbb{N}}$ vers φ.

Par conséquent, on peut écrire

$$|<T_f,\varphi_n> - <T_f,\varphi>| \le K L_N(n) \int_{-\infty}^{+\infty} \frac{1}{(1+x^2)^N}\,\mathrm{d}x$$

puis $\lim_{n\to+\infty} |<T_f,\varphi_n> - <T_f,\varphi>| = 0$ ce qui prouve bien que T_f est une forme linéaire continue sur $\mathscr{S}$.

2. Pour le deuxième point du théorème, on commence par remarquer que si f est une fonction intégrable ou de carré intégrable elle est localement intégrable et définit donc à ce titre une distribution régulière. Par conséquent, seule la continuité mérite d'être démontrée. Commençons par le cas où $f \in L^2(\mathbb{R})$. Soit $(\varphi_n)_{n\in\mathbb{N}}$ une suite de fonctions de $\mathscr{S}$ qui converge vers la fonction φ de $\mathscr{S}$. Par l'inégalité de Cauchy-Schwarz, on peut alors écrire, pour tout entier n, en remarquant que $\varphi_n - \varphi \in L^2(\mathbb{R})$:

$$\begin{aligned}
|<T_f,\varphi_n> - <T_f,\varphi>| &= \left|\int_{-\infty}^{+\infty} f(x)\varphi_n(x)\,\mathrm{d}x - \int_{-\infty}^{+\infty} f(x)\varphi(x)\,\mathrm{d}x\right| \\
&= \left|\int_{-\infty}^{+\infty} f(x)\big(\varphi_n(x)-\varphi(x)\big)\,\mathrm{d}x\right| \\
&\le \sqrt{\int_{-\infty}^{+\infty} |f(x)|^2\,\mathrm{d}x}\sqrt{\int_{-\infty}^{+\infty} |\varphi_n(x)-\varphi(x)|^2\,\mathrm{d}x} \\
&\le ||f||_2\,||\varphi_n-\varphi||_2
\end{aligned}$$

or, $\lim_{n\to+\infty} ||\varphi_n-\varphi||_2 = 0$ donc $\lim_{n\to+\infty} |<T_f,\varphi_n> - <T_f,\varphi>| = 0$.

Étudions maintenant le cas où $f \in L^1(\mathbb{R})$. On écrit, pour tout entier n :

$$\begin{aligned}
|<T_f,\varphi_n> - <T_f,\varphi>| &= \left|\int_{-\infty}^{+\infty} f(x)\varphi_n(x)\,\mathrm{d}x - \int_{-\infty}^{+\infty} f(x)\varphi(x)\,\mathrm{d}x\right| \\
&= \left|\int_{-\infty}^{+\infty} f(x)\big(\varphi_n(x)-\varphi(x)\big)\,\mathrm{d}x\right| \\
&\le \int_{-\infty}^{+\infty} |f(x)|\,|\varphi_n(x)-\varphi(x)|\,\mathrm{d}x \\
&\le ||f||_1 \sup_{\mathbb{R}} |\varphi_n(x)-\varphi(x)|
\end{aligned}$$

or, $\lim_{n\to+\infty} \sup_{\mathbb{R}} |\varphi_n(x)-\varphi(x)| = 0$ ce qui prouve que $\lim_{n\to+\infty} |<T_f,\varphi_n> - <T_f,\varphi>| = 0$.

3. Le troisième point est admis (voir par exemple [*GW*]). Il est la conséquence des deux résultats suivants qui sont les points clés de la démonstration. Tout d'abord, le produit de convolution (voir la section suivante) d'une distribution à support compact par une distribution tempérée est lui-même une distribution tempérée. Ensuite, pour $T > 0$, toute fonction T-périodique et localement intégrable s peut s'écrire comme le produit de convolution $s = s_0 * \Delta_T$ en vertu de la formule

$$s = s_0 * \Delta_T = \sum_{n=-\infty}^{\infty} s_0 * \delta_{nT} = \sum_{n=-\infty}^{\infty} s_0(\bullet - nT)$$

où Δ_T est le peigne de Dirac (distribution tempérée) et s_0 désigne le « motif principal » de s (distribution à support compact) défini par (voir l'illustration suivante)

$$s_0 : t \mapsto \begin{cases} s(t) & \text{si} \quad t \in [0, T] \\ 0 & \text{si} \quad t \notin [0, T] \end{cases}$$

Ce qui prouve que s est alors une distribution tempérée.

□

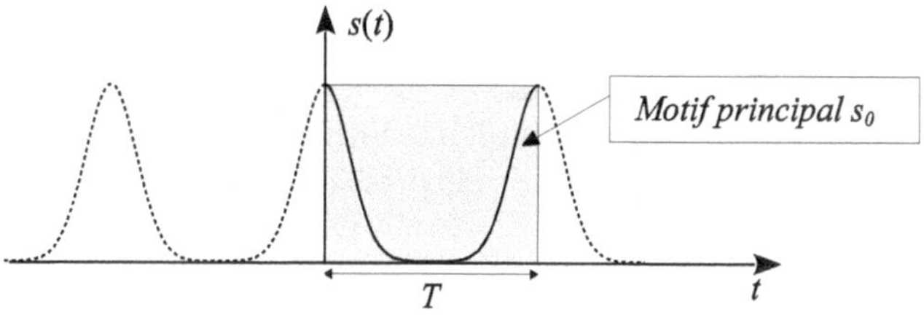

FIGURE 12.3 – Illustration du « motif principal »

8.2.2 Quelques distributions particulières qui sont tempérées

Parmi les distributions essentielles en traitement du signal figurent la distribution de Dirac δ_a et le peigne de Dirac $\Delta_a = \sum_{n=-\infty}^{+\infty} \delta_{na}$ $(a \in \mathbb{R})$. Comme l'énonce le théorème 91 qui suit, ces distributions sont tempérées. En fait, le peigne de Dirac est un cas particulier de distribution de la forme $T = \sum_{n=-\infty}^{+\infty} s_n \delta_{na}$ où $(s_n)_{n\in\mathbb{N}}$ est une suite de complexes à *croissance lente*, elle-même tempérée. On a alors les résultats suivants :

> **Théorème 91.**
> 1. La distribution de Dirac δ_a $(a \in \mathbb{R})$ et ses dérivées sont tempérées.
> 2. Le peigne de Dirac $\Delta_a = \sum_{n=-\infty}^{+\infty} \delta_{na}$ $(a \in \mathbb{R})$ est tempéré.
>   De manière générale, si la suite de complexes $(s_n)_{n\in\mathbb{N}}$ est à croissance lente alors la distribution $T = \sum_{n=-\infty}^{+\infty} s_n \delta_{na}$ est tempérée.
> 3. Les distributions périodiques sont tempérées.

Démonstration.

1. Le premier point ne présente pas de difficultés (la démonstration est écrite pour δ mais reste vraie pour δ_a pour tout $a \in \mathbb{R}$). Soit $k \in \mathbb{N}$, on note comme d'habitude $\delta^{(k)}$ la dérivée k*-ième* de δ. Pour montrer que c'est une distribution tempérée, il nous suffit démontrer que c'est une forme linéaire continue sur l'espace de Schwartz $\mathscr{S}$ et seule la continuité mérite d'être démontrée. Pour cela, considérons une suite de fonctions $(\varphi_p)_{p\in\mathbb{N}}$ de $\mathscr{S}$ qui converge vers la fonction φ de $\mathscr{S}$. On peut alors écrire, pour tout entier $p \in \mathbb{N}$:

$$|<\delta^{(k)},\varphi_p> - <\delta^{(k)},\varphi>| = |(-1)^k\varphi_p(0) - (-1)^k\varphi(0)| = |\varphi_p(0) - \varphi(0)|$$

Or, la convergence uniforme de la suite $(\varphi_p)_{p\in\mathbb{N}}$ vers φ implique la convergence simple et donc $\lim\limits_{p\to+\infty} |<\delta^{(k)},\varphi_p> - <\delta^{(k)},\varphi>| = 0$, ce qui prouve la continuité de la forme linéaire $\delta^{(k)}$ sur $\mathscr{S}$.

2. Démontrons le cas général, c'est à dire que si la suite de complexes $(s_n)_{n\in\mathbb{N}}$ est à croissance lente alors la distribution $T = \sum\limits_{n=-\infty}^{+\infty} s_n\delta_{na}$ est tempérée. Le cas du peigne de Dirac s'en déduit en prenant la suite constante définie, pour tout $n \in \mathbb{Z}$, par $s_n = 1$ qui est clairement à croissance lente.
Concrètement, montrons que T définit une forme linéaire continue sur $\mathscr{S}$.
Or, pour toute fonction test $\varphi \in \mathscr{S}$, l'expression $< T,\varphi >$ est bien définie car la somme

$$< T,\varphi >= \sum_{n=-\infty}^{+\infty} s_n\varphi(na)$$

est finie en raison du support de φ. C'est pourquoi il est clair que T est bien une forme linéaire sur $\mathscr{S}$.
Pour démontrer la continuité, on procède comme d'habitude à partir d'une suite $(\varphi_p)_{p\in\mathbb{N}}$ de $\mathscr{S}$ qui converge vers la fonction φ de $\mathscr{S}$ pour montrer que la suite $(< T_f,\varphi_p >)_{p\in\mathbb{N}}$ converge vers $< T,\varphi >$ dans $\mathbb{C}$. On exploite ensuite plusieurs hypothèses :
   (1) $(s_n)_{n\in\mathbb{N}}$ est une suite à croissance lente ce qui signifie, par définition, qu'il existe $K > 0$ et $N \in \mathbb{N}^*$ tels que $\forall n \in \mathbb{N},\quad |s_n| \leq K\big(1+n^2\big)^N$.
   (2) La série $\sum\limits_{n\in\mathbb{Z}} \dfrac{1}{(1+n^2)^N}$ converge.
   (3) Pour tout entier p, la suite $\Big((1+n^2)^{2N}\,|\varphi_p(na)-\varphi(na)|\Big)_{n\in\mathbb{N}}$ est bornée. On note alors $L_N(p) = \sup\limits_{n\in\mathbb{Z}}\Big((1+n^2)^{2N}\,|\varphi_p(na)-\varphi(na)|\Big)$.
   (4) enfin, $\lim\limits_{p\to+\infty} L_N(p) = \lim\limits_{p\to+\infty}\sup\limits_{n\in\mathbb{Z}}\Big((1+n^2)^{2N}\,|\varphi_p(na)-\varphi(na)|\Big) = 0$ en raison de la convergence de $(\varphi_p)_{p\in\mathbb{N}}$ vers φ.

   Par conséquent, on peut écrire

$$|< T,\varphi_p > - < T,\varphi >| \leq KL_N(p)\sum_{n=-\infty}^{+\infty}\frac{1}{(1+n^2)^N}$$

puis $\lim_{p\to+\infty} < T, \varphi_p > = < T, \varphi >$ ce qui prouve bien que T est une forme linéaire continue sur $\mathscr{S}$.

3. Le troisième point est admis (voir par exemple [GW]).

□

9 Convolution des distributions

La définition du produit de convolution de deux fonctions et quelques conditions suffisantes d'existence sont rappelées en annexe E page 797.

9.1 Extension du produit de convolution aux distributions

Pour étendre le produit de convolution aux distributions, comme d'habitude, commençons par observer ce qui se passe avec les distributions régulières.
Soient donc f et g deux fonctions localement intégrables auxquelles sont associées les distributions régulières encore notées respectivement f et g. Puisque f et g sont localement intégrables, leur produit de convolution $f * g$ existe. Écrivons alors de manière formelle et pour toute fonction test φ :

$$\int_{-\infty}^{+\infty} f * g(t)\varphi(t)\,\mathrm{d}t = \int_{-\infty}^{+\infty}\left(\int_{-\infty}^{+\infty} f(u)g(t-u)\,\mathrm{d}u\right)\varphi(t)\,\mathrm{d}t$$

puis, par changement de variable $\left\{\begin{array}{l} x = u \\ y = t - u \end{array}\right.$

$$\int_{-\infty}^{+\infty} f * g(t)\varphi(t)\,\mathrm{d}t = \int_{-\infty}^{+\infty}\int_{-\infty}^{+\infty} f(x)g(y)\varphi(x+y)\,\mathrm{d}x\,\mathrm{d}y$$

Posons maintenant

$$\left\{\begin{array}{l} h(x,y) = f(x)g(y) \\ \psi(x,y) = \varphi(x+y) \end{array}\right.$$

et appelons *produit tensoriel* (ou *direct*) de f par g la fonction h. Avec ces notations, on peut écrire

$$\int_{-\infty}^{+\infty}\int_{-\infty}^{+\infty} f(x)g(y)\varphi(x+y)\,\mathrm{d}x\,\mathrm{d}y = \int_{-\infty}^{+\infty}\int_{-\infty}^{+\infty} h(x,y)\psi(x,y)\,\mathrm{d}x\,\mathrm{d}y$$

et cette intégrale apparaît alors comme l'action de la distribution régulière h sur la fonction test $\psi \in \mathscr{D}(\mathbb{R}^2)$, c'est à dire

$$\int_{-\infty}^{+\infty}\int_{-\infty}^{+\infty} f(x)g(y)\varphi(x+y)\,\mathrm{d}x\,\mathrm{d}y = < h, \psi >$$

Autrement dit, on aboutit à la relation

$$< f * g, \varphi > = < h, \psi >$$

Cela dit, pour éviter d'avoir à systématiquement définir les fonctions h et ψ, il est de coutume d'utiliser la notation suivante, dans laquelle l'intervention des variables a pour seul but de préciser les variables d'intégration :

$$< f * g, \varphi >=< f(x)g(y), \varphi(x+y) >$$

Ainsi, si l'on souhaite étendre la formule précédente à l'ensemble des distributions de manière à ce qu'elle coïncide avec le cas des distributions régulières, il est nécessaire d'étendre la notion de produit tensoriel aux distributions. Précisément, il est nécessaire de donner un sens à l'expression (ambigüe) $T(x)S(y)$ pour deux distributions T et S et le lecteur est mis en garde contre une confusion légitime qui consisterait à croire que $T(x)S(y)$ est un produit car il n'en est rien, au moins pour deux raisons.

1. On sait déjà que le produit de deux distributions n'est, sauf exception, pas défini.
2. On sait aussi que la notation $T(x)$ (qui, rappelons le, n'est qu'une commodité d'écriture) n'a aucun sens et, en tout état de cause, pas celui d'image de x par la distribution T.

Il convient donc de donner un sens à l'expression $T(x)S(y)$ si l'on veut généraliser la formule

$$< T * S, \varphi >=< T(x)S(y), \varphi(x+y) >$$

pour deux distributions quelconques.

Pour cela, on observe toujours ce qui se passe pour deux distributions régulières f et g. Pour tout $\varphi \in \mathscr{D}(\mathbb{R})$, on peut écrire :

$$\begin{aligned}
< f(x)g(y), \varphi(x+y) > &= \int_{-\infty}^{+\infty}\int_{-\infty}^{+\infty} f(x)g(y)\varphi(x+y)\,\mathrm{d}x\,\mathrm{d}y \\
< f(x)g(y), \varphi(x+y) > &= \int_{-\infty}^{+\infty} f(x)\left(\int_{-\infty}^{+\infty} g(y)\varphi(x+y)\,\mathrm{d}y\right)\mathrm{d}x \\
< f(x)g(y), \varphi(x+y) > &=< f(x), < g(y), \varphi(x+y) >>
\end{aligned}$$

Soit, finalement :

$$< f * g, \varphi >=< f(x)g(y), \varphi(x+y) >=< f(x), < g(y), \varphi(x+y) >>$$

Définissons alors le *produit tensoriel* de deux distributions de la manière suivante :

Définition 116. On appelle *produit tensoriel* de deux distributions S et T la distribution (en dimension 2) notée $S(x)T(y)$ et définie par :

$$\forall \varphi \in \mathscr{D}(\mathbb{R}) \qquad < S(x)T(y), \varphi(x+y) >=< S(x), < T(y), \varphi(x+y) >> \tag{12.34}$$

Naturellement, on prendra garde à ne pas confondre le *produit tensoriel* avec la multiplication qui n'est, elle, pas définie.
Définissons maintenant le *produit de convolution* de deux distributions.

Définition 117. On appelle *produit de convolution* de deux distributions S et T, et on note $S * T$, la distribution dont l'action sur les fonctions test est définie par la formule :

$$\forall \varphi \in \mathscr{D}(\mathbb{R}) \qquad < S * T, \varphi > = < S(x)T(y), \varphi(x+y) > \tag{12.35}$$

La définition précédente ne préjuge pas de l'existence du produit de convolution qui n'est bien sûr pas toujours défini. Le théorème suivant donne deux conditions suffisantes d'existence.

9.2 Deux conditions suffisantes d'existence

Théorème 92. Si l'une des deux conditions ci-dessous est vérifiée alors le produit de convolution de deux distributions est bien défini.

1. Les deux distributions sont à support limité à gauche, c'est à dire dans $\mathscr{D}'_+$ (ce qui est en particulier le cas des distributions causales).
2. Au moins une des deux distributions est à support borné.

Donnons simplement une justification intuitive de ce résultat. Soient S et T deux distributions. Par définition, et sous réserve d'existence, leur produit de convolution est défini par (12.35). Or, même si φ est une fonction test qui possède donc un support compact, que nous noterons supp$\varphi = [a, b]$, l'application $\psi : (x, y) \mapsto \varphi(x+y)$ n'est pas, elle, à support compact. Pour s'en convaincre il suffit, en s'appuyant sur la figure 12.4, de remarquer que

$$\varphi(x+y) = 0 \Longleftrightarrow \begin{cases} x+y < a \\ x+y > b \end{cases} \Longleftrightarrow \begin{cases} y < a-x \\ y > b-x \end{cases}$$

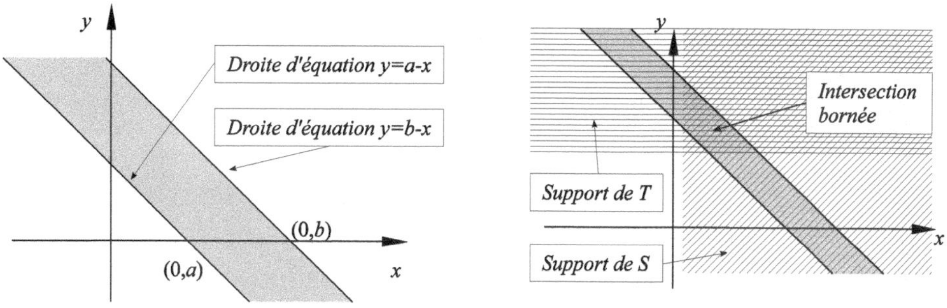

FIGURE 12.4 – A gauche : le support de ψ n'est pas borné, à droite : l'intersection de la « bande » avec le domaine supp$S \times$ supp$T$ est bornée

Autrement dit, ψ s'annule en dehors d'une « bande » dont les frontières sont les deux droites d'équations $y = a - x$ et $y = b - x$, comme illustré dans la figure (à gauche). Par contre, si l'on suppose que les supports supp$S$ et supp$T$ respectifs de S et T sont bornés à gauche (ou si l'une des deux a un support borné), alors l'intersection d'une telle « bande » avec le domaine supp$S \times$ supp$T$ est bornée, comme illustré dans la figure (à droite) qui représente la situation où S et T sont toutes les deux à support borné à gauche.

9.3 Propriétés élémentaires

9.3.1 Commutativité, distributivité et associativité

Donnons sans démonstration les propriétés suivantes qui sont à l'origine du terme de *produit de convolution* car, comme le lecteur le remarquera, il s'agit là des règles de calculs vérifiées par la multiplication sur l'ensemble des réels (et des complexes).

Théorème 93. Soient R, S et T trois distributions pour lesquelles les produits de convolution écrits dans la suite ont un sens. Le produit de convolution est

1. *commutatif*, c'est à dire que $S * T = T * S$.
2. *distributif par rapport à l'addition*, c'est à dire que $S * (T + R) = S * T + S * R$.
3. *associatif*, c'est à dire $(R * S) * T = R * (S * T)$.

9.3.2 Dérivation d'un produit de convolution

Le produit de convolution jouit d'une propriété remarquable vis à vis de la dérivation comme l'énonce le théorème suivant.

Théorème 94. Pour dériver un produit de convolution, il suffit de dériver l'un des deux facteurs. Autrement dit, pour toutes distributions S et T pour lesquelles les produits de convolution ont un sens, on a

$$(S * T)' = S' * T = S * T' \tag{12.36}$$

Démonstration.
Soit $\varphi \in \mathscr{D}$ une fonction test. On a alors les égalités suivantes, qui utilisent la définition de la dérivée d'une distribution, la définition du produit de convolution de deux distributions et la linéarité

$$\begin{aligned} < (S * T)', \varphi > &= - < S * T, \varphi' > \\ &= - < S(x), < T(y), \varphi'(x+y) >> \\ &= < S(x), - < T(y), \varphi'(x+y) >> \\ &= < S(x), < T'(y), \varphi(x+y) >> \\ &= < S * T', \varphi > \end{aligned}$$

ce qui démontre que $(S * T)' = S * T'$. L'autre égalité, $(S * T)' = S' * T$ se démontre par commutativité du produit de convolution. □

9.4 Le rôle fondamental de la distribution de Dirac

9.4.1 Élément unité de la convolution

Théorème 95. La distribution de Dirac est l'élément *unité* ou l'élément *neutre* du produit de convolution, ce qui signifie que pour toute distribution T on a

$$\delta * T = T \tag{12.37}$$

Démonstration.
Soit $\varphi \in \mathscr{D}$ une fonction test. On a alors les égalités suivantes

$$\begin{aligned} <\delta * T,\varphi> &= <\delta(x) * T(y),\varphi\left(x+y\right)> \\ &= <T(y) * \delta(x),\varphi\left(x+y\right)> \\ &= <T(y),<\delta(x),\varphi\left(x+y\right)>> \\ &= <T(y),\varphi\left(y\right)> \\ &= <T,\varphi> \end{aligned}$$

ce qui démontre que $<\delta * T,\varphi>=<T,\varphi>$ ou encore $\delta * T = T$. □

9.4.2 Dérivée d'une distribution

Théorème 96. Soit $n \in \mathbb{N}^*$. Pour dériver n fois une distribution T, il suffit de calculer le produit de convolution de T avec la dérivée *n-ième* de la distribution de Dirac :

$$T^{(n)} = \delta^{(n)} * T \tag{12.38}$$

Démonstration.
Soient $n \in \mathbb{N}$ et $\varphi \in \mathscr{D}$ une fonction test. On a alors

$$\begin{aligned} <\delta^{(n)} * T,\varphi> &= <T * \delta^{(n)},\varphi> \\ &= <T(x)\delta^{(n)}(y),\varphi(x+y)> \\ &= <T(x),<\delta^{(n)}(y),\varphi(x+y)>> \\ &= <T(x),(-1)^{(n)}<\delta(y),\varphi^{(n)}(x+y)>> \\ &= <T(x),(-1)^{(n)}\varphi^{(n)}(x)> \\ &= (-1)^{(n)}<T,\varphi^{(n)}> \\ &= <T^{(n)},\varphi> \end{aligned}$$

où l'on a utilisé la formule $<\delta^{(n)},\varphi>= (-1)^{(n)}<\delta,\varphi^{(n)}>= (-1)^{(n)}\varphi^{(n)}(0)$. Par conséquent, on a montré que $<\delta^{(n)} * T,\varphi>=<T^{(n)},\varphi>$ ou encore $\delta^{(n)} * T = T^{(n)}$. □

Remarque. Ce dernier résultat trouve une application élégante dans la démonstration du théorème 94. Il suffit en effet d'écrire que si $R = S * T$, alors $R' = \delta' * R = \delta' * S * T = S' * T$ puis, $R' = R * \delta' = S * T * \delta' = S * T'$.

9.4.3 Translatée d'une distribution

Théorème 97. Soit $a \in \mathbb{R}$, la *distribution translatée* $\tau_a T$ de T est obtenue par produit de convolution avec la distribution de Dirac δ_a :

$$\delta_a * T = \tau_a T \tag{12.39}$$

ou encore, en usant de l'abus de notation classique,

$$\delta(x-a) * T(x) = T(x-a)$$

La démonstration, facile, est laissée au lecteur.

10 Algèbre de convolution

10.1 Introduction

Une fois établies les propriétés de la convolution et le rôle joué par la distribution de Dirac, il est intéressant de remarquer que toute équation différentielle linéaire à coefficients constants peut se traduire en termes de produits de convolution à l'aide d'une combinaison linéaire des dérivées successives de δ.

Considérons par exemple l'équation différentielle du second ordre qui relie la tension u à l'intensité i dans un circuit électrique RLC :

$$u(t) = L\frac{\mathrm{d}i(t)}{\mathrm{d}t} + Ri(t) + \frac{1}{C}\int_0^t i(s)\mathrm{d}s$$

Cette équation peut être écrite sous forme d'un produit de convolution de distributions de $\mathscr{D}'_+$ de la manière suivante :

$$u(t) = \left(L\delta' + R\delta + \frac{1}{C}U\right) * i(t) = \big(Z * i\big)(t)$$

où U désigne la distribution de Heaviside.

La distribution $Z = L\delta' + R\delta + \frac{1}{C}U$ est appelée *impédance*. Si on cherche à déterminer i en fonction de u, supposée être une distribution causale connue, on souhaiterait pouvoir écrire

$$i(t) = \left(L\delta' + R\delta + \frac{1}{C}U\right)^{-1} * u(t) = \big(A * u\big)(t)$$

où la distribution A est appelée *admittance*. Aussi, si l'on admet l'existence de la distribution A, connaître i revient à déterminer A et à calculer le produit de convolution $A * u$.

De manière générale, beaucoup de problèmes de la physique peuvent être exprimés par une équation de convolution de la forme $A * X = B$ (où A et B sont deux distributions et X est une distribution à déterminer) et pour lequel la résolution revient à chercher un inverse de convolution de la distribution A et à calculer $X = A^{-1} * B$. Il est donc nécessaire de disposer d'un cadre théorique permettant d'envisager la résolution de tels problèmes. Le cadre adapté est celui des *algèbres de convolution*.

10.2 Inverse de convolution

Définition 118. Soit S une distribution. On appelle *inverse de convolution* de S toute distribution T qui vérifie

$$S * T = T * S = \delta \qquad (12.40)$$

10.3 Algèbre de convolution

Pour assurer l'unicité de l'inverse de convolution d'une distribution S lorsqu'elle en possède un, on définit la notion *d'algèbre de convolution*.

Définition 119. Un espace vectoriel de distributions est appelé une *algèbre de convolution* lorsque :

1. Il contient au moins δ.
2. On peut y définir le produit de convolution d'un nombre fini quelconque de distributions.

L'unicité d'un inverse de convolution est alors assurée par le théorème suivant.

Théorème 98. L'ensemble des distributions causales $\mathscr{D}'_+$ est une algèbre de convolution dans laquelle l'inverse de convolution d'une distribution A, lorsqu'il existe, est unique. Il est noté A^{-1}. En conséquence, dans $\mathscr{D}'_+$, si A^{-1} existe, l'équation

$$A * X = B$$

possède une solution unique dans $\mathscr{D}'_+$:

$$X = A^{-1} * B$$

Démonstration.
Nous admettons que $\mathscr{D}'_+$ est une algèbre de convolution. Démontrons l'unicité de l'inverse de convolution, dans $\mathscr{D}'_+$, lorsqu'il existe. Soit donc A une distribution de $\mathscr{D}'_+$. Supposons qu'elle possède deux inverses de convolution notés A_1 et A_2. Montrons qu'ils sont nécessairement égaux.
On a donc les deux relations

$$\begin{cases} A * A_1 = A_1 * A = \delta \\ A * A_2 = A_2 * A = \delta \end{cases}$$

Par conséquent, l'égalité $A_1 * \delta = A_1$ entraine

$$A_1 = A_1 * \delta = A_1 * A * A_2 = \delta * A_2 = A_2$$

On en déduit facilement que, sous l'hypothèse que la distribution A possède un inverse de convolution A^{-1}, l'équation $A * X = B$ possède une unique solution. □

10.4 Solution élémentaire

Introduisons la notion de solution élémentaire. Soit $A * X = B$ une équation de convolution dans $\mathscr{D}'_+$ où X est inconnue.

Définition 120. On appelle *solution élémentaire* de l'équation $A * X = B$ toute distribution E telle que :

$$A * E = \delta \qquad (12.41)$$

L'existence d'une solution élémentaire donne alors le résultat suivant.

Théorème 99. La distribution $X = E * B$ est solution de $A * X = B$ et la distribution E est l'inverse de convolution de A dans $\mathscr{D}'_+$.

Démonstration.
En effet, la connaissance d'une solution élémentaire conduit à la solution $X = E * B$:

$$A * (E * B) = (A * E) * B = \delta * B = B$$

L'unicité est évidente : si on suppose l'existence de deux inverses A_1 et A_2 on obtient

$$A * A_1 = \delta = A * A_2 \Rightarrow E * A * A_1 = E * A * A_2$$

puis finalement $E * A = A * E = \delta$ donc $A_1 = A_2$. □

10.5 Deux exemples simples

10.5.1 Le cas d'une équation différentielle du premier ordre

Considérons l'équation différentielle, posée au sens des distributions dans $\mathscr{D}'_+$

$$\begin{cases} F' + 2F = G \\ G(x) = \sin x \cdot U(x) \end{cases} \tag{12.42}$$

où U est la distribution de Heaviside (voir la définition 12.3 page 388 pour mémoire).

L'équation (12.42) peut être écrite sous la forme $\left(\delta' + 2\delta\right) * F = G$. Or, la distribution régulière causale $E(x) = \mathrm{e}^{-2x}U(x)$ est une solution élémentaire de (12.42) et c'est donc l'inverse de convolution de $\delta' + 2\delta$ d'après le théorème 99. En effet, par dérivation (au sens des distributions) de la distribution E, à partir de la formule de dérivation d'un produit (12.23) page 406, on obtient

$$E' = -2e^{-2\bullet}U + \mathrm{e}^{-2\bullet}\delta = -2\mathrm{e}^{-2\bullet}U + \delta$$

En effet $\mathrm{e}^{-2\bullet}\delta = \delta$ puisque

$$< \mathrm{e}^{-2\bullet}\delta, \varphi > = < \delta, \mathrm{e}^{-2\bullet}\varphi > = \mathrm{e}^{-2\times 0}\varphi(0) = \varphi(0) = < \delta, \varphi >$$

Par conséquent

$$E' + 2E = \left(\delta' + 2\delta\right) * E = \left(-2\mathrm{e}^{-2\bullet}U + \delta\right) + 2\mathrm{e}^{-2\bullet}U = \delta$$

et E est bien une solution élémentaire et $E = \left(\delta' + 2\delta\right)^{-1}$. Finalement, il reste à déterminer F en calculant $F = \left(\delta' + 2\delta\right)^{-1} * G = E * G$. Or, le calcul du produit de convolution $E * G$ donne $E * G = \left(\mathrm{e}^{2\bullet}U\right) * \left(\sin(\bullet)U\right)$ et il s'agit ici d'un produit de convolution de fonctions qui se calcule en écrivant (voir annexe E page 797)

$$\begin{aligned} E * G(x) &= \left(\mathrm{e}^{2\bullet}U\right) * \left(\sin(\bullet)U\right)(x) \\ &= \int_{-\infty}^{+\infty} \mathrm{e}^{2t}U(t)\sin(x-t)U(x-t)\,\mathrm{d}t \\ &= \int_{-\infty}^{+\infty} \mathrm{e}^{2t}\sin(x-t)U(t)U(x-t)\,\mathrm{d}t \end{aligned}$$

Or, pour tout $t < 0$ on a $U(t) = 0$ et pour tout $t > x$, on a $U(x-t) = 0$, donc l'intégrale précédente s'écrit finalement

$$E * G(x) = \left(\int_0^x e^{2t} \sin(x-t)\,\mathrm{d}t\right) U(x)$$

et l'on obtient donc la solution (qui est une distribution régulière causale)

$$F(x) = E * G(x) = \left(\int_0^x e^{-2t} \sin(x-t)\,\mathrm{d}t\right) U(x)$$

10.5.2 Le cas d'une équation différentielle du second ordre

Considérons maintenant l'équation différentielle, au sens des distributions dans $\mathscr{D}'_+$

$$F'' + 4F = \delta' \tag{12.43}$$

L'équation (12.43) peut être écrite sous la forme $(\delta'' + 4\delta) * F = \delta'$. Or, la distribution (régulière) causale $E(x) = \dfrac{\sin(2x)}{2} U(x)$ est une solution élémentaire de (12.43) et c'est donc l'inverse de convolution de $\delta'' + 4\delta$. En effet, par dérivation de la distribution E, à partir de la formule de dérivation d'un produit (12.23) page 406, on obtient, tout d'abord

$$E' = \cos(2\bullet)U + \frac{\sin(2\bullet)}{2}\delta = \cos(2\bullet)U$$

puisque $\dfrac{\sin(2\bullet)}{2}\delta = 0$ (c'est à dire la distribution nulle) en vertu des égalités valables pour toute fonction test φ,

$$< \frac{\sin(2\bullet)}{2}\delta, \varphi >=< \delta, \frac{\sin(2\bullet)}{2}\varphi >= \frac{\sin(2\times 0)}{2}\varphi(0) = 0$$

En dérivant une seconde fois, toujours avec la formule (12.23) page 406, on obtient

$$E'' = -2\sin(2\bullet)U + 2\cos(2\bullet)\delta$$

A nouveau, on peut remarquer que $2\cos(2\bullet)\delta = \delta$ car, pour toute fonction test φ,

$$< 2\cos(2\bullet)\delta, \varphi >=< \delta, 2\cos(2\bullet)\varphi >= 2\cos(2\times 0)\varphi(0) = \varphi(0) =< \delta, \varphi >$$

Finalement, on obtient

$$E'' = -2\sin(2\bullet)U + 2\cos(2\bullet)\delta = -2\sin(2\bullet)U + \delta$$

et on constate alors sans difficulté que $E'' + 4E = \delta$, c'est à dire que $(\delta'' + 4\delta) * E = \delta$, ce qui montre que E est bien une solution élémentaire et que $E = (\delta'' + 4\delta)^{-1}$. Il reste maintenant à déterminer F en calculant

$$F = (\delta'' + 4\delta)^{-1} * \delta' = E * \delta'$$

Or, le calcul du produit de convolution $E * \delta'$ donne E' en vertu de la formule (96) page 425, on obtient donc la distribution régulière causale

$$F(x) = E'(x) = \cos(2x)U(x)$$

Chapitre 13

Les transformations de Fourier

On doit au mathématicien et physicien Joseph Fourier (1768-1830) les transformations éponymes qui se déclinent en *transformation de Fourier à temps continu* (ou *intégrale*), *transformation de Fourier à temps discret* et *transformation de Fourier discrète.* La décomposition en série de Fourier occupe une place à part car il s'agit d'une problématique sensiblement différente même si on la doit aussi à Fourier (cette problématique est étudiée dans le chapitre 14).
Ces transformations sont fondamentales en traitement du signal et en sciences de l'ingénieur en général. Elles sont à la base de l'analyse spectrale des signaux (voir le chapitre 17) et de l'étude des filtres (voir la partie consacrée à l'étude de la réponse en fréquence d'un filtre dans le chapitre 16). Elles sont aussi à la base de très nombreux appareils d'analyse de laboratoires médicaux, industriels ou de recherche qui utilisent leur capacité à révéler le contenu fréquentiel d'un signal en offrant une vision riche et différente des phénomènes. De manière générale, elles sont indispensables à de nombreux domaines de l'ingénierie comme la mécanique vibratoire, l'électricité et l'électronique pour ne citer que ces exemples.
Initialement un outil théorique en raison de la complexité des calculs qu'elles imposent, elles sont devenues incontournables dans les années 1965 avec le développement d'un algorithme particulièrement performant, celui de la transformation de Fourier rapide qui permet de calculer de manière approchée le spectre d'amplitude de manière très rapide (voir le chapitre 17).

1 Origine des transformations de Fourier à temps continu et discret

Sans entrer dans le détail des notions de *signaux* et de *filtrage linéaire* qui sont abordées dans le chapitre 16, on peut tenter de donner quelques indications sur l'origine des deux transformations de Fourier à *temps continu* (ou *intégrale*) et à *temps discret.* Nous verrons que cette dichotomie correspond aux deux types de filtres *analogiques* (à temps continu) et *numériques* (à temps discret), ce qui justifie le nom donné à ces transformations.

Un filtre établit une relation entre un signal d'entrée e et un signal de sortie s et nous verrons aussi que pour les filtres *linéaires et invariants dans le temps*, cette relation est définie par un produit de convolution entre l'entrée e et un objet particulier h caractéristique du filtre et appelé sa réponse impulsionnelle (voir le chapitre 16 pour les définitions). Le terme « objet » est utilisé ici parce qu'il peut s'agir d'une fonction, d'une distribution ou encore d'une suite. Précisément on a

$$s = h * e \iff s = \mathbb{T}(e)$$

où $*$ désigne le *produit de convolution* entre les deux signaux h et e (voir l'annexe E page 797) et $\mathbb{T}$ un opérateur mathématique linéaire et continu qui transforme e en s.
Dans le cas d'un filtre linéaire continu (voir le chapitre 16), choisissons maintenant comme signal d'entrée une exponentielle complexe, appelée une *harmonique pure* (sa partie réelle est la fonction $t \mapsto \cos(2\pi q t)$)

$$\mathbf{e}_q : t \mapsto \mathrm{e}^{2i\pi q t} \quad \text{où } q \in \mathbb{R} \tag{13.1}$$

Le signal de sortie s_q associé à ce signal d'entrée $\mathbf{e}_q$ s'obtient formellement par :

$$s_q(t) = \big(h * \mathbf{e}_q\big)(t) = \int_{-\infty}^{+\infty} h(x)\mathbf{e}_q(t-x)\,\mathrm{d}x = \mathrm{e}^{2i\pi q t}\int_{-\infty}^{+\infty} h(x)\mathrm{e}^{-2i\pi q x}\,\mathrm{d}x$$

Si l'on définit, toujours formellement, l'expression $\widehat{h}(q)$ pour $q \in \mathbb{R}$

$$\widehat{h}(q) = \int_{-\infty}^{+\infty} h(x)\mathrm{e}^{-2i\pi q x}\,\mathrm{d}x \tag{13.2}$$

on constate que le calcul précédent conduit à écrire

$$\mathbb{T}(\mathbf{e}_q) = \widehat{h}(q)\mathbf{e}_q \tag{13.3}$$

Dans le cas d'un filtre linéaire discret (voir le chapitre 16), choisissons maintenant comme signal d'entrée une exponentielle complexe *discrète*

$$\mathbf{e}_q : n \mapsto \mathrm{e}^{2i\pi q n} \quad \text{où } q \in \mathbb{R} \tag{13.4}$$

Le signal de sortie s_q associé à ce signal d'entrée $\mathbf{e}_q$ s'obtient formellement par :

$$s_q(n) = \big(h * \mathbf{e}_q\big)(n) = \sum_{k=-\infty}^{+\infty} h(k)\mathbf{e}_q(n-k) = \mathrm{e}^{2i\pi q n}\sum_{k=-\infty}^{+\infty} h(k)\mathrm{e}^{-2i\pi q k}$$

Si l'on définit formellement l'expression $\widehat{h}(q)$ pour $q \in \mathbb{R}$

$$\widehat{h}(q) = \sum_{k=-\infty}^{+\infty} h(k)\mathrm{e}^{-2i\pi q k} \tag{13.5}$$

on retrouve à nouveau la relation (13.3).

Les deux calculs précédents prouvent que l'harmonique pure $\mathbf{e}_q$ (fonction ou suite) est vecteur propre de l'opérateur linéaire $\mathbb{T}$ associé à la valeur propre $\widehat{h}(q)$ qui joue donc un rôle très particulier vis-à-vis du filtre étudié. La formule (13.2) définira la *transformée de Fourier à temps continu* de h et la formule (13.5) définira la *transformée de Fourier à temps discret* de h

2 Transformation de Fourier à temps continu

2.1 Transformée et transformation de Fourier

Définition 121. Soit s une fonction numérique définie sur $\mathbb{R}$. Sous réserve d'existence, on appelle *transformée de Fourier* de s (ou *spectre complexe*) la fonction, notée $\widehat{s}$, définie sur $\mathbb{R}$ par

$$\forall q \in \mathbb{R}, \quad \widehat{s}(q) = \int_{-\infty}^{+\infty} s(t)\mathrm{e}^{-i2\pi qt}\,\mathrm{d}t \tag{13.6}$$

À cette définition s'ajoute celle de *transformation de Fourier*.

Définition 122. On appelle *transformation de Fourier* (à temps continu ou intégrale) l'application, notée $\mathbb{TF}$, qui associe à la fonction s sa transformée de Fourier $\widehat{s}$ (lorsqu'elle est définie). La relation $\widehat{s} = \mathbb{TF}(s)$ sera notée $s \xrightarrow{\mathbb{TF}} \widehat{s}$ ou, de manière abusive mais commode, $s(t) \xrightarrow{\mathbb{TF}} \widehat{s}(q)$.

Remarque. Il existe dans la littérature plusieurs versions de cette transformation qui diffèrent par des constantes. La version proposée est dite « fréquentielle ».

2.2 Une condition suffisante d'existence

La transformation de Fourier est définie sur l'espace vectoriel $L^1(\mathbb{R})$. C'est en effet une simple conséquence de la majoration

$$\left|\int_{-\infty}^{+\infty} s(t)\mathrm{e}^{-i2\pi qt}\,\mathrm{d}t\right| \leq \int_{-\infty}^{+\infty} |s(t)|\,\mathrm{d}t$$

Proposition 100. Si $s \in L^1(\mathbb{R})$ alors s possède une transformée de Fourier $\widehat{s}$.

2.3 Transformation de Fourier sur $\mathscr{S}(\mathbb{R})$

L'espace $\mathscr{S}(\mathbb{R})$ joue un rôle très important vis-à-vis de la transformation de Fourier car il est à la base du prolongement de la transformation à l'espace $L^2(\mathbb{R})$ et à l'espace des distributions tempérées. On a alors le résultat important suivant :

Proposition 101. Si $s \in \mathscr{S}(\mathbb{R})$ alors s possède une transformée de Fourier $\widehat{s}$ et $\mathscr{S}(\mathbb{R})$ est stable par transformation de Fourier.

Démonstration.

1. Commençons par remarquer que $s \in \mathscr{S}(\mathbb{R}) \Longrightarrow \lim\limits_{|t|\to+\infty} \left|t^2 s(t)\right| = 0 \Longrightarrow s(t) \overset{\infty}{=} o\left(\dfrac{1}{t^2}\right)$ ce qui assure la convergence absolue de l'intégrale $\displaystyle\int_{-\infty}^{+\infty} s(t)\mathrm{e}^{-i2\pi qt}\,\mathrm{d}t$.

2. Pour démontrer que $\mathscr{S}(\mathbb{R})$ est stable par transformation de Fourier, il convient de montrer que $\widehat{s} \in \mathscr{C}^{\infty}(\mathbb{R})$ et que pour tout entier $k \in \mathbb{N}$, $\widehat{s}^{(k)}$ est à décroissance rapide. Pour cela, il nous faut anticiper un peu et utiliser des résultats qui sont démontrés par la suite. Soient k et n deux entiers, il nous faut montrer que

$$\lim_{|q|\to+\infty} \left|(i2\pi q)^k \frac{\mathrm{d}^n}{\mathrm{d}q^n}\widehat{s}(q)\right| = 0$$

où le facteur $(i2\pi)^k$ n'est là que par commodité. Posons, pour simplifier : $s_n(t) = (-i2\pi t)^n s(t)$. Il est alors facile de vérifier que $s_n \in \mathscr{S}(\mathbb{R})$ (de manière générale, le produit d'une fonction de $\mathscr{S}(\mathbb{R})$ par un polynôme est encore dans $\mathscr{S}(\mathbb{R})$, c'est un résultat facile à démontrer). On a alors par la formule de dérivation « en fréquence » (voir (13.17) page 439)

$$(i2\pi q)^k \frac{\mathrm{d}^n}{\mathrm{d}q^n}\widehat{s}(q) = (i2\pi q)^k \widehat{(-i2\pi\bullet)^n s(\bullet)}(q) = (i2\pi q)^k \widehat{s_n}(q)$$

ensuite, par la formule de dérivation « en temps » (voir (13.18) page 439)

$$(i2\pi q)^k \widehat{s_n}(q) = \widehat{s_n^{(k)}}(q)$$

où $s_n^{(k)} = \dfrac{\mathrm{d}^k s_n}{\mathrm{d}t^k}$ est encore dans $\mathscr{S}(\mathbb{R})$.

Par conséquent, on obtient que $(i2\pi q)^k \dfrac{\mathrm{d}^n}{\mathrm{d}q^n}\widehat{s}(q) = \widehat{s_n^{(k)}}(q)$, autrement dit,

$$\lim_{|q|\to+\infty} \left|(i2\pi q)^k \frac{\mathrm{d}^n}{\mathrm{d}q^n}\widehat{s}(q)\right| = \lim_{|q|\to+\infty} \left|\widehat{s_n^{(k)}}(q)\right|$$

Mais cette dernière limite est nulle en vertu de la propriété 110 page 441, ce qui permet de conclure sur le fait que pour tout entier $k \in \mathbb{N}$, $\widehat{s}^{(k)}$ est à décroissance rapide.

□

Remarque. Il est intéressant de remarquer que l'espace $L^1(\mathbb{R})$ n'est pas stable par transformation de Fourier contrairement à $\mathscr{S}(\mathbb{R})$, ce qui élimine la possibilité d'envisager une formule d'inversion sur $L^1(\mathbb{R})$. Il est en effet facile d'exhiber des fonctions intégrables dont la transformée de Fourier n'est pas intégrable (voir l'exemple de la transformée de Fourier d'une fonction *porte* page 435).

2.4 Transformation sur $L^2(\mathbb{R})$

L'espace $L^2(\mathbb{R})$ des signaux d'énergie finie joue aussi un rôle majeur en traitement du signal. Or, on démontre, mais nous l'admettrons car ce sont des résultats difficiles et techniques, que l'on peut prolonger la transformation de Fourier à l'espace $L^2(\mathbb{R})$ grâce à la propriété de densité de $\mathscr{S}(\mathbb{R})$ dans $L^2(\mathbb{R})$. Le théorème fondamental qui en découle est celui de Parseval-Plancherel (Marc-Antoine Parseval des Chênes, 1755-1836, mathématicien français et Michel Plancherel, 1885-1967, mathématicien suisse) qui énonce que la transformation de Fourier se prolonge à $L^2(\mathbb{R})$ en une application isométrique (donc bijective) avec, comme corollaire, la formule de Parseval aussi appelée égalité d'énergie (voir (13.22) page 444).

2.5 Exemples de transformées de Fourier

2.5.1 Fonctions réelles paires

La transformée de Fourier est, a priori, à valeurs complexes. Cependant, dans le cas particulier d'une fonction réelle et paire, il est facile de démontrer le résultat suivant :

Proposition 102. Soit s une fonction intégrable possédant une transformée de Fourier. Si s est réelle et paire alors sa transformée de Fourier $\widehat{s}$ est elle-même réelle et paire.

Démonstration.
Il suffit d'exploiter la parité en faisant un changement de variable. Pour $q \in \mathbb{R}$

$$\widehat{s}(q) = \int_{-\infty}^{+\infty} s(t)\mathrm{e}^{-i2\pi qt}\,\mathrm{d}t = \int_{-\infty}^{0} s(t)\mathrm{e}^{-i2\pi qt}\,\mathrm{d}t + \int_{0}^{+\infty} s(t)\mathrm{e}^{-i2\pi qt}\,\mathrm{d}t$$

donne ensuite $\widehat{s}(q) = \displaystyle\int_{0}^{+\infty} s(t)\left(\mathrm{e}^{i2\pi qt} + \mathrm{e}^{-i2\pi qt}\right)\mathrm{d}t = 2\int_{0}^{+\infty} s(t)\cos(2\pi qt)\,\mathrm{d}t.$ □

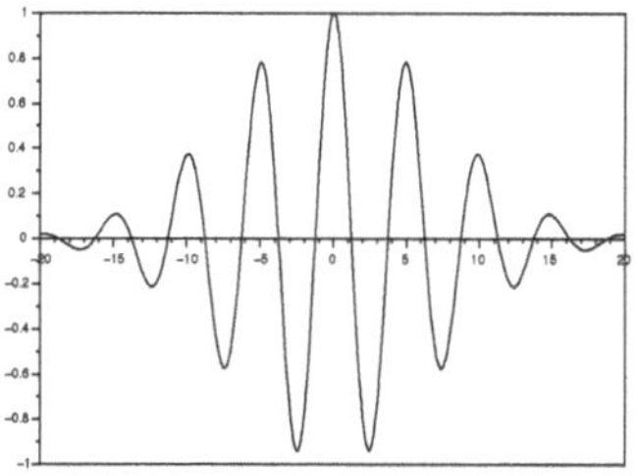

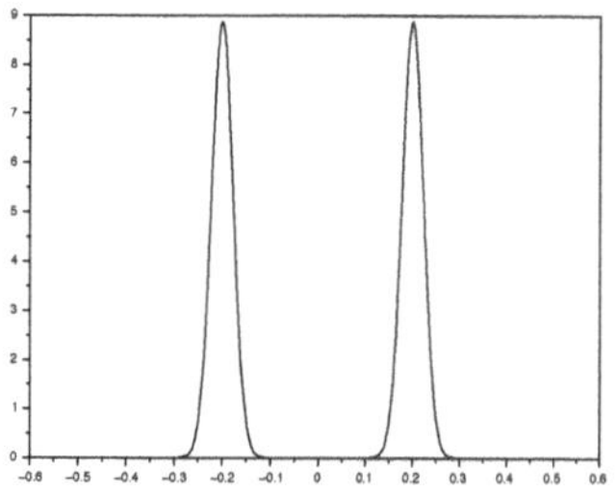

FIGURE 13.1 – Une fonction réelle paire et sa transformée de Fourier

2.5.2 Fonctions *porte* et *sinus cardinal*

On appelle fonction *porte* de largeur $T > 0$ la fonction notée $\mathbb{P}_T$ et définie par

$$t \mapsto \mathbb{P}_T(t) = \begin{cases} \dfrac{1}{T} & t \in \left[-\frac{T}{2}, \frac{T}{2}\right] \\ 0 & t \notin \left[-\frac{T}{2}, \frac{T}{2}\right] \end{cases} \tag{13.7}$$

et on appelle fonction *sinus cardinal*, notée sinc, la fonction définie sur $\mathbb{R}$ par

$$q \mapsto \operatorname{sinc}(q) = \begin{cases} 1 & \text{si} \quad q = 0 \\ \dfrac{\sin(\pi q)}{\pi q} & \text{si} \quad q \in \mathbb{R}^* \end{cases} \tag{13.8}$$

Cette fonction est continue sur $\mathbb{R}$ comme l'illustre la figure 13.2.

D'autre part, il est clair que $\widehat{\mathbb{P}_T}$ existe puisque $\mathbb{P}_T$ est intégrable (elle est à support borné). Par définition, on a pour tout $q \in \mathbb{R}$

$$\widehat{\mathbb{P}_T}(q) = \int_{-\infty}^{+\infty} \mathbb{P}_T(t)\mathrm{e}^{-i2\pi q t}\,\mathrm{d}t = \int_{-T/2}^{T/2} \frac{1}{T}\mathrm{e}^{-i2\pi q t}\,\mathrm{d}t = \frac{\sin(\pi T q)}{\pi T q}$$

on obtient donc

$$\boxed{\forall q \in \mathbb{R}, \quad \widehat{\mathbb{P}_T}(q) = \operatorname{sinc}(\pi T q)} \tag{13.9}$$

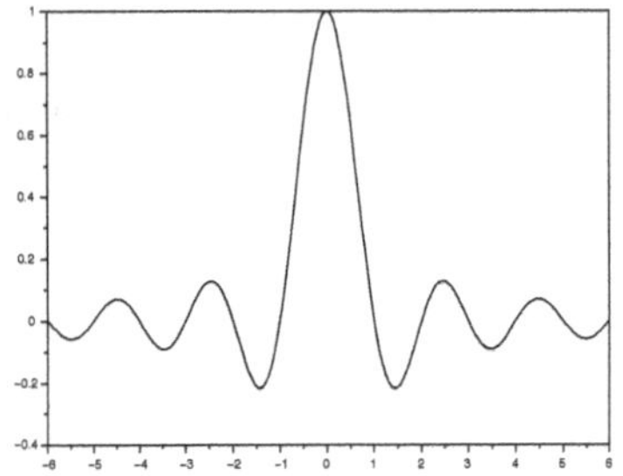

FIGURE 13.2 – Sinus cardinal

2.5.3 Gaussienne $g_a : t \mapsto \mathrm{e}^{-at^2}$

Intéressons nous à la transformée de Fourier d'une gaussienne $g_a : t \mapsto \mathrm{e}^{-at^2}$ où $a > 0$ en commençant par remarquer que $g_a \in \mathscr{S}(\mathbb{R})$ et que

$$\forall t \in \mathbb{R}, \quad g_a'(t) = -2at g_a(t)$$

L'idée est alors de calculer la transformée de Fourier de chaque membre de l'égalité de l'équation différentielle en remarquant que le second membre peut être réécrit sous la forme $-2atg_a(t) = \dfrac{a}{i\pi}\big(-i2\pi t g_a(t)\big)$. Quitte à anticiper sur quelques résultats démontrés par la suite, utilisons les propriétés de linéarité de la transformation de Fourier et les propriétés de dérivation (voir (13.17) et (13.18) page 439) :

1. $\widehat{\frac{\mathrm{d}g_a}{\mathrm{d}t}}(q) = (i2\pi q)\widehat{g_a}(q)$ pour le premier membre
2. $\frac{\mathrm{d}}{\mathrm{d}q}\widehat{g_a}(q) = -\widehat{i2\pi t g_a}(q)$ pour le second membre

Autrement dit, on obtient $i2\pi q \widehat{g_a}(q) = \dfrac{a}{i\pi}\dfrac{\mathrm{d}}{\mathrm{d}q}\widehat{g_a}(q)$, ce qui signifie que la transformée $\widehat{g_a}$ est solution de l'équation différentielle du premier ordre

$$\frac{\mathrm{d}}{\mathrm{d}q}\widehat{g_a}(q) = -\frac{2\pi^2 q}{a}\widehat{g_a}(q)$$

dont le calcul de la solution générale donne $\widehat{g_a}(q) = C\mathrm{e}^{-\frac{\pi^2}{a}q^2}$ où $C \in \mathbb{R}$ est une constante.

Pour calculer la constante C, admettons le résultat suivant $\int_{-\infty}^{+\infty} \mathrm{e}^{-at^2}\,\mathrm{d}t = \sqrt{\frac{\pi}{a}}$, ce qui conduit à

$$\boxed{\forall q \in \mathbb{R}, \quad \widehat{g_a}(q) = \sqrt{\frac{\pi}{a}}\mathrm{e}^{\frac{-\pi^2}{a}q^2}} \tag{13.10}$$

et démontre bien le résultat attendu. Dans le cas particulier où $a = \pi$, il est facile de constater que

$$\boxed{\forall q \in \mathbb{R}, \quad \widehat{g_\pi}(q) = g_\pi(q) = \mathrm{e}^{-\pi q^2}} \tag{13.11}$$

2.6 Transformation de Fourier inverse

Quand on définit une transformation, une question cruciale est son caractère inversible. L'intérêt d'une transformation, que ce soit celle de Fourier, de Laplace ou en Z (qui sont abordées par la suite) est de « changer d'espace » pour transformer la nature d'un problème avec l'espoir que ce nouveau problème soit plus simple que l'ancien. Dans ce cas, si une solution est accessible pour le nouveau problème, il est important de pouvoir revenir, par transformation inverse, à la solution du problème original. On se pose donc la question suivante. Si l'on dispose d'une fonction s admettant une transformée de Fourier $\widehat{s} = \mathbb{TF}(s)$, peut-on retrouver s à partir de sa transformée $\widehat{s}$ en écrivant

$$\widehat{s} = \mathbb{TF}(s) \iff s = \mathbb{TF}^{-1}(\widehat{s})$$

La réponse est affirmative dans le cas de l'espace $\mathscr{S}(\mathbb{R})$.

Théorème 103. Sous l'une des hypothèses suivantes :

1. $s \in \mathscr{S}(\mathbb{R})$.
2. ou si $s \in L^1(\mathbb{R})$ et est continue sur $\mathbb{R}$.

On a la formule d'inversion

$$\forall t \in \mathbb{R}, \quad s(t) = \int_{-\infty}^{+\infty} \widehat{s}(q)\mathrm{e}^{+i2\pi qt}\mathrm{d}q \tag{13.12}$$

En particulier, la transformation de Fourier est donc inversible sur l'espace $\mathscr{S}(\mathbb{R})$ et $\mathbb{TF}^{-1}$ est l'application linéaire et continue qui a $\widehat{s} \in \mathscr{S}(\mathbb{R})$ associe $s \in \mathscr{S}(\mathbb{R})$ par la formule (13.12).

En raison de sa longueur, la démonstration du cas où $s \in \mathscr{S}(\mathbb{R})$ est proposée dans l'annexe G page 805).

Remarque. Le lecteur remarquera que la transformation de Fourier inverse est donnée par une formule tout à fait analogue à la transformation de Fourier directe (seul le signe de l'exponentielle complexe change). Aussi, puisque $\mathrm{e}^{+i2\pi qt} = \overline{\mathrm{e}^{-i2\pi qt}}$, il est de coutume de noter $\overline{\mathbb{TF}} = \mathbb{TF}^{-1}$ et d'appeler la transformation de Fourier inverse *transformation de Fourier conjuguée.* En particulier, cette remarque justifie que la transformation de Fourier inverse jouit des mêmes propriétés que la transformation directe sous réserve de quelques adaptations liées au changement de signe dans l'exponentielle complexe.

3 Principales propriétés de la transformation de Fourier

3.1 Linéarité et continuité

Proposition 104. Soient s_1 et s_2 deux fonctions de transformées de Fourier respectives $\widehat{s}_1$ et $\widehat{s}_2$, λ_1 et λ_2 deux scalaires. Alors

$$\lambda_1 s_1 + \lambda_2 s_2 \xrightarrow{\mathbb{TF}} \lambda_1 \widehat{s}_1 + \lambda_2 \widehat{s}_2 \tag{13.13}$$

La linéarité assure que la transformée de Fourier d'une somme finie est égale à la somme des transformées. Pour généraliser ce résultat à des sommes infinies, la transformation doit posséder une propriété de continuité que nous admettrons. En d'autres termes, la transformée de Fourier d'une somme infinie est égale à la somme des transformées.

3.2 Formules de translation « en t » et « en q »

Proposition 105. Soit s une fonction de transformée de Fourier $\widehat{s}$. Alors, pour tout $t_0 \in \mathbb{R}$ et tout $q_0 \in \mathbb{R}$

$$s(t - t_0) \xrightarrow{\mathbb{TF}} \widehat{s}(q)\mathrm{e}^{-i2\pi q t_0} \tag{13.14}$$

$$s(t)\mathrm{e}^{i2\pi q_0 t} \xrightarrow{\mathbb{TF}} \widehat{s}(q - q_0) \tag{13.15}$$

La démonstration se fait par simple changement de variable.

3.3 Formule de « dilatation »

Proposition 106. Soient $a \in \mathbb{R}^{+*}$ et s une fonction intégrable de transformée de Fourier $\widehat{s}$. Alors :

$$s\left(\frac{t}{a}\right) \xrightarrow{\mathbb{TF}} a\widehat{s}(aq) \tag{13.16}$$

La démonstration se fait encore par simple changement de variable.

3.4 Formule de dérivation « en t », « en q » et régularité de $\widehat{s}$

Proposition 107. Soit $s \in \mathscr{S}(\mathbb{R})$ alors, pour tout $k \in \mathbb{N}$, $\widehat{s}$ est k fois dérivable et

$$(-i2\pi t)^k s(t) \xrightarrow{\mathbb{TF}} \frac{\mathrm{d}^k \widehat{s}}{\mathrm{d}q^k}(q) \tag{13.17}$$

Remarque. On parle de formule de dérivation « en fréquence » parce qu'on dérive le spectre complexe $\widehat{s}$ par rapport à la variable fréquentielle q. Dans la formule de dérivation « en temps » qui suit, on commence par dériver le signal s par rapport à la variable temporelle t et, ensuite, on en calcule la transformée de Fourier.

Démonstration.
C'est une conséquence du théorème de dérivation des intégrales à paramètre qui exprime que, pour une fonction $f \in L^1(\mathbb{R}^2)$, la fonction F définie par $F : q \mapsto F(q) = \int_{-\infty}^{+\infty} f(q,t)\,\mathrm{d}t$ est dérivable sur $\mathbb{R}$ sous les deux hypothèses :

(1) A t fixé, $q \mapsto f(q,t)$ est dérivable sur $\mathbb{R}$.

(2) Il existe une fonction $g : t \mapsto g(t)$ positive et intégrable telle que, pour tout $(q,t) \in \mathbb{R}^2$ on ait $\left|\frac{\partial f}{\partial q}(q,t)\right| \leq g(t)$.

On dispose de la formule de dérivation

$$\forall q \in \mathbb{R}, \quad \frac{\mathrm{d}}{\mathrm{d}q}\int_{-\infty}^{+\infty} f(q,t)\,\mathrm{d}t = \int_{-\infty}^{+\infty} \frac{\partial f}{\partial q}(q,t)\,\mathrm{d}t$$

Dans notre cas, les deux hypothèses sont immédiatement vérifiées puisque, d'une part $(q,t) \mapsto s(t)\mathrm{e}^{-i2\pi qt}$ est clairement intégrable sur $\mathbb{R}^2$, à t fixé, $q \mapsto s(t)\mathrm{e}^{-i2\pi qt}$ est dérivable sur $\mathbb{R}$ et

$$\left|\frac{\partial}{\partial q} s(t)\mathrm{e}^{-i2\pi qt}\right| = |-i2\pi t s(t)| = 2\pi |ts(t)|$$

conduit à poser $g : t \mapsto 2\pi|ts(t)|$ qui est, par hypothèse, une fonction intégrable. Par conséquent, on peut dériver $\widehat{s}$ sur $\mathbb{R}$ et la formule donne :

$$\frac{\mathrm{d}}{\mathrm{d}q}\widehat{s}(q) = -i2\pi \int_{-\infty}^{+\infty} ts(t)\mathrm{e}^{-i2\pi qt}\,\mathrm{d}t$$

La généralisation se fait en remarquant, d'une part que pour tout entier $k \in \mathbb{N}^*$ on a la formule $\frac{\partial^k}{\partial q^k}\left(s(t)\mathrm{e}^{-i2\pi qt}\right) = (-i2\pi)^k t^k s(t)\mathrm{e}^{-i2\pi qt}$ et, d'autre part, que $t \mapsto (2\pi)^k |t^k s(t)|$ est encore intégrable par hypothèse. □

Proposition 108. Soit $s \in \mathscr{S}(\mathbb{R})$ alors, pour tout $k \in \mathbb{N}$, $\frac{\mathrm{d}^k s}{\mathrm{d}t^k}$ possède une transformée de Fourier et

$$\frac{\mathrm{d}^k s}{\mathrm{d}t^k}(t) \xrightarrow{\mathbb{TF}} (i2\pi q)^k \widehat{s}(q) \qquad (13.18)$$

Démonstration.
Considérons le cas $n = 1$ et montrons que $\int_{-\infty}^{+\infty} s'(t)\mathrm{e}^{-i2\pi qt}\,\mathrm{d}t = (i2\pi q)\int_{-\infty}^{+\infty} s(t)\mathrm{e}^{-i2\pi qt}\,\mathrm{d}t$ à l'aide d'une intégration par parties (licite puisque les fonctions en jeu sont de classe $\mathscr{C}^1(\mathbb{R})$). On écrit donc, pour $a < b$:

$$\int_a^b s'(t)\mathrm{e}^{-i2\pi qt}\,\mathrm{d}t = \left[s(t)\mathrm{e}^{-i2\pi qt}\right]_a^b + i2\pi q\int_a^b s(t)\mathrm{e}^{-i2\pi qt}\,\mathrm{d}t$$

Il reste ensuite à passer à la limite lorsque $a \to -\infty$ et $b \to +\infty$. Par hypothèse, s et s' possèdent une transformée de Fourier donc

$$\lim_{a\to-\infty}\lim_{b\to+\infty}\int_a^b s'(t)\mathrm{e}^{-i2\pi qt}\,\mathrm{d}t = \widehat{s'}(q) \quad \text{et} \quad \lim_{a\to-\infty}\lim_{b\to+\infty} i2\pi q\int_a^b s(t)\mathrm{e}^{-i2\pi qt}\,\mathrm{d}t = i2\pi q\,\widehat{s}(q)$$

Il reste donc à montrer que le terme $\left[s(t)\mathrm{e}^{-i2\pi qt}\right]_a^b \to 0$ lorsque $a \to -\infty$ et $b \to +\infty$ et c'est la seule partie délicate de la preuve.
Pour cela, exploitons les deux hypothèses $(1) s \in \mathscr{C}^1(\mathbb{R})$ et $(2) s' \in L^1(\mathbb{R})$ en remarquant que (1) permet d'écrire, pour tout b, $s(b) = s(0) + \int_0^b s'(z)\,\mathrm{d}z$ et que (2) permet d'affirmer que $\lim_{b\to+\infty} s(b) \in \mathbb{R}$ puisque l'intégrale $\int_0^\infty s'(z)\,\mathrm{d}z$ converge.
En écrivant $s(a) = s(0) - \int_a^0 s'(z)\,\mathrm{d}z$, on montre de même que $\lim_{a\to-\infty} s(t) \in \mathbb{R}$. Pour terminer, il reste à montrer que ces deux limites $\lim_{b\to+\infty} s(t)$ et $\lim_{a\to-\infty} s(t)$ sont nulles. C'est un résultat classique d'intégration qui se démontre par l'absurde. Supposons en effet que $\lim_{b\to+\infty} s(t) = L \neq 0$ (et que $\int_0^\infty s(z)\,\mathrm{d}z$ converge).
Commençons alors par le cas où $\lim_{b\to+\infty} s(t) = L > 0$. On a par définition

$$(\star) \quad \forall \varepsilon > 0, \exists A > 0, \forall t > A, \quad L - \varepsilon \leq s(t) \leq L + \varepsilon$$

Soit donc $0 < \varepsilon < \frac{L}{2}$ de sorte que $0 < L - \varepsilon$. Alors, pour tout $x > 0$ on a

$$(\star) \Longrightarrow \int_A^{A+x} (L-\varepsilon)\,\mathrm{d}t \leq \int_A^{A+x} s(t)\,\mathrm{d}t$$

or

$$\lim_{x\to+\infty} \int_A^{A+x} (L-\varepsilon)\,\mathrm{d}t = +\infty \quad \text{alors que} \quad \lim_{x\to+\infty} \int_A^{A+x} s(t)\,\mathrm{d}t \in \mathbb{R}$$

ce qui est absurde, donc, nécessairement, $L \leq 0$ mais comme on a supposé que $L \neq 0$, on en déduit que nécessairement $L < 0$. On reprend alors la même démarche avec $0 < \varepsilon < -\dfrac{L}{2}$ de sorte que $L + \varepsilon < 0$ et $\lim_{x\to+\infty} \int_A^{A+x} (L+\varepsilon)\,\mathrm{d}t = -\infty$ alors que $\lim_{x\to+\infty} \int_A^{A+x} s(t)\,\mathrm{d}t \in \mathbb{R}$ ce qui est à nouveau absurde. Finalement, on en déduit que $L = 0$. On montre de même que $\lim_{a\to-\infty} s(t) = 0$ par un raisonnement tout à fait semblable.
Enfin, en écrivant

$$\left| s(b)\mathrm{e}^{-i2\pi qb} - s(a)\mathrm{e}^{-i2\pi qa} \right| \leq |s(b)| + |s(a)|$$

on en déduit que

$$\lim_{a\to-\infty} \lim_{b\to+\infty} \left(s(b)\mathrm{e}^{-i2\pi qb} - s(a)\mathrm{e}^{-i2\pi qa} \right) = 0$$

ce qui termine la démonstration pour le cas $n = 1$. La généralisation se fait grâce à plusieurs intégrations par parties successives et elle est laissée au lecteur. □

3.5 Régularité de $\widehat{s}$

Proposition 109.

1. Si $s \in L^1(\mathbb{R})$ alors sa transformée de Fourier $\widehat{s}$ est continue et bornée.
2. Si $s \in \mathscr{S}(\mathbb{R})$ alors sa transformée de Fourier $\widehat{s}$ est de classe $\mathscr{C}^\infty(\mathbb{R})$.
3. Si $s \in L^1(\mathbb{R})$ est à décroissance rapide alors $\widehat{s}$ est de classe $\mathscr{C}^\infty(\mathbb{R})$.

Démonstration.

1. Si $s \in L^1(\mathbb{R})$, la continuité de $q \mapsto \widehat{s}(q)$ est une conséquence du théorème de continuité sous l'intégrale. En effet, les deux hypothèses de ce théorème sont vérifiées :
   (1) A t fixé, $(q,t) \mapsto s(t)\mathrm{e}^{-i2\pi qt}$ est continue sur $\mathbb{R}$.
   (2) On a une hypothèse de domination globale, pour tout $(q,t) \in \mathbb{R}^2$, $\left|s(t)\mathrm{e}^{-i2\pi qt}\right| \le |s(t)|$ avec s intégrable sur $\mathbb{R}$.

   Ce qui assure la continuité de $\widehat{s}$ sur $\mathbb{R}$. La majoration est ensuite obtenue en écrivant
   $$\left|\widehat{s}(q)\right| = \left|\int_{-\infty}^{+\infty} s(t)\mathrm{e}^{-i2\pi qt}\,\mathrm{d}t\right| \le \int_{-\infty}^{+\infty} |s(t)|\,\mathrm{d}t$$
2. C'est une simple conséquence du fait que, pour tout $p \in \mathbb{N}$, $t \mapsto t^p s(t) \in L^1$.
3. Ce résultat a déjà été démontré (voir la proposition 101 page 433).

□

3.6 Limite en $-\infty$ et $+\infty$

Proposition 110. Soit $s \in L^1(\mathbb{R})$ alors sa transformée de Fourier $\widehat{s}$ possède une limite nulle en $-\infty$ et $+\infty$.

Démonstration.
Donnons seulement l'idée de la démonstration qui s'appuie sur une propriété de densité qui stipule que toute fonction intégrable f est limite simple d'une suite de fonctions $(f_n)_{n\in\mathbb{N}}$ étagées, c'est à dire une somme finie de fonctions indicatrices d'intervalles définies par
$$\mathbb{1}_{[a,b]} = \begin{cases} 1 \text{ si } t \in [a,b] \\ 0 \text{ si } t \notin [a,b] \end{cases}$$
Admettons donc ce résultat. Soit $s \in L^1(\mathbb{R})$, alors il existe une suite $(s_n)_{n\in\mathbb{N}}$ de fonctions étagées qui converge simplement vers s dans $L^1(\mathbb{R})$, autrement dit telle que
$$\lim_{n\to+\infty}\int_{-\infty}^{+\infty} |s - s_n| = 0$$
Il reste alors à démontrer deux points :

(1) Pour une fonction indicatrice $\mathbb{1}_{[a,b]}$ on a $\lim\limits_{|q|\to+\infty} \left|\widehat{\mathbb{1}_{[a,b]}}(q)\right| = 0$, ce qui sera encore vraie pour toute combinaison linéaire finie de telles fonctions et donc, pour tout $n \in \mathbb{N}$, $\lim\limits_{q\to+\infty} |s_n(q)| = 0$. Ce premier point ne pose pas de problème.

(2) Ensuite, en vertu de la majoration $|\widehat{s}(q) - \widehat{s_n}(q)| \le \int_{-\infty}^{+\infty} |s - s_n|$ et du fait que $\lim\limits_{n\to+\infty}\int_{-\infty}^{+\infty} |s - s_n| = 0$ et $\lim\limits_{q\to+\infty} |s_n(q)| = 0$, on en déduit que $\lim\limits_{q\to+\infty} |\widehat{s}(q)| = 0$.

□

3.7 Formule d'échange

Proposition 111. Soient s_1 et s_2 deux fonctions intégrables de transformées de Fourier respectives $\widehat{s_1}$ et $\widehat{s_2}$. Alors

$$\int_{-\infty}^{+\infty} \widehat{s_1}\, s_2 = \int_{-\infty}^{+\infty} s_1 \widehat{s_2} \tag{13.19}$$

Démonstration.
Sachant que $\widehat{s_1}$ et $\widehat{s_2}$ sont toutes deux des fonctions continues et bornées, on en déduit que $\widehat{s_1}\, s_2 \in L^1(\mathbb{R})$ et $s_1 \widehat{s_2} \in L^1(\mathbb{R})$, ce qui assure l'existence des intégrales.
Ensuite, la formule d'échange est une conséquence du théorème de Fubini (Guido Fubini, 1879-1943, mathématicien italien) qui s'applique ici puisque $(q,t) \mapsto s_1(t)\mathrm{e}^{-i2\pi qt} s_2(q)$ est intégrable sur $\mathbb{R}^2$. Ainsi, les calculs suivants sont licites

$$\int_{-\infty}^{+\infty} \widehat{s_1}(q) s_2(q)\mathrm{d}q = \int_{-\infty}^{+\infty} \left(\int_{-\infty}^{+\infty} s_1(t)\mathrm{e}^{-i2\pi qt}\,\mathrm{d}t\right) s_2(q)\mathrm{d}q$$

$$\int_{-\infty}^{+\infty} \widehat{s_1}(q) s_2(q)\mathrm{d}q = \int_{-\infty}^{+\infty} s_1(t) \left(\int_{-\infty}^{+\infty} s_2(q)\mathrm{e}^{-i2\pi qt}\mathrm{d}q\right) \mathrm{d}t = \int_{-\infty}^{+\infty} s_1 \widehat{s_2}$$

□

3.8 Convolution dans $\mathscr{S}(\mathbb{R})$

Proposition 112. Soient s_1 et s_2 deux fonctions de $\mathscr{S}(\mathbb{R})$ de transformées de Fourier respectives $\widehat{s_1}$ et $\widehat{s_2}$. Alors $s_1 * s_2 \in \mathscr{S}(\mathbb{R})$ et

$$\begin{cases} s_1 * s_2 & \xrightarrow{\mathbb{TF}} & \widehat{s_1} \times \widehat{s_2} \\ s_1 \times s_2 & \xrightarrow{\mathbb{TF}} & \widehat{s_1} * \widehat{s_2} \end{cases} \tag{13.20}$$

Démonstration.
Montrons que $s_1 * s_2 \xrightarrow{\mathbb{TF}} \widehat{s_1} \times \widehat{s_2}$ en admettant que $s_1 * s_2 \in \mathscr{S}(\mathbb{R})$ (ce qui n'est pas très compliqué mais un peu technique), le second résultat en découle directement.
Puisque $s_1 * s_2 \in \mathscr{S}(\mathbb{R})$, on peut en calculer la transformée de Fourier et, en utilisant le théorème de Fubini, on a pour tout $q \in \mathbb{R}$

$$\widehat{s_1 * s_2}(q) = \int_{-\infty}^{+\infty} (s_1 * s_2)(t)\mathrm{e}^{-i2\pi qt}\,\mathrm{d}t = \int_{-\infty}^{+\infty} \left(\int_{-\infty}^{+\infty} s_1(x)s_2(t-x)\,\mathrm{d}x\right)\mathrm{e}^{-i2\pi qt}\,\mathrm{d}t$$

En remarquant que $\mathrm{e}^{-i2\pi qt} = \mathrm{e}^{-i2\pi qx}\mathrm{e}^{-i2\pi q(t-x)}$, on peut écrire

$$\widehat{s_1 * s_2}(q) = \int_{-\infty}^{+\infty} \left(\int_{-\infty}^{+\infty} s_1(x)\mathrm{e}^{-i2\pi qx} s_2(t-x)\mathrm{e}^{-i2\pi q(t-x)}\,\mathrm{d}x\right) \mathrm{d}t$$

si l'on pose $a : t \mapsto s_1(t)\mathrm{e}^{-i2\pi qt}$ et $b : t \mapsto s_2(t)\mathrm{e}^{-i2\pi qt}$, on reconnaît dans cette expression l'intégrale du produit de convolution $a * b$, c'est à dire

$$\widehat{s_1 * s_2}(q) = \int_{-\infty}^{+\infty} (a * b)(t)\,\mathrm{d}t$$

Or, la propriété (E.6) page 802 (voir l'annexe E) nous permet d'écrire

$$\int_{-\infty}^{+\infty} (a * b)(t)\,\mathrm{d}t = \left(\int_{-\infty}^{+\infty} a(t)\,\mathrm{d}t\right) \times \left(\int_{-\infty}^{+\infty} b(t)\,\mathrm{d}t\right)$$

autrement dit

$$\widehat{s_1 * s_2}(q) = \left(\int_{-\infty}^{+\infty} s_1(t)\mathrm{e}^{-i2\pi qt}\,\mathrm{d}t\right) \times \left(\int_{-\infty}^{+\infty} s_2(t)\mathrm{e}^{-i2\pi qt}\,\mathrm{d}t\right) = \widehat{s_1}(q) \times \widehat{s_2}(q)$$

□

3.9 Spectre d'amplitude, spectre de phase

Définition 123.

1. On appelle *spectre d'amplitude* la représentation graphique, en fonction des fréquences q, de l'amplitude
$$q \longmapsto |\widehat{s}(q)|$$
2. On appelle *spectre de phase* la représentation graphique, en fonction des fréquences q, de la phase
$$q \longmapsto \arg \widehat{s}(q)$$

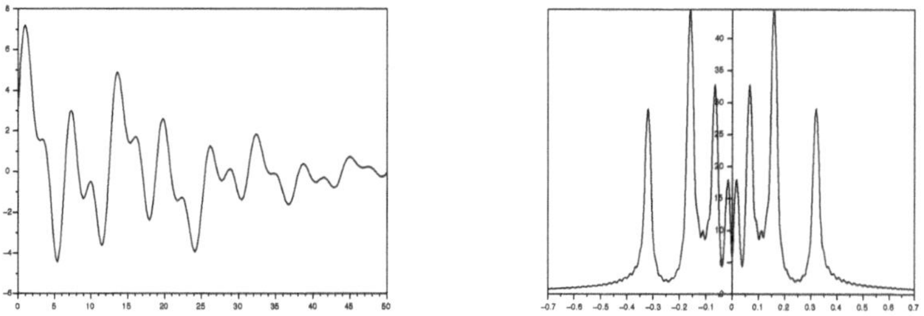

FIGURE 13.3 – Un signal et son spectre d'amplitude

3.10 Énergie d'un signal

Définition 124. Soit s un signal modélisé par une fonction $s : t \longmapsto s(t)$ de carré intégrable sur $\mathbb{R}$, c'est-à-dire $s \in L^2(\mathbb{R})$. On appelle *énergie* de s la quantité positive

$$E(s) = \int_{-\infty}^{+\infty} |s|^2 \tag{13.21}$$

Pour les signaux d'énergie finie, la formule de Parseval énonce que l'énergie du signal temporel est conservée en passant dans l'espace fréquentiel par transformation de Fourier.

Proposition 113. Formule de Parseval. Soit $s \in L^2(\mathbb{R})$, alors

$$\int_{-\infty}^{+\infty} |s(t)|^2 \, \mathrm{d}t = \int_{-\infty}^{+\infty} |\widehat{s}(q)|^2 \mathrm{d}q \tag{13.22}$$

4 Transformation de Fourier des distributions tempérées

Beaucoup de fonctions, parmi lesquelles les plus utiles au traitement du signal (signaux constants ou sinusoïdaux par exemple) ne possèdent pas de transformée de Fourier faute d'être intégrables ou même d'énergie finie. La généralisation de la transformation de Fourier aux distributions tempérées permet de lever cette restriction.

4.1 Prolongement de la transformation à $\mathscr{S}'(\mathbb{R})$

Soit $s \in \mathscr{S}$, elle définit donc une distribution régulière encore notée s et elle possède une transformée de Fourier $\widehat{s}$ elle-même élément de $\mathscr{S}$ et on peut donc définir la distribution régulière associée à $\widehat{s}$ par la formule suivante, valable pour toute fonction test φ :

$$< \widehat{s}, \varphi >= \int_{-\infty}^{+\infty} \widehat{s}(q)\varphi(q)\mathrm{d}q$$

c'est à dire

$$< \widehat{s}, \varphi >= \int_{-\infty}^{+\infty} \left(\int_{-\infty}^{+\infty} e^{-i2\pi qt} s(t) \, \mathrm{d}t \right) \varphi(q) \, \mathrm{d}q$$

Formellement, on peut écrire :

$$< \widehat{s}, \varphi >= \int_{-\infty}^{+\infty} \int_{-\infty}^{+\infty} s(t).e^{-i2\pi qt}\varphi(q) \, \mathrm{d}t \, \mathrm{d}q = \int_{-\infty}^{+\infty} s(t) \left(\int_{-\infty}^{+\infty} e^{-i2\pi qt}\varphi(q) \, \mathrm{d}q \right) \mathrm{d}t$$

Or, si l'on suppose $\varphi \in \mathscr{S}$, alors

$$\int_{-\infty}^{+\infty} e^{-i2\pi qt}\varphi(q) \, \mathrm{d}q = \widehat{\varphi}(t)$$

et l'application du théorème de Fubini justifie les calculs précédents. On peut donc écrire pour tout $\varphi \in \mathscr{S}$:

$$< \widehat{s}, \varphi >= \int_{-\infty}^{+\infty} \widehat{s}(q)\varphi(q)\mathrm{d}q = \int_{-\infty}^{+\infty} s(q)\widehat{\varphi}(q)\mathrm{d}q$$

c'est à dire

$$\boxed{< \widehat{s}, \varphi >=< s, \widehat{\varphi} >}$$

Cette formule permet alors de définir une nouvelle distribution, notée $\widehat{s}$ (dont nous admettrons qu'elle est tempérée) puis la transformation de Fourier sur l'espace des distributions tempérées (les formes linéaires continues sur $\mathscr{S}(\mathbb{R})$) qui associe à la distribution tempérée s la distribution tempérée $\widehat{s}$.

Définition 125. Soit $s \in \mathscr{S}'(\mathbb{R})$ une distribution tempérée. On appelle transformée de Fourier de la distribution s la distribution tempérée, notée $\widehat{s}$, définie par :

$$\forall \varphi \in \mathscr{S}(\mathbb{R}), \quad <\widehat{s}, \varphi> = <s, \widehat{\varphi}> \tag{13.23}$$

On note encore $\mathbb{TF}$ la transformation de Fourier sur l'espace des distributions tempérées et l'association $\widehat{s} = \mathbb{TF}(s)$ est encore notée $s \xrightarrow{\mathbb{TF}} \widehat{s}$.

4.2 Transformation de Fourier inverse

Proposition 114. La transformation de Fourier $\mathbb{TF}$ est inversible sur $\mathscr{S}'(\mathbb{R})$.

$$\forall s \in \mathscr{S}'(\mathbb{R}), \quad \widehat{s} = \mathbb{TF}(s) \iff s = \mathbb{TF}^{-1}(\widehat{s}) \tag{13.24}$$

Démonstration.
Pour toute fonction test $\varphi \in \mathscr{S}$ on a, puisque $\mathbb{TF}$ est inversible sur $\mathscr{S}$

$$\mathbb{TF}^{-1}\big(\mathbb{TF}\big)(\varphi) = \mathbb{TF}\big(\mathbb{TF}^{-1}\big)(\varphi) = \varphi$$

donc

$$<\mathbb{TF}^{-1}\big(\widehat{s}\big), \varphi> = <\widehat{s}, \mathbb{TF}^{-1}(\varphi)> = <s, \mathbb{TF}\big(\mathbb{TF}^{-1}\big)(\varphi)> = <s, \varphi>$$

ce qui prouve que $s = \mathbb{TF}^{-1}(\widehat{s})$ et on démontre de même que $s = \mathbb{TF}\big(\mathbb{TF}^{-1}\big)(s)$. □

4.3 Formules de dérivation et de « retard »

On retrouve, dans le cadre des distributions tempérées, deux formules analogues aux formules de dérivation « en temps » et « en fréquence » déjà rencontrées.

Proposition 115. Soient $S \in \mathscr{S}'(\mathbb{R})$ et $k \in \mathbb{N}$ un entier naturel, alors on a (au sens des distributions et en faisant intervenir une variable de manière abusive mais commode) :

1. La formule de dérivation « en fréquence » :

$$(-i2\pi t)^k S(t) \xrightarrow{\mathbb{TF}} \frac{\mathrm{d}^k \widehat{S}}{\mathrm{d}q^k}(q) \tag{13.25}$$

2. La formule de dérivation « en temps » :

$$\frac{\mathrm{d}^k S}{\mathrm{d}t^k}(t) \xrightarrow{\mathbb{TF}} (i2\pi q)^k \widehat{S}(q) \tag{13.26}$$

Démonstration.
Donnons quelques éléments de preuve en admettant les deux résultats suivants (dont la démonstration est simple). Si S est une distribution tempérée alors :

1. Pour tout entier k, $t^k S$ est encore une distribution tempérée.
2. Pour tout entier k, la dérivée k-*ième* $S^{(k)}$ est encore une distribution tempérée.

A partir de là, il est facile de montrer la formule de dérivation « en fréquence ». En effet, soit S une distribution tempérée et k un entier. Puisque $t^k S$ est encore une distribution tempérée, il est possible d'en calculer sa transformée de Fourier $\widehat{t^k S}$. Or, pour toute fonction test $\varphi \in \mathscr{S}$, on a $<\widehat{t^k S}, \varphi>=<t^k S, \widehat{\varphi}>=<S, q^k \widehat{\varphi}>$ en changeant la lettre t par q pour revenir aux notations habituelles.Or, d'après la formule de dérivation « en temps » (13.18), on peut écrire

$$\widehat{\varphi^{(k)}}(q)=(i2\pi q)^k \widehat{\varphi}(q) \quad \Longleftrightarrow \quad q^k \widehat{\varphi}(q)=\frac{1}{(i2\pi)^k}\widehat{\varphi^{(k)}}(q)$$

et, par conséquent

$$<\widehat{t^k S}, \varphi>=<S, \frac{1}{(i2\pi)^k}\widehat{\varphi^{(k)}}(q)>=\frac{1}{(i2\pi)^k}<S, \widehat{\varphi^{(k)}}(q)>$$

or,

$$<S, \widehat{\varphi^{(k)}}(q)>=<\widehat{S}, \varphi^{(k)}>=(-1)^k<\widehat{S}^{(k)}, \varphi>$$

donc, finalement, on obtient $<\widehat{t^k S}, \varphi>=\dfrac{1}{(-i2\pi)^k}<\widehat{S}^{(k)}, \varphi>$ puis

$$<\widehat{(-i2\pi t)^k S}, \varphi>=<\widehat{S}^{(k)}, \varphi>$$

ce qui démontre bien que, au sens des distributions, $(-i2\pi t)^k S(t) \xrightarrow{\mathbb{TF}} \widehat{S}^{(k)}(q)$. La formule de dérivation « en temps » s'obtient par des arguments semblables. □

Proposition 116. Soit $S \in \mathscr{S}'(\mathbb{R})$, alors pour tout $t_0 \in \mathbb{R}$, toujours avec des notations abusives mais commodes

$$S(t-t_0) \xrightarrow{\mathbb{TF}} \widehat{S}(q)\mathrm{e}^{-i2\pi q t_0} \tag{13.27}$$

et pour tout $q_0 \in \mathbb{R}$

$$S(t)\mathrm{e}^{i2\pi q_0 t} \xrightarrow{\mathbb{TF}} \widehat{S}(q-q_0) \tag{13.28}$$

Démonstration.
Donnons la démonstration de la seconde formule, la première s'obtient de manière tout à fait semblable. Commençons par remarquer que le produit $\mathrm{e}^{+i2\pi q_0 \bullet} S$ est bien défini (car $t \mapsto \mathrm{e}^{+i2\pi q_0 t}$ est de classe $\mathscr{C}^\infty$ sur $\mathbb{R}$) et que c'est une distribution tempérée (car $t \mapsto \mathrm{e}^{+i2\pi q_0 t}$ est bornée sur $\mathbb{R}$). Ensuite, pour toute fonction test $\varphi \in \mathscr{S}$

$$<\big(\widehat{\mathrm{e}^{+i2\pi q_0 t} S}\big), \varphi>=<\mathrm{e}^{+i2\pi q_0 t} S, \widehat{\varphi}>=<S, \mathrm{e}^{+i2\pi q_0 q}\widehat{\varphi}>$$

or, on sait (formule de « retard » pour les fonctions) que $\mathrm{e}^{+i2\pi q_0 q}\widehat{\varphi}(q)=\widehat{\tau_{-q_0}\varphi}(q)$ en notant $\tau_a \varphi=\varphi(\bullet-a)$. Donc

$$<\big(\widehat{\mathrm{e}^{+i2\pi q_0 t} S}\big), \varphi>=<s, \widehat{\tau_{-q_0}\varphi}>=<\widehat{S}, \tau_{-q_0}\varphi>=<\tau_{q_0}\widehat{S}, \varphi>$$

par définition d'une distribution translatée, ce qui démontre la formule. □

4.4 Convolution

Proposition 117. Soit s_1 une distribution tempérée.

1. Si $s_2 \in \mathscr{S}(\mathbb{R})$ alors les produits classique et de convolution sont bien définis et

$$\left\{\begin{array}{lcl} s_1 * s_2 & \xrightarrow{\mathbb{TF}} & \widehat{s_1} \times \widehat{s_2} \\ s_1 \times s_2 & \xrightarrow{\mathbb{TF}} & \widehat{s_1} * \widehat{s_2} \end{array}\right. \tag{13.29}$$

2. Si s_2 est tempérée et à support borné alors les produits classique et de convolution sont bien définis et

$$s_1 * s_2 \xrightarrow{\mathbb{TF}} \widehat{s_1} \times \widehat{s_2} \tag{13.30}$$

Ces résultats sont difficiles et admis (voir [*GW*]).

Remarque. Avec les distributions, il faut être particulièrement prudent dans la manipulation des produits (classique ou de convolution) car on sait que le simple produit classique de deux distributions n'est, en général, pas défini !

4.5 Transformée de Fourier d'une distribution à support compact

Donnons sans démonstration le résultat suivant qui sera utilisé à plusieurs reprises, en particulier dans la proposition 162 page 542 (voir [*GW*] pour une démonstration).

Proposition 118. Si s est une distribution tempérée à support compact, alors sa transformée de Fourier $\widehat{s}$ est une fonction de classe $\mathscr{C}^\infty$ à croissance lente (voir annexe B, page 776) ainsi que toutes ses dérivées.

4.6 Exemples de transformées de Fourier au sens des distributions

4.6.1 Distributions de Dirac δ_a et $e_a : t \mapsto \mathrm{e}^{i2\pi at}$

Notons, pour $a \in \mathbb{R}$, $e_a : t \mapsto \mathrm{e}^{i2\pi at}$. Par définition, le spectre $\widehat{\delta_a}$ est défini pour toute fonction test $\varphi \in \mathscr{S}(\mathbb{R})$ par

$$<\widehat{\delta_a}, \varphi> = <\delta_a, \widehat{\varphi}> = \widehat{\varphi}(a) = \int_{-\infty}^{+\infty} \varphi(t)\mathrm{e}^{-i2\pi at}\,\mathrm{d}t = <e_{-a}, \varphi>$$

Par conséquent, on en déduit que $\widehat{\delta_a} = e_{-a}$ au sens des distributions et, lorsque $a = 0$, $\widehat{\delta} = \mathbb{1}$. De même, on montre sans difficulté que $\widehat{e_a} = \delta_a$ et $\widehat{\mathbb{1}} = \delta$ (voir 13.36 page 449).

$$\boxed{\left\{\begin{array}{lcl} \delta_a & \xrightarrow{\mathbb{TF}} & \mathrm{e}^{-i2\pi aq} \\ \delta & \xrightarrow{\mathbb{TF}} & \mathbb{1} \end{array}\right.} \tag{13.31}$$

$$\boxed{\left\{\begin{array}{lcl} \mathrm{e}^{i2\pi aq} & \xrightarrow{\mathbb{TF}} & \delta_a \\ \mathbb{1} & \xrightarrow{\mathbb{TF}} & \delta \end{array}\right.} \tag{13.32}$$

4.6.2 Peigne de Dirac Δ_T de période $T > 0$

Le peigne de Dirac a été défini dans le chapitre 12 page 393 et il a été démontré à la page 419 de ce même chapitre que c'était une distribution tempérée. Il est défini par la somme

$$\Delta_T = \sum_{n=-\infty}^{+\infty} \delta_{nT} \tag{13.33}$$

Δ_T a la propriété remarquable d'avoir sa transformée proportionnelle au peigne de Dirac $\Delta_{\frac{1}{T}}$. Précisément, on a le résultat suivant

$$\boxed{\Delta_T \xrightarrow{\mathbb{TF}} \frac{1}{T}\Delta_{\frac{1}{T}}} \tag{13.34}$$

La démonstration se déroule en deux étapes.

1. La première étape ne pose pas de problème : partant de la définition du peigne de Dirac $\Delta_T = \sum\limits_{n=-\infty}^{+\infty} \delta_{nT}$, on en calcule le spectre en utilisant la propriété de linéarité et de continuité de la transformation de Fourier (pour assurer qu'il est possible d'intervertir la transformation $\mathbb{TF}$ et la somme infinie)

$$\widehat{\Delta_T} = \sum_{n=-\infty}^{+\infty} \widehat{\delta_{nT}} = \sum_{n=-\infty}^{+\infty} \mathrm{e}^{-i2\pi nT\bullet}$$

2. La deuxième étape, plus délicate, permet de montrer que $\sum\limits_{n=-\infty}^{+\infty} \mathrm{e}^{-i2\pi nT\bullet} = \dfrac{1}{T}\Delta_{\frac{1}{T}}$.
   Pour cela, considérons la fonction s de L^2_T défini sur $]0, T[$ par $s(t) = \dfrac{t}{T}$ et prolongé par périodicité, de période T, sur $\mathbb{R}$. s peut être dérivé au sens des distributions avec la formule du « saut » (12.24) (voir page 409) : $(\star)$ $\quad s' = \frac{1}{T} - \sum\limits_{n=-\infty}^{+\infty} \delta_{nT}$.
   On démontre (voir le chapitre sur les séries de Fourier) que s est développable en série de Fourier avec convergence en norme quadratique et, au sens de cette norme, on a (tous calculs faits) : $s(t) = \frac{1}{2} + \frac{i}{2\pi}\left(\sum\limits_{n=-\infty}^{-1} \dfrac{1}{n}\mathrm{e}^{\frac{i2\pi n}{T}t} + \sum\limits_{n=1}^{+\infty} \dfrac{1}{n}\mathrm{e}^{\frac{i2\pi n}{T}t}\right)$.
   Comme il y a convergence dans L^2, il y a aussi convergence au sens des distributions. Admettons que l'on peut dériver terme à terme au sens des distributions pour obtenir $(\star\star)$ $\quad s'(t) = -\frac{1}{T}\left(\sum\limits_{n=-\infty}^{-1} \mathrm{e}^{\frac{i2\pi n}{T}t} + \sum\limits_{n=1}^{+\infty} \mathrm{e}^{\frac{i2\pi n}{T}t}\right)$.
   En identifiant les deux formules $(\star)$ et $(\star\star)$ on écrit, au sens des distributions :

$$\sum_{n=-\infty}^{+\infty} \delta_{nT} = \frac{1}{T}\sum_{n=-\infty}^{+\infty} e_{\frac{n}{T}}$$

   Par conséquent, on a $\sum\limits_{n=-\infty}^{+\infty} \delta_{\frac{n}{T}} = T\sum\limits_{n=-\infty}^{+\infty} e_{nT} \Longleftrightarrow \sum\limits_{n=-\infty}^{+\infty} e_{nT} = \frac{1}{T}\sum\limits_{n=-\infty}^{+\infty} \delta_{\frac{n}{T}} = \frac{1}{T}\Delta_{\frac{1}{T}}$ et finalement, on obtient

$$\widehat{\Delta_T} = \sum_{n=-\infty}^{+\infty} \widehat{\delta_{nT}} = \sum_{n=-\infty}^{+\infty} e_{nT} = \frac{1}{T}\Delta_{\frac{1}{T}}$$

4.6.3 Échelon unité ou fonction de Heaviside

La transformée de Fourier de la fonction $U : t \mapsto U(t) = \begin{cases} 0 & \text{si} \quad t<0 \\ 1 & \text{si} \quad t \geq 0 \end{cases}$ considérée ici comme une distribution régulière tempérée est obtenue après quelques détours. On commence par définir la fonction « signe » $S : t \mapsto S(t) = \begin{cases} -1 & \text{si} \quad t<0 \\ 1 & \text{si} \quad t \geq 0 \end{cases}$ et on remarque que $U = \dfrac{S+1}{2} \iff S = 2U - 1$. On introduit ensuite, pour $a > 0$, la fonction $S_a : t \mapsto S_a(t) = \begin{cases} -\mathrm{e}^{at} & \text{si} \quad t<0 \\ \mathrm{e}^{-at} & \text{si} \quad t \geq 0 \end{cases}$. Il est alors facile de se convaincre que la suite de fonctions $\left(S_a\right)_{a>0}$ converge simplement et au sens des distributions vers S lorsque $a \to 0^+$. L'intérêt d'introduire la suite $\left(S_a\right)_{a>0}$ est de calculer d'abord la transformée de Fourier $\widehat{S_a}$ de S_a pour écrire ensuite

$$S_a \overset{a\to 0^+}{\longrightarrow} S \quad \Longrightarrow \quad \widehat{S_a} \overset{a\to 0^+}{\longrightarrow} \widehat{S} = 2\widehat{U} - \delta$$

et en déduire la transformée de Fourier $\widehat{U}$ de U.
Un calcul sans difficulté et laissé au soin du lecteur conduit à $\widehat{S_a}(q) = \dfrac{-4i\pi q}{a^2 + 4\pi^2 q^2}$ et donc, pour $a \to 0^+$, $\widehat{S}(q) = \dfrac{1}{i\pi}\mathrm{vp}\left(\dfrac{1}{q}\right)$ où $\mathrm{vp}\left(\dfrac{1}{q}\right)$ est la distribution *valeur principale de* $1/q$ (voir la section 5.9 page 410).
On obtient donc (toujours de manière abusive)

$$\widehat{S}(q) = 2\widehat{U}(q) - \delta(q) = \frac{1}{i\pi}\mathrm{vp}\left(\frac{1}{q}\right) \quad \Longleftrightarrow \quad \widehat{U}(q) = \frac{1}{i2\pi}\mathrm{vp}\left(\frac{1}{q}\right) + \frac{1}{2}\delta(q)$$

c'est-à-dire finalement

$$\boxed{U(t) \overset{\mathbb{TF}}{\longrightarrow} \frac{1}{i2\pi}\mathrm{vp}\left(\frac{1}{q}\right) + \frac{1}{2}\delta(q)} \qquad (13.35)$$

4.6.4 Distributions régulières $e_a : t \mapsto \mathrm{e}^{i2\pi at}$, $c_a : t \mapsto \cos(2\pi at)$ et $s_a : t \mapsto \sin(2\pi at)$

La lettre a désigne ici un réel. Ces fonctions ne sont bien sûr ni intégrables, ni de carré intégrables et le calcul de leur transformée de Fourier impose donc de raisonner en termes de distributions tempérées. Or, ces trois fonctions sont bien tempérées car elles sont à croissance lente (voir annexe B, page 776) puisque, pour les trois fonctions, on a clairement, avec le choix $K = 1$ et $N = 0$

$$\forall t \in \mathbb{R}, \quad |s(t)| \leq K\left(1 + t^2\right)^N$$

Commençons par le signal e_a en revenant à la définition de la transformée de Fourier des distributions tempérées. Pour toute fonction test $\varphi \in \mathscr{S}(\mathbb{R})$ on a :

$$< \widehat{e_a}, \varphi > = < e_a, \widehat{\varphi} > = \int_{-\infty}^{+\infty} \mathrm{e}^{i2\pi aq}\widehat{\varphi}(q)\mathrm{d}q = \varphi(a) = < \delta_a, \varphi >$$

ce qui prouve que $\widehat{e_a} = \delta_a$:

$$\boxed{\mathrm{e}^{i2\pi at} \overset{\mathbb{TF}}{\longrightarrow} \delta_a} \qquad (13.36)$$

et en particulier

$$\boxed{\mathbb{1} \xrightarrow{\mathbb{TF}} \delta} \tag{13.37}$$

Ensuite, pour les distributions régulières c_a et s_a, on commence par rappeler les formules bien connues

$$\cos(2\pi at) = \frac{1}{2}\left(\mathrm{e}^{i2\pi at} + \mathrm{e}^{-i2\pi at}\right) \iff c_a = \frac{1}{2}e_a + \frac{1}{2}e_{-a}$$

$$\sin(2\pi at) = \frac{1}{2i}\left(\mathrm{e}^{i2\pi at} - \mathrm{e}^{-i2\pi at}\right) \iff s_a = \frac{1}{2i}e_a - \frac{1}{2i}e_{-a}$$

puis on utilise la linéarité de la transformation de Fourier pour obtenir

$$\boxed{\begin{cases} \cos(2\pi at) & \xrightarrow{\mathbb{TF}} & \frac{1}{2}\delta_a + \frac{1}{2}\delta_{-a} \\ \sin(2\pi at) & \xrightarrow{\mathbb{TF}} & \frac{1}{2i}\delta_a - \frac{1}{2i}\delta_{-a} \end{cases}} \tag{13.38}$$

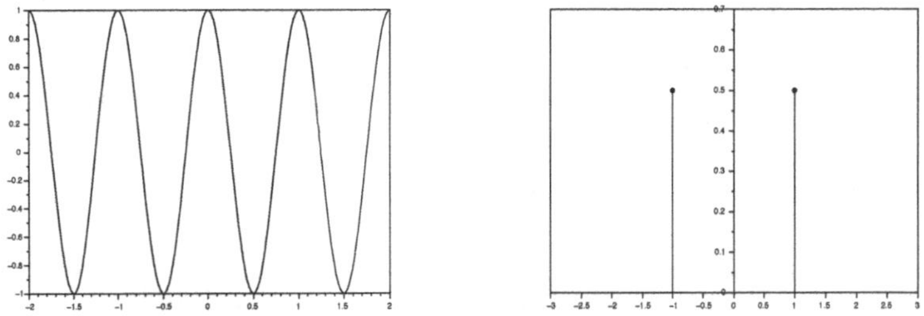

FIGURE 13.4 – $s : t \mapsto \cos(2\pi t)$ et son spectre d'amplitude

5 Transformation de Fourier à temps discret

La transformation de Fourier à *temps discret*, qui s'applique à des suites, est la version discrète de la transformation de Fourier à temps continu pour les fonctions.

5.1 Définition

Définition 126. Sous réserve d'existence, on appelle *transformée de Fourier à temps discret* de la suite numérique $s = \left(s(n)\right)_{n\in\mathbb{Z}}$ la fonction, notée $\widehat{s}$, définie sur $\mathbb{R}$ par

$$\forall q \in \mathbb{R}, \quad \widehat{s}(q) = \sum_{n=-\infty}^{+\infty} s(n)\mathrm{e}^{-i2\pi qn} \tag{13.39}$$

La *transformation de Fourier à temps discret*, notée $\mathbb{TFTD}$, est l'application qui associe $\widehat{s}$ (sous réserve d'existence) à s. On note, de manière abusive mais commode, $s(n) \xrightarrow{\mathbb{TFTD}} \widehat{s}(q)$.

5.2 Condition suffisante d'existence

Sachant que pour tout $q \in \mathbb{R}$ et tout $n \in \mathbb{N}$, $\left|s(n)\mathrm{e}^{-i2\pi qn}\right| = |s(n)|$, l'existence de (13.39) est assurée dès que la suite $s = \big(s(n)\big)_{n\in\mathbb{Z}}$ est sommable sur $\mathbb{Z}$, c'est-à-dire $\sum\limits_{n=-\infty}^{+\infty} |s(n)| \in \mathbb{R}$. Ainsi, si l'on désigne par $l^1(\mathbb{Z}) = \left\{s = \big(s(n)\big)_{n\in\mathbb{Z}},\ \sum\limits_{n=-\infty}^{+\infty} |s(n)| \in \mathbb{R}\right\}$ l'espace vectoriel des suites sommables sur $\mathbb{Z}$, on a le résultat suivant :

Proposition 119. Si la suite $s = \big(s(n)\big)_{n\in\mathbb{Z}}$ est élément de $l^1(\mathbb{Z})$, alors elle possède une transformée de Fourier à temps discret définie sur $\mathbb{R}$ par (13.39).

5.3 Propriétés élémentaires

La transformation de Fourier à temps discret est clairement linéaire et il est facile de remarquer que $\widehat{s}$ est périodique de période 1 puisque pour $s \in l^1(\mathbb{Z})$

$$\forall q \in \mathbb{R}, \quad \widehat{s}(q+1) = \sum_{n=-\infty}^{+\infty} s(n)\mathrm{e}^{-i2\pi(q+1)n} = \sum_{n=-\infty}^{+\infty} s(n)\mathrm{e}^{-i2\pi qn}$$

D'autre part, cette transformation jouit de propriétés très proches de celles obtenues pour la transformation de Fourier (analogique).

5.4 Inversion de la transformation de Fourier à temps discret

Comme la transformation de Fourier pour les signaux analogiques, la transformation de Fourier à temps discret est inversible. Si $s \in l^1(\mathbb{Z})$ et $\widehat{s} = \mathbb{TFTD}(s)$, alors on peut retrouver les valeurs des termes $s(n)$ de la suite s à partir de la connaissance des valeurs de $\widehat{s}$ sur $[0,1]$ (ou $[-1/2, 1/2]$ par périodicité). Autrement dit, on a une relation de la forme

$$\widehat{s} = \mathbb{TFTD}(s) \quad \Longleftrightarrow \quad s = \mathbb{TFTD}^{-1}(\widehat{s})$$

Proposition 120. Soit $s = \big(s(n)\big)_{n\in\mathbb{Z}}$ élément de $l^1(\mathbb{Z})$ de transformée de Fourier à temps discret notée $\widehat{s}$ et définie par (13.39). Alors

$$\forall m \in \mathbb{Z}, \quad s(m) = \int_0^1 \widehat{s}(q)\mathrm{e}^{i2\pi qm}\mathrm{d}q \tag{13.40}$$

Démonstration.
Soit $s \in l^1(\mathbb{Z})$. La série de fonctions $\sum\limits_{n\in\mathbb{Z}} s(n)\mathrm{e}^{-i2\pi qn}$ est normalement convergente sur $\mathbb{R}$ en vertu de la majoration uniforme $\forall q \in \mathbb{R}, \quad \forall n \in \mathbb{N}, \quad \left|s(n)\mathrm{e}^{-i2\pi qn}\right| = |s(n)|$ et du fait que $\sum\limits_{n\in\mathbb{Z}} |s(n)|$ converge. Elle définit donc une fonction 1-périodique et continue sur $\mathbb{R}$. Calculons maintenant, pour tout $m \in \mathbb{Z}$, l'intégrale $I(m)$ définie par

$$I(m) = \int_0^1 \widehat{s}(q)\mathrm{e}^{i2\pi qm}\mathrm{d}q$$

Puisque la série de fonctions $\sum\limits_{n\in\mathbb{Z}} s(n)\mathrm{e}^{-i2\pi qn}$ est normalement convergente sur $\mathbb{R}$ on a

$$I(m) = \int_0^1 \left(\sum_{n=-\infty}^{+\infty} s(n)\mathrm{e}^{-i2\pi qn} \right) \mathrm{e}^{i2\pi qm} \mathrm{d}q = \sum_{n=-\infty}^{+\infty} s(n) \left(\int_0^1 \mathrm{e}^{i2\pi q(m-n)} \mathrm{d}q \right)$$

Or, il est facile de vérifier que

$$\int_0^1 \mathrm{e}^{i2\pi q(m-n)} \mathrm{d}q = \begin{cases} 1 & \text{si} \quad m = n \\ 0 & \text{si} \quad m \neq n \end{cases}$$

ce qui prouve que

$$\forall m \in \mathbb{Z}, \quad I(m) = s(m)$$

□

6 Transformation de Fourier discrète

La transformation de Fourier discrète a un statut un peu à part. Elle s'applique à des suites numériques finies ou, ce qui revient au même, à des suites périodiques. Son introduction se justifie lorsqu'on cherche à calculer de manière approchée la transformée de Fourier d'un signal. Cet aspect est largement détaillé dans le chapitre 17 et seuls quelque résultats théoriques sont donnés ici.

6.1 Définition

Définition 127. Soient $N \in \mathbb{N}^*$ et $s = \big(s(n)\big)_{n\in\{0,1,\cdots,N-1\}}$ une suite finie de nombres complexes. On appelle *transformée de Fourier discrète* de la suite s la suite $S = \big(S(m)\big)_{m\in\{0,1,\cdots,N-1\}}$ définie par

$$\forall m \in \{0,1,\cdots,N-1\}, \quad S(m) = \sum_{k=0}^{N-1} s(k)\mathrm{e}^{-i2\pi\frac{km}{N}} \tag{13.41}$$

La transformation de Fourier discrète est l'application, notée $\mathbb{TFD}$, qui associe $S = \mathbb{TFD}(s)$ (sous réserve d'existence) à la suite $s = \big(s(n)\big)_{n\in\{0,1,\cdots,N-1\}}$. On note, de manière abusive mais commode, $s(n) \xrightarrow{\mathbb{TFD}} S(m)$.

6.2 Transformation inverse

La transformation de Fourier discrète est inversible comme le prouve le résultat suivant.

Théorème 121. Soit $s = \big(s(n)\big)_{n\in\{0,1,\cdots,N-1\}}$ de transformée de Fourier discrète S donnée par (13.41). Alors

$$\forall k \in \{0,1,\cdots,N-1\}, \quad s(k) = \frac{1}{N}\sum_{m=0}^{N-1} S(m)\mathrm{e}^{i2\pi\frac{km}{N}} \tag{13.42}$$

Démonstration.
Commençons par montrer que la formule (13.42) définit un système linéaire inversible dont la solution est donnée par (13.41). Pour cela, posons

$$C(m) = \sum_{k=0}^{N-1} s(k)\mathrm{e}^{-i2\pi\frac{km}{N}} = \sum_{k=0}^{N-1}\left(\frac{1}{N}\sum_{m=0}^{N-1} S(m)\mathrm{e}^{i2\pi\frac{km}{N}}\right)\mathrm{e}^{-i2\pi\frac{km}{N}}$$

et vérifions que

$$\forall m \in \{0,1,\cdots,N-1\}, \quad S(m) = C(m)$$

Soit $m \in \{0,1,\cdots,N-1\}$, on a

$$C(m) = \sum_{k=0}^{N-1}\left(\frac{1}{N}\sum_{j=0}^{N-1} S_j\mathrm{e}^{i2\pi\frac{kj}{N}}\right)\mathrm{e}^{-i2\pi\frac{km}{N}}$$

et en regroupant les exponentielles complexes et en changeant l'ordre des sommes, on obtient :

$$C(m) = \frac{1}{N}\sum_{j=0}^{N-1} S_j\left(\sum_{k=0}^{N-1}\mathrm{e}^{i2\pi\frac{k}{N}(j-m)}\right)$$

or, on reconnaît en $\sum_{k=0}^{N-1}\mathrm{e}^{i2\pi\frac{k}{N}(j-m)} = \sum_{k=0}^{N-1}\left(\mathrm{e}^{i2\pi\frac{j-m}{N}}\right)^k$ la somme des N premiers termes d'une suite géométrique de raison $r_{j,m} = \mathrm{e}^{i2\pi\frac{j-m}{N}}$ dont on connaît la valeur :

- si $j = m$ alors $r_{j,m} = 1$ et $\sum_{k=0}^{N-1} r_{j,m}^k = N$
- si $j \neq m$ alors $r_{j,m} \neq 1$ et $\sum_{k=0}^{N-1} r_{j,m}^k = \dfrac{1-r_{j,m}^N}{1-r_{j,m}} = 0$ car $r_{j,m}^N = \mathrm{e}^{i2\pi(j-m)} = 1$.

Finalement, on obtient, en notant $\delta_{j,m}$ le symbole de Kronecker,

$$\sum_{k=0}^{N-1}\mathrm{e}^{i2\pi\frac{k}{N}(j-m)} = N\delta_{j,m} \quad \Longrightarrow C(m) = \frac{1}{N}\sum_{j=0}^{N-1} S_j N\delta_{j,m} = S(m)$$

Il reste à montrer l'unicité de la solution trouvée. Comme le système est linéaire, il admet une représentation matricielle sous la forme $\{S\} = [M]\{s\}$ où $\{S\}$ (resp. $\{s\}$) est la colonne dont les composantes sont $S_0,\cdots,S_{N-1}$ (resp. $s_0,\cdots,s_{N-1}$) et $[M]$ est la matrice dont les coefficients sont

$$\forall (k,m) \in \{1,\cdots,N\}^2, \quad M_{k,m} = \mathrm{e}^{-i2\pi\frac{(k-1)(m-1)}{N}}$$

et montrer l'unicité est équivalente à montrer que la matrice est inversible, c'est à dire qu'il existe une matrice carrée $[P]$ de même dimension que $[M]$ telle que

$$[P][M] = [M][P] = [I]$$

où $[I]$ désigne ici la matrice identité de N lignes par N colonnes.

Or, il est facile de construire explicitement $[P]$. En effet, nous savons que pour deux matrices $[A]$ et $[B]$ de $\mathscr{M}_N(\mathbb{C})$ de coefficients respectifs A_{ij} et B_{ij}, la matrice produit $[C] = [A][B]$ appartient à $\mathscr{M}_N(\mathbb{C})$ et a pour coefficients

$$C_{km} = \sum_{l=1}^{N} A_{kl} B_{lm}$$

et nous savons aussi que, pour tout entier k, on a $\mathrm{e}^{i2\pi k} = 1$ ce qui donne l'idée de construire la matrice $[P]$ en lui attribuant les coefficients

$$\forall (k, m) \in \{1, \cdots, N\}^2, \quad P_{k,m} = \frac{1}{N} \mathrm{e}^{i2\pi \frac{(k-1)(m-1)}{N}}$$

Ainsi construit, le produit $[M][P]$ donne une matrice, notée $[Q]$, de coefficients donnés, pour tout $(k, m) \in \{1, \cdots, N\}^2$, par

$$Q_{km} = \sum_{l=1}^{N} M_{kl} P_{lm} = \sum_{l=1}^{N} \mathrm{e}^{-i2\pi \frac{(k-1)(l-1)}{N}} \frac{1}{N} \mathrm{e}^{i2\pi \frac{(l-1)(m-1)}{N}}$$

soit, après simplification $Q_{km} = \frac{1}{N} \sum_{l=1}^{n} \mathrm{e}^{i2\pi \frac{(m-k)(l-1)}{N}}$. Donc :

a. Si $k = m$ alors $Q_{km} = \frac{1}{N} \sum_{l=1}^{N} 1 = \frac{N}{N} = 1$.

b. Si $k \neq m$ alors $Q_{km} = \frac{1}{N} \frac{1 - \mathrm{e}^{i2\pi(m-k)(l-1)}}{1 - \mathrm{e}^{i2\pi \frac{(m-k)(l-1)}{N}}} = 0$.

Ce qui prouve que $[M][P] = [I]$. On démontre sans difficulté que l'on a aussi

$$[P][M] = [M][P] = [I]$$

ce qui prouve que $[P] = [M]^{-1}$ et termine la démonstration. □

7 Inconvénients de la transformation de Fourier

Depuis l'algorithme de transformation rapide, la transformation de Fourier est devenue un outil incontournable du traitement du signal. Pour autant, elle souffre de quelques inconvénients parmi lesquels l'impossibilité de faire une analyse en temps réel (puisqu'il est nécessaire de connaître le signal sur $\mathbb{R}$, c'est à dire sur « toute sa durée », pour en calculer sa transformée de Fourier) et l'impossibilité de détecter des événements ponctuels. Cela est dû au fait que la transformation de Fourier utilise des exponentielles complexes $e_q : t \mapsto \mathrm{e}^{i2\pi q t}$ comme signaux « analysant » qui possèdent un support infini, ce qui a pour conséquence, dans le calcul de l'intégrale, de réaliser une sorte de « moyenne » sur tous les instants t. C'est la raison pour laquelle une information temporelle ponctuelle est totalement « noyée » au milieu des autres informations et devient invisible dans le spectre d'amplitude. Or, dans la pratique, il est souvent intéressant, voire nécessaire, d'être capable de déterminer la présence de discontinuités ou bien des changements de régularité dans un signal.

Par exemple, la figure 13.5 montre, à gauche, un signal et son spectre et, à droite, le même signal dans lequel on a fait apparaître deux discontinuités et son spectre d'amplitude. Comme on peut le constater, il est très difficile, à la seule lecture du spectre d'amplitude, de détecter ces discontinuités et, dans le cas où cela serait possible, il est totalement impossible de savoir à quel instant elles se sont produites.

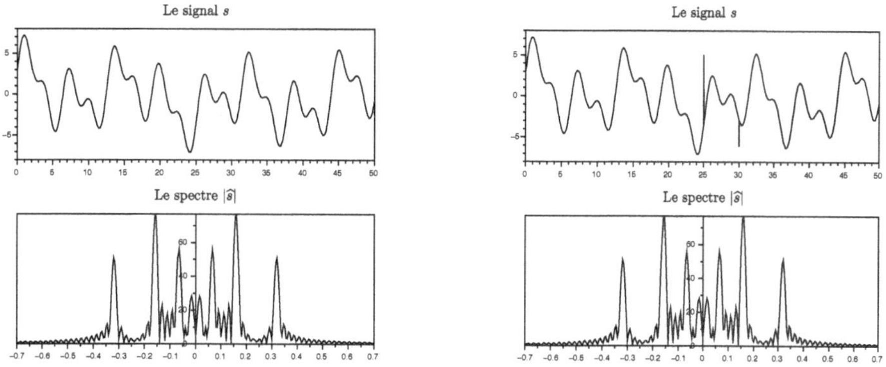

FIGURE 13.5 – A gauche : un signal et son spectre d'amplitude, à droite : le même signal avec deux discontinuités et son spectre

Un autre exemple est fourni par le cas d'un signal qui « change de régime ». La figure 13.6 montre un signal construit à partir de deux fonctions cosinus qui ont des fréquences différentes et l'on constate qu'il est impossible, à la vue du spectre d'amplitude, de détecter l'instant de changement de fréquence.

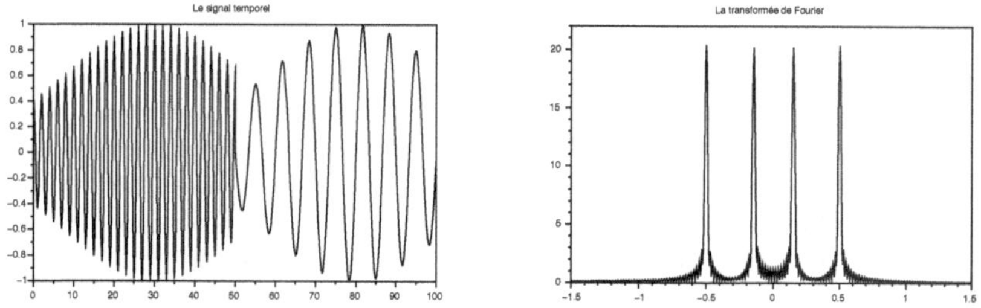

FIGURE 13.6 – L'instant d'un changement de régime n'est pas détectable

8 Principe d'incertitude

Le terme de *principe d'incertitude* est emprunté à la mécanique quantique et a été énoncé en 1927 par le physicien Heisenberg (Werner Karl Heisenberg, 1976-, physicien allemand). Il stipule que l'on ne peut connaître simultanément, avec une précision arbitraire, la position et la vitesse d'une particule massive.

Plus précisément, si l'on effectue de nombreuses mesures de la position et de l'impulsion de cette particule massive, chaque échantillon de mesures possède des caractéristiques statistiques, dont l'écart type σ_1 pour la position et σ_2 pour l'impulsion. Alors, le principe d'incertitude énonce qu'il existe une constante $c > 0$ telle que $\sigma_1 \times \sigma_2 \geq c$ et doit être interprété de la manière suivante : supposons que l'on connaisse la position avec une très grande précision, dans ce cas, l'écart type σ_1, qui mesure la dispersion autour de la moyenne, sera très faible. Par conséquent

$$\sigma_2 \geq \frac{c}{\sigma_1}$$

sera alors très grand, indiquant que l'information sur l'impulsion est, quant à elle, très floue.

On peut alors énoncer un principe tout à fait analogue pour la transformation de Fourier. Pour cela, définissons plusieurs quantités (dont certaines sont les analogues des écarts types σ_1 et σ_2) qui mesurent respectivement :

1. L'énergie du signal temporel $E_s = \displaystyle\int_{-\infty}^{+\infty} |s(t)|^2 \, \mathrm{d}t$.
2. La dispersion d'énergie du signal temporel : $\sigma_s = \sqrt{\displaystyle\int_{-\infty}^{+\infty} t^2 |s(t)|^2 \, \mathrm{d}t}$.
3. La dispersion d'énergie du spectre : $\sigma_{\widehat{s}} = \sqrt{\displaystyle\int_{-\infty}^{+\infty} q^2 |\widehat{s}(q)|^2 \mathrm{d}q}$.

Avec ces notations, on démontre, et nous l'admettrons (voir par exemple [*GW*] pour une démonstration), la relation suivante qui porte le nom de *principe d'incertitude* (pour la transformation de Fourier)

$$\sigma_s \sigma_{\widehat{s}} \geq \frac{E_s}{4\pi} \tag{13.43}$$

Cette limitation a des conséquences très importantes. Elle signifie que la transformation de Fourier d'un signal conduit à une information purement et uniquement fréquentielle. Pour schématiser, on peut dire que le signal temporel rend visible toute l'information temporelle et aucune information fréquentielle alors que son spectre, a contrario, rend visible toute l'information fréquentielle mais aucune information temporelle.
Il s'agit d'ailleurs d'une des raisons qui a poussé Gabor (Dennis Gabor, 1900-1979, ingénieur et physicien hongrois), dans les années 1940, puis Morlet (Jean Morlet,1931-2007, ingénieur géophysicien français) dans les années 1980, à proposer des alternatives à la transformation de Fourier pour tenter de corriger cette limitation. Gabor proposa ce qu'il est coutume d'appeler une transformation de Fourier à « fenêtre glissante » qui conduit alors à une analyse simultanée en temps et en fréquence. Cette dernière réalise un compromis dans la mesure où la transformée de Gabor rend visible une partie de l'information fréquentielle mais aussi temporelle. Morlet, quant à lui, a fait naître la transformation en ondelettes en imaginant une approche différente et particulièrement fructueuse, qualifiée d'analyse temps-échelle. Cette approche a conduit aux transformations en ondelettes qui ont, depuis, révélé leur remarquable efficacité. Tout cela fait l'objet des chapitres 19 et 20.

Il est possible d'illustrer ce principe d'incertitude en représentant simultanément une fonction *porte* (dont la largeur varie) et son spectre d'amplitude. Cette représentation simultanée permet de constater le comportement « inverse », en termes « d'étalement », du signal temporel vis-à-vis du spectre d'amplitude. Plus précisément, on constate que plus le signal temporel est localisé et plus son spectre est étalé (et inversement) et qu'il est impossible d'avoir à la fois une bonne localisation temporelle et une bonne localisation fréquentielle. La figure 13.7, dans laquelle on peut voir les représentations graphiques des fonctions *porte* pour $T = 10$ et $T = 0,5$ et les spectres respectifs, illustre cela.

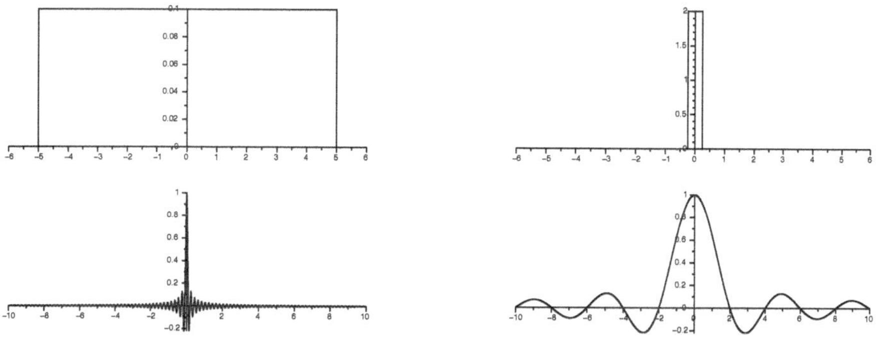

FIGURE 13.7 – Fonction *porte* de largeur $T = 10$ puis $T = 0,5$ et spectres respectifs

La situation « extrême » correspondrait au cas de la transformée de Fourier de la distribution de Dirac. Un signal localisé avec une précision « infinie » en temps (c'est δ) conduirait à un spectre « étalé » sur $\mathbb{R}$ tout entier (c'est $\mathbb{1}$).

Il existe cependant des fonctions qui permettent de réaliser un compromis « idéal » entre ces deux contraintes. Il s'agit des fonctions *gaussienne*

$$g_a : t \mapsto \mathrm{e}^{-at^2} \text{ où } a \in \mathbb{R}^{+*}$$

qui permettent d'atteindre, dans l'inégalité d'incertitude, la borne inférieure, c'est à dire d'avoir une égalité. Autrement dit, ces fonctions sont celles qui réalisent le meilleur compromis entre localisation temporelle et fréquentielle. Précisément, pour $a \in \mathbb{R}^{+*}$, les fonctions *gaussienne* $g_a : t \mapsto \mathrm{e}^{-at^2}$ réalisent l'égalité

$$\sigma_{g_a}\sigma_{\widehat{g_a}} = \frac{E_{g_a}}{4\pi}$$

La vérification de ce résultat n'est pas compliquée mais exige quelques calculs laborieux qui ne sont pas développés ici. On commence par démontrer l'égalité

$$\widehat{g_a}(q) = \sqrt{\frac{\pi}{c}}\mathrm{e}^{-\frac{\pi^2}{c}q^2}$$

puis les égalités

$$\sigma_{g_a} = \sqrt{\int_{-\infty}^{+\infty} t^2 g_a(t)^2 \, \mathrm{d}t} = \frac{1}{4}\left(\frac{8\pi}{a^3}\right)^{1/4}$$

$$\sigma_{\widehat{g_a}} = \sqrt{\int_{-\infty}^{+\infty} q^2 \widehat{g_a}(q)^2 \mathrm{d}q} = \frac{1}{4}\left(\frac{8a}{\pi^3}\right)^{1/4}$$

et enfin

$$E_{g_a} = \int_{-\infty}^{+\infty} g_a(t)^2 \, \mathrm{d}t = \frac{\sqrt{2}}{2}\sqrt{\frac{\pi}{a}}$$

Finalement, on vérifie sans difficulté que

$$\sigma_{g_a}\sigma_{\widehat{g_a}} = \frac{E_{g_a}}{4\pi}$$

Chapitre 14

Développement en série de Fourier

1 Origine et importance des séries de Fourier

Les séries de Fourier sont apparues au cours des travaux de Fourier pour résoudre analytiquement l'équation de la chaleur (voir la section 2 page 30 du chapitre 1 et la section 2.9.2 de ce chapitre). Elles ont vite trouvé d'innombrables applications et en particulier en traitement du signal.
Pour donner une idée de leur importance, on peut revenir à l'introduction du chapitre 13 dans laquelle nous avons pu constater que pour un filtre linéaire auquel on soumettait l'harmonique pure $\mathbf{e}_q : t \mapsto \mathrm{e}^{2i\pi qt}$ où $q \in \mathbb{R}$, on obtenait le signal de sortie sous la forme $s_q = \widehat{h}(q)\mathbf{e}_q$ (voir page 432).
Or, la théorie des séries de Fourier qui est développée dans ce chapitre exprime que pour une grande classe de signaux T-périodiques, il est possible de les décomposer en somme infinie d'harmoniques pures $\mathbf{e}_{\frac{n}{T}} : t \mapsto \mathrm{e}^{i\frac{2\pi}{T}nt}$ où $n \in \mathbb{Z}$.
En d'autres termes, si $e : t \mapsto e(t)$ est un signal qui possède les propriétés idoines, il existe une suite de coefficients $\big(c(n)\big)_{n\in\mathbb{Z}}$, appelés ses *coefficients de Fourier*, telle que

$$e = \sum_{n=-\infty}^{+\infty} c(n)\mathbf{e}_{\frac{n}{T}} \tag{14.1}$$

Si l'on cherche maintenant à connaître le signal de sortie s associé à e par l'application linéaire $\mathbb{T}$ qui modélise le filtre (voir page 521), on aura, en vertu de la linéarité et de la continuité :

$$s = \mathbb{T}(e) = \mathbb{T}\left(\sum_{n=-\infty}^{+\infty} c(n)\mathbf{e}_{\frac{n}{T}}\right) = \sum_{n=-\infty}^{+\infty} c(n)\mathbb{T}\left(\mathbf{e}_{\frac{n}{T}}\right)$$

Or, en introduction du chapitre 13, on a eu l'occasion de voir que

$$\mathbb{T}\left(\mathbf{e}_{\frac{n}{T}}\right) = \widehat{h}\left(\frac{n}{T}\right)\mathbf{e}_{\frac{n}{T}}$$

où h désigne la *réponse impulsionnelle* du filtre (voir le chapitre 16, section 2.2 page 520) et $\widehat{h}$ sa transformée de Fourier, on obtient finalement

$$s = \mathbb{T}(e) = \sum_{n=-\infty}^{+\infty} c(n)\widehat{h}\left(\frac{n}{T}\right)\mathbf{e}_{\frac{n}{T}}$$

Autrement dit, il suffit de connaître le signal d'entrée sous la forme (14.1), qui sera appelée le *développement en série de Fourier* de e et la transformée de Fourier $\widehat{h}$ pour connaître entièrement le signal de sortie s, ce qui justifie le grand intérêt de pouvoir décomposer les signaux périodiques en série de Fourier.

2 Développement en série de Fourier des fonctions périodiques

2.1 Forme exponentielle du développement

Définition 128. Soit s une fonction numérique T-périodique ($T > 0$). Sous réserve d'existence, on appelle *développement en série de Fourier* de s l'expression

$$s(t) = \sum_{n=-\infty}^{+\infty} c_n(s)\mathrm{e}^{i\frac{2\pi n}{T}t} \tag{14.2}$$

où les coefficients $c_n(s)$, appelés *coefficients de Fourier exponentiels*, sont donnés, toujours sous réserve d'existence, par

$$\forall n \in \mathbb{Z}, \quad c_n(s) = \frac{1}{T}\int_0^T s(t)\mathrm{e}^{-i\frac{2\pi n}{T}t}\,\mathrm{d}t \tag{14.3}$$

Remarque. La formule (14.2) ne précise pas pour quelles valeurs de la variable t la convergence a lieu. La raison est la suivante. Sans autre précision sur s, il n'y a aucune raison qu'il y ait convergence ponctuelle de la série. Dans le cas général (voir les conditions suffisantes d'existence) la convergence a lieu au sens des distributions et, sous réserve d'hypothèses suffisantes sur la fonction s, on peut avoir convergence simple ou éventuellement normale de la série.

2.2 Conditions suffisantes d'existence

2.2.1 Conditions suffisantes d'existence des coefficients de Fourier

Proposition 122. Soit s est une fonction T-périodique. Alors s possède des coefficients de Fourier (14.3) lorsque :

1. s est localement intégrable sur $\mathbb{R}$, c'est-à-dire $s \in L^1_T$. En particulier, si s est continue par morceaux elle est localement intégrable.
2. s est de carré intégrable sur $\mathbb{R}$, c'est-à-dire $s \in L^2_T$.

Démonstration.

1. Si $s \in L^1_T$ alors $\int_0^T |s(t)|\,\mathrm{d}t \in \mathbb{R}$ et l'inégalité $\left|\int_0^T s(t)\mathrm{e}^{-i\frac{2\pi}{T}nt}\,\mathrm{d}t\right| \leq \int_0^T |s(t)|\,\mathrm{d}t$ assure que $c_n(s)$ est bien défini.
2. Si $s \in L^2_T$ alors $\int_0^T |s(t)|^2\,\mathrm{d}t \in \mathbb{R}$ et, grâce à l'inégalité de Cauchy-Schwarz, on a l'inégalité $\left|\int_0^T s(t)\mathrm{e}^{-i\frac{2\pi}{T}nt}\,\mathrm{d}t\right| \leq \sqrt{\int_0^T |s(t)|^2\,\mathrm{d}t}\sqrt{\int_0^T |1|^2\,\mathrm{d}t}$ qui assure encore que $c_n(s)$ est bien défini.

□

2.2.2 Conditions suffisantes de convergence de la série de Fourier

Deux problèmes se posent en termes de convergence de la série de Fourier qui correspondent aux deux questions suivantes :

1. Sous quelle(s) condition(s) la série $\sum_{n\in\mathbb{Z}} c_n(s)\mathrm{e}^{i\frac{2\pi n}{T}t}$ est-elle convergente ?
2. En cas de convergence de cette série, à quelles conditions converge-t-elle, pour chaque valeur de $t \in \mathbb{R}$, vers la valeur attendue $s(t)$?

Les réponses à ces questions sont délicates et relèvent de résultats techniques et difficiles qui prouvent que, non seulement la convergence ponctuelle n'est pas assurée mais qu'en plus, lorsque elle a lieu pour une valeur $t_0 \in \mathbb{R}$ fixée, la série ne converge pas nécessairement vers la valeur attendue $s(t_0)$ mais vers la valeur $\frac{1}{2}\left(s(t_0^-)+s(t_0^+)\right)$ en notant

$$\begin{cases} s(t_0^-) = \lim\limits_{t\to t_0^-} s(t) \\ s(t_0^+) = \lim\limits_{t\to t_0^+} s(t) \end{cases}$$

Cette valeur est désignée en général par $\tilde{s}(t_0)$ et la fonction $\tilde{s} : t \mapsto \frac{1}{2}\left(s(t^-)+s(t^+)\right)$ est appelée *régularisée* de s.
Seuls les énoncés des théorèmes sont donnés ici à l'exception du théorème de convergence au sens des distributions (voir la section suivante) et du théorème de convergence quadratique qui est démontré dans la section 3 page 475. Le cadre des fonctions périodiques d'énergie finie (c'est à dire L^2_T) permet une interprétation « géométrique » intéressante grâce à la structure hilbertienne. Pour les autres, le lecteur en trouvera les démonstrations dans [*GW*] par exemple.

Proposition 123. Convergence au sens des distributions
Si s est T-périodique et localement intégrable sur $\mathbb{R}$, elle est développable en série de Fourier sous la forme

$$s = \sum_{n=-\infty}^{+\infty} c_n(s) e_{\frac{n}{T}} \tag{14.4}$$

en notant $e_{\frac{n}{T}}$ la distribution tempérée $e_{\frac{n}{T}} : t \mapsto \mathrm{e}^{i\frac{2\pi n}{T}t}$, avec convergence au sens des distributions (voir la section suivante).

Proposition 124. Théorème de convergence ponctuelle de Jordan-Dirichlet
Si s est T-périodique et localement intégrable sur $\mathbb{R}$ et qu'en $t_0 \in \mathbb{R}$, s admet des limites finies à droite et à gauche et admet des dérivées à droite et à gauche, alors la série de Fourier en t_0 converge ponctuellement vers $\tilde{s}(t_0)$. Autrement dit

$$\tilde{s}(t_0) = \frac{s(t_0^-) + s(t_0^+)}{2} = \sum_{n=-\infty}^{+\infty} c_n(s) \mathrm{e}^{i\frac{2\pi}{T}nt_0} \tag{14.5}$$

Proposition 125. Théorème de convergence ponctuelle de Dirichlet
Si s est T-périodique de classe $\mathscr{C}^1$ par morceaux sur $\mathbb{R}$ alors, pour tout $t \in \mathbb{R}$, la série de Fourier de s en t converge simplement vers $\tilde{s}(t)$. Autrement dit, on a l'égalité *ponctuelle* suivante

$$\forall t \in \mathbb{R}, \quad \tilde{s}(t) = \frac{s(t^-) + s(t^+)}{2} = \sum_{n=-\infty}^{+\infty} c_n(s) \mathrm{e}^{i\frac{2\pi}{T}nt} \tag{14.6}$$

Proposition 126. Théorème de convergence normale
Si s est T-périodique continue et de classe $\mathscr{C}^1$ par morceaux sur $\mathbb{R}$ alors, pour tout $t \in \mathbb{R}$, la somme partielle de Fourier de s converge normalement vers s. Autrement dit, pour tout $t \in \mathbb{R}$

$$\forall t \in \mathbb{R}, \quad s(t) = \sum_{n=-\infty}^{+\infty} c_n(s) \mathrm{e}^{i\frac{2\pi}{T}nt} \tag{14.7}$$

Proposition 127. Théorème de convergence en norme quadratique
Si s est T-périodique de carré intégrable sur $\mathbb{R}$, c'est à dire $s \in L^2_T$, elle est développable en série de Fourier avec convergence en norme quadratique, c'est à dire

$$\lim_{N \to +\infty} \int_0^T \left| s(t) - \sum_{n=-N}^{+N} c_n(s) \mathrm{e}^{i\frac{2\pi}{T}nt} \right|^2 \mathrm{d}t = 0 \tag{14.8}$$

2.3 Lien avec la transformation de Fourier

Dans le chapitre 17, la proposition 162 page 542 énonce qu'une fonction localement intégrable et T-périodique dont le « motif principal » est noté s_0, admet une transformée de Fourier définie par (17.3) $\widehat{s} = \sum_{n=-\infty}^{+\infty} \frac{1}{T} \widehat{s_0}\left(\frac{n}{T}\right) \delta_{\frac{n}{T}}$.

Si l'on pose, pour tout $n \in \mathbb{Z}$, $c_n(s) = \frac{1}{T} \widehat{s_0}\left(\frac{n}{T}\right)$, on remarque que la formule (17.4) donne exactement les coefficients de Fourier de s, à savoir, pour tout $n \in \mathbb{Z}$

$$c_n(s) = \frac{1}{T} \widehat{s_0}\left(\frac{n}{T}\right) = \frac{1}{T} \int_0^T s(t) \mathrm{e}^{-i\frac{2\pi n}{T}t} \mathrm{d}t$$

En remarquant aussi que $\delta_{\frac{n}{T}} \overset{\mathbb{TF}^{-1}}{\longrightarrow} \mathrm{e}^{i\frac{2\pi n}{T}t}$ et en notant $e_{\frac{n}{T}}$ la distribution tempérée

$$e_{\frac{n}{T}} : t \mapsto \mathrm{e}^{i\frac{2\pi n}{T}t}$$

on obtient s par transformation de Fourier inverse de $\widehat{s}$ sous la forme (avec convergence au sens des distributions)

$$s = \sum_{n=-\infty}^{+\infty} c_n(s) e_{\frac{n}{T}}$$

2.4 Forme trigonométrique et forme polaire du développement

Soit s une fonction numérique T-périodique admettant un développement en série de Fourier (14.2) associé aux coefficients (14.3).

Définition 129. On appelle *forme trigonométrique* du développement en série de Fourier de s l'expression, sous réserve d'existence

$$s(t) = a_0(s) + \sum_{n=1}^{+\infty} a_n(s)\cos\left(\frac{2\pi n}{T}t\right) + b_n(s)\sin\left(\frac{2\pi n}{T}t\right) \tag{14.9}$$

où les coefficients $a_n(s)$ et $b_n(s)$ sont donnés par

$$\left\{\begin{array}{ll} & a_0(s) = c_0(s) = \dfrac{1}{T}\displaystyle\int_0^T s(t)\,\mathrm{d}t \quad \text{et} \quad b_0(s) = 0 \\ \forall n \in \mathbb{N}^*, & a_n(s) = c_n(s) + c_{-n}(s) = \dfrac{2}{T}\displaystyle\int_0^T s(t)\cos\left(\frac{2\pi}{T}nt\right)\mathrm{d}t \\ \forall n \in \mathbb{N}^*, & b_n(s) = i\big(c_n(s) - c_{-n}(s)\big) = \dfrac{2}{T}\displaystyle\int_0^T s(t)\sin\left(\frac{2\pi}{T}nt\right)\mathrm{d}t \end{array}\right. \tag{14.10}$$

Démonstration.

C'est une simple conséquence de la formule bien connue $\forall\theta \in \mathbb{R},\quad \mathrm{e}^{i\theta} = \cos\theta + i\sin\theta$. Il suffit en effet d'écrire les égalités suivantes, en supposant la convergence de toutes les sommes écrites

$$\sum_{n=-\infty}^{+\infty} c_n \mathrm{e}^{i\frac{2\pi}{T}nt} = \sum_{n=1}^{\infty} c_{-n}\mathrm{e}^{-i\frac{2\pi}{T}nt} + c_0 + \sum_{n=1}^{\infty} c_n \mathrm{e}^{i\frac{2\pi}{T}nt} = c_0 + \sum_{n=1}^{\infty} c_{-n}\mathrm{e}^{-i\frac{2\pi}{T}nt} + c_n\mathrm{e}^{i\frac{2\pi}{T}nt}$$

Ensuite, en écrivant $\mathrm{e}^{i\frac{2\pi}{T}nt} = \cos\left(\frac{2\pi}{T}nt\right) + i\sin\left(\frac{2\pi}{T}nt\right)$ on obtient

$$\sum_{n=-\infty}^{+\infty} c_n(s)\mathrm{e}^{i\frac{2\pi}{T}nt} = a_0 + \sum_{n=1}^{\infty} a_n\cos\left(\frac{2\pi}{T}nt\right) + b_n\sin\left(\frac{2\pi}{T}nt\right)$$

En posant $c_0 = a_0$ et, pour $n \in \mathbb{N}^*$,

$$\left\{\begin{array}{l} a_n = c_n + c_{-n} \\ b_n = i\big(c_n - c_{-n}\big) \end{array}\right.$$

on démontre sans difficulté les formules (14.10) à partir des expressions de c_n et de c_{-n}.

□

Remarques.

1. Le lecteur prendra garde au fait que les coefficients $a_n(s)$ et $b_n(s)$ ne sont pas les parties réelles et imaginaires des coefficients $c_n(s)$! Ces coefficients ne sont d'ailleurs pas nécessairement réels. Ils le sont si et seulement si la fonction s est réelle.
2. Ensuite, alors que les coefficients $c_n(s)$ sont définis pour des entiers relatifs $n \in \mathbb{Z}$, les coefficients $a_n(s)$ et $b_n(s)$ sont, quant à eux, définis pour des entiers naturels $n \in \mathbb{N}$ (en fait, sont définis $a_0(s)$ puis $a_n(s)$ et $b_n(s)$ pour $n \in \mathbb{N}^*$).

Définition 130. Toujours sous les mêmes notations, on appelle *forme polaire* du développement en série de Fourier de s l'expression, sous réserve d'existence

$$s(t) = \sum_{n=0}^{+\infty} A_n(s) \cos\left(\frac{2\pi n}{T} t - \varphi_n\right) \tag{14.11}$$

où les coefficients $A_n(s)$ sont donnés par

$$\begin{cases} & A_0(s) = a_0(s) \\ \forall n \in \mathbb{N}^*, & A_n(s) = \sqrt{a_n(s)^2 + b_n(s)^2} \\ \forall n \in \mathbb{N}^*, & \varphi_n(s) = \text{Arctan}\left(\dfrac{b_n(s)}{a_n(s)}\right) \quad \text{pour } a_n \neq 0 \end{cases} \tag{14.12}$$

La démonstration ne présente pas de difficultés et est laissée au lecteur.

2.5 Puissance et énergie d'un signal périodique, formule de Parseval

Définition 131. Pour une fonction T-périodique de L^2_T, on appelle

1. *Puissance instantanée* de s la fonction

$$\forall t \in \mathbb{R}, \quad P_i(t) = |s(t)|^2 \tag{14.13}$$

2. *Puissance moyenne* de s le réel positif

$$P_m = \frac{1}{T} \int_{-T/2}^{T/2} |s(t)|^2 \, \mathrm{d}t \tag{14.14}$$

Le calcul de la puissance moyenne peut être effectué après développement en série de Fourier grâce à la relation de Parseval (voir (2) page 482).

Proposition 128. Formule Parseval
Si s est une fonction de L^2_T de coefficients de Fourier c_n alors sa puissance moyenne est donnée par

$$\frac{1}{T} \int_{-T/2}^{T/2} |s(t)|^2 \, \mathrm{d}t = \sum_{n=-\infty}^{+\infty} |c_n|^2 \tag{14.15}$$

2.6 Spectre d'amplitude, spectre de phase

2.6.1 Définition

Définition 132. Pour un signal périodique modélisée par la fonction numérique s de coefficients de Fourier exponentiels c_n (ou trigonométriques a_n et b_n) on définit

1. Son *amplitude* comme le module $|c_n|$ de ses coefficients de Fourier.
2. Sa *phase* comme l'argument $\arg c_n$ de ses coefficients de Fourier (pour $c_n \neq 0$).

Définition 133. On appelle

1. *Spectre d'amplitude* de s la représentation graphique de l'amplitude $|c_n|$ en fonction des fréquences discrètes $\frac{n}{T}$.
2. *Spectre de phase* de s la représentation graphique de l'amplitude $\arg(c_n)$ en fonction des fréquences discrètes $\frac{n}{T}$.

En particulier, on remarquera que le spectre d'amplitude d'une fonction périodique est discret contrairement au spectre d'amplitude d'une fonction non périodique (obtenu par transformation de Fourier) qui est continu.

2.6.2 Composantes d'un spectre

Définition 134.

1. La composante c_0 de rang 0 du spectre est appelée la *valeur moyenne* de s.
2. La composante de rang 1 du spectre est appelée la *fondamentale*. Elle est associée à la *fréquence fondamentale* $F = \frac{1}{T}$ et aux valeurs c_1 et c_{-1} des coefficients exponentiels.
3. Les composantes de rang $n > 1$ sont appelées les *harmoniques* de rang n. Elles sont associées aux fréquences $nF = \frac{n}{T}$ et aux valeurs c_n et c_{-n} des coefficients exponentiels.

2.6.3 Représentations graphiques

On distingue plusieurs représentations graphiques du spectre :

1. La représentation bilatérale (pour $n \in \mathbb{Z}$) des parties réelle $\operatorname{Re} c_n$ et imaginaire $\operatorname{Im} c_n$ en fonction des fréquences $nF = \frac{n}{T}$ (positives et négatives).
2. La représentation bilatérale (pour $n \in \mathbb{Z}$) des modules $|c_n|$ (spectre d'amplitude) et des arguments $\arg c_n$ (spectre de phase) en fonction des fréquences $nF = \frac{n}{T}$ (positives et négatives).

Le spectre d'amplitude est alors représenté par un ensemble discret de points A_n de coordonnées $\left(\frac{n}{T}, |c_n|\right)$ mais il est de coutume de représenter des barres, appelées des *raies*, d'abscisses n/T et de hauteur $|c_n|$ (voir l'exemple qui suit). Lorsque la fonction s est réelle, son spectre d'amplitude est symétrique par rapport à l'axe des ordonnées et l'on a coutume de représenter uniquement le spectre unilatéral ($n \in \mathbb{N}$).

2.6.4 Exemple

Par exemple, si l'on considère le signal modélisé par la fonction 1-périodique

$$t \mapsto s(t) = \cos(6\pi t) + 3\sin(4\pi t) + 2\cos(2\pi t)$$

s est, en raison de sa forme, déjà développée en série de Fourier, tous les coefficients trigonométriques $a_n(s)$ et $b_n(s)$ étant nuls à l'exception de

$$(a_3, b_3) = (1,0) \quad (a_2, b_2) = (0,3) \quad (a_1, b_1) = (2,0)$$

Il est alors facile d'en déterminer les coefficients exponentiels

$$s(t) = \frac{1}{2}\mathrm{e}^{-i6\pi t} + \frac{3i}{2}\mathrm{e}^{-i4\pi t} + \mathrm{e}^{-i2\pi t} + \mathrm{e}^{i2\pi t} - \frac{3i}{2}\mathrm{e}^{i4\pi t} + \frac{1}{2}\mathrm{e}^{i6\pi t}$$

On en déduit donc les seuls coefficients non nuls

$$c_3(s) = c_{-3}(s) = \frac{1}{2} \quad c_2(s) = \overline{c_{-2}(s)} = \frac{3i}{2} \quad c_1(s) = c_{-1}(s) = 1$$

puis la représentation graphique du spectre d'amplitude comme l'ensemble des points de coordonnées

$$\left(-3, |c_{-3}(s)| = \frac{1}{2}\right), \left(-2, |c_{-2}(s)| = \frac{3}{2}\right), (-1, |c_{-1}(s)| = 1)$$

$$(1, |c_1(s)| = 1), \left(2, |c_2(s)| = \frac{3}{2}\right), \left(3, |c_3(s)| = \frac{1}{2}\right)$$

La fréquence fondamentale vaut ici $f = \dfrac{1}{2\pi}$ et toutes les abscisses des « raies » spectrales sont des multiples de cette fréquence fondamentale, ce sont les harmoniques. La représentation graphique est donnée dans la figure 14.1. Ainsi, en lisant un spectre d'amplitude, on peut connaître la « composition » d'un signal en termes d'harmoniques. La « hauteur » d'une raie renseigne sur le poids de l'harmonique correspondante.

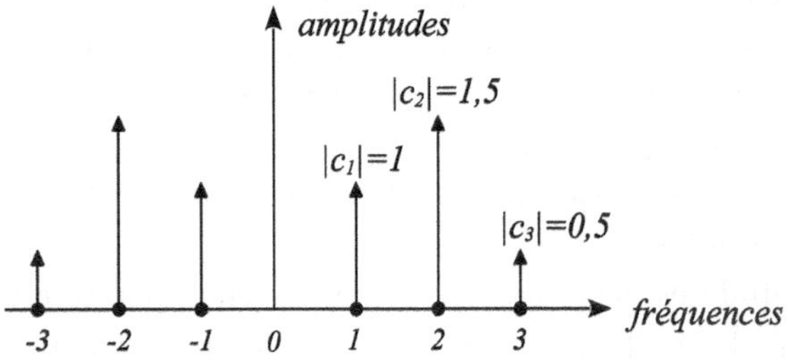

FIGURE 14.1 – Spectre d'amplitude de $s : t \mapsto s(t) = \cos(6\pi t) + 3\sin(4\pi t) + 2\cos(2\pi t)$

2.6.5 Représentation symbolique

Dans le chapitre 13, il a été démontré (voir la proposition 162 page 542) qu'une fonction intégrable et T-périodique admettait une transformée de Fourier (au sens des distributions) sous la forme

$$\widehat{s}=\sum_{n=-\infty}^{+\infty}\frac{1}{T}\widehat{s_0}\left(\frac{n}{T}\right)\delta_{\frac{n}{T}}$$

en notant s_0 son « motif principal » défini par

$$s_0 : t \mapsto \begin{cases} s(t) & \text{si} \quad t\in[0,T] \\ 0 & \text{si} \quad t\notin[0,T] \end{cases}$$

Aussi, en posant $c_n(s)=\dfrac{1}{T}\widehat{s_0}\left(\dfrac{n}{T}\right)$, le spectre d'amplitude est alors

$$\sum_{n=\infty}^{+\infty}|c_n(s)|\delta_{\frac{n}{T}}$$

et cette notation est cohérente avec la représentation du spectre d'amplitude comme une succession de *raies spectrales* situées aux abscisses $\frac{n}{T}$ et de « hauteur » $|c_n(s)|$ (on parle de *train d'impulsions de Dirac*). La tradition qui consiste à représenter la distribution de Dirac δ_a comme une flèche verticale rend cohérente la représentation du spectre d'amplitude par des *raies spectrales* comme illustré dans la figure 14.2.

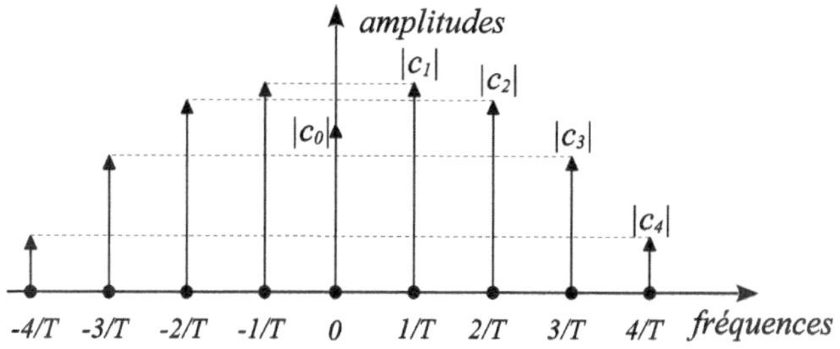

FIGURE 14.2 – Représentation symbolique du spectre d'amplitude

2.7 Principales propriétés des coefficients de Fourier

2.7.1 Cas des fonctions réelles

Proposition 129. Soit s une fonction périodique et réelle possédant des coefficients de Fourier. Alors avec les notations habituelles

1. Les coefficients trigonométriques $a_n(s)$ et $b_n(s)$ sont réels.
2. Les coefficients exponentiels $c_n(s)$ vérifient

$$c_{-n}(s)=\overline{c_n(s)} \tag{14.16}$$

2.7.2 Cas des fonctions réelles paires ou impaires

Proposition 130. Soit s une fonction périodique et réelle possédant les coefficients de Fourier, alors avec les notations habituelles

1. Si s est paire, les trois propriétés suivantes sont équivalentes
   (1) $\forall n \in \mathbb{Z}, \quad c_n(s) \in \mathbb{R}$
   (2) $\forall n \in \mathbb{Z}, \quad c_{-n}(s) = c_n(s)$
   (3) $\forall n \in \mathbb{N}, \quad b_n(s) = 0$
2. Si s est impaire, les trois propriétés suivantes sont équivalentes
   (1) $\forall n \in \mathbb{Z}, \quad c_n(s) \in i\mathbb{R}$ (*i.e.* $c_n(s)$ est un complexe imaginaire pur)
   (2) $\forall n \in \mathbb{Z}, \quad c_{-n}(s) = -c_n(s)$
   (3) $\forall n \in \mathbb{N}, \quad a_n(s) = 0$

2.7.3 Comportement asymptotique des coefficients de Fourier

Le résultat qui suit précise le comportement asymptotique, c'est-à-dire lorsque $n \to \infty$, des coefficients de Fourier. Ce résultat est à rapprocher de la propriété 110 déjà rencontrée qui stipule que la transformée de Fourier $\widehat{s}$ d'une fonction s tend vers 0 à l'infini.

Proposition 131. Soit s une fonction localement intégrable sur $\mathbb{R}$ et périodique possédant les coefficients de Fourier $c_n(s)$. Alors les coefficients $c_n(s)$ tendent vers 0 lorsque $|n| \to +\infty$ et cela d'autant plus vite que la fonction s est plus régulière.
Précisément, si s est de classe $\mathscr{C}^r$ avec $r \in \mathbb{N}^*$, on a en plus une estimation de la vitesse de décroissance des coefficients sous la forme $|c_n(s)| = o\left(\frac{1}{n^{r-1}}\right)$.

Démonstration.

1. La démonstration de ce résultat s'appuie sur le théorème de *Riemann-Lebesgue* (Georg Friedrich Bernhard Riemann, 1826-1866, mathématicien allemand et Henri Léon Lebesgue, 1875-1941, mathématicien français) rappelé ci-après :
   ***Théorème de Riemann-Lebesgue** : si une fonction s est localement intégrable sur $\mathbb{R}$, alors ses coefficients de Fourier existent et tendent vers 0 lorsque $n \to \pm\infty$, autrement dit*
   $$\lim_{n\to\pm\infty} c_n(s) = \lim_{n\to\pm\infty} \frac{1}{T}\int_0^T s(t)\mathrm{e}^{-i\frac{2\pi nt}{T}}\,\mathrm{d}t = 0$$
   La preuve de ce résultat est donnée dans le cas particulier des fonctions intégrables de classe $\mathscr{C}^1$ sur $\mathbb{R}$. Soit donc $s \in \mathscr{C}^1(\mathbb{R})$ et T-périodique. Par intégration par parties et pour $k \neq 0$, on peut écrire :
   $$\int_0^T s(t)\mathrm{e}^{-i\frac{2\pi}{T}kt}\,\mathrm{d}t = \left[-\frac{T}{2i\pi k}s(t)\mathrm{e}^{-i\frac{2\pi}{T}kt}\right]_0^T + \frac{T}{2i\pi k}\int_0^T s'(t)\mathrm{e}^{-i\frac{2\pi}{T}kt}\,\mathrm{d}t$$
   Or, le crochet est nul par périodicité. D'autre part, puisque $s \in \mathscr{C}^1(\mathbb{R})$ et T-périodique, il existe une constante réelle $M \geq 0$ telle que, pour tout $t \in \mathbb{R}$ on a $|s'(t)| \leq M$.

Indépendamment de cela, on sait aussi que $\left|e^{-i\frac{2\pi}{T}kt}\right| = 1$.
Finalement, on a

$$\left|\frac{1}{T}\int_0^T s(t)e^{-i\frac{2\pi}{T}kt}\,dt\right| \leq \frac{1}{2\pi k}\int_0^T \left|s'(t)e^{-i\frac{2\pi}{T}kt}\right|\,dt \leq \frac{MT}{2\pi|k|}$$

Il reste alors à passer à la limite lorsque $|k| \to +\infty$.

2. Maintenant, si s est en plus de classe $\mathscr{C}^r$ avec $r \in \mathbb{N}^*$, il suffit de faire r intégrations par parties qui conduisent à ($\alpha > 0$)

$$\left|\frac{1}{T}\int_0^T s(t)e^{-i\frac{2\pi}{T}kt}\,dt\right| \leq \frac{\alpha}{|k|^r} \Longrightarrow |c_k(s)| = o\left(\frac{1}{k^{r-1}}\right)$$

□

Dans la pratique, cela signifie que plus la fonction est régulière et moins il y a de coefficients « significatifs » dans sa série de Fourier.

2.8 Exemples de développements en séries de Fourier

2.8.1 Cas d'une fonction périodique en créneau

Considérons le signal en créneau modélisé par la fonction périodique, de période 2π, définie sur $[-\pi,\pi[$ par

$$s(t) = \begin{cases} -1 & \text{si } t \in [-\pi, 0[\\ 1 & \text{si } t \in [0, \pi[\end{cases}$$

La fonction s étant impaire, on sait que ses coefficients trigonométriques a_n sont nuls et que seuls les coefficients b_n sont à calculer. On obtient, en posant $T = 2\pi$:

$$b_n = \frac{2}{T}\int_{-pi}^{\pi} s(t)\sin\left(\frac{2\pi}{T}nt\right)dt = \frac{4}{T}\int_0^{\pi}\sin(nt)\,dt = \frac{2\big((-1)^{n+1}+1\big)}{n\pi}$$

et la convergence ponctuelle de la série de Fourier vers $\tilde{s}$ est assurée par le théorème de convergence ponctuelle de Dirichlet. On a donc

$$\boxed{\forall t \in \mathbb{R}, \quad \tilde{s}(t) = \frac{s(t^-)+s(t^+)}{2} = \sum_{n=1}^{+\infty}\frac{2\big((-1)^{n+1}+1\big)}{n\pi}\sin(nt)} \tag{14.17}$$

Les représentations graphiques du signal original et de quelques sommes partielles sont données dans les figures 14.3 et 14.4.
Ces graphiques mettent en évidence plusieurs aspects :

1. Tout d'abord, la lenteur de la convergence qui est due au manque de régularité de la fonction (elle est discontinue).
2. Ensuite, en chaque point de discontinuité, on peut constater que les sommes partielles de Fourier convergent vers la valeur de la régularisée et non de la fonction elle-même. Par exemple, en 0, il y a convergence vers 0 qui est la demi-somme des limites à gauche et à droite : $0 = \dfrac{-1+1}{2}$.

3. On peut aussi mettre en évidence le phénomène particulier qui se produit en chaque point de discontinuité et qui se matérialise par des oscillations incompressibles. Même en augmentant le nombre de termes dans la série, l'amplitude de ces petites ondulations reste identique : c'est ce qu'on appelle le phénomène de Gibbs (Josiah Willard Gibbs, 1839-1903, physicien et chimiste américain. Il publia un article en 1899 à ce sujet bien que le phénomène ait fait l'objet d'études antérieures, voir à ce sujet [*QU*]).

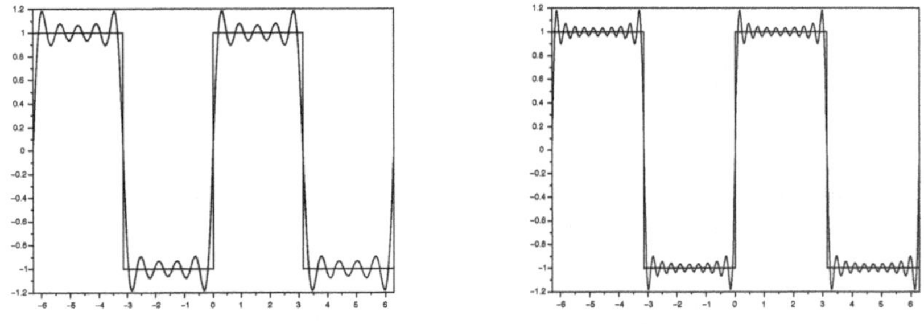

FIGURE 14.3 – Sommes partielles de Fourier pour $N = 10$ et $N = 20$ termes

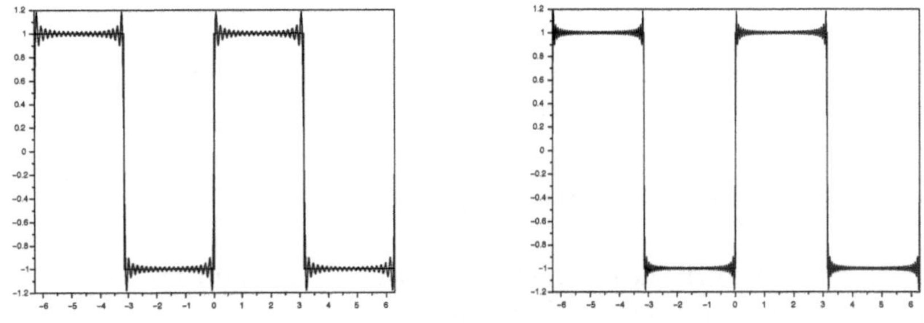

FIGURE 14.4 – Sommes partielles de Fourier pour $N = 40$ et $N = 80$ termes

2.8.2 Cas d'une fonction périodique en « dents de scie »

Considérons maintenant le signal modélisé par la fonction périodique, de période 2π, définie sur $[-\pi,\pi[$ par

$$s(t) = \begin{cases} -t & \text{si } t \in [-\pi, 0[\\ t & \text{si } t \in [0, \pi[\end{cases}$$

Comme s est paire, ses coefficients trigonométriques b_n sont nuls et que seuls les coefficients a_n sont à calculer. On obtient, en posant $T = 2\pi$, tout d'abord le coefficient a_0 :

$$a_0 = \frac{1}{T}\int_{-\pi}^{\pi} s(t)\,\mathrm{d}t = \frac{2}{T}\int_0^{\pi} s(t)\,\mathrm{d}t = \frac{1}{\pi}\int_0^{\pi} t\,\mathrm{d}t = \frac{\pi}{2}$$

Ensuite les coefficients a_n pour $n \in \mathbb{N}^*$:

$$a_n = \frac{2}{T}\int_{-\pi}^{\pi} s(t)\cos\left(\frac{2\pi}{T}nt\right)\mathrm{d}t = \frac{4}{T}\int_{0}^{\pi} s(t)\cos\left(\frac{2\pi}{T}nt\right)\mathrm{d}t = \frac{2}{\pi}\int_{0}^{\pi} t\cos(nt)\,\mathrm{d}t$$

et cette intégrale est calculée par intégration par parties pour donner

$$a_n = \frac{2}{\pi}\left[\frac{t\sin(nt)}{n}\right]_0^{\pi} - \frac{2}{n\pi}\int_0^{\pi} t\sin(nt)\,\mathrm{d}t = \frac{2\left(1-(-1)^n\right)}{n^2\pi}$$

Cette fois-ci, la convergence de la série de Fourier est assurée par le théorème de convergence normale puisque s est clairement continue et de classe $\mathscr{C}^1$ par morceaux sur $\mathbb{R}$. On obtient donc

$$\boxed{\forall t \in \mathbb{R}, \quad s(t) = \frac{\pi}{2} + \sum_{n=-1}^{+\infty} \frac{2\left(1-(-1)^n\right)}{n^2\pi}\cos(nt)} \qquad (14.18)$$

Les représentations graphiques du signal original et des sommes partielles S_3 et S_5 sont données dans la figure 14.5. Comme on peut le constater, la convergence est très rapide, il suffit de cinq termes dans la somme partielle de Fourier pour avoir une très bonne approximation du signal original. Remarquons que cette rapidité de convergence est due au fait que le signal en « dents de scie » est continu contrairement au créneau.

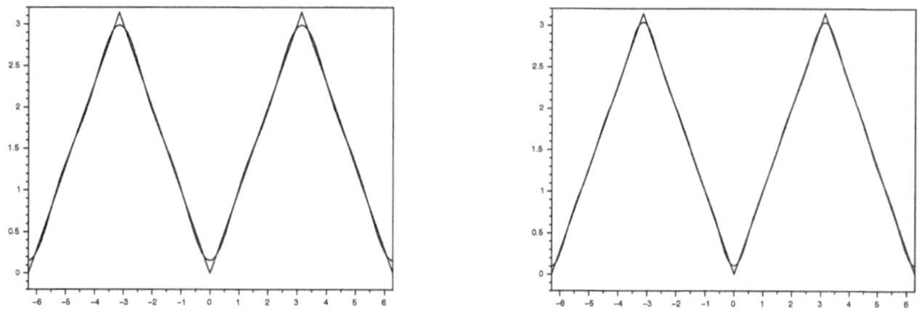

FIGURE 14.5 – Sommes partielles de Fourier S_N pour le signal en « dents de scie » : $N = 3$ et $N = 5$

2.9 Développement en série de Fourier d'une fonction non périodique mais à support borné

2.9.1 Problématique

Dans certaines situations, il peut être nécessaire de développer en série de sinus une fonction seulement définie sur l'intervalle borné $[0, T]$. On souhaite alors pouvoir écrire un développement en série trigonométrique, en série de cosinus ou de sinus, c'est à dire par exemple de la forme :

$$\forall t \in [0, T], \quad f(t) = \sum_{n=1}^{\infty} b_n \sin(n\omega t)$$

où $(b_n)_{n\in\mathbb{N}}$ est une suite de coefficients à déterminer (cette situation a d'ailleurs déjà été rencontrée dans la résolution de l'équation de la chaleur au moment de développer la condition initiale en série de sinus, voir la section 2.3 page 34 du chapitre 1).
Il s'agit alors simplement d'un développement en série de Fourier. Or, un tel développement n'est défini que pour une fonction périodique. C'est pourquoi on a recours à une « astuce » qui permet de rendre n'importe quelle fonction définie sur un intervalle borné, pour peu qu'elle ait les bonnes propriétés, développable en série de Fourier. Supposons donc que l'on dispose d'une fonction f assez régulière sur l'intervalle borné $[0, T]$ sur lequel elle vérifie par exemple les hypothèse du théorème de Dirichlet.
Trois options se présentent alors :

1. La première consiste à considérer que la fonction $f : [0, T] \to \mathbb{R}$ donnée est périodique de période T et que le « motif » f n'est que la restriction à une période du signal complet. Dans ce cas, il est possible de déterminer un développement en série de Fourier de la forme
$$f(t) = a_0 + \sum_{n=1}^{+\infty} a_n \cos\left(\frac{2\pi}{T} nt\right) + b_n \sin\left(\frac{2\pi}{T} nt\right)$$
2. La seconde option consiste à considérer en plus que f est paire. Dans ce cas, elle devient $2T$-périodique et paire, ce qui assure un développement de la forme
$$f(t) = a_0 + \sum_{n=1}^{+\infty} a_n \cos\left(\frac{2\pi}{T} nt\right)$$
3. Enfin, la dernière option consiste à considérer que f est impaire. Dans ce cas, elle devient $2T$-périodique et impaire et on obtient un développement de la forme
$$f(t) = \sum_{n=1}^{+\infty} b_n \sin\left(\frac{2\pi}{T} nt\right)$$

Ces trois situations sont illustrées dans la figure 14.6.

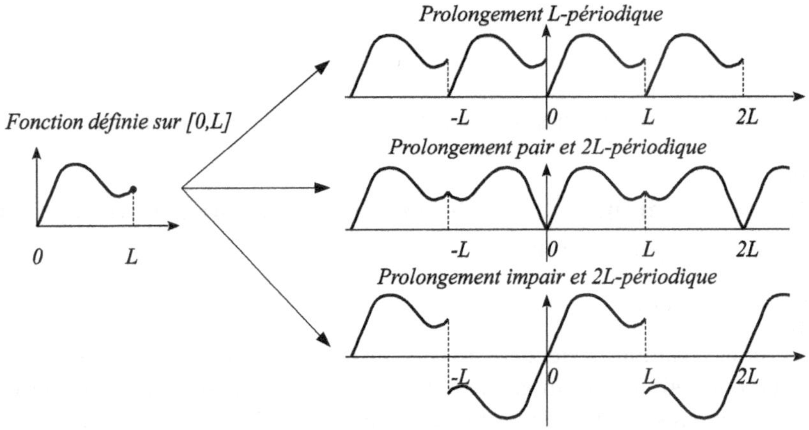

FIGURE 14.6 – Illustration des différents prolongements périodiques

2.9.2 Application à la résolution de l'équation de la chaleur

Dans le chapitre 1, section 2 page 30, le problème (2.22) de l'équation de la chaleur en domaine borné avec conditions aux limites de Dirichlet a été proposé :

$$\begin{cases} \dfrac{\partial u}{\partial t}(t,x) + D\dfrac{\partial^2 u}{\partial x^2}(t,x) = f(t,x) & \text{pour } (t,x) \in \mathbb{R}^{+*} \times]0,L[\\ u(0,x) = \varphi(x) & \text{pour } x \in [0,L] \\ u(t,0) = u(t,L) = 0 & \text{pour } t \in \mathbb{R}^+ \end{cases}$$

La méthode de séparation des variables a conduit à une solution sous la forme

$$u(t,x) = \sum_{n=1}^{\infty} b_n \sin\left(\frac{n\pi}{L}x\right) \mathrm{e}^{-D\left(\frac{n\pi}{L}\right)^2 t}$$

Ensuite, en tenant compte de la condition initiale $u(0,x) = \varphi(x)$ on a justifié que φ devait posséder un développement en série de sinus de la forme

$$\forall x \in [0,L], \quad \varphi(x) = \sum_{n=1}^{\infty} b_n \sin\left(\frac{n\pi}{L}x\right)$$

Pour obtenir ce développement, à la lumière de la théorie des séries de Fourier, il suffit donc de considérer la fonction ψ impaire et $2L$-périodique définie sur $]-L,L]$ par

$$\psi : x \mapsto \begin{cases} -\varphi(-x) & \text{si } x \in]-L,0[\\ \varphi(x) & \text{si } x \in]0,L[\\ 0 & \text{si } x = 0 \\ 0 & \text{si } x = L \end{cases}$$

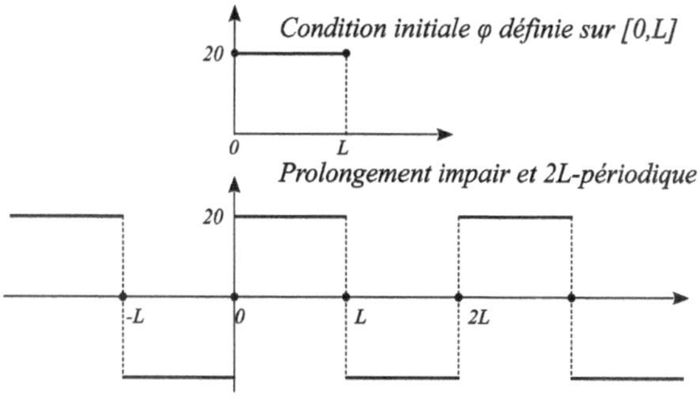

FIGURE 14.7 – Prolongement impair et $2L$-périodique de φ

La fonction ψ ainsi définie vérifie les hypothèses du théorème de Dirichlet, ce qui assure l'existence d'un développement en série de Fourier avec convergence ponctuelle vers la régularisée $\tilde{\psi}$ qui est, par construction, égale à ψ. D'autre part, ψ étant impaire et $2L$-périodique, on peut donc écrire que

$$\forall x \in \mathbb{R}, \quad \psi(x) = \sum_{k=1}^{\infty} b_n \sin\left(\frac{n\pi}{L}x\right)$$

avec

$$\forall n \in \mathbb{N}^*, \quad b_n = \frac{2}{L}\int_0^L \varphi(x)\sin\left(\frac{n\pi}{L}x\right)\mathrm{d}x$$

Maintenant, il suffit de remarquer que φ est la restriction de ψ à $]0,L[$ pour pouvoir écrire

$$\forall x \in]0,L[, \quad \varphi(x) = \sum_{k=1}^{\infty} b_n \sin\left(\frac{n\pi}{L}x\right)$$

La solution trouvée s'écrit alors

$$\boxed{u:(t,x)\mapsto \sum_{k=1}^{\infty}\left(\frac{2}{L}\int_0^L \varphi(x)\sin\left(\frac{n\pi}{L}x\right)\mathrm{d}x\right)\sin\left(\frac{n\pi}{L}x\right)\mathrm{e}^{-D\left(\frac{n\pi}{L}\right)^2 t}}$$

Par exemple, dans le cas de la condition constante $\varphi : x \mapsto \varphi(x) = 20$ correspondant à une température initiale constante de 20 degrés Celsius (Anders Celsius,1701-1744, scientifique suédois) ou 293,15 degrés Kelvin (William Thomson, connu sous le nom de Lord Kelvin, 1824-1907, physicien britannique) on obtient

$$b_n = \frac{2}{L}\int_0^L 20\sin\left(\frac{\pi}{L}nx\right)\mathrm{d}x = \frac{40}{n\pi}\left(1-(-1)^n\right)$$

et la solution

$$\boxed{u:(t,x)\mapsto u(t,x) = \sum_{n=1}^{\infty}\frac{40\left(1-(-1)^n\right)}{n\pi}\sin\left(\frac{n\pi}{L}x\right)\mathrm{e}^{-D\left(\frac{n\pi}{L}\right)^2 t}}$$

La représentation graphique du profil des températures à différents instants t entre 1 et 30 secondes pour une barre de longueur $L = 0,2 \quad [m]$ en plomb de coefficient de diffusion thermique $D = 0,01 \quad [m^2 \cdot s^{-1}]$ est donnée dans la figure 14.8.

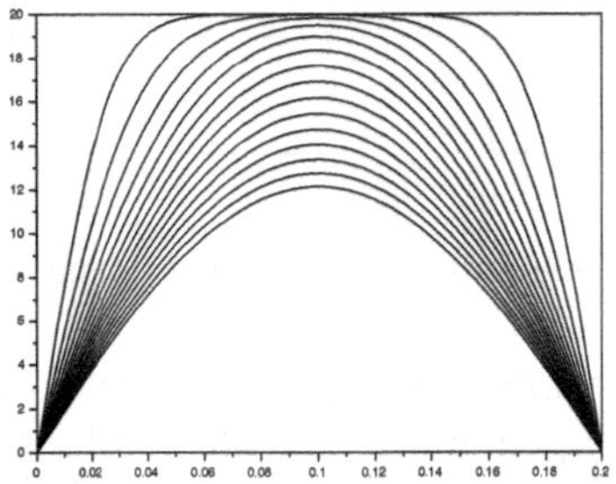

FIGURE 14.8 – Profil des températures aux instants $t \in \{1, 2, \cdots, 10\}$

3 Développement en série de Fourier des fonctions périodiques d'énergie finie

3.1 Aspects « géométriques »

La construction d'un développement en série de Fourier pour une fonction périodique d'énergie finie (c'est à dire dans L_T^2) se prête particulièrement bien à une interprétation géométrique. Cet aspect est basé sur l'existence d'un produit scalaire.

Proposition 132. L'application $(\cdot|\cdot)$, définie sur $L_T^2 \times L_T^2$ par la formule (14.19), dans laquelle on a noté $\overline{s}$ le conjugué de s, est un produit scalaire (complexe) :

$$\forall (s_1, s_2) \in L_T^2 \times L_T^2, \quad (s_1|s_2) = \frac{1}{T}\int_0^T s_1\overline{s_2} \tag{14.19}$$

Démonstration.
Il suffit de démontrer que les quatre propriétés suivantes sont bien vérifiées, pour tout triplet (s_1, s_2, s_3).

1. Symétrie hermitienne : $(s_1|s_2) = \overline{(s_2|s_1)}$
2. Semi linéarité par rapport à la première variable : pour tout couple de complexes (λ, μ) on a $(\lambda s_1 + \mu s_2|s_3) = \lambda(s_1|s_3) + \mu(s_2|s_3)$
3. Caractère positif : $(s_1|s_1) \geq 0$
4. Caractère défini : $(s_1|s_1) = 0 \Longleftrightarrow s_1 = 0$

La symétrie hermitienne et la semi linéarité par rapport à la première variable ne posent pas de problème. Pour le caractère positif, il suffit de remarquer que $0 < T$ et $s_1\overline{s_1} = |s_1|^2$ pour montrer que $(s_1|s_1) = \dfrac{1}{T}\displaystyle\int_0^T |s_1|^2 \geq 0$. Pour le caractère défini, comme on travaille dans l'espace L_T^2 des classes de fonctions égales *presque partout*, on a

$$(s_1|s_1) = \frac{1}{T}\int_0^T |s_1|^2 = 0 \Longleftrightarrow s_1 = 0$$

ce qu'il faut comprendre comme « s_1 est un représentant de la classe des fonctions nulles *presque partout* » (voir annexe D page 793). □

Le produit scalaire (complexe) (14.19) permet de définir la norme quadratique :

Proposition 133. L'application $||\cdot||_2$ définie sur L_T^2 par

$$\forall s \in L_T^2, \quad ||s||_2 = \sqrt{(s|s)} = \sqrt{\frac{1}{T}\int_0^T |s|^2} \tag{14.20}$$

est une norme, appelée *norme quadratique*.

Remarque. Par la suite, et pour simplifier, s'il n'y a pas de risque de confusion, on notera simplement $||\cdot||$ à la place de $||\cdot||_2$.

La démonstration de ce résultat repose sur l'inégalité de Cauchy-Schwarz (dans sa version générale, celle qui a déjà été appliquée au calcul intégrale n'en est qu'un cas particulier) qui s'énonce de la manière suivante :

Proposition 134. Dans un espace vectoriel (réel ou complexe) muni d'un produit scalaire $(\cdot|\cdot)$ et de la norme associée $||\cdot|| = \sqrt{(\cdot|\cdot)}$ (c'est à dire un espace préhilbertien), pour tout couple de vecteurs (s_1, s_2), on a

$$|(s_1|s_2)| \leq ||s_1||\,||s_2|| \tag{14.21}$$

Démonstration.
Commençons par remarquer que lorsque $|(s_1|s_2)| = 0$ l'inégalité est trivialement vérifiée. Supposons donc que $|(s_1|s_2)| \neq 0$ et posons $a = \dfrac{\overline{(s_1|s_2)}}{|(s_1|s_2)|}$. On remarque alors facilement que $|a| = a\overline{a} = 1$.
Soit maintenant $t \in \mathbb{R}$. Développons le produit scalaire

$$(as_1 + ts_2|as_1 + ts_2) = ||as_1 + ts_2||^2$$

en remarquant que c'est un nombre réel positif.

$$\begin{aligned} ||as_1 + ts_2||^2 &= (as_1 + ts_2|as_1 + ts_2) \\ &= |a|\cdot||s_1||^2 + (as_1|ts_2) + (ts_2|as_1) + t^2||s_2||^2 \\ &= ||s_1||^2 + at(s_1|s_2) + \overline{a}t(s_2|s_1) + t^2||s_2||^2 \\ &= ||s_1||^2 + t\big(a(s_1|s_2) + \overline{a}\overline{(s_1|s_2)}\big) + ||s_2||^2 \end{aligned}$$

Observons de plus près ce que vaut le terme $a(s_1|s_2) + \overline{a}\overline{(s_1|s_2)}$:

$$a(s_1|s_2) + \overline{a}\overline{(s_1|s_2)} = \frac{\overline{(s_1|s_2)}(s_1|s_2)}{|(s_1|s_2)|} + \frac{(s_1|s_2)\overline{(s_1|s_2)}}{|(s_1|s_2)|} = 2\frac{|(s_1|s_2)|^2}{|(s_1|s_2)|} = |(s_1|s_2)|$$

Finalement, on obtient

$$||as_1 + ts_2||_2^2 = ||s_1||^2 + 2t|(s_1|s_2)| + t^2||s_2||^2 \geq 0$$

Il s'agit là d'un polynôme du second degré de la variable réelle t, le coefficient de t^2 étant positif. Comme il est toujours positif, son discriminant $4|(s_1|s_2)|^2 - 4||s_1||^2||s_2||^2$ est nécessairement négatif ou nul, autrement dit

$$4|(s_1|s_2)|^2 - 4||s_1||^2||s_2||^2 \leq 0 \Longleftrightarrow |(s_1|s_2)| \leq ||s_1||\,||s_2||$$

ce qui démontre bien l'inégalité. □

Revenons-en maintenant à la démonstration du fait que $||\cdot|| = ||\cdot||_2$ est une norme.

Démonstration.
Pour montrer qu'il s'agit bien d'une norme, il convient de s'assurer que les trois propriétés suivantes sont vérifiées :

1. Caractère séparable : $||s|| = 0 \Longrightarrow s = 0$
2. Caractère homogène : pour toute constante $\lambda \in \mathbb{C}$, $||\lambda s|| = |\lambda|\,||s||$
3. Inégalité triangulaire : $||s_1 + s_2|| \leq ||s_1|| + ||s_2||$

Le caractère séparable découle du caractère défini du produit scalaire.
Le caractère homogène est trivial à démontrer :

$$||\lambda s|| = \sqrt{\frac{1}{T}\int_0^T |\lambda s|^2} = \sqrt{|\lambda|^2 \frac{1}{T}\int_0^T |s|^2} = |\lambda|\,||s||$$

Seule la démonstration de l'inégalité triangulaire nécessite quelques développements. Il s'agit en l'occurrence à nouveau d'une conséquence de l'inégalité de Cauchy-Schwarz.
En effet, calculons la somme $||s_1 + s_2||$:

$$\begin{aligned}
||s_1 + s_2||^2 &= (s_1 + s_2 | s_1 + s_2) \\
&= ||s_1||^2 + (s_1|s_2) + (s_2|s_1) + ||s_2||^2 \\
&= ||s_1||^2 + (s_1|s_2) + (s_2|s_1) + ||s_2||^2 \\
&= ||s_1||^2 + (s_1|s_2) + \overline{(s_1|s_2)} + ||s_2||^2 \\
&= ||s_1||^2 + 2\mathrm{Re}\big((s_1|s_2)\big) + ||s_2||^2
\end{aligned}$$

or, on sait que pour tout $z \in \mathbb{C}$, $\mathrm{Re}(z) \leq |z|$, par conséquent on a $\mathrm{Re}\big((s_1|s_2)\big) \leq \big|(s_1|s_2)\big|$ puis, en utilisant l'inégalité de Cauchy-Schwarz,

$$\mathrm{Re}\big((s_1|s_2)\big) \leq \big|(s_1|s_2)\big| \leq ||s_1||\,||s_2||$$

Finalement,

$$||s_1 + s_2||_2^2 \leq ||s_1||^2 + 2||s_1||\,||s_2|| + ||s_2||^2 \leq \big(||s_1|| + ||s_2||\big)^2$$

ce qui démontre bien que $||s_1 + s_2|| \leq ||s_1|| + ||s_2||$. □

L'espace L^2_T muni du produit scalaire (canonique) (14.19) et de la norme associée (14.20) est alors un espace vectoriel normé. Nous admettrons que c'est aussi un espace vectoriel complet (voir [*BR*] pour une démonstration) et donc un espace de Hilbert (voir annexe D page 793).

Ce qui est remarquable avec un espace de Hilbert, c'est la possibilité de généraliser aux espaces dont les dimensions sont infinies les notions « géométriques » usuelles dans les espaces euclidiens (en dimension finie) comme les longueurs, les angles (et en particulier l'orthogonalité), les projections, etc.
En particulier, en dimension finie, lorsqu'on dispose d'un espace vectoriel euclidien, disons de dimension n pour fixer les idées, muni d'un produit scalaire noté $(\cdot|\cdot)$, il est toujours possible d'en construire une base orthonormale $(e_1, \cdots, e_n)$.
La connaissance d'une telle base est fondamentale parce qu'elle permet de décomposer tout élément a de l'espace de manière très simple sous la forme

$$a = \sum_{k=1}^{n} (a|e_k)e_k \qquad (14.22)$$

Les valeurs des produits scalaires $(a|e_k)$ sont alors les coordonnées des projections du vecteur a sur les droites vectorielles engendrées respectivement par les vecteurs e_i pour $i \in \{1, \cdots, n\}$. Ces notions se généralisent aux espaces de Hilbert (en dimension infinie) à condition de pouvoir généraliser la notion de bases orthonormales et la décomposition (14.22) qui devient alors une somme infinie. Cette généralisation est obtenue en définissant la notion de base orthonormale hilbertienne.

3.2 Théorème de projection

Définition 135. Soit $(e_k)_{k\in\mathbb{Z}}$ une famille de vecteurs d'un espace de Hilbert H.
On dit que $(e_k)_{k\in\mathbb{Z}}$ est une *base orthonormale hilbertienne* si et seulement si c'est une famille orthonormale telle que tout vecteur de H peut être approché, avec une précision arbitraire, par une combinaison linéaire finie de vecteurs de la famille $(e_k)_{k\in\mathbb{Z}}$. Autrement dit,

$$\forall v \in H, \quad \forall \varepsilon > 0, \quad \exists N \in \mathbb{N}, \exists (v_{-N}, \cdots, v_{-N}) \in \mathbb{R}^{2N+1}, \quad \left\| v - \sum_{k=-N}^{+N} v_k e_k \right\| < \varepsilon$$

On dit alors que l'espace

$$F = \bigcup_{n\in\mathbb{Z}} \mathrm{Vect}\{(e_k)_{-n\leq k\leq n}\}$$

est *dense* dans H.

Un résultat fondamental disponible dans les espaces de Hilbert et à la base de la construction du développement en série de Fourier est le théorème de projection.

Théorème 135. De projection. Soient H un espace de Hilbert et V un sous espace vectoriel de dimension finie $n \in \mathbb{N}^*$ muni d'une base orthonormale $(e_1, \cdots, e_n)$. Alors, pour tout vecteur $v \in H$, il existe un unique vecteur de V, noté $p(v)$, qui vérifie

$$\begin{cases} p(v) \in V \\ v - p(v) \in V^{\perp} \end{cases} \tag{14.23}$$

Ce vecteur $p(v)$ est donné par

$$p(v) = \sum_{k=1}^{n} (v|e_k) e_k \tag{14.24}$$

et c'est l'unique vecteur qui minimise la norme $||v - w||$ pour tout $w \in V$.

Démonstration.
Soit $v \in H$. Commençons par construire l'unique vecteur $p(v) = \sum_{k=1}^{n} (v|e_k)e_k$ qui est, par construction, élément de V. On a alors les résultats suivants :

1. $v - p(v) \in V^{\perp}$: ce premier résultat découle du fait que la famille $(e_1, \cdots, e_n)$ est une base orthonormale de V.

En effet, on a les égalités suivantes, valables pour tout $j \in \{1, \cdots, n\}$

$$\begin{aligned}(v - p(v)|e_j) &= \left(v - \sum_{k=1}^{n} (v|e_k)e_k \Big| e_j\right) \\ &= (v|e_j) - \sum_{k=1}^{n} (v|e_k)(e_k|e_j) \\ &= (v|e_j) - (v|e_j) \\ &= 0\end{aligned}$$

puisque les produits scalaires $(e_k|e_j)$ valent $(e_k|e_j) = \begin{cases} 1 \text{ si } j = k \\ 0 \text{ si } j \neq k \end{cases}$. Par conséquent, le vecteur $v - p(v)$ est orthogonal à tout vecteur de V, donc il appartient $V^\perp$ et on a bien démontré que

$$\begin{cases} p(v) \in V \\ v - p(v) \in V^\perp \end{cases}$$

2. Pour tout vecteur $w \in V$ on a $||v - w|| \geq ||v - p(v)||$:
   Soit $w \in V$. On commence par démontrer sans difficulté que $p(v) - w \perp v - p(v)$.
   En effet,

   $$p(v) \in V \quad \text{et} \quad w \in V \quad \text{donc} \quad p(v) - w \in V$$

   D'autre part, on a démontré que $v - p(v) \in V^\perp$, donc $p(v) - w \perp v - p(v)$. Ensuite, calculons $||v - w||^2$:

   $$\begin{aligned}||v - w||^2 &= ||v - p(v) + p(v) - w||^2 \\ &= ||v - p(v)||^2 + 2(v - p(v)|p(v) - w) + ||p(v) - w||^2 \\ &= ||v - p(v)||^2 + ||p(v) - w||^2 \\ &\geq ||v - p(v)||^2\end{aligned}$$

   on a donc bien $||v - w|| \geq ||v - p(v)||$ pour tout $w \in V$.

□

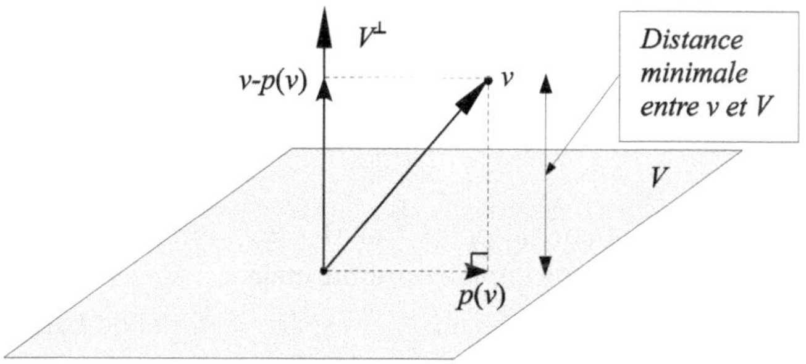

FIGURE 14.9 – Illustration du théorème de projection dans le cas de $H = \mathbb{R}^3$ et V un plan vectoriel

3.3 Interprétation des coefficients et des sommes partielles de Fourier

Le théorème de projection peut maintenant être appliqué dans l'espace de Hilbert L^2_T pour construire le développement en série de Fourier d'une fonction d'énergie finie. La projection se fait sur un sous espace vectoriel (de dimension finie) de polynômes trigonométriques dont les combinaisons linéaires forment les sommes partielles de Fourier.

Proposition 136.

1. la famille de fonctions (harmoniques pures ou monochromatiques)
$$\forall k \in \mathbb{Z}, \quad e_k : t \mapsto \mathrm{e}^{i\frac{2\pi k}{T}t} = \mathrm{e}^{i\omega k t} \tag{14.25}$$
(où $\omega = \dfrac{2\pi}{T}$ est la pulsation) est une famille orthonormale de L^2_T, c'est-à-dire qu'elle vérifie
$$\forall (j,k) \in \mathbb{Z}^2, \quad (e_j|e_k) = \begin{cases} 0 & \text{si} \quad j \neq k \\ 1 & \text{si} \quad j = k \end{cases} \tag{14.26}$$
2. pour $n \in \mathbb{N}^*$, l'espace $\mathscr{P}_n$ défini par
$$\mathscr{P}_n = \mathrm{Vect}\left\{t \mapsto e^{i\frac{2\pi k t}{T}}, \quad k \in \{-n, \cdots, n\}\right\} \tag{14.27}$$
est un sous espace vectoriel de dimension $2n+1$ de L^2_T et la famille $\left(e_k\right)_{k\in\{-n,\cdots,n\}}$ en est une base orthonormale.

Démonstration.

1. Commençons par constater que $e_k \in L^2_T$ puisque e_k est T-périodique et $\displaystyle\int_0^T |e_k|^2 = T$ car $|e_k| = 1$.
Ensuite, démontrons que la famille $(e_k)_{k\in\mathbb{Z}}$ est bien orthonormale au sens du produit scalaire (14.19). Pour cela, on évalue les produits scalaires $(e_j|e_k)$:
$$\begin{aligned} (e_j|e_k) &= \frac{1}{T}\int_0^T e_j\overline{e_k} \\ &= \frac{1}{T}\int_0^T \mathrm{e}^{i\frac{2\pi j t}{T}}\mathrm{e}^{-i\frac{2\pi k}{T}t}\,\mathrm{d}t \\ &= \frac{1}{T}\int_0^T \mathrm{e}^{i\frac{2\pi(j-k)t}{T}}\,\mathrm{d}t \end{aligned}$$
Donc, si $j = k$, on obtient $(e_j|e_k) = 1$ et si $j \neq k$, on obtient $(e_j|e_k) = 0$ ce qui démontre bien que c'est une famille orthonormale.
2. L'espace $\mathscr{P}_n$ est, par construction, un sous espace vectoriel de L^2_T.
La famille $\left(e_k\right)_{k\in\{-n,\cdots,n\}}$ est, par construction, génératrice et, en raison du fait que c'est une famille orthonormale, elle est nécessairement libre. Autrement dit, c'est une base et elle contient manifestement $2n+1$ éléments.

□

On peut maintenant définir la notion de *polynôme trigonométrique*, ce qui va permettre de construire des sommes partielles de Fourier par projection orthogonale sur les espaces $\mathscr{P}_n$.

Définition 136. On appelle *polynôme trigonométrique* de degré n tout vecteur p_n de l'espace $\mathscr{P}_n$, autrement dit p_n est un polynôme trigonométrique de degré n si et seulement si il existe $2n+1$ complexes $(c_k)_{k\in\{-n,\cdots,n\}}$ tels que p_n s'écrive sous la forme

$$p_n(t) = \sum_{k=-n}^{n} c_k e_k(t) = \sum_{k=-n}^{n} c_k \mathrm{e}^{i\frac{2\pi k}{T}t} \tag{14.28}$$

Appliquons maintenant le théorème de projection à $s \in L^2_T$ en projetant sur le sous espace $\mathscr{P}_n$. Il existe donc un unique polynôme trigonométrique $p_n \in \mathscr{P}_n$ défini par

$$p_n = \sum_{k=-n}^{+n} (s|e_k)e_k$$

qui minimise la norme $||s-p||$ pour $p \in \mathscr{P}_n$.

Or, les produits scalaires $(s|e_k)$ sont donnés par

$$(s|e_k) = \frac{1}{T}\int_0^T s(t)\mathrm{e}^{-i\frac{2\pi k}{T}t}\,\mathrm{d}t$$

c'est à dire précisément les coefficients de Fourier de s

$$c_k(s) = (s|e_k) = \frac{1}{T}\int_0^T s(t)\mathrm{e}^{-i\frac{2\pi k}{T}t}\,\mathrm{d}t$$

D'autre part, le projeté orthogonal $p_n(s)$ de la fonction s sur l'espace $\mathscr{P}_n$ est précisément la somme partielle de Fourier d'ordre n :

$$p_n(s) = \sum_{k=-n}^{n} (s|e_k)\,e_k = \sum_{k=-n}^{+n} c_k(s)e_k$$

et ce polynôme trigonométrique minimise la distance $||s-q|| = ||s-q||_2$ pour $q \in \mathscr{P}_n$.

Autrement dit, parmi tous les polynômes trigonométriques de $\mathscr{P}_n$, p_n est le « meilleur » au sens de la norme quadratique pour approcher s.

3.4 Convergence des sommes partielles en norme quadratique

Il reste maintenant à démontrer les deux résultats suivants :

Théorème 137.

1. Les sommes partielles $\sum_{k=-n}^{+n} c_k(s)e_k$ convergent en norme quadratique vers s lorsque $n \to +\infty$. Autrement dit

$$\lim_{n\to+\infty} \left\| s - \sum_{k=-n}^{+n} c_k(s)e_k \right\|_2 = 0$$

2. On a l'égalité de Parseval

$$||s||_2 = \frac{1}{T}\int_0^T |s|^2 = \sum_{n=-\infty}^{+\infty} |c_n(s)|^2 \tag{14.29}$$

Démonstration.
Pour cette démonstration, nous admettrons le résultat suivant, qui en constitue la pierre angulaire, car c'est une démonstration trop délicate et compliquée pour être abordée ici (le lecteur est renvoyé par exemple à $[GW]$ pour une démonstration) :
La famille $(e_k)_{k\in\mathbb{Z}}$ *est une base orthonormale hilbertienne de* L^2_T.

1. Une fois ce résultat acquis, le reste de la démonstration est tout à fait abordable. Commençons donc par démontrer que, si $(e_k)_{k\in\mathbb{Z}}$ est une base orthonormale hilbertienne, pour tout $s \in L^2_T$, les sommes partielles de Fourier convergent vers s au sens de la norme quadratique. Pour cela, on revient à la définition de la convergence d'une suite. La suite $(p_k)_{k\in\mathbb{Z}}$ converge vers p au sens de la norme $||\cdot|| = ||\cdot||_2$ si et seulement si

$$\forall \varepsilon > 0, \quad \exists N \in \mathbb{N}, \quad \forall n \geq N, \qquad ||s - p_n||_2 < \varepsilon$$

Soient donc $s \in L^2_T$ et $\varepsilon > 0$. Par définition d'une base hilbertienne, il existe $n \in \mathbb{N}$ et $p_n \in \mathscr{P}_n$ tel que

$$||s - p_n(s)|| < \varepsilon$$

Or, si $n \leq m$ alors on a l'inclusion $\mathscr{P}_n \subset \mathscr{P}_m$ et on en déduit donc que

$$\forall m \geq n, \quad ||s - p_m(s)|| \leq ||s - p_n(s)|| < \varepsilon$$

En effet, le théorème de projection appliqué à s sur l'espace $\mathscr{P}_m$ affirme que la distance $||s - p_m(s)||$ est la plus petite possible. Elle est donc inférieure à $||s - p_n(s)||$. Pour terminer, rappelons que le polynôme trigonométrique $p_n(s)$ est la somme partielle de Fourier d'ordre n de s. Ce qui démontre le résultat.

2. Il reste à démontrer l'égalité de Parseval.
Commençons par démontrer que si $p_n(s_1)$ et $p_n(s_2)$ sont deux sommes partielles de Fourier d'ordre n respectivement associées à deux fonctions s_1 et s_2 alors

$$\big(p_n(s_1)\big|p_n(s_2)\big) = \sum_{k=-n}^{+n} (s_1|e_k)\overline{(s_2|e_k)}$$

Il suffit pour cela d'évaluer le produit scalaire :

$$\begin{aligned}(p_n(s_1)|p_n(s_2)) &= \left(\sum_{k=-n}^{+n}(s_1|e_k)e_k \Big| \sum_{j=-n}^{+n}(s_2|e_j)e_j\right)\\ &= \sum_{k=-n}^{+n}\sum_{j=-n}^{+n}(s_1|e_k)\overline{(s_2|e_j)}(e_k|e_j)\end{aligned}$$

or, en utilisant le caractère orthonormal de la famille $(e_k)_{k\in\mathbb{Z}}$, c'est-à-dire que $(e_j|e_k) = \begin{cases} 0 & \text{si} \quad j \neq k \\ 1 & \text{si} \quad j = k \end{cases}$, on en déduit que

$$(p_n(s_1)|p_n(s_2)) = \sum_{k=-n}^{+n}(s_1|e_k)\overline{(s_2|e_k)}$$

Ensuite, il reste à appliquer cette formule pour $s = s_1 = s_2$, ce qui donne

$$||s||_2 = \sum_{k=-n}^{+n}|(s|e_k)|^2 = \sum_{k=-n}^{+n}|c_k(s)|^2$$

□

4 Développement en série de Fourier des distributions tempérées

4.1 Un résultat général

Le résultat qui suit est une conséquence directe de la proposition 163 page 544 et les notations utilisées sont celles de la section 2 page 541 du chapitre 13.

Proposition 138. Si s est une distribution T-périodique alors s est tempérée, il existe une distribution à support borné s_0 telle que $s = s_0 * \Delta_T$ et s admet le développement en série de Fourier

$$s = \sum_{n=-\infty}^{+\infty} c_n(s)\mathrm{e}^{i\frac{2\pi n}{T}\bullet} \tag{14.30}$$

avec

$$\forall n \in \mathbb{Z}, \quad c_n(s) = \frac{1}{T}\widehat{s_0}\left(\frac{n}{T}\right) \tag{14.31}$$

Démonstration.
La proposition 163 page 544 permet de dire que s admet une transformée de Fourier sous la forme (17.3)

$$\widehat{s} = \sum_{n=-\infty}^{+\infty}\frac{1}{T}\widehat{s_0}\left(\frac{n}{T}\right)\delta_{\frac{n}{T}}$$

Par transformation de Fourier inverse, sachant que $\delta_{\frac{n}{T}} \xrightarrow{\mathbb{TF}^{-1}} \mathrm{e}^{+i\frac{2\pi n}{T}\bullet}$, on obtient

$$s = \sum_{n=-\infty}^{+\infty}\frac{1}{T}\widehat{s_0}\left(\frac{n}{T}\right)\mathrm{e}^{+i\frac{2\pi n}{T}\bullet}$$

□

4.2 Application : développement en série de Fourier du peigne de Dirac

En tant que distribution T-périodique, le peigne de Dirac Δ_T est développable en série de Fourier et, en remarquant que $\Delta_T = \delta * \Delta_T$ (car δ est l'élément neutre de la convolution) on obtient

$$\Delta_T = \sum_{n=-\infty}^{+\infty} \frac{1}{T}\widehat{\delta}\left(\frac{n}{T}\right) e^{i\frac{2\pi n}{T}\bullet}$$

Or, on sait que $\widehat{\delta} = \mathbb{1}$ (voir (13.31) page 447) donc, pour tout $n \in \mathbb{Z}$, $c_n = \dfrac{1}{T}$ et

$$\boxed{\Delta_T = \sum_{n=-\infty}^{+\infty} \frac{1}{T} e^{i\frac{2\pi n}{T}\bullet}} \tag{14.32}$$

Chapitre 15

Les transformations de Laplace et en Z

Bien qu'elle soit associée au nom du mathématicien et physicien Pierre-Simon de Laplace (1749-1827), la transformation de Laplace est attribuée à Leonhard Euler (1707-1783, mathématicien et physicien suisse). Incontournable en traitement du signal, en automatique et, de manière générale, dans toutes les sciences de l'ingénieur, elle fait partie de l'arsenal des techniques indispensables à l'étude des *filtres linéaires* (voir le chapitre 16) car elle permet, entre autres, de définir la notion fondamentale de *fonction de transfert.* C'est aussi un outil privilégié pour l'étude des phénomènes transitoires en raison de sa capacité à transformer une équation différentielle en une simple équation algébrique tout en tenant compte des conditions initiales (voir la section 4.1 page 501).

1 Origine des transformations de Laplace et en Z

On peut reprendre ici la même démarche que celle qui a été effectuée pour introduire les transformations de Fourier à temps continu et à temps discret au chapitre 13.
Pour cela, il suffit maintenant d'utiliser comme signal d'entrée e la fonction « exponentielle complexe »

$$\mathbf{e}_p : t \mapsto \mathrm{e}^{pt} \quad \text{où } p \in \mathbb{C} \tag{15.1}$$

Avec les notations déjà rencontrées au chapitre 13, le signal de sortie $s_p = \mathbb{T}(\mathbf{e}_p)$ associé à $\mathbf{e}_p$ est donné formellement par :

$$s_p(t) = \left(h * \mathbf{e}_p\right)(t) = \int_{-\infty}^{+\infty} h(x)\mathrm{e}^{p(t-x)}\,\mathrm{d}x = \mathrm{e}^{pt}\int_{-\infty}^{+\infty} h(x)\mathrm{e}^{-px}\,\mathrm{d}x$$

Si l'on définit maintenant, toujours formellement, l'expression $H(p)$ pour $p \in \mathbb{C}$

$$H(p) = \int_{-\infty}^{+\infty} h(x)\mathrm{e}^{-px}\,\mathrm{d}x \tag{15.2}$$

on constate qu'on obtient la relation

$$\mathbb{T}(\mathbf{e}_p) = H(p)\mathbf{e}_p \tag{15.3}$$

qui prouve que le signal $\mathbf{e}_p$ est vecteur propre de l'opérateur linéaire $\mathbb{T}$ associé à la valeur propre $H(p)$.
Si l'on utilise maintenant une version discrète de $\mathbf{e}_p$

$$\mathbf{e}_p : n \mapsto \mathrm{e}^{pn} \quad \text{où } p \in \mathbb{C} \tag{15.4}$$

Le signal de sortie s_p associé à ce signal d'entrée $\mathbf{e}_p$ s'obtient formellement par :

$$s_p(n) = \big(h * \mathbf{e}_p\big)(n) = \sum_{k=-\infty}^{+\infty} h(k)\mathbf{e}_p(n-k) = \mathrm{e}^{pn} \sum_{k=-\infty}^{+\infty} h(k)\mathrm{e}^{-pk}$$

Si l'on pose $z = \mathrm{e}^p$ et que l'on définit formellement l'expression $H(z)$ pour $z \in \mathbb{C}$

$$H(z) = \sum_{n=-\infty}^{+\infty} h(n)z^{-n} \tag{15.5}$$

on retrouve à nouveau la relation (15.3) sous la forme

$$\mathbb{T}(\mathbf{e}_p) = H(z)\mathbf{e}_p$$

Les deux calculs précédents prouvent donc que $\mathbf{e}_p$ (fonction ou suite) est vecteur propre de l'opérateur linéaire $\mathbb{T}$ associé à la valeur propre $H(p)$ (ou $H(z)$). Aussi les expressions (15.2) et (15.5) jouent un rôle très particulier vis-à-vis du filtre étudié. Ces deux formules définissent respectivement la *transformée de Laplace* de h et la *transformée en Z* de h.
Dans la pratique, on s'intéresse à des signaux dits *causals*, c'est à dire nuls pour les valeurs négatives de la variable. Aussi, les formules (15.2) et (15.5) sont adaptées pour définir ce qu'il est coutume d'appeler les *transformées de Laplace et en Z unilatérales*, c'est-à-dire, sous réserve d'existence, pour les fonctions

$$H(p) = \int_0^{+\infty} h(t)\mathrm{e}^{-pt}\,\mathrm{d}t \tag{15.6}$$

et pour les suites, toujours sous réserve d'existence

$$H(z) = \sum_{k=0}^{+\infty} h(k)z^{-k} \tag{15.7}$$

2 Transformation de Laplace des fonctions

2.1 Transformée et transformation de Laplace

Définition 137. Soit s une fonction numérique définie sur $\mathbb{R}$. Sous réserve d'existence, on appelle *transformée de Laplace unilatérale* de s la fonction de la variable complexe p, notée $S = \mathbb{TL}(s)$, définie pour certaines valeurs de $p \in \mathbb{C}$ par

$$S(p) = \int_0^{+\infty} s(t)\mathrm{e}^{-pt}\,\mathrm{d}t \tag{15.8}$$

À cette définition s'ajoute celle de la *transformation de Laplace* (unilatérale).

Définition 138. On appelle *transformation de Laplace* l'application, notée $\mathbb{TL}$, qui associe à la fonction s, lorsqu'elle est définie, sa transformée de Laplace $\mathbb{TL}(s)$. On note $s \xrightarrow{\mathbb{TL}} \mathbb{TL}(s)$ ou, de manière abusive mais commode, $s(t) \xrightarrow{\mathbb{TL}} S(p)$.

2.2 Lien avec la transformation de Fourier

Considérons une fonction numérique s et un réel α tels que, pour tout $r > \alpha$ la fonction $f : t \mapsto U(t)s(t)\mathrm{e}^{-rt}$ admette une transformée de Fourier $\widehat{f}$ (U désigne la fonction de Heaviside). Dans ce cas, on peut écrire, en posant $p = r + i2\pi q$ où $(q, r) \in \mathbb{R}^2$

$$\forall q \in \mathbb{R}, \forall r > \alpha \quad \widehat{f}(q) = \int_{-\infty}^{+\infty} \left(U(t)s(t)\mathrm{e}^{-rt}\right)\mathrm{e}^{-2i\pi qt}\,\mathrm{d}t = \int_0^{\infty} s(t)\mathrm{e}^{-pt}\,\mathrm{d}t = \mathbb{TL}(s)(p)$$

Autrement dit, sous réserve d'existence, la transformée de Fourier de $t \mapsto U(t)s(t)\mathrm{e}^{-rt}$ est la transformée de Laplace de $t \mapsto s(t)$.

2.3 Quelques conditions suffisantes d'existence

2.3.1 Abscisse de convergence

L'existence de la transformée de Laplace d'une fonction s est liée non seulement à la fonction s elle-même mais aussi à la variable complexe p dont l'intégrale dépend. Aussi la recherche de conditions suffisantes d'existence de $\mathbb{TL}(s)$ impose de définir la notion d'*abscisse de convergence* pour préciser l'ensemble des complexes p pour lesquels il y a convergence de l'intégrale.
Soit donc s une fonction supposée causale et localement intégrable sur $\mathbb{R}$, c'est-à-dire élément de $L^1_{loc}(\mathbb{R})$. On s'intéresse donc au problème de l'existence de sa transformée de Laplace $p \mapsto \displaystyle\int_0^{+\infty} s(t)\mathrm{e}^{-pt}\,\mathrm{d}t$. Il est bien évident qu'une condition suffisante d'existence de cette intégrale est $\left(t \mapsto s(t)\mathrm{e}^{-pt}\right) \in L^1(\mathbb{R}) \Longleftrightarrow \displaystyle\int_0^{+\infty} \left|s(t)\mathrm{e}^{-pt}\right|\mathrm{d}t \in \mathbb{R}$. La condition précédente dépend donc bien de la fonction s elle-même mais aussi de la variable complexe p. En particulier, en notant $p = r + iq$ avec $(r, q) \in \mathbb{R} \times \mathbb{R}$ on a

$$\left|\mathrm{e}^{-pt}\right| = \left|\mathrm{e}^{-rt}\mathrm{e}^{-iqt}\right| = \mathrm{e}^{-rt}$$

Ainsi, avec ces notations

$$\left(t \mapsto s(t)\mathrm{e}^{-pt}\right) \in L^1(\mathbb{R}) \Longleftrightarrow \int_0^{+\infty} |s(t)|\mathrm{e}^{-rt}\,\mathrm{d}t \in \mathbb{R}$$

Supposons maintenant qu'il existe un réel r_0 pour lequel l'intégrale $\displaystyle\int_0^{+\infty} |s(t)|\mathrm{e}^{-r_0 t}\,\mathrm{d}t$ existe. Alors, il est bien évident que

$$\forall p \in \mathbb{C}, \quad \operatorname{Re} p \geq r_0, \quad \int_0^{+\infty} s(t)\mathrm{e}^{-pt}\,\mathrm{d}t \in \mathbb{C}$$

car c'est une simple conséquence du fait que

$$\forall p \in \mathbb{C}, \quad \operatorname{Re} p \geq r_0, \quad \left|s(t)\mathrm{e}^{-pt}\right| = |s(t)|\mathrm{e}^{-(\operatorname{Re} p)\,t} \leq |s(t)|\mathrm{e}^{-r_0 t}$$

Cela conduit à la définition de l'*abscisse de convergence* d'une fonction.

Définition 139. On appelle *abscisse de convergence* d'une fonction s causale et localement intégrable sur $\mathbb{R}$, la borne inférieure, notée $\mathscr{AC}(s)$, définie par

$$\mathscr{AC}(s) = \inf\left\{r \in \mathbb{R}, \quad \int_0^{+\infty} |s(t)|\mathrm{e}^{-rt}\,\mathrm{d}t \in \mathbb{R}\right\} \tag{15.9}$$

2.3.2 Domaine d'existence de la transformée de Laplace

Les calculs précédents permettent d'énoncer le résultat suivant.

Proposition 139. Soit s une fonction causale et localement intégrable sur $\mathbb{R}$ d'abscisse de convergence α. Alors :

1. Si $\alpha = -\infty$ ou $\alpha \in \mathbb{R}$, s possède une transformée de Laplace définie
   a. sur $\mathbb{C}$ si $\alpha = -\infty$,
   b. sur le demi-plan $\{p \in \mathbb{C}, \quad \operatorname{Re} p > \alpha\}$ si $\alpha \in \mathbb{R}$,
2. Si $\alpha = +\infty$, s ne possède pas de transformée de Laplace.

Donnons deux exemples :

1. La fonction causale $(s_1 : t \mapsto \sin t)$ a pour abscisse de convergence $\alpha = 0$ puisqu'il est clair que $\left(t \mapsto \sin(t)\,\mathrm{e}^{-pt}\right)$ est intégrable sur $\mathbb{R}^+$ pour tout $p > 0$.
2. A contrario, la fonction causale $\left(s_2 : t \mapsto \mathrm{e}^{t^2}\right)$ a pour abscisse de convergence $\alpha = \infty$ puisqu'il est aussi clair que $\displaystyle\int_0^{+\infty} \mathrm{e}^{t^2}\mathrm{e}^{-pt}\,\mathrm{d}t$ diverge pour tout $p \in \mathbb{R}$.

2.4 Ensemble des « originaux »

Définissons maintenant une classe assez générale de fonctions qui possèdent une transformée de Laplace. Dans la littérature, une fonction de cette classe est souvent appelée un *original* au sens de la définition suivante.

Définition 140. Une fonction s est appelée un *original* lorsqu'elle vérifie les trois propriétés suivantes :

(1) s est causale, c'est-à-dire que $\forall t < 0, \quad s(t) = 0$,

(2) s est localement intégrable sur $\mathbb{R}$, c'est-à-dire que $\forall (a,b) \in \mathbb{R}^2, \quad \displaystyle\int_a^b |s| \in \mathbb{R}$,

(3) Il existe deux constantes réelles $C > 0$ et $\alpha \in \mathbb{R}$ (appelée l'*exposant* de s) telles que

$$\forall t \in \mathbb{R}, \quad |s(t)| \leq C\mathrm{e}^{\alpha t} \tag{15.10}$$

On a alors le résultat trivial suivant :

Proposition 140. Si s est un original d'exposant α alors s possède une transformée de Laplace sur le demi plan ouvert $\{p \in \mathbb{C}, \quad \operatorname{Re} p > \alpha\}$ et son abscisse de convergence vérifie $\mathscr{A}\mathscr{C}(s) \leq \alpha$.

Démonstration.
C'est bien sûr une simple conséquence de la majoration, toujours en notant $p = r + iq$

$$\forall p \in \mathbb{C}, \quad \operatorname{Re} p = r > \alpha, \quad \left|s(t)\mathrm{e}^{-pt}\right| \leq C\mathrm{e}^{(\alpha-r)t}$$

ce qui prouve que l'intégrale $\int_0^{\infty} s(t)\mathrm{e}^{-pt}\,\mathrm{d}t$ est absolument convergente pour tout $p \in \mathbb{C}$ tel que $\operatorname{Re} p > \alpha$.
D'autre part, par définition de l'abscisse de convergence il est clair que $\mathscr{A}\mathscr{C}(s) \leq \alpha$. □

2.5 Exemples de transformées de Laplace

2.5.1 Fonction constante $\mathbb{1} : t \mapsto 1$ ou échelon de Heaviside

La fonction constante causale $\mathbb{1} : t \mapsto 1$, qui est l'échelon de Heaviside, est un original d'abscisse de convergence nulle. On obtient sans difficulté

$$\forall p \in \mathbb{C}, \quad \operatorname{Re}(p) > 0, \quad \mathbb{TL}(U)(p) = \frac{1}{p} \quad \Longleftrightarrow \quad \mathbb{1}(t) \overset{\mathbb{TL}}{\longrightarrow} \frac{1}{p} \tag{15.11}$$

2.5.2 Fonctions monômes causales $s_k : t \mapsto t^k$ $(k \in \mathbb{N})$

Soit $k \in \mathbb{N}$. Les fonctions monômes causales $s_k : t \mapsto t^k$ sont des originaux d'abscisse de convergence nulle et un calcul simple (par intégration par parties) montre que

$$\forall p \in \mathbb{C}, \quad \operatorname{Re}(p) > 0, \quad \int_0^{\infty} t\mathrm{e}^{-pt}\,\mathrm{d}t = \frac{1}{p^2}$$

La généralisation se fait sans difficulté par récurrence et l'on montre que

$$\forall p \in \mathbb{C}, \quad \operatorname{Re}(p) > 0, \quad \mathbb{TL}(s_k)(p) = \frac{k!}{p^{k+1}} \quad \Longleftrightarrow \quad t^k \overset{\mathbb{TL}}{\longrightarrow} \frac{k!}{p^{k+1}} \tag{15.12}$$

2.5.3 Fonctions exponentielles causales $s_{a+ib} : t \mapsto \mathrm{e}^{(a+ib)t}$ où $(a, b) \in \mathbb{R} \times \mathbb{R}$

Soit $(a, b) \in \mathbb{R} \times \mathbb{R}$. Les fonctions $s_{a+ib} : t \mapsto \mathrm{e}^{(a+ib)t}$ sont des originaux d'abscisse de convergence $a = \operatorname{Re}(a + ib)$ et

$$\forall p \in \mathbb{C}, \quad \operatorname{Re}(p) > a, \quad \mathbb{TL}\left(s_{a+ib}\right) = \frac{1}{p-(a+ib)} \Longleftrightarrow \mathrm{e}^{(a+ib)t} \overset{\mathbb{TL}}{\longrightarrow} \frac{1}{p-(a+ib)} \tag{15.13}$$

2.5.4 Fonctions causales sinus et cosinus

Soit $a \in \mathbb{R}$. Les fonctions causales $s_a : t \mapsto \sin(at)$ et $c_a : t \mapsto \cos(at)$ sont des originaux d'abscisse de convergence nulle. En remarquant que

$$\sin(at) = \frac{e^{iat} - e^{-iat}}{2i} \quad \text{et} \quad \cos(at) = \frac{e^{iat} + e^{-iat}}{2}$$

et en utilisant la linéarité évidente de la transformation de Laplace et la formule (15.13), on montre sans difficulté que :

$$\boxed{\forall p \in \mathbb{C},\quad \mathrm{Re}(p) > 0,\quad \mathbb{TL}(s_a)(p) = \frac{a}{p^2 + a^2} \Longleftrightarrow \sin(at) \xrightarrow{\mathbb{TL}} \frac{a}{p^2 + a^2}} \tag{15.14}$$

$$\boxed{\forall p \in \mathbb{C},\quad \mathrm{Re}(p) > 0,\quad \mathbb{TL}(c_a)(p) = \frac{p}{p^2 + a^2} \Longleftrightarrow \cos(at) \xrightarrow{\mathbb{TL}} \frac{p}{p^2 + a^2}} \tag{15.15}$$

Par exemple, pour s_a :

$$\forall p \in \mathbb{C},\quad \mathrm{Re}\, p > 0,\quad \mathbb{TL}(s_a)(p) = \frac{1}{2i}\left(\frac{1}{p - ia} - \frac{1}{p + ia}\right) = \frac{a}{p^2 + a^2}$$

2.6 Transformation de Laplace inverse

Comme toute transformation, elle n'a un réel intérêt que si l'on peut l'inverser. On se pose donc la question suivante. Connaissant l'image S (la transformée de Laplace) d'un original s, est-il possible de retrouver s à partir de S ? Autrement dit, existe-t-il une relation de la forme suivante ?

$$S = \mathbb{TL}(s) \Longleftrightarrow s = \mathbb{TL}^{-1}(S)$$

La réponse est positive et la formule d'inversion découle directement de la formule d'inversion (13.12) de la transformation de Fourier.

Proposition 141. Soit s un original d'exposant α (au sens de la définition 140) d'image $S = \mathbb{TL}(s)$ que l'on suppose en plus continue sur $\mathbb{R}$. Alors

$$\forall p > \alpha,\quad \forall t \in \mathbb{R},\quad s(t) = \int_{-\infty}^{+\infty} S(p + 2i\pi q) e^{(p+2i\pi q)t} \mathrm{d}q \tag{15.16}$$

Démonstration.
Par hypothèse, on peut écrire : $\forall p \in \mathbb{C},\quad \mathrm{Re}\, p > \alpha,\quad S(p) = \int_0^{\infty} s(t) e^{-pt}\, \mathrm{d}t.$
Écrivons maintenant $p = r + 2i\pi q$ avec $(r, q) \in \mathbb{R}^2$ et fixons $r > \alpha$, on peut alors écrire

$$\forall q \in \mathbb{R},\quad T(q) = S(r + 2i\pi q) = \int_{-\infty}^{+\infty} \left(U(t)s(t)e^{-rt}\right) e^{-2i\pi qt}\, \mathrm{d}t$$

Autrement dit, T est la transformée de Fourier de $f : t \mapsto U(t)s(t)e^{-rt}$ qui est élément de $L^1(\mathbb{R})$.

Ainsi, comme f est continue sur $\mathbb{R}$ par hypothèse, on peut utiliser la formule d'inversion (13.12) de la transformation de Fourier pour obtenir

$$\forall t \in \mathbb{R}, \quad U(t)s(t)e^{-rt} = \int_{-\infty}^{+\infty} S(r + 2i\pi q)e^{2i\pi qt}dq$$

ou encore, puisque la variable d'intégration est q

$$\forall t \in \mathbb{R}, \quad U(t)s(t) = \int_{-\infty}^{+\infty} S(r + 2i\pi q)e^{rt}e^{2i\pi qt}dq = \int_{-\infty}^{+\infty} S(r + 2i\pi q)e^{(r+2i\pi q)t}dq$$

et cette formule est valable pour tout $r > \alpha$. □

Remarque. Cette formule d'inversion porte le nom de formule Bromwich-Mellin (Thomas Bromwich, 1875-1929, mathématicien anglais et Robert Hjalmar Mellin, 1854-1933, mathématicien finlandais) et possède une autre expression sous la forme

$$\forall p > \alpha, \quad \forall t \in \mathbb{R}, \quad s(t) = \frac{1}{2i\pi}\int_{D(p)} S(p)e^{pt}dp \tag{15.17}$$

où $D = \{p = r + iq, \quad q \in \mathbb{R}\}$ qui utilise le formalisme des fonctions à valeurs complexes.

2.7 Détermination pratique d'un inverse

Dans la pratique, on utilise très peu la formule analytique pour calculer des transformées inverses et on préfère avoir recours à des tables qui répertorient les originaux et les images d'un grand nombre de signaux usuels (fonctions et distributions).

À titre d'exemple, considérons l'image S

$$S(p) = \frac{2(p^2 + 3p + 4)}{p^3 + 3p^2 + 7p + 5}$$

et cherchons en formellement son original s tel que $s \xrightarrow{\mathbb{TL}} S$. Par décomposition en fractions simples, on obtient

$$S(p) = \frac{1}{p+1} + \frac{p+3}{p^2 + 2p + 5}$$

Le premier terme $\frac{1}{p+1}$ ne pose pas de problème car, en vertu de (15.13) on a

$$e^{-t} \xrightarrow{\mathbb{TL}} \frac{1}{p+1}$$

Le second terme est plus compliqué. L'intuition et l'habitude des formules doit nous guider vers les fonctions sinus et cosinus et les formules (15.14) et (15.15). Précisément, on commence par écrire

$$\frac{p+3}{p^2 + 2p + 5} = \frac{p+1}{(p+1)^2 + 2^2} + \frac{2}{(p+1)^2 + 2^2}$$

Pour le premier terme $\frac{p+1}{(p+1)^2+2^2}$, le lien de parenté avec la transformée d'un cosinus est évidente. En effet, d'après (15.15)

$$\cos(2t) \xrightarrow{\mathbb{TL}} \frac{p}{p^2+2^2}$$

et, d'après la formule (15.19) donnée à la page 493

$$\cos(2t)\mathrm{e}^{-t} \xrightarrow{\mathbb{TL}} \frac{(p+1)}{(p+1)^2+2^2}$$

Pour le second terme $\frac{2}{(p+1)^2+2^2}$, cette fois-ci on reconnaît, selon le même principe, la transformée d'un sinus. En effet, d'après (15.14)

$$\sin(2t) \xrightarrow{\mathbb{TL}} \frac{2}{p^2+2^2}$$

puis, encore d'après la formule (15.19) donnée à la page 493

$$\sin(2t)\mathrm{e}^{-t} \xrightarrow{\mathbb{TL}} \frac{2}{(p+1)^2+2^2}$$

Finalement, on obtient

$$\mathrm{e}^{-t}+\cos(2t)\mathrm{e}^{-t}+\sin(2t)\mathrm{e}^{-t} \xrightarrow{\mathbb{TL}} \frac{1}{p+1}+\frac{p+1}{(p+1)^2+2^2}+\frac{2}{(p+1)^2+2^2}$$

et on obtient l'original s de S comme la fonction causale

$$\boxed{s(t)=\mathrm{e}^{-t}\big(1+\cos(2t)+\sin(2t)\big)U(t)}$$

2.8 Principales propriétés de la transformation de Laplace

On retrouve avec la transformation de Laplace les mêmes propriétés qu'avec la transformation de Fourier avec des énoncés très proches. Sauf exception, les démonstrations sont simples et laissées au lecteur.

2.8.1 Linéarité et continuité

Proposition 142. Soient s_1 et s_2 deux originaux d'exposants respectifs α_1 et α_2 et d'images respectives $S_1=\mathbb{TL}(s_1)$ et $S_2=\mathbb{TL}(s_2)$. Alors

$$\lambda_1 s_1(t)+\lambda_2 s_2(t) \xrightarrow{\mathbb{TL}} \lambda_1 S_1(p)+\lambda_2 S_2(p) \quad \operatorname{Re} p>\max(\alpha_1,\alpha_2) \tag{15.18}$$

La linéarité de la transformation assure donc que la transformée de Laplace d'une somme finie est égale à la somme des transformées. Pour généraliser ce résultat à des sommes infinies, la transformation doit posséder une propriété de continuité que nous admettrons. En d'autres termes, la transformée de Laplace d'une somme infinie est égale à la somme des transformées de Laplace.

2.8.2 Formules de translation « en t » et « en p »

Proposition 143. Soit s un original d'exposant α. Alors pour tout $a \in \mathbb{C}$

$$s(t)\mathrm{e}^{-at} \xrightarrow{\mathbb{TL}} S(p+a) \quad \mathrm{Re}\, p > \alpha - \mathrm{Re}\, a \tag{15.19}$$

et, pour tout $t_0 \in \mathbb{R}$

$$U(t-t_0)s(t-t_0) \xrightarrow{\mathbb{TL}} S(p)\mathrm{e}^{-t_0 p} \quad \mathrm{Re}\, p > \alpha - t_0 \tag{15.20}$$

Remarque. Dans la formule (15.20), il est important de faire intervenir l'échelon unité (la fonction de Heaviside) pour faire apparaître le retard temporel $t \mapsto U(t-t_0)s(t-t_0)$, original qui est désormais nul pour $t < t_0$.

2.8.3 Formules de dérivation « en t » et « en p » et régularité de la transformée

Commençons par la formule dérivation « en t », c'est-à-dire la transformée de Laplace d'une dérivée.

Proposition 144. Soit s un original d'exposant α. On suppose que s est dérivable sur $\mathbb{R}$ et on note $s(0^+) = \lim_{t \to 0^+} s(t) \in \mathbb{R}$. Alors

$$s'(t) \xrightarrow{\mathbb{TL}} pS(p) - s(0^+) \quad \mathrm{Re}\, p > \alpha \tag{15.21}$$

Si on suppose en plus que s est $n \in \mathbb{N}^*$ fois dérivable sur $\mathbb{R}$ et que sa dérivée $s^{(n)}$ est aussi un original, alors, en notant, pour $k \in \{0, \cdots, n-1\}$, $s^{(k)}(0^+) = \lim_{t \to 0^+} s^{(k)}(t)$, on a

$$s^{(n)}(t) \xrightarrow{\mathbb{TL}} p^n S(p) - \sum_{k=0}^{n-1} p^{n-1+k} s^{(k)}(0^+) \quad \mathrm{Re}\, p > \alpha \tag{15.22}$$

Démonstration.
Soient $0 < x < X$, on a par intégration par parties et pour tout $p \in \mathbb{C}$

$$\int_x^X s(t) p\mathrm{e}^{-pt}\,\mathrm{d}t = \left[-s(t)\mathrm{e}^{-pt}\right]_x^X + \int_x^X s'(t)\mathrm{e}^{-pt}\,\mathrm{d}t$$

Par hypothèse, pour tout $p \in \mathbb{C}$ tel que $\mathrm{Re}\,(p) > \alpha$ on a

$$\forall p \in \mathbb{C}, \quad \mathrm{Re}\,(p) > \alpha, \quad \lim_{X \to +\infty} \lim_{x \to 0^+} p \int_x^X s(t)\mathrm{e}^{-pt}\,\mathrm{d}t = pS(p)$$

D'autre part

$$\lim_{X \to +\infty} \lim_{x \to 0^+} \left[-s(t)\mathrm{e}^{-pt}\right]_0^X = s(0^+)$$

la limite nulle en l'infini étant une conséquence du fait que s est un original d'exposant α et $\mathrm{Re}\, p > \alpha$ puisque, alors, $\left|s(X)\mathrm{e}^{-pX}\right| \leq C\mathrm{e}^{(\alpha - \mathrm{Re}\, p)X}$ et $\lim_{X \to +\infty} C\mathrm{e}^{(\alpha - \mathrm{Re}\, p)X} = 0$.

Par conséquent, pour tout $p \in \mathbb{C}$ tel que $\mathrm{Re}(p) > \alpha$, l'intégrale $\int_0^{\infty} s'(t)e^{-pt}\,dt$ existe et définit la transformée de Laplace de s'. On obtient alors

$$\forall p \in \mathbb{C}, \quad \mathrm{Re}(p) > \alpha, \quad \mathbb{TL}(s')(p) = pS(p) - s(0^+)$$

La généralisation se fait par une simple récurrence. □

Voyons maintenant le résultat concernant la dérivation « en p », c'est-à-dire la dérivée de la transformée de Laplace. Il faut bien remarquer que cette transformée est une fonction d'une variable complexe (qui peut aussi être vue comme une fonction de deux variables en notant $p = r + iq$ avec $(r,q) \in \mathbb{R}^2$) et qu'à ce titre, elle jouit de propriétés particulières. Rappelons à ce propos que l'on parle de « fonctions holomorphes » en lieu et place de « fonctions dérivables » (voir par exemple [*RU*] ou [*AP*]).

Proposition 145. Soit s un original d'exposant α. Alors son image $S = \mathbb{TL}(s)$ est *holomorphe* dans le demi plan complexe $\{p \in \mathbb{C}, \quad \mathrm{Re}\, p > \alpha\}$ et, pour tout entier $n \in \mathbb{N}$ on a

$$(-t)^n s(t) \overset{\mathbb{TL}}{\longrightarrow} S^{(n)}(p) \quad \mathrm{Re}\, p > \alpha \tag{15.23}$$

Démonstration.
Donnons quelques indications. Tout d'abord, il est facile de démontrer que si s est un original d'exposant α alors $\left(t \mapsto -U(t)ts(t)e^{-pt}\right)$ possède une transformée de Laplace avec abscisse de convergence égale à α. Ensuite, on utilise le théorème de dérivation sous le signe somme en remarquant d'une part que $\left(p \mapsto s(t)e^{-pt}\right)$ est holomorphe sur $\mathbb{C}$ et que, pour tout $p_0 > \alpha$, on obtient facilement une fonction majorante intégrable en écrivant

$$\forall r_0 > \alpha, \quad \forall p \in \mathbb{C}, \quad \mathrm{Re}(p) \geq r_0, \quad \left|-ts(t)e^{-pt}\right| \leq |ts(t)|\,e^{-r_0 t}$$

ce qui prouve que S est holomorphe sur tout demi-plan $\{p \in \mathbb{C}, \quad \mathrm{Re}\, p \geq r_0\}$ avec $r_0 > \alpha$, autrement dit qu'elle est holomorphe sur $\{p \in \mathbb{C}, \quad \mathrm{Re}\, p > \alpha\}$ et que

$$\forall p \in \mathbb{C}, \quad \mathrm{Re}(p) > \alpha, \quad \frac{d}{dp}S(p) = \int_0^{\infty} \frac{\partial}{\partial p}\left(s(t)e^{-pt}\right)dt = \int_0^{\infty} -ts(t)e^{-pt}\,dt$$

La généralisation se fait sans difficulté. □

2.8.4 Convolution

À l'instar de la transformation de Fourier, la transformation de Laplace a un comportement très particulier vis-à-vis de la convolution (voir l'annexe E page 797).
Commençons par rappeler que, pour deux fonctions s_1 et s_2, leur produit de convolution, lorsqu'il existe, est la fonction notée $s_1 * s_2$ et définie par

$$\forall t \in \mathbb{R}, \quad (s_1 * s_2)(t) = \int_{-\infty}^{+\infty} s_1(t-x)s_2(x)\,dx \tag{15.24}$$

Dans le cas de deux fonctions causales, la formule (15.24) prend la forme particulière suivante

$$\forall t \in \mathbb{R}, \quad (s_1 * s_2)(t) = \int_0^{t} s_1(t-x)s_2(x)\,dx \tag{15.25}$$

En effet, écrivons pour insister sur le caractère causal $s_1(t) = U(t)s_1(t)$ et $s_2(t) = U(t)s_2(t)$. On a alors, puisque $U(t) = 0$ si et seulement si $t < 0$

$$\forall t \in \mathbb{R}, \quad (s_1 * s_2)(t) = \int_0^{+\infty} U(t-x)s_1(t-x)U(x)s_2(x)\,\mathrm{d}x$$

puis, en remarquant que $U(t-x) = 0 \Longleftrightarrow x > t$

$$\forall t \in \mathbb{R}, \quad (s_1 * s_2)(t) = \int_0^{t} U(t-x)s_1(t-x)U(x)s_2(x)\,\mathrm{d}x = \int_0^{t} s_1(t-x)s_2(x)\,\mathrm{d}x$$

Proposition 146. Soient s_1 et s_2 deux originaux d'exposants respectifs α_1 et α_2 et d'images respectives $S_1 = \mathbb{TL}(s_1)$ et $S_2 = \mathbb{TL}(s_2)$. Alors

$$(s_1 * s_2)(t) \xrightarrow{\mathbb{TL}} S_1(p) \times S_2(p) \quad \operatorname{Re} p > \max(\alpha_1, \alpha_2) \tag{15.26}$$

Démonstration.
Par définition de la transformée de Laplace et d'après la formule (15.25) on a

$$\mathbb{TL}(s_1 * s_2)(p) = \int_0^{\infty} (s_1 * s_2)(t)\mathrm{e}^{-pt}\,\mathrm{d}t = \int_0^{\infty}\left(\int_0^{t} s_1(t-x)s_2(x)\,\mathrm{d}x\right)\mathrm{e}^{-pt}\,\mathrm{d}t$$

Or, le domaine d'intégration $D = \{(t,x) \in \mathbb{R}^2, \quad t \geq 0, \quad 0 \leq x \leq t\}$ peut être décrit de manière équivalente en écrivant $D = \{(t,x) \in \mathbb{R}^2, \quad x \geq 0, \quad t \geq x\}$ (il suffit de faire un schéma pour s'en convaincre), ainsi

$$\mathbb{TL}(s_1 * s_2)(p) = \int_0^{\infty}\left(\int_0^{t} s_1(t-x)s_2(x)\,\mathrm{d}x\right)\mathrm{e}^{-pt}\,\mathrm{d}t = \int_0^{\infty}\left(\int_x^{\infty} s_1(t-x)\mathrm{e}^{-pt}\,\mathrm{d}t\right)s_2(x)\,\mathrm{d}x$$

Effectuons maintenant le changement de variable (qui est clairement licite) $y = t - x$ dans l'intégrale $\int_0^t s_1(t-x)s_2(x)\,\mathrm{d}x$ pour obtenir

$$\int_x^{\infty} s_1(t-x)\mathrm{e}^{-pt}\,\mathrm{d}t = \mathrm{e}^{-px}\int_0^{\infty} s_1(y)\mathrm{e}^{-py}\,\mathrm{d}y = \mathrm{e}^{-px}S_1(p)$$

ce qui conduit bien à $\mathbb{TL}(s_1 * s_2)(p) = S_1(p)\int_0^{\infty} s_2(x)\mathrm{e}^{-px}\,\mathrm{d}x = S_1(p) \times S_2(p)$. □

2.8.5 Intégration

Proposition 147. Soit s un original d'exposant α et d'image $S = \mathbb{TL}(s)$. Alors

$$s(t) \xrightarrow{\mathbb{TL}} S(p) \quad \operatorname{Re} p > \alpha \quad \Longrightarrow \quad \int_0^t s(x)\,\mathrm{d}x \xrightarrow{\mathbb{TL}} \frac{S(p)}{p} \quad \operatorname{Re} p > \max(0,\alpha) \tag{15.27}$$

Démonstration.
Il suffit de remarquer que U est un original d'exposant 0 et que

$$\int_0^t s(x)\,\mathrm{d}x = \big((Us) * U\big)(p) = \int_{-\infty}^{+\infty} U(t-x)s(t-x)U(x)\,\mathrm{d}x$$

Ensuite, il suffit d'utiliser la formule (15.26) en écrivant

$$(Us) * (U) \xrightarrow{\mathbb{TL}} S(p) \times \frac{1}{p} \quad \operatorname{Re} p > \max(0, \alpha)$$

□

De même que pour les formules de dérivation, il existe une formule d'intégration « en p » qui exprime, sous certaines hypothèses imposées à S, que

$$s(t) \xrightarrow{\mathbb{TL}} S(p) \quad \operatorname{Re} p > \alpha \quad \Longrightarrow \quad \frac{s(t)}{t} \xrightarrow{\mathbb{TL}} \int_p^\infty S(p)\mathrm{d}p \quad \operatorname{Re} p > \max(0, \alpha) \qquad (15.28)$$

Dans ce cas-là, il s'agit d'intégrer une fonction de la variable complexe p sur un chemin arbitraire reliant le complexe p à l'infini tout en restant dans le domaine de convergence (comme d'habitude, l'image S étant holomorphe dans son domaine d'existence, le résultat de l'intégrale ne dépend pas du chemin choisi, voir [*RU*] ou [*AP*]).

3 Transformation de Laplace des distributions

3.1 Définition

Disons quelques mots à propos de la transformation de Laplace des distributions.

Pour deux fonctions f et g pour lesquelles l'intégrale $\int_{-\infty}^{+\infty} fg$ est bien définie, posons

$$< f, g >= \int_{-\infty}^{+\infty} fg \qquad (15.29)$$

Posons aussi

$$\forall p \in \mathbb{C}, \quad \mathbf{e}_{-p} : t \mapsto \mathrm{e}^{-pt} \qquad (15.30)$$

Soit maintenant un original f d'exposant $\alpha \in \mathbb{R}$, alors on sait que f possède une transformée de Laplace définie pour tout $p \in \mathbb{C}$ tel que $\operatorname{Re} p > \alpha$ par

$$F(p) = \int_0^\infty f(t)\mathrm{e}^{-pt}\,\mathrm{d}t$$

Or, f étant par définition causale (c'est un original), on peut aussi écrire

$$\forall p \in \mathbb{C}, \quad \operatorname{Re} p > \alpha, \quad F(p) = \int_{-\infty}^{+\infty} f(t)\mathrm{e}^{-pt}\,\mathrm{d}t =< f, \mathbf{e}_{-p} >$$

et on peut donc définir la transformée de Laplace de f en posant

$$\forall p \in \mathbb{C}, \quad \operatorname{Re} p > \alpha, \quad F(p) =< f, \mathbf{e}_{-p} > \qquad (15.31)$$

Cherchons maintenant à généraliser (15.31) pour les distributions en se souvenant qu'une distribution T a été définie comme une forme linéaire continue agissant sur les fonctions test de $\mathscr{D}$ (cas général, voir la définition 91 page 391) ou sur les fonctions de la classe de Schwartz $\mathscr{S}$ (cas des distributions tempérées, voir la section 8 page 415) en notant $< T, \varphi > \in \mathbb{C}$ cette action sur une fonction test φ, c'est à dire l'image de φ par T.

En particulier, on a défini une distribution régulière T_f associée à une fonction $f \in L^1_{loc}(\mathbb{R})$ en posant

$$\forall \varphi \in \mathscr{D}, \quad < T_f, \varphi > = \int_{-\infty}^{+\infty} f(t)\varphi(t)\,\mathrm{d}t$$

Aussi est-il tentant de prendre $\varphi = \mathbf{e}_{-p}$ pour certaines valeurs de $p \in \mathbb{C}$ et de proposer que la transformée de Laplace de la distribution régulière T_f soit définie, pour ces valeurs de p, par

$$\mathbb{TL}(T_f)(p) = < f, \mathbf{e}_{-p} >$$

Malheureusement, il est bien évident que, quelle que soit la valeur de p, $\mathbf{e}_{-p}$ ne saurait être une fonction test de $\mathscr{D}$, ce qui interdit d'utiliser (15.31) sans précautions. Par contre, il est facile de constater que si on limite les supports à $\mathbb{R}^+$, ce qui sera d'office le cas puisqu'on travaille avec la transformée de Laplace unilatérale et des fonctions causales (puis maintenant des distributions causales (voir la définition 103 page 399), donc à support dans $\mathbb{R}^+$), la fonction $\mathbf{e}_{-p}$ est dans la classe de Schwartz $\mathscr{S}_+$ (l'ensemble des éléments de $\mathscr{S}$ à support dans $\mathbb{R}^+$) tant que $p \in \mathbb{C}$ vérifie $\operatorname{Re} p > 0$ pour assurer que $\lim\limits_{t \to +\infty} \mathbf{e}_{-p}(t) = 0$.
On va donc définir la transformée de Laplace pour des distributions tempérées ou, au moins, des distributions que l'on peut « rendre » tempérées. Précisons cela.
Soit T une distribution causale (c'est à dire $T \in \mathscr{D}'_+$. Supposons que

$$\exists \alpha \in \mathbb{R}, \quad \forall r > \alpha, \quad \mathbf{e}_{-r} T \in \mathscr{S}'_+$$

(c'est à dire que $\mathbf{e}_{-r} T$ est une distribution tempérée causale), alors

$$\forall p \in \mathbb{C}, \quad \operatorname{Re} p > \alpha, \quad \exists r \in \mathbb{R}, \quad \alpha < r < \operatorname{Re} p$$

et, dans ce cas, le complexe

$$< \mathbf{e}_{-r} T, \mathbf{e}_{-(p-r)} >$$

est bien défini puisque $\mathbf{e}_{-r} T$ est une distribution tempérée et $\mathbf{e}_{-(p-r)} \in \mathscr{S}_+$. Or, sachant que $\mathbf{e}_{-r}\mathbf{e}_{-(p-r)} = \mathbf{e}_{-p}$, on peut écrire

$$< \mathbf{e}_{-r} T, \mathbf{e}_{-(p-r)} > = < T, \mathbf{e}_{-p} >$$

Par conséquent, on peut poser

$$\forall p \in \mathbb{C}, \quad \operatorname{Re} p > \alpha, \quad \mathbb{TL}(T)(p) = < T, \mathbf{e}_{-p} > \tag{15.32}$$

ou encore, avec l'abus de notation consistant à faire apparaître des variables

$$\forall p \in \mathbb{C}, \quad \operatorname{Re} p > \alpha, \quad \mathbb{TL}(T)(p) = < T, \mathrm{e}^{-pt} > \tag{15.33}$$

Finalement, on constate que l'on peut généraliser la transformation de Laplace aux distributions causales sous la condition donnée dans la définition suivante.

Définition 141. Soit T une distribution de $\mathscr{D}'_+$. On suppose qu'il existe $\alpha \in \mathbb{R}$ tel que la distribution $\mathbf{e}_{-p} T$ soit tempérée pour tout $p > \alpha$. Alors, on définit sa transformée de Laplace en associant à T la distribution régulière, notée $\mathbb{TL}(T)$ et définie par

$$\forall p \in \mathbb{C}, \quad \operatorname{Re} p > \alpha, \quad \mathbb{TL}(T)(p) = < T, \mathbf{e}_{-p} > \tag{15.34}$$

$\mathbb{TL}(T)$ est alors une distribution régulière définie pour $\operatorname{Re} p > \alpha$ et on utilise la même notation qu'avec les fonctions en écrivant $T \xrightarrow{\mathbb{TL}} < T, \mathbf{e}_{-p} > \quad \operatorname{Re} p > \alpha$.

On définit aussi l'abscisse de convergence d'une distribution de la manière suivante.

Définition 142. Avec les notations précédentes, on appelle *abscisse de convergence* de la distribution T la borne inférieure, notée $\mathscr{AC}(T)$, définie par

$$\mathscr{AC}(T) = \min\{p \in \mathbb{R}, \quad \mathbf{e}_{-p} T \text{ est tempérée}\} \tag{15.35}$$

3.2 Exemples de transformées au sens des distributions

3.2.1 Distribution de Dirac et ses dérivées

Soit $a \in \mathbb{R}$. On vérifie facilement que, pour tout $p \in \mathbb{R}$, $\mathbf{e}_{-p}\delta_a$ est tempérée avec une abscisse de convergence égale à $-\infty$. On peut donc définir sa transformée de Laplace sur $\mathbb{C}$

$$\mathbb{TL}(\delta_a)(p) = < \delta_a, \mathbf{e}_{-p} > = \mathbf{e}_{-p}(a) = \mathrm{e}^{-ap}$$

ce qui prouve que la transformée de Laplace de la distribution de Dirac δ_a est la distribution régulière $p \mapsto \mathrm{e}^{-ap}$ et, pour $a = 0$, la distribution constante $p \mapsto 1$.

$$\boxed{\begin{cases} \delta_a \xrightarrow{\mathbb{TL}} \mathrm{e}^{-ap} \\ \delta \xrightarrow{\mathbb{TL}} \mathbb{1} \end{cases} \quad p \in \mathbb{C}} \tag{15.36}$$

De même, on peut aussi vérifier que, pour tout entier $n \in \mathbb{N}$ et pour tout $p \in \mathbb{R}$, $\mathbf{e}_{-p}\delta^{(n)}$ est tempérée avec une abscisse de convergence égale à $-\infty$. On peut donc définir sa transformée de Laplace sur $\mathbb{C}$. Par définition de la dérivation des distributions (voir la formule (12.21) page 404) et en se souvenant que $\mathbf{e}_{-p} : t \mapsto \mathrm{e}^{-pt}$

$$\begin{aligned} < \delta^{(n)}, \mathbf{e}_{-p} > &= (-1)^n < \delta, \frac{\mathrm{d}^n}{\mathrm{d}t^n} \mathbf{e}_{-p} > \\ &= (-1)^n < \delta, (-1)^n p^n \mathbf{e}_{-p} > \\ &= p^n < \delta, \mathbf{e}_{-p} > = p^n \end{aligned}$$

ce qui prouve que, pour tout entier $n \in \mathbb{N}$ et pour tout $p \in \mathbb{C}$

$$\boxed{\delta^{(n)} \xrightarrow{\mathbb{TL}} p^n \quad p \in \mathbb{C}} \tag{15.37}$$

3.2.2 Peigne de Dirac

On peut envisager de calculer la transformée de Laplace du peigne de Dirac à condition de travailler avec sa version causale, c'est à dire, pour $T > 0$

$$\Delta_T^+ = \sum_{n=0}^{+\infty} \delta_{nT}$$

Ainsi, par linéarité et continuité de la transformation de Laplace, on peut écrire

$$\begin{aligned}\mathbb{TL}(\Delta_T)(p) &= <\Delta_T, \mathbf{e}_{-p}> \\ &= <\sum_{n=0}^{+\infty}\delta_{nT}, \mathbf{e}_{-p}> \\ &= \sum_{n=0}^{+\infty}<\delta_{nT}, \mathbf{e}_{-p}> \\ &= \sum_{n=0}^{+\infty}\mathbf{e}_{-p}(nT) \\ &= \sum_{n=0}^{+\infty}\mathrm{e}^{-pnT} \\ &= \frac{1}{1-\mathrm{e}^{-Tp}}\end{aligned}$$

Ce qui démontre que la transformée de Laplace du peigne de Dirac causal Δ_T^+ est la distribution régulière $p \mapsto \dfrac{1}{1-\mathrm{e}^{-Tp}}$ avec abscisse de convergence nulle, c'est à dire

$$\boxed{\Delta_T \overset{\mathbb{TL}}{\longrightarrow} \frac{1}{1-\mathrm{e}^{-Tp}} \quad \mathrm{Re}\, p > 0} \tag{15.38}$$

3.2.3 Suite d'échantillons

Considérons une fonction $s : t \mapsto s(t)$ de classe $\mathscr{C}^\infty$ sur $\mathbb{R}$. On fixe une valeur $T_e > 0$ et on construit la suite numérique des échantillons de s à la période $T_e > 0$, c'est-à-dire la suite numérique $\big(s(nT_e)\big)_{n\in\mathbb{Z}}$. À partir de cette suite supposée à croissance lente (voir la définition page 416 et le théorème 91 page 419), on construit la distribution tempérée s_e définie par

$$s_e = \sum_{n=-\infty}^{+\infty} s(nT_e)\delta_{nT_e}$$

D'après (15.36) et en vertu de la linéarité et de la continuité de la transformation de Laplace, on obtient sans difficulté que

$$\boxed{\sum_{n=-\infty}^{+\infty} s(nT_e)\delta_{nT_e} \overset{\mathbb{TL}}{\longrightarrow} \sum_{n=-\infty}^{+\infty} s(nT_e)\mathrm{e}^{-nT_e p}} \tag{15.39}$$

avec une abscisse de convergence qui dépend de la suite $\big(s(nT_e)\big)_{n\in\mathbb{Z}}$.

Maintenant, si l'on pose, pour tout $p \in \mathbb{C}$, $z = \mathrm{e}^{pT_e}$, on obtient

$$\boxed{\sum_{n=-\infty}^{+\infty} s(nT_e)\delta_{nT_e} \overset{\mathbb{TL}}{\longrightarrow} \sum_{n=-\infty}^{+\infty} s(nT_e)z^{-n}} \tag{15.40}$$

Cette formule permet d'associer à la suite $\big(s(nT_e)\big)_{n\in\mathbb{Z}}$ la fonction de la variable complexe

$$H(z) = \sum_{n=-\infty}^{+\infty} s(nT_e)z^{-n}$$

définie pour certaines valeurs de $z \in \mathbb{C}$ qui assurent la convergence et on reconnaît là une forme de la transformée en Z (voir les sections 1 et 5 de ce chapitre).

3.3 Quelques propriétés

Beaucoup de propriétés vues avec la transformation de Laplace des fonctions se généralisent aux distributions avec, cependant, quelques nuances.

3.3.1 Dérivation

Proposition 148. Soit T une distribution d'abscisse de convergence α qui possède une transformée de Laplace $\mathbb{TL}(T)$. Alors la dérivée T' de T admet aussi une transformée de Laplace et

$$T' \xrightarrow{\mathbb{TL}} p\mathbb{TL}(T)(p) \quad \operatorname{Re} p > \alpha \tag{15.41}$$

Démonstration.
La démonstration s'appuie sur la définition de la dérivée d'une distribution

$$< T', \mathbf{e}_{-p} > = - < T, \frac{\mathrm{d}}{\mathrm{d}t}\mathbf{e}_{-p} > = - < T, -p\mathbf{e}_{-p} > = < pT, \mathbf{e}_{-p} >$$

ce qui prouve bien que T' est transformé en pT. □

On remarquera la différence notable avec la formule de dérivation « en t » pour les fonctions qui fait, elle, intervenir le terme $s(0^+)$. Intuitivement, il est moral que ce terme n'apparaisse plus avec les distributions puisque les valeurs ponctuelles ne sont pas définies avec ces dernières. Cela dit, il est intéressant de se poser la question de la cohérence avec la formule de dérivation pour les fonctions. Soit s un original d'exposant α. On le suppose dérivable sur $\mathbb{R}$ et on suppose que la dérivée s' est encore un original d'exposant α. On note S son image. On a déjà démontré que $s'(t) \xrightarrow{\mathbb{TL}} pS(p) - s(0) \quad \operatorname{Re} p > \alpha$. La fonction causale $\big(t \mapsto U(t)s(t)\big)$ définit une distribution régulière que l'on peut donc dériver au sens des distributions (alors qu'elle n'est pas nécessairement dérivable au sens des fonctions puisque, en général, le produit Us n'est pas continu en 0). Par application des formules de dérivation des distributions, en se souvenant que $U' = \delta$ (voir l'exemple 11 page 405), on peut écrire

$$(Us)' = U's + Us' = \delta s + Us' = s(0)\delta + Us'$$

Par conséquent, par linéarité de la transformation de Laplace et sachant que $\delta \xrightarrow{\mathbb{TL}} \mathbb{1}$

$$\delta s(0) + Us' \xrightarrow{\mathbb{TL}} s(0) + pS(p) - s(0) = pS(p)$$

on retrouve donc bien la formule (15.41), c'est-à-dire que, au sens des distributions

$$(Us)' \xrightarrow{\mathbb{TL}} pS(p)$$

3.3.2 Convolution

L'ensemble $\mathscr{D}'_+$ des distributions causales joue un rôle important parce qu'il forme une algèbre de convolution (voir le théorème 98 page 427 du chapitre 12 sur les distributions). Dans cette algèbre, la propriété remarquable qu'a la transformation de Laplace (comme la transformation de Fourier) de transformer le produit de convolution en produit classique est conservée comme l'énonce le résultat suivant qui est admis.

Proposition 149. Si s_1 et s_2 sont deux distributions causales de $\mathscr{D}'_+$ d'abscisses de convergence respectives α et β et de transformées de Laplace respectives $S_1(p) = \mathbb{TL}(s_1)(p)$ pour $\operatorname{Re} p > \alpha$ et $S_2(p) = \mathbb{TL}(s_2)(p)$ pour $\operatorname{Re} p > \beta$, on a

$$\mathbb{TL}(s_1 * s_2)(p) = \mathbb{TL}(s_1)(p) \times \mathbb{TL}(s_2)(p) \quad \operatorname{Re} p > \max(\alpha, \beta) \tag{15.42}$$

ou encore

$$s_1 * s_2 \xrightarrow{\mathbb{TL}} S_1(p) \times S_2(p) \quad \operatorname{Re} p > \max(\alpha, \beta) \tag{15.43}$$

4 Quelques applications de la transformation de Laplace

4.1 Résolution d'un problème de Cauchy

4.1.1 Une équation différentielle scalaire

Considérons le problème de Cauchy

$$\begin{cases} \forall t \in \mathbb{R}^{+*}, & y''(t) - 4y(t) = t \\ & y(0) = 0 \text{ et } y'(0) = 1 \end{cases} \tag{15.44}$$

En supposant que y possède une transformée de Laplace, notée Y, on obtient formellement, en vertu de la linéarité de la transformation et de (15.22) :

$$y''(t) - 4y(t) = t \quad \Longrightarrow \quad p^2 Y(p) - py(0^+) - y'(0^+) - 4Y(p) = \frac{1}{p^2}$$

soit, après factorisation et simplification $(p^2 - 4)Y(p) = 1 + \dfrac{1}{p^2}$ et c'est en ce sens que la transformation de Laplace présente une redoutable efficacité parce qu'elle a transformé l'équation différentielle (associée à la variable temporelle t) en une équation algébrique (associée à la variable symbolique p). On obtient alors pour $p \in \mathbb{C} - \{-2; 0; 2\}$ et après décomposition en fractions simples

$$Y(p) = \frac{1 + p^2}{p^2(p^2 - 4)} \quad \Longleftrightarrow \quad Y(p) = \frac{5/16}{p - 2} - \frac{1/4}{p^2} - \frac{5/16}{p + 2}$$

Il suffit alors, à partir d'une table de transformées, de lire les originaux associés pour obtenir l'original y de Y, à savoir (voir (15.12) et (15.13) page 489)

$$\boxed{y(t) = \left(\frac{5}{16}\left(\mathrm{e}^{2t} - \mathrm{e}^{-2t}\right) - \frac{1}{4}t\right) U(t)}$$

dont il est facile de vérifier que c'est bien l'unique solution causale du problème (15.44).

Naturellement, la solution obtenue est causale, ce qui justifie la multiplication par la fonction de Heaviside. D'autre part, comme on l'a fait remarquer, la solution obtenue tient directement compte des conditions initiales.

4.1.2 Un système différentiel

La méthode précédente s'applique sans difficulté à un système différentiel à coefficients constants. Considérons le problème de Cauchy

$$\left\{\begin{array}{l} \forall t \in \mathbb{R}^{+*}, \quad \left\{\begin{array}{l} x'(t) = 3x(t) + 2y(t) \\ y'(t) = x(t) + 2y(t) \end{array}\right. \\ \qquad x(0) = 3 \text{ et } y(0) = 0 \end{array}\right. \tag{15.45}$$

et cherchons en une solution (x, y) avec x et y causales. En supposant que les deux fonctions x et y possèdent chacune une transformée de Laplace que l'on note respectivement X et Y, on obtient le système vérifié par X et Y après transformation

$$\left\{\begin{array}{lcl} pX(p) - x(0^+) & = & 3X(p) + 2Y(p) \\ pY(p) - y(0^+) & = & X(p) + 2X(p) \end{array}\right. \iff \left\{\begin{array}{lcl} (p-3)X(p) - 2Y(p) & = & 3 \\ X(p) + (2-p)Y(p) & = & 0 \end{array}\right.$$

Ce système d'inconnues X et Y est résolu par une méthode du type pivot de Gauss pour obtenir

$$\left\{\begin{array}{l} X(p) = \dfrac{3(p-2)}{(p-1)(p-4)} \\ Y(p) = \dfrac{3}{(p-1)(p-4)} \end{array}\right.$$

Par décomposition en fractions simples, on obtient finalement

$$\left\{\begin{array}{l} X(p) = \dfrac{1}{p-1} + \dfrac{2}{p-4} \\ Y(p) = \dfrac{-1}{p-1} + \dfrac{1}{p-4} \end{array}\right.$$

Pour terminer, il reste à déterminer les originaux de X et Y, ce qui est ici facile puisqu'il s'agit de combinaisons linéaires d'exponentielles (voir (15.13) page 489). Précisément, on obtient les solutions causales

$$\boxed{\left\{\begin{array}{l} x(t) = \left(\mathrm{e}^t + 2\mathrm{e}^{4t}\right)U(t) \\ y(t) = \left(-\mathrm{e}^t + \mathrm{e}^{4t}\right)U(t) \end{array}\right.}$$

dont on vérifie facilement qu'elles sont effectivement solutions du problème de Cauchy (15.45).

4.2 Système linéaire « entrée-sortie » et fonction de transfert

Dans le chapitre 16 est présenté un exemple simple de filtre linéaire (voir page 537) constitué d'un circuit électrique RC. Les lois de la physique permettent d'établir la relation entre le signal d'entrée $e : t \mapsto e(t)$ et le signal de sortie $s : t \mapsto s(t)$ sous la forme du problème de Cauchy (16.38) où $a > 0$

$$\left\{\begin{array}{l} \dfrac{1}{a}s'(t) + s(t) = e(t) \text{ pour } t > 0 \\ s(0) = 0 \end{array}\right.$$

Supposons que les deux signaux d'entrée e et de sortie s possèdent chacun une transformée de Laplace que l'on note respectivement E et S. Alors, par application de la transformation de Laplace à l'équation différentielle $\frac{1}{a}s'(t)+s(t)=e(t)$ on obtient la relation

$$\frac{1}{a}\left(pS(p)-s(0^+)\right)+S(p)=E(p) \quad\Longleftrightarrow\quad S(p)=\frac{a}{p+a}E(p)$$

qui permet de mettre en évidence la fonction de transfert H du système, définie par

$$\boxed{H(p)=\frac{a}{p+a}}$$

On remarque alors que le système est entièrement caractérisé par la fonction H qui relie la transformée de Laplace S du signal de sortie avec la transformée de Laplace E du signal d'entrée. En particulier, en notant $t\mapsto h(t)$ l'original de H, en vertu de la relation sur la convolution, on constate que l'action du système sur le signal d'entrée e pour obtenir le signal de sortie s peut s'exprimer en termes de convolution puisque

$$s(t)=(h*e)(t) \overset{\mathbb{TL}}{\longrightarrow} S(p)=H(p)\times E(p)$$

À titre d'exemple, supposons que $e: t\mapsto \sin(\omega t)$ et que $a=1$. Alors, si on cherche le signal de sortie s, d'après (15.14) page 490 et les calculs précédents, on commence par évaluer la transformée de Laplace S en écrivant

$$S(p)=H(p)E(p)=\frac{1}{p+1}\frac{\omega}{p^2+\omega^2}$$

Posons $b=\frac{\omega}{1+\omega^2}$ et effectuons à nouveau une décomposition en fractions simples

$$S(p)=b\frac{1}{p+1}-b\frac{p}{p^2+\omega^2}+\frac{b}{\omega}\frac{\omega}{p^2+\omega^2}$$

Il reste maintenant à lire les originaux de ces images. On reconnaît dans le premier terme l'image de $t\mapsto \mathrm{e}^{-t}$, dans le second l'image de $t\mapsto\cos(\omega t)$ (voir (15.15) page 490) et dans le troisième l'image de $t\mapsto\sin(\omega t)$. Finalement on obtient

$$\boxed{s(t)=\left(b\mathrm{e}^{-t}-b\cos(\omega t)+\frac{b}{\omega}\sin(\omega t)\right)U(t)}$$

et l'on vérifie sans difficulté qu'il s'agit bien là de la solution causale du problème de Cauchy (16.38).

4.3 Calcul symbolique

En électronique ou en automatique, pour résoudre des équations différentielles, il est de coutume d'utiliser certaines opérations liées à la transformation de Laplace et couramment regroupées sous le terme de « calcul symbolique ». Il s'agit en fait des règles de calculs de la transformation de Laplace sur les distributions qui permettent de transformer des équations différentielles en équations algébriques.

Par exemple, considérons l'équation différentielle au sens des distributions (voir la section 7.3 du chapitre 16 qui donne un exemple de recherche d'une fonction de transfert par résolution d'une telle équation)

$$s'' + 4s = \delta \tag{15.46}$$

dont l'inconnue s est une distribution de $\mathscr{D}'_+$.

Par transformation de Laplace, en utilisant ses différentes propriétés (dont la linéarité) (15.46) devient, en notant $S = \mathbb{TL}(s)$

$$s'' + 4s = \delta \quad \xrightarrow{\mathbb{TL}} \quad \left(p^2 + 4\right) S(p) = 1$$

d'où l'on tire

$$S(p) = \frac{1}{p^2 + 4}$$

Or, une table de transformées de Laplace permet de lire $\sin(2t) \xrightarrow{\mathbb{TL}} \dfrac{2}{p^2+4}$ ce qui conduit à dire que la solution dans $\mathscr{D}'_+$ de (15.46) est la distribution causale (régulière)

$$\boxed{s(t) = \frac{1}{2}\sin(2t)U(t)}$$

On peut d'ailleurs vérifier, en utilisant les propriétés de la dérivation au sens des distributions (voir le chapitre 12) que

$$s' = \cos(2\bullet)U + \frac{1}{2}\sin(2\bullet)\delta = \cos(2\bullet)U$$

puis que

$$s'' = -2\sin(2\bullet)U + \cos(2\bullet)\delta = -2s + \delta$$

ce qui démontre bien que s est solution du problème. L'unicité est fournie par le théorème 98 page 427.

5 Transformation en Z

5.1 Transformée et transformation en Z

Définition 143. Soit $s = \left(s(n)\right)_{n\in\mathbb{Z}}$ une suite numérique. Sous réserve d'existence, on appelle *transformée en Z* (unilatérale) de la suite s la fonction de la variable complexe z, notée $\mathbb{TZ}(s) = S$, définie pour certaines valeurs de la variable z qui assurent la convergence de la série, par

$$S(z) = \sum_{n=0}^{+\infty} s(n) z^{-n} \tag{15.47}$$

À cette définition s'ajoute celle de la *transformation en Z* (unilatérale).

Définition 144. On appelle *transformation en Z* l'application, notée $\mathbb{TZ}$, qui associe à la suite numérique causale s sa transformée $\mathbb{TZ}(s)$ en Z (lorsqu'elle est définie). On note $s \xrightarrow{\mathbb{TZ}} S$ ou, de manière abusive mais commode $s(n) \xrightarrow{\mathbb{TZ}} S(z)$.

5.2 Quelques conditions suffisantes d'existence

5.2.1 Rayon de convergence

Supposons qu'il existe un réel $r > 0$ tel que la série $\sum_{n\geq 0} s(n)r^{-n}$ soit absolument convergente, c'est à dire que $\sum_{n=0}^{\infty} \left|s(n)r^{-n}\right| \in \mathbb{R}$. Il est alors facile de démontrer que

$$\forall z \in \mathbb{C}, \quad |z| \geq r, \quad \sum_{n=0}^{\infty} s(n)z^{-n} \in \mathbb{C}$$

En effet,

$$|z| \geq r \Longrightarrow \left|s(n)z^{-n}\right| \leq |s(n)|\, r^{-n}$$

ce qui prouve que la série $\sum_{n\geq 0} s(n)z^{-n}$ est absolument convergente pour tout $z \in \mathbb{C}$ tel que $|z| \geq r$ et conduit à définir le *rayon de convergence* de la série $\sum_{n\geq 0} s(n)z^{-n}$.

Définition 145. On appelle *rayon de convergence* d'une suite $s = \big(s(n)\big)_{n\in\mathbb{N}}$, la borne inférieure, notée $\mathscr{R}(s)$, définie par

$$\mathscr{R}(s) = \inf\left\{r > 0, \quad \sum_{n=0}^{+\infty} |s(n)|\, r^{-n} \in \mathbb{R}\right\} \tag{15.48}$$

5.2.2 Domaine d'existence de la transformée en Z

Proposition 150. Soit s une suite $s = \big(s(n)\big)_{n\in\mathbb{N}}$ de rayon de convergence r.

1. Si $r = 0$ alors s possède une transformée en Z définie sur $\mathbb{C}^*$ (éventuellement sur $\mathbb{C}$ entier),
2. Si $r > 0$ alors s possède une transformée en Z sur le domaine de $\mathbb{C}$ défini par $\{z \in \mathbb{C}, \quad |z| > r\}$, c'est à dire le complémentaire d'un disque fermé.
3. si $r = +\infty$ alors s ne possède pas de transformée en Z.

Donnons deux exemples :

1. La suite $s : n \longmapsto s(n) = 2^n$ a pour rayon de convergence 2 et pour domaine de convergence $\{z \in \mathbb{C}, \quad |z| > 2\}$. En effet, en écrivant $2^n z^{-n} = \left(\dfrac{2}{z}\right)^n$ pour $z \neq 0$, la série

$\sum_{n\geq 0} 2^n z^{-n}$ apparaît clairement comme une série géométrique $\sum_{n\geq 0} \left(\frac{2}{z}\right)^n$ de raison $\frac{2}{z}$ dont on sait qu'elle est convergente si et seulement si $\left|\frac{2}{z}\right| < 1 \iff |z| > 2$.

2. La suite finie $s = (1, 1, 0, 0, \cdots)$ a pour rayon de convergence $+\infty$ et pour domaine de convergence $\mathbb{C}^*$. En effet, la série $\sum_{n\geq 0} s(n)z^{-n}$ est une simple somme finie $1 + z^{-1}$ dont l'existence est assurée dès que $z \neq 0$.

Le lecteur remarquera la correspondance entre le domaine de convergence d'une transformée de Laplace unilatérale (le demi plan $\operatorname{Re} p > \alpha$) et le domaine de convergence d'une transformée en Z unilatérale (le complémentaire d'un disque fermé $|z| > \alpha$).

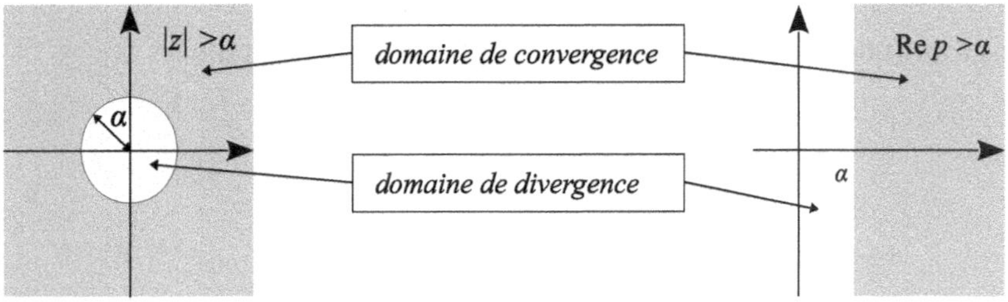

FIGURE 15.1 – Domaine de convergence d'une transformée en Z à gauche et de Laplace à droite

5.3 Ensemble des « originaux »

Par analogie avec la transformation de Laplace, on définit maintenant une classe assez générale de suites numériques qui possèdent une transformée en Z et qui sera encore appelée classe des *originaux* au sens de la définition suivante.

Définition 146. Une suite numérique s est appelée un *original* lorsqu'elle vérifie les propriétés suivantes :

(1) s est causale, c'est à dire que $\forall n < 0, s(n) = 0$,

(2) s est localement sommable sur $\mathbb{Z}$, c'est à dire que $\forall (n_1, n_2) \in \mathbb{Z}^2, \sum_{n=n_1}^{n_2} |s(n)| \in \mathbb{R}$

(3) Il existe deux constantes réelles $C > 0$ et $\alpha > 0$ (α sera appelée la *puissance* de s) telles que

$$\forall n \in \mathbb{N}, \quad |s(n)| \leq C\alpha^n \tag{15.49}$$

On a alors le résultat trivial suivant :

Proposition 151. Si s est un original de puissance α alors s possède une transformée en Z définie pour tout $z \in \mathbb{C}$ tel que $|z| > \alpha$ et son rayon de convergence vérifie $\mathscr{R}(s) \leq \alpha$.

Démonstration.
C'est bien sûr une simple conséquence de la majoration,

$$\left|s(n)z^{-n}\right| \leq C\left|\frac{\alpha}{z}\right|^n$$

et du fait que la série (géométrique) $\sum_{n\geq 0}\left|\frac{\alpha}{z}\right|^n$ est absolument convergente si et seulement si $\left|\frac{\alpha}{z}\right| < 1 \iff |z| > \alpha$. D'autre part, par définition du rayon de convergence $\mathscr{R}(s) \leq \alpha$. □

5.4 Exemples de transformées en Z

5.4.1 « Impulsion unité » δ

La suite δ définie par

$$\forall n \in \mathbb{Z}, \quad \delta(n) = \begin{cases} 1 & \text{si} \quad n = 0 \\ 0 & \text{si} \quad n \neq 0 \end{cases} \tag{15.50}$$

est la version discrète de la distribution de Dirac. Il est facile de vérifier que c'est un original de rayon de convergence nul et de domaine de convergence $\mathscr{D}(\delta) = \mathbb{C}$. On obtient sans difficulté $\mathbb{TZ}(\delta)(z) = 1$. Ainsi, en notant $\mathbb{1} : z \mapsto 1$ la fonction constante égale à 1, on obtient

$$\boxed{\delta(n) \quad \overset{\mathbb{TZ}}{\longrightarrow} \quad 1, \quad z \in \mathbb{C}} \tag{15.51}$$

c'est à dire que la transformée en Z de δ est la fonction constante $\mathbb{1} : z \mapsto 1$ et on retrouve l'analogue du résultat déjà obtenu avec la transformation de Laplace.

5.4.2 « Échelon unité » u

C'est la version discrète de la fonction de Heaviside, notée $\mathbf{u}$, et définie comme la suite numérique

$$\forall n \in \mathbb{Z}, \quad \begin{cases} \mathbf{u}(n) = 0 & \text{si} \quad n < 0 \\ \mathbf{u}(n) = 1 & \text{si} \quad n \geq 0 \end{cases} \tag{15.52}$$

$\mathbf{u}$ est un original et il est facile de démontrer que son rayon de convergence vaut 1 et que sa transformée en Z est donc définie pour tout $z \in \mathbb{C}$ tel que $|z| > 1$. En effet, la série (géométrique) $\sum_{n\geq 0} z^{-n}$ converge si et seulement si $\left|z^{-1}\right| < 1 \iff |z| > 1$. Enfin, en utilisant le résultat bien connu de la somme des termes d'une série géométrique convergente, à savoir

$$\forall a \in \mathbb{C}, \quad |a| < 1, \quad \sum_{n=0}^{+\infty} a^n = \frac{1}{1-a}$$

on obtient, dans le cas où $a = z^{-1}$, $\mathbb{TZ}(\mathbf{u})(z) = \dfrac{1}{1-z^{-1}} = \dfrac{z}{z-1}$ pour tout $|z| > 1$.

$$\boxed{\mathbf{u}(n) \quad \overset{\mathbb{TZ}}{\longrightarrow} \quad \frac{1}{1-z^{-1}}, \quad |z| > 1} \tag{15.53}$$

5.4.3 « Puissance » $\mathbf{p}_\alpha$

La version discrète d'une exponentielle est la suite numérique notée $\mathbf{p}_\alpha$, pour $\alpha \in \mathbb{R}^*$, et définie par

$$\forall n \in \mathbb{Z}, \quad \begin{cases} \mathbf{p}_\alpha(n) = 0 & \text{si} \quad n < 0 \\ \mathbf{p}_\alpha(n) = \alpha^n & \text{si} \quad n \geq 0 \end{cases} \tag{15.54}$$

$\mathbf{p}_\alpha$ est un original et il est facile de démontrer que son rayon de convergence vaut α et que sa transformée en Z est donc définie pour tout $z \in \mathbb{C}$ tel que $|z| > \alpha$. En effet, la série (géométrique) $\sum\limits_{n\geq 0} \alpha^n z^{-n}$ converge si et seulement si $\left|\alpha z^{-1}\right| < 1 \iff |z| > \alpha$.
Le calcul se fait de la même manière que pour l'échelon unité en posant $a = \alpha z^{-1}$ et on obtient $\mathbb{TZ}(\mathbf{p}_\alpha)(z) = \dfrac{1}{1-\alpha z^{-1}} = \dfrac{z}{z-\alpha}$ pour $|z| > \alpha$

$$\boxed{\alpha^n \quad \xrightarrow{\mathbb{TZ}} \quad \frac{1}{1-\alpha z^{-1}}, \quad |z| > \alpha} \tag{15.55}$$

5.4.4 « Rampe »

C'est la suite numérique notée $\mathbf{r}$ et définie par

$$\forall n \in \mathbb{Z}, \quad \begin{cases} \mathbf{r}(n) = 0 & \text{si} \quad n < 0 \\ \mathbf{r}(n) = n & \text{si} \quad n \geq 0 \end{cases} \tag{15.56}$$

$\mathbf{r}$ est un original dont la transformée en Z est définie, sous réserve de convergence, par $\mathbb{TZ}(\mathbf{r})(z) = \sum\limits_{n=0}^{+\infty} n z^{-n}$. Pour calculer cette somme et déterminer le rayon de convergence, il faut faire appel à quelques propriétés des séries entières. En effet, la série entière $\sum\limits_{n\geq 0} Z^n$ est convergente sur $\{Z \in \mathbb{C}, |Z| < 1\}$ et sa somme définie une fonction $F : Z \mapsto \sum\limits_{n=0}^{\infty} Z^n = \dfrac{1}{1-Z}$ qui est holomorphe sur $\{Z \in \mathbb{C}, |Z| < 1\}$. On peut la dériver terme à terme et la dérivée F' a même domaine de convergence, c'est-à-dire que

$$\forall Z \in \mathbb{C}, \quad |Z| < 1, \quad F'(Z) = \sum_{n=0}^{+\infty} n Z^{n-1} = \frac{\mathrm{d}F}{\mathrm{d}Z}\left(\frac{1}{1-Z}\right) = \frac{1}{(1-Z)^2}$$

Maintenant, en posant $Z = z^{-1}$, en remarquant que $\sum\limits_{n=0}^{+\infty} n Z^n = Z \sum\limits_{n=0}^{+\infty} n Z^{n-1}$ et que $|Z| < 1 \iff |z| > 1$, on obtient, pour $|z| > 1$

$$\mathbb{TZ}(\mathbf{r})(z) = \sum_{n=0}^{+\infty} n z^{-n} = \frac{z^{-1}}{(1-z^{-1})^2} = \frac{z}{(1-z)^2}$$

Autrement dit

$$\boxed{\mathbf{r}(n) \quad \xrightarrow{\mathbb{TZ}} \quad \frac{z^{-1}}{(1-z^{-1})^2}, \quad |z| > 1} \tag{15.57}$$

5.5 Transformation en Z inverse

La transformation en Z est inversible, c'est à dire que si l'on connaît la fonction

$$S : z \mapsto \sum_{n=0}^{\infty} s(n) z^{-n}$$

sur une partie de $\mathbb{C}$, il est possible de retrouver la suite $s = \big(s(n)\big)_{n\in\mathbb{N}}$ en écrivant, formellement,

$$S = \mathbb{TZ}(s) \Longleftrightarrow s = \mathbb{TZ}^{-1}(S)$$

Ce résultat découle directement de trois résultats fondamentaux de l'analyse complexe : la formule d'intégration de Cauchy, le théorème des résidus et le développement en série de Laurent (Pierre Laurent, 1813-1853, ingénieur et mathématicien français). Le lecteur peu familier avec ces notions pourra se référer à [*AP*] ou [*RU*] par exemple. On en donne ici une version « édulcorée » de la formule intégrale de Cauchy dans un cas particulier.

Proposition 152. Soient $\alpha \in \mathbb{R}^{+*}$ et $s = \big(s(n)\big)_{n\in\mathbb{N}}$ une suite numérique. On suppose que la série $\sum\limits_{n\geq 0} s(n) z^{-n}$ est convergente pour $|z| > \alpha$ et on appelle S sa somme et $\mathscr{D} = \{z \in \mathbb{C}, \quad |z| > \alpha\}$ son domaine de convergence, c'est à dire qu'on note

$$\forall z \in \mathscr{D}, \quad S(z) = \sum_{n=0}^{\infty} s(n) z^{-n}$$

Alors, pour tout $r > \alpha$ on a

$$\forall p \in \mathbb{N}, \quad s(p) = \frac{1}{2\pi} \int_0^{2\pi} S\big(r e^{i\theta}\big) r e^{ip\theta} \mathrm{d}\theta \tag{15.58}$$

Démonstration.
On commence par remarquer que l'ensemble $\mathscr{C}(r) = \{z \in \mathbb{C}, \quad z = r e^{i\theta} \text{ où } r > \alpha, \theta \in [0, 2\pi[\}$ (géométriquement ce n'est rien d'autre qu'un cercle) est entièrement contenu dans le domaine de convergence $\mathscr{D}$ sur lequel la fonction S est holomorphe et sur lequel sa série $\sum\limits_{n\geq 0} s(n) z^{-n}$ est absolument convergente. On peut donc écrire

$$\frac{1}{2\pi} \int_0^{2\pi} S\big(r e^{i\theta}\big) r e^{ip\theta} \mathrm{d}\theta = \frac{1}{2\pi} \int_0^{2\pi} \sum_{n=0}^{\infty} s(n) e^{i(p-n)\theta} \mathrm{d}\theta = \sum_{n=0}^{\infty} s(n) \left(\frac{1}{2\pi} \int_0^{2\pi} e^{i(p-n)\theta} \mathrm{d}\theta \right)$$

Or, en posant $I(n,p) = \dfrac{1}{2\pi} \displaystyle\int_0^{2\pi} e^{i(p-n)\theta} \mathrm{d}\theta$, on montre sans difficulté que $I(n,p) = 1$ si $n = p$ et $I(n,p) = 0$ sinon. Ainsi, on obtient bien, pour tout $p \in \mathbb{N}$, la formule

$$\frac{1}{2\pi} \int_0^{2\pi} S\big(r e^{i\theta}\big) r e^{ip\theta} \mathrm{d}\theta = s(p)$$

□

Dans la pratique, on utilise la forme générale du théorème des résidus (voir [*AP*] ou [*RU*] par exemple).

5.6 Détermination pratique d'un inverse

Dans la pratique, les fonctions $S : z \mapsto S(z)$ dont on cherche les originaux s sont écrites sous forme de fractions rationnelles et peuvent donc, à ce titre, être décomposées en fractions (ou éléments) simples. Pour illustrer cette méthode pratique, nous nous contenterons de quelques exemples qui se généralisent sans difficulté.

5.6.1 Un exemple de fraction avec deux pôles simples

Considérons la fonction $S : z \mapsto S(z) = \dfrac{z}{z^2 - 5z + 6}$ qui possède les deux pôles simples 2 et 3 et qui est donc définie sur $\mathbb{C} - \{2, 3\}$. On cherche la suite $s = \big(s(n)\big)_{n\in\mathbb{N}}$ telle que

$$\forall z \in \mathbb{C}, \quad |z| > 3, \quad \mathbb{TZ}(s)(z) = S(z) = \frac{z}{z^2 - 5z + 6}$$

Pour cela, on commence par remarquer que pour $z \in \mathbb{C} - \{0, 2, 3\}$

$$S(z) = \frac{z}{z^2 - 5z + 6} = \frac{z}{(z-2)(z-3)} = \frac{z^{-1}}{(1 - 2z^{-1})(1 - 3z^{-1})}$$

puis, par décomposition en fractions simples

$$S(z) = \frac{-1}{1 - 2z^{-1}} + \frac{1}{1 - 3z^{-1}} = \frac{-1}{1 - (z/2)^{-1}} + \frac{1}{1 - (z/3)^{-1}}$$

il suffit maintenant d'utiliser la formule (15.55) et la propriété de linéarité (voir la section suivante) pour écrire que, pour $|z| > 3$

$$S(z) = -\mathbb{TZ}(\mathbf{p}_2)(z) + \mathbb{TZ}(\mathbf{p}_3)(z) = \mathbb{TZ}(-\mathbf{p}_2 + \mathbf{p}_3)(z)$$

c'est à dire

$$\boxed{\forall n \in \mathbb{N}, \quad s(n) = -2^n + 3^n}$$

5.6.2 Un exemple de fraction avec un pôle double

Considérons maintenant la fonction $S : z \mapsto S(z) = \dfrac{z^2}{z^2 - 2z + 1}$ qui possède le pôle double 1 et qui est donc définie sur $\mathbb{C} - \{1\}$. On cherche On cherche la suite $s = \big(s(n)\big)_{n\in\mathbb{N}}$ telle que

$$\forall z \in \mathbb{C}, \quad |z| > 1, \quad \mathbb{TZ}(s)(z) = S(z) = \frac{z^2}{z^2 - 2z + 1}$$

Pour cela, on commence par remarquer que pour $z \in \mathbb{C} - \{0, 1\}$

$$S(z) = \frac{z^2}{z^2 - 2z + 1} = \frac{z^2}{(z-1)^2} = \frac{1}{(1 - z^{-1})^2}$$

puis, par décomposition en fractions simples, en écrivant le numérateur $1 = 1 - z^{-1} + z^{-1}$

$$S(z) = \frac{\left(1 - z^{-1}\right) + z^{-1}}{(1 - z^{-1})^2} = \frac{1}{1 - z^{-1}} + \frac{z^{-1}}{(1 - z^{-1})^2}$$

Il suffit maintenant d'utiliser les formules (15.57), (15.53) et la linéarité (voir la section suivante) pour écrire que, pour $|z| > 1$

$$S(z) = -\mathbb{TZ}(\mathbf{r})(z) + \mathbb{TZ}(\mathbf{u})(z) = \mathbb{TZ}(-\mathbf{r}+\mathbf{u})(z)$$

c'est à dire

$$\boxed{\forall n \in \mathbb{N}, \quad s(n) = -n+1}$$

5.7 Quelques propriétés de la transformation en Z

5.7.1 Linéarité

Proposition 153. Soient s_1 et s_2 deux suites causales de rayon de convergence respectifs r_1 et r_2 et de transformées en Z respectives S_1 et S_2, λ_1 et λ_2 deux scalaires. Alors

$$\lambda_1 s_1(n) + \lambda_2 s_2(n) \quad \stackrel{\mathbb{TZ}}{\longrightarrow} \quad \lambda_1 S_1(z) + \lambda_2 S_2(z) \quad |z| > \max(r_1, r_2) \tag{15.59}$$

5.7.2 Retardement

Proposition 154. Soit s une suite causale de rayon de convergence r et de transformée en Z notée S. Alors pour tout $n_0 \in \mathbb{N}$

$$s(n-n_0) \quad \stackrel{\mathbb{TZ}}{\longrightarrow} \quad z^{-n_0} S(z) \quad |z| > r \tag{15.60}$$

Remarque. Le lecteur remarquera que pour $n_0 = 1$, la formule (15.60) devient

$$s(n) \quad \stackrel{\mathbb{TZ}}{\longrightarrow} \quad S(z) \quad |z| > r \quad \Longrightarrow \quad s(n-1) \quad \stackrel{\mathbb{TZ}}{\longrightarrow} \quad \frac{S(z)}{z} \quad |z| > r$$

et on retrouve l'analogue de la formule d'intégration (15.27) pour la transformation de Laplace. Autrement dit, pour une suite numérique, le retard d'une unité (ou, plus précisément, pour un signal échantillonné à la période T_e, le retard d'une période) correspond à l'intégration pour une fonction.

Démonstration.
On s'intéresse à la somme $\sum\limits_{n \geq n_0} s(n-n_0)z^{-n}$. Sous réserve de convergence, on a, par le changement de variable $m = n - n_0$

$$\sum_{n=n_0}^{\infty} s(n-n_0)z^{-n} = z^{-n_0} \sum_{m=0}^{\infty} s(m)z^{-m}$$

ainsi le rayon de convergence de la suite retardée $s(\bullet - n_0)$ est le même que celui de la suite s et

$$s(n-n_0) \quad \stackrel{\mathbb{TZ}}{\longrightarrow} \quad z^{-n_0} S(z), \quad |z| > \alpha$$

□

5.7.3 Avancement

Proposition 155. Soit s une suite causale de rayon de convergence r et de transformée en Z notée S. Alors pour tout $n_0 \in \mathbb{N}$

$$s(n+n_0) \quad \overset{\mathbb{TZ}}{\longrightarrow} \quad z^{n_0}\left(S(z) - \sum_{n=0}^{n_0-1} s(m)z^{-m}\right), \quad |z| > r \tag{15.61}$$

Démonstration.
Ce résultat découle du fait que la suite est causale et, en posant $m = n + n_0$, des égalités, valables pour $|z| > r$

$$\sum_{n=0}^{\infty} s(n+n_0)z^{-n} = z^{n_0}\sum_{n=n_0}^{\infty} s(m)z^{-m} = z^{n_0}\left(\sum_{n=0}^{\infty} s(m)z^{-m} - \sum_{n=0}^{n_0-1} s(m)z^{-m}\right)$$

□

Remarque. À nouveau, pour $n_0 = 1$, la formule (15.61) devient

$$s(n+1) \quad \overset{\mathbb{TZ}}{\longrightarrow} \quad z\big(S(z) - s(0)\big) \quad |z| > r$$

et on retrouve l'analogue de la formule de dérivation (15.21) pour la transformation de Laplace.

5.7.4 Produit par une puissance

Proposition 156. Soient s une suite causale de rayon de convergence r et de transformée en Z notée S et $a \in \mathbb{C}^*$. Alors

$$a^n s(n) \quad \overset{\mathbb{TZ}}{\longrightarrow} \quad S\left(\frac{z}{a}\right) \quad |z| > |a|r \tag{15.62}$$

Démonstration.
C'est une simple conséquence du fait que

$$\forall z \in \mathbb{C}, \quad |z| > |a|r, \quad \sum_{n=0}^{\infty} a^n s(n)z^{-n} = \sum_{n=0}^{\infty} s(n)\left(\frac{z}{a}\right)^{-n} = S\left(\frac{z}{a}\right)$$

□

5.7.5 Convolution

Comme pour la transformation de Laplace, la transformation en Z a la propriété remarquable de transformer le produit de convolution en produit classique.

Proposition 157. Soient a et b deux suites causales de rayons de convergence respectifs r_1 et r_2 et de transformées en Z respectives $A = \mathbb{TZ}(a)$ et $B = \mathbb{TZ}(b)$. Alors

$$(a * b)(n) \quad \overset{\mathbb{TZ}}{\longrightarrow} \quad A(z)B(z) \quad |z| > \max(r_1, r_2) \tag{15.63}$$

Démonstration.
En écrivant, pour tout $z \in \mathbb{C}$ tel que $|z| > \max(r_1, r_2)$

$$\left(\sum_{k=0}^{\infty} a(k)z^{-k}\right) \times \left(\sum_{n=0}^{\infty} b(n)z^{-n}\right) = \sum_{n=0}^{\infty}\sum_{k=0}^{\infty} a(k)z^{-k}b(n-k)z^{-(n-k)} = \sum_{n=0}^{\infty}\left(\sum_{k=0}^{\infty} a(k)b(n-k)\right)z^{-n}$$

on obtient le résultat sous la forme $A(z)B(z) = \sum_{n=0}^{\infty}(a * b)(n)z^{-n}$. □

6 Application à la résolution d'une équation aux différences

Cette application est l'analogue de la résolution d'une équation différentielle linéaire à coefficients constants avec la transformation de Laplace (voir 4.1 page 501).
Considérons l'équation aux différences

$$\left\{\begin{array}{l} s(0) = 1 \\ s(1) = 0 \\ \forall n \in \mathbb{N}, \quad s(n+2) = \frac{5}{6}s(n+1) - \frac{1}{6}s(n) \end{array}\right. \tag{15.64}$$

Par transformation en Z, en utilisant la propriété de linéarité, la propriété d'avancement (15.61) et en notant $S = \mathbb{TZ}(s)$, on obtient formellement

$$z^2\big(S(z) - s(0) - s(1)z^{-1}\big) = \frac{5}{6}z\big(S(z) - s(0)\big) - \frac{1}{6}S(z)$$

Après mise en facteur et simplification, on obtient, pour $z \in \mathbb{C} - \left\{\frac{1}{3}, \frac{1}{2}\right\}$

$$S(z) = \frac{1 - \frac{5}{6}z^{-1}}{1 - \frac{5}{6}z^{-1} + \frac{1}{6}z^{-2}} = \frac{1 - \frac{5}{6}z^{-1}}{\left(1 - \frac{1}{3}z^{-1}\right)\left(1 - \frac{1}{2}z^{-1}\right)}$$

puis, par décomposition en fractions simples

$$S(z) = \frac{3}{1 - \frac{1}{3}z^{-1}} - \frac{2}{1 - \frac{1}{2}z^{-1}}$$

Il suffit maintenant de déterminer la transformée inverse de S. En utilisant la linéarité et la formule (15.55), on écrit pour $\alpha > 0$

$$\frac{1}{1 - \alpha z^{-1}} \quad |z| > \alpha \quad \xrightarrow{\mathbb{TZ}^{-1}} \quad \alpha^n$$

Par conséquent, la suite $s = \big(s(n)\big)_{n \in \mathbb{N}}$ qui vérifie $S = \mathbb{TZ}(s)$ est donnée par

$$\boxed{\forall n \in \mathbb{N}, \quad s(n) = 3\left(\frac{1}{3}\right)^n - 2\left(\frac{1}{2}\right)^n}$$

Chapitre 16

Notions de filtrage linéaire

La notion de *filtre* est fondamentale dans toutes les sciences de l'ingénieur. De manière générale, un filtre désigne un « système » qui établit une relation entre un signal d'entrée e et un signal de sortie s. Ce filtre est représenté symboliquement par la figure 16.1 et la relation entre l'entrée et la sortie s'écrit, elle aussi de manière symbolique, $s = \mathbb{T}(e)$ où $\mathbb{T}$ désigne un opérateur qui modélise l'action du filtre.

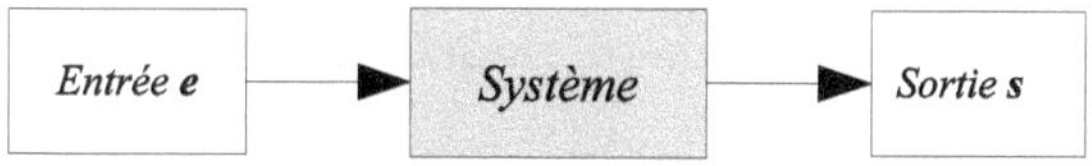

FIGURE 16.1 – Schéma symbolique d'un système entrée-sortie

On peut citer comme exemples un circuit électrique (circuit RC ou RLC par exemple), un système physique (système masse-ressort soumis à une excitation par exemple), un système optique (capteur vidéo par exemple), etc. Tous ces systèmes transforment un signal d'entrée en un signal de sortie que l'on souhaite en général étudier ou manipuler. L'étude peut consister à en extraire de l'information (amplitude, contenu fréquentiel, etc.) et la manipulation peut consister en son amplification, son atténuation, son « débruitage », etc. Les outils utilisés, au premier rang desquels figurent les transformations de Fourier, de Laplace et en Z, sont nombreux et en constante évolution pour relever les défis imposés par une technologie galopante comme en témoigne l'histoire très récente des transformations en ondelettes.

L'objectif de ce chapitre est de présenter quelques notions élémentaires sur la notion de *filtrage linéaire*. Il ne s'agit cependant pas d'une présentation exhaustive de cet immense sujet qui mériterait à lui seul plusieurs ouvrages (le lecteur désireux d'approfondir ses connaissances dans ce domaine pourra consulter les ouvrages cités en bibliographie comme par exemple [GW], [BE], [HA], [BEN1], [BEN2], [CO] et [CO2]).

1 Signaux analogiques, numériques, causals

1.1 Signaux analogiques et numériques

Le terme *signal* désigne la mesure d'un phénomène qui dépend d'une (ou plusieurs) grandeur(s). L'exposé s'appuie sur des phénomènes qui dépendent du temps, désigné par la lettre t. Ce choix offre un cadre naturel dans lequel la notion de *causalité* peut être définie bien qu'il ne soit pas le plus général. Il exclut en effet les phénomènes qui dépendent d'une (ou plusieurs) variable(s) spatiale(s) comme dans le traitement des images par exemple. On distingue deux types de signaux :

1. Les signaux *analogiques* ou à *temps continu* pour lesquels $t \in \mathbb{R}$. Ils sont modélisés par des fonctions numériques $s : t \mapsto s(t)$ (et, de manière plus générale, par des distributions tempérées).
2. Les signaux *numériques* ou à *temps discret*. Ils apparaissent par *échantillonnage* d'un signal analogique. Dans ce cas, la variable discrète, notée n, est un entier et ces signaux sont alors modélisés par des suites numériques $s : n \mapsto s(n)$.

1.2 Échantillonnage et quantification

La plupart des signaux issus d'une expérimentation sont électriques ou transformés en signaux électriques et donc analogiques et dépendant du temps. Pour les transformer en signaux numériques on a recours à deux opérations :

1. L'*échantillonnage* qui consiste à prélever au cours du temps une suite d'enregistrements tous les $T_e > 0$ pas de temps, appelé la *période d'échantillonnage*. Ainsi, pour un signal $s : t \mapsto s(t)$ défini sur $\mathbb{R}$, on construit la suite de ses échantillons comme la suite $\big(s(nT_e)\big)_{n\in\mathbb{Z}}$.
2. la *quantification* qui consiste à rendre les valeurs échantillonnées utilisables par des machines. Les valeurs $s(nT_e)$ sont en effet des réels qui doivent être convertis en binaire pour être utilisables par des processeurs. Cette opération s'accompagne nécessairement d'une perte d'information et d'une dégradation de l'information.

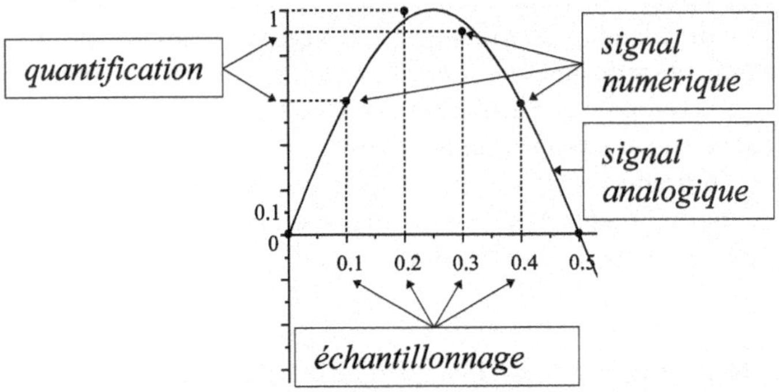

FIGURE 16.2 – Échantillonnage et quantification

Les questions liées à l'échantillonnage des signaux sont abordées dans le chapitre 17.

1.3 Chaîne d'acquisition de données numériques

Dans la pratique, la chaîne d'acquisition des données numériques contient, en plus des convertisseurs analogique-numérique (CAN) et numérique-analogique (CNA), un filtre appelé *anti-recouvrement* (aussi appelé *anti-repliement*, voir la section 6 page 548 du chapitre 17). De manière symbolique, on peut représenter cette chaîne d'acquisition de traitement et de reconstruction sous la forme du diagramme suivant où e est le signal analogique d'entrée, s le signal analogique de sortie et DSP signifie *digital signal processing*.

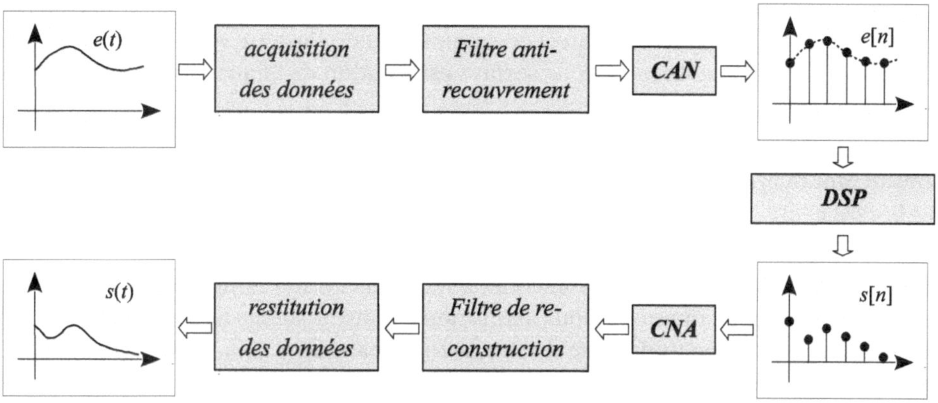

FIGURE 16.3 – chaîne d'acquisition, de traitement et de reconstruction

1.4 Causalité et signaux causals

Le principe de causalité stipule que la réponse d'un système à une sollicitation est nécessairement postérieure à cette sollicitation. Pour décrire et modéliser les systèmes causals qui respectent ce principe, on définit la notion de *signaux causals*.

Définition 147.

1. Un signal à temps continu défini sur $\mathbb{R}$ est dit *causal* lorsqu'il est nul pour $t < 0$.
2. Un signal à temps discret défini sur $\mathbb{Z}$ est dit *causal* lorsqu'il est nul pour $n < 0$.

La fonction U de Heaviside (encore appelée « échelon unité ») définie par

$$\forall t \in \mathbb{R}, \quad U(t) = \begin{cases} 0 & \text{si} \quad t<0 \\ 1 & \text{si} \quad t\geq 0 \end{cases} \tag{16.1}$$

est un exemple de signal causal qui permet de rendre tout signal s causal en le remplaçant par le produit Us puisque $U(t)s(t) = 0$ pour tout $t < 0$. Son équivalent discret est la suite encore appelée « échelon unité » $\mathbf{u} = (\mathbf{u}(n))_{n\in\mathbb{Z}}$ définie par

$$\forall n \in \mathbb{Z}, \quad \mathbf{u}(n) = \begin{cases} 0 & \text{si} \quad n<0 \\ 1 & \text{si} \quad n\geq 0 \end{cases} \tag{16.2}$$

2 Filtrage linéaire

2.1 Action d'un filtre sur un signal

Un filtre agit sur un signal d'entrée e et donne un signal de sortie s. Pour comprendre de quelle manière le filtre agit sur l'entrée, considérons l'exemple simple d'un circuit électrique RC comportant une résistance de R ohms (Georg Simon Ohm, 1789-1854, physicien allemand) et un condensateur de capacité C farads (Michael Faraday, 1791-1867, physicien et chimiste anglais). Ce circuit est alimenté par un générateur délivrant, à chaque instant t, une tension $e(t)$. On s'intéresse alors, à chaque instant t, à la tension $s(t)$ aux bornes du condensateur que l'on suppose nulle à l'instant $t = 0$. D'après la loi de Ohm , nous savons que la tension de sortie s est solution de l'équation différentielle du premier ordre :

$$RCs'(t) + s(t) = e(t) \tag{16.3}$$

Considérons maintenant un signal d'entrée sinusoïdal de fréquence $q_0 > 0$ et d'amplitude $A > 0$, c'est à dire

$$e : t \mapsto A\sin(2\pi q_0 t)$$

On se pose alors la question de savoir comment est transformé ce signal par le filtre ?
Pour répondre à cette question, nous allons nous appuyer sur les illustrations suivantes obtenues pour une amplitude unité $A = 1$, une fréquence unité $q_0 = 1$ et une valeur de RC égale à 4.

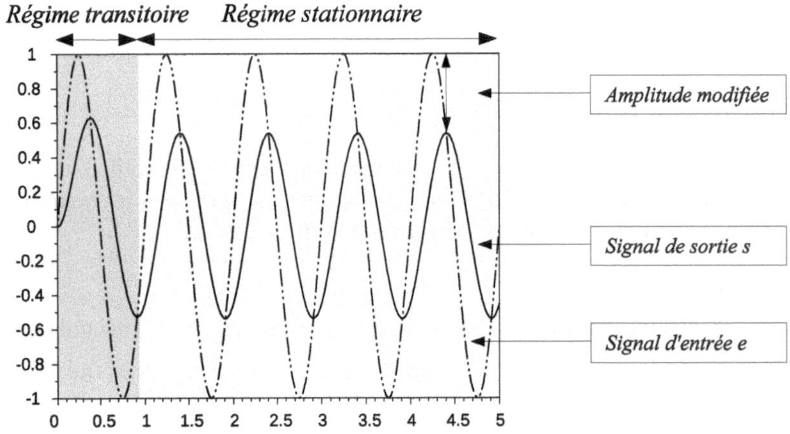

FIGURE 16.4 – Action d'un filtre sur un signal sinusoïdal

La figure 16.4 révèle plusieurs aspects fondamentaux de ce type de filtre. Tout d'abord, on peut détecter deux *régimes* : le premier est appelé le *régime transitoire* et le second le *régime stationnaire.* Le régime transitoire, comme son nom l'indique, ne dure pas et donne le temps au système d'atteindre le régime stationnaire qui, lui, dure dans le temps. Ensuite, on peut constater les modifications subies par le signal d'entrée.

Ces modifications sont de deux ordres.

1. Le signal de sortie a une amplitude inférieure au signal d'entrée et, en régime stationnaire, on constate que le rapport entre ces deux amplitudes est constant.
2. Le signal de sortie est déphasé par rapport au signal d'entrée en prenant de l'avance par rapport à ce dernier.
3. Par contre, et c'est important de le remarquer, en régime stationnaire, le signal de sortie à la même fréquence que le signal d'entrée.

Autrement dit, si l'on ne se concentre que sur le régime stationnaire, on peut résumer la situation en disant qu'il existe deux constantes réelles $k > 0$ (facteur de modification de l'amplitude) et $\varphi > 0$ (déphasage) telles que

$$\boxed{e(t) = A\sin(2\pi q_0 t) \xrightarrow{\mathbb{T}} s(t) = kA\sin(2\pi q_0 t - \varphi)}$$

On peut aussi illustrer deux autres aspects fondamentaux de ce type de filtre avec la figure 16.5.

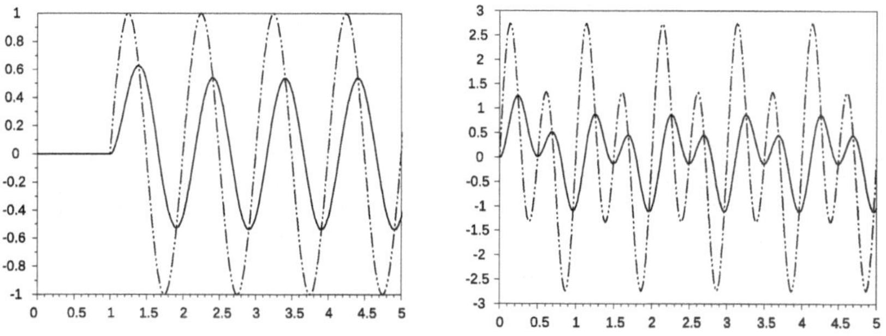

FIGURE 16.5 – Illustration de l'invariance dans le temps et de la linéarité

1. Le graphique de gauche a été obtenu avec l'entrée

$$e : t \mapsto \begin{cases} 0 & \text{si} \quad t < 1 \\ \sin(2\pi t) & \text{si} \quad t \geq 1 \end{cases}$$

et illustre la propriété qualifiée d'*invariance dans le temps* : si l'on retarde l'entrée d'une durée t_0 fixée, la sortie est elle-même retardée de cette même durée t_0.
Autrement dit, si l'on écrit $e(t) \xrightarrow{\mathbb{T}} s(t)$, on obtient

$$\boxed{e_0(t) = e(t - t_0) \xrightarrow{\mathbb{T}} s_0(t) = s(t - t_0)}$$

2. Le graphique de droite a été obtenu avec l'entrée

$$e : t \mapsto \sin(2\pi t) + 2\sin(4\pi t)$$

et illustre la propriété de *linéarité* : la sortie correspondant à une somme de deux entrées est égale à la somme des sorties associées aux deux entrées.
Autrement dit, si l'on écrit $e_1(t) \xrightarrow{\mathbb{T}} s_1(t)$ et $e_2(t) \xrightarrow{\mathbb{T}} s_2(t)$, on obtient

$$\boxed{e(t) = e_1(t) + e_2(t) \xrightarrow{\mathbb{T}} s(t) = s_1(t) + s_2(t)}$$

Voyons maintenant ce qui se passe si l'on prend comme signal d'entrée la combinaison linéaire qui fait intervenir une composante de haute fréquence.

$$e : t \mapsto \sin(2\pi t) + 0,1 \sin(30\pi t)$$

La figure 16.6 illustre le fait que le filtre ne laisse passer que les basses fréquences et il est alors qualifié de *filtre passe-bas.* On peut aussi construire des filtres qui laissent passer les hautes fréquences (*filtre passe-haut*), une gamme de fréquence (*filtre passe-bande*), des fréquences en dehors d'une bande donnée (*filtre rejecteur* ou *coupe-bande*), etc.

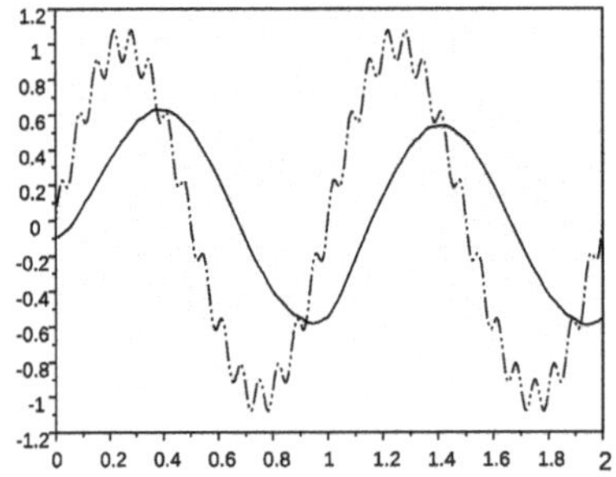

FIGURE 16.6 – Illustration du filtrage des hautes fréquences

2.2 Réponse indicielle et impulsionnelle

Parmi les signaux d'entrée, il en existe deux qui jouent un rôle important, ce sont les deux signaux « échelon unité » et « impulsion unité ». La réponse du filtre à l'échelon unité s'appelle la *réponse indicielle* et celle associée à l'impulsion unité s'appelle la *réponse impulsionnelle.* La figure 16.7 illustre les différentes réponses à l'échelon unité e_1 (à gauche), à une « porte » e_2 de largeur 1 (au milieu) et à une « porte » e_3 de largeur 10^{-2} qui modélise ici la distribution de Dirac δ (à droite).

$$e_1 : t \mapsto 1 \quad e_2 : t \mapsto \begin{cases} 1 \text{ si } t \in [0,1] \\ 0 \text{ si } t \notin [0,1] \end{cases} \quad e_3 : t \mapsto \begin{cases} 10^2 \text{ si } t \in \left[0,10^{-2}\right] \\ 0 \text{ si } t \notin \left[0,10^{-2}\right] \end{cases}$$

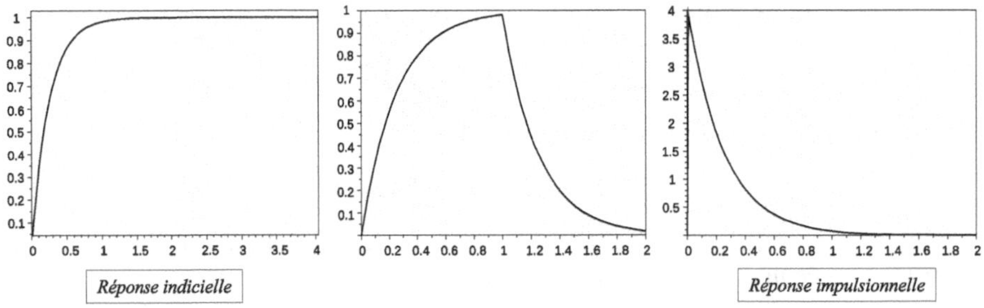

FIGURE 16.7 – Réponse indicielle et impulsionnelle

2.3 Filtres analogiques et numériques

En fonction de la nature du signal, on distingue deux types de filtres. Les premiers sont les filtres *analogiques* qui agissent sur des signaux analogiques. Ils résultent de circuits électroniques qui associent des résistances, des condensateurs, des transistors, etc. Les seconds sont les filtres *numériques* qui agissent sur des signaux numériques, ils résultent de processeurs dédiés (DSP) ou simplement de logiciels. On peut résumer grossièrement en disant que les filtres analogiques sont des circuits électroniques et les filtres numériques des algorithmes. Les filtres numériques sont de plus en plus utilisés car ils bénéficient de la puissance de calcul des ordinateurs et des progrès faits dans les processeurs dédiés. Ils offrent une grande souplesse liée à la possibilité de stocker des données et à la possibilité de traitements complexes, qu'ils soient itératifs ou récursifs, grâce à des algorithmes élaborés. En plus, ils ne souffrent pas de la dégradation inhérente à la présence de « bruits » qui entachent les signaux analogiques (comme par exemple le vent dans un microphone), ce qui autorise une grande précision (même si cet aspect doit être nuancé par la dégradation de la qualité du signal due à l'opération de quantification).

2.4 Modélisation mathématique d'un filtre

Une très grande classe de phénomènes physiques étudiés par les ingénieurs et techniciens est particulièrement bien modélisée par des transformations $\mathbb{T}$ qui vérifient les trois propriétés de *linéarité*, d'*invariance dans le temps* et de *continuité*. Lorsqu'un filtre ne vérifie pas ces propriété, on cherche à l'approcher par un filtre qui les vérifie.
Ces trois propriétés sont définies de la manière suivante :

1. La linéarité. Pour deux signaux e_1 et e_2 et deux scalaires λ_1 et λ_2 on a
$$\mathbb{T}(\lambda e_1 + \mu e_2) = \lambda_1 \mathbb{T}(e_1) + \lambda_2 \mathbb{T}(e_2) \tag{16.4}$$
2. L'invariance temporelle (ou dans le temps). Si l'entrée e est retardée d'une durée t_0 fixée, alors la sortie associée est aussi retardée de t_0. Pour des signaux analogiques, cela se traduit de la manière suivante
$$s = \mathbb{T}(e) \quad \Longrightarrow \quad \forall t_0 \in \mathbb{R}, \quad s(\cdot - t_0) = \mathbb{T}\big(e(\cdot - t_0)\big) \tag{16.5}$$
3. La continuité. Cette notion impose de définir des topologies sur les ensembles des signaux d'entrée et de sortie et donc des normes sur ces espaces qui seront notées $||\cdot||_e$ et $||\cdot||_s$ respectivement. La transformation linéaire $\mathbb{T}$ est alors dite continue s'il existe une constante $K > 0$ telle que, pour tout signal d'entrée e, on a
$$||\mathbb{T}(e)||_s \leq ||e||_e \tag{16.6}$$

Définition 148. Un système modélisé par une transformation $\mathbb{T}$ qui vérifie les propriétés précédentes est appelé un *filtre linéaire*.

Les deux premières propriétés sont une bonne représentation de nombreux phénomènes physiques. La propriété de linéarité assure que le système respecte le *principe de superposition* qui stipule que la sortie associée à une combinaison linéaire finie d'entrées e_i est la combinaison linéaire des sorties s_i associées respectivement aux entrées e_i. La propriété de continuité assure que le principe précédent reste vraie pour des sommes infinies, ce qui est fondamental pour les applications. En effet, si le signal d'entrée e est décomposable en série de Fourier sous la forme

$$e = \sum_{n=-\infty}^{+\infty} c(n)\mathbf{e}_{\frac{n}{T}}$$

en notant $\mathbf{e}_{\frac{n}{T}} : t \mapsto \mathrm{e}^{i\frac{2\pi n}{T}t}$, par linéarité et continuité, le signal de sortie s est défini par

$$s = \mathbb{T}(e) = \mathbb{T}\left(\sum_{n=-\infty}^{+\infty} c(n)\mathbf{e}_{\frac{n}{T}}\right) = \sum_{n=-\infty}^{+\infty} c(n)\mathbb{T}\left(\mathbf{e}_{\frac{n}{T}}\right)$$

Enfin, la propriété d'invariance impose que la sortie ne dépend pas explicitement du temps. Le signal de sortie s dépend lui du temps mais pas la « manière » dont il est transformé. Précisons cela. Si l'on écrit

$$s = \mathbb{T}(e) \Longleftrightarrow s(t) = 2e(t)$$

alors il s'agit bien d'un filtre linéaire au sens de la définition. Par contre, si l'on écrit

$$s = \mathbb{T}(e) \Longleftrightarrow s(t) = te(t)$$

alors $\mathbb{T}$ est toujours linéaire mais ne vérifie pas la propriété d'invariance dans le temps parce que, pour $t_0 \in \mathbb{R}$, la sortie retardée de t_0 ne correspond pas à la transformation de l'entrée retardée de t_0. En effet, si $s_1 = \mathbb{T}(e)$ et $s_2(\cdot) = \mathbb{T}\big(e(\cdot - t_0)\big)$ alors $s_2(t) = te(t-t_0)$ n'est pas égal à $s_1(t-t_0) = (t-t_0)e(t-t_0)$.

3 Caractérisation des filtres linéaires invariants

On montre qu'un filtre linéaire, qu'il soit analogique ou numérique, peut être décrit et caractérisé de plusieurs manières différentes mais équivalentes.

3.1 Relation « entrée-sortie » en termes d'équation différentielle ou d'équation aux différences finies

L'étude des filtres linéaires et invariants dans le temps conduit à montrer qu'ils sont caractérisés, dans le domaine temporel, par une relation « entrée-sortie » sous la forme d'une équation différentielle linéaire à coefficients constants dans le cas analogique et d'une équation aux différences à coefficients constants dans le cas numérique. Précisément, si on désigne par $\big(a(1), a(2), \cdots, a(M)\big)$ et $\big(b(0), b(1), \cdots, b(N)\big)$ deux suites finies de scalaires, ces relations prennent l'une des deux formes suivantes :

1. Pour un signal analogique, c'est une équation différentielle linéaire à coefficients constants qui exprime des dérivées $s^{(k)}$ du signal de sortie s en fonction de dérivées $e^{(j)}$ du signal d'entrée e sous la forme

$$\boxed{s^{(n)} + \sum_{k=1}^{M} a(k)s^{(n-k)} = \sum_{k=0}^{N} b(k)e^{(n-k)}} \tag{16.7}$$

2. Pour un signal numérique, c'est une équation aux différences à coefficients constants qui exprime des termes $s(k)$ du signal de sortie s en fonction de termes $e(j)$ du signal d'entrée e sous la forme

$$\boxed{s(n) + \sum_{k=1}^{M} a(k)s(n-k) = \sum_{k=0}^{N} b(k)e(n-k)} \qquad (16.8)$$

3.2 Relation « entrée-sortie » en termes de réponse impulsionnelle et de convolution

La seconde caractérisation fait intervenir deux notions particulièrement importantes : la *réponse impulsionnelle* du système et le *produit de convolution*. La première est intrinsèquement attachée au système et le caractérise entièrement, la seconde est une opération mathématique fondamentale en traitement du signal (voir l'annexe E).

On démontre en effet qu'un filtre est entièrement caractérisé par sa réponse (c'est à dire le signal de sortie) associée au signal appelé « impulsion unité » noté δ. Dans le cas analogique c'est la distribution de Dirac (voir la définition 92 page 392 au chapitre 12). Dans le cas numérique c'est sa version discrète définie par la suite numérique dont tous les termes sont nuls sauf lorsque $n = 0$ (ce qui modélise bien une impulsion d'amplitude unité pendant une durée « instantanée »)

$$\forall n \in \mathbb{Z}^*, \quad \delta(n) = 0 \quad \text{et} \quad \delta(0) = 1 \qquad (16.9)$$

Rappelons aussi que la distribution de Dirac est une distribution singulière et, qu'à ce titre, elle ne correspond à aucune fonction. Cela dit, il est possible de rester dans le cadre des fonctions numériques en « approchant » la distribution de Dirac par la suite de fonctions « porte » $(f_n)_{n>0}$ définie par

$$f_n : x \mapsto f_n(x) = \begin{cases} n & \text{si } x \in \left[-\frac{1}{2n}, \frac{1}{2n}\right] \\ 0 & \text{si } x \notin \left[-\frac{1}{2n}, \frac{1}{2n}\right] \end{cases}$$

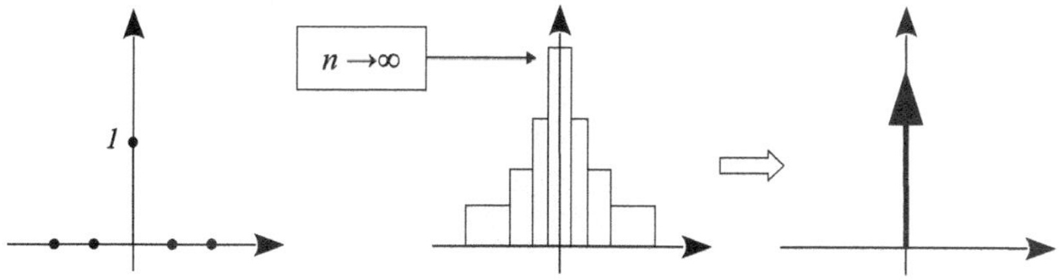

FIGURE 16.8 – Impulsion unité : cas discret à gauche et approximation de l'impulsion de Dirac à droite

L'impulsion unité δ permet de définir la notion de *réponse impulsionnelle*.

Définition 149. On appelle *réponse impulsionnelle* (ou *réponse percussionnelle*) d'un filtre linéaire, le signal de sortie h associé au signal « impulsion unité » δ.

On démontre alors, et les exemples qui suivent l'illustreront, que pour un filtre de réponse impulsionnelle h, la sortie s associée à l'entrée e est définie par

$$\boxed{s = h * e} \tag{16.10}$$

où $*$ désigne le *produit de convolution* entre les deux signaux h et e (voir l'annexe E).
Le produit de convolution (16.10) s'exprime de deux manières différentes (mais avec une grande similitude) pour les signaux analogiques et numériques. Précisément et de manière formelle :

1. Pour les signaux analogiques, en notant $e : t \mapsto e(t)$ et $h : t \mapsto h(t)$, la formule (16.10) prend la forme
$$\boxed{s(t) = \int_{-\infty}^{+\infty} h(x)e(t-x)\,\mathrm{d}x} \tag{16.11}$$
2. Pour les signaux numériques, en notant $e = \big(e(n)\big)_{n\in\mathbb{Z}}$ et $h = \big(h(n)\big)_{n\in\mathbb{Z}}$, la formule (16.10) prend la forme
$$\boxed{s(n) = \sum_{k=-\infty}^{\infty} h(k)e(n-k)} \tag{16.12}$$

3.3 Fonction de transfert

3.3.1 Filtres analogiques

La dernière caractérisation équivalente fait intervenir la notion fondamentale de *fonction de transfert* du filtre, notée H. Elle est directement liée à la réponse impulsionnelle h et, plus précisément, H est la transformée de Laplace de h dans le cas analogique ou en Z dans le cas numérique. Pour comprendre cette notion, revenons à la transformation $\mathbb{T}$.

En introduction du chapitre 15, nous avons démontré que la transformée de Laplace H de h apparaissait naturellement lorsqu'on cherchait le signal de sortie associé au signal $\mathbf{e}_p : t \mapsto \mathrm{e}^{pt}$ où $p \in \mathbb{C}$ (voir la section 1 du chapitre 15).
Maintenant, il est intéressant de constater que si l'on cherche à calculer la transformée de Laplace du signal de sortie s associé au signal d'entrée e par l'opération de convolution $s = h * e$ on obtient, toujours formellement et en vertu de (16.11) :

$$S(p) = \int_{-\infty}^{+\infty} s(t)\mathrm{e}^{-pt}\,\mathrm{d}t = \int_{-\infty}^{+\infty}\left(\int_{-\infty}^{+\infty} h(x)e(t-x)\,\mathrm{d}x\right)\mathrm{e}^{-pt}\,\mathrm{d}t$$

$$S(p) = \int_{-\infty}^{+\infty}\int_{-\infty}^{+\infty} h(x)\mathrm{e}^{-px}e(t-x)\mathrm{e}^{-p(t-x)}\,\mathrm{d}x$$

si l'on pose $a : t \mapsto h(t)\mathrm{e}^{-pt}$ et $b : t \mapsto e(t)\mathrm{e}^{-pt}$, on reconnaît dans cette expression l'intégrale du produit de convolution $a * b$.

Or les propriétés de ce produit (voir (E.6) page 802, annexe E) permettent d'écrire

$$S(p) = \int_{-\infty}^{+\infty} s(t)\mathrm{e}^{-pt}\,\mathrm{d}t = \int_{-\infty}^{+\infty} (a * b)(t)\,\mathrm{d}t = \left(\int_{-\infty}^{+\infty} a(t)\,\mathrm{d}t\right) \times \left(\int_{-\infty}^{+\infty} b(t)\,\mathrm{d}t\right)$$

autrement dit

$$S(p) = \int_{-\infty}^{+\infty} s(t)\mathrm{e}^{-pt}\,\mathrm{d}t = \left(\int_{-\infty}^{+\infty} h(t)\mathrm{e}^{-pt}\,\mathrm{d}t\right) \times \left(\int_{-\infty}^{+\infty} e(t)\mathrm{e}^{-pt}\,\mathrm{d}t\right)$$

Ainsi, si l'on note E, S et H les transformées de Laplace des signaux e, s et h, on aboutit à l'importante relation

$$\boxed{S(p) = H(p)E(p)} \tag{16.13}$$

Cette relation est fondamentale à deux titres. D'une part, elle justifie le grand intérêt de la transformation de Laplace qui a la propriété remarquable de transformer le produit de convolution en un produit classique et, d'autre part, elle montre l'importance de la fonction H pour calculer le signal de sortie S par une simple multiplication, au lieu du produit de convolution. Le prix à payer pour cette simplification d'opérateur est la nécessité de calculer les transformées de Laplace S et E et, ensuite, d'être capable de calculer la transformée inverse du produit HE, ce qui ne pose en général pas trop de problèmes. Quoi qu'il en soit, définissons maintenant la notion de *fonction de transfert.*

Définition 150. On appelle *fonction de transfert* d'un filtre linéaire analogique la transformée de Laplace H de sa réponse impulsionnelle h.

Pour les filtres linéaires et invariants analogiques, la relation « entrée-sortie » est une équation différentielle à coefficients constants de la forme (16.7)

$$s^{(n)} + \sum_{k=1}^{M} a(k)s^{(n-k)} = \sum_{k=0}^{N} b(k)e^{(n-k)}$$

En vertu des propriétés de la transformation de Laplace (linéarité et formule de dérivation en temps (15.22) page 493), la transformation de l'équation différentielle (16.7) conduit à (en supposant $s^{(k)}(0^+) = 0$ pour $k \in \{0, \cdots, n-1\}$)

$$s^{(n)} + \sum_{k=1}^{M} a(k)s^{(n-k)} = \sum_{k=0}^{N} b(k)e^{(n-k)} \quad \overset{\mathbb{TL}}{\rightleftarrows} \quad \left(1 + \sum_{k=0}^{M} a(k)p^k\right) S(p) = \left(\sum_{k=0}^{N} b(k)p^k\right) E(p)$$

Ce qui prouve que la fonction de transfert est une fraction rationnelle de la forme

$$\boxed{H(p) = \frac{N(p)}{D(p)} = \frac{\sum\limits_{k=0}^{N} b_k p^k}{1 + \sum\limits_{k=0}^{M} a_k p^k}} \tag{16.14}$$

3.3.2 Filtres numériques

Pour les signaux numériques, la transformée de Laplace doit être remplacée par la transformée en Z. Comme dans le cas analogique, intéressons nous au calcul de la transformée en Z du signal de sortie s associé au signal d'entrée e par l'opération de convolution $s = h * e$. On obtient, toujours formellement et en vertu de (16.12) :

$$\sum_{n=-\infty}^{\infty} s(n)z^{-n} = \sum_{n=-\infty}^{\infty}\left(\sum_{k=-\infty}^{\infty} h(k)e(n-k)\right)z^{-n} = \sum_{n=-\infty}^{\infty}\left(\sum_{k=-\infty}^{\infty} h(k)z^{-k}e(n-k)z^{-(n-k)}\right)$$

posons $a : n \mapsto h(n)z^{-n}$ et $b : n \mapsto e(n)z^{-n}$ pour reconnaître la formule

$$\sum_{n=-\infty}^{\infty}\left(\sum_{k=-\infty}^{\infty} h(k)z^{-k}e(n-k)z^{-(n-k)}\right) = \sum_{n=-\infty}^{\infty} (a * b)(n)$$

et les propriétés de ce produit (voir (E.3), annexe E page 798) permettent d'écrire

$$\sum_{n=-\infty}^{\infty} (a * b)(n) = \left(\sum_{n=-\infty}^{\infty} a(n)\right) \times \left(\sum_{n=-\infty}^{\infty} b(n)\right)$$

autrement dit

$$S(z) = \sum_{n=-\infty}^{\infty} s(n)z^{-n} = \left(\sum_{n=-\infty}^{\infty} h(n)z^{-n}\right) \times \left(\sum_{n=-\infty}^{\infty} e(n)z^{-n}\right)$$

Ainsi, si l'on note E, S et H les transformées en Z des signaux e, s et h, on aboutit à nouveau à la relation fondamentale

$$\boxed{S(z) = H(z)E(z)} \tag{16.15}$$

et on définit de même la fonction de transfert d'un filtre numérique par la définition suivante :

Définition 151. On appelle *fonction de transfert* d'un filtre linéaire numérique la transformée en Z de sa réponse impulsionnelle h.

Pour les filtres numériques (linéaires et invariants), la relation « entrée-sortie » est une équation aux différences à coefficients constants de la forme (16.8) rappelée ci-dessous

$$s(n) + \sum_{k=1}^{M} a(k)s(n-k) = \sum_{k=0}^{N} b(k)e(n-k)$$

et, en vertu des propriétés de la transformation en Z (linéarité et formule d'avancement (15.61) page 512), la transformation de l'équation aux différences (16.8) conduit à

$$s(n) + \sum_{k=1}^{M} a(k)s(n-k) = \sum_{k=0}^{N} b(k)e(n-k) \quad \overset{\mathbb{TZ}}{\rightleftarrows} \quad \left(1 + \sum_{k=1}^{M} a(k)z^{-k}\right)S(z) = \left(\sum_{k=0}^{N} b(k)z^{-k}\right)E(z)$$

La fonction de transfert H s'écrit alors encore comme une fraction rationnelle

$$\boxed{H(z) = \frac{N(z)}{D(z)} = \frac{\sum_{k=0}^{N} b_k z^{-k}}{1 + \sum_{k=1}^{M} a_k z^{-k}}} \tag{16.16}$$

4 Filtres causals, stables, réalisables

4.1 Filtre stable

Définition 152.

1. Un filtre analogique de réponse impulsionnelle h est dit *stable* lorsque h est intégrable sur $\mathbb{R}$, c'est à dire que $\int_{-\infty}^{+\infty} |h|(t)\,\mathrm{d}t \in \mathbb{R}$.
2. Un filtre numérique de réponse impulsionnelle h est dit *stable* lorsque h est sommable sur $\mathbb{Z}$, c'est à dire que $\sum_{k=-\infty}^{+\infty} |h(n)| \in \mathbb{R}$.

Nous admettrons sans démonstration la caractérisation suivante de la stabilité à partir de la fonction de transfert.

Proposition 158.

1. Un filtre analogique est stable si et seulement si les pôles de sa fonction de transfert sont de partie réelle strictement négative.
2. Un filtre numérique est stable si et seulement si les pôles de sa fonction de transfert sont de module strictement inférieur à 1.

4.2 Filtre causal

Définition 153. Un filtre est dit *causal* lorsque sa réponse impulsionnelle h est causale, c'est à dire que h est nulle pour des valeurs négatives de sa variable.

4.3 Filtre réalisable

Définition 154. Un filtre est dit *réalisable* lorsqu'il est à la fois stable et causal.

5 Classification des filtres numériques

La description des filtres numériques conduit à distinguer deux types de filtres. Les filtres à *réponse impulsionnelle finie* (en abrégé R.I.F.) et les filtres à *réponse impulsionnelle infinie* (en abrégé R.I.I.). On peut distinguer ces deux types de filtres par l'expression récursive ou non de la relation « entrée-sortie » (16.8)

$$s(n) + \sum_{k=1}^{M} a(k)s(n-k) = \sum_{k=0}^{N} b(k)e(n-k)$$

ou encore par la forme de la fonction de transfert.

5.1 Filtres numériques à réponse impulsionnelle finie

Le filtre est non récursif lorsque les valeurs de la suite finie $\big(a(0),\cdots,a(M)\big)$ sont toutes nulles. Dans ce cas (16.8) devient

$$\boxed{s(n)=\sum_{k=0}^{N} b(k)e(n-k)} \tag{16.17}$$

La relation entre e et s est alors explicite et la fonction de transfert H et un simple polynôme en z^{-1} (au lieu d'être une fraction rationnelle).
Dans ce cas, l'expression de s comme produit de convolution $s=h*e$ fait apparaître la réponse impulsionnelle h comme une séquence $h=\big(h(k)\big)_{k\in\{1,\cdots,N\}}$ finie et le filtre est alors dit à *réponse impulsionnelle finie* (en abrégé R.I.F.).

Définition 155. Un filtre est dit à *réponse impulsionnelle finie* (en abrégé R.I.F.) lorsque les valeurs du signal de sortie s dépendent uniquement d'un nombre fini de valeurs prises par le signal d'entrée e.

Les filtres R.I.F. sont caractérisés par la proposition suivante :

Proposition 159. Un filtre est à *réponse impulsionnelle finie* si et seulement si il vérifie l'une des deux conditions équivalentes suivantes.

1. Sa réponse impulsionnelle h est une suite finie.
2. Sa fonction de transfert H est un polynôme en z^{-1}.

5.2 Filtres numériques à réponse impulsionnelle infinie

Le filtre est récursif lorsque les valeurs de la suite finie $\big(a(0),\cdots,a(M)\big)$ ne sont pas toutes nulles. Dans ce cas (16.8) devient

$$\boxed{s(n)=\sum_{k=0}^{N} b(k)e(n-k)-\sum_{k=1}^{M} a(k)s(n-k)} \tag{16.18}$$

La relation entre e et s n'est plus explicite et la fonction de transfert H est une fraction rationnelle en z^{-1}. Dans ce cas, l'expression de s comme produit de convolution $s=h*e$ fait apparaître la réponse impulsionnelle h comme une séquence $h=\big(h(k)\big)_{k\in\mathbb{Z}}$ infinie cette fois-ci et le filtre est alors dit à *réponse impulsionnelle infinie* (en abrégé R.I.I.).

Définition 156. Un filtre est dit à *réponse impulsionnelle infinie* (en abrégé R.I.I.) lorsque les valeurs du signal de sortie s dépendent d'un nombre fini de valeurs prises par le signal d'entrée e mais aussi de valeurs prises par le signal s à des instants antérieurs.

Les filtres R.I.I. sont caractérisés par la proposition suivante :

Proposition 160. Un filtre est à *réponse impulsionnelle infinie* si et seulement si il vérifie l'une des deux conditions équivalentes suivantes.

1. Sa réponse impulsionnelle h est une suite infinie.
2. Sa fonction de transfert H est une fraction rationnelle en z^{-1} (de dénominateur non constant).

6 Réponse en fréquence, gain et phase d'un filtre

6.1 Filtres analogiques

En introduction du chapitre 13, nous avons démontré que la transformée de Fourier $\widehat{h}$ de h apparaissait naturellement lorsqu'on cherchait le signal de sortie associé à une harmonique pure $\mathbf{e}_q : t \mapsto \mathrm{e}^{i2\pi qt}$ où $q \in \mathbb{R}$ (voir la section 1 du chapitre 13).
En particulier, on a démontré que le signal de sortie s_q associé à l'entrée $\mathbf{e}_q$ était donné par

$$s_q = \widehat{h}(q)\mathbf{e}_q$$

où $\widehat{h}$ est la transformée de Fourier de la réponse impulsionnelle h. Pour mémoire, rappelons que, sous réserve d'existence

$$\widehat{h}(q) = \int_{-\infty}^{+\infty} h(t)\mathrm{e}^{-i2\pi qt}\,\mathrm{d}t$$

et, qu'en vertu de la causalité du filtre, la réponse impulsionnelle h est causale et donc

$$\widehat{h}(q) = \int_{0}^{+\infty} h(t)\mathrm{e}^{-i2\pi qt}\,\mathrm{d}t = H(i2\pi q)$$

Autrement dit, dans cette situation, la transformée de Fourier de h est égale à la fonction de transfert H (transformée de Laplace de h) évaluée en $z = i2\pi q = i\omega$ en notant $\omega = 2\pi q$ la pulsation.

À $q \in \mathbb{R}$ fixé, $\widehat{h}(q) = H(i2\pi q)$ est un nombre complexe de module

$$G(q) = \left|\widehat{h}(q)\right| = \left|H(i2\pi q)\right|$$

et dont un argument est

$$\varphi(q) = \arg\left(\widehat{h}(q)\right) = \arg\left(H(i2\pi q)\right)$$

À ce titre, il peut être écrit

$$\widehat{h}(q) = \left|\widehat{h}(q)\right|\mathrm{e}^{\arg\left(\widehat{h}(q)\right)} = G(q)\mathrm{e}^{i\varphi(q)}$$

Ainsi, la formule $s_q = \widehat{h}(q)\mathbf{e}_q$ prouve que si le signal d'entrée est une harmonique pure d'amplitude $A > 0$ et de fréquence q, c'est à dire $e : t \mapsto A\mathrm{e}^{i2\pi qt}$, alors le signal de sortie s est lui aussi une harmonique pure de la forme

$$s(t) = AG(q)\mathrm{e}^{i\varphi(q)}\mathrm{e}^{i2\pi qt} = \left(AG(q)\right)\mathrm{e}^{i(2\pi qt+\varphi(q))}$$

Cette formule traduit un aspect important du filtrage linéaire. Dans la situation décrite, le signal de sortie possède les propriétés suivantes :

1. Il a même fréquence q que le signal d'entrée.
2. Il est déphasé par rapport au signal d'entrée de $\varphi(q) = \arg\big(\widehat{h}(q)\big) = \arg\big(H(i2\pi q)\big)$.
3. L'amplitude est multipliée par $G(q) = \big|\widehat{h}(q)\big| = |H(i2\pi q)|$.

Ces considérations conduisent à définir les termes suivants.

Définition 157. Pour un filtre linéaire invariant analogique de réponse impulsionnelle h, lorsque ces notions sont définies, on note H sa fonction de transfert, c'est à dire la transformée de Laplace de h et $\widehat{h}$ sa transformée de Fourier. Sous réserve d'existence, on appelle

1. *réponse en fréquence* du filtre, la transformée de Fourier $\widehat{h}$ de h définie par

$$\forall q \in \mathbb{R}, \quad q \mapsto \widehat{h}(q) = H(2i\pi q) \tag{16.19}$$

2. *gain en fréquence* du filtre, le module de $\widehat{h}$, c'est à dire la fonction

$$\forall q \in \mathbb{R}, \quad q \mapsto \big|\widehat{h}(q)\big| = \big|H(2i\pi q)\big| \tag{16.20}$$

3. *phase* du filtre, un argument de $\widehat{h}$, c'est à dire la fonction

$$\forall q \in \mathbb{R}, \quad q \mapsto \arg \widehat{h}(q) = \arg H(2i\pi q) \tag{16.21}$$

Remarque. Dans la pratique, on travaille souvent avec la pulsation $\omega = 2\pi q$.

6.2 Filtres numériques

Pour les filtres numériques, les choses sont très semblables. La réponse en fréquence est obtenue en calculant cette fois-ci la transformée de Fourier à temps discret $\widehat{h}$ de la réponse impulsionnelle h. Or, sachant que cette transformée de Fourier est définie, sous réserve d'existence, par

$$\widehat{h}(q) = \sum_{n=-\infty}^{+\infty} h(n)\mathrm{e}^{-i2\pi q n}$$

et que h est causale, on obtient

$$\widehat{h}(q) = \sum_{n=0}^{+\infty} h(n)\mathrm{e}^{-i2\pi q n} = H\big(\mathrm{e}^{i2\pi q}\big)$$

Autrement dit, cette transformée s'obtient en évaluant la fonction de transfert H (la transformée en Z de la réponse impulsionnelle h) sur le cercle unité $\{z \in \mathbb{C}, \exists q \in \mathbb{R}, \quad z = \mathrm{e}^{i2\pi q}\}$ (lorsque c'est possible). À partir de là, on définit de même le gain en fréquence et la phase du filtre comme le module et un argument de $q \mapsto H\big(\mathrm{e}^{i2\pi q}\big)$.

Définition 158. Pour un filtre linéaire et invariant numérique de réponse impulsionnelle h, lorsque ces notions sont définies, on note H sa fonction de transfert, c'est-à-dire la transformé en Z de h et $\widehat{h}$ sa transformée de Fourier à temps discret. Sous réserve d'existence, on appelle

1. *réponse en fréquence* du filtre, la transformée de Fourier à temps discret de h définie par
$$\forall q \in \mathbb{R}, \quad q \mapsto \widehat{h}(q) = H\left(e^{i2\pi q}\right) \tag{16.22}$$
2. *gain en fréquence* du filtre, le module de $H\left(e^{i2\pi q}\right)$, c'est à dire la fonction
$$\forall q \in \mathbb{R}, \quad q \mapsto \left|\widehat{h}(q)\right| = \left|H\left(e^{i2\pi q}\right)\right| \tag{16.23}$$
3. *phase* du filtre, un argument de de $H\left(e^{i2\pi q}\right)$, c'est à dire la fonction
$$\forall q \in \mathbb{R}, \quad q \mapsto \arg \widehat{h}(q) = \arg H\left(e^{i2\pi q}\right) \tag{16.24}$$

Remarque. Dans la pratique, on travaille souvent avec la pulsation en remplaçant $e^{i2\pi q}$ par $e^{i\omega}$.

Il est facile de démontrer la propriété suivante :

Proposition 161.

1. La fonction gain (en fréquence) $q \mapsto \left|H\left(e^{i2\pi q}\right)\right|$ est une fonction paire et 1-périodique.
2. La fonction gain (en pulsation) $q \mapsto \left|H\left(e^{i\omega}\right)\right|$ est une fonction paire et 2π-périodique.

Ce résultat justifie que, pour les filtres numériques, on représente toujours le gain en fréquence sur l'intervalle $\left[0, \frac{1}{2}\right]$ et le gain en pulsation sur $[0, \pi]$.

7 Exemple d'étude de quelques filtres simples

7.1 Un filtre numérique non récursif (à réponse impulsionnelle finie)

7.1.1 Équations aux différences

Considérons le filtre numérique et causal modélisé la relation « entrée-sortie » $s = \mathbb{T}(e)$ définie par l'équation aux différences
$$\forall n \in \mathbb{Z}, \quad s(n) = \frac{1}{2}\big(e(n) + e(n-1)\big) \tag{16.25}$$

7.1.2 Réponse impulsionnelle

Si l'on suppose le signal e causal, on a $e(n) = 0$ pour tout entier $n < 0$ donc $e(-1) = 0$ et $s(n)$ est aussi nul pour tout entier $n < 0$.

Au même titre qu'une équation différentielle (dont l'équivalent discret est une équation aux différences) est accompagnée de conditions initiales traduisant l'état du système physique à l'instant initial $t = 0$, cette équation aux différences doit être accompagnée des conditions précisant l'état du système à l'instant initial. Dans notre cas, e étant supposé causal, on doit simplement attribuer une valeur à $e(0)$ qui peut être choisie quelconque. On reconnaît alors facilement la forme (16.17) d'un filtre non récursif

$$s(n) = \frac{1}{2}\big(e(n) + e(n-1)\big) \iff s(n) = \sum_{k=0}^{N} b(k)e(n-k)$$

en posant $b(0) = 1/2$, $b(1) = 1/2$ et, pour tout $n \in \mathbb{Z} - \{0,1\}$, $b(n) = 0$.

La réponse impulsionnelle h est alors immédiate puisque (16.31) s'écrit aussi

$$s(n) = \frac{1}{2}\big(e(n) + e(n-1)\big) \iff s(n) = \sum_{k=0}^{\infty} h(k)e(n-k)$$

en posant

$$\boxed{h(n) = \begin{cases} 1/2 & \text{si} \quad n = 0 \\ 1/2 & \text{si} \quad n = 1 \\ 0 & \text{si} \quad n \notin \{0,1\} \end{cases}} \tag{16.26}$$

Une autre manière d'obtenir la réponse impulsionnelle consiste à chercher la réponse du filtre à l'« impulsion unité » δ définie par (16.9)

$$\forall n \in \mathbb{Z}^*, \quad \delta(n) = 0 \quad \text{et} \quad \delta(0) = 1$$

ce qui conduirait à la même réponse.

7.1.3 Fonction de transfert

Il y a deux manières d'obtenir la fonction de transfert H.

1. La première consiste à revenir à la définition : la fonction de transfert est la transformée en Z de la réponse impulsionnelle h. Autrement dit, en remarquant que la convergence est automatiquement assurée

$$\boxed{\forall z \in \mathbb{C}, \quad H(z) = \sum_{n=0}^{\infty} h(n)z^{-n} = \frac{1}{2}\left(1 + z^{-1}\right)} \tag{16.27}$$

2. La seconde manière consiste à utiliser les propriétés de la transformation en Z et à directement transformer l'équation aux différences (16.25). Précisément, cette méthode exploite le fait que

$$s(n) = (h * e)(n) \quad \xrightarrow{\text{TZ}} \quad S(z) = H(z)E(z)$$

Ainsi, en utilisant la linéarité de la transformation et la formule (15.60) page 511, on obtient

$$s(n) = \frac{1}{2}\big(e(n) + e(n-1)\big) \quad \xrightarrow{\text{TZ}} \quad S(z) = \frac{1}{2}\left(1 + z^{-1}\right)E(z)$$

ce qui permet d'identifier la fonction de transfert et de retrouver l'expression (16.27)

$$\forall z \in \mathbb{C}, \quad H(z) = \frac{E(z)}{S(z)} = \frac{1}{2}\left(1 + z^{-1}\right)$$

7.1.4 Étude de la stabilité

Un filtre numérique à réponse impulsionnelle finie est automatiquement stable puisque on a toujours $\sum_{n=0}^{+\infty} |h(n)| \in \mathbb{R}$ et aussi parce que la fonction de transfert ne possède aucun pôle.

7.1.5 Réponse en fréquence

La réponse en fréquence du filtre est obtenue en calculant la transformée de Fourier à temps discret de la réponse impulsionnelle h, c'est à dire en calculant, sous réserve d'existence, la somme

$$\widehat{h}(q) = \sum_{n=-\infty}^{+\infty} h(n)\mathrm{e}^{-i2\pi qn} = \sum_{n=0}^{+\infty} h(n)\mathrm{e}^{-i2\pi qn}$$

dont on remarque que ce n'est rien d'autre que l'expression de la fonction de transfert H pour $z = \mathrm{e}^{i2\pi q}$ ou, plus simplement, en utilisant la pulsation $\omega = 2\pi q$

$$\forall \omega \in \mathbb{R}, \quad H\left(\mathrm{e}^{i\omega}\right) = \sum_{n=0}^{+\infty} h(n)\mathrm{e}^{-i\omega n} \tag{16.28}$$

Cette expression est ici bien définie puisque poser $z = \mathrm{e}^{i2\pi q} = \mathrm{e}^{i\omega}$ revient à évaluer la fonction de transfert sur le cercle unité qui est inclus dans le domaine d'existence de H et on obtient

$$\boxed{\forall \omega \in \mathbb{R}, \quad H\left(\mathrm{e}^{i\omega}\right) = \frac{1}{2}\left(1 + \mathrm{e}^{-i\omega}\right)} \tag{16.29}$$

On remarquera que $\omega \mapsto H\left(\mathrm{e}^{i\omega}\right)$ est une fonction 2π-périodique alors que la fonction $q \mapsto H\left(\mathrm{e}^{i2\pi q}\right)$ est une fonction 1-périodique.

La réponse en fréquence (ou en pulsation) (16.29) permet d'évaluer le gain et la phase du filtre. Précisément, le gain du filtre est obtenu en calculant le module de (16.29) qui donne sans difficulté

$$\boxed{\forall \omega \in [0, \pi], \quad \left|H\left(\mathrm{e}^{i\omega}\right)\right| = \cos\left(\frac{\omega}{2}\right)} \tag{16.30}$$

Le domaine est limité à l'intervalle $[0, \pi]$ en raison de la parité et de la 2π-périodicité de la réponse en pulsation. La représentation graphique de la fonction $\omega \mapsto \left|H\left(\mathrm{e}^{i\omega}\right)\right|$ sur l'intervalle $[0, \pi]$ est donnée dans la figure 16.9 et permet d'identifier un filtre passe-bas.

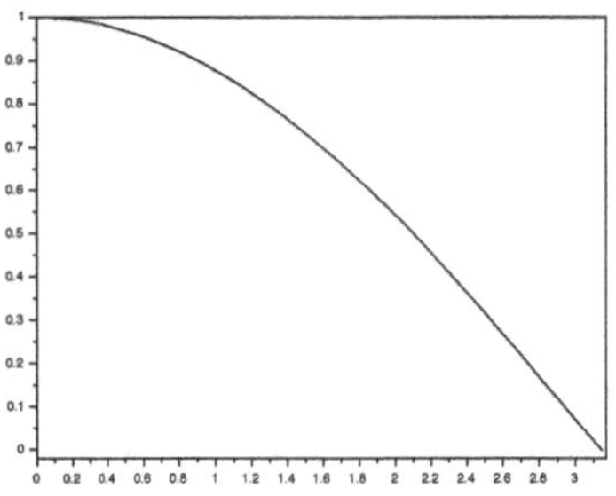

FIGURE 16.9 – Gain du filtre $\omega \mapsto |H(e^{i\omega})|$ sur $[0,\pi]$

7.2 Un filtre numérique récursif (à réponse impulsionnelle infinie)

7.2.1 Équations aux différences

Considérons le filtre numérique et causal modélisé par la relation « entrée-sortie » $s = \mathbb{T}(e)$ définie par l'équation aux différences

$$\forall n \in \mathbb{Z}, \quad s(n) - \frac{1}{2}s(n-1) = e(n) \tag{16.31}$$

7.2.2 Réponse impulsionnelle

Si l'on suppose le signal e causal, on a $e(n) = 0$ pour tout entier $n < 0$ ce qui impose que s est lui aussi causal. En particulier $s(-1) = 0$ et $s(0) = e(0)$ avec $e(0)$ fixée arbitrairement. On reconnaît alors facilement la forme (16.18) d'un filtre récursif

$$s(n) - \frac{1}{2}s(n-1) = e(n) \iff s(n) + \sum_{k=1}^{M} a(k)s(n-k) = \sum_{k=0}^{N} b(k)e(n-k)$$

en posant

$$\begin{cases} a(1) = -1/2 & \text{et} \quad \forall n \in \mathbb{Z} - \{1\}, \quad a(n) = 0 \\ b(0) = 1 & \text{et} \quad \forall n \in \mathbb{Z} - \{0\}, \quad b(n) = 0 \end{cases}$$

Pour en déterminer la réponse impulsionnelle, c'est un peu moins immédiat que dans l'exemple précédent. On écrit les égalités suivantes :

$$s(n) = \frac{1}{2}s(n-1) + e(n) = \frac{1}{2}\left(\frac{1}{2}s(n-2) + e(n-1)\right) + e(n) = \left(\frac{1}{2}\right)^2 s(n-2) + \frac{1}{2}e(n-1) + e(n)$$

en réitérant le procédé p fois (où $p \in \mathbb{N}^*$) on obtient

$$s(n) = \left(\frac{1}{2}\right)^p s(n-p) + \left(\frac{1}{2}\right)^{p-1} e\big(n-(p-1)\big) + \cdots + \frac{1}{2}e(n-1) + e(n)$$

c'est à dire

$$s(n) = \left(\frac{1}{2}\right)^p s(n-p) + \sum_{k=0}^{p-1}\left(\frac{1}{2}\right)^k e(n-k)$$

Comme $s(n) = e(n) = 0$ pour tout entier $n < 0$ et $s(0) = e(0)$ on vérifie facilement que

$$\boxed{s(n) = \sum_{k=0}^{\infty} \left(\frac{1}{2}\right)^k e(n-k)} \tag{16.32}$$

On reconnaît alors dans l'expression (16.32) le produit de convolution

$$s = h * e \iff s(n) = \sum_{k=-\infty}^{\infty} h(k)e(n-k)$$

en définissant la réponse impulsionnelle h par la relation

$$\boxed{\forall n \in \mathbb{Z}, \quad h(n) = \begin{cases} 0 & \text{si} \quad n < 0 \\ \left(\frac{1}{2}\right)^n & \text{si} \quad n \geq 0 \end{cases}} \tag{16.33}$$

Une autre manière de procéder consiste à revenir à la définition de la réponse impulsionnelle comme la réponse du système à l'« impulsion unité » δ que l'on obtient en calculant

$$\begin{cases} \text{si } n = 0 \quad h(0) = \frac{1}{2}h(-1) + \delta(0) = 1 \\ \text{si } n = 1 \quad h(1) = \frac{1}{2}h(0) + \delta(1) = \frac{1}{2} \\ \vdots \\ \text{si } n = p \quad h(p) = \frac{1}{2}h(p-1) + \delta(p) = \left(\frac{1}{2}\right)^p \end{cases}$$

et on retrouve alors l'expression (16.33) de h.

7.2.3 Fonction de transfert

Il y a à nouveau deux manières d'obtenir la fonction de transfert H.

1. La première consiste à utiliser la définition : la fonction de transfert est la transformée en Z de la réponse impulsionnelle h donnée par (16.33). Autrement dit, sous réserve de convergence

$$H(z) = \sum_{n=0}^{\infty} h(n)z^{-n} = \sum_{n=0}^{\infty} \frac{1}{2^n} z^{-n}$$

Il est facile de montrer que le domaine de convergence de la série $\sum_{n \geq 0} \frac{1}{2^n} z^{-n}$ est

$$\left\{z \in \mathbb{C}, \quad |z| > \frac{1}{2}\right\}$$

et un calcul simple montre que

$$\boxed{\forall z \in \mathbb{C}, \quad |z| > \frac{1}{2}, \quad H(z) = \frac{1}{1 - \frac{1}{2}z^{-1}} = \frac{2z}{2z-1}} \tag{16.34}$$

2. La seconde manière consiste à utiliser les propriétés de la transformation en Z et à directement transformer l'équation aux différences (16.31). Précisément, cette méthode exploite le fait que

$$s(n) = (h * e)(n) \quad \xrightarrow{\mathbb{TZ}} \quad S(z) = H(z)E(z)$$

Ainsi, en utilisant la linéarité de la transformation et la formule (15.60) page 511, on obtient

$$s(n) - \frac{1}{2}s(n-1) = e(n) \quad \xrightarrow{\mathbb{TZ}} \quad \left(1 - \frac{1}{2}z^{-1}\right)S(z) = E(z)$$

ce qui permet d'identifier la fonction de transfert et de retrouver l'expression (16.34)

$$\forall z \in \mathbb{C}, \quad |z| > \frac{1}{2}, \quad H(z) = \frac{E(z)}{S(z)} = \frac{1}{1 - \frac{1}{2}z^{-1}} = \frac{2z}{2z-1}$$

7.2.4 Étude de la stabilité

À nouveau, pour cette étude, il y a deux manières de procéder :

1. La première consiste à revenir à la définition 152 : sachant que

$$\sum_{n=0}^{\infty} |h(n)| = \sum_{n=0}^{\infty} \frac{1}{2^n} \in \mathbb{R}$$

le filtre est stable.

2. La seconde méthode consiste à utiliser la caractérisation donnée dans la proposition 158. D'après cette proposition, il suffit que les pôles de la fonction de transfert soient de modules strictement inférieurs à 1. Or, le seul pôle de H est $\frac{1}{2}$, ce qui prouve à nouveau que le filtre est stable.

7.2.5 Réponse en fréquence

La réponse en fréquence du filtre est obtenue en calculant la transformée de Fourier à temps discret de la réponse impulsionnelle h, c'est à dire en calculant, sous réserve d'existence, la somme

$$\widehat{h}(q) = \sum_{n=-\infty}^{+\infty} h(n)\mathrm{e}^{-i2\pi qn} = \sum_{n=0}^{+\infty} h(n)\mathrm{e}^{-i2\pi qn}$$

À nouveau, il s'agit de l'expression de la fonction de transfert H pour $z = \mathrm{e}^{i2\pi q}$ ou, plus simplement, en utilisant la pulsation $\omega = 2\pi q$

$$\forall \omega \in \mathbb{R}, \quad H\left(\mathrm{e}^{i\omega}\right) = \sum_{n=0}^{+\infty} h(n)\mathrm{e}^{-i\omega n} \tag{16.35}$$

Cette expression est bien définie puisque poser $z = \mathrm{e}^{i2\pi q} = \mathrm{e}^{i\omega}$ revient à évaluer la fonction de transfert sur le cercle unité qui est inclus dans le domaine d'existence de H et on obtient

$$\boxed{\forall \omega \in \mathbb{R}, \quad H\left(\mathrm{e}^{i\omega}\right) = \frac{1}{1 - \frac{1}{2}\mathrm{e}^{-i\omega}}} \tag{16.36}$$

À nouveau, on peut remarquer que $\omega \mapsto H(\mathrm{e}^{i\omega})$ est une fonction 2π-périodique alors que la fonction $q \mapsto H(\mathrm{e}^{i2\pi q})$ est une fonction 1-périodique.

La réponse en fréquence (ou en pulsation) (16.35) permet d'évaluer le gain et la phase du filtre. Précisément, le gain du filtre est obtenu en calculant le module de (16.35) qui donne sans difficulté

$$\boxed{\forall \omega \in [0,\pi], \quad \left|H(\mathrm{e}^{i\omega})\right| = \frac{2}{\sqrt{5-4\cos(\omega)}}} \tag{16.37}$$

La représentation graphique de la fonction $\omega \mapsto \left|H(\mathrm{e}^{i\omega})\right|$ sur l'intervalle $[0,\pi]$ est donnée dans la figure 16.10 et permet d'identifier un filtre passe-bas.

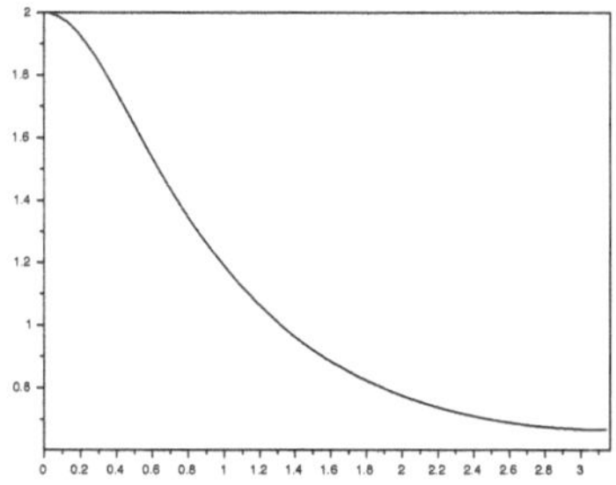

FIGURE 16.10 – Gain du filtre $\omega \mapsto \left|H(\mathrm{e}^{i\omega})\right|$ sur $[0,\pi]$

7.3 Un filtre analogique

7.3.1 Équation différentielle

Reprenons l'exemple du filtre analogique constitué du circuit électrique RC proposé en introduction dans la section 2.1 page 518.
Ce filtre est caractérisé par la relation « entrée-sortie » définie par l'équation différentielle du premier ordre avec condition initiale

$$\begin{cases} RCs'(t) + s(t) = e(t) \text{ pour } t > 0 \\ s(0) = 0 \end{cases} \tag{16.38}$$

Posons $RC = \dfrac{1}{a}$ (RC s'appelle la *constante de temps*) et supposons la tension d'entrée e continue, bornée, causale et intégrable sur $\mathbb{R}$. La tension de sortie s est alors donnée par

$$s(t) = \int_0^t a\mathrm{e}^{-a(t-x)} e(x)\,\mathrm{d}x \tag{16.39}$$

On peut la réécrire sous la forme (puisque le signal e est causal)

$$s(t) = \int_{-\infty}^t a\mathrm{e}^{-a(t-x)} e(x)\,\mathrm{d}x \tag{16.40}$$

7.3.2 Réponse impulsionnelle

L'expression (16.40) de s permet d'identifier la réponse impulsionnelle en remarquant que

$$s = h * e \iff s(t) = \int_{-\infty}^{+\infty} h(t-x)e(x)\,\mathrm{d}x$$

à condition de définir la réponse impulsionnelle h comme la fonction causale

$$\boxed{\forall t \in \mathbb{R}, \quad h(t) = \begin{cases} 0 & \text{si} \quad t < 0 \\ a\mathrm{e}^{-at} & \text{si} \quad t \geq 0 \end{cases}} \tag{16.41}$$

Une autre manière d'obtenir h consiste à revenir à la définition, c'est-à-dire la réponse du filtre à l'impulsion de Dirac δ, ce qui conduit à utiliser le formalisme des distributions et l'algèbre de convolution des distributions causales qui est ici la plus naturelle puisque δ est elle-même une distribution (voir la section 10 page 426 du chapitre 12). On remarque tout d'abord que l'on peut écrire

$$\frac{1}{a}h' + h = \delta \quad \iff \quad \left(\frac{1}{a}\delta' + \delta\right) * h = \delta \tag{16.42}$$

et l'on cherche à résoudre l'équation de convolution (16.42) dans l'algèbre de convolution $\mathscr{D}'_+$ des distributions causales. On vérifie alors facilement que la distribution (régulière et causale où U désigne la distribution de Heaviside)

$$E = a\mathrm{e}^{-a\bullet}U$$

est une solution élémentaire de (16.42). En effet, les règles de calcul sur les distributions conduisent à écrire

$$\frac{1}{a}E' + E = \frac{1}{a}\left(-a^2\mathrm{e}^{-a\bullet}U + a\mathrm{e}^{-a\bullet}U'\right) + a\mathrm{e}^{-a\bullet}U$$

or, sachant que $U' = \delta$ et que $a\mathrm{e}^{-a\bullet}\delta = a\mathrm{e}^{-a\times 0}\delta = a\delta$, on obtient

$$\frac{1}{a}E' + E = -a\mathrm{e}^{-a\bullet}U + \delta + a\mathrm{e}^{-a\bullet}U = \delta$$

Par conséquent, on sait que E est alors l'inverse de convolution de $\left(\frac{1}{a}\delta' + \delta\right)$ (voir le théorème 99 page 428 du chapitre 12), c'est à dire que

$$E^{-1} = \left(\frac{1}{a}\delta' + \delta\right)^{-1}$$

et que la solution de l'équation de convolution (16.42) est alors donnée par

$$h = E * \delta = E$$

puisque δ est l'élément neutre de la convolution. Ainsi, h est la distribution régulière causale définie par, on obtient

$$h = E = a\mathrm{e}^{-a\bullet}U \iff \forall t \in \mathbb{R}, \quad h(t) = \begin{cases} 0 & \text{si} \quad t < 0 \\ a\mathrm{e}^{-at} & \text{si} \quad t \geq 0 \end{cases}$$

et on retrouve bien l'expression (16.41) de la réponse impulsionnelle.

7.3.3 Fonction de transfert

De même que pour les deux exemples précédents, il y a deux manières d'obtenir la fonction de transfert H.

1. La première manière utilise la définition : la fonction de transfert est la transformée de Laplace de la réponse impulsionnelle h. Autrement dit, sous réserve de convergence
$$H(p) = \int_0^{\infty} h(t)\mathrm{e}^{-pt}\,\mathrm{d}t = \int_0^{\infty} a\mathrm{e}^{-at}\mathrm{e}^{-pt}\,\mathrm{d}t$$
Il est facile de montrer que l'abscisse de convergence de h est $-a$ et que le domaine de convergence de la transformée de Laplace est alors
$$\{p \in \mathbb{C}, \quad \mathrm{Re}\, p > -a\}$$
et un calcul simple montre que
$$\boxed{\forall p \in \mathbb{C}, \quad \mathrm{Re}\, p > -a, \quad H(p) = \frac{a}{p+a}} \tag{16.43}$$

2. La seconde manière consiste à utiliser les propriétés de la transformation de Laplace et à directement transformer l'équation différentielle (16.38). Précisément, on utilise le fait que
$$s(t) = (h * e)(t) \quad \overset{\mathbb{TL}}{\longrightarrow} \quad S(p) = H(p)E(p)$$
Ainsi, en utilisant la linéarité de la transformation et la formule (15.21) page 493, on obtient
$$\begin{cases} \dfrac{1}{a}s'(t) + s(t) = e(t) \text{ pour } t > 0 \\ s(0) = 0 \end{cases} \quad \overset{\mathbb{TL}}{\longrightarrow} \quad \left(\frac{1}{a}p + 1\right)S(p) = E(p)$$
ce qui permet d'identifier la fonction de transfert et de retrouver l'expression (16.34)
$$\forall p \in \mathbb{C}, \quad \mathrm{Re}\, p > -a, \quad H(p) = \frac{E(p)}{S(p)} = \frac{1}{1 + \frac{1}{a}p} = \frac{a}{p+a}$$

7.3.4 Étude de la stabilité

À nouveau, pour cette étude, il y a deux manières de procéder :

1. La première consiste à revenir à la définition 152 en étudiant la nature de l'intégrale $\displaystyle\int_0^{\infty} |h(t)|\,\mathrm{d}t$. Or, $a > 0$ donc $\displaystyle\int_{n=0}^{\infty} a\mathrm{e}^{-at}\,\mathrm{d}t \in \mathbb{R}$ et le filtre est stable.
2. La seconde méthode consiste à utiliser la caractérisation donnée dans la proposition 158 page 527. D'après cette proposition, il suffit que la partie réelle des pôles de la fonction de transfert soit strictement négative. Or, le seul pôle de H est le réel $-a < 0$, ce qui prouve à nouveau que le filtre est stable.

7.3.5 Réponse en fréquence

La réponse en fréquence du filtre est obtenue en calculant la transformée de Fourier à temps continu de la réponse impulsionnelle h, c'est à dire en calculant, sous réserve d'existence, l'intégrale

$$\widehat{h}(q) = \int_{-\infty}^{+\infty} h(t)\mathrm{e}^{-i2\pi q t}\,\mathrm{d}t = \int_{0}^{+\infty} h(t)\mathrm{e}^{-i2\pi q t}\,\mathrm{d}t$$

dont on remarque à nouveau qu'il s'agit de l'expression de la fonction de transfert H pour $z = i2\pi q$ ou, en utilisant la pulsation $\omega = 2\pi q$

$$\forall \omega \in \mathbb{R}, \quad H(i\omega) = \int_{0}^{+\infty} h(t)\mathrm{e}^{-i\omega t}\,\mathrm{d}t \tag{16.44}$$

Cette expression est bien définie puisque poser $z = i2\pi q = i\omega$ revient à évaluer la fonction de transfert sur l'axe des imaginaires purs qui est inclus dans le domaine d'existence de H et on obtient

$$\boxed{\forall \omega \in \mathbb{R}, \quad H(i\omega) = \frac{1}{1+\frac{i\omega}{a}} = \frac{a}{a+i\omega}} \tag{16.45}$$

Contrairement au cas des filtres numériques, la fonction $\omega \mapsto H(i\omega)$ n'est plus périodique. La réponse en fréquence (ou en pulsation) (16.44) permet d'évaluer le gain et la phase du filtre. Précisément, le gain du filtre est obtenu en calculant le module de (16.44) qui donne sans difficulté

$$\boxed{\forall \omega \in [0,\pi], \quad |H(i\omega)| = \frac{1}{\sqrt{1+\frac{\omega^2}{a^2}}} = \frac{a}{\sqrt{a^2+\omega^2}}} \tag{16.46}$$

La représentation graphique de la fonction $\omega \mapsto |H(i\omega)|$ sur l'intervalle $[0,3\pi]$ est donnée dans la figure 16.11 dans le cas où $a = 1$ et permet d'identifier un filtre passe-bas.

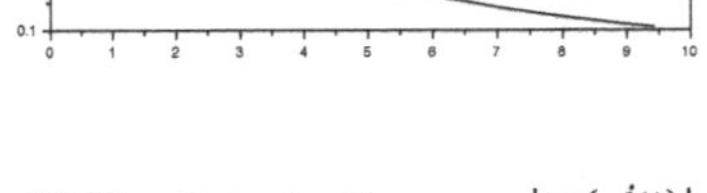

FIGURE 16.11 – Gain du filtre $\omega \mapsto \left|H(\mathrm{e}^{i\omega})\right|$ sur $[0,3\pi]$

Chapitre 17

Analyse spectrale des signaux et calcul approché du spectre

1 Spectre d'un signal analogique non périodique

Pour un signal analogique (à temps continu) non périodique, modélisé par une fonction de L^1, L^2 ou $\mathscr{S}$, le spectre (sa transformée de Fourier) est obtenu par transformation de Fourier à temps continu selon la formule (13.6). Cette formule montre le résultat suivant :

> Le spectre d'amplitude $|\widehat{s}|$ d'un signal analogique non périodique est continu et non périodique. D'autre part, en vertu des propriétés 109 et 110, le spectre est borné et tend vers 0 en $-\infty$ et $+\infty$.

Remarque. On prendra garde à ne pas confondre les termes « signal à temps continu » et « spectre continu ». Le premier signifie que la variable du signal s est réelle alors même que le signal lui-même n'a aucune raison d'être continu et le second signifie quant à lui que la fonction $\widehat{s}$ est continue.

2 Spectre d'un signal analogique et périodique

2.1 Spectre et spectre d'amplitude

Soient $T > 0$ et s un signal représenté par la fonction T-périodique $s : t \mapsto s(t)$ localement intégrable. On désigne par s_0 son « motif principal » défini par

$$s_0 : t \mapsto \begin{cases} s(t) & \text{si} \quad t \in [0, T] \\ 0 & \text{si} \quad t \notin [0, T] \end{cases} \tag{17.1}$$

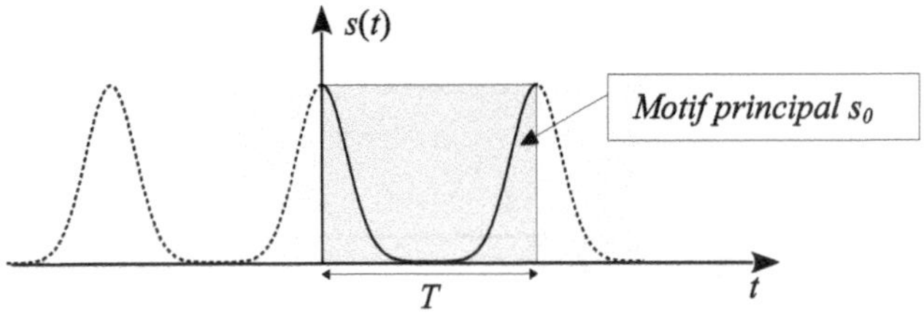

FIGURE 17.1 – Une fonction périodique et son « motif principal »

En notant Δ_T le peigne de Dirac, on a (au sens des distributions)

$$s = s_0 * \Delta_T = \sum_{n=-\infty}^{\infty} s_0 * \delta_{nT} = \sum_{n=-\infty}^{\infty} s_0(\bullet - nT) \qquad (17.2)$$

Proposition 162. Avec les notations précédentes, la transformée de Fourier de la fonction s est donnée par

$$\widehat{s} = \sum_{n=-\infty}^{+\infty} \frac{1}{T} \widehat{s_0}\left(\frac{n}{T}\right) \delta_{\frac{n}{T}} \qquad (17.3)$$

avec

$$\forall n \in \mathbb{Z}, \quad \frac{1}{T}\widehat{s_0}\left(\frac{n}{T}\right) = \frac{1}{T}\int_0^T s(t) e^{-i\frac{2\pi n}{T}t}\, dt \qquad (17.4)$$

Démonstration.
Admettons que $s = s_0 * \Delta_T$ est une distribution tempérée (voir la preuve du point 3 du théorème 90 page 417 et la proposition 163 suivante). Par transformation de Fourier du produit de convolution et la propriété (13.34)

$$\widehat{s} = \widehat{s_0 * \Delta_T} = \widehat{s_0} \times \frac{1}{T}\Delta_{\frac{1}{T}} = \sum_{n=-\infty}^{+\infty} \frac{1}{T}\widehat{s_0}\left(\frac{n}{T}\right)\delta_{\frac{n}{T}}$$

et l'on remarque que la proposition 109 page 440 assure que $\widehat{s_0}$ est une fonction de classe $\mathscr{C}^\infty$ et donc que les opérations précédentes ont un sens. D'autre part, puisque s_0 est une fonction intégrable, on calcule sa transformée de Fourier par la formule (en tenant compte de la définition de s_0)

$$\forall q \in \mathbb{R}, \quad \widehat{s_0}(q) = \int_{-\infty}^{+\infty} s_0(t) e^{-i2\pi q t}\, dt = \int_0^T s(t) e^{-i2\pi q t}\, dt$$

soit, finalement, en prenant $q = \dfrac{n}{T}$

$$\forall n \in \mathbb{Z}, \quad \frac{1}{T}\widehat{s_0}\left(\frac{n}{T}\right) = \frac{1}{T}\int_0^T s(t) e^{-i\frac{2\pi n}{T}t}\, dt$$

□

En conséquence de ce qui précède, on peut énoncer le résultat suivant :

Le spectre d'amplitude $|\hat{s}|$ d'un signal analogique et T-périodique est discret et non périodique. Plus précisément, le spectre d'amplitude est un *train d'impulsions* de Dirac de pas $F = \frac{1}{T}$ et d'amplitudes $\frac{1}{T}\left|\widehat{s_0}\left(\frac{n}{T}\right)\right|$.

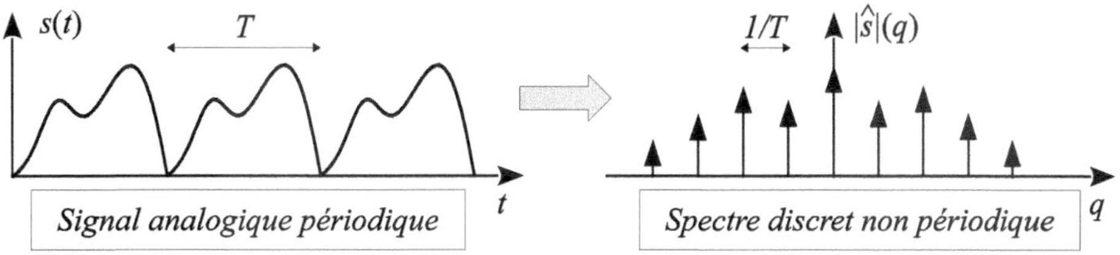

FIGURE 17.2 – La transformée de Fourier d'un signal périodique est un train d'impulsions de Dirac

2.2 Lien avec les séries de Fourier

À la lumière de la proposition 162, il est intéressant de faire le lien avec le développement en série de Fourier. Sous les hypothèses du théorème de Jordan Dirichlet (voir le théorème 124 page 462), on sait que le signal s admet une décomposition en série de Fourier (avec convergence ponctuelle vers la régularisée) sous la forme

$$s = \sum_{n=-\infty}^{+\infty} c_n(s) e^{i\frac{2\pi n}{T}\bullet}$$

où les coefficients $c_n(s)$ sont donnés, pour tout $n \in \mathbb{Z}$ par,

$$c_n(s) = \frac{1}{T}\int_0^T s(t) e^{-i\frac{2\pi n}{T}t}\,\mathrm{d}t$$

Or, d'après la proposition 162, on peut écrire

$$\hat{s} = \sum_{n=-\infty}^{+\infty} \frac{1}{T}\widehat{s_0}\left(\frac{n}{T}\right)\delta_{\frac{n}{T}}$$

et, par transformée de Fourier inverse, sachant que $\delta_{\frac{n}{T}} \xrightarrow{\mathbb{TF}^{-1}} e^{i\frac{2\pi n}{T}\bullet}$, on obtient

$$s = \sum_{n=-\infty}^{+\infty} \frac{1}{T}\widehat{s_0}\left(\frac{n}{T}\right) e^{i\frac{2\pi n}{T}\bullet}$$

On retrouve alors l'expression du développement en série de Fourier de s en remarquant que

$$\forall n \in \mathbb{Z},\quad c_n(s) = \frac{1}{T}\widehat{s_0}\left(\frac{n}{T}\right) = \frac{1}{T}\int_0^T s(t) e^{-i\frac{2\pi n}{T}t}\,\mathrm{d}t$$

2.3 Généralisation

Nous admettrons que le résultat précédent se généralise aux distributions périodiques sous la forme suivante (voir par exemple [*GW*] pour une démonstration).

Proposition 163.

1. Si s_0 est une distribution à support borné alors la distribution $s = s_0 * \Delta_T$ est T-périodique et tempérée.
2. Si s est une distribution T-périodique, alors s est une distribution tempérée et il existe une distribution à support borné s_0 telle que $s = s_0 * \Delta_T$.

Dans les deux cas, la distribution T-périodique tempérée $s = s_0 * \Delta_T$ admet une transformée de Fourier sous la forme (17.3).

3 Spectre d'un signal numérique non périodique

Soit s un signal numérique non périodique modélisé par la suite $s : n \mapsto s(nT_e)$ de pas $T_e > 0$ et à croissance lente. On peut alors écrire, au sens des distributions (tempérées)

$$s = \sum_{n=-\infty}^{+\infty} s(nT_e)\delta_{nT_e}$$

puis, par transformation de Fourier (au sens des distributions, en vertu de la linéarité, de la continuité de l'opérateur $\mathbb{TF}$ et de $\delta_a \xrightarrow{\mathbb{TF}} \mathrm{e}^{-i2\pi a \bullet}$)

$$\widehat{s}(q) = \sum_{n=-\infty}^{+\infty} s(nT_e)\mathrm{e}^{-i2\pi nT_e q} \tag{17.5}$$

Autrement dit :

Le spectre d'amplitude d'un signal numérique (à temps discret) de pas $T_e > 0$ non périodique est continu et $\frac{1}{T_e}$-périodique.

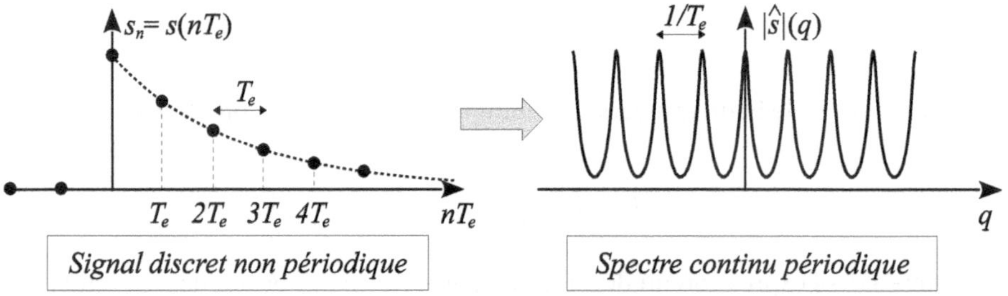

FIGURE 17.3 – Le spectre d'amplitude d'un signal numérique est continu et périodique

4 Spectre d'un signal numérique et périodique

Soient $T > 0$, $T_e > 0$ et $N \in \mathbb{N}^*$ tels que $NT_e = T$ et s un signal numérique et périodique représenté par la suite T-périodique, localement sommable $s : n \mapsto s(nT_e)$ de pas T_e.

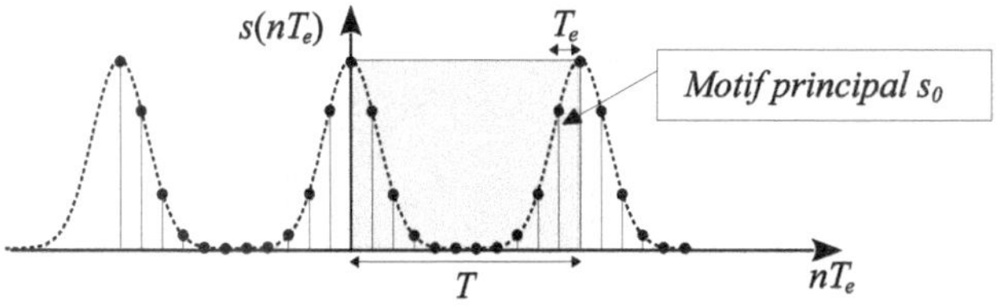

FIGURE 17.4 – Une suite périodique de pas T_e et son « motif principal »

On désigne par s_0 son « motif principal » défini par

$$s_0 = \sum_{k=0}^{N-1} s(kT_e)\delta_{kT_e} \tag{17.6}$$

On relie ensuite s et s_0 par produit de convolution avec le peigne de Dirac Δ_T en écrivant

$$s = s_0 * \Delta_T = \sum_{n=-\infty}^{\infty} s_0 * \delta_{nT} = \sum_{n=-\infty}^{\infty} s_0(\bullet - nT) \tag{17.7}$$

Proposition 164. Avec les notations précédentes, la transformée de Fourier du signal numérique et T-périodique s est donnée par

$$\widehat{s} = \sum_{n=-\infty}^{+\infty} \frac{1}{T}\widehat{s_0}\left(\frac{n}{T}\right)\delta_{\frac{n}{T}} \tag{17.8}$$

avec $\left(\widehat{s_0}\left(\frac{n}{T}\right)\right)_{n\in\mathbb{Z}}$ la suite N-périodique définie par

$$\forall n \in \{0, \cdots, N-1\}, \quad \widehat{s_0}\left(\frac{n}{T}\right) = \sum_{k=0}^{N-1} s(kT_e)\mathrm{e}^{-2i\pi\frac{kn}{N}} \tag{17.9}$$

Démonstration.
La démonstration reprend les étapes de la preuve de la proposition 162. Seule l'expression de $\widehat{s_0}\left(\frac{n}{T}\right)$ change. En effet, par transformation de Fourier, s_0 devient

$$\widehat{s_0} = \sum_{k=0}^{N-1} s(kT_e)\mathrm{e}^{-i2\pi\frac{k}{T}\bullet}$$

et, sachant que $NT_e = N$, on en déduit que $\widehat{s_0}\left(\frac{n}{T}\right) = \sum_{k=0}^{N-1} s(kT_e)\mathrm{e}^{-i2\pi\frac{kn}{N}}$ et il est clair que la suite $n \mapsto \widehat{s_0}\left(\frac{n}{T}\right)$ est N-périodique. □

On en déduit alors la nature du spectre d'amplitude d'un signal numérique et périodique.

> Le spectre d'amplitude d'un signal numérique (à temps discret) et T-périodique est lui-même discret et $\frac{1}{T}$-périodique.

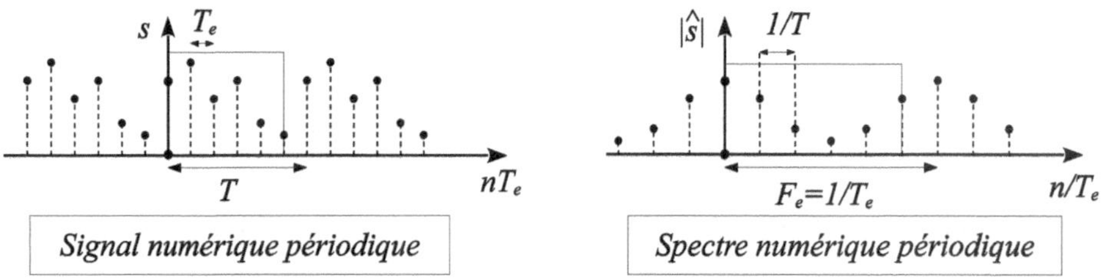

FIGURE 17.5 – Signal discret et périodique et son spectre d'amplitude

5 Spectre d'un signal analogique échantillonné : formule de Poisson

5.1 Échantillonnage d'un signal analogique

Considérons un signal analogique $s : t \mapsto s(t)$ supposé de classe $\mathscr{C}^\infty$ sur $\mathbb{R}$. Après avoir choisi une période d'échantillonnage $T_e > 0$ (ou une fréquence d'échantillonnage $F_e = 1/T_e$), on peut construire :

1. La suite numérique $\big(s(nT_e)\big)_{n\in\mathbb{Z}}$ des échantillons de s à la période T_e.
2. Le signal échantillonné s_e à la période T_e (ou à la fréquence F_e) obtenu en multipliant s par le peigne de Dirac Δ_{T_e} (cette opération est licite puisque $s \in \mathscr{C}^\infty$). Concrètement, on construit la distribution tempérée s_e définie par

$$\boxed{s_e = s \times \Delta_{T_e} = \sum_{n=-\infty}^{+\infty} s(nT_e)\delta_{nT_e}} \tag{17.10}$$

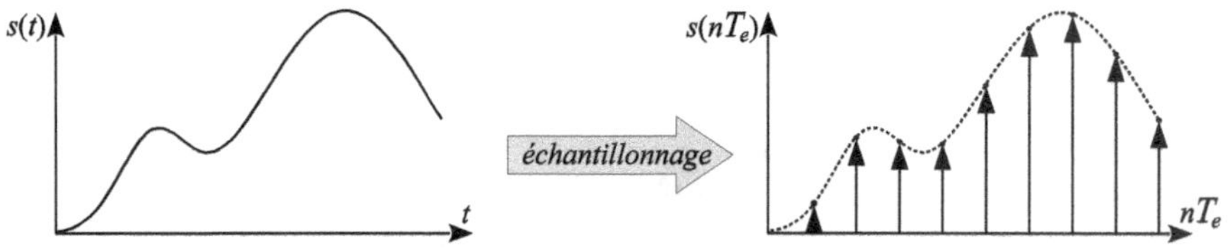

FIGURE 17.6 – Représentation symbolique de l'échantillonnage

5.2 Formule de Poisson

Considérons un signal modélisé par une fonction numérique $s : t \mapsto s(t)$ possédant une transformée de Fourier $\widehat{s}$ dont on suppose qu'elle est à support borné (on dit aussi à *bande limitée*), c'est-à-dire qu'on suppose qu'il existe $F_0 > 0$ tel que

$$\forall q \notin [-F_0, F_0], \quad \widehat{s}(q) = 0$$

Cette hypothèse a deux conséquences théoriques importantes :

1. $\widehat{s}$ est une distribution tempérée.
2. s est de classe $\mathscr{C}^\infty$ sur $\mathbb{R}$ et à support non borné.

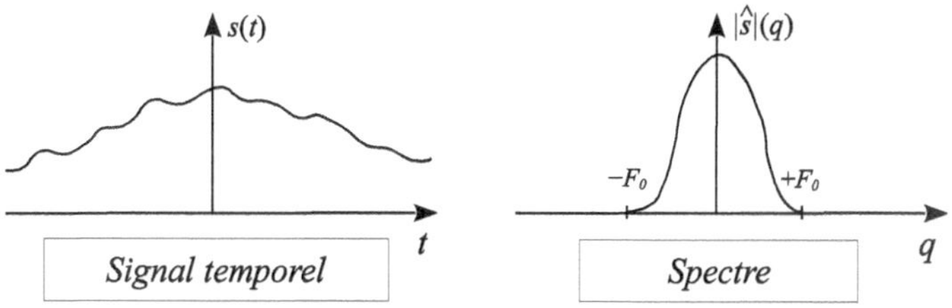

FIGURE 17.7 – Le signal s et son spectre d'amplitude à bande limitée

On obtient alors, par transformation de Fourier, la formule de Poisson (Denis Poisson, 1781-1840, mathématicien et physicien français).

Proposition 165. Formule de Poisson. Avec les notations précédentes, on a (au sens des distributions)

$$F_e \sum_{n=-\infty}^{+\infty} \widehat{s}(q - nF_e) = \sum_{n=-\infty}^{+\infty} s(nT_e)\mathrm{e}^{-i2\pi n T_e q} \tag{17.11}$$

Démonstration.
Il suffit de calculer la transformée de Fourier de s_e (au sens des distributions) de deux manières différentes. Tout d'abord en calculant ($F_e = \frac{1}{T_e}$)

$$\widehat{s_e} = \widehat{s \times \Delta_{T_e}} = \widehat{s} * \widehat{\Delta_{T_e}} = \widehat{s} * \frac{1}{T_e}\Delta_{\frac{1}{T_e}} = \frac{1}{T_e}\sum_{n=-\infty}^{+\infty} \widehat{s} * \delta_{nF_e} = F_e \sum_{n=-\infty}^{+\infty} \widehat{s}(\bullet - nF_e)$$

puis en vertu de la linéarité et de la continuité de $\mathbb{TF}$

$$\widehat{s_e} = \mathbb{TF}\left(\sum_{n=-\infty}^{+\infty} s(nT_e)\delta_{nT_e}\right) = \sum_{n=-\infty}^{+\infty} s(nT_e)\widehat{\delta_{nT_e}} = \sum_{n=-\infty}^{+\infty} s(nT_e)\mathrm{e}^{-i2\pi n T_e \bullet}$$

Par égalité des deux expressions précédentes, on obtient bien la formule de Poisson. □

5.3 Spectre d'amplitude d'un signal échantillonné

La formule de Poisson prouve que $\widehat{s_e}$ est F_e-périodique.

Le spectre d'amplitude d'un signal échantillonné à la période T_e (ou à la fréquence $F_e = \frac{1}{T_e}$) est continu et F_e-périodique.

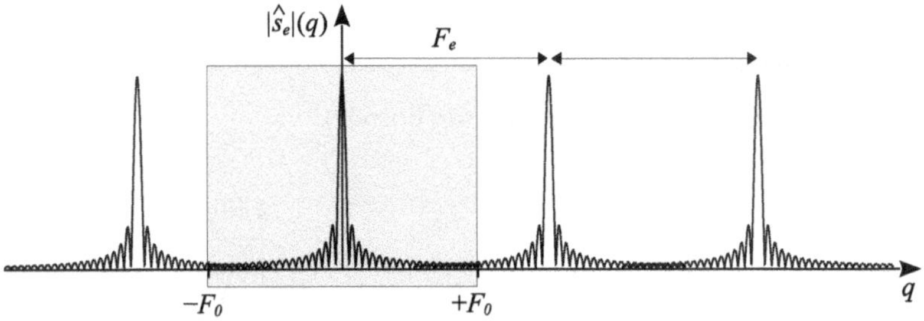

FIGURE 17.8 – Spectre d'amplitude F_e-périodique de s_e (en gris le spectre de s)

6 Recouvrement de spectre et fréquence critique d'échantillonnage

6.1 Fréquence critique d'échantillonnage

D'après ce qui précède, le spectre $\widehat{s_e}$ d'un signal échantillonné à la période T_e est F_e-périodique (avec $F_e = 1/T_e$). Aussi, deux situations peuvent se présenter qui font apparaître la notion de *fréquence critique d'échantillonnage*. En effet, la figure 17.9 montre que si $F_e > 2F_0$, les lobes du spectre d'amplitude $|\widehat{s_e}|$ sont disjoints alors que si $F_e \leq 2F_0$, ils se chevauchent d'autant plus que la fréquence F_e est petite.

Définition 159. On appelle *fréquence critique d'échantillonnage* la valeur $2F_0$. En deçà de cette fréquence ($F_e \leq 2F_0$), on dit qu'il y a *recouvrement* ou *repliement* de spectre.

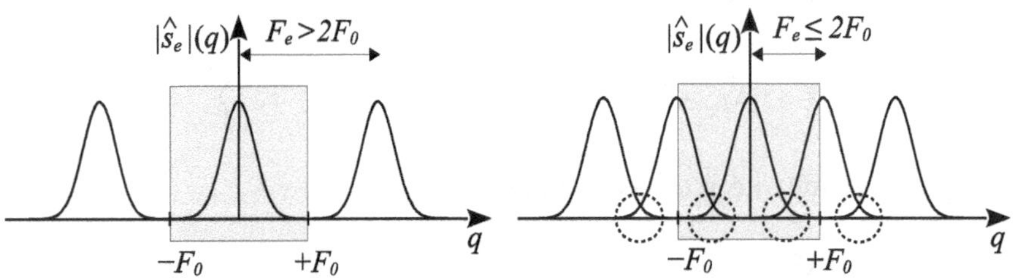

FIGURE 17.9 – Spectre du signal échantillonné avec et sans recouvrement

6.2 Conséquence néfaste du recouvrement de spectre

La gamme des fréquences audibles pour l'oreille humaine est de 20 à 20 000 hertz environ. La figure 17.10 représente, en trait plein, le spectre d'un enregistrement faisant apparaître un bruit parasite en dehors de la zone audible par l'oreille humaine (en gris) et, en pointillés, le spectre devenu périodique après échantillonnage. Si la fréquence d'échantillonnage est mal choisie, le recouvrement de spectre rend le bruit parasite audible. Dans la pratique, on utilise un filtre antirecouvrement qui permet de réellement avoir un spectre $\widehat{s}$ à bande limitée $[-F_0, F_0]$.

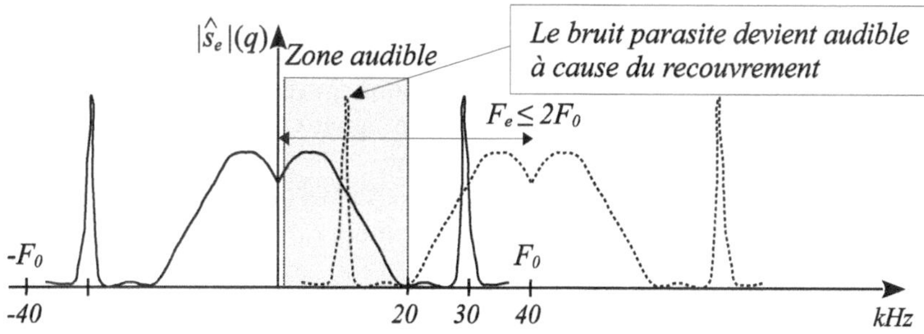

FIGURE 17.10 – Un enregistrement avec un bruit parasite

6.3 Exemple d'un signal cosinusoïdal amorti

Considérons l'exemple du signal causal et cosinusoïdal amorti $s : t \mapsto e^{-2\pi t}\cos(2\pi t)$. On échantillonne ce signal en choisissant une durée d'étude $T = 0,5$, un nombre de points d'échantillonnage $N = 15$ et une fréquence d'échantillonnage $F_e = 40$ (donc la période d'échantillonnage $T_e = 0,5/20 = 1/40$ et $NT_e = T$). Alors, le calcul de la transformée de Fourier de ce signal après échantillonnage conduit, comme attendu, à un spectre périodique de période $F_e = 40$. La figure 17.11 (à gauche) illustre là encore le recouvrement (ou repliement) de spectre. On peut tenter de limiter ce phénomène en augmentant la fréquence d'échantillonnage F_e, ce qui a pour conséquence d'éloigner les motifs du spectre. Avec $F_e = 120$ on obtient le graphique de droite de la figure 17.11.

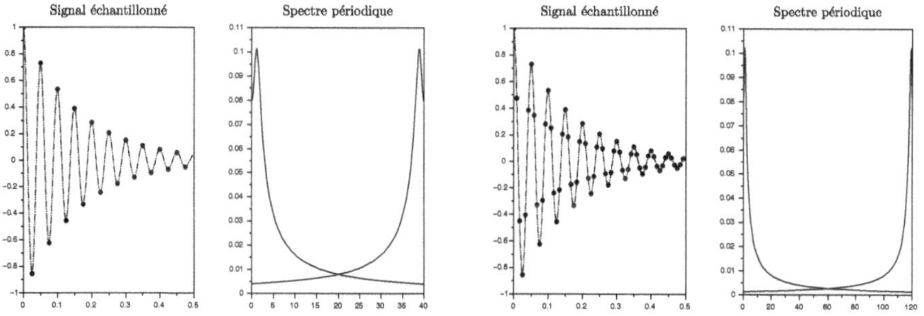

FIGURE 17.11 – Recouvrement de spectre

7 Reconstruction d'un signal analogique échantillonné : théorème de Shannon

S'il est possible d'échantillonner un signal analogique sans difficulté, une question cruciale se pose : peut-on reconstruire le signal uniquement à partir de la suite de ses échantillons ? La réponse est positive et fournie par le théorème de Shannon (Claude Elwood Shannon, 1916-2001, ingénieur et mathématicien américain) qui exprime qu'à la condition de respecter une cadence d'échantillonnage supérieure à la fréquence critique $F_e > 2F_0$, on peut reconstruire le signal analogique de manière exacte.

Théorème 166. Théorème de Shannon. Avec les notations et les hypothèses de la section 5.2, si la fréquence $F_e = 1/T_e$ d'échantillonnage respecte la condition $F_e > 2F_0$ alors on peut reconstruire de manière exacte le signal s à partir de la seule connaissance des échantillons $\big(s(nT_e)\big)_{n\in\mathbb{Z}}$ sous la forme

$$\forall t \in \mathbb{R}, \quad s(t) = \sum_{n=-\infty}^{+\infty} s(nT_e)\operatorname{sinc}\big(\pi F_e(t-nT_e)\big) \tag{17.12}$$

Démonstration.
D'après la formule de Poisson (17.11) on a

$$\sum_{n=-\infty}^{+\infty} \widehat{s}(q-nF_e) = \frac{1}{F_e}\sum_{n=-\infty}^{+\infty} s(nT_e)\mathrm{e}^{-i2\pi nT_e q}$$

Sous la condition $F_e > 2F_0$, il n'y a pas de recouvrement de spectre et on peut donc isoler le lobe principal pour obtenir le spectre original avant l'échantillonnage $\widehat{s}$ en multipliant l'égalité précédente par la fonction (voir la figure 17.9 où la partie grise illustre la multiplication par $\mathbb{P}$)

$$\mathbb{P} : q \mapsto \begin{cases} 1 & \text{si} \quad q \in [-F_e/2, F_e/2] \\ 0 & \text{si} \quad q \notin [-F_e/2, F_e/2] \end{cases}$$

On obtient alors

$$\widehat{s}(q) = \sum_{n=-\infty}^{+\infty} s(nT_e)\frac{\mathbb{P}(q)}{F_e}\mathrm{e}^{-i2\pi nT_e q}$$

Il reste maintenant à calculer s par transformation de Fourier inverse dont les propriétés de linéarité et de continuité permettent d'écrire.

$$s = \mathbb{TF}^{-1}\big(\widehat{s}\big) = \sum_{n=-\infty}^{+\infty} s(nT_e)\mathbb{TF}^{-1}\left(\frac{\mathbb{P}(\bullet)}{F_e}\mathrm{e}^{-i2\pi nT_e\bullet}\right)$$

Par définition de $\mathbb{P}$ et de la transformée de Fourier inverse

$$\mathbb{TF}^{-1}\left(\frac{\mathbb{P}(\bullet)}{F_e}\mathrm{e}^{-i2\pi nT_e\bullet}\right)(t) = \frac{1}{F_e}\int_{-F_e/2}^{F_e/2} \mathrm{e}^{i2\pi q(t-nT_e)}\mathrm{d}q = \operatorname{sinc}\big(F_e\pi(t-nT_e)\big)$$

et on obtient donc bien (17.12). □

8 Spectre d'un signal « fenêtré »

Physiquement, un signal est nécessairement de durée déterminée et finie, soit parce qu'il n'existe effectivement que pendant une durée finie, soit parce que son acquisition a eu lieu pendant une durée limitée et inférieure à sa durée de vie réelle. Cette remarque simple a une conséquence fondamentale en traitement du signal qu'il est important de connaître et de ne pas négliger. Pour se convaincre de l'influence de la limitation de la durée d'acquisition, opération que nous appellerons de manière imagée un « fenêtrage », prenons l'exemple du signal constant $\mathbb{1} : t \mapsto 1$ de durée infinie. On sait, d'après (13.37) page 450, que sa transformée de Fourier est la distribution de Dirac : $\mathbb{1} \xrightarrow{\mathbb{TF}} \delta$. Si l'on considère maintenant le même signal mais sur la durée limitée $\left[-\frac{T}{2}, \frac{T}{2}\right]$, cela revient à déterminer la transformée de Fourier de la fonction créneau $C_{[0,T]} = T\mathbb{P}_T$ (voir (13.9) page 436)

$$C_{[0,T]}(t) = T\mathbb{P}_T(t) = \begin{cases} 1 & \text{si} \quad t \in \left[-\frac{T}{2}, \frac{T}{2}\right] \\ 0 & \text{si} \quad t \notin \left[-\frac{T}{2}, \frac{T}{2}\right] \end{cases} \xrightarrow{\mathbb{TF}} \operatorname{sinc}(\pi T q)$$

qui est un sinus cardinal... Autrement dit, il y a une énorme différence !

8.1 Conséquence du fenêtrage pour un signal quelconque

Proposition 167. Soit s une fonction définie sur $\mathbb{R}$ et possédant une transformée de Fourier $\widehat{s}$. Pour $T > 0$, on construit la fonction s_f par « fenêtrage » de s :

$$s_f : t \mapsto \begin{cases} s(t) & \text{si} \quad t \in [0, T] \\ 0 & \text{si} \quad t \notin [0, T] \end{cases} \tag{17.13}$$

Alors s_f possède une transformée de Fourier obtenue par produit de convolution sous la forme

$$\widehat{s_f} = \widehat{s} * Sc_T \tag{17.14}$$

où Sc_T désigne la fonction

$$Sc_T : q \mapsto Sc_T(q) = T\mathrm{e}^{-i\pi q T} \operatorname{sinc}(\pi T q) \tag{17.15}$$

D'autre part, lorsque $T \to +\infty$, $\widehat{s_f} \to \widehat{s}$.

Remarque. Le choix de la « fenêtre » $[0, T]$ est purement arbitraire. Il serait plus simple, mais probablement moins intuitif, de choisir la « fenêtre » $\left[-\frac{T}{2}, \frac{T}{2}\right]$ qui conduirait à l'expression plus simple de Sc_T sous la forme $Sc_T(q) = T\operatorname{sinc}(\pi T q)$. Dans la pratique, cela n'a pas grande importance.

Démonstration.
Commençons par faire les deux remarques suivantes :

1. s_f est obtenu en multipliant s par la fonction créneau de largeur T définie par

$$C_{[0,T]} : t \mapsto \begin{cases} 1 & \text{si} \quad t \in [0, T] \\ 0 & \text{si} \quad t \notin [0, T] \end{cases}$$

2. $C_{[0,T]}$ s'écrit simplement avec la fonction porte $\mathbb{P}_T$ définie par (13.7) page 435 grâce à l'égalité facile à vérifier $C_{[0,T]}(t) = T\mathbb{P}_T\left(t - \frac{T}{2}\right)$.

À partir de là, il suffit de se souvenir des deux résultats suivants :

1. Tout d'abord, en vertu de la proposition 117 page 447

$$s \times C_{[0,T]} \xrightarrow{\mathbb{TF}} \widehat{s} * \widehat{C_{[0,T]}}$$

2. Ensuite, en vertu des formules (13.9) page 436 et (13.15) page 438

$$C_{[0,T]}(t) = T\mathbb{P}_T\left(t - \frac{T}{2}\right) \xrightarrow{\mathbb{TF}} Sc_T(q) = T\mathrm{e}^{-i\pi qT}\mathrm{sinc}(\pi T q)$$

ce qui donne finalement le résultat. Enfin, le fait que $\widehat{s_f} \to \widehat{s}$ lorsque $T \to +\infty$ résulte d'une propriété que nous admettrons. Conformément à l'intuition, la suite de fonctions $\left(q \mapsto Sc_T(q)\right)_{T>0}$ converge, au sens des distributions, vers δ lorsque $T \to +\infty$ (voir la section 6.5 du chapitre 12). Ainsi, sachant que δ est l'élément neutre de la convolution, on conçoit qu'à la limite, lorsque $T \to +\infty$, $\widehat{s_f} = \widehat{s} * Sc_T \to \widehat{s} * \delta = \widehat{s}$. □

En particulier, on retiendra la conséquence du fenêtrage sur un signal temporel :

> Fenêtrer un signal sur un intervalle de temps $[0, T]$ ($T > 0$) provoque la déformation de son spectre d'amplitude en faisant apparaître des ondulations. D'autre part, plus la durée T est grande, plus le spectre d'amplitude $|\widehat{s_f}|$ du signal fenêtré se « rapproche » du spectre d'amplitude $|\widehat{s}|$ du signal original.

Des illustrations sont proposées par la suite.

8.2 Conséquence du fenêtrage pour un signal périodique

Le cas des signaux périodiques est particulier. En effet, nous savons d'après la proposition 162 de la section 2 page 541, que le spectre d'un signal analogique et T-périodique est de la forme (où les coefficients c_n sont complexes et à croissance lente) :

$$\widehat{s} = \sum_{n=-\infty}^{+\infty} c_n \delta_{\frac{n}{T}}$$

Avec ces notations et celles de la proposition 167, en désignant toujours par s_f le signal fenêtré sur une longueur temporelle multiple de T, notée pT ($p \in \mathbb{N}^*$), on a le résultat suivant.

> **Proposition 168.** s_f possède une transformée de Fourier sous la forme
>
> $$\widehat{s_f} = \sum_{n=-\infty}^{+\infty} c_n Sc_T\left(\bullet - \frac{n}{T}\right) \qquad (17.16)$$
>
> et chaque fonction $Sc_T\left(\bullet - \frac{n}{T}\right)$ ne « porte » que le coefficient c_n parce qu'elle s'annule en tout $\frac{m}{T}$ pour $m \in \mathbb{Z}$ tel que $m \neq n$ (voir l'illustration de la figure 17.12)

La figure 17.12 matérialise le spectre d'amplitude $|\widehat{s}|$ d'un signal 2-périodique par des flèches (l'écart entre deux pics est $\frac{1}{T} = \frac{1}{2}$) et la courbe est celle de la fonction $|Sc_2(\bullet - 1)|$ (le facteur T a été omis). Comme on peut alors le constater, cette fonction s'annule en chaque $\dfrac{m}{T} = \dfrac{m}{2}$ tel que $m \neq n$ et ne « porte » que l'amplitude $|c_1|$.

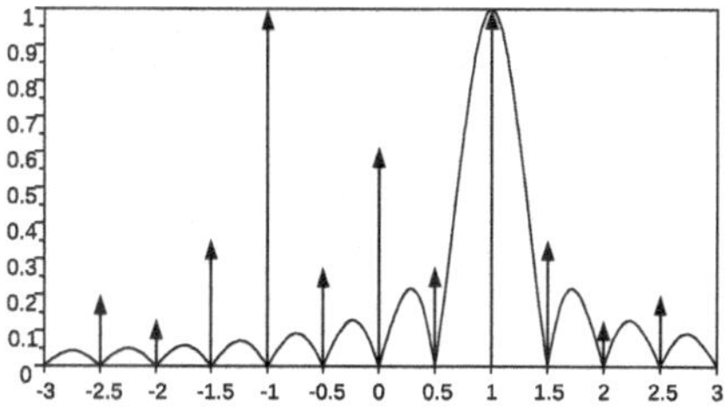

FIGURE 17.12 – Spectre d'amplitude $|\widehat{s}|$ et fonction $|Sc_2(\bullet - 1)|$

8.3 Exemple d'un signal analogique périodique

Considérons le signal modélisé par la distribution tempérée $s : t \mapsto \cos(2\pi t)$. Sa transformée de Fourier (au sens des distributions) est $s \overset{\mathbb{TF}}{\longrightarrow} \widehat{s} = \dfrac{1}{2}\delta_{-1} + \dfrac{1}{2}\delta_1$ et son spectre d'amplitude (discret) est constitué de deux raies de hauteur $\frac{1}{2}$ situées respectivement en $q = -1$ et $q = 1$.
On a

$$\widehat{s_f} = \widehat{s} * Sc_T = \left(\frac{1}{2}\delta_{-1} + \frac{1}{2}\delta_1\right) * Sc_T = \frac{1}{2}\delta_{-1} * Sc_T + \frac{1}{2}\delta_1 * Sc_T$$

c'est à dire $\widehat{s_f} = \dfrac{1}{2}Sc_T(\bullet - 1) + \dfrac{1}{2}Sc_T(\bullet + 1)$ et finalement, d'après (17.15)

$$\boxed{\widehat{s_f}(q) = \frac{T}{2}\operatorname{sinc}\big(\pi T(q+1)\big)\mathrm{e}^{-i\pi T(q+1)} + \frac{T}{2}\operatorname{sinc}\big(\pi T(q-1)\big)\mathrm{e}^{-i\pi T(q-1)}} \qquad (17.17)$$

La représentation graphique du spectre d'amplitude $|\widehat{s_f}|$ conduit alors à deux fonctions sinus-cardinal centrées respectivement en $q = -1$ et $q = 1$ (multipliées par le facteur 1/2). Le fait d'avoir fenêtré le signal s a provoqué un élargissement des raies spectrales, comme si chaque raie devenait « floue ». On peut remarquer aussi que l'amplitude de chaque sinus-cardinal est proportionnelle à la largeur T de la fenêtre et que la largeur entre les lobes de ces mêmes fonctions est liée aux valeurs d'annulation. Par exemple, les premières valeurs qui annulent $q \mapsto \big|\operatorname{sinc}\big(\pi T(q-1)\big)\big|$ sont $q = 1 + \dfrac{1}{T}$ et $q = 1 - \dfrac{1}{T}$. Autrement dit, plus la largeur de la porte est grande ($T \to +\infty$) et plus la représentation se rapproche de celle des deux raies attendues théoriquement, cette intuition étant confirmée par le fait que la famille de fonctions $\big(q \mapsto T\operatorname{sinc}(\pi T q)\big)_{T \in \mathbb{R}^{+*}}$ tend, au sens des distributions, vers la distribution de Dirac δ lorsque $T \to +\infty$.

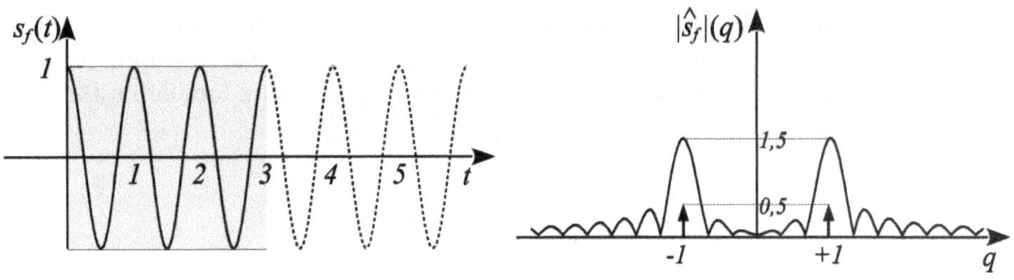

FIGURE 17.13 – Spectre d'amplitude du signal multiplié par le créneau de support $[0,3]$. Les deux flèches représentent le spectre théorique formé de deux pics de Dirac.

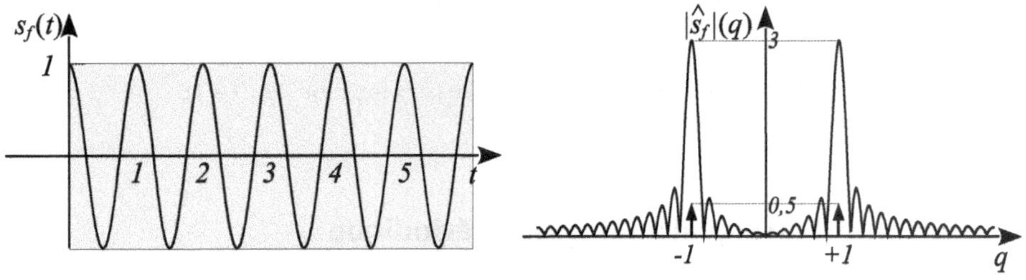

FIGURE 17.14 – Spectre d'amplitude du signal multiplié par le créneau de support $[0,6]$. Les deux flèches représentent le spectre théorique formé de deux pics de Dirac.

8.4 Exemple d'un signal analogique non périodique

Considérons le signal causal $s : t \mapsto \begin{cases} \sin(2\pi t) & \text{si} \quad 0 \leq t < 2 \\ \sin(2\pi t)\mathrm{e}^{-\frac{t-2}{2}} & \text{si} \quad t \geq 2 \end{cases}$. Dans les figures qui suivent, on peut voir à gauche le signal multiplié par le créneau de largeur $[0,T]$ défini par $t \mapsto \begin{cases} 1 & \text{si} \quad t \in [0,T] \\ 0 & \text{si} \quad t \notin [0,T] \end{cases}$ et à droite le spectre du signal fenêtré avec, en pointillé, le spectre d'amplitude original pour comparaison.

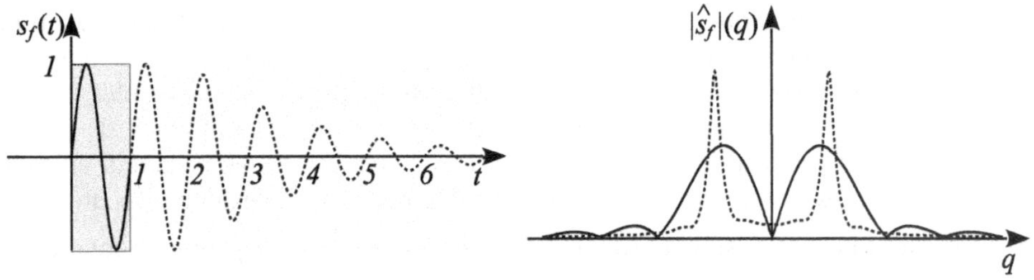

FIGURE 17.15 – Spectre d'amplitude du signal multiplié par le créneau de support $[0,1]$

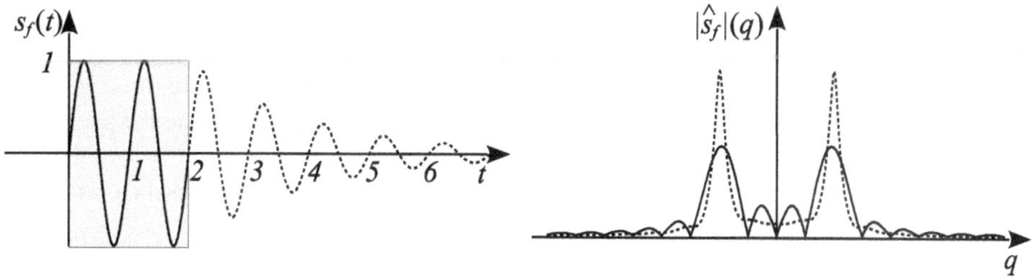

FIGURE 17.16 – Spectre d'amplitude du signal multiplié par le créneau de support $[0,2]$

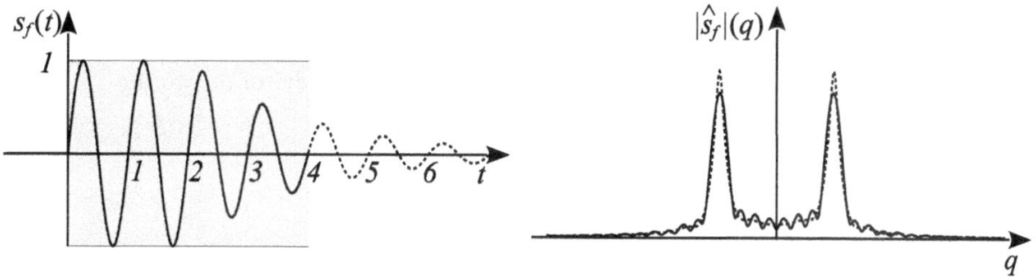

FIGURE 17.17 – Spectre d'amplitude du signal multiplié par le créneau de support $[0,4]$

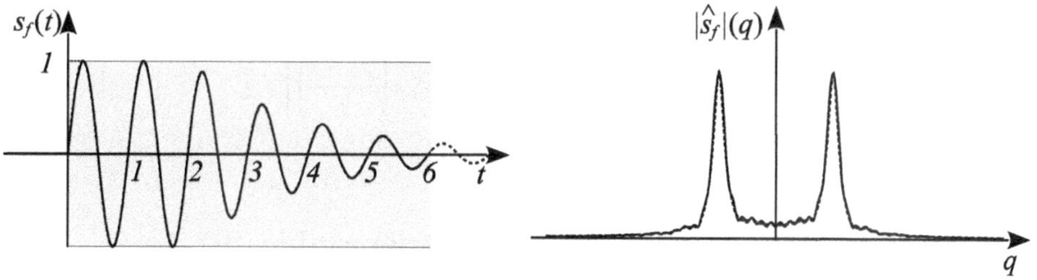

FIGURE 17.18 – Spectre d'amplitude du signal multiplié par le créneau de support $[0,6]$

9 Calcul approché du spectre

9.1 Problématique

Le problème posé est le suivant. On dispose d'un signal analogique s et l'on souhaite connaître son spectre d'amplitude $|\hat{s}|$. D'un point de vue purement théorique, la réponse est donnée par la transformée de Fourier et, dans le cas d'un signal représenté par une fonction, cette transformée est obtenue par une intégration sur $\mathbb{R}$. Pratiquement, comme on souhaite confier les calculs à un ordinateur grâce à un algorithme, une telle intégrale sur un domaine infini n'est bien sûr pas possible. En effet, toute approche algorithmique doit tenir compte du fait qu'un ordinateur ne peut travailler qu'avec un nombre fini de valeurs.

Autrement dit, tout signal dont on souhaite évaluer le spectre d'amplitude devra subir un pré-traitement sous la forme des deux opérations d'échantillonnage (passage du signal analogique à un signal numérique) et de fenêtrage (limitation de la durée d'étude) avec les conséquences que nous connaissons (l'échantillonnage périodise le spectre et le fenêtrage implique la convolution du spectre avec un sinus cardinal).
Concrètement, à partir d'un signal analogique s, on construit le signal fenêtré et échantillonné, noté s_{fe}, de la manière suivante :

1. On limite la durée d'étude à l'intervalle temporel $[0, T]$ de longueur $T > 0$.
2. On fixe une fréquence d'échantillonnage $F_e > 0$ associée à une période d'échantillonnage $T_e = 1/F_e$ et on considère les N échantillons équirépartis (où $N \in \mathbb{N}$ vérifie $NT_e = T$)
$$[s] = \big[s(0), s(T_e), \cdots, s\big((N-1)T_e\big)\big] \tag{17.18}$$
Naturellement, la fréquence F_e est choisie de manière à éviter ou, au moins, limiter le recouvrement de spectre.

Le signal s_{fe} est donc défini, au sens des distributions, par

$$s_{fe} = \sum_{k=0}^{N-1} s(kT_e)\delta_{kT_e}$$

Nous allons alors démontrer que la transformation de Fourier discrète permet, à partir de la liste des échantillons $[s]$ de s à la fréquence $F_e = 1/T_e$ et sur une « longueur temporelle » T, de calculer une liste d'échantillons

$$[\widehat{s_{fe}}] = \left[\widehat{s_{ef}}(0), \widehat{s_{ef}}\left(\frac{1}{T}\right), \cdots, \widehat{s_{ef}}\left(\frac{N-1}{T}\right)\right] \tag{17.19}$$

à la fréquence T et sur une « longueur fréquentielle » F_e.

9.2 Algorithme de transformation de Fourier rapide (fft)

Ce résultat important fait jouer à la transformation de Fourier discrète un rôle fondamental en traitement du signal et, pour être utilisée de manière efficace, cette transformation doit être mise en œuvre à l'aide d'un algorithme de calcul performant. En l'occurrence, c'est le très célèbre algorithme de *transformation de Fourier rapide*, désigné par le sigle FFT (pour *Fast Fourier Transform*), proposé par Cooley (James William Cooley, 1926-, mathématicien américain) et Tukey (John Wilder Tukey, 1915-2000, mathématicien américain) en 1965 (même si, comme souvent, l'idée de l'algorithme avait déjà été proposée par Gauss (Johan Carl Friedrich Gauss, 1777-1855, mathématicien, physicien et astronome allemand) en 1805 puis Lanczos (Cornelius Lanczos, 1893-1974, mathématicien et physicien hongrois) en 1942).

La performance de cet algorithme est basée sur une méthode astucieuse de calcul qui permet de réduire de manière très significative le nombre d'opérations à réaliser pour une transformation. L'idée est, comme souvent, de diviser le problème en sous problèmes plus simples. Pour un nombre pair de données ($2N$ où $N \in \mathbb{N}^*$), deux problèmes comportant chacun N données sont traités.

Alors que le calcul « brutal » de $N \in \mathbb{N}^*$ données conduit à une complexité de l'ordre de N^2, l'algorithme FFT conduit, lui, à une complexité de l'ordre de $N\ln(N)$. Par exemple, avec $N = 10^5$, on obtient $N^2 = 10^{10}$ et $N\ln(N) \approx 1'151'293$, soit environ 8700 fois moins.
La publication de l'article dévoilant cet algorithme (et sa performance) a définitivement propulsé la transformation de Fourier discrète au rang des applications incontournables en traitement du signal que l'on retrouve par exemple dans les analyseurs de spectre mais aussi dans certaines applications au traitement des images, comme la compression d'image avec le standard JPEG. Ce standard a aujourd'hui évolué vers le standard JPEG2000 qui utilise des transformations encore plus performantes, les transformations en ondelettes discrètes qui sont présentées dans un chapitre suivant.

9.3 Mise en œuvre pratique avec *Scilab*

Tous les logiciels de calcul scientifique proposent une fonction, en général notée `fft`, qui s'applique à un vecteur $[s]$ de N composantes $[s] = [s_0, \cdots, s_{N-1}]$ et qui renvoie son image $[S] = [S_0, \cdots, S_{N-1}]$ dont les N composantes sont obtenues par transformation de Fourier discrète. Selon les logiciels, il existe certaines variantes sous la forme de coefficients de normalisation différents. Le logiciel *Scilab* utilisé ici met en œuvre exactement la même formule de transformation (13.41) proposée à la page 452, c'est à dire

$$\forall m \in \{0, \cdots, N-1\}, \quad S_m = \sum_{k=0}^{N-1} s_k e^{-i2\pi\frac{km}{N}} \tag{17.20}$$

Concrètement, cette fonction est utilisée de la manière suivante en désignant par `s` le vecteur ligne $[s]$

```
S= fft(s) //calcul de la transformée de Fourier discrète de s
```

D'autre part, à partir d'une fonction nommée `signal` que l'on suppose déjà définie, la liste $[s]$ de ses N échantillons (voir (17.18)) peut-être construite de la manière suivante :

```
t=0:Te:T-Te;   // ou encore t=0:Te:(N-1)Te;
s=signal(t);
```

9.4 Cas d'un signal analogique périodique

Soit s un signal analogique et T-périodique dont le « motif principal » est noté s_0 (voir la section 2 page 541). D'après la proposition 162 de cette section, nous savons que le spectre $\widehat{s}$ de s est de la forme

$$\widehat{s} = \sum_{n=-\infty}^{+\infty} c_n \delta_{\frac{n}{T}}$$

où les coefficients c_n sont les coefficients de Fourier du signal et sont définis par

$$\forall n \in \mathbb{Z}, \quad c_n = \frac{1}{T}\widehat{s_0}\left(\frac{n}{T}\right)$$

Si l'on suppose le signal réel, les coefficients complexes c_n vérifient en plus, pour tout $n \in \mathbb{Z}$, $c_n = c_{-n}$.

Proposition 169. Avec les notations précédentes, sous les trois conditions suivantes :

1. La durée d'étude est égale à la période T.
2. La fréquence d'échantillonnage F_e est « assez élevée ».
3. Le nombre d'échantillons est pair : $N = 2M$.

Alors il est possible d'obtenir une bonne approximation des M coefficients

$$c_0, c_1, \cdots, c_{M-1}, c_M$$

par transformation de Fourier discrète de la suite des N échantillons

$$[s] = \left[s(0), s(T_e), \cdots, s\big((N-1)T_e\big)\right]$$

Précisément, on a l'approximation

$$\forall m \in \{0, \cdots, M\}, \quad c_m \approx \frac{1}{N} \sum_{k=0}^{N-1} s(kT_e) \mathrm{e}^{-i2\pi \frac{km}{N}} \tag{17.21}$$

Remarques.

1. Toute durée d'étude multiple entier de T donnerait le même résultat. Par contre, toute durée non multiple entier de T est à proscrire car cela dégrade sensiblement les résultats en faisant apparaître des artéfacts (voir l'exemple présenté en 9.7.1 page 563).
2. Dans le cas particulier d'une combinaison linéaire finie de cosinus et sinus (ou d'exponentielles complexes), on obtient de manière exacte les coefficients (voir l'exemple présenté en 9.7.1 page 563).

Démonstration.
Il convient tout d'abord de remarquer que le signal original s a subi les deux opérations de fenêtrage de largeur $[0, T]$ et d'échantillonnage à la fréquence $F_e = 1/T_e$ avec la relation $NT_e = 2MT_e = T$. En conséquence, trois signaux interviennent par la suite : le signal original s, le signal fenêtré s_f et le signal fenêtré et échantillonné s_{fe}.
D'après la section 8.2, nous savons que le fenêtrage du signal sur l'intervalle $[0, T]$ convolue le spectre par la fonction Sc_T et qu'en raison du fait que la « largeur temporelle » est multiple de T, même si le spectre d'amplitude $|\widehat{s_f}|$ est « déformé » par des ondulations, les valeurs ponctuelles restituées par chaque fonction $Sc_T\left(\bullet - \frac{n}{T}\right)$ (voir (17.15)) sont, au coefficient T près, le coefficient $|c_n|$. Autrement dit, on a déjà

$$|\widehat{s_f}|\left(\frac{n}{T}\right) = T|c_n| \quad (\star)$$

Maintenant, d'après la section 5, nous savons que l'échantillonnage du signal s_f à la fréquence F_e périodise son spectre (période F_e) et la section 6 a montré qu'il était important d'éviter, ou au moins de minimiser, le phénomène de recouvrement de spectre. Dans notre situation, sachant que l'on travaille désormais sur le signal fenêtré s_f et non

plus sur s, nous savons que le spectre $\widehat{s_f}$ a été obtenu par convolution de $\widehat{s}$ par la fonction Sc_T et qu'il faudra donc tenir compte du phénomène de recouvrement de spectre. Ce recouvrement sera donc minimisé en utilisant une fréquence d'échantillonnage F_e « assez élevée » : cette condition est désormais supposée satisfaite.
Après échantillonnage à la fréquence $F_e = 1/T_e$ du signal fenêtré s_f, on peut écrire, d'après la formule (17.11) de Poisson

$$\widehat{s_{fe}}(q) = F_e \sum_{n=-\infty}^{+\infty} \widehat{s_f}(q - nF_e) = \sum_{n=0}^{N-1} s(nT_e)\mathrm{e}^{-i2\pi nT_e q}$$

Maintenant, comme le spectre $\widehat{s_{fe}}$ est désormais F_e- périodique, on obtient un motif complet du spectre d'amplitude sur l'intervalle $[0, F_e[$ qui est subdivisé en N sous intervalles de longueur $\dfrac{F_e}{N} = \dfrac{1}{T}$. Le spectre $\widehat{s_{fe}}$ est maintenant évalué en les N points $m\dfrac{F_e}{N} = \dfrac{m}{T}$ pour obtenir :

$$\widehat{s_{fe}}\left(m\frac{F_e}{N}\right) = F_e \sum_{n=-\infty}^{+\infty} \widehat{s_f}\left(m\frac{F_e}{N} - nF_e\right) = \sum_{n=0}^{N-1} s(nT_e)\mathrm{e}^{-i2\pi\frac{nm}{N}}$$

Or, en un point $m\dfrac{F_e}{N} \in [0, F_e[$, on a $F_e \sum_{n=-\infty}^{+\infty} \widehat{s_f}\left(m\dfrac{F_e}{N} - nF_e\right) = F_e\widehat{s_f}\left(m\dfrac{F_e}{N}\right) + R$ où R représente un résidu lié au recouvrement de spectre, c'est à dire la somme de toutes les « traces » des spectres en ce point. Avec les choix effectués, on considère $R \approx 0$ et on obtient alors

$$F_e\widehat{s_f}\left(m\frac{F_e}{N}\right) + R = \sum_{n=0}^{N-1} s(nT_e)\mathrm{e}^{-i2\pi\frac{nm}{N}} \Longrightarrow \widehat{s_f}\left(m\frac{F_e}{N}\right) \approx T_e \sum_{n=0}^{N-1} s(nT_e)\mathrm{e}^{-i2\pi\frac{nm}{N}} \quad (\star\star)$$

Maintenant, comme $\widehat{s_f}\left(m\dfrac{F_e}{N}\right) = \widehat{s_f}\left(\dfrac{m}{T}\right) \approx T|c_m|$ d'après $(\star)$, on en déduit que pour tout $m \in \{0, \cdots, N-1\}$

$$T|c_m| \approx T_e \sum_{n=0}^{N-1} s(nT_e)\mathrm{e}^{-i2\pi\frac{nm}{N}} \Longrightarrow |c_m| \approx \frac{1}{N}\sum_{n=0}^{N-1} s(nT_e)\mathrm{e}^{-i2\pi\frac{nm}{N}}$$

Pour terminer, il faut se souvenir que pour un signal réel, le spectre $|\widehat{s}|$ est symétrique par rapport à l'axe des ordonnées et que l'on a nécessairement les relations

$$|c_0|, |c_1| = |c_{-1}|, \cdots, |c_{M-1}| = |c_{-(M-1)}|, |c_M| = |c_{-M}|$$

donc il suffit de connaître les $M = \dfrac{N}{2}$ premières valeurs. □

Il existe une autre manière de démontrer ce résultat.

Démonstration.
La deuxième méthode s'appuie sur la construction d'un polynôme trigonométrique interpolateur d'un ensemble de points bien choisis. Précisément, on fixe $M \in \mathbb{N}^*$ et $N = 2M$ puis on écrit le développement en série de Fourier de s sous la forme

$$s(t) = \sum_{n=1}^{+\infty} c_{-n}\mathrm{e}^{-i\frac{2\pi n}{T}t} + c_0 + \sum_{n=1}^{+\infty} c_n\mathrm{e}^{i\frac{2\pi n}{T}t}$$

Comme les coefficients c_n tendent vers 0 lorsque $n \to \pm\infty$, on se limite alors aux $N = 2M$ coefficients c_n avec $n \in \{-M, -M+1, \cdots, 0, 1, \cdots M-1\}$. On construit ensuite le polynôme trigonométrique p défini par

$$p(t) = \sum_{m=-M}^{M-1} d_m \mathrm{e}^{i\frac{2\pi m}{T}t}$$

qui interpole s aux $N = 2M$ points de coordonnées $(t_k, s_k)_{k\in\{-M,-M+1,\cdots,0,1,\cdots M-1\}}$ où $s_k = s\left(k\frac{T}{N}\right)$. On est donc ramené à la détermination des $N = 2M$ coefficients d_k qui vérifient les $N = 2M$ équations, pour $k \in \{-M, -M+1, \cdots, 0, 1, \cdots M-1\}$

$$p(t_k) = s_k \Longleftrightarrow \sum_{m=-M}^{M-1} d_m \mathrm{e}^{i\frac{2\pi km}{N}} = s_k \tag{17.22}$$

Ces coefficients constitueront une approximation des coefficients de Fourier c_n de s.
Pour mener les calculs, on commence par poser $\omega = \mathrm{e}^{i\frac{2\pi}{T}}$ pour simplifier les écritures et on fait quelques manipulations sur les équations (17.22) en écrivant que :

$$s_k = \sum_{m=-M}^{M-1} d_m \omega^{km} = \sum_{m=-M}^{-1} d_m \omega^{km} + \sum_{m=0}^{M-1} d_m \omega^{km}$$

or, en remarquant que $\omega^{km} = \omega^{k(m-N)}$, le changement d'indice $j = m+N$ permet d'obtenir l'égalité $\sum_{m=-M}^{-1} d_m \omega^{km} = \sum_{j=M}^{N-1} d_{j-N} \omega^{kj}$. Par conséquent, on en déduit que

$$s_k = \sum_{m=0}^{M-1} d_m \omega^{km} + \sum_{m=M}^{N-1} d_{m-N} \omega^{km}$$

On pose alors $D_m = \begin{cases} d_m & \text{pour} \quad m \in \{0, 1, \cdots, M-1\} \\ d_{m-N} & \text{pour} \quad m \in \{M, M+1, \cdots, N-1\} \end{cases}$ et on écrit

$$s_k = \sum_{m=0}^{N-1} D_m \omega^{km} = \sum_{m=0}^{N-1} D_m \mathrm{e}^{i\frac{2\pi km}{T}} \quad \Longrightarrow \quad \frac{1}{N} s_k = \frac{1}{N} \sum_{m=0}^{N-1} D_m \mathrm{e}^{i\frac{2\pi km}{T}}$$

Autrement dit, la suite $\left(\frac{1}{N} s_k\right)_k$ est la transformée de Fourier discrète inverse de la suite $(D_m)_m$.
On peut donc calculer les coefficients $(D_m)_m$ à partir des coefficients $\left(\frac{1}{N} s_k\right)_k$ par transformation de Fourier discrète

$$\forall m \in \{0, \cdots, N-1\}, \quad D_m = \frac{1}{N} \sum_{k=0}^{N-1} s_k \mathrm{e}^{-i\frac{2\pi km}{T}}$$

Enfin, les coefficients de Fourier c_n cherchés sont alors approchés par les coefficients d_n qui vérifient

$$d_n = \begin{cases} D_n & \text{pour} \quad n \in \{0, 1, \cdots, M-1\} \\ D_{n+N} & \text{pour} \quad n \in \{-M, -M+1, \cdots, -1\} \end{cases}$$

Si l'on utilise en plus l'hypothèse d'une fonction réelle, cela impose que, pour tout $n \in \mathbb{N}$, on ait l'égalité $c_n = \overline{c_{-n}}$. En effet, on a l'équivalence

$$\forall t \in \mathbb{R}, \quad s(t) \in \mathbb{R} \Longleftrightarrow \forall t \in \mathbb{R}, \quad s(t) = \overline{s(t)} \Longleftrightarrow \forall n \in \mathbb{N}, \quad c_n = \overline{c_{-n}}$$

En particulier, les coefficients (d_n) vérifient eux-mêmes cette propriété. Par conséquent, seules les $M = N/2$ premières valeurs sont utiles et on a

$$d_0 = D_0, d_1 = D_1, \cdots, d_{M-1} = D_{M-1}$$

Pour conclure, on retiendra que si l'on dispose de $N = 2M$ échantillons $s_k = s\left(k\frac{T}{N}\right)$ (pour $k \in \{0, 1, \cdots, N-1\}$), alors les N coefficients de Fourier $(c_n)_{n\in\{0,1,\cdots,N-1\}}$ sont approchés par

$$d_n = \begin{cases} D_n & \text{pour} \quad n \in \{0, 1, \cdots, M-1\} \\ D_{n+N} & \text{pour} \quad n \in \{-M, -M+1, \cdots, -1\} \end{cases} \tag{17.23}$$

□

9.5 Cas d'un signal analogique non périodique

Considérons un signal analogique $s : t \mapsto s(t)$ possédant une transformée de Fourier $\widehat{s}$. Comme pour le signal analogique et périodique, on cherche à obtenir des valeurs approchées d'échantillons de $\widehat{s}$.

Proposition 170. Avec les notations précédentes, on suppose que :

1. La durée d'étude T est « assez grande ».
2. La fréquence d'échantillonnage F_e est « assez élevée ».

Alors il est possible d'obtenir une bonne approximation des N échantillons

$$[\widehat{s}] = \left[\widehat{s}(0), \widehat{s}\left(\frac{1}{T}\right), \cdots, \widehat{s}\left(\frac{N-1}{T}\right)\right]$$

par transformation de Fourier discrète de la suite des N échantillons (17.18)

$$[s] = \left[s(0), s(T_e), \cdots, s\big((N-1)T_e\big)\right]$$

Précisément, on a l'approximation

$$\forall m \in \{0, \cdots, N-1\}, \quad \widehat{s}\left(m\frac{F_e}{N}\right) \approx T_e \sum_{k=0}^{N-1} s(kT_e)\mathrm{e}^{-i2\pi\frac{km}{N}} \tag{17.24}$$

Démonstration.
La démonstration reprend les grandes lignes de la preuve de la proposition 169.
On commence donc par remarquer que le signal original s a subi les deux opérations de fenêtrage de largeur $[0, T]$ et d'échantillonnage à la fréquence $F_e = 1/T_e$ ce qui conduira à considérer trois signaux : le signal original s, le signal fenêtré s_f et le signal fenêtré et échantillonné s_{fe}.
D'après la section 8, nous savons que la durée d'étude T doit être « assez grande » pour assurer que les spectres $\widehat{s_f}$ et $\widehat{s}$ sont « assez proches » : on suppose donc désormais cette condition satisfaite pour pouvoir écrire

$$\left|\widehat{s_f}\right|(q) \approx |\widehat{s}|(q) \quad (\star)$$

D'après la section 5, nous savons que l'échantillonnage du signal s_f à la fréquence F_e périodise son spectre (période F_e) et la section 6 a montré qu'il était important d'éviter, ou au moins de minimiser, le phénomène de recouvrement de spectre. Dans notre situation, sachant que l'on travaille désormais sur le signal fenêtré s_f et non plus sur s, nous savons que le spectre $\widehat{s_f}$ a été obtenu par convolution de $\widehat{s}$ par la fonction Sc_T (voir (17.15)) et qu'il faudra donc tenir compte du phénomène de recouvrement de spectre. Ce recouvrement sera donc minimisé en utilisant une fréquence d'échantillonnage F_e « assez élevée » : là encore, on supposera désormais cette condition satisfaite.
Après échantillonnage à la fréquence $F_e = 1/T_e$ du signal fenêtré s_f, on peut écrire, d'après la formule (17.11) de Poisson

$$\widehat{s_{fe}}(q) = F_e \sum_{n=-\infty}^{+\infty} \widehat{s_f}(q - nF_e) = \sum_{n=0}^{N-1} s(nT_e)\mathrm{e}^{-i2\pi nT_e q}$$

Maintenant, comme le spectre $\widehat{s_{fe}}$ est désormais F_e- périodique, on obtient un motif complet du spectre d'amplitude sur l'intervalle $[0, F_e[$ qui est subdivisé en N sous intervalles de longueur $\dfrac{F_e}{N}$. Le spectre $\widehat{s_{fe}}$ est maintenant évalué en les N points $m\dfrac{F_e}{N}$ pour obtenir :

$$\widehat{s_{fe}}\left(m\frac{F_e}{N}\right) = F_e \sum_{n=-\infty}^{+\infty} \widehat{s_f}\left(m\frac{F_e}{N} - nF_e\right) = \sum_{n=0}^{N-1} s(nT_e)\mathrm{e}^{-i2\pi\frac{nm}{N}}$$

Or, en un point $m\dfrac{F_e}{N} \in [0, F_e[$, on a $F_e \sum_{n=-\infty}^{+\infty} \widehat{s_f}\left(m\dfrac{F_e}{N} - nF_e\right) = F_e\widehat{s_f}\left(m\dfrac{F_e}{N}\right) + R$ où R représente un résidu lié au recouvrement de spectre, c'est à dire la somme de toutes les « traces » des spectres en ce point. Avec les choix effectués, on considère $R \approx 0$ et on obtient alors

$$F_e\widehat{s_f}\left(m\frac{F_e}{N}\right) + R = \sum_{n=0}^{N-1} s(nT_e)\mathrm{e}^{-i2\pi\frac{nm}{N}} \Longrightarrow \widehat{s_f}\left(m\frac{F_e}{N}\right) \approx T_e \sum_{n=0}^{N-1} s(nT_e)\mathrm{e}^{-i2\pi\frac{nm}{N}} \quad (\star\star)$$

Maintenant, comme $\widehat{s_f}\left(m\dfrac{F_e}{N}\right) \approx \widehat{s}\left(m\dfrac{F_e}{N}\right)$ d'après $(\star)$ puisque T est considéré « assez grand », on en déduit les approximations, pour $m \in \{0, \cdots, N-1\}$

$$\widehat{s}\left(m\frac{F_e}{N}\right) \approx T_e \sum_{n=0}^{N-1} s(nT_e)\mathrm{e}^{-i2\pi\frac{nm}{N}}$$

□

9.6 Gestion du domaine fréquentiel exploré et de la résolution fréquentielle

Pour mener à bien les calculs, plusieurs paramètres, tous liés entre eux, importent :

1. La durée $T > 0$ d'étude temporelle.
2. Le nombre de points $N \in \mathbb{N}^*$ d'échantillonnage du signal temporel.
3. Le pas d'échantillonnage temporel $T_e = \frac{T}{N}$.
4. La fréquence d'échantillonnage temporel $F_e = \frac{1}{T_e}$.

En vertu des relations $NT_e = T \iff \dfrac{N}{F_e} = T$, il suffit d'en choisir deux selon les objectifs visés. Plus précisément, il suffit de conserver en mémoire les points suivants :

1. La fréquence d'échantillonnage temporel F_e fixe le domaine fréquentiel $[0, F_e]$ exploré.
2. La longueur du domaine temporel exploré $[0, T]$ fixe le pas $\dfrac{1}{T} = \dfrac{F_e}{N}$ d'échantillonnage fréquentiel et donc la résolution fréquentielle du spectre d'amplitude obtenu.

En conséquence, on retiendra les implications suivantes :

Proposition 171.

1. Pour augmenter la largeur du domaine fréquentiel exploré, à T fixé, il suffit de choisir l'une des trois options équivalentes suivantes :
   a. Augmenter le nombre de points N d'échantillonnage.
   b. Augmenter la fréquence F_e d'échantillonnage.
   c. Diminuer la période T_e d'échantillonnage.
2. Pour augmenter la résolution fréquentielle tout en conservant le même domaine fréquentiel $[0, F_e]$ exploré, il suffit de multiplier T et N par le même facteur.

Démonstration.

1. À durée T fixée, plus il y a de points N d'échantillonnage, plus la période d'échantillonnage T_e est petite, plus la fréquence d'échantillonnage F_e est grande et plus le domaine exploré est grand.
2. À fréquence d'échantillonnage F_e fixée, plus T est grand et plus la résolution fréquentielle $\frac{F_e}{N} = \frac{1}{NT_e} = \frac{1}{T}$ est petite et précise. Mais si l'on augmente T à N fixé alors la période d'échantillonnage T_e augmente et le domaine fréquentiel se réduit. Par contre, si l'on multiplie T et N par le même facteur k, alors $\dfrac{kN}{kT} = \dfrac{N}{T} = F_e$ reste inchangée mais la résolution fréquentielle augmente.

□

9.7 Exemples et mise en œuvre pratique

9.7.1 Cas particulier d'une combinaison linéaire finie de cosinus et sinus

Le cas le plus simple et le plus favorable est celui d'un signal combinaison linéaire finie de cosinus et sinus (ou d'exponentielles complexes), comme par exemple le signal 1-périodique modélisé par la fonction

$$s : t \mapsto 2\cos(2\pi t) + \sin(4\pi t)$$

Son spectre $\widehat{s}$ est donné, au sens des distributions, par

$$\widehat{s} = (\delta_{-1} + \delta_1) + \frac{1}{2i}(\delta_{-2} + \delta_2)$$

et son spectre d'amplitude est constitué de deux paires de raies situées aux abscisses $|q| = 1$ et $|q| = 2$ de hauteurs respectives 1 (pour le cosinus) et 0,5 (pour le sinus). En particulier, le spectre d'amplitude est ici à bande limitée dans $[-F_0, F_0]$ avec, par exemple, $F_0 = 2$ (voir la figure 17.19).

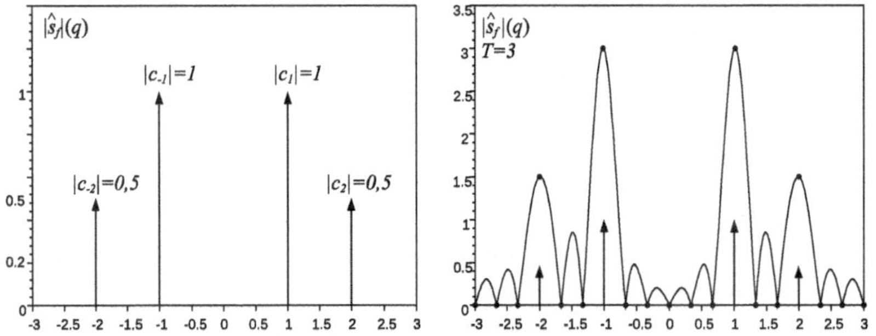

FIGURE 17.19 – Spectre d'amplitude $|\widehat{s}|$ à gauche et $|\widehat{s_f}|$ à droite

Pour réaliser les calculs avec l'algorithme `fft`, choisissons $N = 10$ et $T_e = 1/10$ de sorte à avoir $NT_e = 1 = T$ et $F_e = 10 > 4$. On peut alors écrire, dans la console de *Scilab*, la suite d'instructions

```
T=1;N=10;Te=0.1;
te=0:Te:(T-Te);
sef=2*cos(2*%pi*te)+sin(4*%pi*te);
```

puis, l'instruction (l'absence du point-virgule en fin de ligne permet d'afficher le résultat et la commande `clean` force *Scilab* à ramener à 0 les valeurs inférieures à 10^{-10}) :

```
Sef=clean( (1/N)*fft(sef) )
Sef  =
    0    1.  - 0.5i    0    0    0    0    0    0.5i    1.
```

fournit les valeurs des coefficients dans l'ordre suivant

c_0	c_1	c_2	c_3	c_4	c_{-5}	c_{-4}	c_{-3}	c_{-2}	c_{-1}
0	1	$-0,5i$	0	0	0	0	0	$0,5i$	1

Pour obtenir le spectre d'amplitude, il suffit d'utiliser la commande

```
Sef=clean( (1/N)*abs(fft(sef)) )
Sef  =
    0.    1.    0.5    0.    0.    0.    0.    0.    0.5    1.
```

Le résultat produit est donc

$\|c_0\|$	$\|c_1\|$	$\|c_2\|$	$\|c_3\|$	$\|c_4\|$	$\|c_{-5}\|$	$\|c_{-4}\|$	$\|c_{-3}\|$	$\|c_{-2}\|$	$\|c_{-1}\|$
0	1	0,5	0	0	0	0	0	0,5	1

Remarque. Si l'on n'utilise pas une durée d'étude temporelle multiples de la période, on crée des artefacts qui perturbent les résultats. Par exemple, avec $T = 1,1$, on obtient (valeurs approchées à 10^{-2} près)

$\lvert c_0\rvert$	$\lvert c_1\rvert$	$\lvert c_2\rvert$	$\lvert c_3\rvert$	$\lvert c_4\rvert$	$\lvert c_{-5}\rvert$	$\lvert c_{-4}\rvert$	$\lvert c_{-3}\rvert$	$\lvert c_{-2}\rvert$	$\lvert c_{-1}\rvert$
0,18	1,03	0,44	0,15	0,09	0,08	0,09	0,15	0,44	1,03

Ce phénomène est dû au fait qu'en ne prenant pas une durée d'étude temporelle multiple de la période, les fonctions Sc_T qui interviennent ne s'annulent plus en chaque multiple non nul de $\frac{1}{T}$. Chaque ondulation porte alors une valeur non nulle qui est en fait un artéfact comme l'illustre la figure 17.20 qui représente deux fonctions Sc_T avec $T = 1$ à gauche et $T = 1,1$ à droite.

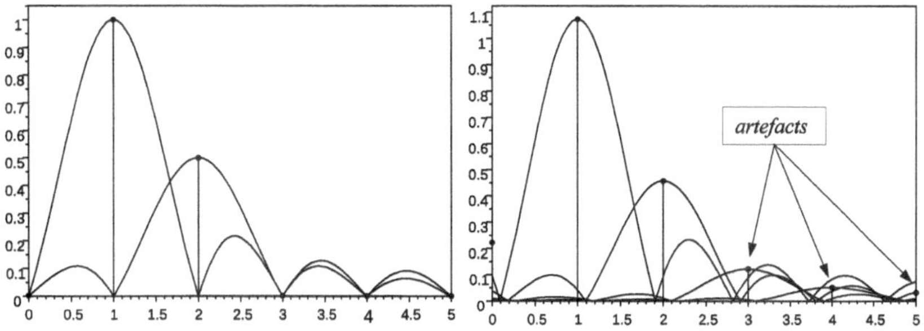

FIGURE 17.20 – A gauche $T = 1$ et à droite $T = 1.1$

9.7.2 Cas particulier d'un signal périodique quelconque

Dans ce cas, le spectre d'amplitude cherché n'a aucune raison d'être à bande limité et on ne peut donc pas éviter le recouvrement de spectre, ce qui conduit forcément à une dégradation des résultats fournis qui deviennent des approximations d'autant meilleures que le recouvrement est négligeable.

Considérons, à titre d'exemple, le cas d'un signal en créneaux modélisé par la fonction 2-périodique définie, sur $[0,2[$, par son motif principal

$$s_0(t) = \begin{cases} 1 & \text{si } t \in [0,1[\\ -1 & \text{si } t \in [1,2[\end{cases}$$

Nous savons, d'après la section 2 page 541 de ce chapitre que son spectre d'amplitude est discret et non périodique et défini, au sens des distributions, par (17.3)

$$\widehat{s} = \sum_{n=-\infty}^{+\infty} c_n \delta_{\frac{n}{2}}$$

avec les coefficients (de Fourier) c_n qui sont donnés par (17.4), c'est à dire ici, pour tout $n \in \mathbb{Z}$

$$c_n = \frac{1}{2}\int_0^2 s_0(t)\mathrm{e}^{-i\pi n t}\,\mathrm{d}t = \frac{i\big((-1)^n - 1\big)}{\pi n}$$

ou encore

$$\forall p \in \mathbb{Z}, \quad \begin{cases} c_{2p} & = & 0 \\ c_{2p+1} & = & \dfrac{-2i}{\pi(2p+1)} \end{cases}$$

Le spectre d'amplitude, pour des fréquences comprises entre 0 et 20, est donné dans la figure 17.21. En tant que signal réel, le spectre d'amplitude est symétrique par rapport à l'axe des ordonnées et seules les fréquences positives sont représentées.

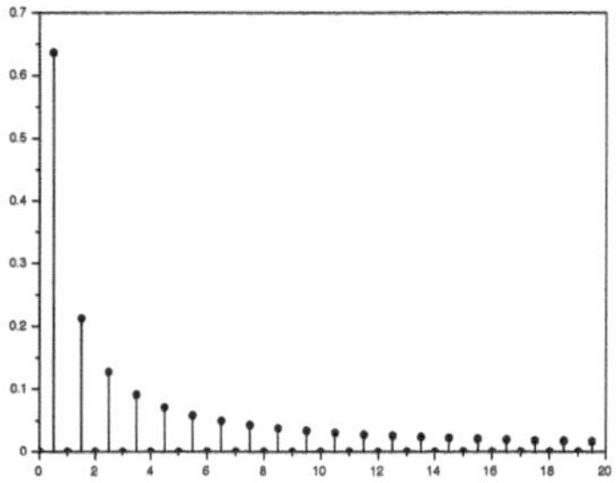

FIGURE 17.21 – Spectre d'amplitude du signal en créneaux

On voit bien que la faible décroissance des coefficients de Fourier (qui est due au fait que le signal n'est pas continu et donc peu régulier) provoquera un recouvrement de spectre non négligeable tant que la fréquence d'échantillonnage F_e ne sera pas assez grande (et donc que la période d'échantillonnage T_e ne sera pas assez petite).

Pour le calcul approché du spectre, on procède de la même manière que dans l'exemple précédent. On commence par choisir une durée égale (ou multiple) de la période $T = 2$ et une période d'échantillonnage T_e qui fournit les échantillons du signal temporel sur la période $[0,2[$ en écrivant dans *Scilab* la suite d'instructions

```
T=2;Te=0.1;N=T/Te;
te=0:Te:(T-Te);
sef=s0(te); //s0 est définie comme une fonction
```

puis, l'instruction (l'absence du point-virgule en fin de ligne permet d'afficher le résultat et la commande `clean` force *Scilab* à ramener à 0 les valeurs inférieures à 10^{-10}) :

```
Sef=clean( (1/N)*fft(sef) )
```

Pour comparer les résultats, le tableau suivant donne les modules des 7 premiers coefficients (valeurs exactes et approchée obtenu par l'algorithme `fft` à 10^{-7} près).

F_e	n	0	1	2	3	4	5	6	7
	$\|c_n\| =$	0	0,6366198	0	0,2122066	0	0,1273240	0	0,0909457
20	$\|c_n\| \approx$	0,05	0,6353102	0,05	0,2082650	0,05	0,1207107	0,05	0815926
	Erreur	0,05	0,0013095	0,05	0,0039416	0,05	0,0066133	0,05	0, 009353
50	$\|c_n\| \approx$	0,02	0,6364103	0,02	0,2115779	0,02	0.1262750	0,02	0,0894749
	Erreur	0,02	0,0002095	0,02	0,0006287	0,02	0,0010489	0,02	0, 0014708
100	$\|c_n\| \approx$	0,01	0.6365674	0,01	0.2120495	0,01	0,1270620	0,01	0,0905789
	Erreur	0,01	0,0000524	0,01	0,0001571	0,01	0,0002619	0,01	0, 0003668

TABLE 17.1 – Comparaison des modules des coefficients avec leurs approximations

9.7.3 Signal quelconque

Reprenons ici le signal causal $s : t \mapsto \begin{cases} \sin(2\pi t) & \text{si} \quad 0 \leq t < 2 \\ \sin(2\pi t)\mathrm{e}^{-\frac{t-2}{2}} & \text{si} \quad t \geq 2 \end{cases}$ qui a servi à illustrer le problème du fenêtrage, section 8.4 page 554. Le spectre d'amplitude $|\widehat{s}|$ n'est pas à bande limitée mais, au vu de la représentation graphique de la figure 17.22, on considérera les valeurs de $|\widehat{s}|$ négligeables pour $q \notin [-5,5]$. Le spectre exact, dont l'amplitude est représentée à droite dans la figure 17.22, a été calculé avec un logiciel de calcul symbolique et il vaut

$$\widehat{s}(q) = -1/2\,\frac{\left(\mathrm{e}^{4i\pi q}-1\right)\mathrm{e}^{-4i\pi q}}{\pi\left(q^2-1\right)} + 8\,\frac{\pi\,\mathrm{e}^{-4i\pi q}}{-16\pi^2 q^2 + 8i\pi q + 1 + 16\pi^2}$$

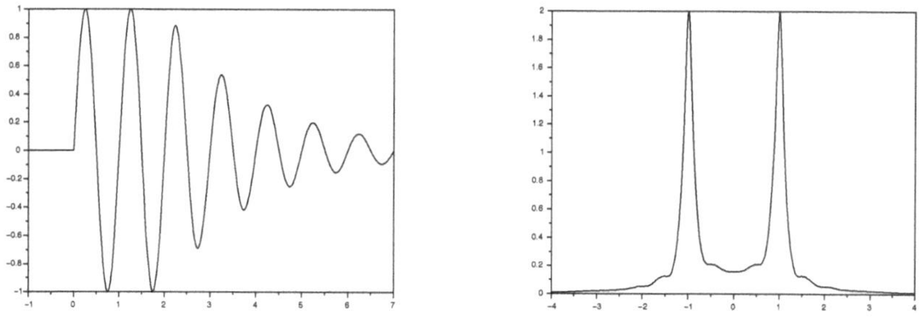

FIGURE 17.22 – Le signal temporel et son spectre d'amplitude

Pour l'évaluation du spectre d'amplitude, on envisage deux approches correspondant aux remarques de la section 9.6 page 562.

1. Premier cas : on fixe le domaine temporel $[0,T]$ en prenant $T = 6$ et on impose le domaine fréquentiel exploré $[0,F_e]$ en choisissant la fréquence d'échantillonnage $F_e = 10$. Ces valeurs conduisent à $T_e = 0,1$ et $N = 60$.
2. Deuxième cas : on conserve le même domaine fréquentiel exploré $[0,F_e]$ avec $F_e = 10$ mais on augmente la résolution fréquentielle en multipliant T et N par le même facteur, précisément on prend $T = 12$ et $N = 120$.

Les figures 17.23 et 17.24 illustrent les résultats alors que l'algorithme qui a permis d'obtenir ces représentations graphiques est donné à la page suivante.

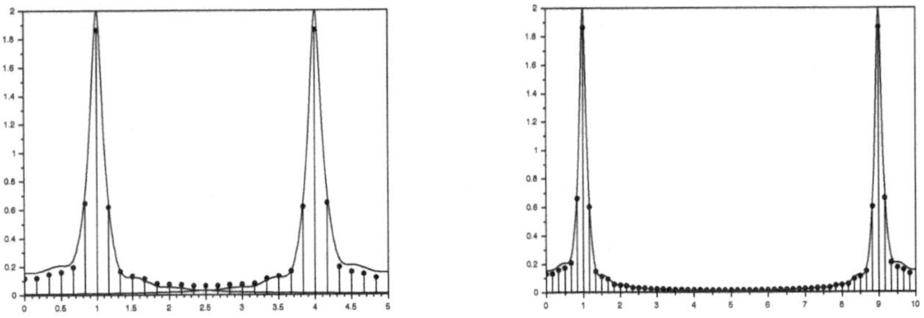

FIGURE 17.23 – Spectre d'amplitude approché pour $F_e = 10$, à gauche : $T = 6$ et $N = 60$ et, à droite, $T = 12$ et $N = 120$

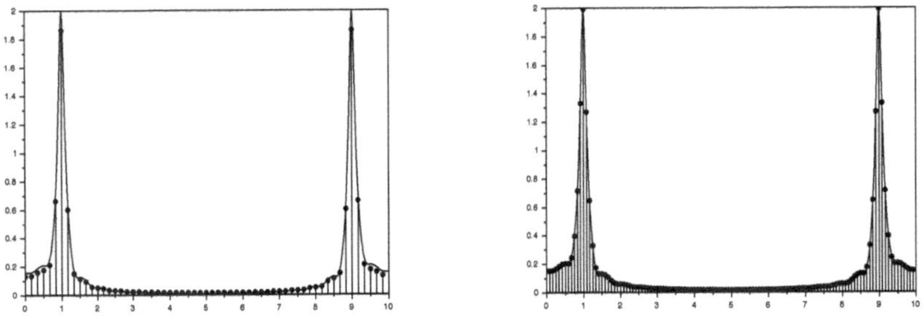

FIGURE 17.24 – Spectre d'amplitude approché pour $F_e = 10$, à gauche : $T = 6$ et $N = 60$ et, à droite, $T = 12$ et $N = 120$

```
clf();
//choix=1 : cas 1, choix du domaine fréquentiel exploré
//choix=2 : cas 2, choix de la résolution fréquentielle
if choix==1 then    //Premier cas
     T=6; Fe=10; Te=1/Fe; N=T/Te;
else                //Deuxième cas
     Fe=10; T=6; N=120; Te=1/Fe;
end
//Grille du domaine temporel exploré
te=0:Te:T-Te;
//Grille du domaine fréquentiel exploré
qe=0:1/T:Fe-1/T;
//calcul approché du spectre d'amplitude
se=sinexpcausal(te);            //signal temporel
Se=clean(abs( Te*fft(se) ));    //spectre d'amplitude
//calcul du spectre d'amplitude exact sur [0,Fe]
q=linspace(0,Fe,1000);
```

```
Sex1=spectresinusexpcausal(q);
Sex2=spectresinusexpcausal(q-Fe);
//représentations graphiques
//graph=1 : spectre périodisé sur une période
//graph=2 : spectre périodisé sur une période et approché
//graph=3 : spectre réel de s
graph=2
if graph==1 then
    plot(q,abs(Sex1),'k',q,abs(Sex2),'k')
elseif graph==2
    plot(q,abs(Sex1),'k',q,abs(Sex2),'k',qe,Se,'k.')
    plot2d3(qe,Se)
else
    qex=linspace(-4,4,1000);
    Sex=spectresinusexpcausal(qex);
end
```

Les fonctions `sinexpcausal` et `spectresinusexpcausal` désignent respectivement le signal temporel et son spectre et sont définies par

```
function [y]=sinexpcausal(t)
    y=zeros(1,length(t));
    for i=1:length(t)
        if t(i)<0 then y(i)=0
        elseif t(i)>=0 & t(i)<2 then  y(i)=sin(2*%pi*t(i));
        else y(i)=sin(2*%pi*t(i)).*exp(-(t(i)-2)/2);
        end
    end
endfunction

function [S]=spectresinusexpcausal(q)
    [S]=-(1/2)*(exp((4*%i)*%pi*q)-1).*
          exp(-(4*%i)*%pi*q)./(%pi*(q.^2-1))-
          8*%pi*exp(-(4*%i)*%pi*q)./(16*%pi^2*q.^2-
          (8*%i)*%pi*q-1-16*%pi^2);
endfunction
```

Chapitre 18

Formulaire de traitement du signal

1 Convolution et distributions

Définition	
Convolution des fonctions	$\forall t \in \mathbb{R}, \quad (f * g)(t) = \int_{-\infty}^{+\infty} f(x)g(t-x)\,\mathrm{d}x$
Convolution des suites	$\forall n \in \mathbb{Z}, \quad (a * b)(n) = \sum_{k=-\infty}^{+\infty} a(k)b(n-k)$

Propriétés	
Distributivité	$f * (g+h) = f * g + f * h$
Associativité	$f * (g * h) = (f * g) * h$
Commutativité	$f * g = g * f$
Élément neutre	$f * \delta = \delta * f = f$

Opérations	
Intégration	$\int_{-\infty}^{+\infty}(f*g)(t)\,\mathrm{d}t=\left(\int_{-\infty}^{+\infty}f(t)\,\mathrm{d}t\right)\times\left(\int_{-\infty}^{+\infty}g(t)\,\mathrm{d}t\right)$
Sommation	$\sum_{n=-\infty}^{\infty}(a*b)(n)=\left(\sum_{n=-\infty}^{\infty}a(n)\right)\times\left(\sum_{n=-\infty}^{\infty}b(n)\right)$
Dérivation	$f^{(n)}=\delta^{(n)}*f=\delta*f^{(n)}$
Translation	$\delta_a*f=f(\bullet-a)$

Formules utiles en traitement du signal avec δ et Δ, $f\in\mathscr{C}^\infty(\mathbb{R})$	
Distribution de Dirac δ	Peigne de Dirac Δ
$<\delta_a,\varphi>=\varphi(a)$	$<\Delta_T,\varphi>=\sum_{n=-\infty}^{+\infty}\varphi(nT)$
$\delta_a\times f=f(a)\delta_a$	$f\times\Delta_T=\sum_{n=-\infty}^{+\infty}f(nT)\delta_{nT}$
$\delta_a*f=f(\bullet-a)$	$f*\Delta_T=\sum_{n=-\infty}^{+\infty}f(\bullet-nT)$

Propriétés ($f\in\mathscr{C}^\infty$, $T\in\mathscr{D}'$)	
$<fT,\varphi>=<T,f\varphi>$	$<T^{(n)},\varphi>=(-1)^n<T,\varphi^{(n)}>$
$(fT)'=f'T+fT'$	$(\lambda_1T_1+\lambda_2T_2)'=\lambda_1T_1'+\lambda_2T_2'$
$\delta*T=T*\delta=T$	$T^{(n)}=\delta^{(n)}*T=\delta*T^{(n)}$
$\delta_a\times f=f(a)\delta_a$	$\delta_a*f=f(\bullet-a)$
$f\times\Delta_T=\sum_{n=-\infty}^{+\infty}f(nT)\delta_{nT}$	$f*\Delta_T=\sum_{n=-\infty}^{+\infty}f(\bullet-nT)$
g discontinue en $a\in D$, T_g distribution régulière $g'=T_{g'}+\sum_{a\in D}[g(a^+)-g(a^-)]\delta_a$	

2 Transformations de Fourier

Transformation	**Formule**
TF à temps continu des fonctions	$\forall q \in \mathbb{R}, \quad \widehat{s}(q) = \int_{-\infty}^{+\infty} s(t)\mathrm{e}^{-i2\pi qt}\,\mathrm{d}t$
TF à temps continu des distributions	$\forall \varphi \in \mathscr{S}(\mathbb{R}), \quad <\widehat{s}, \varphi> = <s, \widehat{\varphi}>$
TF à temps discret	$\forall q \in \mathbb{R}, \quad \widehat{s}(q) = \sum_{n=-\infty}^{+\infty} s(n)\mathrm{e}^{-2i\pi qn}$
TF discrète	$\forall m \in \{0, 1, \cdots, N-1\}, \quad S_m = \sum_{k=0}^{N-1} s_k \mathrm{e}^{-2i\pi \frac{km}{N}}$

Exemples et propriétés			
Signal	**Transformée**	**Signal**	**Transformée**
$s(t)\mathrm{e}^{i2\pi q_0 t}$	$\widehat{s}(q - q_0)$	δ_{t_0}	$\mathrm{e}^{-i2\pi t_0 q}$
$s(t - t_0)$	$\widehat{s}(q)\mathrm{e}^{-i2\pi q t_0}$	$\mathrm{e}^{i2\pi q_0 t}$	δ_{t_0}
$s_1 * s_2$	$\widehat{s}_1 \times \widehat{s}_2$	Δ_T	$\frac{1}{T}\Delta_{\frac{1}{T}}$
$s_1 \times s_2$	$\widehat{s}_1 * \widehat{s}_2$	$U(t)$	$\frac{1}{i2\pi}\mathrm{vp}\left(\frac{1}{q}\right) + \frac{1}{2}\delta(q)$
$\frac{\mathrm{d}^k s}{\mathrm{d}t^k}(t)$	$(2i\pi q)^k \widehat{s}(q)$	$\cos(2\pi q_0 t)$	$\frac{1}{2}(\delta_{q_0} + \delta_{-q_0})$
$(-2i\pi t)^k s_1(t)$	$\frac{\mathrm{d}^k \widehat{s}}{\mathrm{d}q^k}(q)$	$\sin(2\pi q_0 t)$	$\frac{1}{2i}(\delta_{q_0} - \delta_{-q_0})$
$\begin{cases} \frac{1}{T} & \text{si } t \in \left[-\frac{T}{2}, \frac{T}{2}\right] \\ 0 & \text{si } t \notin \left[-\frac{T}{2}, \frac{T}{2}\right] \end{cases}$	$\mathrm{sinc}(\pi T q)$		

3 Développement en série de Fourier

Forme exponentielle	
Coefficients de Fourier	Développement
$\forall n \in \mathbb{Z},\quad c_n = \frac{1}{T}\int_0^T s(t)\mathrm{e}^{-i\frac{2\pi n}{T}t}\,\mathrm{d}t$	$s(t) = \sum_{n=-\infty}^{+\infty} c_n(s)\mathrm{e}^{i\frac{2\pi n}{T}t}$

Forme Trigonométrique	
Coefficients de Fourier	Développement
$\begin{cases} a_0 = \frac{1}{T}\int_0^T s(t)\,\mathrm{d}t \text{ et pour } n \in \mathbb{N}^* \\ a_n = \frac{2}{T}\int_0^T s(t)\cos\left(\frac{2\pi}{T}nt\right)\mathrm{d}t \\ b_n = \frac{2}{T}\int_0^T s(t)\sin\left(\frac{2\pi}{T}nt\right)\mathrm{d}t \end{cases}$	$s(t) = a_0 + \sum_{n=1}^{+\infty} a_n\cos\left(\frac{2\pi n}{T}t\right) + b_n\sin\left(\frac{2\pi n}{T}t\right)$

4 Formules de Parseval

Formules de Parseval	
Signaux quelconques	$\int_{-\infty}^{\infty} \lvert s(t)\rvert^2\,\mathrm{d}t = \int_{-\infty}^{\infty} \lvert\widehat{s}(q)\rvert^2\mathrm{d}q$
Signaux périodiques	$\frac{1}{T}\int_{-T/2}^{T/2} \lvert s(t)\rvert^2\,\mathrm{d}t = \sum_{n=-\infty}^{+\infty} \lvert c_n\rvert^2$

5 Transformation de Laplace

Transformation	**Formule**
TL des fonctions	$\operatorname{Re} p > \alpha, \quad S(p) = \mathbb{TL}(s)(p) = \int_0^{+\infty} s(t)\mathrm{e}^{-pt}\,\mathrm{d}t$
TL des distributions	$\operatorname{Re} p > \alpha, \quad \mathbb{TL}(T)(p) = < T, \mathbf{e}_{-p} >$ avec $\mathbf{e}_{-p} : t \mapsto \mathrm{e}^{-pt}$

Exemples et propriétés			
Signal	Transformée	Signal	Transformée
$s(t)\mathrm{e}^{-at}$	$S(p+a)$	$U(t)$	$\dfrac{1}{p}$
$U(t-t_0)s(t-t_0)$	$S(p)\mathrm{e}^{-t_0 p}$	t^k	$\dfrac{k!}{p^{k+1}}$
$(s_1 * s_2)(t)$	$S_1(p) \times S_2(p)$	$\mathrm{e}^{(a+ib)t}$	$\dfrac{1}{p-(a+ib)}$
$s'(t)$	$pS(p) - s(0^+)$	$\cos(at)$	$\dfrac{p}{p^2+a^2}$
$s''(t)$	$p^2S(p) - s(0^+)p - s'(0^+)$	$\sin(at)$	$\dfrac{a}{p^2+a^2}$
$\int_0^t s(x)\,\mathrm{d}x$	$\dfrac{S(p)}{p}$	$\delta^{(n)}$	p^n

Valeurs initiale et finale	
$\lim\limits_{p\in\mathbb{R}, p\to+\infty} pS(p) = s(0^+)$	$\lim\limits_{p\in\mathbb{R}, p\to 0^+} pS(p) = \lim\limits_{t\to+\infty} s(t)$

6 Transformation en Z

Transformation	**Formule**
TZ des suites	$\lvert z\rvert > \alpha, \quad S(z) = \sum_{n=0}^{+\infty} s(n) z^{-n}$
TZ des signaux échantillonnés	$\lvert z\rvert > \alpha, \quad S(z) = \sum_{n=0}^{+\infty} s(nT_e) z^{-n}$

Exemples et propriétés			
Signal	Transformée	Signal	Transformée
$s(n-n_0)$	$z^{-n_0} S(z)$	$\delta(n)$	$\mathbb{1}$
$s(n+1)$	$z\,(S(z)-s(0))$	$\mathbf{u}(n)=1$	$\dfrac{1}{1-z^{-1}}$
$s(n+2)$	$z^2\left(S(z)-s(0)-s(1)z^{-1}\right)$	$\mathbf{p}_\alpha(n)=\alpha^n$	$\dfrac{1}{1-\alpha z^{-1}}$
$a^n s(n)$	$S\left(\dfrac{z}{a}\right)$	$\mathbf{r}(n)=n$	$\dfrac{z^{-1}}{(1-z^{-1})^2}$
$(a*b)(n)$	$A(z)B(z)$		

7 Analyse spectrale

Quelle transformation pour quel signal ?		
	Non périodique	**Périodique**
Analogique	TF à temps continu	TF à temps continu
Numérique	TF à temps discret	TF discrète

Nature du spectre selon la nature du signal		
Nature du signal	**Transformation adaptée**	**Nature du spectre**
Analogique non périodique	TF à temps continu	Analogique (continu)
Analogique périodique	TF à temps continu	Numérique
Numérique non périodique	TF à temps discret	Analogique périodique
Numérique périodique	TF discrète	Numérique périodique

Conséquence de l'échantillonnage et du fenêtrage		
Opérations sur le signal	**Opération mathématique**	**Conséquence sur le spectre d'amplitude**
Échantillonnage	$s \times \Delta_{T_e}$	Périodisation du spectre
Fenêtrage	$s \times \mathbb{P}_T$	Convolution par un sinus cardinal

Chapitre 19

De la transformation de Fourier aux transformations en ondelettes

1 Introduction

Par construction, la transformée de Fourier possède un caractère global. Les fonctions analysantes de Fourier sont des exponentielles complexes, dont le support est la droite réelle (c'est à dire $\mathbb{R}$), et le calcul de la transformée de Fourier se fait par une intégration de $-\infty$ à $+\infty$ qui réalise une sorte de « moyenne ». En conséquence, toutes les informations ponctuelles du signal, qui apparaissent en un temps précis, sont « noyées » au milieu des autres informations. De même, les informations liées à des périodes courtes de fortes variations du signal, associées aux hautes fréquences, sont elles aussi « noyées » au milieu des informations obtenues sur l'ensemble du signal. La transformation de Fourier est donc bien adaptée aux signaux stationnaires mais beaucoup moins aux signaux transitoires qui représentent de nombreux phénomènes rencontrés par les ingénieurs.
Pour pallier ces défauts, une première idée, proposée par Gabor (Dennis Gabor, ingénieur et physicien hongrois, 1900-1979) dans les années 1940, est de localiser l'étude du signal avant d'en faire l'analyse de Fourier, à l'image d'une « fenêtre temporelle » qui permettrait d'analyser, en fréquence, seulement une portion du signal. C'est cette métaphore qui est à l'origine du nom de *transformée de Fourier à fenêtre glissante*. Les fonctions analysantes (fonctions « fenêtre ») seront alors construites dans le but de localiser l'analyse autour d'un temps t pour obtenir des informations sur les fréquences q autour de cet instant avec, pour limitation, le principe d'incertitude. En effet, comme on le sait, ce dernier rend impossible une bonne localisation à la fois temporelle et fréquentielle. C'est pourquoi la transformée proposée par Gabor utilise une gaussienne qui est le seul signal capable de réaliser le compromis idéal entre ces deux contraintes de localisation. Malheureusement, cette technique, malgré son grand intérêt, est vouée à l'échec pour des signaux qui présentent à la fois des variations très rapides pendant des temps très courts (sièges de hautes fréquences) et des variations lentes pendant des temps plus longs (sièges de basses fréquences).

En effet, la transformation de Fourier à fenêtre glissante impose de choisir une fois pour toute la « largeur » temporelle de la fenêtre. Avec une fenêtre étroite, l'analyse « verra » les hautes fréquences mais sera « aveugle » aux basses fréquences et inversement. Pour donner une image plus concrète, cela reviendrait à ne disposer, pour étudier un objet, que d'une loupe. Il serait alors commode de voir les détails mais pas la structure d'ensemble. Inversement, si l'on ne dispose que de jumelles, on verra parfaitement la structure d'ensemble mais pas les détails.

Ces remarques conduisent assez naturellement à évoquer une autre alternative qui résulte d'une amélioration de la transformation de Fourier à fenêtre glissante. Cette amélioration consiste à envisager des fonctions analysantes adaptables (c'est à dire des « fenêtres adaptables ») qui seront « souples » dans le sens où elles auront la faculté de s'adapter à la fois aux variations rapides des signaux (hautes fréquences) comme aux variations lentes (basses fréquences). Pour reprendre l'exemple de la loupe et des jumelles, ces fonctions analysantes (qui seront appelées des *ondelettes*) représenteraient un appareil de vision qui permettrait à l'utilisateur, sans se déplacer, de voir à la fois à des échelles microscopiques et à des échelles macroscopiques.
Pour illustrer cela, il est intéressant de visualiser ce qu'on appelle le *plan temps-fréquences* et le pavage induit par la fonction analysante choisie. Le plan temps-fréquences est le quart de plan $\mathbb{R}^+ \times \mathbb{R}^+$ (en supposant le temps positif), les abscisses représentent le temps t et les ordonnées les fréquences q. Le pavage du plan est une illustration symbolique, à l'aide de rectangles, de la zone du plan couverte par la transformée en termes de temps-fréquences, un peu comme une carte qui indiquerait, avec un instrument de vision (loupe, jumelles...), pour une distance donnée, les zones que l'on peut espérer voir. Ces représentations sont proposées dans la suite et permettent d'illustrer les avantages des transformations en ondelettes par rapport à la transformation de Fourier à fenêtre glissante.

2 La transformation à fenêtre glissante et la transformation de Gabor

2.1 La transformation de Fourier à fenêtre glissante

Pour une fonction s possédant une transformée de Fourier, en notant $A_q : t \mapsto \mathrm{e}^{2i\pi qt}$ la fonction analysante de la transformation de Fourier, on remarque que (en notant $\overline{z}$ le conjugué du complexe z)

$$\widehat{s}(q) = \int_{-\infty}^{+\infty} s(t)\overline{A_q(t)}\,\mathrm{d}t = \int_{-\infty}^{+\infty} s(t)\mathrm{e}^{-2i\pi qt}\,\mathrm{d}t$$

Dans cette situation, les fonctions analysantes ont un support infini et une localisation fréquentielle « ponctuelle », ce qui correspond au fait que la transformée de Fourier (au sens des distributions) du signal $A_q : t \mapsto \mathrm{e}^{2i\pi qt}$ est la distribution de Dirac δ_q (voir (13.32), chapitre 13, page 447). Le pavage du plan temps-fréquences correspond alors à des rectangles de « largeur infinie » et de « hauteur nulle » ce qui n'a bien sûr aucun sens mathématique mais le mérite d'être cohérent avec l'intuition.

Pour réaliser la localisation temporelle évoquée autour d'un temps t_0, multiplions la fonction analysante de Fourier $A_q : t \mapsto \mathrm{e}^{2i\pi qt}$ par une « fenêtre » $w : t \mapsto w(t)$, c'est à dire une fonction localisée (soit à support fini comme une fonction *porte*, une fonction *triangulaire*, soit rapidement négligeable et presque nulle en dehors d'un intervalle comme une fonction *gaussienne*) pour obtenir la fonction analysante

$$A_{(q,t_0)} : t \mapsto w(t-t_0)\mathrm{e}^{2i\pi qt}$$

Dans la suite et par commodité, t_0 sera remplacé par t et cette formule sera écrite sous la forme

$$A_{(q,t)} : x \mapsto w(x-t)\mathrm{e}^{2i\pi qx}$$

en mettant en garde le lecteur sur le fait que la variable x désigne alors ici le temps.

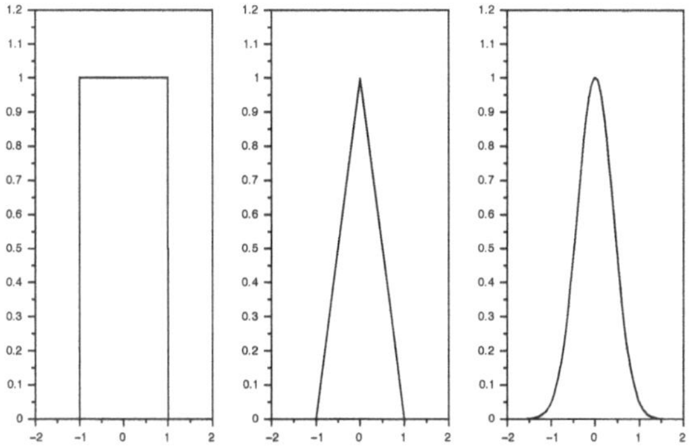

FIGURE 19.1 – Trois fenêtres possibles. De gauche à droite, *porte*, *triangle* et *gaussienne*

En 1940, Gabor fait le choix d'utiliser une fenêtre *gaussienne*, en raison, entre autres, de ses propriétés de localisation temporelle et fréquentielle (ce qui conduira à appeler les fonctions analysantes des *gaborettes*).
Indépendamment de ce choix, commençons par définir la *transformation de Fourier à fenêtre glissante.*

Définition 160. On appelle *transformation de Fourier à fenêtre glissante* l'application, notée $\mathbb{TFG}$, qui transforme une fonction s de L^2 en une fonction, notée $\mathbb{TFG}(s)$, de deux variables (q,t) (la fréquence et le temps) définie, sous réserve d'existence de l'intégrale, par

$$\mathbb{TFG}(s)(q,t) = \int_{-\infty}^{+\infty} s(x)\overline{w(x-t)\mathrm{e}^{2i\pi qx}}\,\mathrm{d}x \qquad (19.1)$$

Cette définition mérite deux commentaires à la lumière de nos connaissances sur la transformation intégrale de Fourier.

1. $\mathbb{TFG}(s)(q,t)$ remplace $\widehat{s}(q)$ et dépend désormais de deux variables, la fréquence q et le temps t.
2. Le produit de l'exponentielle complexe par $w(x-t)$ permet de localiser la fenêtre autour du temps t : la localisation dépend de la taille de la fenêtre.
   Pour une valeur du temps t, on peut donc faire une analyse en fréquence.

2.2 La transformation de Gabor

2.2.1 Définition

La transformation de Gabor, quant à elle, est un cas particulier de transformation de Fourier à fenêtre glissante en choisissant comme fenêtre w la *gaussienne* $w : t \mapsto \mathrm{e}^{-\pi t^2}$ dont la transformée de Fourier est encore une gaussienne $\widehat{w} : q \mapsto \mathrm{e}^{-\pi q^2}$ comme on peut le constater dans la figure 19.2 (voir aussi la section 2.5.3 du chapitre 13).

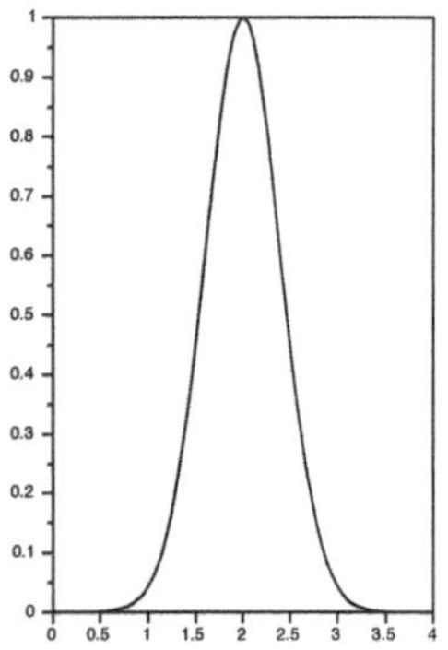

FIGURE 19.2 – Représentation de w et de sa transformée de Fourier $\widehat{w}$

Ce choix conduit aux fonctions analysantes appelées des *gaborettes*

$$A_{(q,t)}(x) = \mathrm{e}^{-\pi(x-t)^2}\mathrm{e}^{2i\pi q x}$$

et à la *transformation de Gabor.*

Définition 161. On appelle *transformation de Gabor*, notée $\mathbb{G}$, la transformation de Fourier à fenêtre glissante définie pour $s \in L^2$ et sous réserve d'existence, par

$$\mathbb{G}(s)(q,t) = \int_{-\infty}^{+\infty} s(x)\mathrm{e}^{-\pi(x-t)^2}\mathrm{e}^{-2i\pi q x}\,\mathrm{d}x \tag{19.2}$$

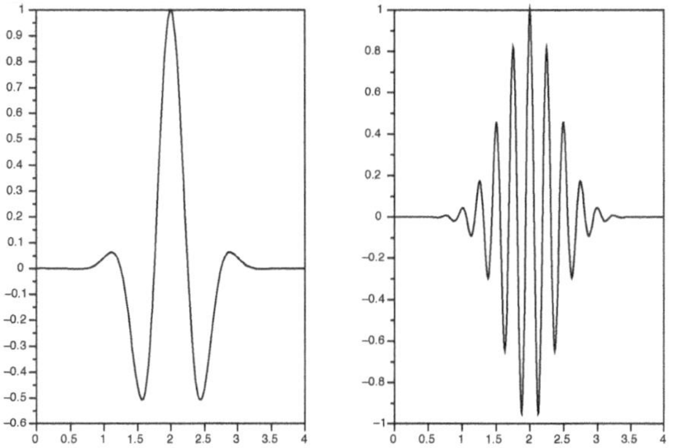

FIGURE 19.3 – Deux gaborettes : à gauche $\mathrm{Re}\,A_{(2,1)}$ et à droite $\mathrm{Re}\,A_{(4,1)}$

2.2.2 Interprétation du choix de la fenêtre sur le plan temps fréquence

Donnons une illustration du pavage du plan temps-fréquences dans le cas de la transformation de Gabor. Dans le chapitre consacrée à la transformation de Fourier, le principe d'incertitude a été évoqué (voir la section 8 page 455) et nous avons montré que, dans le cas de la gaussienne définie par $w : t \mapsto \mathrm{e}^{-\pi t^2}$, les deux intégrales suivantes, qui mesurent respectivement la dispersion d'énergie en temps et en fréquences, sont égales :

$$\sigma_w^2 = \int_{-\infty}^{+\infty} t^2 \mathrm{e}^{-2\pi t^2}\,\mathrm{d}t = \frac{\sqrt{2}}{8\pi} \quad \text{et} \quad \sigma_{\widehat{w}}^2 = \int_{-\infty}^{+\infty} q^2 \mathrm{e}^{-2\pi q^2}\,\mathrm{d}q = \frac{\sqrt{2}}{8\pi}$$

Autrement dit, les « largeurs » temporelles et fréquentielles sont constantes et indépendantes, ce qui conduit à paver le plan temps-fréquences par des rectangles qui ont tous la même dimension comme illustré dans la figure 19.4.

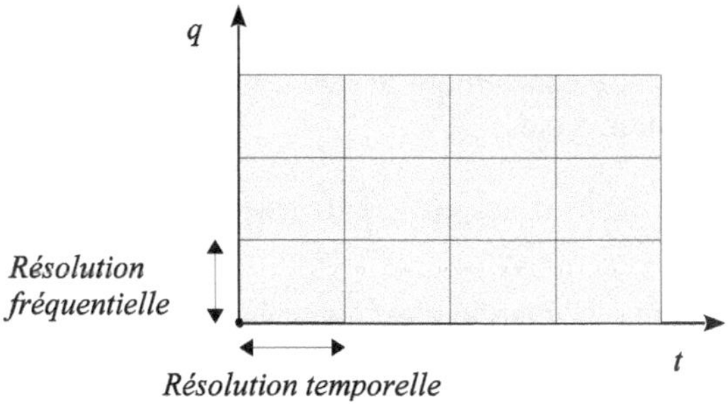

FIGURE 19.4 – Pavage du plan temps-fréquences

2.2.3 Mise en évidence de la rigidité de la résolution temporelle des gaborettes

Comme évoqué en introduction, les gaborettes souffrent d'un manque de « souplesse » vis à vis de la taille de la fenêtre temporelle, ce qu'illustre la figure 19.5 dans laquelle on peut constater que la largeur de la fenêtre temporelle reste la même (largeur sur laquelle on n'a plus d'influence une fois choisie la gaborette) alors que le nombre d'oscillations, lui, peut varier (en fonction de q). Pour pallier ce défaut, on cherche à construire des fonctions analysantes plus « souples ».

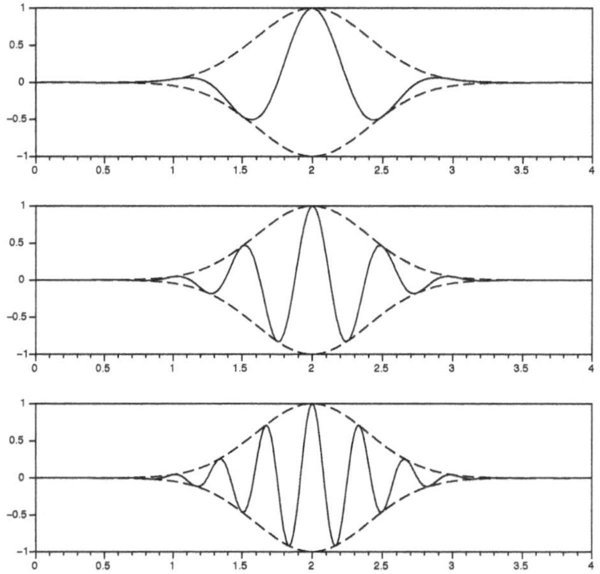

FIGURE 19.5 – Rigidité temporelle des gaborettes

2.2.4 Les formules de Gabor : reconstruction du signal

La transformation de Fourier est une isométrie de $L^2(\mathbb{R})$ dans $L^2(\mathbb{R})$ (c'est le théorème de Parseval-Plancherel), ce qui signifie en particulier deux choses :

1. On peut reconstruire exactement le signal s à partir de son spectre $\widehat{s}$ par transformation de Fourier inverse :

$$s(t) = \int_{-\infty}^{+\infty} \widehat{s}(q)\, e^{2i\pi qt} \mathrm{d}q$$

2. Il y a conservation de l'énergie, c'est à dire égalité des normes :

$$||s||_2 = ||\widehat{s}||_2$$

Gabor a démontré que, pour une fenêtre w qui vérifie des hypothèses adéquates, on a un résultat similaire pour la transformation de Gabor (voir $[GW]$ pour une preuve).

Théorème 172. Soit w une fenêtre qui vérifie les trois conditions suivantes :

1. $w \in L^1 \cap L^2$, c'est à dire que w est à la fois intégrable et de carré intégrable.
2. Le module $|\widehat{w}|$ est une fonction paire.
3. La norme L^2 de w vaut 1, c'est à dire $||w||_2 = 1$.

Alors, on dispose d'une formule de reconstruction parfaite pour la transformation de Gabor et d'une formule de conservation de l'énergie :

1. Formule de reconstruction :
$$s(t') = \int_{-\infty}^{+\infty} \int_{-\infty}^{+\infty} \mathbb{G}(s)(q,t)\, \omega(t'-t)\, e^{2i\pi q t'}\, \mathrm{d}q\, \mathrm{d}t$$
2. Formule de conservation de l'énergie :
$$\int_{-\infty}^{+\infty} \int_{-\infty}^{+\infty} \left|\mathbb{G}(s)(q,t)\right|^2 \mathrm{d}q\, \mathrm{d}t = \int_{-\infty}^{+\infty} |s|^2$$

3 La transformation en ondelettes continue

3.1 Une adaptation de la transformation de Gabor

3.1.1 D'une fenêtre adaptée à une ondelette

Pour rester conforme aux notations couramment utilisées dans la littérature sur les ondelettes, le couple (a,b) remplacera désormais le couple (q,t) et la fonction ψ remplacera la fonction w. Autrement dit, a désignera désormais une fréquence alors que b désignera un temps.

L'idée est ici de reprendre la démarche de Gabor en l'améliorant pour avoir une résolution temporelle variable. Pour cela, en plus de translater la fenêtre au point $t = b$ en écrivant $\psi(t-b)$, on va aussi la « contracter-dilater » d'un facteur a en utilisant, comme fonctions analysantes, la famille de fonctions à deux paramètres

$$\psi_{a,b}(t) = \frac{1}{\sqrt{a}}\psi\left(\frac{t-b}{a}\right) \tag{19.3}$$

Commentons l'influence de chacun des paramètres.

1. La valeur du paramètre a règle la taille du support : plus a est grand, plus le support est large et plus a est petit, plus le support est étroit.
   En effet, prenons l'exemple de la fonction suivante $s : t \mapsto \begin{cases} 1 & \text{si} \quad t \in [-1,1] \\ 0 & \text{si} \quad t \notin [-1,1] \end{cases}$.
   Alors, pour $a \in \mathbb{R}^{+*}$ on a $s(t) = 1 \Longleftrightarrow -1 \leq t \leq 1$ et
$$s\left(\frac{t}{a}\right) = 1 \Longleftrightarrow -1 \leq \frac{t}{a} \leq 1 \Longleftrightarrow -a \leq t \leq a$$

2. La valeur du paramètre b règle la position de la fenêtre sur l'axe des abscisses, pour $b = 0$, elle est centrée à l'origine. En effet, avec la même fonction s que précédemment, on a

$$s(t-b) = 1 \Longleftrightarrow -1 \leq t-b \leq 1 \Longleftrightarrow -1+b \leq t \leq 1+b$$

3. D'autre part, le coefficient $\dfrac{1}{\sqrt{a}}$ est un coefficient de normalisation, c'est à dire que pour tout couple $(a,b) \in \mathbb{R}^{+*} \times \mathbb{R}$, on a $||\psi_{a,b}||_2 = 1$ dès que $||\psi||_2 = 1$ (où $||\cdot||_2$ désigne la norme quadratique).
   Cela se démontre par un simple changement de variable :

$$||\psi_{a,b}||_2 = \int_{-\infty}^{+\infty} \left| \frac{1}{\sqrt{a}} \psi\left(\frac{t-b}{a}\right) \right|^2 \mathrm{d}t$$

   en posant $u = \dfrac{t-b}{a}$, on a $\mathrm{d}t = a\mathrm{d}u$ et

$$||\psi_{a,b}||_2 = \int_{-\infty}^{+\infty} |\psi(u)|^2 \,\mathrm{d}u = ||\psi||_2 = 1$$

On définira donc, à partir d'une fonction ψ qu'il conviendra de choisir, et qui sera appelée une *ondelette (mère)*, la famille de fonctions analysantes définie par

$$\forall (a,b) \in \mathbb{R}^{+*} \times \mathbb{R}, \quad \psi_{a,b}(t) = \frac{1}{\sqrt{a}} \psi\left(\frac{t-b}{a}\right)$$

3.1.2 Définition d'une ondelette

On peut maintenant définir une *ondelette.* Essentiellement, une ondelette est une fonction qui oscille et, de manière plus précise une fonction qui vérifie les conditions suivantes.

Définition 162. On appelle *ondelette* (ou *ondelette mère*) toute fonction ψ qui vérifie les deux propriétés suivantes :

(1) $\psi \in L^1 \cap L^2$, c'est à dire que ψ est à la fois intégrable et de carré intégrable.

(2) Il existe un entier $n \in \mathbb{N}$ tel que pour tout entier $k \in \{0, \cdots, n\}$ on ait

$$\int_{-\infty}^{+\infty} t^k \psi(t) \,\mathrm{d}t = 0 \qquad 0 \leq k \leq n$$

C'est à partir de cette ondelette mère que sera construite la famille des fonctions analysantes $\psi_{a,b}$.

Remarques.

1. La condition (2) définit ce qu'on appelle le nombre de *moments nuls* pour ψ. En l'occurrence, ψ possède $(n+1)$ moments nuls.
   Plus n est grand, plus il y a d'oscillations et plus l'ondelette est régulière.
2. La traduction anglaise du mot ondelette est *wavelet.*

3.1.3 Comportement en accordéon d'une ondelette

Avant de poursuivre, illustrons le comportement d'une ondelette en fonction des paramètres a et b. Pour cela on utilise la fonction

$$\psi : t \mapsto \mathrm{e}^{-\pi t^2} \cos(2\pi t)$$

dont il est facile de vérifier que c'est une ondelette (appelée ondelette de Morlet).

La famille $\psi_{a,b}$ qui en résulte est donnée, pour $(a,b) \in \mathbb{R}^{+*} \times \mathbb{R}$, par (19.3) sous la forme

$$\psi_{a,b}(t) = \frac{1}{\sqrt{a}} e^{-\pi\left(\frac{t-b}{a}\right)^2} \cos\left(2\pi\left(\frac{t-b}{a}\right)\right)$$

On peut alors observer, sur la figure 19.6 page 587 que $\psi_{a,b}$ se comporte comme un « accordéon » en fonction des paramètres a et b. Ce comportement permet de résoudre le problème soulevé par la transformation de Gabor, les « fenêtres » utilisées sont désormais adaptables : la largeur fréquentielle peut varier mais aussi la largeur temporelle.

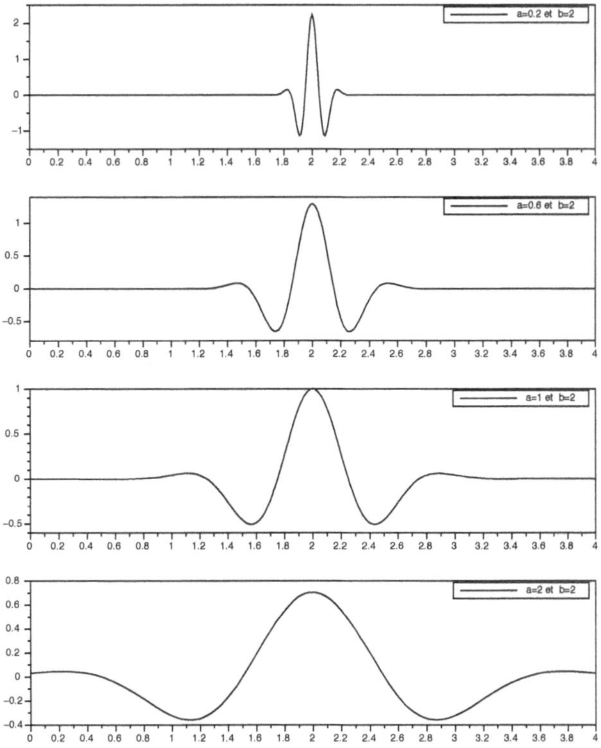

FIGURE 19.6 – Comportement en accordéon de l'ondelette $\psi : t \mapsto \mathrm{e}^{-\pi t^2} \cos(2\pi t)$ (partie réelle)

3.1.4 Conséquence sur le pavage temps-fréquence

Des calculs semblables à ceux effectués pour la transformation de Gabor permettent de mettre en évidence la forme des rectangles qui matérialisent le pavage du plan temps-fréquences en présence d'une ondelette.
Pour cela, faisons les calculs avec la fonction analysante

$$A(t) = \psi_{a,0}(t) = \frac{1}{\sqrt{a}}\psi\left(\frac{t}{a}\right)$$

et utilisons les formules déjà évoquées pour évaluer la dispersion en temps et en fréquence. La dispersion temporelle de A (élevée au carré par commodité) est donnée par

$$\sigma_A^2 = \int_{-\infty}^{+\infty} t^2 \left|\frac{1}{\sqrt{a}}\psi\left(\frac{t}{a}\right)\right|^2 \mathrm{d}t$$

qui devient, par le changement de variable $x = t/a$

$$\sigma_A^2 = a^2 \int_{-\infty}^{+\infty} x^2 |\psi(x)|^2 \,\mathrm{d}x$$

Ainsi, si l'on note $K = \int_{-\infty}^{+\infty} x^2 |\psi(x)|^2 \,\mathrm{d}x$, qui ne dépend que du choix de ψ, on obtient

$$\sigma_A^2 = Ka^2$$

De même, on peut calculer la dispersion en fréquence $\sigma_{\widehat{A}}^2$

$$\sigma_{\widehat{A}}^2 = \int_{-\infty}^{+\infty} q^2 |\widehat{A}(q)|^2 \mathrm{d}q$$

Or, en vertu de la propriété de dilatation (13.16) page 438 de la transformation de Fourier, on sait que

$$\widehat{\psi\left(\frac{\bullet}{a}\right)}(q) = a\widehat{\psi}(aq)$$

donc

$$\widehat{A}(q) = \widehat{\frac{1}{\sqrt{a}}\psi\left(\frac{\bullet}{a}\right)}(q) = \sqrt{a}\widehat{\psi}(aq)$$

enfin,

$$\sigma_{\widehat{A}}^2 = \int_{-\infty}^{+\infty} q^2 |\sqrt{a}\widehat{\psi}(aq)|^2 \mathrm{d}q$$

finalement, on obtient, encore à l'aide d'un changement de variable $x = aq$

$$\sigma_{\widehat{A}}^2 = \frac{1}{a^2}\int_{-\infty}^{+\infty} x^2 |\widehat{\psi}(x)|^2 \,\mathrm{d}x$$

De même, en notant $L = \int_{-\infty}^{+\infty} x^2 |\widehat{\psi}(x)|^2 \,\mathrm{d}x$, on obtient

$$\sigma_{\widehat{A}}^2 = \frac{L}{a^2}$$

Autrement dit, les « largeurs » temporelles et fréquentielles sont inversement proportionnelles puisque le produit $\sigma^2_{\widehat{A}}\sigma^2_A$ est constant :

$$\sigma^2_{\widehat{A}}\sigma^2_A = KL$$

Cela conduit à paver le plan temps-fréquences par des rectangles qui ont une aire constante et dont la base est inversement proportionnelle à la hauteur.

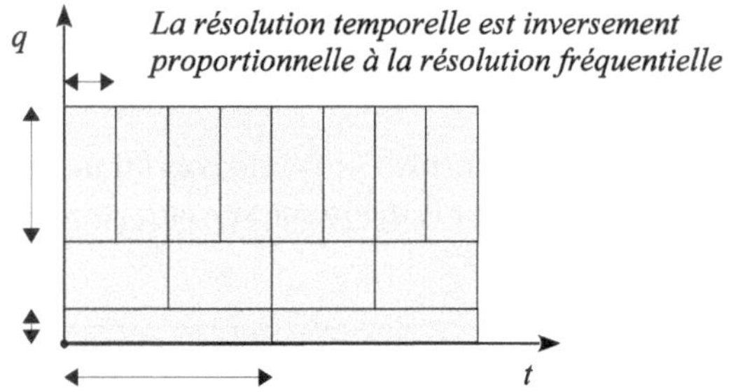

FIGURE 19.7 – Pavage du *plan temps-fréquences*

Il est important de comprendre ce que signifie ce nouveau pavage. Contrairement à la transformation de Gabor, pour laquelle les rectangles étaient tous identiques, ce nouveau pavage offre la possibilité d'analyser les hautes fréquences mais aussi les basses fréquences en adaptant la largeur de la fenêtre temporelle.

3.2 Transformation en ondelettes continue et formule d'analyse

Soit ψ une ondelette à partir de laquelle est définie la famille $\psi_{a,b}$ des ondelettes analysantes (pour $(a,b) \in \mathbb{R}^{+*} \times \mathbb{R}$) :

$$\psi_{a,b}(t) = \frac{1}{\sqrt{a}}\psi\left(\frac{t-b}{a}\right)$$

Définition 163. On appelle *transformation en ondelettes continue* (en anglais *continuous wavelet transform*, soit en abrégé CWT) la transformation (linéaire) qui, à une fonction $s \in L^2$, associe la fonction de deux variables, notée $\mathbb{W}(s)$ et définie pour $(a,b) \in \mathbb{R}^{+*} \times \mathbb{R}$, sous réserve d'existence, par

$$\mathbb{W}(s)(a,b) = \int_{-\infty}^{+\infty} s(t)\overline{\psi_{a,b}(t)}\,\mathrm{d}t \tag{19.4}$$

On définit ensuite les *coefficients d'ondelette.*

Définition 164. On appelle *coefficients d'ondelette* de la fonction s les coefficients $\mathbb{W}(s)(a,b)$ de s (toujours sous réserve d'existence).

Ces coefficients sont l'analogue, pour la transformation de Fourier, du spectre $\widehat{s}(q)$ et, pour la transformation de Gabor, de $\mathbb{G}(s)(a,b)$.

3.3 Formules de reconstruction ou de synthèse

À l'instar de la transformation de Fourier, ou de la transformation de Gabor, on s'intéresse particulièrement à deux questions :

1. Peut-on, à partir de la seule connaissance des coefficients d'ondelette $\mathbb{W}(s)(a,b)$, reconstruire le signal s ?
2. A-t-on une formule de conservation de l'énergie, caractéristique du fait que la connaissance de l'ensemble des coefficients d'ondelette est équivalente à la connaissance du signal s ?

La réponse à ces deux questions est positive sous une condition, dite d'*admissibilité*, sur l'ondelette mère. Plus précisément, on a le théorème suivant, dont la démonstration, assez technique, est admise (voir $[MI]$ ou $[GW]$).

Théorème 173. Soit $\psi \in L^1 \cap L^2$ une ondelette mère qui vérifie $||\psi||_2 = 1$ et la condition d'admissibilité :

$$A = \int_{-\infty}^{0} \frac{|\widehat{\psi}(q)|^2}{|q|} \mathrm{d}q + \int_{0}^{+\infty} \frac{|\widehat{\psi}(q)|^2}{|q|} \mathrm{d}q \in \mathbb{R} \tag{19.5}$$

Alors on a :

1. Une formule de reconstruction

$$s(t) = \frac{1}{A} \int_{-\infty}^{+\infty} \int_{-\infty}^{+\infty} \frac{1}{a^2} \mathbb{W}(s)(a,b)\, \psi_{a,b}(t) \mathrm{d}a\mathrm{d}b$$

2. Une formule de conservation de l'énergie

$$\frac{1}{A} \int_{-\infty}^{+\infty} \int_{-\infty}^{+\infty} \frac{1}{a^2} |\mathbb{W}(s)(a,b)|^2 \mathrm{d}a\mathrm{d}b = \int_{-\infty}^{+\infty} |s|^2$$

Remarque. La condition d'admissibilité impose la condition nécessaire $\widehat{\psi}(0) = 0$ (sans quoi on ne peut pas avoir $A \in \mathbb{R}$).

3.4 Exemple : l'ondelette de Haar

Historiquement, la première ondelette utilisée a été construite par Haar (Alfred Haar, 1885-1933, mathématicien hongrois) en 1910. Il s'agit de la première mais aussi, sans aucun doute, de la plus simple des ondelettes, c'est pourquoi elle sera utilisée à plusieurs reprises. L'ondelette de Haar est définie par

$$\psi(t) = \begin{cases} 1 & \text{si} \quad 0 \leq t < 1/2 \\ -1 & \text{si} \quad 1/2 \leq t < 1 \\ 0 & \text{si} \quad t \notin [0,1[\end{cases} \tag{19.6}$$

Il s'agit d'une ondelette admissible.

Proposition 174. L'ondelette de Haar est une ondelette admissible.

Démonstration.
En effet, il s'agit bien d'une ondelette au sens de la définition puisque on vérifie sans peine que les deux conditions $\psi \in L^1 \cap L^2$ et $\int_{-\infty}^{+\infty} \psi(t) = 0$ sont remplies. Sa transformée de Fourier est donnée par

$$\widehat{\psi} : q \mapsto \widehat{\psi}(q) = \frac{i\mathrm{e}^{-i\pi q}}{\pi q} \sin^2\left(\frac{\pi q}{2}\right)$$

qui est bien défini en 0 par prolongement.
Enfin, c'est une ondelette admissible puisque, d'une part, $\psi \in L^1 \cap L^2$ et, d'autre part, le calcul de $\dfrac{|\widehat{\psi}(q)|^2}{|q|}$ conduit à

$$\frac{|\widehat{\psi}(q)|^2}{|q|} = \frac{\sin^4\left(\frac{\pi q}{2}\right)}{\pi^2 |q|^3}$$

Or, cette fonction se prolonge par continuité en 0 et elle est intégrable sur $\mathbb{R}$, ce qui prouve que l'expression

$$\int_{-\infty}^{0} \frac{|\widehat{\psi}(q)|^2}{|q|} \mathrm{d}q + \int_{0}^{+\infty} \frac{|\widehat{\psi}(q)|^2}{|q|} \mathrm{d}q$$

est finie. □

L'ondelette de Haar et sa transformée de Fourier sont représentées dans la figure 19.8.

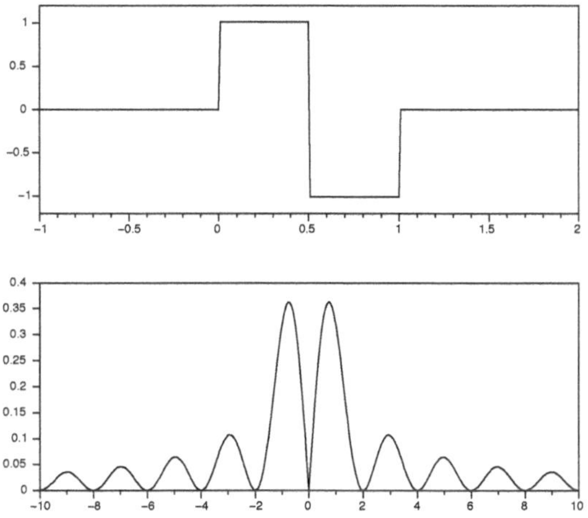

FIGURE 19.8 – L'ondelette de Haar et sa transformée de Fourier (en module)

Chapitre 20

Transformations en ondelettes discrètes

Les transformations en ondelettes sont dues à l'ingénieur et géophysicien français Jean Morlet (1931-2007). Il cherchait à pallier les limites de la transformation de Fourier pour l'étude des signaux associés à la prospection pétrolière qu'il avait à traiter et eut rapidement l'intuition de leur efficacité. Malheureusement, sa découverte n'a pas reçu d'écho très favorable ni très intéressé de son employeur qui l'invita à prendre sa retraite en le privant des ressources nécessaires à une recherche approfondie. Sa découverte n'est cependant pas tombée dans l'oubli. Jean Morlet s'est tourné vers le physicien Alex Grossmann (1930-) et la saga des ondelettes commença, pour paraphraser le titre de l'excellent ouvrage de vulgarisation [*HU*]. Le cercle de ceux qui firent la théorie et l'histoire des ondelettes accueillit bientôt des noms illustres comme Meyer (Yves Meyer, 1939-, mathématicien français), Mallat (Stéphane Mallat, 1962-, mathématicien français), Daubechies (Ingrid Daubechies, 1954-, mathématicienne et physicienne belge) et, plus tard, Le Pennec (Erwan Le Pennec, 1976-, mathématicien français), Candès (Emmanuel Candès, 1970-, mathématicien français), Donoho (David Donoho, 1957-, mathématicien américain) pour des versions modernes et sophistiquées des ondelettes.

1 Des transformations en ondelettes continues aux transformations discrètes

La transformation en ondelettes définie dans la section précédente est dite *continue* parce que les deux coefficients a et b qui interviennent sont des réels (voir la section 3 du chapitre précédent). En conséquence, cette transformation fournit une infinité de coefficients et il est fort probable qu'il ne soit pas nécessaire d'en calculer « autant ».
On envisage donc, en discrétisant l'ensemble des valeurs prises par les paramètres a et b, de construire une *transformation discrète* avec pour objectif de réduire le nombre de coefficients « au strict minimum ».

On discrétise donc le domaine $\mathbb{R}^{+*} \times \mathbb{R}$ en lui superposant une grille *dyadique* construite en posant

$$\forall (j,k) \in \mathbb{Z} \times \mathbb{Z}, \quad \begin{cases} a_j = 2^{-j} \\ b_k = 2^{-j} k \end{cases}$$

Avec ce choix, la famille d'ondelettes $\left(\psi_{a,b}\right)_{(a,b) \in \mathbb{R}^{+*} \times \mathbb{R}}$ devient une famille discrète, indicée sur les deux entiers relatifs j et k et elle sera désormais notée $\left(\psi_{j,k}\right)_{(j,k) \in \mathbb{Z} \times \mathbb{Z}}$ en posant (voir la formule (19.3) page 585 du chapitre 19) :

$$\psi_{j,k}(t) = \frac{1}{\sqrt{2^{-j}}} \psi\left(\frac{t - 2^{-j} k}{2^{-j}}\right) = 2^{j/2} \psi(2^j t - k) \tag{20.1}$$

Avec la discrétisation choisie, le calcul des coefficients d'ondelette d'un signal $s \in L^2$ fournit désormais un ensemble discret de coefficients $d_j(k) = \mathbb{W}(s)(j,k)$ donnés par la formule (voir la formule (19.4) page 589 du chapitre 19) :

$$d_j(k) = \mathbb{W}(s)(j,k) = \int_{-\infty}^{+\infty} s(t) \overline{\psi_{j,k}(t)} \, \mathrm{d}t \tag{20.2}$$

Si l'on peut démontrer que la famille de fonctions

$$\left\{\psi_{j,k} : t \mapsto 2^{j/2} \psi(2^j t - k), \quad (j,k) \in \mathbb{Z} \times \mathbb{Z}\right\} \tag{20.3}$$

forme une base hilbertienne de l'espace L^2 (donc une famille orthonormale, voir l'annexe D page 794 pour la définition d'une base hilbertienne), on pourra décomposer le signal s sur cette base en faisant intervenir ses coordonnées, c'est à dire les coefficients $d_j(k)$, obtenus par produit scalaire de s par les fonctions $\psi_{j,k}$ (qui constituent la base) en utilisant (20.2) pour obtenir la décomposition de s en somme infinie

$$s(t) = \sum_{j=-\infty}^{+\infty} \sum_{k=-\infty}^{+\infty} d_j(k) \, \psi_{j,k}(t) \tag{20.4}$$

C'est une situation « idéale » dans la mesure où l'on restreint le nombre des coefficients au « minimum ». Cela conduit donc aux questions suivantes :

1. Existe-t-il des ondelettes ψ qui permettent de construire de telles bases ?
2. Dans l'affirmative, la transformation est-elle inversible ? Autrement dit, à partir des coefficients calculés, sera-t-il possible de reconstruire le signal ?

La réponse à ces deux questions est positive. Tous les aspects théoriques et pratiques liés aux transformations en ondelettes discrètes sont aujourd'hui bien connus et bien renseignés dans la littérature grâce aux travaux de trois mathématiciens en particulier.

Dans l'ordre chronologique, Meyer, en 1985, a mis en évidence la notion de base orthogonale. En 1989, Mallat a proposé le cadre mathématique de l'*analyse multi-résolution* qui permet de construire, à partir d'une ondelette mère, une base hilbertienne de L^2 sous la forme (20.3) et, surtout, il relie les bases orthonormales d'ondelettes aux *bancs de filtres*, faisant entrer les décompositions en ondelettes dans le domaine du traitement du signal. Il propose un algorithme, appelé *algorithme pyramidal*, particulièrement simple et efficace dont la complexité est seulement linéaire $\left(\text{en } O(N)\right)$. Enfin, en 1988, Daubechies propose une famille d'ondelettes, dites *ondelettes orthogonales*, à support compact très largement utilisées.

2 Exemple de l'ondelette de Haar

2.1 L'ondelette de Haar dans un cas particulier

Avant d'aborder le cadre général de l'analyse multi-résolution de L^2, explorons un exemple dans le cadre familier des espaces euclidiens (un espace euclidien est un espace vectoriel de dimension finie muni d'un produit scalaire et donc d'une norme euclidienne, voir l'annexe C page 787). La structure hilbertienne de L^2 permettra de généraliser cette construction et, en particulier, les notions géométriques sous-jacentes (l'orthogonalité, projection, etc., voir l'annexe D).

Concrètement, l'exemple s'appuie sur la structure euclidienne de l'espace vectoriel des fonctions de $[0,1]$ dans $\mathbb{R}$, en « escalier », possédant 2^n (pour $n \in \mathbb{N}$) paliers de largeurs égales, noté E_n et muni du produit scalaire canonique, noté $(\cdot|\cdot)$ et défini, pour deux fonctions f et g, par

$$(f|g) = \int_0^1 fg \tag{20.5}$$

Il est facile de vérifier que l'on définit bien là un produit scalaire et que cela confère à E_n une structure d'espace vectoriel euclidien de dimension 2^n.
Par exemple, l'espace E_0 est l'espace vectoriel de dimension 1 des fonctions constantes sur $[0,1]$, l'espace E_1 est l'espace vectoriel de dimension 2 des fonctions en « escalier » possédant $2 = 2^1$ paliers, E_2 est l'espace vectoriel de dimension 4 des fonctions en « escalier » possédant $4 = 2^2$ paliers, etc.
Toujours à titre d'exemple, les fonctions de E_2 sont définies par :

$$s \in E_2 \Longleftrightarrow \exists (a,b,c,d) \in \mathbb{R}^4, \quad \forall t \in [0,1], \quad s(t) = \begin{cases} a & \text{si } t \in \left[0, \frac{1}{4}\right[\\ b & \text{si } t \in \left[\frac{1}{4}, \frac{1}{2}\right[\\ c & \text{si } t \in \left[\frac{1}{2}, \frac{3}{4}\right[\\ d & \text{si } t \in \left[\frac{3}{4}, 1\right[\end{cases}$$

L'intérêt de cette construction est de pouvoir « assimiler » une suite finie de 2^n valeurs à une fonction en « escalier » de E_n. Dans l'exemple précédent, on fait l'identification entre la suite finie (a,b,c,d) et la fonction $s \in E_2$.
Les espaces E_n jouissent d'un ensemble de propriétés qui sont détaillées ci-dessous.

Proposition 175. Chaque espace E_n est de dimension 2^n et engendré par la base orthonormale formée des 2^n fonctions $\left(\varphi_{n,k}\right)_{k \in \{0,\cdots,2^n-1\}}$ définies par

$$\varphi_{n,k}(t) = \begin{cases} 2^{n/2} & \text{si} \quad t \in \left[\frac{k}{2^n}; \frac{k+1}{2^n}\right[\\ 0 & \text{si} \quad t \notin \left[\frac{k}{2^n}; \frac{k+1}{2^n}\right[\end{cases} \tag{20.6}$$

Il est en effet facile de constater que E_n est de dimension 2^n et que la famille proposée est une base orthonormale naturelle (pour le produit scalaire canonique).

On remarque aussi, et c'est important pour la suite, que les fonctions $\varphi_{n,k}$ sont toutes construites par dilatations et translations à partir d'une unique fonction notée φ et définie par

$$\forall t \in [0,1], \quad \varphi(t) = 1 \tag{20.7}$$

en posant, pour $n \in \mathbb{N}$ et $k \in \{0, \cdots, 2^n - 1\}$

$$\boxed{\varphi_{n,k}(t) = 2^{n/2}\varphi(2^n t - k)} \tag{20.8}$$

Définition 165. Avec les notations précédentes, la fonction φ est appelée une *fonction d'échelle.*

On dispose ensuite d'une propriété évidente d'inclusion entre les espaces E_n.

Proposition 176. Les espaces E_n forment une suite croissante emboitée

$$\forall n \in \mathbb{N}, \quad E_0 \subset E_1 \subset E_2 \cdots \subset E_n \tag{20.9}$$

Il est intéressant de remarquer que cette inclusion peut être illustrée de la manière suivante. Lorsque $n = 0$, l'espace E_0 ne contient que des fonctions constantes qui peuvent être vues comme des approximations très grossières de fonctions ayant plusieurs paliers. Ensuite, plus n augmente, plus l'espace E_n se « raffine ».

Définition 166. Les espaces E_n sont appelés des *espaces d'approximation.*

En raison de l'inclusion $E_n \subset E_{n+1}$, E_n possède un supplémentaire orthogonal dans E_{n+1}.

Proposition 177. Chaque espace E_n possède un supplémentaire orthogonal dans E_{n+1}, noté F_n, et on a donc la relation

$$E_{n+1} = E_n \overset{\perp}{\oplus} F_n \tag{20.10}$$

D'autre part, les espaces F_n possèdent chacun une base orthonormale.

Proposition 178. Chaque espace F_n est de dimension 2^n et possède une base orthonormale formée des 2^n fonctions $\left(\psi_{n,k}\right)_{k \in \{0,\cdots,2^n-1\}}$ définies par

$$\forall k \in \{0, \cdots, 2^n - 1\}, \quad \psi_{n,k}(t) = \begin{cases} 2^{\frac{n}{2}} & \text{si } t \in \left[\frac{k}{2^n}; \frac{2k+1}{2^{n+1}}\right[\\ -2^{\frac{n}{2}} & \text{si } t \in \left[\frac{2k+1}{2^{n+1}}; \frac{k+1}{2^n}\right[\end{cases} \tag{20.11}$$

Les supplémentaires orthogonaux F_n sont bien sûr eux-mêmes des espaces vectoriels euclidiens et il est facile de vérifier que la dimension de F_n est 2^n puisque

$$\dim E_{n+1} = \dim E_n + \dim F_n \iff 2^{n+1} = 2^n + \dim F_n \iff \dim F_n = 2^n$$

Il est aussi facile de vérifier que la famille des 2^n fonctions $\psi_{n,k}$ constitue une base orthonormale de F_n pour le produit scalaire canonique.

Définition 167. Les espaces F_n sont appelés des *espaces de détail.*

À l'instar de la base $\{\varphi_{n,k}\}_{k\in\{0,\cdots,2^n-1\}}$ de E_n, construite à partir de la fonction d'échelle φ, la base $\{\psi_{n,k}\}_{k\in\{0,\cdots,2^n-1\}}$ de F_n est construite, par dilatations et translations, à partir d'une unique fonction, notée ψ et définie sur $[0,1]$ par

$$\psi(t) = \begin{cases} 1 & \text{si} \quad 0 \le t < \frac{1}{2} \\ -1 & \text{si} \quad \frac{1}{2} \le t \le 1 \end{cases} \tag{20.12}$$

en écrivant

$$\boxed{\psi_{n,k}(t) = 2^{n/2}\psi(2^n t - k)} \tag{20.13}$$

Définition 168. La fonction ψ définie par (20.12) est appelée *ondelette mère* (de Haar).

Voyons maintenant comment exploiter cette construction.
Soit $s \in E_n$. En vertu du fait que la famille $(\varphi_{n,k})_{k\in\{0,1,\cdots,2^n-1\}}$ est une base orthonormale de E_n pour le produit scalaire canonique, s peut être décomposée sous la forme

$$s(t) = \sum_{k=0}^{2^n-1} a_n(k)\,\varphi_{n,k}(t) \tag{20.14}$$

où les 2^n coefficients $a_n(k)$ sont donnés par

$$a_n(k) = (s|\varphi_{n,k}) = \int_0^1 s(t)\varphi_{n,k}(t)\,\mathrm{d}t \tag{20.15}$$

Définition 169. Les coefficients $a_n(k)$ définis par (20.15) sont appelés des *coefficients d'approximation* de s.

Maintenant, exploitons la somme directe

$$E_n = E_0 \oplus F_0 \oplus F_1 \oplus \cdots \oplus F_{n-1} \tag{20.16}$$

Proposition 179. Soit $s \in E_n$. Alors, il existe $2^n - 1$ coefficients $d_j(k)$ tels que, pour $j \in \{0,\cdots,n-1\}$ et $k \in \{0,\cdots,2^j-1\}$

$$s(t) = s_0(t) + \sum_{j=0}^{n-1}\sum_{k=0}^{2^j-1} d_j(k)\,\psi_{j,k}(t) \tag{20.17}$$

avec

$$d_j(k) = (s|\psi_{j,k}) = \int_0^1 s(t)\psi_{j,k}(t)\,\mathrm{d}t \tag{20.18}$$

C'est en effet une simple conséquence de la décomposition en somme directe (20.16) et de l'existence d'une base orthonormale pour chacun des espaces F_k.

Définition 170. Les coefficients $d_j(k)$ sont appelés les *coefficients d'ondelette* ou de *détail* de s.

2.2 Décomposition en ondelettes de Haar

Considérons une suite finie de 2^{n+1} valeurs $\left(a_{n+1}(k)\right)_{k\in\{0,\cdots,2^{n+1}-1\}}$ ou, de manière équivalente, une fonction $s \in E_{n+1}$ (c'est-à-dire une fonction continue par morceaux en « escalier » et possédant 2^{n+1} paliers) définie par

$$\forall t \in [0,1], \quad s(t) = \sum_{k=0}^{2^{n+1}-1} a_{n+1}(k)\,\varphi_{n+1,k}(t) \tag{20.19}$$

On s'intéresse ici au calcul des coefficients d'ondelette de s. Pour cela, on commence par rappeler que $E_{n+1} = E_n \overset{\perp}{\oplus} F_n$. Par conséquent, on peut écrire la décomposition

$$s = a_n + d_n \quad \text{où} \quad \begin{cases} a_n \in E_n & \text{et} \quad a_n = \sum_{k=0}^{2^n-1} a_n(k)\,\varphi_{n,k} \\ d_n \in F_n & \text{et} \quad d_n = \sum_{k=0}^{2^n-1} d_n(k)\,\psi_{n,k} \end{cases}$$

où

1. $a_n \in E_n$ désigne l'approximation de s à la résolution n,
2. $a_n(k)$ désigne les coefficients d'approximation de s dans E_n,
3. $d_n \in F_n$ désigne le détail de s à la résolution n,
4. $d_n(k)$ désigne les coefficients de détail de s dans F_n,

Il faut maintenant calculer effectivement les coefficients $a_n(k)$ et $d_n(k)$. Pour cela, il suffit de projeter s sur chacun des espaces E_n et F_n. Dans les faits, on démontre qu'il existe une relation entre les coefficients à la résolution n et ceux à la résolution $n+1$.

Proposition 180.

1. Les coefficients d'approximations à la résolution n sont donnés en fonction des coefficients d'approximation à la résolution $n+1$ par la formule

$$a_n(k) = \frac{\sqrt{2}}{2}\,a_{n+1}(2k) + \frac{\sqrt{2}}{2}\,a_{n+1}(2k+1) \qquad k \in \{0,\cdots,2^n-1\} \tag{20.20}$$

2. La relation entre les coefficients de détail à la résolution n et les coefficients d'approximation à la résolution $n+1$ est donnée par :

$$d_n(k) = \frac{\sqrt{2}}{2}\,a_{n+1}(2k) - \frac{\sqrt{2}}{2}\,a_{n+1}(2k+1) \qquad k \in \{0,\cdots,2^n-1\} \tag{20.21}$$

Démonstration.
Faisons les calculs pour les coefficients d'approximation $a_n(k)$ (les coefficients de détail $d_n(k)$ se calculent de la même manière) :
Posons $I_{n,k} = \left[\frac{k}{2^n}; \frac{k+1}{2^n}\right[$ et $I_{n+1,j} = \left[\frac{j}{2^{n+1}}; \frac{j+1}{2^{n+1}}\right[$ les supports respectifs des deux fonctions $\varphi_{n,k}$ et $\varphi_{n+1,j}$. On a alors

$$\begin{aligned}(\varphi_{n+1,j}|\varphi_{n,k}) &= \int_0^1 2^{\frac{n+1}{2}} \varphi(2^{n+1}x - j) \,.\, 2^{\frac{n}{2}} \varphi(2^n x - k)\, \mathrm{d}x \\ &= \int_{I_{n+1,j}\cap I_{n,k}} 2^{\frac{n+1}{2}} \varphi(2^{n+1}x - j) \,.\, 2^{\frac{n}{2}} \varphi(2^n x - k)\, \mathrm{d}x\end{aligned}$$

Il reste donc à étudier l'intersection $I_{n+1,j} \cap I_{n,k}$:

- Si $j = 2k$, alors $\dfrac{j}{2^{n+1}} = \dfrac{k}{2^n}$ et $I_{n+1,j} \cap I_{n,k} = \left[\dfrac{k}{2^n}; \dfrac{k}{2^n} + \dfrac{1}{2^{n+1}}\right[$. Donc :

$$(\varphi_{n+1,j}|\varphi_{n,k}) = 2^{n+\frac{1}{2}} \int_{\frac{k}{2^n}}^{\frac{k}{2^n}+\frac{1}{2^{n+1}}} 1\, \mathrm{d}x = 2^{-\frac{1}{2}} = \frac{\sqrt{2}}{2}$$

- Si $j = 2k+1$, alors $I_{n+1,j} \cap I_{n,k} = \left[\dfrac{k}{2^n} + \dfrac{1}{2^{n+1}}; \dfrac{k+1}{2^n}\right[$. Donc :

$$(\varphi_{n+1,j}|\varphi_{n,k}) = 2^{n+\frac{1}{2}} \int_{\frac{k}{2^n}+\frac{1}{2^{n+1}}}^{\frac{k+1}{2^n}} 1\, \mathrm{d}x = 2^{-\frac{1}{2}} = \frac{\sqrt{2}}{2}$$

Autrement dit, les produits scalaires $(\varphi_{n+1,j}|\varphi_{n,k})$ sont non nuls dans seulement deux cas, lorsque $j = 2k$ et lorsque $j = 2k+1$ et, dans ces deux cas, ils valent $\frac{\sqrt{2}}{2}$. Par conséquent, on obtient bien la relation entre les coefficients d'approximation aux résolutions n et $n+1$ (pour $k \in \{0, \cdots, 2^n - 1\}$)

$$a_n(k) = (g|\varphi_{n,k}) = \sum_{j=0}^{2^{n+1}-1} a_{n+1}(j)\ (\varphi_{n+1,j}|\varphi_{n,k}) = \frac{\sqrt{2}}{2}\, a_{n+1}(2k) + \frac{\sqrt{2}}{2}\, a_{n+1}(2k+1)$$

□

2.3 Relations à deux échelles

2.3.1 Définition

Les calculs précédents prouvent qu'il serait très utile de pouvoir s'affranchir du calcul des intégrales, en particulier en vue de construire un algorithme permettant de systématiser le calcul des coefficients d'approximation et de détail.
Cette remarque nous conduit aux importantes *relations à deux échelles*. Pour mémoire, rappelons que φ est la fonction d'échelle et ψ l'ondelette mère. Ensuite, remarquons que la somme directe $E_1 = E_0 \oplus F_0$ implique les deux inclusions

$$\begin{cases} E_0 \subset E_1 \\ F_0 \subset E_1 \end{cases}$$

L'espace E_0 est engendré par la seule fonction $\varphi = \varphi_{0,0}$. L'espace F_0, lui, est engendré par la seule fonction $\psi = \psi_{0,0}$. Enfin, l'espace E_1 est engendré par la famille de deux fonctions $\left(\varphi_{1,0}, \varphi_{1,1}\right)$ où

$$\begin{cases} \varphi_{1,0}(x) = \sqrt{2}\varphi(2x) \\ \varphi_{1,1}(x) = \sqrt{2}\varphi(2x-1) \end{cases}$$

Il est alors facile de constater qu'on dispose des deux relations

$$\varphi(x) = \varphi(2x) + \varphi(2x-1)$$
$$\psi(x) = \varphi(2x) - \varphi(2x-1)$$

que l'on peut réécrire sous la forme

$$\varphi(x) = \varphi(2x) + \varphi(2x-1) = \frac{\sqrt{2}}{2}\left(\sqrt{2}\varphi(2x)\right) + \frac{\sqrt{2}}{2}\left(\sqrt{2}\varphi(2x-1)\right)$$
$$\psi(x) = \varphi(2x) - \varphi(2x-1) = \frac{\sqrt{2}}{2}\left(\sqrt{2}\varphi(2x)\right) - \frac{\sqrt{2}}{2}\left(\sqrt{2}\varphi(2x-1)\right)$$

Autrement dit, il existe deux paires de coefficients

$$\begin{cases} \left(\alpha(0), \alpha(1)\right) = \left(\frac{\sqrt{2}}{2}, \frac{\sqrt{2}}{2}\right) \\ \left(\beta(0), \beta(1)\right) = \left(\frac{\sqrt{2}}{2}, -\frac{\sqrt{2}}{2}\right) \end{cases} \tag{20.22}$$

tels que

$$\begin{cases} \varphi(x) = \alpha(0)\varphi_{1,0}(x) + \alpha(1)\varphi_{1,1}(x) = \frac{\sqrt{2}}{2}\varphi_{1,0}(x) + \frac{\sqrt{2}}{2}\varphi_{1,1}(x) \\ \psi(x) = \beta(0)\varphi_{1,0}(x) + \beta(1)\varphi_{1,1}(x) = \frac{\sqrt{2}}{2}\varphi_{1,0}(x) - \frac{\sqrt{2}}{2}\varphi_{1,1}(x) \end{cases} \tag{20.23}$$

Définition 171. On appelle *relations à deux échelles* les relations (20.23).

Remarque. Les deux couples de coefficients $(\alpha(0), \alpha(1))$ et $(\beta(0), \beta(1))$ caractérisent entièrement l'ondelette de Haar.

Avant de poursuivre, remarquons que ces relations à deux échelles se généralisent sans difficultés aux autres échelles. En effet, on commence par remarquer que l'on dispose des relations suivantes en remplaçant x par $2^n x - k$ et en multipliant par $2^{\frac{n}{2}}$:

$$2^{\frac{n}{2}}\varphi(2^n x - k) = \alpha(0)2^{\frac{n}{2}}\sqrt{2}\varphi\left(2^{n+1}x - 2k\right) + \alpha(1)2^{\frac{n}{2}}\sqrt{2}\varphi\left(2^{n+1}x - (2k+1)\right)$$

autrement dit

$$\varphi_{n,k}(x) = \alpha(0)2^{\frac{n+1}{2}}\varphi\left(2^{n+1}x - 2k\right) + \alpha(1)2^{\frac{n+1}{2}}\varphi\left(2^{n+1}x - (2k+1)\right)$$

c'est à dire

$$\varphi_{n,k}(x) = \alpha(0)\varphi_{n+1,2k}(x) + \alpha(1)\varphi_{n+1,2k+1}(x)$$

et, de la même manière

$$\psi_{n,k}(x) = \beta(0)\varphi_{n+1,2k}(x) - \beta(1)\varphi_{n+1,2k+1}(x)$$

Finalement, on dispose alors d'une forme générale des relations à deux échelles

$$\begin{cases} \varphi_{n,k}(x) = \dfrac{\sqrt{2}}{2}\varphi_{n+1,2k}(x) + \dfrac{\sqrt{2}}{2}\varphi_{n+1,2k+1}(x) \\ \psi_{n,k}(x) = \dfrac{\sqrt{2}}{2}\varphi_{n+1,2k}(x) - \dfrac{\sqrt{2}}{2}\varphi_{n+1,2k+1}(x) \end{cases} \tag{20.24}$$

2.3.2 Conséquences sur le calcul du coefficient

Si l'on reprend la démonstration de la formule (20.20), on constate qu'elle nécessite un grand nombre de calculs d'intégrales. Or, les relations à deux échelles (20.24) permettent de simplifier ces calculs. En effet, on a démontré que

$$\varphi_{n,k}(x) = \frac{\sqrt{2}}{2}\varphi_{n+1,2k} + \frac{\sqrt{2}}{2}\varphi_{n+1,2k+1}$$

et on peut donc envisager de refaire les calculs en utilisant cette relation. Concrètement, on part de l'égalité

$$a_n(k) = \left(g|\varphi_{n,k}\right) = \left(\sum_{j=0}^{2^{n+1}-1} a_{n+1}(j)\,\varphi_{n+1,j}\middle|\varphi_{n,k}\right)$$

et on obtient alors, par substitution de $\varphi_{n,k}(x)$

$$a_n(k) = \sum_{j=0}^{2^{n+1}-1} a_{n+1}(j)\left(\varphi_{n+1,j}\middle|\frac{\sqrt{2}}{2}\varphi_{n+1,2k} + \frac{\sqrt{2}}{2}\varphi_{n+1,2k+1}\right)$$

soit encore

$$a_n(k) = \frac{\sqrt{2}}{2}\left(\sum_{j=0}^{2^{n+1}-1} a_{n+1}(j)\left(\varphi_{n+1,j}\middle|\varphi_{n+1,2k}\right) + \sum_{j=0}^{2^{n+1}-1} a_{n+1}(j)\left(\varphi_{n+1,j}\middle|\varphi_{n+1,2k+1}\right)\right)$$

Mais, en vertu de l'orthogonalité

$$\left(\varphi_{n+1,j}\middle|\varphi_{n+1,2k}\right) = \begin{cases} 0 \text{ si } j \neq 2k \\ 1 \text{ si } j = 2k \end{cases}$$

et de même

$$\left(\varphi_{n+1,j}\middle|\varphi_{n+1,2k+1}\right) = \begin{cases} 0 \text{ si } j \neq 2k+1 \\ 1 \text{ si } j = 2k+1 \end{cases}$$

on retrouve alors, sans aucun calcul d'intégrale, la relation (20.20)

$$a_n(k) = \frac{\sqrt{2}}{2}\,a_{n+1}(2k) + \frac{\sqrt{2}}{2}\,a_{n+1}(2k+1)$$

2.4 Interprétation en termes de filtres

Les deux relations (20.20) et (20.21) montrent que la seule connaissance des deux couples de coefficients $\left(\frac{\sqrt{2}}{2}, \frac{\sqrt{2}}{2}\right)$ et $\left(\frac{\sqrt{2}}{2}, -\frac{\sqrt{2}}{2}\right)$ suffit pour décomposer le signal. Ces relations peuvent s'interpréter comme le filtrage de la suite des coefficients de l'approximation a_{n+1} à la résolution $n+1$ (c'est à dire les réels $a_{n+1}(k)$ pour $k \in \{0, \cdots, 2^{n+1}-1\}$) par un premier filtre *passe-bas* (à réponse impulsionnelle finie) caractérisé par le couple de coefficients $\left(\frac{\sqrt{2}}{2}, \frac{\sqrt{2}}{2}\right)$ et un second filtre *passe-haut* (lui aussi à réponse impulsionnelle finie) caractérisé par le couple de coefficients $\left(\frac{\sqrt{2}}{2}, -\frac{\sqrt{2}}{2}\right)$ (voir le chapitre 16).

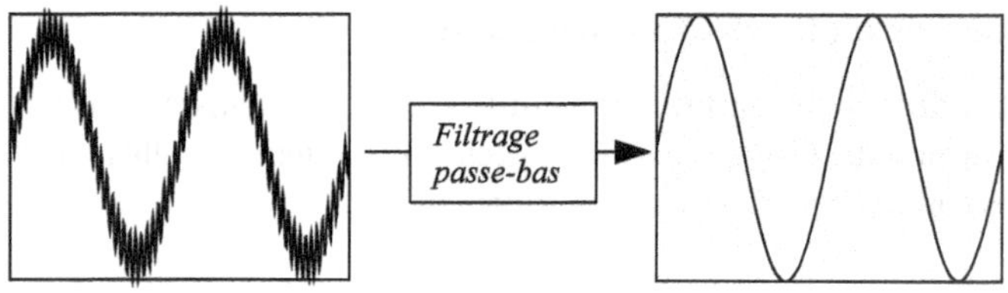

FIGURE 20.1 – Filtre *passe-bas* : seules les basses fréquences restent

Pour expliquer en quoi le calcul des coefficients d'approximation à la résolution $n+1$ à partir des coefficients d'approximation à la résolution n correspond à un filtrage *passe-bas*, revenons à la relation déjà utilisée pour construire les relations à deux échelles

$$\varphi(x) = \varphi(2x) + \varphi(2x-1) \iff \varphi\left(\frac{x}{2}\right) = \varphi(x) + \varphi(x-1)$$

Par transformation de Fourier de cette égalité, en utilisant les formules de « dilatation » (13.16) page 438 et de « retard » (13.14) page 438, on obtient

$$2\widehat{\varphi}(2q) = \widehat{\varphi}(q) + \mathrm{e}^{-i2\pi q}\widehat{\varphi}(q) \iff \widehat{\varphi}(2q) = \frac{1}{2}\left(1 + \mathrm{e}^{-i2\pi q}\right)\widehat{\varphi}(q)$$

Posons

$$H_1\left(\mathrm{e}^{i2\pi q}\right) = \frac{1}{2}\left(1 + \mathrm{e}^{-i2\pi q}\right) = \mathrm{e}^{-i\pi q}\cos(\pi q)$$

pour obtenir

$$\widehat{\varphi}(2q) = H_1\left(\mathrm{e}^{i2\pi q}\right)\widehat{\varphi}(q)$$

Autrement dit, pour le calcul des coefficients d'approximation, le passage d'une résolution à une autre se fait grâce à un filtre numérique de fonction de transfert H_1 et de réponse en fréquence $q \mapsto H_1\left(\mathrm{e}^{i2\pi q}\right)$ dont le gain vaut, sur $\left[0, \frac{1}{2}\right]$

$$\left|H_1\left(\mathrm{e}^{i2\pi q}\right)\right| = \cos(\pi q)$$

Ce gain est représenté sur $\left[0, \frac{1}{2}\right]$ dans la figure 20.2 (à gauche) et a la forme typique d'un filtre *passe-bas* (voir le chapitre 16).

De la même manière, à partir de la relation qui sert à calculer les coefficients de détail

$$\psi(x) = \varphi(2x) - \varphi(2x-1)$$

on démontre que

$$\widehat{\psi}(2q) = H_2\left(e^{i2\pi q}\right)\widehat{\varphi}(q)$$

où

$$H_2\left(e^{i2\pi q}\right) = \frac{1}{2}\left(1 - e^{-i2\pi q}\right) = ie^{-i\pi q}\sin(\pi q)$$

Autrement dit, pour le calcul des coefficients de détail, le passage d'une résolution à une autre se fait grâce à un filtre numérique de fonction de transfert H_2 et de réponse en fréquence $q \mapsto H_2\left(e^{i2\pi q}\right)$ dont le gain vaut, sur $\left[0, \frac{1}{2}\right]$

$$\left|H_1\left(e^{i2\pi q}\right)\right| = \sin(\pi q)$$

Ce filtre est représenté sur $\left[0, \frac{1}{2}\right]$ dans la figure 20.2 (à droite) et a la forme typique d'un filtre *passe-haut*.

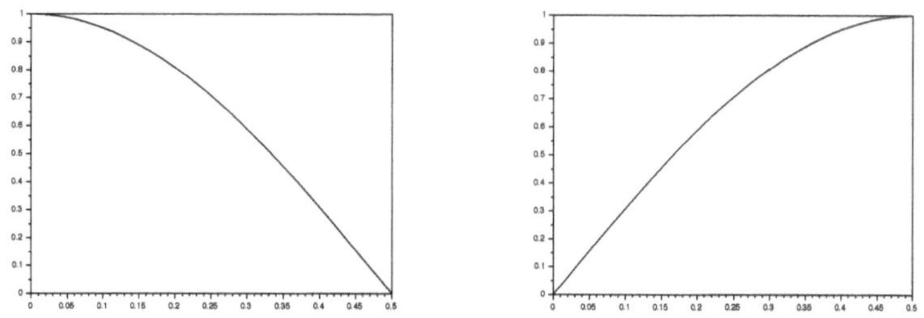

FIGURE 20.2 – A gauche, filtre *passe-bas*, $\left|H_1\left(e^{i2\pi \bullet}\right)\right|$ et, à droite, filtre *passe-haut*, $\left|H_2\left(e^{i2\pi \bullet}\right)\right|$

2.5 Mise en œuvre pratique de la décomposition

Considérons un signal en « escalier » dans E_3 défini par la liste des valeurs des $8 = 2^3$ paliers $(8, 9, 7, 6, 7, 8, 5, 2)$.
On pose donc

$$a_3(0) = 8,\ a_3(1) = 9,\ a_3(2) = 7,\ a_3(3) = 6,\ \cdots, a_3(7) = 2$$

On peut alors écrire écrire, sur $[0, 1]$

$$s(t) = \sum_{k=0}^{2^3-1} a_3(k)\,\varphi_{3,k}(t) = \sum_{k=0}^{7} a_3(k)\,\varphi_{3,k}(t)$$

et la fonction en « escalier » s est représentée dans la figure 20.3.

On utilise maintenant les formules de décomposition (20.20) et (20.21) légèrement modifiées pour simplifier l'exposé, à savoir :

$$a_n(k) = \frac{1}{2}a_{n+1}(2k) + \frac{1}{2}a_{n+1}(2k+1) = \frac{a_{n+1}(2k) + a_{n+1}(2k+1)}{2} \qquad k \in \{0, \cdots, 7\}$$
$$d_n(k) = \frac{1}{2}a_{n+1}(2k) - \frac{1}{2}a_{n+1}(2k+1) = \frac{a_{n+1}(2k) - a_{n+1}(2k+1)}{2} \qquad k \in \{0, \cdots, 7\}$$

Ce choix correspond à une base qui est seulement orthogonale au lieu d'être orthonormale. Cela permet de s'affranchir du coefficient de normalisation $\sqrt{2}$ et de constater que le calcul des coefficients d'approximation consiste simplement à effectuer la moyenne de deux termes successifs alors que le calcul des coefficients de détail consiste simplement à évaluer des écarts à la moyenne. Il s'agit là bien sûr d'un cas très particulier lié à l'utilisation de l'ondelette de Haar (sous réserve de l'omission du coefficient $\sqrt{2}$)

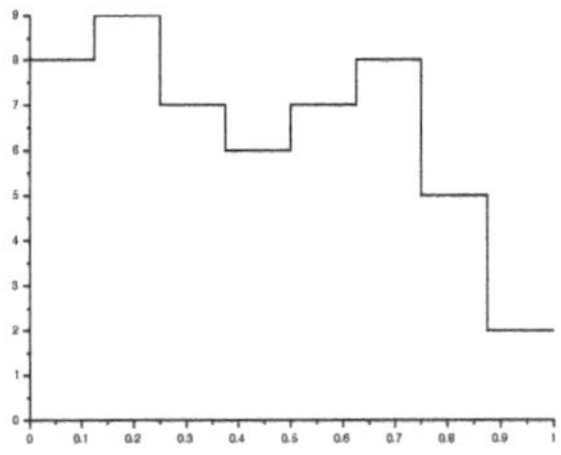

FIGURE 20.3 – Représentation du signal s

Illustrons donc le calcul des coefficients d'approximation et de détail sur les huit coefficients du signal dans les tableaux ci-dessous. Pour les coefficients d'approximation, on fait donc les moyennes de deux valeurs successives (la moyenne numérotée (n) est calculée à partir des deux valeurs de même numéro). On code ensuite les détails, correspondant aux coefficients de détail, les écarts à la moyenne, dans le reste du tableau (surlignés en gris).

La première étape traduit la somme directe $E_3 = E_2 \overset{\perp}{\oplus} F_2$. Elle fait apparaître la décomposition $s = a_3 = a_2 + d_2$, les quatre coefficients d'approximation dans E_2 et les quatre coefficients de détail dans F_2.

8 (1)	9 (1)	7 (2)	6 (2)	7 (3)	8 (3)	5 (4)	2 (4)
E_2				F_2			
8,5 (1)	6,5 (2)	7,5 (3)	3,5 (4)	-0,5	0,5	-0,5	1,5

On réitère le processus pour arriver à la décomposition $E_3 = E_0 \overset{\perp}{\oplus} F_0 \overset{\perp}{\oplus} F_1 \overset{\perp}{\oplus} F_2$, ce qui fait maintenant apparaître, dans la dernière ligne du tableau, un unique coefficient d'approximation qui représente une version très « floue » et peu précise de s (parce que dénuée de tous les détails, c'est en fait sa valeur moyenne) et sept coefficients de détail répartis de la manière suivante : un dans F_0, deux dans F_1 et quatre dans F_2.

8	9	7	6	7	8	5	2
E_2				F_2			
8,5 (1)	6,5 (2)	7,5 (3)	3,5 (4)	-0,5	0,5	-0,5	1,5
E_1		F_1		F_2			
7,5 (1)	5,5 (2)	1	2	-0,5	0,5	-0,5	1,5
E_0	F_0	F_1		F_2			
6,5	1	1	2	-0,5	0,5	-0,5	1,5

On obtient alors la décomposition de s sous la forme de la somme d'une ultime approximation « grossière » notée s_0 (ici la valeur moyenne) et d'une décomposition en ondelettes

$$s(t) = 6,5 + \Big(1\psi_{0,0}(t)\Big) + \Big(1\psi_{1,0}(t) + 2\psi_{1,1}(t)\Big) + \\ + \Big(-0,5\psi_{2,0}(t) + 0,5\psi_{2,1}(t) - 0,5\psi_{2,2}(t) + 1,5\psi_{2,3}(t)\Big)$$

ou encore, sous forme compacte

$$s(t) = s_0 + \sum_{j=0}^{2} \sum_{k=0}^{2^j-1} d_j(k)\,\psi_{j,k}(t)$$

Cette décomposition est illustrée dans la figure 20.4 où l'on peut voir à gauche les représentations des coefficients d'approximation et, à droite, celles des coefficients de détail. Dans la figure 20.5 sont illustrées deux étapes de décompositions pour un signal quelconque décomposé initialement dans E_8, c'est à dire avec $2^8 = 256$ paliers.

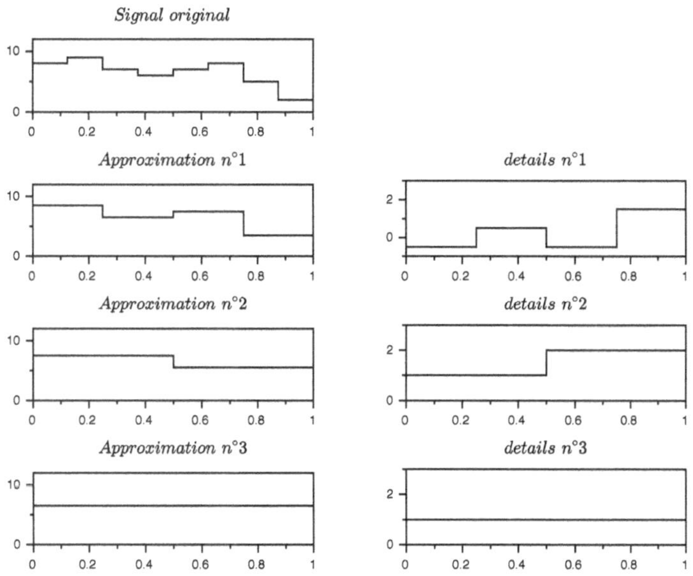

FIGURE 20.4 – Illustration des différentes étapes de décomposition

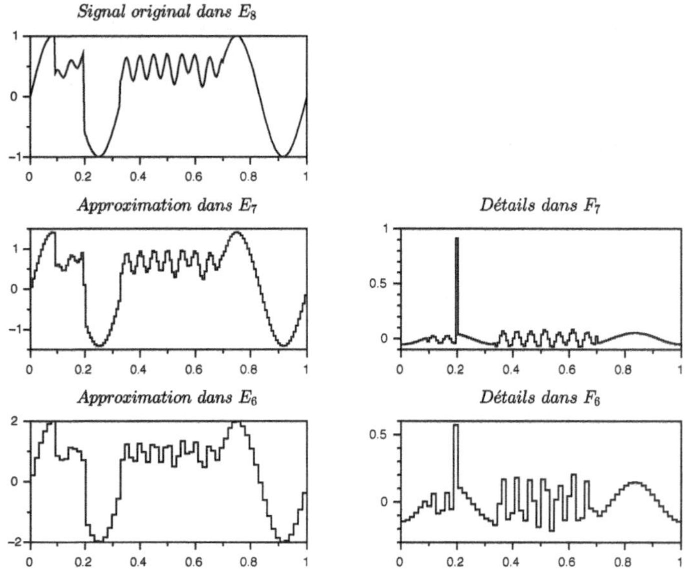

FIGURE 20.5 – Illustration de deux étapes de décomposition pour un autre signal

2.6 Interprétation matricielle de la transformation

L'exemple de l'ondelette de Haar se prête bien à une interprétation matricielle qui fait l'objet de cette section.
Définissons la matrice colonne A_3 dont les coefficients sont les valeurs discrètes du signal, c'est à dire (la lettre **t** désigne l'opération de transposition)

$$A_3 = {}^{\mathbf{t}} < 8\ 9\ 7\ 6\ 7\ 8\ 5\ 2 >$$

et la matrice $[H_3] \in \mathcal{M}_8(\mathbb{R})$ par

$$[H_3] = \begin{bmatrix} 1/2 & 1/2 & 0 & 0 & 0 & 0 & 0 & 0 \\ 0 & 0 & 1/2 & 1/2 & 0 & 0 & 0 & 0 \\ 0 & 0 & 0 & 0 & 1/2 & 1/2 & 0 & 0 \\ 0 & 0 & 0 & 0 & 0 & 0 & 1/2 & 1/2 \\ 1/2 & -1/2 & 0 & 0 & 0 & 0 & 0 & 0 \\ 0 & 0 & 1/2 & -1/2 & 0 & 0 & 0 & 0 \\ 0 & 0 & 0 & 0 & 1/2 & -1/2 & 0 & 0 \\ 0 & 0 & 0 & 0 & 0 & 0 & 1/2 & -1/2 \end{bmatrix}$$

En vertu des règles de calcul matriciel, le produit $[H_3]A_3$ donne une colonne de 8 lignes, notée A_2 dont les composantes sont les coefficients d'approximation et de détail après la première décomposition, c'est à dire les coefficients dans E_2 et F_2.

Précisément, on retrouve les coefficients

$$A_2 = \left\{ \begin{array}{c} 8,5 \\ 6,5 \\ 7,5 \\ 3,5 \\ \hline -0,5 \\ 0,5 \\ -0,5 \\ 1,5 \end{array} \right\}$$

où l'on reconnaît les 4 coefficients d'approximation et les 4 coefficients de détail.

Définissons maintenant la matrice $[H_2] \in \mathscr{M}_8(\mathbb{R})$ par

$$[H_2] = \left[\begin{array}{cccc|cccc} 1/2 & 1/2 & 0 & 0 & 0 & 0 & 0 & 0 \\ 0 & 0 & 1/2 & 1/2 & 0 & 0 & 0 & 0 \\ 1/2 & -1/2 & 0 & 0 & 0 & 0 & 0 & 0 \\ 0 & 0 & 1/2 & -1/2 & 0 & 0 & 0 & 0 \\ \hline 0 & 0 & 0 & 0 & 1 & 0 & 0 & 0 \\ 0 & 0 & 0 & 0 & 0 & 1 & 0 & 0 \\ 0 & 0 & 0 & 0 & 0 & 0 & 1 & 0 \\ 0 & 0 & 0 & 0 & 0 & 0 & 0 & 1 \end{array} \right]$$

qui est construite par blocs de manière à n'appliquer les coefficients de la décomposition qu'aux 4 coefficients d'approximation tout en laissant les coefficients de détail intacts.

Le produit matriciel $[H_2]A_2$ donne une colonne de 8 lignes, notée A_2 et contenant les coefficients d'approximation et de détail après la deuxième décomposition, c'est à dire

$$A_1 = \left\{ \begin{array}{c} 7,50 \\ 5,50 \\ \hline 1,0 \\ 2,0 \\ \hline -0,50 \\ 0,50 \\ -0,50 \\ 1,50 \end{array} \right\}$$

Pour terminer, construisons maintenant la matrice $[H_1] \in \mathscr{M}_8(\mathbb{R})$ par

$$[H_1] = \left[\begin{array}{cc|cccccc} 1/2 & 1/2 & 0 & 0 & 0 & 0 & 0 & 0 \\ 1/2 & -1/2 & 0 & 0 & 0 & 0 & 0 & 0 \\ \hline 0 & 0 & 1 & 0 & 0 & 0 & 0 & 0 \\ 0 & 0 & 0 & 1 & 0 & 0 & 0 & 0 \\ 0 & 0 & 0 & 0 & 1 & 0 & 0 & 0 \\ 0 & 0 & 0 & 0 & 0 & 1 & 0 & 0 \\ 0 & 0 & 0 & 0 & 0 & 0 & 1 & 0 \\ 0 & 0 & 0 & 0 & 0 & 0 & 0 & 1 \end{array} \right]$$

qui est aussi construite par blocs de manière à n'appliquer les coefficients de la décomposition qu'aux 2 coefficients d'approximation de A_1 tout en laissant les coefficients de détail intacts. Le produit $[H_1]A_1$ donne alors la colonne A_0 contenant l'ultime coefficient d'approximation et les 7 coefficients de détail

$$A_0 = \left\{ \begin{array}{c} 6,5 \\ \hline 1,0 \\ \hline 1,0 \\ 2,0 \\ \hline -0,5 \\ 0,5 \\ -0,5 \\ 1,5 \end{array} \right\}$$

Finalement, la décomposition complète de A_3 à A_1 est obtenue par le produit

$$A_0 = [H_1][H_2][H_3]A_3$$

Envisageons maintenant la question de la reconstruction de A_3 à partir de la connaissance de A_0. Formellement, A_3 sera obtenu par inversion (sous réserve que cela soit possible) des matrices $[H_1]$, $[H_2]$ et $[H_3]$, c'est à dire

$$A_3 = [H_3]^{-1}[H_2]^{-1}[H_1]^{-1}A_0$$

Dans notre cas, on constate que

$$[H_1]^{-1} = \begin{bmatrix} 1 & 1 & 0 & 0 & 0 & 0 & 0 & 0 \\ 1 & -1 & 0 & 0 & 0 & 0 & 0 & 0 \\ 0 & 0 & 1 & 0 & 0 & 0 & 0 & 0 \\ 0 & 0 & 0 & 1 & 0 & 0 & 0 & 0 \\ 0 & 0 & 0 & 0 & 1 & 0 & 0 & 0 \\ 0 & 0 & 0 & 0 & 0 & 1 & 0 & 0 \\ 0 & 0 & 0 & 0 & 0 & 0 & 1 & 0 \\ 0 & 0 & 0 & 0 & 0 & 0 & 0 & 1 \end{bmatrix}$$

et que

$$[H_1]^{-1}A_0 = A_1 = \left\{ \begin{array}{c} 7,50 \\ 5,50 \\ \hline 1,0 \\ 2,0 \\ \hline -0,50 \\ 0,50 \\ -0,50 \\ 1,50 \end{array} \right\}$$

et, de même, par inversions successives, on arrive à reconstruire A_3.

Cela dit, l'inversion d'une matrice est une opération complexe, même pour une machine, parce que cela nécessite de très nombreux calculs et, surtout, parce que même si l'on fait

abstraction du nombre d'opérations à effectuer, le résultat peut être catastrophique en raison des erreurs d'arrondis et de troncatures commises par la machine. On cherche donc toujours à éviter d'avoir à inverser les matrices et il existe une famille de matrices pour lesquelles l'inverse est obtenu par simple transposition, ce sont les matrices dites *orthogonales*. En effet, par définition, une matrice carrée M est dite *orthogonale* lorsqu'elle est inversible et que son inverse est égal à sa transposée, c'est à dire $M^{-1} = {}^{\mathbf{t}}M$.
Or, rappelons que pour simplifier les calculs « à la main », nous avons utilisé les coefficients $\frac{1}{2}$ et $-\frac{1}{2}$ à la place des coefficients $\frac{\sqrt{2}}{2}$ et $-\frac{\sqrt{2}}{2}$. Si l'on reconstruit les matrices $[H_3]$, $[H_2]$ et $[H_1]$ en remplaçant le coefficients $\frac{1}{2}$ par $\frac{\sqrt{2}}{2}$, on s'aperçoit que ces matrices sont orthogonales. En effet :

$$[H_3] = \begin{bmatrix} \sqrt{2}/2 & \sqrt{2}/2 & 0 & 0 & 0 & 0 & 0 & 0 \\ 0 & 0 & \sqrt{2}/2 & \sqrt{2}/2 & 0 & 0 & 0 & 0 \\ 0 & 0 & 0 & 0 & \sqrt{2}/2 & \sqrt{2}/2 & 0 & 0 \\ 0 & 0 & 0 & 0 & 0 & 0 & \sqrt{2}/2 & \sqrt{2}/2 \\ \sqrt{2}/2 & -\sqrt{2}/2 & 0 & 0 & 0 & 0 & 0 & 0 \\ 0 & 0 & \sqrt{2}/2 & -\sqrt{2}/2 & 0 & 0 & 0 & 0 \\ 0 & 0 & 0 & 0 & \sqrt{2}/2 & -\sqrt{2}/2 & 0 & 0 \\ 0 & 0 & 0 & 0 & 0 & 0 & \sqrt{2}/2 & -\sqrt{2}/2 \end{bmatrix}$$

et

$$[H_3]^{-1} = {}^{\mathbf{t}}[H_3] = \begin{bmatrix} \sqrt{2}/2 & 0 & 0 & 0 & \sqrt{2}/2 & 0 & 0 & 0 \\ \sqrt{2}/2 & 0 & 0 & 0 & -\sqrt{2}/2 & 0 & 0 & 0 \\ 0 & \sqrt{2}/2 & 0 & 0 & 0 & \sqrt{2}/2 & 0 & 0 \\ 0 & \sqrt{2}/2 & 0 & 0 & 0 & -\sqrt{2}/2 & 0 & 0 \\ 0 & 0 & \sqrt{2}/2 & 0 & 0 & 0 & \sqrt{2}/2 & 0 \\ 0 & 0 & \sqrt{2}/2 & 0 & 0 & 0 & -\sqrt{2}/2 & 0 \\ 0 & 0 & 0 & \sqrt{2}/2 & 0 & 0 & 0 & \sqrt{2}/2 \\ 0 & 0 & 0 & \sqrt{2}/2 & 0 & 0 & 0 & -\sqrt{2}/2 \end{bmatrix}$$

Il est facile de vérifier qu'il en est de même pour les deux matrices $[H_2]$ et $[H_1]$. Grâce à cette propriété, il est donc possible de reconstruire la colonne A_3 à partir de la colonne A_0 en écrivant simplement

$$A_3 = {}^{\mathbf{t}}[H_3]\,{}^{\mathbf{t}}[H_2]\,{}^{\mathbf{t}}[H_1]\,A_0$$

Concrètement, la colonne $A_0 = [H_1][H_2][H_3]A_3$ issu des deux décompositions vaut désormais

$$A_0 = \begin{Bmatrix} 13\sqrt{2} \\ 2\sqrt{2} \\ 2\sqrt{2} \\ 4\sqrt{2} \\ -\sqrt{2} \\ \sqrt{2} \\ -\sqrt{2} \\ 3\sqrt{2} \end{Bmatrix}$$

et le calcul du produit ${}^{\mathbf{t}}[H_3]\,{}^{\mathbf{t}}[H_2]\,{}^{\mathbf{t}}[H_1]\,A_0$ montre que l'on obtient bien la colonne A_3.

3 Analyse multi-résolution et ondelettes orthogonales

3.1 Analyse multi-résolution de L^2

La notion d'*analyse multi-résolution* généralise la construction effectuée dans l'exemple de l'ondelette de Haar de la section 2.

Définition 172. On appelle *analyse multi-résolution* de $L^2(\mathbb{R})$ toute suite $\left(V_j\right)_{j\in\mathbb{Z}}$ de sous espaces fermés de $L^2(\mathbb{R})$ vérifiant les propriétés suivantes :

1. Pour tout $j \in \mathbb{Z}$, $V_j \subset V_{j+1}$.
2. Pour toute fonction s de $L^2(\mathbb{R})$ et tout $j \in \mathbb{Z}$ $\quad s(\bullet) \in V_j \Leftrightarrow s(2\bullet) \in V_{j+1}$.
3. $\bigcup_{j\in\mathbb{Z}} V_j$ est dense dans $L^2(\mathbb{R})$,
4. $\bigcap_{j\in\mathbb{Z}} V_j = \{0\}$ ou encore $\lim_{j\to-\infty} V_j = \{0\}$.
5. Il existe une fonction $\varphi \in V_0$ telle que $\{\varphi(\bullet - k),\ k \in \mathbb{Z}\}$ est une base hilbertienne de V_0.

Le lecteur remarquera que les conditions imposées aux espaces V_j sont très semblables aux propriétés vérifiées par les espaces E_n de l'exemple de l'ondelette de Haar.

3.2 Espaces d'approximation et fonction d'échelle

On peut maintenant définir les termes d'*espaces d'approximation* et de *fonction d'échelle.*

Définition 173. Les espaces V_j sont appelés des *espaces d'approximation.*

Définition 174. La fonction $\varphi \in V_0$ telle que la famille $\{\varphi(\bullet - k),\ k \in \mathbb{Z}\}$ est une base hilbertienne de V_0 est appelée une *fonction d'échelle.*

La fonction d'échelle φ est à la base de la construction de l'analyse multi-résolution et elle permet donc de construire une base hilbertienne de V_0 mais aussi, et surtout, une base hilbertienne pour chaque espace V_j sous la forme

$$\left\{\varphi_{j,k} = 2^{\frac{j}{2}}\varphi(2^j \bullet - k);\ k \in \mathbb{Z}\right\} \tag{20.25}$$

3.3 Ondelette orthogonale et espaces de détail

Par construction on dispose de l'inclusion $V_j \subset V_{j+1}$ et nous admettrons que V_j possède un supplémentaire orthogonal dans V_{j+1}, noté W_j, tel que

$$\forall j \in \mathbb{Z}, \quad V_{j+1} = V_j \overset{\perp}{\oplus} W_j \tag{20.26}$$

On souhaiterait alors aussi disposer d'une base hilbertienne pour W_0 et pour chaque espace W_j. Ce sera le rôle de l'*ondelette* qui sera appelée, à ce titre, une *ondelette orthogonale.*

Définition 175. Une fonction $\psi \in L^2(\mathbb{R})$ est appelée une *ondelette orthogonale* lorsque la famille

$$\{\psi(\bullet - k);\ k \in \mathbb{Z}\}$$

est une base orthonormale hilbertienne de W_0.

L'existence et la nature des ondelettes orthogonales sont discutés succinctement dans la section 5. Disons simplement pour l'instant que l'ondelette de Haar est l'exemple le plus simple d'ondelette orthogonale et que la construction d'une telle ondelette dans le cas général est un problème compliqué qui nécessite des calculs assez techniques. Cette question n'est pas abordée ici et le lecteur intéressé est renvoyé aux ouvrages spécialisés cités en bibliographie comme, par exemple, [MI] ou [DA].

En conséquence, comme pour les espaces d'approximation V_j, l'*ondelette orthogonale* permet de construire une base hilbertienne de chaque supplémentaire orthogonal W_j sous la forme

$$\left\{\psi_{j,k} = 2^{\frac{j}{2}}\,\psi(2^j \bullet - k);\ k \in \mathbb{Z}\right\}$$

On définit maintenant la notion d'*espaces de détail.*

Définition 176. Les espaces W_j sont appelés des *espaces de détail* (ou *espaces d'ondelette*).

3.4 Décomposition en ondelettes

Le cadre de l'analyse multi-résolution permet d'énoncer le résultat suivant qui fournit une décomposition de toute fonction $s \in L^2(\mathbb{R})$ en ondelettes.

Théorème 181. Soient $(V_j)_{j\in\mathbb{Z}}$ une analyse multi-résolution de $L^2(\mathbb{R})$ et ψ une ondelette orthogonale. Avec les notations précédentes, la famille

$$\left\{\psi_{j,k} = 2^{\frac{j}{2}}\,\psi(2^j \bullet - k), \quad (j,k) \in \mathbb{Z} \times \mathbb{Z}\right\} \tag{20.27}$$

est une base hilbertienne de $L^2(\mathbb{R})$ et, en conséquence, toute fonction $s \in L^2(\mathbb{R})$ admet la décomposition

$$s = \sum_{j=-\infty}^{+\infty} \sum_{k=-\infty}^{+\infty} d_j(k)\,\psi_{j,k} \tag{20.28}$$

où les coefficients de détail ou coefficients d'ondelette sont donnés par la formule

$$d_j(k) = \left(s|\psi_{j,k}\right) = \int_{-\infty}^{+\infty} s(t)\overline{\psi_{j,k}}(t)\,\mathrm{d}t \tag{20.29}$$

Définition 177. La décomposition (20.28) est appelée *décomposition en ondelettes* de s et les coefficients $d_j(k)$ donnés par (20.29) sont appelés les *coefficients d'ondelette* de s (ou coefficients *de détail*).

3.5 Interprétation géométrique

Supposons que la fonction s à décomposer est déjà élément de V_{j+1}. À partir de la somme directe (20.26)

$$V_{j+1} = V_j \overset{\perp}{\oplus} W_j$$

définissons l'opérateur de projection orthogonale A_j sur V_j par

$$A_j(s) = a_j = \sum_{k=-\infty}^{\infty} a_j(k)\varphi_{j,k} \tag{20.30}$$

où a_j est une approximation dans V_j et $a_j(k)$ ses coordonnées données par

$$a_j(k) = (s|\varphi_{j,k}) = \int_{-\infty}^{+\infty} s(t)\overline{\varphi_{j,k}(t)}\,\mathrm{d}t \tag{20.31}$$

De même, on peut définir l'opérateur de projection orthogonale D_j sur W_j par

$$D_j(s) = d_j = \sum_{k=-\infty}^{\infty} d_j(k)\psi_{j,k} \tag{20.32}$$

où d_j est un détail dans W_j et $d_j(k)$ ses coordonnées données par

$$d_j(k) = (s|\psi_{j,k}) = \int_{-\infty}^{+\infty} s(t)\overline{\psi_{j,k}(t)}\,\mathrm{d}t \tag{20.33}$$

On a donc

$$a_{j+1} = a_j + d_j$$

puis, en réitérant le procédé,

$$a_{j+1} = a_{j-1} + \left(d_{j-1} + d_j\right) = a_{j_0} + \left(d_{j_0} + \cdots + d_j\right)$$

On peut ainsi faire des décompositions successives de $s = a_{j+1}$ pour obtenir :

1. Des approximations de plus en plus « grossières » lorsque j diminue.
2. Des détails de plus en plus nombreux lorsque les approximations « s'appauvrissent ».

3.6 Relations à deux échelles

Les relations à deux échelles obtenues dans le cadre de l'ondelette de Haar se généralisent ici sans difficulté. À nouveau, ces relations résultent directement des inclusions $V_0 \subset V_1$ et $W_0 \subset V_1$ (ce qui est évident puisque $V_1 = V_0 \overset{\perp}{\oplus} W_0$) et sont fondamentales pour les applications.

Proposition 182. Il existe deux suites de coefficients $\big(\alpha(k)\big)_{k\in\mathbb{Z}}$ et $\big(\beta(k)\big)_{k\in\mathbb{Z}}$ telles que

$$\varphi(x) = \sum_{k=-\infty}^{+\infty} \alpha(k)\sqrt{2}\varphi(2x-k) = \sum_{k=-\infty}^{+\infty} \alpha(k)\varphi_{1,k}(x) \tag{20.34}$$

et

$$\psi(x) = \sum_{k=-\infty}^{+\infty} \beta(k)\sqrt{2}\varphi(2x-k) = \sum_{k=-\infty}^{+\infty} \beta(k)\varphi_{1,k}(x) \tag{20.35}$$

Démonstration.
En effet $\varphi \in V_0 \subset V_1$ donc φ peut se décomposer dans la base de V_1 définie par $\{\varphi_{1,k}, k \in \mathbb{Z}\}$. Autrement dit, il existe une suite de coefficients $\big(\alpha(k)\big)_{k\in\mathbb{Z}}$ telle que

$$\varphi(x) = \sum_{k=-\infty}^{+\infty} \alpha(k)\sqrt{2}\varphi(2x-k) = \sum_{k=-\infty}^{+\infty} \alpha(k)\varphi_{1,k}(x)$$

De même, $\psi \in W_0 \subset V_1$, donc ψ peut aussi se décomposer dans la base de V_1. Autrement dit, il existe une suite de coefficients $\big(\beta(k)\big)_{k\in\mathbb{Z}}$ telle que

$$\psi(x) = \sum_{k=-\infty}^{+\infty} \beta(k)\sqrt{2}\varphi(2x-k) = \sum_{k=-\infty}^{+\infty} \beta(k)\varphi_{1,k}(x)$$

□

Ces deux relations permettront, lors du calcul des coefficients d'approximation et de détail à différentes résolutions, de s'affranchir du calcul des intégrales.

4 Décomposition et reconstruction d'un signal

Voyons maintenant comment on peut généraliser l'exemple de l'ondelette de Haar pour effectuer la décomposition en ondelettes de toute fonction $s \in L^2(\mathbb{R})$.

4.1 Décomposition d'un signal

La problématique est la suivante. On suppose disposer d'une première approximation $a_{j+1} \in V_{j+1}$ et on cherche à déterminer l'approximation a_j et le détail d_j à la résolution inférieure en vertu de la relation

$$V_{j+1} = V_j \overset{\perp}{\oplus} W_j \Longrightarrow a_{j+1} = a_j + d_j$$

Plus précisément, on cherche à calculer les coefficients d'approximation $\big(a_j(k)\big)_{k\in\mathbb{Z}}$ (les coordonnées de a_j dans V_j) et les coefficients de détail $\big(d_j(k)\big)_{k\in\mathbb{Z}}$ (les coordonnées de d_j dans W_j) à partir de la connaissance des seuls coefficients d'approximation $\big(a_{j+1}(k)\big)_{k\in\mathbb{Z}}$ de a_{j+1} dans V_{j+1}.

Proposition 183. Avec les notations précédentes, on a les relations entre les coefficients $\left(a_j(k)\right)_{k\in\mathbb{Z}}$, $\left(d_j(k)\right)_{k\in\mathbb{Z}}$ et $\left(a_{j+1}(k)\right)_{k\in\mathbb{Z}}$, pour tout $k \in \mathbb{Z}$

$$a_j(k) = \sum_{l=-\infty}^{+\infty} a_{j+1}(l)\,\alpha(l-2k) \tag{20.36}$$

$$d_j(k) = \sum_{l=-\infty}^{+\infty} a_{j+1}(l)\,\beta(l-2k) \tag{20.37}$$

où $\left(\alpha(k)\right)_{k\in\mathbb{Z}}$ et $\left(\beta(k)\right)_{k\in\mathbb{Z}}$ sont les suites de coefficients intervenant dans les relations à deux échelles.

Démonstration.
On part de la relation $a_{j+1} = a_j + d_j$. Connaître le signal a_j revient à calculer la projection du signal a_{j+1} sur V_j, autrement dit à calculer les produits scalaires $\left(a_{j+1}|\varphi_{j,k}\right)$.

Or, ces produits scalaires vérifient

$$\begin{aligned}\left(a_{j+1}|\varphi_{j,k}\right) &= \left(a_j + d_j|\varphi_{j,k}\right) = \left(a_j|\varphi_{j,k}\right) + \left(d_j|\varphi_{j,k}\right)\\ &= a_j(k) + 0\end{aligned}$$

en vertu de l'orthogonalité des fonctions $\varphi_{j,k}$ et $\psi_{j,k}$.
D'autre part, on a les deux relations suivantes

$$\left(a_{j+1}|\varphi_{j,k}\right) = \left(\sum_{l=-\infty}^{+\infty} a_{j+1}(l)\,\varphi_{j+1,l}\middle|\varphi_{j,k}\right) = \sum_{l=-\infty}^{+\infty} a_{j+1}(l)\,\left(\varphi_{j+1,l}|\varphi_{j,k}\right)$$

Il reste donc à évaluer les produits scalaires $\left(\varphi_{j+1,l}|\varphi_{j,k}\right)$

$$\left(\varphi_{j+1,l}|\varphi_{j,k}\right) = \int_{-\infty}^{+\infty} 2^{\frac{j+1}{2}}\varphi(2^{j+1}x - l)\,.\,2^{\frac{j}{2}}\varphi(2^j x - k)\,\mathrm{d}x$$

En procédant au changement de variable : $y = 2^j\,x - k$ on obtient

$$\left(\varphi_{j+1,l}|\varphi_{j,k}\right) = \int_{-\infty}^{+\infty} \sqrt{2}\varphi\left(2y - (l-2k)\right).\varphi(x)\,\mathrm{d}x = \left(\varphi_{1,l-2k}|\varphi\right)$$

Remarquons à ce stade que cette intégrale ne dépend plus de l'indice j et qu'elle fait intervenir la fonction φ, ce qui nous permet d'utiliser les relations à deux échelles

$$\varphi(x) = \sum_{k=-\infty}^{+\infty} \alpha(k)\sqrt{2}\,\varphi(2x-k) = \sum_{p=-\infty}^{+\infty} \alpha(p)\,\varphi_{1,p}(x)$$

$$\begin{aligned}\left(\varphi_{j+1,l}|\varphi_{j,k}\right) &= \int_{-\infty}^{+\infty} \sqrt{2}\varphi\left(2y - (l-2k)\right).\sum_{p=-\infty}^{+\infty} \alpha(p)\,\varphi_{1,p}(x)\,\mathrm{d}x\\ &= \sum_{p=-\infty}^{+\infty} \alpha(p)\left(\varphi_{1,l-2k}\middle|\varphi_{1,p}\right)\end{aligned}$$

Or, les produits scalaires qui apparaissent dans la somme sont tous nuls (en vertu de l'orthogonalité) sauf pour l'indice $p = l - 2k$ ce qui donne :

$$\left(\varphi_{j+1,l}|\varphi_{j,k}\right) = \alpha(l-2k)$$

En conclusion, on obtient $a_j(k) = \sum_{l=-\infty}^{+\infty} a_{j+1}(l)\,\alpha(l-2k)$. De même, on détermine les coefficients $d_j(k)$ du signal d_j par la formule $d_j(k) = \sum_{l=-\infty}^{+\infty} a_{j+1}(l)\,\beta(l-2k)$. □

4.2 Reconstruction d'un signal

La problématique est maintenant la suivante. On suppose disposer d'une approximation a_j dans V_j définie par les coefficients d'approximation $\left(a_j(k)\right)_{k\in\mathbb{Z}}$ et d'un détail d_j dans W_j défini par les coefficients de détail $\left(d_j(k)\right)_{k\in\mathbb{Z}}$. On cherche alors à reconstruire l'approximation $a_{j+1} \in V_{j+1}$ à la résolution supérieure $j+1$ en calculant ses coefficients $\left(a_{j+1}(k)\right)_{k\in\mathbb{Z}}$.

Proposition 184. Avec les notations précédentes, les coefficients d'approximation $\left(a_{j+1}(k)\right)_{k\in\mathbb{Z}}$ au niveau $j+1$ sont définis par les relations

$$a_{j+1}(k) = \sum_{l=-\infty}^{+\infty} a_j(l)\,\alpha(k-2l) + \sum_{l=-\infty}^{+\infty} d_j(l)\,\beta(k-2l) \tag{20.38}$$

où $\left(\alpha(k)\right)_{k\in\mathbb{Z}}$ et $\left(\beta(k)\right)_{k\in\mathbb{Z}}$ sont les suites de coefficients intervenant dans les relations à deux échelles.

Démonstration.
Pour la reconstruction, on procède la manière inverse en sachant que l'on connaît maintenant les deux signaux a_j et d_j et que l'on cherche à reconstruire le signal a_{j+1}. Les coefficients $a_{j+1}(k)$ de a_{j+1} sont donnés par les produits scalaires $\left(a_{j+1}|\varphi_{j+1,k}\right)$

$$\begin{aligned} a_{j+1}(k) = \left(a_{j+1}|\varphi_{j+1,k}\right) &= \left(a_j + d_j|\varphi_{j+1,k}\right) = \left(a_j|\varphi_{j+1,k}\right) + \left(d_j|\varphi_{j+1,k}\right) \\ &= \sum_{l=-\infty}^{+\infty} a_j(l)\,\left(\varphi_{j,l}|\varphi_{j+1,k}\right) + \sum_{l=-\infty}^{+\infty} d_j(l)\,\left(\psi_{j,l}|\varphi_{j+1,k}\right) \end{aligned}$$

Finalement, on obtient $a_{j+1}(k) = \sum_{l=-\infty}^{+\infty} a_j(l)\,\alpha(k-2l) + \sum_{l=-\infty}^{+\infty} d_j(l)\,\beta(k-2l)$. □

4.3 Interprétation en termes de filtres

Pour la phase de décomposition, les deux relations (20.36) et (20.37) possèdent une interprétation en termes de filtres. La relation (20.36) s'écrit alors

$$a_j(k) = \sum_{l=-\infty}^{+\infty} \alpha(l-2k)\,a_{j+1}(l)$$

et, si l'on pose $h_1(p-l)=\alpha(l-p)$, elle s'interprète comme le produit de convolution

$$a_j(k)=(h_1*a_{j+1})(k)=\sum_{l=-\infty}^{+\infty} h_1(2k-l)a_{j+1}(l)$$

Autrement dit, il s'agit d'un filtrage numérique de la suite a_{j+1} par le filtre de réponse impulsionnelle h_1 (voir le chapitre 16) suivi par un sous échantillonnage correspondant à prendre un terme sur deux (en raison de la présence du terme $2k-l$). De même, la relation (20.37) s'écrit alors

$$d_j(k)=\sum_{l=-\infty}^{+\infty} \beta(l-2k)a_{j+1}(l)$$

et, si l'on pose $h_2(p-l)=\beta(l-p)$, elle s'interprète comme le produit de convolution

$$a_j(k)=(h_2*a_{j+1})(k)=\sum_{l=-\infty}^{+\infty} h_2(2k-l)a_{j+1}(l)$$

c'est-à-dire le filtrage de la suite a_{j+1} par le filtre de réponse impulsionnelle h_2 suivi par un sous échantillonnage correspondant à prendre un terme sur deux.

On peut alors s'intéresser à la réponse en fréquence de ces deux filtres. Précisément, on écrit les relations suivantes

$$\begin{cases} \varphi(x)=\displaystyle\sum_{k=-\infty}^{+\infty} \alpha(k)\sqrt{2}\varphi(2x-k) \\ \psi(x)=\displaystyle\sum_{k=-\infty}^{+\infty} \beta(k)\sqrt{2}\varphi(2x-k) \end{cases}$$

ou, de manière équivalente

$$\begin{cases} \varphi\left(\dfrac{x}{2}\right)=\displaystyle\sum_{k=-\infty}^{+\infty} \alpha(k)\sqrt{2}\varphi(x-k) \\ \psi\left(\dfrac{x}{2}\right)=\displaystyle\sum_{k=-\infty}^{+\infty} \beta(k)\sqrt{2}\varphi(x-k) \end{cases}$$

Par transformation de Fourier (en utilisant les formules de « dilatation » (13.16) page 438 et de « retard » (13.14) page 438), on obtient

$$\begin{cases} 2\widehat{\varphi}(2q)=\displaystyle\sum_{k=-\infty}^{+\infty} \alpha(k)\sqrt{2}\mathrm{e}^{-i2\pi kq}\widehat{\varphi}(q) \\ 2\widehat{\psi}(2q)=\displaystyle\sum_{k=-\infty}^{+\infty} \beta(k)\sqrt{2}\mathrm{e}^{-i2\pi kq}\widehat{\varphi}(q) \end{cases}$$

En posant ensuite

$$\begin{cases} H_1\left(\mathrm{e}^{i2\pi q}\right)=\dfrac{1}{\sqrt{2}}\displaystyle\sum_{k=-\infty}^{+\infty} \alpha(k)\mathrm{e}^{-i2\pi kq} \\ H_2\left(\mathrm{e}^{i2\pi q}\right)=\dfrac{1}{\sqrt{2}}\displaystyle\sum_{k=-\infty}^{+\infty} \beta(k)\mathrm{e}^{-i2\pi kq} \end{cases}$$

on reconnaît les réponses en fréquence (voir la section 6 page 529 du chapitre 16) de deux filtres numériques de fonctions de transfert respectives H_1 et H_2, l'un associé au calcul des coefficients d'approximation et l'autre au calcul des coefficients de détail.

Précisément, on obtient les relations

$$\begin{cases} \widehat{\varphi}(2q) = H_1\left(\mathrm{e}^{i2\pi q}\right)\widehat{\varphi}(q) \\ \widehat{\psi}(2q) = H_2\left(\mathrm{e}^{i2\pi q}\right)\widehat{\varphi}(q) \end{cases}$$

On démontre alors (voir [MI] ou [GW]) que le filtre de fonction de transfert H_1 est un filtre *passe-bas* alors que celui de fonction de transfert H_2 est un filtre *passe-haut.* En particulier, le gain $|H_1|$ vérifie les deux égalités suivantes qui sont caractéristiques d'un filtre *passe-bas*

$$\begin{cases} H_1(0) = 1 \\ H_1\left(\frac{1}{2}\right) = 0 \end{cases}$$

et le gain $|H_2|$ vérifie les deux égalités suivantes qui sont caractéristiques d'un filtre *passe-haut*

$$\begin{cases} H_2(0) = 0 \\ H_2\left(\frac{1}{2}\right) = 1 \end{cases}$$

Pour résumer, on retiendra le résultat suivant :

Les formules (20.36) et (20.37) montrent qu'une étape de la décomposition (qui conduit à des coefficients d'approximation et de détail à la résolution inférieure) consiste en :

1. Un filtrage *passe-bas* de décomposition puis décimation d'un coefficient sur deux pour les coefficients d'approximation.
2. Un filtrage *passe-haut* de décomposition puis décimation d'un coefficient sur deux pour les coefficients de détail.

Une illustration d'une étape de décomposition est donnée dans la figure suivante.

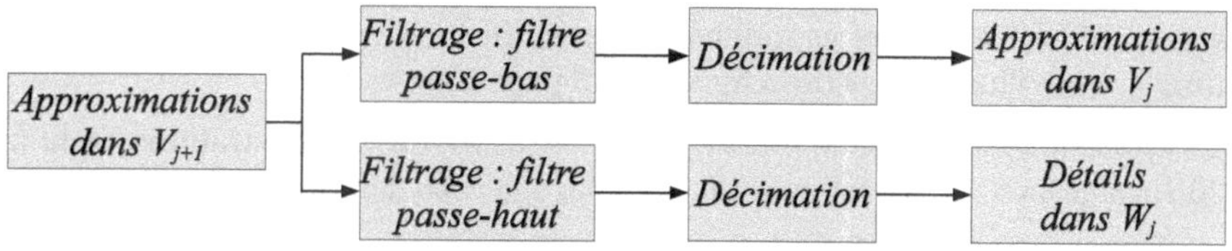

FIGURE 20.6 – Illustration du filtrage

Pour conclure, précisons que les deux filtres qui interviennent sont des filtres numériques qui peuvent être à réponse impulsionnelle finie ou infinie (voir la section 5 du chapitre 16). Cela conduit à distinguer deux types d'ondelettes orthogonales, celles associées à des filtres de réponse impulsionnelle finie et celles associées à des filtres de réponse impulsionnelle infinie. Ces questions sont abordées dans la section 5.

5 Ondelettes orthogonales

5.1 Un choix pléthorique

Contrairement à l'analyse de Fourier, dans laquelle les fonctions analysantes sont fixées, les transformations en ondelettes discrètes laissent une grande liberté quant au choix de l'ondelette. Aussi en existe-t-il un choix pléthorique et, en pratique, chaque utilisateur a le loisir de construire sa propre ondelette adaptée à son problème. Cependant, la construction d'une ondelette n'est pas une opération triviale mais, heureusement, la plupart des logiciels de calcul scientifique, comme par exemple le logiciel libre *Scilab*, possèdent des bibliothèques très complètes qui contiennent les ondelettes les plus courantes et les algorithmes. On se bornera donc ici à donner un catalogue non exhaustif de quelques-uns des représentants les plus emblématiques de la famille des ondelettes orthogonales. Précisons aussi que ces ondelettes sont associées à des filtres qui peuvent être à réponse impulsionnelle finie (RIF) ou infinie (RII) et qu'il existe des ondelettes qui ne sont associées ni à des analyses multi-résolutions ni à des filtres et que l'on utilise pour la transformation en ondelettes continue, mais cette question n'est pas abordée ici.

5.2 Quelques critères caractérisant une ondelette

S'il existe un grand nombre d'ondelettes, il est naturel de se poser la question de savoir ce qu'est une bonne ondelette. En fait, il n'y a pas de réponse à cette question car le choix d'une ondelette est lié à son utilisation. On peut tout de même citer quatre critères importants :

1. Le support de la fonction d'échelle φ (localisation temporelle) et celui de l'ondelette mère ψ (localisation fréquentielle) : dans la pratique, on souhaite que le support soit compact ou, sinon, que les fonctions tendent rapidement vers 0 à l'infini pour des questions de localisation. Pour une ondelette à support compact, le nombre de coefficients intervenant dans les relations à deux échelles est fini, ce qui garantit une grande rapidité d'exécution de l'algorithme.
2. Le nombre de moments nuls de φ et de ψ : ce nombre intervient par exemple dans la compression des données (voir les illustrations des figures 20.17 et 20.18 page 632).
3. La régularité de φ et de ψ : elle intervient dans la qualité de reconstruction des signaux. Plus les ondelettes sont régulières et meilleure est la qualité de reconstruction (voir les illustrations de la figure 20.15 page 630).
4. La symétrie : son absence induit un déphasage (voir les illustrations de la figure 20.19 page 633), ce qui est préjudiciable par exemple dans le traitement des images.

5.3 Deux grandes familles d'ondelettes

Il existe deux grandes familles d'ondelettes orthogonales : la famille des ondelettes à support compact et celle à support non compact. Les ondelettes à support compact sont associées à des filtres possédant un nombre fini de coefficients (filtres RIF) mais ne sont pas symétriques, ce qui peut présenter des inconvénients, en particulier en traitement d'images. Les ondelettes à support non compact sont associées à des filtres possédant un nombre infini de coefficients (filtres RII) mais, en contrepartie, sont symétriques.

5.3.1 Ondelettes orthogonales à support compact

On doit à Daubechies (Ingrid Daubechies, 1954-, physicienne et mathématicienne belge) parmi les nombreux travaux qu'elle a réalisés sur les ondelettes, deux familles d'ondelettes orthogonales à support compact qui sont très utilisées.

1. **La famille des ondelettes de Daubechies.** Ce sont des ondelettes qui permettent d'avoir une régularité et un nombre de moments nuls arbitraires. Elles sont désignées par dbN où l'entier $N \in \mathbb{N}^*$ est lié à la taille du support de φ et de ψ (longueur $2N-1$), au nombre de moments nuls (N) et à sa régularité. Plus l'entier est grand, plus la taille du support est grand et plus la régularité augmente. En particulier, l'ondelette de Haar est une ondelette de Daubechies, c'est l'ondelette $db1$ et c'est la seule qui soit connue explicitement et qui soit symétrique. Elle n'a qu'un seul moment nul. Aucune autre ondelette de Daubechies ne possède une expression explicite. Elles doivent donc être calculées numériquement. Dans la figure 20.7 sont représentées la fonction d'échelle et l'ondelette correspondant respectivement à $db2$ et $db4$.
   Ces ondelettes sont associées à deux paires de filtres, chaque paire contenant un filtre passe-bas et un filtre passe-haut, l'un pour la décomposition du signal, l'autre pour sa reconstruction. Par exemple, pour $db2$, on obtient les filtres donnés dans le tableau 20.1.

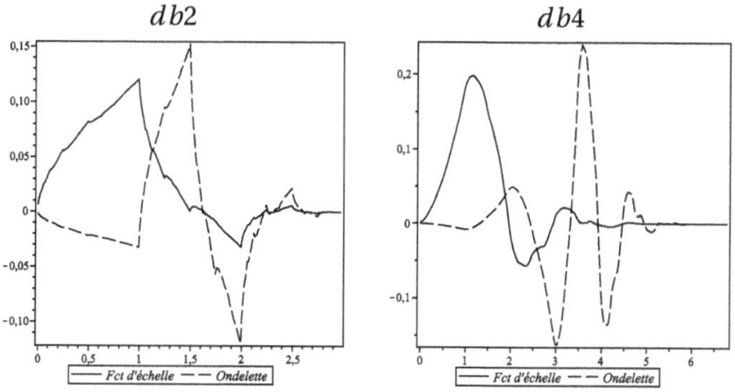

FIGURE 20.7 – Fonction d'échelle et ondelette pour *db2* et *db4*

Filtre passe-bas de décomposition	Filtre passe-haut de décomposition
-0.12940952255092145	-0.48296291314469025
0.22414386804185735	0.836516303737469
0.836516303737469	-0.22414386804185735
0.48296291314469025	-0.12940952255092145
Filtre passe-bas de reconstruction	Filtre passe-haut de reconstruction
0.48296291314469025	-0.12940952255092145
0.836516303737469	-0.22414386804185735
0.22414386804185735	0.836516303737469
-0.12940952255092145	-0.48296291314469025

TABLE 20.1 – Coefficients des filtres de l'ondelette *db2*

2. **La famille des ondelettes appelées les *symlets*.** Les ondelettes de Daubechies ne sont pas symétriques, c'est pourquoi Daubechies a cherché à corriger ce défaut de symétrie en créant la famille des *symlets*.
Comme les ondelettes dbN, elles permettent d'avoir une régularité et un nombre de moments nuls arbitraires, mais elles visent en plus à corriger l'absence de symétrie de ces dernières. Elles sont alors qualifiées de « presque symétriques » mais ne le sont pas dans l'absolu. Elles sont désignées par $symN$ où $N \in \mathbb{N}^*$ est un entier lié à la taille du support de φ et de ψ et à leur régularité. Plus l'entier est grand, plus la taille du support est grand et plus la régularité augmente. La figure 20.8 montre la fonction d'échelle et l'ondelette associées à *sym2* et *sym4*.

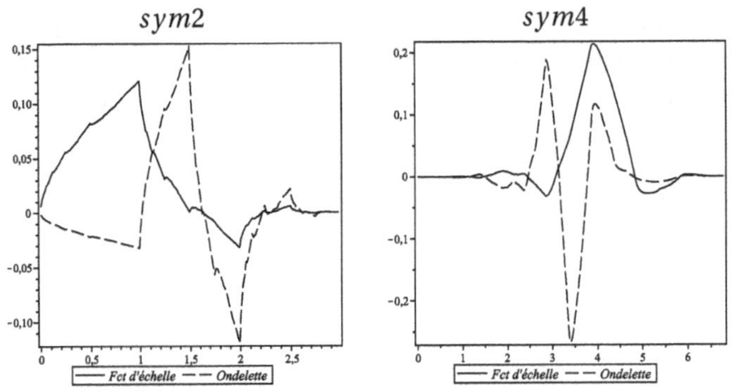

FIGURE 20.8 – Fonction d'échelle et ondelette pour *sym2* et *sym4*

3. **La famille des ondelettes de Coifman, appelées les *coiflets*.** Ces ondelettes, désignées par $coifN$ où $N \in \mathbb{N}^*$, sont « relativement symétriques » et possèdent quelques propriétés particulières.

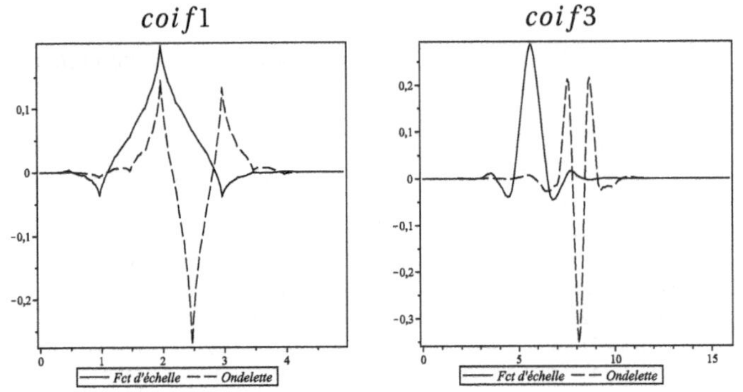

FIGURE 20.9 – Fonction d'échelle et ondelette pour *coif1* et *coif3*

5.3.2 Ondelettes orthogonale à support non compact

Citons deux ondelettes orthogonales à support non compact :

1. **L'ondelette de Meyer et son approximation.** Meyer fut le premier à construire une ondelette dans les années 80, cette ondelette est désignée par $meyr$ mais, comme elle n'est pas à support compact, elle est associée à des filtres à réponse impulsionnelle infinie. Pour contourner cette difficulté, il existe une approximation de cette ondelette désignée par $dmey$ et qui est associée à des filtres à réponse impulsionnelle finie.
2. **La famille des ondelettes de Battle et Lemarié.** Cette famille est la première famille d'ondelettes construite à la fin des années 80 à partir des fonctions splines.

Le lecteur pourra consulter $[MI]$ pour plus de détail.

6 Ondelettes biorthogonales

Dans beaucoup d'applications, en particulier pour le traitement d'images, deux critères sont importants : la symétrie et des filtres à réponse impulsionnelle finie (RIF). Le deuxième critère est lié à des exigences de performance, le volume des données pouvant être très conséquent, il est impératif d'avoir des algorithmes les plus rapides possibles et donc des filtres RIF. Or, ces deux contraintes ne sont pas compatibles. Les ondelettes orthogonales à support compact ne sont pas symétriques.

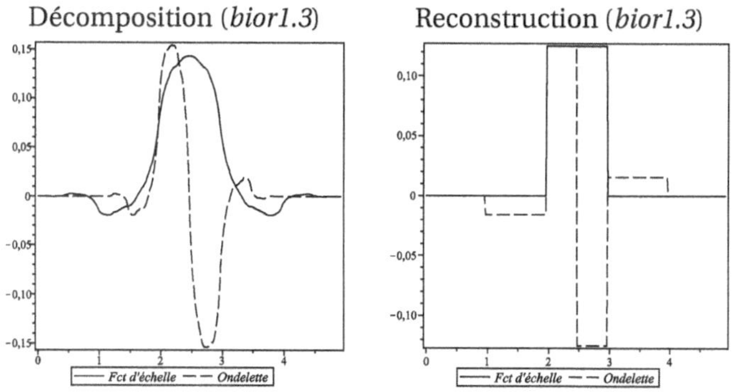

FIGURE 20.10 – Fonction d'échelle et ondelette *bior1.3*

Aussi, une adaptation des analyses multi-résolutions a été proposée conduisant à la notion de *bases biorthogonales* dans le but de préserver la symétrie et de conserver des filtres à réponse impulsionnelle finie. Le préfixe *bi* fait référence à une notion de dualité. On ne construit plus une mais deux analyses multi-résolutions. Concrètement, on utilise une première AMR associée à une ondelette pour la décomposition et une autre AMR associée à une autre ondelette pour la reconstruction. Cette manière de procéder a l'avantage d'offrir une grande souplesse pour l'utilisateur qui peut alors imposer certaines propriétés à l'ondelette chargée de la décomposition et d'autres propriétés à l'ondelette chargée de la reconstruction (par exemple la symétrie). Le cadre théorique est par conséquent un peu plus délicat mais, d'un point de vue purement pratique, tout se passe « presque » de la même manière qu'avec des ondelettes orthogonales. Il existe donc une famille d'ondelettes à support compact, qualifiée de *biorthogonales* et désignée par *bior N.M*, où N et M sont deux entiers non nuls dont la somme est paire. Dans la figure 20.10 sont représentées les fonctions d'échelle et l'ondelette utilisées pour la décomposition et la reconstruction dans le cas de l'ondelette biorthogonale *bior1.3*.

7 Algorithme pyramidal et mise en œuvre pratique

7.1 Généralités et illustration

Les algorithmes pyramidaux existaient déjà avant la naissance des ondelettes et on les rencontre dans les travaux de Burt et Adelson (1983) sur le traitement des images en vue de développer des méthodes de compression performantes. Ils travaillaient alors sur ce qu'on appelle les *bancs de filtres* en opérant des convolutions avec des signaux bien localisés en fréquence. On doit alors à Mallat (1989), en construisant les analyses multi-résolutions, de faire le lien entre cette construction, les ondelettes orthogonales et les bancs de filtres. Il démontra que ce sont deux approches équivalentes. C'est pourquoi il est équivalent de travailler avec une ondelette ou les filtres qui lui sont associés.
La construction de cet algorithme s'appuie sur le fait que les différents coefficients, que ce soit pour la décomposition ou la reconstruction, sont calculés à partir de simples sommes qui ne font intervenir que les coefficients du signal et les coefficients des relations à deux échelles. On peut illustrer le déroulement de cet algorithme de manière schématisée comme dans la figure 20.11 dans laquelle on a représenté trois étapes de calcul, correspondant à trois décompositions.

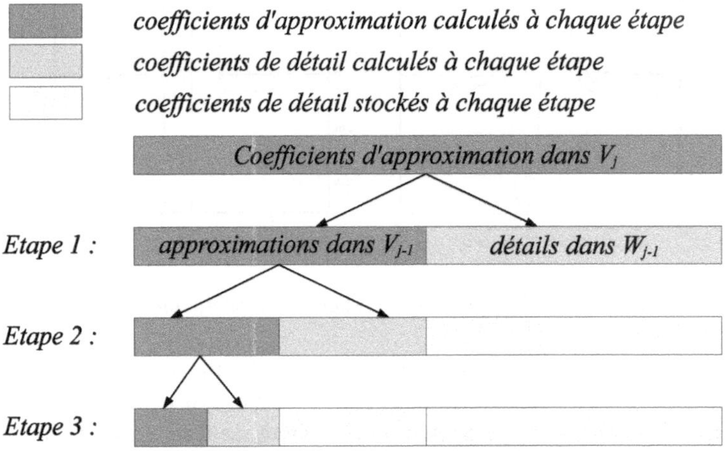

FIGURE 20.11 – Illustration de l'algorithme pyramidal

Il est donc important de remarquer que, dans la pratique, les sommes sont d'autant plus commodes (et rapides) à évaluer que le nombre de coefficients $\alpha(k)$ et $\beta(k)$

intervenant dans les relations à deux échelles sont peu nombreux. Or, le nombre de ces coefficients est lié à la taille du support de l'ondelette. Cela a donc motivé la recherche d'ondelettes orthogonales à support compact garantissant des filtres associés à réponse impulsionnelle finie.

7.2 Le problème du calcul sur des suites finies

7.2.1 Initialisation

L'algorithme mis en place ne peut fonctionner qu'avec une liste de valeurs de longueur finie qui est parfois appelée un « vecteur ».
Concrètement, on doit disposer d'une liste contenant 2^j échantillons, en l'occurrence ce sont les coordonnées de la projection a_j sur un premier espace d'approximation V_j.
Cela dit, dans l'exemple de l'ondelette de Haar, on a pu constater qu'à chaque étape du calcul, la dimension du vecteur contenant les coefficients d'approximation et les coefficients de détail restait la même alors que le nombre de coefficients d'approximation était divisé par 2. Plus important, dans l'exemple de l'ondelette de Haar, le calcul des coefficients d'approximation et de détail à chaque étape utilise des coefficients « disponibles » dans le vecteur de l'étape précédente. Or, pour les autres ondelettes dont les filtres contiennent plus de deux coefficients, il est facile de constater que le calcul des coefficients d'approximation et de détail à la résolution $j-1$ utilise des coefficients de l'étape j qui n'existent pas.
Pour comprendre cela, supposons par exemple disposer d'un filtre à quatre coefficients $\big(\alpha(-1), \alpha(0), \alpha(1), \alpha(2)\big)$ (c'est le cas d'une ondelette orthogonale de Daubechies).
Les calculs à effectuer sont alors, pour $k \in \{0, \cdots, 2^j-1\}$

$$a_{j-1}(k) = \alpha(-1)a_j(2k-1) + \alpha(0)a_j(2k) + \alpha(1)a_j(2k+1) + \alpha(2)a_j(2k+2)$$

Or, on dispose seulement des coefficients

$$a_j(0), \cdots, a_j(2^j-1) \quad \text{et} \quad d_j(0), \cdots, d_j(2^j-1)$$

Ainsi, le calcul de $a_{j-1}(2^{j-1}-1)$ donne :

$$a_{j-1}(2^{j-1}-1) = \alpha(-1)a_j(2^j-3) + \alpha(0)a_j(2^j-2) + \alpha(1)a_j(2^{j+1}-1) + \alpha(2)a_j(2^j)$$

et il fait appel au coefficient $a_j(2^j)$ qui n'existe pas !.

7.2.2 La méthode des « extracoefficients »

Pour éviter ce problème, on peut adopter plusieurs stratégies :

1. **Extension avec des zéros**. Cela consiste à considérer que le signal est nul en dehors du support d'observation et, par conséquent, à remplacer par zéro les coefficients qui interviennent dans les formules et qui n'apparaissent pas dans le vecteur.
2. **Extension périodique**. Cela consiste à considérer que le signal est périodique. Cette méthode a l'avantage de ne pas avoir à créer des « extracoefficients » puisque le caractère périodique permet de réutiliser les coefficients existants.

3. **Extension symétrique**. Cela consiste à répéter les premières et dernières valeurs par symétrie.

Chacune de ces méthodes a l'inconvénient de créer des discontinuités artificielles au bord du support d'observation.

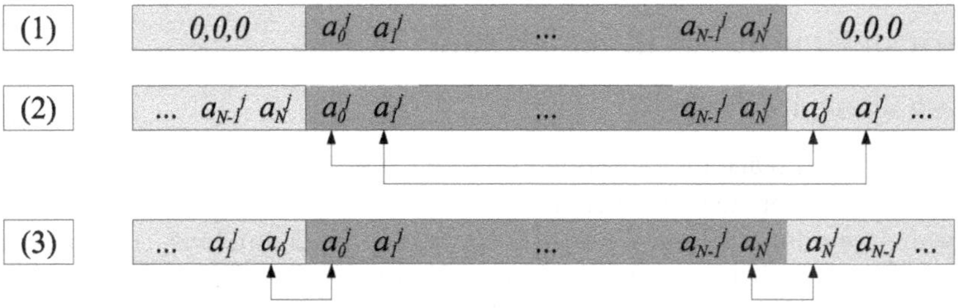

FIGURE 20.12 – Illustration des stratégies d'extracoefficients

8 Mise en œuvre pratique avec Scilab

Le logiciel libre *Scilab* propose une bibliothèque très complète, désignée par SWT (*Scilab Wavelet Toolbox*) pour manipuler les ondelettes.

8.1 Les fonctions `wavedec` et `waverec`

Une première manière d'obtenir une décomposition est d'utiliser la fonction `wavedec` (pour *wavelet decomposition* ou décomposition en ondelettes).

Elle s'utilise en écrivant `[C,L]=wavedec(S,N,`*`nom de l'ondelette`*`)` ou bien `[C,L]=wavedec(S,N,Lo_D,Hi_D)` où

1. `S` désigne le signal à décomposer (une liste).
2. `N` désigne le nombre de niveaux de décompositions (un entier).
3. `nom de l'ondelette` désigne le nom de l'ondelette à choisir parmi les ondelettes de *Daubechies* (*'haar'*, *'db1'* à *'db20'*), les *coiflets* (*'coif1'* à *'coif5'*), les *symlets* (*'sym2'* à *'sym20'*), etc.
   ou bien `Lo_D` et `Hi_D` sont les filtres (respectivement passe-bas et passe-haut) correspondant à l'ondelette choisie.

Les paramètres de sortie sont :

1. `C` la liste contenant les coefficients après N niveaux de décompositions.
2. `L` la liste contenant lui-même la taille des différentes listes intervenant dans la décomposition.

Par exemple, pour un signal échantillonné sur 2^{10} valeurs (c'est-à-dire que le signal S est considéré comme un élément de V_{10}, c'est la première approximation) :

1. La commande `[C,L]=wavedec(S,3,'haar')` renvoie pour résultat :
   a. La liste `C` contenant 2^{10} coefficients dont 128 coefficients d'approximation et $128+256+512$ coefficients de détail correspondant à trois étapes de décomposition.
   b. La liste `L` contenant les valeurs

   $$[128, 128, 256, 512, 1024]$$

   qui doivent être comprises en se souvenant que chaque étape de l'algorithme produit deux nouvelles liste dont la taille est divisée par 2 pour l'ondelette de Haar, la première contenant les coefficients d'approximation et la seconde les coefficients de détail comme illustré dans la figure 20.13.

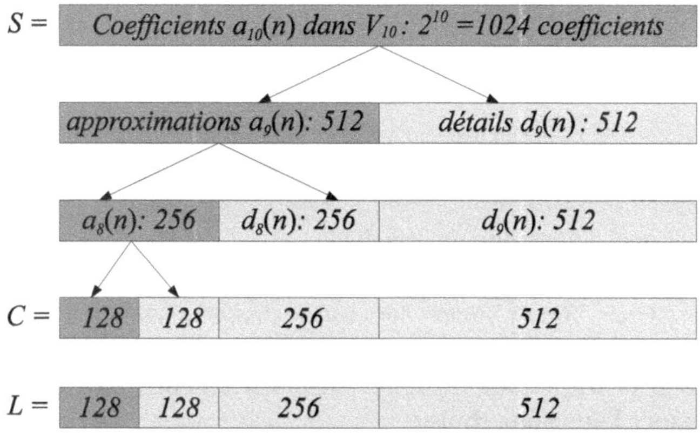

FIGURE 20.13 – Illustration de la fonction `wavedec` dans le cas de l'ondelette de Haar

2. La commande `[C,L]=wavedec(S,3,'db2')` renvoie pour résultat :
   a. La liste `C` contenant 2^{10} coefficients dont 130 coefficients d'approximation et $130+258+513$ coefficients de détail correspondant à trois étapes de décomposition.
   b. La liste `L` contenant les valeurs

   $$[130, 130, 258, 513, 1024]$$

   Ici, contrairement au cas de l'ondelette de Haar, la taille des listes n'est pas divisée par 2.
   130 correspond à 128+2, de même 258 correspond à 256+2 et 513 à 512+1.
   Cela est dû au fait que la taille des filtres associés à l'ondelette *db2* impose d'utiliser des « extracoefficients » qu'il est nécessaire de stocker en vue de la reconstruction du signal. Mais la logique est la même et elle correspond à la représentation symbolique de la figure 20.11 page 622.

Avant de passer à la fonction de reconstruction `waverec`, précisons qu'il existe deux fonctions qui permettent d'extraire les coefficients d'approximation et de détail. Il s'agit des fonctions `appcoef` et `detcoef` qui s'utilisent de la manière suivante :

1. La commande `cAi=appcoef(C,L,nom ondelette,i)` permet de récupérer l'ensemble des coefficients d'approximation à la résolution *i* obtenus lors de la décomposition `[C,L]=wavedec(S,i,nom ondelette)`.
2. La commande `cDi=detcoef(C,L,nom ondelette,i)` permet de récupérer l'ensemble des coefficients de détail à la résolution *i* obtenus lors de la décomposition `[C,L]=wavedec(S,i,nom ondelette)`.

Enfin, la fonction `waverec` permet de reconstruire le signal à partir de la décomposition effectuée avec `wavedec` en écrivant la commande `s=waverec(C,L,nom ondelette)`.

8.2 Les fonctions `dwt` et `idwt`

Une autre manière de procéder est d'utiliser la fonction `dwt` (pour *discrete wavelet transform* ou transformation en ondelettes discrète).

Elle s'utilise en écrivant `[cA,cD]=dwt(S,nom ondelette,['mode',extMethod])` ou bien `[cA,cD]=dwt(S,Lo_D,Hi_D,['mode',extMethod])` où

a. `S` désigne le signal à décomposer (une liste).
b. `nom de l'ondelette` est le nom de l'ondelette à choisir parmi les ondelettes de *Daubechies* (*'haar'*, *'db1'* à *'db20'*), les *coiflets* (*'coif1'* à *'coif5'*), les *symlets* (*'sym2'* à *'sym20'*), etc.
   ou bien `Lo_D` et `Hi_D` sont les filtres (respectivement passe-bas et passe-haut) correspondant à l'ondelette choisie.
c. `'mode'` est le mode d'extension choisi parmi `'zpd'` (extension par des zéros) ou `'per'` (extension périodique).

Les résultats fournis sont, après une décomposition :

1. `cA` la liste contenant les coefficients d'approximation.
2. `cD` la liste contenant les coefficients de détail.

Par exemple, pour un signal échantillonné sur 2^{10} points, si on écrit `[cA,cD]=dwt(S,'haar','mode','zpd')` on obtient pour résultat :

a. La liste `cA` contenant les valeurs des 512 coefficients d'approximation.
b. La liste `cD` contenant les valeurs des 512 coefficients de détail.

Dans la même situation, si on écrit `[cA,cD]=dwt(S,'db2','mode','zpd')` on obtiendra pour résultat :

a. La liste `cA` contenant les valeurs des 513 coefficients d'approximation.
b. La liste `cD` contenant les valeurs des 513 coefficients de détail.

Par contre, si on écrit `[cA,cD]=dwt(S,'db2','mode','per')` (extension périodique cette fois-ci) on obtiendra pour résultat :

a. La liste cA contenant les valeurs des 512 coefficients d'approximation.
b. La liste cD contenant les valeurs des 512 coefficients de détail.

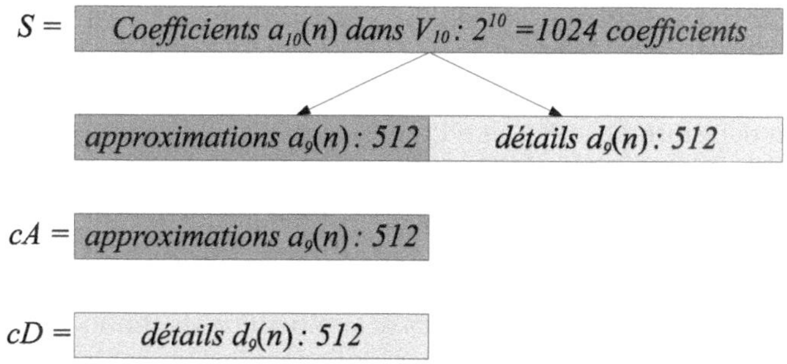

FIGURE 20.14 – Illustration de la fonction `dwt` pour l'ondelette de haar

La fonction inverse de reconstruction `idwt` s'utilise en écrivant la commande `s=idwt(cA,cD,`*nom ondelette*`,['mode',extMethod])` ou bien la commande `s=idwt(cA,cD,Lo_D,Hi_D,['mode',extMethod])` où

a. `cA,cD` désignent les coefficients d'approximation et de détail obtenus par la fonction `dwt`.
b. `nom de l'ondelette` est le nom de l'ondelette à choisir parmi les ondelettes déjà citées ou bien `Lo_D` et `Hi_D` sont les filtres (respectivement passe-bas et passe-haut) correspondant à l'ondelette choisie.
c. '`mode`' est le mode d'extension déjà précisé.

Le résultat fourni est le signal reconstruit de manière exacte.

9 Applications

9.1 Panorama de quelques applications

Les ondelettes ont très vite démontré leur redoutable efficacité et les applications sont aujourd'hui nombreuses, variées et omniprésentes dans notre vie quotidienne. Parmi ces applications, la plus connue et la plus concrète pour chacun d'entre nous est sûrement la compression d'images avec le standard JPEG2000.
Le sigle JPEG2000 signifie *Joint Photographic Experts Group* et désigne à la fois le format d'enregistrement des photos et l'algorithme de calcul. Il remplace le format JPEG devenu obsolète depuis la naissance des ondelettes. L'ancien format JPEG est basé sur la *transformation en cosinus discrète* (par blocs), désignée par TCD pour *Discrete Cosine Transform* en anglais. C'est une variante de la transformation de Fourier discrète (la raison pour laquelle on utilise la DCT et non la transformation de Fourier discrète (TFD) tient à des raisons techniques. Pour une image en niveau de gris par exemple, on s'intéresse à la « fonction image discrète » qui donne le niveau de gris de chaque pixel. Il s'agit alors de

« changer d'espace » en passant du signal spatial (à deux dimensions) au signal fréquentiel (le spectre). Or, alors que la TFD utilise des exponentielles complexes et calcule des coefficients complexes, la TCD utilise seulement la partie réelle de ces exponentielles, c'est à dire des cosinus, et calcule donc des coefficients réels, d'où son intérêt). Le standard JPEG2000, quant à lui, est basé sur une transformation en ondelettes (qui peut utiliser deux ondelettes dont l'une d'elle est une ondelette de Daubechies) et relève d'un procédé assez élaboré et technique, en particulier l'utilisation d'un *codage entropique* sophistiqué. Ces deux formats, JPEG et JPEG2000, autorisent des compressions avec ou sans perte. Nous n'en dirons pas plus et le lecteur est renvoyé au site officiel du standard JPEG à l'adresse `http://www.jpeg.org/jpeg2000/` pour plus d'informations.

Remarque. Citons aussi l'existence de méthodes de compression *fractales* basées sur la recherche de redondances d'informations et la répétition de motifs dans une image. Elle permet alors, de manière destructive, de réduire la quantité de données nécessaire à la représentation de cette image. Il s'agit donc d'une méthode de compression avec perte.

Cela dit, les applications des ondelettes ne se limitent pas à la compression des images. Citons par exemple, sans être exhaustifs, les applications forts utiles suivantes :

1. La compression de données numériques appliquée à la gestion des bases de données volumineuses, à l'imagerie médicale, etc.
2. Le « débruitage » qui trouve des applications en imagerie médicale pour les images obtenues par I.R.M. et échographie.
3. La détection de contours qui s'appuie sur la sensibilité des ondelettes à la présence de bords et de contours dans une image.
4. La reconstruction d'images, utilisée en tomographie (terme qui désigne une technique d'imagerie largement utilisée en imagerie médicale, en géophysique, en astrophysique et qui permet de reconstruire un objet en trois dimensions à partir de « coupes » obtenues elles mêmes par des mesures effectuées à distance de l'objet).

9.2 Les évolutions des ondelettes

La recherche autour des ondelettes et de leurs applications a été particulièrement active autour des années 2000, mue par le souci constant d'en améliorer les performances.
Un des axes de recherche était lié au caractère isotrope des ondelettes. Ces dernières sont en effet très sensibles à la présence de contours dans une image mais sont en revanche insensibles à leurs directions. C'est pourquoi certains scientifiques, parmi lesquels Candès, Donoho, Le Pennec, Mallat ont cherché à développer des ondelettes qui s'adaptent automatiquement aux contours d'une image en étant capables de « reconnaître » leurs directions. Ces recherches ont conduit à de nouveaux objets appelés des *curvlets* (Candès), *wedglets* (Donoho) et des *bandlets* (Le Pennec et Mallat). Les *bandlets* ont par exemple la capacité de détecter les contours d'une image puis de les « suivre » avec une grande souplesse et une grande efficacité.
Le lecteur intéressé pourra consulter les quelques articles [*PO*1] à [*PO*8] cités en bibliographie et disponibles sur le web.

9.3 Application au « débruitage » d'un signal mono-dimensionnel

Dans le cas d'un signal mono-dimensionnel (un enregistrement sonore par exemple) entaché d'un *bruit* (terme au sens vague désignant ici un phénomène perturbant et gênant l'interprétation du signal sans le définir précisément), on met en évidence les performances des ondelettes pour le « nettoyer ». Le principe est le suivant : à partir du signal original, on applique un nombre N de décompositions. Une fois ces décompositions réalisées, on opère un seuillage des coefficients de détail. Ensuite, le signal est reconstruit. L'algorithme proposé ci-dessous réalise ces opérations avec la possibilité de choisir différentes ondelettes.

```
clf();
//grille de discrétisation
J=10;n=2^J;h=2^(-J);t=0:h:1-h;
//nombre de niveaux
N=5;
//seuil
seuil=0.5;
//signal à "débruiter"
s=signalbruit(t);
//liste des ondelettes
ond=['haar','db2','db3','db4','sym2','sym4','coif1','coif2'];
m=2;  //choix de l'ondelette
//décomposition du signal
[C,L]=wavedec(s,N,ond(m));
//seuillage
[Cs,nbc]=seuillage(C,seuil,L);
//reconstruction
Sr=waverec(Cs,L,ond(m));
//représentations graphiques
subplot(1,2,1); plot(t,s,'k'); //signal original
subplot(1,2,2); plot(t,Sr,'k'); //signal "nettoyé"
```

Les fonctions `signalbruit` et `seuillage` sont les suivantes :

```
function s=signalbruit(t)
    s=sin(5*2*%pi*t)+sin(1*2*%pi*t)
          +0.1*rand(1,length(t),'normal')+cos(0.5*2*%pi*t);
endfunction
```

```
function [Cs, p]=seuillage(C, seuil, L)
  p=0; Cs=C; [a,b]=size(C);
  for k=L(1)+1:b
    if abs(C(k))<seuil then Cs(k)=0; p=p+1;
    else Cs(k)=C(k);
    end
  end
endfunction
```

La figure 20.15 montre un même signal entaché de bruit et « débruité » avec différentes ondelettes (5 niveaux de décomposition et un seuil de 0,5).

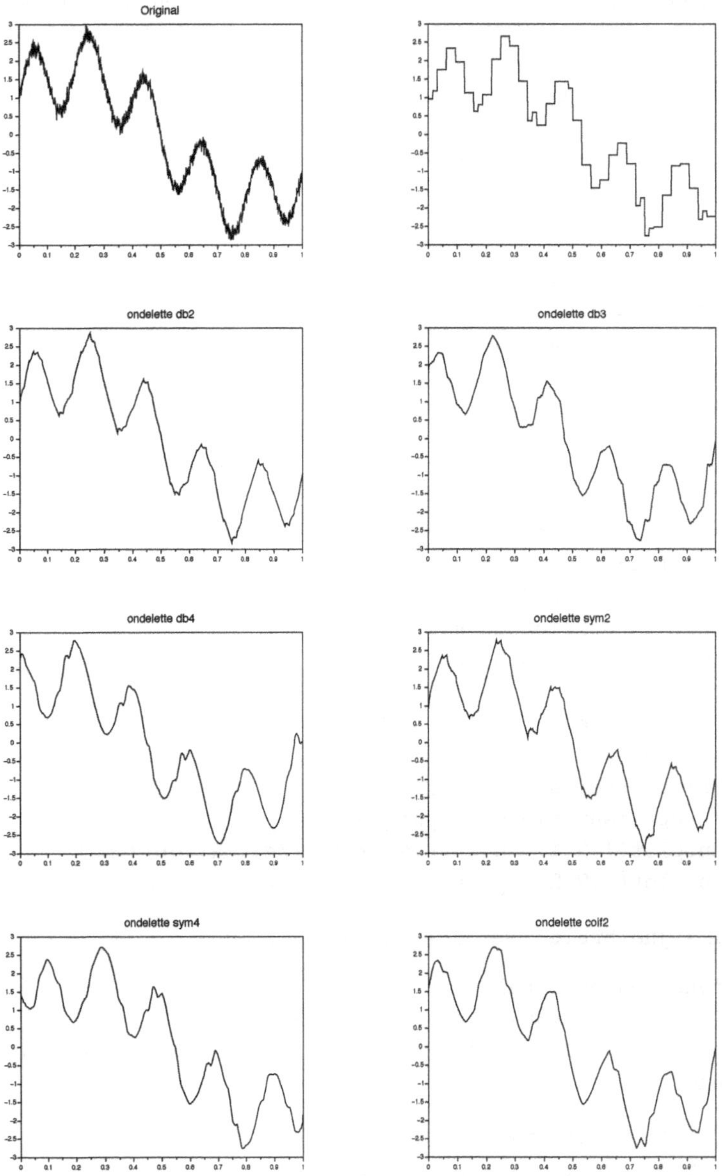

FIGURE 20.15 – Illustration du débruitage par différentes ondelettes

On peut remarquer l'effet « escalier » qui apparaît avec l'ondelette de Haar (deuxième figure en haut à droite) et aussi le fait que, plus l'ondelette est régulière (*db4*, *coif2*), plus le signal est reconstruit de manière « lisse ».

9.4 Application à la détection de singularités

On a pu remarquer que l'analyse de Fourier était incapable de fournir une information précise sur un événement survenu dans le signal temporel à un instant précis comme, par exemple, une discontinuité en un instant particulier t_0. Les transformations en ondelettes se révèlent très efficaces dans cet exercice. L'exploration des coefficients de détail permet en effet de retrouver avec une grande précision l'instant d'apparition d'éventuelles discontinuités, aussi discrètes soient-elles, comme le montre la figure 20.16. Cette figure a été réalisée à partir du signal s défini sur $[0,1]$ et construit à partir de la fonction

$$s_0(t) = \sin(2\pi t) + 0,4\sin(10\pi t) + 0,1\sin(100\pi t)$$

en posant, toujours sur $[0,1]$

$$s(t) = \begin{cases} s_0(t) & \text{pour} \quad t \notin \left\{\frac{1}{4}, \frac{1}{2}\right\} \\ s_0\left(\frac{1}{4}\right) + \frac{8}{1000} & \text{pour} \quad t = \frac{1}{4} \\ s_0\left(\frac{3}{4}\right) + \frac{1}{100} & \text{pour} \quad t = \frac{3}{4} \end{cases}$$

ce qui fait apparaître deux discontinuités en $t = 0,25$ et $t = 0,5$ d'amplitudes très « discrètes » (de l'ordre de $\left|\frac{0,008}{s_0(0,25)}\right| \approx 5/1000$ et $\left|\frac{0,01}{s_0(0,75)}\right| \approx 7/1000$ respectivement). Ensuite, ce signal est décomposé avec l'ondelette de Daubechies *db2* à la première résolution et on affiche seulement les coefficients de détail. Les deux instants $t = 0,25$ et $t = 0,5$ des deux discontinuités sont alors parfaitement visibles.

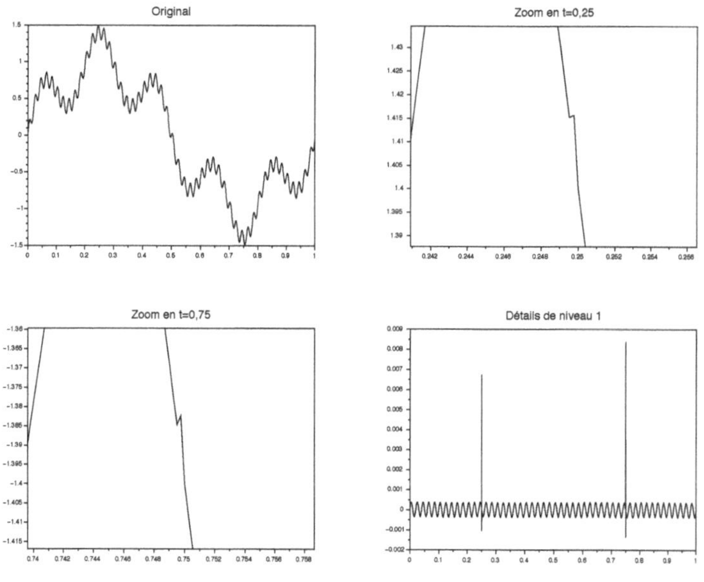

FIGURE 20.16 – Exemple de détection de discontinuités avec l'ondelette *db2*

9.5 Application à la compression de données

Le principe est le même que pour le « débruitage » (on utilise d'ailleurs le même algorithme). On décompose le signal sur un niveau, on examine ensuite les coefficients de détail et on choisit de négliger ceux qui sont inférieurs, en valeur absolue, à un seuil. Ensuite, le signal est reconstruit. Les figures 20.17 et 20.18 indiquent les taux de compression (rapport, en pourcentage, entre le nombre de coefficients négligés (ramenés à zéro) et le nombre total de coefficients de détail) pour plusieurs ondelettes avec un seul niveau de décomposition.

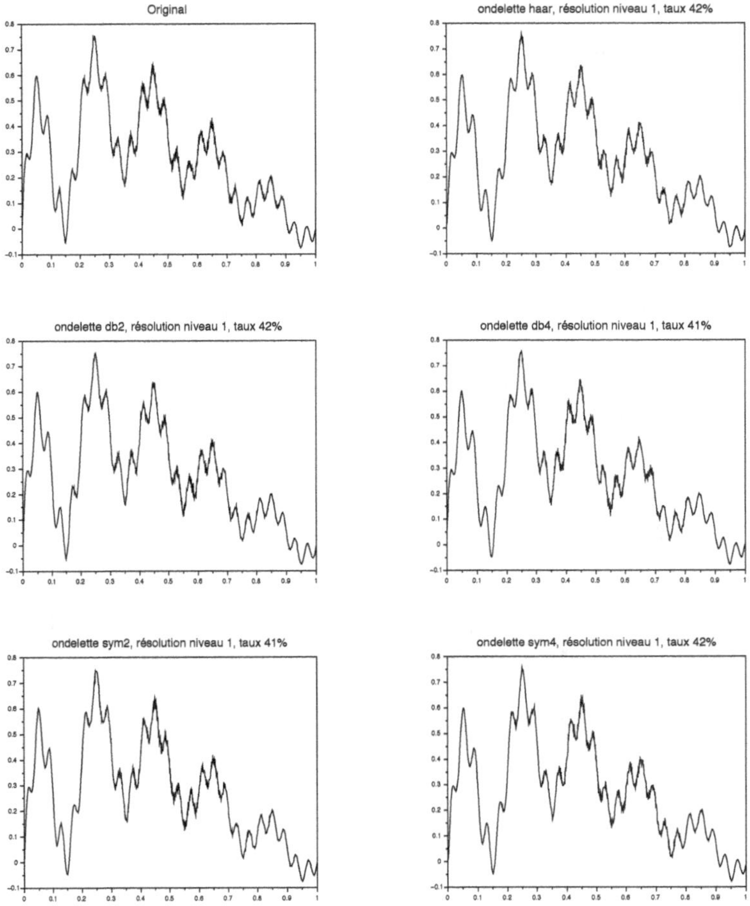

FIGURE 20.17 – Taux de compression selon l'ondelette

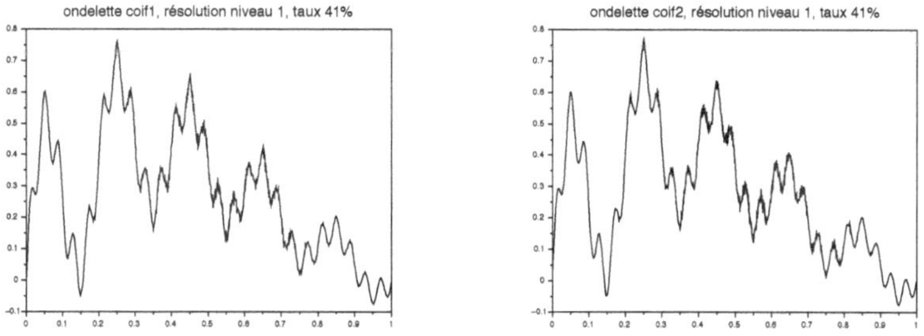

FIGURE 20.18 – Taux de compression selon l'ondelette

Pour terminer, précisons que les ondelettes utilisées ne sont pas symétriques et induisent un déphasage assez sensible après plusieurs niveaux de décomposition comme l'illustre la figure 20.19 (voir les commentaires de la section 5).

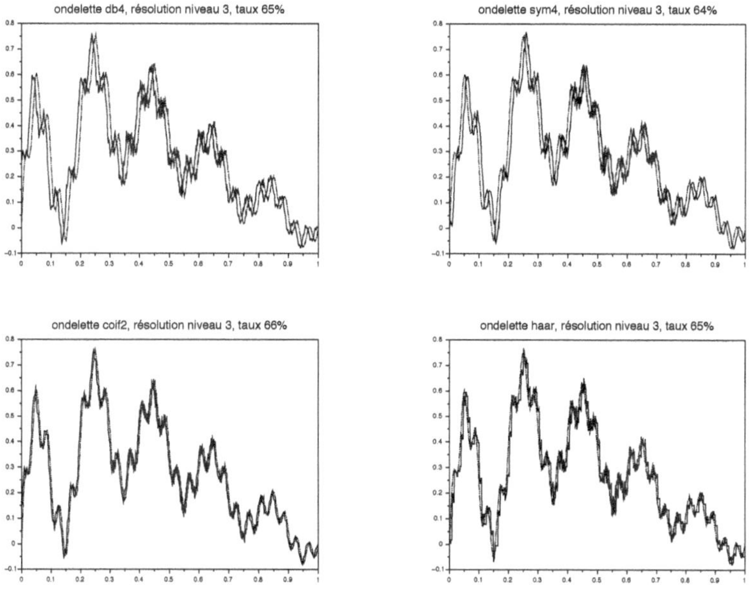

FIGURE 20.19 – Illustration du déphasage

Chapitre 21

Notions de traitement élémentaire des images

1 Généralités sur les images

1.1 Description mathématique des images

Mathématiquement, une image en niveaux de gris de $n \times p$ pixels est représentée par une matrice $[A]$ de n lignes par p colonnes dont chaque coefficient a_{ij} est un nombre entier compris entre 0 et 255. Cet entier est le niveau de gris du pixel situé en position (i, j) (avec la correspondance 0=noir et 255=blanc). Il s'agit donc d'un codage sur 8 bits puisque $2^8 = 256$. Pour les images en couleurs, le modèle mathématique est une *hypermatrice*, c'est à dire un « empilement » de trois matrices, une pour chaque couleur rouge, vert, bleu.

Par conséquent, si l'on sait effectuer une transformation sur une image en niveaux de gris, on sait aussi l'effectuer sur une image en couleurs en appliquant la transformation à chaque matrice de couleur. C'est pourquoi, dans un souci de simplification, seules des images en niveaux de gris seront utilisées ici.

1.2 Utilisation du logiciel *Scilab* pour manipuler des images

Le logiciel libre *Scilab* possède un module, appelé *SIVP* pour *Scilab Image and Video Processing*, qui fournit les fonctions nécessaires à la manipulation des images. Quelques unes parmi les plus utiles sont décrites ici.

1.2.1 Lecture et écriture des images

La fonction `imread` permet de charger une image dans la console sous forme de matrice (ou *hypermatrice*) alors que la fonction `imshow` permet de l'afficher.
À noter que la fonction `pwd` affiche le chemin complet vers le répertoire courant. C'est dans ce répertoire qu'il faut copier les images manipulées pour y avoir accès.

Supposons avoir enregistré dans le répertoire courant l'image *papillon.jpg* en couleur de 712 pixels par 948. Alors la commande

```
-->A=imread('papillon.jpg');
```

permet d'affecter à $[A]$ (qui est alors une hypermatrice) cette image et la commande

```
--> size(A)
ans
712.    948.    3
```

renvoie les trois valeurs (712, 948, 3), ce qu'il faut comprendre comme le fait que $[A]$ est une hypermatrice constituée de 3 matrices de même taille 712 lignes par 948 colonnes, une pour chaque couleur rouge, vert, bleu.
Pour accéder à l'une des sous-matrices, par exemple la première, il suffit de taper

```
-->A1=A(:,:,1);
```

On peut aussi convertir cette image en niveaux de gris en tapant

```
-->B=rgb2gray(A);
```

Pour constater l'effet de cette fonction, on peut taper

```
-->size(B)
ans
712.    948.
```

et remarquer que $[B]$ est maintenant une « simple » matrice de 712 lignes par 948 colonnes.
La commande

```
-->imshow(B)
```

permet de faire afficher cette image que l'on voit dans la figure 21.1 page suivante.
Enfin, la commande

```
-->B(1:5,1:5)
```

permet de faire apparaître le bloc de la matrice $[B]$ constitué des 25 coefficients p_{ij} pour $(i, j) \in \{1,2,3,4,5\}^2$. On obtient le bloc

255	255	255	255	255
255	255	255	255	255
255	255	104	105	104
255	255	108	115	110
255	255	100	106	116

qui illustre le fait que les coefficients sont des entiers compris entre 0 et 255.

Pour terminer, la fonction `imwrite` permet de sauvegarder une image, par exemple en tapant

```
-->imwrite(B,'monimage.png')
```

ce qui stocke la matrice image $[B]$ dans le fichier `monimage.png` et qui renvoie la valeur 1 si l'enregistrement est fait avec succès (lorsque la commande n'est pas terminée par un point-virgule, dans le cas contraire rien ne s'affiche).

FIGURE 21.1 – Image d'un papillon en niveaux de gris

1.2.2 Conversion de format d'image

Par défaut, *Scilab* écrit les nombres au format *double* (sur 64 bits) alors que, dans le cas d'une image en niveaux de gris, la matrice représentant l'image contient des nombres entiers compris entre 0 et 255 (sur 8 bits), c'est le format `uint8`.

La conversion du format *double* vers le format d'image se fait avec

```
-->uint8(image);
```

et la conversion du format *image* vers un format *double* se fait avec

```
-->double(image);
```

2 Transformation en ondelettes d'une image

2.1 Adaptation aux image

Le principe de l'analyse multi-résolution développé en une dimension se généralise aux signaux à deux dimensions. Le plus simple est de construire des ondelettes dites *séparables*. À partir d'une fonction d'échelle φ à une dimension, on construit une fonction d'échelle par produit *tensoriel*, c'est à dire que l'on construit la fonction d'échelle sous la forme

$$\varphi^{(0)}(x, y) = \varphi(x)\,\varphi(y)$$

Ensuite, on construit les trois ondelettes sous la forme

$$\begin{cases} \psi^{(1)}(x, y) = \psi(x)\,\varphi(y) \\ \psi^{(2)}(x, y) = \varphi(x)\,\psi(y) \\ \psi^{(3)}(x, y) = \psi(x)\,\psi(y) \end{cases}$$

Cela conduit à trois espaces de détail alors qu'en une dimension, on en avait qu'un seul.

D'un point de vue pratique, traiter une image, c'est à dire une matrice (pour les images en niveaux de gris, sinon une *hypermatrice* pour les images en couleurs) revient à opérer une décomposition « horizontale » puis « verticale ».

Les exemples proposés illustreront de quelle manière l'image est filtrée selon trois axes :

1. Un axe « horizontal ».
2. Un axe « vertical ».
3. Un axe « diagonal ».

Cela se traduit, à chaque étape du traitement, par une « division » de l'image précédente en quatre sous-images :

1. Une approximation. C'est une version « grossière » de l'image $[A]$, plus petite.
2. Les détails correspondant à la décomposition « horizontale » $[DH]$.
3. Les détails correspondant à la décomposition « verticale » $[DV]$.
4. Les détails correspondant à la décomposition « diagonale » $[DD]$.

Le cas d'une unique décomposition est illustrée dans la figure 21.2 alors que le cas de plusieurs décompositions successives est illustré dans la figure 21.3 page 639.

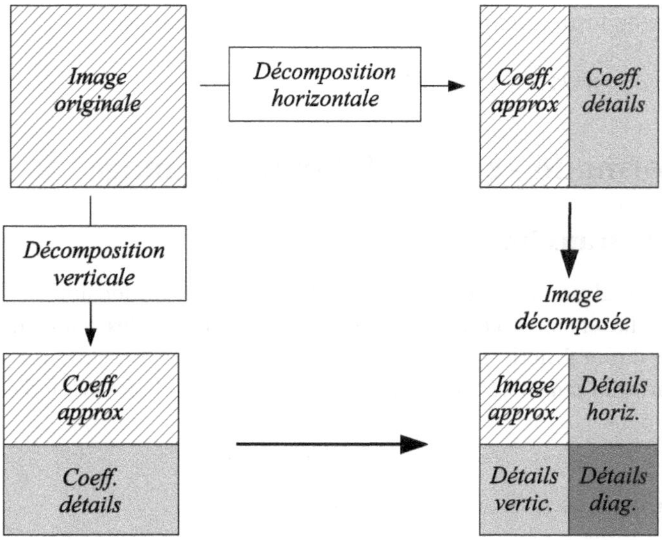

FIGURE 21.2 – Illustration de la décomposition d'une image

Le lecteur intéressé par ces questions passionnantes pourra consulter avec intérêt l'ouvrage $[MI]$.

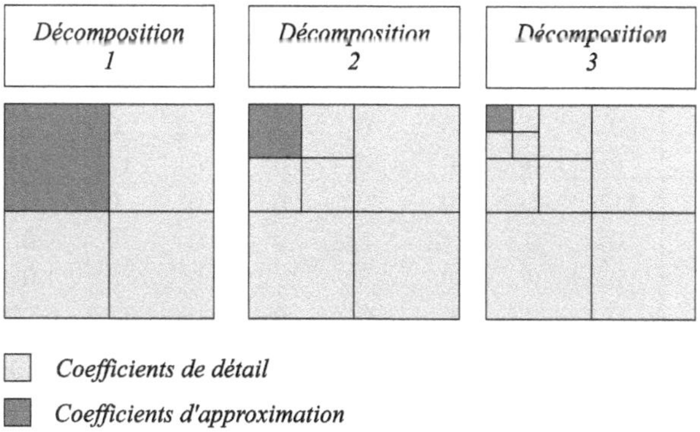

FIGURE 21.3 – Illustration de trois décompositions d'une image

2.2 Interprétation matricielle pour l'ondelette de Haar

Bien qu'on n'utilise pas cette représentation matricielle dans la pratique, trop gourmande en place mémoire et en temps de calcul, il est tout de même intéressant de faire le lien avec la représentation matricielle de la décomposition effectuée avec l'ondelette de Haar pour les signaux en une dimension.

Pour faciliter la compréhension de l'exposé, nous allons travailler pour l'instant sur une image en niveaux de gris de 8 pixels par 8 pixels, représentée par la matrice $[A_3]$ dont les coefficients sont les niveaux de gris de chaque pixel et dont on remarquera que la première ligne et la première colonne sont égales à la liste des coefficients qui ont été utilisés en exemple page 2.5 dans le cas des signaux à une dimension, à savoir les coefficients

$$(8,9,7,6,7,8,5,2)$$

$$[A_3] = \left[\begin{array}{c|ccccccc} 8 & 9 & 7 & 6 & 7 & 8 & 5 & 2 \\ \hline 9 & 3 & 4 & 8 & 2 & 5 & 7 & 1 \\ 7 & 5 & 2 & 3 & 6 & 0 & 7 & 4 \\ 6 & 4 & 5 & 2 & 1 & 9 & 4 & 3 \\ 7 & 0 & 8 & 2 & 1 & 9 & 3 & 1 \\ 8 & 5 & 5 & 9 & 1 & 5 & 4 & 6 \\ 5 & 7 & 8 & 4 & 9 & 1 & 3 & 2 \\ 2 & 9 & 3 & 2 & 5 & 4 & 7 & 6 \end{array}\right]$$

Nous allons aussi réutiliser les matrices $[H_3]$, $[H_2]$ et $[H_1]$ construites à l'occasion de cet exemple en prenant comme coefficients des filtres $\frac{1}{2}$ et $-\frac{1}{2}$ au lieu de $\frac{\sqrt{2}}{2}$ et $-\frac{\sqrt{2}}{2}$ pour faciliter l'interprétation et la lecture des résultats fournis.

Rappelons la matrice $[H_3]$

$$[H_3] = \begin{bmatrix} 1/2 & 1/2 & 0 & 0 & 0 & 0 & 0 & 0 \\ 0 & 0 & 1/2 & 1/2 & 0 & 0 & 0 & 0 \\ 0 & 0 & 0 & 0 & 1/2 & 1/2 & 0 & 0 \\ 0 & 0 & 0 & 0 & 0 & 0 & 1/2 & 1/2 \\ 1/2 & -1/2 & 0 & 0 & 0 & 0 & 0 & 0 \\ 0 & 0 & 1/2 & -1/2 & 0 & 0 & 0 & 0 \\ 0 & 0 & 0 & 0 & 1/2 & -1/2 & 0 & 0 \\ 0 & 0 & 0 & 0 & 0 & 0 & 1/2 & -1/2 \end{bmatrix}$$

On sait opérer une transformation en ondelettes de Haar sur des signaux discrets en une dimension. Pour une image, représentée par une matrice, il est logique d'interpréter chaque ligne et chaque colonne comme un signal à une dimension. Autrement dit, on va opérer des transformations en ondelettes sur les lignes et sur les colonnes de la matrice.

Concrètement, pour obtenir l'image après la première décomposition, il suffit de réaliser les opérations suivantes.

1. Opérer la transformation sur les colonnes en multipliant la matrice image $[A_3]$ à gauche par $[H_3]$,
2. Opérer la transformation sur les lignes en multipliant la matrice image $[A_3]$ à droite par la transposée ${}^{\mathbf{t}}[H_3]$ de $[H_3]$.

Pour s'en convaincre, il suffit d'observer le résultat du produit $[H_3][A_3]$ dans lequel on voit apparaître, en première colonne, la liste issue de la première décomposition effectuée en une dimension, à savoir les coefficients

$$(8,5;6,5;7,5;3,5;-0,5;0,5;-0,5;1,5)$$

$$[H_3][A_3] = \left[\begin{array}{c|ccccccc} \mathbf{8,5} & 6,0 & 5,5 & 7,0 & 4,5 & 6,5 & 6,0 & 1,5 \\ \mathbf{6,5} & 4,5 & 3,5 & 2,5 & 3,5 & 4,5 & 5,5 & 3,5 \\ \mathbf{7,5} & 2,5 & 6,5 & 5,5 & 1,0 & 7,0 & 3,5 & 3,5 \\ \mathbf{3,5} & 8,0 & 5,5 & 3,0 & 7,0 & 2,5 & 5,0 & 4,0 \\ \mathbf{-0,5} & 3,0 & 1,5 & -1,0 & 2,5 & 1,5 & -1,0 & 0,5 \\ \mathbf{0,5} & 0,5 & -1,5 & 0,5 & 2,5 & -4,5 & 1,5 & 0,5 \\ \mathbf{-0,5} & -2,5 & 1,5 & -3,5 & 0,0 & 2,0 & -0,5 & -2,5 \\ \mathbf{1,5} & -1,0 & 2,5 & 1,0 & 2,0 & -1,5 & -2,0 & -2,0 \end{array}\right]$$

De même, le calcul $[A]^{\mathbf{t}}[H_3]$ fait apparaître, en première ligne cette fois-ci, les mêmes coefficients

$$[A_3]^{\mathbf{t}}[H_3] = \left[\begin{array}{cccccccc} \mathbf{8,5} & \mathbf{6,5} & \mathbf{7,5} & \mathbf{3,5} & \mathbf{-0,5} & \mathbf{0,5} & \mathbf{-0,5} & \mathbf{1,5} \\ \hline 6,0 & 6,0 & 3,5 & 4,0 & 3,0 & -2,0 & -1,5 & 3,0 \\ 6,0 & 2,5 & 3,0 & 5,5 & 1,0 & -0,5 & 3,0 & 1,5 \\ 5,0 & 3,5 & 5,0 & 3,5 & 1,0 & 1,5 & -4,0 & 0,5 \\ 3,5 & 5,0 & 5,0 & 2,0 & 3,5 & 3,0 & -4,0 & 1,0 \\ 6,5 & 7,0 & 3,0 & 5,0 & 1,5 & -2,0 & -2,0 & -1,0 \\ 6,0 & 6,0 & 5,0 & 2,5 & -1,0 & 2,0 & 4,0 & 0,5 \\ 5,5 & 2,5 & 4,5 & 6,5 & -3,5 & 0,5 & 0,5 & 0,5 \end{array}\right]$$

Par conséquent, le calcul de $[A_2] = [H_3][A_3]^t[H_3]$ permet de faire simultanément la décomposition des lignes et des colonnes, ce qui conduit à une partition de la matrice obtenue $[A_2]$ en quatre blocs

$$[A_2] = \left[\begin{array}{cccc|cccc} 7{,}25 & 6{,}25 & 5{,}50 & 3{,}75 & 1{,}25 & -0{,}75 & -1{,}0 & 2{,}25 \\ 5{,}50 & 3{,}0 & 4{,}0 & 4{,}50 & 1{,}0 & 0{,}50 & -0{,}50 & 1{,}0 \\ 5{,}0 & 6{,}0 & 4{,}0 & 3{,}50 & 2{,}50 & 0{,}50 & -3{,}0 & 0{,}0 \\ 5{,}75 & 4{,}25 & 4{,}75 & 4{,}50 & -2{,}25 & 1{,}25 & 2{,}25 & 0{,}50 \\ \hline 1{,}25 & 0{,}25 & 2{,}0 & -0{,}25 & -1{,}75 & 1{,}25 & 0{,}50 & -0{,}75 \\ 0{,}50 & -0{,}50 & -1{,}0 & 1{,}0 & 0{,}0 & -1{,}0 & 3{,}50 & 0{,}50 \\ -1{,}50 & -1{,}0 & 1{,}0 & -1{,}50 & 1{,}0 & 2{,}50 & -1{,}0 & 1{,}0 \\ 0{,}25 & 1{,}75 & 0{,}25 & -2{,}0 & 1{,}25 & 0{,}75 & 1{,}75 & 0{,}0 \end{array}\right]$$

c'est à dire à la partition qui correspond à l'illustration de la figure 21.2 page 638.

$$[A_2] = \left[\begin{array}{c|c} [CA_2] & [DH_2] \\ \hline [DV_2] & [DD_2] \end{array}\right]$$

Autrement dit, la sous-matrice $[CA_2]$ correspond à une version plus petite (nombre total de pixel divisé par 4 car le nombre de pixels en lignes est divisé par 2 de même que le nombre de pixels en colonnes) et plus « grossière » que l'image originale, comme illustré sur une image réelle de 480 par 640 pixels dans la figure 21.4.

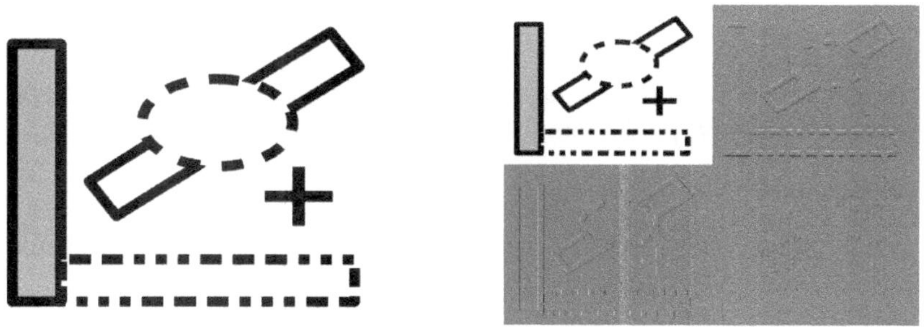

Image originale

Image après une décomposition

FIGURE 21.4 – Illustration du résultat après une décomposition (coefficients normalisés)

3 Utilisation du logiciel *Scilab*

Le logiciel *Scilab* propose une « boîte à outils » appelée *swt toolbox* (pour *Scilab Wavelet Toolbox*) contenant un grand nombre de fonctions dédiées aux transformations en ondelettes des images.

Décrivons ici succinctement le fonctionnement et la mise en œuvre pratique de quatre d'entre elles :

1. Le couple de fonctions `dwt2` et `idwt2` (pour *discrete wavelet transform* et *inverse discrete wavelet transform* respectivement) qui permettent de faire une décomposition en ondelettes d'une image (c'est à dire de calculer les coefficients d'approximation et de détail) puis de la reconstruire à partir de la connaissance des coefficients d'approximation et de détail obtenus par la fonction `dwt2`.
2. Le couple de fonctions `wavedec2` et `waverec2` (pour *wavelet decomposition* et *wavelet reconstruction*) qui permettent de faire une décomposition en ondelettes d'une image sur plusieurs niveaux, c'est à dire de calculer les coefficients d'approximation et de détail après plusieurs niveaux de décomposition, puis de la reconstruire.

Toutes ces fonctions s'appliquent à des images au format *double*. D'autre part, il existe une fonction dans *Scilab* qui permet de modifier la taille de la place mémoire utilisable par le logiciel (appelée la *pile*). Si l'on manipule des images avec une résolution élevée, il arrive souvent de dépasser la taille de la *pile*, ce qui provoque une erreur. Par défaut, la taille de la pile est de 10'000'000 (c'est à dire environ 76 Mo) et pour les plateformes en 64 bit, la taille maximale de la pile est limitée à 268'435'454.
Pour éviter ce genre de souci, il est donc recommandé d'augmenter la taille de la *pile* par exemple à 200'000'000 en tapant `->stacksize(200 000 000);` dans la console.

3.1 Décomposition en ondelettes sur un niveau puis reconstruction

3.1.1 Décomposition : la fonction `dwt2`

La fonction `dwt2` s'utilise sur une image représentée par une matrice notée $[D]$ préalablement convertie en *double* par l'opération

```
-->D=im2double(D);
```

après quoi il suffit de taper, dans la console l'une des deux commandes ci-dessous suivie de `imshow(B)` pour faire apparaître le résultat

```
-->[CA,CH,CV,CD]=dwt2(D,\textit{nom ondelette},['mode',extMethod]);
```

ou bien

```
-->[CA,CH,CV,CD]=dwt2(D,Lo\_D,Hi\_D,['mode',extMethod]);
```

où les paramètres d'entrée sont :

1. `D`, le signal à décomposer (un matrice au format *double*).
2. `nom de l'ondelette`, le nom de l'ondelette à choisir parmi les ondelettes de *Daubechies* (*'haar', 'db1' à 'db20'*), les *coiflets* (*'coif1' à 'coif5'*), les *symlets* (*'sym2' à 'sym20'*), etc.
   ou bien Lo_D et Hi_D sont les filtres (respectivement passe-bas et passe-haut) correspondant à l'ondelette choisie.
3. '`mode`' est le mode d'extension choisi parmi '`zpd`' (extension par des zéros) ou '`per`' (extension périodique). C'est un paramètre optionnel.

Les résultats fournis sont, après une décomposition :

1. CA la matrice contenant les coefficients d'approximation,
2. CH la matrice contenant les coefficients de détail « horizontaux ».
3. CV la matrice contenant les coefficients de détail « verticaux ».
4. CD la matrice contenant les coefficients de détail « diagonaux ».

Pour illustrer l'usage de cette fonction, une suite d'instructions à taper dans la console est donnée ci-dessous, appliquée à une image nommée *dessin.png* (les lignes commençant par // sont des commentaires).

```
-->//lecture de l'image}
-->D=imread('dessin.png');
-->//affichage de l'image
-->imshow(D);
-->//conversion au format double
-->D=im2double(D);
-->//calcul de la transformation en ondelettes
-->[CA,CH,CV,CD]=dwt2(D,"haar");
-->//vérification des formats des différentes matrices CA,CH,CV,CD
-->size(CA),size(CH),size(CV),size(CD)
-->//résultats renvoyés
ans  =
240.    320.
ans  =
240.    320.
ans  =
240.    320.
ans  =
240.    320.
-->//construction de l'image obtenue après transformation : D2
-->//l'intérêt est seulement de représenter les quatre blocs
-->D2(1:240,1:320)=CA(1:240,1:320);
-->D2(241:480,1:320)=CV(1:240,1:320);
-->D2(1:240,321:640)=CH(1:240,1:320);
-->D2(241:480,321:640)=CD(1:240,1:320);
-->//affichage de l'image D2
-->//conversion au format uint8
-->D2=uint8(D2);
-->imshow(D2);
```

L'image de droite représentée dans la figure 21.4 page 641 fait bien apparaître, après une décomposition :

1. En haut à gauche, une version plus petite et plus « grossière » de l'image originale.
2. En haut à droite, les détails « horizontaux ». On voit d'ailleurs assez bien les lignes horizontales du dessin apparaître.

3. En bas à gauche, les détails « verticaux ». On voit d'ailleurs assez bien les lignes verticales du dessin apparaître.
4. En bas à droite, les détails « diagonaux ».

3.1.2 Reconstruction : la fonction `idwt2`

La fonction `idwt2` s'utilise après avoir décomposé une image représentée par une matrice notée $[D]$. On suppose donc connaître les matrices $[CA]$, $[CH]$, $[CV]$ et $[CD]$. Il suffit alors de taper dans la console :

```
-->SR=dwt2(CA,CH,CV,CD,\textit{nom ondelette},size(D) );
```

où les paramètres d'entrée sont :

1. `CA,CH,CV,CD`, les coefficients de la décomposition obtenus par la fonction `dwt2`.
2. `nom de l'ondelette`, le nom de l'ondelette à choisir parmi les ondelettes de *Daubechies* (*'haar', 'db1' à 'db20'*), les *coiflets* (*'coif1' à 'coif5'*), les *symlets* (*'sym2' à 'sym20'*), etc.
3. `size(D)` est la dimension de l'image originale D.

Le résultat fourni est l'image reconstruite.

Pour illustrer l'usage de cette fonction, les commandes suivantes permettent de décomposer une image (en niveaux de gris) et de la reconstruire sans perte (les lignes commençant par // sont des commentaires) :

```
-->//lecture de l'image
-->D=imread('dessin.png');
-->//conversion au format double
-->D=im2double(D);
-->//calcul de la transformation en ondelettes
-->[CA,CH,CV,CD]=dwt2(D,"haar");
-->//reconstruction de l'image
-->DR=idwt2(CA,CH,CV,CD,'haar',size(D));
-->//conversion au format uint8
-->DR=uint8(DR);
-->//affichage de la matrice reconstruite DR
-->imshow(DR);
```

3.2 Décomposition en ondelettes multi-niveaux puis reconstruction

3.2.1 Décomposition : la fonction `wavedec2`

Là encore, la fonction `wavedec2` s'utilise sur une image représentée par une matrice notée $[D]$ préalablement convertie en *double.*
À la différence de la fonction `dwt2`, elle permet d'effectuer plusieurs niveaux de décomposition et le résultat fourni est sensiblement différent dans la forme.

Elle s'utilise en tapant, dans la console

```
-->[C,S]=wavedec2(D,N,\textit{nom ondelette});
```

ou bien

```
-->[C,S]=wavedec2(D,N,Lo_D,Hi_D);
```

où les paramètres d'entrée sont :

1. `D`, le signal à décomposer (un matrice au format *double*).
2. `N`, un entier désignant le nombre de niveaux de décomposition à effectuer.
3. `nom de l'ondelette` est le nom de l'ondelette à choisir parmi les ondelettes de *Daubechies* (*'haar', 'db1' à 'db20'*), les *coiflets* (*'coif1' à 'coif5'*), les *symlets* (*'sym2' à 'sym20'*), etc.
   ou bien Lo_D et Hi_D sont les filtres (respectivement passe-bas et passe-haut) correspondant à l'ondelette choisie.

Les résultats fournis sont, après une décomposition :

1. `C` une liste contenant les coefficients après les N décompositions.
2. `S` la taille des différentes matrices (voir l'exemple qui suit).

Par exemple, la suite de commandes ci-dessous permet d'effectuer deux décompositions de l'image (en niveaux de gris) $[D]$.

```
-->//lecture de l'image
-->D=imread('dessin.png');
-->//conversion au format double
-->D=im2double(D);
-->//calcul de la transformation en ondelettes
-->[C,S]=wavedec2(D,2,"haar");
```

Si l'on tape maintenant la commande `size(C)` on obtient

```
-->size(C)
ans =
1.   307200.
```

Cela signifie que C est une liste de 307200 coefficients d'approximation et de détail. Pour savoir comment sont organisés ces coefficients, il faut regarder la matrice $[S]$ en tapant

```
-->size(S)
ans =
4.   2.
-->//S est une matrice de 4 lignes par 2 colonnes
-->S
ans =
120.   160.
120.   160.
240.   320.
480.   640.
```

On peut alors vérifier que

$$120 \times 160 + 120 \times 160 + 240 \times 320 + 480 \times 640 = 307200$$

Ces résultats doivent être interprétés de la manière suivante, en lisant du haut vers le bas :

1. `480.    640.` : la taille de l'image originale
2. `240.    320.` : la taille de chacun des quatre blocs après la première décomposition.
3. `120.    160.` : la taille de chacun des quatre blocs après la seconde décomposition.
4. `120.    160.` : la taille de l'image « grossière » finale (c'est à dire les coefficients d'approximation).

Ainsi, dans la liste C, sur les 307200 coefficients, les $120 \times 160 = 19200$ premiers coefficients sont les coefficients d'approximation et les $307200 - 19200 = 288000$ suivants sont des coefficients de détail (voir la figure 21.5).

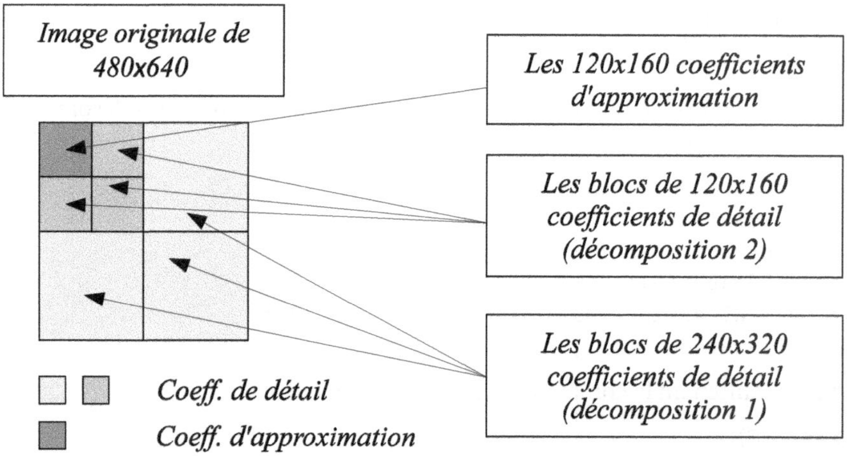

FIGURE 21.5 – Interprétation du contenu de l'image

Ainsi, dans le cas de 3 décompositions, après avoir tapé

```
-->[C,S]=wavedec2(D,3,"haar");
```

le matrice $[S]$ contiendrait les informations suivantes

```
-->S
ans =
60.   80.
60.   80.
120.   160.
240.   320.
480.   640.
```

3.2.2 Reconstruction : la fonction `waverec2`

La fonction `waverec2` s'utilise à la suite de la fonction `wavedec2` et permet de reconstruire une image à partir des informations fournies par `wavedec2`.

Précisément, supposons avoir décomposé en N niveaux une image $[D]$ par la fonction `wavedec2` qui a donc renvoyé la liste C et la matrice $[S]$.
Elle s'utilise alors en tapant, dans la console :

```
-->DR=waverec2(C,S,\textit{nom ondelette});
```

ou bien

```
-->DR=waverec2(C,S,Lo_D,Hi_D);
```

où les paramètres d'entrée sont :

1. `C`, la liste obtenue suite à l'utilisation de la fonction `wavedec2`.
2. `S`, la matrice obtenue suite à l'utilisation de la fonction `wavedec2`.
3. `nom de l'ondelette`, le nom de l'ondelette à choisir parmi les ondelettes de *Daubechies* (*'haar', 'db1' à 'db20'*), les *coiflets* (*'coif1' à 'coif5'*), les *symlets* (*'sym2' à 'sym20'*), etc.
   ou bien Lo_D et Hi_D sont les filtres (respectivement passe-bas et passe-haut) correspondant à l'ondelette choisie.

Le résultat fourni est `DR`, l'image reconstruite qui est, en l'absence de modification de la liste C, totalement identique à l'image $[D]$ originale.

Par exemple, la suite de commandes ci-dessous permet de décomposer sur 3 niveaux une image $[D]$ (toujours en niveaux de gris) puis de la reconstruire sans perte avec l'ondelette de Haar.

```
-->//conversion au format double
-->D=im2double(D);
-->//calcul de la transformation en ondelettes sur 3 niveaux
-->[C,S]=wavedec2(D,3,'haar');
-->//reconstruction sans perte
-->DR=waverec2(C,S,'haar');
```

Pour s'en convaincre, il suffit de faire afficher les deux images $[D]$ et $[DR]$ en tapant `->imshow(D);` puis `->imshow(DR);` ou encore, en tapant

```
-->max(DR-D)
ans=
3.411D-13
```

dont le résultat signifie que le plus grand coefficient de la différence $[DR]-[D]$ est « nul » (d'un point de vue informatique). Pour éviter ce résultat, on peut aussi taper

```
-->clean(max(DR-D))
ans=
0
```

qui a pour effet de ramener toute valeur inférieure à 10^{-10} à 0.

4 Application à la compression des images

4.1 Principe de la compression par seuillage

Pour illustrer le principe de la compression d'une image à partir de sa décomposition en ondelettes, revenons à la forme par blocs de la matrice $[A]$ qui représente l'image (en niveaux de gris) après une étape de décomposition, à savoir la matrice $[A_1]$

$$[A_1] = \left[\begin{array}{c|c} [CA] & [DH] \\ \hline [DV] & [DD] \end{array}\right]$$

On sait que la matrice $[CA]$ représente une image plus « grossière » et plus petite que l'image originale alors que les matrices $[DH]$, $[DV]$ et $[DD]$ contiennent les coefficients de détail (ou d'ondelette) et c'est sur ces coefficients que l'on peut intervenir pour compresser le signal en choisissant de d'en négliger certains supposés « assez petits ». Concrètement, si l'on se donne un seuil $\varepsilon > 0$ « petit », on peut annuler tous les coefficients des matrices $[DH]$, DV et DD inférieurs en valeur absolue à ε pour obtenir les matrices $[DH_\varepsilon]$, $[DV_\varepsilon]$ et $[DD_\varepsilon]$.

À partir de ces nouvelles matrices, on reconstruit $[A_{1,\varepsilon}]$

$$[A_{1,\varepsilon}] = \left[\begin{array}{c|c} [CA] & [DH_\varepsilon] \\ \hline [DV_\varepsilon] & [DD_\varepsilon] \end{array}\right]$$

puis on reconstruit l'image $[A_\varepsilon]$ à partir de $[A_{1,\varepsilon}]$.

Naturellement, on peut envisager la même chose avec plusieurs décompositions.

4.2 Exemple de mise en œuvre de compression par seuillage

Dans la pratique, on utilise les fonctions `wavedec2` et `waverec2`. Le principe est le suivant :

1. Décomposition sur N niveaux d'une image $[D]$ avec `wavedec2`.
2. Dans la liste C obtenue, à partir de sa composition indiquée dans la matrice $[S]$, on fait un seuillage des coefficients de détail.
3. On reconstruit l'image à partir de la nouvelle liste C_ε après seuillage.

L'algorithme proposé ci-dessous est écrit dans l'éditeur *Scinote* de *Scilab*. Il permet de réaliser cette opération. Il utilise un seuil de 0,1 pour 3 niveaux de décomposition et conduit à annuler environ 94 % des $712 \times 948 = 674'976$ coefficients de la matrice image nommée *papillon.png*. Le résultat est affiché dans la figure 21.6 et un examen attentif montre que l'image commence à être « pixelisée » sans que la qualité soit trop altérée.

```
//lecture de l'image (en niveaux de gris)
D=imread('papillon.png');
//conversion en double
D=im2double(D);
//décomposition
```

```
[C,S]=wavedec2(D,3,'coif2');
//seuil
eps=0.3;
//compteurs de coefficients annulés
c=0;
//debut=indice du premier coefficient de détail
debut=S(1,1)*S(1,2)+1;fin=length(C);
//seuillage
for i=debut:fin
    if abs(C(1,i))<eps
        then
        C(1,i)=0;c=c+1;
    end
end
//taux de compression
taux=c/length(C)*1   00;
//reconstruction
DR=waverec2(C,S,'coif2');
//affichage
imshow(DR);
//erreur
erreur=max(abs(D-DR))/max(abs(D))*100;
```

FIGURE 21.6 – Image originale (à gauche) et compressée (à droite) : ondelette de Haar, 3 niveaux de décomposition, taux de compression d'environ 94 %

4.3 Comparaison de plusieurs ondelettes

Pour tenter de mettre en évidence l'effet des différentes ondelettes, l'algorithme est utilisé avec quatre ondelettes différentes mais toujours sur la même image, avec 3 niveaux de décomposition et un seuil de 0,3 qui est volontairement élevé et qui provoque, en conséquence, une dégradation assez sensible de l'image compressée. La figure 21.7 regroupe un gros plan de la même partie, de la gauche vers la droite et du haut vers le bas avec l'ondelette de Haar, de Daubechies $db4$, *Symlets* $sym4$, *Coiflets* $coif2$.

Les taux de compression (rapport, en pourcentage, entre le nombre de coefficients annulés par seuillage et le nombre total de coefficients) et les erreurs (rapport, en pourcentage, $\dfrac{\max_{i,j}|DR(i,j)-D(i,j)|}{\max_{i,j}|D(i,j)|}\times 100$) sont données dans le tableau 21.1.

Ondelette	taux (%)	erreur
haar	97,5	50,1
db4	97,3	49,1
sym4	97	42,6
coif2	97	47

TABLE 21.1 – Comparaison des taux de compression et des erreurs

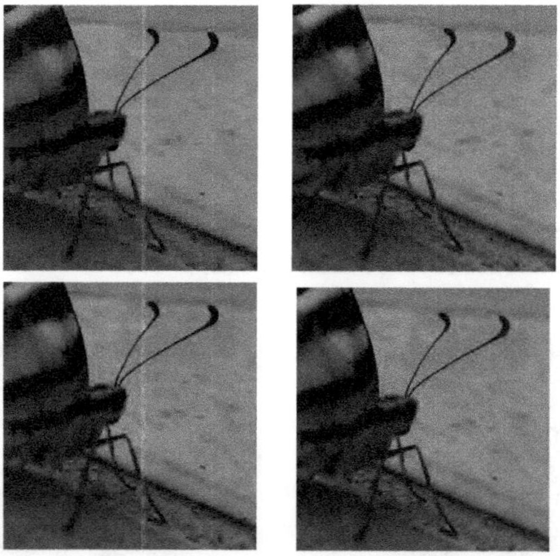

FIGURE 21.7 – Gros plan sur une partie de l'image compressée avec les ondelettes de *haar, db4, sym4* et *coif2* (de la gauche vers la droite et du haut vers le bas)

5 Quelques transformations élémentaires d'images

Dans une image, on peut souhaiter détecter les contours des objets représentés. Ces contours correspondent à des zones où les valeurs de l'intensité des pixels changent rapidement, ce qui indique de fortes variations de l'intensité des pixels.

5.1 Détection des contours : approche « gradient »

Pour détecter ces contours, l'approche dite « gradient » est proposée ici. Commençons par rappeler que, pour une fonction f définie et de classe $\mathscr{C}^1$ sur $\mathbb{R}^2$ et à valeur dans $\mathbb{R}$, son gradient (voir annexe A page 766), noté $\overrightarrow{\nabla} f$, est une grandeur vectorielle qui indique la direction et l'intensité de la plus grande variation du champ f et qu'il est orienté dans le sens de croissance des valeurs de la fonction. Il est défini, en tout (x, y) par

$$\vec{\nabla} f(x,y) = \begin{Bmatrix} \dfrac{\partial f}{\partial x}(x,y) \\ \dfrac{\partial f}{\partial y}(x,y) \end{Bmatrix} \tag{21.1}$$

Commençons donc par construire une « fonction image discrète ». Supposons que l'on dispose d'une image en niveaux de gris représentée par une matrice de n lignes par p colonnes et décrivons cette image par une « fonction image discrète » définie sur le domaine $D = \{1, \cdots, n\} \times \{1, \cdots, p\}$ et à valeurs dans $\{0, \cdots, 255\}$ par $(i, j) \mapsto f(i, j) = p_{ij}$ où p_{ij} désigne la valeur du pixel de position (i, j). Ensuite, pour comprendre l'intérêt de cette approche, il est bon de se ramener à l'exemple simple des fonctions numériques. Supposons que l'on dispose d'une fonction f de $\mathbb{R}$ dans $\mathbb{R}$ de classe $\mathscr{C}^1$ qui modélise l'évolution d'un phénomène au cours du temps t. On cherche à savoir à quel moment l'évolution de ce phénomène subit une brusque variation et l'on constate qu'un bon indicateur est l'orientation de la tangente, comme illustré dans la figure 21.8. Plus la variation du phénomène est grande et plus la valeur du nombre dérivé (en valeur absolue) est grande et plus la tangente est verticale.

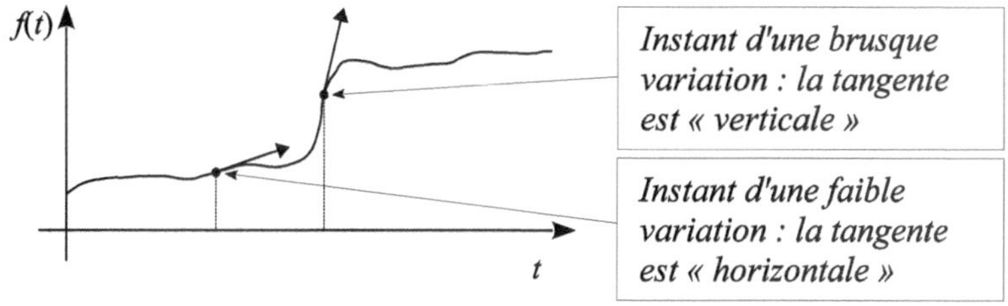

FIGURE 21.8 – Illustration du lien entre la direction de la tangente et les variations de f

En un point (x, y), la norme du gradient

$$\left\|\vec{\nabla} f(x,y)\right\| = \sqrt{\left(\frac{\partial f}{\partial x}(x,y)\right)^2 + \left(\frac{\partial f}{\partial y}(x,y)\right)^2}$$

joue donc le même rôle que le coefficient directeur de la tangente pour une fonction numérique en indiquant s'il s'agit d'un point où la surface subit une variation importante.

On peut donc utiliser cette propriété pour mesurer les variations d'intensité des pixels de l'image. L'idée est alors de calculer un « gradient discret » pour la « fonction image discrète » f en discrétisant les dérivées partielles $\dfrac{\partial f}{\partial x}$ et $\dfrac{\partial f}{\partial y}$ par un quotient aux différences finies décentré à droite (voir le chapitre 5 consacré à la méthode des différences finies).

Précisément, en un pixel (i, j), on approche les dérivées partielles par

$$\begin{cases} \dfrac{\partial f}{\partial x}(i,j) \approx \dfrac{f(i+1,j)-f(i,j)}{1} = f(i+1,j)-f(i,j) \\ \dfrac{\partial f}{\partial y}(i,j) \approx \dfrac{f(i,j+1)-f(i,j)}{1} = f(i,j+1)-f(i,j) \end{cases}$$

ce qui permet de définir le « gradient discret » en (i, j), encore noté $\vec{\nabla} f(i, j)$, par la formule

$$\vec{\nabla} f(i,j) = \begin{Bmatrix} f(i+1,j)-f(i,j) \\ f(i,j+1)-f(i,j) \end{Bmatrix} \tag{21.2}$$

Techniquement, cela revient, à partir d'une matrice image D, à calculer deux nouvelles matrices, notées SH et SV, qui contiendront les valeurs des gradients discrets calculés « horizontalement », correspondant à la dérivée partielle

$$\frac{\partial f}{\partial x}(i,j) \approx f(i+1,j)-f(i,j)$$

et « verticalement », correspondant à la dérivée partielle

$$\frac{\partial f}{\partial y}(i,j) \approx f(i,j+1)-f(i,j)$$

Ensuite, à partir de ces deux images, on construit une nouvelle image, notée G et dont les coefficients seront les normes des gradients discrets en chaque pixel, c'est à dire définis par

$$G(i,j) = \sqrt{SH(i,j)^2 + SV(i,j)^2}$$

Concrètement, le calcul des dérivées partielles discrètes se fait par application d'un *masque de convolution* (c'est une *convolution* discrète) sur l'image en veillant à ce que ce masque ne « déborde » pas de l'image.

1. Pour le calcul des dérivées partielles discrètes

$$\frac{\partial f}{\partial x}(i,j) \approx f(i+1,j)-f(i,j)$$

on utilise le masque

1
-1

comme illustré dans la figure 21.9.

Chaque pixel de la matrice ainsi construite contient donc la valeur de la dérivée partielle discrète $f(i+1, j) - f(i, j)$.

2. Pour le calcul des dérivées partielles discrètes

$$\frac{\partial f}{\partial y}(i,j) \approx f(i,j+1)-f(i,j)$$

on utilise le masque

-1	1

.

Chaque pixel de la matrice ainsi construite contient donc la valeur de la dérivée partielle discrète $f(i, j+1) - f(i, j)$.

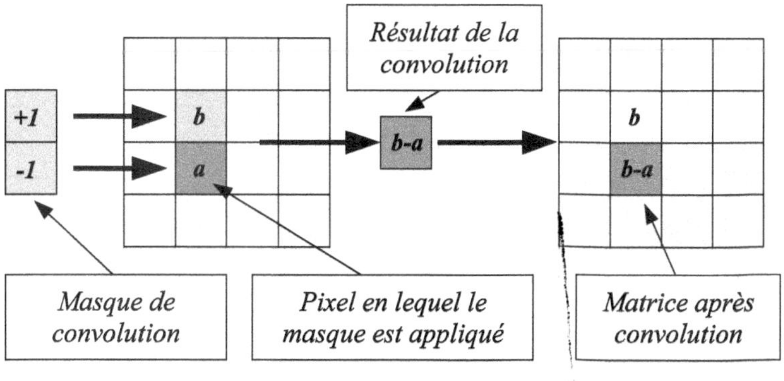

FIGURE 21.9 – Application d'un masque de convolution pour le calcul de $f(i+1,j) - f(i,j)$

Un algorithme est proposé pour mettre en œuvre cette méthode sur l'image *papillon.png*. Le résultat est affiché dans la figure 21.10 page 654 dans laquelle les couleurs ont été artificiellement inversées pour que le résultat soit plus frappant.

```
//lecture de l'image en niveaux de gris
Y=imread('papillon.png');
[a,b]=size(Y);
//conversion en double
Y=double(Y);
//Ix est l'image filtrée verticalement
Ix=zeros(a-1,b-1);
for i=1:a-1
    for j=1:b-1
        Ix(i,j)=Y(i+1,j)-Y(i,j);
    end
end
//Iy est l'image filtrée horizontalement
Iy=zeros(a-1,b-1);
for i=1:a-1
    for j=1:b-1
        Iy(i,j)=Y(i,j+1)-Y(i,j);
    end
end
//calcul de la norme du gradient dans I
I=sqrt(Ix.^2+Iy.^2);
for i=1:a-1
    for j=1:b-1
        if I(i,j)<16 then I(i,j)=255;end
    end
end
//conversion au format uint8
```

```
I=uint8(abs(I));
//affichage
imshow(I);
```

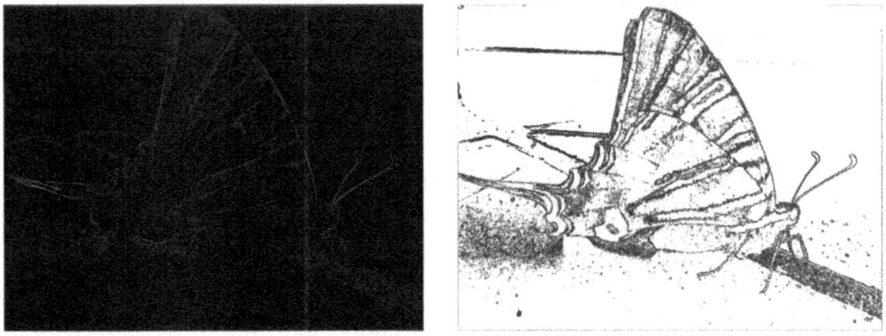

FIGURE 21.10 – Détection de contours par gradient (image de droite en négatif)

5.2 Détection des contours : approche alternative

Une alternative à la méthode du gradient consiste à prendre en compte, pour chaque pixel $p_{i,j}$, la valeur de ses quatre « voisins »

$$p_{i-1,j},\ p_{i+1,j},\ p_{i,j-1},\ p_{i,j+1}$$

comme représenté dans le tableau

	$p_{i,j-1}$	
$p_{i-1,j}$	$p_{i,j}$	$p_{i+1,j}$
	$p_{i,j+1}$	

On calcule alors la valeur suivante :

$$\alpha_{i,j} = \sqrt{(p_{i-1,j} - p_{i+1,j})^2 + (p_{i,j-1} - p_{i,j+1})^2}$$

Plus la valeur de $\alpha_{i,j}$ est grande, plus les pixels voisins ont des valeurs différentes et plus le pixel considéré $p_{i,j}$ a des chances d'être sur un bord.
Aussi la méthode consiste-t-elle, pour chaque pixel $p_{i,j}$, à calculer la valeur $\alpha_{i,j}$ puis à appliquer la règle suivante :

1. Si $\alpha_{i,j}$ est faible, on remplace le pixel par 0 pour du noir.
2. Si $\alpha_{i,j}$ est élevé, on remplace le pixel par 255, c'est-à-dire du blanc.

5.3 Détection des contours : filtres de Sobel ou Prewitt

Le logiciel *Scilab* fournit une fonction edge (pour *bord* en anglais) qui permet de détecter les contours d'une image en utilisant l'un des deux filtres de Sobel (Irwin Sobel, 1940-, scientifique américain) ou Prewitt.
Ces filtres fonctionnent sur le principe du gradient mais en utilisant des masques plus larges, formés de matrices 3 × 3.
La fonction edge s'utilise sous la forme suivante :

```
-->C=edge(D,nom);
```

où

1. D est l'image dont on veut détecter les contours.
2. C est l'image contenant les contours détectés.
3. *nom* est un paramètre pouvant prendre les valeurs `'sobel'` ou `'prewitt'`.

Pour une image en niveaux de gris représentée par la matrice D, la suite de commandes tapées directement dans la console de *Scilab* permet d'afficher les contours par le filtre de Sobel (utilisable aussi pour le filtre de Prewitt en remplaçant `->C=edge(D,'sobel')` par `->C=edge(D,'prewitt')`) :

```
-->C=edge(D,'sobel');
-->imshow(C);
```

et la figure 21.11 montre le résultat de ces deux filtres sur l'image du papillon (les niveaux de gris ont été inversés pour rendre le résultat plus lisible).

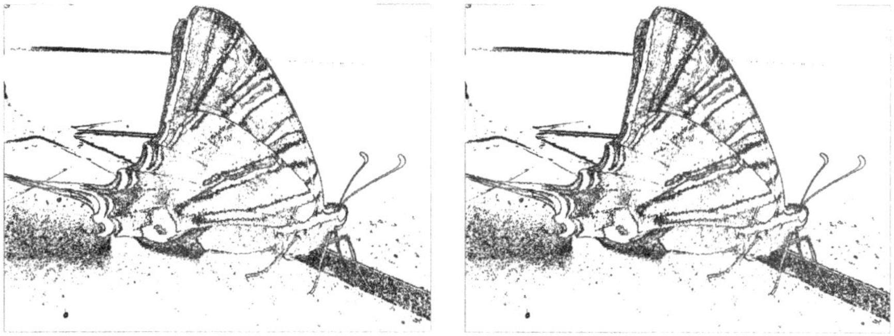

FIGURE 21.11 – Détection des contours par les filtres de Prewitt (à gauche) et Sobel (à droite)

5.4 Suppression du bruit par moyenne locale

Lorsqu'une photo est sous-exposée, elle présente du « bruit » qui se traduit souvent par une « pixelisation » de l'image. Il existe de nombreuses méthodes pour tenter de supprimer le bruit et une seule est présentée ici, celle consistant à remplacer la valeur $p_{i,j}$ de chaque pixel par la moyenne des valeurs des 9 pixels qui entourent $p_{i,j}$.
Autrement dit, à partir de la configuration de pixels illustrée dans le tableau suivant

$p_{i-1,j-1}$	$p_{i-1,j}$	$p_{i-1,j+1}$
$p_{i,j-1}$	$p_{i,j}$	$p_{i,j+1}$
$p_{i+1,j-1}$	$p_{i+1,j}$	$p_{i+1,j+1}$

on construit une nouvelle matrice dans laquelle le pixel d'indice (i,j) est calculé par la formule

$$\frac{p_{i-1,j-1}+p_{i-1,j}+p_{i-1,j+1}+p_{i,j-1}+p_{i,j}+p_{i,j+1}+p_{i+1,j-1}+p_{i+1,j}+p_{i+1,j+1}}{9}$$

FIGURE 21.12 – Une image « bruitée »

Techniquement, pour réaliser cette opération sur une image en niveaux de gris, on « parcourt » l'image en lui appliquant le *masque de convolution* formé par le carré de

1/9	1/9	1/9
1/9	1/9	1/9
1/9	1/9	1/9

comme illustré dans la figure 21.13.

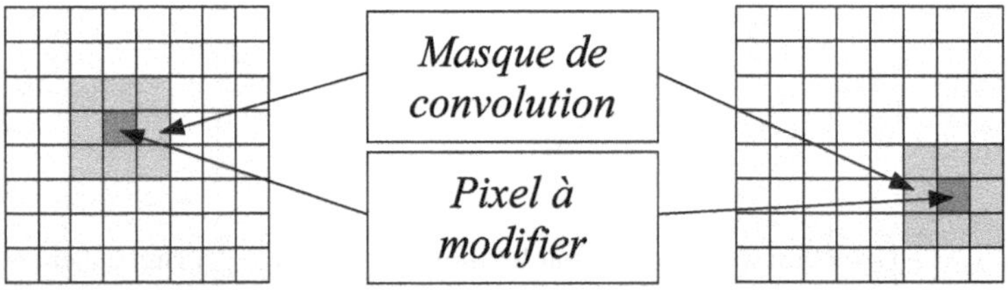

FIGURE 21.13 – Application d'un masque de convolution

Comme on peut le voir dans cette figure, il est impossible d'atteindre les pixels situés au bord. Nous allons ici tout simplement les omettre pour simplifier.

L'algorithme proposé ci-dessous met en œuvre la méthode de suppression du bruit par moyenne locale alors que la figure 21.14 page 657 montre le résultat sur une image « bruitée ». Cette figure illustre l'effet « lissant » de la transformation proposée.

```
//Suppression du bruit par moyenne (image en niveaux de gris)
//Lecture de l'image
Y=imread('papillon.png');
[a,b]=size(Y);
 //conversion au format double
 Y=double(Y);
 //création de la matrice image corrigée
```

```
Y2=zeros(a-2,b-2);
for i=2:a-1
    for j=2:b-1
        Y2(i,j)=(1/9)*(Y(i-1,j-1)+Y(i-1,j)+Y(i-1,j+1)
                +Y(i,j-1)+Y(i,j)+Y(i,j+1)+Y(i+1,j-1)
                +Y(i+1,j)+Y(i+1,j+1));
    end
end
//conversion au format uint8
Y2=uint8(Y2);
//affichage de l'image
imshow(Y2);
```

FIGURE 21.14 – Exemple de suppression du bruit par moyenne locale

Cinquième partie

Analyse de données : régression linéaire et méthodes factorielles

Chapitre 22

Introduction

Quel que soit son domaine d'activité, l'ingénieur, le technicien ou le chercheur se voit confronté à l'analyse de grandes quantités de données provenant de résultats de mesures, d'enquêtes de satisfaction, de tests de fiabilité de produits, etc. et leur analyse doit permettre d'extraire des informations pertinentes dans le but de prendre des décisions, de proposer des stratégies, de construire un modèle... Or, le volume important de données à traiter rend cette tâche difficile, voire impossible. C'est pourquoi il est nécessaire de disposer d'une famille de méthodes statistiques, désignée sous le terme d'*analyse de données*, qui rend accessible et facilement lisible l'information contenue dans ces données.

Parmi les méthodes qui répondent à ces objectifs et qui sont largement utilisées, quatre sont présentées ici : la régression linéaire et trois méthodes dites « factorielles », l'*analyse en composantes principales* (A.C.P.), l'*analyse factorielle des correspondances* (A.F.C.) et l'*analyse factorielle des correspondances multiples* (A.F.C.M. ou A.C.M.). La *régression linéaire* est une méthode qui cherche à expliquer une variable à partir d'une ou plusieurs autres dans un modèle linéaire, à ce titre elle est qualifiée de méthode *explicative*. Les autres méthodes (A.C.P., A.F.C. et A.C.M.) ont pour but de « révéler », ou de « décrire », certaines informations et sont qualifiées de méthodes *descriptives*. L'analyse en composantes principales est adaptée à l'étude de grands volumes de données quantitatives. L'analyse factorielle des correspondances, qui dérive de l'A.C.P., est utilisée pour étudier les tableaux de contingence, c'est-à-dire une population décrite par le croisement de deux variables qualitatives. Enfin, l'analyse factorielle des correspondances multiples est une généralisation de l'A.F.C. qui permet alors d'étudier une population décrite par un grand nombre de variables qualitatives. Il convient aussi citer les méthodes de classifications, qui ne sont pas étudiées ici et qui permettent de regrouper des individus de manière aussi homogène que possible selon certains critères (par exemple les méthodes de *classification automatique*, d'*analyse factorielle discriminante*).
Les trois méthodes A.C.P., A.F.C. et A.C.M. partagent trois caractéristiques :

1. Elles sont descriptives : elles permettent d'extraire efficacement des informations contenues dans les données et de dégager les liens éventuels que peuvent entretenir certains objets (individus ou variables).
2. Elles sont « géométriques » dans le sens où elles donnent, par projection, des représentations graphiques en deux dimensions qui facilitent la lecture et l'interprétation des données en s'appuyant sur les notions mathématiques d'espaces euclidiens et d'algèbre linéaire.
3. Elles sont indépendantes des lois qui régissent les phénomènes étudiés et ne nécessitent aucune hypothèse probabiliste a priori.

Naturellement, l'usage de ces méthodes est intimement lié à l'outil informatique qui permet de manipuler rapidement les données et d'en construire toutes les représentations graphiques utiles.

Historiquement, on peut citer trois précurseurs de l'analyse de données : Quetelet (Lambert Adolphe Jacques Quetelet, 1796-1874, mathématicien, astronome et statisticien belge), Guerry (André-Michel Guerry, 1802-1866, statisticien et juriste français), Galton (Françis Galton, 1822-1911, scientifique britannique). Quetelet est connu comme le fondateur de la Statistique en tant que science au travers de ses travaux en psychologie et sciences sociales. Guerry est connu comme le fondateur de la statistique appliquée à la société, à l'origine de la *Criminologie*, des *Sciences sociales* et de la *Sociologie*. Enfin, Galton est connu comme le père de la régression linéaire au travers de ses travaux sur la covariance et la corrélation entre la taille des pères et des fils. Les premiers pas vers l'analyse de données, et plus précisément vers l'analyse en composantes principales, sont faits par Pearson (Karl Pearson, 1857-1936, mathématicien et statisticien britannique, connu comme le père de la statistique moderne) et Weldon (Walter Frank Raphael Weldon, 1860-1906, zoologiste britannique) au tout début du XXe siècle. Ce sont surtout les travaux de Binet (Alfred Binet, 1857-1911, psychologue français, connu comme l'un des fondateurs de la psychométrie) qui vont donner l'élan nécessaire au développement de l'analyse des données, entre 1904 et 1940, grâce aux travaux de deux autres psychologues, Spearman (Charles Spearman, 1863-1945, psychologue anglais) et Thurstone (Louis Leon Thurstone, 1887-1955, psychologue américain, lui aussi connu comme l'un des pères de la psychométrie) et de l'économiste Hotelling (Harold Hotelling, 1895-1973, économiste et statisticien américain). L'analyse des correspondances multiples est développée entre 1940 et 1960 par Guttman (Louis Guttman, 1916-1987, sociologue américain), Burt (Cyril Lodowic Burt, 1883-1971, psychologue britannique) et Hayashi (Chikio Hayashi, 1918-2002, statisticien japonais). Enfin, l'analyse factorielle des correspondances est développée, au début des années 1960, par Benzécri (Jean-Paul Benzécri, 1932-, statisticien français) et Escoffier (Brigitte Escofier-Cordier, 1941-1994, statisticienne française).

Pour terminer cette introduction, précisons que toutes les méthodes présentées s'appuient largement sur le calcul matriciel et la structure euclidienne de l'espace $\mathbb{R}^n$ ($n \in \mathbb{N}^*$). Le lecteur trouvera dans l'annexe C page 787 quelques notions élémentaires sur ces espaces (produit scalaire, norme euclidienne, projection).

Chapitre 23

Régression linéaire

1 Régression linéaire simple

1.1 Notations et objectifs

On suppose disposer d'un ensemble de n couples (x_i, y_i) (où n est un entier naturel au moins égal à deux et $i \in \{1, \cdots, n\}$) et l'on se pose la question de savoir si l'on peut construire un modèle affine (c'est-à-dire de la forme $y = a + bx$) qui rende compte de manière pertinente de l'évolution des valeurs des couples (x_i, y_i).
Dans cette perspective, on fait le choix de faire jouer un rôle particulier à chacune des variables x et y car on cherche à reconstruire les valeurs de y à partir des valeurs de x au travers d'une relation affine, ce qui conduit à la définition suivante.

Définition 178. Dans la situation présentée, la variable y est appelée la variable *expliquée* (ou *à expliquer*, ou encore *endogène*) alors que la variable x est appelée la variable *explicative* (ou *exogène*).

L'ensemble de ces couples peut être représenté graphiquement dans le plan comme illustré dans la figure 23.1 qui illustre quatre situations caractéristiques. La première, en haut à gauche, montre un alignement prononcé du nuage de points, situation dans laquelle la recherche d'une droite modélisant le nuage prend tout son sens. La deuxième, en haut à droite, montre un alignement moins « serré », situation dans laquelle la recherche d'une droite se justifie encore mais pour un modèle moins bien adapté au nuage. Autrement dit, il faudra être capable de proposer un « indicateur » d'adéquation du modèle au nuage de points pour faire la distinction entre les deux premières situations. Les deux derniers graphiques montrent des nuages pour lesquels aucune droite du plan ne saurait rendre compte de la répartition des points de manière cohérente et adaptée. Dans les deux premières situations, on peut raisonnablement considérer que les points du nuage respectent une forme d'alignement. Dans ce cas-là, on peut alors envisager de déterminer un couple (a, b) définissant une droite d'équation $y = a + bx$ qui aurait la

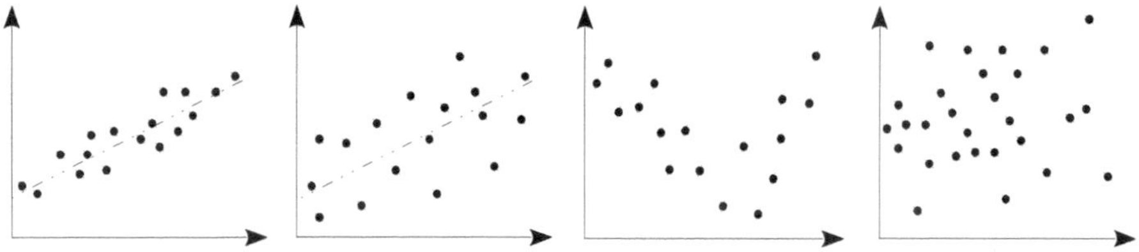

FIGURE 23.1 – Différentes formes de nuages de points

propriété de « bien rendre compte » de l'évolution des valeurs de y en fonction de l'évolution des valeurs de x selon un critère à choisir. En l'occurrence, on peut chercher une droite qui passe « au plus près » de l'ensemble des points. Naturellement, il existe une infinité de droites qui passent « près » des points du nuages et donc de couples (a, b) qui définissent une équation de la forme $y = a + bx$ (figure 23.2), aussi est-il nécessaire de choisir un critère pour déterminer la « meilleure » en un sens à préciser.

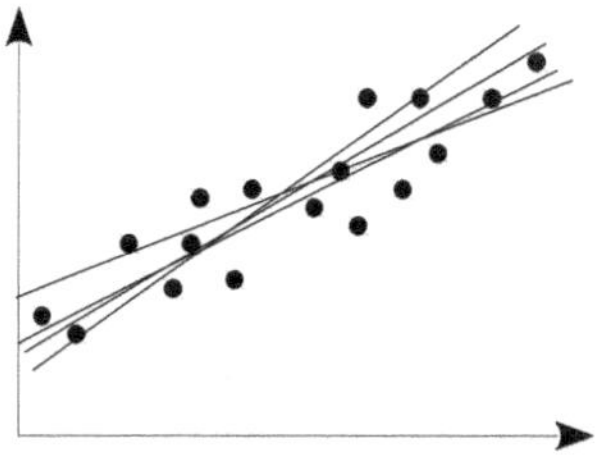

FIGURE 23.2 – Il existe une infinité de droites qui passent « près » des points du nuage.

Auparavant, fixons quelques notations. Étant donné que les points de coordonnées (x_i, y_i) ne sont pas alignés, on fait la distinction entre les valeurs *observées* y_i et les valeurs prédites, notées $\widehat{y}_i$, définies par $\widehat{y}_i = a + bx_i$ et pour lesquelles les points de coordonnées $(x_i, \widehat{y}_i)$ sont, eux, alignés. Pour chaque valeur x_i, il existe un écart entre la valeur observée y_i et la valeur prédite par le modèle $\widehat{y}_i$ noté $e_i = y_i - \widehat{y}_i$. Finalement, on adoptera les notations et le vocabulaire suivants qui sont illustrés dans la figure 23.3.

Définition 179.

1. Valeurs *observées* de la variable à expliquer : y_i
2. Valeurs *prédites* par le modèle pour la variable à expliquer : $\widehat{y}_i$

$$\widehat{y}_i = a + bx_i$$

3. *Écarts* (ou *résidus*) entre les valeurs observées et les valeurs prédites : e_i

$$e_i = y_i - \widehat{y}_i$$

Ces notions sont illustrées dans la figure 23.3 page suivante.

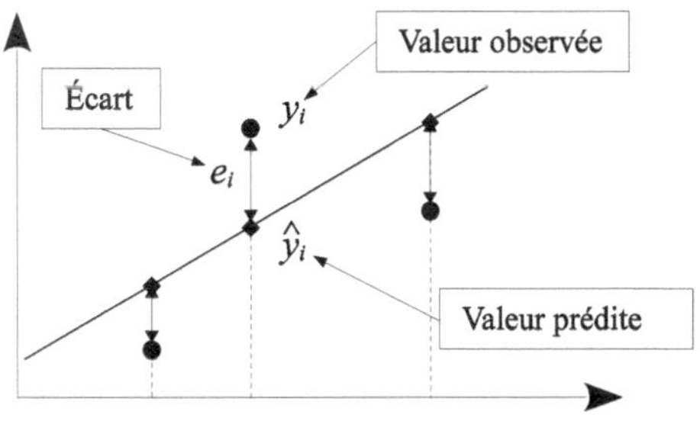

FIGURE 23.3 – Représentation des valeurs observées y_i, prédites $\widehat{y}_i$ et résidus e_i

Rappelons aussi quelques notations et définitions utilisées en statistique.

Définition 180. On appelle :

1. *Moyenne* des séries $(x_i)_{i\in\{1,\cdots,n\}}$ et $(y_i)_{i\in\{1,\cdots,n\}}$ les valeurs respectivement notées $\overline{x}$ et $\overline{y}$ et définies par
$$\begin{cases} \overline{x} = \frac{1}{n}\sum_{i=1}^{n} x_i \\ \overline{y} = \frac{1}{n}\sum_{i=1}^{n} y_i \end{cases} \tag{23.1}$$
2. *Variance* de la série $(x_i)_{i\in\{1,\cdots,n\}}$ le réel noté $V(x)$ et défini par
$$V(x) = \frac{1}{n}\sum_{i=1}^{n}(x_i - \overline{x})^2 \tag{23.2}$$
3. *Écart type* de la série $(x_i)_{i\in\{1,\cdots,n\}}$ le réel noté $\sigma(x)$ et défini par
$$\sigma(x) = \sqrt{V(x)} \tag{23.3}$$
4. *Covariance* des séries $(x_i)_{i\in\{1,\cdots,n\}}$ et $(y_i)_{i\in\{1,\cdots,n\}}$ le réel noté $\text{cov}(x,y)$ et défini par
$$\text{cov}(x,y) = \frac{1}{n}\sum_{i=1}^{n}(x_i - \overline{x})(y_i - \overline{y}) \tag{23.4}$$

À ces définitions sont associées les relations suivantes de démonstration facile.

Proposition 185. Avec les notations précédentes, on a les relations suivantes
$$V(x) = \frac{1}{n}\sum_{i=1}^{n} x_i^2 - \left(\overline{x}\right)^2 \tag{23.5}$$
$$\begin{cases} \text{cov}(x,y) = \frac{1}{n}\sum_{i=1}^{n} x_i y_i - \left(\overline{xy}\right) \\ \text{cov}(x,x) = V(x) \end{cases} \tag{23.6}$$

1.2 La méthode des moindres carrés

1.2.1 Critère de minimisation

Le critère d'ajustement des *moindres carrés* est un critère de minimisation de la somme des carrés des écarts qui est défini de la manière suivante

$$\mathscr{E}(a,b) = \sum_{i=1}^{n} e_i^2 = \sum_{i=1}^{n} (y_i - \widehat{y}_i)^2 \tag{23.7}$$

L'idée est de faire la somme des écarts (au carré), pour chaque valeur x_i, entre la valeur observée y_i et la valeur prédite $\widehat{y}_i$. Pour éviter que des écarts de signes contraires se compensent (on pourrait avoir une somme nulle sans que les écarts soient nuls, par exemple $1-1+2-2=0$) on élève au carré chacun des écarts. Une alternative consisterait à faire la somme des écarts en valeur absolue mais cette approche est moins facile à manipuler au niveau des calculs, c'est pourquoi on lui préfère la somme des écarts au carré qui a, en plus, l'avantage de pouvoir s'écrire comme une norme. En effet, en nommant e le vecteur de composantes $(e_1,\cdots,e_n)$, il est facile de constater que, pour le produit scalaire canonique de $\mathbb{R}^n$ dont on note $||\cdot||$ la norme associée, on a

$$||e|| = \sqrt{\sum_{i=1}^{n} e_i^2} = \sqrt{\mathscr{E}(a,b)} \tag{23.8}$$

Cette somme dépend des deux paramètres a et b à travers la relation $\widehat{y}_i = a + bx_i$ et l'objectif est donc de déterminer, s'il existe, un couple (a,b) de coefficients qui réalise le minimum de $\mathscr{E}$.

La recherche d'un éventuel couple (a,b) solution de ce problème de minimisation peut être menée selon deux approches qui conduisent bien sûr au même résultat. La première consiste à rechercher l'éventuel minimum sur $\mathbb{R}^2$ de la fonction $\mathscr{E} : (a,b) \mapsto \mathscr{E}(a,b)$. L'autre approche consiste à raisonner géométriquement avec le théorème de projection (voir le théorème 135 page 478).

1.2.2 Estimation des paramètres au sens des moindres carrés

Proposition 186. Sous la seule condition que la série des valeurs $(x_i)_{i\in\{1,\cdots,n\}}$ possède une variance non nulle, il existe une unique droite d'équation $y = a+bx$ qui minimise la somme des écarts au carré

$$\mathscr{E}(a,b) = \sum_{i=1}^{n} e_i^2 = \sum_{i=1}^{n} (y_i - a - bx_i)^2$$

et ses coefficients a et b sont données par les formules

$$\begin{cases} b = \dfrac{\operatorname{cov}(x,y)}{V(x)} = \dfrac{\sum\limits_{i=1}^{n}(x_i y_i - \overline{xy})}{\sum\limits_{k=1}^{n}(x_i^2 - \overline{x}^2)} \\ a = \overline{y} - b\overline{x} \end{cases} \tag{23.9}$$

Démonstration.
Commençons par remarquer que la fonction de deux variables $\mathscr{E} : (a,b) \mapsto \mathscr{E}(a,b)$ est polynomiale de degré 2 en a et b et donc, a fortiori, bien définie et de classe $\mathscr{C}^2$ sur $\mathbb{R}^2$. Ensuite, cherchons les points critiques de $\mathscr{E}$ en annulant son gradient, c'est-à-dire ses deux dérivées partielles simultanément $\frac{\partial \mathscr{E}}{\partial a}$ et $\frac{\partial \mathscr{E}}{\partial b}$. On cherche donc à résoudre

$$(S)\left\{\begin{array}{l}\frac{\partial \mathscr{E}}{\partial a}(a,b)=0\\ \frac{\partial \mathscr{E}}{\partial b}(a,b)=0\end{array}\right. \Longleftrightarrow \left\{\begin{array}{l}\frac{\partial \mathscr{E}}{\partial a}(a,b)=-2\sum_{i=1}^{n}(y_i-a-bx_i)=0\\ \frac{\partial \mathscr{E}}{\partial b}(a,b)=-2\sum_{i=1}^{n}x_i(y_i-a-bx_i)=0\end{array}\right.$$

or,

$$(S) \Longleftrightarrow \left\{\begin{array}{l}\sum_{i=1}^{n}(y_i-a-bx_i)=0\\ \sum_{i=1}^{n}x_i(y_i-a-bx_i)=0\end{array}\right. \Longleftrightarrow \left\{\begin{array}{l}an+b\sum_{i=1}^{n}x_i=\sum_{i=1}^{n}y_i\\ a\sum_{i=1}^{n}x_i+b\sum_{i=1}^{n}x_i^2=\sum_{i=1}^{n}x_iy_i\end{array}\right.$$

En divisant chaque ligne par n, on peut faire apparaître les moyennes $\overline{x}$, $\overline{y}$:

$$(S) \Longleftrightarrow \left\{\begin{array}{l}a+b\overline{x}=\overline{y}\\ a\overline{x}+b\frac{1}{n}\sum_{i=1}^{n}x_i^2=\frac{1}{n}\sum_{i=1}^{n}x_iy_i\end{array}\right.$$

La ligne L_1 montre qu'une droite solution doit passer par le point « moyen » de coordonnées $(\overline{x},\overline{y})$. Ensuite, la combinaison linéaire $L_2-\overline{x}L_1$ donne

$$b\left(\frac{1}{n}\sum_{i=1}^{n}x_i^2-\overline{x}^2\right)=\frac{1}{n}\sum_{i=1}^{n}x_iy_i-\overline{xy}$$

soit $bV(x)=\operatorname{cov}(x,y)$ et, finalement, a et b sont donnés par $\left\{\begin{array}{l}b=\dfrac{\operatorname{cov}(x,y)}{V(x)}\\ a=\overline{y}-b\overline{x}\end{array}\right.$. On vérifie ensuite sans problème que ce couple (a,b) est bien solution du système (S).
Finalement, $\mathscr{E}$ possède un unique point critique (a,b).

Il reste maintenant à déterminer si c'est bien un extremum et, dans l'affirmative, si c'est un minimum ou un maximum. Pour cela, il suffit de déterminer la matrice hessienne $H(a,b)=\begin{pmatrix}r(a,b) & s(a,b)\\ s(a,b) & t(a,b)\end{pmatrix}$ en (a,b) où

$$r(a,b)=\frac{\partial^2\mathscr{E}}{\partial a^2}(a,b),\ s(a,b)=\frac{\partial^2\mathscr{E}}{\partial a\partial b}(a,b),\ t(a,b)=\frac{\partial^2\mathscr{E}}{\partial b^2}(a,b)$$

Or, un calcul simple montre que $r(a,b)=2n$, $s(a,b)=2\sum_{i=1}^{n}x_i=2n\overline{x}$ et $t(a,b)=2\sum_{i=1}^{n}x_i^2$ puis que

$$r(a,b)t(a,b)-\big(s(a,b)\big)^2=4n^2\left(\frac{1}{n}\sum_{i=1}^{n}x_i^2-\overline{x}^2\right)=4n^2V(x)>0$$

ce qui prouve que $\det H(a,b)>0$. Comme $r(a,b)>0$, on en déduit que $H(a,b)$ est définie positive et que $\mathscr{E}(a,b)$ est minimum sur $\mathbb{R}^2$, ce qui achève la démonstration. □

1.2.3 Mise en garde

Deux mises en garde s'imposent. Tout d'abord, il faut être conscient du fait que la méthode des moindres carrés permet de déterminer l'équation $y = a + bx$ dont les coefficients a et b minimisent $\mathscr{E}(a, b)$ indépendamment de la validité du modèle. Autrement dit, le fait de pouvoir obtenir cette droite ne préjuge pas de la qualité du modèle comme le montre l'exemple de la figure 23.4 sur laquelle apparaît un nuage de points de forme parabolique et la droite calculée par la méthode des moindres carrés. Par conséquent, il est nécessaire de disposer de critères permettant de juger la qualité et la pertinence d'une droite de régression sur les données. D'autre part, le fait de disposer d'une droite de régression n'implique absolument pas qu'il existe un lien de cause à effet entre les valeurs prises par x et celles prises par y. Nous avons déjà eu l'occasion de dire qu'il était toujours possible, quelle que soit la forme du nuage, de construire la droite de régression au sens des moindres carrés. Il serait alors absurde d'affirmer en conséquence qu'il existe toujours une relation de cause à effet entre les valeurs prises par x et celles prises par y ! D'autre part, même en présence d'une forte corrélation entre deux variables, cela n'implique toujours pas l'existence d'un lien de cause à effet. Pour s'en convaincre, on peut évoquer l'exemple des trois variables v_1, v_2 et v_3 qui mesureraient respectivement la durée d'ensoleillement en été, le volume de vente de crème solaire et le volume de vente de glaces. On pourrait sans aucun doute constater que les deux variables v_2 et v_3 sont fortement corrélées alors qu'il n'y a aucun lien de cause à effet entre elles, la cause commune étant la durée d'ensoleillement.

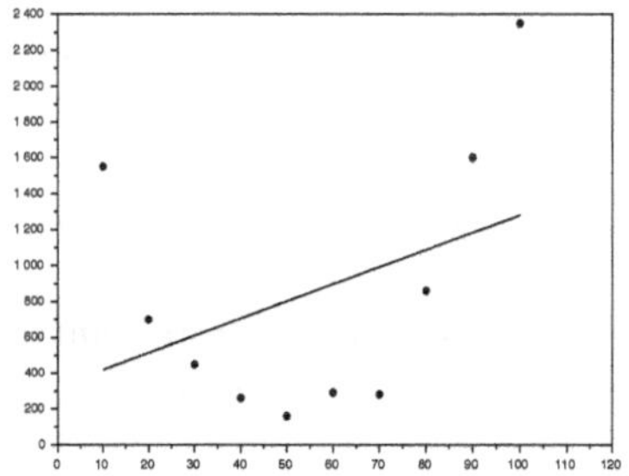

FIGURE 23.4 – Droite de régression sur un nuage de points de forme parabolique

1.3 Qualité de la régression

1.3.1 Le coefficient de corrélation linéaire

Définition 181. On appelle *coefficient de corrélation linéaire* des séries $(x_i)_{i\in\{1,\cdots,n\}}$ et $(y_i)_{i\in\{1,\cdots,n\}}$ d'écart-type non nuls, le réel noté r et défini par

$$r = \frac{\operatorname{cov}(x, y)}{\sigma(x)\sigma(y)} \tag{23.10}$$

Le coefficient de corrélation linéaire vérifie l'inégalité suivante.

Proposition 187. Le coefficient de corrélation linéaire r vérifie $-1 \leq r \leq 1$.

Démonstration.
On munit $\mathbb{R}^n$ du produit scalaire $(\cdot|\cdot)$ défini, pour deux vecteurs x et y de coordonnées respectives $(x_i)_{i\in\{1,\cdots,n\}}$ et $(y_i)_{i\in\{1,\cdots,n\}}$, par $(x|y) = \frac{1}{n}\sum_{i=1}^{n} x_i y_i$ et on note $||.||$ la norme associée. Alors $u = \left(x_1 - \overline{x}, \cdots, x_n - \overline{x}\right)$ et $v = \left(y_1 - \overline{y}, \cdots, y_n - \overline{y}\right)$ vérifient $||u|| = \sigma(x)$, $||v|| = \sigma(y)$ et $(u|v) = \text{cov}(x, y)$ et l'inégalité de Cauchy-Schwarz donne $\left|\text{cov(x,y)}\right| \leq \sigma(x)\sigma(y)$ d'où, si $\sigma(x)$ et $\sigma(y)$ sont non nuls $\left|\frac{\text{cov}(x,y)}{\sigma(x)\sigma(y)}\right| \leq 1$ ce qui démontre bien que $|r| \leq 1$. □

1.3.2 Interprétation graphique du coefficient de corrélation linéaire

On constate, et on justifiera plus loin, que ce coefficient mesure si le modèle est bien adapté aux données réelles et deait se rapprocher le plus possible, en valeur absolue, de 1.

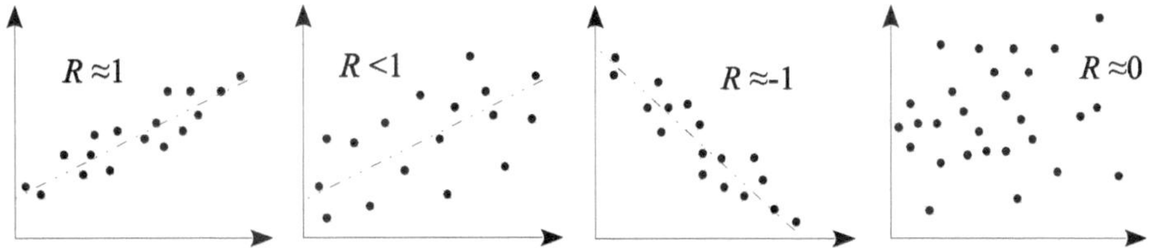

FIGURE 23.5 – Lien entre la forme du nuage et la valeur du coefficient de corrélation linéaire

Comme illustré dans la figure 23.5, si le nuage de points a un profil allongé et étroit autour d'une droite dont le coefficient directeur $b = r\sigma(y)/\sigma(x)$ est positif, cela implique que r est proche de 1. Si le nuage de points a un profil allongé et étroit autour d'une droite dont le coefficient directeur est négatif, cela implique que r est proche de -1.

Il faut cependant prendre la réciproque avec circonspection, c'est-à-dire que si $r \approx 1$, les points ne sont pas nécessairement alignés. Pour s'en convaincre, considérons les ensembles de points de coordonnées $(-10;-10)$, $(-1,0)$, $\left(-\frac{\sqrt{2}}{2}, -\frac{\sqrt{2}}{2}\right)$, $\left(-\frac{\sqrt{2}}{2}, \frac{\sqrt{2}}{2}\right)$, $(0,-1)$ et $(0,1)$, $\left(\frac{\sqrt{2}}{2}, -\frac{\sqrt{2}}{2}\right)$, $\left(\frac{\sqrt{2}}{2}, \frac{\sqrt{2}}{2}\right)$, $(1,0)$, $(10,10)$. Le nuage de point est représenté dans la figure 23.6. Comme le lecteur le vérifiera facilement, les variables x et y, qui prennent comme valeurs respectivement les abscisses et les ordonnées des points précédents, sont caractérisées par une moyenne nulle ($\overline{x} = \overline{y} = 0$) et une variance égale à $20,4$. La covariance du couple (x, y) vaut $\text{cov}(x, y) = 20$, le coefficient de corrélation vaut $r = \frac{\text{cov(x,y)}}{\sigma(x)\sigma(y)} = \frac{20}{20,4} \approx 0,98$. Les coefficients a et b de la droite de régression valent respectivement $a = 0$ et $b = \frac{10}{10,2}$ c'est-à-dire $b \approx 0,98$ d'où l'équation de la droite de régression $y = \frac{10}{10,2}\, x$.

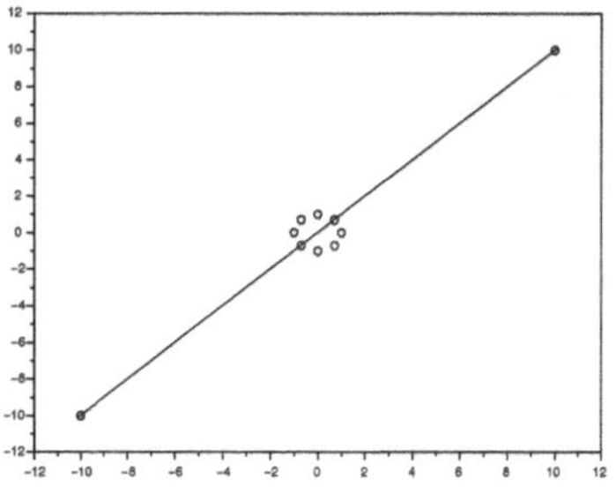

FIGURE 23.6 – Nuage de points et droite de régression

Autrement dit, on dispose ici d'un exemple dans lequel le coefficient de corrélation r est proche de 1. Mais peut-on dire que les points du nuage sont quasiment alignés ?
En fait, si on regarde le nuage globalement, les points sont « relativement » voisins de la droite, au sens où les distances sont faibles par rapport à l'étendue du nuage (20 unités en ordonnées), et on peut considérer les 8 points autour de l'origine comme des observations qui devaient être associées à $x = 0$ mais qui ont subi des perturbations aléatoires.
Mais si on a les moyens d'estimer l'amplitude des erreurs due aux aléas des observations et que les écarts observés sont trop importants pour être imputés au seul hasard, on peut conjecturer que les 8 points sont sur un cercle et que les deux autres sont des aberrations ou des mesures faites dans un contexte où la liaison est d'un autre type.
En tout état de cause, on ne peut sans doute pas attendre d'un seul nombre, le coefficient de corrélation, qu'il réponde avec précision à la question de l'alignement. Il revient à l'utilisateur d'interpréter le résultat en fonction du contexte.

1.3.3 L'analyse de la variance

L'analyse de la variance s'appuie sur les trois variances suivantes :

Définition 182. On appelle :

1. Variance *totale*, le réel noté VT et défini par

$$VT = \frac{1}{n}\sum_{i=1}^{n}(y_i - \overline{y})^2 \tag{23.11}$$

2. Variance *expliquée*, le réel noté VE et défini par

$$VE = \frac{1}{n}\sum_{i=1}^{n}(\widehat{y}_i - \overline{y})^2 \tag{23.12}$$

3. Variance *résiduelle*, le réel noté VR et défini par

$$VR = \frac{1}{n}\sum_{i=1}^{n}(\widehat{y}_i - y_i)^2 \tag{23.13}$$

On a alors une formule qui relie ces trois variances

> **Proposition 188.** La variance totale est égale à la somme de la variance expliquée et de la variance résiduelle :
> $$VT = VE + VR \tag{23.14}$$

Démonstration.
Comme $VT = \frac{1}{n}\sum_{i=1}^{n}(y_i-\overline{y})^2 = \frac{1}{n}\sum_{i=1}^{n}\left[(y_i-\widehat{y}_i)-(\overline{y}-\widehat{y}_i)\right]^2$, il suffit de montrer que la covariance de $y_i-\widehat{y}_i$ et $\overline{y}-\widehat{y}_i$, ou encore la covariance de $\widehat{y}_i-y_i$ et $\widehat{y}_i-\overline{y}$, est nulle. Or, d'une part on a

$$\begin{cases} \widehat{y}_i = a+bx_i \\ \overline{y} = a+b\overline{x} \end{cases} \Rightarrow \quad \widehat{y}_i-\overline{y} = b\left(x_i-\overline{x}\right)$$

et, d'autre part, on a aussi

$$\widehat{y}_i-y_i = \overline{y}-y_i+\widehat{y}_i-\overline{y} = \overline{y}-y_i+b\left(x_i-\overline{x}\right)$$

donc, sachant que $b = \dfrac{\operatorname{cov}(x,y)}{V(x)}$:

$$\begin{aligned} \operatorname{cov}(\widehat{y}_i-y_i,\, \widehat{y}_i-\overline{y}) &= \frac{1}{n}\sum_{i=1}^{n} b\left(x_i-\overline{x}\right)\left[\left(\overline{y}-y_i\right)+b\left(x_i-\overline{x}\right)\right] \\ &= b\left[-\frac{1}{n}\sum_{i=1}^{n}\left(x_i-\overline{x}\right)\left(y_i-\overline{y}\right)+b\frac{1}{n}\sum_{i=1}^{n}\left(x_i-\overline{x}\right)^2\right] \\ &= b\left[-\operatorname{cov}(x,\, y)+b\,V(x)\right] = 0 \end{aligned}$$

Il en résulte que

$$VT = \frac{1}{n}\sum_{i=1}^{n}\left(y_i-\widehat{y}_i\right)^2+\frac{1}{n}\sum_{i=1}^{n}\left(\overline{y}-\widehat{y}_i\right)^2 = VE+VR$$

□

Cette dernière formule permet d'écrire $1 = \dfrac{VE}{VT}+\dfrac{VR}{VT}$ et de comparer la proportion de la variance expliquée par le modèle par rapport à la variance totale avec la proportion de la variance résiduelle par rapport à la variance totale.

Plus la proportion de variance expliquée VE est élevée plus le modèle restitue correctement l'information portée par les valeurs observées $(y_1,\cdots,y_n)$. Par exemple, dans la situation où $\dfrac{VE}{VT} = 80\%$ et $\dfrac{VR}{VT} = 20\%$ cela signifie que le modèle est capable d'expliquer 80 % de la variance totale et qu'il est donc pertinent. Cela conduit donc à la notion de *coefficient de détermination.*

1.3.4 Coefficient de détermination

La pertinence du modèle est mesurée par le rapport entre les variances expliquée VE et totale VT qui donne la proportion de la variance expliquée par le modèle.

Définition 183. On appelle *coefficient de détermination*, et on note R^2, le rapport VE/VT

$$R^2 = \frac{VE}{VT} \tag{23.15}$$

On a alors le résultat suivant :

Proposition 189. Par construction, on a $0 \leq R^2 \leq 1$ et, dans le cas de la régression linéaire simple qui est exposé ici, le coefficient de détermination est le carré du coefficient de corrélation linéaire. Autrement dit $R^2 = r^2$.

Démonstration.
Démontrons le fait que $R^2 = r^2$ dans le cas de la régression linéaire simple qui nous occupe ici, le premier point ne posant pas de problème. Il résulte des calculs faits dans la démonstration de la proposition 188 que

$$VE = \frac{1}{n}\sum_{i=1}^{n}\left(\widehat{y}_i - \overline{y}\right)^2 = b^2\frac{1}{n}\sum_{i=1}^{n}\left(x_i - \overline{x}\right)^2 = b^2\, V(x) = \frac{\operatorname{cov}^2(x,y)}{V(x)}$$

Or, comme $VT = \frac{1}{n}\sum_{i=1}^{n}(y_i - \overline{y})^2 = V(y)$ on en déduit que

$$\frac{VE}{VT} = \frac{\operatorname{cov}^2(x,y)}{V(x)V(y)} = \frac{\operatorname{cov}^2(x,y)}{\sigma^2(x)\sigma^2(y)} = \left(\frac{\operatorname{cov}(x,y)}{\sigma(x)\sigma(y)}\right)^2 = r^2$$

□

Une conséquence intéressante est fournie par le résultat suivant.

Proposition 190. Plus le coefficient de corrélation linéaire r est voisin de 1 en valeur absolue, plus les points du nuage sont voisins de la droite des moindres carrés.

Démonstration.
Dans le cas de la régression linéaire simple, les valeurs prédites sont $\widehat{y}_i = a + bx_i$, où a et b sont les coefficients donnés par la méthode des moindres carrés, et la variance résiduelle $VR = \frac{1}{n}\sum_{i=1}^{n}\left(\widehat{y}_i - y_i\right)^2$ est la somme des carrés des écarts $\mathscr{E}(a,b)$ (avec les a et b précédents).
La relation $1 = \frac{VE}{VT} + \frac{VR}{VT}$ devient donc $1 = r^2 + \frac{\mathscr{E}(a,b)}{VT}$ puis $\mathscr{E}(a,b) = (1-r^2)VT$.
Il en résulte que si $|r|$ est assez proche de 1 pour que $(1-r^2)VT$ soit petit, l'écart moyen (vertical) entre les points du nuage et la droite des moindres carrés est faible, et les points du nuage sont dans l'ensemble proches de cette droite des moindres carrés. En particulier, comme $VT = V(y)$ est le carré de la distance moyenne des y_i à la valeur moyenne $\overline{y}$, si $|r|$ est proche de 1, alors l'écart moyen (mesuré verticalement) des points à la droite est petit devant la dispersion (verticale) de ces points. Il peut être grand dans l'absolu, mais il est petit relativement à l'étendue du nuage : si $|r|$ est voisin de 1, les points du nuage sont « relativement » voisins de la droite des moindres carrés. Ce qui corrobore les constations graphiques de la section 1.3.2 page 669. □

1.4 Interprétation

Il existe de nombreux logiciels de statistiques, dont certains sont libres, qui permettent de réaliser les calculs de la régression linéaire (voir par exemple *Tanagra* disponible à l'adresse `http://eric.univ-lyon2.fr/ ricco/tanagra/fr/tanagra.html)` de manière totalement transparente. Quel que soit le logiciel utilisé, les résultats fournis sont quasiment les mêmes à quelques détails de notations près. Une interprétation des résultats, sur un exemple commenté, est proposée dans cette section.

1.4.1 Le contexte et les données

On dispose d'un ensemble de $n \in \mathbb{N}^*$ couples de valeurs $(x_i, y_i)_{i\in\{1,\cdots,n\}}$ et l'on cherche à construire un modèle linéaire permettant de relier la variable *à expliquer* y à la variable *explicative* x. Deux situations sont proposées, celle correspondant aux données du tableaux 23.1 et celle correspondant aux données du tableaux 23.2. Les nuages de points correspondant à ces deux jeux de données sont représentés dans la figure 23.7.

x	10	20	30	40	50	60	70	80	90	100	110	120	130	140	150
y	21	42	41	53	78	80	115	150	144	150	178	180	170	210	200

TABLE 23.1 – Données 1

x	10	20	30	40	50	60	70	80	90	100
y	15	10	5	1	0,2	1,5	4,2	9,5	15	22

TABLE 23.2 – Données 2

1.4.2 Approche graphique

Dans ce type de situation, il ne faut pas négliger l'approche graphique qui permet d'estimer rapidement la pertinence d'un modèle linéaire. Le graphique de gauche de la figure 23.7 montre un nuage de points qui justifie d'envisager une relation linéaire entre les valeurs prises par x et celles prises par y contrairement à celui de droite.

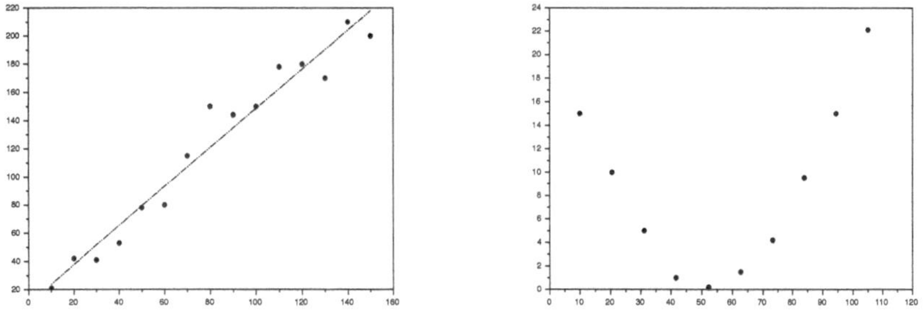

FIGURE 23.7 – Nuages de points correspondant aux données 1 (à gauche) et 2 (à droite)

1.4.3 Les paramètres de la régression linéaire

Dans le cas des données 1, la méthode des moindres carrés conduit à la droite de régression d'équation (valeurs approchées des coefficients)

$$\widehat{y} = 9,857 + 1,387x$$

où $\widehat{y}$ désigne la valeur estimée par le modèle.

L'ordonnée à l'origine a est parfois désignée par le terme de *constante* et n'a pas nécessairement de signification. Par exemple, il est tout à fait possible que pour une variable explicative y exprimée en années (cas d'une durée de vie par exemple) le modèle fournisse une ordonnée à l'origine négative.

D'autre part, le coefficient directeur (qui est lié au coefficient de corrélation r par la formule $b = r\dfrac{\sigma(y)}{\sigma(x)}$), ici 1,387, ne mesure en rien la force du lien qui existe entre les variables x et y. Son interprétation se limite à dire que lorsque la valeur de x augmente d'une unité, la valeur de y augmente de 1,387 unité. A ce propos, le coefficient directeur dépend des unités contrairement au coefficient de corrélation.

La qualité et la pertinence de l'ajustement se mesurent avec le tableau d'analyse de la variance (souvent désigné par *ANOVA* pour *analysis of variance*) et les valeurs du coefficient de détermination (noté $Rdeux$, $R2$ ou encore R^2) et du coefficient de corrélation linéaire (noté r ou R).

1.4.4 Coefficient de détermination

Le coefficient de corrélation linéaire n'est, en général, pas fourni par les logiciels et seul le coefficient de détermination est proposé (il est plus général car valable en régression linéaire multiple comme nous le verrons par la suite). Cela dit, comme nous l'avons fait remarquer, dans le cas de la régression simple, le coefficient de détermination est le carré du coefficient de corrélation linéaire ce qui justifie qu'un seul des deux coefficients soit donné, le plus général.
Dans le cas des données 1, on obtient $R^2 = 0,956$ qui traduit le fait que le modèle restitue presque 96% de la variance totale (le coefficient de corrélation linéaire vaut $R \approx 0,978$ et on vérifie que $0,978^2 \approx 0,956$).
Dans le cas des données 2, on obtient $R^2 \approx 0,11$ qui traduit le fait que le modèle restitue seulement 11% de la variance totale.

1.4.5 Analyse de la variance

La table d'analyse de la variance est, en général, fournie sous le même format. Celle que nous présentons est issu du logiciel *Statbox*. Les sigles DF, SS et MS signifient respectivement *degré de liberté* (en anglais *Degree of Freedom*), *somme des carrés* (en anglais *Sum Square*) et *moyenne des carrés* (en anglais *Mean Square*).

Dans le cas des données 1, on obtient le tableau 23.3 et dans le cas des données 2 le tableau 23.4. Bien que ce second jeu de données ne se prête pas à une régression linéaire, la table d'analyse des variances est tout de même calculée pour montrer en quoi les informations qu'elle fournit sont importantes.

	DF	SS	MS	F	P
Régression	1	53 848,89	53 848,89	281,65	0,00
Résidu	13	2485,51	191,119		
Total	14	56 334,40			

TABLE 23.3 – Tableau d'analyse de la variance (ANOVA) pour le jeu de données 1

	DF	SS	MS	F	P
Régression	1	52,32	52,32	0,99	0,35
Résidu	8	422,30	52,79		
Total	9	474,62			

TABLE 23.4 – Tableau d'analyse de la variance (ANOVA) pour le jeu de données 2

Ce tableau fait apparaître les différentes variances, la variance expliquée par le modèle (désignée par *Régression*), la variance non expliquée par le modèle, c'est-à-dire la variance *résiduelle* (désignée par *Résidu*) et enfin la variance totale (désignée par *Total*). Tous ces résultats sont donnés dans la colonne SS avec la variance expliquée (VE) pour la ligne *Régression*, la variance résiduelle (VR) pour la ligne *Résidu* et la variance totale pour la ligne *Total*. On peut d'ailleurs vérifier, avec le jeu de données 1, que $\frac{VE}{VT} = \frac{53848,89}{56334,40} \approx 0,956$, c'est à dire le coefficient de détermination R^2, mais aussi que la proportion de la variance expliquée sur la variance totale est très élevée, ce qui n'est absolument pas le cas du jeu de données 2 pour lequel cette proportion n'est que 11%.

La colonne DF indique le nombre de degrés de liberté associé à chaque source de variance. Le nombre de degrés de liberté est égal au nombre de variables explicatives moins 1. Dans le cas de la régression linéaire simple, il ne faut pas oublier qu'il y a en fait deux variables explicatives, x et la constante 1 qui permet de construire un modèle affine de la forme $y = a \times 1 + b \times x$ (c'est-à-dire que pour construire le modèle, on fait intervenir les valeurs prises par x et les valeurs prises par une autre variable fictive qui ne prend que la valeur 1), ce qui explique pourquoi le nombre de degrés de liberté est 1.

La colonne F fait référence à la statistique F de Fisher-Snedecor (Ronald Aylmer Fisher, 1890-1962, statisticien et biologiste britannique et George Waddel Snedecor, 1881-1974, statisticien américain). Elle permet de tester l'hypothèse H_0 : « *il n'y a pas de relation entre la variable explicative et la variable à expliquer* ». En effet, on cherche à tester si le modèle construit à partir de la variable explicative x permet d'exprimer les variations de la variable y (variable à expliquer) de manière significative et ce test doit permettre de répondre à l'importante question : « *existe-t-il une relation significative entre la variable explicative et la variable à expliquer ?* ». De manière plus rigoureuse, cela revient à formuler l'hypothèse nulle H_0 et à prendre une décision quant à savoir si on doit la rejeter ou non.

La colonne P donne la *valeur-p* (*p-value* en anglais) qui indique dans quelle mesure le test est significatif : plus elle est « faible », plus le test est significatif et plus les données plaident en faveur du rejet de H_0. Concrètement, pour un risque d'erreur de première espèce classiquement de 5% (c'est à dire le risque de rejeter H_0 à tort), on retient que si $p < 0,05$, on rejette H_0 (et on accepte alors l'hypothèse alternative d'une relation affine entre la variable explicative et la variable à expliquer) et si $p \geq 0,05$, on valide H_0 en infirmant l'hypothèse d'une relation affine entre les deux variables.

Dans le cas des données 1, les valeurs obtenues pour F et P indiquent que la probabilité d'obtenir une telle valeur de F uniquement par hasard est quasiment nulle. Par conséquent, l'hypothèse nulle est rejetée et on arrive à la conclusion qu'il existe bien une relation affine (qui n'est pas due au seul hasard) entre la variable explicative et la variable à expliquer. Par contre, dans le cas des données 2, la valeur de F et de P indiquent que la probabilité d'obtenir une telle valeur de F uniquement par hasard est trop élevée. On ne peut donc pas rejeter l'hypothèse nulle et l'on doit se résoudre à accepter qu'il n'y a pas de relation significative (affine !) entre la variable à expliquer et la variable explicative.

1.5 Aspects probabilistes du modèle de la régression linéaire simple

Supposons maintenant que l'ensemble des n observations $(x_i, y_i)_{i\in\{1,\cdots,n\}}$ est issu d'un échantillon d'une population. Supposons, pour simplifier, que les valeurs x_i sont toujours connues avec certitude. Par contre, les valeurs y_i sont considérées comme les réalisations d'une variable aléatoire y. Pour fixer les idées, on peut considérer le cas où les valeurs x_i sont des dates (connues avec certitude) alors que les valeurs y_i sont le résultat de mesures qui sont entachées d'une erreur.
On suppose aussi que pour chaque échantillon, l'ensemble des n observations (x_i, y_i) justifie une régression linéaire et que l'on dispose donc d'un modèle

$$\begin{cases} \widehat{y}_i = a + bx_i \\ y_i = \widehat{y}_i + e_i \end{cases}$$

où les coefficients a et b ont été calculés par la méthode des moindres carrés. À partir de là, on cherche à *inférer* une relation semblable pour la population tout entière. Les valeurs y_i prises par la variable aléatoire y sont reliées aux valeurs certaines x_i par la formule

$$y_i = \alpha + \beta x_i + \varepsilon_i$$

où les deux valeurs α et β ne sont pas aléatoires mais inconnues et où ε_i est une variable aléatoire qui rend compte des aléas entre le modèle et les observations.

Remarque. Il faut prendre garde à ne pas confondre les aléas ε_i qui sont inconnus avec les écarts e_i qui sont, eux, connus.

Pour chaque échantillon, on dispose des couples (x_i, y_i) qui permettent de calculer les paramètres a et b de la régression au sens des moindres carrés. Le couple (a, b) apparaît comme une *estimation* du couple (α, β) et il s'agit alors de savoir en quoi ce couple, calculé par la méthode des moindres carrés, fournit une bonne estimation du couple (α, β).

Pour répondre à cette question, il est nécessaire de faire des hypothèses sur l'aléa ε_i. Nous choisissons ici une version forte de ces hypothèses en supposant que :

1. L'aléa ε_i suit une loi normale centrée d'écart type σ : $\varepsilon_i \hookrightarrow \mathcal{N}(0,\sigma)$.
2. Les résidus sont non corrélés : pour $i \neq j$, la covariance de ε_i avec ε_j est nulle, c'est à dire $\text{cov}(\varepsilon_i,\varepsilon_j) = 0$.

La première hypothèse est qualifiée de forte parce qu'on n'est pas obligé de supposer que les résidus suivent une loi normale mais seulement de faire les deux hypothèses suivantes sur les résidus : ils sont d'espérance nulle, c'est à dire $\mathbb{E}(\varepsilon_i) = 0$, et de variance constante et égale σ^2, c'est à dire $V(\varepsilon_i) = \sigma^2$ (appelée hypothèse d'*homoscédasticité*). Ces deux hypothèses sont bien sûr nécessairement vérifiées lorsqu'on suppose que $\varepsilon_i \hookrightarrow \mathcal{N}(0,\sigma)$.

On démontre alors (et nous l'admettrons) que, sous ces hypothèses, les estimateurs a et b fournis par la méthode des moindres carrés sont de « bons » estimateurs dans le sens suivant.

Proposition 191.

1. Les estimateurs a et b ne sont pas *biaisés*, c'est à dire que $\mathbb{E}(a) = \alpha$ et $\mathbb{E}(b) = \beta$.
2. Les estimateurs a et b ont une variance *minimale*, c'est à dire que parmi tous les estimateurs (linéaires) non biaisés, ils ont la plus petite variance.
3. Les estimateurs a et b sont *convergents*, c'est à dire qu'ils ont une variance qui tend vers zéro lorsque le nombre d'observations tend vers l'infini.

Ces trois propriétés s'interprètent de la manière suivante.

1. Le fait que les estimateurs ne soient pas biaisés signifie qu'en moyenne ces estimateurs fournissent la « bonne » valeur.
2. Le fait que la variance soit minimale s'interprète en termes de précision. En effet, la variance mesure la dispersion autour de la moyenne. Donc, plus la variance est faible, plus la dispersion est faible et plus l'estimation est précise.
3. Le fait que ce soient des estimateurs convergents signifie que lorsque le nombre d'individus augmente et qu'on tend à se rapprocher d'une population infinie, les valeurs fournies par la méthode tendent à se rapprocher des valeurs « attendues » de α et β.

Nous n'en dirons pas plus sur ces questions et le lecteur intéressé pourra consulter les ouvrages cités en bibliographie qui abordent les questions d'estimation ponctuelle ou par intervalle de confiance des paramètres de la régression α et β ainsi que les tests d'hypothèses sur ces mêmes paramètres. On y trouve aussi le test du coefficient de détermination et la problématique de l'utilisation du modèle de régression linéaire pour la prévision.

2 Régression linéaire multiple

2.1 Notations et objectifs

Donnons pour terminer quelques indications sur la régression linéaire multiple. Il s'agit de généraliser ce qui a été exposé précédemment au cas où l'on dispose d'une variable à

expliquer, toujours notée y, et de p ($p \in \mathbb{N}$, $p \geq 2$) variables explicatives, notées $x_{.,j}$ pour $j \in \{1, \cdots, p\}$.
Précisément, dans une population de $n \in \mathbb{N}^*$ individus (en supposant $n > p+1$), chaque individu est désormais caractérisé par le $(p+1)$-uplet $(x_{i,1}, x_{i,2}, \cdots, x_{i,p}, y_i)$ au lieu du couple (x_i, y_i) en régression linéaire simple et l'on cherche à construire un modèle affine qui rende compte des valeur prises par la variable y avec une relation affine faisant intervenir les p variables explicatives. Comme en régression simple, on fait la distinction entre les valeurs observées y_i et les valeurs prédites par le modèle $\widehat{y}_i$ et l'écart entre ces deux valeurs est encore noté $e_i = y_i - \widehat{y}_i$. Autrement dit, on cherche $p+1$ constantes $a, b_1, \cdots, b_p$ telles que, pour tout $i \in \{1, \cdots, n\}$ on ait

$$\left\{ \begin{array}{l} \widehat{y}_i = a + b_1 x_{i,1} + b_2 x_{i,2} + \cdots + b_p x_{i,p} \\ \sum\limits_{i=1}^{n} \left(y_i - \widehat{y}_i\right)^2 \text{ minimum} \end{array} \right. \tag{23.16}$$

sous le critère d'ajustement des *moindres carrés*, c'est à dire sous la contrainte que la somme des carrés des résidus est minimale. On est donc amené à résoudre le problème de minimisation suivant

$$\begin{array}{l} \text{Déterminer les } p+1 \text{ réels } a, b_1, b_2, \cdots, b_p \text{ tels que} \\ \left\{ \begin{array}{l} \widehat{y}_i = a + b_1 x_{i,1} + b_2 x_{i,2} + \cdots + b_p x_{i,p} \\ e_i = y_i - \widehat{y}_i \\ \sum\limits_{i=1}^{n} e_i^2 \text{ est minimum} \end{array} \right. \end{array} \tag{23.17}$$

Géométriquement, alors qu'en régression linéaire simple on s'intéresse à la proximité des points du nuage avec une droite, en régression linéaire multiple on s'intéresse à la proximité des points du nuage avec un hyperplan (avec deux variables explicatives, on travaille en dimension 3 et il s'agit d'un plan, en dimensions supérieures, l'hyperplan généralise la notion de plan, c'est en fait un sous espace vectoriel de $\mathbb{R}^{p+1}$ de dimension p) qu'il s'agira de déterminer avec pour critère la plus grande proximité au sens des moindres carrés.

Par commodité, on utilise des notations matricielles, d'abord en faisant intervenir des matrices colonnes en écrivant

$$\left\{ \begin{array}{c} \widehat{y}_1 \\ \vdots \\ \widehat{y}_n \end{array} \right\} = \left\{ \begin{array}{c} a \\ \vdots \\ a \end{array} \right\} + b_1 \left\{ \begin{array}{c} x_{1,1} \\ \vdots \\ x_{n,1} \end{array} \right\} + \cdots + b_p \left\{ \begin{array}{c} x_{1,p} \\ \vdots \\ x_{n,p} \end{array} \right\}$$

puis, en faisant intervenir une matrice

$$\left\{ \begin{array}{c} \widehat{y}_1 \\ \vdots \\ \widehat{y}_n \end{array} \right\} = \begin{bmatrix} 1 & x_{1,1} & \cdots & x_{1,p} \\ \vdots & \vdots & & \vdots \\ 1 & x_{n,1} & \cdots & x_{n,p} \end{bmatrix} \left\{ \begin{array}{c} a \\ b_1 \\ \vdots \\ b_p \end{array} \right\} \tag{23.18}$$

La relation matricielle (23.18) est donc désormais notée sous la forme compacte et avec des notations évidentes

$$\widehat{Y} = [X]C \tag{23.19}$$

et on remarquera qu'en supposant $n > p+1$, la matrice $[X]$ est rectangulaire (n lignes et $p+1$ colonnes où n désigne le nombre d'individus et p le nombre de variables). Aussi, il n'est bien sûr pas question de chercher à inverser la matrice $[X]$ pour laquelle cette opération n'a d'ailleurs aucun sens faute d'être carrée ! En revanche, dans la situation où l'on aurait $n = p+1$, la matrice $[X]$ serait alors carrée et le système matriciel aurait autant de lignes que d'inconnues. Il s'agirait alors d'un problème d'interpolation linéaire.

Les écarts, ou résidus, $e_i = y_i - \widehat{y}_i$ sont les composantes d'un vecteur représenté en base canonique par la colonne notée D. Puisque le critère retenu est celui des moindres carrés, nous serons amené à minimiser la somme des carrés des écarts, qui dépend de C et qui est notée $\mathscr{E}(C)$. Cette somme possède elle aussi une forme matricielle en remarquant qu'elle peut être écrite comme le résultat d'un produit scalaire. Précisément :

$$\mathscr{E}(C) = \sum_{i=1}^{n} e_i^2 = \sum_{i=1}^{n} (y_i - \widehat{y}_i)^2 = {}^{\mathbf{t}}DD = {}^{\mathbf{t}}(Y - [X]C)(Y - [X]C)$$

Finalement, le système (23.17) s'écrit matriciellement

$$\text{Déterminer la colonne } C \text{ de composantes } a, b_1, b_2, \cdots, b_p \text{ telle que} \\ \begin{cases} \widehat{Y} = [X]C \\ Y - \widehat{Y} = D \\ \mathscr{E}(C) = {}^{\mathbf{t}}DD \text{ est minimum} \end{cases} \tag{23.20}$$

On a donc les relations matricielles qui traduisent le système (23.20)

$$\begin{cases} \widehat{Y} = [X]C \\ Y = \widehat{Y} + D = [X]C + D \end{cases} \tag{23.21}$$

puis le résultat suivant :

Proposition 192. On suppose que le rang de la matrice $[X] \in \mathscr{M}_{n,p+1}(\mathbb{R})$ est $p+1$. Alors, la matrice ${}^{\mathbf{t}}[X][X] \in \mathscr{M}_{p+1}(\mathbb{R})$ est inversible et la matrice colonne C définie par

$$C = \left({}^{\mathbf{t}}[X][X]\right)^{-1}\left({}^{\mathbf{t}}[X]Y\right) \tag{23.22}$$

contient les valeurs des coefficients $a, b_1, \cdots b_p$ qui minimisent la somme des écarts au carré $\sum_{k=1}^{n} e_i^2$.

Démonstration.
Commençons par démontrer que si le rang de la matrice $[X] \in \mathscr{M}_{n,p+1}(\mathbb{R})$ est $p+1$ alors la matrice ${}^{\mathbf{t}}[X][X] \in \mathscr{M}_{p+1}(\mathbb{R})$ est inversible. Pour cela, il suffit de remarquer que la matrice ${}^{\mathbf{t}}[X][X]$ est symétrique définie positive. En effet, elle est clairement symétrique (réelle) et, à ce titre, diagonalisable. Soit λ une valeur propre de ${}^{\mathbf{t}}[X][X]$ associée à la colonne propre U (non nulle). On peut écrire

$${}^{\mathbf{t}}[X][X]U = \lambda U \Longrightarrow {}^{\mathbf{t}}U{}^{\mathbf{t}}[X][X]U = \lambda {}^{\mathbf{t}}U\,U \Longrightarrow ||XU||^2 = \lambda\,||U||^2$$

Or, par définition U est une colonne non nulle et la colonne $[X]U$ n'est donc pas nulle non plus puisque le rang de $[X]$ est $p+1$. On en déduit que $\lambda = \dfrac{||XU||^2}{||U||^2} > 0$ ce qui démontre que ${}^{\mathbf{t}}[X][X]$ est inversible puisque 0 n'est pas valeur propre.

Démontrons maintenant que l'expression $\left({}^{\mathbf{t}}[X][X]\right)^{-1}\left({}^{\mathbf{t}}[X]Y\right)$ est une colonne dont les composantes sont les valeurs des coefficients $a, b_1, \cdots b_p$ qui minimisent la somme des écarts au carré $\sum\limits_{k=1}^{m} e_i^2$. Pour cela, partons de la relation $\mathscr{E}(C) = {}^{\mathbf{t}}(Y-[X]C)(Y-[X]C)$ et développons

$$\mathscr{E}(C) = {}^{\mathbf{t}}YY - {}^{\mathbf{t}}Y[X]C - {}^{\mathbf{t}}C{}^{\mathbf{t}}[X]Y + {}^{\mathbf{t}}C{}^{\mathbf{t}}[X][X]C$$

Rappelons que $[X] \in \mathscr{M}_{n,p+1}(\mathbb{R})$, $Y \in \mathscr{M}_{n,1}(\mathbb{R})$, $C \in \mathscr{M}_{p+1,1}(\mathbb{R})$ et $D \in \mathscr{M}_{n,1}(\mathbb{R})$ et remarquons que l'analyse des dimensions des différentes matrices qui interviennent prouve que les termes ${}^{\mathbf{t}}Y[X]C$ et ${}^{\mathbf{t}}C{}^{\mathbf{t}}[X]Y$ sont des scalaires. Par conséquent, on peut écrire indifféremment ${}^{\mathbf{t}}Y[X]C = {}^{\mathbf{t}}C{}^{\mathbf{t}}[X]Y$ ce qui donne

$$\mathscr{E}(C) = {}^{\mathbf{t}}YY - 2{}^{\mathbf{t}}Y[X]C + {}^{\mathbf{t}}C{}^{\mathbf{t}}[X][X]C$$

Cherchons maintenant à minimiser cette quantité (par rapport à C). Trois versions de la démonstration sont proposées, la première nécessite quelques connaissances sur les règles de dérivation pour les matrices et la recherche d'extremum, la seconde est une version un peu plus détaillée et la troisième et dernière permet d'éluder la question de la dérivation des matrices en se ramenant à des fonctions de plusieurs variables.

1. Exprimons la condition nécessaire d'extremum $\dfrac{\mathrm{d}\mathscr{E}}{\mathrm{d}C} = 0$ qui conduit à

$$\frac{\mathrm{d}\mathscr{E}}{\mathrm{d}C} = -2{}^{\mathbf{t}}[X]Y + 2{}^{\mathbf{t}}[X][X]C = 0$$

   Donc, une condition nécessaire pour que C rende la quantité $\mathscr{E}(C)$ extrémale est $-2{}^{\mathbf{t}}[X]Y + 2{}^{\mathbf{t}}[X][X]C = 0$ c'est à dire, puisque ${}^{\mathbf{t}}XX$ est inversible

$$C = \left({}^{\mathbf{t}}[X][X]\right)^{-1}{}^{\mathbf{t}}[X]Y$$

   Remarquons maintenant que $\mathscr{E}$ est quadratique en C et que la matrice ${}^{\mathbf{t}}[X][X]$ est symétrique définie positive (elle est symétrique et toutes ses valeurs propres sont strictement positives). Il existe donc un unique extremum qui est, en l'occurrence, un minimum, et il est obtenu pour la colonne C calculée précédemment.

2. Revenons maintenant à la définition de la différentielle de $\mathscr{E}$ en calculant la quantité $\mathscr{E}(C+H)$ pour $H \in \mathscr{M}_{p+1,1}(\mathbb{R})$:

$$\mathscr{E}(C+H) = {}^{\mathbf{t}}YY - 2{}^{\mathbf{t}}Y[X](C+H) + {}^{\mathbf{t}}\big([X](C+H)\big).[X](C+H)$$

   En développant, en remarquant que ${}^{\mathbf{t}}([X]C)[X]H = {}^{\mathbf{t}}([X]H)[X]C$ (car ${}^{\mathbf{t}}([X]C)[X]H$ est un scalaire égal à sa transposée) puis en réordonnant les termes, on obtient l'expression

$$\mathscr{E}(C+H) = \mathscr{E}(C) + 2\left({}^{\mathbf{t}}([X]C)[X] - {}^{\mathbf{t}}Y[X]\right)H + ||[X]H||^2$$

dans laquelle on reconnaît la partie affine $\mathscr{E}(C)+2\left({}^{\mathbf{t}}([X]C)[X]-{}^{\mathbf{t}}Y[X]\right)H$. Ainsi, dire que $\mathscr{E}$ admet un point critique en C conduit à l'implication

$$ {}^{\mathbf{t}}([X]C)[X]-{}^{\mathbf{t}}Y[X]=0 \Longrightarrow {}^{\mathbf{t}}[X][X]C={}^{\mathbf{t}}[X]\,Y \Longrightarrow C=\left({}^{\mathbf{t}}[X][X]\right)^{-1}\left({}^{\mathbf{t}}[X]Y\right) $$

D'autre part, pour H non nul, $||[X]H||^2>0$ puisque ${}^{\mathbf{t}}[X]\,[X]$ est inversible, donc

$$ \forall H\neq 0, \quad \mathscr{E}(C+H)>\mathscr{E}(C) $$

et $\mathscr{E}(C)$ est bien minimum.
Il existe donc un unique minimum atteint en $C=\left({}^{\mathbf{t}}[X][X]\right)^{-1}\left({}^{\mathbf{t}}[X]Y\right)$.

3. La somme des carrés des écarts est une fonction de $a, b_1,\cdots, b_p$ que nous noterons $\mathscr{E}(a,b_1,\cdots,b_p)$, autrement dit

$$ \mathscr{E}\left(a,b_1,\cdots,b_p\right)=\sum_{i=1}^{n}\left(y_i-\widehat{y_i}\right)^2=\sum_{i=1}^{n}\left(y_i-a-b_1\,x_{i,1}-\cdots-b_p\,x_{i,p}\right)^2 $$

Commençons donc par chercher les points critiques de $\mathscr{E}$, c'est à dire les points en lesquels toutes les dérivées partielles s'annulent :

$$ \begin{aligned} \frac{\partial\mathscr{E}}{\partial a}\left(a,b_1,\cdots,b_p\right)=0 &\iff -2\sum_{i=1}^{n}\left(y_i-a-b_1\,x_{i,1}-\cdots-b_p\,x_{i,p}\right)=0\\ &\iff \sum_{i=1}^{n}y_i-na-b_1\sum_{i=1}^{n}x_{i,1}-\cdots-b_p\sum_{i=1}^{n}x_{i,p}=0\\ \frac{\partial\mathscr{E}}{\partial b_j}\left(a,b_1,\cdots,b_p\right)=0 &\iff -2\sum_{i=1}^{n}x_{i,j}\left(y_i-a-b_1\,x_{i,1}-\cdots-b_p\,x_{i,p}\right)=0\\ &\iff \sum_{i=1}^{n}x_{i,j}y_i-a\sum_{i=1}^{n}x_{i,j}-b_1\sum_{i=1}^{n}x_{i,j}x_{i,1}-\cdots\\ &\qquad\qquad -b_p\sum_{i=1}^{n}x_{i,j}x_{i,p}=0 \end{aligned} $$

On en déduit un système de $p+1$ équations à $p+1$ inconnues qui s'écrit matriciellement :

$$ \begin{bmatrix} n & \sum_{i=1}^{n}x_{i,1} & \cdots & \sum_{i=1}^{n}x_{i,p}\\ \sum_{i=1}^{n}x_{i,1} & \sum_{i=1}^{n}x_{i,1}x_{i,1} & \cdots & \sum_{i=1}^{n}x_{i,1}x_{i,p}\\ \cdots & \cdots & \cdots & \cdots\\ \sum_{i=1}^{n}x_{i,p} & \sum_{i=1}^{n}x_{i,p}x_{i,1} & \cdots & \sum_{i=1}^{n}x_{i,p}x_{i,p} \end{bmatrix} \begin{Bmatrix} a\\ b_1\\ \vdots\\ b_p \end{Bmatrix} = \begin{Bmatrix} \sum_{i=1}^{n}y_i\\ \sum_{i=1}^{n}x_{i,1}\,y_i\\ \vdots\\ \sum_{i=1}^{n}x_{i,p}\,y_i \end{Bmatrix} $$

et on remarque que cette relation n'est autre que la relation $\left({}^{\mathbf{t}}[X][X]\right)C={}^{\mathbf{t}}[X]Y$.
Par hypothèse, ${}^{\mathbf{t}}[X][X]$ est une matrice carrée de $p+1$ lignes et $p+1$ colonnes inversible, on en déduit donc que l'équation $\left({}^{\mathbf{t}}[X][X]\right).C={}^{\mathbf{t}}[X]Y$ d'inconnue C possède une unique solution donnée par

$$ C=\left({}^{\mathbf{t}}[X][X]\right)^{-1}\left({}^{\mathbf{t}}[X]Y\right) $$

La colonne C contient alors les $p+1$ composantes du vecteur qui est l'unique point critique de $\mathscr{E}$. Pour terminer, il suffit de remarquer que $\mathscr{E}$ est une fonction strictement convexe (comme somme de fonctions strictement convexes) et il en résulte que $\mathscr{E}$ atteint un minimum absolu en cet unique point critique.

□

2.2 Coefficient de détermination ajusté

Le coefficient de détermination R^2 a la propriété de croître, entre 0 et 1, avec le nombre de variables (voir la proposition et la preuve suivantes). Ainsi, en ajoutant assez de variables explicatives, on peut obtenir un coefficient de détermination égal à 1 et penser avoir trouvé une relation « exacte » entre la variable expliquée et les variables explicatives. Cela pose donc deux problèmes. En premier lieu, celui de construire un modèle pertinent ne mettant en jeu que des variables réellement explicatives et en évitant de faire intervenir des variables « inutiles » (vis à vis de la régression) qui augmenteraient artificiellement le coefficient R^2. En second lieu, celui de savoir comment extraire, de l'ensemble des variables explicatives, un sous-ensemble optimal pour expliquer y. Par exemple, dans une étude qui porterait sur les performances de voitures, on se doute bien que parmi les variables *puissance*, *cylindrée* et *département d'immatriculation*, la dernière a très peu de chance d'être pertinente pour expliquer les performances et qu'un modèle ne faisant intervenir que les deux premières variables serait assurément cohérent. Comment donc privilégier le modèle ne faisant intervenir que les deux variables *puissance* et *cylindrée*?
Ces considérations conduisent à proposer des versions ajustées du coefficient de détermination qui tient compte du nombre de variables de manière à privilégier le modèle le plus « économique » en variables.
Précisons un peu cela.

2.2.1 Croissance du coefficient de détermination

Proposition 193. Le coefficient de détermination R^2 croît avec le nombre de variables explicatives.

Démonstration.
La variance résiduelle $VR = \frac{1}{n}\sum_{i=1}^{n} e_i^2$ s'obtient en minimisant la somme des carrés des écarts notée ici $\mathscr{E}' = \sum_{i=1}^{n} e_i^2$. Si y est expliquée par p ($p \in \mathbb{N}^*$) variables $x_{.,1},\cdots,x_{.,p}$, les coefficients des moindres carrés sont les composantes de l'unique vecteur $(a',b'_1,\cdots,b'_p)$ de $\mathbb{R}^{p+1}$ qui minimise la fonction $\mathscr{E}'$ définie, pour tout $(a,b_1,\cdots,b_p)\in\mathbb{R}^{p+1}$, par

$$\mathscr{E}'\left(a,b_1,\cdots,b_p\right)=\sum_{i=1}^{n}\left(y_i-a-b_1x_{i,1}-\cdots-b_px_{i,p}\right)^2$$

On a donc, en notant $u=(a,b_1,\cdots,b_p)$, $\mathscr{E}'\left(a',b'_1,\cdots,b'_p\right)=\min_{u\in\mathbb{R}^{p+1}}\mathscr{E}'\left(a,b_1,\cdots,b_p\right)$.
Si on ajoute maintenant $r-p$ ($r\in\mathbb{N}$ et $r>p$) variables explicatives $x_{.,p+1},\cdots,x_{.,r}$ et que l'on

résout à nouveau le problème de minimisation selon le critère des moindres carrés, les coefficients des moindres carrés sont les composantes de l'unique vecteur $(a', b'_1, \cdots, b'_r)$ de $\mathbb{R}^{r+1}$ qui minimise la nouvelle fonction $\mathcal{E}''$ définie, pour tout $(a, b_1, \cdots, b_r) \in \mathbb{R}^{r+1}$, par

$$\mathcal{E}''(a, b_1, \cdots, b_r) = \sum_{i=1}^{n} \left(y_i - a - b_1 x_{i,1} - \cdots - b_p x_{i,p} - b_p x_{i,p+1} - \cdots - b_r x_{i,r}\right)^2$$

Donc, en notant $v = (a, b_1, \cdots, b_r)$, $\mathcal{E}''\left(a'', b''_1, \cdots, b''_r\right) = \min_{v \in \mathbb{R}^{r+1}} \mathcal{E}''(a, b_1, \cdots, b_r)$.
Or, il est clair que

$$\mathcal{E}'\left(a, b_1, \cdots, b_p\right) = \mathcal{E}''\left(a, b_1, \cdots, b_p, 0, \cdots, 0\right)$$

donc, par conséquent, il est aussi clair que

$$\min_{\mathbb{R}^{p+1}} \mathcal{E}' \leq \min_{\mathbb{R}^{r+1}} \mathcal{E}''$$

ce qui implique que $VR'' \leq VR'$ où VR'' est la variance résiduelle avec les variables explicatives supplémentaires et VR' la variance résiduelle initiale.

En conclusion, quand on ajoute des variables explicatives, on diminue la variance résiduelle VR et, comme la variance totale $VT = \frac{1}{n} \sum_{i=1}^{n} \left(y_i - \overline{y}\right)^2$ ne varie pas, on augmente le coefficient de détermination $R^2 = 1 - \frac{VR}{VT}$.
Ainsi, on augmente le coefficient de détermination simplement en ajoutant des variables explicatives, mêmes si elles n'ont rien à voir avec la variable à expliquer, ce qui pose un sérieux problème !
Pire, selon la proposition 192, en ajoutant assez de variables aléatoires au hasard pour « expliquer » y, on peut obtenir une matrice ${}^{\mathbf{t}}[X]\,[X]$ inversible. Dans ce cas, l'explication est « exacte », les valeurs prédites sont les valeurs observées et le coefficient de détermination vaut 1, ce qui n'a aucune pertinence statistique, mais est logique puisque la matrice ${}^{\mathbf{t}}[X]\,[X]$ est inversible. □

2.2.2 Ajustement du coefficient de détermination

Nous venons de voir que le coefficient $R^2 = 1 - \frac{VR}{VT}$ peut être proche de 1 aussi bien parce que les variables explicatives sont pertinentes que parce qu'elles sont nombreuses. Pour privilégier l'aspect qualitatif sur l'aspect quantitatif, on corrige le coefficient de détermination en faisant intervenir un coefficient multiplicatif qui augmente avec le nombre p de variables explicatives. Il existe plusieurs versions ajustées de ce coefficient, celle couramment utilisée est celle proposée par Ezekiel (Mordecai Ezekiel, 1899-1974, économiste américain) que nous donnons ici sans justification (voir $[EZ]$).

Définition 184. On appelle *coefficient de détermination ajusté*, et on note R^2_a, l'expression

$$R^2_a = 1 - (1 - R^2)\frac{n-1}{n-p-1} \tag{23.23}$$

où n est le nombre d'individus et p le nombre de variables explicatives.

Le coefficient multiplicateur $\frac{n-1}{n-p-1}$ permet de pondérer $1 - R^2 = VR/VT$ en fonction du nombre p de variables et de privilégier le modèle le plus « économique » en variables.

Remarque. On a toujours, par construction, $R_a^2 \leq 1$, mais il faut prendre garde au fait que pour p assez grand, l'écart corrigé $\left(1-R^2\right)\dfrac{n-1}{n-p-1}$ peut devenir grand et R_a^2 devenir négatif ! R_a^2 n'est donc plus un « carré » au sens de la définition $x^2 = x \times x$. Par exemple, $R^2 = 0{,}1$, $n = 21$ et $p = 5$ donne $R_a^2 = 1 - \frac{20}{15} \times 0{,}9 = -0{,}20$. En fait, ce n'est pas gênant car, comme on veut le minimum de variables explicatives, ces cas seront vraisemblablement écartés. D'autre part, on remarquera aussi que dans la situation où le nombre d'individus tendrait vers l'infini ($n \to +\infty$) on aurait $R_a^2 \to R^2$ puisque $\dfrac{n-1}{n-p-1} \to 1$.

2.3 Exemple d'interprétation

2.3.1 Les données

Les données utilisées pour cet exemple proviennent de l'ouvrage *Introduction to Experimental Ecology, New York : Academic Press, Inc.* (1967) des auteurs T. Lewis et L.R. Taylor.

Age	Taille	Poids	Aléa
143	143,0	38,3	34,0
191	158,8	50,6	31,6
160	157,5	42,5	40,7
157	163,8	55,6	30,4
191	165,9	48,2	35,5
141	157,0	38,3	28,7
185	160,8	45,5	33,4
210	166,4	63,0	30,0
149	163,3	49,7	40,7
169	158,2	44,8	36,3
173	159,5	46,1	41,1
150	155,7	42,3	39,3
144	151,1	42,1	37,0
146	152,4	49,1	37,7
155	155,7	48,2	30,8
183	163,8	46,1	41,0
154	152,4	51,3	40,8
152	153,7	47,3	30,3
148	153,7	38,0	31,7
164	165,9	44,1	27,5
177	155,7	36,5	31,3
183	168,9	50,4	31,1
182	166,4	59,9	36,3
165	141,0	30,2	35,8
⋮	⋮	⋮	⋮

TABLE 23.5 – Premières lignes du jeu de données

Elles portent sur 237 enfants pour lesquels on a relevé l'âge (en mois), la taille (en cm)

et le poids (en kg) et les premières lignes de ces données sont reproduites dans le tableau 23.5 page 684. A ces données réelles, a été ajoutée, en dernière colonne et pour chaque enfant, une valeur « artificielle » obtenue par tirage aléatoire selon une loi uniforme entre 25 et 42. Cette colonne supplémentaire servira au moment de l'interprétation des résultats et plus précisément pour tenter de répondre à la question de savoir s'il existe un sous ensemble de variables explicatives qui rende compte du modèle de manière pertinente.
On cherche donc à construire un modèle affine pour expliquer la variable poids (variable « à expliquer »), notée y, en fonction des variables explicatives âge, notée x_1, taille, notée x_2 et la variable supplémentaire, notée x_3.
Autrement dit, on cherche à construire un modèle de la forme

$$\widehat{y} = a + b_1 x_1 + b_2 x_2 + b_3 x_3$$

Les calculs ont été effectués avec le logiciel *Statbox.*

2.3.2 Équation du modèle

Les calculs fournissent l'équation (coefficients en valeurs approchées)

$$\widehat{y} = -57,105 + 0,107x_1 + 0,548x_2 - 0,012x_3$$

Comme nous l'avons remarqué pour la régression simple, la valeur de la constante (ici $-57,094$) n'a pas de signification car elle correspondrait à un enfant d'âge nul, de taille nulle et de poids négatif...

2.3.3 Analyse de la variance et coefficients de détermination

La table d'analyse de la variance est donnée par le tableau 23.6 où les sigles DF, SS et MS signifient respectivement *degré de liberté* (en anglais *Degree of Freedom*), *somme des carrés* (en anglais *Sum Square*) et *moyenne des carrés* (en anglais *Mean Square*).

	DF	SS	MS	F	P
Régression	3	11 385,15	3795,22	132,67	0,00
Résidu	233	6665,54	28,61		
Total	236	18 051,19			

TABLE 23.6 – Tableau d'analyse de la variance (ANOVA)

Le coefficient de détermination ajustée est fourni par le logiciel, il vaut $R_a^2 \approx 0,626$. Cela dit, on peut aussi le calculer « à la main ».
En effet,

$$R \approx \frac{11388,15}{18051,19} \approx 0,631 \quad \text{et} \quad R_a^2 = 1 - \left(1 - R^2\right) \times \frac{236}{233} \approx 0,626$$

Concernant l'interprétation, on en déduit que le modèle construit comme combinaison linéaire des variables x_1 (âge), x_2 (poids) et x_3 (aléa) se justifie et est capable d'expliquer environ 63 % de variabilité de la variable y (poids).

2.3.4 Choix des meilleures variables explicatives

C'est en régression multiple que l'on voit tout l'intérêt du coefficient de détermination ajusté. Les logiciels fournissent un tableau semblable à celui qui est présenté en 23.7 et qui est appelé, sous *Statbox, Best fit.*

	x_1	x_2	x_3	R_a^2
1 variable		×		0,60
2 variables	×	×		0,63
3 variables	×	×	×	0,63

TABLE 23.7 – Meilleur sous-ensemble de variables explicatives

Ce tableau permet de répondre à une question cruciale : quel est le meilleur compromis entre le nombre de variables explicatives à faire intervenir dans le modèle et une qualité du modèle optimale ? En effet, contrairement à ce que l'on pourrait penser, en régression multiple, le meilleur modèle n'est pas celui qui fait intervenir le plus de variables explicatives et il existe souvent un sous-ensemble de variables qui permet d'optimiser le modèle. Le tableau 23.7 recense alors différentes combinaisons avec le coefficient de détermination ajusté associé et permet de choisir la combinaison qui réalise le compromis entre le nombre minimal de variables explicatives et un coefficient de détermination ajusté le plus élevé possible, garant d'un modèle au pouvoir explicatif le plus fort. Dans notre exemple, nous voyons que le modèle faisant intervenir les trois variables n'a pas plus de pouvoir explicatif qu'avec deux variables et à peine plus qu'avec une seule, la taille.
Comme la troisième variable x_3 a été construite sans aucun rapport avec les précédentes, il est normal qu'elle n'apporte aucune information au modèle. Il apparaît donc pertinent de reconstruire une nouvelle régression avec les deux seules variables explicatives x_1 et x_2 (l'âge et la taille) qui conduit au nouveau modèle

$$\widehat{y} = -57,519 + 0,108x_1 + 0,547x_2$$

Chapitre 24

A.C.P. : aspects théoriques

1 Approche intuitive de l'A.C.P. : objectifs et intérêt

Supposons que l'on ait mené une étude sur un grand nombre de voitures de marques différentes (par exemple Renault, Peugeot, Lancia, Porche, Ferrari, etc.), chacune d'elle étant caractérisée par un ensemble de valeurs numériques telles que, par exemple, la puissance en chevaux, la cylindrée en cm^3, la consommation en litres, la vitesse maximale en $km \cdot h^{-1}$, le prix en euros, le coût d'entretien en euros, le nombre de portes, etc. À l'aide de cette étude, on peut souhaiter regrouper certains véhicules en fonction de critères particuliers ou bien comparer des véhicules entre eux ou encore se servir de cette étude pour lancer un nouveau modèle qui devrait avoir des atouts face à la concurrence.

On constate immédiatement que deux objets de types très différents interviennent :

1. Des *individus*, au sens large (ici ce sont des voitures), qui sont soumis à un « questionnaire » dont les réponses sont quantitatives (numériques). Chaque individu est alors modélisé par un ensemble de valeurs numériques que l'on peut assimiler aux coordonnées d'un vecteur d'un certain espace.
2. Des *variables*, qui sont les « questions » (la puissance en chevaux, la cylindrée en cm^3, etc.). Chaque variable est alors elle aussi modélisée par un ensemble de valeurs numériques que l'on peut encore assimiler aux coordonnées d'un vecteur d'un certain espace.

Par exemple, dans le cas d'une population de 4 individus désignés par les lettres A, B, C et D sur laquelle est menée une étude concernant deux variables quantitatives désignées par v_1 et v_2, on peut regrouper les résultats dans le tableau suivant :

Individus	v_1	v_2
A	100	12,5
B	120	13
C	112	11,5
D	97	10,5

À partir de ce tableau, on peut alors décrire :

1. Les quatre individus A, B, C et D respectivement par les quatre vecteurs de $\mathbb{R}^2$ (2 étant le nombre de variables)

$$\vec{A} = (100; 12,5) \quad \vec{B} = (123; 13) \quad \vec{C} = (112; 11,5) \quad \vec{D} = (97; 10,5)$$

2. Les deux variables v_1 et v_2 respectivement par les deux vecteurs de $\mathbb{R}^4$ (4 étant le nombre d'individus)

$$\vec{v_1} = (100; 120; 112; 97) \quad \vec{v_1} = (12,5; 13; 11,5; 10,5)$$

Le tableau de données peut être modélisé par la matrice

$$[X] = \begin{bmatrix} 100 & 12,5 \\ 120 & 13 \\ 112 & 11,5 \\ 97 & 10,5 \end{bmatrix}$$

Cette modélisation conduit alors à faire le choix de confondre les « vecteurs individus » avec les matrices lignes $\begin{pmatrix} 100 & 12,5 \end{pmatrix}$, $\begin{pmatrix} 123 & 13 \end{pmatrix}$, $\begin{pmatrix} 112 & 11,5 \end{pmatrix}$, $\begin{pmatrix} 97 & 10,5 \end{pmatrix}$ et les « vecteurs variables » avec les matrices colonnes $\begin{Bmatrix} 100 \\ 120 \\ 112 \\ 97 \end{Bmatrix}$ et $\begin{Bmatrix} 12,5 \\ 13 \\ 11,5 \\ 10,5 \end{Bmatrix}$.

Les individus, comme les variables, considérés comme des vecteurs, se prêtent naturellement à des interprétations géométriques. Précisément, si l'on regarde le tableau de données « en ligne », on peut construire le nuage des individus et si on regarde le tableau de données « en colonne », on peut construire le nuage des variables.

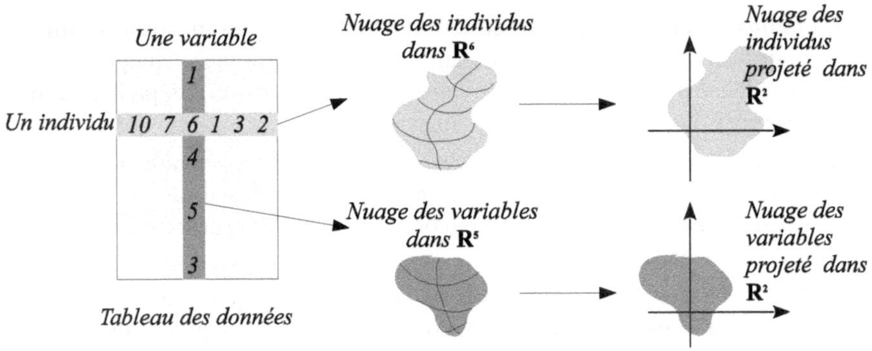

FIGURE 24.1 – Illustration du principe général de l'analyse en composantes principales

Comme le lecteur l'aura compris, individus et variables sont intimement liés car les coordonnées d'un individu sont les valeurs prises par cet individu sur les variables alors que les coordonnées d'une variable sont les valeurs prises par les individus sur cette variable.

Malheureusement, en raison de la grande dimension des espaces (la dimension de l'espace des individus est égale au nombre de variables alors que la dimension de l'espace des variables est égale au nombre des individus), il est illusoire d'espérer « lire » des informations intéressantes. Pour remédier à ce problème, nous allons chercher à faire des projections planes des deux nuages, seules représentations graphiques que notre œil est capable d'appréhender facilement sur une feuille ou un écran et on résume là un des objectifs fondamentaux de l'analyse en composantes principales (voir illustration 24.1), à savoir construire les projections planes des différents nuages les « moins déformées possible » de manière à pouvoir décrire avec un maximum d'exactitude les relations qui existent entre les variables et entre les individus.

Supposons donc disposer d'un tableau de données à partir duquel sont construits les deux nuages, celui des individus et celui des variables. Deux questions se posent alors naturellement :

1. Comment choisir et construire les plans sur lesquels effectuer les projections pour conserver le maximum d'informations sur la forme réelle du nuage ?
2. Comment interpréter la proximité géométrique entre deux individus ou bien entre deux variables ?

Pour illustrer la réponse que la théorie apporte à la première question, raisonnons en dimension trois sur un exemple et supposons disposer d'un nuage d'individus qui a la forme d'un pavé comme illustré dans la figure 24.2. Supposons aussi, pour transposer la réalité,

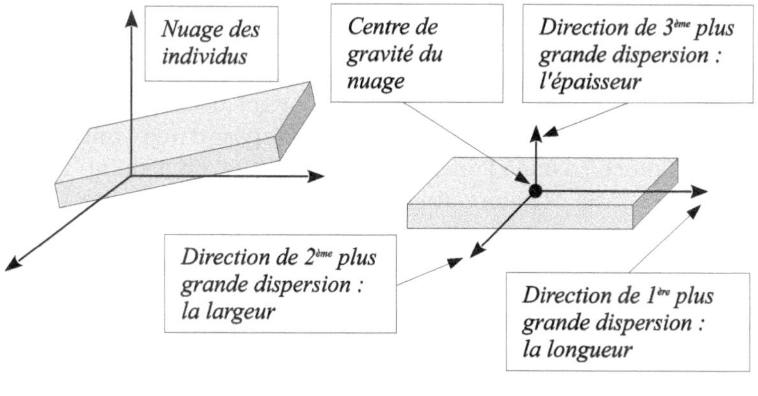

FIGURE 24.2 – Illustration des axes de plus grande dispersion du nuage

que nous ne soyons pas capable d'appréhender la forme du nuage en dimension trois et que seule la dimension deux nous soit accessible (en réalité, seule cette dimension est représentable sur un écran ou une feuille) et on se demande comment « regarder » le nuage en deux dimensions pour conserver un maximum d'informations sur sa forme réelle ?
Remarquons tout d'abord qu'un réflexe naturel consiste à « replacer le nuage par rapport à son centre de gravité », ce qui consistent géométriquement à utiliser le centre de gravité du nuage comme centre du repère. Ensuite, la réponse à la question posée est liée à la « dispersion » du nuage et, plus précisément, aux directions de plus grandes dispersions.

Dans notre exemple, il est clair que la direction de plus grande dispersion correspond à la longueur du pavé, c'est elle qui restitue le plus d'information. La deuxième direction correspond à la largeur et la dernière correspond à son épaisseur. Autrement dit, si l'on doit se contenter de deux dimensions, il nous faut regarder le nuage dans le plan qui contient sa longueur et sa largeur.

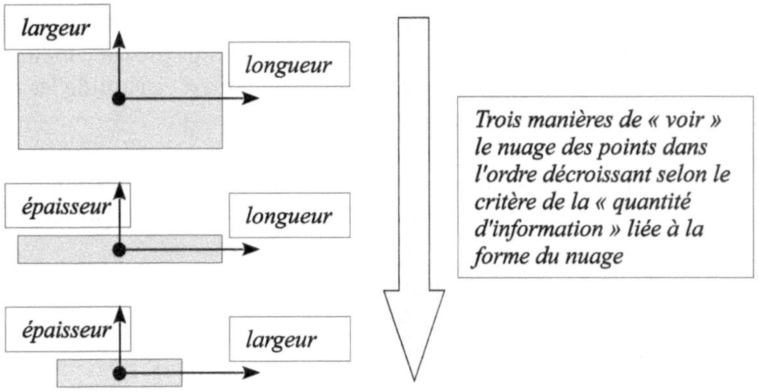

FIGURE 24.3 – Illustration des plans qui conservent le maximum d'information

Cette constatation naturelle conduit à une nouvelle question, celle de savoir comment déterminer ces directions en toute généralité ? Nous verrons que l'A.C.P. donne tous les outils pour répondre à ce problème.

Venons-en maintenant à la deuxième question : comment interpréter les proximités ? Raisonnons sur deux individus et supposons que l'on dispose d'une « voiture x » inconnue et graphiquement proche d'une « Porche 911 », que peut-on en déduire ? Naturellement, sans autre information sur la nature des variables, on ne peut rien dire. C'est pourquoi il nous faut aussi avoir accès à des informations sur ces dernières. Pour cela, on a toujours la possibilité d'utiliser la régression linéaire et le chapitre précédent, cela nous permettrait assurément de constater que la variable « cylindrée » est fortement corrélée à la variable « puissance » et que cette même variable « cylindrée » n'est probablement pas corrélée avec la variable « nombre de portes », mais d'une part, ce serait un travail laborieux d'étudier toutes les combinaisons et, d'autre part, il y a fort à parier que l'on passerait à côté d'informations cruciales et plus subtiles, en particulier les informations associées à des groupes de plusieurs variables (au moins trois). Par exemple il serait légitime de se demander si l'on ne peut pas regrouper un ensemble de variables corrélées par une unique variable qui rendrait compte de l'ensemble de ce groupe de variables ? Pour illustrer cet aspect, il est clair que les variables « cylindrée », « puissance », « vitesse maximale » sont corrélées entre elles et pourraient être « remplacées » par une unique variable intitulée « performance » qui résumerait à elle seule les trois variables précédentes comme c'est illustré dans la figure 24.4.
Là encore, l'A.C.P. permet de construire des variables artificielles, appelées des *composantes principales* qui auront la particularité d'être en nombre réduit et de ne pas être corrélées entre elles. Leur existence permet de répondre de manière pertinente à la

question posée à propos de la proximité du point représentant la voiture inconnue avec le point associé à une « Porche 911 ».

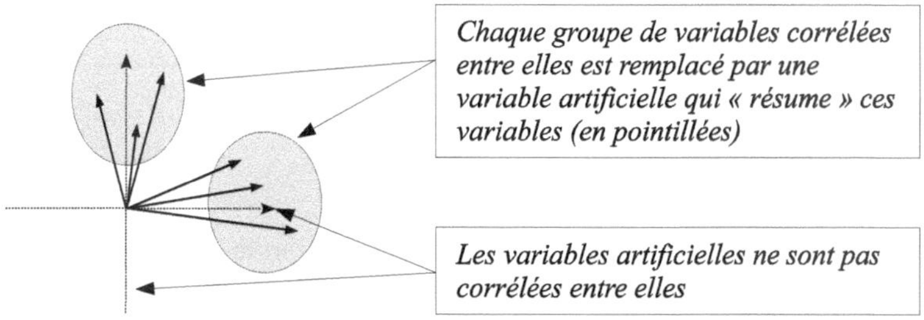

FIGURE 24.4 – Illustration de la création de variables « artificielles » résumant une information

Pour illustrer cela, observons la figure 24.5 qui résume presque à elle seule l'idée générale d'une A.C.P. Grâce à cette figure, on peut tenter d'interpréter la proximité entre le point « Porche 911 » et « voiture x » inconnue : ces deux véhicules sont proches parce qu'ils sont très semblables en termes de « performance » qui est la notion résumée par la direction de plus grande dispersion. On peut donc donner une interprétation de la forme du nuage en disant que l'information essentielle liée à cette étude porte sur la performance des véhicules. Notons aussi que ces deux véhicules, proches sur ce plan et semblables en termes de performance, peuvent aussi être très différents vis à vis d'autres variables non corrélées à cette variable artificielle appelée « performance ».

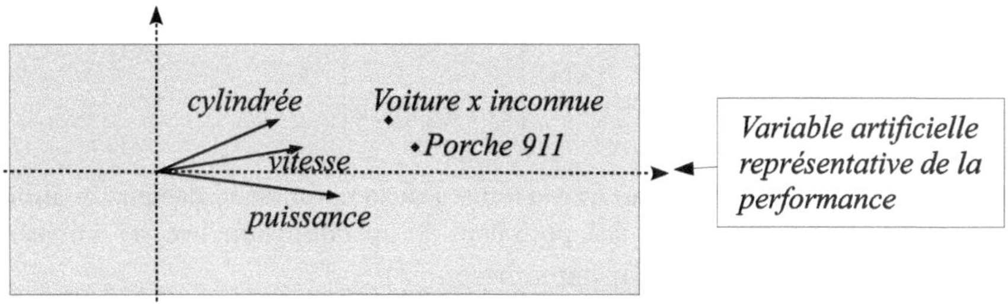

FIGURE 24.5 – Illustration de l'interprétation de la proximité de deux individus

Pour conclure cette introduction purement intuitive, on peut résumer le principe de l'analyse en composantes principales en disant que c'est une méthode descriptive de données multidimensionnelles qui permet d'explorer les relations qui existent entre les n individus d'une population décrite par p variables numériques (quantitatives) au travers de représentations graphiques obtenues par projections orthogonales des deux nuages des individus et des variables sur des plans qui minimisent la perte d'information induite par les projections. Ces projections planes permettent alors d'interpréter :

1. Les proximités et les éloignements des individus entre eux et par rapport au centre de gravité du nuage qui a pour interprétation celle d'un individu « moyen » (au sens de la moyenne arithmétique de ses coordonnées).

2. Les proximités et les éloignements des variables entre elles.
3. La position relative des individus vis à vis d'un ensemble de variables artificielles (les *composantes principales*) qui résument, ou synthétisent, un ensemble de variables corrélées entre elles.

2 Notations et conventions

2.1 Notations liées à l'A.C.P.

Cette partie utilise les notations suivantes, classiquement utilisées en A.C.P., en faisant le choix d'une population de $n \in \mathbb{N}^*$ individus et de $p \in \mathbb{N}^*$ variables, étant entendu que n et p sont supposés « grands » :

1. Une variable est notée x^j où $1 \leq j \leq p$ et elle est confondue avec la matrice colonne $x^j = \begin{Bmatrix} x_1^j \\ \vdots \\ x_n^j \end{Bmatrix}$ de $\mathcal{M}_{n,1}(\mathbb{R})$ dont les composantes sont les valeurs prises par cette variable x^j sur les n individus.
2. Un individu est noté x_i pour $1 \leq i \leq n$ et il est confondu avec la matrice ligne $x_i = < x_i^1, \cdots, x_i^p >$ de $\mathcal{M}_{1,p}(\mathbb{R})$ dont les composantes sont les valeurs prises par cet individu sur l'ensemble des variables.
3. Le tableau des données contient en ligne les n individus et en colonne les p variables, il est assimilé à une matrice de $\mathcal{M}_{n,p}(\mathbb{R})$ notée $[X]$.

$$[X] = \begin{bmatrix} x_1^1 & \cdots & x_1^p \\ \vdots & \ddots & \vdots \\ x_n^1 & \cdots & x_n^p \end{bmatrix}$$

Remarque. On prendra garde au fait que la lettre j de la notation x_i^j désigne un indice de colonne et non pas un exposant. Aussi, pour éviter toute confusion, le carré d'un nombre x_i^j sera systématiquement écrit entre parenthèses $\left(x_i^j\right)^2$.

2.2 Notations liées aux calculs de statistique élémentaire

En raison de légères variantes dans les notations utilisées, quelques définitions déjà données dans le chapitre 23 sont rappelées ici.

Définition 185. Soit x^j une variable prenant les valeurs $x_1^j, \cdots, x_n^j$. On appelle :

1. *Moyenne* de x^j le réel noté $\overline{x^j}$ et défini par : $\overline{x^j} = \dfrac{1}{n} \sum\limits_{i=1}^{n} x_i^j$.
2. *Variance* de x^j le réel noté $V(x^j)$ et défini par : $V(x^j) = \dfrac{1}{n} \sum\limits_{i=1}^{n} \left(x_i^j - \overline{x^j}\right)^2$.
3. *Écart type* de x^j le réel noté $\sigma(x^j)$ et défini par : $\sigma_{x^j} = \sqrt{V(x^j)}$.

Définition 186. Soit (x^j, x^k) un couple de variables prenant respectivement les valeurs $x_1^j, \cdots, x_n^j$ et $x_1^k, \cdots, x_n^k$. On appelle :

1. *Covariance* du couple (x^j, x^k) le réel, noté $\mathrm{Cov}(x^j, x^k)$, et défini par :

$$\mathrm{Cov}(x^j, x^k) = \frac{1}{n}\sum_{i=1}^{n}\left(x_i^j - \overline{x^j}\right)\left(x_i^k - \overline{x^k}\right)$$

2. *Coefficient de corrélation linéaire* du couple (x^j, x^k), le réel noté $\mathrm{Cor}(x^j, x^k)$, et défini par :

$$\mathrm{Cor}(x^j, x^k) = \frac{\mathrm{Cov}(x^j, x^k)}{\sigma_{x^j}\sigma_{x^k}}$$

Rappelons aussi (voir chapitre 23, propriété 187 page 669) que $\mathrm{Cor}(x^j, x^k) \in [-1, 1]$ et qu'il mesure la dépendance linéaire entre les deux variables x^j et x^k.

2.3 Inertie d'un nuage de points

Pour un nuage de n points $(M_1, \cdots, M_n)$ affectés respectivement des « poids » $d_1, \cdots, d_n$ positifs, noté $\mathcal{N}$, on peut définir deux notions géométriques : l'*inertie totale* par rapport au centre de gravité et l'*inertie* par rapport à un axe ou un plan, notions qui serviront dans la suite.

2.3.1 Inertie totale par rapport au centre de gravité

Par définition, l'inertie du nuage $\mathcal{N}$ par rapport à son centre de gravité G est le réel positif

$$I_G = \sum_{i=1}^{n} d_i GM_i^2 \tag{24.1}$$

Par construction, I_G est d'autant plus grand que les points M_i sont éloignés du centre de gravité et on utilise en A.C.P. cette propriété pour mesurer la « dispersion » du nuage autour de son centre de gravité comme illustré dans la figure 24.6.

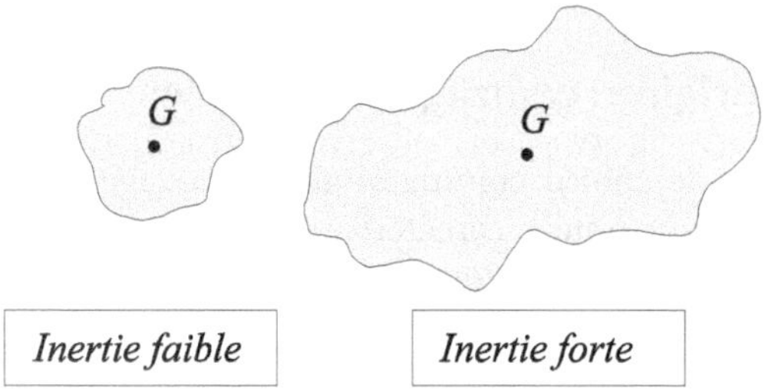

FIGURE 24.6 – Illustration de l'inertie en fonction de la forme du nuage de points

2.3.2 Inertie par rapport à un axe ou un plan

On peut aussi définir l'inertie d'un nuage de points par rapport à un axe ou un plan.

Précisément, par définition on appelle :

1. *Inertie du nuage* $\mathcal{N}$ par rapport à un axe F passant par le centre de gravité G, le réel positif
$$I_F = \sum_{i=1}^{n} d_i GP_i^2 \tag{24.2}$$
où les points $(P_i)_{1\leq i\leq n}$ sont les projections orthogonales des points $(M_i)_{1\leq i\leq n}$ sur l'axe F.
2. *Inertie du nuage* $\mathcal{N}$ par rapport à un plan Π passant par le centre de gravité G, le réel positif
$$I_\Pi = \sum_{i=1}^{n} d_i GP_i^2 \tag{24.3}$$
où les points $(P_i)_{1\leq i\leq n}$ sont les projections orthogonales des points $(M_i)_{1\leq i\leq n}$ sur le plan Π.

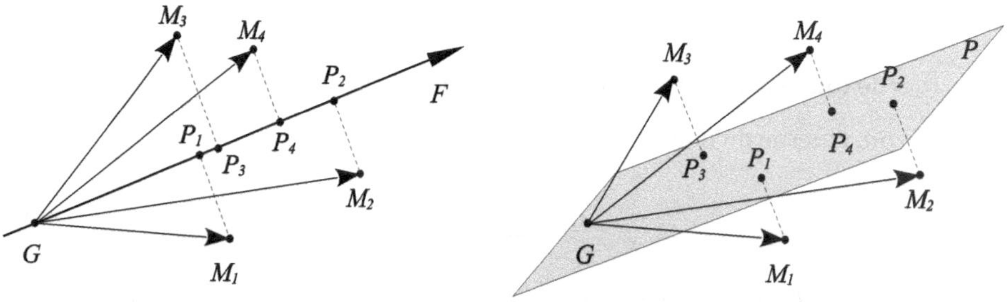

FIGURE 24.7 – Illustration des projections sur un axe ou un plan pour le calcul de l'inertie

2.4 Choix d'une origine : centrage des données

En A.C.P., il est d'usage de choisir comme origine du nuage des individus le centre de gravité, c'est à dire l'individu, noté g, caractérisé par les valeurs moyennes des autres individus. Avec les notations adoptées, chaque individu x_i ayant pour coordonnées $(x_i^1, \cdots x_i^p)$, le centre de gravité du nuage est défini par le vecteur $g = \frac{1}{n}\sum_{i=1}^{n} x_i$ dont les composantes sont bien sûr $g = (\overline{x^1}, \cdots, \overline{x^p})$. g représente un individu « moyen » au sens des données représentées. Concrètement, il suffit de retrancher à chaque ligne ligne $x_i = < x_i^1, \cdots, x_i^p >$ de la matrice $[X]$ la ligne $g = < \overline{x^1}, \cdots, \overline{x^p} >$ pour obtenir une nouvelle matrice, notée $[Y]$.

Cette nouvelle matrice, de coefficients $y_i^j = x_i^j - \overline{x^j}$, est définie par

$$[Y] = \begin{bmatrix} x_1^1 - \overline{x^1} & \cdots & x_1^p - \overline{x^p} \\ \vdots & \ddots & \vdots \\ x_n^1 - \overline{x^1} & \cdots & x_n^p - \overline{x^p} \end{bmatrix}$$

Les lignes de $[Y]$ représentent désormais les individus dans un nouveau repère centré sur le centre de gravité. Géométriquement, le centrage consiste donc à faire une translation du nuage comme illustré dans la figure 24.8.

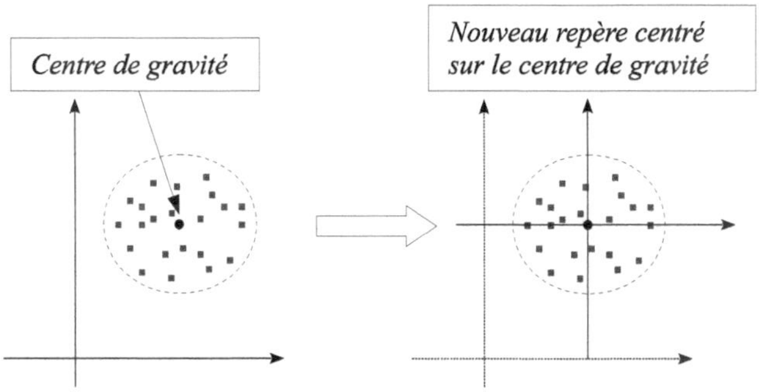

FIGURE 24.8 – Illustration dans un plan du centrage du nuage des individus

2.5 Le problème des unités : réduction des données

Un individu centré $y_i = (x_i^1 - \overline{x^1}, \cdots, x_i^p - \overline{x^p})$ a, en général, ses coordonnées exprimées dans des unités différentes puisque elles correspondent à des variables différentes (il suffit de penser à une étude qui ferait intervenir des dimensions en millimètres et en kilomètres, des températures, etc.). Aussi, un moyen de s'affranchir de ce problème consiste à diviser chaque coordonnée $x_i^j - \overline{x^j}$ par l'écart type σ_{x^j} de manière à la rendre sans dimension. Concrètement, cela consiste à diviser chaque colonne, numéro j, de $[Y]$, par σ_{x^j} pour obtenir la nouvelle matrice notée $[Z]$ de coefficients $z_i^j = \dfrac{x_i^j - \overline{x^j}}{\sigma_{x^j}}$ définie par

$$[Z] = \begin{bmatrix} \dfrac{x_1^1 - \overline{x^1}}{\sigma_{x^1}} & \cdots & \dfrac{x_1^p - \overline{x^p}}{\sigma_{x^p}} \\ \vdots & \ddots & \vdots \\ \dfrac{x_n^1 - \overline{x^1}}{\sigma_{x^1}} & \cdots & \dfrac{x_n^p - \overline{x^p}}{\sigma_{x^p}} \end{bmatrix} \tag{24.4}$$

Cette opération, appelée *réduction des données* a des conséquences sur les nouvelles variables z^j de la matrice $[Z]$ exprimées dans la proposition suivante :

Proposition 194. Les nouvelles variables z^j, définies comme les colonnes de la matrice $[Z]$, sont de variances unitaires (et de moyennes nulles).

Démonstration.
C'est un résultat immédiat comme le prouve le calcul suivant :

$$\begin{aligned} V(z^j) &= \frac{1}{n}\sum_{i=1}^{n}\left(z_i^j - \overline{z^j}\right)^2 = \frac{1}{n}\sum_{i=1}^{n}\left(z_i^j - 0\right)^2 = \frac{1}{n}\sum_{i=1}^{n}\left(\frac{x_i^j - \overline{x^j}}{\sigma_{x^j}}\right)^2 \\ V(z^j) &= \frac{1}{\sigma_{x^j}^2}\frac{1}{n}\sum_{i=1}^{n}\left(x_i^j - \overline{x^j}\right)^2 = \frac{1}{\sigma_{x^j}^2}\sigma_{x^j}^2 = 1 \end{aligned}$$

et il est immédiat de vérifier que les moyennes sont nulles. □

Ainsi, la réduction a pour conséquence de rendre les variables « comparables » et de même « dispersion », c'est-à-dire que chaque variable a la même importance et cela évite que certaines d'entre elles influencent exagérément l'analyse ou, au contraire, que d'autres soient mal représentées.

Remarque. On conservera en mémoire que la réduction évite qu'une variable à forte variance influence de manière exagérée les résultats futurs mais aussi qu'elle conduit à rendre une variable peu significative, que l'on pourrait qualifier de « bruit », aussi significative qu'une variable réellement informative.

2.6 A.C.P. normée et matrice des corrélations

Les deux opérations de centrage et de réduction effectuées sur les individus originaux ont conduit à considérer les nouveaux individus z_i qui forment les lignes de la matrice $[Z]$. Dans la pratique, on préfère travailler avec la matrice $[T] = \frac{1}{\sqrt{n}}[Z]$ donnée par

$$[T] = \frac{1}{\sqrt{n}}[Z] = \begin{bmatrix} \frac{x_1^1 - \overline{x^1}}{\sqrt{n}\sigma_{x^1}} & \cdots & \frac{x_1^p - \overline{x^p}}{\sqrt{n}\sigma_{x^p}} \\ \vdots & \ddots & \vdots \\ \frac{x_n^1 - \overline{x^1}}{\sqrt{n}\sigma_{x^1}} & \cdots & \frac{x_n^p - \overline{x^p}}{\sqrt{n}\sigma_{x^p}} \end{bmatrix} \tag{24.5}$$

Ce choix conduit, entre autres, à une interprétation statistique naturelle des distances entre variables. En particulier, avec la matrice $[T]$, les colonnes représentent des vecteurs de norme unité et dont les coordonnées ont une moyenne nulle. $[T]$ est donc adaptée à un point de vue géométrique : les vecteurs colonnes appartiennent à la sphère unité et le centre de gravité des vecteurs lignes est l'origine du repère.

2.6.1 La matrice des corrélations

Définition 187. On appelle *matrice des corrélations* la matrice, notée $[R]$, définie par le produit :

$$[R] = \frac{1}{n}{}^{\mathbf{t}}[Z]\,[Z] = {}^{\mathbf{t}}[T]\,[T] \tag{24.6}$$

La matrice $[R]$ jouit d'une propriété particulière qui lui donne son nom.

Proposition 195. La matrice $[R]$ vérifie les propriétés suivantes :

$$[R] = \begin{bmatrix} 1 & \mathrm{Cor}(x^1,x^2) & \mathrm{Cor}(x^1,x^3) & \cdots & \mathrm{Cor}(x^1,x^p) \\ & 1 & \mathrm{Cor}(x^2,x^3) & \cdots & \mathrm{Cor}(x^2,x^p) \\ \text{Sym.} & & 1 & \ddots & \vdots \\ & & & & 1 \end{bmatrix} \tag{24.7}$$

1. $[R]$ est symétrique réelle de taille $p \times p$ et diagonalisable dans une base orthonormale de vecteurs propres avec valeurs propres réelles.
2. Ses coefficients $r_{j,k}$ sont les coefficients de corrélations des variables (originales) prises deux à deux, c'est à dire que $r_{j,k} = \mathrm{Cor}(x^j,x^k)$ et sont donc des nombres réels compris entre -1 et 1,
3. Tous ses coefficients diagonaux sont égaux à 1 et sa trace vaut $\mathrm{tr}\,[R] = p$.

Démonstration.
Le fait que la matrice $[R]$ soit carrée, symétrique et de dimension $p \times p$ est trivial. Ensuite, en vertu du théorème spectral, $[R]$ est diagonalisable dans une base orthonormale de vecteurs propres et ses valeurs propres sont réelles. Pour les coefficients $r_{j,k}$, on a immédiatement

$$r_{j,k} = \frac{1}{n}\sum_{i=1}^{n} \frac{\left(x_i^j - \overline{x^j}\right)\left(x_i^k - \overline{x^k}\right)}{\sigma_{x^j}\sigma_{x^k}} = \frac{\mathrm{Cov}(x^j,x^k)}{\sigma_{x^j}\sigma_{x^k}} = \mathrm{Cor}(x^j,x^k)$$

En conséquence, $r_{j,k} \in [-1,1]$ et $r_{j,j} = \mathrm{Cor}(x^j,x^j) = 1$. D'autre part, on a donc évidemment $\mathrm{tr}\,[R] = p$. □

La matrice des corrélations donne donc une « mesure » de la dépendance linéaire entre les différents couples de variables.

2.6.2 A.C.P. normée

Définition 188. L'analyse en composantes principales construite à partir de la matrice des corrélations $[R]$ définie par (24.6) porte le nom d'A.C.P. *normée.*

Remarque. Le terme « normée » fait référence à la réduction des données et provient du fait qu'avec la distance que nous allons choisir dans l'espace des variables, ces dernières auront une norme unité. Dans la pratique, les données sont toujours centrées alors que la réduction n'est ni automatique ni obligatoire (voir la remarque page 696). En général, la réduction est l'option par défaut des logiciels d'analyse en composantes principales.

3 Projections du nuage des individus

Dans cette section, on étudie la problématique de la projection du nuage des individus sur des plans qui minimisent la perte d'« information » liée à la forme du nuage, c'est-à-dire l'inertie.

3.1 Inertie totale du nuage des individus

3.1.1 Choix de la distance entre individus

La définition de l'inertie fait intervenir une notion de distance. En effet, GM_i^2 est le carré de la distance entre les deux points G et M_i, c'est à dire la norme, au carré, du vecteur $\overrightarrow{GM_i}$ ou encore le produit scalaire $\left(\overrightarrow{GM_i}|\overrightarrow{GM_i}\right)$. Il nous faut donc choisir une distance dans l'espace $\mathbb{R}^p$ des individus et, plus particulièrement, un produit scalaire qui induira la norme et la distance. Concrètement, pour deux individus x_l et x_m de coordonnées respectives $\left(x_l^1,\cdots,x_l^p\right)$ et $\left(x_m^1,\cdots,x_m^p\right)$, on définit la distance entre eux, notée $\mathrm{d}(x_l,x_m)$, par la formule (qui exprime son carré par commodité)

$$\mathrm{d}(x_l,x_m)^2 = \frac{1}{n}\sum_{j=1}^{p}\frac{\left(x_l^j - x_m^j\right)^2}{\sigma_{x^j}^2} \qquad (24.8)$$

Cette distance correspond à deux manières différentes (mais équivalentes) de voir les choses en termes de produit scalaire. Soit on raisonne sur les individus originaux en utilisant le produit scalaire noté $(\cdot|\cdot)_D$ et défini à partir de la matrice diagonale D de coefficients diagonaux $d_j = \dfrac{1}{n\sigma_{x^j}^2}$ (voir annexe C page 789) ce qui conduit à

$$\mathrm{d}(x_l,x_m)^2 = ||x_l - x_m||_D^2 = (x_l - x_m|x_l - x_m)_D = \frac{1}{n}\sum_{j=1}^{p}\frac{\left(x_l^j - x_m^j\right)^2}{\sigma_{x^j}^2}$$

soit on raisonne sur les nouveaux individus t_l et t_m (de la matrice $[T]$) de coordonnées respectives $\left(\dfrac{x_l^1-\overline{x^1}}{\sqrt{n}\sigma_{x^1}},\cdots,\dfrac{x_l^p-\overline{x^p}}{\sqrt{n}\sigma_{x^p}}\right)$ et $\left(\dfrac{x_m^1-\overline{x^1}}{\sqrt{n}\sigma_{x^1}},\cdots,\dfrac{x_m^p-\overline{x^p}}{\sqrt{n}\sigma_{x^p}}\right)$ et on utilise le produit scalaire canonique de $\mathbb{R}^p$.

Remarque. Dans la suite, nous ferons le choix de ne travailler qu'avec la matrice $[T]$, donc les individus t_i et les variables t^j et le produit scalaire canonique de $\mathbb{R}^p$.

3.1.2 Interprétation de la proximité entre individus

Avec la distance choisie, on retiendra que deux individus sont d'autant plus proches dans l'espace $\mathbb{R}^p$ que leurs coordonnées sont proches, c'est à dire que les valeurs qu'ils prennent sur chaque variable sont proches. En d'autres termes, la proximité géométrique de deux individus traduit le fait qu'ils ont « répondu » de manière très semblable aux différentes questions et ont donc un comportement semblable vis-à-vis des variables étudiées.

Par contre, comme annoncé, nous allons travailler par projection sur des plans. Il ne faudra donc pas perdre de vue que deux individus projetés peuvent être proches sur le plan de projection sans qu'ils le soient en réalité (voir l'illustration 24.9).

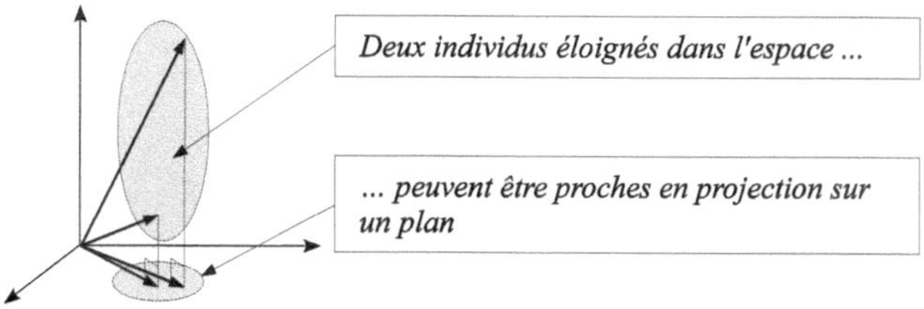

FIGURE 24.9 – Illustration de la déformation induite par la projection

3.1.3 Inertie totale

Proposition 196. En A.C.P. normée, l'inertie totale du nuage des individus par rapport au centre de gravité est égale à p, c'est à dire le nombre de variables et la trace de la matrice des corrélations $[R]$. Autrement dit

$$I_G = \text{tr}[R] = p \tag{24.9}$$

Démonstration.
Il suffit pour cela d'appliquer la formule (24.1) page 693 avec des poids $d_i = 1$. On obtient alors

$$I_G = \sum_{i=1}^{n} d_i GM_i^2 = \sum_{i=1}^{n}\sum_{j=1}^{p} \frac{\left(x_i^j - \overline{x^j}\right)^2}{(\sqrt{n}\sigma_{x^j})^2}$$

or, I_G peut aussi s'écrire

$$I_G = \sum_{j=1}^{p} \frac{1}{(\sigma_{x^j})^2}\left(\frac{1}{n}\sum_{i=1}^{n}\left(x_i^j - \overline{x^j}\right)^2\right) = \sum_{j=1}^{p}\frac{V(x^j)}{V(x^j)} = p$$

ce qui démontre bien que $I_G = p$. □

3.2 Inertie selon un axe du nuage des individus

3.2.1 Intérêt en A.C.P.

L'inertie totale du nuage des individus donne une indication sur l'étendue globale du nuage. Plus l'inertie totale est grande, plus le nuage est dispersé autour de son centre de gravité. Mais ce critère ne donne aucune information plus précise sur la forme du nuage, en particulier on ne sait pas s'il existe des directions de l'espace dans lesquelles le nuage a tendance à s'étaler. Pour obtenir cette information, il est nécessaire d'utiliser la notion d'inertie par rapport à un axe. Concrètement, on va chercher à déterminer l'axe de l'espace (qui passe par le centre de gravité) par rapport auquel l'inertie est maximale, ce qui indiquera que le nuage se disperse essentiellement dans cette direction comme illustré dans la figure 24.10 qui montre un nuage de points dont F est un axe de plus grande dispersion.

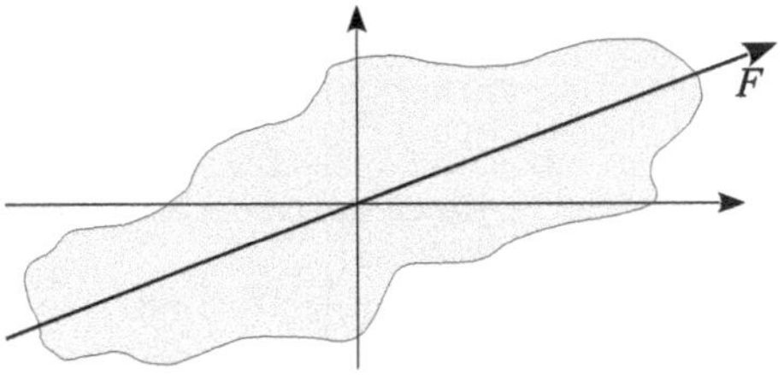

FIGURE 24.10 – L'axe F porte une inertie élevée et indique une direction de « forte dispersion » autour du centre de gravité

3.2.2 Axe d'inertie maximale

Proposition 197. Soit F un axe vectoriel de $\mathbb{R}^p$ dirigé par le vecteur unitaire $\vec{a}$. Soit A la matrice colonne qui représente, en base canonique, le vecteur $\vec{a}$. Alors :

1. L'inertie expliquée I_F (par rapport à l'axe F) est donnée par

$$I_F = {}^{\mathbf{t}}A[R]A \tag{24.10}$$

en notant toujours $[R]$ la matrice des corrélations définie par (24.6).

2. L'axe F par rapport auquel l'inertie I_F est maximale est unique, engendré par un vecteur propre unitaire de la matrice des corrélations $[R]$ associé à la valeur propre la plus grande, notée λ_1, et cette inertie maximale est égale à λ_1.

Démonstration.

1. Le vecteur $\vec{a}$ unitaire est représenté par la matrice colonne A de p composantes, les individus symbolisés par les vecteurs $\overrightarrow{GM_i}$ de coordonnées $\left(t_i^1, \cdots, t_i^p\right)$ sont représentés par les matrices colonnes notées $\mathbb{M}_i$ à p composantes. Les projetés sur F sont les vecteurs $\overrightarrow{GP_i} = \left(\overrightarrow{GM_i} | \vec{a}\right) \vec{a} = \left({}^{\mathbf{t}}\mathbb{M}_i A\right) A$ (voir section 5 de l'annexe C page 787). Or, le choix des coordonnées t_i^j entraine que l'inertie est la somme des carrés des normes des vecteurs individus. Ainsi, l'inertie selon F est

$$I_F = \sum_{i=1}^{n} \left\|\overrightarrow{GP_i}\right\|^2 = \sum_{i=1}^{n} \left({}^{\mathbf{t}}\mathbb{M}_i A\right)^2 ||A||^2 = \sum_{i=1}^{n} \left({}^{\mathbf{t}}\mathbb{M}_i A\right)^2$$

car $||A||^2 = 1$ puisque $\vec{a}$ est unitaire.
Mais ${}^{\mathbf{t}}\mathbb{M}_i A$ est un scalaire, donc $\left({}^{\mathbf{t}}\mathbb{M}_i A\right)^2 = \left({}^{\mathbf{t}}\mathbb{M}_i A\right)\left({}^{\mathbf{t}}\mathbb{M}_i A\right) = {}^{\mathbf{t}}A\mathbb{M}_i{}^{\mathbf{t}}\mathbb{M}_i A$. On obtient donc

$$I_F = \sum_{i=1}^{n} \left\|\overrightarrow{GP_i}\right\|^2 = \sum_{i=1}^{n} {}^{\mathbf{t}}A\mathbb{M}_i{}^{\mathbf{t}}\mathbb{M}_i A = {}^{\mathbf{t}}A\left(\sum_{i=1}^{n} \mathbb{M}_i{}^{\mathbf{t}}\mathbb{M}_i\right) A$$

Pour terminer, on remarque que $\mathbb{M}_i{}^{\mathbf{t}}\mathbb{M}_i = \begin{Bmatrix} t_i^1 \\ \vdots \\ t_i^p \end{Bmatrix} . < t_i^1, \ldots, t_i^p >$ est une matrice de p lignes et p colonnes dont les coefficients sont $t_i^k t_i^l$ où $(k,l) \in \{1, \cdots, p\}^2$.

Par conséquent, $\sum\limits_{i=1}^{n} \mathbb{M}_i{}^{\mathbf{t}}\mathbb{M}_i$ est encore une matrice de p lignes et p colonnes de coefficients $\sum\limits_{i=1}^{n} t_i^k t_i^l$ où $(k,l) \in \{1, \cdots, p\}^2$, c'est à dire que $\sum\limits_{i=1}^{n} \mathbb{M}_i{}^{\mathbf{t}}\mathbb{M}_i = {}^{\mathbf{t}}[T][T] = [R]$ ce qui démontre bien que $I_F = {}^{\mathbf{t}}A[R]A$.

Remarque. Pour deux vecteurs $u = (u_1, \cdots, u_p)$ et $v = (v_1, \cdots, v_p)$ représentés en base canonique respectivement par les deux matrices colonnes U et V, le produit scalaire canonique s'exprime, sous forme matricielle, par $(u|v) = {}^{\mathbf{t}}UV$.

2. Considérons maintenant un axe vectoriel F engendré par le vecteur $\overrightarrow{a}$ unitaire de coordonnées $(a_1, \cdots, a_p)$ et représenté en base canonique par la matrice colonne A. On sait que $[R]$ est diagonalisable dans une base orthonormale de vecteurs propres $\mathscr{B} = (\overrightarrow{v_1}, \cdots, \overrightarrow{v_p})$ telle que chaque vecteur propre $\overrightarrow{v_i}$ est associé à la valeur propre λ_i en supposant pour simplifier que :

   a. Les valeurs propres sont toutes distinctes (a priori certaines valeurs propres peuvent être égales. Cela dit, dans la pratique, cette situation est tellement exceptionnelle qu'on les supposera distinctes).

   b. Les valeurs propres sont rangées dans l'ordre décroissant $\lambda_1 > \cdots > \lambda_p$.

   Il existe donc une matrice diagonale $[D] = \text{Diag}(\lambda_1, \cdots, \lambda_p)$ et une matrice orthogonale $[P]$ de $\mathscr{M}_p(\mathbb{R})$ telles que $[P][R]\,{}^{\mathbf{t}}[P] = [D]$. Appelons $(\alpha_1, \cdots, \alpha_p)$ les coordonnées de $\overrightarrow{a}$ dans la nouvelle base $\mathscr{B}$ et $A_{\mathscr{B}}$ la matrice colonne qui le représente dans cette base. Notons $I_F = Q(\overrightarrow{a})$ l'inertie par rapport à l'axe F pour montrer la dépendance vis à vis de $\overrightarrow{a}$. On a donc désormais, dans la base diagonalisante $\mathscr{B}$

$$I_F = Q(\overrightarrow{a}) = {}^{\mathbf{t}}A_{\mathscr{B}}[D]A_{\mathscr{B}} = \sum_{j=1}^{p} \lambda_j (\alpha_j)^2$$

   Exploitons maintenant le fait que $\overrightarrow{a}$ est unitaire, ce qui est équivalent à dire que $\sum\limits_{j=1}^{p} (\alpha_j)^2 = 1$ et le fait que λ_1 est la plus grande valeur propre pour écrire

$$Q(\overrightarrow{a}) \leq \lambda_1 \left(\sum_{j=1}^{p} (\alpha_j)^2 \right) \Longrightarrow I_F \leq \lambda_1$$

   donc λ_1 est un majorant de $I_F = Q(\overrightarrow{a})$. D'autre part, il est atteint puisqu'en prenant $\overrightarrow{v_1}$ à la place de $\overrightarrow{a}$, on obtient bien sûr $Q(\overrightarrow{v_1}) = \lambda_1$.
   En conclusion, l'inertie I_F est maximale lorsque $F = F_1$ est l'axe engendré par le vecteur propre unitaire $\overrightarrow{v_1}$ associé à la plus grande valeur propre λ_1.

   Démontrons maintenant que F_1 est le seul axe pour lequel l'inertie est maximale (en utilisant que les valeurs propres sont distinctes). Par construction, pour tout

$j \in \{2, \cdots, p\}$ on a $\lambda_1 > \lambda_j$. Considérons un vecteur $\overrightarrow{a}$ unitaire, non colinéaire à $\overrightarrow{v_1}$ dont les coordonnées dans la base diagonalisante $\mathscr{B}$ sont $(\alpha_1, \cdots, \alpha_p)$.
Par hypothèse, $\alpha_1 \neq 1$ sans quoi les autres composantes seraient nécessairement nulles et $\overrightarrow{a}$ serait alors colinéaire à $\overrightarrow{v_1}$. Il existe donc $k \in \{2, \cdots, p\}$ tel que $\alpha_k \neq 0$. On a alors

$$Q(\overrightarrow{a}) = \sum_{j=1}^{p} \lambda_j (\alpha_j)^2 < \lambda_1 \left(\sum_{j=1}^{p} (\alpha_j)^2 \right) \Longrightarrow Q(\overrightarrow{a}) < \lambda_1$$

donc l'inertie par rapport à l'axe F engendré par $\overrightarrow{a}$ n'est pas maximale.

En conclusion, on a démontré l'équivalence : un axe F engendré par un vecteur $\overrightarrow{a}$ unitaire génère l'inertie I_F maximale si et seulement si $\overrightarrow{a}$ est vecteur propre unitaire de $[R]$ associé à la plus grande valeur propre.

□

3.3 Inertie du nuage des individus par rapport à un plan

3.3.1 Intérêt en A.C.P.

En A.C.P., on souhaite construire des représentations planes obtenues par projection du nuage des individus selon des plans qui minimisent la perte d'inertie. C'est pourquoi on s'intéresse aussi à l'inertie par rapport à un plan.

3.3.2 Plan d'inertie maximale

Proposition 198. On suppose que toutes les valeurs propres λ_i de la matrice des corrélations $[R]$ sont distinctes et rangées dans l'ordre décroissant $\lambda_1 > \lambda_2 > \cdots > \lambda_p$. Alors le plan $F_1 \times F_2$ par rapport auquel l'inertie, notée $I_{F_1 \times F_2}$, est maximale est engendré par deux vecteurs propres unitaires $\overrightarrow{a_1}$ et $\overrightarrow{a_2}$ de la matrice des corrélations $[R]$ associés aux deux valeurs propres λ_1 et λ_2 les plus grandes et cette inertie maximale est égale à la somme de ces deux valeurs propres $\lambda_1 + \lambda_2$.
Ensuite, par ordre décroissant de l'inertie, on a les plan $F_1 \times F_3$, $F_2 \times F_3$, etc.

Nous admettrons ce théorème. La démonstration n'est pas très compliquée mais assez technique.

3.4 Axes et plans factoriels ou principaux

Définition 189. En A.C.P. normée, on appelle :

1. *Axes factoriels* ou *axes principaux*, les axes passant par l'origine du repère (le centre de gravité du nuage) engendrés par les vecteurs propres de $[R]$. Ces axes sont notés F_1, F_2, etc. avec la convention que F_1 correspond à la plus grande valeur propre, F_2 à la suivante, etc.
2. *Plans factoriels* ou *plans principaux*, les plans passant par l'origine du repère (le centre de gravité du nuage) engendrés par des couples de vecteurs propres de $[R]$.

3.5 Inertie expliquée par rapport à un axe ou un plan

Les propositions 197 et 198 se généralisent en la proposition suivante :

Proposition 199.

1. Si F_i est l'axe vectoriel engendré par le vecteur propre $\overrightarrow{v_i}$ (unitaire) associé à la valeur propre λ_i, alors l'inertie I_{F_i} par rapport à F_i vaut
$$I_{F_i} = \lambda_i \tag{24.11}$$
et on l'appelle *inertie expliquée par rapport à l'axe* F_i.
2. Si F_i et F_j $(i \neq j)$ sont deux axes vectoriels engendrés respectivement par les vecteurs propres $\overrightarrow{v_i}$ et $\overrightarrow{v_j}$ (unitaires) associés respectivement aux valeurs propres λ_i et λ_j, alors, en notant $F_i \times F_j$ le plan engendré par F_i et F_j, l'inertie $I_{F_i \times F_j}$ par rapport à $F_i \times F_j$ vaut
$$I_{F_i \times F_j} = \lambda_i + \lambda_j \tag{24.12}$$
et on l'appelle *inertie expliquée par rapport au plan* $F_i \times F_j$.

3.6 Contribution des axes à l'inertie

On sait que l'inertie totale est égale à la somme des valeurs propres, que l'inertie par rapport à un axe factoriel est égale à la valeur propre correspondante et que l'inertie par rapport à un plan factoriel est égale à la somme des valeurs propres correspondantes. Aussi peut-on évaluer la *contribution relative* d'un axe F_i (ou d'un plan $F_i \times F_j$) à l'inertie totale en calculant le quotient de l'inertie expliquée par l'axe (ou le plan) sur inertie totale (égale à p).

Définition 190. On appelle *pourcentage d'inertie expliquée* par l'axe factoriel F_i ou *contribution de l'axe factoriel* F_i *à l'inertie totale* le quotient noté $\text{Ctr}(F_i)$ et défini par
$$\text{Ctr}(F_i) = \frac{\lambda_i}{p} \times 100 \tag{24.13}$$
et on appelle *pourcentage d'inertie expliquée* par le plan factoriel $F_i \times F_j$ ou *contribution du plan factoriel* $F_i \times F_j$ *à l'inertie totale* le quotient noté $\text{Ctr}(F_i \times F_j)$ et défini par
$$\text{Ctr}(F_i \times F_j) = \frac{\lambda_i + \lambda_j}{p} \times 100 \tag{24.14}$$

3.7 Projections du nuage des individus

Une fois connus les axes factoriels F_1, F_2, F_3, etc., on peut construire les plans factoriels $F_1 \times F_2$, $F_1 \times F_3$, $F_2 \times F_3$, etc. et effectuer les projections des individus sur ces plans.

Or, nous avons vu dans la démonstration de la proposition 197 page 700 que les projetés des individus i sur l'axe $F = \mathbb{R}\overrightarrow{a} = \text{Vect}\{\overrightarrow{a}\}$ sont les points de coordonnées ${}^t\mathbb{M}_i A$ où $i \in \{1, \cdots, n\}$. Si $(\overrightarrow{v_1}, \cdots, \overrightarrow{v_p})$ est une base orthonormée de vecteurs propres de $[R]$, les coordonnées de l'individu i sur les sous espaces $F_k = \mathbb{R}\,\overrightarrow{v_k}$ sont donc les scalaires ${}^t\mathbb{M}_i\, V_k$ où V_k est la matrice colonne qui représente $\overrightarrow{v_k}$.
Par suite, la matrice de la variable synthétique $\overrightarrow{v_k}$ dans l'espace $\mathbb{R}^n$ des variables est la colonne $[T]\, V_k = \begin{Bmatrix} {}^t\mathbb{M}_1\, V_k \\ \vdots \\ {}^t\mathbb{M}_n\, V_k \end{Bmatrix}$.
En particulier, l'individu numéroté i a pour coordonnée sur F_k la $i-ième$ composante de $[T]V_k$.

3.8 Qualités de représentation des projections

Nous avons déjà eu l'occasion de dire que l'A.C.P. permettait d'effectuer des projections des individus et des variables sur des plans qui minimisent la perte d'information en offrant une vue plane des nuages la « moins déformée possible ». Cela dit, ces représentations graphiques à elles seules ne suffisent en général pas à faire une interprétation fine et précise des données et elles doivent être accompagnées de certains indicateurs numériques pour compléter l'aspect purement graphique. L'un d'eux est appelé *qualité de représentation*, noté *qlt* ou encore $\cos^2$ pour des raisons qui apparaissent dans la suite.

3.8.1 Définitions

On sait qu'un vecteur projeté a toujours une norme inférieure ou égale à la norme du vecteur original. Aussi a-t-on besoin de mesurer le « taux de déformation » lié à la projection. Précisons cela en notant $(\cdot|\cdot)$ le produit scalaire, $||\cdot||$ la norme associée, $\overrightarrow{a}$ un vecteur unitaire, F l'axe vectoriel engendré par $\overrightarrow{a}$, $\overrightarrow{u}$ un vecteur non nul et $p(\overrightarrow{u})$ le projeté orthogonal de $\overrightarrow{u}$ sur F comme illustré dans la figure 24.11.

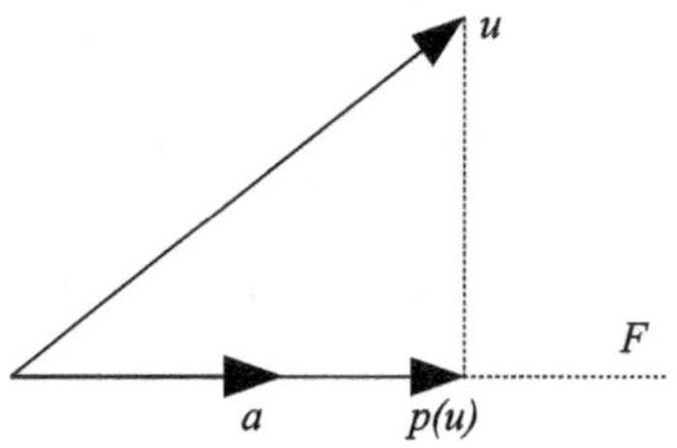

FIGURE 24.11 – Un vecteur et sa projection orthogonale

On sait qu'alors $p(\overrightarrow{u}) = (\overrightarrow{u}\,|\,\overrightarrow{a})\overrightarrow{u}$ et $||p(\overrightarrow{u})|| \leq ||\overrightarrow{u}||$ (voir annexe C page 791).

Cherchons maintenant à mesurer la « qualité » de la projection en évaluant le quotient $\dfrac{||p(\overrightarrow{u})||}{||\overrightarrow{u}||}$ qui est un réel de $[0, 1]$. Trois cas peuvent alors se présenter.

1. Dans le « pire » des cas, si $\vec{u}$ est orthogonal à $\vec{a}$, $p(\vec{u}) = 0$ et $\dfrac{||p(\vec{u})||}{||\vec{u}||} = 0$. La projection ne restitue aucune information sur le vecteur $\vec{u}$ et en particulier sur sa norme (mis à part le fait qu'il est orthogonal à l'axe F).
2. Dans le « meilleur » des cas, si $\vec{u}$ est colinéaire à $\vec{a}$, $\dfrac{||p(\vec{u})||}{||\vec{u}||} = 1$. La projection restitue toute l'information sur la norme du vecteur $\vec{u}$.
3. Dans les autres cas, sachant que $||\vec{a}|| = 1$ et que $(\vec{u}\,|\,\vec{a})$ est un réel

$$\frac{||p(\vec{u})||}{||\vec{u}||} = \frac{||(\vec{u}\,|\,\vec{a})\vec{a}\,||}{||\vec{u}||} = \frac{|(\vec{u}\,|\,\vec{a})| \times ||\vec{a}||}{||\vec{u}||} = \frac{|(\vec{u}\,|\,\vec{a})|}{||\vec{u}||\,||\vec{a}||}$$

Autrement dit, en notant θ une mesure de l'angle entre les deux vecteurs $\vec{u}$ et $p(\vec{u})$ on a (voir (C.17) page 791, annexe C)

$$\frac{||p(\vec{u})||}{||\vec{u}||} = |\cos\theta|$$

et $\cos\theta$ apparaît alors comme une mesure de la qualité de la projection de $\vec{u}$. On retrouve bien sûr les deux cas évoqués, $\theta = \dfrac{\pi}{2} \Longrightarrow \cos\theta = 0$ en cas d'orthogonalité et $\theta \in \{0, \pi\} \Longrightarrow |\cos\theta| = 1$ en cas de colinéarité.

Dans la pratique, on préfère travailler avec des cosinus au carré notés $\cos^2\theta$.

Définition 191. Avec les notations précédentes, on appelle *qualité de représentation* (de la projection de $\vec{u}$ sur l'axe F) le cosinus au carré de l'angle θ, c'est à dire le réel de $[0, 1]$ défini par

$$\cos^2\theta = \frac{||p(\vec{u})||^2}{||\vec{u}||^2} \tag{24.15}$$

On préfère travailler avec des cosinus au carré parce qu'ils bénéficient d'une propriété additive lorsqu'on projette sur un plan. Précisément, on a la propriété suivante.

Proposition 200. Soient deux axes F_1 et F_2 respectivement engendrés par des vecteurs unitaires $\vec{a_1}$ et $\vec{a_2}$ orthogonaux qui engendrent le plan $F_1 \times F_2$. Si l'on note $\cos^2\alpha$ la qualité de représentation sur F_1 et $\cos^2\beta$ la qualité de représentation sur F_2, alors l'angle γ entre $\vec{u}$ et $p(\vec{u})$ (voir la figure 24.12) vérifie

$$\cos^2\gamma = \cos^2\alpha + \cos^2\beta \tag{24.16}$$

et on appelle la quantité $\cos^2\gamma$ la *qualité de représentation* de $\vec{u}$ sur le plan $F_1 \times F_2$.

Démonstration.
Si M est le point de $\mathbb{R}^p$ tel que $\overrightarrow{OM}$ est un représentant du vecteur $\vec{u}$ et si P, P_1, P_2 sont les projetés orthogonaux de M respectivement sur le plan $F_1 \times F_2$, sur l'axe F_1 et sur l'axe F_2,

alors $\overrightarrow{OP_1}$ et $\overrightarrow{OP_2}$ sont orthogonaux, $\overrightarrow{OP} = \overrightarrow{OP_1} + \overrightarrow{OP_2}$, d'où $OP^2 = OP_1^2 + OP_2^2$.
Par suite $\left(\frac{OP}{OM}\right)^2 = \left(\frac{OP_1}{OM}\right)^2 + \left(\frac{OP_2}{OM}\right)^2$ c'est à dire $\cos^2\gamma = \cos^2\alpha + \cos^2\beta$. □

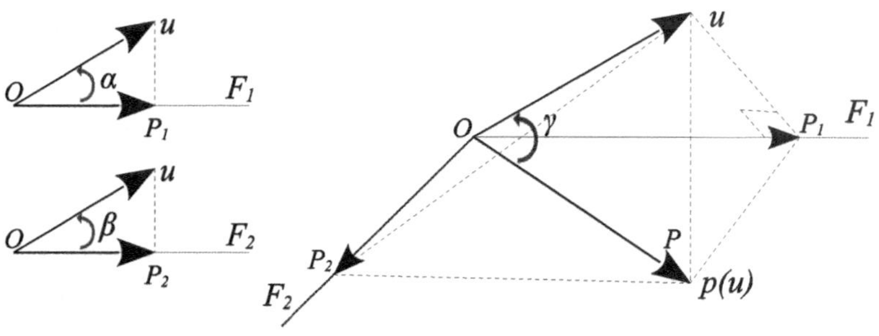

FIGURE 24.12 – Projection sur le plan $F_1 \times F2$

3.8.2 Critères pratiques pour les qualités de représentation

Dans la pratique, on retient les critères suivants, listés dans le tableau 24.1 où c^2 désigne le cosinus carré. Ces critères n'ont pas un caractère « absolu » et l'expérience montre qu'il convient souvent d'être « souple » vis à vis de ces derniers.

Valeurs du $\cos^2$	**Qualité de représentation**
$0,8 < c^2 \leq 1$	Très bonne
$0,65 < c^2 \leq 0,8$	Bonne
$0,4 < c^2 \leq 0,65$	Moyenne
$0 \leq c^2 \leq 0,4$	Mauvaise

TABLE 24.1 – Qualités de représentation

Remarque. Dans les interprétations des projections, il convient de rester prudent sur l'utilisation de la qualité de représentation. En effet, sachant que les distances projetées sont toujours inférieures aux distances originales, on pourra dire sans aucun doute que si les projections de deux points sont éloignées, ces deux points sont eux-mêmes éloignés. Par contre, si les projections de deux points sont proches, les deux points peuvent ne pas l'être. En effet, si M et M' sont deux points qui se projettent orthogonalement sur le plan $F_1 \times F_2$ en P et P' et ont de bonnes qualités de représentation $\cos^2\alpha$ et $\cos^2\alpha'$, il n'est pas sûr que la distance entre P et P' soit proche de la distance entre M et M'. Par exemple, dans $\mathbb{R}^3$ (cas $p = 3$), supposons que $\overrightarrow{v_1}$ et $\overrightarrow{v_2}$ soient les deux premiers vecteurs de la base canonique et que l'on projette parallèlement au troisième vecteur de la base canonique. Prenons $M\left(-\varepsilon\sqrt{2};1;\varepsilon\sqrt{2}\right)$ et $M'\left(\varepsilon\sqrt{2};1;-\varepsilon\sqrt{2}\right)$. Ils se projettent en $P\left(-\varepsilon\sqrt{2};1;0\right)$ et $P'\left(\varepsilon\sqrt{2};1;0\right)$. La qualité de représentation de M (resp. M') est mesurée par le carré du cosinus de l'angle

$\widehat{MOP}$ $\left(\text{resp. } \widehat{M'OP'}\right)$, c'est-à-dire OP^2/OM^2 (resp. OP'^2/OM'^2), tous deux égaux à $\dfrac{1+2\varepsilon^2}{1+4\varepsilon^2}$.
Quand ε est très petit, la qualité est excellente. Cependant, un rapide calcul permet de constater que $\dfrac{PP'^2}{MM'^2} = \dfrac{1}{2}$, ce qui montre que la qualité de représentation de $\overrightarrow{MM'}$ est tout juste moyenne. Et on pourrait modifier l'exemple pour qu'elle soit franchement mauvaise. La seule consolation, c'est que P et P' sont tout de même proches, comme M et M'.
Il peut aussi exister deux points bien représentés du nuage, N, N', se projetant en Q, Q' avec $NN' = QQ'$ (cas où $\overrightarrow{NN'}$ est parallèle à $F_1 \times F_2$) et $PP' < QQ' < MM'$. Dans ce cas, les points M et M' sont plus éloignés que les points N et N' alors que c'est le contraire pour les projetés, et pourtant les quatre points M, M', N et N' sont des points du nuage bien représentés dans la projection. Donc, même si la qualité de représentation est excellente, la position relative des projetés ne traduit pas bien la position relative des points dans le nuage.
On ne peut donc pas dire que deux points sont proches si leurs projetés le sont, mais comme la projection réduit les distances, on peut dire qu'ils sont éloignés si leurs projetés le sont (et ceci, qu'ils soient bien représentés ou non d'ailleurs).

3.9 Contributions d'un individu à la formation d'un axe factoriel

Une autre notion importante en A.C.P. est celle de *contribution*, notée *ctr*. On a déjà rencontré, dans la section 3.6, une notion de contribution, notée $\text{Ctr}(F_i)$, pour évaluer la contribution de l'inertie par rapport à un axe à l'inertie totale. On va maintenant s'intéresser à la contribution d'un individu à l'inertie par rapport à un axe.

On sait que les axes factoriels et les plans factoriels sont construits de sorte à minimiser la perte d'information et ces axes « prennent des directions » imposées par la forme du nuage (voir la figure 24.10 page 700). Aussi, certains individus, de par les « réponses » qu'ils ont fournies, ont une situation géométrique particulière qui peut grandement influencer la direction d'un axe factoriel. À ce propos, notons que les données ont été centrées, c'est à dire que l'origine est l'individu « moyen » (dans le sens où les valeurs sur les variables prises par cet individu sont les moyennes des valeurs prises par l'ensemble de la population). Aussi, les individus qui se distinguent les plus sont ceux dont les coordonnées sont les plus éloignées de la moyenne. En conséquence, un individu « exceptionnel » qui aurait, pour une ou plusieurs variables, des valeurs très éloignées de la moyenne, contrairement à la grande majorité de la population, serait éloigné du nuage et influencerait sensiblement la direction des axes factoriels.
Le critère appelé *contribution* est donc destiné à détecter les individus qui contribuent le plus à la formation des axes et qui sont donc, d'un point de vue statistique, les plus « intéressants » vis à vis de l'étude à mener.

3.9.1 Contribution absolue d'un individu à la formation d'un axe

Soit F un axe vectoriel associé à la valeur propre λ. Associons à chaque individu x_i le point M_i et le poids $d_i > 0$, désignons par P_i le projeté orthogonal de M_i sur F et rappelons que le centre de gravité du nuage des individus, désigné par le point G, est l'origine. L'inertie totale du nuage des individus est alors $I = \sum_{k=1}^{n} d_k GP_k^2$ et l'on peut aisément constater que plus un individu est loin de l'origine G et proche de l'axe F, plus le terme GP_i^2 est grand et plus il contribue à l'inertie totale. Cette situation est illustrée dans la figure 24.13 où l'on peut voir deux individus M_i et M_j pour lesquels on a $GP_i^2 > GP_j^2$, c'est-à-dire que le point M_i a donc une contribution à l'inertie totale plus élevée que le point M_j.

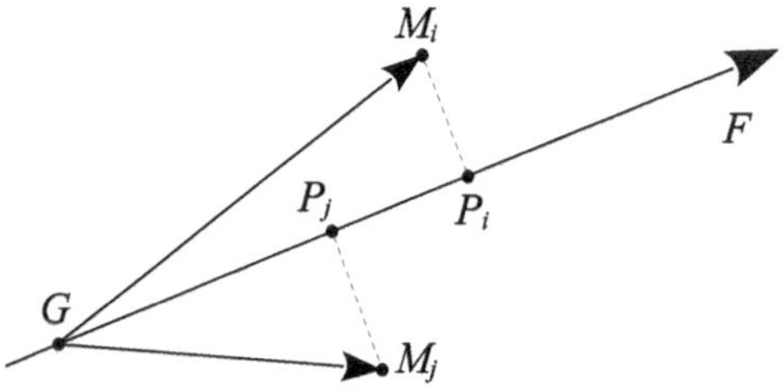

FIGURE 24.13 – Illustration de la contribution d'un point à l'inertie totale

On peut donc définir la contribution absolue d'un individu x_i à l'inertie totale comme le terme $d_i GP_i^2$ de la somme $I = \sum_{k=1}^{n} d_k GP_k^2$. Or, comme nous avons choisi d'affecter à tous les individus le même poids, cette contribution absolue n'est rien d'autre que la coordonnée au carré de l'individu x_i sur l'axe divisé par n.

Définition 192. Avec les notations précédentes, on appelle *contribution absolue d'un individu* x_i à un axe F le réel positif, noté $\text{Ca}(i,F)$, défini par

$$\text{Ca}(i,F) = d_i GP_i^2 = \frac{\text{co}(x_i,F)^2}{n} \tag{24.17}$$

où $\text{co}(x_i,F)$ désigne la coordonnée de l'individu x_i sur F.

3.9.2 Contribution relative d'un individu à la formation d'un axe

On peut aussi s'intéresser à la contribution d'un individu non pas à l'inertie totale mais à l'inertie par rapport à un axe F. Pour un axe factoriel F associé à la valeur propre λ, on sait que $I_F = \lambda$. On pose alors la définition suivante.

Définition 193. On appelle *contribution relative d'un individu* x_i à un axe factoriel F le réel positif, noté $\text{Cr}(i,F)$, défini par

$$\text{Cr}(i,F) = \frac{\text{Ca}(i,F)}{\lambda} = \frac{\text{co}(x_i,F)^2}{n\lambda} \tag{24.18}$$

Une propriété évidente des contributions relatives $\text{Cr}(i,F)$ est bien sûr que leur somme, pour tous les individus, vaut 1.

D'un point de vue purement pratique, on retiendra les interprétations suivantes :

1. Géométriquement, les points qui contribuent le plus à la formation d'un axe sont ceux qui sont le plus loin de l'origine et le plus près de l'axe en question, parce que le terme $d_i GP_i^2$ est alors très grand.
2. Numériquement, dans le cas de n individus, on considère qu'un individu a « bien » contribué à la formation d'un axe lorsque sa contribution relative est supérieure ou égale à $\frac{1}{n}$ qui n'est rien d'autre que la contribution moyenne.

4 Projections du nuage des variables

4.1 Distance entre variables

Considérons deux variables t^j et t^k issues de la matrice $[T]$ (voir (24.5) page 696) de coordonnées respectives

$$t^j = \left(\frac{x_1^j - \overline{x^j}}{\sqrt{n}\sigma_{x^j}}, \cdots, \frac{x_n^j - \overline{x^j}}{\sqrt{n}\sigma_{x^j}}\right) \quad \text{et} \quad t^k = \left(\frac{x_1^k - \overline{x^k}}{\sqrt{n}\sigma_{x^k}}, \cdots, \frac{x_n^k - \overline{x^k}}{\sqrt{n}\sigma_{x^k}}\right)$$

Calculons, par le produit scalaire canonique de $\mathbb{R}^n$, le produit $(t^j | t^k)$

$$(t^j | t^k) = \sum_{i=1}^{n} t_i^j t_i^k = \sum_{i=1}^{n} \frac{\left(x_i^j - \overline{x^j}\right)\left(x_i^k - \overline{x^k}\right)}{n\sigma_{x^j}\sigma_{x^k}}$$

on peut alors remarquer (cela a déjà été rencontré en 2.6.1) que

$$(t^j | t^k) = \frac{1}{\sigma_{x^j}\sigma_{x^k}}\left(\frac{1}{n}\sum_{i=1}^{n}\left(x_i^j - \overline{x^j}\right)\left(x_i^k - \overline{x^k}\right)\right) = \frac{\mathrm{Cov}(x^j, x^k)}{\sigma_{x^j}\sigma_{x^k}} = \mathrm{Cor}(x^j, x^k)$$

Ce qui conduit à la proposition suivante :

Proposition 201. La distance entre deux (vecteurs) variables t^j et t^k de la matrice $[T]$ est donnée par :

$$d(t^j, t^k)^2 = 2\left(1 - \mathrm{Cor}(x^j, x^k)\right) \tag{24.19}$$

Le produit scalaire de ces vecteurs est le cosinus de l'angle géométrique θ_{jk} qu'ils forment :

$$\left(t^j | t^k\right) = \cos\left(\theta_{jk}\right) = \mathrm{Cor}(x^j, x^k) \tag{24.20}$$

Démonstration.
On a déjà vu que $||t^j|| = ||t^k|| = 1$ et $(t^j | t^k) = \mathrm{Cor}(x^j, x^k)$. Ainsi, d'une part

$$\begin{aligned} d(t^j, t^k)^2 &= (t^j - t^k | t^j - t^k) = (t^j | t^j) - 2(t^j | t^k) + (t^k | t^k) \\ &= ||t^j||^2 - 2(t^j | t^k) + ||t^k||^2 = 1 - 2(t^j | t^k) + 1 \\ &= 2(1 - \mathrm{Cor}(x^j, x^k)) \end{aligned}$$

et, d'autre part, $\cos\left(\theta_{jk}\right) = \dfrac{(t^j | t^k)}{||t^j|| . ||t^k||} = \left(t^j | t^k\right) = \mathrm{Cor}(x^j, x^k)$. □

4.2 Conséquence de la réduction sur les variables

Par construction, en A.C.P. normée, les variables ont une norme unitaire (voir proposition 194 page 696), c'est à dire que $||t^j|| = ||t^k|| = 1$. Par conséquent, toutes les variables appartiennent à l'hypersphère de $\mathbb{R}^n$ (la généralisation d'une sphère de $\mathbb{R}^3$). Aussi, comme on sait qu'un vecteur projeté a toujours une norme inférieure ou égale à celle du vecteur original, les projections des (vecteurs) variables sur un plan passant par l'origine seront des vecteurs de norme inférieure ou égale à 1. Autrement dit, si l'on associe à chaque variable t^j le vecteur $\overrightarrow{OM^j}$ de $\mathbb{R}^n$, si l'on appelle $\overrightarrow{OP^j}$ le vecteur obtenu par projection du vecteur $\overrightarrow{OM^j}$ sur un plan passant par l'origine, le point P^j appartiendra au disque unité de ce plan centré en l'origine, ou encore sera à l'intérieur du cercle unité que l'on appelle le *cercle des corrélations* (voir figure 24.14 page 710).

Définition 194. En A.C.P. normée, on appelle *cercle des corrélations* le cercle centré en l'origine et de rayon unité.

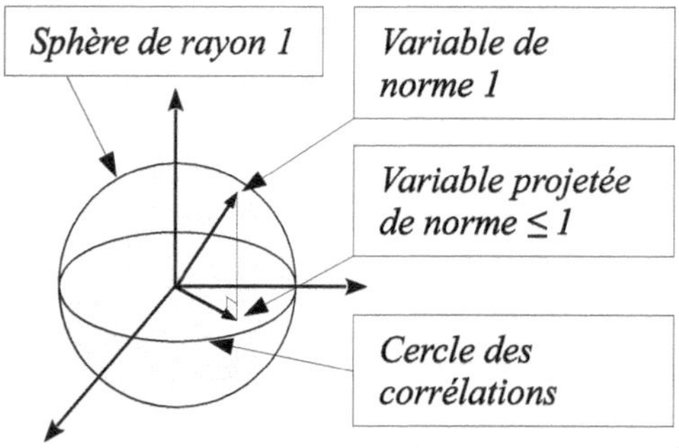

FIGURE 24.14 – Une variable projetée dans le cercle des corrélations du plan $F_1 \times F_2$

4.3 Lien entre la proximité géométrique et la corrélation

En ce qui concerne les variables, ce n'est pas leur distance euclidienne qui nous intéresse mais l'angle formé par leurs directions respectives. Cet angle mesure en effet leur corrélation d'après la proposition 201.

Ce résultat a un intérêt pratique important. Pour l'illustrer, considérons un couple de (vecteurs) variables (t^j, t^k) (associé au couple de variables originales (x^j, x^k)), alors trois situations sont caractéristiques (voir la figure 24.15).

1. Les deux variables sont très proches, la distance qui les sépare est très petite et l'angle qu'elles forment est très « fermé », c'est à dire proche de 0. Par conséquent, on a d'une part $\text{d}(t^j, t^k)^2 \approx 0$ et, de manière équivalente, le coefficient de corrélation $\text{Cor}(x^j, x^k) = \cos\theta_{jk} \approx 1$ (voir figure 24.15, première représentation).
2. Les deux variables sont très éloignées, la distance qui les sépare est très grande (c'est à dire proche de 2 parce qu'elles sont diamétralement opposées) et l'angle qu'elles

forment est très « ouvert », c'est à dire proche de π. Par conséquent, on a d'une part $\mathrm{d}(t^j, t^k)^2 \approx 4$ donc $\mathrm{d}(t^j, t^k) \approx 2$ et, de manière équivalente, le coefficient de corrélation $\mathrm{Cor}(x^j, x^k) = \cos\theta_{jk} \approx 0$ (voir figure 24.15, deuxième représentation).

3. L'angle formé par les deux variables est proche de $\pi/2$. Alors les deux variables ne sont pas corrélées parce que $\mathrm{Cor}(x^j, x^k) = \cos\theta_{jk} \approx 0$. Dans ce cas, $\mathrm{d}(t^j, t^k)^2 \approx 2$ c'est-à-dire $\mathrm{d}(t^j, t^k) \approx \sqrt{2}$ et les deux points correspondant forment, avec l'origine, un triangle rectangle dont l'hypoténuse a une longueur de $\sqrt{2}$ (voir figure 24.15, deuxième représentation).

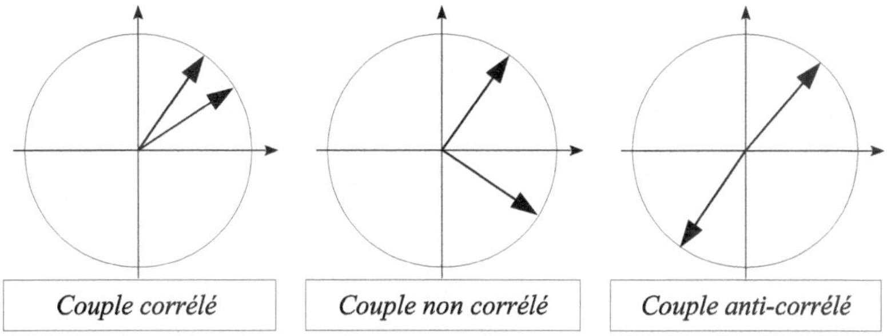

FIGURE 24.15 – Trois situations particulières pour un couple de variables

4.4 Projections du nuage des variables

Le principe de construction des projections du nuage des variables sur des plans factoriels qui minimisent la perte d'inertie est en tout point semblable à la construction effectuée sur les individus. Le vocabulaire est aussi le même et on retrouve les axes factoriels, les plans factoriels, les qualités de représentation, les contributions, etc. Cela dit, il n'est pas nécessaire de refaire toute la démarche (qui consisterait à diagonaliser non pas la matrice $[R] = {}^{\mathbf{t}}[T][T]$ mais la matrice $[S] = [T]{}^{\mathbf{t}}[T]$) en vertu de relations de dualité entre les projections des individus sur les axes factoriels de $\mathbb{R}^p$ et les projections des variables sur les axes factoriels de $\mathbb{R}^n$. On démontre en effet, et nous l'admettrons (voir par exemple [*ES*1] ou [*GE*]), les résultats suivants. Supposons, comme c'est naturel, qu'il y a plus d'individus que de variables, c'est-à-dire $p < n$. Comme $[R] \in \mathcal{M}_p(\mathbb{R})$ et $[S] \in \mathcal{M}_n(\mathbb{R})$, $[R]$ a donc moins de valeurs propres que $[S]$. Alors :

1. Toutes les valeurs propres de $[R]$ sont aussi valeurs propres de $[S]$.

2. Les colonnes propres V_i de $[R]$ et V'_i de $[S]$ (qui sont respectivement les représentations matricielles des vecteurs propres $\overrightarrow{v_i}$ et $\overrightarrow{v_i}'$ en base canonique) associés aux valeurs propres communes λ_i de $[R]$ et $[S]$ sont liées par les relations suivantes

$$\begin{cases} (1) \quad V_i = \dfrac{1}{\sqrt{\lambda_i}} \left({}^{\mathbf{t}}[T]\right) V'_i \\ (2) \quad V'_i = \dfrac{1}{\sqrt{\lambda_i}} [T] V_i \end{cases}$$

3. Si F_i est un axe factoriel de $\mathbb{R}^p$ (pour le nuage des individus) associé au vecteur propre $\overrightarrow{v_i}$ unitaire de $[R]$ et à la valeur propre λ_i et si F'_i est un axe factoriel de $\mathbb{R}^n$ (pour le nuage des variables) associé au vecteur propre $\overrightarrow{v_i}'$ unitaire de $[R]$ et à la valeur propre commune λ_i, alors on a les relations suivantes

$$\begin{cases} (1) & [T]V_i = \sqrt{\lambda_i}V'_i \\ (2) & \left({}^{\mathbf{t}}[T]\right)V'_i = \sqrt{\lambda_i}V_i \end{cases}$$

Autrement dit, il n'est pas nécessaire de reproduire tous les calculs pour les variables car il suffit d'utiliser ces relations de dualité.

Cette partie n'est pas plus détaillée et le lecteur est invité à se reporter aux ouvrages cités en bibliographie.

4.5 Définition des composantes principales

Pour le nuage des variables, les vecteurs propres unitaires $\overrightarrow{v_i}'$ qui engendrent les axes factoriels (qui minimisent la perte d'inertie) sont des nouvelles variables (artificielles), notées c^i. On démontre alors que les coordonnées (ou composantes) des variables centrées réduites t^j sur les axes factoriels sont les coefficients de corrélations $\mathrm{Cor}(c^i, t^j)$. Aussi, par construction, chercher à maximiser l'inertie est équivalent à chercher à maximiser la somme des carrés des corrélations $\mathrm{Cor}(c^i, t^j)^2$ (pour $j \in \{1, \cdots, p\}$) et les nouvelles variables c^i apparaissent donc comme les nouvelles variables (artificielles) qui sont les plus fortement corrélées à l'ensemble des variables t^j pour $j \in \{1, \cdots, p\}$. Elles ont donc une interprétation particulièrement intéressante.

Définition 195. Avec les notations précédentes, on appelle *composantes principales* les nouvelles variables c^i.
La variable c^i est celle qui « synthétise (ou traduit, ou résume) le mieux » (au sens de la maximisation de la somme des carrés des corrélations) l'ensemble des variables t^j pour $j \in \{1, \cdots, p\}$.

Chapitre 25

Analyse en composantes principales

1 Conseils généraux pour l'interprétation

1.1 Nombres de plans factoriels à étudier

Dans le chapitre précédent, nous avons vu que la matrice des corrélations $[R]$ fournissait p valeurs propres $\lambda_1 > \cdots > \lambda_p$ associées à des vecteurs propres unitaires qui engendrent les axes factoriels $F_1, \cdots, F_p$ à partir desquels sont construits les plans factoriels $F_1 \times F_2$, $F_1 \times F_3$, $F_2 \times F_3$, etc. Il se pose donc naturellement la question de savoir combien d'axes il convient de retenir et donc combien de plans factoriels il convient de construire pour analyser les projections avec pertinence ? Pour répondre à ces questions, on retient en général les deux critères empiriques suivants.

1. Par construction, la matrice des corrélations possède uniquement des 1 sur sa diagonale. Sa trace, qui est aussi égale à la somme des valeurs propres, vaut p, c'est à dire que $\sum_{i=1}^{p} \lambda_i = p$.
   Aussi, puisqu'on dispose de p valeurs propres (positives) dont la somme vaut p, on convient de ne retenir que les valeurs propres supérieure à la moyenne 1. Ce critère porte le nom de *critère de Kaiser.*
2. Un autre critère consiste à observer la décroissance des valeurs propres et à ne conserver que celles qui précèdent une éventuelle « brusque décroissance ». Ce critère porte le nom de *critère du coude* en référence à la forme du diagramme en bâtons qui sera évoquée dans les exemples.

Cela dit, il faut bien reconnaître que ces règles sont purement empiriques et, qu'en général, on ne conserve que les axes que l'on souhaite interpréter ou, de manière plus pragmatique, que l'on sait interpréter ! En tout état de cause, il est de coutume de considérer qu'une A.C.P. est interprétable si avec deux ou trois axes, on peut expliquer au moins 70% de l'inertie totale.

Remarques.

1. Il s'agit là de critères empiriques et l'utilisateur est souvent confronté à des situations où ils sont difficilement applicables. Cela n'empêche pas de faire une étude mais elle devra s'accompagner de la plus grande prudence quant aux interprétations.
2. En ce qui concerne les valeurs propres de la matrice des corrélations, elles ont été supposées distinctes, ce qui est, sauf situation très exceptionnelle, le cas.

1.2 Les variables et l'effet taille

1.2.1 Généralités

1. Dans un plan factoriel, on n'interprète que les variables qui sont « bien représentées », c'est à dire :
   a. Géométriquement : ce sont les variables qui sont proches du cercle des corrélations.
   b. Numériquement : ce sont les variables qui ont une qualité de représentation (qlt ou $\cos^2$) satisfaisante selon les critères usuellement retenus du tableau 24.1 page 706.
2. Pour deux variables bien représentées, on interprète leurs positions relatives en termes de corrélation. En effet, le cosinus de l'angle orienté formé par les deux (vecteurs) variables est le coefficient de corrélation entre ces deux variables (voir la section 3.8 page 704).
   a. Si elles sont « proches » géométriquement, elles sont fortement corrélées positivement, c'est-à-dire que quand l'une augmente, l'autre augmente aussi (avec une relation affine).
   b. Si elles sont « éloignées » et « diamétralement opposées », elles sont fortement corrélées négativement, c'est-à-dire que quand l'une augmente, l'autre diminue (avec une relation affine).
   c. Si elles forment un angle droit, elles sont non corrélées, c'est-à-dire qu'il n'existe aucune liaison affine entre l'évolution de l'une et l'évolution de l'autre.

1.2.2 L'effet taille

On appelle *effet taille* la situation où toutes les variables sont corrélées entre elles. Il est facile de détecter cette situation dans la matrice des corrélations qui ne fait alors apparaître que des coefficients positifs. Géométriquement, toutes les variables se retrouvent projetées autour de l'axe F_1 et du même côté de l'axe F_2 comme illustré dans la figure 25.1 page 715. Le premier axe factoriel apparaît alors comme une synthèse de l'effet commun à ces variables.

Par exemple, si l'on mène une étude sur la consommation en denrées alimentaires des ménages et qu'on relève le nombre de personnes par ménage et le montant des achats pour différentes denrées, si l'on ne ramène pas ces données en pourcentage, il est évident que plus il y aura de personnes dans le ménage, plus la consommation sera élevée. Ce sera alors un exemple flagrant d'effet taille. Le premier axe factoriel ne fera alors que traduire cette évidence : plus il y a de personnes dans le ménage, plus la consommation en denrées alimentaires est élevée.
L'effet taille peut parfois être corrigé. En tout état de cause, la réponse apportée face à ce dernier dépend de l'objectif visé :

1. Si l'objectif de l'étude est de démontrer que toutes les variables sont corrélées entre elles, cet objectif est atteint.
2. Si l'objectif est une étude plus poussée, il faut absolument essayer de l'éliminer sans quoi les informations intéressantes resteront inaccessibles.

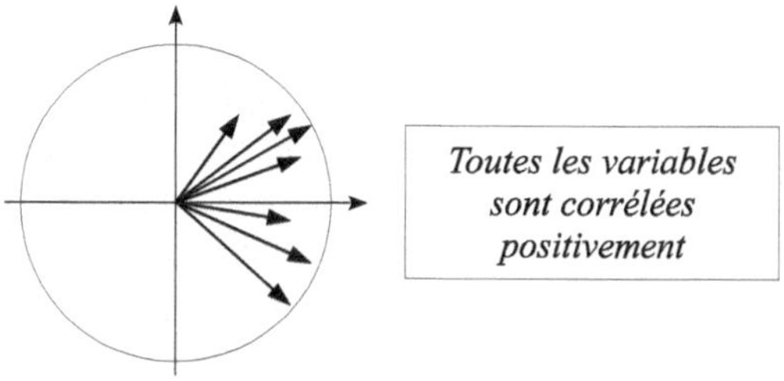

FIGURE 25.1 – Effet taille

1.3 Les individus

1.3.1 Généralités

L'étude des individus n'est pas toujours envisageable ou bien souhaitable. En effet, il peut arriver que l'étude porte sur un nombre tellement important d'individus qu'il n'est pas vraiment possible, ou utile, de les étudier. Il peut aussi arriver que les individus soient totalement anonymes (c'est à dire que l'utilisateur n'a pas d'informations sur les individus eux-mêmes). Par contre, il reste souvent intéressant de considérer le nuage des individus, même si l'on n'identifie pas ces derniers, pour tenter de détecter des regroupements, des oppositions ou des comportements semblables de certains sous-groupes.

Lorsque l'étude est envisageable, on doit tenir compte :

1. De la position des individus les uns par rapport aux autres, qui s'exprime en termes de similitudes de comportement vis-à-vis des caractères étudiés.
2. De la position des individus en relation avec les variables et, en particulier, les axes factoriels. Cette notion est précisée dans l'exemple pratique de la section suivante.

Dans la pratique, on peut s'appuyer sur les critères suivants :

1. Les *contributions* permettent de savoir quels sont les individus qui ont le plus contribué à la formation d'un axe. Cela se traduit géométriquement par des points individus loin du centre du repère et proche de cet axe. En règle générale, dans le cas de n individus, on considère qu'un individu a « bien » contribué à la formation d'un axe lorsque sa contribution est supérieure ou égale à $\frac{1}{n}$.
2. Deux individus « proches » sur un plan factoriel ne sont pas forcément proches dans l'espace des individus en raison de la déformation induite par la projection.
   Aussi, pour interpréter correctement les proximités, il faut absolument tenir compte des *qualités de représentation*, c'est-à-dire des $\cos^2$.
   Là encore, on retient en général les critères donnés dans le tableau 24.1 page 706.
3. Plus un individu a ses valeurs observées loin de la moyenne, plus il se distingue de ses congénères. En particulier, les individus sont du « côté » des variables sur lesquelles ils ont une forte valeur, ce qu'il faut comprendre comme une valeur supérieure à la moyenne (voir l'exemple de la section suivante).
4. Sous réserve d'une bonne représentation (il ne faut pas oublier que les représentations graphiques fournies sont obtenues par projection et que deux points peuvent être projetés proches sans l'être en réalité), la proximité de deux individus sur un plan factoriel est synonyme de « comportement similaire » vis-à-vis de certaines variables. Si deux individus ont exactement les mêmes valeurs aux différentes variables, ils seront superposés sur les différents plans factoriels. De même, des individus ou des groupes d'individus s'opposant par rapport à un axe factoriel, s'opposent par rapport aux variables qui « font » cet axe.

Terminons en disant que certains logiciels proposent de superposer les projections des variables et celles des individus. Ce procédé est commode pour l'interprétation mais il ne faut pas oublier que les individus et les variables vivent dans des espaces différents.

1.3.2 Situations particulières liées au nuage des individus

Lorsque l'étude est envisageable, un premier aperçu visuel des plans factoriels peut parfois mettre en évidence des situations particulières. Il est possible que ces situations apportent, à elles seules, les premiers éléments de réponse à l'étude ou bien convainquent l'utilisateur d'aborder l'analyse différemment.
C'est en particulier le cas lorsque le graphique des individus projetés sur le premier plan factoriel fait apparaître :

1. Des groupes d'individus nettement distincts, comme illustré dans la deuxième représentation de la figure 25.2. La réponse à donner à cette situation dépend de l'objectif visé :
   a. Si l'objectif est de faire apparaître des groupes, cela peut être une information intéressante.
   b. Sinon, on peut par exemple envisager de traiter les groupes séparément si cela a un intérêt pour l'étude à mener, par exemple parce que certains groupes ont un comportement particulier qui mérite une étude séparée (on peut penser par exemple, dans une étude sur la consommation de produits alimentaires, à un

groupe de végétariens consommateurs du BIO qui se distingueraient des autres individus en ne consommant pas les mêmes produits et qui mériteraient une étude sensiblement différente par rapport au reste de la population).

2. Un groupe assez homogène et un ou plusieurs individus tout à fait atypiques par rapport à la population, comme illustré dans la troisième représentation de la figure 25.2. Là encore, la réponse à donner dépend de l'objectif visé :
   a. Si l'objectif est de mettre en évidence ces individus atypiques, cela peut être une information intéressante.
   b. Sinon, il sera sûrement pertinent d'éliminer ces individus de l'étude, parce qu'ils risquent de dégrader exagérément la pertinence des interprétations futures. Après avoir fait l'étude de la population privée de ces individus atypiques, on pourra tenter d'interpréter leur position a posteriori (voir les individus supplémentaires dans la section suivante).

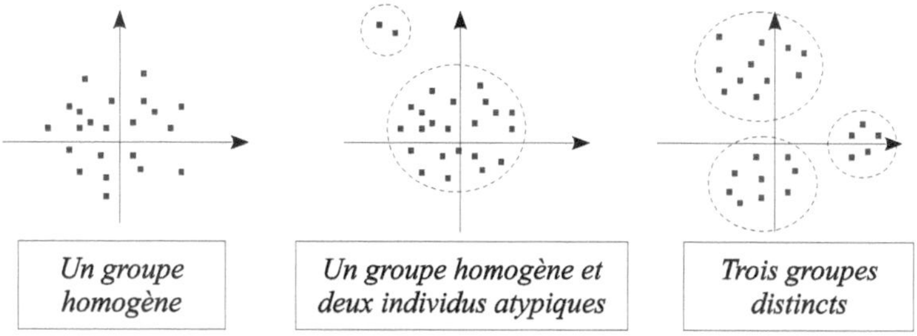

FIGURE 25.2 – Différentes situations pour le nuage de points

1.4 Individus et variables supplémentaires

Tous les logiciels d'analyse en composantes principales offrent la possibilité de faire apparaître des individus et des variables sur les représentations graphiques mais sans qu'ils interviennent dans les calculs. On appelle cela des éléments *supplémentaires*. Pour illustrer l'intérêt de cette possibilité, on peut par exemple évoquer une étude sur les revenus (en euros) de la population américaine dans laquelle se trouverait Bill Gates. Il y a fort à parier que sa situation financière d'homme le plus riche du monde (encore en 2016) et ses revenus influenceraient de manière exagérée l'étude et qu'il serait plus pertinent de le faire apparaître sur les graphiques sans tenir compte de ses revenus dans les calculs...

2 Étude d'un exemple

2.1 Les données

Une interprétation des données présentées dans le tableau 25.1 comportant 13 individus et 10 variables est proposée ici. Les 13 individus sont 13 marques de voitures et les 10 variables en mesurent certaines caractéristiques détaillées ci-après.

1. v1 : la vitesse et la rapidité

2. v2 : la sécurité
3. v3 : la couleur
4. v4 : le caractère familial
5. v5 : le luxe
6. v6 : la protection en cas d'accident
7. v7 : le prestige
8. v8 : le caractère utilitaire
9. v9 : le caractère rustique et robuste
10. v10 : le prix

Variables →	v1	v2	v3	v4	v5	v6	v7	v8	v9	v10
I1	2,1	-3,3	3,3	2,3	2,3	2,3	1,9	1,3	1,3	0,7
I2	2,4	-2,6	2,7	2,6	2,5	2,6	2,9	0,4	0,1	-0,5
I3	2,7	-5,6	2,6	2,6	1,4	2,1	0,9	2,3	1,7	0,9
I4	3,0	-4,0	2,1	2,1	1,6	1,3	1,0	3,1	3,1	2,9
I5	3,4	-6,9	2,9	3,1	2,2	1,9	2,9	1,1	0,3	-0,5
I6	3,1	-3,7	2,9	3,8	2,6	1,7	3,3	0,1	0,0	-0,4
I7	3,1	-4,6	2,9	2,9	2,0	1,7	1,9	0,1	0,0	-1,0
I8	2,4	-4,3	3,2	1,6	1,7	1,0	0,6	2,6	2,9	2,9
I9	5,1	-13,3	2,9	3,1	1,8	0,4	1,4	1,3	2,7	2,4
I10	3,1	-4,6	2,6	3,0	1,9	0,4	1,3	2,0	3,1	2,9
I11	3,2	-5,0	2,8	2,7	2,0	1,6	1,9	1,4	1,4	0,9
I12	2,3	-3,0	3,0	2,4	2,4	2,4	2,4	0,9	0,7	0,1
I13	6,0	-4,4	2,8	2,8	2,1	1,9	2,1	1,2	0,9	0,3

TABLE 25.1 – Les données

Les sorties graphiques proposées ont été obtenues à l'aide du logiciel *Statbox* et l'utilisateur a pour seule tâche de fournir les données initiales et la responsabilité d'interpréter les résultats fournis.

2.2 Les valeurs propres et le choix du nombre d'axe factoriel

2.2.1 Les résultats fournis

Puisqu'on dispose de 10 variables, la matrice des corrélations produit 10 valeurs propres, chacune d'elle donnant l'inertie expliquée par l'axe correspondant.
Les logiciels restituent ces résultats sous deux formes.

1. Un tableau contenant les valeurs propres, le pourcentage d'inertie total et le cumul (tableau 25.2).
2. Un diagramme en bâtons : à chaque valeur propre est associée un bâton dont la hauteur représente le pourcentage de l'inertie totale (figure 25.3).

Axes	Valeurs propres	% de l'inertie totale	cumul en %
axe 1	5,285	52,9%	52,9%
axe 2	2,184	21,8%	74,7%
axe 3	1,055	10,5%	85,2%
axe 4	0,643	6,4%	91,7%
axe 5	0,422	4,2%	95,9%
axe 6	0,224	2,2%	98,1%
axe 7	0,126	1,3%	99,4%
axe 8	0,060	0,6%	100,0%
axe 9	0,002	0,0%	100,0%
axe 10	0,000	0,0%	100,0%

TABLE 25.2 – Les valeurs propres et les pourcentages d'inertie

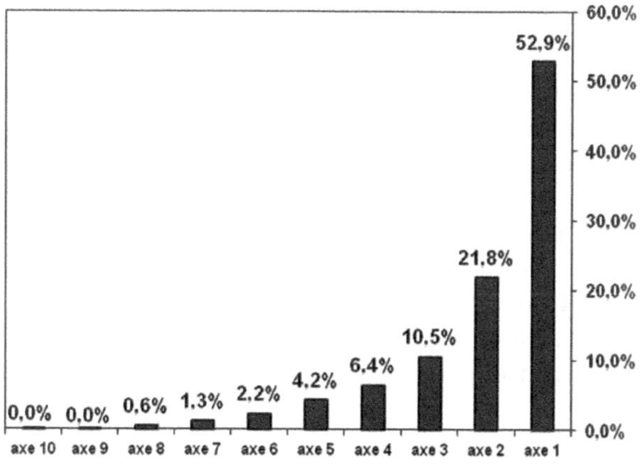

FIGURE 25.3 – Le diagramme en bâtons de l'inertie totale

2.2.2 Choix du nombre de valeurs propres et d'axes factoriels

Si l'on se fie au critère de Kaiser, la lecture du tableau 25.2, incite à conserver les trois premières valeurs propres. Si l'on se fie au pourcentage d'inertie cumulée, la lecture du même tableau 25.2 invite à conserver au moins les deux premiers axes factoriels car le premier plan factoriel $F_1 \times F_2$ porte $52,9\% + 21,8\% = 74,7\%$ d'information, soit environ les 3/4 de l'inertie totale. Enfin, si l'on se fie au critère du coude, force est de constater dans le diagramme en bâton 25.3 qu'il est très difficile à détecter un quelconque « coude » tant la décroissance des valeurs propres est régulière.

Dans la suite, nous ferons le choix de ne conserver que les deux premières valeurs propres et de n'étudier que le premier plan factoriel en gardant en mémoire que cela implique une perte d'information.

2.3 Études des variables et des composantes principales

2.3.1 Les résultats fournis

On y trouve essentiellement trois résultats importants :

1. La matrice des corrélations : dans laquelle on retrouve, sur la diagonale, uniquement des 1 traduisant le fait qu'une variable est corrélée avec elle-même et, hors de la diagonale, les coefficients de corrélation entre paires de variables.

$$\begin{pmatrix}
1,00 & -0,56 & -0,18 & 0,37 & -0,14 & -0,33 & 0,04 & -0,08 & 0,06 & 0,04 \\
-0,56 & 1,00 & 0,02 & -0,29 & 0,38 & 0,58 & 0,21 & -0,08 & -0,33 & -0,29 \\
-0,18 & 0,02 & 1,00 & -0,11 & 0,44 & 0,19 & 0,18 & -0,39 & -0,29 & -0,24 \\
0,37 & -0,29 & -0,11 & 1,00 & 0,41 & -0,07 & 0,65 & -0,63 & -0,47 & -0,46 \\
-0,14 & 0,38 & 0,44 & 0,41 & 1,00 & 0,53 & 0,90 & -0,81 & -0,75 & -0,68 \\
-0,33 & 0,58 & 0,19 & -0,07 & 0,53 & 1,00 & 0,51 & -0,42 & -0,74 & -0,75 \\
0,04 & 0,21 & 0,18 & 0,65 & 0,90 & 0,51 & 1,00 & -0,83 & -0,84 & -0,80 \\
-0,08 & -0,08 & -0,39 & -0,63 & -0,81 & -0,42 & -0,83 & 1,00 & 0,87 & 0,84 \\
0,06 & -0,33 & -0,29 & -0,47 & -0,75 & -0,74 & -0,84 & 0,87 & 1,00 & 0,99 \\
0,04 & -0,29 & -0,24 & -0,46 & -0,68 & -0,75 & -0,80 & 0,84 & 0,99 & 1,00
\end{pmatrix}$$

2. Les projections sur les plans factoriels avec le cercle des corrélations : rappelons que la dénomination de cercle des corrélations provient du fait que, par construction, les variables sont toutes des vecteurs unitaires et appartiennent donc à la sphère unité de l'espace dans lequel vivent les variables (ici $\mathbb{R}^{13}$) centrée en l'origine et que, par projection, les variables sont des vecteurs qui appartiennent à un disque unité (et non pas forcément au cercle puisque, par projection, les distances diminuent) (voir figure 24.14 page 710). Ces projections se matérialisent par des représentations montrant les variables projetées à l'intérieur du cercle des corrélations (voir la figure 25.4 qui montre l'ensemble des variables projetées sur le premier plan factoriel).

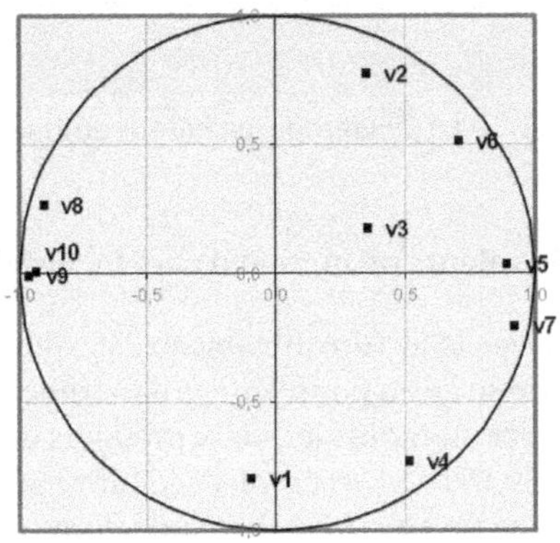

FIGURE 25.4 – Le nuage des variables projetées sur le premier plan factoriel $F_1 \times F_2$

3. Les coordonnées avec les qualités de représentation : voir le tableau 25.3 de la page suivante.

	axe 1			axe 2		cumul 1 et 2
variable	coord.	qlt	cumul axe 1	coord.	qlt	qlt
v1	-0,096	0,009	0,009	-0,798	0,636	0,646
v2	0,350	0,123	0,123	0,777	0,604	0,727
v3	0,354	0,125	0,125	0,176	0,031	0,156
v4	0,512	0,263	0,263	-0,731	0,534	0,796
v5	0,891	0,794	0,794	0,038	0,001	0,795
v6	0,702	0,493	0,493	0,513	0,263	0,757
v7	0,920	0,846	0,846	-0,203	0,041	0,887
v8	-0,906	0,821	0,821	0,269	0,072	0,894
v9	-0,966	0,933	0,933	-0,007	0,000	0,933
v10	-0,937	0,878	0,878	0,008	0,000	0,878

TABLE 25.3 – Les coordonnées et les qualités de représentation des variables

2.3.2 Étude des variables et interprétation

Cette étude doit permettre d'attribuer aux deux axes factoriels retenus une dénomination pertinente et représentative de la synthèse qu'ils réalisent sur un groupe de variables. Commençons par dire quelques mots à propos de la matrice des corrélations qui porte à elle seule de nombreuses informations intéressantes.
Par exemple :

1. Le coefficient $r_{9,10} = r_{10,9} = 0,99$ indique que le couple (v9,v10) est fortement corrélée positivement.
2. Le coefficient $r_{5,8} = r_{8,5} = -0,81$ indique que le couple (v5,v8) est anticorrélé.
3. Enfin, le coefficient $r_{1,7} = r_{7,1} = 0,04$ indique que le couple (v1,v7) n'est pas corrélé.

Les informations sur les couples (v9,v10) et (v5,v8) sont confirmées par les représentations graphiques de la figure 25.5 (graphique de gauche, v9 en abscisses et v10 en ordonnées, graphique de droite, v5 en abscisses et v8 en ordonnées).

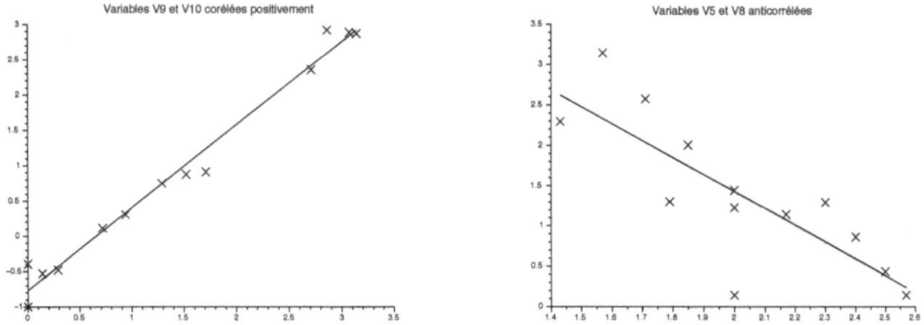

FIGURE 25.5 – Exemples de variables corrélées positivement et négativement

La figure 25.4 page 720 permet de constater que :

1. Toutes les variables, excepté v3, sont bien représentées parce qu'elles sont proches du cercle des corrélations. Rappelons que cela signifie que ces variables ont été peu déformées par projection et que la vision que l'on a alors des variables projetées est proche de la « réalité ».
2. Le premier axe factoriel F_1 oppose deux groupes de variables : à « gauche » le groupe (v8,v9,v10) et à « droite » le groupe (v5,v7). Cela témoigne d'une part d'une corrélation entre les trois variables v8, v9 et v10 prises deux à deux, de même d'une corrélation entre les deux variables v5 et v7 et enfin d'une anticorrélation entre des couples de variables prises l'une dans le premier groupe et l'autre dans le second.
3. Le deuxième axe factoriel oppose la variable v2 (en « haut ») à la variable v1 (en « bas »). Ce qui conduit au même type d'analyse que précédemment.
4. La direction du groupe de variables (v2,v6) est quasi orthogonal à la direction de la variable v4, ce qui témoigne d'une absence de corrélation entre v4 et v2 d'une part et v4 et v6 d'autre part.

Si l'on se reporte au tableau 25.3 page 721 on retrouve sur l'axe 1 :

1. Le groupe (v8,v9,v10) avec des coordonnées négatives et des qualités de représentation élevées $\geq 0,8$.
2. Le groupe (v5,v7) avec des coordonnées positives et des qualités de représentation élevées $\geq 0,89$.

Autrement dit, l'axe 1 synthétise l'opposition entre ces deux groupes de variables.

Quant à l'axe 2, on retrouve :

1. La variable v2 avec une coordonnée positive et une qualité de représentation $\geq 0,63$ moyenne.
2. Le groupe (v1,v4) avec des coordonnées négatives et des qualités de représentation $\geq 0,53$ moyennes.

Et cet axe témoigne alors de l'opposition entre le groupe (v1,v4) et la variable v2.

Avec l'intitulé choisi pour les variables, l'axe 1 témoigne de l'opposition entre des véhicules utilitaires, rustiques et à prix modérés (à gauche) et des véhicules de luxe et de prestige (à droite).
Cette information pourra être reliée à la position des individus par le raisonnement suivant.

1. Par exemple, plus un individu est situé à « droite », donc avec une abscisse forte et positive sur l'axe F_1, plus les valeurs qu'il prend sur les variables v5 et v7 sont au-dessus de la moyenne, ce que confirme l'étude des lignes du tableau 25.4 page suivante regroupant les individus et les variables v5 et v7.
2. De même, plus un individu est situé à « gauche », donc avec une abscisse forte et négative sur l'axe F_1, plus les valeurs qu'il prend sur les variables v8, v9 et v10 sont au-dessus de la moyenne pour ces variables.

Ind.	v5	v7
1	**2,30**	**1,86**
2	**2,50**	**2,86**
3	1,43	0,86
4	1,57	1,00
5	**2,17**	**2,86**
6	**2,57**	**3,29**
7	2,00	1,86
8	1,71	0,57
13	2,08	2,08
10	1,85	1,29
12	**2,40**	**2,36**
9	1,79	1,43
Moy.	2,03	1,86

TABLE 25.4 – Valeurs prises par v5 et v7 sur les individus

Autrement dit, une marque de véhicules située « à droite » sera une marque de luxe et de prestige et une marque de véhicules située « à gauche » sera une marque plutôt utilitaire et à prix modéré.

Quant au deuxième axe, il témoigne de l'opposition entre des véhicules familiaux privilégiant la sécurité (« en haut ») et des véhicules rapides et sportifs (« en bas »).

Enfin, remarquons que la variable v3 (la couleur) est mal représentée dans le premier plan factoriel (elle serait bien représentée dans le plan factoriel $F_1 \times F_3$ par exemple) témoignant de la très faible, voire l'absence, de corrélation entre cette variable et les autres variables qui sont responsables de la construction du premier plan factoriel.
Autrement dit, la couleur n'est pas associée, dans cette enquête, aux autres qualités attendues pour un véhicule.

2.4 Étude des individus

2.4.1 Les résultats fournis

De même que pour les variables, les logiciels fournissent plusieurs résultats numériques et graphiques liés aux individus. On trouve :

1. Les représentations graphiques des projections des points individus sur les plans factoriels, comme par exemple la figure 25.6 qui représente le nuage des individus projetés sur le plan factoriel $F_1 \times F_2$.

2. Les coordonnées des individus, les qualités de représentation et les contributions relatives dans le tableau 25.5.

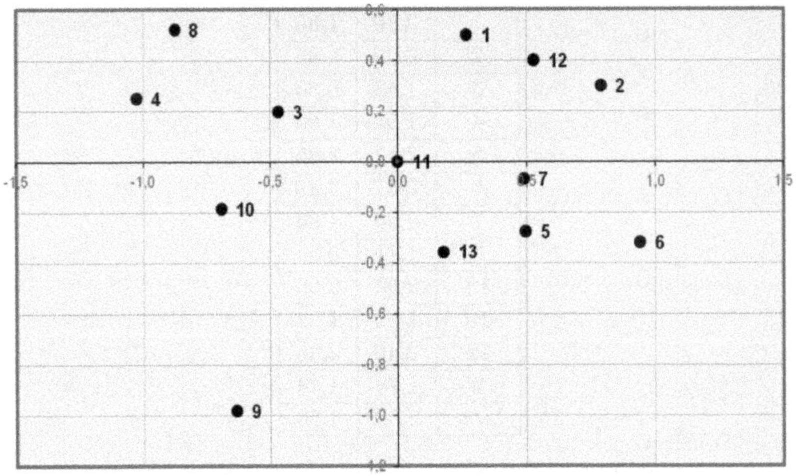

FIGURE 25.6 – Le nuage des individus projetés dans le plan factoriel $F_1 \times F_2$

	axe 1			axe 2			cumul 1 2
ind.	**coord.**	**qlt**	**cont.rel.**	**coord.**	**qlt**	**cont.rel.**	**qlt**
I1	0,269	0,142	0,014	0,502	0,496	0,115	0,638
I2	0,788	0,776	0,117	0,302	0,114	0,042	0,891
I3	-0,465	0,379	0,041	0,198	0,069	0,018	0,447
I4	-1,024	0,720	0,198	0,251	0,043	0,029	0,763
I5	0,496	0,614	0,047	-0,274	0,187	0,034	0,801
I6	0,941	0,773	0,168	-0,317	0,088	0,046	0,861
I7	0,488	0,554	0,045	-0,067	0,010	0,002	0,565
I8	-0,875	0,575	0,145	0,522	0,205	0,125	0,781
I9	-0,634	0,259	0,076	-0,982	0,622	0,441	0,881
I10	-0,693	0,623	0,091	-0,185	0,044	0,016	0,667
I11	0,000	0,064	0,000	0,000	0,067	0,000	0,131
I12	0,528	0,596	0,053	0,402	0,346	0,074	0,942
I13	0,179	0,056	0,006	-0,354	0,220	0,057	0,276

TABLE 25.5 – Coordonnées des individus, qualités de représentation et contributions

2.4.2 Étude et interprétation

L'étude des individus s'appuie sur :

1. La figure 25.6.
2. Le tableau 25.5.
3. La typologie des axes faite pendant l'étude des variables.

Cela permet de caractériser certaines marques de voitures.
Avant cela, commençons par commenter la position très particulière de certains individus :

1. L'individu numéro 11 qui se trouve exactement au centre du repère.
2. L'individu numéro 12 qui se trouve au milieu du segment joignant les deux individus 1 et 2.
3. L'individu numéro 9 qui se trouve excentré par rapport au nuage formé par les autres individus.
4. Des groupes d'individus qui semblent « diamétralement opposés », comme le groupe (8,3,4) avec le groupe (5,6,7,13) par exemple, ou encore les groupes (1,12,2) opposé au groupe (9,10).
5. Trois groupes d'individus qui semblent « alignés » sur des droites parallèles à la droite d'équation $y = -x$, le premier groupe est formé des individus (1,12,2), le second groupe (8,3,11,7,5,6) et le dernier (4,10,13).

Donnons quelques explications à ces situations :

1. L'individu numéro 11 se trouve exactement au centre du repère parce qu'il a été construit artificiellement en lui donnant, pour chaque variable, la moyenne des valeurs prises par l'ensemble des autres individus.
   Rappelons à ce sujet que c'est une conséquence du centrage lors de la construction de l'A.C.P.
2. L'individu numéro 12 se trouve au milieu du segment joignant les deux individus 1 et 2 parce qu'il a été construit artificiellement en lui donnant comme valeur, pour chaque variable, la moyenne des valeurs des variables v1 et v2.
   La projection a donc conservé cette information.
3. L'individu numéro 9 a cette situation parce qu'il possède des valeurs « atypiques » (c'est-à-dire dépassant, en valeur absolue, largement la moyenne pour certaines variables). C'est en particulier le cas pour les deux variables v2 et v6.
   Cette information peut être confirmée en observant le tableau 25.1 page 718 dont on a extrait ci-dessous la ligne correspondant à l'individu 9 :

Variables →	v1	v2	v3	v4	v5	v6	v7	v8	v9	v10
I9	5,1	**-13,3**	2,9	3,1	1,8	**0,4**	1,4	1,3	2,7	2,4
Moyennes	3,2	-5,0	2,8	2,7	2,0	1,6	1,9	1,4	1,4	0,9

TABLE 25.6 – Valeurs prises par l'individu I9

4. On peut étudier un peu plus particulièrement les deux individus 8 et 6 qui se distinguent par leur position. L'étude du tableau ci-dessous qui regroupe les valeurs de ces deux individus pour chacune des variables ainsi que les moyennes, sur l'ensemble des individus, de chaque variable permet de comprendre cette situation. En effet, les valeurs prises pour les variables 4 puis 6 à 10 sont, à chaque fois, « opposées » dans le sens où ces deux valeurs sont éloignées de la moyenne, l'une au dessus, l'autre au dessous.

Autrement dit, vis à vis de certaines variables, ces deux individus ont un comportement « opposé », ce que traduit le graphique.

Variables	1	2	3	4	5	6	7	8	9	10
Individu 6	3,1	-3,7	2,9	3,8	2,6	1,7	3,3	0,1	0	-0,4
Individu 8	2,4	-4,3	3,2	1,6	1,7	1	0,6	2,6	2,9	2,9
Moyenne	3,2	-5,0	2,8	2,7	2,0	1,6	1,8	1,4	1,4	0,9

TABLE 25.7 – Comportement « opposé » des individus I6 et I8

Finalement, on peut proposer la synthèse suivante :

1. Les véhicules des marques 8 et 4 sont essentiellement des véhicules utilitaires, avec un coût modéré et une orientation familiale.
2. les véhicules de la marque 6 sont des véhicules de luxe et de prestige, rapides et sportifs.
3. Les véhicules des marques 1, 2 (et 12) sont des véhicules familiaux qui inspirent la sécurité.
4. Quant aux véhicules de la marque 9, ce sont des véhicules très sportifs et rapides a l'opposé du caractère familial et sécuritaire des deux marques précédentes.
5. Enfin, les marques 3, 7, 11 et 13 méritent beaucoup de prudence quant à l'interprétation de leur position. En effet, l'individu numéro 11 représentant la moyenne de tous les individus n'est représentatif que de cette moyenne. D'autre part, le tableau 25.5 montre que sa contribution au premier plan factoriel est très faible (0,131).
   De même, les marques 3, 7 et 13 ont peu contribué à la construction du plan factoriel avec des valeurs respectives de 0,447, 0,565 et 0,276.

Terminons en disant que cette étude peut permettre de regrouper les marques par « ressemblance » vis-à-vis des caractères de l'étude :

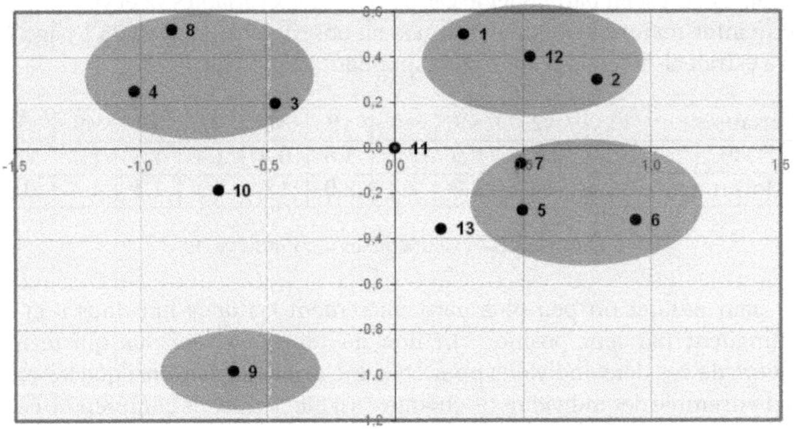

FIGURE 25.7 – Regroupement des individus par catégories

Chapitre 26

Analyse factorielle des correspondances

1 Introduction

1.1 Les données et le champ d'application

Le champ d'application de l'analyse factorielle des correspondances (en abrégé A.F.C.) est celui des tableaux de contingences regroupant des effectifs issus du croisement de deux variables qualitatives. Ces tableaux sont construits en croisant l'étude de deux caractères dans une population. Chaque cellule (i, j) du tableau contient l'effectif de la population répondant simultanément aux caractères de la ligne i et de la colonne j. D'autre part, la somme totale de tous les coefficients est égale au nombre d'individus N de la population, c'est à dire $N = \sum_i \sum_j n_{ij}$.

Par exemple, dans une population de 1439 personnes, on peut s'intéresser aux goûts musicaux en fonction de la tranche d'âge. Il s'agit alors du croisement de deux variables

1. La variable « goût musical » (notée GM) avec pour modalités « chant », « pop rock », « jazz » et « classique ».
2. La variable « tranche d'âge » (notée TA) avec pour modalités « jeunes », « adolescents », « adultes féminins », « adultes masculins » et « personnes âgées ».

En plaçant en ligne la variable TA et en colonne la variable GM, on obtient le tableau de contingence 26.1 page 728. Dans ce tableau, le coefficient n_{ij} est égal au nombre des individus de la population qui présentent simultanément la modalité i du caractère TA et la modalité j du caractère GM. Par exemple, le nombre 69 signifie que 69 personnes répondent simultanément aux deux modalités « jeunes » et « chant ».

L'analyse factorielle des correspondances est une méthode qui permet d'étudier les liaisons existant entre deux variables qualitatives grâce à des représentations graphiques qui facilitent l'interprétation des données et la formulation de réponses à des questions telles que les suivantes :

1. Existe-t-il des lignes, c'est à dire des modalités de la variable « tranche d'âge », qui
   a. « se ressemblent » ? Autrement dit, vis-à-vis des caractéristiques étudiées, existe-t-il des tranches d'âge qui ont un comportement semblable vis-à-vis des goûts musicaux ?
   b. « s'opposent » ? Autrement dit, vis-à-vis des caractéristiques étudiées, existe-t-il des tranches d'âge qui ont un comportement opposé vis-à-vis des goûts musicaux ?
2. Existe-t-il des modalités de la variable « tranche d'âge » et des modalités de la variable « goûts musicaux » qui
   a. « s'associent » ? Autrement dit, peut-on déterminer si une certaine tranche d'âge est attirée par certaines catégories musicales ?
   b. « se repoussent » ? Autrement dit, peut-on déterminer si une certaine tranche d'âge n'est pas du tout attirée par certaines catégories musicales ?

Naturellement, on peut poser les mêmes questions pour les colonnes.

	chant	pop rock	jazz	classique
Jeunes	69	49	41	18
Adolescents	55	40	45	30
Adultes féminins	172	80	84	127
Adultes masculins	133	125	118	157
Personnes âgées	27	15	11	43

TABLE 26.1 – Tableau de contingence

1.2 Le test d'indépendance

Le tableau de données est donc obtenu par le croisement de deux variables qualitatives et il est important, avant toute étude plus poussée, de se poser la question de l'indépendance de ces deux variables. En effet, dans la situation où elles seraient indépendantes, toutes les interprétations futures n'auraient aucun fondement parce que les liaisons que l'on pourrait croire détecter ne relèveraient que du hasard.
Dans le cas de deux variables quantitatives (numériques), on dispose du *coefficient de corrélation* pour mesurer la dépendance linéaire qui existe entre les deux variables (puis des méthodes de régression linéaire (ou non) pour modéliser cette dépendance).
Dans le cas de deux variables qualitatives (ou encore de variables quantitatives discrètes), cette méthode ne s'applique pas et on a recours au test dit du *khi-deux* qui permet de mesurer la dépendance entre ces deux variables.
Dans un test, on formule une hypothèse, dite hypothèse nulle et notée H_0 qui est ici « les deux variables sont indépendantes ». Si l'on s'appuie sur l'exemple du croisement des deux variables « tranche d'âge » et « goûts musicaux », l'indépendance signifie qu'il n'y a aucun lien entre la tranche d'âge à laquelle appartient une personne interrogée et ses goûts musicaux.

Le principe de ce test est le suivant. Il s'appuie sur une mesure de l'écart (la métrique utilisée est précisée plus loin) entre les effectifs observés fournis par l'étude statistique et les effectifs théoriques sous l'hypothèse d'indépendance des deux variables en jeu. Le raisonnement est le suivant et s'appuie sur la définition de l'indépendance de deux variables aléatoires notées X et Y. Supposons, sans autre précision, que ces variables aléatoires prennent des valeurs notées i et j. Alors, par définition, on dit que X et Y sont indépendantes si et seulement

$$\mathbb{P}\big((X=i)\cap(Y=j)\big)=\mathbb{P}(X=i)\mathbb{P}(Y=j)$$

On peut alors raisonner en termes de probabilités dans le tableau de contingence 26.1 en faisant référence à deux variables aléatoires X et Y qui prennent les modalités des différents goûts musicaux pour l'une et les modalités des différentes tranches d'âge pour l'autre. Commençons par compléter le tableau de contingence original 26.1 pour faire apparaître les effectifs marginaux, c'est à dire les sommes (en marges, d'où le terme de marginaux) en ligne et en colonne pour obtenir le tableau 26.2.

	chant	pop rock	jazz	classique	Somme des col.
Jeunes	69	49	41	18	177
Adolescents	55	40	45	30	170
Adultes féminins	172	80	84	127	463
Adultes masculins	133	125	118	157	533
Personnes âgées	27	15	11	43	96
Somme des lignes	456	309	299	375	**1439**

TABLE 26.2 – Le tableau de contingence et les effectifs marginaux

A partir de là, on peut calculer les probabilités suivantes :

$$\begin{cases}\mathbb{P}(X=\text{chant})=\dfrac{n_{\bullet,1}}{n_{\bullet,\bullet}}=\dfrac{456}{1439}\\ \mathbb{P}(Y=\text{jeunes})=\dfrac{n_{1,\bullet}}{n_{\bullet,\bullet}}=\dfrac{177}{1439}\\ \mathbb{P}\big((X=\text{chant})\cap(Y=\text{jeunes})\big)=\dfrac{n_{1,1}}{n_{\bullet,\bullet}}=\dfrac{69}{1439}\end{cases}$$

en notant $n_{i,\bullet}$ la somme des effectifs de la ligne i, c'est à dire $n_{i,\bullet}=\sum\limits_j n_{i,j}$ et, de même, $n_{\bullet,j}$ la somme des effectifs de la colonne j, c'est à dire $n_{\bullet,j}=\sum\limits_i n_{i,j}$ et, enfin, $n_{\bullet,\bullet}$ l'effectif total. Maintenant, nous allons calculer ce qu'on appelle les effectifs théoriques, notés $ET_{i,j}$, c'est à dire les effectifs que l'on devrait obtenir sous l'hypothèse d'indépendance des deux variables en jeu. Si les variables X et Y sont indépendantes, on devrait avoir, d'après la formule

$$\mathbb{P}\big((X=i)\cap(Y=j)\big)=\mathbb{P}(X=i)\mathbb{P}(Y=j)$$

la relation

$$\frac{ET_{i,j}}{n_{\bullet,\bullet}}=\frac{n_{i,\bullet}}{n_{\bullet,\bullet}}\times\frac{n_{\bullet,j}}{n_{\bullet,\bullet}}\Longleftrightarrow ET_{ij}=\frac{n_{i,\bullet}\times n_{\bullet,j}}{n_{\bullet,\bullet}}$$

Ces effectifs théoriques sont regroupés dans le tableau 26.3 qui montre la répartition des effectifs sous l'hypothèse d'indépendance des deux variables.

	chant	pop rock	jazz	classique	Somme des col.
Jeunes	56	38	37	46	177
Adolescents	54	37	35	44	170
Adultes féminins	147	99	96	121	463
Adultes masculins	169	114	111	139	533
Personnes âgées	30	21	20	25	96
Somme des lignes	456	309	299	375	1439

TABLE 26.3 – Le tableau de contingence avec les effectifs théoriques

Les deux tableaux 26.2 et 26.3 montrent alors qu'il existe des différences entre les effectifs observés, notés EO, et les effectifs théoriques ET. Ces écarts entre la distribution théorique et la distribution observée peuvent s'expliquer par des fluctuations aléatoires ou encore parce qu'il existe effectivement une dépendance entre les deux variables. Pour en savoir davantage, on peut envisager de calculer, pour chaque cellule du tableau, l'écart $EO_{ij} - ET_{ij}$ entre la valeur observée EO_{ij} (c'est à dire l'effectif $n_{i,j}$ du tableau original) et la valeur théorique ET_{ij}, puis de faire la somme de ces écarts. Mais cette manière de procéder expose au risque de voir de forts écarts se compenser pour ne donner qu'un écart total faible, voire nul. Pour éviter cela, on préfère calculer la somme des écarts au carré

$$\sum_i \sum_j (EO_{ij} - ET_{ij})^2$$

En pratique, on calcule la valeur suivante, notée χ^2_{obs} et appelée *khi-deux observé*

$$\chi^2_{\text{obs}} = \sum_i \sum_j \frac{(EO_{ij} - ET_{ij})^2}{ET_{ij}} \qquad (26.1)$$

Il s'agit donc d'une mesure de l'écart entre les valeurs théoriques et les valeurs observées. On montre alors que la loi de χ^2_{obs} est, asymptotiquement, une loi du khi-deux χ^2 à $(\textit{nombre de lignes} - 1) \times (\textit{nombre de colonnes} - 1)$ degrés de liberté. Pour mémoire, rappelons que si l'on dispose de $n \in \mathbb{N}^*$ variables aléatoires réelles $(X_i)_{i \in \{1, \cdots, n\}}$ indépendantes qui suivent chacune une loi normale de moyenne m_i et d'écart type σ_i alors, par définition, la variable aléatoire construite comme

$$X = \sum_{i=1}^{n} \left(\frac{X_i - m_i}{\sigma_i} \right)^2$$

suit une loi du χ^2 à n degrés de liberté.
Il reste alors à formuler l'hypothèse nulle H_0 « les deux variables sont indépendantes » et à comparer la valeur observée χ^2_{obs} à la valeur théorique $\chi^2_{\text{théo}}$ fournie par la loi du χ^2 à ddl degrés de liberté où

$$\text{ddl} = (\textit{nombre de lignes} - 1) \times (\textit{nombre de colonnes} - 1).$$

Cette valeur est obtenue pour un risque d'erreur fixé à 5% par exemple (on la trouve dans une table ou bien à l'aide d'un logiciel de calcul). Il reste ensuite à appliquer la règle de décision suivante :

1. Si la valeur χ^2_{obs} est inférieure à la valeur $\chi^2_{\text{théo}}$ fournie par une table (au risque de 5%), alors on retient l'hypothèse d'indépendance des variables avec un risque d'erreur de 5% :

$$\chi^2_{\text{obs}} \leq \chi^2_{\text{théo}} \Longrightarrow H_0 \text{ validée au risque d'erreur de 5\%}$$

2. Si la valeur χ^2_{obs} est supérieure à la valeur $\chi^2_{\text{théo}}$ fournie par une table (toujours au risque de 5%), alors on rejette l'hypothèse d'indépendance des variables avec un risque d'erreur de 5% et l'hypothèse alternative H_1 « les deux variables sont dépendantes » est retenue :

$$\chi^2_{\text{obs}} > \chi^2_{\text{théo}} \Longrightarrow H_0 \text{ rejetée au risque d'erreur de 5\%}$$

Dans notre exemple, on obtient les résultats suivants. La valeur du χ^2_{obs} est :

$$\chi^2_{\text{obs}} = \sum_{i=1}^{5}\sum_{j=1}^{4} \frac{\left(EO_{ij} - ET_{ij}\right)^2}{ET_{ij}} = 71,73$$

Le nombre de degrés de liberté est ddl $= (5-1)(4-1) = 12$ et la valeur théorique fournie par la loi du χ^2 à 12 degrés de liberté pour un risque de 5 % est $\chi^2_{\text{théo}} = 21,02$. Par conséquent, $\chi^2_{\text{obs}} > \chi^2_{\text{théo}}$ donc H_0 doit être rejetée, avec un risque d'erreur de 5 %, et l'hypothèse alternative H_1 « les deux variables sont dépendantes » est retenue (toujours au risque d'erreur de 5 %).

Avant de passer à la suite, donnons quelques restrictions concernant ce test. On en retient en général trois.

1. L'effectif total du tableau de contingence doit être supérieur ou égal à 20. Dans l'exemple, cet effectif total vaut 1439.
2. Dans le tableau des effectifs théoriques, au moins 80 % des cellules doivent être supérieures ou égales à 5. Toujours dans l'exemple, 100 % des cellules du tableau respectent cette contrainte.
3. Les effectifs marginaux du tableau de contingence doivent être supérieurs ou égaux à 5. Dans notre cas, l'effectif marginal le plus faible est 96.

2 Aspects théoriques

D'un point de vue théorique, l'A.F.C. est une A.C.P. et, pour être plus précis, une double A.C.P. sur deux matrices particulières construites à partir de la matrice de contingence. Mais pour pouvoir utiliser l'A.C.P. avec les données dont on dispose, plusieurs adaptations sont nécessaires.

2.1 La transformation des données

Tout d'abord, le tableau de contingence 26.1 est transformé en deux nouveaux tableaux, appelés tableau des *profils lignes* et tableau des *profils colonnes*. Le tableau des profils lignes est obtenu en calculant les fréquences $f_{ij} = \dfrac{n_{ij}}{n_{i,\bullet}}$ (où $n_{i,\bullet}$ désigne la somme des termes de la ligne i), ce qui conduit au tableau 26.4.

	Chant	Pop Rock	Jazz	Classique	Total
Jeunes	0,390	0,277	0,232	0,102	1
Adolescents	0,324	0,235	0,265	0,176	1
Adultes féminins	0,371	0,173	0,181	0,274	1
Adultes masculins	0,250	0,235	0,221	0,295	1
Personnes âgées	0,281	0,156	0,115	0,448	1

TABLE 26.4 – Tableau des profils lignes

Le tableau des profils colonnes est obtenu en calculant les fréquences $f_{ij} = \dfrac{n_{ij}}{n_{\bullet,j}}$ (où $n_{\bullet,j}$ désigne la somme des termes de la colonne C_j), ce qui conduit au tableau 26.5.

	Chant	Pop Rock	Jazz	Classique
Jeunes	0,151	0,159	0,137	0,048
Adolescents	0,121	0,129	0,151	0,080
Adultes féminins	0,377	0,259	0,281	0,339
Adultes masculins	0,292	0,405	0,395	0,419
Personnes âgées	0,059	0,049	0,037	0,115
Total	1	1	1	1

TABLE 26.5 – Tableau des profils colonnes

Remarquons qu'en termes d'interprétation statistique, ces deux tableaux apportent des informations qui n'étaient pas visibles explicitement dans les données originales. On peut citer par exemple les deux conclusions suivantes concernant les modalités « Jeunes » et « Chant » :

1. Le tableau 26.4 des profils lignes permet de dire que, parmi les jeunes, 39% d'entre eux sont intéressés par le chant.
2. Le tableau 26.5 des profils colonnes, quant à lui, permet de dire que 15 % des personnes intéressées par le chant sont des jeunes.

2.2 Interprétation géométrique et métrique utilisée

Géométriquement, chaque tableau de profils peut être vu comme la liste des coordonnées de points dans des espaces euclidiens $\mathbb{R}^n$. Précisément, le tableau 26.4 des profils lignes donne les coordonnées des modalités de la variable « tranche d'âge » dans l'espace $\mathbb{R}^4$ et le tableau 26.5 des profils colonnes donne les coordonnées des modalités de la variable « goûts musicaux » dans l'espace $\mathbb{R}^5$.

Autrement dit, on dispose de deux nuages de points dans deux espaces en général de grande dimension. Comme en A.C.P., on s'intéresse alors aux directions de plus grandes dispersions de chacun de ces nuages de manière à les projeter sur des plans, pour faciliter la lecture, tout en conservant un maximum d'informations. Cette approche nécessite de disposer d'une notion de distance entre les points (deux points lignes ou deux points colonnes).
En A.F.C. on utilise une métrique particulière, appelée métrique du *khi-deux*, notée χ^2, au lieu de la distance habituelle euclidienne.

Définition 196. On appelle distance du χ^2 entre le point ligne L_i et le point ligne $L_{i'}$ le réel positif noté $d(L_i, L_{i'})$ et défini par :

$$d(L_i, L_{i'}) = \sum_{j=1}^{q} \frac{(f_{ij} - f_{i'j})^2}{f_{\bullet,j}} \tag{26.2}$$

où $f_{\bullet,j}$ désigne la somme des fréquences de la colonnes j.

L'utilisation de cette métrique se justifie par les deux raisons suivantes :

1. La distance entre deux lignes ne dépend pas des poids respectifs des colonnes. Cela évite de donner trop de poids aux points lignes qui ont de fortes valeurs pour certaines modalités de la variable en colonne.
2. La métrique du χ^2 possède la propriété dite *d'équivalence distributionnelle* : si on regroupe deux modalités d'une même variable ayant des profils similaires en une unique modalité ayant comme profil la somme des valeurs des deux modalités, les distances entre les profils colonnes, ou entre les autres profils lignes, restent inchangées.

Heureusement, bien que l'A.C.P. soit construite à partir de la distance euclidienne, il est possible d'adapter les données en les multipliant par un coefficient approprié de manière à ce que la distance euclidienne entre ces nouvelles données corresponde à la distance du χ^2. Concrètement, pour le tableau des profils lignes, il est transformé en la matrice $[X]$ dont les coefficients sont donnés par $x_{ij} = \frac{1}{\sqrt{n_{\bullet,j}}} \frac{n_{ij}}{n_{i,\bullet}}$. On obtient le tableau 26.6 alors qu'une même transformation est effectuée sur le tableau des profils colonnes.

	chant	pop rock	jazz	classique
J	0,018255486	0,015748659	0,013395996	0,005251503
ADO	0,015150653	0,013385415	0,015308336	0,009112902
AF	0,017396626	0,009829462	0,010492107	0,014164691
AM	0,011685358	0,013341466	0,01280322	0,015210966
PA	0,013170738	0,008888752	0,006626525	0,023130317

TABLE 26.6 – Matrice des profils lignes adaptée pour l'A.C.P.

Remarque. Le nom de *distance du* χ^2 provient du fait que l'inertie totale du nuage de points avec cette métrique est un nombre proportionnel au χ^2 utilisé pour tester l'indépendance des lignes et des colonnes dans un tableau de contingence.

2.3 Le rôle de l'A.C.P.

D'après ce qui précède, on dispose des deux tableaux des profils lignes et colonnes modifiés de manière à ce que la distance euclidienne classique sur ces données modifiées corresponde à la distance du χ^2 sur les données non modifiées. Ainsi, pour le tableau des profils lignes modifié, en considérant que les modalités de la variable « tranche d'âge » sont les individus et les modalités de la variable « goûts musicaux » sont les variables, on peut appliquer une A.C.P. et de même sur l'autre tableau en inversant les rôles. Les deux A.C.P., sur chacun des deux tableaux, sont différentes mais équivalentes. Comme elles utilisent des matrices (carrées, symétriques et réelles) de tailles différentes, seules les valeurs propres de la matrice de taille la plus petite sont données.
Dans le cas général, en présence de deux variables possédant respectivement n_1 et n_2 modalités avec $2 \leq n_1 < n_2$, on dispose donc de deux matrices carrées, symétriques, réelles $[A_1]$ de taille $n_1 \times n_1$ et $[A_2]$ de taille $n_2 \times n_2$.

2.3.1 Valeurs propres

On démontre alors que les deux matrices $[A_1]$ et $[A_2]$ possèdent la valeur propre 1, que toutes les autres valeurs propres sont des nombres positifs et inférieurs à 1 et qu'elles possèdent $n_1 = \min(n_1, n_2)$ valeurs propres communes. Autrement dit, les spectres des deux matrices $[A_1]$ et $[A_2]$ sont (avec $\mu_i \neq \lambda_i$)

$$\begin{cases} \text{pour } [A_1]: & 1 > \lambda_1 > \cdots > \lambda_{n_1} \\ \text{pour } [A_2]: & 1 > \lambda_1 > \cdots > \lambda_{n_1} > \mu_{n_1+1} > \cdots > \mu_{n_2} \end{cases}$$

Dans notre exemple, le tableau des profils lignes conduit à la matrice $[A_1]$ de taille 4×4 (parce qu'il y a quatre variables en ligne) qui possède donc quatre valeurs propres. Le tableau des profils colonnes conduit à la matrice $[A_2]$ de taille 5×5 (parce qu'il y a cinq variables en colonne) qui possède donc cinq valeurs propres. Les valeurs propres obtenues (à 10^{-4} près) sont

$$\begin{cases} \text{pour } [A_1]: & 1 > 0,0354 > 0,0133 > 0,0012 \\ \text{pour } [A_2]: & 1 > 0,0354 > 0,0133 > 0,0012 > 0 \end{cases}$$

où la dernière valeur propre vaut en fait $0,0000002$.

> On retiendra en particulier que les logiciels ne donnent que la matrice de taille la plus petite (ici $[A_1]$) et ne fournissent que les valeurs propres inférieures strictement à 1.

2.3.2 Relations quasi-barycentriques

Il existe des relations liant les coordonnées des points lignes sur un axe et les coordonnées des points colonnes sur ce même axe. Ces relations portent le nom de relations *quasi-barycentriques* parce que les coordonnées des projections orthogonales des points lignes sur un axe factoriel associé à la valeur propre λ sont, au coefficient de proportionnalité $1/\sqrt{\lambda}$ près, les barycentres des coordonnées des points colonnes sur cet axe (et de même pour les points colonnes vis à vis des points lignes).

On retiendra en particulier que, malgré la déformation induite par ce coefficient, la propriété quasi-barycentrique, propre à l'A.F.C., exprime le fait que sur un plan factoriel, un point ligne est d'autant plus proche d'un point colonne que ce point colonne contribue fortement au profil du point ligne considéré.

Pour illustrer cette propriété, on peut observer le profil ligne « Personnes âgées » dans le tableau suivant qui démontre que le point colonne « Classique » a fortement contribué au profil (presque 45 % contre 28 % pour la contribution suivante la plus élevée).

	Chant	Pop Rock	Jazz	Classique	Total
Personnes âgées	0,281	0,156	0,115	0,448	1

Autrement dit, ce point ligne et ce point colonne seront proches sur un plan factoriel. On pourra d'ailleurs vérifier cette proximité sur les représentations graphiques qui suivent. Naturellement, la même propriété existe en échangeant les points lignes et les points colonnes.

D'autre part, plus la valeur propre et faible et plus le coefficient $1/\sqrt{\lambda}$ est grand, induisant une « déformation » ou « distorsion » des projections. Dans notre exemple, la valeur propre $\lambda_3 = 0,0012$ induit un coefficient de distorsion d'environ 29, la valeur propre $\lambda_2 = 0,0133$ induit un coefficient de distorsion d'environ 9 et la première valeur propre $\lambda_1 = 0,0354$ induit un coefficient de distorsion d'environ 5. La figure 26.1 illustre cela. À gauche, on peut voir une modalité dont la position géométrique est celle du barycentre des individus concernés par cette modalité. À droite, l'application du coefficient $1/\sqrt{\lambda}$ modifie la position de cette même modalité.

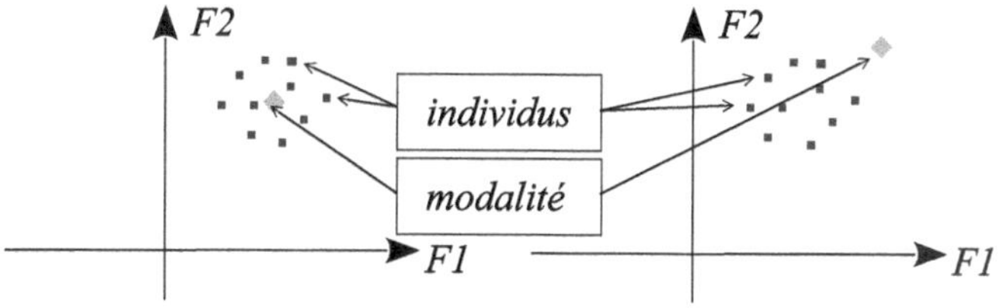

FIGURE 26.1 – Illustration des relations quasi-barycentriques

3 Aspects pratiques : aide à l'interprétation

3.1 Généralités

L'A.F.C., sur le principe de l'analyse en composantes principales, fournit donc un ensemble de représentations graphiques et de données numériques sur lesquelles s'appuieront les interprétations avec les règles générales d'interprétation de l'A.C.P. sous réserve de tenir compte des spécificités de l'A.F.C.

Ces représentations sont obtenues par projections simultanées sur des plans factoriels des deux nuages de points, le nuage des points lignes (les modalités de la variable « tranche d'âge ») et le nuage des points colonnes (les modalités de la variable « goûts musicaux »).

Quant aux données numériques, elles servent à mesurer les qualités des représentations, les contributions, etc.
L'A.F.C. permet en plus la représentation simultanée des points lignes et des points colonnes, ce qui permet de mettre en évidence les relations qui existent entre les différentes modalités. Par contre, contrairement à l'analyse en composantes principales, les cercles des corrélations ne sont pas définis avec des variables qualitatives et ne seront donc pas représentés. L'interprétation s'appuie essentiellement sur la position relative des différentes modalités (c'est-à-dire les points lignes ou les points colonnes) repérées comme les plus « importantes ». Cette importance est mesurée, numériquement, par les qualités de représentation et les contributions relatives et, géométriquement, par l'éloignement des points par rapport au centre du repère.

3.2 Les représentations graphiques

En vertu des relations quasi-barycentriques, l'analyse factorielle des correspondances a la particularité d'autoriser des représentations graphiques simultanées des points lignes et des points colonnes comme illustré dans la figure 26.2 qui représente le plan factoriel $F1 \times F2$.

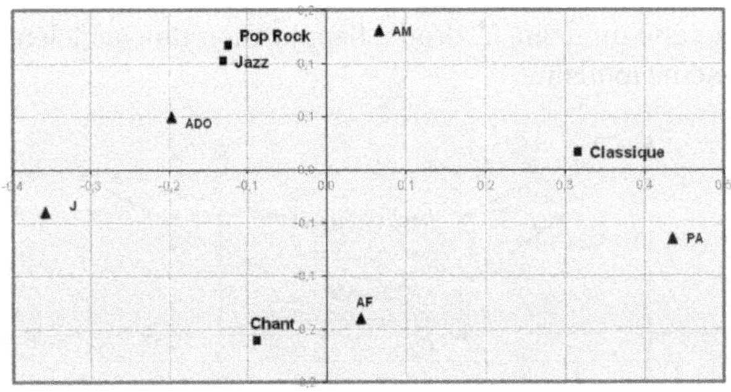

FIGURE 26.2 – Les points lignes et les points colonnes sur le premier plan factoriel $F1 \times F2$

Dans le nuage des points lignes sont représentés les points colonnes comme barycentre des points du nuage et, de même, dans le nuage des points colonnes, sont représentés les points lignes comme barycentre des points du nuage.
D'un point de vue pratique, une étude peut révéler la présence de points lignes ou de points colonnes tout à fait atypiques qui risquent, par leur présence, de déformer le nuage de points et induire des interprétations erronées. Dans ce cas, comme en A.C.P., il est possible de placer ces points en *points supplémentaires*. Ils continuent alors à apparaître sur les graphiques mais ne sont pas pris en compte dans les calculs. Dans notre cas, la figure 26.2 ne fait pas apparaître de points lignes ou colonnes au comportement particulièrement atypique.

3.3 Les valeurs propres

Comme en A.C.P., il est de coutume de retenir qu'une A.F.C. est interprétable à condition de pouvoir expliquer au moins 70 % de l'inertie totale. On peut aussi s'appuyer sur le critère du « coude » en observant le diagramme en bâtons des valeurs propres et en cherchant à détecter une brusque décroissance entre deux valeurs propres. On ne conserve alors que celles précédant cette brusque décroissance.
Dans notre exemple, le diagramme des valeurs propres est donné par la figure 26.3 et révèle qu'en étudiant le premier plan factoriel engendré par les deux premiers axes factoriels F_1 et F_2, on conserve $70,8\% + 26,8\% = 97,6\%$ d'information.

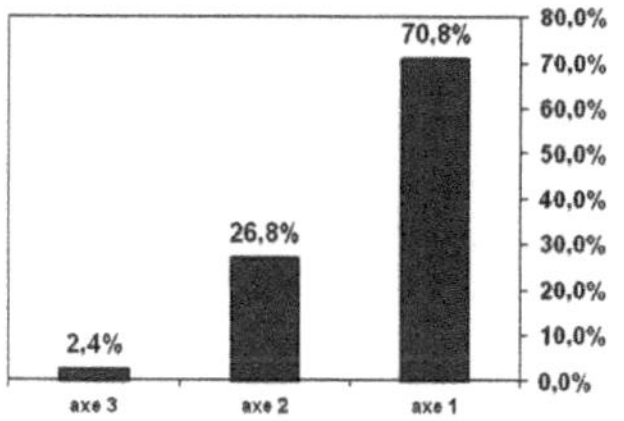

FIGURE 26.3 – Diagramme des valeurs propres

3.4 Les contributions et les $\cos^2$

Là encore, comme en A.C.P., les $\cos^2$ renseignent sur la qualité des représentations et l'on retient les mêmes critères qu'en A.C.P. résumés dans le tableau 26.7.

Valeurs du $\cos^2$, noté c^2	**Qualité de représentation**
$0,8 < c^2 \leq 1$	Très bonne
$0,65 < c^2 \leq 0,8$	Bonne
$0,4 < c^2 \leq 0,8$	Moyenne
$0 \leq c^2 \leq 0,4$	Mauvaise

TABLE 26.7 – Critères de qualité de représentation des modalités

Les contributions relatives permettent, elles, de connaître les points lignes ou points colonnes qui ont le plus contribué à la formation d'un axe. Ces données sont fournies sous forme des deux tableaux 26.8 et 26.9.
On peut y lire, entre autres, les informations suivantes :

1. La modalité « classique » est particulièrement bien représentée sur l'axe F_1 avec une qualité presque égale à 1 et la construction de cet axe est essentiellement due à cette modalité avec une contribution de 0,734.
2. La modalité « chant » est bien représentée sur l'axe F_2 avec une qualité de 0,764 et la construction de cet axe est essentiellement due à cette modalité avec une contribution de 0,611.

3. La modalité « pop rock », quant à elle, est moyennement bien représentée sur les deux axes et a assez peu contribué à leur formation.

		axe 1		
Modalités	**coord.**	**qlt**	**cont.rel.**	**cumul**
chant	-0,089	0,235	0,071	0,235
pop rock	-0,124	0,487	0,094	0,487
jazz	-0,131	0,560	0,101	0,560
classique	0,315	0,997	0,734	0,997

TABLE 26.8 – Qualités de représentation et contributions relatives pour l'axe 1

		axe 2		
Modalités	**coord.**	**qlt**	**cont.rel.**	**cumul 1 et 2**
chant	-0,160	0,764	0,611	1,000
pop rock	0,117	0,432	0,220	0,919
jazz	0,103	0,343	0,163	0,903
classique	0,017	0,003	0,006	1,000

TABLE 26.9 – Qualités de représentation, contributions relatives pour l'axe 2 et cumul

3.5 Interprétation des proximités

L'étude des proximités entre les points des représentations graphiques est à la base de l'interprétation. On peut distinguer trois types de proximités :

1. La proximité entre deux points lignes (c'est-à-dire entre deux modalités d'une même variable, ici deux modalités de la variable « tranche d'âge »).
2. La proximité entre deux points colonnes (c'est-à-dire entre deux modalités d'une même variable, ici deux modalités de la variable « goûts musicaux »).
3. La proximité entre un point ligne et un point colonne (c'est-à-dire entre deux modalités de variables différentes).

Remarque. La distance entre un point ligne et un point colonne n'a pas de sens (pour la distance du χ^2 utilisée entre deux points lignes ou deux points colonnes) pour la simple raison que ces deux objets n'appartiennent pas au même espace. Cependant, les relations quasi-barycentriques et la représentation simultanée permettent précisément d'interpréter les distances entre un point ligne et un point colonne. Il s'agit d'une notion relative de distance entre, par exemple, un point ligne (situé dans un espace) et l'ensemble des point colonnes (situés dans l'autre espace).

Dans la pratique, on pourra retenir les règles suivantes (les exemples fournis se rapportent à la représentation graphique du premier plan factoriel donnée en figure 26.2 page 736).

3.5.1 Proximité entre deux points lignes ou deux points colonnes

Sur un plan factoriel, la proximité entre deux points lignes traduit un comportement semblable vis-à-vis des caractères de ce plan. De même, la proximité de deux points colonnes traduit un comportement semblable vis-à-vis des caractères de ce plan.

Par exemple, les deux modalités « Pop Rock » et « Jazz » sont proches, ce qui traduit qu'en termes de goûts musicaux, les personnes qui sont attirées par le genre Pop Rock sont aussi attirées par le genre Jazz.

3.5.2 Proximité entre un point ligne et un point colonne

Les positions relatives entre un point ligne L et un point colonne C permettent de détecter le lien qu'entretiennent les deux modalités. Cette position relative doit être exprimée en termes de mesure de l'angle $\widehat{LOC}$ où O est le centre du repère :

a. Si l'angle $\widehat{LOC}$ est aigu (entre 0 et 90 degrés) les deux points « s'attirent ».

b. Si l'angle $\widehat{LOC}$ est obtus (entre 90 et 180 degrés) les deux points se « repoussent ».

c. Si l'angle $\widehat{LOC}$ est droit (égal à 90 degrés) les deux points « n'interagissent pas ».

Par exemple, la modalité « Personnes âgées » est « attirée » par la modalité « Classique », traduisant le fait que les personnes âgées ont un goût pour ce type de musique. La modalité « Jeunes » est repoussée par la modalité « Classique », traduisant le fait que les jeunes n'ont aucun goût pour ce type de musique. Enfin, la modalité « Adultes féminins » et la modalité « Classique » forment (presque) un angle droit, traduisant l'absence de lien entre cette tranche d'âge et ce type de musique (ce qui signifie, au vu de cette enquête, qu'il n'y a ni attirance ni répulsion particulière pour ce genre de musique).

Ces considérations doivent être tempérées en conservant à l'esprit que la superposition des points lignes et des points colonnes doit tenir compte du facteur de déformation associé à chaque axe, ce facteur étant $1/\sqrt{\lambda}$ où λ est la valeur propre associée à l'axe. On retiendra donc que dans le cas d'une valeur propre faible, il faut être attentif aux interprétations proposées.

4 Exemple

4.1 Les données et le contexte

A titre d'exemple, considérons le tableau de contingence 26.10. Il s'agit des résultats d'une élection qui a opposé quatre candidats (variable « Candidats » dont les trois modalités sont C1, C2, C3 et C4 en colonnes) dans 10 régions (variable « Régions » dont les dix modalités sont R1, R2, etc. en lignes). Cet exemple simple va nous servir à mettre en évidence le lien entre les effectifs du tableau de contingence et les résultats graphiques fournis par l'A.F.C.

On propose en particulier de répondre, à l'aide de l'analyse factorielle des correspondances, aux questions suivantes.

	C1	C2	C3	C4
R1	85	160	70	120
R2	30	20	10	50
R3	125	130	90	80
R4	50	100	150	130
R5	300	30	20	100
R6	100	10	5	40
R7	45	90	70	50
R8	100	160	130	110
R9	80	250	20	120
R10	10	400	100	210

TABLE 26.10 – Résultats d'une élection

1. Existe-t-il des associations entre régions et candidats ou, au contraire, des oppositions entre régions et candidats ?
2. Existe-t-il des régions qui ont eu un comportement vis-à-vis de cette élection semblable ou au contraire opposé ?

D'autre part, dans un souci pédagogique, certaines données ont été construites de manière artificielle pour mettre en évidence le lien entre les données numériques et les résultats fournis par l'A.F.C. Pour les régions :

1. Les valeurs prises par la modalité R1 sont presque égales à la moyenne des valeurs prises par toutes les autres régions.
2. Les deux régions R5 et R6 ont des valeurs différentes mais quasiment proportionnelles, au moins pour les trois premiers candidats.
3. Les deux régions R4 et R5 ont des valeurs « inverses » : lorsqu'un candidat a un score élevé dans une région, son score est faible dans l'autre et inversement.
4. Les scores obtenus pour le candidat C3 dans les régions R2, R3, R8 et R4 sont croissants dans l'ordre donné.

Pour les candidats :

1. Chaque candidat a des scores très différents dans chacune des régions.
2. Les scores du candidat C4 sont construits à partir de la moyenne des trois premiers candidats à laquelle a été ajouté un nombre aléatoire.
3. Le candidat C1 se distingue par un score très élevé sur les deux régions R5 et R6, régions où les autres candidats ont des scores bien plus faibles.
4. Les deux candidats C2 et C3 ont des scores relativement homogènes excepté pour les deux régions R1 et R10.

4.2 Le test d'indépendance

Le test du χ^2 donne $\chi^2_{\text{obs}} = 1258$ et $\chi^2_{\text{théo}} = 40$ (pour 27 degrés de liberté et un risque de 5%). Donc, $\chi^2_{\text{obs}} > \chi^2_{\text{théo}}$ et H_0 (hypothèse d'indépendance des lignes et des colonnes) doit être rejetée, avec un risque d'erreur de 5 %. L'hypothèse alternative H_1 « les deux variables sont dépendantes » est retenue.

4.3 Les valeurs propres et le nombre d'axes factoriels

Avec 4 colonnes et 12 lignes, l'analyse fournit 4-1=3 valeurs propres données dans le tableau 26.11. Le premier plan factoriel restitue 96,1 % de l'inertie du nuage.

Axes	Valeurs propres	% de l'inertie totale	% cumulé
axe 1	0,2387	75,0%	75,0%
axe 2	0,0673	21,1%	96,1%
axe 3	0,0125	3,9%	100,0%

TABLE 26.11 – Valeurs propres et pourcentage de l'inertie restituée

Pour chaque axe, on peut évaluer la « déformation » ou « distorsion » dû au facteur $1/\sqrt{\lambda}$. Pour l'axe 1, on obtient $1/\sqrt{0,2387} \approx 2$, pour l'axe 2 , on obtient $1/\sqrt{0,0673} \approx 3,9$ et pour le dernier axe, on obtient $1/\sqrt{0,0125} \approx 9$.

4.4 Les qualités de représentation et les contributions relatives

Pour des raisons de place, le cumul sur le premier axe factoriel n'est pas donné car il est égal à la qualité de représentation sur ce premier axe. De même, le cumul sur les trois axes n'est pas donné car il vaut toujours 1. D'autre part, **coo.** signifie *coordonnées*, **qlt** désigne la *qualité de représentation*, **ctr** désigne la *contribution* et **cum.** désigne le *cumul*. Les résultats sont donnés dans les tableaux 26.12 et 26.13.

	axe 1			**axe 2**			**1x2**	**axe 3**		
	coo.	**qlt**	**ctr**	**coo.**	**qlt**	**ctr**	**cum**	**coo.**	**qlt**	**ctr**
C1	-0,848	0,993	0,706	-0,046	0,003	0,007	0,996	-0,053	0,004	0,052
C2	0,416	0,761	0,248	-0,220	0,212	0,245	0,973	-0,078	0,027	0,165
C3	0,244	0,165	0,042	0,546	0,826	0,746	0,991	-0,057	0,009	0,044
C4	0,060	0,090	0,004	-0,024	0,014	0,002	0,104	0,190	0,896	0,738

TABLE 26.12 – Qualités des représentations et contributions relatives pour les points colonnes

4.5 Les représentations graphiques

Dans la figure 26.4 est représenté le premier plan factoriel $F1 \times F2$ et dans la figure 26.5 est représenté le plan factoriel $F1 \times F3$. Dans les deux figures n'apparaissent que les intitulés des modalités dont la qualité de représentation est supérieure à 60 %.

La lecture du graphique de la figure 26.4 permet d'apporter quelques informations dont certaines sont corroborées par les remarques données en introduction.

1. La position centrale de la région R1.

	axe 1			axe 2			1x2	axe 3		
	coo.	qlt	ctr	coo.	qlt	ctr	cum	coo.	qlt	ctr
R1	0,088	0,755	0,004	-0,033	0,103	0,002	0,858	0,038	0,142	0,013
R2	-0,217	0,174	0,006	-0,053	0,010	0,001	0,184	0,471	0,816	0,494
R3	-0,121	0,306	0,007	0,117	0,286	0,022	0,592	-0,140	0,408	0,170
R4	0,208	0,146	0,020	0,489	0,807	0,387	0,952	0,119	0,048	0,123
R5	-1,051	0,991	0,528	-0,102	0,009	0,017	1,000	-0,007	0,000	0,000
R6	-1,018	0,980	0,170	-0,125	0,015	0,009	0,995	0,072	0,005	0,016
R7	0,155	0,253	0,007	0,230	0,553	0,051	0,806	-0,136	0,194	0,096
R8	0,082	0,110	0,004	0,221	0,795	0,092	0,905	-0,076	0,095	0,059
R9	0,210	0,203	0,022	-0,414	0,790	0,303	0,993	-0,038	0,007	0,014
R10	0,554	0,875	0,235	-0,207	0,122	0,116	0,997	0,032	0,003	0,015

TABLE 26.13 – Qualités des représentations et contributions relatives pour les points lignes

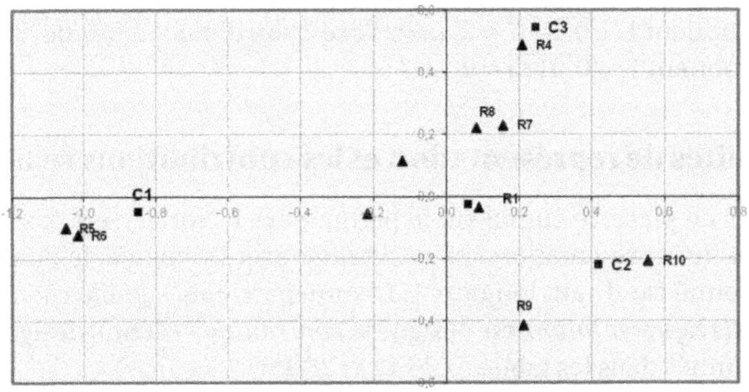

FIGURE 26.4 – Plan factoriel $F1 \times F2$ pour une qualité de représentation supérieure à 60 %

2. Le candidat C4 apparaît presque au centre du repère mais sans libellé faute d'être bien représenté (c'est le petit carré). Rappelons que les scores de ce candidat ont été construits comme la moyenne des scores des autres candidats perturbés par un nombre aléatoire. Le fait que ses coordonnées soient « presque » les moyennes des coordonnées des autres candidats justifie sa position quasiment au centre du repère et les perturbations aléatoires justifient que ce candidat soit mal représenté sur le premier plan factoriel car il est responsable de la construction d'un troisième axe factoriel qui porte à lui seul ce candidat C4 totalement atypique par rapport aux autres.
3. De même le libellé de la région R2, mal représentée, n'apparaît pas sur le premier plan factoriel.
4. Les régions R5 et R6, qui ont massivement voté pour le candidat C1, se trouvent attirées par ce candidat et, en termes de vote, à l'opposé des régions R4, R9, R10 (et, dans une moindre mesure, R7, R8) qui se sont plutôt tournées vers les candidats C2 et C3. On peut alors dire que le premier axe factoriel oppose le candidat C1 aux deux

candidats C2 et C3.

5. Le deuxième axe factoriel, quant à lui, oppose les deux candidats C2 et C3 et des groupes de régions comme R9, R10 qui ont massivement voté pour le candidat C2 et la région R4 (et dans une moindre mesure R7 et R8) qui a voté pour le candidat C3.

Une synthèse des deux derniers points pourrait par exemple traduire l'appartenance du candidat C1 à un mouvement écologiste qui attirerait alors des votes (sur l'axe F1) en rupture avec le clivage classique gauche/droite représenté par les deux candidats C2 et C3 et traduit par l'axe F2.

La lecture de la figure 26.5, qui représente le plan $F1 \times F3$, permet de retrouver le candidat atypique C4 associé à une région atypique R2. Comme le montre le tableau des contributions et des qualités, ce candidat et cette région sont responsables de la construction de ce troisième axe factoriel qui traduit donc le caractère atypique de ce couple. Cela dit, la construction des scores du candidat C4 étant due en partie au hasard, cela explique qu'il n'y ait pas d'association franche entre le candidat et une région en particulier. Concrètement, cela pourrait par exemple être une région indépendantiste qui vote pour un candidat qui n'a pas d'étiquette politique mais dont les seules revendications concernent l'indépendance de la région.

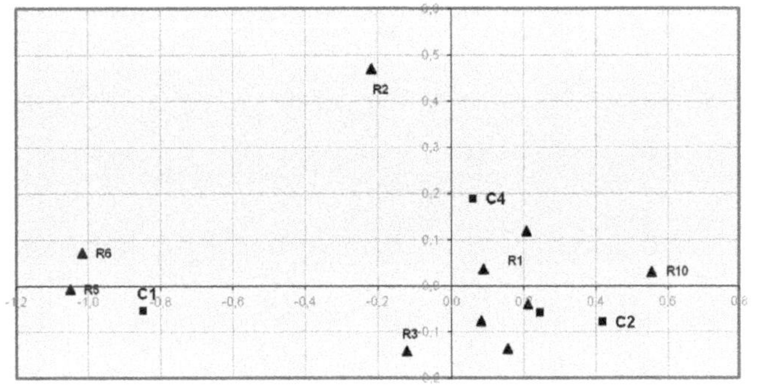

FIGURE 26.5 – Plan factoriel $F1 \times F3$ pour une qualité de représentation supérieure à 60 %

Ce graphique fait tout de même apparaître une opposition, le long de l'axe 3, toujours en termes de comportement de vote, entre le candidat C4 et le couple C1, C2.

Pour conclure, il est alors possible de proposer les regroupements illustrés dans la figure 26.6 qui traduisent les affinités entre régions et candidats.

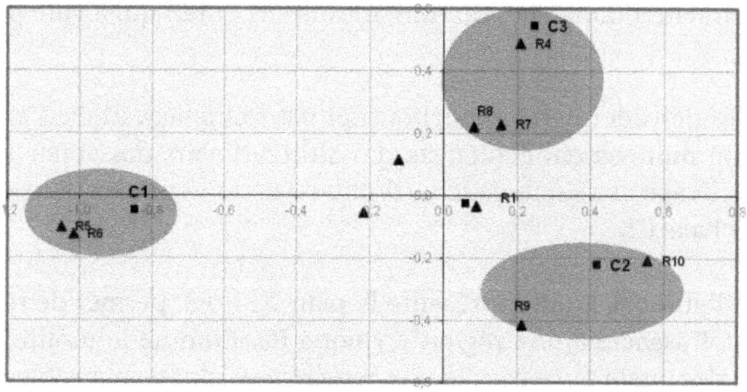

FIGURE 26.6 – Affinités entre régions et candidats

Chapitre 27

Analyse des correspondances multiples

1 Introduction, les données et le champ d'application

Nous avons vu, dans le chapitre précédent, comment l'analyse factorielle des correspondances permettait d'étudier un couple de deux variables qualitatives en mettant en évidence les liaisons qu'elles entretiennent. Lorsqu'on souhaite étudier un tableau statistique croisant des individus (en lignes) décrits par les modalités de plusieurs variables qualitatives (en colonnes), l'analyse des correspondances multiples (en abrégé A.C.M.) est la méthode descriptive adaptée.

L'exemple type de données que l'on peut traiter par cette méthode est un questionnaire à choix multiple. Un ensemble d'individus (en général plusieurs milliers) est interrogé. On propose un grand nombre de questions (les variables) possédant chacune un ensemble de réponses possibles (les modalités des variables) pour lesquelles une réponse est obligatoirement choisie et les réponses possibles s'excluent mutuellement. Par exemple, on peut rencontrer la question « quelle est votre situation familiale ? » avec pour réponses proposées « célibataire », « veuf(ve) », « marié(e) ou en union libre », « divorcé(e) » qui correspondent à la variable « situation familiale » et ses quatre modalités.

En présence d'une variable quantitative, comme l'âge, la taille ou le poids par exemple, les réponses proposées sont traduites sous forme de « tranches », ce qui permet de traduire une variable quantitative (ici continue) en une variable qualitative.

Par exemple, la question « quel est votre âge ? » peut conduire à l'une des tranches d'âges « moins de 30 ans (inclus) », « entre 30 (exclus) et 60 ans », « plus de 60 ans (exclus) » ce qui correspond à la variable « tranche d'âge » et ses trois modalités.

Les résultats d'une telle enquête sont alors synthétisés dans un tableau comportant autant de lignes qu'il y a d'individus interrogés et autant de colonnes qu'il y a de questions posées (autrement dit de variables). À l'intersection de la ligne correspondant à l'individu i et de la colonne correspondant à la question q, on pourra lire le numéro de la modalité choisie par cet individu pour la question q.

A titre d'exemple, considérons une population de cinq individus soumise à un questionnaire comportant les trois questions suivantes :

1. Quelle est votre situation familiale (variable « situation familiale ») ?

   Réponse 1 : célibataire (modalité 1)

   Réponse 2 : veuf(ve) (modalité 2)

   Réponse 3 : marié(e) ou en union libre (modalité 3)

   Réponse 4 : divorcé(e) (modalité 4)

2. Quel est votre âge (variable « tranche d'âge ») ?

   Réponse 1 : moins de 30 ans, $a \leq 30$ (modalité 1)

   Réponse 2 : entre 30 et 60 ans, $30 < a \leq 60$ (modalité 2)

   Réponse 3 : plus de 60 ans (modalité 3)

3. Où vivez vous (variable « lieu de vie ») ?

   Réponse 1 : en agglomération (modalité 1)

   Réponse 2 : en campagne (modalité 2)

Les résultats de l'enquête sont alors synthétisés dans le tableau 27.1 qui doit se lire de la manière suivante : par exemple, l'individu $i2$ est veuf, il a plus de 60 ans et vit en agglomération.

Individus	situation familiale	tranche d'âge	lieu de vie
i1	1	1	2
i2	2	3	1
i3	3	2	1
i4	3	3	1
i5	4	1	2

TABLE 27.1 – Tableau des données synthétisant l'enquête

2 Quelques aspects théoriques

2.1 La transformation des données

L'étude qui suit ne s'appuie pas sur le tableau synthétique 27.1. En effet, les valeurs qu'il contient n'ont qu'une signification descriptive mais aucun autre sens. Il est donc transformé en un premier tableau appelé *tableau disjonctif complet*. Il contient toujours en ligne les individus mais, en colonne, au lieu de faire apparaître les questions (les variables) on fait désormais apparaître toutes les réponses possibles (c'est-à-dire les modalités des variables). Ainsi, à l'intersection de la ligne correspondant à l'individu i et de la colonne correspondant à la réponse numéro r de la question q (c'est-à-dire de la modalité numéro r de la variable q), on pourra lire le chiffre 1 si l'individu a choisi cette réponse et 0 sinon.

Ind.	Célib.	Veuf(ve)	Marié(e)	Div.	a1	a2	a3	Agglo.	Camp.
i1	1	0	0	0	1	0	0	1	0
i2	0	1	0	0	0	0	1	1	0
i3	0	0	1	0	0	1	0	1	0
i4	0	0	1	0	0	0	1	1	0
i5	0	0	0	1	1	0	0	0	1

TABLE 27.2 – Tableau disjonctif complet

De cette manière, le tableau de données original est transformé en le tableau 27.2 dans lequel a1 signifie « âge inférieur ou égal à 30 ans », a2 signifie « âge supérieur à 30 ans et inférieur ou égal à 60 ans » et a3 signifie « âge supérieur à 60 ans ».
On peut faire subir au tableau disjonctif complet, dont la matrice associée est notée $[Z]$, une nouvelle transformation qui conduit au *tableau de contingence de Burt*, dont la matrice associée est notée $[B]$ et obtenue en calculant le produit matriciel

$$[B] = {}^{\mathbf{t}}[Z]\,[Z]$$

D'après les propriétés du calcul matriciel, il est facile de remarquer que $[B]$ est une matrice symétrique réelle de taille 9×9 puisque $[Z]$ est une matrice de taille 5×9.

Dans notre exemple, la matrice $[B]$ correspondant au tableau de contingence de Burt est donnée par

$$[B] = \left[\begin{array}{cccc|ccc|cc} 1 & 0 & 0 & 0 & 0 & 1 & 0 & 1 & 0 \\ 0 & 1 & 0 & 0 & 0 & 0 & 1 & 1 & 0 \\ 0 & 0 & 1 & 0 & 0 & 1 & 0 & 1 & 0 \\ 0 & 0 & 0 & 1 & 1 & 0 & 0 & 0 & 1 \\ \hline 0 & 0 & 0 & 1 & 1 & 0 & 0 & 0 & 1 \\ 1 & 0 & 1 & 0 & 0 & 2 & 0 & 2 & 0 \\ 0 & 1 & 0 & 0 & 0 & 0 & 1 & 1 & 0 \\ \hline 1 & 1 & 1 & 0 & 0 & 2 & 1 & 3 & 0 \\ 0 & 0 & 0 & 1 & 1 & 0 & 0 & 0 & 1 \end{array}\right] \tag{27.1}$$

Ce tableau est en fait la juxtaposition de plusieurs tableaux de contingence croisant les variables entre elles. En écrivant la matrice $[B]$ sous la forme de blocs

$$[B] = \left[\begin{array}{c|c|c} B_{1,1} & B_{1,2} & B_{1,3} \\ \hline B_{2,1} & B_{2,2} & B_{2,3} \\ \hline B_{3,1} & B_{3,2} & B_{3,3} \end{array}\right]$$

les blocs

$$B_{1,1} = \begin{bmatrix} 1 & 0 & 0 & 0 \\ 0 & 1 & 0 & 0 \\ 0 & 0 & 1 & 0 \\ 0 & 0 & 0 & 1 \end{bmatrix} \quad \text{et} \quad B_{1,2} = \begin{bmatrix} 0 & 1 & 0 \\ 0 & 0 & 1 \\ 0 & 1 & 0 \\ 1 & 0 & 0 \end{bmatrix}$$

correspondent respectivement au croisement de la variable « situation familiale » avec elle-même et au croisement de la variable « situation familiale » avec la variable « tranche d'âge ».

2.2 Le rôle de l'analyse factorielle des correspondances

L'analyse des correspondances multiples sur le tableau de données initial 27.1 correspond à l'analyse factorielle des correspondances sur le tableau disjonctif complet 27.2.
Nous allons donc retrouver de nombreuses similitudes avec l'analyse factorielle des correspondances. En particulier, on retrouve :

1. La transformation du tableau disjonctif complet en profils lignes et colonnes.
2. L'utilisation de la distance du χ^2 (voir équation (26.2) page 733).
3. La production de deux nuages de points :
   a. Le nuage des individus, aussi appelé nuage des points lignes.
   b. Le nuage des modalités, aussi appelé nuage des points colonnes.
4. Les relations quasi-barycentriques et leurs conséquences.

3 Aspects pratiques : aide à l'interprétation

3.1 Généralités

Les règles d'interprétation de l'analyse des correspondances multiples (A.C.M.) utilisent les mêmes outils et critères que pour l'A.F.C.
En particulier :

1. Les contributions, pour les individus et les modalités, qui permettent de repérer les individus ou les modalités qui ont le plus fortement contribué à la création d'un axe.
2. Les qualités de représentation ($\cos^2$) pour les individus et les modalités permettent de mesurer la qualité des projections sur les axes et sur les plans factoriels.
3. Les coordonnées des individus ou des modalités.

Par contre, deux différences significatives doivent être mentionnées :

1. En A.C.M., il faut tenir compte des variables qui interviennent au travers de leurs modalités. La contribution d'une variable à la formation d'un axe s'obtiendra comme la somme des contributions de toutes ses modalités pour ce même axe.
2. Les valeurs propres n'ont plus d'interprétation statistique contrairement à l'analyse factorielle des correspondances dans laquelle elles donnent le taux d'inertie restitué.

3.2 Inertie du nuage des points colonnes (les modalités)

On peut étudier plusieurs inerties et pour chacune d'elles on dispose des résultats suivants :

1. L'inertie due à une variable (une question) :
   La part d'inertie due à une variable (une question) est d'autant plus grande que cette variable possède beaucoup de modalités (c'est à dire que la question possède beaucoup de réponses). En conséquence, pour éviter que certaines variables prennent une importance excessive, ou au contraire soient peu présentes dans l'analyse, il faut donc éviter des différences trop marquées entre les nombres de modalités des variables à analyser.

2. L'inertie due à une modalité (une réponse proposée dans une question) :
   La part d'inertie due à une modalité dépend de l'effectif de cette modalité : plus l'effectif est faible et plus la part d'inertie correspondant est élevée, ce qui risque de provoquer des « directions artificielles » des premiers axes factoriels. En conséquence, on évite, autant que possible, les modalités qui ont des effectifs trop faibles quitte à faire des regroupements avant l'étude.
3. L'inertie totale :
   L'inertie totale ne dépend que du nombre de variables et du nombre de modalités. Autrement dit, contrairement à l'A.C.P. et l'A.F.C., l'inertie totale n'a aucune signification statistique en A.C.M.

3.3 Les valeurs propres

Le nombre de valeurs propres est égal au nombre de modalités moins le nombre de variables. Dans l'exemple introductif, il y a au total 9 modalités pour trois variables, ce qui conduit à six valeurs propres. D'autre part, en A.C.M., les valeurs propres sont souvent très faibles avec une décroissance beaucoup plus lente qu'en A.F.C. tout en restant significatives. En particulier, les valeurs propres et les pourcentages d'inertie calculés sont obtenus à partir de la matrice $[B]$ correspondant au tableau de Burt. Ce dernier est symétrique et porte donc une information largement redondante, ce qui a pour conséquence de produire des valeurs propres qui sous estiment la quantité d'information contenue dans le tableau. Quoi qu'il en soit, on doit s'en contenter et conserver à l'esprit que ces pourcentages ont plus un rôle indicatif qu'en A.C.P. ou A.F.C. où ils étaient davantage informatifs.

Pour sélectionner les valeurs propres à conserver, et donc le nombre d'axes factoriels à étudier, on utilise souvent le critère consistant à ne conserver que les valeurs propres supérieures à l'inverse du nombre de variables. Ce critère provient du fait que la moyenne des valeurs propres est précisément égale à l'inverse du nombre de variables.

3.4 Représentations simultanées des modalités et des individus

En A.C.M., il est possible de représenter simultanément les individus et des modalités sur les plans factoriels. Cela dit, dans la pratique cette possibilité est, en général, rarement utilisée pour deux raisons essentiellement :

1. Les individus sont souvent anonymes et leur représentation n'apporte alors aucune information supplémentaire (sauf si leur représentation a pour but de mettre en évidence des zones de regroupement).
2. Le nombre d'individus est souvent très élevé, ce qui rend le nuage de points totalement illisible.

Rappelons aussi qu'à l'instar de l'analyse factorielle des correspondances, il n'y a pas de cercle des corrélations.

4 Exemple

4.1 Les données et le contexte

Les données qui suivent proviennent d'une étude de A. Bréfort (1982) sur certaines races de chiens à partir de leurs caractéristiques qualitatives, étude utilisée par M. Tenenhaus, professeur à H.E.C. et que le lecteur pourra retrouver dans [SA].
Cette enquête a été réalisée auprès de propriétaires de chiens concernant les qualités de certaines races (les individus de l'étude sont donc des races) auxquels sept questions ont été posées. Chaque question est donc une variable à deux (ou trois) modalités numérotées de un à deux (ou trois) comme suit :

1. Taille (T) : 1 = petit, 2 = moyen, 3 = grand.
2. Poids (P) : 1 = léger, 2 = moyen, 3 = lourd.
3. Vélocité (V) : 1 = lent, 2 = moyen, 3 = rapide.
4. Intelligence (I) : 1 = faible, 2 = moyenne, 3 = élevée.
5. Affection (Af) : 1 = faible, 2 = moyenne, 3 = élevée.
6. Agressivité (Ag) : 1 = faible, 2 = moyenne, 3 = élevée.
7. Fonctions (F) : Comp. = compagnie, Chasse = chasse, Utile = vocation utilitaire (garde par exemple).

Les résultats de l'enquête sont présentés dans le tableau 27.10 page 757. La nature des données, ici l'observation de plusieurs variables qualitatives sur un ensemble d'individus représentés par les races de chiens, justifie l'utilisation d'une analyse des correspondances multiples. L'objectif de l'étude est, d'une part de mettre en lumière des associations ou des oppositions entre certaines qualités et, d'autre part, puisque les individus ne sont pas anonymes, de proposer une typologie des races de chiens en fonction des qualités étudiées.

4.2 Les valeurs propres et le nombre d'axes factoriels

Cette étude comporte 7 variables pour un total de 21 modalités, ce qui conduit à $21-7=14$ valeurs propres non nulles. Neuf valeurs sont affichées dans le tableau 27.3.

	F1	F2	F3	F4	F5	F6	F7	F8	F9
V. prop.	0,49	0,39	0,22	0,16	0,15	0,10	0,08	0,04	0,02
% var.	29,26	23,14	13,24	9,87	8,92	6,11	4,88	2,68	1,44
% cum.	29,26	52,40	65,64	75,51	84,43	90,54	95,41	98,09	99,54

TABLE 27.3 – Les 9 premières valeurs propres

Pour sélectionner les axes factoriels, on peut utiliser le critère déjà proposé consistant à ne conserver que les valeurs propres supérieures à $1/7 \approx 0,14$ (7 étant le nombre de variables), ce qui conduirait à étudier quatre axes factoriels. On se contentera ici des deux premiers axes pour cette étude.

4.3 Les qualités de représentation et les contributions relatives

4.3.1 Pour les modalités

Les qualités de représentation et les contributions relatives pour les quatre premiers axes sont données respectivement dans les tableaux 27.4 et 27.5 page suivante.

MODALITES	F1	F2	F3	F4
TAILLE - 1	0,50	0,27	0,16	0,00
TAILLE - 2	0,16	0,35	0,22	0,05
TAILLE - 3	0,88	0,00	0,00	0,03
POIDS - 1	0,58	0,26	0,08	0,01
POIDS - 2	0,12	0,71	0,04	0,03
POIDS - 3	0,21	0,24	0,34	0,01
VELOCITE - 1	0,07	0,64	0,08	0,00
VELOCITE - 2	0,15	0,34	0,07	0,02
VELOCITE - 3	0,43	0,07	0,28	0,02
INTELL - 1	0,05	0,28	0,04	0,01
INTELL - 2	0,17	0,05	0,31	0,16
INTELL - 3	0,06	0,09	0,19	0,28
AFFECTION - 1	0,61	0,09	0,03	0,05
AFFECTION - 2	0,61	0,09	0,03	0,05
AGRESS - 1	0,18	0,04	0,03	0,53
AGRESS - 2	0,18	0,04	0,03	0,53
FONCT - Chasse	0,07	0,12	0,02	0,16
FONCT - Comp.	0,84	0,00	0,01	0,00
FONCT - Utile	0,44	0,07	0,05	0,15

TABLE 27.4 – Qualité de représentation des modalités, $\cos^2$

Le tableau 27.4 montre que, à quelques exceptions près, toutes les modalités sont bien représentées sur le premier plan factoriel. Pour le vérifier, il suffit d'ajouter les qualités de représentation pour les axes F_1 et F_2 et de s'assurer que la somme est au moins égal à 0,4 (selon les critères de qualité donnés dans le tableau 26.7 page 737). Les exceptions concernent les deux modalités « AGRESS-1 » et « AGRESS-2 » qui sont bien représentées sur le quatrième axe et, dans une moindre mesure, la modalité « INTELL-3 » qui est très mal représentée sur le premier plan factoriel $F_1 \times F_2$ et moyennement bien représentée sur le plan factoriel $F_3 \times F_4$.

Le tableau 27.5 montre, quant à lui, que les variables « TAILLE », « POIDS », « VÉLOCITÉ » et « AFFECTION » ont assez fortement contribué à la construction du premier plan factoriel $F_1 \times F_2$ au contraire de la variable « INTELL » qui a plutôt contribué à la construction des axes F_3 et F_4 et de la variable « AGRESS » qui est, presque à elle seule, responsable de la construction du quatrième axe (la variable « INTELL » contribue elle aussi assez fortement à la construction de cet axe).

Le bilan de cette première analyse permet de dire que le premier plan factoriel $F_1 \times F_2$ donnera une information assez pertinente sur les quatre variables « TAILLE », « POIDS », « VÉLOCITÉ » et « AFFECTION ». Par contre, pour ce qui est des deux variables « INTELL » et « AGRESS », il faudra être très prudent quant à leur interprétation étant donné leur très mauvaise qualité de représentation et leur très faible contribution à la formation de ce plan.

MODALITES	Poids abs.	Poids rel.	F1	F2	F3	F4
1	7	4,32	12,55	8,70	8,69	0,02
2	5	3,09	4,54	12,24	13,47	3,83
3	15	9,26	13,32	0,00	0,01	1,48
Total TAILLE	27	16,67	30,41	20,95	22,17	5,32
1	8	4,94	14,01	7,91	4,23	0,86
2	14	8,64	1,92	14,79	1,35	1,29
3	5	3,09	5,83	8,29	20,71	0,52
Total POIDS	27	16,67	21,76	30,99	26,30	2,67
1	10	6,17	1,58	17,37	3,61	0,02
2	8	4,94	3,64	10,24	3,48	1,18
3	9	5,56	9,76	1,89	14,14	1,38
Total VELOCITE	27	16,67	14,98	29,50	21,22	2,58
1	8	4,94	1,10	8,53	2,07	0,39
2	12	7,41	3,30	1,12	13,21	9,05
3	7	4,32	1,58	3,02	10,37	21,22
Total INTELL	27	16,67	5,98	12,67	25,65	30,66
1	13	8,02	10,75	2,10	1,07	2,72
2	14	8,64	9,98	1,95	0,99	2,53
Total AFFECTION	27	16,67	20,73	4,04	2,06	5,25
1	14	8,64	2,95	0,89	1,26	25,77
2	13	8,02	3,18	0,96	1,35	27,75
Total AGRESS	27	16,67	6,13	1,85	2,61	53,51

TABLE 27.5 – Contributions relatives des modalités

4.3.2 Pour les individus

Les qualités de représentation et les contributions relatives pour les trois premiers axes sont données respectivement dans les tableaux 27.6 et 27.7.

Le tableau 27.6 témoigne d'une assez bonne qualité de représentation pour l'ensemble des races sur le premier plan factoriel $F_1 \times F_2$ à quelques exceptions près, comme par exemple les races Colley, Epagneul F., Grand Bleu de G., Setter. Cette mauvaise représentation sur le premier plan factoriel est bien sûr liée aux caractéristiques de ces races pour lesquelles les résultats aux questions liées à l'intelligence et l'agressivité montrent un comportement assez différent vis-à-vis des autres races.

RACES	F1	F2	F3	F4
Beauceron	0,19	0,16	0,24	0,22
Basset	0,04	0,62	0,03	0,03
Berger All.	0,19	0,16	0,24	0,22
Boxer	0,11	0,42	0,24	0,10
Bull-Dog	0,64	0,17	0,02	0,05
Bull-Mastiff	0,28	0,16	0,09	0,18
Caniche	0,38	0,00	0,19	0,05
Chihuahua	0,39	0,36	0,13	0,01
Cocker	0,29	0,00	0,16	0,12
Colley	0,01	0,23	0,05	0,31
Dalmatien	0,24	0,54	0,15	0,02
Doberman	0,55	0,07	0,15	0,09
Dogue All.	0,54	0,15	0,02	0,00
Epagneul B.	0,09	0,54	0,00	0,07
Epagneul F.	0,01	0,20	0,07	0,31
Fox-Hound	0,56	0,00	0,07	0,00
Fox-Terrier	0,44	0,01	0,00	0,08
Grand Bleu de G.	0,18	0,01	0,01	0,01
Labrador	0,24	0,54	0,15	0,02
Lévrier	0,34	0,00	0,15	0,31
Mastiff	0,27	0,44	0,17	0,02
Pékinois	0,39	0,36	0,13	0,01
Pointer	0,34	0,12	0,25	0,04
Saint-Bernard	0,16	0,23	0,48	0,00
Setter	0,20	0,10	0,01	0,53
Teckel	0,64	0,17	0,02	0,05

TABLE 27.6 – Qualité de représentation des individus, $\cos^2$

4.4 Étude du premier plan factoriel

Cette étude s'appuie sur les figures 27.1 page 755 et 27.2 page 756 qui montrent respectivement les projections des modalités seules sur le premier plan factoriel $F_1 \times F_2$ et des modalités avec les individus, toujours sur le premier plan factoriel $F_1 \times F_2$.
Avant de commencer l'étude à proprement parler, il est intéressant de faire le lien entre la position des points modalités dans le plan factoriel $F_1 \times F_2$ avec les données de l'enquête. A titre d'exemple, essayons d'expliquer la proximité entre les deux modalités « taille-1 » et « poids-1 ». Cette proximité se traduit en termes d'associations : ces deux modalités sont proches parce qu'elles concernent globalement les mêmes races, en l'occurrence des races de chiens petits et légers.
En effet, comme le montre les deux premières colonnes du tableau 27.8, pour les races concernées, la réponse « petit » à la question « taille » est systématiquement associée à la réponse « léger » de la question « poids ».

RACES	Poids rel.	F1	F2	F3	F4
Beauceron	3,70	2,10	2,17	5,72	6,95
Basset	3,70	0,56	11,39	0,98	1,47
Berger All.	3,70	2,10	2,17	5,72	6,95
Boxer	3,70	1,55	7,37	7,23	3,95
Bull-Dog	3,70	8,17	2,69	0,43	1,93
Bull-Mastiff	3,70	4,19	2,97	3,02	7,93
Caniche	3,70	5,93	0,04	6,64	2,50
Chihuahua	3,70	5,45	6,35	4,05	0,54
Cocker	3,70	4,30	0,05	5,18	5,20
Colley	3,70	0,09	2,52	0,93	7,99
Dalmatien	3,70	3,25	9,36	4,62	0,72
Doberman	3,70	6,13	0,93	3,65	3,06
Dogue All.	3,70	8,00	2,78	0,55	0,16
Epagneul B.	3,70	1,49	10,83	0,03	3,16
Epagneul F.	3,70	0,11	2,31	1,39	8,61
Fox-Hound	3,70	5,83	0,02	1,68	0,05
Fox-Terrier	3,70	6,06	0,14	0,00	3,20
Grand Bleu de G.	3,70	1,99	0,09	0,13	0,31
Labrador	3,70	3,25	9,36	4,62	0,72
Lévrier	3,70	3,45	0,04	3,37	9,38
Mastiff	3,70	3,95	8,04	5,54	0,71
Pékinois	3,70	5,45	6,35	4,05	0,54
Pointer	3,70	3,68	1,72	6,01	1,18
Saint-Bernard	3,70	2,14	3,82	13,75	0,04
Setter	3,70	1,78	1,16	0,23	13,80
Teckel	3,70	8,17	2,69	0,43	1,93
Terre-Neuve	3,70	0,82	2,59	10,03	7,01

TABLE 27.7 – Contributions relatives des individus

De la même manière, on peut mettre en évidence l'éloignement entre les deux modalités « taille-1 » et « poids-3 ». Cet éloignement se traduit en termes de « répulsion » : ces deux modalités sont éloignées parce qu'elles traduisent des caractéristiques opposées qui différencient les races. En effet, il est facile de voir sur le tableau 27.10 page 757 que, pour les races concernées, la réponse « petit=1 » à la question « taille » est systématiquement opposée à la réponse « lourd=3 » de la question « poids ».
Pour faciliter la présentation, une synthèse est proposée pour le premier axe factoriel F_1 dans le tableau 27.9.

Ainsi, en s'appuyant sur la figure 27.1 et le tableau 27.9, on peut dire que le premier axe oppose, à droite, des chiens petits, légers et affectueux dont la fonction est d'être des animaux de compagnie et, à gauche, des chiens grands, lourds, rapides et agressifs dont la fonction est utilitaire (chiens de garde par exemple).

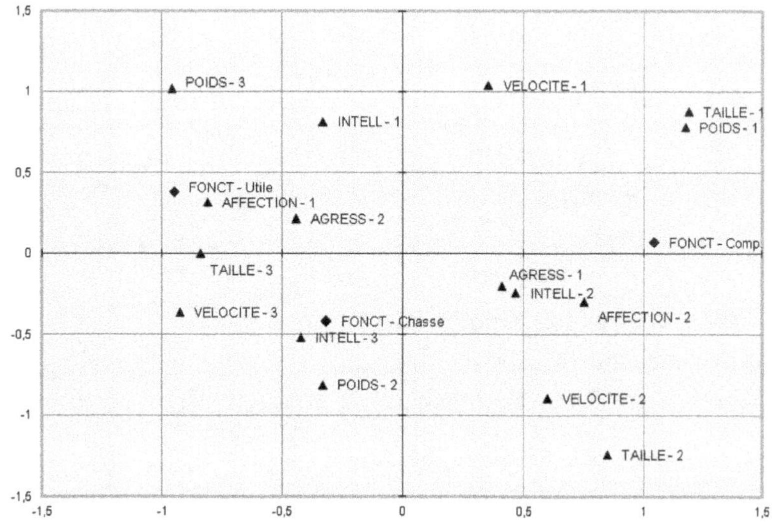

FIGURE 27.1 – Projection des modalités sur le plan factoriel $F_1 \times F_2$ pour une qualité de représentation de 51 %

Une étude semblable pour le deuxième axe $F2$ conduirait à constater que le deuxième axe oppose, en bas, des chiens intelligents, de taille et de poids moyens, plutôt rapides dont la fonction est d'être des chiens de chasse et, en haut, les chiens qualifiés de peu intelligents et peu rapides.

La superposition sur ce graphique des individus, c'est-à-dire des races de chiens, permet de proposer une typologie et de regrouper quelques races de chiens en fonction de leurs qualités.

1. Chiens de chasse : Épagneul français, Setter, Beauceron, Colley, Berger Allemand
2. Chiens de compagnie : Teckel, Bull-Dog, Fox-Terrier, Cocker, Caniche, etc.
3. Chiens à vocation utilitaire : Dogue Allemand, Bull-Mastiff, Terre-Neuve, Saint-Bernard par exemple.

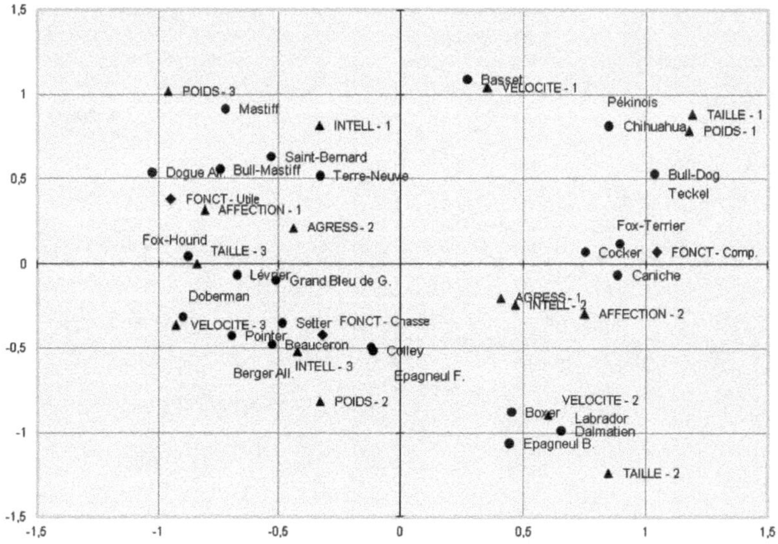

FIGURE 27.2 – Projection des modalités et des individus sur le plan factoriel $F_1 \times F_2$ pour une qualité de représentation de 51 %

RACES	T	P	V	I	Af	aG	F
Basset	1	1	1	1	1	2	Chasse
Fox-Terrier	1	1	2	2	2	2	Comp.
Bull-Dog	1	1	1	2	2	1	Comp.
Caniche	1	1	2	3	2	1	Comp.
Chihuahua	1	1	1	1	2	1	Comp.
Pékinois	1	1	1	1	2	1	Comp.
Teckel	1	1	1	2	2	1	Comp.

TABLE 27.8 – Mise en évidence de la proximité des modalités « taille-1 » et « poids-1 »

Modalités sur $F1$	
Coord. négatives	Coord. positives
TAILLE-3 (CTR=13,32% ; QLT=0,88)	TAILLE-1 (CTR=12,55% ; QLT=0,50)
POIDS-3 (CTR=5,83% ; QLT=0,21)	POIDS-1 (CTR=12,36% ; QLT=0,58)
VELOC-3 (CTR=9,76% ; QLT=0,43)	VELOC-1 (CTR=17,07% ; QLT=0,53)
	AFFEC-1 (CTR=10,75% ; QLT=0,61)
	AFFEC-2 (CTR=9,98% ; QLT=0,61)

TABLE 27.9 – Synthèse pour le premier axe factoriel F_1

RACES	T	P	V	I	Af.	Ag.	F
Beauceron	3	2	3	3	2	2	Utile
Basset	1	1	1	1	1	2	Chasse
Berger All.	3	2	3	3	2	2	Utile
Boxer	2	2	2	2	2	2	Comp.
Bull-Dog	1	1	1	2	2	1	Comp.
Bull-Mastiff	3	3	1	3	1	2	Utile
Caniche	1	1	2	3	2	1	Comp.
Chihuahua	1	1	1	1	2	1	Comp.
Cocker	2	1	1	2	2	2	Comp.
Colley	3	2	3	2	2	1	Comp.
Dalmatien	2	2	2	2	2	1	Comp.
Doberman	3	2	3	3	1	2	Utile
Dogue All.	3	3	3	1	1	2	Utile
Epagneul B.	2	2	2	3	2	1	Chasse
Epagneul F.	3	2	2	2	1	1	Chasse
Fox-Hound	3	2	3	1	1	2	Chassev
Fox-Terrier	1	1	2	2	2	2	Comp.
Grd Bleu	3	2	2	1	1	2	Chasse
Labrador	2	2	2	2	2	1	Chasse
Lévrier	3	2	3	1	1	1	Chasse
Mastiff	3	3	1	1	1	2	Utile
Pékinois	1	1	1	1	2	1	Comp.
Pointer	3	2	3	3	1	1	Chasse
Saint-Bernard	3	3	1	2	1	2	Utile
Setter	3	2	3	2	1	1	Chasse
Teckel	1	1	1	2	2	1	Comp.
Terre-Neuve	3	3	1	2	1	1	Utile

TABLE 27.10 – Enquête sur les qualités de certaines races de chiens

Sixième partie

Annexes et bibliographie

Annexe A

Notions de calcul différentiel

Dans tout ce qui suit et par souci de simplicité, nous nous limiterons à des fonctions de deux variables, c'est-à-dire des fonctions définies sur l'espace vectoriel $\mathbb{R}^2$ muni de sa structure euclidienne et de sa base canonique. Le produit scalaire de deux vecteurs $\vec{u}$ et $\vec{v}$, qui seront simplement écrits u et v, sera noté $(\vec{u}|\vec{v}) = (u|v)$. Rappelons aussi que dans cet espace, il est de coutume de confondre les structures affine (les points) et euclidienne (les vecteurs), en faisant le choix du point $O(0,0)$ comme origine, en vertu du fait qu'il existe une correspondance biunivoque entre tout point M de coordonnées (x, y) et le vecteur $\overrightarrow{OM}$ de mêmes coordonnées.

1 Notions de calcul différentiel pour les champs scalaires

1.1 Champ scalaire

Définition 197. On appelle *champ scalaire* de deux variables toute fonction f définie sur une partie de $\mathbb{R}^2$ et à valeurs dans $\mathbb{R}$.

Le résultat d'un champ scalaire est donc un scalaire et la représentation graphique d'un champ scalaire de $\mathbb{R}^2$ dans $\mathbb{R}$ est une surface d'équation cartésienne

$$\forall (x, y) \in \mathbb{R}^2, \quad f(x, y) = z \tag{A.1}$$

Précisément, c'est l'ensemble des points de l'espace $\mathbb{R}^3$ défini par

$$S = \left\{(x, y, z) \in D_f \times \mathbb{R}, \quad z = f(x, y)\right\}$$

où D_f désigne l'ensemble de définition de f.
Par exemple, la fonction $f : (x, y) \mapsto z = x^2 + y^2$ est un champ scalaire sur $\mathbb{R}^2$ dont la représentation graphique est la surface représentée dans la figure A.1.

En physique, on retrouve par exemple des champs scalaires pour décrire les valeurs de la pression ou de la température en chaque point du plan (ou de l'espace et dans ce cas il s'agit de fonctions de $\mathbb{R}^3$ dans $\mathbb{R}$).

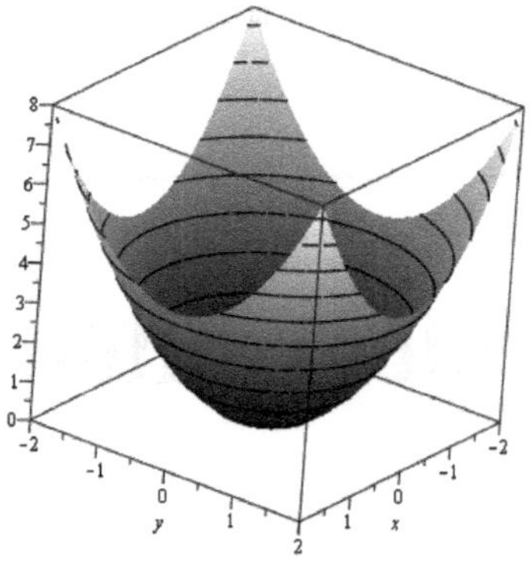

FIGURE A.1 – Surface représentative de f

1.2 Développement limité à l'ordre 1

1.2.1 Cas des fonctions de $\mathbb{R}$ dans $\mathbb{R}$

Commençons par rappeler quelques notions sur les fonctions numériques (c'est à dire de $\mathbb{R}$ dans $\mathbb{R}$). Soit donc f une fonction de classe $\mathscr{C}^1$ de $\mathbb{R}$ dans $\mathbb{R}$. f est dérivable en tout $a \in \mathbb{R}$, de nombre dérivé $f'(a)$, et on peut donner un développement limité à l'ordre 1 en a de f sous la forme

$$f(a+h) = f(a) + f'(a)h + o(h) \tag{A.2}$$

où h est un réel « petit ».

Ce développement limité est aussi appelé une *approximation affine* parce que les deux premiers termes $f(a) + f'(a)h$ du développement limité définissent l'équation de la tangente au point $A\big(a, f(a)\big)$ à la courbe de f. Précisément, en posant $x = a + h$, ce qui est équivalent à $h = x - a$, cette équation est donnée par

$$y = f(a) + f'(a)(x-a) \tag{A.3}$$

et cette tangente est la droite qui « approche le mieux » la courbe de f au voisinage du point $A\big(a, f(a)\big)$. En particulier, le coefficient directeur de cette tangente est le nombre dérivé $f'(a)$ et le nombre $f'(a)h$ indique l'accroissement en ordonnées obtenu pour un accroissement h en abscisses.

Définissons une application (linéaire), que nous noterons $\mathrm{d}f$, et qui s'applique en un « point » a et au réel h selon la formule

$$\mathrm{d}f_a(h) = f'(a)h$$

Avec ces notations, le développement limité (A.2) prend la forme

$$f(a+h) = f(a) + \mathrm{d}f_a(h) + o(h) \tag{A.4}$$

$\mathrm{d}f_a$ est alors une application linéaire de $\mathbb{R}$ dans $\mathbb{R}$ définie par

$$\mathrm{d}f_a : h \mapsto \mathrm{d}f_a(h) = f'(a)h$$

Il est possible de généraliser ces notions aux champs scalaires f de $\mathbb{R}^2$ dans $\mathbb{R}$.

1.2.2 Cas des champs scalaires sur $\mathbb{R}^2$

Définition 198. Soit f un champ scalaire défini et continu sur un ouvert $\mathcal{U}$ de $\mathbb{R}^2$ contenant le point (x_0, y_0). On dit que f possède un *développement limité à l'ordre 1* en (x_0, y_0) lorsqu'il existe un couple de réels (α, β) tels que, pour tout (h_1, h_2) tel que $(x_0 + h_1, y_0 + h_2) \in \mathcal{U}$ on ait

$$f\big(x_0 + h_1, y_0 + h_2\big) = f(x_0, y_0) + \big(\alpha h_1 + \beta h_2\big) + o\big((h_1, h_2)\big) \tag{A.5}$$

On démontre sans difficulté que si f admet un DL1 en (x_0, y_0) alors il est unique.
La notion de développement limité permet de définir la notion de différentielle de f.

1.2.3 Différentielle de f

On peut alors définir en (x_0, y_0) une forme linéaire de $\mathbb{R}^2$ dans $\mathbb{R}$, notée $\mathrm{d}f_{(x_0,y_0)}$, en écrivant pour tout (h_1, h_2) tel que $(x_0 + h_1, y_0 + h_2) \in \mathcal{U}$

$$\mathrm{d}f_{(x_0,y_0)}(h_1, h_2) = \alpha h_1 + \beta h_2 \tag{A.6}$$

Définition 199. On dit que f est *différentiable* en (x_0, y_0) lorsque f admet un développement limité à l'ordre 1 en (x_0, y_0). On a alors la formule

$$f\big(x_0 + h_1, y_0 + h_2\big) = f(x_0, y_0) + \mathrm{d}f_{(x_0,y_0)}(h_1, h_2) + o\big((h_1, h_2)\big) \tag{A.7}$$

De manière générale, on dit que f est *différentiable* sur l'ouvert $\mathcal{U}$ lorsque elle est différentiable en tout $(x_0, y_0) \in \mathcal{U}$.

Remarques. $\mathrm{d}f$ est une application de $\mathbb{R}^2$ dans l'ensemble des formes linéaires de $\mathbb{R}^2$ dans $\mathbb{R}$. En effet, une fois choisi le couple $(x_0, y_0) \in \mathbb{R}^2$, $\mathrm{d}f_{(x_0,y_0)}$ devient la forme linéaire définie de $\mathbb{R}^2$ dans $\mathbb{R}$ par la formule précédente, valable pour pour tout (h_1, h_2) tel que $(x_0 + h_1, y_0 + h_2) \in \mathcal{U}$.

On démontre sans difficulté le lien entre la différentiabilité et la continuité.

Proposition 202. Si f est *différentiable* en (x_0, y_0) alors elle est continue en (x_0, y_0). De manière générale, si f est différentiable sur l'ouvert $\mathcal{U}$ alors elle est continue sur l'ouvert $\mathcal{U}$.

1.3 Dérivées partielles premières

Définition 200.

1. On dit que f est dérivable en $u = (x_0, y_0)$ dans la direction $v = (v_1, v_2)$ lorsque

$$\lim_{t\to 0} \frac{f(x_0 + tv_1, y_0 + tv_2) - f(x_0, y_0)}{t} \in \mathbb{R}$$

2. On dit que f admet des *dérivées partielles premières* en $u = (x_0, y_0)$ lorsque f est dérivable dans les deux directions des axes de la base canonique $e_1 = (1,0)$ et $e_2 = (0,1)$. Sous réserve d'existence, on note

$$\frac{\partial f}{\partial x}(x_0, y_0) = \lim_{t\to 0} \frac{f(x_0 + t, y_0) - f(x_0, y_0)}{t}$$

$$\frac{\partial f}{\partial y}(x_0, y_0) = \lim_{t\to 0} \frac{f(x_0, y_0 + t) - f(x_0, y_0)}{t}$$

Proposition 203. Si f est différentiable sur l'ouvert $\mathcal{U}$ alors f possède des dérivées partielles sur $\mathcal{U}$ et, pour tout $h = (h_1, h_2)$ tel que $(x_0 + h_1, y_0 + h_2) \in \mathcal{U}$

$$\mathrm{d}f_{(x_0,y_0)}(h_1, h_2) = \frac{\partial f}{\partial x}(x_0, y_0)h_1 + \frac{\partial f}{\partial y}(x_0, y_0)h_2 \tag{A.8}$$

On utilise en général la notation suivante pour désigner la différentielle de f en (x_0, y_0).

$$\mathrm{d}f_{(x_0,y_0)} = \frac{\partial f}{\partial x}(x_0, y_0)\,\mathrm{d}x + \frac{\partial f}{\partial y}(x_0, y_0)\,\mathrm{d}y \tag{A.9}$$

Remarque. Les notations $\mathrm{d}x$ et $\mathrm{d}y$ sont souvent assimilées en physique à des *accroissements infinitésimaux* dans les deux directions des abscisses et des ordonnées, correspondant aux accroissements h_1 et h_2.
En toute rigueur, des accroissements infinitésimaux seraient notés δx et δy et correspondraient, comme leur nom l'indique, à une variation infinitésimale de chaque variable qui passerait de x à $x+\delta x$ et y à $y+\delta y$. Et toujours en toute rigueur, l'utilisation de ces objets conduirait non pas à une égalité mais à une approximation de la variation δf de f, c'est à dire

$$\delta f \approx \frac{\partial f}{\partial x}\delta x + \frac{\partial f}{\partial y}\delta y \tag{A.10}$$

L'utilisation, abusive, des notations $\mathrm{d}x$ et $\mathrm{d}y$ à la place de δx et δy (qui n'ont absolument pas le même statut), masque alors le passage à la limite. Cela dit, force est de constater que le formalisme du calcul différentiel autorise ce type d'« approximation ».

Pour terminer, précisons un peu plus la nature exacte des objets $\mathrm{d}x$ et $\mathrm{d}y$ (appelées des *formes différentielles* du premier ordre) et qui ne sont rien d'autre que les formes linéaires de $\mathbb{R}^2$ dans $\mathbb{R}$ définies, pour tout (h_1, h_2) de $\mathbb{R}^2$, par

$$\begin{cases} \mathrm{d}x(h_1,h_2) = h_1 \\ \mathrm{d}y(h_1,h_2) = h_2 \end{cases}$$

c'est à dire que ce sont les applications qui associent, à tout (h_1, h_2) de $\mathbb{R}^2$, respectivement sa première coordonnée h_1 et sa deuxième coordonnée h_2. Ces définitions sont liées à l'existence de l'espace dual, noté $\left(\mathbb{R}^2\right)^*$, de l'espace vectoriel $\mathbb{R}^2$. Par définition, $\left(\mathbb{R}^2\right)^*$ est l'espace des formes linéaires définies sur $\mathbb{R}^2$ (autrement dit des applications linéaires de $\mathbb{R}^2$ dans $\mathbb{R}$), c'est un espace vectoriel de dimension 2. À ce titre, il possède une base canonique notée (e_1^*, e_2^*) formée par un couple de formes linéaires définies par

$$\forall (h_1,h_2) \in \mathbb{R}^2 \quad \begin{cases} e_1^*(h_1,h_2) = h_1 \\ e_2^*(h_1,h_2) = h_2 \end{cases}$$

En d'autres termes, e_1^* et e_2^* sont les formes linéaires qui associent à chaque vecteur (x, y) de $\mathbb{R}^2$ respectivement sa première et sa seconde composante x et y. Par définition, on note ces deux formes linéaires $\mathrm{d}x = e_1^*$ et $\mathrm{d}y = e_2^*$. Ainsi, toute forme linéaire de $\left(\mathbb{R}^2\right)^*$ s'écrit alors comme combinaison linéaire de $\mathrm{d}x$ et $\mathrm{d}y$ et c'est en particulier le cas de la différentielle $\mathrm{d}f_{(x_0,y_0)}$ qui s'exprime sous la forme

$$\mathrm{d}f_{(x_0,y_0)} = \frac{\partial f}{\partial x}(x_0,y_0)\,\mathrm{d}x + \frac{\partial f}{\partial y}(x_0,y_0)\,\mathrm{d}y$$

Appliquée en (h_1, h_2), en tenant compte du fait que $\mathrm{d}x(h_1,h_2) = h_1$ et $\mathrm{d}y(h_1,h_2) = h_2$, on retrouve la formule (A.9).

Définition 201. Si f admet des dérivées partielles en tout u de l'ouvert $\mathscr{U}$, on peut définir les *fonctions dérivées partielles* sur $\mathscr{U}$ comme les fonctions

$$\frac{\partial f}{\partial x} : (x,y) \mapsto \frac{\partial f}{\partial x}(x,y) \quad \text{et} \quad \frac{\partial f}{\partial y} : (x,y) \mapsto \frac{\partial f}{\partial y}(x,y)$$

1.4 Fonctions de classe $\mathscr{C}^1$

Définition 202. On dit que f est de classe $\mathscr{C}^1$ sur l'ouvert $\mathscr{U}$ de $\mathbb{R}^2$ lorsque f admet des dérivées partielles premières sur $\mathscr{U}$ qui sont continues sur $\mathscr{U}$.

1.5 Dérivées partielles secondes

Définition 203. Soit f une fonction de classe $\mathscr{C}^1$ sur l'ouvert $\mathscr{U}$. On dit que f admet des *dérivées partielles secondes* lorsque les dérivées partielles premières admettent elle-même des dérivées partielles premières.

Pour une fonction f de $\mathbb{R}^2$ dans $\mathbb{R}$ qui possède des dérivées partielles secondes, il y a quatre dérivées partielles.

$$\frac{\partial}{\partial x}\left(\frac{\partial f}{\partial x}\right)=\frac{\partial^2 f}{\partial x^2},\quad \frac{\partial}{\partial y}\left(\frac{\partial f}{\partial y}\right)=\frac{\partial^2 f}{\partial y^2},\quad \frac{\partial}{\partial x}\left(\frac{\partial f}{\partial y}\right)=\frac{\partial^2 f}{\partial x\partial y},\quad \frac{\partial}{\partial y}\left(\frac{\partial f}{\partial x}\right)=\frac{\partial^2 f}{\partial y\partial x}$$

1.6 Fonctions de classe $\mathscr{C}^2$

Définition 204. On dit que f est de classe $\mathscr{C}^2$ sur l'ouvert $\mathscr{U}$ de $\mathbb{R}^2$ lorsque

1. f est de classe $\mathscr{C}^1$ sur $\mathscr{U}$
2. ses fonctions dérivées partielles $\dfrac{\partial f}{\partial x}$ et $\dfrac{\partial f}{\partial y}$ sont de classe $\mathscr{C}^1$ sur $\mathscr{U}$.

1.7 Théorème de Schwarz

Théorème 204. Si f est de classe $\mathscr{C}^2$ sur l'ouvert $\mathscr{U}$ de $\mathbb{R}^2$ alors

$$\forall (x,y)\in\mathscr{U},\quad \frac{\partial^2 f}{\partial x\partial y}(x,y)=\frac{\partial^2 f}{\partial y\partial x}(x,y) \tag{A.11}$$

Ce théorème réduit donc le nombre de dérivées partielles secondes d'une fonction de classe $\mathscr{C}^2$ sur un ouvert $\mathscr{U}$ de $\mathbb{R}^2$ à trois au lieu de quatre.

1.8 Plan tangent

Si un champ scalaire f est différentiable en (x_0, y_0), il possède un développement limité à l'ordre 1 et, en écrivant $h_1 = x - x_0$ et $h_2 = y - y_0$, on remarque que l'équation cartésienne

$$z = f(x_0,y_0)+\frac{\partial f}{\partial x}(x_0,y_0)(x-x_0)+\frac{\partial f}{\partial y}(x_0,y_0)(y-y_0)$$

est celle d'un plan. C'est l'équation cartésienne du *plan tangent* à la surface représentative de f d'équation $z = f(x,y)$ définie par l'ensemble (où D_f désigne l'ensemble de définition de f)

$$S=\{(x,y,z)\in D_f\times\mathbb{R},\quad z=f(x,y)\}$$

Ce plan « passe par le point » de coordonnées $\big(x_0, y_0, f(x_0,y_0)\big)$ et a pour vecteur normal $\vec{n}=(\alpha,\beta,-1)$.

1.9 Gradient d'un champ scalaire

1.9.1 Définition

Soit f un champ scalaire de deux variables différentiable en (x_0, y_0). En vertu du théorème de représentation de Riesz (Frigyes Riesz, 1880-1956, mathématicien hongrois),

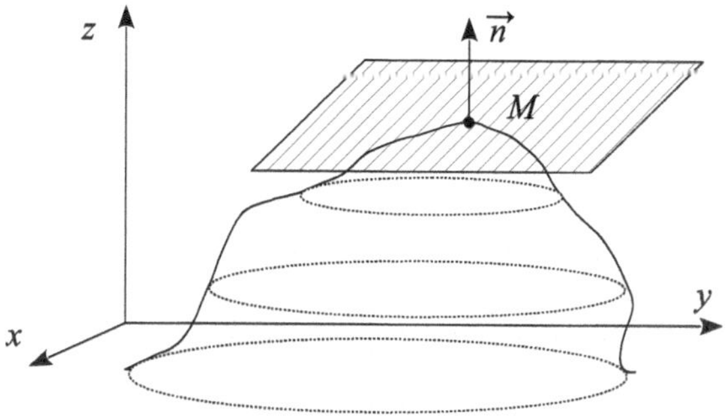

FIGURE A.2 – Illustration du plan tangent

la différentielle $\mathrm{d}f_{(x_0,y_0)}$ en (x_0, y_0) étant une forme linéaire, il existe un unique vecteur $\vec{G}$ de $\mathbb{R}^2$ tel que

$$\forall (h_1, h_2) \in \mathbb{R}^2, \quad \mathrm{d}f_{(x_0,y_0)}(h_1, h_2) = \left(\vec{G}(x_0, y_0) | \vec{h}\right)$$

On définit alors le gradient de f en (x_0, y_0), noté $\vec{\nabla} f(x_0, y_0)$, comme ce vecteur $\vec{G}(x_0, y_0)$. Ainsi, si on désigne par $\left(\vec{e_1}, \vec{e_2}\right)$ la base canonique de $\mathbb{R}^2$, alors

$$\vec{\nabla} f(x_0, y_0) = \frac{\partial f}{\partial x}(x_0, y_0)\vec{e_1} + \frac{\partial f}{\partial y}(x_0, y_0)\vec{e_2} \tag{A.12}$$

Comme tout vecteur, le gradient peut être aussi représenté, en base canonique, par la matrice colonne

$$\{G\}(x_0, y_0) = \begin{Bmatrix} \dfrac{\partial f}{\partial x}(x_0, y_0) \\ \dfrac{\partial f}{\partial y}(x_0, y_0) \end{Bmatrix}$$

Définition 205. Avec les notations précédentes, on appelle *gradient* de f en (x_0, y_0), et on note $\vec{\nabla} f(x_0, y_0)$ (lire *nabla*) ou $\overrightarrow{\mathrm{grad}}\, f(x_0, y_0)$ le vecteur défini par (A.12).

1.9.2 Interprétation du gradient

Le gradient est donc une grandeur vectorielle qui permet de mesurer les variations d'un champ scalaire en indiquant de quelle manière il varie au même titre que la dérivée d'une fonction numérique dérivable indique de quelle manière elle varie.
Chaque composante du gradient indique la variation dans chaque direction du plan (Ox) et (Oy) alors que sa norme donne une information sur l'« intensité de la variation ». Le gradient indique en effet la direction et l'intensité de la plus grande variation du champ f et il est orienté dans le sens de croissance des valeurs de la fonction.

1.9.3 Propriété d'orthogonalité du gradient vis-à-vis des courbes de niveau

Soit $f : (x, y) \mapsto f(x, y)$ est un champ scalaire défini et de classe $\mathscr{C}^1$ sur $\mathbb{R}^2$ de surface représentative, notée $\mathscr{S}$ et définie par $\mathscr{S} = \left\{(x, y, z) \in \mathbb{R}^3, \quad f(x, y) = z\right\}$.

Proposition 205. Soit $\lambda \in \mathbb{R}$. On désigne par $\mathscr{C}_\lambda$ la courbe de niveau λ

$$\mathscr{C}_\lambda = \left\{(x, y) \in \mathbb{R}^2, \quad f(x, y) = \lambda\right\}$$

Alors, en tout $(x, y) \in \mathscr{C}_\lambda$, $\overrightarrow{\nabla} f(x, y)$ est orthogonal à $\mathscr{C}_\lambda$

Démonstration.
Rappelons que pour une courbe régulière $\mathscr{C}$ du plan d'équation paramétrique définie par $t \mapsto \overrightarrow{\varphi}(t) = \big(x(t), y(t)\big)$ où $t \in \mathbb{R}$ et $\overrightarrow{\varphi}$ de classe $\mathscr{C}^1$ sur $\mathbb{R}$, dire que le vecteur non nul $\overrightarrow{u}$ est orthogonal à la courbe $\mathscr{C}$ au point $M_t\big(x(t), y(t)\big)$ signifie que

$$\overrightarrow{\varphi}'(t) \perp \overrightarrow{u} \iff \left(\overrightarrow{\varphi}'(t) | \overrightarrow{u}\right) = 0$$

Soit maintenant $\lambda \in \mathbb{R}$ un réel fixé et $\mathscr{P}$ le plan d'équation $z = \lambda$ qui est parallèle au plan (xOy). Supposons que l'intersection de $\mathscr{S}$ avec $\mathscr{P}$ est non vide et non réduite à un point et appelons la $\mathscr{C}$. On a alors

$$\mathscr{C}_\lambda = \left\{(x, y) \in \mathbb{R}^2, \quad f(x, y) = \lambda\right\}$$

La courbe $\mathscr{C}_\lambda$ est appelée *courbe de niveau* λ. Le lecteur familier avec les cartes d'état-major reconnaîtra bien sûr les courbes de niveaux qui permettent de repérer l'altitude d'un point sur la carte. Cette courbe $\mathscr{C}_\lambda$ peut être paramétrée en fonction du paramètre $t \in \mathbb{R}$ et de la fonction vectorielle $\overrightarrow{\varphi}$ de $\mathbb{R}$ dans $\mathbb{R}^2$. Définissons aussi la fonction numérique

$$g : t \mapsto g(t) = f\big(x(t), y(t)\big) = f \circ \overrightarrow{\varphi}(t)$$

Avec ces notations on a désormais

$$\mathscr{C}_\lambda = \left\{t \in \mathbb{R}, \quad g(t) = f \circ \overrightarrow{\varphi}(t) = \lambda\right\}$$

Les règles de calcul de dérivation permettent d'écrire

$$\frac{\mathrm{d}g}{\mathrm{d}t}(t) = \frac{\partial f}{\partial x}\big(x(t), y(t)\big) \cdot x'(t) + \frac{\partial f}{\partial y}\big(x(t), y(t)\big) \cdot y'(t)$$

et cette dernière formule peut être réécrite à l'aide du gradient et du produit scalaire $(\cdot|\cdot)$ sous la forme

$$\frac{\mathrm{d}g}{\mathrm{d}t}(t) = \left(\overrightarrow{\nabla} f\big(x(t), y(t)\big) | \overrightarrow{\varphi}'(t)\right)$$

Remarquons maintenant qu'en chaque point de la courbe de niveau $\mathscr{C}_\lambda$, on a $g(t) = \lambda$ ce qui implique que $\dfrac{\mathrm{d}g}{\mathrm{d}t}(t) = 0$, autrement dit

$$\frac{\mathrm{d}g}{\mathrm{d}t}(t) = 0 \iff \left(\overrightarrow{\nabla} f\big(x(t), y(t)\big) | \overrightarrow{\varphi}'(t)\right) = 0$$

Or, dire que le produit scalaire $\left(\overrightarrow{\nabla} f\big(x(t), y(t)\big) | \overrightarrow{\varphi}'(t)\right)$ est nul signifie que les vecteurs $\overrightarrow{\nabla} f\big(x(t), y(t)\big)$ et $\overrightarrow{\varphi}'(t)$ sont orthogonaux. Pour terminer, il suffit de se souvenir que $\overrightarrow{\varphi}'(t)$ est le vecteur directeur de la tangente à la courbe de niveau $\mathscr{C}_\lambda$ au point $M_t\big(x(t), y(t)\big)$ pour en conclure que, lorsque le point $M_t\big(x(t), y(t)\big)$ parcourt la courbe de niveau $\mathscr{C}_\lambda$ (dans le plan $\mathscr{P}$), le gradient $\overrightarrow{\nabla} f\big(x(t), y(t)\big)$ est toujours orthogonal à la courbe de niveau $\mathscr{C}_\lambda$. □

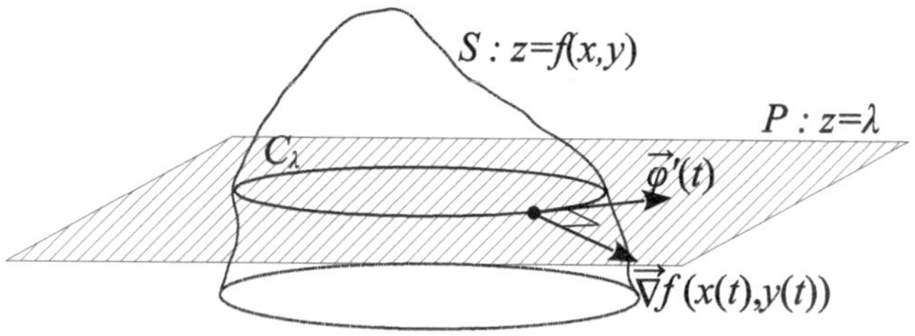

FIGURE A.3 – Les gradients sont orthogonaux à la courbe de niveau

1.9.4 Le vecteur gradient indique la direction de plus grande pente

Supposons, pour illustrer le propos, que la surface $\mathscr{S}$ d'équation $z = f(x, y)$ est une montagne et que l'on se trouve en un point $M(x, y, \lambda)$ de cette surface, à la « hauteur » λ (c'est-à-dire que la cote z est imposée à λ). On est donc sur la courbe de niveau $\mathscr{C}_\lambda$. Posons maintenant la question suivante. Tout en restant à la « hauteur » λ, c'est-à-dire dans le plan $\mathscr{P} : z = \lambda$, dans quelle direction doit-on se déplacer pour avoir le chemin qui a la pente la plus forte ? Pour cela, considérons un vecteur $\overrightarrow{h} = (h_1, h_2)$ unitaire (c'est-à-dire de norme unité) et étudions les variations du champ f dans la direction de $\overrightarrow{h}$, au point $N(x, y)$ en lequel on se trouve sur la courbe de niveau $\mathscr{C}_\lambda$ à partir de l'étude de la fonction numérique

$$g : t \mapsto g(t) = f(x + th_1, y + th_2)$$

qui mesure les variations de la fonction f dans la direction $\overrightarrow{h} = (h_1, h_2)$. Le calcul de $g'(t)$ donne

$$g'(t) = \frac{\partial f}{\partial x}(x + th_1, y + th_2) \cdot h_1 + \frac{\partial f}{\partial y}(x + th_1, y + th_2) \cdot h_2$$

c'est-à-dire, exprimée en termes de produit scalaire, cette dérivée devient

$$g'(t) = \left(\overrightarrow{\nabla} f(x + th_1, y + th_2) \middle| \overrightarrow{h}\right)$$

et

$$g'(0) = \left(\overrightarrow{\nabla} f(x, y) \middle| \overrightarrow{h}\right)$$

Par conséquent, au point $N(x, y)$ en lequel on se trouve sur la courbe de niveau $\mathscr{C}_\lambda$, $g'(0)$ est maximal lorsque les deux vecteurs $\overrightarrow{\nabla} f(x, y)$ et $\overrightarrow{h}$ sont colinéaires, autrement dit, lorsque

$$\overrightarrow{h} = \frac{\overrightarrow{\nabla} f(x, y)}{\left\|\overrightarrow{\nabla} f(x, y)\right\|}$$

et la direction de croissance maximale de f est bien la direction indiquée par le gradient.

2 Divergence et rotationnel d'un champ vectoriel

2.1 Champ vectoriel

Soient f_1 et f_2 deux champs scalaires de $\mathbb{R}^2$ dans $\mathbb{R}$. On définit la fonction vectorielle $\vec{f}$ par

$$\forall (x,y) \in \mathbb{R}^2, \quad \vec{f}(x,y) = \big(f_1(x,y), f_2(x,y)\big) \tag{A.13}$$

La fonction $\vec{f}$ ainsi définie de $\mathbb{R}^2$ dans $\mathbb{R}^2$ est appelée un *champ vectoriel* (ou *champ de vecteurs*) de composantes f_1, f_2.

2.2 Divergence d'un champ de vecteurs

Définition 206. Soit $\vec{f}$ un champ vectoriel de composantes (f_1, f_2) défini et de classe $\mathscr{C}^1$ sur $\mathbb{R}^2$. On appelle *divergence* de f, et on note $\operatorname{div}\vec{f}$, le champ scalaire de $\mathbb{R}^2$ dans $\mathbb{R}$ défini, en coordonnées cartésiennes, par

$$\forall (x,y) \in \mathbb{R}^2, \quad \operatorname{div}\vec{f}(x,y) = \frac{\partial f_1}{\partial x}(x,y) + \frac{\partial f_2}{\partial y}(x,y) \tag{A.14}$$

$\operatorname{div}\vec{f}(x,y)$ est un scalaire et son expression dépend du système de coordonnées choisi.
Le terme de « divergence » peut s'interpréter de la manière suivante. Supposons que le champ de vecteurs f soit le champ des vitesses d'un fluide en mouvement. Alors, en un point donné :

1. Si $\operatorname{div}\vec{f}(x,y) > 0$, le champ de vecteurs a tendance à « s'éloigner du point » (voir figure A.4 page 770).
2. Si $\operatorname{div}\vec{f}(x,y) < 0$, le champ de vecteurs a tendance à « s'approcher du point » (voir figure A.4 page 770).

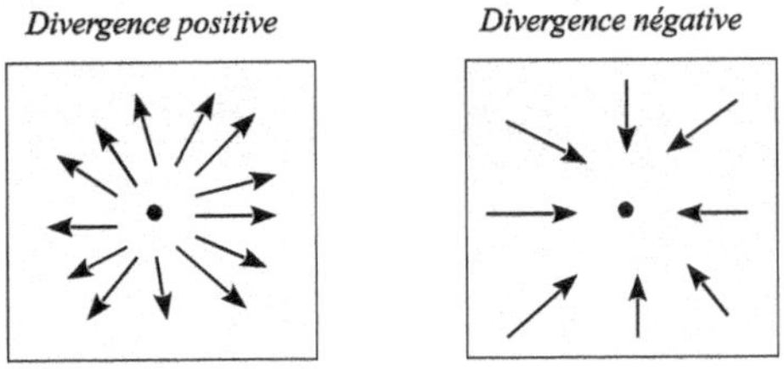

FIGURE A.4 – Interprétation du signe de la divergence en un point

2.3 Rotationnel d'un champ vectoriel

La notion de *rotationnel* est définie pour les champs vectoriels de $\mathbb{R}^3$ dans $\mathbb{R}^3$. Bien qu'elle n'intervienne pas dans ce livre et qu'elle ne soit pas définie pour les champs scalaires, elle est tout de même donnée pour satisfaire une éventuelle curiosité du lecteur.

Définition 207. Soit $\overrightarrow{f}$ un champ vectoriel de $\mathbb{R}^3$ dans $\mathbb{R}^3$ de composantes (f_1, f_2, f_3) défini et de classe $\mathscr{C}^1$ sur $\mathbb{R}^3$. On appelle *rotationnel* de f, et on note $\overrightarrow{\text{rot}}\overrightarrow{f}$, le champ vectoriel de $\mathbb{R}^3$ dans $\mathbb{R}^3$ défini, en coordonnées cartésiennes, par

$$\forall (x,y,z) \in \mathbb{R}^3, \quad \overrightarrow{\text{rot}}\overrightarrow{f}(x,y,z) = \begin{Bmatrix} \dfrac{\partial f_3}{\partial y}(x,y,z) - \dfrac{\partial f_2}{\partial z}(x,y,z) \\ \dfrac{\partial f_1}{\partial z}(x,y,z) - \dfrac{\partial f_3}{\partial x}(x,y,z) \\ \dfrac{\partial f_2}{\partial x}(x,y,z) - \dfrac{\partial f_1}{\partial y}(x,y,z) \end{Bmatrix} \tag{A.15}$$

Le rotationnel d'un champ de vecteurs de l'espace indique sa propension à « tourner » autour d'un point, ce qu'on peut exprimer en faisant référence au théorème de Stokes (George Stokes, 1819-1903, mathématicien et physicien britannique) qui s'exprime sous la forme $\int_{\delta S} (\overrightarrow{u}|\overrightarrow{\mathrm{d}l}) = \iint_S (\overrightarrow{\text{rot}}\,\overrightarrow{u}|\overrightarrow{\mathrm{d}S})$ où S désigne une surface orientée de $\mathbb{R}^3$ délimitée par le bord orienté (orientation induite par celle de S) et régulier δS, $\overrightarrow{\mathrm{d}l}$ est le vecteur directeur du bord δS en tout point, $\overrightarrow{\mathrm{d}S}$ est le vecteur associé à un élément de surface $\mathrm{d}x\,\mathrm{d}y$ qui lui est normal et de norme égale à la surface de l'élément. Ce théorème exprime l'idée intuitive suivante. Pour que la *circulation* du champ $\overrightarrow{u}$ autour d'une surface S, définie par l'intégrale $\int_{\delta S} (\overrightarrow{u}|\overrightarrow{\mathrm{d}l})$, soit non nulle, le champ $\overrightarrow{u}$ doit « tourner » autour de cette surface, ce qui conduit à dire que son rotationnel est non nul. Par contre, si le rotationnel est nul, alors la *circulation* du champ est nulle et exprime le fait que le champ ne « tourne » pas.

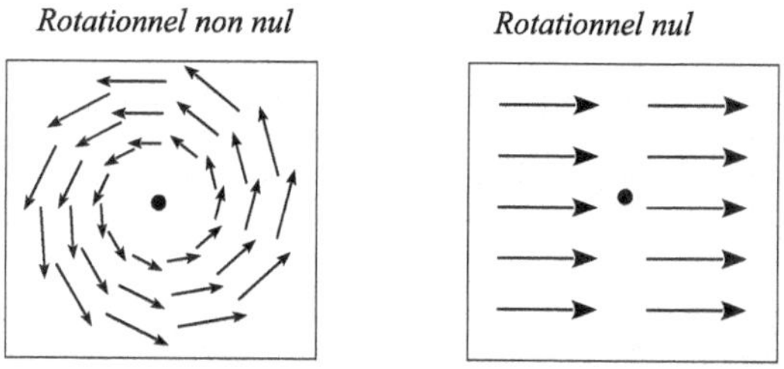

FIGURE A.5 – Interprétation du rotationnel en un point

3 Normale à un domaine et dérivée normale

Considérons une surface S de $\mathbb{R}^2$ délimitée par une courbe, appelée le *bord* (ou *frontière*) de S et notée δS. Supposons pour simplifier que δS est *régulier*, c'est à dire qu'il admet une représentation paramétrique de classe $\mathscr{C}^1$ sous la forme $t \mapsto \overrightarrow{\varphi}(t) = \big(x(t), y(t)\big)$ pour t appartenant à un intervalle I, ce qui implique qu'en tout point $M_t\big(x(t), y(t)\big)$ de δS, il existe un vecteur tangent $\overrightarrow{\varphi}'(t) = \big(x'(t), y'(t)\big)$.

On adopte aussi la convention que le domaine délimité par le *bord* se trouve à « gauche » pour une personne qui circulerait sur ce bord et dans le sens trigonométrique. En un point

$M_t\big(x(t), y(t)\big)$ du bord, dont les coordonnées sont simplement notées (x, y) pour alléger, on peut construire l'unique vecteur unitaire (c'est à dire de norme 1), noté $\vec{n}(x, y)$, orthogonal à $\vec{\varphi}'(t)$ (c'est à dire que $\big(\vec{\varphi}'(t)|\vec{n}(x, y)\big) = 0$) et dirigé vers l'« extérieur » de S, comme illustré dans la figure A.6.

Définition 208. Avec les notations précédentes, on appelle vecteur *normal* au domaine S, le champ de vecteurs de $\mathbb{R}^2$ dans $\mathbb{R}^2$, noté $\vec{n}$ et défini en tout $(x, y) \in \delta S$ comme le vecteur qui vérifie les deux propriétés suivantes.

1. Il est unitaire ($||\vec{n}(x, y)|| = 1$) et dirigé vers l'« extérieur ».
2. Il est orthogonal au vecteur tangent $\vec{\varphi}'(t) = \big(x'(t), y'(t)\big)$.

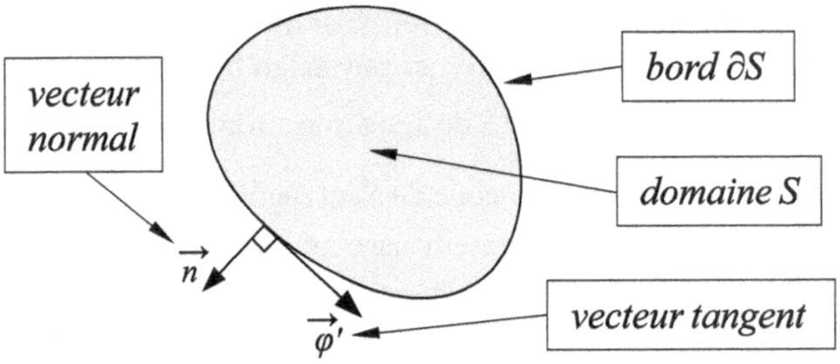

FIGURE A.6 – Illustration d'un vecteur normal

Définition 209. Soit f un champ scalaire de $\mathbb{R}^2$ dans $\mathbb{R}$ de classe $\mathscr{C}^1$ sur $\mathbb{R}^2$. Avec les notations précédentes, on appelle *dérivée normale* de f sur δS (ou le long de δS), et on note $\dfrac{\partial f}{\partial n}$ (ou $\dfrac{\partial f}{\partial \vec{n}}$), l'expression

$$\frac{\partial f}{\partial n}(x, y) = \Big(\vec{\nabla} f(x, y)\Big|\vec{n}(x, y)\Big) \tag{A.16}$$

La *dérivée normale* intervient dans la formule de la divergence (voir ci-dessous) et aussi comme condition aux limites pour certains problèmes différentiels.

4 Théorème de Green-Ostrogradski ou formule de la divergence

La formule de *la divergence* ou *théorème de la divergence* ou encore *théorème de Green-Ostrogradski* (George Green, 1793-1841, physicien britannique et Mikhaïl Vassilievitch Ostrogradsky, 1801-1062, mathématicien et physicien ukrainien) exprime le lien entre la divergence d'un champ vectoriel sur une surface S de $\mathbb{R}^2$ et le flux de ce champ à travers la frontière δS de S. Précisément, ce théorème exprime qu'il y a égalité entre l'intégrale de la divergence d'un champ vectoriel sur une surface et le flux de ce champ à travers sa frontière.

Théorème 206. de la divergence ou de Green-Ostrogradski. Soient S une surface de $\mathbb{R}^2$ de bord δS tel qu'en chaque point $M(x,y)$ de δS la normale extérieure $\overrightarrow{n}(x,y)$ en M soit définie et $\overrightarrow{f}$ un champ vectoriel défini et de classe $\mathscr{C}^1$ sur $\mathbb{R}^2$. Alors

$$\iint_S \operatorname{div}\overrightarrow{f}\ \mathrm{d}x\mathrm{d}y = \int_{\delta S}(\overrightarrow{f}\,|\,\overrightarrow{n})\mathrm{d}l \tag{A.17}$$

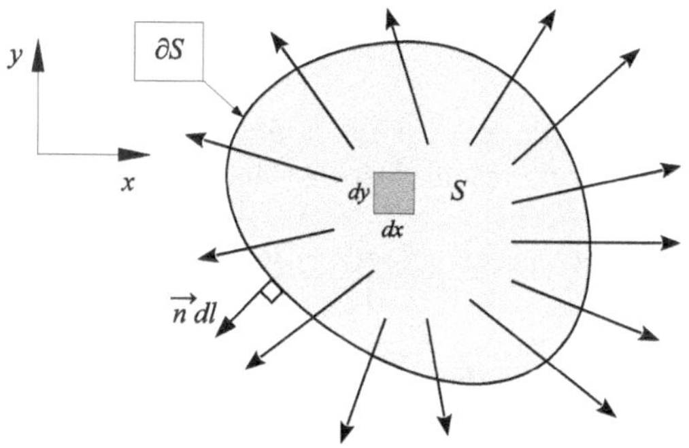

FIGURE A.7 – Illustration de la formule de la divergence

Remarques. L'intégrale $\int_{\delta S}\left(\overrightarrow{f}\,|\,\overrightarrow{n}\,\mathrm{d}l\right)$ est une intégrale de *contour* ou *curviligne*. Elle se calcule à l'aide d'un paramétrage du *bord* δS. Supposons que le bord δS soit paramétré par $\overrightarrow{\varphi} : t \mapsto \overrightarrow{\varphi}(t) = \big(x(t), y(t)\big)$ pour $t \in [t_1, t_2]$ où $x : t \mapsto x(t)$ et $y : t \mapsto y(t)$ sont deux fonctions de $[t_1, t_2]$ dans $\mathbb{R}$ de classe $\mathscr{C}^1$.
$\overrightarrow{\varphi}$ est alors dérivable et de dérivée $\overrightarrow{\varphi}'(t) = \big(x'(t), y'(t)\big)$ et sa norme est donnée par

$$||\overrightarrow{\varphi}'(t)|| = \sqrt{\big(x'(t)\big)^2 + \big(y'(t)\big)^2}$$

Notons aussi g la fonction définie, pour $t \in [t_1, t_2]$, par $g(t) = \Big(\overrightarrow{f}\big(x(t), y(t)\big)\,\big|\,\overrightarrow{n}\big(x(t), y(t)\big)\Big)$.
Alors, on a l'égalité

$$\int_{\delta S}\left(\overrightarrow{f}\,|\,\overrightarrow{n}\,\mathrm{d}l\right) = \int_{t_1}^{t_2} g(t)\cdot||\varphi'(t)||\,\mathrm{d}t$$

5 Opérateurs différentiels

On désigne par le terme d'*opérateurs différentiels* des opérateurs qui agissent sur des fonctions « assez régulières » pour qu'ils soient définis (typiquement de classe $\mathscr{C}^1$ ou $\mathscr{C}^2$).

1. **Opérateur gradient** : il est désigné par $\overrightarrow{\nabla}$ (ou encore ∇, lire *nabla*) et il est défini par

$$\overrightarrow{\nabla} = \begin{Bmatrix} \dfrac{\partial}{\partial x} \\ \dfrac{\partial}{\partial y} \end{Bmatrix} \tag{A.18}$$

Il s'applique donc à un champ scalaire f de classe $\mathscr{C}^1$ et l'on retrouve $\vec{\nabla} f = \begin{Bmatrix} \dfrac{\partial f}{\partial x} \\ \dfrac{\partial f}{\partial y} \end{Bmatrix}$.

Remarquer que l'on écrit encore $\vec{\nabla}$ pour rappeler que le gradient est un vecteur.

2. **Opérateur divergence** : il agit sur des champs vectoriels $\vec{f} = (f_1, f_2)$ de classe $\mathscr{C}^1$ sur $\mathbb{R}^2$ (ou $\mathbb{R}^3$) et il est défini à partir de l'opérateur gradient $\vec{\nabla}$ en posant

$$\operatorname{div} \vec{f} = \left(\vec{\nabla} \mid \vec{f}\right) = \frac{\partial f_1}{\partial x} + \frac{\partial f_2}{\partial y} \tag{A.19}$$

3. **Opérateur Laplacien** : noté Δ, c'est un opérateur différentiel du second ordre agissant sur les champs scalaires de classe $\mathscr{C}^2$. Il est défini par

$$\Delta = \frac{\partial^2}{\partial x^2} + \frac{\partial^2}{\partial y^2} \tag{A.20}$$

4. **Liens entre les opérateurs gradient et Laplacien** : il est facile de remarquer que l'opérateur Laplacien peut s'exprimer à partir de l' opérateur gradient de la manière suivante :

$$\Delta f = \vec{\nabla}\left(\vec{\nabla} f\right) = \frac{\partial}{\partial x}\left(\frac{\partial f}{\partial x}\right) + \frac{\partial}{\partial y}\left(\frac{\partial f}{\partial y}\right) = \frac{\partial^2 f}{\partial x^2} + \frac{\partial^2 f}{\partial y^2}$$

5. **Liens entre les opérateurs divergence, gradient et Laplacien** : il est facile de constater que

$$\operatorname{div}\left(\vec{\nabla} f\right) = \Delta f \tag{A.21}$$

6 Une formule d'intégration issue de la formule de la divergence

La *formule de la divergence* permet d'obtenir un certain nombre de relations parmi lesquelles celle qui est donnée ci-dessous sans démonstration et qui est très utile pour établir les formulations faibles en dimension 2 ou 3 (voir le chapitre consacré aux éléments finis). Elle peut être considérée comme l'équivalent en dimension supérieure à un de la formule d'intégration par parties.

Théorème 207. Pour deux champs scalaires f de classe $\mathscr{C}^2$ et g de classe $\mathscr{C}^1$ sur le même ouvert S de frontière δS « assez régulière », on a la formule suivante :

$$\begin{aligned} \iint_S \Delta f(x,y).g(x,y)\,\mathrm{d}x\,\mathrm{d}y = &-\iint_S \left(\vec{\nabla} f(x,y) \middle| \vec{\nabla} g(x,y)\right)\mathrm{d}x\,\mathrm{d}y \\ &+\int_{\delta S} g(x,y)\left(\vec{\nabla} f(x,y) \middle| \vec{\mathrm{d}l}(x,y)\right) \end{aligned} \tag{A.22}$$

où la dernière intégrale est une intégrale de contour sur la frontière δS.

Annexe B

Espaces fonctionnels

1 Espace de fonctions à décroissance rapide, à croissance lente

Les notions de fonctions à *décroissance rapide* et à *croissance lente* interviennent en traitement du signal et pour les distributions tempérées.

1.1 Espace de fonctions à *décroissance rapide*

Définition 210. Une fonction f définie sur $\mathbb{R}$ et à valeurs dans $\mathbb{R}$ ou $\mathbb{C}$ est dite à *décroissance rapide* si et seulement si le produit de f par n'importe quelle fonction polynomiale est borné sur $\mathbb{R}$. Autrement dit, pour tout entier $n \in \mathbb{N}$ on a

$$\sup_{\mathbb{R}} \left| x^n f(x) \right| \in \mathbb{R}$$

Il est alors facile de démontrer qu'une fonction à décroissance rapide tend nécessairement vers 0 en l'infini. En effet, il suffit d'appliquer la définition avec n non nul pour avoir, en posant $M > 0$ un majorant de $x \mapsto \left| x^n f(x) \right|$ sur $\mathbb{R}$

$$\forall x \in \mathbb{R}^*, \quad |f(x)| \leq \frac{M}{|x|^n}$$

ce qui prouve que

$$\lim_{|x| \to +\infty} \left| f(x) \right| = 0$$

En d'autres termes, f décroît plus rapidement que n'importe quelle puissance de x.

Remarque. On prendra garde au fait que la dénomination « à décroissance rapide » est très ambiguë parce qu'elle ne préjuge pas de la monotonie de la fonction.
Par exemple, la fonction $f : x \mapsto \mathrm{e}^{-x^2} \sin(x)$ est à décroissance rapide mais n'est pas monotone sur $\mathbb{R}$.

1.2 Espaces de fonctions à *croissance lente*

Définition 211. Une fonction f définie sur $\mathbb{R}$ et à valeurs dans $\mathbb{R}$ ou $\mathbb{C}$ est dite à *croissance lente* si et seulement si il existe un réel $K > 0$ et un entier $N \in \mathbb{N}$ tels que :

$$\forall x \in \mathbb{R}, \quad |f(x)| \leq K\left(1+x^2\right)^N$$

Remarque. Là encore, la dénomination « à croissance lente » ne préjuge pas de la monotonie de la fonction.
Par exemple, la fonction $f : x \mapsto x$ est à *croissance lente* car il est facile de vérifier que, pour tout $x \in \mathbb{R}$ on a $|x| \leq 1 + x^2$. De même, les fonctions définies sur $\mathbb{R}$ par $x \mapsto \alpha\cos(\beta x+\gamma)$ (où α, β et γ sont des constantes réelles) et $x \mapsto \alpha x + \beta$ sont à *croissance lente.*

2 Espaces de fonctions régulières au sens classique

Dans un souci de simplicité et de concision, tous les espaces proposés seront des espaces de fonctions d'une variable réelle à valeurs dans $\mathbb{R}$ ou $\mathbb{C}$. Aussi seul le mot dérivable sera utilisé (pour les fonctions de $\mathbb{R}$ dans $\mathbb{R}$ ou $\mathbb{C}$) et non différentiable (pour les fonctions de $\mathbb{R}^n$ dans $\mathbb{R}$ ou $\mathbb{C}$). Cela dit tous ces espaces possèdent une forme plus générale pour les fonctions dont la variable est vectorielle (dans $\mathbb{R}^n$) à valeurs dans $\mathbb{R}$ ou $\mathbb{C}$.

2.1 Espaces de classe $\mathscr{C}^n$ et $\mathscr{C}^\infty$

Soit I un intervalle ouvert. La régularité la plus élémentaire est la continuité. La classe des fonctions continues sur I est notée $\mathscr{C}^0(I)$. Ensuite, on peut être plus exigeant en imposant à la fonction d'être en plus dérivable et à dérivée continue, dans ce cas on parle de la classe $\mathscr{C}^1(I)$. On définit ainsi, pour un entier $n \in \mathbb{N}$, les fonctions de classe $\mathscr{C}^n(I)$ comme les fonctions qui sont (en admettant qu'une dérivée d'ordre 0 est la fonction elle-même)

1. définies et dérivables jusqu'à l'ordre n dans l'ouvert I,
2. la dérivée n-ième est elle-même continue sur I.

et, enfin, les fonctions de classe $\mathscr{C}^\infty(I)$ comme les fonctions qui sont de classe $\mathscr{C}^n(I)$ pour tout $n \in \mathbb{N}$. Tous ces espaces sont bien sûr des espaces vectoriels.

2.2 Inclusions entre les espaces $\mathscr{C}^k$

Proposition 208. Pour un intervalle I ouvert de $\mathbb{R}$ et $k \in \mathbb{N}$ on a les inclusions :

$$\mathscr{C}^\infty(I) \subset \mathscr{C}^{k+1}(I) \subset \mathscr{C}^k(I) \subset \mathscr{C}^0(I)$$

2.3 Espace des fonctions test $\mathscr{D}$ et espace de Schwartz $\mathscr{S}$

Parmi les espaces de fonctions (très) régulières, c'est-à-dire de classe $\mathscr{C}^\infty$, on en distingue deux particulièrement importants qui portent les noms d'espace des *fonctions test* et d'espace de *Schwartz.* Ces deux espaces sont à la base de la construction des distributions, du prolongement de la transformation de Fourier à l'espace des signaux d'énergie finie et des distributions tempérées. Ils contiennent tous les deux des fonctions de classe $\mathscr{C}^\infty$ sur $\mathbb{R}$ mais imposent en plus deux conditions extrêmement restrictives dont l'intérêt est évoqué dans le chapitre consacré aux distributions. L'espace des fonctions test impose à ses éléments d'être nuls en dehors d'un segment $[\alpha, \beta]$ (on dit à *support compact*) attaché à cet élément. Quant à l'espace de Schwartz, il impose à ses éléments, ainsi que toutes leurs dérivées, de décroître plus rapidement que n'importe quelle puissance de monôme.

2.4 Espace des fonctions test $\mathscr{D}$

Définition 212. On appelle espace *des fonctions test* l'espace vectoriel, noté $\mathscr{D}(\mathbb{R})$ (ou simplement $\mathscr{D}$), des fonctions φ qui vérifient les deux propriétés suivantes :

(1) φ est de classe $\mathscr{C}^\infty$ sur $\mathbb{R}$

(2) φ est nulle en dehors d'un segment $[a, b]$ (qui dépend de φ).

Remarque. Une fonction qui vérifie la propriété (2) est dite à *support compact.*

Un exemple de fonction test est fourni par la fonction $f : x \mapsto \begin{cases} e^{\frac{-1}{1-x^2}} & \text{si} \quad |x| < 1 \\ 0 & \text{si} \quad |x| \geq 1 \end{cases}$ dont on montre sans trop de difficulté qu'elle est de classe $\mathscr{C}^\infty$ sur $\mathbb{R}$ alors que son support est, par construction, $[-1, 1]$.

2.5 Espace de Schwartz $\mathscr{S}$

Définition 213. On appelle *espace de Schwartz*, et on note $\mathscr{S}(\mathbb{R})$ (ou plus simplement $\mathscr{S}$), l'espace vectoriel des fonctions de classe $\mathscr{C}^\infty$ sur $\mathbb{R}$ à valeurs dans $\mathbb{R}$ ou $\mathbb{C}$ qui sont, ainsi que toutes leurs dérivées, à décroissance rapide.
Autrement dit, en notant $f^{(k)}$ la k-ième dérivée de f :

$$\mathscr{S}(\mathbb{R}) = \left\{ f \in \mathscr{C}^\infty(\mathbb{R}), \quad \forall n \in \mathbb{N}, \quad \forall k \in \mathbb{N}, \quad \sup_{\mathbb{R}} \left| x^n f^{(k)}(x) \right| \in \mathbb{R} \right\} \tag{B.1}$$

La fonction gaussienne $x \mapsto e^{-x^2}$ est un exemple de fonction de $\mathscr{S}(\mathbb{R})$. Cet espace possède quelques propriétés utiles parmi lesquelles figurent les suivantes :

Proposition 209.

1. $\mathscr{S}(\mathbb{R}) \subset L^1(\mathbb{R})$ et $\mathscr{S}(\mathbb{R}) \subset L^2(\mathbb{R})$ (voir les espaces de Lebesgue page 780).
2. L'espace $\mathscr{S}(\mathbb{R})$ est stable par produit, autrement dit, le produit de deux fonctions de $\mathscr{S}(\mathbb{R})$ est encore élément de $\mathscr{S}(\mathbb{R})$.
3. L'espace $\mathscr{S}(\mathbb{R})$ est stable par produit par un polynôme, autrement dit, si $s \in \mathscr{S}(\mathbb{R})$ alors, pour tout $n \in \mathbb{N}$, $\left(t \mapsto t^n s(t)\right) \in \mathscr{S}$.
4. L'espace $\mathscr{S}(\mathbb{R})$ est stable par dérivation, autrement dit, si $s \in \mathscr{S}(\mathbb{R})$ alors, pour tout $n \in \mathbb{N}$, $s^{(n)} \in \mathscr{S}(\mathbb{R})$.

3 Espaces de fonctions a priori sans régularité

3.1 Introduction

Cette section présente quelques espaces de fonctions qui n'ont, a priori, aucune régularité (en particulier, les fonctions de ces espaces n'ont aucune raison d'être continues ou dérivables). Au contraire des espaces $\mathscr{C}^k$ qui sont définis à partir de la notion de dérivabilité, les espaces dont nous allons parler, appelés espaces de Lebesgue (Henri Léon Lebesgue, 1875-1941, mathématicien français) sont basés sur la notion d'intégrabilité.
Pour commencer, il est bon de faire une petite digression historique à propos de l'intégration. Il en existe de nombreuses théories, citons par exemple les théories de Riemann (Georg Friedrich Bernhard Riemann, 1826-1866, mathématicien allemand), de Lebesgue, de Daniell (Percy John Daniell, 1889-1946, mathématicien britannique), de Kurzweil et Henstock (Jaroslav Kurzweil, 1926-, mathématicien tchèque et Ralph Henstock, 1923-2007, mathématicien britannique), de Itô (Kiyoshi Itô, 1915-2008, mathématicien japonnais), etc.
Historiquement, c'est l'intégrale de Riemann qui a été développée en premier. Elle fut proposée par ce dernier dans un mémoire d'habilitation en 1854. C'est aussi la première théorie de l'intégration qui est enseignée. Cependant, elle n'est pas assez générale pour aborder certains problèmes qui imposent de prouver l'existence de primitives pour des fonctions beaucoup moins régulières que celles autorisées par la théorie de Riemann. En 1902, Lebesgue propose alors une nouvelle théorie de l'intégration, basée sur la *théorie de la mesure*, qui se révèle être très générale et particulièrement bien adaptée aux problèmes qu'ont à résoudre les physiciens. Cette théorie a eu une grande influence dans le domaine des probabilités où son formalisme s'est révélé bien adapté à une construction rigoureuse d'une théorie des probabilités. Elle est cependant difficile à appréhender et reste d'un abord théorique délicat et complexe. C'est la raison pour laquelle certains scientifiques ont cherché à généraliser l'intégrale de Riemann en tentant de s'affranchir de la difficulté de présentation liée à la théorie de la mesure. Ce sont les théories de Daniell (1920) puis de Kurzweil-Henstock (1950). Pour terminer, citons l'intégrale de Itô qui s'applique à des processus stochastiques et qui est construite à partir de l'intégrale de Riemann.
Revenons en à la théorie de Lebesgue. Malgré la difficulté des concepts sur lesquels elle s'appuie, elle est incontournable. Heureusement, pour le « commun des mortels » que nous représentons, il n'est nul besoin d'avoir une connaissance approfondie de la théorie pour utiliser l'outil de l'intégration. En effet, d'un point de vue très concret, il s'avère que les techniques de calculs pratiques (intégration par parties, changement de variable, théorème de dérivation sous intégrale, etc.) restent les mêmes avec, en prime, quelques théorèmes particulièrement puissants comme le *théorème de convergence dominée* qui permet d'obtenir certains résultats de manière rapide et élégante au contraire de la théorie de Riemann avec laquelle ces résultats sont soient inaccessibles soit particulièrement difficiles à obtenir. Pour terminer, précisons que, dans la pratique et d'un point de vue purement numérique, il n'en reste pas moins que c'est l'intégrale de Riemann qui est utilisée pour approcher numériquement les intégrales que l'on ne peut calculer de manière exacte.
Ces questions ne seront pas plus développées ici et l'on tient pour acquis dans la suite que l'on travaille avec l'intégrale de Lebesgue.

3.2 Fonctions intégrables, localement intégrables et de carré intégrable

Définition 214. Soit f une fonction définie sur l'intervalle I quelconque.

1. On dit que f est *intégrable* sur I si et seulement si
$$\int_I |f| \in \mathbb{R}$$
2. On dit que f est *de carré intégrable* sur I si et seulement si
$$\int_I |f|^2 \in \mathbb{R}$$
3. On dit que f est *localement intégrable* sur I si et seulement si, pour tout intervalle $[\alpha, \beta]$ inclus dans I
$$\int_\alpha^\beta |f| \in \mathbb{R}$$

3.3 Fonctions égales *presque partout*

Il est bien connu que deux fonctions qui diffèrent en un nombre fini de points sur un intervalle ont même intégrale. Par exemple, la figure B.1 montre les représentations graphiques de deux fonctions qui diffèrent en deux points et pour lesquelles on a pourtant $\int_I f = \int_I g$.

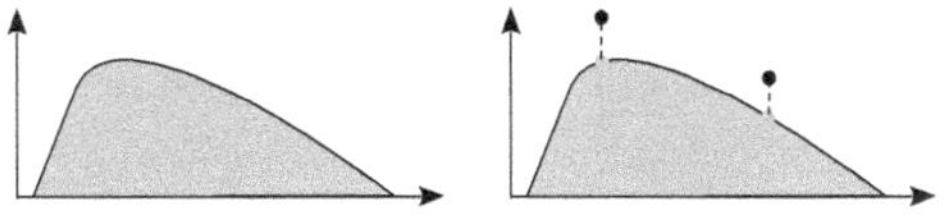

FIGURE B.1 – Deux fonctions différentes mais de même intégrale

Aussi, et pour des raisons qui seront évoquées un peu plus loin, il est nécessaire de considérer que deux fonctions qui sont égales sauf sur un *ensemble de mesure nulle* (dans notre situation, en une dimension, un ensemble fini de points est un exemple d'ensemble de mesure nulle, en deux dimensions, un segment est un exemple d'ensemble de mesure nulle) sont « égales ». Pour formaliser cela, on commence par la définition suivante.

Définition 215. On dit que deux fonctions f et g sont égales *presque partout* sur l'intervalle I si et seulement si elles sont égales sauf éventuellement sur un ensemble de mesure nulle (donc en particulier en un nombre fini de points).

On démontre alors que la relation ainsi définie entre fonctions est une *relation d'équivalence* qui permet de définir des *classes d'équivalences* de fonction égales *presque partout* (pour une fonction f, sa *classe d'équivalence* est l'ensemble de toutes les fonctions qui lui sont égales *presque partout*). En général, la classe d'équivalence d'une fonction f est désignée par l'un quelconque de ses représentants, ici ce serait par exemple f.

Dans ce contexte, lorsqu'on parle de « la » fonction nulle, il s'agit en fait d'un représentant quelconque de la *classe d'équivalence* des fonctions égales *presque partout* à la fonction identiquement nulle. Pour être plus précis, si l'on note $\tilde{0}$ la fonction identiquement nulle sur $\mathbb{R}$ définie par $\tilde{0} : x \mapsto 0$ et f la fonction définie sur $\mathbb{R}$ par

$$f : x \mapsto \begin{cases} f(x) = 1 & \text{pour } x = 0 \\ f(x) = 0 & \text{pour } x \neq 0 \end{cases}$$

alors f appartient à la *classe d'équivalence* de $\tilde{0}$ parce que

$$\int_{-\infty}^{+\infty} \tilde{0}(x)\,\mathrm{d}x = \int_{-\infty}^{+\infty} f(x)\,\mathrm{d}x = 0$$

Ainsi, on ne fait alors plus de distinction entre $\tilde{0}$ et f.

3.4 Espaces de Lebesgue

On peut maintenant définir les espaces de Lebesgue qui regroupent des (classes de) fonctions possédant certaines propriétés d'intégrabilité.

Définition 216. Soient I un intervalle quelconque et $T > 0$. On définit

1. l'*espace de Lebesgue* $L^1(I)$ comme l'espace vectoriel des (classes de) fonctions égales *presque partout* qui sont intégrables sur I, c'est à dire

$$L^1(I) = \left\{ f : I \to \mathbb{R}, \quad \int_I |f| \in \mathbb{R} \right\}$$

2. l'*espace de Lebesgue* $L^1_{loc}(I)$ comme l'espace vectoriel des (classes de) fonctions égales *presque partout* qui sont localement intégrables sur I

$$L^1_{loc}(I) = \left\{ f : I \to \mathbb{R}, \quad \forall [\alpha, \beta] \subset I, \quad \int_\alpha^\beta |f| \in \mathbb{R} \right\}$$

3. l'*espace de Lebesgue* $L^2(I)$ comme l'espace vectoriel des (classes de) fonctions égales *presque partout* de carré intégrable

$$L^2(I) = \left\{ f : I \to \mathbb{R}, \quad \int_I |f|^2 \in \mathbb{R} \right\}$$

4. l'*espace de Lebesgue* L^1_T comme l'espace vectoriel des (classes de) fonctions égales *presque partout* qui sont T-périodiques et intégrables sur I

$$L^1_T = \left\{ f : I \to \mathbb{R}, \quad T-\text{périodiques}, \int_0^T |f| \in \mathbb{R} \right\}$$

5. l'*espace de Lebesgue* L^2_T comme l'espace vectoriel des (classes de) fonctions égales *presque partout* qui sont T-périodiques et de carré intégrable sur $\mathbb{R}$

$$L^2_T = \left\{ f : I \to \mathbb{R}, \quad T-\text{périodiques}, \int_0^T |f|^2 \in \mathbb{R} \right\}$$

Remarque. En général, on note $L^1(a,b)$, $L^1(a,+\infty)$, etc. sans faire référence au fait que les bornes sont comprises ou non dans l'intervalle.

3.5 Exemple de fonctions de L^1, L^1_{loc} et L^2

Donnons quelques exemples :

1. La fonction $f : x \mapsto \dfrac{1}{1+x^2}$ est élément de $L^1(\mathbb{R})$.
   En effet, par définition,
   $$\int_{-\infty}^{+\infty} \frac{\mathrm{d}x}{1+x^2} = \lim_{b\to+\infty} \lim_{a\to-\infty} \int_a^b \frac{\mathrm{d}x}{1+x^2}$$
   et
   $$\int_{-\infty}^{+\infty} \frac{\mathrm{d}x}{1+x^2} = \lim_{b\to+\infty} \lim_{a\to-\infty} \left(\operatorname{Arctan} b - \operatorname{Arctan} a\right) = \pi$$
2. La fonction $f : x \mapsto \dfrac{1}{x}$ est élément de $L^2(1,+\infty)$ car
   $$\int_1^{\infty} \left|\frac{1}{x}\right|^2 \mathrm{d}x = \lim_{b\to+\infty} \int_1^b \frac{\mathrm{d}x}{x^2} = \lim_{b\to+\infty} \left(\frac{-1}{b} + 1\right) = 1$$
3. La fonction $f : x \mapsto \dfrac{1}{\sqrt{x}}$ est élément de $L^1_{loc}(0,+\infty)$.
   Remarquons tout d'abord que f n'est pas intégrable sur $]0,+\infty[$ car
   $$\int_0^{\infty} \left|\frac{1}{\sqrt{x}}\right| \mathrm{d}x = \lim_{b\to+\infty} \lim_{a\to0} \int_a^b \frac{\mathrm{d}x}{\sqrt{x}} = \lim_{b\to+\infty} \lim_{a\to0} \left(2\sqrt{b} - 2\sqrt{a}\right) = +\infty$$
   Par contre, pour tout intervalle $[\alpha,\beta] \subset]0,+\infty[$, l'intégrale $\displaystyle\int_\alpha^\beta \left|\frac{1}{\sqrt{x}}\right| \mathrm{d}x$ est bien définie et vaut $2\left(\sqrt{\beta} - \sqrt{\alpha}\right)$.

3.6 Lien entre les éléments des espaces $L^1(\mathbb{R})$ et $L^2(\mathbb{R})$

Il n'y a aucune relation d'inclusion entre $L^2(\mathbb{R})$ et $L^1(\mathbb{R})$. Pour s'en convaincre, il suffit de considérer les deux exemples suivants

1. Soit $f : x \mapsto \dfrac{1}{1+|x|}$: $f \in L^2(\mathbb{R})$ mais $f \notin L^1(\mathbb{R})$ donc $L^2(\mathbb{R})$ n'est pas inclus dans $L^1(\mathbb{R})$.
2. Soit $f : x \mapsto \dfrac{1}{\sqrt{|x|}(1+x^2)}$: $f \in L^1(\mathbb{R})$ mais $f \notin L^2(\mathbb{R})$ à cause d'un problème de convergence en 0 donc $L^1(\mathbb{R})$ n'est pas inclus dans $L^2(\mathbb{R})$.

Par contre, on a l'inclusion $L^2_T \subset L^1_T$ en vertu de l'inégalité de Cauchy-Schwarz. En effet, si $f \in L^2_T$, on peut écrire l'inégalité suivante qui assure que $f \in L^1_T$:

$$\left|\int_0^T f\right| \leq \sqrt{\int_0^T |f|^2} \sqrt{\int_0^T |1|^2} \leq \sqrt{T} \sqrt{\int_0^T |f|^2}$$

Enfin, $\mathscr{S}(\mathbb{R})$ est inclus dans $L^1(\mathbb{R})$: en effet, pour $f \in \mathscr{S}(\mathbb{R})$ la propriété de décroissance rapide assure la convergence de l'intégrale $\int_{-\infty}^{+\infty} |f|$.

4 Espaces de fonctions régulières au sens faible

Dans le chapitre consacré aux éléments finis, la recherche de solutions à certains problèmes différentiels imposait d'assouplir les contraintes sur les solutions. Cet assouplissement passe par une nouvelle notion de la dérivation que l'on appelle la *dérivation faible.*

4.1 Dérivation au sens faible

Considérons une fonction u de classe $\mathscr{C}^1$ sur $\mathbb{R}$ qui est donc dérivable au sens classique. Considérons maintenant une fonction test, c'est-à-dire une fonction $\varphi \in \mathscr{D}(\mathbb{R})$ et intéressons nous à l'intégrale

$$\int_{-\infty}^{+\infty} u'\varphi$$

en remarquant qu'elle est convergente parce que φ possède un support compact.
On peut calculer cette intégrale par intégration par parties (licite en raison de la régularité des fonctions en jeu). En effet, on a d'abord

$$\int_{-\infty}^{+\infty} u'\varphi = \lim_{a \to -\infty} \lim_{b \to +\infty} \int_a^b u'\varphi$$

puis

$$\int_a^b u'\varphi = [u\varphi]_a^b - \int_a^b u\varphi'$$

or, comme φ possède un support fini, le passage à la limite lorsque $a \longrightarrow -\infty$ et $b \longrightarrow +\infty$ donne $[u\varphi]_a^b \longrightarrow 0$ et on a donc

$$\int_{-\infty}^{+\infty} u'\varphi = -\int_{-\infty}^{+\infty} u\varphi'$$

Si maintenant u est plus régulière, par exemple de classe $\mathscr{C}^n$ (où $n \in \mathbb{N}^*$), on peut écrire par un raisonnement par récurrence que

$$\int_{-\infty}^{+\infty} u^{(n)}\varphi = (-1)^n \int_{-\infty}^{+\infty} u\varphi^{(n)}$$

où $u^{(n)}$ désigne la dérivée n-ième de u.

Revenons en à la première formule $\int_{-\infty}^{+\infty} u'\varphi = -\int_{-\infty}^{+\infty} u\varphi'$ pour se rendre compte que l'on peut donner un sens à cette dernière pour des fonctions beaucoup moins régulières. En effet, pour que l'intégrale $\int_{-\infty}^{+\infty} u\varphi'$ soit correctement définie, il suffit que u soit localement intégrable. Ainsi, on peut définir une nouvelle forme de dérivation de la manière suivante :

Définition 217. Soient f une fonction localement intégrable sur l'ouvert I, c'est à dire $f \in L^1_{loc}(I)$, et $n \in \mathbb{N}^*$. On dit que f est n fois dérivable *au sens faible* si et seulement si il existe une fonction localement intégrable sur l'ouvert I, notée $D^n f$, telle que

$$\int_{-\infty}^{+\infty} f\,\varphi^{(n)} = (-1)^n \int_{-\infty}^{+\infty} D^n f\,\varphi \tag{B.2}$$

$D^n f$ est encore notée $f^{(n)}$ ou $\dfrac{\mathrm{d}^n f}{\mathrm{d}x^n}$ en précisant qu'il s'agit d'une dérivée *faible*.

Nous admettrons que cette notion de dérivation faible coïncide, pour les fonctions assez régulières, avec la notion de dérivation classique.

4.2 Digression historique

Le lecteur familier avec la théorie des distributions n'aura pas manqué de reconnaître l'expression de la dérivation d'une distribution. En fait, historiquement, on doit au physicien atomique russe Sobolev (Sergueï Lvovitch Sobolev, 1908-1989, mathématicien russe), qui a laissé son nom aux espaces éponymes, d'avoir initié quelques uns des outils fondamentaux de l'analyse fonctionnelle. Il fut le premier à utiliser la notion de dérivation faible en 1935, précisément pour disposer d'une notion plus souple de fonctions généralisées, pour résoudre des équations aux dérivées partielles de la physique. Ses idées furent ensuite reprises par le mathématicien français Schwartz (Laurent Schwartz, 1915-2002, mathématicien français) pour élaborer la théorie des distributions, ce qui lui valut la médaille Fields en 1950. Cette élégante théorie permet alors de considérer la dérivation faible comme un cas particulier de la dérivation au sens des distributions.

4.3 Espaces de Sobolev

4.3.1 Espaces H^1, H^2

Après avoir introduit la notion de dérivation faible pour assouplir la nature de la régularité imposée aux solutions que l'on cherche dans certains problèmes différentiels, il convient maintenant de définir des espaces de fonctions régulières « au sens faible ». Ces espaces seront appelés des espaces de Sobolev et s'avèreront être les espaces les plus « naturels » pour résoudre une grande catégorie de problèmes différentiels.

La forme donnée des espaces de Sobolev n'est pas la plus générale (cette dernière est notée $W^{n,p}$ mais on se contente ici de quelques cas particuliers notés H^1, H^2, H^1_0 et H^2_0). En fait, les espaces H sont construits à partir des fonctions de carré intégrable, c'est-à-dire des espaces de Lebesgue L^2, alors que la forme générale W est construite à partir d'une version plus générale des espaces de Lebesgue. Il existe aussi une définition à partir de la transformation de Fourier mais qui n'est pas donnée ici.

Avant d'introduire la définition de ces espaces, rappelons que la notation $D^k f$ désigne la dérivée faible de f. On définit alors les espaces de Sobolev de la manière suivante :

Définition 218. Soit I un intervalle ouvert et borné de $\mathbb{R}$.

1. on appelle *espace de Sobolev* $H^1(I)$, le sous espace vectoriel de $L^2(I)$ défini par

$$H^1(I) = \left\{ f \in L^2(I), \quad Df \in L^2(I) \right\}$$

2. on appelle *espace de Sobolev* $H^2(I)$, le sous espace vectoriel de $L^2(I)$ défini par

$$H^2(I) = \left\{ f \in L^2(I), \quad Df \in L^2(I), \quad D^2 f \in L^2(I) \right\}$$

Remarque. En général, pour un intervalle $I =]a, b[$, on écrit $H^1(a, b)$ et $H^2(a, b)$.

4.3.2 Régularité des fonctions de H^1, H^2 et inclusions

Bien que les espaces de Sobolev soient des sous espaces de L^2 (qui contient des fonctions a priori sans régularité), ses éléments possèdent des propriétés de régularité. Précisément, on dispose des résultats suivants.

Proposition 210. Soit $I =]a, b[$ un intervalle ouvert et borné de $\mathbb{R}$.

1. Les fonctions de $H^1(a, b)$ sont des fonctions continues sur $[a, b]$ dans le sens où chaque classe de fonctions de $H^1(a, b)$ admet un représentant continu sur $[a, b]$. Autrement dit
$$H^1(a, b) \subset \mathscr{C}^0([a, b])$$

2. Les fonctions de $H^2(a, b)$ sont des fonctions de classe $\mathscr{C}^1$ sur $[a, b]$ dans le sens où chaque classe de fonctions de $H^2(a, b)$ admet un représentant de classe $\mathscr{C}^1$ sur $[a, b]$. Autrement dit
$$H^2(a, b) \subset \mathscr{C}^1([a, b])$$

4.3.3 Espaces H_0^1 et H_0^2

La définition rigoureuse des espaces H_0^1 et H_0^2 imposerait des développements théoriques qui ne sont pas envisageables ici. On se contentera donc ici d'expliquer quelques éléments.

Par définition, l'espace $H_0^1(I)$ est l'*adhérence* de l'espace des fonctions de classe $\mathscr{C}^1(I)$ à support compact, c'est-à-dire l'ensemble des limites des suites de fonctions de classe $\mathscr{C}^1(I)$ à support compact dans $H^1(I)$. De même, l'espace $H_0^2(I)$ est l'*adhérence* de l'espace des fonctions de classe $\mathscr{C}^2(I)$ à support compact, c'est-à-dire l'ensemble des limites des suites de fonctions de classe $\mathscr{C}^2(I)$ à support compact dans $H^2(I)$. Ces notions ne seront pas plus détaillées.

Le seul résultat important qui est utilisé dans cet ouvrage est fourni par la propriété suivante.

Proposition 211. Lorsque $I =]a, b[$ est un ouvert borné, on a les résultats suivants :

1. l'espace $H_0^1(a,b)$ est le sous espace de $H^1(a,b)$ des fonctions qui s'annulent en a et b. Précisément
$$H_0^1(a,b) = \left\{ f \in H^1(a,b), f(a) = f(b) = 0 \right\}$$
2. l'espace $H_0^2(a,b)$ est le sous espace de $H^2(a,b)$ des fonctions qui s'annulent, ainsi que leur première dérivée, en a et b. Précisément
$$H_0^2(a,b) = \left\{ f \in H^2(a,b), f(a) = f(b) = 0 \text{ et } f'(a) = f'(b) = 0 \right\}$$

Remarque. On remarquera que les valeurs « au bord » sont bien définies puisque, pour H^1 il existe des représentants continus et pour H^2 il existe des représentants de classe $\mathscr{C}^1$ sur $[a, b]$.

4.3.4 Quelques propriétés importantes

Les espaces de Sobolev introduits ici sont des sous espaces de L^2 et ils jouissent de propriétés particulières que ne possède pas l'espace L^2. En particulier, alors que le produit de deux fonctions de L^2 n'est pas nécessairement dans L^2, le produit de deux fonctions de H^1 est encore dans H^1 et, surtout, ce qui est remarquable, c'est la possibilité de disposer de la formule d'intégration par parties dans les espaces de Sobolev.

Théorème 212. Soit V l'un des espaces de Sobolev précédents. Si u et v sont deux fonctions de V alors $uv \in V$ et on dispose des deux formules suivantes.

1. La formule de dérivation (au sens faible) du produit
$$(uv)' = u'v + uv'$$
2. La formule d'intégration par parties
$$\int_\alpha^\beta u'v = [uv]_\alpha^\beta - \int_\alpha^\beta uv'$$

Annexe C

Espaces euclidiens

Un espace euclidien est un $\mathbb{R}$-espace vectoriel muni d'une norme qui dérive d'un produit scalaire. Comme ces espaces occupent une place importante dans de nombreux domaines, cette annexe présente quelques définitions et résultats importants liés à ces espaces. En particulier, on rappelle les définitions d'un produit scalaire, d'une norme, d'une norme euclidienne, etc.
Parmi les espaces euclidiens les plus fréquemment utilisés, on trouve les trois espaces vectoriels ($n \in \mathbb{N}^*$)

$$\begin{cases} \mathbb{R}^n \\ \mathcal{M}_{n,1}(\mathbb{R}) \\ \mathcal{M}_n(\mathbb{R}) \end{cases}$$

le second étant celui des matrices colonnes de n lignes et le troisième celui des matrices carrées de n lignes par n colonnes.
Rappelons aussi que tout vecteur $u = (u_1, \cdots, u_n) \in \mathbb{R}^n$ peut être représenté matriciellement dans la base canonique par une matrice colonne $U \in \mathcal{M}_{n,1}(\mathbb{R})$ définie par

$$U = \begin{Bmatrix} u_1 \\ \vdots \\ u_n \end{Bmatrix}$$

Aussi est-il courant de confondre le vecteur u avec sa représentation matricielle U. En toute rigueur, les deux objets sont bien sûr de nature différente mais il est tellement commode et fréquent de les confondre que ce sera souvent fait sans le rappeler. Il est tout aussi fréquent et commode d'appeler une matrice colonne un vecteur, ce qui est bien sûr un abus de langage.
Concernant l'espace vectoriel $\mathbb{R}^n$, il est aussi fréquent de confondre les structures affine (les points) et vectorielle (les vecteurs) en vertu du fait que, pour l'espace affine attaché à l'espace vectoriel $\mathbb{R}^n$, si on prend comme origine le point O de coordonnées nulles, alors un point M (de l'espace affine) a même coordonnées que le vecteur $\vec{u} = \overrightarrow{OM}$.

1 Produit scalaire

1.1 Définition

Définition 219. On appelle *produit scalaire* sur un espace vectoriel $\mathbb{R}^n$ toute application φ de $\mathbb{R}^n \times \mathbb{R}^n$ dans $\mathbb{R}$ qui vérifie les propriétés suivantes

1. φ est *bilinéaire*, c'est-à-dire que pour trois vecteurs $(u, v, w) \in \mathbb{R}^n \times \mathbb{R}^n \times \mathbb{R}^n$ et deux constantes $(\lambda, \mu) \in \mathbb{R}^2$ quelconques, on a

$$\begin{cases} \varphi(u, \lambda v + \mu w) = \lambda\varphi(u, v) + \mu\varphi(u, w) \\ \varphi(\lambda u + \mu v, w) = \lambda\varphi(u, w) + \mu\varphi(v, w) \end{cases} \tag{C.1}$$

2. φ est *symétrique*, c'est-à-dire

$$\forall (u, v) \in \mathbb{R}^n \times \mathbb{R}^n, \quad \varphi(u, v) = \varphi(v, u) \tag{C.2}$$

3. φ est *positive*, c'est-à-dire

$$\forall u \in \mathbb{R}^n, \quad \varphi(u, u) \geq 0 \tag{C.3}$$

4. φ est *définie*, c'est-à-dire

$$\forall u \in \mathbb{R}^n, \quad \varphi(u, u) = 0 \Longrightarrow u = \overrightarrow{0} \tag{C.4}$$

La notation est alors $(u \mid v)$ (ou parfois $\langle u, v\rangle$, $u.v$).

1.2 Produits scalaires canoniques sur $\mathbb{R}^n$, $\mathcal{M}_{n,1}(\mathbb{R})$ et $\mathcal{M}_n(\mathbb{R})$

Proposition 213.

1. Sur $\mathbb{R}^n$, l'application, notée $(\cdot|\cdot)$ et définie pour tous couples de vecteurs (u, v) de composantes $u = (u_1, \cdots, u_n)$ et $v = (v_1, \cdots, v_n)$, par

$$(u|v) = \sum_{k=1}^{n} u_k v_k \tag{C.5}$$

est un produit scalaire (appelé produit scalaire canonique).

2. Sur $\mathcal{M}_{n,1}(\mathbb{R})$, l'application, notée $(\cdot|\cdot)$ et définie pour tous couples de matrices colonnes (U, V) par

$$(U, V) \mapsto {}^{\mathbf{t}}U\, V \tag{C.6}$$

est un produit scalaire (appelé produit scalaire canonique).

3. Sur $\mathcal{M}_n(\mathbb{R})$, l'application, notée $(\cdot|\cdot)$ et définie pour tous couples de matrices carrées $([A], [B])$ par

$$([A], [B]) \mapsto \mathrm{Tr}\left({}^{\mathbf{t}}[A]\, [B]\right) \tag{C.7}$$

où Tr désigne la trace d'une matrice, est un produit scalaire (appelé produit scalaire canonique).

1.3 Autres produits scalaires sur $\mathbb{R}^n$, $\mathcal{M}_{n,1}(\mathbb{R})$

On parle de produit scalaire *canonique* lorsqu'on construit un produit scalaire « naturel » mais on peut bien sûr construire d'autres produits scalaires.

Proposition 214. Soient $d_1, \cdots, d_n$ des réels strictement positifs. On définit la matrice diagonale $[D]$ en posant $[D] = \text{Diag}(d_1, \cdots, d_n)$.

1. Sur $\mathbb{R}^n$, l'application, notée $(\cdot|\cdot)_D$ et définie pour tous couples de vecteurs (u, v) de composantes $u = (u_1, \cdots, u_n)$ et $v = (v_1, \cdots, v_n)$, par
$$(u|v)_D = \sum_{k=1}^{n} d_k u_k v_k \tag{C.8}$$
est un produit scalaire.
2. Sur $\mathcal{M}_{n,1}(\mathbb{R})$, l'application, notée $(\cdot|\cdot)_D$ et définie pour tous couples de matrices colonnes (U, V) par
$$(u|v)_D = {}^{\mathbf{t}}U[D]V \tag{C.9}$$
est un produit scalaire.

Remarques. Plus généralement, toute matrice symétrique définie positive convient à la place de $[D]$ (voir le chapitre 3).

2 Norme euclidienne

Commençons par rappeler la définition générale d'une norme sur un espace vectoriel E.

Définition 220. On appelle *norme* sur l'espace vectoriel E, et on note $||\cdot||$, toute application de E dans $\mathbb{R}^+$ qui vérifie les trois propriétés suivantes.

1. Elle est *homogène* :
$$\forall u \in E, \quad \forall \lambda \in \mathbb{R}, \quad ||\lambda u|| = |\lambda|\,||u|| \tag{C.10}$$
2. Elle est *séparable* :
$$\forall u \in E, \quad ||u|| = 0 \Longrightarrow u = 0_E \tag{C.11}$$
3. Elle est *sous-additive* (on dit aussi qu'elle vérifie l'*inégalité triangulaire*) :
$$\forall (u, v) \in E \times E, \quad ||u + v|| \leq ||u|| + ||v|| \tag{C.12}$$

Au produit scalaire $(\cdot|\cdot)_D$ peut être associée l'application de $\mathbb{R}^n$ dans $\mathbb{R}^+$ définie, pour tout vecteur u, par
$$u \mapsto \sqrt{(u|u)_D}$$
Cette application est bien définie puisque, pour tout u, $(u|u)_D \geq 0$ et l'on vérifie facilement que c'est une *norme*, c'est à dire une application de $\mathbb{R}^n$ dans $\mathbb{R}^+$ *homogène, séparable*. Seule l'*inégalité triangulaire* n'est pas triviale. Elle découle de l'inégalité de Cauchy-Schwarz.

Proposition 215. Soit $(\cdot|\cdot)$ un produit scalaire. Alors, pour tous couples (u,v) de vecteurs on a

$$|(u|v)| \leq \sqrt{(u|u)}\sqrt{(v|v)} \tag{C.13}$$

Démonstration.
Soit $t \in \mathbb{R}$. Intéressons-nous au produit scalaire $(u+tv|u+tv)$. Alors on peut écrire, d'une part, que

$$(u+tv|u+tv) \geq 0$$

et, d'autre part, que

$$(u+tv|u+tv) = (u|u) + 2t(u|v) + t^2(v|v)$$

Autrement dit, le polynôme du second degré

$$t \mapsto (u|u) + 2t(u|v) + t^2(v|v)$$

est toujours positif ou nul, ce qui implique nécessairement que son discriminant est négatif, c'est-à-dire

$$4(u|v)^2 - 4(u|u)(v|v) \leq 0 \Longrightarrow |(u|v)| \leq \sqrt{(u|u)}\sqrt{(v|v)}$$

□

Définition 221. Soit $(\cdot|\cdot)$ un produit scalaire sur l'espace vectoriel E. On appelle *norme (euclidienne)* sur E associée au produit scalaire $(\cdot|\cdot)$, l'application de E dans $\mathbb{R}^+$, notée $||\cdot||$, définie pour tous vecteurs u par

$$||u|| = \sqrt{(u|u)} \tag{C.14}$$

Cette *norme* permet de définir la notion de distance.

3 Distances

Définition 222. Soit $\mathbb{R}^n$ muni du produit scalaire $(\cdot|\cdot)$ et de la norme associée $||\cdot||$. Soient aussi $u = (u_1, \cdots, u_n)$ et $v = (v_1, \cdots, v_n)$ deux vecteurs. On appelle *distance* entre les deux vecteurs u et v le réel positif, noté $\mathrm{d}(u,v)$, défini par

$$\mathrm{d}(u,u) = ||v-u|| = \sqrt{(v-u|v-u)} \tag{C.15}$$

Définition 223. On appelle *distance* entre les deux points A et B le réel positif, noté $\mathrm{d}(A,B)$, défini par

$$\mathrm{d}(A,B) = ||\overrightarrow{OB} - \overrightarrow{OA}|| \tag{C.16}$$

4 Angle orienté entre deux vecteurs non nuls

Définition 224. Dans $\mathbb{R}^n$ muni du produit scalaire $(\cdot|\cdot)$ et de la norme associée $||\cdot||$, on définit le cosinus de l'angle orienté (en fait d'une mesure θ modulo 2π de cet angle orienté) entre deux vecteurs u et v non nuls par la formule :

$$\cos\theta = \frac{(u|v)}{||u||.||v||} \tag{C.17}$$

La validité de cette définition se justifie par l'inégalité de Cauchy Schwarz qui affirme que, pour deux vecteurs u et v, on a toujours $|(u|v)| \leq ||u||.||v||$ et, lorsqu'ils sont non nuls, cela garantit que $\dfrac{(u|v)}{||u||.||v||} \in [-1, 1]$.

5 Projection sur une droite vectorielle

On note simplement $(\cdot|\cdot)$ le produit scalaire et $p(u)$ le vecteur *projeté orthogonal* du vecteur u sur l'axe vectoriel $\mathbb{R}a$.

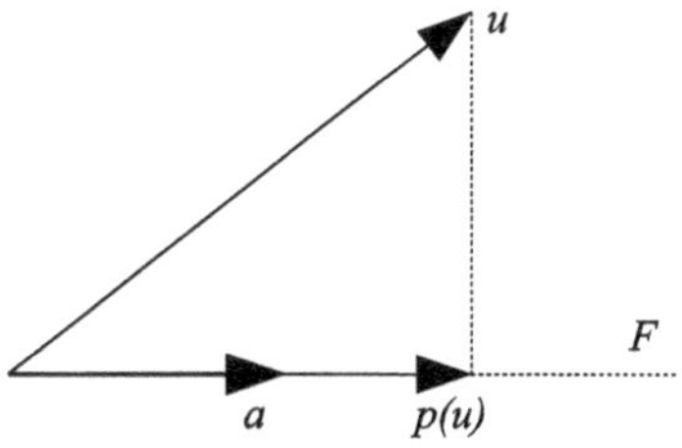

FIGURE C.1 – Projection orthogonale du vecteur u sur l'axe vectoriel $\mathbb{R}a$

Proposition 216. Le vecteur $p(u)$ est défini par

$$p(u) = (u|a)a \tag{C.18}$$

C'est l'unique vecteur de la droite vectorielle $\mathbb{R}a$ engendrée par le vecteur a qui minimise la distance $\mathrm{d}(u, b)$ lorsque b parcourt l'axe vectoriel $\mathbb{R}a$. D'autre part, on a l'inégalité $||p(u)|| \leq ||u||$ qui prouve que la norme d'un vecteur projeté est toujours inférieure ou égale à la norme du vecteur lui-même.

Ce résultat est une simple conséquence du théorème de projection orthogonale dans les espaces euclidiens et de l'inégalité de Cauchy-Schwarz.

Annexe D

Structure hilbertienne

Dans les espaces vectoriels, deux notions intimement liées sont importantes, celles de *distance* et de *convergence*. La première permet de disposer d'un « outil de mesure », grâce à une *norme*, et de savoir si un vecteur est plus ou moins « grand » qu'un autre, si deux vecteurs sont « proches », ou encore égaux. Une situation idéale est celle où la norme dérive d'un produit scalaire parce qu'elle se prête bien à une interprétation géométrique et que de nombreux résultats connus en dimension finie (espaces euclidiens) sont généralisables en dimension infinie.
Les définitions d'un produit scalaire et d'une norme données dans l'annexe C page 787 restent les mêmes en dimension infinie.

1 Espace vectoriel de Hilbert

1.1 Complétude

La notion de *complétude* est définie de manière intuitive uniquement à partir de l'exemple bien connu des nombres réels. Intuitivement, le caractère complet de cet espace se comprend en disant qu'entre deux nombres réels, aussi proches soient-il, il existe toujours d'autres réels en nombre infini. C'est en ce sens que l'on peut comprendre le sens du terme *complet* car l'espace n'a aucun « trou », il ne lui manque aucun élément. A contrario, on sent bien que l'ensemble des nombres entiers $\mathbb{N}$ n'a pas la propriété évoquée pour $\mathbb{R}$ car entre deux entiers consécutifs il n'en existe aucun autre. Cet espace a donc beaucoup de « trous ».
De manière un peu plus précise, la notion de *complétude* est liée à la notion de *convergence*. Si l'on considère l'ensemble des nombres rationnels $\mathbb{Q}$, il est classique de construire, à partir de nombres rationnels, des approximations de nombres réels comme limite de suites de rationnels. Par exemple, la racine carrée du nombre 2 (qui n'est pas un rationnel) peut-être approchée par la limite d'une suite de nombres rationnels construite à partir de l'algorithme de Heron (Heron d'Alexandrie, premier siècle après J.-C., ingénieur, mécanicien et mathématicien grec). De manière rigoureuse, un espace est dit *complet* si

et seulement si toute suite de Cauchy (Augustin Louis, baron Cauchy, 1789-1857, mathématicien français) est convergente dans cet espace. On sait en effet que si une suite est convergente, elle est nécessairement de Cauchy. Par contre, la réciproque n'est pas vraie dans le cas général. Aussi, les espaces complets sont ceux qui permettent d'avoir l'équivalence entre « suite de Cauchy » et « suite convergente ».

Nous n'en dirons pas plus et nous laisserons de côté les aspects théoriques liés à la nécessité de disposer d'un espace complet en précisant seulement que de nombreux théorèmes importants (tel celui de Lax-Milgram par exemple) ne sont valables que dans des espaces complets. Nous renvoyons le lecteur à des ouvrages spécialisés pour plus de détails.

1.2 Définition d'un espace de Hilbert

Définition 225. On appelle espace de *Hilbert* tout espace vectoriel normé (c'est à dire muni d'une norme) dont la norme dérive d'un produit scalaire et qui est en plus complet.

1.3 Base hilbertienne

Définition 226. Soit $(e_k)_{k\in\mathbb{Z}}$ une famille de vecteurs d'un espace de Hilbert H.
On dit que $(e_k)_{k\in\mathbb{Z}}$ est une *base orthonormale hilbertienne* si et seulement si c'est une famille orthonormale telle que tout vecteur de H peut être approché, avec une précision arbitraire, par une combinaison linéaire finie de vecteurs de la famille $(e_k)_{k\in\mathbb{Z}}$.
Autrement dit,

$$\forall v\in H,\quad \forall\varepsilon>0,\quad \exists N\in\mathbb{N}, \exists(v_{-N},\cdots,v_{-N})\in\mathbb{R}^{2N+1},\quad \left\|v-\sum_{k=-N}^{+N} v_k e_k\right\|<\varepsilon$$

On dit alors que l'espace $F=\bigcup_{n\in\mathbb{Z}} \mathrm{Vect}\left\{(e_k)_{-n\leq k\leq n}\right\}$ est *dense* dans H.

2 Espaces de Hilbert utiles

Plusieurs espaces de Hilbert sont particulièrement importants. Ce sont les suivants :

1. L'espace L^2, très largement utilisé en théorie du signal.
2. L'espace L^2_T qui offre un cadre naturel à la théorie des séries de Fourier.
3. Les espaces de Sobolev H^1, H^2, H^1_0, H^2_0 adaptés à la résolution de problèmes variationnels ou faibles (voir les chapitres sur les éléments finis).

Comme il a été expliqué, pour que ces espaces possèdent une structure hilbertienne, ils doivent être munis d'un produit scalaire et d'une norme dérivant de ce produit scalaire.

1. L'espace $L^2(I)$ est muni du produit scalaire canonique

$$(f|g) = \int_I f\overline{g} \tag{D.1}$$

où $\overline{g}$ désigne le conjugué de g et la norme associée est définie par

$$||f||_2 = \sqrt{\int_I |f|^2} \tag{D.2}$$

2. L'espace L^2_T est muni du produit scalaire canonique

$$(f|g) = \frac{1}{T}\int_0^T f\overline{g} \tag{D.3}$$

et de la norme associée

$$||f||_2 = \sqrt{\frac{1}{T}\int_0^T |f|^2} \tag{D.4}$$

3. Les espaces $H^1(I)$ et $H^1_0(I)$ munis du produit scalaire

$$(f|g) = \int_I (fg + Df\,Dg) \tag{D.5}$$

et de la norme associée

$$||f||_{H^1} = \sqrt{\int_I (|f|^2 + |Df|^2)} \tag{D.6}$$

où Df et Dg désignent les dérivées faibles de f et g.

4. Les espaces $H^2(I)$ et $H^2_0(I)$ munis du produit scalaire

$$(f|g) = \int_I (fg + Df\,Dg + D^2f\,D^2g) \tag{D.7}$$

et de la norme associée

$$||f||_{H^2} = \sqrt{\int_I (|f|^2 + |Df|^2 + |D^2f|^2)} \tag{D.8}$$

où Df, Dg, D^2f, D^2g désignent les dérivées faibles de f et g.

5. l'espace $H^1(\Omega)$ où Ω est un ouvert de $\mathbb{R}^2$ de bord régulier muni du produit scalaire

$$(f|g) = \iint_\Omega \left(fg + \frac{\partial f}{\partial x}\frac{\partial g}{\partial x} + \frac{\partial f}{\partial y}\frac{\partial g}{\partial y}\right) \mathrm{d}x\,\mathrm{d}y \tag{D.9}$$

et de la norme associée

$$||f||_{H^1} = \sqrt{\iint_\Omega \left(f^2 + \left|\frac{\partial f}{\partial x}\right|^2 + \left|\frac{\partial f}{\partial y}\right|^2\right) \mathrm{d}x\,\mathrm{d}y} \tag{D.10}$$

Théorème 217. Les espaces précédents, munis de leurs produits scalaires et normes respectifs, sont des espaces de Hilbert.

3 Espaces de Lebesgue et fonctions égales *presque partout*

Dans l'annexe B, les espaces de Lebesgue ont été abordés mais il n'a pas été expliqué pourquoi il était nécessaire, dans ces espaces, de raisonner en termes de classe de fonctions égales *presque partout*. Cette nécessité s'impose en raison des propriétés que doit vérifier une norme. Par exemple, pour choisir la norme sur l'espace L^2, une application naturelle est $f \mapsto N(f) = \sqrt{\int_I |f|^2}$. Or, si l'on cherche à démontrer que cette application N est bien une norme, le caractère homogène est facile à démontrer, le caractère sous additif (c'est-à-dire l'inégalité triangulaire) n'est pas immédiat mais se démontre sans trop de difficultés, par contre, le caractère séparable pose un problème en raison du fait que deux fonctions qui diffèrent en un nombre fini de points sur l'intervalle I ont même intégrale. Autrement dit, écrire $N(f) = \sqrt{\int_I |f|^2} = 0$ n'implique pas que $f = \tilde{0}$ (le symbole $\tilde{0}$ désigne la fonction nulle). Il est en effet facile d'exhiber un exemple de fonction non nulle dont l'intégrale est nulle sur l'intervalle $]0,1[$ par exemple. Il suffit de prendre la fonction f_0 définie sur $]0,1[$ par $f_0 : x \mapsto \begin{cases} 1 & \text{si} \quad x = 0,5 \\ 0 & \text{si} \quad x \neq 0,5 \end{cases}$. Il est clair que f est non nulle et que $\int_0^1 |f_0| = 0$. C'est pourquoi on est contraint de travailler non pas avec des fonctions mais avec des classes d'équivalences de fonctions égales *presque partout*. Avec ce choix, l'application $N : f \mapsto \sqrt{\int_I |f|^2}$ devient une norme sur $L^2(I)$ puisque l'on peut désormais écrire l'implication $N(f) = \sqrt{\int_I |f|^2} = 0 \Longrightarrow f = \tilde{0}$ en désignant par $\tilde{0}$ non plus la fonction identiquement nulle mais un représentant de la classe des fonctions nulles *presque partout*.

Annexe E

Convolution

1 Convolution des suites

1.1 Définition

Définition 227. Pour deux suites numériques $a = \big(a(n)\big)_{n\in\mathbb{Z}}$ et $b = \big(b(n)\big)_{n\in\mathbb{Z}}$, on appelle *produit de convolution* et on note $a * b$ la suite numérique définie, sous réserve d'existence, par la somme

$$\forall n \in \mathbb{Z}, \quad (a*b)(n) = \sum_{k=-\infty}^{+\infty} a(k)b(n-k) \tag{E.1}$$

1.2 Propriétés élémentaires

Ce « produit » possède les propriétés suivantes qui sont de vérification immédiate (et à l'origine du terme de « produit » pour désigner l'opération de convolution).

Proposition 218. Pour toutes suites numériques $a = \big(a(n)\big)_{n\in\mathbb{Z}}$, $b = \big(b(n)\big)_{n\in\mathbb{Z}}$ et $c = \big(c(n)\big)_{n\in\mathbb{Z}}$ pour lesquelles les produits de convolution ont un sens, on a les propriétés suivantes :

1. Le produit de convolution est *commutatif* : $a * b = b * a$.
2. Le produit de convolution est *associatif*. $a*(b*c) = (a*b)*c$.
3. Le produit de convolution est *distributif*. $a*(b+c) = a*b + a*c$.
4. Le produit de convolution possède un élément neutre, la suite « impulsion unité » δ (voir (15.50) page 507), c'est à dire que $a*\delta = \delta * a = a$.

1.3 Quelques conditions d'existence

Le produit de convolution n'est bien sûr pas toujours défini. La proposition suivante donne quelques conditions suffisantes d'existence utiles dans des situations particulières.

Proposition 219. Pour deux suites numériques $a = \big(a(n)\big)_{n\in\mathbb{Z}}$ et $b = \big(b(n)\big)_{n\in\mathbb{Z}}$, le produit de convolution $a * b$ est bien défini sous l'une des conditions suffisantes suivantes :

1. Si l'une des deux suites est causale (voir la définition 147 page 517) et l'autre est finie.
2. Si a et b sont causales. Dans ce cas, on a
$$\forall n \in \mathbb{Z}, \quad (a*b)(n) = \sum_{k=0}^{n} a(k)b(n-k) \tag{E.2}$$
3. Si l'une des deux suite est causale et l'autre est sommable. Par exemple, si b est causale et si a est telle que $\sum_{n\in\mathbb{Z}} |a(n)| \in \mathbb{R}$.

1.4 Expression du produit de deux séries numériques

Proposition 220. Pour deux suites numériques $a = \big(a(n)\big)_{n\in\mathbb{Z}}$ et $b = \big(b(n)\big)_{n\in\mathbb{Z}}$ dont le produit de convolution $a * b$ est bien défini et qui sont sommables, c'est à dire que $\sum_{n\in\mathbb{Z}} |a(n)| \in \mathbb{R}$ et $\sum_{n\in\mathbb{Z}} |b(n)| \in \mathbb{R}$, on a
$$\sum_{n=-\infty}^{\infty} (a*b)(n) = \left(\sum_{n=-\infty}^{\infty} a(n)\right) \times \left(\sum_{n=-\infty}^{\infty} b(n)\right) \tag{E.3}$$

Ce résultat est une simple conséquence du théorème de Fubini.

2 Convolution des fonctions

2.1 Définition

Définition 228. Soient f et g deux fonctions numériques définies sur $\mathbb{R}$. On appelle *produit de convolution* de f par g et on note $f * g$ la fonction numérique définie, sous réserve d'existence, par
$$\forall t \in \mathbb{R}, \quad f * g(t) = \int_{-\infty}^{+\infty} f(x)g(t-x)\,\mathrm{d}x \tag{E.4}$$

Cette définition est donnée pour des fonctions numériques. Un cadre très naturel pour la convolution est celui des distributions

2.2 Exemple

Donnons de suite un exemple très simple qui permet de calculer effectivement le produit $f * g$ en choisissant

$$f : t \mapsto \begin{cases} 1 & \text{pour} \quad t \in [-1,1] \\ 0 & \text{pour} \quad t \notin [-1,1] \end{cases} \qquad \text{et} \qquad g : t \mapsto \begin{cases} t & \text{pour} \quad t \in [-1,1] \\ 0 & \text{pour} \quad t \notin [-1,1] \end{cases}$$

f et g sont ont des supports bornés et nous allons voir que produit $f * g$ existe alors. Pour cela, en appliquant la formule (E.4) on constate que l'expression

$$\forall t \in \mathbb{R}, \quad f * g(t) = \int_{-\infty}^{+\infty} f(t-x) g(x) \, \mathrm{d}x$$

se simplifie en

$$\forall t \in \mathbb{R}, \quad f * g(t) = \int_{-1}^{1} x f(t-x) \, \mathrm{d}x$$

parce que la fonction $g : x \mapsto g(x)$ est nulle en dehors de $[-1,1]$ et vaut x lorsque $x \in [-1,1]$. Autrement dit, l'intégrale existe. Observons maintenant le support, à t fixé, de la fonction $x \mapsto f(t-x)$. Nous savons que f est nulle en dehors de $[-1,1]$, c'est à dire que

$$\begin{cases} f(t-x) = 1 & \Leftrightarrow \quad -1 \leq t - x \leq 1 \\ f(t-x) = 0 & \Leftrightarrow \quad t - x \leq -1 \text{ ou } 1 \leq t - x \end{cases}$$

Or, $-1 \leq t - x \leq 1 \Leftrightarrow t - 1 \leq x \leq t + 1$ et on doit donc s'intéresser à l'intersection de l'intervalle $[-1,1]$ avec l'intervalle $[t-1, t+1]$ pour chaque valeur de t. Plusieurs situations peuvent se présenter, comme illustré dans la figure E.1.

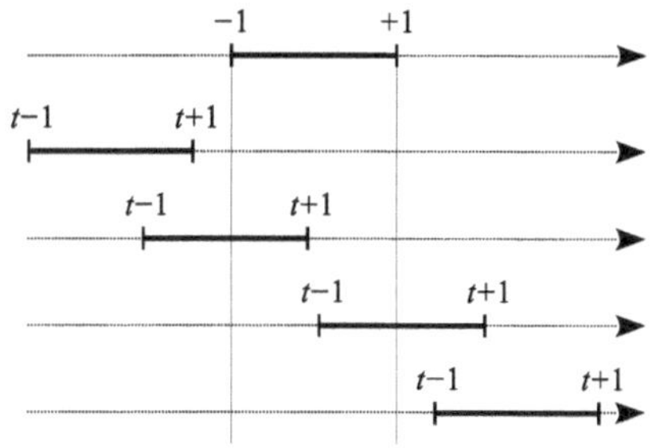

FIGURE E.1 – Quatre cas à envisager selon la valeur de t

On a donc les différents cas suivants :

1. $t + 1 \leq -1 \Leftrightarrow t \leq -2 \Leftrightarrow f(t-x) = 0$ et dans ce cas

$$f * g(t) = \int_{-1}^{1} x \times 0 \, \mathrm{d}x = 0$$

2. $\begin{cases} t - 1 \leq -1 \\ -1 \leq t - 1 \leq 1 \end{cases} \Leftrightarrow -2 \leq t \leq 0 \Leftrightarrow f(t-x) = 1$ et dans ce cas

$$f * g(t) = \int_{-1}^{t+1} x \times 1 \, \mathrm{d}x = \frac{1}{2}\left((t+1)^2 - 1\right) = \frac{t(t+2)}{2}$$

3. $\left\{\begin{array}{l} -1 \leq t-1 \leq 1 \\ 1 \leq t+1 \end{array}\right. \Leftrightarrow 0 \leq t \leq 2 \Leftrightarrow f(t-x) = 1$ et dans ce cas

$$f * g(t) = \int_{t-1}^{1} x \times 1 \, \mathrm{d}x = \frac{1}{2}\left(1-(t-1)^2\right) = \frac{t(2-t)}{2}$$

4. $1 \leq t-1 \Leftrightarrow 2 \leq t \Leftrightarrow f(t-x) = 0$ et dans ce cas

$$f * g(t) = \int_{-1}^{1} x \times 0 \, \mathrm{d}x = 0$$

Finalement, on obtient la fonction $t \mapsto f * g(t)$ définie par

$$\left\{\begin{array}{lll} f * g(t) = 0 & \text{pour} & t \leq -2 \\ f * g(t) = \dfrac{t(2+t)}{2} & \text{pour} & -2 \leq t \leq 0 \\ f * g(t) = \dfrac{t(2-t)}{2} & \text{pour} & 0 \leq t \leq 2 \\ f * g(t) = 0 & \text{pour} & 2 \leq t \end{array}\right.$$

Le lecteur remarquera que le produit $f * g$ est une fonction continue alors même que ni f ni g n'est continue. On appelle cela l'effet *régularisant* de la convolution.

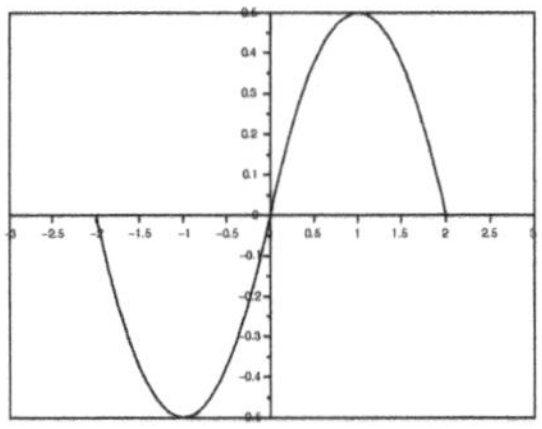

FIGURE E.2 – Représentation graphique de $f * g$

2.3 Propriétés élémentaires

Ce « produit » possède les propriétés suivantes qui sont de vérification immédiate.

Proposition 221. Pour des fonctions numériques f, g et h pour lesquelles les produits de convolution ont un sens, on a les propriétés suivantes :

1. Le produit de convolution est *commutatif* : $f * g = g * f$.
2. Le produit de convolution est *associatif.* $f * (g * h) = (f * g) * h$.
3. Le produit de convolution est *distributif.* $f * (g + h) = f * g + f * h$.
4. Dans l'algèbre de convolution $\mathscr{D}'_+$, le produit de convolution possède un élément neutre, la distribution de Dirac δ (voir la section 10 page 426 du chapitre 12), c'est à dire que $f * \delta = \delta * f = f$.

2.4 Quelques conditions suffisantes d'existence

Le produit de convolution des fonctions, à l'instar de celui défini pour les suites, n'est pas toujours défini, loin s'en faut. La proposition suivante donne quelques conditions suffisantes d'existence dont le lecteur trouvera les démonstrations et les compléments utiles dans [*GW*] par exemple.

Proposition 222. Quelques conditions suffisantes d'existence du produit de convolution de deux fonctions.

1. Si f et g sont deux fonctions intégrables sur $\mathbb{R}$, c'est-à-dire dans $L^1(\mathbb{R})$, alors le produit de convolution $f * g$ existe et définit une fonction intégrable sur $\mathbb{R}$.
   Autrement dit :
   $$\forall f \in L^1(\mathbb{R}), \quad \forall g \in L^1(\mathbb{R}) \Longrightarrow f * g \in L^1(\mathbb{R})$$
2. Si f et g sont deux fonctions de carré intégrable sur $\mathbb{R}$, c'est-à-dire dans $L^2(\mathbb{R})$, alors le produit de convolution $f * g$ existe et définit une fonction continue (et bornée) sur $\mathbb{R}$.
   Autrement dit :
   $$\forall f \in L^2(\mathbb{R}), \quad \forall g \in L^2(\mathbb{R}) \Longrightarrow f * g \in \mathscr{C}^0(\mathbb{R})$$
3. Si f est une fonction de $L^2(\mathbb{R})$ et g une fonction de $L^1(\mathbb{R})$ alors le produit de convolution $f * g$ existe et définit une fonction de $L^2(\mathbb{R})$.
   Autrement dit :
   $$\forall f \in L^2(\mathbb{R}), \quad \forall g \in L^1(\mathbb{R}) \Longrightarrow f * g \in L^2(\mathbb{R})$$
4. Si f est une fonction localement intégrable sur $\mathbb{R}$, c'est-à-dire de $L^1_{loc}(\mathbb{R})$, et bornée sur $\mathbb{R}$ et g est une fonction intégrable sur $\mathbb{R}$ alors le produit de convolution $f * g$ existe et définit une fonction bornée sur $\mathbb{R}$.
   Autrement dit :
   $$\forall f \in L^1_{loc}(\mathbb{R}) \text{ bornée}, \quad \forall g \in L^1(\mathbb{R}) \Longrightarrow f * g \text{ existe et est bornée sur } \mathbb{R}$$
5. Si f et g sont continues par morceaux sur $\mathbb{R}$ et causales (donc nulles pour les valeurs négatives de la variable) alors le produit de convolution $f * g$ existe et définit une fonction continue sur $\mathbb{R}$ et causale.

D'autre part, lorsque les deux fonctions f et g sont causales, sous réserve d'existence du produit de convolution, on a la formule suivante.

$$\forall t \in \mathbb{R}, \quad f * g(t) = \int_0^t f(x)g(t-x)\,\mathrm{d}x \tag{E.5}$$

2.5 Expression du produit de deux intégrales

Proposition 223. Pour deux fonctions numériques f et g intégrables sur $\mathbb{R}$, dont le produit de convolution $f * g$ est donc bien défini, on a

$$\int_{-\infty}^{+\infty} (f * g)(t)\,\mathrm{d}t = \left(\int_{-\infty}^{+\infty} f(t)\,\mathrm{d}t\right) \times \left(\int_{-\infty}^{+\infty} g(t)\,\mathrm{d}t\right) \tag{E.6}$$

Ce résultat est une simple conséquence du théorème de Fubini.

Annexe F

Principe des travaux virtuels

En mécanique des milieux déformables, le principe des travaux virtuels énonce que le travail du champ des contraintes σ dans un champ de déformations virtuelles ε^* (travail virtuel des forces intérieures) est égal au travail des forces extérieures (forces de volume, de surface, ponctuelle, etc.) dans un champ de déplacements virtuels u^*.

L'utilisation de ce principe fondamental permet d'obtenir la formulation faible d'un problème de mécanique sans passer par les équations locales du mouvement. Il fait donc le lien entre les approches « abstraite » et « concrète ». Son énoncé fait intervenir les tenseurs des déformations et des contraintes. En vertu de la symétrie de ces tenseurs d'ordre 2, ils sont représentés par des matrices symétriques de 3 lignes par 3 colonnes, donc 9 coefficients, dont seulement 6 sont a priori différents. Aussi est-il commode d'écrire ces tenseurs sous une forme vectorielle grâce à la notation de Voigt (Woldemar Voigt, 1850-1919, physicien allemand). Précisément, la représentation matricielle du tenseur des contraintes

$$[\sigma] = \begin{bmatrix} \sigma_{xx} & \sigma_{xy} & \sigma_{xz} \\ \sigma_{yx} & \sigma_{yy} & \sigma_{yz} \\ \sigma_{zx} & \sigma_{zy} & \sigma_{zz} \end{bmatrix}$$

est écrite, en ligne,

$$< \sigma > = < \sigma_{xx}, \sigma_{yy}, \sigma_{zz}, \sigma_{yz}, \sigma_{xz}, \sigma_{xy} >$$

et, de même pour la représentation matricielle du tenseur des déformations

$$[\varepsilon] = \begin{bmatrix} \varepsilon_{xx} & \varepsilon_{xy} & \varepsilon_{xz} \\ \varepsilon_{yx} & \varepsilon_{yy} & \varepsilon_{yz} \\ \varepsilon_{zx} & \varepsilon_{zy} & \varepsilon_{zz} \end{bmatrix}$$

qui est écrite

$$< \varepsilon > = < \varepsilon_{xx}, \varepsilon_{yy}, \varepsilon_{zz}, \varepsilon_{yz}, \varepsilon_{xz}, \varepsilon_{xy} >$$

Maintenant, pour un solide occupant le volume $\mathcal{V}$ de $\mathbb{R}^3$ délimité par la surface régulière $\mathcal{S}$, le travail virtuel du champ des contraintes σ dans un champ de déformations virtuelles

ε^* est, en notant $\mathrm{d}\mathcal{V}$ un élément de volume

$$W_c = \iiint_{\mathcal{V}} < \sigma > \{\varepsilon^*\}\mathrm{d}\mathcal{V}$$

et le travail virtuel des forces extérieures (en notant f_v le champ des forces volumiques, f_s celui des forces surfaciques et $< f_v >$ et $< f_s >$ les représentations matricielles en ligne (à 3 composantes) de ces champs) est, en notant $\mathrm{d}\mathcal{S}$ un élément de surface et u^* le champ des déplacements virtuels représenté par la matrice colonne (à 3 composantes) $\{u^*\}$

$$W_f = \iiint_{\mathcal{V}} < f_v > \{u^*\}\mathrm{d}\mathcal{V} + \iint_{\mathcal{S}} < f_s > \{u^*\}\mathrm{d}\mathcal{S}$$

Dans la pratique, on cherche à évaluer le champ u des déplacements dont la représentation matricielle (sous forme d'une colonne de 3 composantes) $\{u\}$ est reliée à la colonne des déformations $\{\varepsilon\}$ par une matrice d'opérateurs différentiels $[L]$ (du type $\frac{\partial}{\partial x}, \frac{\partial}{\partial y}$ ...) par la relation

$$\{\varepsilon\} = [L]\{u\}$$

D'autre part, dans le cas des matériaux linéaires et élastiques, les vecteurs $\{\varepsilon\}$ et $\{\sigma\}$ sont reliés par la loi de Hooke (Robert Hooke, 1635-1703, scientifique britannique)

$$\{\sigma\} = [D]\{\varepsilon\}$$

où $[D]$ est une matrice symétrique de coefficients caractéristiques du matériau, appelée *matrice d'élasticité*, faisant intervenir les coefficients de Lamé (Gabriel Lamé, 1795-1870, mathématicien français) exprimés en fonctions du module de Young $E \quad [Pa]$ et du coefficient de Poisson ν (sans unité) (Siméon Denis Poisson, 1781-1840, mathématicien et physicien français).

Avec ces notations, on peut alors écrire que :

$$W_c = \iiint_{\mathcal{V}} < u^* > {}^{\mathbf{t}}[L]\,[D]\,[L]\{u\}\mathrm{d}\mathcal{V}$$

puis l'égalité des quantités W_c et W_f conduit à

$$\iiint_{\mathcal{V}} < u^* > {}^{\mathbf{t}}[L]\,[D]\,[L]\{u\}\mathrm{d}\mathcal{V} = \iiint_{\mathcal{V}} < u^* > \{f_v\}\mathrm{d}\mathcal{V} + \iint_{\mathcal{S}} < u^* > \{f_s\}\mathrm{d}\mathcal{S} \qquad \text{(F.1)}$$

Annexe G

Formule d'inversion pour la transformation de Fourier

Une démonstration de la formule d'inversion (13.12) du théorème 103 page 437 est proposée dans cette annexe.
Cette formule exprime que, pour tout signal s de $\mathscr{S}(\mathbb{R})$, dont la transformée de Fourier (ou le spectre), notée $\widehat{s}$, est bien définie et donnée par

$$\forall q \in \mathbb{R}, \quad \widehat{s}(q) = \int_{-\infty}^{+\infty} s(t) e^{-2i\pi q t} \mathrm{d}t$$

on a la formule d'inversion

$$\forall t \in \mathbb{R}, \quad s(t) = \int_{-\infty}^{+\infty} \widehat{s}(q) e^{+2i\pi q t} \mathrm{d}q$$

Démonstration.
Soit $t \in \mathbb{R}$ un réel quelconque. On souhaite démontrer que $s(t) = \displaystyle\int_{-\infty}^{+\infty} \widehat{s}(q) e^{2i\pi q t} \mathrm{d}q$.
Écrivons formellement l'égalité sous la forme

$$s(t) = \int_{-\infty}^{+\infty} \left(\int_{-\infty}^{+\infty} s(x) e^{-2i\pi q x} \mathrm{d}x \right) e^{2i\pi q t} \mathrm{d}q$$

qui invite à utiliser le théorème de Fubini. Malheureusement, la fonction

$$f_t : (x, q) \mapsto s(x) e^{2i\pi q(t-x)}$$

n'est pas intégrable sur $\mathbb{R} \times \mathbb{R}$, ce qui nous empêche d'appliquer ce théorème en l'état. L'idée est alors de travailler sur une nouvelle intégrale, définie pour tout $n \in \mathbb{N}^*$ et tout $t \in \mathbb{R}$ par

$$I_n(t) = \int_{-\infty}^{+\infty} e^{-\frac{q^2}{n}} \widehat{s}(q) e^{2i\pi q t} \mathrm{d}q$$

Remarque. Dans toute la suite, et pour simplifier la rédaction, nous ne préciserons pas que les expressions écrites sont valables pour tout couple $(n,t) \in \mathbb{N}^* \times \mathbb{R}$.

On démontre sans difficulté que $I_n(t)$ est bien définie car $q \mapsto e^{-\frac{q^2}{n}}\widehat{s}(q)e^{2i\pi qt}$ est intégrable sur $\mathbb{R}$ en vertu de

1. la majoration : $\forall q \in \mathbb{R}, \quad \left|e^{-\frac{q^2}{n}}\widehat{s}(q)e^{2i\pi qt}\right| \leq |\widehat{s}(q)|$,
2. le fait que $\widehat{s} \in L^1(\mathbb{R})$ en tant qu'élément de $\mathscr{S}(\mathbb{R})$. En effet, on sait que $s \in \mathscr{S}(\mathbb{R})$ implique que $\widehat{s} \in \mathscr{S}(\mathbb{R})$ et que $\mathscr{S}(\mathbb{R}) \subset L^1(\mathbb{R})$.

D'autre part, on peut appliquer le *théorème de convergence dominée* pour démontrer que

$$\lim_{n\to+\infty} I_n(t) = \int_{-\infty}^{+\infty} \widehat{s}(q)e^{2i\pi qt}\mathrm{d}q$$

En effet, les deux hypothèses du théorème sont vérifiées

1. la suite de fonctions $\left(q \mapsto e^{-\frac{q^2}{n}}\widehat{s}(q)e^{2i\pi qt}\right)_{n\in\mathbb{N}^*}$ converge simplement vers la fonction $q \mapsto \widehat{s}(q)e^{2i\pi qt}$.
2. il existe une fonction φ (que nous prendrons égale à $|\widehat{s}|$) positive, intégrable (car élément de $\mathscr{S}$) et indépendante de n qui vérifie

$$\forall (q,n) \in \mathbb{R}\times\mathbb{N}^*, \quad \left|e^{-\frac{q^2}{n}}\widehat{s}(q)e^{2i\pi qt}\right| \leq \varphi(q)$$

ce qui permet d'assurer la validité du passage à la limite

$$\lim_{n\to+\infty} I_n(t) = \int_{-\infty}^{+\infty} \lim_{n\to+\infty} e^{-\frac{q^2}{n}}\widehat{s}(q)e^{2i\pi qt}\mathrm{d}q = \int_{-\infty}^{+\infty} \widehat{s}(q)e^{2i\pi qt}\mathrm{d}q$$

Finalement, on est amené à démontrer que $\lim\limits_{n\to+\infty} I_n(t) = s(t)$. Pour cela, nous allons maintenant travailler sur l'intégrale $I_n(t)$ en remarquant que l'on peut écrire

$$I_n(t) = \int_{-\infty}^{+\infty} e^{-\frac{q^2}{n}}\left(\int_{-\infty}^{+\infty} s(x)e^{-2i\pi qx}\,\mathrm{d}x\right)e^{2i\pi qt}\mathrm{d}q$$

Mais, cette fois-ci, on peut appliquer le théorème de Fubini de manière licite à l'intégrale

$$\int_{-\infty}^{+\infty}\int_{-\infty}^{+\infty} e^{-\frac{q^2}{n}}s(x)e^{2i\pi q(t-x)}\,\mathrm{d}x\mathrm{d}q$$

car la fonction $(x,q) \mapsto e^{-\frac{q^2}{n}}s(x)e^{2i\pi q(t-x)}$ est intégrable (et continue) sur $\mathbb{R}\times\mathbb{R}$. En effet, cela résulte des deux points suivants.

1. On a la majoration $\forall (x,q) \in \mathbb{R}\times\mathbb{R}, \quad \left|e^{-\frac{q^2}{n}}s(x)e^{2i\pi q(t-x)}\right| \leq |s(x)|e^{-\frac{q^2}{n}}$.
2. La fonction $(x,q) \mapsto |s(x)|e^{-\frac{q^2}{n}}$ est intégrable sur $\mathbb{R}\times\mathbb{R}$. En effet, $s \in L^1(\mathbb{R})$ (en tant qu'élément de $\mathscr{S}(\mathbb{R})$) et $\left(q \mapsto e^{-\frac{q^2}{n}}\right) \in L^1(\mathbb{R})$ de manière évidente donc les deux fonctions $q \mapsto \int_{-\infty}^{+\infty} |s(x)|e^{-\frac{q^2}{n}}\,\mathrm{d}x$ et $x \mapsto \int_{-\infty}^{+\infty} |s(x)|e^{-\frac{q^2}{n}}\,\mathrm{d}q$ sont intégrables sur $\mathbb{R}$.

Par conséquent, les deux intégrales

$$\int_{-\infty}^{+\infty}\left(\int_{-\infty}^{+\infty}|s(x)|\mathrm{e}^{-\frac{q^2}{n}}\,\mathrm{d}x\right)\mathrm{d}q \quad \text{et} \quad \int_{-\infty}^{+\infty}\left(\int_{-\infty}^{+\infty}|s(x)|\mathrm{e}^{-\frac{q^2}{n}}\,\mathrm{d}q\right)\mathrm{d}x$$

convergent.

Finalement, le théorème de Fubini nous assure que l'on a l'égalité

$$I_n(t)=\int_{-\infty}^{+\infty}\mathrm{e}^{-\frac{q^2}{n}}\left(\int_{-\infty}^{+\infty}s(x)\mathrm{e}^{-2i\pi qx}\,\mathrm{d}x\right)\mathrm{e}^{2i\pi qt}\mathrm{d}q=\int_{-\infty}^{+\infty}\int_{-\infty}^{+\infty}\mathrm{e}^{-\frac{q^2}{n}}s(x)\mathrm{e}^{2i\pi q(t-x)}\,\mathrm{d}x\mathrm{d}q$$

mais aussi

$$I_n(t)=\int_{-\infty}^{+\infty}s(x)\left(\int_{-\infty}^{+\infty}\mathrm{e}^{-\frac{q^2}{n}}\mathrm{e}^{2i\pi q(t-x)}\mathrm{d}q\right)\mathrm{d}x$$

Intéressons nous maintenant à l'intégrale $\int_{-\infty}^{+\infty}\mathrm{e}^{-\frac{q^2}{n}}\mathrm{e}^{2i\pi q(t-x)}\mathrm{d}q$ que nous allons chercher à calculer par changement de variable. Pour cela, remarquons que

$$-\frac{q^2}{n}+2i\pi q(t-x)=-\left(\frac{q}{\sqrt{n}}+i\sqrt{n}(x-t)\pi\right)^2-\left(\sqrt{n}(x-t)\pi\right)^2$$

et posons alors $y=\sqrt{2}\left(\frac{q}{\sqrt{n}}+i\sqrt{n}(x-t)\pi\right)$. C'est clairement un changement de variable licite (de la variable q vers la variable y) qui permet d'avoir

$$\mathrm{e}^{-\frac{q^2}{n}+2i\pi q(t-x)}=\mathrm{e}^{-\frac{1}{2}y^2}\mathrm{e}^{-n\pi^2(x-t)^2}$$

Ainsi, on peut écrire l'égalité

$$\int_{-\infty}^{+\infty}\mathrm{e}^{-\frac{q^2}{n}}\mathrm{e}^{2i\pi q(t-x)}\mathrm{d}q=\sqrt{\frac{n}{2}}\int_{-\infty}^{+\infty}\mathrm{e}^{-\frac{1}{2}y^2}\mathrm{e}^{-n\pi^2(x-t)^2}\mathrm{d}y$$

Maintenant, remarquons que

$$\sqrt{\frac{n}{2}}\int_{-\infty}^{+\infty}\mathrm{e}^{-\frac{1}{2}y^2}\mathrm{e}^{-n\pi^2(x-t)^2}\mathrm{d}y=\mathrm{e}^{-n\pi^2(x-t)^2}\sqrt{\frac{n}{2}}\int_{-\infty}^{+\infty}\mathrm{e}^{-\frac{1}{2}y^2}\,\mathrm{d}y$$

et utilisons le résultat bien connu de l'intégrale de Gauss, à savoir

$$\int_{-\infty}^{+\infty}\mathrm{e}^{-\frac{1}{2}y^2}\,\mathrm{d}y=\sqrt{2\pi}$$

pour obtenir

$$\int_{-\infty}^{+\infty}\mathrm{e}^{-\frac{q^2}{n}}\mathrm{e}^{2i\pi q(t-x)}\mathrm{d}q=\sqrt{n\pi}\,\mathrm{e}^{-n\pi^2(x-t)^2}$$

Finalement, on obtient la nouvelle expression de $I_n(t)$ sous la forme

$$I_n(t)=\sqrt{n\pi}\int_{-\infty}^{+\infty}s(x)\mathrm{e}^{-n\pi^2(x-t)^2}\,\mathrm{d}x$$

dans laquelle on fait le nouveau changement de variable licite (de la variable x vers la variable y) $y = \sqrt{2n}(x-t)\pi$ pour obtenir

$$I_n(t) = \frac{1}{\sqrt{2\pi}} \int_{-\infty}^{+\infty} s\left(t + \frac{y}{\sqrt{2n}\pi}\right) e^{-\frac{1}{2}y^2}\, dy$$

Il reste maintenant à passer à la limite lorsque $n \to +\infty$. Pour cela, utilisons le fait que s est à décroissance rapide, ce qui implique qu'elle est nécessairement bornée sur $\mathbb{R}$. Soit donc $M > 0$ un majorant de cette fonction sur $\mathbb{R}$, c'est à dire tel que

$$\forall t \in \mathbb{R}, \quad |s(t)| \le M$$

On peut alors majorer la fonction $y \mapsto s\left(t + \frac{y}{\sqrt{2n}\pi}\right)$ indépendamment de n en écrivant

$$\forall y \in \mathbb{R}, \quad \left| s\left(t + \frac{y}{\sqrt{2n}\pi}\right)\right| \le M$$

Le théorème de convergence dominée s'applique à nouveau car les hypothèses suivantes sont vérifiées :

1. la suite de fonctions $\left(y \mapsto s\left(t + \frac{y}{\sqrt{2n}\pi}\right) e^{-\frac{1}{2}y^2}\right)_{n \in \mathbb{N}^*}$ converge simplement vers la fonction $y \mapsto s(t)e^{-\frac{1}{2}y^2}$ parce que s est continue.
2. en posant $\varphi : y \mapsto Me^{-\frac{1}{2}y^2}$ qui est clairement une fonction positive, intégrable sur $\mathbb{R}$ et indépendante de n on a la majoration

$$\forall y \in \mathbb{R}, \quad \left| s\left(t + \frac{y}{\sqrt{2n}\pi}\right) e^{-\frac{1}{2}y^2}\right| \le \varphi(y)$$

Finalement, on peut passer à la limite dans $I_n(t)$ lorsque $n \to +\infty$ pour obtenir

$$\lim_{n \to +\infty} I_n(t) = \frac{s(t)}{\sqrt{2\pi}} \int_{-\infty}^{+\infty} e^{-\frac{1}{2}y^2}\, dy$$

et, en utilisant à nouveau le résultat de l'intégrale de Gauss $\lim_{n \to +\infty} I_n(t) = s(t)$.

Or, nous avons déjà démontré que $\lim_{n \to +\infty} I_n(t) = \int_{-\infty}^{+\infty} \widehat{s}(q) e^{2i\pi q t} dq$ donc, par unicité de la limite dans $\mathbb{C}$, on en déduit que, pour $t \in \mathbb{R}$

$$s(t) = \int_{-\infty}^{+\infty} \widehat{s}(q) e^{2i\pi q t} dq$$

ce qui démontre la formule d'inversion. □

Bibliographie

Analyse, analyse numérique, méthode des différences finies et des éléments finis

1. [*DE*] J.-P. DEMAILLY, *Analyse numérique et équations différentielles*
   Collection Grenoble Sciences, EDP Sciences, 2006, ISBN 978-2-86883891-9.
2. [*QU*] A. QUARTERONI , F. SALERI , P. GERVASIO , *Calcul scientifique*
   Éditions Springer, 2010, ISBN 978-88-470-1676-7.
3. [*NO*] J.P. NOUGIER, *Méthodes de Calcul Numérique*
   Éditions Masson, 2007, ISBN 2225810869.
4. [*BR*] H. BREZIS, *Analyse fonctionnelle, Théorie et applications*
   Éditions Dunod, 2005, ISBN 2100493361.
5. [*AL*] G. ALLAIRE, *Analyse numérique et optimisation : Une introduction à la modélisation mathématique et à la simulation numérique*
   Éditions de l'école Polytechnique, 2005, ISBN 2730212558.
6. [*GM*], T. GMÜR, *Méthode des éléments finis en mécanique des structures*
   Éditions Presses Polytechniques Universitaires Romandes, 2000, ISBN 288074461X.
7. [*TR*], Ph. TROMPETTE, *Mécanique des structures. Par la méthode des éléments finis, statistique et dynamique*
   Éditions Dunod, 1992, ISBN 222582732X.
8. [*CA*], M. CAZENAVE, *Méthode des éléments finis - 2e éd. : Approche pratique en mécanique des structures (Mécanique et matériaux)*
   Éditions Dunod, 2013, ISBN 2100585363.
9. [*RA*] P.A. RAVIART, J.M. THOMAS, *Introduction à l'analyse numérique des équations aux dérivées partielles*
   Éditions Dunod, 2004, ISBN 2100486454.
10. [*CI*] P.G. CIARLET, *Introduction à l'analyse numérique matricielle et à l'optimisation*
    Éditions Dunod, 2007, ISBN 2100041673.
11. [*LU*], B. LUCQUIN, *Équations aux dérivées partielles et leurs approximations*
    Éditions Ellipses, 2004, ISBN 2729818669.
12. [*EU*], D. EUVRARD, *Résolution numérique des EDP*
    Éditions Masson, 1999, ISBN 2225821283.

13. [*VO*], V. VOLTERRA et M. BRELOT, *Théorie mathématique de la lutte pour la vie* Éditions Gauthier-Villars, 1931, ISBN 2876470667.

14. [*AG*], P. AGATI, F. LEROUGE, *Résistance des matériaux : Cours et exercices corrigés* Éditions Dunod, 2004, ISBN 2100487779.

15. [*SC*], S. CORN, *Simplification de modèles éléments finis de structures à comportement dynamique de poutre*
Thèse de doctorat, Université de Franche-Comté, 1998
`https://tel.archives-ouvertes.fr/tel-00625123/`.

16. [*SA*], S. SALSA, *Partial Differential Equations in Action. From Modelling to Theory* Éditions Springer Verlag, 2009, ISBN 8847007518.

17. [*CI*] P.G. CIARLET, *Introduction à l'analyse numérique matricielle et à l'optimisation* Éditions Dunod, 2007, ISBN 2100041673.

18. [*LA*1] P. LASCAUX, R. THEODOR, *Analyse numérique matricielle appliquée à l'art de l'ingénieur, tome 1*
Éditions Masson, 1998, ISBN 2225841225.

19. [*LA*2] P. LASCAUX, R. THEODOR, *Analyse numérique matricielle appliquée à l'art de l'ingénieur, tome 2*
Éditions Masson, 1997, ISBN 2225845468.

20. [*GE*] M. GERARDIN, D. RIXEN, *Théorie des vibrations Application à la dynamique des structures*
Éditions Masson, 1993, ISBN 2-225-83952-2.

21. [*RU*] W. RUDIN, *Analyse réelle et complexe : Cours et exercices* Éditions Dunod, 1998, ISBN 2100040049.

22. [*AP*] W. APPEL, *Mathématiques pour la physique et les physiciens !* Éditions H& K, 2008, ISBN 2351410394. de Walter Rudin

Analyse de données

1. [*KA*] P. KAUFFMAN, *Statistiques : information, estimation, tests* Éditions Dunod, 1994, ISBN 978-2-10-002133-8.

2. [*LE*1] L. LEBART, A. MORINEAU, *Traitement des données statistiques : Méthodes et programmes*
Éditions Dunod, 1979, ISBN 2040107878.

3. [*LE*2] L. LEBART, A. MORINEAU, *Statistiques exploratoire multidimensionnelle : Visualisations et inférences en fouille de données*
Éditions Dunod, 2006, ISBN 2100496166.

4. [*DI*] E. Diday, J. Lemaire, J. Pouget, F. Testu, *Eléments d'analyse des données* Éditions Dunod, 1982, ISBN 2040154302.

5. [*SP*] M. R. SPIEGEL, *Probabilités et statistique. Cours et problèmes* série Schaum, 2000, ISBN 2704210306.

6. [*SA*] M. SAPORTA, *Probabilités, Analyse des Données et Statistique* Éditions Technip, 2011, ISBN 271080980X.

7. [*ES*1] B. ESCOFIER, J. PAGES, *Analyse factorielles simples et multiples : Objectifs, méthodes et interprétation*
Éditions Dunod, 1998, ISBN 2100041274.
8. [*ES*2] B. ESCOFIER, *Initiation aux traitements statistiques*
Éditions Presses universitaires de Rennes, 1997, ISBN 2868472311.
9. [*ES*3] B. ESCOFIER, *Analyse des Correspondances : Recherches au cœur de l'analyse des données*
Éditions Presses universitaires de Rennes, 2003, ISBN 2868478107.
10. [*BE*1] J.P. BENZECRI, *Pratique de l'analyse des données*
Éditions Statmatic, 1992, ISBN 2909047008.
11. [*BE*2] J.P. BENZECRI, *Pratique de l'analyse des données Tome 1 : Analyse des correspondances, exposé élémentaire, Travaux*
Éditions Dunod, 1993, ISBN 2040157328.
12. [*BE*3] J.P. BENZECRI, *L'analyse des données. Tome 2*
Éditions Dunod, 1993, ISBN 2040155155.
13. [*GE*] J.P. GEORGIN, *Analyse interactive des données (ACP, AFC) avec Excel 2000. Théorie et pratique*
Éditions PUR, 2002, ISBN 2868477194.
14. [*EZ*] M. EZEKIEL, *Methods of Correlation Analysis*
Éditions John Wiley and Sons, 1930.

Distributions et traitement du signal

1. [*SC*1] L. SCHWARTZ, *Méthodes mathématiques pour les sciences physiques*
Éditions Hermann, 1997, ISBN 2705652132.
2. [*SC*2] L. SCHWARTZ, *Théorie des distributions*
Éditions Hermann, 1997, ISBN 2705655514.
3. [*GW*] C. GASQUET et P. WITOMSKI , *Analyse de Fourier et applications : Filtrage, calcul numérique et ondelettes*
Éditions Dunod, 2000, ISBN 2100050184.
4. [*RE*1] H. REINHARDT , *Éléments de mathématiques du signal*
Éditions Dunod, 2002, ISBN 2100064584.
5. [*RE*2] H. REINHARDT , *Cours de mathématiques du signal*
Éditions Dunod, 1993, ISBN 2040164243.
6. [*CO*] F. COTTET , *Aide-Mémoire de traitement du signal - 2ème édition*
Éditions Dunod, 2011, ISBN 2100565443.
7. [*MA*] S. MALLAT, *Une exploration des signaux en ondelettes*
Éditions de l'école Polytechnique, 2001, ISBN 2730207333.
8. [*MI*] M. MISITI et Y. MISITI, *Les ondelettes et leurs applications*
Éditions Hermès Science Publications, 2003, ISBN 2746205262.
9. [*HU*] B. BURKE HUBBART, *Ondes et ondelettes. La Saga d'un outil mathématique*
Éditions Pour la Science, 2000, ISBN 2902918909.
10. [*QU*] H. QUEFFELEC et C. ZUILY, *Analyse pour l'agrégation- 4ème édition*
Éditions Dunod, 2013, ISBN 210070936.

11. [*DA*] I. DAUBECHIES, *Ten Lectures on Wavelets (CBMS-NSF Regional Conference Series in Applied Mathematics)*
Édition SIAM, 1992, ISBN 0898712742.
12. [*TR*] F. TRUCHETET, *Ondelettes pour le signal numérique*
Éditions Hermès Science Publications, 1998, ISBN 2866016726.
13. [*BE*] M. BELLANGER, *Traitement numérique du signal*
Éditions Dunod, 2012 (9-*ème* édition), ISBN 2100582194.
14. [*HA*] V. HAESE-COAT et K. KPALMA, *Traitement numérique du signal : Théorie et applications*
Éditions Ellipses Marketing, 2003, ISBN 272981728X.
15. [*BEN*1] M. BENIDIR, *Théorie et traitement du signal, tome 1 : Représentation des signaux et des systèmes*
Éditions Dunod, 2002, ISBN 210005984X.
16. [*BEN*2] M. BENIDIR, *Théorie et traitement du signal, tome 2 : Méthodes de base pour l'analyse et le traitement du signal*
Éditions Dunod, 2004, ISBN 2100059858.
17. [*CO*2] F. COTTET, *Traitement des signaux et acquisition de données. Cours et exercices corrigés*
Éditions Dunod, 2004, ISBN 2100727540.

Prolongements sur les ondelettes

1. [*PO*1] E. J. CANDES, L. DEMANET, D. L. DONOHO, L. YING, *Fast Discrete Curvelet Transforms*
2005, http://www.curvelet.org/papers/FDCT.pdf.
2. [*PO*2] E. J. CANDES, D. L. DONOHO, *New Tight Frames of Curvelets and Optimal Representations of Objects with Smooth Singularities*
2002, http://www.curvelet.org/papers/CurveEdges.pdf.
3. [*PO*3] L. YING, L. DEMANET, E. J. CANDES, *3D Discrete Curvelet Transform*
2005, http://www.curvelet.org/papers/3dFDCT.pdf.
4. [*PO*4] E. CANDES, D. DONOHO, *Ridgelets : the key to high-dimensional intermittency?*
1999, http://statweb.stanford.edu/ candes/papers/RoySoc.pdf.
5. [*PO*5] D. DONOHO, *Orthonormal Ridgelets and Linear Singularities*
2000, http://statweb.stanford.edu/ donoho/Reports/1998/ridge-lin-sing.pdf.
6. [*PO*6] E. LE PENNEC, S. MALLAT, *Représentation d'images par Bandelettes et Application à la Compression*
2001, http://documents.irevues.inist.fr/bitstream/handle/2042/13228/PAPER029.pdf.
7. [*PO*7] E. LE PENNEC, S. MALLAT, *Bandelet image approximation and compression*
2005, http://www.cmap.polytechnique.fr/ mallat/papiers/BandSiam.pdf.
8. [*PO*8] O. LECADET, *Methodes d'ondelettes pour la segmentation d'images. Applications à l'imagerie médicale et au tatouage d'images*
Thèse (Institut National Polytechnique de Grenoble), 2004, disponible à l'adresse : http://www-ljk.imag.fr/membres/Valerie.Perrier/PUBLI/these_lecadet.pdf.

Index

Imprimé en France par CPI
en septembre 2016

Dépôt légal : septembre 2016
N° d'impression : 136001